作 者 简 介

伍远安，研究员（二级岗），享受国务院和湖南省政府特殊津贴。1984 年 7 月毕业于华中农业大学水产学院淡水渔业专业，长期从事水产养殖和渔业资源等研究工作。获省科技进步奖、全国农牧渔业丰收奖等省部级奖励 15 项，发表研究论文 40 余篇，编写专著 9 部，获授权专利 9 项；荣获全国农业先进个人、湖南省首届"十佳农业人"等荣誉称号；受聘为全国水产标准化技术委员会淡水养殖分会技术委员会委员、农业农村部捕捞渔具专家委员会委员、农产品质量安全检测机构考核评审员、长江水生生物保护与生态修复科技创新联盟专家委员会委员、长江水生生物资源环境监测与评估专家组成员。

李 鸿，男，1982 年 6 月生，湖南省新邵县人，博士，副研究员。2006 年本科毕业于湖南农业大学，2009 年硕士毕业于华中农业大学，同年进入湖南省水产科学研究所，2012 年攻读华中农业大学博士学位，2016 年毕业。主要研究领域为渔业资源与环境保护研究工作、涉水工程环境影响评价、珍稀濒危鱼类的保护与开发等。获湖南省科技进步奖 2 项，农业丰收奖 1 项，国家授权专利 10 余项，参与编写专著 5 部，发表论义 30 篇。

廖伏初，男，1963 年 7 月生，湖南省沅江市人，研究员。1985 年毕业于湛江水产学院，毕业后进入湖南省水产科学研究所，长期从事渔业资源环保领研究与管理工作。获湖南省科技进步奖 4 项，农业丰收奖 3 项，国家发明专利 8 项，撰写学术论文 30 余篇，其中 SCI 论文 4 篇。

杨　鑫，男，1989 年 11 月生，河南省商丘人，硕士，助理研究员。2015 年毕业于华中农业大学渔业资源专业。主要从事渔业资源和环境保护等方面的研究工作。获中国水产科学研究院科技进步奖 1 项，参与编写专著 2 部，发表论文 10 余篇。

谢仲桂，男，1977 年 8 月生，湖南省衡山县人，硕士，高级农艺师。2003 年 6 月毕业于华中农业大学渔业资源专业，同年 7 月进入湖南省农业技术推广总站工作，2012 年任副站长，2017 年 7 月调入湖南生物机电职业技术学院，任纪委书记，2020 年 5 月调入湖南省水产科学研究所，任所长、农业农村部渔业产品监督检验测试中心（长沙）主任。主要从事渔业资源和保护、稻田综合种养、养殖工程等方面的研究工作。获省农业丰收奖 5 项，发表论文 30 余篇。

附　　图

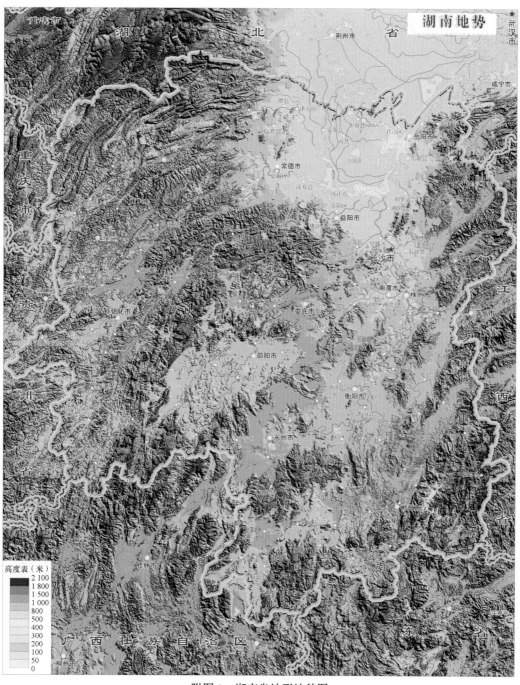

附图 1　湖南省地形地貌图

湖 南 省 水 系 图

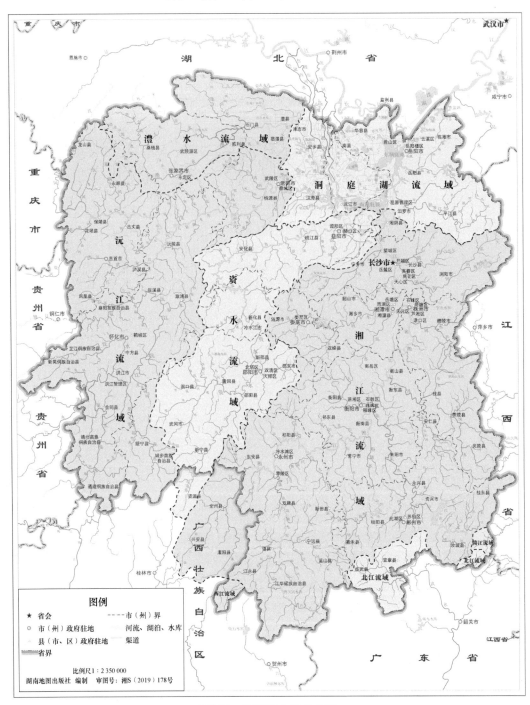

比例尺 1：2 350 000
湖南地图出版社 编制 审图号：湘S（2019）178号

附图2 湖南省水系分布图

湖南水生生物科学研究系列丛书

湖 南 鱼 类 志

伍远安　李　鸿　廖伏初　杨　鑫　谢仲桂　著

科学出版社

北 京

内 容 简 介

本书在湖南鱼类系统调查的基础上，对国内外学者有关湖南鱼类的研究进行了厘定，采用最新分类系统编撰而成。全书共分为总论和各论两部分。总论主要介绍湖南地质构造、地势地貌、地质演变、气候环境、水系概况、鱼类研究简史、鱼类区系及鱼类形态术语等；各论系统记述湖南鱼类 218 种，隶属 13 目 28 科 102 属，分别对其形态特征、生物学特性、资源分布、种群现状等进行了详细描述，并附有手绘的模式图、参考文献和中英文索引；本书还对湖南部分地方州（厅）及县志古籍中有关鱼类的记载进行了摘录；同时记述了湖南鱼类外来物种 18 种，简要介绍了其分类地位、引种及入侵方式、形态特征、危害情况等。

本书是目前最系统、最全面论述湖南鱼类的著作，内容丰富，资料翔实，图文并茂，实用性强，具有重要的科学价值，对于湖南乃至长江流域鱼类资源的保护利用具有重要参考价值，可作为大专院校和研究机构开展教学与研究的参考书籍。

审图号：湘 S（2019）178 号

图书在版编目（CIP）数据

湖南鱼类志 / 伍远安等著. —北京：科学出版社，2021.6

（湖南水生生物科学研究系列丛书）

ISBN 978-7-03-067741-9

Ⅰ.①湖⋯ Ⅱ.①伍⋯ ②李⋯ ③廖⋯ Ⅲ.①鱼类–水产志–湖南 Ⅳ.①S922.64

中国版本图书馆 CIP 数据核字（2020）第 261418 号

责任编辑：岳漫宇 / 责任校对：严　娜
责任印制：苏铁锁 / 封面设计：无极书装

科 学 出 版 社 出版
北京东黄城根北街 16 号
邮政编码：100717
http://www.sciencep.com

北京凌奇印刷有限责任公司 印刷
科学出版社发行　各地新华书店经销
*

2021 年 6 月第 一 版　开本：787×1092　1/16
2021 年 6 月第一次印刷　印张：32　插页：2
字数：755 000
POD 定价：498.00元
（如有印装质量问题，我社负责调换）

"湖南水生生物科学研究系列丛书"编著委员会

丛 书 序

    湖南鱼类研究凝结了老一辈水产科研工作者心血,新中国成立伊始,百废待兴,在一穷二白基础上,刘筠先生等湖南水产人披荆斩棘,攻坚克难,突破草鱼等家鱼人工繁殖技术;探索鱼类远缘杂交育种方法;培育优质新品种鱼类;为解决老百姓吃鱼难问题,为促进我国水产业发展做出了重要贡献。

    回顾湖南水产发展历程,刘筠先生与湖南省水产科学研究所的广大科研人员建立了深厚情谊,他们因鱼结缘,他们共同勇攀水产科研高峰的精神让我铭记在心。而今,我们这辈人继承了刘筠先生好的传统,继续与湖南省水产科学研究所的科研人员保持了非常好的友谊。伍远安研究员,是我的好友,他带领科研团队对洞庭湖及湘、资、沅、澧"四水"的水生生物资源进行了近 10 年全面系统的调查与研究,完成了对湖南水产发展具有重要作用的"湖南水生生物科学研究系列丛书",该丛书包括《湖南鱼类志》、《湖南鱼类系统检索及手绘图鉴》和《湖南鱼类原色图谱》,他领导的科研团队还计划以后把在湖南水生植物、浮游生物、底栖动物等方面的成果列入该丛书中。

    《湖南鱼类志》收录了湖南地区具有的 218 种鱼类,对这些鱼类的年龄、生长、繁殖等生物学特征、生活习性、资源分布等进行了系统描述。《湖南鱼类系统检索及手绘图鉴》是对《湖南鱼类志》的补充,方便查阅,书后附有全部收录鱼类手绘彩色图,并配备简洁文字描述。《湖南鱼类原色图谱》收录了 168 种鱼类,全部为高清彩色照片,每种鱼类有 1 幅全身图和数幅局部特征图;该书与"潇湘鉴鱼"微信小程序结合,有利于鱼图识别及科学普及。

    该丛书弥补了该领域的多项空白,为湖南鱼类资源研究和利用提供了翔实的宝贵资料,在此表示热烈祝贺,同时希望该团队及湖南省水产科学研究所的科技工作者再接再厉,为我国水产业发展做出新贡献。

刘少军

中国工程院院士

2020 年 6 月 16 日

序

　　湖南是我国著名的"鱼米之乡"，河网密布，湿地辽阔，水生生物资源丰富。湖南省位于长江中游南岸，东南西三面山地环绕，中部北部地势低平，呈马蹄形的丘陵型盆地。西北的武陵山脉和西部的雪岭山脉，海拔一般在 1000m 以上，是澧水、沅江和资水的发源地。南部边缘山地是南岭的一部分，湘江源于广西东北部的海洋山西麓。东部为湘赣边境诸山，为汨罗江、浏阳河等河流发源地。全省长度 5km 以上的大小河川 5300 余条，几乎全部汇集入洞庭湖。洞庭湖冲积平原地势低洼，海拔多在 50m 以下。洞庭湖是我国第二大淡水湖，面积 2625km²，湖面高程 34.5m，除接纳省内各河流来水，还通过松滋口、太平口和藕池口纳入长江来水，对调蓄长江洪水有重要作用。洞庭湖水从岳阳市城陵矶注入长江。城陵矶长江水位的变化与洞庭湖蓄水量有密切关系。总的来说，湖南省是我国地势三个台阶的第二向第三台阶过渡的区域，地势高低悬殊，地理位置特殊。

　　独特的地理位置，多样的水域生境，孕育了湖南丰富多彩、琳琅满目的鱼类区系，历来为学者所关注。除了大量长江中下游的土著鱼类，这里分布有长江上游常见的裂腹鱼属、高原鳅属和鲱属的鱼类，有多见于南方地区的鲤科野鲮亚科和平鳍鳅科的种类，还有终生栖息于喀斯特溶洞中的湘西盲高原鳅和红高原鳅等洞穴鱼类。自 1908 年迄今，中外研究鱼类学者先后命名采自湖南的鱼类新种 29 种，其中，湘华鲮、湖南吻鉤、湘西盲高原鳅、红盲高原鳅、壶瓶山鲱、白边吻虾虎鱼等，是湖南的特有种。这里还要指出，在湖南，主要是在湘江水系，可以采集到一些广泛分布于珠江水系而在长江流域其他河流从未见到的鱼类，如大刺鳅、漓江副鳅、点面副沙鳅、条纹小鲃、葛氏白甲鱼等 10 余种。这些种类在湖南的出现，应是与 2230 多年前秦始皇时代开凿的灵渠有关。灵渠是在广西兴安县境内的湘江河源海洋河与漓江上游之间修建的一条 34km 长的运河，有船闸调节水位，供往来船舶通过。有文献报道在伏尔加河、莱茵河的水电站附建的船闸，无论上溯还是下行的鱼类皆可通过，我们也监测到长江葛洲坝和三峡水电站的船闸可以提供鱼类通行，一些从未在长江上游分布的鱼类，如间下鱵、短颌鲚，通过船闸上溯游到三峡水库，现已在水库内形成较大规模的种群。可见，上述的那些珠江水系的鱼类，是经由灵渠进入湖南的，从而丰富了湖南鱼类物种的多样性。当然，湖南境内也有少数属于珠江水系的小支流，如湘南郴州市辖区内的宜章、临武等地的武水，为北江的河源段，其中分布有丝鳍吻虾虎鱼等珠江水系的鱼类。

　　湖南众多的鱼类物种，除了一些适应于激流环境终生栖息于山区溪河的种类，多数种类是在饵料生物丰富的缓流或静止的水域生活，洞庭湖便是这些物种荟萃之所。号称"四大家鱼"的青鱼、草鱼、鲢和鳙，以及鳡、鳊、鲦、赤眼鳟等，在系统发育上是鲤科鱼类的东亚类群，是在第三纪中新世青藏高原隆升至一定高度，形成东亚季风气候的自然条件下，从其雅罗鱼系的祖先演化而来的一个特殊类群。它们在汛期江河涨水时繁殖，产出的漂流性鱼卵吸水膨胀，在漂流过程中发育孵化，仔鱼（鱼苗）随泛滥的洪水进入沿岸洼地（即通江湖泊）内摄食生长。长江中下游是这一类鱼的主要产区，而洞庭湖则是它们的仔、幼鱼生长和种群补充的重要栖息地，具有不可替代的地位。自然繁殖的四大家鱼，生长迅速，体格健壮，抗病力强，种质优良。目前我国淡水养殖鱼类的产量每年都在 3000 万 t 以上，其中四大家鱼占到一半或更多。在养殖业中占有重要地位。

但养殖场用于人工繁殖的亲鱼，需要以捕捞的野生个体替换，以发挥其优良品质。所以，为了保障我国淡水养殖业长盛不衰，我们必须维护四大家鱼在长江中游及湘江较大规模的野生种群，以保持其遗传多样性。

现国家已做出长江"休渔十年"的决策，沿江一些省市已启动实施。希望洞庭湖周边和各河流沿岸各县市，切实执行休渔决定，妥善安置渔民，加强科普宣传，严格执行保护鱼类资源的有关法令，收缴现在仍存放在一些非渔民家中的电捕、地笼、迷魂阵、螺蛳耙等渔具，禁止在河、湖内挖砂，修复水域生态系统，保持水生生物多样性，使湖南的各种鱼类都能得到有效的保护，生生不息，绵延不绝。

湖南省水产科学研究所伍远安研究员等科技人员，在湖南境内开展了多年的调查采集工作，获得了丰富的鱼类标本，并拍摄了活体照片，生动展示了物种的体态特征。经作者辛勤的工作，终于完成了这一本新版的《湖南鱼类志》。书中记述了湖南鱼类的研究历史，摘录了部分古籍中有关湖南鱼类的记载，较详细地描述了各种鱼的形态特征、生活习性、地理分布，内容丰富。该书共记录了鱼类 218 种，较 1980 年出版的《湖南鱼类志（修订重版）》记载的鱼类种数增加了 50 多种。同时该书还收录了已经在湖南出现的 18 种外来鱼类，对其分类地位、引种及入侵方式、形态特征、危害情况等作了简要介绍。

该书是迄今湖南鱼类研究最为全面而详尽的一本专著，具有重要的科学价值，对于湖南乃至长江流域鱼类资源的保护，也具有非常适用的参考价值。

中国科学院水生生物研究所研究员
中国科学院院士

前　言

　　湖南水域广阔，生境多样，鱼类资源丰富。20 世纪 70 年代初，我所唐家汉和钱名全对湖南鱼类资源进行了为期 5 年的调查、标本收集及相关研究，编著了《湖南鱼类志》（湖南人民出版社，1977），共记载湖南鱼类 160 种，隶属于 11 目 26 科 92 属；书中对目、科（亚科）、属、种的形态特征作了较详细描述，对部分鱼类的生活习性及经济价值作了简要介绍，并附有目、科（亚科）、属、种检索表和彩绘的鱼类模式图，填补了湖南鱼类志的空白。此后，唐家汉和钱名全对书中的部分内容进行了修改和补充，对部分鱼类的分类地位进行了修正，重版了《湖南鱼类志》（湖南科学技术出版社，1980）。《湖南鱼类志（修订重版）》出版后我所科研人员又陆续开展了区域性的调查工作。为摸清湖南鱼类资源家底和现状，2008 年省财政厅和省畜牧水产局立项开展“湘江水生生物资源与生态保护技术及应用”研究，发现了 8 个鱼类新记录种、2 个虾类新种和 1 个软体动物新记录种，2012 年出版了《湘江水生动物志》，共收录湘江鱼类 159 种。2013 年“洞庭湖水系水生生物资源调查与生态保护技术研究”列入省科技计划重点项目（2013NK2007），我所再次对长江湖南段、洞庭湖及湘、资、沅、澧“四水”鱼类资源进行了全面调查和研究，在此基础上，才有了本书的完成。

　　本书总体采用最新的分类系统——Nelson（第五版），但鲤形目鱼类因其数量众多，亚科的划分和系统发生关系尚存争议，分类系统则依据伍献文等（1964、1977）、陈宜瑜等（1998）和乐佩琦等（2000），仅参考最新研究文献，将原属于鲌亚科 Danioninae 的 3 属（马口鱼属 Opsariichthys、鱲属 Zacco 和细鲫属 Aphyocypris）划入马口鱼亚科 Opsariichthyinae，原属于雅罗鱼亚科 Leuciscinae 的 3 属（青鱼属 Mylopharyngodon、草鱼属 Ctenopharyngodon 和赤眼鳟属 Squaliobarbus）划入赤眼鳟亚科 Squaliobarbinae；同时依据陈湘粦（1984），将鳅鮀亚科 Gobiobotinae 并入鮈亚科 Gobioninae；Nelson（第五版）中将鮈Gobiiformes 置于胡瓜鱼目 Osmeriformes 与颌针鱼目 Beloniformes 之间，本书则将其置于攀鲈目 Anabantiformes 与鲈形目 Perciformes 之间，其他目的顺序保持不变。对于分类地位发生变动的种类，均依据文献报道，在本书中进行了扼要介绍。鱼类拉丁名主要参照 CAS-Eschmeyer's Catalog of Fishes（http://researcharchive.calacademy.org/research/ichthyology/catalog/fishcatmain.asp）、FishBase（https://www.fishbase.in/）两大专业数据库和《拉汉世界鱼类系统名典》（2012），中文名主要参照《拉汉世界鱼类系统名典》（2012）、《中国内陆鱼类物种与分布》（2016）及其他鱼类分类学著作。鱼类分述采用以下几种形式。①名称，俗称为湖南地方渔民或群众用名，别名为其他鱼类分类学者曾经使用过的中文名，部分种类附有常用英文名。②同物异名及研究文献，对于鱼类的同物异名，仅参考湖南鱼类研究报道文献，并按时间顺序进行编排。③查阅了部分湖南地区的州、府、县志古籍，摘录其中对湖南鱼类的描述，冠名以“古文释鱼”。④系统描述，详细、准确描述形态特征，并对部分鱼类的生物学特性（包括生活习性、年龄生长、繁殖）、资源分布和种群现状等进行简要介绍。

　　本书共记述湖南鱼类 218 种，隶属于 13 目 28 科 102 属；本书对国内外学者研究报道的湖南鱼类进行了厘定，删减了部分分布存疑种类，如拉氏大吻鳄Rhynchocypris lagowskii、张氏鲹 Hemiculter tchangi、乐山小鳔鮈Microphysogobio kiatingensis、长须鳅鮀Gobiobotia longibarba、异鳔鳅鮀Xenophysogobio boulengeri、巨口鱊 Acheilognathus tabira、长丝裂腹鱼 Schizothorax dolichonema、中华裂腹鱼 Schizothorax sinensis、长鳍异

华鲮 *Parasinilabeo longiventralis*、四川吻鰕鯱 *Rhinogobius szechuanensis* 等，收录的鱼类种类数量较工具书《湖南鱼类系统检索及手绘图鉴》中的 230 种减少了 12 种；还摘录了部分湖南地方志古籍中有关鱼类的记载；此外还记述了 18 种湖南现有分布的外来鱼类。

承蒙曹文宣院士和刘少军院士作序，本书的完成得到了中国科学院水生生物研究所刘焕章研究员，华中农业大学谢从新教授、沈建忠教授和刘红教授，中国水产科学研究院南海水产研究所王腾博士，中国水产科学研究院东海水产研究所庄平研究员和张涛研究员，湖南农业大学李德亮教授、向建国教授和吴含含副教授，湖南文理学院杨品红教授，上海水产大学唐文乔教授和刘其根教授，长沙理工大学彭向训教授，湖南师范大学邓学建教授，湖南省林业局自然保护地管理处何平处长，湖南省林业科学研究院牛艳东副研究员，湖南省地质矿产勘查开发局 418 队马武良高级工程师，湖南省文物考古研究所莫林恒副研究员等的关心和指导，野外调查中还得到了湖南省 14 个市（州）渔政工作者和渔民朋友的大力协助，在此一并表示感谢。

本书如有不足之处，敬请读者朋友批评指正。

李 鸿

2020 年 10 月

目　　录

总　　论

一、湖南自然环境与水系概况

（一）自　然　环　境

湖南省位于长江中游，省境绝大部分在洞庭湖以南，故称湖南；湘江贯穿省境南北，故简称湘；地处 108°47′E～114°15′E，24°38′N～30°08′N，东以幕阜、武功诸山系与江西交界；西以云贵高原东缘连贵州；西北以武陵山脉毗邻重庆；南枕南岭与广东、广西相邻，北以滨湖平原与湖北接壤。省界极端位置，东为桂东县黄连坪，西至新晃侗族自治县韭菜塘，南起江华瑶族自治县姑婆山，北达石门县壶瓶山。东西宽 667km，南北长 774km。土地总面积 211 829km²，占全国土地总面积的 2.2%，在全国各省市区中居第 10 位。

1. 地 质 构 造

湖南分属两个大地构造单元，大致以罗翁绥宁大断裂向东北经安化、宁乡至长寿永安大断裂一线为界。其西北为扬子准地台的一部分，其东南为南华准地台的一部分。湖南三大岩系（沉积岩、岩浆岩、变质岩）发育，晚元古代以后的地层出露齐全，地史上各期大的构造运动在湖南均表现明显，中、酸性岩浆活动强烈。两组深断裂带或断裂带发育，一组呈北东向或北东东向深断裂带横贯全省；另一组是北北西和北北东远南北向的断裂带或深断裂带纵贯湘中和湘南地区（湖南省国土委员会，1985）。地质构造复杂，区域地球化学条件良好，给外生矿床和内生矿床的生成提供了必要的条件。

湖南受到三个地质成矿构造单元的控制：一为八面山褶皱区，地处湘西土家族苗族自治州和常德地区的西北部，区内地壳运动比较缓和，岩浆活动微弱，沉积作用普遍发育，主要矿产有磷、锰、铁、煤、汞、砷、铅、锌等。二为雪峰山隆起区（即江南地轴的一部分），由湘、桂、黔边境伸向东北经洞庭湖盆地东延出省，区内地层出露单一，主要为一老一新的沉积岩层和变质岩层，岩浆活动较弱，仅在东北端局部地区有较强的岩浆活动。区内主要矿产有磷、岩盐、芒硝、石膏、萤石、金刚石砂矿、钨、锑、金、铅、锌、铜等。三为湘中、湘东南褶皱区，古生代海相碳酸盐沉积发育，岩浆活动极为频繁多次侵入，形成了许多大小不等的复式岩体或同期的多次侵入体，造成了岩浆成矿作用的多期性和矿化作用的多样性，构成了湘中、湘东南两个大的成矿带，是湖南矿产资源高度富集地区。内生矿产有铅、锌、铜、钨、锡、钼、铋、锑、金及分散元素矿产，外生矿产有煤、铁、石墨、高岭土、石膏、岩盐、芒硝、耐火黏土及工业用的石灰岩。

2. 地 势 地 貌

湖南地处云贵高原向江南丘陵和南岭山脉向江汉平原过渡的地带。在全国总地势、地貌轮廓中，属自西向东呈梯级降低的云贵高原东延部分和东南山丘转折线南端。总的地形特征：东、南、西三面山地围绕，中部丘岗起伏，北部平原、湖泊展布，呈西高东低、南高北低、朝东北开口的不对称马蹄形盆地。雪峰山自西南向东北贯穿中部，跨地广阔，山势雄伟，成为湖南省东西自然景观的分野，将全省分为自然条件差异较大的两部分，即山地和平原丘岗。省内海拔 2000m 以上高峰的分布与地势总特点基本一致，集中分布在东、南、西三面的山地之中（附图 1，见封底环衬）。

湘东有山脉与江西相隔，主要是幕阜山脉、罗霄山脉、连云山脉、九岭山脉、武功山脉、万洋山脉和诸广山脉等，山脉自为东—西南走向，呈雁行排列，是湘江与赣江的分水岭，山峰海拔多在 1000m 以上，最高峰大围山七星岭海拔 1607.9m。湘南分布有由大庾、骑田、萌渚、都庞和越城诸岭组成的五岭山脉（又称"南岭山脉"），是长江和珠江两大水系的分水岭。六岭山脉为北东—南西走向，山体大体为东西向，海拔大多在 1000m 以上。湘、桂边界的大南山二宝顶，海拔 2021m，桂东与资兴两县交界的八面山，海拔 2042.1m，为湖南境内高峰之一。湘西南的雪峰山，呈东北—西南走向，南起城步县境，向东北延伸，至安化县转为东西向至益阳，是沅、资两江的分水岭。雪峰山南段海拔 1500m，最高峰苏宝顶海拔 1934.3m，北段较低，为 500～1000m，其跨地之广，山势之雄，为全省之冠。湘西北为武陵山脉，呈东北—西南走向，山峰海拔大多在 1000m以上，湘鄂两省（石门县与湖北鹤峰县）交界的壶瓶山海拔 2099m，是湖南海拔最高处。湘东北是洞庭湖区，为湖泊和冲积平原，是省内陆地势最平和地势最低的地区，海拔高度均在 50m 以下，临湘的谷花洲海拔仅 23m，是省内地面最低点。湘中大部分为断续红岩盆地、灰岩盆地及丘陵、阶地，地势南高北低，衡山屹立其中，除祝融峰海拔高达 1289.2m 外，其余海拔均在 500m 以下。

全省大体可划分为五个地貌区：湘南侵蚀溶蚀构造山丘区、湘西侵蚀构造山地区、湘西北侵蚀构造山地区、湘北冲积平原区及湘中侵蚀剥蚀丘陵区。地貌以山地和丘陵为主，山地面积 1084.9 万 hm^2，占全省总面积的 51.2%（包括山原面积 1.7%）；丘陵面积 326.3 万 hm^2，占 15.4%；岗地面积 293.8 万 hm^2，占 13.9%；平原面积 277.9 万 hm^2，占 13.1%；水面 135.3 万 hm^2，占 6.4%（湖南省地质矿产局，1988）。概略而言，地貌组合特点是"五分山地、三分丘岗、二分平原和水面"。

3. 地 质 演 变

自第三纪末以来的新构造运动在湖南普遍存在，且迹象明显。主要体现为第四纪沉积建造的发育，断裂、隆起、凹陷等构造形态和山地、平原多级剥夷面和河流阶地地貌的发育，以及高程变化，现代文物古迹殁入地下，大量温泉沿断裂带出露等。湖南新构造运动基本分为间歇性不均衡升降运动和断裂运动两大类。

（1）升降运动

从目前地貌形态反映出全省地貌东、西、南三面为山地环绕，它们是喜马拉雅晚期运动强烈上升的结果。这些山地地区中发育了多级夷平面，沿河发育多级阶地，显示地壳间歇性上升；北部洞庭湖地区强烈下降，形成了广阔的第四纪巨厚的堆积平原区。第四纪以来，本区的升降幅度，按周缘阶地标高与第四系沉积厚度估算，可达 430m 以上。因此，第四纪以来，湖南地壳升降是较强烈的，总的格局是西升东降、南升北降。同时，大面积的缓慢抬升和沉降尤为显著，是湖南新构造运动的主要形式，并且具有明显的继承性和间歇性。升降运动形式可分为拱形隆起、掀斜运动及凹陷与断陷，显现于全省范围。

（2）断裂运动

新构造断裂活动分两种，即第四纪成生的新断裂和近期仍继续活动的老断裂。这两种断裂在全省各地皆普遍可见。这些活动性断裂大部分属新华夏系构造成分，部分为华夏系构造部分，少量为东西向构造成分。喜马拉雅晚期以来，两种断裂都显示了不同程度的活动性。

4. 气候环境

湖南位于北纬 24°38′～30°08′，属亚热带，因其处于东亚季风气候区的西侧，受其影响显著，加之地形特点和远离海洋，导致湖南气候为具有大陆性特点的亚热带季风湿润气候，既有大陆性气候的光温丰富特点，又有海洋性气候的雨水充沛、空气湿润特征，表现为冬季寒冷，夏季酷热，春温多变，秋温陡降，春夏多雨，秋冬干旱。湖南气候特点可以归纳为以下四个方面（湖南省气象局，1965）。

1）气候温暖，四季分明。各地年平均气温一般为 16～19℃，冬季最冷月（1月）平均温度都在 4℃以上，春、秋两季平均气温大多为 16～19℃，夏季平均气温大多为 26～29℃。

2）热量充足，雨水集中。湖南年日照时数为 1300～1800h，以洞庭湖为最高，岳阳可达 1840h。热量条件在国内仅次于海南、广东、广西、福建，与江西接近，比其他诸省都好。

3）春温多变，夏秋多旱。春季乍寒乍暖，天气变化剧烈，春季气温虽然逐渐回暖，但受北方冷空气影响，气温时常卒降，并伴随大风、冰雹、暴雨等强对流天气过程发生，冷空气过后，雨过天晴，气温很快回升。常年 6 月下旬至 7 月上旬，除湘西北外，湖南大部分地区雨季结束时，雨日和降雨量都显著减少。年平均降雨量为 1200～1700mm，但时空分布很不均匀。雨季一般为 4—6 月，却集中了全年降雨量的 50%～60%。7—9月各地总降雨量多为 300mm 上下，不足雨季降雨量的一半，加之南风高温，蒸发量大，常常发生干旱。

4）严寒期短，暑热期长。冬季严寒期很短，但冬季较长，且阴湿多雨。夏季时间长，暑热时间也长。

5. 水资源

地表水径流量大，地下水资源充足，全省地表水资源量（天然河川径流量）多年平均1689 亿 m³，地下水资源量多年平均 387.6 亿 m³。湖南淡水面积达 1.35 万 km²，水资源总量为全国第六位，人均占有量为 2500m³，略高于全国平均水平，具有一定的水资源优势。

（二）水系概况

湖南北枕长江，长江干流从湖北省石首市踏浪而来，由塔市驿镇进入湖南省华容县，境内蜿蜒163km，经城陵矶口纳洞庭之水，从岳阳市临湘市白沙洲浩瀚东去。全省水系以洞庭湖为中心，湘、资、沅、澧"四水"为骨架，主要属长江流域的洞庭湖水系，约占全省总面积的 96.7%，此外还有少部分直接汇入长江干流、珠江及赣江的水系，流域面积分别约占湖南总面积的 0.6%、2.4%和 0.3%。

湖南河流众多，河网密布，5km 以上的河流有 5341 条（表1），流域面积大于 10 000km²

表 1　湖南省河流概况

（单位：条）

水系	>5km的河流总数	河长				流域面积						
		5~49km	50~99km	100~499km	≥500km	10~49.9km²	50~99.9km²	100~499km²	500~999km²	1000~4999km²	5000~9999km²	≥10 000km²
湘水	2157	2080	53	23	1	1383	257	202	26	19	4	4
资水	771	745	23	2	1	483	81	60	8	6		1
沅水	1491	1436	41	13	1	905	132	135	14	8	2	3
澧水	326	315	7	4		212	41	32	4	2	1	1
东洞庭湖区	83	81	1	1		56	9	5	1			
南洞庭湖区	213	209	3	1		120	20	20	2	1		
西洞庭湖区	86	83	2	1		56	8	6			1	
四口	21	20	1			11	4	1		1		
黄盖湖	29	29				20	2	1				
赣江	16	15	1			8	2	3				
北江	94	90	2	2		55	15	10	2	2		
西江	54	53	1			31	7	4	1			
合计	5341	5156	135	47	3	3340	578	479	58	41	8	9

的河流有 9 条，包括湘、资、沅、澧"四水"干流及湘水支流海洋河、耒水、洣水，以及沅水支流舞水、酉水。常年水面面积 1km² 及以上的湖泊 156 个，大、中型水库 416 座，其中总库容大于 10 亿 m³ 的大型水库有 8 座。湖南主要河流均发源于东、南、西边境的山地；湘、资两大水系自南向北流入洞庭湖；沅水自西南向东北、澧水自西向东、新墙河和汨罗江自东向西分别注入洞庭湖。而长江向洞庭湖分流的"四口"（现为"三口"），则自北向南泄入洞庭湖。洞庭湖接纳"四水""三口"来水，于岳阳市城陵矶汇入长江，形成以洞庭湖为中心的辐射状水系（附图 1，附图 2，见封底环衬）。

1. 洞　庭　湖

洞庭湖为我国第二大淡水湖，汇集湘、资、沅、澧"四水"及湖周中小河流，承接经松滋、太平、藕池、调弦（1958 年冬封堵）四口分泄的长江洪水，其分流与调蓄功能对长江中下游地区防洪起着十分重要的作用。湖区包括荆江河段以南，湘、资、沅、澧"四水"尾闾控制站以下，海拔高程在 50m 以下，跨湘、鄂两省的广大平原、湖泊水网区，湖区总面积 19 195km²（其中湖南省内面积 18 780km²），其中天然湖泊面积约 2625km²，洪道面积 1418km²，受堤防保护面积 15 152km²（其中湖南省内面积 14 641km²）（窦鸿身等，2000）。

洞庭湖全盛时期（1852 年），其天然湖面积达 6000km²。明代嘉靖年间，荆江大堤形成整体，仅留太平和调弦两口分流，1860 年和 1870 年大水，冲开藕池和松滋两口，形成了四口分流的局面。由于洪水泥沙沉降、淤积，天然湖面逐年缩小，至 1949 年保留湖面面积 4350km²，湖容 293 亿 m³。新中国成立以后，湖区进行了 3 次大的围垦。20 世纪 50 年代后期是围垦外湖最快时期，总面积超过 600km²；此后，分别于 60 年代和 70 年代进行了两次大的围垦，1978 年水面仅剩 2691km²。1967 年、1969 年分别对长江中洲子、上车湾实施人工裁弯，1972 年沙滩洲发生自然裁弯。其后，裁弯段及其上游河道河床冲刷，四口分流入洞庭湖的水沙量减少，城陵矶出口河段发生淤积。1997 年长江水利委员会对洞庭湖盆区进行了万分之一地形图量算。经过湖泊面积、容积量算，湖泊总面积 2625km²，其中七里湖 75km²、目平湖 332km²、南洞庭湖 905km²、东洞庭湖 1313km²，总容积 167 亿 m³（窦鸿身等，2000）。

2. 长江四口水系

长江通过松滋、太平、藕池、调弦四口连接洞庭湖，在长江主汛期分泄长江洪水（表 2）。洞庭湖发挥调蓄功能从长江南岸的松滋口开始，经湖北省松滋市、公安县和湖南省安乡县分流进入洞庭湖的洪道。松滋口是 1870 年长江大水冲毁黄家铺堤后形成的，分东、西二支。东支自沙道观以下有部分汇入西支，其后在中河口又与虎渡河连通；西支自狮子口以下有一部分分流入东支。东、西二支汇合后又在湖南境内再分为东、中、西三支，东支又称为大湖口河；中支又名自治局河，尾端又分为两文，一支经五里河连通七里湖，另一支与东支大湖口河汇合，流经安乡后，形成淞虎河流，最后进入目平湖；西支又叫官垸河，尾端分成两支，一支直入七里湖，一支经五里河与自治局河汇合。当澧水涨水大于松滋河来水时，澧水直接经西支官垸河逆流而上流入中支自治局河。因此，西支官垸河与五里河的流向视不同来水，流向不固定。

表 2　湖南省长江四口洪道长度表（引自湖南省洞庭湖水利工程管理局，2005）

	河名	起点	终点	河长（km）	汇入河流
1	中支	澧县青龙窖	南县肖家湾	71	目平湖
2	松滋河 西支	澧县王家汊	澧县张九台	47	松滋中支
3	东支	安乡县下河口	安乡县小望角	43	松滋中支
4	虎渡河	安乡县黄山头（南闸）	安乡县新开口	34	松滋中支
5	东支	华容县殷家洲	华容县流水沟	70	东洞庭湖
6	鲇鱼须河	华容县殷家洲	南县九都	27	藕池东支
7	藕池河 中支	华容县址湖亘口	南县新镇洲	60	南洞庭湖
8	陈家岭河	南县陈家岭	南县葫芦咀	22	藕池中支
9	西支	安乡县新堤拐	南县下柴市	52	藕池中支

　　虎渡河为太平口分泄长江水入湖河道。长江水自太平口分流，经弥陀寺、黄金口、闸口、黄山头节制闸、董家垱至新开口纳松滋东支安乡河后从肖家湾注入澧水洪道。

　　藕池河于 1860 年在长江藕池口大水溃口，形成长江水沙分泄入洞庭湖的水道。水系由一条主流和三条支流组成，跨越湖北的公安县和石首市及湖南的南县、华容县和安乡县。主流即东支，自长江南岸藕池口经管家铺、黄金咀、梅田湖、注滋口入东洞庭湖；西支亦称安乡河，从藕池口经康家港、下柴市与中支合并；中支由黄金咀经下柴市、厂窖，至茅草街汇入南洞庭湖；另有一支沱江，自南县城关至茅草街连通藕池东支和南洞庭湖；此外陈家岭和鲇鱼须河分别为中支和东支的分汊河段（湖南省洞庭湖水利工程管理局，2005）。

　　华容河又名调弦河，曾是调弦口分泄长江洪水水道，1958 年冬堵调弦口。至沿渡河分为西、北两支，北支经潘家渡，西支经护城、钱粮湖农场至罐头尖与北支汇合，至六门闸入东洞庭湖，全长约 60km。

3. 环湖水系

　　环湖水系主要河流有汨罗江、新墙河等。汨罗江发源于江西省黄龙山，于龙门流入湖南省平江县境内，向西流经平江城区，自汨罗市转向西北流至磊石乡，于汨罗江口汇入洞庭湖。汨罗江分为南北两支，南支称汨水，为主源；北支称罗水。汨水、罗水至汨罗市屈谭（大丘湾）汇合称汨罗江。汨罗江全长 253km，流域面积达 5543km²。长乐河以上，河流流经丘陵山区，水系发达，水量丰富。长乐河以下，支流汇入较少。汨罗江为东洞庭湖最大河流。

　　新墙河全长 108km，流经平江、临湘、岳阳 3 县市，为岳阳市境内第二大河。新墙河分南北二源，南源沙港发源于平江县板江乡，北源游港发源于临湘市龙源乡。两源蜿蜒而下，会合于岳阳县筻口镇的三港咀，始名新墙河，由此向西流经新墙、荣家湾，至破岚口入洞庭湖，全流域 2370km²。

4. 湘　　江

　　湘江又称湘水，位于 24°31′N～29°N，110°30′E～114°E，地处长岭之南，南岭之北，东以幕阜山脉，罗霄山脉与鄱阳湖水系分界，西隔衡山山脉与资水毗邻，南自江华以湘江、珠江分水岭与广西相接，北边尾闾区濒临洞庭湖。湘江是长江第五大一级支流，也是湖南省境内最大的河流，发源于湖南省永州市蓝山县紫良瑶族乡野狗岭，沿途经永州市蓝山县、江华县、道县、双牌县，于萍岛与海洋河汇合，后经永州市冷水滩区、衡阳市、株洲市、湘潭市、长沙市至湘阴濠河口注入洞庭湖，与资、沅、澧水相汇，沿东洞庭湖的湘江洪道经岳阳市城陵矶入长江。其间纳入了海洋河、舂陵水、耒水、蒸水、洣水、渌水、涓水、涟水、浏阳河、捞刀河和沩水等主要支流（表3）。湘江干流全长948km，流域面积94 714km²，占全省面积的44.7%。近年来习惯将濠河口至城陵矶113km的湘江洪道归于湘江干流，则湘江干流全长1061km（吴晓春，2015）。

表3　湘江及主要支流

河流名称		发源地点	河口地点	河长（km）	流域面积（km²）
湘水		蓝山县野猪山南	湘阴县濠河口	948	94 714
右岸支流	海洋河	桂林市海洋坪	永州市萍岛	262	12 099
	白水	桂阳县大土岭	祁阳县白水镇	117	1 810
	舂陵水	蓝山县人形山	常宁市茭河口	223	6 623
	耒水	桂阳县烟竹堡	衡阳市耒河口	453	11 783
	洣水	炎陵县枝山脑	衡山县洣河口	296	10 305
	渌水	萍乡市千拉岭	株洲市渌口区	166	5 675
	浏阳河	浏阳市横山坳	长沙市陈家屋场	222	4 665
	捞刀河	浏阳市石柱峰	长沙市洋油池	141	2 543
左岸支流	祁水	祁阳县九塘坳	祁阳县城关	114	1 685
	蒸水	邵东县郑家冲	衡阳市草桥	194	3 470
	涓水	衡山县南岳峰	湘潭市易俗河	103	1 764
	涟水	新邵县观音山	湘潭市湘河口	224	7 155
	沩水	宁乡市扶王山	长沙市望城区新康	144	2 430

5. 资　　水

资水在邵阳县双江口以上分左、右两支。右支夫夷水发源于广西资源县紫金山，流域面积4554km²，河长248km；左支赧水发源于湖南城步苗族自治县茅坪坳，流域面积7149km²，河长188km。两河在邵阳县双江口汇合后称资水，流经邵阳市和新邵、新化、安化、桃江等县，于益阳甘溪港注入洞庭湖。河流长度653km，流域面积28 113km²，其中湖南省内面积26 738km²，占全流域面积的95%；广西境内面积1375km²，占5%（湖南省志总编室，2005）。武岗至小庙头为资水上游，小庙头至马迹塘为中游，马迹塘以下为下游，益阳以下称尾闾。

资水穿流于山地与丘陵之间，受局部地形影响，支流大多短小，集雨面积较小，5km以上的河流821条（表4）。

表4　资水及主要支流

河流名称		发源地点	河口地点	河长（km）	流域面积（km²）
资水		城步苗族自治县巷子界	益阳市甘溪港	653	28 113
左岸支流	蓼水	绥宁县七坡山	洞口县双江口	97	1 141
	平溪	洪江市大湾	洞口县龙潭铺	97	2 269

续表

河流名称		发源地点	河口地点	河长（km）	流域面积（km²）
左岸支流	辰水	隆回县望云山	洞口县铜盆江	88	849
	石马江	隆回县首望亭	新邵县大属庙	76	840
	大洋江	隆回县红岩山	新化县大洋江	91	1 285
	渠江	新化县分水界茶亭	安化县渠江口	99	851
右岸支流	夫夷水	广西资源县紫金山	邵阳县双江口	248	4 554
	邵水	邵东县南冲	邵东县沿江桥	112	2 068
	油溪	新化县盖头山	新化县油溪口	67	719
	敷溪	安化县山溪界	安化县敷溪镇	83.8	1 120
	沂溪	安化县桂岩山	桃江县马迹塘	79.3	571
	桃花江	桃江县柘石塘	桃江县桃江镇	57.2	407
	志溪河	宁乡市新塘湾	益阳市	65	626

6. 沅　水

　　沅水为湖南第二大河，有南北两源。南源龙头江，发源于贵州省都匀市云雾山；北源重安江，发源于贵州省麻江县和福泉市间的牛了山。两源汇合后称清水江，至銮山进入湖南省芷江侗族自治县，向东流经洪江市与渠水会合后始称沅水。沿途接纳巫水、舞水、辰水、㵲水、武水、酉水等支流，于汉寿县坡头注入洞庭湖（表5）。河流全长1033km，湖南境内568km，流域总面积89 488km²，其中湖南省内51 927km²，占全流域的58%。河源至黔城清水江为上游，黔城至沅陵为中游，沅陵以下为下游，德山以下称尾闾。沅水流域四周高原、山地环绕、河网发达、支流较多，5km以上的河流在湖南省境内有1491条，流域面积大于5000km²的有6条。

表5　沅水及主要支流

河流名称		发源地点	河口地点	河长（km）	流域面积（km²）
沅水		都匀市云雾山鸡冠岭	汉寿县坡头	1 033	89 488
左岸支流	舞水	贵州瓮安县云顶山	洪江市黔城镇	444	10 334
	辰水	江口县太子石	辰溪县小路口	313	7 536
	武水	花垣县老人山	泸溪县城关镇	145	3 574
	酉水	湖北宣恩县酉源山	沅陵县城关镇	477	18 530
	深溪	张家界市梳坪垭	沅陵县深溪口	84	398
	洞庭溪	慈利县垭上	桃源县洞庭溪	66	714
	大伏溪	慈利县五里垭	桃源县大伏溪	83	598
	白洋河	慈利县葛家棚	桃源县蒋家嘴	105	1 719
右岸支流	渠水	黎平县地转坡	洪江市托口镇	285	6 772
	巫水	城步苗族自治县巫山	怀化市洪江区	244	4 205
	公溪	绥宁张家冲	会同县塘冲	64	488
	㵲水	溆浦县架枧田	溆浦县大江口	143	3 290
	怡溪	桃源县芦茅山	桃源县怡溪口	91	874

7. 澧　　水

澧水为湖南"四水"中最小的河流。有南、中、北三源,北源为主源,发源于桑植县杉木界,与中、南二源会合于南岔,沿途接纳溇水、溇水、道水和涔水等支流,至津市小渡口注入洞庭湖(表 6)。全长 388km,流域面积 18 496km^2,其中湖南省内 15 505km^2,占全流域面积 83.8%,湖北省内 2991km^2,占 16.2%。桑植南岔以上为上游,南岔至石门为中游,石门、临澧、澧县一带为平原,小渡口以下称尾闾。5km 以上的支流在湖南省内有 326 条。

表 6　澧水及主要支流

	河流名称	发源地点	河口地点	河长（km）	流域面积（km^2）
	澧水	桑植县杉木界	津市小渡口	388	18 496
支流	澧水中源	桑植县八大公山	桑植县赶塔	80	710
	澧水南源	永顺县岁塔	永顺县两河口	59	553
	溇水	鹤峰县七垭	慈利县城关镇	250	5 048
	溇水	石门县泉坪	石门县三江口	165	3 201
	道水	慈利县五雷山	澧县道河口	101	1 364
	涔水	石门县黑天坑	津市小渡口	114	1 188

8. 珠 江 水 系

湖南境内珠江水系主要分布于南部、东南部的南岭山脉和罗霄山脉、雪峰山脉的交汇地带,是珠江干流北江和西江的主要发源地之一,南与广东韶关、广西柳州和贵州锦屏接壤,是我国长江、珠江两大水系的分水岭。

湖南境内珠江水系流域面积约占湖南省总面积的 2.4%,主要分布在郴州市,约 3609.1km^2,其中包括宜章县 2117km^2(县域的全部)、临武县 968.1km^2(县域的 70%)、汝城县 308.8km^2、苏仙区 107.4km^2、北湖区 72.3km^2 和桂阳县 35.5km^2;此外还有永州市江永县 640.3km^2、江华瑶族自治县 121.6km^2 和蓝山县少部分,邵阳市城步苗族自治县 578.1km^2,怀化市通道县 138.8km^2 及靖州苗族侗族自治县的少部分属珠江水系。

郴州市的临武、宜章、汝城和桂东 4 县及苏仙和北湖 2 区,永州市的蓝山县及江华瑶族自治县的一部分所属水系分别经武水、连水、绥江流入北江干流,属北江水系,临武、汝城为北江干流最主要的发源地。武水为北江的一级支流,发源于临武县武源乡,经宜章县,在广东韶关市的坪石后江段称北江,武水实际上属于北江上游江段。永州市江华瑶族自治县和江永县、邵阳市的城步苗族自治县及怀化市的通道侗族自治县和靖州苗族侗族自治县的部分溪河溪流,分别注入西江的桂江、溶江,系西江的发源地之一(廖伏初等,2002)。

湖南境内有北江干流一级支流 1 条即武水,二级支流 26 条,如渼水、长乐河、章水等,三级支流 29 条,四级支流 10 条,非等级支流(溪河)300 多条;有西江干流二级支流 2 条,即浔江、桃水,三级支流 27 条,四级支流 30 多条,非等级支流 300 多条。主要河流见表 7。

表7 湖南境内珠江水系主要河流

水系	河流名称	发源地	境内干流全长（km）	境内流域面积（km²）
北江	武水	临武县武源乡三峰岭北麓	93.5	1470.5
	浈水	汝城县大坪林场上走马坪	22.3	308.8
	长乐河	宜章县莽山白公坳	105.0	1006.0
	章水	郴州市苏仙区仰天河	42.6	357.5
	渔溪	宜章县狮子口	18.2	147.0
	玉溪	郴州市苏仙区永春乡大冲里	24.0	194.9
西江	浔江	城步苗族自治县金童山	55.5	578.1
	桃水	广西恭城瑶族自治县三江乡古木源十八峰	40.0	642.0

9. 赣 江 水 系

湖南境内赣江水系主要分布于郴州市的汝城和桂东2县，流域面积约683.0km²，仅占湖南省总面积的0.3%。主要河流有两条，其中集龙江发源于汝城县土桥乡天柱山，流经汝城县土桥、永丰、益将、集龙等乡，境内全长46.1km，流域面积501.8km²；泉江发源于桂东县桥头乡头子音，境内全长23.9km，流域面积127.9km²（表8）；其余桂东县境内还有东水、寒口大坪巴山水、大地庄川水等小溪河出桂东县后，经遂川县汇入赣江。

表8 湖南境内赣江水系主要河流

河流名称	发源地	境内干流全长（km）	流域面积（km²）
集龙江	汝城县土桥乡天柱山	46.1	501.8
泉江	桂东县桥头乡头子音	23.9	127.9

10. 湖南水库简介

湖南有大（1）型水库8座，分别为东江电站水库、五强溪电站水库、柘溪电站水库、江垭水库、凤滩电站水库、涔天河水库、皂市水库和托口电站水库（表9）；大（2）型水库42座；中型水库366座；小（1）型水库2022座；小（2）型水库11 299座。

表9 湖南大（1）型水库

名称	所在地区	总库容（×10⁴m³）	正常蓄水位（m）
东江电站水库	资兴市	927 000	285
五强溪电站水库	沅陵县	435 000	108
柘溪电站水库	安化县	356 700	167.5
江垭水库	慈利县	174 100	236
凤滩电站水库	沅陵县	173 000	205
涔天河水库	江华瑶族自治县	151 000	256
皂市水库	石门县	143 900	140
托口电站水库	洪江市	138 400	250

二、湖南鱼类研究史

（一）鱼类化石研究

伴随着地球的演变，作为地球生态圈重要组成部分的鱼类，也经历了从低等到高等、从咸水到淡水的一系列进化过程。不同地层中留存下来的鱼类化石，为其自身和生物界其他生物的进化，以及地球的进化提供了最直接、最重要的证据，具有重要的研究价值。目前发现鱼类化石的最古老地层为志留纪地层，距今约 4.4 亿年，普遍认为该时期为鱼类的出现时期。在 4.05 亿～3.50 亿年前的泥盆纪，鱼类已空前发展，并达到繁盛时期，这一时期也被地质学家称为"鱼类的时代"（赵文金和朱敏，2014）。

鱼类化石为古脊椎动物学研究范畴，古脊椎动物学的研究历史不足 200 年，我国起步更晚，不到一个世纪。新中国成立以前，我国鱼类化石研究严重滞后，相关报道较少，湖南鱼类化石研究更是薄弱，仅计荣森（1940）在长沙跳马涧（现为长沙县跳马乡）发现了胴甲类（Antiarchi）化石，此化石被描述为一新种——中华沟鳞鱼 *Bothriolepis sinensis*，此化石是我国泥盆纪地层发现的最早的鱼类化石（黄为龙，1960），开启了我国泥盆纪地层鱼类化石研究的先河。新中国成立后，随着我国国力逐渐强盛，鱼类化石研究不断取得新成果。湖南省内发现鱼类化石的区域不断增多（表 10），由最初的跳马涧，到临澧、湘乡、新化、衡南、祁阳、澧县，范围不断扩大，地层涵盖古生代、中生代和新生代，种类也涵盖原始的盔甲类（如湖南大庸鱼 *Dayongaspis hunanensis*），盾皮类（如细纹石门鱼 *Shimenolepis graniferus*、中华王氏鱼 *Wangolepis sinensis*），软骨鱼类（如黄泥塘弓鲛 *Hybodus huangnidanensis*、平刺新中华棘鱼 *Neosinacanthus planispinatus*），硬骨鱼类（如湖南似粒鳞鱼 *Plesiococcolepis hunanensis*、秀丽衡南鱼 *Hengnania gracilis*），并建立了众多新属种，例如，临澧骨唇鱼 *Osteochilus linliensis*（唐鑫，1959）、秀丽洞庭鳜 *Tuntingichthys gracilis*（刘东生等，1962）、湖南骨唇鱼 *Osteochilus hunanensis*、下湾铺洞庭鳜 *Tuntingichthys hsiawanpuensis*、湖泊剑鲃 *Aoria lacus*（郑家坚，1962）等。湘西志留纪地层中的湖南大庸鱼是最原始的低等无颌类，在发现之初是我国地质时代最早的海生早期脊椎动物化石，并论证了我国的盔甲鱼类发生在近岸前海地区，而不是大陆浅水盆地（潘江和曾祥渊，1985），该化石也是至今湖南发现的最古老鱼类化石。

表 10　湖南境内的鱼类化石

地层		学名	化石地点	参考文献
古生代	志留纪	*Dayongaspis hunanensis*	张家界市	潘江和曾祥渊，1985
		Dayongaspis cf. *Dunyn xiushanensis*	保靖县	潘江，1986
		Konoceraspis grandoculus	张家界市	Pan，1992
		Chuchinolepidae gen. et sp. indet.	澧县	王俊卿，1991
		Shimenolepis graniferus	澧县	王俊卿，1991
		Wangolepis sinensis	张家界市	潘江，1986；Zhu，2000
		Chondrichthyes gen. et sp. indet. (*Acanthodes* sp.)	张家界市	曾祥渊，1988
		Tarimacanthus bachuensis	张家界市	曾祥渊，1988；Zhu，1998

续表

地层		学名	化石地点	参考文献
古生代	志留纪	*Sinacanthus wuchangensis*		
		Sinacanthus sp.		
		Neosinacanthus planispinatus		
		Neosinacanthus sp. 1		
		Neosinacanthus sp. 2		
		Eosinacanthus shanmenensis		
		Hunanacanthus lixianensis	澧县	刘时藩，1997
		Neosinacanthus sp.		
		Sinacanthus sp.		
		Chondrichthyes gen. et sp. indet.（*Acanthodes* sp.）	龙山县	湖南省地质矿产局，1997
	中泥盆纪	*Bothriolepis sinensis*	长沙县跳马涧	Chi，1940
		Bothriolepis sinensis	湘潭市	Chi，1940
		Bothriolepis sinensis	长沙县跳马涧	潘江，1957
		Bothriolepis sp.	湘潭市	潘江，1957
		Hunanolepis tieni	长沙县跳马涧	潘江和王士涛，1978
		Guangxietalichthys tiaomajianensis	长沙县跳马涧	姬书安和潘江，1997
	二叠纪	*Dorypterus* sp.	新化县	刘宪亭和曾祥渊，1964
中生代	侏罗纪	*Plesiococcolepis hunanensis*		
		Semionotidae indet.		
		Amiiformes indet.	衡南县	王念忠，1977a
		Hengnania gracilis		
		Archaeomaeniade indet.		
		Ceratodontidae indet.		
		Hybodus huangnidanensis	祁阳市	王念忠，1977b
		Coccolepididae indet.		
新生代	新第三纪	*Osteochilus linliensis*	临澧县	唐鑫，1959
		Tuntingcchthys gracilis	临澧县	刘东生等，1962
	始新纪	*Osteochilus linliensis*		
		Osteochilus hunanensis		
		Tuntingcchthys hsiawanpuensis	湘乡市	郑家坚，1962
		Aoria lacus		
		Scleropages sinensis	湘乡市	Zhang，2017

　　古地理学研究也表明，在三叠纪（或侏罗纪初）的印支运动以前，湖南靠近古海岸，

地势北高南低，海水从南部侵入（田奇瑰，1943；马延英，1938，1941），志留纪、泥盆纪发现的古老鱼类化石，均为灭绝种类，根据同地层发现的其他生物，可以推断其全部为海洋生物，至今，桑植、花垣等湘西地区依然出产海洋螺类化石。印支运动之后，亚洲大陆整体抬升，湖南也逐渐退居内陆，湖南新生代地层发现的鱼类化石，虽无现存，但均为淡水鱼类。

　　我国对鱼类化石的研究起步较晚，但我国古籍对鱼类化石的记载却较早。据李仲钧（1974）先生考证，我国古籍中最早记录鱼类化石的，首见于战国后期的《山海经》，距今已 2000 多年。而记载湖南湘潭产鱼类化石的古籍，首见于《太平御览》（引自《后汉书》中的《郡国志》，《郡国志》部分内容遗失，传世版无此部分内容），《郡国志》距今已 2000 年，《太平御览》也已 1000 多年。其中有"湘水边有石鱼山，本名玄石山，高八十余丈，石色黑，而重叠若云母，每发一重，则有自然鱼形，有若刻画，长数寸，烧之作鱼骨腥"的记载。此外还有《古逸丛书》《荆州记》《南越志》《水经注》等书有相同或相近的文字记载，而又以《南越志》记载最为准确，其上记载"衡阳湘乡县有石鱼山，下多玄石。石色黑，而理若云母，发开一重，辄有鱼形，鳞鳍首尾宛然刻画，长数寸，鱼形备足，烧之作骨腥，因以名"，足见我国渔文化之博大精深，源远流长。

（二）鱼类考古研究

　　湖南是我国发现鱼类遗存较多的省份之一。根据考古发现，早在新旧石器时代过渡期，湖南地区的古人就已存在捕鱼活动。道县玉蟾岩遗址为典型的洞穴遗址（距今21 000～13 800 年），出土了青鱼、草鱼、鲤、鳡及鲌科等多种栖息于水体中下层鱼类的骨骼[袁家荣[①]（见：严文明和安田喜宪，2000）]；此类鱼类骨骼粗大，均为大个体鱼类，捕捞大鱼较捕捞小鱼除对捕捞者自身因素（如体力）要求更高外，对捕捞技术要求亦更高，这也表明当时的古人已掌握了较高的捕鱼技术（莫林恒，2016）。而到了新石器早期，捕捞技术更趋成熟，澧县八十垱遗址（距今 8600～7600 年）出土了青鱼、草鱼、鲤、鲇、黄颡鱼、乌鳢等鱼类骨骼[袁家荣（见：湖南省文物考古研究所，2006）]，其捕捞种类更为丰富；而捕捞技术进步的更重要标志是网具的使用，洪江市安江镇高庙遗址（距今7800～6800 年）下层出土了大量亚腰型石网坠，且遗址位于沅水天然渔场附近，表明当时的古人已掌握了鱼类的部分生物学习性（如迁徙、鲢喜跳跃等），在鱼类迁徙途经地的浅水区，采用网具捕捞迁徙群体（莫林恒，2011a，2011b）。史前人类这种根据鱼类生物学习性进行的捕捞活动的行为为后来人类驯养鱼类积累了宝贵的生产经验。在 2000 多年前的西汉初期，鱼类已成为当时人们的主要食物来源之一。马王堆一号汉墓随葬动物中，发现有鲤、鲫、刺鳊（似鳊）、银鲴、鳡和鳜 6 种鱼类的遗存（余斌霞，2011）。

（三）鱼类研究历史

　　河南安阳出土的 3400 多年前的殷墟甲骨文上就有"贞其雨，在圃渔"及"在圃渔，十一月"的养鱼及捕鱼记载，之后的《易经》、《礼记》、《诗经》、《尔雅》等古籍也都有许多鱼类及渔业方面的记载（李思忠，2017），但多属简单记录，仅有名称或简单描述，

---

　　① 此为章节作者，全书同。

无产地等信息。而最早的、明确记载湖南鱼类的古籍，应为战国晚期吕不韦主编的《吕氏春秋》（距今 2200 多年），其《孝行览·本味》中有"鱼之美者，洞庭之鱄"的记载。清代修纂的湖南省志及府、厅、县志中，多数将鱼类列入其中《物产》的鳞属。最早系统记述湖南鱼类的方志应属清康熙年间徐国相和宫梦仁修纂的《湖广通志》，以及同时期席绍葆和谢鸣谦修纂的《辰州府志》，其中《湖广通志》记录湖南鱼类 6 种（类），而《辰州府志》则记录辰溪地区鱼类多达 46 种（类）（表 11）。

表 11 湖南省志及地方志记录湖南鱼类情况

序号	年代	书名	编者	记录湖南鱼类种类
1	战国晚期	《吕氏春秋》	吕不韦	鱄
2	明万历	《桃源县志》	李征纂、郑天佑	鲤、鲭、鳜、鲌、鲩、鮀、鲢、鲫、鳊、鳇、鲛、鲥、鲇、鯮、鲟、鳢、红白鱼、黄公鱼、排鲤，共 19 种
3	明万历	《新宁县志》	沈文系	鳅、鲤、鲭、鲫、草鱼、鲢、鲥、鳜、黄尾鱼、白鱼、鳢、鲩，共 12 种
4	明万历	《慈利县志》	陈光前	鲤、鲫、鳜、鲢、鳅、鳢、鳢，共 7 种
5	清康熙	《湖广通志》	徐国相、宫梦仁	河豚、文鱼、面条鱼、刀鱼、鮰、石鲫，共 6 种
6	清康熙	《湘乡县志》	刘象贤、刘履泰	鳙、鲢、鲤、草鱼、鲫，共 5 种
7	清康熙	《耒阳县志》	张应星	鲤、鲫、鲢、鳅、鳝、草鱼、雄鱼、斑鱼、鲥、青鱼、季鱼、鳊、横鱼、金鱼，共 14 种（类）
8	清雍正	《黔阳县志》	王光电、张扶翼	鲤、鲢、鲭、鲉、鳊、鲂、鳜，共 7 种
9	清乾隆	《岳州府志》	黄凝道、谢仲坑	鲤、鲩、鲢、鳙、鳜、鲥、鲭、鲥、鲫、鲟鳇、鳝、鲉、鯮、鼾、鮰、鳒鲦、白鱼、金鱼、银鱼、文鱼、黄颡、重唇、面条鱼、荷叶鱼、毛鰕、鳝、鰕，共 27 种（类）
10	清乾隆	《平江县志》	谢仲元	鲤、鲩、鲢、鳙、鳅、鲭、鲥、鲫、鲤、鲦、白鱼、金鱼、重唇、鲜、鰕，共 15 种
11	清乾隆	《长沙府志》	吕肃高、张雄图、王文清	鲥、鲩、鲂、针鱼、鲤、鲢、鲫、鲩、乌鲤、鲭、鳜、草鱼、鯮、鳙、黄鱼、黄颡、乌鱼、白鱼、鲚、鳅、鳝、鳊、鲥、竹鱼，共 24 种（类）
12	清乾隆	《湘潭县志》	狄如焕	鲥、鲩、鲂、针鱼、鲦、鲤、鲢、鳙、鲫、鲩、乌鱼、鲭、鳜、草鱼、鯮、黄鱼、黄颡、乌鲤、白鱼、鳢、鳅、鳝、鳊、鲥、竹鱼、江豚，共 26 种（类）
13	清乾隆	《衡州府志》	饶佺、旷敏本	鲥、鲤、鳙、鲩、鲭、鳜、鲫、鲥、鳅、鳝、鰕，共 11 种
14	清乾隆	《衡阳县志》	李德、陶易	鲢、鳙、鲤、鲩、鲭、鲫、鳅、鲥、鳢、鯮、鳜、鳊、鳗、白鲜、鳢、鲥，共 16 种
15	清乾隆	《祁阳县志》	旷敏本、李薲	鲤、鳙、鲢、鳜、鲩、鲫、鳢、鲉、鲂、鳜、竹鱼、白鱼、鳝、鲍、鳝、鳗鲡、鲥，共 17 种
16	清乾隆	《永兴县志》	狄如焕	鲤、鲭、鲥、鲫、鲜、鳅、鲢、鲴、鳝、锦鳞鱼，共 10 种

续表

序号	年代	书名	编者	记录湖南鱼类种类
17	清乾隆	《桂阳县志》	朱有斐、凌鱼	鲤、鲢、鲫、鳝、鳟、鳅、黄颡、鲇、鲜，共9种
18	清乾隆	《辰州府志》	席绍葆、谢鸣谦	鲤、鲩、鲢、鲈、鳜、鲫、鲨、鲂、鲇、鳢、鲭、鳗、鳢、鲛、狗鱼、鳇、鳙、鲳、白鲦、鳡、鲦、鲉、鮰、鳗、鲝、鳝、鳍、魟、金鱼、鲵、阳公鱼、旁皮鱼、黄阳鱼、麦黄鱼、牛尾鱼、傍岸鱼、白鱼、路鱼、鳔子鱼、红旗子鱼、蓝道子鱼、土钩、石鲵、黄尾、芝麻鱼、鲴，共46种（类）
19	清嘉庆	《沅江县志》	陶澍、唐古特	鲤、鳜、鲭、鲵、白鱼、鲩、鲢、鳙、鳢、鲇、魟、鲝、鳊、鲫、鳅、鳝、鰕、鲥、鳗、鲴、花鱼、银鱼、金鱼，共23种（类）
20	清嘉庆	《常德府志》	应先烈、陈楷礼	银鱼、鲤、青鱼、草鱼、白鱼、鳜、鳙、鲇、魟、鲢、鳢、鲵、鳊、鲫、鲥、花鱼、鳗、鳝、鳅、鲴、鲝、鱵、金鱼，共23种（类）
21	清嘉庆	《石门县志》	梅峄、苏益馨	石鲫、重唇、红板鲦，共3种（类）
22	清嘉庆	《郴州总志》	朱偓、陈昭谋	鲤、鲢、鳙、鳜、鲫、鳢、鲂、鳈、鳅、鳝、鳍、鲛、狗鱼、黄颡鱼，共14种（类）
23	清嘉庆	《桂东县志》	曾钰、林凤仪	鲤、鲢、鲜、鳙、沉香鱼、鳜、鳅、鳝（黄白二种）、鲛、鲌鰔、称星鱼、狗鱼，共13种（类）
24	清嘉庆	《嘉庆宁远县志》	曾钰	白鳝、鲫、鳅，共3种
25	清嘉庆	《永定县志》	王师麟、熊国夏、金德荣	鲤、鲢、鳙、鲩（青白二种）、鲫、鳊、鳜、鲭、金鱼、白鱼、黄颡鱼、鳟、鳆鱼、鳢、鳖、阳鱼、针上鱼、面条鱼、魟（鮛魟）、鳍、鲜、交刺鱼、绿毛鱼，共24种（类）
26	清道光	《洞庭湖志》	陶澍、万年淳	鲫、银鱼、鳜、鲤、鳢、鲨、鳇、鲂、鲟、鲭、鲔、鲵、鳜、鲔、鳢、鳙、鲢、鳗、鲦、鳢、鳅、鳊、鳝、河豚、石首鱼、茅叶鱼、面条鱼、鲥，共28种（类）
27	清道光	《永州府志》	吕恩湛、宗绩辰	鲂、鲤、鲟、鳙、鲩、鲭、青鲸、鲫、泥鲫、荷包鲫、鳜、白鱼、鲛、鳗、鳠、杆子鱼、竹鱼、鲉、鳑鲏、堆鱼、金鱼、师公岥、彪鱼、鲸、鮡、鳢、鳢、鲵、鳖、鳝、鳍、鲇、鳗鲡、土布鱼、油鱼、暴眼鱼、黄姑鱼、黄鲴，共38种（类）
28	清道光	《宝庆府志》	黄宅中、张镇南、邓显鹤	鳌头鱼（棉花条）
29	清道光	《道光重辑新宁县志》	张德尊、安舒	鲤、鲫、金丝鲤、月月鲫、鲭、鲢、鲩、贵鱼、横鱼、虾鱼、鳢、鳅、鳝，共13种（类）
30	清道光	《晃州厅志》	冯师元、石台	鲤、鲢、鳜、鲂、岩鳊、青、鲫、鲇，共8种（类）
31	清道光	《凤凰厅志》	黄应培、孙均铨、黄元复	鲤、鲢、鲈、鲫、鲇、鳗、鳢、鳙、白鲦、鲦、鲉、鳝、鳍、魟、金鱼、鲵，共16种（类）

续表

序号	年代	书名	编者	记录湖南鱼类种类
32	清同治	《益阳县志》	姚念杨	鲤、鲢、鳊、鲋、鳗、鳜、鲂、鳢、鲇、鲩、鲫、鳢、黄颡、青鱼、白鱼、乌鱼、银鱼、金鱼、资水鱼、鳝、鳅、鰕，共22种（类）
33	清同治	《安化县志》	何才焕撰、邱育泉	鲤、鲩、鲂、鲂、鲋、鲇、鳝、鳅、金鱼，共9种（类）
34	清同治	《临湘县志》	刘采邦	鲤、鳢、鮪、鳜、鲫、鳊、鲮、鳠、鲇、鲧、鳝、银鱼、文鱼、鲋、鰕、青鱼、白鱼、黄鳝，共18种（类）
35	清同治	《平江县志》	张培仁、李元度	鲤、鲩、鲭、鲢、鳜、鲭、鲇、鲫、鳇、鲦、白鱼、金鱼、重唇鱼、鳝、鳅、鰕、八须鱼、石扁头鱼，共18种
36	清同治	《沅洲府志》	张官五、吴嗣仲	鲤、岩鲤、鲢、鳜、鲂、岩编、青鱼、鲫、鲇、鲉，共10种（类）
37	清同治	《湘乡县志》	黄楷盛、齐德五	鳙、鲢、鲭、鲩、鳊、鲤、七星鱼、鲇、鳝、鳅、鲫、鲦、鳜鲭、鳜、鳖、鲸、鳠，共17种（类）
38	清同治	《直隶澧州志》	魏曾凤、黄维瓒	鲤、鲢、鳙、鲩、鲫、岩鲫、鳊、鲭、鳜、金鱼、嘉鱼、白鱼、鲦、阳鯮、黄颡鱼、鳠、鳢、鳗、鳠、小鱼、针工鱼、鲮（鮇）、面条鱼、银鱼、文鱼、交刺鱼、重唇、双鳞、阳鱼、绿毛鱼、鳢、鳖、荷叶鱼、鲵、珠鳖、河豚、鳗鲡、鳝、魟（鮏）、鰶，共40种
39	清同治	《保靖县志》	袁祖绶、林继钦	鲤、鲢、鳜、鲫、脂麻鱼、鳝、孩儿鱼、鳅、魟、金鱼，共10种（类）
40	清同治	《新修麻阳县志》	刘士先、姜钟琇	鲤、岩鲤、鲢、鳜、鲂、鲫、鲇、鲉、岩编、青鱼、鲨，共11种（类）
41	清同治	《芷江县志》	盛一林、盛庆绂	鲤、岩鲤、鲢、鳜、鲂、岩编、青鱼、鲫、鲇，共9种（类）
42	清同治	《黔阳县志》	刘希关、陈玉祥	鲤、鲢、鲫、青鱼、鳜、鲩、鲂、鳝、鲇、鲉、鳅鰕，共10种（类）
43	清同治	《永顺府志》	郭鉴裹、魏式曾	桃花鱼、鲤、鲢、鳜、鲫、鳝、魟、鳅、金鱼，共9种（类）
44	清同治	《桑植县志》	周来贺	阳鱼、鲇、油鱼、石鲫、花鱼、鲢、鲤，共7种（类）
45	清同治	《续修慈利县志》	魏湘、秘有庆	鲤、鲢、鲩、鲫、岩鲫、鳊、鲭、鳜、金鱼、鲇、鲋额、阳鯮、黄颡鱼、鳢、鳠、重唇、双鳞、阳鱼、绿毛鱼、鲵、鳝、魟、鳖、鰕、阴鱼，共25种（类）
46	清同治	《城步县志》	戴联壁、盛镒源	鲤、鲢、草鱼、鲫、青鱼、贵鱼、鳝，共7种（类）
47	清同治	《绥宁县志》	龙凤翯、方傅质	鲤、鳞、鲢、鲫、鲜鲇、鳝、鳅、金鱼、鳗、鰕，共10种（类）

续表

序号	年代	书名	编者	记录湖南鱼类种类
48	清同治	《沅陵县志》	许光曙、守忠	鲤、青鱼、草鱼、鲢、鳜、乌鱼、鲇、鲈、鳊、鲫、鲨、刀鱼、鳙、黄鲹、鲥、白鲦、黄颊鱼、鲳鲹、鮧、魟、鮴、鳗、阳鱎、鳡子鱼、鳟、鲻、脂麻鱼、旁皮鱼、针口鱼、牛尾鱼、鲍、路鱼、鳝、鲩、鳅、嘉鱼、阳公鱼，共37种（类）
49	清同治	《石门县志》	申正扬、林葆元	鲤、鲢、鳙、鳟、鲩、鳜、鲫、鳜、鳢、鮗、鲤、鳝、鲂、鲭、鲦、鮶鮟、打船钉、魟、鲍、金鱼，共20种（类）
50	清同治	《新化县志》	刘洪泽、关培均	鲤、鲩、鳟、鲂、鳙、鲂、鲫、鳟、鳑鲏、石鲫、鰕、青鱼、鳜、鮂、鳢、鯮、鳜、白小、印鱼、鲇、鲮、鲍、鲫、鳗、鳀、鳝、鳋、魟、夸口鲌、鲌、阳鱎、鲦，共32种（类）
51	清同治	《长沙县志》	刘采邦、张延珂	鲥、鲂、鲤、鳙、鲢、鲫、鳟、鳑鲏、鰕、青鱼、鳜、鳢、鯮、鳜、鲇、鲍、鳝、鳗鲡、鳝、鲌、鲦、鲩、黄颡鱼、金鱼、鍼鱼，共25种（类）
52	清同治	《浏阳县志》	王汝惺	蓑衣鱼，共1种（类）
53	清同治	《茶陵县志》	谭钟麟、梁葆颐	鲤、鲩、鲢、鲫、鳙、鲇、鳢、鳅，共8种（类）
54	清同治	《醴陵县志》	江晋光、徐淦	鲤、鲫、鳙、鲢、鲩、鲇、鳝、鳝、鲦、鳢、鳊、鰕、青鱼、白鱼、金鱼，共15种（类）
55	清同治	《桂东县志》	郭歧勋、刘华邦	鲤、鲢、鮗、鳙、沉香鱼、鳜、鳅、鳝、鲛、鲌、鮂、称星鱼、狗鱼，共12种（类）
56	清同治	《桂阳直隶州志》	王闿运	桃花鱼、鲤、鲢、鳜、鲫、鳝、呱呱鱼、魟、鳝、金鱼，共10种（类）
57	清同治	《江华县志》	郭歧勋、刘华邦	草鱼、白鲢、红鲢、金鱼、斑鱼、鲫、鲭、鯮、鲂、鳅、鳝、鳜、鲇、鳊、鲤，共15种（类）
58	清同治	《酃县志》	谭培滋	鲤、鲭、鲩、鲫、鳜、鳎、鳊、青丝、沙黄、黄尾、鳅、鳝、鳙、罗浮，共14种（类）
59	清同治	《清泉县志》	张修府、王开运	鲤、鳜、鲫、鲢、鳙、鲇、鳊、鲩、鲭、鳢、鳝，共11种（类）
60	清光绪	《湖南通志》	卞宝第、李瀚章、曾国荃、郭嵩焘	鲥、罗浮鱼、荷包鲫、五色鲤、鳟、重唇鱼、范蠡鱼、鲲鱼子、文鱼、银鱼、河豚、鲝、鮰、鲨、桃花鱼、鳢、魟、石鲫、重唇、双鳞、黄鱼，共21种（类）
61	清光绪	《巴陵县志》	姚诗德、郑桂星、杜贵墀	鲫、鲟、银鱼、河豚、江豚、文鱼、鮰、凤尾鱼、马角鱼、鲥、鳊、鳜，共13种（类）
62	清光绪	《华容县志》	孙炳煜	鳟、范蠡鱼、银鱼、鲦、鲤，共5种（类）
63	清光绪	《湘阴县图志》	郭崇焘	鲤、鲩、鳟、鲟、鲂、鳍、鱎、鲦、鲭、鳜、鳢、鰕、鳢、鳀、鲨、鲝、鳢、鲥、白小、纹鱼、鲩、鳝、鳗鲡、鰕，共24种（类）

序号	年代	书名	编者	记录湖南鱼类种类
64	清光绪	《桃源县志》	梁颂成	鳢、鲤、鲭、鱿、鳜、鳀、鲴、魟、鲢、鳙、鳢、鲂、鲋、鲥、鳗、鳝、鳅、金鱼、河豚、鲨，共20种（类）
65	清光绪	《善化县志》	吴兆熙、张先抡	鲤、鲢、鲋、鲭、草鱼、鳊、鲫、游鱼、乌鱼、鳢、鳜、鲇、鲴、鳗、鳡、白鱼、白鳝、黄鳝、鳅、黄颡、鳑鲏鲫、金鱼，共22种（类）
66	清光绪	《耒阳县志》	于学琴	鲤、鲢、鳙、鲩、鲭、鲦、鲫、鳗、鳊、鲢、鲇、鳢、金鱼、鳝、鳅、鲨，共16种（类）
67	清光绪	《永兴县志》	李献君、吕凤藻	鲤、鲢、草鱼、鲫、鲭、鲇、鰕、鳅、鳝、鳊、金鱼，共11种（类）
68	清光绪	《邵阳县乡土志》	姚炳奎、上官廉	鲤、鲫、鲂、鲩、鲩、鲭、鲇、鳟、鳝、鳜、鰕、鳢、鳗、鳟、鳑、墨线鱼、白雪鱼、鲉、狮头鱼，共19种（类）
69	清光绪	《新宁县志》	张葆连、刘坤一	鲤、鲩、鲩、鲭、鲂、鲇、鲫、鲇、鳜、鳢、鳡、鳗、鳚、鲵、鳟、鰕、鳝、鳟、鳟、鲉、阳鲬、狮头鱼、桃花鱼，共23种（类）
70	清光绪	《兴宁县志》	郭树馨	鲤、鲫、鲦、鲢、鳑、鳜、鲩、鳜、鲭、青鱼、鳅、鳝、鰕、鲋、鲇、黄颡鱼、金鱼，共17种（类）
71	清光绪	《零陵县志》	刘沛馨、嵇有庆	鲤、鲋、鳜、鲫、鲢、鳙、鳊、鲩、鲭、鳝、鲩、鳜、鲦、旁皮鱼、鳟、鳢、鲍鲇、鳑、师公鲏、油鱼、黄姑鱼，共21种（类）
72	清光绪	《乾州厅志》	林书勋	鲤、鲢、鳜、鲫、鲨、鲂、鲇、鲭、鳗、鳢、白鲦、鲦、鲉、鲵、鳗、鲨、鳝、鳟、金鱼、阳公鱼、旁皮鱼、麦黄鱼、傍岩鱼、白鱼、路鱼、鳔子鱼、蓝道子鱼、土钩、石鲩，共29种（类）
73	清光绪	《道州志》	李镜蓉	鲤、鲢、鲫、鲭、鳜、鲸、鳅、鳝、鳢、鰕、乌鱼、草鱼、白鳝、竹鱼，共14种（类）
74	清光绪	《靖州直隶州志》	吴起凤、唐际虞、黄德基、关天申	鲤、青鱼、草鱼、鲢、鲫、鳝、鳜、鳅、鳊、白鳝、红鱼、三尾鱼、白鱼，共13种（类）
75	清光绪	《会同县志》	孙炳煜	鲤、鲢、草鱼、鲫、青鱼、鲇、鲦、白鱼、鳜、鲑、鳊、沙钩、鳝，共13种（类）
76	清宣统	《永绥厅志》	董鸿勋	羊角、签签鱼、爬岩鱼、鲫、鰕、黄刺骨鱼、鰕子、乌鳢、鲤鲨、鲭、鲫、鲦，共12种（类）
77	民国	《民国岳阳风土记》	范致明	鳇鱼子，共1种（类）
78	民国	《安乡县志》	王燡	鲤、鲢、膨头、鲩、鲫、鳊、鲭、鳜、金鱼、嘉鱼、鲖、白鱼、鲦、黄颡鱼、鳟、鳢、鳗、鳜、鲨、针工、白小、银鱼、文鱼、鳝、魟、鳟、鰕，共27种（类）
79	民国	《宁乡县志》	周震鳞、刘宗向	鲳、鲦、鳟、鲨、鳚、八须鲇、秤星鱼、靴蒿子，共8种（类）

序号	年代	书名	编者	记录湖南鱼类种类
80	民国	《醴陵县志》	陈鲲、刘谦	鲩、鲢、鲤、鳙、鲭、鲫、鳊、鲇、黄颡鱼、黄鲴、鳢、鲦、鳜、鳡、鳗、鳗鲡、鳝、鳍，共18种（类）
81	民国	《弘治衡阳县志》	刘熙重	鲤、鲩、鲭、鲢、鲫、鳊、鲏、鳜、鲇、鲔、鳅、鳝、鲦、鲸，共14种（类）
82	民国	《民国汝城县志》	范大湵、陈必闻	鲤、鲢、鲏、鳜、鲇、鲫、青鱼、鲂、鳍、鳝、白鲦、鳢、银鱼、稻香鱼、鰕、沈香鱼，共16种（类）
83	民国	《蓝山县图志》	雷飞鹏、邓以权	鲤、白鲢、鳝、白鳝、鳅、鲫、狗鱼、鳊、鳜、石斑鱼、鲢、水鳅、斑鱼、称星鱼、油鱼、沙鳅、草鱼、金鱼、师公婆、白鱼尾，共20种（类）
84	民国	《宜章县志》	曹家铭、邓典谟	鲤、鲢、草鱼、鳝、白鳝、鳅、鲫、鳊、鳜、鲚、黑鲢、秤星鱼、斑鱼、金鱼、青鱼、白鱼，共16种（类）
85	民国	《嘉禾县图志》	雷飞鹏、王彬	草鱼、雄鱼、鲋、鲭、鳜、鳗、鲦、红尾鱼、鲢、鳍、鳝、鰕、鲫，共13种
86	民国	《永定县乡土志》	侯昌铭、王树人	鲤、鲢、鲩、鲫、鳊、鳜、黄颡鱼、泉鱼、鳝、鳍，共10种（类）
87	民国	《民国溆浦县志》	舒立淇、吴剑佩	鲤、鳜、鲫、鳊、白鱼、麦黄鱼、横子鱼、红发子、羊角鱼、鲢、草鱼，共11种（类）

　　古籍中关于鱼类的记载描述为湖南鱼类的研究提供了重要参考。其对鱼类的描述手法多样，有记录产地，如《湖广通志》中有"鳖甲、铁、河豚俱出巴陵""石鲫出慈利，重唇、双鳞常至东阳潭止，不过石门县"。有描写鱼类神话传说，如《永州府志》中有"永州东北昔有人得白鳝，将烹，忽有老叟曰此湘江之龙，恐致祸，宜勿杀，其人不听，竟食之。次日水至一村，皆湮没……白鳝多蛟蛇所化，亦有不洁之物……"；《山海经》中有"黑水……其中有鱄鱼，其状如鲋而彘毛，其音如豚，见则天下大旱"。描述鱼类的诗文亦众多，如《湖广通志》中有"鮰，无鳞骨，东坡诗'粉红石首仍无骨，雪白河豚不药人。寄语天公与河伯，何妨乞与水精鳞'"；《常德府志》中有"白，《旧志》：少陵诗'白鱼切如玉'"；《平江县志》中有"重唇鱼，宋黄诰诗'林深鸣百舌，溪暖跃重唇'"；《直隶澧州志》中有"鳊，一作鯾，……杜甫诗'即今耆旧无新语，漫钓槎头缩项鯿'……"；唐李商隐作诗《洞庭鱼》"洞庭鱼可拾，不假更垂罾。闹若雨前蚁，多于秋后蝇。岂思鳞作簟，仍计腹为灯。浩荡天池路，翱翔欲化鹏"；《湖南通志》中有"郴州北湖多鱼，……韩作《叉鱼招张功曹》诗云'叉鱼春岸阔，此兴在中宵。大炬然如昼，长船缚似桥。深窥沙可数，静搒水无摇。刃下那能脱，波间或自跳。中鳞怜锦碎，当目讶珠销。迷火逃翻近，惊人去暂遥。竞多心转细，得隽语时嚣。潭罄知存寡，舷平觉获饶。交头疑凑饵，骈首类同条。濡沫情虽密，登门事已辽。盈车欺故事，饲犬验今朝。血浪凝犹沸，腥风远更飘。盖江烟幂幂，拂棹影寥寥。獭去愁无食，龙移惧见烧。如棠名既误，钓渭日徒消。文客惊先赋，篙工喜尽谣。脍成思我友，观乐忆吾僚。自可捐忧累，何须强问鸮'""慈利安福二县出石鲫鱼、重唇双鳞游不出境……唐李群玉石门东阳潭鲫鲙诗'锦鳞衔饵出清涟，暖日江亭动鲙筵。叠雪乱飞消箸底，散丝繁洒拂刀前。

太湖浪说朱衣鲋，汉浦休夸缩项鳊。隽味品流知第一，更劳霜橘助芳鲜'"。讲述鱼的味道或可食性的，如《岳阳风土记》中有"岳州人极重鳇鱼子，每得之，瀹以皂荚水，少许盐渍之即食，味甚甘美"；《湖广通志》中有"文鱼，……味甘美……"；《辰州府志》中有"鲩……形长，身圆，肉厚，而味最美"；《直隶澧州志》中有"河豚鱼……大毒，食之杀人，湖中间有之，烹者须尽弃腹之子，目之睛，脊之血，煮不合法、不极熟，入尘煤及服荆芥等治风药后食之皆死，故谚云'拼性命吃河豚鱼'"；《湖南通志》中有"文鱼出临湘沅潭，一名春鱼，味甘美……文鱼曝干，用鸡卵搅蒸，头向上满碗匀排，如以千针插于碗面，亦异品也"。

古籍中有关鱼类形态及生物学的描述，是其生产经验的总结，为湖南鱼类研究提供了重要参考。《新宁县志》中有"鲂，阔腹隆脊细鳞，青白色，腹内脂甚腴，以头小一名缩项鳊"、"鳡。鳏鱼，一名鳡鱼，体似鲩而口大，颊似鲶而色黄"；《巴陵县志》中有"鲋出于江岷，宏腴，青颅，朱尾，赤鳞……"；《沅洲府志》中有"鳜，大口，细鳞，班彩""岩鲤，似鲤而鳞色微黑"；《永州府志》中有"零陵有竹鱼，竹鱼出湘漓诸江中，状如青鱼而小骨刺，色如竹，青翠可爱，鳞下间杂朱点……""祁阳有鲉鱼，形狭而扁，状如柳叶，鳞细，色白""鳣。俗呼黄鱼，其状似鲟，色灰白，背有骨甲，鼻长有须，口近颌下，尾歧"。记录鱼类食性的，《永州府志》中有"鲩食草，俗谓草鱼""鳡。祁阳有之，啖鱼最毒，池中有此不能畜鱼"；《辰州府志》中有"鲭，形似鲩，青色即青鱼，俗呼乌鸦，性喜食螺"。亦有对鱼类洄游习性的简单描述，如《巴陵县志》中有"鲋鱼初夏有，余月无，故谓之鲋鱼""文鱼……小满时出，馀月无"。湘江衡阳段为"四大家鱼"的产卵场，捞苗业自古有之，《潇湘听雨录》中有"鱼苗出常宁白面石下，其地有龙祖潭，上有沙丘，相传龙王葬后于此，丘之沙细如尘，历久水不能没，或秋冬丘稍低，至寒食丘仍高耸，俗又称龙王培坟。湘水之鱼必至此朝龙，经白面石，鱼照方成种，顺流而下迄清泉县，百里而遥，过此则无。渔者于清明节浮筏江中，候雨集水长，捞鱼所布之子，胶密布为箱贮之，养于泽畔，越宿即成鱼苗，星星细如毫发，乍视无所见若清水，然故名曰鱼水。贾人购置盆内，越异日而头目毕见，饲之之法：取峒茶煮咸鸭卵，《经书》夜取卵黄为粉饲之，越三日，每日一盆或数人十数人均分其水利。市者获鱼至亿万无算数，千里外购鱼苗者帆风溯月，飘然渔歌，与湘流上下，故清泉科则春有鱼舫之税"；《醴陵县志》中记载"鱼秧，俗呼鱼水，远从潇水来，草鱼、鳙鱼、鲢鱼散子在谷雨节，其子综集流，下至湘江洄水处，结白泡如指大，沿河居民用夏布为罾捞取之，实（通置）诸木桶中，上后泡始破见鱼。豢新鱼为业者，每年夏至前后，辄肩篓往株洲或湘潭县城购取，其细如发，肩行二时许，必换水，用唧筒取去其陈水，杂鱼常在下层，往往随之而出，非所惜也。饲以盐鸭蛋黄，畜之小池塘中，再饲以人粪汁及沙虫，半月后改饲紫萍，逾月长寸许，分售与人。按头计值，草鱼为上，鳙次之，鲢又次之，鲤、青为下。混养于一塘，塘底须有肥泥，俾诸小动物繁殖其中，以供鱼之自然食饵。水面宜多受日光，勿注入矿泉，则温暖而鱼易长，故每当伏夏，为鱼发育最盛之期。饲料须四时无乏，冬至前投菜枯或人粪于塘之中部，大小鱼群聚一处而喁之，隔十日一次，一冬共投三次，可使鱼肥，新造之塘尤宜"。

古人描述鱼类之繁多、之精细，今人无不为之所钦服。然因历史、科学之局限，张冠李戴、谬误者亦众多，《洞庭湖志》中"鲫，洞庭之鲋，出于江岷，红腴，青颅，朱尾，碧鳞……"。这里对鲫的描述显然有点张冠李戴，腹部红色，头部青色，尾部红色，是鲤而非鲫。《新宁县志》中"鳍，一名黄颊，又名黄颡鱼，大而有力，解飞邑产一种白鱼类鲢，亦名黄颡"，鳍与鳡（俗称黄颊）形态相似，却又与黄颡混淆。大鲵为爬行类，江豚为哺乳类，古人以鲵有鱼字旁、江豚形似鱼，以致当时的省志及地方志大多误将两者列入鳞属。这当中，《直隶澧州志》例外，其将江豚和鱼类归为潜类，且明确"鱀，江豚也，体似鳝，尾如鲫，大腹，小喙锐而长，齿罗生，上下相御，鼻在额上，能作声，少肉，多膏，胎生，大者长丈余，有两乳，雌性类人，数枚同行，一浮一没，谓之拜风猪，南方异物志谓之水猪"。究其原因，吴智和（1982）先生认为有三种。一是鱼类种类繁多，难以计数，形态多变，辨识不易。明代屠本畯在其所著的《闽中海错疏》中感叹"夫水族之多莫若鱼，而名之异亦莫若鱼；物之大莫若鱼，而味之美亦莫若鱼。多而不可算数穷推，大则难以寻常度量"；杨慎在其所著的《异鱼图赞》中有"鱼之为字，燕尾相似，水虫之中，实繁厥类。鳞鬣风涛，抑龙之次。百种千名，研桑莫记"。

　　二是鱼类有实名和异名，加上我国地域广阔，俚语有"五里不同音，十里不同调"之说，说的是古时方言众多，同样鱼类的俗称也各异。比如"鲟即鲔，一鲟，又呼鳣""鲇，有'鯷''鳀''鲼'诸名""𩽾，音轧，一名鲼𩽾""鳡，一名鳏""鲖，即鳢，俗呼乌鱼、黑鱼、七星鱼""鲚，刀鱼也，又作鲚""鲌，一名鲢""鲭，一名青鱼""鲩，俗呼草鱼，食草，又作草鲩""鳙，一名鳟，大首，俗称花鲢、胖头、大头鱼、大头鲢""鲫有鲋、喜头、鲫瓜子等称谓""鳅，古亦作鳛"、"鲂，鳊也"……难以穷尽。古人为鱼类取名的方法也多样，汉字为象形字，由图画文字演化而来，属表意文字，所以，古人给鱼类取名时，联系其最典型的特征，以"鱼"做部首，合二为一，见字如见鱼，直接表达其特征，笔者称之为"表意鱼"，如"鲇，亦作鲶，无鳞，多涎，俗呼黄鲇""鲵似鲇，四脚，前似猕猴后似狗，声如小儿啼……，故曰鲵鱼""鲚，刀鱼也，俗称茅叶鱼""白鲦，形狭而长，若条然"；也有以其形似物体命名，后加鱼或不加鱼组合成鱼名，称为"表形鱼"，比如"面条鱼，又称银鱼，其细如针，白若银，李时珍云'身园如筋，洁白如银'""白鱼，白鱼切如玉"；以地名命名，如"洞庭范蠡鱼""星子洞秤星鱼"；也有些既不表意，也不表形的鱼名，大多为当地人的俗称，如土布鱼、狗鱼、竹鱼、文鱼等。

　　三是有学识的古人在修纂方志、物志时，往往没有深入生产第一线，实际接触鱼类较少；而从事生产第一线的渔人又因文化限制等种种原因导致了鱼类的多名、异名，甚至错名。这点也可从古人众多颂咏渔人生活的诗文中侧面体现出来。在古时文人眼中，渔人过着悠然自得的生活，乐岁安饱，子聚天伦。比如苏东坡诗"江淮水为田，舟楫为室居；鱼虾以为粮，不耕自有余"。朱诚泳诗"烟波为活计，结屋近沧浪；地接黄芦岸，村开绿柳庄；轻蓑冲细雨，小艇系斜阳；斫鲙茅檐下，呼儿煮酒尝"。张宁诗"疏柳系扁舟，年年水上头；雨晴人共发，雨急夜相留。酒伴多同醉，船居未解愁；此生聊复尔，何用着羊裘"。林鸿的《沧洲渔子》"孤榜倚芳洲，潮回网罟收；天晴吹笛夜，江阔扣舷秋。欲识忘机处，于今已狎鸥；尘缨思一解，因子濯清流"。均千篇一律将渔村视为乐土，而忘却渔人的生活艰辛。例如在明代，就有专门为渔人设置的鱼课（税），渔人生活大多清苦，冬日结冰期，又限制捕鱼，浪高风大，又得系舟止锭，在看天候中过活。

　　鸦片战争至新中国成立前，西方帝国列强入侵我国，不单在政治、军事和经济上强取豪夺，文化侵略亦恶迹昭著，劫夺了我国不少有重大价值的模式标本和资源，湖南的遭遇亦如此，幸运的是，其间也有我国的有识之士，顶着帝国主义的硝烟炮火，抢救性地开展我国的鱼类调查。据梁启燊（1966）和罗桂环（2005）的统计，这期间在湖南采集过鱼类标本，有记录的统计如表12。这期间，以湖南作为模式产地，发表描述的新种有11种，分别为：拟尖头鲌 *Culter oxycephaloides* Kreyenberg *et* Pappenheim, 1908、前颌银鱼 *Salanx prognathous* (Regan, 1908)、中华纹胸鳅 *Glyptothorax sinense* (Regan, 1908)、寡鳞飘鱼 *Pseudolaubuca engraulis* (Nichols, 1925)、湘华鲮 *Sinilabeo tungting* (Nichols, 1925)、波氏吻鰕鳀*Rhinogobius cliffordpopei* (Nichols, 1925)、洞庭小鳔鮈 *Microphysogobio* *tungtingensis* (Nichols, 1926)、无须鱊*Acheilognathus gracilis* Nichols, 1926、长身鳜 *Siniperca roulei* Wu, 1930、粗须白甲鱼 *Onychostoma barbatum* (Lin, 1931)和张氏薄鳅 *Leptobotia tchangi* Fang, 1936。

表 12 鸦片战争至新中国成立前湖南鱼类研究调查情况

年份	姓名	研究调查情况
1869～1884 年	Heude	在洞庭湖采集过许多鱼类标本
1908～1909 年	Kreyenberg *et* Pappenheim	洞庭湖鱼类 22 种，隶属于 3 目 6 科 20 属
1908 年	Regan	洞庭湖鱼类 3 新种
1911 年	Kreyenberg	洞庭湖鱼类 1 新属（鳅鮀属 *Gobiobotia*）、1 新种（泼氏鳅鮀 *Gobiobotia pappenheimi*）
1921～1922 年	Pope	在洞庭湖滨湖一带采集鱼类 3 个月
1925～1928 年	Nichols	发表文章，记录洞庭湖鱼类 64 种，隶属于 9 目 17 科 49 属
1930 年	伍献文	记录宝庆（今邵阳市）鱼类 1 新种（长身鳜 *Siniperca roulei*）
1931 年	朱元鼎	发表文章，记录湖南鱼类 74 种，隶属于 7 目 19 科 52 属
1943 年	Nichols	发表文章，记录湖南鱼类 79 种，隶属于 9 目 15 科 56 属

新中国成立后，我国鱼类研究实力逐渐增强，研究人员逐渐增多，而作为我国第二大淡水湖的洞庭湖，其鱼类资源尤其受到了众多学者的广泛关注。1955 年褚新洛调查长江鱼类资源时，记录洞庭湖鱼类 43 种，隶属于 7 目 14 科 37 属。而首次系统和全面报道洞庭湖鱼类的为梁启燊和刘素孀两位先生，他们于 1959 年对湘江和洞庭湖鱼类做了初步调查，记录其中鱼类 69 种，隶属于 10 目 19 科 53 属；1966 年，在湘江和洞庭湖鱼类调查的基础上，结合前人的文献报道，记录湖南鱼类 143 种（亚种），其中，有其自行采集到的鱼类标本 118 种（新记录种 54 种），另外的 25 种为前人的文献记录种；介绍了湖南鱼类的现状，并从古气候学、古地理学、考古学、古文献等方面，对湖南鱼类区系组成、进化过程等做了详细研究，为我省的鱼类研究做了很好的铺垫，是今日研究湖南鱼类的重要参考资料。

梁启燊和刘素孀两位先生的文章记录的湖南鱼类较系统、较全面，发表时间也较早，至今已逾半个世纪。近年来，由于众多新兴学科的兴起，特别是分子生物学提供的鱼类系统发育上的证据，确定了众多鱼类新种，也修正了许多鱼类的分类地位。为更好地开展湖南鱼类研究，笔者对梁启燊和刘素孀两位先生于 1966 年发表的文章中的鱼类学名进行了确证，其中的 7 种鱼类的学名为文章中已出现鱼类的同物异名（表 13）；19 种鱼类的学名已发生了变化（表 14）；另外有 16 种鱼类的学名存在疑问（表 15）。①银鱼，文章中共记录银鱼 6 种（实际为 5 种，长臂银鱼 *Salanx longianalis* 和尖头银鱼 *Salanx acuticeps* 同为有明银鱼 *Salanx ariakensis* 的同物异名），除大银鱼 *Protosalanx chinensis* 的分类地位比较确定外，其余 5 种中有 4 种为海产种类。从仅有的简单的检索特征上可知其依据下颌前端附属凸起的有无，将 6 种银鱼分为两大类，无附属凸起（大银鱼、小齿日本银鱼 *Salangichthys microdon*）和有附属凸起（长臂银鱼、尖头银鱼、古氏银鱼 *Salanx cuvieri* 和前颌间银鱼 *Hemisalanx prognathus*），分别对应新银鱼亚科 Neosalanginae 和银鱼亚科 Salanginae。目前比较确定的，湖南分布有 4 种银鱼，新银鱼亚科有 3 种（乔氏大银鱼 *Protosalanx jordani*、短吻大银鱼 *Protosalanx brevirostris* 和中国大银鱼 *Protosalanx chinensis*），银鱼亚科仅 1 种（前颌银鱼 *Salanx prognathus*），因此，文中的小齿日本银鱼应该为乔氏大银鱼或短吻大银鱼中的一种，此外因无详细的生物学特征描述，长臂银鱼、尖头银鱼、古氏银鱼则不能确定具体种类。②双口野鲮 *Labeo diplostomus* 和边首白甲鱼 *Onychostoma laticeps* 我国大陆均无分布，前者应为湘华鲮 *Sinilabeo tungting*，其检索特征与后者相近，其中上颌须 1 对，湘华鲮的上颌须短小不清楚，可能为作者所忽略；后者则不能确定。③细鳞拟白鮈 *Paraleucogobio umbrifer*、邱氏平胸鳊 *Megalobrama kurematsui*、泼氏鳅鮀 *Gobiobotia poppenheimi*、鳅鮀属一种 *Gobiobotia* sp.、东北薄鳅 *Leptobotia mantschurica* 和鉠属一种 *Liobagrus* sp.，同样因无详细的生物特征描述，无法确定其具体种类，且后来的文献及笔者自己的调查，均未采集到其标本。④洞庭泥鳅 *Misgurnus a. tungting*，笔者检索 FishBase 数据库及查阅资料，均未找到该种类的相关记录。⑤六须鲇 *Silurus wynadensis*、中华鳗鲡 *Anguilla sinensis*、细下针鱼 *Hyporhamphus sajori*、中华下针鱼 *Hyporhamphus sinensis*，根据须 3 对，上颌长于下颌，可以确定文章中的六须鲇应为糙隐鳍鲇 *Pterocryptis anomala*；中华鳗鲡 *Anguilla sinensis* 对应的花鳗鲡 *Anguilla bengalensis*，湖南无分布，应该为日本鳗鲡 *A. japonica*；中华下针鱼为间下鱵 *Hyporhamphus intermedius*。

表 13　梁启燊和刘素孀文章中部分鱼类的同物异名

编号	文章中学名	现学名
1	中华棒花鱼 *Abbottina sinensis*	棒花鱼 *Abbottina rivularis* 的同物异名
2	特氏蛇鮈 *Saurogobio drakei*	蛇鮈 *Saurogobio dabryi* 的同物异名
3	尼氏飘鱼 *Parapelecus nicholis*	中华银飘鱼 *Pseudolaubuca sinensis* 同物异名
4	似鲌鲦 *Hemiculter clupeoides*	鳘 *Hemiculter leucisculus* 的同物异名
5	尼氏犁头鳅 *Lepturichthys nicholsi*	犁头鳅 *Lepturichthys fimbriata* 的同物异名
6	毛缘犁头鳅 *Lepturichthys fimoriata nicholsi*	犁头鳅 *Lepturichthys fimbriata* 的同物异名
7	臀点刺鳑鲏 *Acanthorhodeus taenianalis*	斑条鱊 *Acheilognathus taenianalis*，大鳍鱎 *Acheilognathus macropterus* 的同物异名

表 14　梁启燊和刘素孀文章中已变更学名或分类地位的种类

编号	文章用学名	现学名
1	斑条光唇鱼 *Lissochilus fasciatus*	光唇鱼 *Acrossocheilus fasciatus*
2	秉氏拟刺鳊 *Paracanthobrama pingi*	似刺鳊鮈 *Paracanthobrama guichenoti*
3	施氏铜鱼 *Coreius styani*	铜鱼 *Coreius heterodon*
4	长鳍鮈 *Gobio l. longipinnis*	长鳍吻鮈 *Rhinogobio ventralis*
5	洞庭黑鳍唇鮈 *Chilogobio nigripinnis tungting*	黑鳍鳈 *Sarcocheilichthys nigripinnis*
6	洞庭拟鮈 *Pseudogobio tungtingensis*	洞庭小鳔鮈 *Microphysogobio tungtingensis*
7	史氏鲦 *Hemiculter schrencki*	鳘 *Hemiculter leucisculus*
8	湖南鲦 *Hemiculter hunanensis*	海南拟鳘 *Pseudohemiculter hainanensis*
9	银弓鳊 *Toxabramis argentifer*	似鳔 *Toxabramis swinhonis*
10	贡氏刺鳑鲏 *Acanthorhodeus guichenoti*	大鳍鱎 *Acheilognathus macropterus*
11	细鳞泥鳅 *Misgurnus m. mizolepis*	大鳞副泥鳅 *Paramisgurnus dabryanus*
12	云斑摩阿泥鳅 *Misgurnus mohoity leopardus*	泥鳅 *Misgurnus anguillicaudatus*
13	金沙鳅 *Botia citrauratea*	长薄鳅 *Leptobotia elongata*

续表

编号	文章用学名	现学名
14	紫沙鳅 *Botia purpurea*	紫薄鳅 *Leptobotia taeniops*
15	黄唇沙鳅 *Botia rubrilabris*	红唇薄鳅 *Leptobotia rubrilabris*
16	史氏汶门鳅 *Vanmanenia stenosoma*	原缨口鳅 *Vanmanenia stenosoma*
17	四川中华爬岩鳅 *Sinogastromyzon zechuanensis*	四川爬岩鳅 *Beaufortia szechuanensis*
18	灰黄鳝 *Fluta alba cinerea*	黄鳝 *Monopterus albus*
19	朱氏鳜 *Siniperca chui*	斑鳜 *Siniperca scherzeri*

表 15　梁启燊和刘素孀文章中存在疑问的种类

编号	文章所用学名	现学名	文章中分布	现有分布
1	小齿日本银鱼 *Salangichthys microdon*		洞庭湖、湘江	西伯利亚、日本、韩国、俄罗斯
2	长臂银鱼 *Salanx longianalis*	有明银鱼（尖头银鱼）*Salanx ariakensis*	洞庭湖、湘江、资水	阿里亚克海、朝鲜半岛海岸、黄海和日本海南部
3	尖头银鱼 *Salanx acuticeps*	有明银鱼（尖头银鱼）*Salanx ariakensis*	洞庭湖、湘江	阿里亚克海、朝鲜半岛海岸、黄海和日本海南部
4	古氏银鱼 *Salanx cuvieri*	居氏银鱼 *Salanx cuvieri*	洞庭湖	中国均有分布
5	双口野鲮 *Labeo diplostomus*	双口孟加拉鲮 *Bangana diplostoma*	洞庭湖、湘江、澧水	中国无分布
6	边首白甲鱼 *Onychostoma laticeps*	侧头白甲鱼 *Onychostoma laticeps*	澧水	中国无分布
7	细鳞拟白鮈 *Paraleucogobio umbrifer*	花棘鲭 *Hemibarbus umbrifer*	澧水	
8	邱氏平胸鳊 *Megalobrama kurematsui*	高体近红鲌 *Ancherythroculter kurematsui*	湘江、资水、澧水	
9	泼氏鳅鮀 *Gobiobotia poppenheimi*	潘氏鳅鮀 *Gobiobotia pappenheimi*	洞庭湖	黄河、海河、黑龙江
10	鳅鮀属一种 *G.* sp.			
11	洞庭泥鳅 *Misgurnus a. tungting*		洞庭湖	
12	东北薄鳅 *Leptobotia mantschurica*	松花江副沙鳅 *Parabotia mantschurica*	洞庭湖、湘江、资水、沅水	黑龙江
13	六须鲇 *Silurus wynadensis*	印度隐鳍鲶 *Pterocryptis wynaadensis*	湘江	中国无分布 为糙隐鳍鲇
14	鮠属一种 *Liobagrus* sp.			
15	中华鳗鲡 *Anguilla sinensis*	花鳗鲡 *Anguilla bengalensis*	洞庭湖	南海、东海、黄海及沿海江河
16	中华下针鱼 *Hyporhamphus sinensis*	缘下鱵 *Hyporhamphus limbatus*	洞庭湖、湘江	

新中国成立后，我国鱼类学家编写的《中国鲤科鱼类志》（上卷、下卷）、《长江鱼类》、《中国动物志 硬骨鱼纲 鲤形目》（中卷、下卷）、《中国动物志 硬骨鱼纲 鲇形目》等均记录有湖南鱼类。著名鱼类学家伍献文先生主编的《中国鲤科鱼类志》是新中国成立后我国科学家编写出版的全面记录我国鲤科鱼类的专著，其中共记录有湖南鱼类 25 种，分别为鳡 *Luciobrama macrocephalus*、伍氏华鳊 *Sinibrama wui typus*、银飘鱼 *Pseudolaubuca sinensis*、拟尖头鲌 *Culter oxycephaloides*、大鳞鲴 *Xenocypris macrolepis*、细鳞斜颌鲴 *Xenocypris microlepis*、似鳊 *Pseudobrama simoni*、花䱻 *Hemibarbus maculatus*、华鳈 *Sarcocheilichthys sinensis*、黑鳍鳈 *Sarcocheilichthys nigripinnis*、银鮈 *Squalidus argentatus*、点纹银鮈 *Squalidus wolterstorffi*、铜鱼 *Coreius heterodon*、吻鮈 *Rhinogobio typus*、洞庭小鳔鮈 *Microphysogobio tungtingensis*、蛇鮈 *Saurogobio dabryi*、光唇蛇鮈 *Saurogobio gymnocheilus*、南方鳅鮀 *Gobiobotia meridionalis*、宜昌鳅鮀 *Gobiobotia filifer*、大鳍鱊 *Acheilognathus macropterus*、多鳞鱊 *Acheilognathus polylepis*、湘华鲮 *Sinilabeo decorus*、泸溪直口鲮 *Rectoris luxiensis*、稀有白甲鱼 *Onychostoma rarum* 和鲫 *Carassius auratus*，其中泸溪直口鲮为新种，模式产地在沅水泸溪、溆浦和大江口。

张春霖先生著的《中国鲇类志》记载有湖南鲇形目鱼类 8 种，分别为：黄颡鱼 *Pseudobagrus fulvidraco*、瓦氏黄颡鱼 *Pseudobagrus vachellii*、长吻黄颡鱼 *Pseudobagrus longirostris*、臀鳍鮠 *Leiocassis analis*、长鮠 *Leiocassis tenuis*、江鼠 *Hemibagrus macropterus*、中华纹胸鮡 *Glyptothorax sinense* 和鲇 *Silurus asotus*。

《长江鱼类》共记录有湖南鱼类 53 种，分别为：中华鲟 *Acipenser sinensis*、短颌鲚 *Coilia brachygnathus*、长颌鲚 *Coilia ectenes*、日本鳗鲡 *Anguilla japonica*、中华刺鳅 *Sinobdella sinensis*、青鱼 *Mylopharyngodon piceus*、草鱼 *Ctenopharyngodon idella*、赤眼鳟 *Squaliobarbus curriculus*、鳡 *Ochetobius elongatus*、银飘鱼、寡鳞飘鱼 *Pseudolaubuca engraulis*、䱗 *Hemiculter leucisculus*、贝氏䱗 *Hemiculter bleekeri*、红鳍原鲌 *Cultrichthys erythropterus*、翘嘴鲌 *Culter alburnus*、达氏鲌 *Culter dabryi*、蒙古鲌 *Culter mongolicus*、拟尖头鲌、鳊 *Parabramis pekinensis*、鲂 *Megalobrama skolkovii*、银鲴、黄尾鲴 *Xenocypris davidi*、细鳞鲴、似鳊、鳙 *Aristichthys nobilis*、唇䱂 *Hemibarbus labeo*、花䱻、似刺鳊鮈 *Paracanthobrama guichenoti*、华鳈、黑鳍鳈、银鮈、蛇鮈、光唇蛇鮈、无须鱊 *Acheilognathus gracilis*、大鳍鱊、巨口鱊 *Acheilognathus tabira*、兴凯鱊 *Acheilognathus chankaensis*、瓣结鱼 *Folifer brevifilis*、鲫、鲤 *Cyprinus carpio*、胭脂鱼 *Myxocyprinus asiaticus*、中华鳅 *Cobitis sinensis*、犁头鳅 *Lepturichthys fimbriata*、长须拟鲿 *Pseudobagrus eupogon*、长吻拟鲿 *Pseudobagrus longirostris*、鲇、短吻间银鱼 *Salanx prognathus*、漓江少鳞鳜 *Coreoperca loona*、长身鳜 *Siniperca roulei*、鳜 *Siniperca chuatsi*、大眼鳜 *Siniperca knerii*、黏皮鲻鰕虎 *Mugilogobius myxodermus* 和鱵 *Hemiramphus kurumeus*。

唐文乔在其硕士学位论文《武陵山区鱼类物种多样性及其动物地理学分析》中记载有湖南西部武陵山区鱼类 79 种，分别为：黄鳝 *Monopterus albus*、中华刺鳅、马口鱼 *Opsariichthys bidens*、宽鳍鱲 *Zacco platypus*、尖头大吻鱥 *Rhynchocypris oxycephalus*、草鱼、赤眼鳟、鳡 *Elopichthys bambusa*、伍氏华鳊、银飘鱼、寡鳞飘鱼、䱗、翘嘴鲌、蒙古鲌、拟尖头鲌、尖头鲌、鳊、团头鲂 *Megalobrama amblycephala*、银鲴、黄尾鲴、鲢 *Hypophthalmichthys molitrix*、唇䱂、花䱻、小鳈 *Sarcocheilichthys parvus*、黑鳍鳈、银鮈、湖南吻鮈 *Rhinogobio hunanensis*、棒花鱼 *Abbottina rivularis*、乐山小鳔鮈 *Microphysogobio kiatingensis*、洞庭小鳔鮈、蛇鮈、南方鳅鮀、高体鳑鲏 *Rhodeus ocellatus*、广西鱊 *Acheilognathus meridianus*、泸溪直口鲮、瓣结鱼、中华倒刺鲃 *Spinibarbus sinensis*、刺

鲃 *Spinibarbus caldwelli*、厚唇光唇鱼 *Acrossocheilus labiatus*、侧条光唇鱼 *Acrossocheilus parallens*、粗须白甲鱼 *Onychostoma barbatum*、白甲鱼 *Onychostoma simum*、小口白甲鱼 *Onychostoma lini*、齐口裂腹鱼 *Schizothorax prenanti*、鲫、鲤、花斑副沙鳅 *Parabotia fasciata*、武昌副沙鳅 *Parabotia banarescui*、桂林薄鳅 *Leptobotia guilinensis*、中华鳅 *Cobitis sinensis*、泥鳅 *Misgurnus anguillicaudatus*、无斑南鳅 *Schistura incerta*、横纹南鳅 *Schistura fasciolata*、平舟原缨口鳅 *Vanmanenia pingchowensis*、四川爬岩鳅 *Beaufortia szechuanensis*、犁头鳅、黄颡鱼、瓦氏黄颡鱼、光泽黄颡鱼 *Pelteobagrus nitidus*、粗唇鮠 *Leiocassis crassilabris*、切尾拟鲿 *Pseudobagrus truncatus*、细体拟鲿 *Pseudobagrus pratti*、长脂拟鲿 *Pseudobagrus adiposalis*、长臀拟鲿 *Pseudobagrus analis*、圆尾拟鲿 *Pseudobagrus tenuis*、大鳍半鲿 *Hemibagrus macropterus*、黑尾鳠 *Liobagrus nigricauda*、中华纹胸鲱、鲇、胡子鲇 *Clarias fuscus*、中国少鳞鳜 *Coreoperca whiteheadi*、漓江少鳞鳜 *Coreoperca loona*、长身鳜、斑鳜 *Siniperca scherzeri*、暗鳜 *Siniperca obscura*、鳜、中华沙塘鳢 *Odontobutis sinensis*、小黄黝鱼 *Micropercops swinhonis* 和子陵吻虾虎鱼 *Rhinogobius giurinus*。

《中国动物志 硬骨鱼纲 鲤形目》（中卷、下卷）共记录有湖南鲤形目鱼类 56 种，分别为中华细鲫 *Aphyocypris chinensis*、青鱼、草鱼、赤眼鳟、鳡、鳤、银飘鱼、寡鳞飘鱼、似鳡、鱎、贝氏鱎、伍氏半鱎 *Hemiculterella wui*、海南拟鱎 *Pseudohemiculter hainanensis*、红鳍原鲌、翘嘴鲌、达氏鲌、蒙古鲌、拟尖头鲌、鳊、鲂、似鳊、鲢、鳙、花䱻、麦穗鱼 *Pseudorasbora parva*、华鳈、江西鳈 *Sarcocheilichthys kiangsiensis*、黑鳍鳈、银鮈、点纹银鮈、铜鱼、吻鮈 *Rhinogobio typus*、湖南吻鮈、棒花鱼、洞庭小鳔鮈、蛇鮈、细尾蛇鮈 *Saurogobio gracilicaudatus*、湘江蛇鮈 *Saurogobio xiangjiangensis*、光唇蛇鮈、南方鳅鲹、宜昌鳅鲹、高体鳑鲏 *Rhodeus ocellatus*、无须鱊、大鳍鱊、短须鱊 *Acheilognathus barbatulus*、多鳞鱊、湘华鲮、泸溪直口鲮、瓣结鱼、粗须白甲鱼、稀有白甲鱼、小口白甲鱼、鲫、鲤、平舟原缨口鳅 *Vanmanenia pingchowensis* 和下司华吸鳅 *Sinogastromyzon hsiashiensis*，其中中华细鲫、海南拟鱎、细尾蛇鮈 3 种为新记录种。

《中国动物志 硬骨鱼纲 鲇形目》记录有湖南鲇形目鱼类 7 种，黄颡鱼、长须拟鲿 *Pseudobagrus eupogon*、细体拟鲿、圆尾拟鲿、大鳍半鲿、中华纹胸鲱和福建纹胸鲱 *Glyptothorax fokiensis fokiensis*。

《湖南鱼类志》（1976）共收录湖南鱼类 160 种，分属于 11 目 26 科 92 属，并详细介绍了鱼类的形态特征、生活习性、经济价值等，且全书图片均为彩色描绘图片；同时发现了 4 个新种，并命名了其中 2 个，分别为湖南吻鮈和湘江蛇鮈。

1980 年后，湖南的鱼类资源研究虽未间断，但都属零零碎碎的调查，缺乏系统、全面的调查。2008 年，湖南省水产科学研究所获得省财政厅的资助，开展了洞庭湖及湘、资、沅、澧"四水"水生生物资源调查研究，2012 年出版了《湘江水生动物志》，收录湘江鱼类 159 种。此外也有众多研究者开展的局部性调查，记录了部分新记录种并发现了 7 个新种，新种分别为湘西盲高原鳅 *Triplophysa xiangxiensis*(Yang, Yuan et Liao, 1986)（杨干荣、袁凤英和廖荣谋）、衡阳薄鳅 *Leptobotia hengyangensis* Huang et Zhang, 1986（黄宏金和张卫）、短须拟鲿 *Pseudobagrus brachyrhabdion* Cheng, Ishihara et Zhang, 2008（程建丽、Ishihara 和张鹗）、壶瓶山鲱 *Pareuchiloglanis hupingshanensis* Kang, Chen et He, 2016（康祖杰、陈永霞和何德奎）、短须白甲鱼 *Onychostoma brevibarba* Song, Cao et Zhang, 2018（宋雪林、曹亮和张鹗）、斑颊吻虾虎鱼 *Rhinogobius maculagenys* Wu, Deng, Wang et Liu, 2018（吴倩倩、邓学建、王艳杰和柳勇）、红盲高原鳅 *Triplophysa erythraea* Huang, Zhang, Huang, Wu, Gong, Zhang, Peng et Liu, 2019（黄太福、张佩玲、黄兴龙、吴涛、龚小燕、

张佑祥、彭清忠和刘志霄）。

　　此次调查共发现了疑似新种 3 种，分别为线纹原缨口鳅（*Vanmanenia* sp.）、红点吻
鰕鯱（*Rhinogobius* sp.）和白边吻鰕鯱（*Rhinogobius* sp.）。至今，以湖南为模式产地命名
的鱼类共有 25 种。

三、湖南鱼类区系概况

　　根据已有的文献记载及现有调查，湖南鱼类种类组成及区系分布见表 16。

表 16　湖南鱼类名录及区系分布

种类组成	种数合计							
	洞庭湖	湘江	资水	沅水	澧水	珠江水系	赣江水系	湖南合计
（一）鲟形目 Acipenseriformes								
【01】匙吻鲟科 Polyodontidae								
（001）白鲟属 *Psephurus*								
001. 白鲟 *P. gladius*	+	+	+	+	+			+
【02】鲟科 Acipenseridae								
（002）鲟属 *Acipenser*								
002. 达氏鲟 *A. dabryanus*	+	+						+
003. 中华鲟 *A. sinensis*	+	+	+	+	+			+
（二）鳗鲡目 Anguilliformes								
【03】鳗鲡科 Anguillidae								
（003）鳗鲡属 *Anguilla*								
004. 日本鳗鲡 *A. japonica*	+	+	+	+	+			+
（三）鲱形目 Clupeiformes								
【04】鳀科 Engraulidae								
（004）鲚属 *Coilia*								
005. 刀鲚 *C. nasus*	+	+	+	+	+			+
006. 短颌鲚 *C. brachygnathus*	+	+	+	+	+			+
【05】鲱科 Clupeidae								
（005）鲥属 *Tenualosa*								
007. 鲥 *T. reevesii*	+	+	+	+	+			+
（四）鲤形目 Cypriniformes								
【06】鲤科 Cyprinidae								
马口鱼亚科 Opsariichthyinae								
（006）马口鱼属 *Opsariichthys*								
008. 马口鱼 *O. bidens*	+	+	+	+	+	+	+	+
009. 长鳍马口鱼 *O. evolans*	+	+	+	+	+	+	+	+

种类组成	种数合计							
	洞庭湖	湘江	资水	沅水	澧水	珠江水系	赣江水系	湖南合计
（007）细鲫属 *Aphyocypris*								
010. 中华细鲫 *A. chinensis*	+		+	+				+
雅罗鱼亚科 Leuciscinae								
（008）大吻鳄属 *Rhynchocypris*								
011. 尖头大吻鳄 *R. oxycephalus*				+	+			+
（009）鳡属 *Ochetobius*								
012. 鳡 *O. elongatus*	+	+	+	+	+			+
（010）鳤属 *Elopichthys*								
013. 鳤 *E. bambusa*	+	+	+	+	+	+	+	+
（011）鯮属 *Luciobrama*								
014. 鯮 *L. macrocephalus*	+	+	+	+	+			+
赤眼鳟亚科 Squaliobarbinae								
（012）青鱼属 *Mylopharyngodon*								
015. 青鱼 *M. piceus*	+	+	+	+	+	+	+	+
（013）草鱼属 *Ctenopharyngodon*								
016. 草鱼 *C. idella*	+	+	+	+	+	+	+	+
（014）赤眼鳟属 *Squaliobarbus*								
017. 赤眼鳟 *S. curriculus*	+	+	+	+	+	+	+	+
鲌亚科 Cultrinae								
（015）原鲌属 *Cultrichthys*								
018. 红鳍原鲌 *C. erythropterus*	+	+	+	+	+	+	+	+
（016）鲌属 *Culter*								
019. 翘嘴鲌 *C. alburnus*	+	+	+	+	+	+	+	+
020. 达氏鲌 *C. dabryi*	+	+	+	+	+	+	+	+
021. 蒙古鲌 *C. mongolicus*	+	+	+	+	+	+	+	+
022. 拟尖头鲌 *C. oxycephaloides*	+	+	+	+	+			+
023. 尖头鲌 *C. oxycephalus*	+	+		+				+
（017）鳊属 *Parabramis*								
024. 鳊 *P. pekinensis*	+	+	+	+	+		+	+
（018）华鳊属 *Sinibrama*								
025. 大眼华鳊 *S. macrops*	+	+	+	+	+			+
（019）鲂属 *Megalobrama*								
026. 鲂 *M. skolkovii*	+	+	+	+	+			+
027. 团头鲂 *M. amblycephala*	+	+	+	+	+	+	+	+

续表

种类组成	种数合计							
	洞庭湖	湘江	资水	沅水	澧水	珠江水系	赣江水系	湖南合计
（020）鳌属 *Hemiculter*								
028. 鳌 *H. leucisculus*	+	+	+	+	+	+	+	+
029. 贝氏鳌 *H. bleekeri*	+	+	+	+	+	+	+	+
（021）拟鳌属 *Pseudohemiculter*								
030. 南方拟鳌 *P. dispar*		+	+	+	+	+	+	+
031. 海南拟鳌 *P. hainanensis*				+	+			+
（022）半鳌属 *Hemiculterella*								
032. 半鳌 *H. sauvagei*		+	+	+				+
033. 伍氏半鳌 *H. wui*				+	+			+
（023）飘鱼属 *Pseudolaubuca*								
034. 中华银飘鱼 *P. sinensis*	+	+	+	+	+	+	+	+
035. 寡鳞飘鱼 *P. engraulis*	+	+		+				+
（024）似鲚属 *Toxabramis*								
036. 似鲚 *T. swinhonis*	+	+	+	+	+			+
鲴亚科 Xenocyprinae								
（025）似鳊属 *Pseudobrama*								
037. 似鳊 *P. simoni*	+	+	+	+	+			+
（026）斜颌鲴属 *Plagiognathops*								
038. 细鳞斜颌鲴 *X. microlepis*	+	+	+	+	+	+	+	+
（027）鲴属 *Xenocypris*								
039. 大鳞鲴 *X. macrolepis*	+	+	+	+	+	+	+	+
040. 湖北鲴 *X. hupeinensis*	+							+
041. 黄尾鲴 *X. davidi*	+	+	+	+	+	+	+	+
（028）圆吻鲴属 *Distoechodon*								
042. 圆吻鲴 *D. tumirostris*	+	+	+	+	+			+
鲢亚科 Hypophthalmichthyinae								
（029）鳙属 *Aristichthys*								
043. 鳙 *A. nobilis*	+	+	+	+	+	+	+	+
（030）鲢属 *Hypophthalmichthys*								
044. 鲢 *H. molitrix*	+	+	+	+	+	+	+	+
鮈亚科 Gobioninae								
（031）鳕属 *Hemibarbus*								
045. 唇鳕 *H. labeo*	+	+	+	+	+			+
046. 花鳕 *H. maculatus*	+	+	+	+	+	+	+	+

种类组成	种数合计							
	洞庭湖	湘江	资水	沅水	澧水	珠江水系	赣江水系	湖南合计
（032）似刺鳊鮈属 _Paracanthobrama_								
047. 似刺鳊鮈 _P. guichenoti_	+	+						+
（033）铜鱼属 _Coreius_								
048. 圆口铜鱼 _C. guichenoti_	+							+
049. 铜鱼 _C. heterodon_	+	+	+	+	+			+
（034）麦穗鱼属 _Pseudorasbora_								
050. 麦穗鱼 _P. parva_	+	+	+	+	+	+	+	+
（035）鳈属 _Sarcocheilichthys_								
051. 华鳈 _S. sinensis_	+	+	+	+	+	+	+	+
052. 江西鳈 _S. kiangsiensis_	+	+	+	+	+	+	+	+
053. 小鳈 _S. parvus_				+				+
054. 黑鳍鳈 _S. nigripinnis_	+	+	+	+	+		+	+
（036）小鳔鮈属 _Microphysogobio_								
055. 洞庭小鳔鮈 _M. tungtingensis_	+	★	★	+	+	+	+	+
056. 张氏小鳔鮈 _M. zhangi_		+	+	+	+			+
057. 长体小鳔鮈 _M. elongatus_		+		+				+
（037）片唇鮈属 _Platysmacheilus_								
058. 片唇鮈 _P. exiguus_		+	+	+				+
（038）银鮈属 _Squalidus_								
059. 银鮈 _S. argentatus_	+	+	+	+	+	+	+	+
060. 点纹银鮈 _S. wolterstorffi_		+	★	+	+	+	+	+
（039）棒花鱼属 _Abbottina_								
061. 棒花鱼 _A. rivularis_	+	+	+	+	+	+	+	+
（040）似鮈属 _Pseudogobio_								
062. 似鮈 _P. vaillanti_		+	+	☆				+
（041）吻鮈属 _Rhinogobio_								
063. 吻鮈 _R. typus_	+	+	+	+				+
064. 湖南吻鮈 _R. hunanensis_				+				+
065. 圆筒吻鮈 _R. cylindricus_	+	+	+	+	+			+
066. 长鳍吻鮈 _R. ventralis_	+	+	+					+
（042）蛇鮈属 _Saurogobio_								
067. 长蛇鮈 _S. dumerili_	+	+	+	+				+
068. 光唇蛇鮈 _S. gymnocheilus_	+	+	+	+	+			+
069. 滑唇蛇鮈 _S. lissilabris_	★							+
070. 斑点蛇鮈 _S. punctatus_				★				+

续表

种类组成	种数合计							
	洞庭湖	湘江	资水	沅水	澧水	珠江水系	赣江水系	湖南合计
071. 蛇鉤 *S. dabryi*	+	+	+	+	+	+	+	+
072. 湘江蛇鉤 *S. xiangjiangensis*		+		+				+
073. 细尾蛇鉤 *S. gracilicaudatus*				+				+
（043）鳅蛇属 *Gobiobotia*								
074. 南方鳅蛇 *G. meridionalis*	+	+	+	+		+	+	+
075. 宜昌鳅蛇 *G. filifer*	+	+	+	+				+
鳍亚科 Acheilognathinae								
（044）鳑鲏属 *Rhodeus*								
076. 中华鳑鲏 *R. sinensis*	+	+	+	+	+	+	+	+
077. 高体鳑鲏 *R. ocellatus*	+	+	+	+	+	+	+	+
（045）鳍属 *Acheilognathus*								
078. 广西鳍 *A. meridianus*		+	+	+		+		+
079. 须鳍 *A. barbatus*	+	+	★					+
080. 无须鳍 *A. gracilis*	+	+			☆			+
081. 兴凯鳍 *A. chankaensis*	+	+	+	+	+	+	+	+
082. 越南鳍 *A. tonkinensis*	+	+	☆	+	☆			+
083. 短须鳍 *A. barbatulus*	+	+		☆	☆			+
084. 多鳞鳍 *A. polylepis*	+	+	+	☆	☆			+
085. 寡鳞鳍 *A. hypselonotus*	+	+	+	+	+			+
086. 大鳍鳍 *A. macropterus*	+	+	+	+				+
鲃亚科 Barbinae								
（046）倒刺鲃属 *Spinibarbus*								
087. 中华倒刺鲃 *S. sinensis*	+	+	+	+	+			+
088. 刺鲃 *S. caldwelli*	+	+	+	+			+	+
（047）小鲃属 *Puntius*								
089. 条纹小鲃 *P. semifasciolatus*		+						+
（048）金线鲃属 *Sinocyclocheilus*								
090. 季氏金线鲃 *S. jii*		★						★
（049）光唇鱼属 *Acrossocheilus*								
091. 吉首光唇鱼 *A. jishouensis*			+	+				+
092. 侧条光唇鱼 *A. parallens*	+	+	+	+		+		+
093. 半刺光唇鱼 *A. hemispinus*		+	+	+	+			+
094. 薄颌光唇鱼 *A. kreyenbergii*		+	+	+	+	+	+	+
095. 宽口光唇鱼 *A. monticola*					+			+

续表

种类组成	种数合计							
	洞庭湖	湘江	资水	沅水	澧水	珠江水系	赣江水系	湖南合计
（050）白甲鱼属 *Onychostoma*								
096. 粗须白甲鱼 *O. barbatum*		+	+	+	+			+
097. 短须白甲鱼 *O. brevibarba*		+						+
098. 白甲鱼 *O. simum*	+	+	+	+	+			+
099. 葛氏白甲鱼 *O. gerlachi*		+	+					+
100. 稀有白甲鱼 *O. rarum*	+	+	+	+	+			+
101. 小口白甲鱼 *O. lini*		+	+	+	+			+
（051）瓣结鱼属 *Folifer*								
102. 瓣结鱼 *F. brevifilis*		+	+	+	+			+
裂腹鱼亚科 Schizothoracinae								
（052）裂腹鱼属 *Schizothorax*								
103. 齐口裂腹鱼 *S. prenanti*					+			+
104. 重口腹鱼 *S. davidi*					+			+
野鲮亚科 Labeoninae								
（053）桂鲮属 *Decorus*								
105. 湘桂鲮 *D. tungting*	+	+	+	+	+			+
（054）直口鲮属 *Rectoris*								
106. 泸溪直口鲮 *R. luxiensis*		+	+	+	+			+
（055）异华鲮属 *Parasinilabeo*								
107. 长须异华鲮 *P. longibarbus*		★						★
108. 异华鲮 *P. assimilis*		+	☆	+	+	+	+	+
（056）泉水鱼属 *Pseudogyrinocheilus*								
109. 泉水鱼 *P. prochilus*		+		+	+			+
（057）盘鮈属 *Discogobio*								
110. 四须盘鮈 *D. tetrabarbatus*		+						+
鲤亚科 Cyprininae								
（058）原鲤属 *Procypris*								
111. 岩原鲤 *P. rabaudi*	+	+						+
（059）鲤属 *Cyprinus*								
112. 鲤 *C. carpio*	+	+	+	+	+	+	+	+
（060）鲫属 *Carassius*								
113. 鲫 *C. auratus*	+	+	+	+	+	+	+	+
【07】亚口鱼科 Catostomidae								
（061）胭脂鱼属 *Myxocyprinus*								
114. 胭脂鱼 *M. asiaticus*	+	+	+	+	+			+

续表

种类组成	种数合计							
	洞庭湖	湘江	资水	沅水	澧水	珠江水系	赣江水系	湖南合计
【08】沙鳅科 Botiidae								
（062）副沙鳅属 *Parabotia*								
115. 江西副沙鳅 *P. kiansiensis*	+	★	+	+				+
116. 花斑副沙鳅 *P. fasciatus*	+	+	+	+	+			+
117. 武昌副沙鳅 *P. banarescui*	+	+	+	+	+	+	+	+
118. 漓江副沙鳅 *P. lijiangensis*		+	+	+	☆			+
119. 点面副沙鳅 *P. maculosa*		+	+	+	+			+
（063）薄鳅属 *Leptobotia*								
120. 后鳍薄鳅 *L. posterodorsalis*				☆				☆
121. 长薄鳅 *L. elongate*	+			+				+
122. 紫薄鳅 *L. taeniops*	+	★		+	+			+
123. 薄鳅 *L. pellegrini*				+				+
124. 桂林薄鳅 *L. guilinensis*		★	+	+	☆	+		+
125. 张氏薄鳅 *L. tchangi*				+				+
126. 衡阳薄鳅 *L. hengyangensis*		+						+
127. 天台薄鳅 *L. tientainensis*					★			★
128. 红唇薄鳅 *L. rubrilabris*	+							+
（064）华沙鳅属 *Sinibotia*								
129. 斑纹华沙鳅 *S. zebra*		★						★
【09】鳅科 Cobitidae								
（065）鳅属 *Cobitis*								
130. 中华鳅 *C. sinensis*	+	+	+	+	+	+	+	+
131. 大斑鳅 *C. macrostigma*	+	+	+	+	+	+	+	+
（066）泥鳅属 *Misgurnus*								
132. 泥鳅 *M. anguillicaudatus*	+	+	+	+	+	+	+	+
（067）副泥鳅属 *Paramisgurnus*								
133. 大鳞副泥鳅 *P. dabryanus*	+	+	+	+	+	+	+	+
【10】条鳅科 Nemacheilidae								
（068）中条鳅属 *Traccatichthys*								
134. 美丽中条鳅 *T. pulcher*		★						★
（069）平鳅属 *Oreonectes*								
135. 平头岭鳅 *O. platycephalus*		★						★
（070）南鳅属 *Schistura*								
136. 无斑南鳅 *S. incerta*		+	+	+		+	+	+
137. 横纹南鳅 *S. fasciolata*		+	+	+	+	+		+

续表

种类组成	种数合计							
	洞庭湖	湘江	资水	沅水	澧水	珠江水系	赣江水系	湖南合计
（071）高原鳅属 *Triplophysa*								
138. 湘西盲高原鳅 *T. xiangxiensis*				+				+
139. 红盲高原鳅 *T. erythraea*				+				+
【11】爬鳅科 Balitoridae								
（072）原缨口鳅属 *Vanmanenia*								
140. 斑纹原缨口鳅 *V. maculata*					☆			☆
141. 平舟原缨口鳅 *V. pingchowensis*	+	+	+	+	+	+	+	++
142. 线纹原缨口鳅 *V.* sp.							★	★
（073）犁头鳅属 *Lepturichthys*								
143. 犁头鳅 *L. fimbriata*	+	+		+				+
144. 长鳍犁头鳅 *L. dolichopterus*		★						★
（074）游吸鳅属 *Erromyzon*								
145. 中华游吸鳅 *E. sinensis*		+						+
（075）拟腹吸鳅属 *Pseudogastromyzon*								
146. 长汀拟腹吸鳅 *P. changtingensis*		+						+
147. 方氏拟腹吸鳅 *P. fangi*		+				+	+	+
（076）华吸鳅属 *Sinogastromyzon*								
148. 下司华吸鳅 *S. hsiashiensis*		+		+	+			+
（077）爬岩鳅属 *Beaufortia*								
149. 四川爬岩鳅 *B. szechuanensis*		+		+	+			+
（五）鲇形目 Siluriformes								
【12】鲇科 Siluridae								
（078）隐鳍鲇属 *Pterocryptis*								
150. 糙隐鳍鲇 *P. anomala*		+	+					+
151. 越南隐鳍鲇 *P. cochinchinensis*		★	+					+
（079）鲇属 *Silurus*								
152. 南方鲇 *S. meridionalis*	+	+	+	+				+
153. 鲇 *S. asotus*	+	+	+	+	+	+	+	+
【13】鲿科 Bagridae								
（080）拟鲿属 *Pseudobagrus*								
154. 黄颡鱼 *P. fulvidraco*	+	+	+	+	+	+	+	+
155. 长须拟鲿 *P. eupogon*	+	+	+	+	+	+	+	+
156. 瓦氏拟鲿 *P. vachellii*	+	+	+	+				+
157. 钝吻拟鲿 *P. crassirostris*	+	+	★					+
158. 光泽拟鲿 *P. nitidus*	+	+	+	+	+	+	+	+

续表

种类组成	种数合计							
	洞庭湖	湘江	资水	沅水	澧水	珠江水系	赣江水系	湖南合计
159. 长吻拟鲿 *P. longirostris*	+	+	+	+	+			+
160. 粗唇拟鲿 *P. crassilabris*	+	★	+	+	+	+	+	++
161. 乌苏里拟鲿 *P. ussuriensis*	+	+	+	+	+			+
162. 短尾拟鲿 *P. brevicaudatus*				+	★			+
163. 盎堂拟鲿 *P. ondon*		★	+					+
164. 切尾拟鲿 *P. truncatus*	+	+		+	+			+
165. 白边拟鲿 *P. albomarginatus*	+	+		+	+	+	+	+
166. 短须拟鲿 *P. brachyrhabdion*		+	☆	+	☆			+
167. 长体拟鲿 *P. gracilis*		+		+	+			+
168. 长臀拟鲿 *P. analis*				+				+
169. 圆尾拟鲿 *P. tenuis*	+	+	☆				+	+
（081）半鳌属 *Hemibagrus*								
170. 大鳍半鳌 *H. macropterus*	+	+	+	+	+	+	+	+
【14】钝头鮠科 Amblycipitidae								
（082）鮡属 *Liobagrus*								
171. 白缘鮠 *L. marginatus*		+		+	+	+	+	+
172. 拟缘鮠 *L. marginatoides*		+		+				+
173. 黑尾鮠 *L. nigricauda*				+	+			+
174. 司氏鮠 *L. styani*			+	☆	☆			+
175. 鳗尾鮠 *L. anguillicauda*		★		+				+
176. 等颌鮠 *L. aequilabris*		+						+
【15】鮡科 Sisoridae								
（083）纹胸鮡属 *Glyptothorax*								
177. 中华纹胸鮡 *G. sinense*	+	+	★	+	+	+	+	++
178. 三线纹胸鮡 *G. trilineatus*			+					+
（084）鮡属 *Pareuchiloglanis*								
179. 壶瓶山鮡 *P. hupingshanensis*					+			+
【16】胡子鲇科 Clariidae								
（085）胡子鲇属 *Clarias*								
180. 胡子鲇 *C. fuscus*	+	+	+	+	+	+	+	+
（六）胡瓜鱼目 Osmeriformes								
【17】银鱼科 Salangidae								
银鱼亚科 Salanginae								
（086）银鱼属 *Salanx*								
181. 前颌银鱼 *S. prognathus*	+	+	+	☆				+

续表

种类组成	种数合计							
	洞庭湖	湘江	资水	沅水	澧水	珠江水系	赣江水系	湖南合计
大银鱼亚科 Protosalanginae								
（087）大银鱼属 *Protosalanx*								
182. 乔氏大银鱼 *P. jordani*	+	+						+
183. 短吻大银鱼 *P. brevirostris*	+	+	+	☆	☆			+
184. 中国大银鱼 *P. chinensis*	+	+						+
（七）颌针鱼目 Beloniformes								
颌针鱼亚目 Belonoidei								
【18】鱵科 Hemiramphidae								
（088）下鱵属 *Hyporhamphus*								
185. 日本下鱵 *H. sajori*	+	+						+
186. 间下鱵 *H. intermedius*	+	+	+	+	+			+
大颌针鱼亚目 Adrianichthyoidei								
【19】大颌针鱼科 Adrianichthyidae								
（089）青针鱼属 *Oryzias*								
187. 中华青针鱼 *O. sinensis*	+	+	+	+	+			+
（八）鳉形目 Cyprinodontiformes								
【20】胎鳉科 Poeciliidae								
（090）食蚊鳉属 *Gambusia*								
188. 食蚊鳉 *G. affinis*	+	+	+	+	+	+	+	+
（九）合鳃鱼目 Synbranchiformes								
合鳃鱼亚目 Mastacembeloidei								
【21】合鳃鱼科 Synbranchidae								
（091）黄鳝属 *Monopterus*								
189. 黄鳝 *M. albus*	+	+	+	+	+	+	+	+
刺鳅亚目 Mastacembeloidei								
【22】刺鳅科 Mastacembelidae								
（092）中华刺鳅属 *Sinobdella*								
190. 中华刺鳅 *S. sinensis*	+	+	+	+	+	+	+	+
（093）刺鳅属 *Mastacembelus*								
191. 大刺鳅 *M. armatus*	+	+	+	★	+	+	+	+
（十）攀鲈目 Anabantiformes								
【23】丝足鲈科 Osphronemidae								
（094）斗鱼属 *Macropodus*								
192. 叉尾斗鱼 *M. opercularis*	+	+	+	+	+	+	+	+
193. 圆尾斗鱼 *M. ocellatus*	+	+	+	+	+			+

续表

种类组成	种数合计							
	洞庭湖	湘江	资水	沅水	澧水	珠江水系	赣江水系	湖南合计
【24】鳢科 Channidae								
（095）鳢属 *Channa*								
194. 乌鳢 *C. argus*	+	+	+	+	+	+	+	+
195. 斑鳢 *C. maculata*	+	+	+	+	+	+	+	+
196. 月鳢 *C. asiatica*		+	+	+		+		+
（十一）鰕鳉目 Gobiiformes								
【25】鰕鳉科 Gobiidae								
（096）鲻鰕鳉属 *Mugilogobius*								
197. 黏皮鲻鰕鳉 *M. myxodermus*	+							+
（097）吻鰕鳉属 *Rhinogobius*								
198. 丝鳍吻鰕鳉 *R. filamentosus*		★			★			★
199. 红点吻鰕鳉 *R. sp.*			★					+
200. 斑颊吻鰕鳉 *R. maculagenys*		+						+
201. 李氏吻鰕鳉 *R. leavelli*	+	+	+	+	+			+
202. 溪吻鰕鳉 *R. duospilus*					☆			☆
203. 波氏吻鰕鳉 *R. cliffordpopei*		+			+			+
204. 小吻鰕鳉 *R. parvus*					+	★		+
205. 子陵吻鰕鳉 *R. giurinus*	+	+	+	+	+	+	+	+
206. 白边吻鰕鳉 *R. sp.*					★			★
【26】沙塘鳢科 Odontobutidae								
（098）小黄黝鱼属 *Micropercops*								
207. 小黄黝鱼 *M. swinhonis*	+	+	+	+	+	+	+	+
（099）沙塘鳢属 *Odontobutis*								
208. 中华沙塘鳢 *O. sinensis*	+	+		+	+	+	+	+
209. 河川沙塘鳢 *O. potamophila*	+		★					+
（十二）鲈形目 Perciformes								
【27】鳜科 Sinipercidae								
（100）少鳞鳜属 *Coreoperca*								
210. 中国少鳞鳜 *C. whiteheadi*		+	★	+				+
（101）鳜属 *Siniperca*								
211. 波纹鳜 *S. undulata*		+	★	+				+
212. 暗鳜 *S. obscura*	+	+	+	+	+			+
213. 漓江鳜 *S. loona*		+	+	+	+			+
214. 长身鳜 *S. roulei*	+	+	+	+	+			+
215. 斑鳜 *S. scherzeri*	+	+	+	+	+	+		+

续表

种类组成	种数合计							
	洞庭湖	湘江	资水	沅水	澧水	珠江水系	赣江水系	湖南合计
216. 大眼鳜 *S. knerii*	+	+	+	+	+	+	+	+
217. 鳜 *S. chuatsi*	+	+	+	+	+	+	+	+
（十三）鲀形目 Tetraodontiformes								
【28】鲀科 Tetrodontidae								
（102）东方鲀属 *Takifugu*								
218. 暗纹东方鲀 *T. obscurus*	+	+						+
合计种数	136	179	147	167	148	80	76	218
合计属数	76	96	82	86	83	55	55	102
合计科数	26	28	27	27	27	18	18	28
合计目数	13	13	12	12	12	7	7	13

注："+"现有分布种；"★"新记录种；"☆"文献新记录种

湖南共分布有鱼类 218 种，隶属于 13 目 28 科 102 属。鲤形目鱼类是湖南鱼类的主要组成部分，有 6 科 72 属 142 种，占湖南鱼类总数的 65.1%；鲇形目次之，有 5 科 8 属 31 种，占总数的 14.2%；鲱鲵目有 2 科 4 属 13 种，占总数的 6.0%；鲈形目有 1 科 2 属 8 种，占总数的 3.7%；攀鲈目等 9 目 14 科 16 属共 24 种，占总数的 11.0%（图 1）。在整个 28 个科中，鲤科鱼类数量最多，有 55 属 106 种，占湖南鱼类总数的 48.6%；鳠科次之，有 2 属 17 种，占总数的 7.8%；沙鳅科 3 属 15 种，占总数的 6.9%；爬鳅科等 25 科共 42 属 80 种，占总数的 36.7%（表 16）。

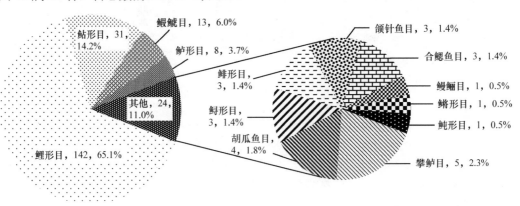

图 1　湖南鱼类组成

洞庭湖共分布有鱼类 136 种，隶属于 13 目 26 科 76 属。鲤形目鱼类是洞庭湖鱼类的主要组成部分，有 5 科 50 属 85 种，占洞庭湖鱼类总数的 62.5%；鲇形目次之，有 4 科 5 属 16 种，占总数的 11.8%；鲱鲵目有 2 科 4 属 7 种，占总数的 5.1%；鲈形目有 1 科 1 属 5 种，占总数的 3.7%；胡瓜鱼目等 9 目 14 科 16 属共 23 种，占总数的 16.9%（图 2）。在整个 26 个科中，鲤科鱼类数量最多，有 42 属 72 种，占洞庭湖鱼类总数的 52.9%；鳠科次之，有 2 属 12 种，占总数的 8.8%；沙鳅科 2 属 6 种，占总数的 4.4%；鳜科 1 属 5 种，占总数的 3.7%；鳅科等 22 科共 29 属 41 种，占总数的 30.1%（表 16）。

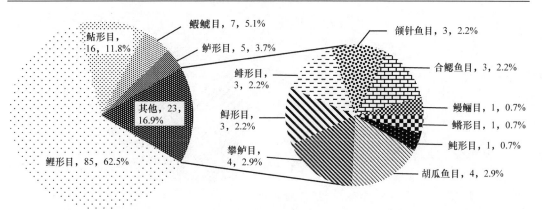

图 2　洞庭湖鱼类组成

　　湘江共分布有鱼类 179 种，隶属于 13 目 28 科 96 属。鲤形目鱼类是湘江鱼类的主要组成部分，有 6 科 68 属 117 种，占湘江鱼类总数的 65.4%；鲇形目次之，有 5 科 7 属 24 种，占总数的 13.4%；鲈形目有 1 科 2 属 8 种，占总数的 4.5%；鰕鳉目等 10 目 16 科 19 属共 30 种，占总数的 16.8%（图 3）。在整个 28 个科中，鲤科鱼类数量最多，有 52 属 91 种，占湘江鱼类总数的 50.8%；鳅科次之，有 2 属 15 种，占总数的 8.4%；沙鳅科 3 属 9 种，占总数的 5.0%；爬鳅科和鳜科各 6 属 8 种和 2 属 8 种，均占总数的 4.5%；鳅科等 23 科共 31 属 48 种，占总数的 26.8%（表 16）。

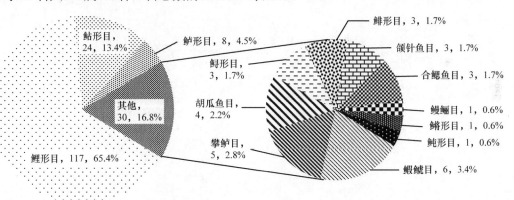

图 3　湘江鱼类组成

　　资水共分布有鱼类 147 种，隶属于 12 目 27 科 82 属。鲤形目鱼类是资水鱼类的主要组成部分，有 6 科 55 属 93 种，占资水鱼类总数的 63.3%；鲇形目次之，有 5 科 7 属 22 种，占总数的 15.0%；鲈形目有 1 科 2 属 8 种，占总数的 5.4%；攀鲈目和鰕鳉目分别为 2 科 2 属 5 种和 2 科 3 属 5 种，均占总数的 3.4%；鲱形目等 7 目 11 科 13 属共 14 种，占总数的 9.5%（图 4）。在整个 27 个科中，鲤科鱼类数量最多，有 47 属 79 种，占资水鱼类总数的 53.7%；鳅科次之，有 2 属 13 种，占总数的 8.8%；鳜科 2 属 8 种，占总数的 5.4%；沙鳅科 2 属 6 种，占总数的 4.1%；鳅科等 23 科共 29 属 41 种，占总数的 27.9%（表 16）。

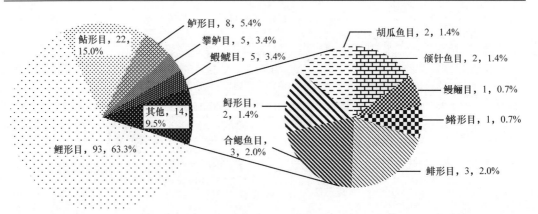

图 4　资水鱼类组成

沅水共分布有鱼类 167 种，隶属于 12 目 27 科 86 属。鲤形目鱼类是沅水鱼类的主要组成部分，有 6 科 60 属 112 种，占沅水鱼类总数的 67.1%；鲇形目次之，有 5 科 6 属 23 种，占总数的 13.8%；鲈形目有 1 科 2 属 8 种，占总数的 4.8%；攀鲈目和鳉鳅目分别为 2 科 2 属 5 种和 2 科 3 属 5 种，均占总数的 3.0%；鲱形目等 7 目 11 科 13 属共 14 种，占总数的 8.4%（图 5）。在整个 27 个科中，鲤科鱼类数量最多，有 48 属 88 种，占沅水鱼类总数的 52.7%；鳢科次之，有 2 属 15 种，占总数的 9.0%；沙鳅科 2 属 11 种，占总数的 6.6%；鳅科 2 属 8 种，占总数的 4.8%；鳅科等 23 科共 32 属 45 种，占总数的 26.9%（表 16）。

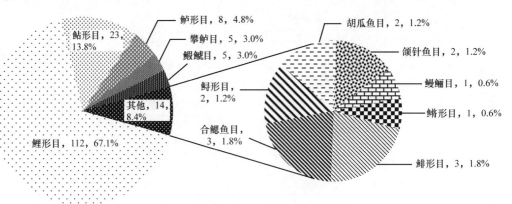

图 5　沅水鱼类组成

澧水共分布有鱼类 148 种，隶属于 12 目 27 科 83 属。鲤形目鱼类是澧水鱼类的主要组成部分，有 6 科 58 属 94 种，占澧水鱼类总数的 63.5%；鲇形目次之，有 5 科 7 属 23 种，占总数的 15.5%；鳉鳅目 2 科 3 属 8 种，占总数的 5.4%；鲈形目有 1 科 1 属 6 种，占总数的 4.1%；攀鲈目等 8 目 13 科 14 属共 17 种，占总数的 11.5%（图 6）。在整个 27 个科中，鲤科鱼类数量最多，有 48 属 77 种，占澧水鱼类总数的 52.0%；鳢科次之，有 2 属 14 种，占总数的 9.5%；沙鳅科 2 属 7 种，占总数的 4.7%；鳅科 1 属 6 种，占总数的 4.1%；鳅科等 23 科共 30 属 44 种，占总数的 29.7%（表 16）。

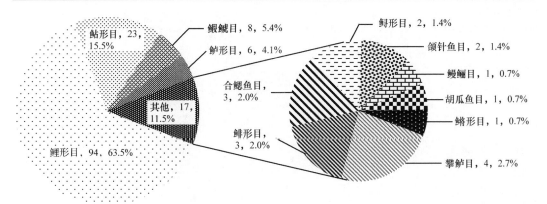

图6　澧水鱼类组成

　　湖南境内珠江水系共分布有鱼类80种，隶属于7目18科55属。鲤形目鱼类是湖南境内珠江水系鱼类的主要组成部分，有5科39属54种，占湖南境内珠江水系鱼类总数的67.5%；鲇形目次之，有5科6属10种，占总数的12.5%；鳋鱼目2科3属5种，占总数的6.3%；攀鲈目有2科2属4种，占总数的5.0%；合鳃鱼目和鲈形目分别为2科3属3种和1科1属3种，均占总数的3.8%；鳉形目1科1属1种，占总数的1.3%（图7）。在整个18个科中，鲤科鱼类数量最多，有31属44种，占湖南境内珠江水系鱼类总数的55.0%；鳅科次之，有2属6种，占总数的7.5%；沙鳅科等16科共22属30种，占总数的37.5%（表16）。

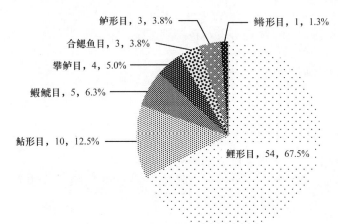

图7　湖南境内珠江水系鱼类组成

　　湖南境内赣江水系共分布有鱼类76种，隶属于7目18科55属。鲤形目鱼类是湖南境内赣江水系鱼类的主要组成部分，有5科39属52种，占湖南境内赣江水系鱼类总数的68.4%；鲇形目次之，有5科6属11种，占总数的14.5%；合鳃鱼目、攀鲈目、鳋鱼目和鲈形目分别为2科3属3种、2科2属3种、2科3属3种、1科1属3种，均占总数的3.9%（图8）。在整个18个科中，鲤科鱼类数量最多，有32属43种，占湖南境内赣江水系鱼类总数的55.6%；鳅科次之，有2属7种，占总数的9.2%；沙鳅科等16科共21属26种，占总数的34.2%（表16）。

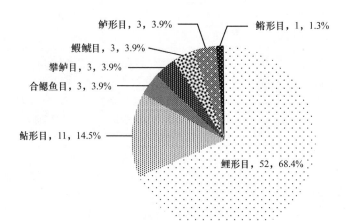

图 8　湖南境内赣江水系鱼类组成

四、鱼类形态术语说明

（一）形 态 特 征

本书所采用的关于形态特征的术语如下（图 9～图 12）。

头部：吻端至鳃盖骨后缘部分（不包括鳃盖膜）。

躯干部：鳃盖骨后缘至肛门部分。

尾部：肛门至最后 1 枚脊椎骨末端的部分。

吻部：吻端至眼眶前缘的部分。

颊部：眼后下方至前鳃盖骨后缘的部分。

颌部：上、下颌联合处，亦称口角。

下颌联合：下颌左、右齿骨在口下前方会合处。

颏部：也称颐部，紧接头部腹面下颌联合处后方。

峡部：颏部与喉部之间的部分。鳃盖膜是否与峡部相连是一个重要分类依据。

喉部：紧接峡部后方，左、右鳃盖间的腹面部分。

鳃盖：头的后下部，鳃腔外部的几块骨片，亦称鳃盖骨。

鳃盖膜：指鳃盖后缘游离的新月形膜状部分。如果是左、右鳃盖膜越过喉部，相互愈合，不与峡部相连，称鳃盖膜与峡部不相连；如果左、右鳃盖膜不相愈合，而分别直接连于峡部两侧，称鳃盖膜与峡部相连。

奇鳍：指单个不成对的鳍，包括背鳍（dorsal fin，简称 D）、臀鳍（anal fin，简称 A）和尾鳍（caudal fin，简称 C）。

偶鳍：指成对的鳍，包括胸鳍（pectoral fin，简称 P）、腹鳍（pelvic fin，简称 V）。

脂鳍：指位于背鳍后方无鳍条支持的皮质鳍，鲑科、银鱼科、鲇形目等大多数鱼类具脂鳍。

尾鳍：鱼体末端尾柄部的鳍，根据形状分为圆形、截形、叉形及凹形。根据尾部椎骨向后伸长情况主要分为两种：①歪型尾，尾部的椎骨向尾鳍上叶伸入，外形上看上叶显著大于下叶，如中华鲟尾鳍；②正型尾，尾部最后一个椎骨止于尾鳍基，如果有明显的上、下叶，则两叶大致对称，一般真骨鱼类尾形属于此类型。

　　口位：根据上、下颌的相对长度及口的朝向来衡量。上颌与下颌等长，口朝向正前方时为口端位；上颌短于下颌，口朝向上方称为口上位，反之则称为口下位；而介于上位和端位者为亚上位，介于端位和下位者为亚下位。

　　须：因着生位置不同而名称各异，着生于鼻孔处的称鼻须，如鲇形目鱼类；着生于口前吻部的称吻须，如鲟形目鱼类，或着生于吻端的也称吻须，如沙鳅科、鳅科、条鳅科、鲇形目鱼类等，鲤科鱼类无吻须；着生于上、下颌的称上、下颌须；着生于口角的称口角须；着生于颏部的称颏须，如鳅鮀属、鲇形目鱼类等。

　　围眶骨系：指围绕眼的骨片系列，直接位于眼上方的称为眶上骨，最前一块称为眶前骨（泪骨），不同种类围眶骨数目差异较大。

　　鳃盖骨系：通常由前鳃盖骨、鳃盖骨（鳃盖骨中最大的一块骨片），下鳃盖骨、间鳃盖骨（在前鳃盖骨和下鳃盖骨之间）和鳃盖条（在下鳃盖骨的下方以膜相连起来的条状骨）等骨片组成，鲇形目鱼类缺下鳃盖骨。

　　鳃弓：鳃腔内着生鳃丝和鳃耙的骨条。

　　伪鳃：又称假鳃，有些鱼类在鳃盖骨内侧上方与头部相贴处，有像鳃丝的或是小圆形的腺体。

　　鳍条：分为两种类型：①不分支、不分节的角质鳍条，为软骨鱼类所特有，即所谓"鱼翅"；②由鳞片衍生而来的鳞质鳍条，为硬骨鱼类所特有。鳞质鳍条根据其是否由左、右两半组成、鳍条本身是否分节、末端是否分支及软硬程度分为4种：棘、硬刺、不分支鳍条、分支鳍条。

　　棘：每根鳍条均由完整，不分节，非左、右两半组成。多数鳍棘坚硬，亦有部分小型鱼类棘是柔软的（图14：Ⅰ、Ⅱ、Ⅲ……所示）。

　　硬刺：亦称假棘。鳍条由左、右两半愈合而成，强大坚硬，末端不分支，部分鱼类的硬刺前、后缘可能具锯齿。

　　不分支鳍条：鳍条由左、右两半愈合而成，分节、柔软、不分支。

　　分支鳍条：鳍条由左、右两半愈合而成，分节、柔软、分支。

　　硬鳞：由真皮和表皮联合形成的鳞片，如鲟形目鱼类的鳞片。

　　圆鳞：骨鳞的1种，其后缘光滑，如鲤科鱼类的鳞片。

　　栉鳞：骨鳞的1种，其后缘外缘具小刺或锯齿，如鲈形目大部分鱼类的鳞片。

　　棱鳞：有些鱼类（如鲱形目鱼类）沿腹缘中线具1列具棱脊或刺突的鳞片。

　　臀鳞：指裂腹鱼或银鱼肛门至臀鳍间两排较大的鳞片。

　　腋鳞：指位于胸鳍或腹鳍基与体侧交合处的狭长鳞片。

　　腹棱：指腹部中线上隆起的刀刃状的皮质棱脊；全棱指胸鳍基至肛门间具腹棱，也称腹棱完全；半棱指腹鳍基至肛门间具腹棱，也称腹棱不完全。

　　鳞鞘：指包裹在背鳍或臀鳍基部两侧的近长形或菱形的鳞片。

　　口腔齿：除鲤形目外，其余鱼类通常在口腔内具齿，根据着生的部位而命名：着生在上颌的为上颌齿；口腔背面为口盖，口盖最前端为犁骨，其上的齿为犁骨齿；口盖两侧为腭骨，其上的齿为腭齿。

　　幽门垂：胃的幽门部与肠交界处的一些盲状小管，其数目、形态和排列因种类差异而不同，是分类依据之一。

　　鳔：在消化道的背方充着气体的囊状物，由1～3室组成；有些鱼类具鳔管称为喉鳔类，无鳔管的称为闭鳔类。

韦伯器：鲤形目鱼类头后 1～3 节椎骨部分椎体特化而来，由带状骨、舶状骨、间插骨和三脚骨 4 对小骨及 1 对连接三脚骨后支和舶状骨外侧的韧带构成。

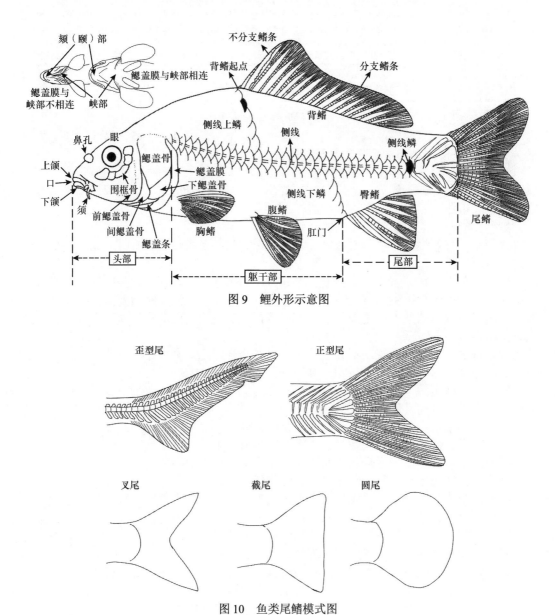

图 9　鲤外形示意图

图 10　鱼类尾鳍模式图

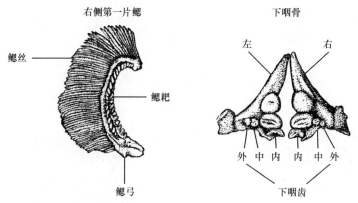

图 11　鲤鱼的鳃和下咽齿形态图（毛节荣等，1991）

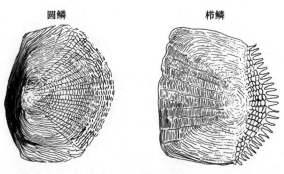

图 12　鳞片的类型

（二）度 量 性 状

1. 可量性状（图 13）

全长：鱼的全部长度，由吻端至尾鳍末的水平直线长度。

体长或标准长：由吻端至最后 1 根脊椎骨末端的水平直线长度；在鲤科鱼类外形测量中，最后 1 根脊椎骨的具体位置通常以其尾部的折痕为标志。

体高：躯干部的最大高度，通常指背鳍起点处的高度。

体宽：通常指胸鳍基处身体的宽度。

头长：由吻端至鳃盖骨后缘的长度。

头高：头的最大高度，通常是鳃盖骨后缘的高度。

吻长：由吻端至眼前缘的水平直线长度。

眼径：眼眶前缘至眼眶后缘的长度。

眼间距：两眼背缘之间的最小距离。

眼后头长：由眼眶后缘至鳃盖骨后缘的长度。

尾柄长：由臀鳍基末至最后 1 根脊椎骨末端的长度。

尾柄高：尾柄最低处的垂直直线长度。

尾鳍长：最后 1 根脊椎骨末端至尾鳍末的长度。

背鳍基长：由背鳍起点至背鳍基末的长度。
臀鳍基长：由臀鳍起点至臀鳍基末的长度。

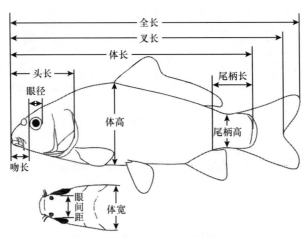

图 13　鲤的外形（示可量性状）

2. 可数性状（图 14，图 15）

　　鳍式：表示鱼类鳍的种类、鳍条类别及其数目的表达式。鳍式的基本格式为：鳍名+棘（或硬刺或不分支鳍条）+分支鳍条；鳍、棘以大写罗马数字表示，硬刺以小写罗马数字表示，分支鳍条和不分支鳍条以阿拉伯数字表示。鳍为 1 基时，棘、硬刺和不分支鳍条与分支鳍条数目之间以短连接号"-"连接，鳍条数有一定范围的，以"～"连接；鳍为 2 基时，则前后鳍以逗号"，"分开。

　　齿式：鲤科鱼类最后 1 对鳃弓下部变形为下咽骨，其上着生下咽齿，下咽齿行数与形状通常是鲤科鱼类分类依据之一。记录左、右下咽骨着生齿的数目与排列方式称为齿式，具体计算时按咽骨先左后右、咽齿由外向内依次计算。如齿式 2·3·5/5·3·2，表示左、右下咽齿各 3 行，左下咽骨外侧第 1 行具齿 2 枚，第 2 行 3 枚，第 3 行（又称主行）5枚；右下咽骨内侧第 1 行具齿 5 枚，第 2 行为 3 枚，第 3 行为 2 枚。有时左、右下咽骨的齿数不完全一致。

　　鳞式：由侧线鳞数、侧线上鳞数和侧线下鳞数组成。侧线鳞数是从鳃孔上角至最后一个脊椎骨末端 1 列具小管或小孔的鳞片数。侧线上鳞数是从背鳍（或第一背鳍）向后下方斜数至紧邻侧线的一个鳞片为止的鳞片行数。侧线下鳞数是从腹鳍或臀鳍向上斜数至紧邻侧线的一个鳞片为止的鳞片行数。腹鳍开始的，用 V 表示，常用于鲤形目；臀鳍开始的，用 A 表示，常用于鲈形目。侧线上鳞和侧线下鳞均不包括侧线鳞。鳞式的表达式：

$$\text{侧线鳞数}\ \frac{\text{侧线上鳞数}}{\text{侧线下鳞数}}$$

如鳞式为 $30\frac{5-7}{4-5\text{-}V}34$，表示该种鱼类侧线鳞数目为 30～34，侧线上鳞 5～7 行，以腹鳍为起点的侧线下鳞有 4～5 行。

　　纵列鳞：是指无侧线或侧线不完全的鱼类，一般从鳃孔上角开始沿体侧中轴至最后 1 枚鳞片的数量。

　　横裂鳞：指无侧线的鱼类，从背鳍（如鲱科）或第二背鳍（如鰕鲵鱼目）起点处向后斜数至腹部正中线或腹鳍基处的鳞片。

　　背鳍前鳞：背鳍起点前方沿背中线的 1 列鳞片。

　　围尾柄鳞：环绕尾柄最低处 1 周的鳞片。

　　鳃耙数：指第 1 鳃弓外侧的鳃耙数。以角鳃骨弯处为界，分上、下段，计数时常采取上段鳃耙数加下段鳃耙数的方式。

　　脊椎骨：指脊椎骨的总数。在鲤形目鱼类中前 4 枚愈合成复合椎体，因此通常用"4+……"表示。

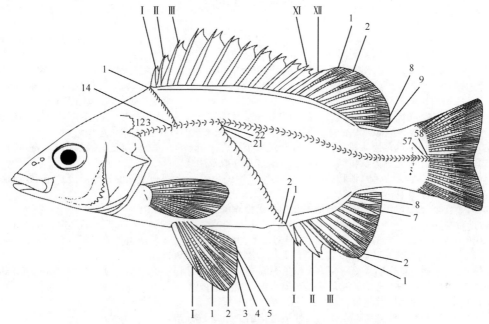

图 14　鲈的外形（示可数性状）（周解等，2006）

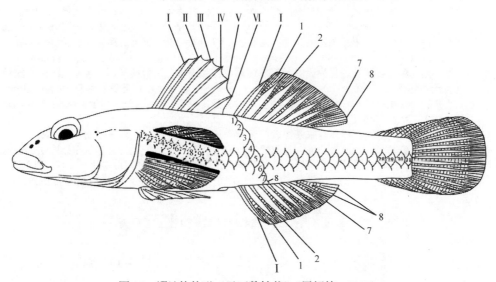

图 15　鰕鳚的外形（示可数性状）（周解等，2006）

各 论

五、湖南鱼类分述

湖南鱼类目检索表[①]

1（2） 体被硬鳞或光滑无鳞；歪型尾，上叶明显长于下叶……………（一）鲟形目 Acipenseriformes
2（1） 体被栉鳞、圆鳞或光滑无鳞；尾一般为正型尾，上、下叶约等长
3（4） 尾部长度大于头和躯干的合长；背鳍和臀鳍基均很长，末端均与尾鳍相连；无腹鳍；口腔具
舌；上、下颌具细齿……………………………………………………（二）鳗鲡目 Anguilliformes
4（3） 尾部长度一般远小于头和躯干的合长，如大于或等于头和躯干的合长，则仅臀鳍基很长，且
末端与尾鳍基相连（鲱形目的鳀科、鲇形目的鲇科），或背鳍和臀鳍基均很长，且末端均不
与尾鳍相连（鲇形目的胡子鲇科和攀鲈目）；通常具腹鳍；舌、颌齿有或无
5（6） 腹部正中具锯齿状棱鳞；鳃盖膜与峡部不相连……………………（三）鲱形目 Clupeiformes
6（5） 腹部正中无锯齿状棱鳞；鳃盖膜与峡部相连或不相连
7（8） 上、下颌无齿，具下咽齿……………………………………………（四）鲤形目 Cypriniformes
8（7） 上、下颌具齿，无下咽齿
9（24） 上、下颌齿正常，不愈合成板状门齿；体被鳞或裸露无鳞
10（11） 须发达，2～4 对；体裸露无鳞……………………………………（五）鲇形目 Siluriformes
11（10） 无须；体通常被鳞，如仅被稀疏鳞片，则具脂鳍且体透明，脑可外见（胡瓜鱼目），如裸露
无鳞则各鳍均退化成皮褶，无鳍条（合鳃鱼目的合鳃鱼科）
12（13） 具脂鳍，体透明，脑可外见；雄鱼臀鳍基 1 行大圆鳞……（六）胡瓜鱼目 Osmeriformes
13（12） 无脂鳍；体不透明；雄鱼臀鳍基鳞片正常或裸露无鳞
14（21） 背鳍 1 个；腹鳍腹位、胸位或无腹鳍
15（20） 背鳍和臀鳍鳍条短或退化，后伸不达尾鳍；无鳃上器官
16（19） 体被较大鳞片；各鳍均存在且鳍条正常；背鳍位于体中后方
17（18） 背鳍后位，鳍基末接近尾鳍；侧线有或无；卵生；雄鱼臀鳍不延长；鼻孔每侧 2 个或 1 个
…………………………………………………………………………………（七）颌针鱼目 Beloniformes
18（17） 背鳍中后位，鳍基末距离尾鳍较远；无侧线；卵胎生；雄鱼臀鳍前部鳍条延长成输精器；鼻
孔每侧 2 个………………………………………………………………（八）鳉形目 Cyprinodontiformes
19（16） 体裸露无鳞，各鳍均退化为无鳍条的皮褶，如体被细鳞，则背鳍前部鳍条特化为游离鳍棘，
且无腹鳍………………………………………………………………（九）合鳃鱼目 Synbranchiformes
20（15） 背鳍和臀鳍鳍条较长，后伸超过尾鳍；具鳃上器官…………（十）攀鲈目 Anabantiformes
21（14） 背鳍 2 个；腹鳍胸位
22（23） 前、后背鳍明显分离；鳍棘末端柔软；无侧线…………………（十一）鰕鯱目 Gobiiformes
23（22） 前、后背鳍基相连；鳍棘坚硬；具侧线……………………………（十二）鲈形目 Perciformes
24（9） 上、下颌齿愈合成 2 对板状门齿，门齿中缝明显；体无鳞，粗糙，被特化的小棘；胃具气囊，
可吸入空气使之特别膨大……………………………………………（十三）鲀形目 Tetraodontiformes

（一）鲟形目 Acipenseriformes

体延长，梭形。体被 5 行骨板或裸露无鳞；尾鳍上缘具 1 列纵行棘状鳞。吻突出。

---

① 本书检索表为兼顾系统发育关系和实用性，检索时多使用外部特征，因此对湖南以外地区的其他某些特殊类群可能不
完全适用。

喷水孔有或无。口腹位。眼小，侧位。无前鳃盖骨和间鳃盖骨，无鳃盖条。背鳍与臀鳍后位。腹鳍位于背鳍前方。胸鳍下侧位。肛门与泄殖孔位于腹鳍基附近。歪型尾，上叶长于下叶。鳔大，具鳔管与食道背面相通。肠内具螺旋瓣。

鲟形目常被认为是一群较低等的硬骨鱼类。中轴骨骼为非骨化的弹性脊索组成，无椎体。内骨骼为软骨。

本目湖南分布有 2 科 2 属 3 种。

鲟形目科检索表

1（2）　吻很长，剑状；体光滑无骨板；上、下颌具细齿 ⋯⋯⋯⋯⋯⋯【01】匙吻鲟科 Polyodontidae
2（1）　吻较短，犁头状；体具 5 行骨板；上、下颌无齿 ⋯⋯⋯⋯⋯⋯【02】鲟科 Acipenseridae

【01】匙吻鲟科 Polyodontidae

体延长，梭形。头长。吻部甚长，平扁，剑状。口大，下位，位于眼后。上、下颌具细齿。吻须 1 对，细小如丝，位于吻部腹面。鳃盖仅由下鳃盖骨组成。背鳍靠后，接近尾鳍基。歪型尾，上叶长于下叶。体裸露无鳞，仅尾鳍上叶背面具 1 列纵行棘状鳞。侧线完全。

本科湖南分布有 1 属 1 种。

（001）白鲟属 *Psephurus* Günther, 1873

Psephurus Günther, 1873, *Ann. Mag. Nat. Hist.*, 4(12): 250.

模式种： *Polyodon gladius* Martens

体长，梭形，前段平扁，后段稍侧扁。头稍短，吻甚长，剑状，前端平扁，较窄，两侧包被柔软皮膜。口大，下位，弧形。上、下颌具细齿。须 1 对，细小，位于吻部腹面、口前方，鳃孔大，鳃盖仅由下鳃盖骨组成。鳃盖膜延伸至胸鳍基，与峡部不相连。肠短。鳔大，1 室。

本属鱼类仅知白鲟 1 种，为我国特有鱼类，洞庭湖曾有分布，目前已多年未见，2019年有论文称已灭绝。

001. 白鲟 *Psephurus gladius* (Martens, 1862)（图 16）

俗称： 琵琶鱼、朝剑鱼、箭鱼、象鲟、象鱼、鲟钻子；**英文名：** Chinese paddle fish

Polyodon gladius Martens, 1862, *Mon. Akad. Wiss. Berl.*: 476（长江）；梁启燊和刘素孋，1959，湖南师范学院自然科学学报，（3）：67（洞庭湖、湘江）；梁启燊和刘素孋，1966，湖南师范学院学报（自然科学版），（5）：85（洞庭湖）；唐家汉和钱名全，1979，淡水渔业，（1）：10（洞庭湖）；唐家汉，1980a，湖南鱼类志（修订重版）：14（洞庭湖）；林盛平等（见：杨金通等），1985，湖南省渔业区划报告集：69（洞庭湖）；何业恒，1990，湖南珍稀动物的历史变迁：145（长沙、岳阳、湘阴、沅江、南县、安乡、常德）；解玉浩（见：刘明玉等），2000，中国脊椎动物大全：36（洞庭湖）；李鸿等，2020，湖南鱼类系统检索及手绘图鉴：13，75。

濒危等级： 国家Ⅰ级，《国家重点保护野生动物名录》（国函〔1998〕144 号）；CITES

（2016）附录Ⅱ；濒危，《中国濒危动物红皮书 鱼类》（乐佩琦等，1998）；极危，《中国物种红色名录 第一卷 红色名录》（汪松和解焱，2004）。

标本采集：标本 5 尾，20 世纪 70 年代采自洞庭湖，现藏于湖南省水产科学研究所标本馆。

形态特征：背鳍 56～60；臀鳍 50～55；胸鳍 32～35；腹鳍 35～37；尾鳍上叶背面具纵行棘状鳞 8～9。鳃耙 48～52。

体长为体高的 7.6～7.8 倍，为头长的 1.7～1.9 倍，为尾柄长的 14.0～17.0 倍。头长为吻长的 1.3～1.4 倍，为眼间距的 5.8～8.2 倍。尾柄长为尾柄高的 1.5～2.7 倍。

体长，梭形，前段略平扁，后段稍侧扁，尾柄短而低。头较长。吻很长，剑状，占体长的 1/3（小个体约占 1/2），前端平扁较狭窄，基部宽大较肥厚，上布梅花状的感觉器——陷器。口大，下位，弧形，位于眼后下方。唇简单，较肥厚。上、下颌具尖细齿。须 1 对，短而细，位于吻部腹面。鼻孔 1 对。眼小，圆形，侧位。鳃孔大，鳃盖仅由下鳃盖骨组成，无前鳃盖骨、间鳃盖骨和鳃盖骨。鳃盖膜末端超过胸鳍起点，与峡部不相连。鳃耙较粗壮，排列稍密。

背鳍较高，基部稍长，外缘截形，无分支鳍条，起点位于腹鳍起点之后。胸鳍短而宽，腹位。腹鳍短小，腹鳍基末约与背鳍起点相对。肛门紧靠臀鳍起点。臀鳍稍长，外缘浅凹，起点位于背鳍基末前下方。歪型尾，上叶显著长于下叶，上、下叶末端稍尖。

体光滑无鳞，仅尾鳍上叶背缘具 1 列纵行排列的菱形棘状鳞。侧线完全，自鳃孔上方直至尾鳍基。

鳔大，1 室，白色，囊状。胃大，壁厚，具褶皱。肠粗短，约为体长的 1/2，肠内具螺旋瓣 9 个。

活体头部、体背部和尾鳍均呈暗灰色带浅蓝色。腹部白色。胸鳍、腹鳍和臀鳍为白色略带浅灰色。吻及头部均布有梅花状的陷器。

生物学特性：

【生活习性】喜栖息于水体中下层，性凶猛。幼体集群，随个体生长活动区域逐渐分散，多在中下游至河口及附属水体觅食。性成熟后，繁殖期溯河而上，在水流湍急、底质多岩石或卵石的较深河段产卵。可进入长江支流及附属湖泊索饵，秋、冬季节回到干流越冬。

【食性】幼鱼和成鱼均以鱼类为食，也食虾、蟹。当年鱼消化道含粗大的"V"形胃及瓣肠，瓣肠具 7～8 个螺旋瓣，肠长为体长的 0.4～0.5 倍，以底栖小型虾类和鱼类为食（朱成德和余宁，1987）。

【繁殖】繁殖期 3—4 月。产卵场主要在四川宜宾市柏树溪镇附近的金沙江河段和江安县附近的长江河段（李云等，1997）。成熟亲鱼多栖息在水流较急、水较深、底质多卵石的河段（刘成汉，1979）。1983 年宜昌江段采集的 1 尾卵巢发育成熟的个体，全长 315.0cm，体长 263.5cm，体重 87.0kg，卵巢重 11.0kg，繁殖力为 74.0 万粒，卵巢黑褐色，Ⅳ期卵粒椭圆形，卵径 2.8～3.8mm，其中 3.0～3.4mm 占绝大多数，沉黏性（余志堂，1983）。

资源分布：我国特有鱼类，也是湖南曾分布的个体最大的鱼类，长江中上游渔民有"千斤腊子、万斤象"的谚语，"腊子"指中华鲟，而"象"指白鲟。长江干流和河口咸淡水中曾有分布，湖南洞庭湖及湘、资、沅、澧"四水"下游曾有分布，目前已多年未见，现已宣布灭绝（Zhang et al.，2020）。据《中国物种红色名录 第一卷 红色名录》，过度捕捞和葛洲坝阻隔产卵洄游通道是导致其濒危的主因。

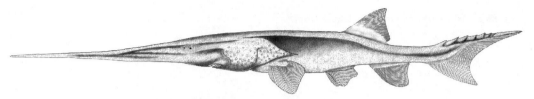

图 16　白鲟 *Psephurus gladius* (Martens, 1862)

【02】鲟科 Acipenseridae

体长。头上被骨板。具喷水孔。吻延长，尖突，圆锥形或铲形。口下位，横裂或稍呈弧形。唇厚。上、下颌无齿。须 2 对，位于口前吻部腹面。鼻孔较大，2 个，位于眼前方。眼小，侧位。鳃盖骨消失，无鳃盖条，下鳃盖骨发达。鳃盖膜与峡部相连。鳃耙短小，具假鳃。体被 5 列纵行骨板，其中背部 1 列，体侧及腹侧各 2 列。尾鳍上缘具 1 列纵行棘状鳞。背鳍后移，接近尾鳍基。歪型尾，上叶长于下叶。鳔大，具鳔管与食道背面相连。肠内具螺旋瓣。

本科湖南分布有 1 属 2 种。

【**鱼之美者，洞庭之鳟**】早在公元前 200 多年的战国晚期，吕不韦主编的《吕氏春秋》（又称《吕览》）中的《孝行览·本味》就有"鱼之美者，洞庭之鳟，东海之鲕。醴水之鱼，名曰朱鳖，六足有珠"的记载。"醴水"即"澧水"，"朱鳖"即甲鱼[也有书作者认为是娃娃鱼，如《湖南通史·古代卷》（伍新福）]。"鳟"则为古代传说中的一种怪鱼，《说文解字》中"鳟：鱼也"。《山海经》中的《南山经》则将其描述为体形与鲋相似，却长着猪毛，叫声也和猪一样的神话怪物，当其出现时，天下便会大旱（"其状如鲋而彘毛，其音如豚，见则天下大旱"）。后人对鳟的猜测大概有 4 种：一是团鱼，即鳖。晋代郭璞的《山海经传》中有"鳟音团扇之团"，后人据此认为鳟为鳖，一些想象图也将鳟画成绿毛龟的样子。二是鲫，亦作鲋。洞庭湖水草丰富，盛产鲤鲫鱼（至今"湘人以湖鲫为美，取其大而肥尔"）。鲋多认为是鲫，如清朝乾隆年间，李瀚章、曾国荃主编的《湖南通志》中有"鳟，即鲫鱼也"的记载，光绪年间，《新通志》也有"鲫鱼即《吕氏春秋》所谓鳟"。因此，有些后来的地方志则直接记载为"《吕氏春秋》'鱼之美者，洞庭之鲋'"。三是鳢。鳢鳃上腔的辅助呼吸器发达，离开水也能生活很长一段时间，当遇干旱时，可通过潮湿的地方转移到新的水源地；同时，鳢的头部似蛇头形，我国古代所信仰的龙为蛇的神话演化，龙为水兽，司雨。在古代，科学技术不甚发达，迷信思想盛行，由此而联想到"见则天下大旱"。四是鲟。《壬申志》"<按>《吕览》之鳟，盖今之鲟鳇鱼，有重至数百斤者，非鲋也"。

《吕氏春秋》中记载的鳟，是甲鱼的可能性不大，郭璞所说的"鳟音团扇之团"，仅指鳟的读音（当然也是错的），后来的记载也未见鳟和鳖有何联系。而认为鳟为鲫的文献较多，可能与洞庭湖盛产鲫，味道鲜美，为当地居民日常食谱中的一种重要食物来源，但与"物以稀为贵"的常理不相符。而鳢，则也不大可能，鳢常被认为"首拱七星，道家忌食"，并且古人也常认为鳢不好吃（"肉劣"），与鲜美一说似乎无关。而至于《山海经》中对鳟的记载，采用的是神话化描述手法，后人难以据此考证具体所指何物。《吕氏春秋》之鳟，特指鲟鳇鱼，可能的原因是洞庭湖为鲟重要的栖息场所，其独特的地理环境为鲟提供了丰富的食物资源；加之鲟内骨骼为软骨，味道鲜美，如《辰州府志》就有记载"鳇，与鳣同……肉白，脂黄，层层相尔，脊骨及髻与鳃皆脆软可食"；鱼子（卵）更是美味，《风土记》中有"岳州人极重鳇鱼子，每得之，沦以皂荚水，少许盐渍之，即食，味甚甘美"。

（002）鲟属 *Acipenser* Linnaeus, 1758

Acipenser Linnaeus, 1758, *Syst. Nat.* 10th ed: 237.

模式种：*Acipenser sturio* Linnaeus

吻锥形，吻端尖圆。口较大，横裂，位于头的腹面。须 2 对，圆柱形。眼小，上侧位，位于头的前半部，稍靠近吻端。鳃盖膜与峡部相连。

本属湖南分布有 2 种。

鲟科鲟属种检索表

1（2）　吻须较长，等于或大于须基距口前缘的 1/2；侧骨板宽大于高；尿殖孔位于肛门后；体色在侧骨板上、下截然不同，上方灰褐色或铁灰色，下方灰白色或乳白色；幼鱼皮肤粗糙 ………………………………………………………………………… **002. 达氏鲟** *Acipenser dabryanus* Duméril, 1869

2（1）　吻须较短，小于须基距口前缘的 1/2；侧骨板高大于宽；尿殖孔位于肛门内；体色在侧骨板由上向下渐淡，上、下方差异不显著；幼鱼皮肤光滑或仅局部粗糙 ……………………………………………………………………… **003. 中华鲟** *Acipenser sinensis* Gray, 1835

002. 达氏鲟 *Acipenser dabryanus* Duméril, 1869（图 17）

俗称：鲟鱼、沙腊子、小腊子；**别名**：长江鲟；**英文名**：Yangtze sturgeon

Acipenser dabryanus Duméril, 1869, *Nouv. Arch. Mus. Hist. Nat.*, *Paris*, 4: 98（长江）；Nichols, 1943, *Nat. Hist. Centr. Asia*, 9: 16（洞庭湖）；梁启燊和刘素孈，1959，湖南师范学院自然科学学报，（3）：67（洞庭湖、湘江）；梁启燊和刘素孈，1966，湖南师范学院学报（自然科学版），（5）：85（洞庭湖、湘江）；乐佩琦等，1998，中国濒危动物红皮书 鱼类：9（长江中上游干支流）；长江水产研究所，2016，主要养殖鲟鱼鉴别手册：8（长江）；李鸿等，2020，湖南鱼类系统检索及手绘图鉴：13，76。

【古文释鱼】①《直隶澧州志》（何玉棻、魏式曾、黄维瓒）："交刺鱼，略似黄鱼，长尺许，脊鳞三行坚耸，有芒刺，裹无筋骨，两旁有柔骨一条，直贯肉内如筋，与头骨皆脆美，或曰即黄鱼之小者，或曰另一种"。②《洞庭湖志》（陶澍、万年淳）："鲔，《陆玑疏》'鲔，似鱣而青黑，头小而尖，似铁兜鍪，口在颌下，大者为王鲔，小者为叔鲔'。肉白，味不逮鱣，今东来辽东谓之尉鱼"。③《乾州厅志》（林书勋）："鮪，《司马相如传》'鲍鲭渐离'，<注>周洛曰鮪，蜀曰鲍鳍。肉色白，味不如鱣"。

濒危等级：国家Ⅰ级，《国家重点保护野生动物名录》（国函〔1998〕144 号）；CITES（2016）附录Ⅱ；易危，《中国濒危动物红皮书 鱼类》（乐佩琦等，1998）；极危，《中国物种红色名录 第一卷 红色名录》（汪松和解焱，2004）。

标本采集：无标本，形态描述摘自《长江鱼类》。

形态特征：背鳍 49～59；臀鳍 29～39。背前骨板 8～13，一般为 10～12；背后骨板 1～2；背侧骨板 28～39/29～37，一般为 32～34/31～33；腹侧骨板 8～15/9～15，一般为 10～12/10～12；臀前骨板 1～2。鳃耙 33～54。

体长为体高的 5.5～8.5 倍，为头长的 3.2～4.8 倍，为尾柄长的 8.0～11.0 倍。头长为吻长的 2.0～2.7 倍，为眼间距的 2.6～3.6 倍。体各部分的比例随个体大小的不同而变化。

体延长，梭形，横断面略成五边形。头部背面具明显乳头状小刺，十分粗糙；幼鱼则具极其明显的小刺。吻端尖细，稍向上翘。尾部细长，胸部平直。口下位，横裂，能自由伸缩。上、下唇具细小乳突。须 2 对，位于吻部腹面，须长等于或大于须基距口前缘的 1/2。鼻孔大，位于眼的前方。眼小，侧位。鳃孔大。鳃盖膜与峡部相连。

体被 5 行骨板，背顶骨板最大，各行骨板之间的表皮遍布颗粒状细小凸起，手感粗糙，幼鱼更为明显。

背鳍位于体后部，起点位于腹鳍起点与臀鳍起点间中点的垂直上方。胸鳍位于胸部的腹面。肛门靠近腹鳍基。歪型尾，上叶长于下叶。

鳃弓肥厚，鳃耙细小薄片状，排列紧密。鳔大，1 室。肠内螺旋瓣 7～8 个。

头背部灰褐色，腹面灰白色，各鳍青灰色。侧骨板上方灰褐色或铁灰色，下方灰白色或乳白色。

生物学特性：

【生活习性】 淡水定居性鱼类，栖息于长江中上游干支流及大型湖泊的深水区。生殖洄游不明显，亲鱼和仔鱼常生活在一起。性成熟个体在长江上游繁殖，产卵场分布在重庆至宜宾江段。

【年龄生长】 中型鱼类，生长速度较快。以鳃盖骨和背骨板为年龄鉴定材料，退算体长平均值：1 龄 44.1cm、2 龄 55.0cm、3 龄 68.2cm、4 龄 77.5cm、5 龄 86.5cm、6 龄 95.5cm、7 龄 101.0cm、8 龄 108.0cm。

【食性】 以动物性食物为主的杂食性鱼类。动物性食物以水生寡毛类、昆虫及其幼虫和小型底栖鱼类（鰕鲵）为主；植物性食物中多为维管束植物的茎、叶碎片及绿藻、硅藻等。不同发育阶段食性有变化：体长 10.0cm 以下个体主要以水生寡毛类、浮游动物为食；体长 10.0～20.0cm 个体以水生寡毛类和小型底栖鱼类为主要食物；体长 20.0cm 以上个体食物种类增多，以蜻蜓目幼虫、摇蚊幼虫和水生寡毛类为主要食物，水生维管束植物也逐渐增多。肠长为体长的 0.7～0.9 倍。

【繁殖】 繁殖期 3—4 月，10—12 月亦有少量性成熟个体。产卵场流速 1.2～1.5m/s，透明度较大，水深 5.0～13.0m，水温春季 16.0～19.0℃，秋季 12.0～15.0℃，下游不远处应分布有较多沙泥底质的湾沱，便于仔幼鱼肥育。雄鱼 4 龄、雌鱼 6 龄性成熟，雌、雄鱼均无明显第二性征。成熟卵球形，灰褐色或淡黄色，不透明，卵膜紧贴于卵的表面，卵径 2.6～3.2mm，受精后吸水膨胀，卵膜径 3.2～3.8mm，黏性，黏附在水底砾石上孵化。水温 17.0～18.0℃时，受精卵孵化脱膜需 117.0h，初孵仔鱼全长 9.5～10.5mm。1 日龄仔鱼全长 10.5～11.5mm，肌节 63～65 对；3 日龄仔鱼全长 13.0～13.5mm，口裂和外鳃形成，开始平游；10 日龄仔鱼全长 17.5～19.0mm，进入混合营养阶段，可滤食水蚤；13 日龄仔鱼全长 19.5～20.5mm，卵黄囊消失，营外源性营养；18 日龄仔鱼全长 23.5～24.0mm，背板形成，臀鳍骨质鳍条出现，黑斑除腹部外布满全身（刘成汉，1980；四川省长江水产资源调查组，1988；刘亚等，2017）。

资源分布： 湖南洞庭湖和湘江曾有记载。

图 17　达氏鲟 *Acipenser dabryanus* Duméril, 1869

003. 中华鲟 *Acipenser sinensis* Gray, 1835（图 18）

俗称： 鲟鱼、（大）腊子、鲟鳇鱼、鳇鱼；**英文名：** Chinese sturgeon

Acipenser sinensis Gray, 1835, *Proc. Zool. Soc. Lond.*: 122（中国）；梁启燊和刘素孀，1959，湖南师范学院自然科学学报，(3)：67（洞庭湖、湘江）；梁启燊和刘素孀，1966，湖南师范学院学报（自然科学版），(5)：85（洞庭湖、湘江）；湖北省水生生物研究所鱼类研究室，1976，长江鱼类：18（岳阳）；唐家汉和钱名全，1979，淡水渔业，(1)：10（洞庭湖）；唐家汉，1980a，湖南鱼类志（修订重版）：

12（洞庭湖）；林益平等（见：杨金通等），1985，湖南省渔业区划报告集：69（洞庭湖、湘江、资水、沅水、澧水）；何业恒，1990，湖南珍稀动物的历史变迁：145（洞庭湖、湘、资、沅、澧"四水"下游）；乐佩琦等，1998，中国濒危动物红皮书 鱼类：13（长江）；曹英华等，2012，湘江水生动物志：25（湘江湘潭）；刘良国等，2013b，长江流域资源与环境，22（9）：1165（澧水澧县、澧水河口）；刘良国等，2013a，海洋与湖沼，44（1）：148（沅水常德）；刘良国等，2014，南方水产科学，10（2）：1（资水桃江）；长江水产研究所，2016，主要养殖鲟鱼鉴别手册：7（长江）；李鸿等，2020，湖南鱼类系统检索及手绘图鉴：13，77。

【古文释鱼】①《岳阳风土记》："岳州人极重鳇鱼子，每得之，瀹以皂荚水，少许盐渍之即食，味甚甘美"。②《直隶澧州志》（何玉棻、魏式曾、黄维瓒）："鳣，《诗义疏》'鳣似鱏，肉黄，口在颌下，无鳞，短鼻，软骨，体有邪行甲，大者长二、三丈，今人呼为黄鱼'。洞庭有之，不轻上也"。③《辰州府志》（席绍葆、谢鸣谦）："鳇，与鳣同；《尔雅》'鳣，郭注以鲟'。江东呼为黄鱼，辰俗呼为长唇，背有骨甲三行，口近颌下，其尾歧木者长二三寸，肉白，脂黄，层层相尔，脊骨及髻与鳃皆脆软可食"。④《永州府志》（吕恩湛、宗绩辰）："鳣，俗呼黄鱼，其状似鲟，色灰白，背有骨甲，鼻长有须，口近颌下，尾歧，其出以二月，逆水而生，居矶石湍流之间。《食疗本草》以黄鱼为两物，零陵志因之并误"。⑤《桃源县志》（梁颂成）："鳣（黄鱼）。《尔雅》'鳣'<注>大鱼，似鲟。口在颌下，背上、腹下有甲无鳞，肉黄，大者长二三丈，江东呼为黄鱼子，可为酱"。

濒危等级：国家Ⅰ级，《国家重点保护野生动物名录》（国函〔1998〕144号）；CITES（2016）附录Ⅱ；易危，《中国濒危动物红皮书 鱼类》（乐佩琦等，1998）；濒危，《中国物种红色名录 第一卷 红色名录》（汪松和解焱，2004）。

标本采集：标本4尾，20世纪70年代采自洞庭湖，现藏于湖南省水产科学研究所标本馆。测量活休样本1尾，休长57.8cm，为湘江湘潭段渔民捕获，救治后在湘江湘潭段放生。

形态特征：背鳍54～56；臀鳍33～41；胸鳍48～54；腹鳍32～42。背前骨板9～14；背后骨板1～2；背侧骨板32～33；腹侧骨板10～12；臀前骨板1～2；臀后骨板1～2；鳃耙15～28。

体长为体高的6.5～8.9倍，为头长的3.6～4.4倍，为尾柄长的9.5～13.8倍。头长为吻长的2.1～2.5倍，为眼间距的3.0～3.6倍。

体延长，前段略呈圆筒形，尾部细长，胸腹部平直。头较长，略呈长三角形。吻犁形，基部宽，前端尖，微向上翘。口大，腹下位，横裂，能自由伸缩。唇发达，密布绒毛状乳突。须2对，位于腹面口前，排成1行，须长小于须基距口前缘的1/2。鼻孔大，每侧2个，位于眼前方，长椭圆形，后鼻孔大于眼径。喷水孔裂缝状，离眼较近。眼小，侧位，位于头侧上方。鳃孔大，鳃盖骨消失，下鳃盖骨发达，无鳃盖条。鳃盖膜与峡部相连。

头部具数块骨板，上具棘突，吻端腹面正中具1列纵行骨板；体具5列纵行骨板，每个骨板具棘状突出，背部骨板较大。背部正中1列骨板12块；体左右两侧骨板各32块；腹部两侧骨板各10块；背鳍后方骨板2块；臀鳍前后骨板各1块；胸鳍基上、下方骨板各1块。幼鱼头部背面骨板的顶端具凸起，边缘锐利。各行骨板之间的皮肤裸露无鳞、光滑。

背鳍后位，边缘凹入，后角尖突。臀鳍起点位于背鳍基中部下方，鳍基末与背鳍基末约相对。胸鳍宽短，下侧位。腹鳍小，后伸超过肛门。歪型尾，尾椎轴上翘，尾鳍上缘具1列纵行棘状鳞。

鳃耙粗短，排列稀疏，具假鳃。

头部和体背部青灰色或灰褐色，腹部灰白色，各鳍灰色。侧骨板上、下方体色差异不明显，由上向下渐淡。

生物学特性：

【生活习性】溯河洄游性鱼类。繁殖期，性成熟个体均向长江上游洄游，当年并不进入繁殖行列，至少要在产卵场附近停留 1 年，待性腺由Ⅲ期转为Ⅳ期，才能进入繁殖行列。亲鱼产卵后，便离开产卵场，在长江或到沿海摄食。每年 10—11 月出生的幼鱼，于次年春季降河至河口或海洋中摄食成长，其生长主要在海洋中完成。

【年龄生长】大型鱼类，生长速度较快。雄鱼 15 龄、雌鱼 23 龄以后，部分个体生长缓慢或生长停滞后又恢复持续生长，这与亲鱼性成熟和重复繁殖基本吻合（邓中粦等，1985）。

【食性】动物性饵料为主，食物主要有摇蚊幼虫、蜻蜓幼虫等水生昆虫以及软体动物、虾、蟹和小型鱼类等。在不同的栖息环境中，食物组成也相应变化。在长江中上游地区食物主要为摇蚊幼虫、蜻蜓幼虫、蜉蝣幼虫及植物碎屑等；在崇明岛河口附近的咸淡水中食物主要是虾、蟹和小鱼。

【繁殖】性成熟年龄较大，自然种群雄鱼 8 龄以上，雌鱼 14 龄以上。绝对繁殖力多为 20 万～40 万粒，相对繁殖力多为 1100～2100 粒/kg。成熟卵梨形和椭圆形，黑色、灰黑色、黄绿色、灰褐色、灰色等，不透明，卵膜紧贴于卵的表面，卵径多为 4.0～4.2mm。水温 19.0～19.5℃时，受精卵孵化脱膜需 125h，初孵仔鱼全长 9.6～10.2mm（四川省长江水产资源调查组，1988；危起伟等，2005；危起伟等，2013；刘鉴毅等，2007）。

资源分布：洞庭湖及湘、资、沅、澧"四水"中下游曾有分布，目前洞庭湖偶见，数量稀少。

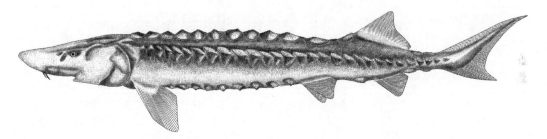

图 18　中华鲟 *Acipenser sinensis* Gray, 1835

（二）鳗鲡目 Anguilliformes

体延长，鳗形，棒状。头锥形。鳃孔狭窄。各鳍无棘也无硬刺。背鳍与臀鳍均很长，与尾鳍相连或不相连。胸鳍存在或消失。无腹鳍。体被细小圆鳞或裸露无鳞。鳔存在时有鳔管与肠相通。个体发育中经明显变态，幼鱼为柳叶状，后转为棒状。

本目的日本鳗鲡为皮肤黏液毒鱼类，其皮肤具毒腺结构，可通过腺体直接分泌含毒素的黏液进入水中，杀死附近的鱼类。皮肤黏液毒鱼类大多为无鳞鱼，以滑溜的黏液代替鳞片起保护作用。该类群鱼类除日本鳗鲡外，湖南分布的还有鲀形目的暗纹东方鲀。日本鳗鲡的黏液毒性不稳定，加热后失去活性（伍汉霖，2002）。

日本鳗鲡和合鳃鱼目的黄鳝，其血液（血清）中也含有毒素，称为鱼血清毒素（ichthyohemotoxic），该类毒素不稳定，可以被加热或胃液所破坏。一般情况下，鱼肉虽未洗净血液，但经煮熟后进食，不会引起中毒。但大量生饮含有鱼血清毒素的鱼血会引起中毒，此外，人体黏膜受损，接触有毒的鱼血也会引起炎症（伍汉霖，2002）。

本目湖南分布有 1 科 1 属 1 种。

【03】鳗鲡科 Anguillidae

体延长，前段近圆筒形，后段稍侧扁，尾部长度大于头和躯干部的合长。头钝锥形，略平扁。吻短钝，平扁。口大，口裂近水平。上、下颌齿及犁骨齿呈带状，齿细小，尖锐。舌明显，前端游离。鼻孔每侧 2 个，前鼻孔短管状，后鼻孔裂缝状。眼小，埋于皮下。鳃孔小，位于胸鳍起点前下方，左、右分离。背鳍和臀鳍基甚长，鳍基末分别与尾鳍相连。胸鳍存在。无腹鳍。尾鳍末端尖。体被细小圆鳞，埋于皮下。侧线明显。

本科湖南分布有 1 属 1 种。

（003）鳗鲡属 *Anguilla* Schrank, 1798

Anguilla Schrank, 1798, *Fauna Boica*: 304, 307.

模式种： *Anguilla vulgaris* Shaw = *Muraena anguilla* Linnaeus

特征同科。

本属湖南仅分布有 1 种。

004. 日本鳗鲡 *Anguilla japonica* Temminck *et* Schlegel, 1846（图 19）

俗称： 白鳝、（日本）鳗；**别名：** 鳗鲡；**英文名：** Japanese eel

Anguilla japonica Temminck *et* Schlegel, 1846, *Pisces, Fauna Jap*.: 258（日本长崎）；梁启燊和刘素孏，1959，湖南师范学院自然科学学报，（3）：67（洞庭湖、湘江）；梁启燊和刘素孏，1966，湖南师范学院学报（自然科学版），（5）：85（洞庭湖、湘江、资水、沅水、澧水）；湖北省水生生物研究所鱼类研究室，1976，长江鱼类：34（岳阳）；唐家汉和钱名全，1979，淡水渔业，（1）：10（洞庭湖）；唐家汉，1980a，湖南鱼类志（修订重版）：197（洞庭湖）；林益平等（见：杨金通等），1985，湖南省渔业区划报告集：78（洞庭湖、湘江、资水、沅水、澧水）；张有为（见：成庆泰等），1987，中国鱼类系统检索（上册）：100（长江）；何业恒，1990，湖南珍稀动物的历史变迁：145（洞庭湖、湘、资、沅、澧"四水"）；唐文乔等，2001，上海水产大学学报，10（1）：6（沅水水系的酉水，澧水）；康祖杰等，2010，野生动物，31（5）：293（壶瓶山）；康祖杰等，2019，壶瓶山鱼类图鉴：92（壶瓶山）；李鸿等，2020，湖南鱼类系统检索及手绘图鉴：14，78；廖伏初等，2020，湖南鱼类原色图谱，2。

【古文释鱼】①《辰州府志》（席绍葆、谢鸣谦等）："鳗，《广韵》'鲦鱼也'。《本草》'鳗鲡，似鳝而腹大'。厅俗呼鳝；《县志》'来鳗分为二物者非'"。②《祁阳县志》（旷敏本、李蒿）："鳗鲡，即白鳝，似鳝而腹大，青黄二色，大者长数尺，脂膏最多，肉极细滑"。③《直隶澧州志》（何玉棻、魏式曾、黄维瓒）："鳗鲡鱼，《埤雅》'鳗鲡鱼，无鳞甲，白腹，似鳝而大，青色'。焚其烟气辟毒驱蚊，有雄无雌，以影漫鲤而有子，子附鲤鳍而生，故谓之鳗鲡。背有白点无鳃者，不可食；四目者杀人。今曰白鳝别于黄鳝也"。④《沅陵县志》（许光曙、守忠）："鳗，《埤雅》'鳗鱼无鳞，白腹，似鳝而大，青色，有雄无雌，以影漫鳢生子'"。⑤《石门县志》（申正扬、林葆元）："鳗鲡，有雄无雌，以影漫于鳢，则子皆附鳢鬐而生，其状如蛇，背有肉鬣连尾，无鳞即白鲜，四目者杀人，背有白点，无鳃者不可食"。⑥《醴陵县志》（陈鲲、刘谦）："鳗鲡，俗呼白鳝，体如圆柱，尾扁，鳞极细，大者长三四尺"。⑦《善化县志》（吴兆熙、张先抡）："白鳝，即鳗鲡，似蛇无鳞有沫，冬蛰夏出"。⑧《新宁县志》（张葆连、刘坤一）："鳝，或作鳝，其状类蛇，出水田者色黄，一种白鳝出江水岩穴间，质更肥美"。⑨《耒阳县志》（于学琴）："鳗，《本草》'似鳝而腹大'。《通雅》'柞林有石鳗出洞穴，俗呼白鳝，味肥美'"。⑩《蓝山县图志》（雷飞鹏，邓以权）："白鳝，一名鳗鲡，体圆长，尾尖，黏液甚富，鳞极细不可见，大者长三四尺，体色随居处而异，灰色者多"。

标本采集：标本 4 尾，其中 3 尾为 20 世纪 70 年代采集，藏于湖南省水产科学研究所标本馆，另 1 尾为 2012 年在浏阳市农贸市场采集，渔民从捞刀河捕获。

形态特征：体长为体高的 17.5～20.2 倍，为头长的 7.0～7.8 倍。头长为吻长的 4.5～5.5 倍，为眼径的 11.0～13.5 倍，为眼间距的 4.9～5.9 倍。

体延长，前段圆筒形，后段侧扁，尾部长度大于头与躯干部的合长。头圆锥形，前部稍平扁，头长等于或大于背鳍起点与臀鳍起点的直线距离。吻圆钝。口大，端位，口裂深，近水平。下颌稍长于上颌，颌角达眼后缘下方。上、下颌细，尖锐，排列成带状。舌长而尖，前端游离。鼻孔每侧 2 个，前、后分离较远；前鼻孔短管状，靠近吻端；后鼻孔裂缝状，紧靠眼。眼小，上侧位，靠近吻端，埋于皮下。眼间隔宽阔，平坦，约等于吻长。鳃孔左、右分离，垂直，位于胸鳍起点前方。

背鳍起点远在肛门前上方，起点至鳃孔约为至肛门间距的 1.7～2.2 倍。臀鳍起点与背鳍起点间距小于头长，约等于吻后头长。背鳍和臀鳍发达，鳍基末与尾鳍相连接。胸鳍宽圆，短小，小于头长的 1/2。无腹鳍。肛门紧靠臀鳍起点。尾鳍末端圆钝。

体被细鳞，埋于皮下。侧线明显，平直，从胸鳍起点上方直达尾鳍基正中。

平常生活时体背部青灰色。腹部白色。背鳍和臀鳍边缘黑色，胸鳍灰白色。生殖洄游降河入海时，体呈金属光泽，体侧淡金黄色，腹部淡红或紫红色。

生物学特性：

【生活习性】降海洄游性鱼类。常栖息于江河、湖泊、水库或静水池塘的土穴、石缝中，洞穴常具前后两个相通的出口。喜暗怕光，昼伏夜出，有时可从水中游上陆地，经潮湿草地移居到别的水域。雄鱼常在河口生长，少数雄鱼和雌鱼幼鳗上溯进入江河干、支流各水域中生长肥育（《福建鱼类》志编写组，1984）。成鳗在秋末冬初降海生殖洄游，在外海产卵、受精。产卵完成后，亲鳗死亡。脱膜变态发育至柳叶鳗时，随海流向陆地迁移，半年至一年（2—3 月）到达大陆沿岸接近河口，变态为半透明的圆柱形玻璃鳗（又称白仔或鳗线，长江口捕获的白仔，平均体长 5.8cm，体重 0.1～0.2g），白仔经河口上溯，逐渐出现黑色素，6—7 月背部变黑称之为黑仔，此时平均体重 2～3g。

日本鳗鲡不喜强光，对弱光有趋光性，鳗苗夜间溯河洄游，白天潜伏水底。白仔具趋淡水性，从海向河口聚集。嗅觉和味觉发达，夜间觅食全靠嗅觉和味觉。生活适宜水温 25～27℃，此时生长最快，低于 15℃或高于 28℃时摄食不稳定，食量减退，低于 5℃时活动能力显著减弱，进入冬眠状态。除行鳃呼吸外，皮肤、鳔、口腔、肠道和鳍等也能行辅助呼吸，特别是因环境变化不能行鳃呼吸时，皮肤呼吸则起重要作用。水温低于 15℃时，皮肤保存湿润，就能维持生命（庄平等，2018）。

【年龄生长】生长速度缓慢，雌鳗的平均生长速度显著大于雄鳗。以矢耳石为年龄鉴定材料，退算长江口种群的体长：雌鳗平均 1 龄 32.6cm、2 龄 42.8cm、3 龄 52.3cm、4 龄 60.6cm、5 龄 67.2cm、6 龄 71.8cm；雄鳗平均 1 龄 33.7cm、2 龄 39.9cm、3 龄 45.9cm、4 龄 49.1cm。5 龄雌鳗约 0.5kg，雄鳗约 0.3kg（谢正丽等，2010）。成年雌鳗大于雄鳗，体长 40cm 以下全为雄鳗，70cm 以上全为雌鳗，40～70cm 雌鳗和雄鳗都有（谢刚等，2002）。

【食性】主要以水生昆虫、小型鱼虾及动物尸体等为食。食物不足时，有自残现象。降海生殖洄游期间，不摄食，消化器官也随之退化。

【繁殖】淡水中，性腺不能发育成熟。9—10 月，降河入海时，性腺一般处于 II 期，少数处于 III 期，到达产卵场后，性腺才逐渐发育成熟。性成熟年龄说法不一，有的认为雄性 3～4 龄，雌性 4～5 龄，也有的认为雄性 2～3 龄，雌性 3～4 龄（庄平等，2018）。

产卵场一直成谜。产卵孵化水温 16～17℃，盐度 35。一次性产卵 700 万～1300 万粒。卵浮性，卵径 1.0mm 左右，受精卵 10 天孵化脱膜，初孵仔鱼全长 3.6mm。

资源分布及经济价值：肉质细嫩，营养价值高，富含蛋白质和脂肪，为名贵鱼类。曾广泛分布于洞庭湖及湘、资、沅、澧"四水"，目前已非常稀少。

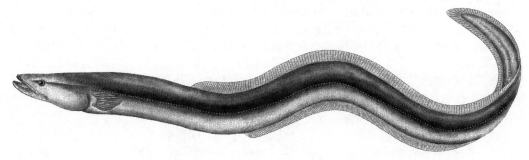

图 19 日本鳗鲡 *Anguilla japonica* Temminck *et* Schlegel, 1846

（三）鲱形目 Clupeiformes

体长而侧扁。腹部钝圆或侧扁，正中具锯齿状棱鳞。头侧扁，常具黏液管。上颌由前颌骨和上颌骨组成，辅上颌骨 1～2 块。齿小不发达或无齿，个别具犬齿。鳃盖膜与峡部不相连。鳃耙细长或短。假鳃有或无。背鳍末根不分支鳍条末端柔软分节。无脂鳍。胸鳍和腹鳍基具腋鳞。腹鳍腹位。正型尾。体被薄圆鳞。无侧线。椎体完全骨化。通常具鳔，与食道相通。肠内常有不完全的瓣膜。

本目湖南分布有 2 科 2 属 3 种。

鲱形目科检索表

1（2） 上颌骨长，末端远超过眼后缘垂线之后；胸鳍具延长的丝状鳍条；臀鳍基很长，分支鳍条 70 根以上；鳃盖膜左右稍相连……………………………………………**【04】鳀科 Engraulidae**
2（1） 上颌骨短，末端最多仅达眼后缘垂线之下；胸鳍无延长的丝状鳍条；臀鳍基较短，分支鳍条 20 根以下；鳃盖膜左右分离、不相连……………………………………**【05】鲱科 Clupeidae**

【04】鳀科 Engraulidae

体长而侧扁，腹部圆或侧扁，胸鳍起点前至肛门间具锯齿状棱鳞。口大，下位，口裂末端远超过眼后缘。上颌缘由前颌骨和上颌骨组成，前颌骨小，上颌骨狭长。辅上颌骨 2 块。齿小或不发达，犬齿稀少，犁骨、腭骨、翼骨和舌上常具细齿。鳃孔大；鳃盖膜左、右稍相连，与峡部不相连。鳃耙细长，具假鳃。背鳍小。无脂鳍。胸鳍具延长成丝状的鳍条。臀鳍基甚长。体被圆鳞，易脱落。无侧线。

本科湖南分布有 1 属 2 种。

（004）鲚属 *Coilia* Gray, 1831

Coilia Gray, 1831, *Zool. Misc.*, (1): 4-5.

模式种： *Coilia hamiltonii* Gray

体延长，侧扁，尾部长，向后渐窄。头短，侧扁。吻短，圆钝。口大，下位，斜裂。上颌长于下颌，上颌骨延长，末端达胸鳍起点或不超过鳃盖骨。上下颌、犁骨、腭骨、翼骨和舌上具细齿。鳃孔大。左、右鳃盖膜相连，与峡部不相连。背鳍小，鳍基位于臀鳍之前。胸鳍具 4～19 根游离鳍条。腹鳍短小。臀鳍分支鳍条 70 根以上。尾鳍不对称，下叶与臀鳍相连。

本属湖南分布有 2 种。

【鲚属鱼类种的有效性】 传统的鱼类分类以形态特征作为主要分类依据，认为湖南省分布的鲚属鱼类有刀鲚（又名长颌鲚）和短颌鲚 2 种，其区别在于上颌骨的长短，刀鲚上颌骨较长，后伸达胸鳍起点，而短颌鲚的上颌骨较短，后伸不超过鳃盖骨后缘，同时其生活习性也存在显著差异，刀鲚为溯河洄游鱼类，而短颌鲚为定居性鱼类。而分子生物学方面的研究发现，刀鲚和短颌鲚的线粒体控制区全序列变异较小，系统发育树表明两者存在于同一个单系群内，短颌鲚只是刀鲚的淡水生态型种群，不是有效种（唐文乔，2007）。也有些研究者认为上颌骨的长短不是稳定的性状，不能作为分类依据，而可能与鱼体的发育阶段或营养状况有关（张世义，2001）。关于短颌鲚种名有效性的问题，笔者也请教了著名鱼类学家曹文宣院士，曹院士认为，鱼类分类应以外部形态特征为主，其与刀鲚在外部形态特征、生态习性等方面均存在显著差异，应视为有效种。本书在刀鲚和短颌鲚分类上仍借鉴传统分类方法，认定为 2 个种。

【古文释鱼】 ①《湖广通志》（徐国相、宫梦仁）："刀鱼，鲝，《山海经》所谓刀鱼是也"。②《辰州府志》（席绍葆、谢鸣谦）："鲝，刀鱼也，形似刀，味最下，辰俗呼马郎鲚"。③《新宁县志》（张葆连、刘坤一）："鮤，今之鲝鱼，形似刀，大不盈尺"。④《桃源县志》（梁颂成）："鲝，《尔雅》'鮤鱴刀'。《璞》'今之鲝鱼'，本做刀，今亦名鮂鱼"。⑤《巴陵县志》（姚诗德、郑桂星、杜贵墀）："凤尾鱼，出扁山湖，俗呼毛鰕鱼"。

鳀科鲚属种检索表

1（2）上颌骨长，末端达胸鳍起点 ·················· **005. 刀鲚 *Coilia nasus* Temminck *et* Schlegel, 1846**
2（1）上颌骨短，末端不超过鳃盖骨 ···
·························· **006. 短颌鲚 *Coilia brachygnathus* Kreyenberg *et* Pappenheim, 1908**

005. 刀鲚 *Coilia nasus* Temminck *et* Schlegel, 1846（图 20）

俗称： 毛花鱼、毛叶（鱼）、刀鱼；**别名：** 长颌鲚、长鲚；**英文名：** anchovy

Coilia nasus Temminck *et* Schlegel, 1846, *Siebold: Pisces, Fauna Jap.*: 258（日本长崎）；李鸿等，2020，湖南鱼类系统检索及手绘图鉴：15，79。

Coilia ectenes: Jordan *et* Seale, 1905, *Proc. U. St. Nat. Mus.*, 29(1433): 517；梁启燊和刘素孎，1959，湖南师范学院自然科学学报，(3)：67（洞庭湖、湘江）；梁启燊和刘素孎，1966，湖南师范学院学报（自然科学版），(5)：85（洞庭湖、湘江、资水、沅水、澧水）；湖北省水生生物研究所鱼类研究室，1976，长江鱼类：21（洞庭湖）；伍献文等，1979，中国经济动物志淡水鱼类（第二版）：21（洞庭湖）；唐家汉和钱名全，1979，淡水渔业，(1)：10（洞庭湖）；唐家汉，1980a，湖南鱼类志（修订重版）：18（洞庭湖）；林益平等（见：杨金通等），1985，湖南省渔业区划报告集，69（洞庭湖、湘江）。

濒危等级： 省重点保护野生动物，《湖南省地方重点保护野生动物名录》（湘政函

〔2002〕172 号）。

标本采集：标本 50 尾，20 世纪 70 年代采自洞庭湖。

形态特征：背鳍iii-9～11；臀鳍 i -105～115；胸鳍vi-13；腹鳍 i -6；纵列鳞 78～84；棱鳞45～56。

体长为体高的 6.1～6.5 倍，为头长的 6.7～6.9 倍。头长为吻长的 4.3～4.6 倍，为眼径的 7.0～7.4 倍，为眼间距的 3.3～3.6 倍。

体长而侧扁，形如柳叶，背部稍圆，腹部狭窄，尾部向后渐细小。头部侧扁，背面平滑。吻圆尖。口大、下位，口裂深斜行。下颌略短于上颌，上颌骨甚长，后端呈片状游离，后伸达胸鳍起点，下缘具细齿。上、下颌及犁骨、腭骨均具细齿。鼻孔每侧 2 个，距眼前缘较距吻端为近。眼位于头的前部，距吻端很近，眼间隔圆凸。鳃孔大。鳃盖膜与峡部不相连。鳃盖条 10 根。

背鳍靠前，末根不分支鳍条末端柔软分节，位于体前部 1/4 处，远离尾鳍基，起点稍后于腹鳍起点。胸鳍上部具游离鳍条 6 根，延长成丝状，后伸达臀鳍起点。腹鳍小，起点与背鳍起点相对或稍前。肛门靠近臀鳍起点。臀鳍基甚长，鳍基末与尾鳍相连。尾鳍不对称，上叶较长，下叶很短。

体被圆鳞，薄而透明。无侧线。腹部胸鳍起点前至肛门间具锯齿状棱鳞。

鳃耙细长。

体色背部黄褐色，体侧和腹部淡白色；吻端、头顶和鳃盖上方橘黄色；背鳍和胸鳍橘黄色；腹鳍、臀鳍浅黄色；尾鳍基黄色，后缘黑色，唇和鳃盖膜淡红色。

生物学特性：

【生活习性】溯河洄游性鱼类，平时生活于海洋中，每年 2—3 月，亲鱼从海入江，并溯江而上进行生殖洄游，沿长江进入湖泊支流或长江干流产卵繁殖。当年幼体在湖内肥育生长至 7—10 月，秋季水位下降时，顺江而下，进入海洋生活。

【食性】食物组成包括有桡足类、枝角类、介形类、昆虫幼虫、寡毛类、虾类、鱼类等。但主要食物为桡足类和昆虫幼虫，其次是鱼类及虾类，枝角类，寡毛类的出现次数虽不多，但在个别胃中有时所占比重较大。

不同生长阶段，食性变化较大，体长 25.0cm 以上的较大个体，主要以鱼类、虾类为食，体长 15.0cm 以下的个体，主要以桡足类、昆虫幼虫和枝角类为食。

【繁殖】繁殖期为 4 月下旬至 6 月中旬。1～2 龄性成熟，生殖群体以 3～4 龄为主，性比为 1∶1。绝对繁殖力一般为 2.0 万～6.0 万粒。一次性产卵。成熟卵具油球，受精卵后漂浮孵化，幼鱼肥育至秋后或翌年入海。

资源分布及经济价值：据历史资料记载，从长江口至洞庭湖，自古皆为刀鲚出产地。湖南的湘、资、沅、澧"四水"亦有分布，曾为洞庭湖、湘江主要经济鱼类之一。20 世纪 70 年代洞庭湖产量约 2000t，产量仅次于鲤鱼，为湘阴以下江段、东洞庭湖的主要经济鱼类。目前洞庭湖种群资源量剧减。大坝阻隔了洄游通道及导致产卵场消失、水域污染、过度捕捞是其资源衰竭的主要原因，洞庭湖变迁、泥沙淤塞、河床抬高、生态环境恶化等也对其资源产生了较大的负面影响。

清明节前，在长江入海口的咸、淡水交界处，因饵料资源丰富，此处的刀鲚肉质异常鲜嫩，出产的刀鲚异常珍贵。刀鲚为名贵食用鱼类，和鲥、暗纹东方鲀（河豚）一起被誉为"长江三鲜"，再加长吻拟鲿（长吻鮠）一起被誉为"长江四鲜"。除食用外，还具药用价值，有补气活血、泻火解毒等功效。

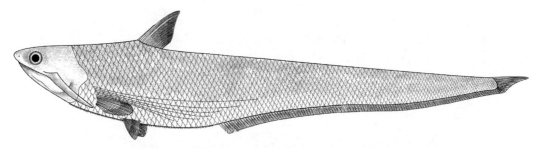

图 20　刀鲚 *Coilia nasus* Temminck *et* Schlegel, 1846

006. 短颌鲚 *Coilia brachygnathus* Kreyenberg *et* Pappenheim, 1908（图 21）

俗称：毛花鱼、毛叶（鱼）、刀鱼；**别名**：鲚、湖鲚；**英文名**：anchovy

Coilia brachygnathus Kreyenberg *et* Pappenheim, 1908, *Sitz. Ges. Nat. Freunde. Berl.*, 14(1): 100（长江）；梁启燊和刘素孆，1966，湖南师范学院学报（自然科学版），（5）：85（洞庭湖、湘江、资水、沅水、澧水）；湖北省水生生物研究所鱼类研究室，1976，长江鱼类：24（岳阳）；伍献文等，1979，中国经济动物志淡水鱼类（第二版）：22（洞庭湖）；唐家汉和钱名全，1979，淡水渔业，（1）：10（洞庭湖）；唐家汉，1980a，湖南鱼类志（修订重版）：17（洞庭湖）；林益平等（见：杨金通等），1985，湖南省渔业区划报告集：69（洞庭湖、湘江、资水、沅水、澧水）；贾文銮（见：成庆泰等），1987，中国鱼类系统检索（上册）：61（洞庭湖）；曹英华等，2012，湘江水生动物志：31（湘江湘阴）；刘良国等，2013b，长江流域资源与环境，22（9）：1165（澧水慈利、石门、澧县、澧水河口）；刘良国等，2013a，海洋与湖沼，44（1）：148（沅水怀化、常德）；刘良国等，2014，南方水产科学，10（2）：1（资水安化、桃江）；黄忠舜等，2016，湖南林业科技，43（2）：34（安乡县书院洲国家湿地公园）；李鸿等，2020，湖南鱼类系统检索及手绘图鉴：15，80。

标本采集：标本 50 尾，采自洞庭湖。

形态特征：背鳍iii-11～12；臀鳍 i -105～115；胸鳍vi-11；腹鳍 i -6；纵列鳞73～77。

体长为体高的 6.1～6.5 倍，为头长的 6.1～6.49 倍。头长为吻长的 4.4～4.9 倍，为眼径的 4.6～6.04 倍，为眼间距的 4.0～4.8 倍。

体形似刀鲚，与刀鲚的区别主要在上颌骨较短，后伸不超过鳃盖骨。

生物学特性：

【生活习性】淡水定居性鱼类，在江河湖泊中产卵繁殖。2015 年在湖南省水产科学研究所长沙基地的池塘内曾发现 1 尾短颌鲚，据鱼类原种场工作人员介绍，应来自湘江捞苗。

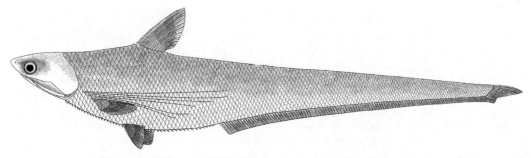

图 21　短颌鲚 *Coilia brachygnathus* Kreyenberg *et* Pappenheim, 1908

【食性】食性与刀鲚相似。

资源分布及经济价值：目前在洞庭湖及湘、资、沅、澧"四水"下游入洞庭湖河口，尚有一定的资源量，但个体较小，体重 100g 以上个体非常少见。

【05】鲱科 Clupeidae

体梭形，侧扁而高，腹部具棱鳞。头侧扁。吻不突出。口端位，口裂伸达眼前方或下方。上下颌一般等长。辅上颌骨 1～2 块。齿小，细弱，或无，个别具犬齿。鳃盖膜与峡部不相连。背鳍 1 个，位于体中位或后部，末根不分支鳍条末端柔软分节。无脂鳍。胸鳍下侧位。腹鳍腹位。臀鳍基较长。尾鳍叉形。体被圆鳞。无侧线或仅存在于体前部数枚鳞片上。鳔与内耳相通，前端分为 2 支，后端延伸或成长管，鳔具管与胃相通。

本科湖南分布有 1 属 1 种。

（005）鲥属 *Tenualosa* Fowler, 1934

Tenualosa Fowler, 1934, *Proc. Acad. Nat. Sci. Phil.*, 85: 246.

模式种： *Alosa reevesii* Richardson

体椭圆形，侧扁而高，腹部具强棱鳞。头部大，顶缘狭。吻圆钝。口大，端位，口裂斜。前颌骨中间具明显缺刻；辅上颌骨 2 块，较宽；上颌骨末端伸达眼中部或后部下方。上、下颌无齿。眼较大，靠近背缘。鳃孔大。鳃盖膜与峡部不相连。鳃耙细长且多，具假鳃。背鳍起点距吻端较距尾鳍基为近。腹鳍小，位于背鳍下方。尾鳍叉形。体被较大薄圆鳞，不易脱落。

本属湖南仅分布有 1 种。

007. 鲥 *Tenualosa reevesii* (Richardson, 1846)（图 22）

俗称：迟鱼、三来、生鳓、锡箔鱼；**别名：**中华鲥、黎氏鲥；**英文名：**hisa herring、reeves shad

Alosa reevesii Richardson, 1846, *Rep. Br. Ass. Advmt. Sci.*, 15 Meet: 305（广州）。

Hilsa reevsii：梁启燊和刘素嬛，1966，湖南师范学院学报（自然科学版），（5）：85（洞庭湖、湘江、沅水）。

Macrura reevesii：唐家汉和钱名全，1979，淡水渔业，（1）：10（洞庭湖）；唐家汉，1980a，湖南鱼类志（修订重版）：15（洞庭湖）；林益平等（见：杨金通等），1985，湖南省渔业区划报告集，69（洞庭湖、湘江）；何业恒，1990，湖南珍稀动物的历史变迁：146（长沙、衡阳、沅江、岳阳、汉寿、常德、临湘）；李鸿等，2020，湖南鱼类系统检索及手绘图鉴：15，81。

【古文释鱼】①《湖南通志》（卞宝第、李瀚章、曾国荃、郭嵩焘等）："湘江鲥鱼开网之期必于五月杪至六月初方有，不过小孤之言殆非实也，然亦上及衡州而止（《潇湘听雨录》）"。②《常德府志》（应先烈、陈楷礼）："鲥鱼，《旧志》'骨铁而多，味甚腴美'，四、五月出府城南江中，龙阳以下皆无"。③《沅江县志》（陶澍、唐古特等）："鲥，骨铁而肉多，四五月出"。④《洞庭湖志》（陶澍、万年淳）："鲥鱼，此鱼洞庭不甚出，今则多而且美"。⑤《巴陵县志》（姚诗德、郑桂星、杜贵墀）："鲥鱼初夏有，余月无，故谓之鲥鱼。《雅俗稽言》'其味之美在鳞'"。⑥《善化县志》（吴兆熙、张先抡）："鲥，来去以时，故名"。⑦《桃源县志》（梁颂成）："鲥，《山堂肆考》'鲥鱼味美在皮鳞之间'，故食不去鳞"。

　　濒危等级：CITES（2016）附录Ⅱ；濒危，《中国濒危动物红皮书 鱼类》（乐佩琦等，1998）；省重点保护野生动物，《湖南省地方重点保护野生动物名录》（湘政函〔2002〕172 号）。

　　标本采集：标本 1 尾，20 世纪 70 年代采自洞庭湖，现藏于湖南省水产科学研究所标本馆。

　　形态特征：背鳍iii-15；臀鳍ii-18；胸鳍 i-14；腹鳍 i-6。体侧纵列鳞 45，横列鳞15。

　　体长为体高的 3.3 倍，为头长的 3.8 倍，为尾柄长的 11.0 倍，为尾柄高的 12.0 倍。头长为吻长的 4.3 倍，为眼径的 6.8 倍，为眼间距的 3.7 倍。尾柄长为尾柄高的 1.1 倍。

　　体长椭圆形，侧扁而高，腹部狭。头较大，头背面光滑。吻钝，吻长大于眼径。口端位，裂斜。上、下颌约等长，上颌前端缝合处具显著凹陷，与下颌前端凸起向吻合；上颌骨后端呈片状游离，末端可达眼后缘下方。上、下颌均无齿。眼小，包被皮膜，位于头前部近吻端。鼻孔每侧 2 个，靠近吻端。鳃孔大。鳃盖膜与峡部不相连。鳃盖条 6 根。

　　各鳍均无硬刺。背鳍起点位于体中部稍前，起点距吻端较距尾鳍基为近。胸鳍下侧位，后伸几达背鳍起点下方，上部鳍条不延长。腹鳍起点位于背鳍起点的下方或稍后。尾鳍深叉形。

　　体被圆鳞，大而薄，透明。腹部自胸鳍起点前至肛门间具锯齿状棱鳞。各鳍基被鳞。无侧线。

　　鳃耙细密。具假鳃。

　　体背侧灰色带蓝色，体侧及腹部银白色。背鳍、胸鳍及尾鳍边缘灰褐色。腹鳍、臀鳍黄白色。

　　生物学特性：

　　【生活习性】 溯河洄游性鱼类，喜栖息于暖水中上层，平时生活于海洋中，每年 4月底至 5 月初，水温一般为 18.0～19.0℃时，鱼群开始由海洋进入长江口，溯江而上，在干流、支流或通江湖泊中产卵繁殖。幼鱼一般在湖泊中肥育，至 9 月中旬，全长达 1.9～3.2cm 后降河，冬季前入海，此时体长最大不超过 9.0cm。

　　【年龄生长】 退算体长平均值：雌鱼 1 龄 32.4cm、2 龄 41.9cm、3 龄 46.9cm、4 龄50.6cm、5 龄 53.9cm；雄鱼 1 龄 31.2cm、2 龄 40.1cm、3 龄 44.9cm、4 龄 48.4cm、5 龄50.1cm。1980～1986 年江西峡江鲥产卵场取得的标本，雌鱼最大个体重 3.0kg（体长60.0cm），雄鱼最大个体重 2.2kg（体长 54.0cm）。雌、雄鱼生长差异显著，雌鱼生长速度大于雄鱼（长江水产研究所资源捕捞室鲥鱼组，1976；邱顺林等，1989；倪勇和伍汉霖，2006）。

　　【繁殖】 繁殖期 6—7 月中旬。由海洋进入长江和湖泊及支流产卵，产卵水温多为24.2～33.5℃，流速多为 0.3～1.5m/s。产卵多在傍晚或清晨，亲鱼尾部拍打水面，极为兴奋。渔汛初期雄鱼比例较大，之后雌鱼逐渐增多。繁殖力较大，绝对繁殖力多超过 200万粒。成熟具油球，浮性。幼鱼在湖泊、长江干流及其支流肥育，9—10 月幼鱼顺水而下，回到海洋中生活。

　　【食性】 主要以浮游生物为食，其中又以浮游动物为主。

　　资源分布及经济价值：洞庭湖及湘、资、沅、澧"四水"曾有分布，目前已多年未见，处功能性灭绝状态。大坝导致洄游通道阻隔、产卵场消失、水域污染及过度捕捞是其资源衰竭的主要原因。鲥肉质细嫩，富含脂肪，是名贵食用鱼类，和刀鲚（刀鱼）、暗纹东方鲀（河豚）一起被誉为"长江三鲜"，再加长吻拟鲿（长吻鮠）一起被誉为"长江四鲜"。

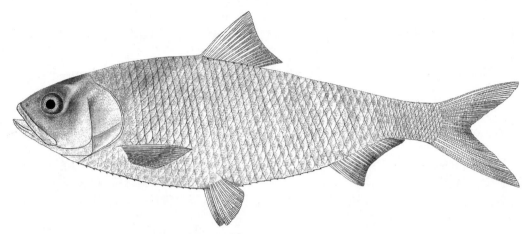

图 22 鲥 *Tenualosa reevesii* (Richardson, 1846)

（四）鲤形目 Cypriniformes

上颌由前颌骨和上颌骨组成，或仅具前颌骨。上、下颌及犁骨均无齿，具下咽齿。背鳍 1 个。胸鳍下侧位。腹鳍腹位。各鳍无真正的鳍棘，少数种类背鳍和臀鳍末根不分支鳍条或骨化为硬刺。体被圆鳞或裸露无鳞。侧线一般中位，完全、不完全或无。前 4 个椎骨部分变形，形成韦伯器。鳔如存在，则具鳔管与肠相通。

本目湖南分布有 6 科 72 属 142 种。

【鲤形目鲤科亚科的划分】鲤科鱼类是一个庞大的类群，遍布世界各个角落，共有 367 属 3006 种（Nelson et al., 2016），不仅是淡水鱼类中最大的科，在脊椎动物中，可能也仅次于鰕鳚科。由于数目众多，其亚科的划分一直是学者们争论的焦点。早期学者多依据鲤科鱼类的外部形态、骨骼等方面的特征，将其划分为 5 个、10 个或 12 个亚科，但这种划分多是为分类方便，而仅将近裔特征明显的类群进行归类，并不能反映彼此间的系统发生关系，近裔特征明显的类群如鱊亚科 Acheilognathinae、鲌亚科 Cultrinae、鲤亚科 Cyprininae、鲃亚科 Barbinae、鲴亚科 Xenocyprinae、鲢亚科 Hypophthalmichthyinae、鮈亚科 Gobioninae、鳅鮀亚科 Gobiobotinae 和裂腹鱼亚科 Schizothoracinae 等，而那些特征不甚明显的类群却留在了雅罗鱼亚科 Leuciscinae 和鲌丹亚科 Danioninae（何舜平等，2000a）。近年来，随着研究手段的革新，特别是分子生物学技术的广泛应用，对鲤科鱼类亚科的认知也得以逐渐加深，特别是为那些特征不甚明显的类群的划分提供了有力证据。例如，何舜平（2000a，2000b）、Liao 等（2011）和 Tang 等（2013）等研究证实鲌丹亚科不能构成一个单系，其中马口鱼属 *Opsariichthys*、鱲属 *Zacco* 和细鲫属 *Aphyocypris* 与其他属亲缘关系较远，Liao 建议依据这 3 个属设立马口鱼亚科 Opsariichthyinae；Howes（1991）、Kottelat 和 Freyhof（2007）将体形较大、颞下窝扩大、腭关节间隙扩大的草鱼属 *Ctenopharyngodon*、青鱼属 *Mylopharyngodon* 和赤眼鳟属 *Squaliobarbus* 从雅罗鱼亚科中划出，设立赤眼鳟亚科 Squaliobarbinae；Tang 等（2010）和 Chang 等（2014）将须 1 对、眶上和眶下感觉管分离、鳞细且深埋皮下的丁鲹属 *Tinca* 和唐鱼属 *Tanichthys* 设立丁鲹亚科 Tincinae。

Nelson 等在 *Fishes of The World*（Fifth Edition）（2016）中将鲤科划分为鲌丹亚科、野鲮亚科 Labeoninae、鲤亚科、鲃亚科、雅罗鱼亚科、鱊亚科、鮈亚科、丁鲹亚科、马口鱼亚科、鲌亚科、赤眼鳟亚科和鲴亚科共 12 个亚科，同时指出，马口鱼亚科、鲌亚科、赤眼鳟亚科和鲴亚科 4 个亚科的许多种类原被划入鲌丹亚科中（某些著作也称之为波鱼亚科 Rasborinae），而对于这 4 个亚科之间的关系，学者间尚未达成共识，因此，暂时将这 4 个亚科独立保留。

本书在对鲤科鱼类亚科的划分上，基本参考 Nelson 等基于系统发育而做出的分类系统，但对于裂腹鱼亚科和鲢亚科，笔者同时也考虑其明显的特化性状，比如裂腹鱼肛门两侧特化的臀鳞，鲢亚科发达的腹棱和鳃上器官，这些在鲤科鱼类中都是显而易见且独一无二的。因此，本书中依旧保留其亚科的分类地位。湖南分布的鲤科鱼类共划分为 12 个亚科。

鲤形目科、亚科检索表

1（26）　无须，如有则不超过 2 对（鮈亚科异鳔鳅鮀属和鳅鮀属除外，均 4 对）且无吻须

2（25）　背鳍基中等长或短，分支鳍条 30 根以下；下咽齿 1～4 行，每行不超过 7 枚……………………
　　　　　……………………………………………………………………………【06】鲤科 Cyprinidae

3（18）　臀鳍分支鳍条一般 6 根以上

4（5）　围眶骨系发达，发达的眶上骨与第 5 眶下骨相接触；上、下颌具相吻合的凸起和凹陷，且无
　　　　　腹棱、侧线鳞 50 以下，如无凸起和凹陷，则腹棱为半棱，侧线不完全或无…………………
　　　　　…………………………………………………………… Ⅰ．马口鱼亚科 Opsariichthyinae

5（4）　围眶骨系不发达，框下骨中除泪骨外其他骨片均较小，第 5 眶下骨一般不与眶上骨相接触，
　　　　　如眶上骨较发达也只与第 4 眶下骨相连；上、下颌通常无凸起和凹陷，如有，则侧线鳞 100
　　　　　以上（**雅罗鱼亚科鳡属**），或腹棱发达，为全棱（**鲌亚科银飘鱼属、鲦属**）或半棱（**鲌亚科半**
　　　　　鳘属、拟鳘属）

6（17）　体细长，圆筒状或侧扁；背鳍短，起点一般约与腹鳍起点相对，臀鳍起点位于背鳍基之后；
　　　　　肠道呈逆时针方向盘旋；雌鱼繁殖季节一般无产卵管（鮈亚科鳜属除外）

7（16）　臀鳍分支鳍条 7 根以上；通常无须，如具 2 对小须，则须非常细小且眼睛上部具红斑（**赤眼**
　　　　　鳟亚科赤眼鳟属）

8（11）　无腹棱

9（10）　鳞细，侧线鳞 60 以上；鳃盖膜通常与峡部不相连，如相连，则臀鳍起点距腹鳍起点远小于距
　　　　　尾鳍基（**大吻鲹属**）………………………………………… Ⅱ．雅罗鱼亚科 Leuciscinae

10（9）　鳞较大，侧线鳞 50 以下；鳃盖膜与峡部相连……………… Ⅲ．赤眼鳟亚科 Squaliobarbinae

11（8）　通常具发达腹棱，如仅存残痕迹，则下颌角质发达，背鳍末根不分支鳍条为硬刺（鲌亚科）

12（13）　臀鳍基较长，分支鳍条一般在 14 根以上（**半鳘属及鳘属部分种类少于 14 根**，其下颌前端具
　　　　　凸起与上颌前端凹陷相吻合）………………………………… Ⅳ．鲌亚科 Cultrinae

13（12）　臀鳍基较短，分支鳍条一般在 14 根以下

14（15）　下颌具角质，通常较发达；鳃盖膜与峡部相连；眼位于头纵轴之上方；背鳍末根不分支鳍条
　　　　　为硬刺；口腔内无螺旋形鳃上器官；下咽齿主行 6 枚以上……… Ⅴ．鲴亚科 Xenocyprinae

15（14）　下颌无角质；鳃盖膜左右愈合、相连，跨越峡部，与峡部不相连；眼位于头纵轴之下方；背
　　　　　鳍末根不分支鳍条不为硬刺；口腔内具螺旋形鳃上器官；下咽齿 1 行 4 枚…………………
　　　　　…………………………………………………… Ⅵ．鲢亚科 Hypophthalmichthyinae

16（7）　臀鳍分支鳍条通常为 6 根；通常具须…………………………… Ⅶ．鮈亚科 Gobioninae

17（6）　体卵圆形或长椭圆形，甚侧扁；背鳍基较长，起点位于腹鳍起点之后，臀鳍起点位于背鳍基
　　　　　之下；肠道呈顺时针方向盘旋；雌鱼繁殖季节具产卵管……… Ⅷ．鳑鲏亚科 Acheilognathinae

18（3）　臀鳍分支鳍条通常为 5 根

19（24）　臀鳍末根不分支鳍条末端柔软分节，背鳍末根不分支鳍条为硬刺或末端柔软分节；背鳍基较
　　　　　短，分支鳍条 10 根以下

20（23）　吻皮通常止于上颌基部或消失，不形成口前室；背鳍末根不分支鳍条为硬刺或末端柔软分节

21（22）　臀鳍基及肛门两侧无特化的大型鳞片；鳞片通常较大，如较小，则侧线鳞较侧线上下鳞片大
　　　　　且头部侧线管发达、具放射状分支（**鲃亚科金线鲃属**）………… Ⅸ．鲃亚科 Barbinae

22（21）　臀鳍基和肛门两侧各具 1 列大型臀鳞，肛门前无鳞部分夹在两列鳞片之间，使肛门前腹面呈
　　　　　狭缝状；体被细鳞或裸露无鳞……………………………… Ⅹ．裂腹鱼亚科 Schizothoracinae

23（20）　吻皮下包盖住上唇中部的外面，与上唇之间具深沟相隔，无上唇的种类，吻皮与上颌之间形
　　　　　成口前室；背鳍末根不分支鳍条末端柔软分节…………………… Ⅺ．野鲮亚科 Labeoninae

24（19）　背鳍和臀鳍末根不分支鳍条均为硬刺，且后缘均具锯齿；背鳍基长，分支鳍条 15 根以上……
　　　　　…………………………………………………………………… Ⅻ．鲤亚科 Cyprininae

25（2）　背鳍基长，分支鳍条 50 根以上；下咽齿 1 行，40 以上·········【07】亚口鱼科 Catostomidae
26（1）　须 2 对以上，其中吻须 2 对
27（32）　口前无吻沟或吻褶；体圆筒形或侧扁；偶鳍不扩大，基部肌肉不发达，位置正常
28（31）　须 3～5 对，其中吻须 2 对，口角须 1 对，颏须 1～2 对或无；通常具眼下刺，如无，则尾鳍圆形，无侧线（**泥鳅属和副泥鳅属**）
29（30）　尾鳍深叉形；侧线完全 ··【08】沙鳅科 Botiidae
30（29）　尾鳍凹形、圆形或截形；侧线不完全，仅及胸鳍末端上方 ···········【09】鳅科 Cobitidae
31（28）　须 3 对，其中吻须 2 对，口角须 1 对（个别属前鼻孔短管延长成鼻须）；无眼下刺··········
　　　　　···【10】条鳅科 Nemacheilidae
32（27）　口前具吻沟和吻褶；头部和体前段平扁，后段圆筒形渐侧扁；偶鳍扩大，基部肌肉发达，左、右平展与腹部平齐 ···【11】爬鳅科 Balitoridae

【06】鲤科 Cyprinidae

　　体延长，侧扁。口下位、端位或上位。上颌完全由前颌骨组成，口通常能伸缩。上、下颌无齿，下咽齿 1～3 行（极少数 4 行），具咽齿垫。鼻孔每侧 2 个，紧邻，靠近眼前缘。须有或无，如有则 1～2 对，少数 4 对。背鳍 1 个，末根不分支鳍条或为硬刺；腹鳍腹位；肛门紧靠臀鳍基或距离较远。臀鳍末根不分支鳍条大多柔软，少数为硬刺（鲤亚科）；尾鳍多为叉形、凹形或截形。体被圆鳞，覆瓦状排列，或裸露无鳞。鳔发达。

　　鲤科鱼类是湖南鱼类中的主要类群，无论是物种数、渔业产量，都占有极其重要的地位。

　　鲤科的部分鱼类为胆毒鱼类（gall-bladder poisonous fishes），包括青鱼、草鱼、赤眼鳟、翘嘴鲌、团头鲂、鲢、鳙、似刺鳊鮈、鲫、鲤等。胆毒鱼类源自鲤科鱼类，吞服任何鲤科鱼类的鱼胆均是危险的。几种鱼类胆的毒性依次为鲫＞团头鲂＞青鱼＞鲢＞鳙＞翘嘴鲌＞鲤＞草鱼＞似刺鳊鮈＞赤眼鳟。草鱼产量大，容易购得，且其胆囊很大，胆汁多，民间有吞服草鱼胆治病的土方，但中毒的患者几占总数的 80% 以上。鲤胆成分为鲤醇硫酸酯钠，具热稳定性，且不易被乙醇所破坏，不论生吞、熟食或用酒泡后吞服，均会引起中毒，外用也难幸免。鱼胆中毒主要是胆汁毒素严重损伤肝、肾，造成肝变性、坏死或肾小管损伤，集合管阻塞，肾小球滤过减少，尿流排出受阻，短期内即导致肝、肾功能衰竭，脑细胞受损，脑水肿严重，心肌损害，出现心血管与神经系统病变，病情急剧恶化，严重者导致死亡（伍汉霖，2002）。

　　鲤科鲃亚科的薄颌光唇鱼、厚唇光唇鱼、半刺光唇鱼、侧条光唇鱼，裂腹鱼亚科的灰裂腹鱼和鲇形目鲇科的鲇为卵毒鱼类（ichthyootoxic fishes），在产卵繁殖期，为保护自身和防止产出的卵被其他动物所食，其成熟的卵和卵巢含毒，肌肉及其他部分无毒。误食鱼卵会出现中毒症状，表现为恶心、呕吐、急性腹泻、腹痛等胃肠症状，伴有口苦、口干、冷汗、寒战、眩晕、头痛、脉快、心律不齐等症状，个别患者会出现瞳孔放大、晕厥、胸闷、苍白、下咽困难、耳鸣等症状，严重者肉痉挛、麻痹、惊厥、昏迷甚至死亡。由于食后不久即发生呕吐症状，使人不能继续进食，故一般中毒症状严重者不多，少有死亡。轻者 1～6h 内不治而愈（伍汉霖，2002）。

　　本科湖南分布有 12 亚科 55 属 106 种。

Ⅰ. 马口鱼亚科 Opsariichthyinae

体长，侧扁。无腹棱或腹棱为半棱，自腹鳍基末至肛门前。吻钝。口端位或下颌稍突出。上、下颌相吻合的凸起和凹陷有或无。无须。鳃盖膜与峡部相连或不相连。各鳍均无硬刺。背鳍起点位于腹鳍起点前上方或后上方，分支鳍条 6～7 根。臀鳍起点位于背鳍基后下方，分支鳍条 6～10 根，性成熟个体臀鳍延长后伸可达尾鳍基，或不延长。尾鳍叉形。鳞较大。侧线完全、不完全或无。围眶骨系发达，眶上骨大，与第 5 下眶骨接触。鳃耙短小，排列稀疏。下咽齿 2 行或 3 行，末端稍带钩状。鳔 2 室。

本亚科湖南分布有 2 属 3 种。

鲤科马口鱼亚科属、种检索表

1（4）　上、下颌具相吻合的凸起和凹陷；背鳍起点位于腹鳍起点之前；臀鳍起点距腹鳍起点约等于臀鳍基末距尾鳍基；侧线完全；无腹棱；鳃盖膜与峡部不相连[（006）马口鱼属 Opsariichthys]
2（3）　上、下颌侧缘凹凸相嵌 ·················· **008. 马口鱼 Opsariichthys bidens Günther, 1873**
3（2）　上、下颌侧缘较平直 ······· **009. 长鳍马口鱼 Opsariichthys evolans (Jordan et Evermann, 1902)**
4（1）　上、下颌无相吻合的凸起和凹陷；背鳍起点位于腹鳍起点之后；臀鳍起点距腹鳍起点远小于臀鳍基末距尾鳍基；侧线不完全或无；腹棱为半棱，自腹鳍基末至肛门前；鳃盖膜与峡部相连[（007）细鲫属 Aphyocypris] ·········· **010. 中华细鲫 Aphyocypris chinensis Günther, 1868**

（006）马口鱼属 *Opsariichthys* Bleeker, 1863

Opsariichthys Bleeker, 1863, *Ned. Tijd. Dierk.*, 3: 203.

模式种：*Leuciscus uncirostris* Temminck et Schlegel

体延长，侧扁，腹部圆，无腹棱。头较大，顶部平。吻圆钝。口大，端位。上、下颌互为吻合，上颌正中及边缘凹入，下颌正中及边缘凸出。无须，眼小，上侧位，靠近吻端。鳃盖膜与峡部不相连。各鳍均无硬刺。背鳍起点约与腹鳍起点相对或稍前。胸鳍后伸不达腹鳍起点。腹鳍后伸不达肛门。臀鳍起点位于背鳍基后下方，前面数根鳍条延长，伸达或超过尾鳍基。尾鳍叉形。侧线完全，前段明显弯向腹部。鳃耙疏短。下咽齿 3 行，末端钩状。鳔大，2 室，后室长，末端尖。

本属湖南仅分布有 2 种。

【马口鱼属和鱲属】目前的分类学著作中，均依据上、下颌骨骼上的差异，将马口鱼属 Opsariichthys 和鱲属 Zacco 作为两个独立的属，两者的区别在于马口鱼属的上、下颌侧缘凹凸相嵌，呈波浪形，而鱲属上、下颌侧缘较平直。但两者相似之处很多：性成熟雄鱼繁重季节臀鳍前端 4 根分支鳍条显著延长，其上密布珠星，雌鱼则不延长，也无珠星；性成熟雄鱼体侧垂直绿色横纹明显，雌鱼不明显；鳃盖膜与峡部不相连等。Howes（1980）认为马口鱼属和鱲属可能不是目前骨骼学研究意义上的单系遗传；Ashiwa et Hosoya（1998）对粗首鱲Z. pachycephalus 的骨骼进行了仔细研究，认为其应归入马口鱼属。由此可见，上、下颌侧缘形态上的差异不能作为两个属的分类依据。Cheng 等（2009）认为可以将单一的鱲属物种归入更早设立的马口鱼属中。

008. 马口鱼 *Opsariichthys bidens* Günther, 1873（图 23）

俗称：马口、扯口婆、红车公、红师鲃、桃花鱼、大口泡、山鳡；**别名**：南方马口鱼；**英文名**：Chinese hooksnout carp

Opsariichthys bidens Günther, 1873, *Ann. Mag. Nat. Hist.*, 4(12): 249（上海）；Kreyenberg *et* Pappenheim, 1908, *Sitz. Ges. Nat. Freunde. Berl.*: 100（长江）；唐文乔，1989，中国科学院水生生物研究所硕士学位论文：24（吉首、龙山、保靖）；唐文乔等，2001，上海水产大学学报，10（1）：6（沅水水系的辰水、武水、酉水，澧水）；胡海霞等，2003，四川动物，22（4）：226（通道县宏门冲溪）；郭克疾等，2004，生命科学研究，8（1）：82（桃源县乌云界自然保护区）；吴婕和邓学建，2007，湖南师范大学自然科学学报，30（3）：116（柘溪水库）；康祖杰等，2010，野生动物，31（5）：293（壶瓶山）；康祖杰等，2010，动物学杂志，45（5）：79（壶瓶山）；牛艳东等，2011，湖南林业科技，38（5）：44（城步芙蓉河）；曹英华等，2012，湘江水生动物志：70（湘江衡阳常宁）；牛艳东等，2012，湖南林业科技，39（1）：61（怀化中方县康龙自然保护区）；刘良国等，2013b，长江流域资源与环境，22（9）：1165（澧水桑植、慈利、石门、澧县、澧水河口）；刘良国等，2013a，海洋与湖沼，44（1）：148（沅水怀化、五强溪水库）；刘良国等，2014，南方水产科学，10（2）：1（资水新邵、安化、桃江）；Lei et al., 2015, *J. Appl. Ichthyol.*, 1（湘江）；吴倩倩等，2016，生命科学研究，20（5）：377（通道玉带河国家级湿地公园）；向鹏等，2016，湖泊科学，28（2）：379（沅水五强溪水库）；康祖杰等，2019，壶瓶山鱼类图鉴：98（壶瓶山）；李鸿等，2020，湖南鱼类系统检索及手绘图鉴：20，82；廖伏初等，2020，湖南鱼类原色图谱，4。

Opsariichthys uncirostris bidens：梁启燊和刘素孏，1959，湖南师范学院自然科学学报，（3）：67（洞庭湖、湘江）；梁启燊和刘素孏，1966，湖南师范学院学报（自然科学版），（5）：85（洞庭湖、湘江、资水、沅水、澧水）；唐家汉和钱名全，1979，淡水渔业，（1）：10（洞庭湖）；唐家汉，1980a，湖南鱼类志（修订重版）：35（沅水、洞庭湖）；林益平等（见：杨金通等），1985，湖南省渔业区划报告集：70（洞庭湖、湘江、资水、沅水、澧水）；陈景星等（见：黎尚豪），1989，湖南武陵源自然保护区水生生物：123（张家界喻家嘴、自然保护区管理局等地）；王星等，2011，生命科学研究，15（4）：311（南岳）。

【古文释鱼】①《永州府志》（吕恩湛、宗绩辰）："宁远有一种五色细鳞小鱼，土人呼为师公皷"。②《桂阳直隶州志》（王闿运撰）："桃花鱼，产永顺县猛崗河"。③《新宁县志》（张葆连、刘坤一）："桃花鱼，似鳍，大不盈指，一种身有文采，俗呼为桃花片"。此处也可能是指宽鳍鱲。

标本采集：标本 30 尾，采自洞庭湖、湘江、资水、沅水和澧水。

形态特征：背鳍iii-7；臀鳍iii-9；胸鳍 i -13～15；腹鳍 i -8～9。侧线鳞 $39\frac{8\sim10}{2\sim4\text{-V}}47$。鳃耙 10。下咽齿 3 行，1·4·5/4·4·1。

体长为体高的 3.1～4.3 倍，为头长的 3.5～3.9 倍，为尾柄长的 4.7～5.2 倍，为尾柄高的 10.2～11.3 倍。头长为吻长的 2.7～3.2 倍，为眼径的 5.0～6.2 倍，为眼间距的 3.1～3.3 倍。尾柄长为尾柄高的 1.8～2.0 倍。

体延长，侧扁，腹部圆，无腹棱。吻长，圆钝。口大，端位，口裂向上倾斜，末端达眼中部下方。上颌正中和边缘凹入，下颌正中和边缘凸出，上下凹凸向吻合。无须。鼻孔每侧 2 个，前鼻孔后缘具半月形鼻瓣。眼小，上侧位，位于头的前半部。鳃孔大。鳃盖膜与峡部不相连。

各鳍均无硬刺。背鳍起点约与腹鳍起点相对或稍前，距吻端与距尾鳍基约相等。胸鳍下侧位，后伸不达腹鳍起点。腹鳍外缘略钝圆，起点距胸鳍起点较距臀鳍起点为远，后伸达或不达肛门。肛门紧靠臀鳍前方。臀鳍起点距腹鳍起点较距尾鳍基为近，前端 4 分支鳍条延长，后伸达（雌鱼）或超过（雄鱼）尾鳍基。尾鳍叉形，下叶稍长。

体被圆鳞，腹鳍基具 1～2 枚腋鳞。侧线完全，前段弯向体侧腹面，末端向上延至尾柄正中。

鳃耙疏短。下咽齿侧扁，尖弯。鳔 2 室，后室尖长，约为前室长的 2.0 倍。腹膜银白色，上具黑斑。

体背部灰黑色，腹部银白色，体侧具 10 余条浅蓝色垂直横纹。胸鳍、腹鳍和臀鳍为橙黄色。雄鱼繁殖期头部、吻部和臀鳍具明显珠星，全身具鲜艳婚姻色。

生物学特性：

【生活习性】小型鱼类，喜栖息于急流、底质为砂石的山涧小溪中，通常集群活动，冬季在深水石穴中越冬。

【**年龄生长**】种群结构较为简单，多为 1～3 龄，第 1 年生长较迅速，可达 7.0～11.0cm。相同情况下的雄鱼个体大于雌鱼。

【**食性**】凶猛小型肉食性鱼类。食性与个体大小关系密切，小型个体以底栖小型无脊椎动物和浮游动物为食，中型个体以底栖大型无脊椎动物为食，大个体以小型鱼虾和水生昆虫为食。

【**繁殖**】繁殖期 5 月中旬至 8 月初。1 龄即可性成熟，分批次产卵，卵沉性，卵径 1.0～1.2mm。广东北江种群绝对繁殖力为 1486.3～12 025.8 粒，相对繁殖力为 99.8～470.3 粒/g（李强等，2010）。三道河水库种群绝对繁殖力为 1870.0～20 434.0 粒，相对繁殖力为 69.0～249.0 粒/g（苏家勋等，1993）。水温 20.0～23.5℃时，受精卵孵化脱膜需 39.8h；水温 26.0～28.0℃时，需 37.0h。仔稚鱼的生长表现为异速生长型（陈乘，2015；金丹璐等，2017）。

资源分布：广布性鱼类，洞庭湖及湘、资、沅、澧"四水"各江段均有分布，上游小溪中尤为多见。目前马口鱼的人工繁殖技术已经较为成熟，湖南省益阳市安化县已发布了地方标准《南方马口鱼繁养技术规程》（DB43/T 1214—2016）。

图 23　马口鱼 *Opsariichthys bidens* Günther, 1873

009. 长鳍马口鱼 *Opsariichthys evolans* (Jordan *et* Evermann, 1902)（图 24）

　　俗称：鱲鱼、红师鲃、红车公、桃花鱼、七色鱼；**别名**：平颌鱲、长鳍鱲

Opsariichthys evolans Jordan *et* Evermann, 1902, *Proc. U. S. Nat. Mus.*, 25(1289): 315.

Leuciscus platypus：Temminck *et* Schlegel, 1846, *Proc. U. S. Nat. Mus.*, 25（台湾）.

Zacco platypus：Jordan *et* Fowler, 1903, *Proc. U. S. Nat. Mus.*, 26: 851（日本）；梁启燊和刘素嬬, 1966, 湖南师范学院学报（自然科学版）,（5）: 85（湘江、澧水）；唐家汉和钱名全, 1979, 淡水渔业,（1）: 10（洞庭湖）；唐家汉, 1980a, 湖南鱼类志（修订重版）: 36（沅水、资水、湘江）；林益平等（见：杨金通等）, 1985, 湖南省渔业区划报告集: 70（洞庭湖、湘江、资水、沅水、澧水）；陈景星等（见：黎尚豪）, 1989, 湖南武陵源自然保护区水生生物: 124（张家界喻家嘴）；唐文乔, 1989, 中国科学院水生生物研究所硕士学位论文: 24（吉首、保靖）；唐文乔等, 2001, 上海水产大学学报, 10（1）: 6（沅水水系的辰水、武水、酉水、澧水）；郭克疾等, 2004, 生命科学研究, 8（1）: 82（桃源县乌云界自然保护区）；吴婕和邓学建, 2007, 湖南师范大学自然科学学报, 30（3）: 116（柘溪水库）；康祖杰等, 2010, 野生动物, 31（5）: 293（壶瓶山）；康祖杰等, 2010, 动物学杂志, 45（5）: 79（壶瓶山）；牛艳东等, 2011, 湖南林业科技, 38（5）: 44（城步芙蓉河）；曹英华等, 2012, 湘江水生动物志: 72（湘江衡阳常宁）；牛艳东等, 2012, 湖南林业科技, 39（1）: 61（怀化中方县康龙自然保护区）；刘良国等, 2013b, 长江流域资源与环境, 22（9）: 1165（澧水桑植、慈利、石门、澧县、澧水河口）；刘良国等, 2013a, 海洋与湖沼, 44（1）: 148（沅水怀化、五强溪水库）；刘良国等, 2014, 南方水产科学, 10（2）: 1（资水新邵、安化、桃江）；吴倩倩等, 2016, 生命科学研究, 20（5）: 377（通道玉带河国家级湿地公园）；向鹏等, 2016, 湖泊科学, 28（2）: 379（沅水五强溪水库）；康祖杰等, 2019, 壶瓶山鱼类图鉴: 96（壶瓶山）；李鸿等, 2020, 湖南鱼类系统检索及手绘图鉴: 20, 83；廖伏初等, 2020, 湖南鱼类原色图谱, 6.

【宽鳍鱲和长鳍鱲】宽鳍鱲*Zacco platypus* 的模式产地在日本, 长鳍鱲*Zacco evolans* 的模式产地在中国台湾。Oshima（1919）认为长鳍鱲是宽鳍鱲的误定, Jordan 和 Hubb（1925）将长鳍鱲作为宽鳍鱲的次定同物异名, 此后大多学者均认同此观点。Chen *et* Chang（2005）认为长鳍鱲和宽鳍鱲在形态上差异显著, 认为应将长鳍鱲划入马口鱼属。宽鳍鱲的分布区域此前认为从日本直至我国的东南沿海, 然而, Cheng 等（2009）通过对 mtDNA D-loop 序列的研究, 发现台湾本土的原归入鱲属或马口鱼属的种类, 无一和日本的宽鳍鱲聚为一支。湖南分布的应为长鳍马口鱼。

标本采集：标本 20 尾, 采自洞庭湖、张家界、衡阳常宁等地。

形态特征：背鳍iii-7；臀鳍iii-8～9；胸鳍 i -13～15；腹鳍 i -8。侧线鳞 $40\frac{7\sim9}{2\sim3\text{-V}}49$。鳃耙 8～9。下咽齿 3 行, 2·4·4/4·4·2 或 2·4·5/5·4·2。

体长为体高的 3.1～3.5 倍, 为头长的 3.6～4.3 倍。头长为吻长的 2.6～3.0 倍, 为眼径的 4.1～4.6 倍, 为眼间距的 3.2～3.7 倍, 为尾柄长的 1.2～2.6 倍, 为尾柄高的 2.3～2.7 倍。尾柄长为尾柄高的 1.0～1.7 倍。

体长而侧扁, 腹部圆, 无腹棱。头尖。吻钝。口端位, 稍向上倾斜, 末端达眼前缘下方。唇较薄。上颌稍长于下颌, 下颌前端具凸起与上颌前端凹陷相吻合。无须。鼻孔每侧 2 个, 位于眼前上方。眼较小, 上侧位, 靠近吻端。鳃盖膜与峡部不相连。

背鳍末根不分支鳍条末端柔软分节, 起点与腹鳍起点相对, 距吻端较距尾鳍基为近。胸鳍下侧位, 后伸达或接近腹鳍起点。腹鳍起点距臀鳍起点较距胸鳍起点为近, 后伸几达肛门。臀鳍前 4 根分支鳍条延长, 后伸几达或超过尾鳍基。尾鳍深叉形, 下叶稍长。

体被较大圆鳞, 略呈长方形。腹鳍基两侧各具 1 枚长形腋鳞。侧线完全, 在腹鳍处向下微弯, 过臀鳍后又上升至尾柄正中。

鳃耙短而尖, 排列稀疏。下咽齿顶端尖, 略呈钩状。鳔 2 室, 后室较长, 为前室长的 2.0 倍。肠长约为体长的 1.5 倍。腹膜黑色。

活体体色鲜艳, 背部黑灰色, 腹部银白色。体侧具 12～13 条垂直的黑色条纹, 条纹间具许多不规则的粉红色斑点。背鳍和尾鳍灰色。胸鳍上具许多黑斑。腹鳍淡红色。尾鳍后缘黑色。繁殖期雄鱼头部和臀鳍上出现许多珠星。

生物学特性：

【生活习性】喜栖息于水流湍急、底质为卵石或砂石的浅滩河段。常集群游动。幼鱼在溪流沿边觅食生长。冬季成群潜入深水区石穴内越冬。

【年龄生长】小型鱼类，鳞片退算体长平均值：1 龄 5.5cm、2 龄 7.5cm，3 龄及以上个体数量较少。随着年龄的增长，雄鱼体长体重将显著大于雌鱼（邢迎春等，2007）。

【食性】杂食性，主要以甲壳类、水生昆虫及其幼虫、小型鱼虾等为食，也摄食藻类和有机碎屑。

【繁殖】繁殖期 4—6 月。1 龄性成熟，在底部多砾石和水流较急的浅滩产卵。相对繁殖力为 285～874 粒/g。成熟卵沉淡黄色，平均卵径 1.0mm，受精后吸水膨胀，卵膜径达 1.5mm，沉黏性。水温 17.1～28.0℃时，受精卵孵化脱膜需 73.0h（乔晔，2005）。

资源分布：广布性鱼类，洞庭湖及湘、资、沅、澧"四水"各江段均有分布，在上游小溪中尤为多见。

图 24　长鳍马口鱼 *Opsariichthys evolans* (Jordan *et* Evermann, 1902)

（007）细鲫属 *Aphyocypris* Günther, 1868

Aphyocypris Günther, 1868, *Cat. Fish. Br. Mus.*, 7: 201.

模式种： *Aphyocypris chinensis* Günther

体细小而稍侧扁，腹棱为半棱，自腹鳍基末至肛门前。头稍侧扁，头顶颇宽。吻宽短、圆钝。口大，端位，口裂稍向上倾斜，末端达眼前缘下方。唇薄。下颌稍突出，上、下颌前端及两侧均平整，无凹陷与凸起。无须。眼上侧位。眼间隔宽平，眼间距几为眼径的 2.0 倍。鳃盖膜与峡部相连。各鳍均无硬刺。背鳍起点位于腹鳍起点之后，分支鳍条 6～7 根。胸鳍下侧位，后伸达或不达腹鳍起点。腹鳍起点距胸鳍起点较距臀鳍起点为近。臀鳍起点稍后于背鳍基，分支鳍条 6～7 根。尾鳍深叉形。体被较大圆鳞，沿体侧纵列鳞 29～36。侧线不完全（仅见于前部）或无。鳃耙短小，排列稀疏。下咽齿 2 行，齿细长，末端微弯。鳔 2 室，前室较小，后室大。腹膜银白色，其上具许多小黑点。

　　本属湖南仅分布有 1 种。

010. 中华细鲫 *Aphyocypris chinensis* Günther, 1868（图 25）

　　别名：似细鲫

Aphyocypris chinensis Günther, 1868, *Cat. Fish. Br. Mus.*, 7: 201（浙江）；陈宜瑜和褚新洛（见陈宜瑜等），1998，中国动物志 硬骨鱼纲 鲤形目（中卷）：59（岳阳）；贺顺连等，湖南农业大学学报（自然科学版），2000，26（5）：379（资水绥宁、邵阳）；唐文乔等，2001，上海水产大学学报，10（1）：6（沅水水系的酉水）；李鸿等，2020，湖南鱼类系统检索及手绘图鉴：20，84。

　　标本采集：标本 5 尾，采自沅水上游。
　　形态特征：背鳍 iii-6～7；臀鳍 iii-6～7；胸鳍 i -10～11；腹鳍 i-6。纵列鳞 30～33。鳃耙 6～8。下咽齿 2 行，2·3 或 2·4 或 3·5/4·3。

　　体长为体高的 3.5～3.8 倍，为头长的 4.0～4.2 倍。头长为吻长 4.0～5.5 倍，为眼径的 3.7～4.5 倍，为眼间距的 1.4～2.0 倍。尾柄长为尾柄高的 1.2～1.7 倍。

　　体延长，侧扁。腹棱为半棱，自腹鳍基末至肛门前。头稍侧扁，颇宽。吻宽，短而钝，吻长等于眼径。口大，端位，下颌稍突出，口裂斜，末端达眼前缘下方。唇薄。无须。鼻孔每侧 2 个，靠近眼，前鼻孔后缘具半月形鼻瓣。眼上侧位。眼间隔宽平，眼间距小于眼后头长。鳃盖膜与峡部相连。

　　背鳍起点位于腹鳍起点后方，距尾鳍基较距吻端为近。胸鳍下侧位，后伸达或不达腹鳍起点。腹鳍起点距胸鳍起点较距臀鳍起点稍近。肛门位于臀鳍前方。臀鳍起点稍后于背鳍基。尾鳍深叉形。

　　体被大圆鳞。侧线不完全，仅见于前部 3～5 枚鳞片，末端不超过胸鳍末端上方。

　　鳃耙短小，排列稀疏。下咽齿，细长，侧扁，末端钩状，微弯。鳔 2 室，前室较小，后室大。腹膜银白色，具小黑点。

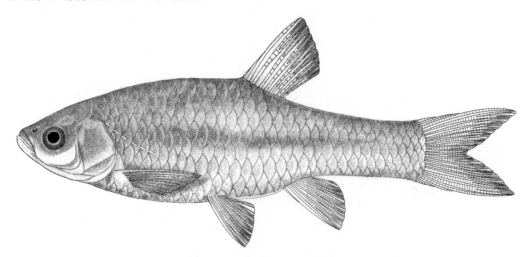

图 25　中华细鲫 *Aphyocypris chinensis* Günther, 1868

体背侧灰褐色，体侧和腹面白色。背面正中头后至尾鳍基，以及侧面眼后至尾鳍基，各具 1 条暗色纵纹。各鳍淡灰色。

生物学特性：

【生活习性】小型鱼类，栖息于河沟、渠道、池塘、水田或山涧水域中，游动迅速。

【食性】杂食性，摄食浮游动物、植物碎屑、青苔、丝状藻等。

【繁殖】繁殖期 4—6 月。性成熟早，4 个月即可性成熟。成熟卵卵膜透明，卵黄颗粒细小，黄色，受精后吸水膨胀，卵膜径约 1.1mm。初孵仔鱼全长 2.8～3.2mm，肌节 33 对；全长 4.6mm 时卵黄吸收完全，8.2mm 时鳔 2 室形成，8.8mm 时肌节由 "V" 形扩展为 "W" 形，12.3mm 时鳞片开始形成，13.9mm 时鳞被全部形成（乔晔，2005）。

资源分布：广布性鱼类，但在湖南数量较少，主要见于资水和沅水上游河段。

Ⅱ. 雅罗鱼亚科 Leuciscinae

体长，稍侧扁，或近圆筒形，腹部圆，无腹棱。口多端位或上位，下颌无角质。无须。鳃孔大。鳃盖膜与峡部多不相连，少数相连。各鳍均无硬刺。背鳍不分支鳍条 3 根，分支鳍条 7～10 根（多数为 7 根）。臀鳍不分支鳍条 3 根，分支鳍条 7 根以上，起点位于背鳍后下方。鳞中等或细小。侧线完全。下咽齿 1～3 行。鳃耙短小，排列稀疏或多而细长。鳔 2 室。

本亚科湖南分布有 4 属 4 种。

鲤科雅罗鱼亚科属、种检索表

1（2）鳃盖膜与峡部相连；臀鳍靠近腹鳍，起点距腹鳍起点远小于其基末距尾鳍基，分支鳍条 6～7 根；下咽齿 2 行；个体小[（008）大吻鳄属 *Rhynchocypris*] ······························
······················**011. 尖头大吻鳄 *Rhynchocypris oxycephalus* Sauvage *et* Dabry de Thiersant, 1874**

2（1）鳃盖膜与峡部不相连；臀鳍靠近尾鳍，起点距腹鳍起点大于其基末距尾鳍基，分支鳍条 9～10 根；下咽齿 1 行或 3 行；个体大

3（6）吻部不延长；口端位；下咽齿 3 行

4（5）口小，口裂伸达眼前缘下方；上、下颌圆钝，前端无凸起；背鳍约位于体轴中点，起点距吻端约等于距尾鳍基；鳞大，侧线鳞 80 以下[（009）鳡属 *Ochetobius*] ·······························
······················**012. 鳡 *Ochetobius elongates* (Kner, 1867)**

5（4）口大，口裂伸达眼中部下方；上、下颌前端尖突，下颌具 1 凸起，与上颌凹陷吻合；背鳍起点距吻端较距尾鳍基为远；鳞细，侧线鳞 100 以上[（010）鳡属 *Elopichthys*] ·····················
······················**013. 鳡 *Elopichthys bambusa* (Richardson, 1845)**

6（3）吻部延长呈管状；口上位；下咽齿 1 行[（011）鳡属 *Luciobrama*] ·······························
······················**014. 鳡 *Luciobrama macrocephalus* (Lacepède, 1803)**

（008）大吻鳄属 *Rhynchocypris* Günther, 1889

Rhynchocypris Günther, 1889, *Ann. Mag. Nat. Hist.*, 6(4): 225.

模式种：Rhynchocypris variegata* Günther

体长，略侧扁，腹部圆，无腹棱。头稍侧扁。口端位或亚下位。吻钝或尖突。无须。眼上侧位。鳃盖膜与峡部相连。各鳍均无硬刺。背鳍起点位于体轴中后方。胸鳍后伸不

达腹鳍起点。腹鳍后伸不达臀鳍起点。臀鳍短，起点位于背鳍基末的下方，起点距腹鳍起点远小于鳍基末距尾鳍基。尾鳍浅叉形，末端尖或钝。体被细小圆鳞，腹部鳞片常埋于皮下，或裸露无鳞。侧线完全。鳃耙 5～12，短小。下咽齿 2 行。鳔 2 室，后室长于前室，末端圆钝。

本属湖南仅分布有 1 种。

【鱼类的鳃盖膜与峡部的连接方式】本属鱼类的鳃孔宽大，鳃盖膜发达，鳃盖骨后缘超过胸鳍基，鳃盖膜则盖住胸鳍基前部。鳃孔在越过胸鳍起点前端至头部腹面后继续向前延伸，伸达或超过前鳃盖骨下方，左、右挤压峡部，导致峡部非常尖而狭窄，左、右鳃盖膜在峡部前端汇合但不相连，汇合处的鳃盖膜边缘游离，但膜下前端有系带与峡部相连，外表上看，鳃盖膜似乎与峡部不相连，必须掀开汇合处的鳃盖膜才能看见。与此近似的还有鰕虎目中除沙塘鳢科沙塘鳢属外的其他鱼类。这种连接方式介于鳃盖膜与峡部不相连和相连之间，是不相连向相连进化的一个过渡型。

鱼类的鳃盖膜与峡部不相连时，峡部狭窄而被鳃盖膜覆盖，鳃盖膜有时跨越峡部而左右愈合、相连，如鲱形目鳀科（稍相连）、鲤形目鲢亚科、颌针鱼目大颌针鱼科、攀鲈目等，但多数情况为鳃盖膜左右分离、不相连。鳃盖膜与峡部相连时，鳃盖膜左右不愈合，与鳃盖膜相连处的峡部通常有两种情况，一种是很狭窄，鳃盖膜在前鳃盖骨下缘与峡部相连，如鲃亚科；另一种是很宽，鳃盖膜在鳃盖骨下缘与峡部相连，如爬鳅科。鳃孔的大小则是依鳃盖膜与峡部不相连到相连，而逐渐变小，从生物进化角度，这可能也代表了从低等到高等的进化方向，鱼类为低等脊椎动物，依靠鳃在水中进行气体交换，鳃孔逐渐变小直至封闭，逐渐演变成用肺直接在空气中进行气体交换的高等脊椎动物。进化过程中也出现了部分辅助呼吸器官，如日本鳗鲡除行鳃呼吸外，皮肤、鳔、口腔、肠道和鳍等也能行辅助呼吸，特别是因环境变化不能行鳃呼吸时，皮肤呼吸则起重要作用；泥鳅能利用皮肤和肠进行呼吸，特别是其肠壁血管丰富，水体溶氧不足时，可跃出水面吞吸空气，行肠呼吸；黄鳝口腔及喉腔的内壁表皮也可作辅助呼吸器官行气呼吸；攀鲈目更是进化出了辅助呼吸器，水体溶氧不足时，能将头露出水面借助辅助呼吸器官呼吸空气，离水也能存活较长时间。

011. 尖头大吻鱥 *Rhynchocypris oxycephalus* Sauvage *et* Dabry de Thiersant, 1874（图 26）

俗称：柳根鱼、柳根子；**别名：**尖头鱥；**英文名：**Chinese minnow

Pseudophoxius oxycephalus Sauvage *et* Dabry de Thiersant, 1874, *Ann. Sci. Nat. Paris* (*Zool.*), (6)1(5): 11（北京）；李鸿等，2020，湖南鱼类系统检索及手绘图鉴：21，85；廖伏初等，2020，湖南鱼类原色图谱，10。

Phoxinus oxycephalus：袁凤霞等，1985，湖南水产，(6)：37（溇水）；唐文乔，1989，中国科学院水生生物研究所硕士学位论文：25（桑植五道水）；唐文乔等，2001，上海水产大学学报，10 (1)：6（沅水水系的酉水）；胡海霞等，2003，四川动物，22 (4)：226（通道县宏门冲溪）；康祖杰等，2010，野生动物，31 (5)：293（壶瓶山）；康祖杰等，2010，动物学杂志，45 (5)：79（壶瓶山）；康祖杰等，2019，壶瓶山鱼类图鉴：102（壶瓶山）。

标本采集：标本 20 尾，采自张家界桑植县和常德石门县。

形态特征：背鳍iii-7；臀鳍iii-7；胸鳍 i -12～14；腹鳍ii-7；侧线鳞68～85。鳃耙6～8。下咽齿 2 行，2·4（5）/5（4）·2。

体长为体高的 3.7～5.1 倍，为头长的 3.4～4.5 倍，为尾柄长的 4.0～5.0 倍，为尾柄高的 6.4～9.0 倍。头长为吻长的 2.8～4.2 倍，为眼径的 3.8～6.5 倍，为眼间距的 2.2～3.4 倍，为尾柄长的 1.0～1.4 倍，为尾柄高的 1.7～2.4 倍。尾柄长为尾柄高的 1.6～2.1 倍。

体长，稍侧扁，腹部圆，无腹棱，尾柄较高。头近锥形，头长大于体高。吻尖突或钝，吻皮覆盖上颌，或止于上颌。口亚下位，口裂稍斜。上颌骨末端不达眼前缘下方；下颌前端宽圆；下唇褶较发达。眼位于头侧，眼后缘距吻端一般大于眼后头长。眼间隔宽平，眼间距大于眼径。鳃孔向前伸至前鳃盖骨后缘稍前下方；峡部较窄，鳃盖膜与峡部仅内部系带相连。

背鳍起点位于腹鳍上方，外缘平直，起点距吻端较距尾鳍基为远。胸鳍短，末端钝，末端至腹鳍起点为约胸鳍长的 2/3。腹鳍起点前于背鳍起点，后伸达或超过肛门。臀鳍位于背鳍后下方，外缘平直，起点约与背鳍基末相对。尾鳍浅叉形，上、下叶约等长，末端钝。

体被小圆鳞，胸、腹部被鳞。侧线完全，约位于体侧中部，腹鳍前的侧线较为显著。

鳃耙短而少，排列稀疏。下咽齿稍侧扁，末端尖而弯。鳔 2 室，后室长于前室，约为前室长的 2.0 倍，末端圆钝。肠短，前后弯曲，肠长短于体长。腹膜灰黑色或黑色。

体侧密集小黑点；背部正中自头后至尾鳍基具 1 条狭长黑色纵纹，背鳍之前由前至后逐渐变粗，背鳍起点处最粗，背鳍之后纵纹粗细较均匀；体侧纵纹不明显，或仅存在于体后半部或无。

雌雄异形现象明显，特别是繁殖期，雌鱼吻皮发达，明显上翘，突出于上颌；雄鱼吻皮不上翘，稍突出于上颌；具发达的生殖突，雌鱼泄殖孔后突较短钝，雄鱼则尖长。

生物学特性：

【生活习性】冷水性小型鱼类，栖息于较高海拔、低水温、高溶氧、底质为砂砾或石块的溪流上游或山涧溪流。

【食性】通常以无脊椎动物、昆虫幼虫或植物碎屑等为食（张春光等，2011）。

【繁殖】雄鱼 1 龄、雌鱼 2 龄性成熟。繁殖期雄鱼生殖突明显，雌鱼多于雄鱼。繁殖力较低。分批次产卵，卵黏性，黏附于干净石头表面或石缝岩壁上，卵膜径 1.69～2.0mm。产卵活动在夜间进行，尤以清晨 5：00～7：00 最频繁。产卵场水质较好，清澈见底，水流缓慢，多乱石、石缝，底质为石砾、卵石、细砂的回水湾及水凼；一般水深 1.2～2.0m，流速 0.5～1.2m/s，水温 11.0～13.7℃，pH6.0（王岐山，1960；熊邦喜，1984）。

资源分布及经济价值：主要分布于湘西武陵山区，如张家界、壶瓶山等，也常见于地下溶洞中。生命力较强，肌间刺少，可作为大鲵饵料鱼或商品鱼加以开发利用。

图 26　尖头大吻鳔*Rhynchocypris oxycephalus* Sauvage *et* Dabry de Thiersant, 1874

（009）鳤属 *Ochetobius* Günther, 1868

Ochetobius Günther, 1868, *Cat. Fish. Br. Mus.*, 7: 297.

模式种： *Opsarius elongatus* Kner

体长，圆筒形，腹部圆，无腹棱。头小而尖，稍侧扁。吻短，稍尖。口小，端位，口裂斜浅，不达眼前缘。无须。眼小，位于头的前半部，眼间头部稍隆起。鳃盖膜与峡部不相连。鳃耙多而细长。各鳍均无硬刺。背鳍不分支鳍条 3 根，分支鳍条 9～10 根，起点约与腹鳍起点相对。胸鳍短小。腹鳍基具狭长的腋鳞。臀鳍小，具分支鳍条 9～10 根。尾鳍深叉形。肛门紧靠臀鳍起点。鳞较小，侧线完全。鳃耙细长而尖，排列较密，披针状。下咽齿 3 行，齿细长，齿面具沟纹，末端稍呈钩状。鳔 2 室，后室长。肠稍短，约为体长的 1.5 倍。

本属仅鳤 1 种。

012. 鳤 *Ochetobius elongates* (Kner, 1867)（图 27）

俗称： 笔杆刁、粗笔刁、麦穗刁

Opsarius elongatus Kner, 1867, *Wien. Zool. Theil.*, 1: 358（上海）；Günther, 1888, *Ann. Mag. Nat. Hist.*, 1(6): 429（长江）；Kreyenberg *et* Pappenheim, 1908, *Sitz. Ges. Nat. Freunde. Berl.*, (4): 103（洞庭湖）；Nichols, 1928, *Bull. Ann. Mus. Nat. Hist.*, 58(1): 17（湖南）；湖北省水生生物研究所鱼类研究室，1976，长江鱼类：91（岳阳）；唐家汉和钱名全，1979，淡水渔业，（1）：10（洞庭湖）；唐家汉，1980a，湖南鱼类志（修订重版）：38（洞庭湖、湘江、沅水）；林益平等（见：杨金通等），1985，湖南省渔业区划报告集：70（洞庭湖、湘江、资水、沅水、澧水）；罗云林（见：陈宜瑜等），1998，中国动物志 硬骨鱼纲 鲤形目（中卷）：107（衡阳、岳阳、铜湾）；李鸿等，2020，湖南鱼类系统检索及手绘图鉴：21，87；廖伏初等，2020，湖南鱼类原色图谱，14。

Barilius (*Ochetobius*) *elongatus*：Wu, 1930c, *Contr. Biol. Lab. Sci. Soc. China*, 6(5): 47（湖南）。

Barilius elongatus：梁启燊和刘素嬛，1959，湖南师范学院自然科学学报，（3）：67（洞庭湖、湘江）。

Ochetobius elongatus：梁启燊和刘素嬛，1966，湖南师范学院学报（自然科学版），（5）：85（洞庭湖、湘江、资水、沅水、澧水）；唐文乔等，2001，上海水产大学学报，10（1）：6（沅水水系的酉水，澧水）；吴婕和邓学建，2007，湖南师范大学自然科学学报，30（3）：116（柘溪水库）；曹英华等，2012，湘江水生动物志：84（湘江株洲）。

【古文释鱼】《永州府志》（吕恩湛、宗绩辰）："郡中有一种名杆子鱼者，颇似鳛，而小不过尺余，且背青黑，味亦不佳。"

濒危等级： 省重点保护野生动物，《湖南省地方重点保护野生动物名录》（湘政函〔2002〕172 号）。

标本采集： 标本 10 尾，其中 5 尾于 2009 年采自湘江。

形态特征： 背鳍iii-9～10；臀鳍iii-9～10；胸鳍 i -16；腹鳍 ii -9～10。侧线鳞 $65\dfrac{10}{4～4.5\text{-V}}68$。鳃耙 30～32。下咽齿 3 行，2·4·5/4·4·2。

体长为体高的 4.3～7.1 倍，为头长的 5.0～5.6 倍，为尾柄长的 5.2～5.9，为尾柄高的 12.5～14.3 倍。头长为吻长的 3.1～3.3 倍，为眼径的 6.6～7.3 倍，为眼间距的 2.5～3.1 倍。

体细长，圆筒形略呈杆状，腹部圆，无腹棱。头小，微尖，稍侧扁。吻稍尖突，吻长约等于或大于眼径。口端位，能自由伸缩，上颌末端可达鼻孔和眼前缘之间的下方。无须。鼻孔每侧 2 个，靠近眼前缘。眼较小，位于头侧正中。眼间隔较宽，稍圆凸。鳃盖膜与峡部不相连。

各鳍均无硬刺。背鳍约位于体轴中点，起点约与腹鳍起点相对，距吻端约等于距尾鳍基。胸鳍短小，末端尖，后伸约达胸鳍起点至腹鳍起点间的中点。腹鳍小，基部具 1 枚小腋鳞；腹鳍起点位于胸鳍起点至肛门间的中点，后伸不达肛门。臀鳍短小，起点距腹鳍起点较其基末距尾鳍基为远。尾鳍深叉形。

体被小圆鳞。侧线完全，微弯，向后延伸至尾柄正中。

鳃耙细长而尖，排列较密，披针状。下咽齿 3 行，稍呈钩状。鳔发达，2 室，前室较小，后室细长，后伸几达臀鳍基末上方，约为前室长的 4.0 倍。肠短，小于或稍大于体长。腹膜银白色。

体背及体侧上半部为暗黑色，腹部银白色。背鳍和臀鳍基微黄，胸鳍和腹鳍微红，尾鳍后缘黑色。

生物学特性：

【生活习性】性情较温和，常栖息于水体中上层，江湖半洄游习性。每年 7—9 月进入沿江湖泊中肥育，到繁殖期则溯河而上，在江河上游产卵繁殖。

【年龄生长】生长速度除第 1 年稍快外，往后均缓慢。体长平均 1 龄 11.2cm、2 龄 23.5cm、3 龄 32.6cm、4 龄 41.7cm、5 龄 48.6cm。

【食性】以无脊椎动物为食，如水生昆虫的幼虫，枝角类为其常见的食物，也食一些小型鱼类。

【繁殖】繁殖期为 4 月下旬至 5 月底。繁殖时，对外界环境的要求与青鱼、草鱼相似，静水中不能繁殖。卵为漂流性，随水漂流孵化。3 龄性成熟，相对繁殖力为 71.1～158.7 粒/g。成熟卵青灰色，卵径 1.2～1.6mm，受精后吸水膨胀，卵膜径 5.0～6.4mm，卵黄径 1.6～1.8mm，卵膜透明，卵黄枇杷黄色。水温 21.0～23.4℃时，受精卵孵化脱膜需 35.0h，初孵仔鱼全长 6.5mm，卵黄囊末端蓝色，肌节 39～40 对。4～6 天日龄鳔形成 1 室（乔晔，2005）。

资源分布：曾为广布性鱼类，洞庭湖及湘、资、沅、澧"四水"均有分布，但目前数量已极少，应加大保护力度，开展人工繁育及增殖技术研究。

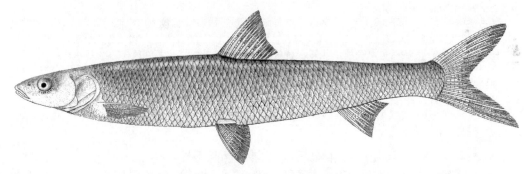

图 27　鳤 *Ochetobius elongates* (Kner, 1867)

（010）鳡属 *Elopichthys* Bleeker, 1860

Elopichthys Bleeker, 1860, *Act. Soc. Sci. Indo-Neerl.*, 7(20): 436.

模式种： *Leuciscus bambusa* Richardson

体延长，稍侧扁，腹部圆，无腹棱。头尖长，锥形。吻尖突。口端位，口裂很大，伸达眼前缘下方。上、下颌约等长，上颌不能伸缩；下颌不突出，前端缝合部具 1 凸起，与上颌前端凹陷相吻合。无须。鼻孔每侧 2 个，位于眼前方。鳃孔大。鳃盖膜与峡部不相连。各鳍均无硬刺。背鳍起点距吻端较距尾鳍基为远。臀鳍靠近尾鳍，起点距腹鳍起点较鳍基末距尾鳍基为远。鳞小，侧线完全，侧线鳞 100 以上。鳃耙短小，排列稀疏。

下咽齿 3 行，侧扁，末端钩状。鳔发达，2 室，前室短小，后室较长。

本属仅鳡 1 种。

013. 鳡 *Elopichthys bambusa* (Richardson, 1845)（图 28）

俗称：竿鱼、大口鳡、横鱼；**英文名**：yellowcheek

Leuciscus bambusa Richardson, 1845, *In*: Hinds: 141（广州）。

Elopichthys bambusa: Bleeker, 1865, *Ned. Tijd. Dierk.*, 2: 19（中国）；Günther, 1868, *Cat. Fish. Br. Mus.*, 7: 320（中国）；Sauvage *et* Dabry de Thiersant, 1874, *Ann. Sci. Nat. Paris (Zool.)*, (6)1(5): 10（中国）；梁启燊和刘素孀，1959，湖南师范学院自然科学学报，(3)：67（洞庭湖、湘江）；梁启燊和刘素孀，1966，湖南师范学院学报（自然科学版），(5)：85（洞庭湖、湘江、资水、沅水、澧水）；唐家汉和钱名全，1979，淡水渔业，(1)：10（洞庭湖）；唐家汉，1980a，湖南鱼类志（修订重版）：33（洞庭湖）；林益平等（见：杨金通等），1985，湖南省渔业区划报告集：70（洞庭湖、湘江、资水、沅水、澧水）；唐文乔，1989，中国科学院水生生物研究所硕士学位论文：27（吉首、保靖）；罗云林（见：陈宜瑜等），1998，中国动物志 硬骨鱼纲 鲤形目（中卷）：111（岳阳）；唐文乔等，2001，上海水产大学学报，10（1）：6（沅水水系的辰水、武水、酉水、澧水）；吴婕和邓学建，2007，湖南师范大学自然科学学报，30（3）：116（柘溪水库）；康祖杰等，2010，野生动物，31（5）：293（壶瓶山）；曹英华等，2012，湘江水生动物志：82（湘江长沙、衡阳常宁）；牛艳东等，2012，湖南林业科技，39（1）：61（怀化中方县康龙自然保护区）；刘良国等，2013b，长江流域资源与环境，22（9）：1165（澧水澧县、澧水河口）；刘良国等，2013a，海洋与湖沼，44（1）：148（沅水怀化、五强溪水库、常德）；刘良国，2014，南方水产科学，10（2）：1（资水新邵、安化、桃江）；向鹏等，2016，湖泊科学，28（2）：379（沅水五强溪水库）；康祖杰等，2019，壶瓶山鱼类图鉴：110（壶瓶山）；李鸿等，2020，湖南鱼类系统检索及手绘图鉴：22，88；廖伏初等，2020，湖南鱼类原色图谱，16。

Scombrocypris styani: Günther, 1889, *Ann. Mag. Nat. Hist.*, 4: 226（九江）；Nichols, 1928, *Bull. Ann. Mus. Nat. Hist.*, 58(1): 16（湖南）。

【古文释鱼】①《祁阳县志》（旷敏本、李莳）："鳡，体似鲩而腹平，头似鳤而口大，颊似鲇而色黄，鳞似鳟而稍细，大者三四十斤，啖鱼最毒，池中有此，不能畜鱼"。②《善化县志》（吴兆熙、张先抡）："鳡鱼，俗呼横鱼，锐嘴，侈口，食鱼，而鱼不与同行，一名鳏鱼"。③《永州府志》（吕恩湛、宗绩辰）："有似鲩而腹平，似鳤而口大，似鲇而色黄者曰鳡。祁阳有之，啖鱼最毒，池中有此不能畜鱼"。④《直隶澧州志》（何玉棻、魏式曾、黄维瓒）："鳡，体似鲩，腹平，头似鳤，口大，颊似鲇，色黄，鳞似鳟稍细，好啖鱼。一名鳏，一名黄颊"。⑤《新宁县志》（张葆连、刘坤一）："鳡，鳏鱼，一名鳡鱼，体似鳤而口大，颊似鲶而色黄"。⑥《醴陵县志》（陈鲲、刘谦）："鳡，俗呼枪鱼，口尖锐，肠直，仅一小根"。

标本采集：标本 24 尾，采自洞庭湖、长沙、衡阳等地。

形态特征：背鳍 iii-9～11；臀鳍 iii-10～11；胸鳍 i -16；腹鳍 ii -9。侧线鳞 $110\frac{18\sim20}{6\sim8\text{-V}}115$。鳃耙 12～17。下咽齿 3 行，2·3·5/5·4·2。

体长为体高的 5.6～7.6 倍，为头长的 3.9～4.8 倍。头长为吻长的 3.0～3.6 倍，为眼径的 7.6～16.0 倍，为眼间距的 3.3～3.9 倍。尾柄长为尾柄高的 1.5～2.5 倍。

体延长，稍侧扁，腹部圆，无腹棱。头长而尖。吻尖突，喙状，吻长远大于吻宽，约为眼径的 2.2～4.0 倍。口端位，口裂大，后伸达眼中部下方。上、下颌约等长；上颌不能伸缩；下颌不突出，前端缝合部具 1 凸起，与上颌前端凹陷相吻合。无须。鼻孔每侧 2 个，位于眼前方，前鼻孔后缘具 1 圆形鼻瓣。眼小，上侧位，眼间隔宽平。鳃孔大。鳃盖膜与峡部不相连。

背鳍起点距吻端远大于距尾鳍基。胸鳍尖，后伸达胸鳍起点至腹鳍起点间的中点。腹鳍起点位于背鳍之前。肛门紧靠臀鳍起点。臀鳍起点位于腹鳍起点至尾鳍基间的中点。尾鳍深叉形，上、下叶等长，末端尖。

体被细小圆鳞。侧线完全，广弧形下完，向后延伸至尾柄正中。

鳃耙短小，排列稀疏。鳔 2 室，前室小，后室较长，几伸达臀鳍基中部上方。肠粗短，小于体长。腹膜银灰色。

体背灰褐色，腹部银白色，背鳍、尾鳍深灰色，颊部和其余各鳍淡黄色。

生物学特性：

【生活习性】江湖洄游性鱼类，栖息在江河和湖泊的中上层。行动迅速，行动敏捷，常袭击和追捕其他鱼类。在江河中产卵，受精卵在随水漂流过程中进行发育和孵化，幼鱼阶段即入附属湖泊中摄食肥育，秋末以后，幼鱼和成鱼又到干流的河床深处越冬。

【年龄生长】个体大，生长迅速。鳞片退算体长平均值：1 龄 30.7cm、2 龄 51.9cm、3 龄 72.0cm、4 龄 91.2cm、5 龄 114.0cm、6 龄 126.3cm，1～5 龄增长速度较快。2018 年 12 月在洞庭湖捕获 1 尾体长 112.0cm、重 25.0kg 的鳡。

【食性】主要以鱼类为食，为典型凶猛性鱼类。开口饵料为浮游动物，体长约 1.5cm 的仔鱼，即开始追捕其他种类的仔鱼为食。成鱼以鲴类、鲌类、鲫等中小型鱼类为食。

【繁殖】产卵季节较"家鱼"稍早，从 4 月中旬开始，集中产卵在 5 月，一直延续到 6 月下旬。产卵场多集中在湘江的大渔湾至茭河口江段，尤以松柏至茭河口最为集中，泡漩水是产卵场江段的一个重要水文特征，产卵水温 16.9～30.2℃，20.0～27.0℃时产卵最盛。

性成熟雄鱼略早于雌鱼，雄鱼 3 龄、雌鱼一般 4 龄。绝对繁殖力为 19.5 万～81.5 万粒，平均约为 30.0 万粒，相对繁殖力为 65.3～73.5 粒/g。成熟卵圆球形，无油球，卵径一般为 5～6mm，受精后吸水膨胀，卵膜径可达 12.5～14.5mm，无黏性。水温 20.7～24.0℃时，受精卵孵化脱膜需 42.3h，初孵仔鱼全长 5.6mm，肌节 51 对；水温 20.1～23.0℃时，脱膜需 31.7h；水温 22.0～25.0℃时，孵化脱膜需 27.8h，全长约 5.0mm；水温 26.0～29.0℃时，脱膜 87.8h，仔鱼具雏形鳔，全长 5.9mm，脱膜 135.8h，仔鱼全长 7.2mm，卵黄囊吸尽；22 日龄仔鱼全长 14.3mm，各鳍均已出现；30 日龄仔鱼全长 22.8mm，鳞片开始形成，各鳍条已长成（李长春，1976；梁秩燊等，1984；任丽珍等，2011；宓国强等，2007）。

资源分布：广布性鱼类，洞庭湖及湘、资、沅、澧"四水"均有分布，以大坝、水库中的个体较大。

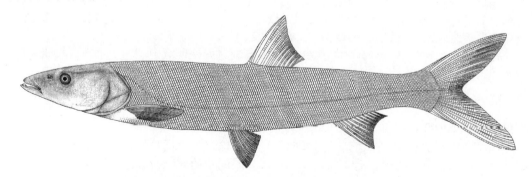

图 28　鳡 *Elopichthys bambusa* (Richardson, 1845)

（011）鳤属 *Luciobrama* Bleeker, 1870

Luciobrama Bleeker, 1870, *Verh. Med. Akad. Wet. Amst. Afd. Natuark.*, 4(2): 253.

模式种：*Luciobrama typus* Bleeker

体细长，稍侧扁，腹部圆，无腹棱。头小，前部略呈管状，眼后部侧扁，吻略平扁。吻呈管状。口上位，斜裂。唇较发达。下颌略长于上颌。无须。鳃孔大。鳃盖膜与峡部不相连。体被细小圆鳞。侧线完全，前段向腹部微弯，侧线鳞 130 以上。各鳍均无硬刺。背鳍基短，起点位于腹鳍之后，不分支鳍条 3 根，分支鳍条 8 根。胸鳍和腹鳍皆短小。臀鳍不分支鳍条 3 根，分支鳍条 9 根。尾鳍深叉形。鳃耙 7～12，稀疏。下咽齿 1 行，细长，末端微弯。鳔 2 室，后室较大。肠短。腹膜白色。

本属仅鯮1 种。

014. 鯮 *Luciobrama macrocephalus* (Lacepède, 1803)（图 29）

俗称：吹火筒、马头鳡、鸭嘴鯮；**别名**：尖头鳡；**英文名**：duck-bill carp

Synodus macrocephalus Lacepède, 1803, *Hist. Nat. Poiss.*, 5: 322（中国）。

Luciobrama typus: Bleeker, 1870, *Verh. Med. Akad. Wet. Amst. Afd. Natuark.*, 4(2): 251（长江）; Bleeker, 1871, *Verh. Akad. Wet. Amst.*, 12: 51（长江）; Nichols, 1928, *Bull. Ann. Mus. Nat. Hist.*, 58: 20（洞庭湖）。

Luciobrama macrocephalus: Bleeker, 1873, *Ned. Tijd. Dierk.*, 2: 25（长江）; 梁启燊和刘素孀, 1959, 湖南师范学院自然科学学报, (3): 67（洞庭湖、湘江）; 杨干荣等（见：伍献文等）, 1964, 中国鲤科鱼类志（上卷）: 21（湖南）; 梁启燊和刘素孀, 1966, 湖南师范学院学报（自然科学版）, (5): 85（洞庭湖、湘江、资水、沅水、澧水）; 唐家汉和钱名全, 1979, 淡水渔业, (1): 10（洞庭湖）; 唐家汉, 1980a, 湖南鱼类志（修订重版）: 30（洞庭湖）; 林益平等（见：杨金通等）, 1985, 湖南省渔业区划报告集: 70（洞庭湖、湘江、资水、沅水、澧水）; 唐文乔等, 2001, 上海水产大学学报, 10（1）: 6（沅水水系的酉水）; 吴婕和邓学建, 2007, 湖南师范大学自然科学学报, 30（3）: 116（柘溪水库）; 李鸿等, 2020, 湖南鱼类系统检索及手绘图鉴: 22, 89。

【**古文释鱼**】①《直隶澧州志》（何玉棻、魏式曾、黄维瓒）："鳡，体圆厚而长，似鳏，腹稍起，扁额，长喙，细鳞，腹白，背微黄，性好啖鱼"。②《辰州府志》（席绍葆、谢鸣谦等）："鳡，《正字通》'体圆厚而长，似鳏鱼，腹稍起，扁额，长喙，细鳞，腹白，背微黄，性好噉（通啖）鱼'。诸书皆以为石首，非也。辰郡间有大者重五六十劻（通斤），味极肥甘"。③《永州府志》（吕恩湛、宗绩辰）："零陵有鳡，县志作鯮，扁额，细鳞，长喙，白腹，黄背"。④《醴陵县志》（陈鲲、刘谦）："鳡，俗呼钩鱼，体厚而长似鳏鱼，而腹稍起，扁额，长喙，口在颌下，细鳞，腹白，亦可啖鱼"。

濒危等级：易危，《中国濒危动物红皮书 鱼类》（乐佩琦等, 1998）; 易危，《中国物种红色名录 第一卷 红色名录》（汪松和解焱, 2004）; 省重点保护野生动物，《湖南省地方重点保护野生动物名录》（湘政函〔2002〕172 号）。

标本采集：标本 3 尾, 20 世纪 70 年代采自洞庭湖，现藏于湖南省水产科学研究所标本馆。

形态特征：背鳍iii-8; 臀鳍iii-9; 胸鳍 i -14～16; 腹鳍ii-8～9。侧线鳞$140\frac{21\sim24}{9\sim12\text{-V}}170$。鳃耙 7～12。下咽齿 1 行, 5/5。

体长为体高的 6.4～7.5 倍，为头长的 3.1～3.5 倍，为尾柄长的 7.7～9.8 倍。头长为吻长的 4.1～4.7 倍，为眼径的 10.0～12.8 倍，为眼间距的 6.0～7.2 倍。尾柄长为尾柄高的 1.6～1.8 倍。

体长，稍侧扁，腹部圆无腹棱，后部侧扁。头尖长，前段稍侧扁，后段侧扁，顶部平。吻尖，吻长大于眼径的 2.0 倍，似鸭嘴，口张开时呈管状，故称"吹火筒"。口上位，斜裂，后伸达眼前缘下方。下颌显著突出。唇较发达。无须。鼻孔近眼前缘上方，前鼻孔后缘具半月形鼻瓣。眼小，位于头的前部，侧位。眼间隔平。鳃盖骨大，鳃孔大。左、右鳃盖膜相连，跨越峡部，不与峡部相连。

各鳍均无硬刺。背鳍基短，位于体的后部，末根不分支鳍条末端柔软分节，起点稍后于腹鳍起点。胸鳍后伸远不达腹鳍起点。腹鳍后伸远不达臀鳍起点。肛门紧靠臀鳍起点。臀鳍起点距腹鳍起点较鳍基末距尾鳍基为远。尾鳍深叉形。

体被细小圆鳞。侧线完全，微弯，向后延伸至尾柄正中。

鳃耙稀疏。下咽齿尖，末端钩状。鳔2室，后室较大。肠短，约等于体长。腹膜银白色。

体背部青灰色，侧面银白略带淡黄色。腹部银白色。侧线上方具1条纵行的蓝色直线，将体分为上、下两部分。背鳍和尾鳍浅灰色，尾鳍末端较暗，其余各鳍灰白色。

生物学特性：

【生活习性】喜栖息于江河、湖泊等水体的开阔区域。有江湖半洄游习性。幼鱼在湖泊中肥育。体长30cm以下个体在水体中上层游弋猎食，30cm以上个体逐渐转至中下层栖息觅食。

【年龄生长】生长速度快，1龄体长可达56.0cm、1100.0g，3龄后体重增长迅速。1962年曾在长江湖口段捕获1尾全长168.0cm、重50.0kg的大个体（湖北省水生生物研究所鱼类研究室，1976；Liang et al.，2003）。

【食性】凶猛性鱼类，仔幼鱼阶段摄食枝角类、桡足类和鱼苗，成鱼专食鱼类，摄食能力强，食量大。

【繁殖】1983年6月在珠江支流西江捕获1尾全长156.0cm、重45.0kg的即将产卵个体，鉴定为15龄，绝对繁殖力为218.5万粒。Ⅳ期卵巢灰白色，卵径约1.5mm；Ⅴ期卵巢卵粒碧绿色，卵径约1.6mm。每年可在江河里监测到5~8个产卵周期，每次1~3天，伴随洪水水位和流速的急剧增加，水温变化在18.0~28.0℃。

雄鱼性成熟年龄4龄，雌鱼5龄。4—7月，成熟亲鱼上溯至江河水流较急的场所产卵繁殖，卵浮性。受精卵吸水后膨胀，卵膜无色透明，卵膜径6.1~7.0mm，卵黄径1.7~1.9mm。水温21.5~24.0℃，35.0h即可孵化脱膜。初孵仔鱼全长6.5mm，躯干处肌节37~38对；4~6日龄鳔形成1室，体色橙黄（Liang et al.，2003）。

资源分布：曾为洞庭湖及其附属水系的重要经济鱼类，现已多年未见，过度捕捞、江河阻隔及饵料鱼短缺是造成本种濒临灭绝的主要原因。

图29 鳤*Luciobrama macrocephalus* (Lacepède, 1803)

Ⅲ. 赤眼鳟亚科 Squaliobarbinae

体长而侧扁，或近圆筒形，腹部圆，一般无腹棱。口多端位，少数亚下位。无须，如有也非常细小。鳃孔大。鳃盖膜与峡部相连。各鳍均无硬刺。背鳍和臀鳍不分支鳍条均为 3 根，分支鳍条 7～8 根。臀鳍起点位于背鳍后下方。侧线完全。下咽齿 1～3 行。鳃耙较短小，排列稀疏。鳔 2 室，后室长。腹膜银白色，黑色或灰黑色。

本亚科湖南分布有 3 属 3 种。

鲤科赤眼鳟亚科属、种检索表

1（4）　眼睛上部无红斑；无须；下咽齿 1 行或 2 行
2（3）　体青黑色；下咽齿 1 行，臼状，齿面光滑无沟纹[（012）青鱼属 *Mylopharyngodon*]…………
　　　　……………………………………… 015. 青鱼 *Mylopharyngodon piceus* (Richardson, 1846)
3（2）　体茶绿色；下咽齿 2 行，梳状，侧扁，侧面具斜沟[（013）草鱼属 *Ctenopharyngodon*]………
　　　　…………………………………………016. 草鱼 *Ctenopharyngodon idella* (Valenciennes, 1844)
4（1）　眼睛上部具红斑；须细小，2 对；下咽齿 3 行[（014）赤眼鳟属 *Squaliobarbus*]………………
　　　　………………………………017. 赤眼鳟 *Squaliobarbus curriculus* (Richardsson, 1846)

（012）青鱼属 *Mylopharyngodon* Peters, 1881

Mylopharyngodon Peters, 1881, *Mon. Akad. Wiss. Berl.*, 45: 925.

模式种：*Leuciscus aethiops* Basilewsky

体延长，稍呈圆筒形，腹部圆，无腹棱。头宽。吻短而尖。口端位，上颌末端达鼻孔后缘下方。上颌稍长于下颌。无须。鼻孔每侧 2 个，靠近眼。鳃盖膜与峡部相连。各鳍均无硬刺。背鳍短，起点稍前于腹鳍起点，距吻端较距尾鳍基稍近或相等，分支鳍条 7～8 根。胸鳍下侧位。腹鳍后伸不达肛门。肛门紧靠臀鳍起点。臀鳍起点距腹鳍起点较距尾鳍基稍近，分支鳍条 8 根。体被较大圆鳞。侧线完全，广弧形下弯，向后延伸至尾柄正中，侧线鳞 75 以下。鳃耙短小，排列稀疏。下咽齿 1 行，4/5 或 5/4，短而粗，臼状，齿面光滑无沟纹。鳔 2 室，后室较长。腹膜灰黑色。

本属仅青鱼 1 种。

015. 青鱼 *Mylopharyngodon piceus* (Richardson, 1846)（图 30）

俗称：乌草、青鲩、黑鲩、乌鲩、螺蛳青、钢青；**英文名**：black carp

Leuciscus piceus Richardson, 1846, *Rep. Br. Ass. Advmt. Sci.*, 15 Meet.: 298（广州）。
Leuciscus aethiops：Bleeker, 1871, *Verh. Akad. Wet. Amst.*, 12: 45（长江）。
Mylopharyngodon aethiops：Peters, 1881, *Mon. Akad. Wiss. Berl.*, 45: 926；Wu, 1930c, *Contr. Biol. Lab. Sci. Soc., China*, 6(5): 46（湖南）；Kimura, 1934, *J. Shanghai Sci. Inst.*, 1: 50（长江）。
Myloleuciscus aethiops：Evermann et Shaw, 1927, *Proc. Calif. Acad. Sci.*, 16(4): 104；Nichols, 1928, *Bull. Ann. Mus. Nat. Hist.*, 58(1): 16（湖南）。
Mylopharyngodon piceus：梁启燊和刘素嬛，1959，湖南师范学院自然科学学报，(3)：67（洞庭湖、湘江）；梁启燊和刘素嬛，1966，湖南师范学院学报（自然科学版），(5)：85（洞庭湖、湘江、资水、沅水、澧水）；湖北省水生生物研究所鱼类研究室，1976，长江鱼类：93（岳阳）；唐家汉和钱名全，1979，淡水渔业，(1)：10（洞庭湖）；唐家汉，1980a，湖南鱼类志（修订重版）：29（洞庭湖）；林益平等（见：杨金通等），1985，湖南省渔业区划报告集：70（洞庭湖、湘江、资水、沅水、澧水）；罗云林（见：陈宜瑜等），1998，中国动物志 硬骨鱼纲 鲤形目（中卷）：100（岳阳）；唐文乔等，2001，上海水产大学学报，10（1）：6（沅水水系的辰水、武水、酉水、澧水）；郭克疾等，2004，生命科学研究，8（1）：82（桃源县乌云界自然保护区）；吴婕和邓学建，2007，湖南师范大学自然科学学报，30（3）：116（柘溪水库）；康祖杰等，2010，野生动物，31（5）：293（壶瓶山）；曹英华等，2012，湘江水生动物志：74（湘江长沙）；牛艳东等，2012，湖南林业科技，39（1）：61（怀化中方县

康龙自然保护区）；刘良国等，2013b，长江流域资源与环境，22（9）：1165（澧水慈利、石门、澧县、澧水河口）；刘良国等，2013a，海洋与湖沼，44（1）：148（沅水五强溪水库、常德）；刘良国等，2014，南方水产科学，10（2）：1（资水新邵、安化、桃江）；向鹏等，2016，湖泊科学，28（2）：379（沅水五强溪水库）；康祖杰等，2019，壶瓶山鱼类图鉴：104（壶瓶山）；李鸿等，2020，湖南鱼类系统检索及手绘图鉴：22，90；廖伏初等，2020，湖南鱼类原色图谱，18。

【古文释鱼】①《辰州府志》（席绍葆、谢鸣谦）："鲭，《正字通》'形似鲩，青色即青鱼，俗呼乌鸦，性喜食螺'"。②《沅江县志》（陶澍、唐古特等）："鲭，似鲤而背青色"。③《直隶澧州志》（何玉棻、魏式曾、黄维瓒）："鲭，形似鲩，即青鱼，可作鲊，胆治月昏喉痹，与鲤、鲩、鳜胆，俱治骨哽，取吐效"。④《永州府志》（吕恩湛、宗绩辰）："府境最多者，鲩鲭二种。鲩食草，俗谓草鱼；鲭背正青，俗谓青鱼"。⑤《善化县志》（吴兆熙、张先抡等）："鲭，色青，俗呼青鱼，可作鲊，即五侯鲭"。⑥《新宁县志》（张葆连、刘坤一）："鲭，青鱼，一名鲭，形似鲩"。⑦《醴陵县志》（陈鲲、刘谦）："鲭，一名青鱼，形似草鱼，头与口较小，鳞大，背部青黑，腹部稍带黄色，食螺类水藻等。每塘放一头，一年可长至七八斤"。⑧《耒阳县志》（于学琴）："鲭，《本草图经》'形似鲩，青色，即青鱼'。有枕骨，黑肉更细嫩，可为丸"。

标本采集：标本 33 尾，采自洞庭湖、长沙等地。

形态特征：背鳍 iii-7～8；臀鳍 iii-8；胸鳍 i -16～18；腹鳍 ii-8。侧线鳞 $39\frac{6\sim7}{4\sim5\text{-}V}45$。鳃耙 15～16。下咽齿 1 行，4/5 或 5/4。

体长为体高的 4.1～5.9 倍，为头长的 3.7～5.0 倍，为尾柄长的 4.2～6.0 倍，为尾柄高的 5.5～9.1 倍。头长为吻长的 3.1～4.5 倍，为眼径的 4.5～16.5 倍，为眼间距的 2.0～2.5 倍。

体延长，略呈棒形，腹部圆，无腹棱。头顶部宽平。吻钝尖，吻长大于眼径。口端位，弧形，口裂末端达鼻孔后缘下方。上颌稍长于下颌。无须。鼻孔每侧 2 个，靠近眼。眼中等大小，中侧位，位于头的前半部。眼间隔宽突。鳃孔大。鳃盖膜伸越前鳃盖骨后缘下方，与峡部相连。

各鳍均无硬刺。背鳍起点稍前于腹鳍起点，距吻端较距尾鳍基稍近或相等。胸鳍下侧位，后伸不达腹鳍起点。腹鳍起点约与背鳍第 2 根分支鳍条相对，后伸不达肛门。肛门紧靠臀鳍起点。臀鳍起点距腹鳍起点较距尾鳍基为近。尾鳍深叉形，上、下叶等长。

体被大圆鳞。侧线完全，广弧形下弯，向后延伸至尾柄正中。

鳃耙短小，排列稀疏。下咽齿大，臼状，齿面光滑、宽平。鳔 2 室，后室较长。肠长约为体长的 2.0 倍。腹膜黑色。

体青灰色，背面较深，腹部灰白色，各鳍均黑色。体侧及背部鳞片基部具黑斑，侧线鳞上更明显。

生物学特性：

【生活习性】喜栖息于水体中下层。4—10 月常集中在江河湾道、沿江湖泊及附属水体中肥育。冬季在河床深水处越冬。在江河中产卵。

【年龄生长】个体大，生长速度快，已报道的最大个体全长 174.2cm，体长 151.0cm，重 106.0kg，16 龄，绝对繁殖力为 280.8 万粒。以鳞片为年龄鉴定材料，天鹅洲长江故道青鱼实测体长平均值：1 龄 25.1cm、2 龄 38.4cm、3 龄 53.1cm、4 龄 70.9cm、5 龄 81.5cm；内蒙古岱海青鱼退算体长平均值：1 龄 12.0cm、2 龄 23.1cm、3 龄 36.8cm、4 龄 48.7cm。青鱼生长快，从青鱼的生长特性及年增积量（体长年增长和体重年增重的乘积所得出的值）来看，3 龄后生长速度提高，进入性成熟的 5 龄后，生长速度才显著下降（郑葆珊，1964；吕国庆和李思发，1993）。

【食性】鱼苗和鱼种阶段，主要摄食浮游动物。体长约 15.0cm 时即开始摄食小螺蛳或蚬子。随着下咽齿的发育，压碎功能增强，幼鱼以蚌、蚬、螺蛳等软体动物为主要食物，也食虾、螃蟹和昆虫幼虫。

【繁殖】产卵要求的水文条件（江水上涨和流速加大）不如其他"家鱼"严格，一般稍有涨水即能刺激产卵。因此，往往在小规模江汛中，青鱼苗比例较高，可占"家鱼"苗的 40%～50%。与其他 3 种"家鱼"比较，青鱼产卵活动零星而分散，繁殖期较迟，延续时间较长；另外，排卵受精活动一般不在水面而在水体下层进行。

性成熟年龄多 4～5 龄，雄鱼早于雌鱼。成熟卵为端黄卵，卵径 1.3～1.5mm，无黏性，比重略大于水，静水中为沉性，受精后遇水膨胀，卵膜径 5.5～6.5mm。水温 19.0～20.5℃时，受精卵孵化脱膜需 36.0h；水温 23.0～26.0℃时，需 27.8h；水温 25.5～27.5℃时，需 21.3h（浙江省淡水水产研究所苗种组，1975）。

经济意义：生长快，个体大，肉味美，为湖南省重要的经济鱼类之一。

资源分布：为广布性鱼类，洞庭湖及湘、资、沅、澧"四水"均有分布，湘江衡阳段分布有其产卵场。

图 30 青鱼 *Mylopharyngodon piceus* (Richardson, 1846)

（013）草鱼属 *Ctenopharyngodon* Steindachner, 1866

Ctenopharyngodon Steindachner, 1866, *Verh. zool. -bot. Ges. Wien.*, 16: 782.

模式种：*Ctenopharyngodon laticeps* Steindachner

体延长，前段亚圆筒形，后段侧扁，腹部圆，无腹棱。头中等，颇宽。吻短，圆钝。口大，端位。下颌稍长于上颌。无须。鼻孔每侧 2 个，靠近眼。眼小，位于头的前部。鳃盖膜与峡部相连。各鳍均无硬刺。背鳍短，起点稍前于腹鳍起点，分支鳍条 7 根。胸鳍下侧位，后伸不达腹鳍起点。腹鳍后伸不达肛门。臀鳍起点距尾鳍基较距腹鳍起点为近。体被大圆鳞。侧线完全，在胸鳍上方呈弧形下弯，至胸鳍中部后与腹面平行，向后延伸至尾柄正中，侧线鳞 36～48。鳃耙短小，排列稀疏。下咽齿 2 行，齿侧扁，梳状，齿面狭长而凹入，两侧具沟纹。鳔 2 室，前室小，后室大而长。

本属仅草鱼 1 种。

016. 草鱼 *Ctenopharyngodon idella* **(Valenciennes, 1844)**（图 31）

俗称：草鲩、白鲩、鲩、混子；**英文名**：grass carp

Leuciscus idella Valenciennes *et* Cuvier, 1844, *Hist. Nat. Poiss.*, 17: 270（中国）；Bleeker, 1871, *Verh. Akad. Wet. Amst.*, 12: 47（长江）。

Ctenopharyngodon idella：Günther, 1868, *Cat. Fish. Br. Mus.*, 7: 261（中国）；Sauvage *et* Dabry de Thiersant, 1874, *Ann. Sci. Nat. Paris (Zool.)*, 1(5): 10（中国）；Günther, 1888, *Ann. Mag. Nat. Hist.*, 1: 429（长江）；Nichols, 1928, *Bull. Ann. Mus. Nat. Hist.*, 58(1): 16（湖南）；湖北省水生生物研究所鱼类研究室, 1976, 长江鱼类：98（岳阳洞庭湖出口处）；唐家汉和钱名全, 1979, 淡水渔业, (1)：10（洞庭湖）；唐家汉, 1980a, 湖南鱼类志（修订重版）：32（洞庭湖）；林益平等（见：杨金通等）, 1985, 湖南省渔业区划报告集：70（洞庭湖、湘江、资水、沅水、澧水）；曹英华等, 2012, 湘江水生动物志：78（湘江长沙、衡阳常宁）；李鸿等, 2020, 湖南鱼类系统检索及手绘图鉴：22, 91；廖伏初等, 2020, 湖南鱼类原色图谱, 20。

Ctenopharyngodon idellus：梁启燊和刘素孀, 1959, 湖南师范学院自然科学学报, (3)：67（洞庭湖、湘江）；梁启燊和刘素孀, 1966, 湖南师范学院学报（自然科学版）, (5)：85（洞庭湖、湘江、资水、沅水、澧水）；唐文乔, 1989, 中国科学院水生生物研究所硕士学位论文：25（吉首）；罗云林（见：陈宜瑜等）, 1998, 中国动物志 硬骨鱼纲 鲤形目（中卷）：102（洞庭湖）；唐文乔等, 2001, 上海水产大学学报, 10（1）：6（沅水水系的辰水、武水、酉水、澧水）；郭克疾等, 2004, 生命科学研究, 8（1）：82（桃源县乌云界自然保护区）；吴婕和邓学建, 2007, 湖南师范大学自然科学学报, 30（3）：116（柘溪水库）；康祖杰等, 2010, 野生动物, 31（5）：293（壶瓶山）；康祖杰等, 2010, 动物学杂志, 45（5）：79（壶瓶山）；牛艳东等, 2012, 湖南林业科技, 39（1）：61（怀化中方县康龙自然保护区）；刘良国等, 2013b, 长江流域资源与环境, 22（9）：1165（澧水桑植、慈利、石门、澧县、澧水河口）；刘良国等, 2013a, 海洋与湖沼, 44（1）：148（沅水怀化、五强溪水库、常德）；刘良国等, 2014, 南方水产科学, 10（2）：1（资水新邵、安化、桃江）；黄忠舜等, 2016, 湖南林业科技, 43（2）：34（安乡县书院洲国家湿地公园）；向鹏等, 2016, 湖泊科学, 28（2）：379（沅水五强溪水库）；康祖杰等, 2019, 壶瓶山鱼类图鉴：107（壶瓶山）。

【古文释鱼】①《辰州府志》（席绍葆、谢鸣谦等）："鲩，郭璞云鳡鱼也，似鳟而大，一名草鱼，形长，身圆，肉厚，而味最美"。②《祁阳县志》（旷敏本、李蒔）："鲩，俗称草鱼，因其食草，畜鱼者恒以草饲之，其形长，身圆，肉厚而松，状类鲭鱼，有青鲩、白鲩二色"。③《常德府志》（应先烈、陈楷礼）："鲭似鲤，而背青色，鲩似鲤青黑色，畜于池，饲以草，名草鲩"。④《直隶澧州志》（何玉棻、魏式曾、黄维瓒）："鲩，音混，俗呼患。形长，身圆，肉厚。有青鲩、白鲩，白者味滕。《本草》'鲩似鲤，生江湖间，胆至苦，性食草，俗称草鱼'"。⑤《耒阳县志》（于学琴）："鲩，《尔雅》'鲩，<注>今鳡鱼'。似鳟而大，畜池中与青、鲢混杂，故名曰鳡，青白色，食草，俗称草鱼"。⑥《宜章县志》（曹家铭、邓典谟）："草鱼，即鳡鱼，与鲩同，宜畜池塘。鳞大，身圆，长形青，又有一种色黑，俗呼乌丝草鱼，县中草鱼鲢鱼每年春自衡湘水上游，居民于榖雨鱼卵子时，以布网置水，取子养之，畜鱼细如针或如指，肩来市卖，购而畜之池塘，草鱼则饲以青草。霜降后竭塘取之，重有二三斤者，雄鱼相等，鲢鱼次之，养鱼之利甚厚，鳡音混，鲩音浣"。⑦《蓝山县图志》（雷飞鹏，邓以权）："草鱼，体圆而长，鳞大，背苍褐色，腹白，常食草，故名草鱼。另一种色较苍黑者，名乌师，味尤佳。农家多畜之"。⑧《永定县乡土志》（侯昌铭、王树人）："鲩，三鱼大宗，当产家畜尤多，岁由湖湘采购鱼苗，泛（同放）之池塘，稍长，贩往四川各县，其利数倍。本地自养者足供食用"。

标本采集：标本 25 尾，采自洞庭湖、长沙、衡阳等地。

形态特征：背鳍 iii-7；臀鳍 iii-8；胸鳍 i -16～18；腹鳍 ii-8。侧线鳞 $38\dfrac{6\sim7}{4\sim5\text{-V}}44$。鳃耙 15～24。下咽齿 2 行，一般为 2·5/4·2。

体长为体高的 3.5～4.8 倍，为头长的 4.3～5.0 倍，为尾柄长的 4.7～6.3 倍，为尾柄高的 7.3～9.4 倍。头长为吻长的 2.1～3.8 倍，为眼径的 6.0～8.9 倍，为眼间距的 1.7～1.9 倍。体各部分比例随个体大小不同稍有差异。幼鱼头长和眼径相对较成鱼大，尾柄长和眼间距相对较成鱼小。

体长，略呈圆筒形，腹圆，无腹棱，尾部侧扁，尾柄长大于尾柄高。头中等，颇宽。吻短，圆钝，吻长大于眼径。口大，端位，斜裂。上颌稍突出于下颌。无须。鼻孔每侧 2 个，位于眼前，前鼻孔后缘具半月形鼻瓣。眼稍小，中侧位。鳃盖膜与峡部相连。

各鳍均无硬刺。背鳍起点稍前于腹鳍起点，距吻端较距尾鳍基为远。臀鳍起点距腹鳍起点较距尾鳍基为远。胸鳍下侧位，后伸不达腹鳍起点。腹鳍起点约位于背鳍第 2 根分支鳍条下方，距胸鳍起点与距臀鳍起点约相等，后伸不达肛门。尾鳍叉形。

体被大圆鳞。侧线完全，在胸鳍起点呈弧形下弯，至胸鳍中部后与腹面平行，向后延伸至尾柄正中。

鳃耙短小棒状，排列稀疏。下咽齿梳状，侧扁，齿面狭，凹入，侧面具斜沟。鳔 2 室，前室小，后室大而长。肠长，约为体长的 2.0～3.0 倍。腹面黑色。

体背侧茶绿色，体侧银白色带黄色，腹部银白色。各鳍浅灰色。

生物学特性：

【生活习性】栖息于江河湖泊中，平时在水体中下层，觅食时也在上层活动。性活泼。通常在被水淹没的浅滩草地和泛水区域以及干支流附属水体（湖泊、小河、港道等水草丛生地带）摄食肥育。冬季则在干流或湖泊的深水处越冬。繁殖期成熟亲鱼有溯河洄游习性。

【年龄生长】以鳞片为年龄鉴定材料，天鹅洲长江故道种群平均实测体长：1 龄 27.1cm、2 龄 37.5cm、3 龄 47.2cm、4 龄 57.4cm、5 龄 62.0cm（吕国庆和李思发，1993）。

生长速度较快，长江曾捕获重达 35.0kg 的个体。体长增长最迅速时为 1～2 龄，体重增长最迅速时期则为 2～3 龄，5 龄后体重增长显著减缓。

【食性】为典型的草食性鱼类。鱼苗和鱼种阶段摄食浮游动物，摇蚊幼虫，桡足类的无节幼体，藻类和浮萍等。随着肠的发育健全，体长约达 10.0cm，摄食水生高等植物，食物种类随栖息环境中食料基础而变化。在中下游附属湖泊中喜食马来眼子菜、大茨藻、轮叶黑藻、苦草等。

【繁殖】繁殖期，雄鱼胸鳍第 1 根至第 4 根鳍条上布满珠星，但雌鱼只在这些鳍条末端的后半部零星散布。性成熟一般为 4 龄，最小为 3 龄。所见雌鱼性成熟最小个体体长 67.2cm，体重 5.0kg；雄鱼最小性成熟个体为 65.0cm，体重 4.2kg。

繁殖期和鲢相近，较青鱼和鳙稍早。4 月底至 5 月上旬长江鱼苗汛期开始时，草鱼苗和鲢鱼苗数量总是多于青鱼、鳙苗。不同年份，出现苗汛的日期有些差异，一般江水上涨来得早、猛，水温稳定在 18.0℃左右，草鱼产卵即具规模。

草鱼繁殖习性和其他"家鱼"相似。繁殖期，卵巢由Ⅳ期发育至Ⅴ期是在溯游的过程中完成的。在溯游的行程中如遇到适宜产卵的水文条件刺激时，即行产卵。产卵通常在水层中进行，鱼体不浮露水面，俗称"闷产"；但遇有良好的繁殖生态条件时，如水位陡涨并伴有雷暴雨，这时雌、雄鱼在水体上层追逐，出现仰腹颤抖的"浮排"现象。

达性成熟的草鱼以Ⅲ期卵巢越冬（12 月至次年 2 月）；3—4 月水温上升至 15.0℃左右，卵巢迅速发育到Ⅳ期。产卵后（5—10 月）卵巢多数为Ⅵ～Ⅱ期；但也少数为Ⅵ～Ⅳ期（秋季时无合适的产卵条件，未产出的第 4 时相卵母细胞发生退化所致）。当退化吸收完成后，卵巢复又转为Ⅱ期，重新开始新的性周期。

经济意义：饵料来源广，生长快，肌肉品质好，历来为我国优良的养殖鱼类。草鱼常与鲢、鳙混养在，投喂人工配合饲料或草料，饵料残留物和草鱼排出的粪便，又能培养浮游生物，作为鲢、鳙的饵料，这种养鱼法既合理又经济，为我国劳动人民长期实践的经验。

资源分布：广布性鱼类，洞庭湖及湘、资、沅、澧"四水"均有分布，湘江衡阳段分布有其产卵场。

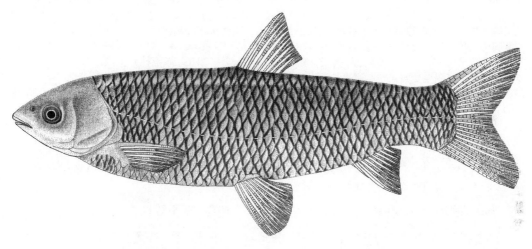

图 31　草鱼 *Ctenopharyngodon idella* (Valenciennes, 1844)

（014）赤眼鳟属 *Squaliobarbus* Günther, 1868

Squaliobarbus Günther, 1868, *Cat. Fish. Br. Mus.*, 7: 297.

模式种：*Leuciscus curriculus* Richardson

体稍长，前段略呈圆筒形，后段稍侧扁，腹部圆，无腹棱。头小。吻短钝。口端位，口裂倾斜，末端达鼻孔后缘下方。下颌稍短。须 2 对，极短小。眼略大，上缘具 1 红斑。鳃盖膜与峡部相连。各鳍均无硬刺。背鳍短小，起点与腹鳍起点相对或稍前，距吻端较距尾鳍基为近，分支鳍条 7 根。胸鳍下侧位，后伸不达腹鳍起点。腹鳍后伸不达臀鳍起点。臀鳍短小，起点距腹鳍起点较距尾鳍基为近，分支鳍条 7～8 根。侧线完全，侧线鳞43～45。鳃耙短小，顶端尖，排列稀疏。下咽齿 3 行，顶端钩状。腹膜黑色。鳔 2 室，后室长，末端尖。

本属仅赤眼鳟 1 种。

017. 赤眼鳟 *Squaliobarbus curriculus* (Richardson, 1846)（图 32）

俗称：野草鱼、红眼棒、红眼草鱼、红眼鲇、红眼鱼；**英文名**：barbel chub

Leuciscus curriculus Richardson, 1846, *Rep. Br. Ass. Advmt. Sci.*, 15 Meet.: 299（广东）。
Squaliobarbus curriculus：Bleeker, 1871, *Verh. Akad. Wet. Amst.*, 12: 48（长江）；Nichols, 1928, *Bull. Ann. Mus. Nat. Hist.*, 58(1): 16（湖南）；梁启燊和刘素嬛，1959，湖南师范学院自然科学学报，(3)：67（洞庭湖、湘江）；梁启燊和刘素嬛，1966，湖南师范学院学报（自然科学版），(5)：85（洞庭湖、湘江、资水、沅水、澧水）；湖北省水生生物研究所鱼类研究室，1976，长江鱼类：88（岳阳）；唐家汉和钱名全，1979，淡水渔业，(1)：10（洞庭湖）；唐家汉，1980a，湖南鱼类志（修订重版）：39（洞庭湖、湘江、沅水）；林益平等（见：杨金通等），1985，湖南省渔业区划报告集：70（洞庭湖、湘江、资水、沅水、澧水）；唐文乔，1989，中国科学院水生生物研究所硕士学位论文：27（保靖）；罗云林

（见：陈宜瑜等），1998，中国动物志 硬骨鱼纲 鲤形目（中卷）：105（岳阳）；唐文乔等，2001，上海水产大学学报，10（1）：6（沅水水系的酉水、澧水）；吴婕和邓学建，2007，湖南师范大学自然科学学报，30（3）：116（柘溪水库）；康祖杰等，2010，野生动物，31（5）：293（壶瓶山）；牛艳东等，2011，湖南林业科技，38（5）：44（城步芙蓉河）；曹英华等，2012，湘江水生动物志：80（湘江长沙、衡阳常宁）；牛艳东等，2012，湖南林业科技，39（1）：61（怀化中方县康龙自然保护区）；刘良国等，2013b，长江流域资源与环境，22（9）：1165（澧水桑植、慈利、石门、澧县、澧水河口）；刘良国等，2013a，海洋与湖沼，44（1）：148（沅水怀化、五强溪水库、常德）；刘良国等，2014，南方水产科学，10（2）：1（资水新邵、安化、桃江）；黄忠舜等，2016，湖南林业科技，43（2）：34（安乡县书院洲国家湿地公园）；向鹏等，2016，湖泊科学，28（2）：379（沅水五强溪水库）；康祖杰等，2019，壶瓶山鱼类图鉴：108（壶瓶山）；李鸿等，2020，湖南鱼类系统检索及手绘图鉴：22，92；廖伏初等，2020，湖南鱼类原色图谱，22。

【古文释鱼】①《直隶澧州志》（何玉棻、魏式曾、黄维瓒）："鳟，似鲩，鳞细，青质，赤章，目中有一道赤横贯瞳，《诗》'九罭之鱼，鳟鲂'。意即今之赤眼鲻"。②《沅陵县志》（许光曙、守忠）："鳟鱼，《说文》'赤目鱼也'。《陆玑诗疏》'鳟似鲩鱼，而鳞细于鲩，赤眼'。《诗国风》'九罭之鱼，鳟鲂'。《传》'大鱼也，疑即今赤眼鳟'"。③《石门县志》（申正扬、林葆元）："鳟，似鲩而小，赤目，身圆而长，好食螺蚌，善避网，即今之赤眼鲻"。

标本采集：标本 30 尾，采自洞庭湖、长沙、浏阳、衡阳等地。

形态特征：背鳍 iii-7～8；臀鳍 iii-7～9；胸鳍 i-14～15；腹鳍 ii-8。侧线鳞 $41\frac{7}{3\sim3.5\text{-}V}47$。鳃耙 12～14。下咽齿 3 行，2·4·5/4·4·2 或 2·4·4/4·4·2。

体长为体高的 4.3～5.4 倍，为头长的 4.6～5.7 倍，为尾柄长的 4.8～5.8 倍，为尾柄高的 8.3～10.5 倍。头长为吻长的 2.8～3.9 倍，为眼径的 3.8～5.8 倍，为眼间距的 1.9～2.4 倍。

体延长，前段略似纺锤形，后段侧扁，腹部圆，无腹棱。头圆锥形，背面平。吻短钝。口端位，弧形。唇较厚。下颌稍短。须 2 对，细小；上颌须 1 对，微小，有时消失；口角须 1 对，短而小。鼻孔每侧 2 个，位于眼前上方，前鼻孔后缘具半月形鼻瓣。眼较小，上侧位，靠近吻端，上部具红点。眼间距宽突。鳃盖膜与峡部相连。

各鳍均无硬刺。背鳍起点与腹鳍起点相对或略前，距吻端较距尾鳍基为近。胸鳍下侧位，后伸可达胸鳍起点与腹鳍起点间的 3/5 处。腹鳍起点约位于胸鳍起点至臀鳍起点间的中点。臀鳍较后，起点距腹鳍起点较其基末距尾鳍基为远。尾鳍深叉形，下叶稍长。

体被较大圆鳞。侧线完全，广弧形下弯，向后延伸至尾柄正中。

鳃耙短而尖，排列稀疏。下咽齿较长，基部粗壮，末端稍呈钩状。鳔 2 室，前室较大，后室长而末端尖。肠长为体长的 1.3～2.0 倍。腹膜黑色。

体背青灰色或黄色，体侧银灰色，腹部白色。体侧及背部鳞片的基部具黑斑，侧线鳞上更明显。背鳍、胸鳍及臀鳍青灰色，腹鳍淡黄色，尾鳍边缘黑色。

生物学特性：

【生活习性】喜栖息于流速较缓的江河或湖泊。一般活动于水体中层。江河涨水季节多上溯至小河中。只在繁殖期集群。幼鱼通常在江湖的沿岸觅食。

【年龄生长】生长速度较慢。以鳞片为年龄鉴定材料，退算体长平均值：1 龄 12.7cm、2 龄 20.8cm、3 龄 27.1cm、4 龄 31.4cm。

【食性】杂食性，食物以藻类和水生高等植物为主，兼食水生昆虫、小型鱼类、卵粒及淡水壳菜等。

【繁殖】2 龄性成熟，相对繁殖力为 159.3～282.8 粒/g。繁殖期 4 月下旬至 6 月中旬，一次性产卵。产卵场多位于支流沿岸水草茂盛的区域或浅滩。卵浅绿色，漂流性，吸水后卵膜径约 4.1mm。繁殖期成熟雄鱼胸鳍具颗粒状珠星，非繁殖期珠星消失。

　　水温 28.0～28.5℃时，受精卵孵化脱膜需 16.2h。脱膜后 2.0h 仔鱼全长 3.5mm，卵黄囊微黄色，约占鱼体长的 1/2；2 日龄仔鱼全长 6.2mm，鳔椭圆形，卵黄囊吸收完毕，开口摄食，可平游；7 日龄仔鱼全长 10.8mm，背鳍、臀鳍和尾鳍均具骨质鳍条，鳍条不分节，鳔 2 室，在水体中下层自由游动摄食；17 日龄仔鱼全长 25.0mm，体形与成鱼相似，鳞被完全（龙光华等，2005）。

　　资源分布及经济价值： 广布性鱼类，洞庭湖及湘、资、沅、澧"四水"均有分布，但数量不多。环境适应能力较强，杂食性，饵料来源易于解决，适于混养，可提高单位面积产量。

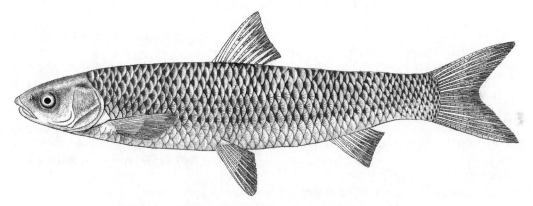

图 32　赤眼鳟 *Squaliobarbus curriculus* (Richardson, 1846)

Ⅳ. 鲌亚科 Cultrinae

　　体扁薄，腹棱发达，为全棱或半棱。头小或中等。口端位，亚上位或上位。唇后沟中断。上、下颌于口角处相连。无须。鼻孔每侧 2 个，略靠近眼前缘。眼一般位于头的稍前部。鳃盖膜与峡部相连或不相连。背鳍起点多位于腹鳍起点与臀鳍起点之间，末根不分支鳍条为硬刺或末端柔软分节，分支鳍条 7 根。臀鳍较长，分支鳍条 9～33 根。尾鳍深叉形。体被圆鳞，鳞薄易脱落。侧线完全。鳃耙侧扁，细长，排列紧密，或短小，排列稀疏。下咽齿 2～3 行（大多 3 行），侧扁，钩状。鳔 2～3 室。

　　本亚科湖南分布有 10 属 19 种。

　　【鱼类的腹棱】 具有发达的腹棱是鲌亚科和鲢亚科区别于鲤形目其他亚科鱼类最为重要的结构特征。腹棱分半棱和全棱。半棱也称腹棱不完全，多描述为"腹棱自腹鳍基至肛门间"，然而这并不完全准确。观察发现，半棱前端始于腹鳍基或稍后，因此半棱应指"腹棱自腹鳍末至肛门前"。也有些种类的半棱前端始于腹鳍基后、腹鳍中后方，如鲴亚科的细鳞斜颌鲴，或趋向退化，仅在肛门前具小段不甚明显的腹棱，如鲴亚科鲴属和圆吻鲴属。全棱也称腹棱完全，多描述为"腹棱自胸鳍基至肛门间"，然而，全棱的前端起始位置差异较大。大致可分为 2 大类：①全棱前端起始位置非常靠前，位于鳃盖膜左右汇合处稍后，远超过胸鳍起点，这些种类的腹棱特别发达，比如鲌亚科的飘鱼属、似鳊属和鲢亚科的鲢属；②全棱前端起始位置位于胸鳍起点处或稍前（如鳊属）、胸鳍基中后方（如原鲌属）和胸鳍基末（如鲞属）。

鲤科鲌亚科属、种检索

1（12） 鳃盖膜与峡部不相连；背鳍末根不分支鳍条为光滑硬刺
2（3） 腹棱为全棱，自胸鳍基中后方至肛门前[（015）原鲌属 *Cultrichthys*]……………………
…………………………………………**018. 红鳍原鲌 *Cultrichthys erythropterus* (Basilewsky, 1855)**
3（2） 腹棱为半棱，自腹鳍基末至肛门前[（016）鲌属 *Culter*]
4（5） 口上位，口裂几乎与体轴垂直，头部、体背部几近水平。侧线鳞 80 以上；臀鳍分支鳍条 21～25 根；眼径小于眼间距；尾鳍青灰色，腹鳍淡红色，胸鳍和臀鳍略带红色…………
…………………………………………………**019. 翘嘴鲌 *Culter alburnus* Basilewsky, 1855**
5（4） 口端位或亚上位，口裂斜，头部、体背部渐向上倾斜
6（7） 胸鳍长，后伸一般可达腹鳍起点；各鳍灰黑色；侧线鳞不超过 70 ……………………………
…………………………………………………………**020. 达氏鲌 *Culter dabryi* Bleeker, 1871**
7（6） 胸鳍短，后伸一般不达腹鳍起点；尾鳍下叶橘红或鲜红色
8（9） 臀鳍分支鳍条 18～22 根；尾鳍上叶淡黄色、下叶鲜红色；鳃耙 17～18；尾柄较短，体长为尾柄长的 7.4～9.5 倍………………………**021. 蒙古鲌 *Culter mongolicus* (Basilewsky, 1855)**
9（8） 臀鳍分支鳍条 23～29 根
10（11） 吻尖；侧线鳞 70 以上；头后背部显著隆起；臀鳍分支鳍条 23～26 根 …………………
……………………………**022. 拟尖头鲌 *Culter oxycephaloides* Kreyenberg et Pappenheim, 1908**
11（10） 吻稍钝；侧线鳞 70 以下；头后背部稍呈弧形；臀鳍分支鳍条 26～29 根 …………………
…………………………………………………**023. 尖头鲌 *Culter oxycephalus* Bleeker, 1871**
12（1） 鳃盖膜与峡部相连
13（32） 腹棱发达，但前端至多仅达胸鳍起点稍前
14（21） 上、下颌相吻合的凹陷和凸起不明显；背鳍末根不分支鳍条为光滑硬刺
15（16） 腹棱为全棱，自胸鳍起点处或稍前至肛门前[（017）鳊属 *Parabramis*]…………………
…………………………………………**024. 鳊 *Parabramis pekinensis* (Basilewsky, 1855)**
16（15） 腹棱为半棱，自腹鳍基末至肛门前
17（18） 臀鳍分支鳍条 24 根以下；眼较大，头长不足眼径的 3.0 倍[（018）华鳊属 *Sinibrama*]………
…………………………………………**025. 大眼华鳊 *Sinibrama macrops* (Günther, 1868)**
18（17） 臀鳍分支鳍条 25 根以上；眼稍小，头长为眼径的 3.0 倍以上[（019）鲂属 *Megalobrama*]
19（20） 背鳍刺一般大于头长；口裂较窄，头宽为口宽的 2.0 倍以上；上、下颌角质发达，上颌角质新月形；第二下眶骨厚而大，长方形；尾柄长大于尾柄高；鳔前室大于中室 …………………
…………………………………………**026. 鲂 *Megalobrama skolkovii* Dybowski, 1872**
20（19） 背鳍刺一般短于头长；口裂宽，头宽不足口宽的 2.0 倍；上、下颌角质薄而窄，上颌角质三角形；第二下眶骨薄而小，略呈三角形；尾柄长小于尾柄高；鳔前室小于中室 …………………
…………………………………………**027. 团头鲂 *Megalobrama amblycephala* Yih, 1955**
21（14） 下颌前端明显凸起与上颌前端凹陷相吻合
22（29） 背鳍末根不分支鳍条为光滑硬刺
23（26） 腹棱为全棱，自胸鳍基末至肛门前[（020）鳘属 *Hemiculter*]
24（25） 侧线鳞 48 以上；侧线在胸鳍上方急剧下弯，下弯部分明显上凸 …………………………
…………………………………………**028. 鳘 *Hemiculter leucisculus* (Basilewsky, 1855)**
25（24） 侧线鳞 48 以下；侧线在胸鳍上方缓和下弯，下弯部分几成直线或稍下凹 ………………
…………………………………………**029. 贝氏鳘 *Hemiculter bleekeri* Warpachowski, 1888**
26（23） 腹棱为半棱，自腹鳍基末至肛门前[（021）拟鳘属 *Pseudohemiculter*]
27（28） 背鳍刺发达，刺长一般大于吻后头长；体较高，体高一般大于头长；臀鳍分支鳍条 15～17根………………………**030. 南方拟鳘 *Pseudohemiculter dispar* (Peters, 1881)**
28（27） 背鳍刺弱，刺长一般短于吻后头长；体较低，体高一般小于头长；臀鳍分支鳍条 12～15 根
…………………………………………**031. 海南拟鳘 *Pseudohemiculter hainanensis* (Boulenger, 1900)**
29（22） 背鳍末根不分支鳍条柔软或仅基部变硬，腹棱为半棱，自腹鳍基末至肛门前；臀鳍基稍短，分支鳍条 14 根以下[（022）半鳘属 *Hemiculterella*]

30（31）　臀鳍外缘浅凹形，其最长鳍条长小于鳍基长；鳃耙 7～11 …………………………
……………………………………… **032. 半鳘**_Hemiculterella sauvagei_ **Warpachowski, 1887**
31（30）　臀鳍外缘截形，其最长鳍条大于或等于鳍基长；鳃耙 12～15 …………………………
…………………………………………… **033. 伍氏半鳘**_Hemiculterella wui_ **(Wang, 1935)**
32（13）　腹棱非常发达，前端远超过胸鳍起点，达鳃盖膜左右汇合处稍后
33（36）　背鳍末根不分支鳍条柔软或仅基部变硬；下颌前端明显凸起与上颌前端凹陷相吻合[（**023**）
飘鱼属 _Pseudolaubuca_]
34（35）　侧线鳞 60 以上；侧线自头后向下倾斜，至胸鳍后部急剧弯折与腹部平行；臀鳍分支鳍条 21～
26 根…………………………………… **034. 中华银飘鱼** _Pseudolaubuca sinensis_ **Bleeker, 1864**
35（34）　侧线鳞 60 以下；侧线自头后广弧形向下弯折与腹部平行；臀鳍分支鳍条 19～21 根………
……………………………………**035. 寡鳞飘鱼** _Pseudolaubuca engraulis_ **(Nichols, 1925)**
36（33）　背鳍末根不分支鳍条为硬刺，后缘具锯齿；上、下颌相吻合的凹陷和凸起不明显[（**024**）似鲚
属 _Toxabramis_] ……………………………… **036. 似鲚**_Toxabramis swinhonis_ **Günther, 1873**

（015）原鲌属 _Cultrichthys_ Smith, 1938

Cultrichthys Smith, 1938, _J. Wash. Acad. Sci._, 28(9): 410.

模式种：_Culter brevicauda_ Günther = _Cultrichthys erythropterus_ Basilewsky

体长而侧扁。腹棱为全棱，自胸鳍基中后方至肛门前。头较尖，头后背部明显隆起。口上位，口裂几近垂直。无须。鼻孔每侧 2 个，位于眼前上方。眼大，上侧位。眼间隔平。鳃盖膜与峡部不相连。背鳍末根不分支鳍条为硬刺，分支鳍条 7 根，起点距吻端较距尾鳍基为远。臀鳍长，分支鳍条不超过 29 根，起点稍后于背鳍基。尾鳍深叉形。侧线完全，侧线鳞 64～68。鳃耙细密。下咽齿 3 行，末端钩状。鳔 3 室。

本属仅红鳍原鲌 1 种。

【关于原鲌属、鲌属和红鳍鲌属】因早期作者在创建属的时候，未指定模式标本或种类描述过于简单，只记述腹部有腹棱，而对腹棱为全棱还是半棱这一稳定而重要的特征未引起足够重视，导致这 3 个属的界定不明，为分类带来了极大的困扰。除原鲌属 _Cultrichthys_ 的腹棱为全棱基本无异议外，鲌属 _Culter_ 和红鳍鲌属 _Chanodichthys_ 部分种的归属问题，至今仍未达成一致而令人满意的结论。笔者和庄平等（2018）的观点一致，仍然使用传统的原鲌属 _Cultrichthys_ 和鲌属 _Culter_，即依据腹棱为全棱还是半棱进行界定，简单明了。理由在庄平等（2018）的《长江口鱼类（第二版）》中已阐述得很清楚，在此不再赘述。

018. 红鳍原鲌 _Cultrichthys erythropterus_ (Basilewsky, 1855)（图 33）

俗称：红稍子、圹鲌子；**别名**：红鳍鲌；**英文名**：predatory carp

Culter erythropterus Basilewsky, 1855, _Nouv. Mem. Soc. Nat. Mosc._, 10: 236（华北）；易伯鲁等（见：伍献文等），1964，中国鲤科鱼类志（上卷）：113（长江）；梁启燊和刘素嬺，1966，湖南师范学院学报（自然科学版），(5)：85（洞庭湖、湘江、资水、沅水、澧水）；湖北省水生生物研究所鱼类研究室，1976，长江鱼类：116（岳阳）；唐家汉和钱名全，1979，淡水渔业，(1)：10（洞庭湖）；唐家汉，1980a，湖南鱼类志（修订重版）：47（洞庭湖）；林益平等（见：杨金通等），1985，湖南省渔业区划报告集：70（洞庭湖、湘江、资水、沅水、澧水）；唐文乔等，2001，上海水产大学学报，10（1）：6（沅水水系的酉水，澧水）。

Culter brevicauda：Bleeker, 1871, _Verh. Akad. Wet. Amst._, 12: 67（长江）；梁启燊和刘素嬺，1959，湖南师范学院自然科学学报，(3)：67（洞庭湖、湘江）。

Cultrichthys erythropterus：罗云林和陈银瑞（见：陈宜瑜等），1998，中国动物志 硬骨鱼纲 鲤形目（中卷）：182（岳阳）；曹英华等，2012，湘江水生动物志：95（湘江长沙）；刘良国等，2013b，长江流域资源与环境，22（9）：1165（澧水慈利、石门、澧县、澧水河口）；刘良国等，2013a，海洋与

湖沼，44（1）：148（沅水五强溪水库、常德）；刘良国等，2014，南方水产科学，10（2）：1（资水新邵、安化、桃江）；向鹏等，2016，湖泊科学，28（2）：379（沅水五强溪水库）；李鸿等，2020，湖南鱼类系统检索及手绘图鉴：23，93；廖伏初等，2020，湖南鱼类原色图谱，24。

【古文释鱼】《直隶澧州志》（何玉棻、魏式曾、黄维瓒）："阳鲚，色白，头昂，大者长六七寸。《说苑》'宓子贱为单父宰，阳书谓之曰'投纶错饵，迎而吸之者，阳鲚也，肉薄而不美。若存，若亡，若食，若不食者，鲂也，肉厚而美'。子贱曰'善!'未至，单父冠盖迎道。子贱曰'车驱之''。阳书之所谓阳鲚者至矣，意即今之谎窜鲦"。

标本采集：标本 30 尾，采自长沙。

形态特征：背鳍iii-7；臀鳍iii-25～28；胸鳍 i -14～16；腹鳍 i -8。侧线鳞 $63\frac{12～13}{6-V}69$。鳃耙 25～29。下咽齿 3 行，2·4·4/4·4·2 或 2·4·4/5·4·2。

体长为体高的 3.4～3.8 倍，为头长的 4.0～4.5 倍，为尾柄长的 8.7～13.0 倍。头长为吻长的 4.1～4.5 倍，为眼径的 3.4～4.8 倍，为眼间距的 3.3～4.4 倍。尾柄长为尾柄高的 1.1～1.5 倍。

体长而侧扁。头后背部隆起。腹棱为全棱，自胸鳍基中后方至肛门前。头小而侧扁，背面平直。口上位，口裂与体纵轴近垂直。唇薄。上颌较短，下颌突出向上翘。无须。鼻孔每侧 2 个，位于眼前上方，距眼较距吻端为近。眼大而侧位。鳃孔大。鳃盖膜与峡部不相连。

背鳍硬刺大而光滑，起点位于腹鳍起点之后，距吻端较距尾鳍基略远。胸鳍后伸达或接近腹鳍起点。腹鳍后伸不达臀鳍起点，起点距胸鳍起点较距臀鳍起点为近。肛门靠近臀鳍起点。臀鳍基长，末根不分支鳍条末端柔软分节，起点距腹鳍起点较距尾鳍基为近。尾鳍深叉形，下叶稍长。

体被小圆鳞。侧线完全，在胸鳍起点上方略下弯，向后延伸至尾柄正中。

下咽齿稍侧扁，尖细，顶端钩状。鳃耙长，排列紧密。鳔 3 室，中室最大，后室极小。腹膜浅灰色。

背部和体侧上部青灰带黄绿色，侧下部和腹部银白色。背鳍青灰色。腹鳍橙黄色。臀鳍和尾鳍橘红色。

生物学特性：

【生活习性】中上层鱼类，喜栖息于江河、湖泊、池塘等缓流水域，幼鱼集群在岸边觅食，冬季则进入深水区越冬。

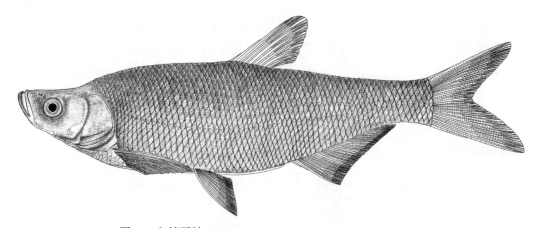

图 33　红鳍原鲌 *Cultrichthys erythropterus* (Basilewsky, 1855)

【年龄生长】生长速度较慢，种群年龄结构简单，平均体长为：1 龄 11.5cm、2 龄 15.1cm、3 龄 18.3cm。各地生长速度存在差异，水温低、海拔高的地区生长速度缓慢。

【食性】肉食性，主要以枝角类和小型鱼类为食。食物组成随体长变化显著，体长 13.0cm 以下个体主要摄食枝角类；体长 16.0cm 以上个体主要摄食小型鱼虾。摄食强度季节变化明显，冬季摄食强度最低，春季最高（李宗栋，2017）。

【繁殖】繁殖期 5—6 月，成熟雄鱼头部、胸鳍具珠星。多在湖泊的浅水区及湖汊等水草繁茂的区域繁殖，也能在大型内湖繁殖。受精卵黏性，常黏附在马来眼子菜、穗状狐尾藻的茎叶和野菱的须根上孵化。

资源分布：洞庭湖及湘、资、沅、澧"四水"下游湖泊、池塘均有分布。

（016）鲌属 *Culter* Basilewsky, 1855

Culter Basilewsky, 1855, *Nouv. Mem. Soc. Nat. Mosc.*, 10: 236.

模式种：*Culter alburnus* Basilewsky

体长而侧扁。腹棱为半棱，自腹鳍基末至肛门前。头小。吻长。口上位或近上位，口裂斜或垂直。无须。鼻孔每侧 2 个，位于眼上缘前方。眼大。眼间隔平。鳃盖膜与峡部不相连。背鳍起点位于腹鳍之后的上方；末根不分支鳍条为硬刺，分支鳍条 18～27 根。臀鳍较长，分支鳍条 21～28 根，起点位于背鳍基稍后方。尾鳍深叉形，下叶稍长。体被细小圆鳞。侧线完全，略呈弧形。鳃耙细长，排列紧密。下咽齿 3 行，末端钩状。鳔 3 室，中室最大，后室尖而细小，常插入体腔后延部分。

本属湖南分布有 5 种。

019. 翘嘴鲌 *Culter alburnus* Basilewsky, 1855（图 34）

俗称：翘鲌子、翘嘴巴；别名：白鲌、翘嘴红鲌、白刁；英文名：top-mouth culter

Culter alburnus Basilewsky, 1855, *Nouv. Mem. Soc. Nat.*, 10: 236（华北）；Kreyenberg *et* Pappenheim, 1908, *Sitz. Ges. Nat. Freunde. Berl.*, (4): 104（洞庭湖）；梁启燊和刘素嬛，1959，湖南师范学院自然科学学报，(3): 67（洞庭湖、湘江）；罗云林和陈银瑞（见：陈宜瑜等），1998，中国动物志 硬骨鱼纲 鲤形目（中卷）：186（城陵矶、岳阳）；唐文乔等，2001，上海水产大学学报，10（1）：6（沅水水系的辰水、武水）；吴婕和邓学建，2007，湖南师范大学自然科学学报，30（3）：116（柘溪水库）；王星等，2011，生命科学研究，15（4）：311（南岳）；曹英华等，2012，湘江水生动物志：107（湘江长沙）；牛艳东等，2012，湖南林业科技，39（1）：61（怀化中方县康龙自然保护区）；刘良国等，2013b，长江流域资源与环境，22（9）：1165（澧水桑植、慈利、石门、澧县、澧水河口）；刘良国等，2013a，海洋与湖沼，44（1）：148（沅水五强溪水库、常德）；刘良国等，2014，南方水产科学，10（2）：1（资水新邵、安化、桃江）；吴倩倩等，2016，生命科学研究，20（5）：377（通道玉带河国家级湿地公园）；向鹏等，2016，湖泊科学，28（2）：379（沅水五强溪水库）；李鸿等，2020，湖南鱼类系统检索及手绘图鉴：23，94；廖伏初等，2020，湖南鱼类原色图谱，26。

Culter ilishaeformis: Bleeker, 1871, *Verh. Akad. Wet. Amst.*, 12: 67（长江）。

Erythroculter erythropterus: Nichols, 1928, *Bull. Ann. Mus. Nat. Hist.*, 58: 29（洞庭湖）；梁启燊和刘素嬛，1959，湖南师范学院自然科学学报，(3): 67（洞庭湖、湘江）。

Erythroculter ilishaeformis: 易伯鲁等（见：伍献文等），1964，中国鲤科鱼类志（上卷），98（长江）；梁启燊和刘素嬛，1966，湖南师范学院学报（自然科学版），(5): 85（洞庭湖、湘江）；湖北省水生生物研究所鱼类研究室，1976，长江鱼类：119（岳阳）；唐家汉和钱名全，1979，淡水渔业，(1): 10（洞庭湖）；唐家汉，1980a，湖南鱼类志（修订重版）：62（洞庭湖）；林益平等（见：杨金通等），

1985，湖南省渔业区划报告集：71（洞庭湖、湘江、资水、沅水、澧水）；唐文乔，1989，中国科学院水生生物研究所硕士学位论文：30（麻阳、吉首）；黄忠舜等，2016，湖南林业科技，43（2）：34（安乡县书院洲国家湿地公园）。

【古文释鱼】①《读杜心解》（浦起龙）：“闻说江陵府，云沙静眇然。白鱼切如玉，朱橘不论钱”。②《祁阳县志》（旷敏本、李莳）：“白鱼，一曰鲦鱼，李时珍曰‘白，一作鲌，鲦者头尾向上也，白色，头昂，腹扁，细鳞，肉中有细刺’。武王白鱼入舟即此，今俗呼名鲦鲌鲢”。③《善化县志》（吴兆熙、张先抡等）：“白鱼，即鲚鱼，头尖向上”。④《永州府志》（吕恩湛、宗绩辰）：“零祁东永四邑有白鱼，一作鲌，即鲚也，色白而首昂，俗称鲚白鲢（《土风封》）”。⑤《直隶澧州志》（何玉棻、魏式曾、黄维瓒）：“白鱼，版身肉美，少陵诗‘白鱼切如玉’。雄者曰鲃鱼，子好群浮水上”。

标本采集：标本 30 尾，采自洞庭湖、长沙。

形态特征：背鳍 iii-7；臀鳍 iii-21～24；胸鳍 i -15～16；腹鳍 ii -8。侧线鳞 $80\frac{18\sim21}{7\text{-V}}92$。

鳃耙 25～27。下咽齿 3 行，2·4·4/5·3·2 或 2·4·4/5·4·2。

体长为体高的 3.9～4.9 倍，为头长的 4.5～4.7 倍，为尾柄长的 6.5～7.6 倍。头长为吻长的 3.3～4.3 倍，为眼径的 3.9～5.3 倍，为眼间距的 4.1～4.7 倍。尾柄长为尾柄高的 1.3～1.7 倍。肠长为体长的 0.9～1.1 倍。

体长而侧扁。背部平直，头后背部稍隆起。腹棱为半棱，自腹鳍基末至肛门前。头较大。口上位，口裂与体纵轴几垂直。上颌短，下颌厚，向上翘。无须。鼻孔每侧 2 个，位于眼的前上方，距吻端较近。眼大而侧位，位于头的前半部。鳃盖膜与峡部不相连。

背鳍具大而光滑的硬刺，起点位于腹鳍起点之后，距吻端较距尾鳍基为近。肛门靠近臀鳍起点。臀鳍较长，末根不分支鳍条末端柔软分节，起点距腹鳍较距尾鳍基为近。尾鳍叉形。

体被小圆鳞。侧线完全，略弯。腹膜银白色。

鳃耙细长，排列紧密。下咽齿齿尖略扁，末端钩状。鳔 3 室，中室圆长，后室细小，长圆锥形。

背部和体侧上部青灰黄色，体侧下部和腹部银白色，各鳍灰色，尾鳍青灰色。

生物学特性：

【生活习性】中上层鱼类，多栖息江河、湖泊敞水区，行动迅速，善跳跃。

【年龄生长】以鳞片为年龄鉴定材料，退算体长平均值：1 龄 22.3cm、2 龄 30.4cm、3 龄 38.7cm、4 龄 47.5cm，5 龄以后生长速度减缓（吕大伟等，2018）。

【食性】凶猛性鱼类，幼鱼以水生昆虫、虾、枝角类、桡足类及软体动物为食。成鱼开始摄食鱼类，捕食的鱼类有𩷶、鲴、鲌、鲴等。

【繁殖】3～4 龄性成熟，繁殖期 4 月下旬至 6 月中旬，产卵场多在近岸水草茂盛区，卵黏性。不同地区繁殖力相差较大，锦江翘嘴鲌绝对繁殖力为 2.5 万～5.4 万粒，相对繁殖力为 24.2～36.9 粒/g；徐家河水库翘嘴鲌绝对繁殖力为 9.5 万～48.6 万粒，相对繁殖力为 225～265 粒/g。卵圆球形，青灰色，常黏于水生植物茎叶上孵化。卵径平均约 1.2mm，吸水膨胀后约 3.3mm。水温 23～25℃时，受精卵孵化脱膜需 20.3h。初孵仔鱼全长 3.4mm；4 日龄仔鱼全长 4.9mm，卵黄囊几乎耗尽，鳔开始充气，可自由游动，消化道发育完全，开始摄食（覃亮等，2009；邵建春等，2016；李忠利等，2017）。

资源分布：广布性鱼类，洞庭湖及其附属水系均有分布。产量较高，生长快，个体大，肉质鲜美，是湖南重要经济鱼类之一。

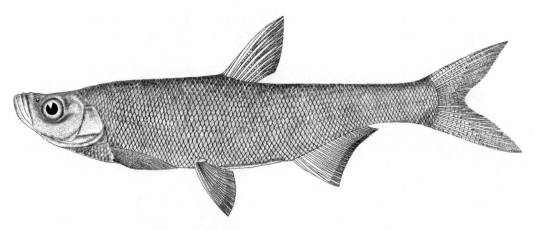

图 34　翘嘴鲌 *Culter alburnus* Basilewsky, 1855

020. 达氏鲌 *Culter dabryi* Bleeker, 1871（图 35）

俗称：青梢；**别名**：戴氏鲌、大眼红鲌、青梢鲌、青梢红鲌；**英文名**：humpback

Culter dabryi Bleeker, 1871, *Verh. Akad. Wet. Amst.*, 12: 70（长江）；刘良国等，2013b，长江流域资源与环境，22（9）：1165（澧水桑植、慈利、石门、澧县、澧水河口）。

Erythroculter dabryi：梁启燊和刘素孋，1966，湖南师范学院学报（自然科学版），（5）：85（洞庭湖）；湖北省水生生物研究所鱼类研究室，1976，长江鱼类：124（岳阳和君山）；唐家汉和钱名全，1979，淡水渔业，（1）：10（洞庭湖）；唐家汉，1980a，湖南鱼类志（修订重版）：58（洞庭湖）；林益平等（见：杨金通等），1985，湖南省渔业区划报告集：71（洞庭湖、湘江、资水、沅水、澧水）；黄忠舜等，2016，湖南林业科技，43（2）：34（安乡县书院洲国家湿地公园）。

Culter dabryi dabryi：罗云林和陈银瑞（见：陈宜瑜等），1998，中国动物志 硬骨鱼纲 鲤形目（中卷）：194（常德）；吴婕和邓学建，2007，湖南师范大学自然科学学报，30（3）：116（柘溪水库）；刘良国等，2013a，海洋与湖沼，44（1）：148（沅水怀化、五强溪水库、常德）；刘良国等，2014，南方水产科学，10（2）：1（资水新邵、安化、桃江）；向鹏等，2016，湖泊科学，28（2）：379（沅水五强溪水库）；李鸿等，2020，湖南鱼类系统检索及手绘图鉴：23，95；廖伏初等，2020，湖南鱼类原色图谱，28。

标本采集：标本 15 尾，采自洞庭湖、新化等地。

形态特征：背鳍 iii-7；臀鳍 iii-26～27；胸鳍 i -14～15；腹鳍 ii-8。侧线鳞 $64\frac{13\sim14}{6\sim7\text{-V}}70$。鳃耙 19～20。下咽齿 3 行，2·4·4/4·3·2 或 2·4·5/4·4·2。

体长为体高的 3.6～4.3 倍，为头长的 3.8～4.1 倍，为尾柄长的 7.5～8.7 倍。头长为吻长的 3.3～4.1 倍，为眼径的 4.1～5.7 倍，为眼间距的 3.5～4.1 倍。尾柄长为尾柄高的 1.1～1.4 倍。肠长为体长的 0.7～0.8 倍。

体长而侧扁。头顶至吻端略斜。头后背部隆起。头较大，侧扁。腹棱为半棱，自腹鳍基末至肛门前。吻较长。口近上位，斜裂。无须。鼻孔位于眼前缘上方，距眼较距吻端为近。眼大，上侧位，位于头的前半部。鳃孔大。鳃盖膜与峡部不相连。

背鳍具大而光滑的硬刺，起点位于腹鳍之后，距吻端较距尾鳍基为近。胸鳍后伸接近或达腹鳍起点。腹鳍起点约位于胸鳍起点至肛门间的中点，后伸不达臀鳍起点。肛门紧靠臀鳍起点。臀鳍末根不分支鳍条末端柔软分节，鳍基较长，起点距腹鳍较距尾鳍基为近。尾鳍深叉形。

体被小圆鳞。侧线完全，在胸鳍起点上方向下略弯，向后伸达尾柄正中。

鳃耙细长，排列紧密。下咽齿尖细，末端钩状。鳔 3 室，中室长而大，后室细小，短于前室，呈长圆锥形。腹膜银白色。

体灰白色，背部色较暗，腹部银白色，各鳍青灰色。

生物学特性：

【生活习性】凶猛性鱼类，栖息于水体中上层，个体不大，喜在湖汊、港湾等浅水区活动，冬季进入深水区越冬。

【年龄生长】生长速度较慢，长湖中平均体长 1 龄 11.1cm、2 龄 17.1cm、3 龄 23.7cm、4 龄 29.1cm（王亚龙，2017）。近年在洞庭湖渔获物调查中，达氏鲌体长多小于 25.0cm，发现的最大个体体长 33.2cm，体重 585.0g。

【食性】体长小于 10cm 的幼鱼以浮游动物（象鼻溞、剑水蚤）为主要食物；体长 10~20cm 的个体以虾为主要食物；成鱼常以虾、小型鱼类（如鰕虎、鮈、麦穗鱼、鲫、鳘等）为食。

【繁殖】繁殖期 4 月底至 7 月初，5 月最盛，多在湖湾水深约 1.0m 的浅水区产卵。最小性成熟年龄 2 龄。相对繁殖力为 87~532 粒/g。分批次产卵，卵黏性，受精卵附着于水草上孵化。水温 23.0~28.0℃时，孵化脱膜需 1.5 天。初孵仔鱼全长 5.4mm，肌节 46 对；全长 6.1mm 时卵黄囊吸尽（王亚龙等，2017）。

资源分布：广布性鱼类，洞庭湖及其附属水系均有分布。肉嫩味鲜，为湖南重要经济鱼类之一。

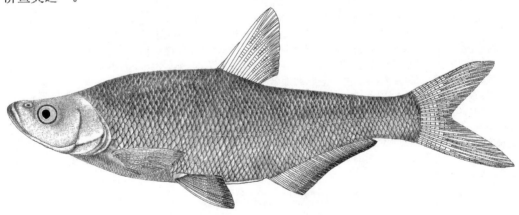

图 35 达氏鲌 *Culter dabryi* Bleeker, 1871

021. 蒙古鲌 *Culter mongolicus* (Basilewsky, 1855)（图 36）

俗称：红梢子、红尾子；**别名：**蒙古红鲌、蒙古红鳍鲌；**英文名：**mongolian redfin

Leptocephalus mongolicus Basilewsky, 1855, *Nouv. Mem. Soc. Nat. Mosc.*, 10: 234（蒙古、东北）。

Culter mongolicus: Kreyenberg *et* Pappenheim, 1908, *Sitz. Ges. Nat. Freunde. Berl.*, (4): 104（洞庭湖）；唐文乔等，2001，上海水产大学学报，10（1）：6（沅水水系的辰水）；吴婕和邓学建，2007，湖南师范大学自然科学学报，30（3）：116（柘溪水库）；曹英华等，2012，湘江水生动物志：111（湘江长沙、衡阳常宁）；刘良国等，2013b，长江流域资源与环境，22（9）：1165（澧水桑植、慈利、石门、澧县、澧水河口）；刘良国等，2013a，海洋与湖沼，44（1）：148（沅水怀化、五强溪水库、常德）；刘良国等，2014，南方水产科学，10（2）：1（资水新邵、安化、桃江）；向鹏等，2016，湖泊科学，28（2）：379（沅水五强溪水库）；李鸿等，2020，湖南鱼类系统检索与手绘图鉴：23，96；廖伏初等，2020，湖南鱼类原色图谱，30。

Erythroculter mongolicus：Nichols, 1928, *Bull. Ann. Mus. Nat. Hist.*, 58: 29（洞庭湖）；梁启燊和刘素孄，1959，湖南师范学院自然科学学报，（3）：67（洞庭湖、湘江）；梁启燊和刘素孄，1966，湖南师范学院学报（自然科学版），（5）：85（洞庭湖、湘江）；湖北省水生生物研究所鱼类研究室，1976，长江鱼类：121（岳阳）；唐家汉和钱名全，1979，淡水渔业，（1）：10（洞庭湖）；唐家汉，1980a，湖南鱼类志（修订重版）：61（洞庭湖）；林益平等（见：杨金通等），1985，湖南省渔业区划报告集：71（洞庭湖、湘江、资水、沅水、澧水）；唐文乔，1989，中国科学院水生生物研究所硕士学位论文：30（麻阳）。

Erythroculter mongolicus mongolicus：罗云林和陈银瑞（见：陈宜瑜等），1998，中国动物志 硬骨鱼纲 鲤形目（中卷）：189（沅江、辰溪）。

Chanodichthys mongolicus：Lei et al., 2015, *J. Appl. Ichthyol.*, 2（湘江）。

标本采集：标本 15 尾，采自洞庭湖、长沙、衡阳等地。

形态特征：背鳍iii-7；臀鳍iii-19～22；胸鳍 i -14～16；腹鳍 ii -8。侧线鳞 $69\frac{13\sim16}{6\text{-V}}77$ 。鳃耙 17～20。下咽齿 3 行，2·4·5/5·4·2 或 2·4·4/5·3·2。

体长为体高的 3.9～4.3 倍，为头长的 3.8～4.3 倍，为尾柄长的 7.4～8.3 倍。头长为吻长的 3.2～3.7 倍，为眼径的 5.1～7.9 倍，为眼间距的 2.7～3.3 倍。尾柄长为尾柄高的 1.1～1.4 倍。肠长为体长的 0.9～1.2 倍。

体长而侧扁。头后背部微隆起。腹棱为半棱，自腹鳍基末至肛门前。头较尖，侧扁，头背部略倾斜。吻尖，吻长大于眼径。口端位，口裂斜。下颌稍长于上颌。无须。鼻孔每侧 2 个，位于眼前缘上方，靠近眼。眼较小，位于头的前半部，眼后缘距吻端小于眼后头长。鳃孔大。鳃盖膜与峡部不相连。

背鳍具光滑硬刺，起点与腹鳍起点相对或稍前，距吻端较距尾鳍基略近。胸鳍后伸不达腹鳍起点。腹鳍后伸不达臀鳍起点。肛门靠近臀鳍起点。臀鳍末根不分支鳍条末端柔软分节，鳍基较长，起点距腹鳍起点较距尾鳍基为近。尾鳍叉形。

体被小圆鳞，腹鳍基具狭长的腋鳞。侧线略弯，从鳃孔上角伸达尾柄中部。

鳃耙细长，排列紧密。下咽齿小而长，锥形，末端钩状。鳔 3 室，中室最长，后室长而细尖。肠短，约等于体长。腹膜灰黑带银色。

体背灰黑带黄色，腹部银白色。背鳍灰色，胸鳍、腹鳍、臀鳍均为黄色带微红色。尾鳍上叶淡黄色，下叶鲜红色。

生物学特性：

【生活习性】中上层鱼类，多栖息江河、湖泊敞水区，性凶猛，行动迅速，善跳跃。

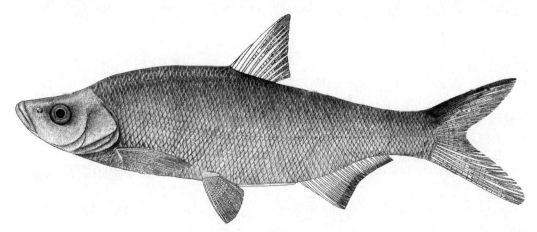

图 36　蒙古鲌 *Culter mongolicus* (Basilewsky, 1855)

【年龄生长】生长速度较快。鄱阳湖种群鳞片退算体长平均值：1 龄 11.1cm、2 龄 19.2cm、3 龄 24.6cm、4 龄 30.8cm、5 龄 35.1cm（张小谷等，2008）。

【食性】肉食性，体长 3～10cm 的幼鱼主要摄食枝角类和桡足类，10.0cm 以上个体主要摄食小型鱼虾。

【繁殖】繁殖期 4 月下旬至 6 月上旬。2 龄达性成熟，一般在流速较缓、底质为泥沙的浅水岸边产卵，常伴随有水位上涨。卵微黏性，淡黄色。

资源分布：广布性鱼类，是湖南重要经济鱼类之一。

022. 拟尖头鲌 *Culter oxycephaloides* Kreyenberg *et* Pappenheim, 1908（图 37）

俗称：尖头红梢、鸭嘴红梢；**别名**：拟尖头红鲌、似尖头红鳍鲌

Culter oxycephaloides Kreyenberg *et* Pappenheim, 1908, *Sitz. Ges. Nat. Freunde. Berl.*, (4): 104（洞庭湖）；罗云林和陈银瑞（见：陈宜瑜等），1998，中国动物志 硬骨鱼纲 鲤形目（中卷）：196（岳阳）；梁启燊和刘素孀，1966，湖南师范学院学报（自然科学版），(5)：85（洞庭湖、湘江）；唐文乔等，2001，上海水产大学学报，10（1）：6（沅水水系的酉水）；吴婕和邓华建，2007，湖南师范大学自然科学学报，30（3）：116（柘溪水库）；曹英华等，2012，湘江水生动物志：111（湘江长沙、衡阳常宁）；刘良国等，2013b，长江流域资源与环境，22（9）：1165（澧水澧县、澧水河口）；刘良国等，2013a，海洋与湖沼，44（1）：148（沅水怀化、五强溪水库、常德）；刘良国等，2014，南方水产科学，10（2）：1（资水安化、桃江）；向鹏等，2016，湖泊科学，28（2）：379（沅水五强溪水库）；李鸿等，2020，湖南鱼类系统检索及手绘图鉴：23，97。

Erythroculter oxycephaloides：Nichols, 1928, *Bull. Ann. Mus. Nat. Hist.*, 58: 29（洞庭湖）；梁启燊和刘素孀，1959，湖南师范学院自然科学学报，(3)：67（洞庭湖、湘江）；易伯鲁等（见：伍献文等），1964，中国鲤科鱼类志（上卷）：103（湖南）；湖北省水生生物研究所鱼类研究室，1976，长江鱼类：118（岳阳）；唐家汉和钱名全，1979，淡水渔业，(1)：10（洞庭湖）；唐家汉，1980a，湖南鱼类志（修订重版）：59（洞庭湖）；林益平等（见：杨金通等），1985，湖南省渔业区划报告集：71（洞庭湖、湘江、资水、沅水、澧水）；唐文乔，1989，中国科学院水生生物研究所硕士学位论文：30（龙山、保靖）。

标本采集：标本 15 尾，采自新化、衡阳等地。

形态特征：背鳍iii-7；臀鳍iii-23～26；胸鳍 i -15～16；腹鳍 ii -8。侧线鳞 $73\frac{12\sim14}{7\sim8-V}85$。鳃耙 17～20。下咽齿 3 行，2·4·4/5·4·2 或 2·3·4/4·4·2。

体长为体高的 3.5～4.2 倍，为头长的 3.7～4.2 倍，为尾柄长的 8.0～10.3 倍。头长为吻长的 3.0～3.8 倍，为眼径的 4.3～6.3 倍，为眼间距的 4.0～5.0 倍。尾柄长为尾柄高的 0.9～1.2 倍。

体长而侧扁。头后背部显著隆起。腹棱为半棱，自腹鳍基末至肛门前。头小而尖，背部较平直。吻较长。口近上位，斜裂。下颌突出。无须。鼻孔位于眼前上方，靠近眼。眼大，位于头的前半部，上侧位。鳃盖膜与峡部不相连。

背鳍具大而光滑的硬刺，起点位于腹鳍之后，距吻端较距尾鳍基略近。胸鳍后伸不达腹鳍起点。腹鳍后伸不达臀鳍起点。肛门靠近臀鳍起点。臀鳍起点位于背鳍起点后下方，外缘浅凹，起点距腹鳍起点较距尾鳍基为近。尾鳍深叉形，下叶稍长，末端尖。

体被小圆鳞，侧线较平直，约位于体侧中轴，后伸达尾鳍基。

鳃耙中等长，排列较密。下咽齿小而尖，末端钩状。鳔 3 室，中室最大，后伸细尖而长，约与前室等长。肠短，小于体长。腹膜银白稍带灰黑色。

体背和侧上部青灰色，下侧和腹部银白色。背鳍青灰带黄色，胸鳍、腹鳍、臀鳍浅黄色，尾鳍橘红色。

生物学特性：

【生活习性】喜栖息于流水或湖泊静水水体的中上层，行动敏捷。

【年龄生长】汉水群体平均体长 1 龄 4.7cm、2 龄 16.1cm、3 龄 22.6cm、4 龄 28.1cm、5 龄 31.8cm。

【食性】肉食性，幼鱼以浮游动物、水生昆虫为食，成鱼以小型鱼虾及甲壳类为食。

【繁殖】繁殖期 5—6 月。最小性成熟年龄 2 龄。相对繁殖力为 54～161 粒/g。分批次产卵，卵漂流性（段鹏翔等，2015）。

资源分布：新化拟尖头鲌数量较多。

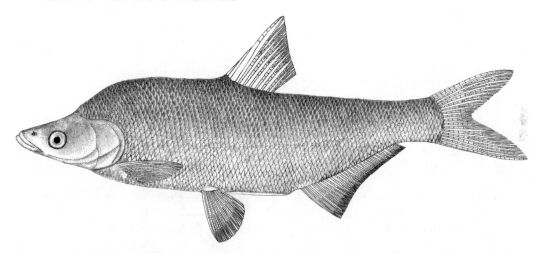

图 37　拟尖头鲌 *Culter oxycephaloides* Kreyenberg *et* Pappenheim, 1908

023. 尖头鲌 *Culter oxycephalus* Bleeker, 1871（图 38）

别名：尖头红鳍鲌

Culter oxycephalus Bleeker, 1871, *Verh. Akad. Wet. Amst.*, 12: 74（长江）；唐文乔等，2001，上海水产大学学报，10（1）：6（沅水水系的辰水、武水）；李鸿等，2020，湖南鱼类系统检索及手绘图鉴：23，98。

Erythroculter oxycephalus：梁启燊和刘素孋，1959，湖南师范学院自然科学学报，（3）：67（洞庭湖、湘江）；梁启燊和刘素孋，1966，湖南师范学院学报（自然科学版），（5）：85（洞庭湖、湘江）；唐文乔，1989，中国科学院水生生物研究所硕士学位论文：30（吉首）。

标本采集：无标本，形态描述摘自《中国动物志 硬骨鱼纲 鲤形目（中卷）》。

形态特征：背鳍iii-7；臀鳍iii-26～29；胸鳍 i -15；腹鳍ii-8。侧线鳞$66\frac{14～15}{6.5-V}69$；围尾柄鳞 21～22。鳃耙 19～22。下咽齿 3 行，2·4·5/4·4·2。

体长为体高的 3.0～3.6 倍，为头长的 4.2～4.5 倍，为尾柄长的 8.9～10.3 倍，为尾柄高的 8.3～9.5 倍。头长为吻长的 3.8～4.1 倍，为眼径的 5.8～6.6 倍，为眼间距的 3.2～3.8 倍，为尾柄长的 2.1～2.3 倍，为尾柄高的 1.9～2.3 倍。尾柄长为尾柄高的 0.8～1.0 倍。

体长而侧扁，头后背部隆起呈弧形。腹棱为半棱，自腹鳍基末至肛门前。头较小，尖形，侧扁，头长小于体高。吻尖，吻长大于眼径。口亚上位，斜裂，下颌略长于上颌，上颌骨末端伸达鼻孔下方。鼻孔位于眼的前缘，下缘在眼的上缘之上。眼位于头的前半侧，眼后缘距吻端小于眼后头长。眼间隔宽，微突，眼间距大于眼径。鳃孔大，向前约伸至眼后缘下方。鳃盖膜与峡部不相连。

背鳍起点位于腹鳍起点后上方，外缘斜形，末根不分支鳍条为光滑硬刺，刺长短于头长；起点距吻端较距尾鳍基为远。胸鳍较短，尖形，后伸不达腹鳍起点。腹鳍起点位于背鳍起点前下方，其长短于胸鳍，末端距臀鳍起点大于或等于吻长。臀鳍位于背鳍基后下方，外缘凹入，起点距腹鳍起点远小于距尾鳍基。尾鳍深叉形，上、下叶末端尖形。

体被较大圆鳞。侧线平直，约位于体侧中部，前部略呈弧形，后部平直，伸达尾鳍基。尾柄较高。

鳃耙中长，排列较密。下咽骨狭长，钩状，前臂长于后臂，无显著角突。咽齿近锥形，末端尖而略呈钩状。鳔3室，中室最大，后室细尖。肠短，前后弯曲，肠长小于体长。腹膜灰白色。

体背侧灰黑色，腹侧银白色，尾鳍橘红色，边缘黑色。

生物学特性：

【生活习性】栖息于水体中下层，活动能力强。幼鱼生活在岸边，冬季在深水区越冬。

【年龄生长】东北地区尖头鲌平均体长 1 龄 11.5cm、2 龄 17.5cm、3 龄 21.5cm、4 龄 25.0cm、5 龄约 28.0cm。捕获的最大个体体长 34.0cm。

【食性】肉食性，主要摄食小型鱼虾。幼鱼主要以浮游动物为食，亦摄食昆虫幼虫。

【繁殖】长江流域繁殖期 5—6 月，2 龄性成熟；东北地区繁殖期 6 月中旬至 7 月上旬，3 龄以上性成熟。繁殖期，雄鱼头部、背部及胸鳍边缘均出现密集珠星。体长 21.0～28.0cm 个体绝对繁殖力为 2.0 万～5.0 万粒。水温 16℃以上开始产卵，产卵场位于激流处，卵弱黏性，黏附于水草上发育（张觉民等，1995）。

资源分布：沅水水系。数量较少。

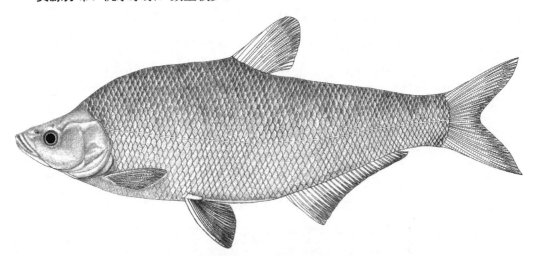

图 38　尖头鲌 *Culter oxycephalus* Bleeker, 1871

（017）鳊属 *Parabramis* Bleeker, 1865

Parabramis Bleeker, 1865, *Ned. Tijd. Dierk.*, 2: 21.

模式种：*Abramis pekinensis* Basilewsky

体高而侧扁，似长菱形，背部窄，腹棱为全棱，自胸鳍起点或稍前至肛门前。头小而侧扁。吻端而尖，略呈三角形。口端位，口裂斜。眼大，位于头侧前半部上方。鳃盖膜与峡部相连。背鳍具粗壮硬刺，后缘光滑，分支鳍条 7 根。臀鳍末根不分支鳍条末端柔软分节，鳍基较长，分支鳍条 27～35 根。侧线完全。鳃耙短，14～20 枚。下咽齿 3 行。鳔 3 室，中室最长，后室小而末端尖。肠颇长，为体长的 2.0 倍以上。腹膜灰黑色。

本属湖南仅分布有鳊 1 种。

【**古文释鱼**】①《辰州府志》（席绍葆、谢鸣谦）："鲂，一名鳊，一名鲾，又名鲏。《正字通》'小头，缩项，阔腹，穹脊，细鳞，色青，白腹，内肪甚腴'"。②《祁阳县志》（旷敏本、李蒔）："鲂，小头，缩颈，穷脊，阔腹，遍身细鳞，腹内有肪，味最腴美，俗呼鳊鱼。陈风诗'岂其食鱼，必河之鲂'"。③《常德府志》（应先烈、陈楷礼）："鳊，《旧志》'广出，形扁，口锐，项缩，味甚肥美'"。④《沅陵县志》（许光曙、守忠）："鳊鱼，《后汉书·马融传》'鲂鱼与鲳鳊，<注>鳊鲂之类也'；《襄阳耆旧传》'汉中鳊鱼甚美，常禁大捕，以槎断水，因谓之槎头缩项鳊'"。⑤《永州府志》（吕恩湛、宗绩辰）："零陵、祁阳、东安、江华有鲂及鲤，鲂俗谓之鳊"。⑥《直隶澧州志》（何玉棻、魏式曾、黄维瓒）："鳊，一作编（鳊），即《诗》'鲂鱼'。小头，缩项，阔腹，穹脊，细鳞，色青白，腹内肪甚腴。《陈风》'岂其食鱼，必河之鲂'。杜甫诗'即今耆旧无新语，漫钓槎头缩项鳊'。慈利有枫色鳊"。⑦《石门县志》（申正扬、林葆元）："鲂，即鳊鱼，小头缩项，穹脊阔腹，扁身细鳞，色青白，腹有肪最腴。刘弇诗'归钓潭头枫叶鳊'。又有火烧鳊"。⑧《巴陵县志》（姚诗德、郑桂星、杜贵墀）："槎头缩项鳊及鳜花鱼出洞庭湖者为最（《洪亮吉北江诗话》）"。⑨《善化县志》（吴兆熙、张先抡等）："鳊鱼，即鲂鱼。《诗》'必河之鲂'。小首缩项，其广方，其厚扁，故一物二名。《尔雅疏》'江东谓鲂为鳊，杜诗漫钓江头缩项鳊'"。⑩《桃源县志》（梁颂成）："鲂（青鳊），《埤雅》'今之青鳊也'。孟浩然诗'试垂竹竿钓，果得槎头鳊'"。⑪《新宁县志》（张葆连、刘坤一）："鲂，阔腹，隆脊、细鳞，青白色，腹内脂甚腴，以头小，一名缩项鳊"。古人对于鳊和鲂是不分的。⑫《耒阳县志》（于学琴）："鳊，《襄阳旧书传》'汉中鳊鱼甚美'。即鲂鱼，头小，项缩，腹扁，身宽，鳞细，肉白"。⑬《蓝山县图志》（雷飞鹏、邓以权）："鳊鱼，即鲂鱼，俗谓之，头尾均小，体扁而广，肉少，臟多味苦，故名"。

024. 鳊 *Parabramis pekinensis* (Basilewsky, 1855)（图 39）

俗称：长身鳊、长春鳊、鳊鱼；**英文名**：aamur bream

Abramis pekinensis Basilewsky, 1855, *Nouv. Mem. Soc. Nat. Mosc.*, 10: 239（长春、北京）。

Parabramis bramula: Bleeker, 1871, *Verh. Akad. Wet. Amst.*, 12: 28（长江）；Kreyenberg *et* Pappenheim, 1908, *Sitz. Ges. Nat. Freunde. Berl.*, (4): 104（洞庭湖）；梁启燊和刘素孄，1959，湖南师范学院自然科学学报，（3）：67（洞庭湖、湘江）；梁启燊和刘素孄，1966，湖南师范学院学报（自然科学版），（5）：85（洞庭湖、湘江、资水、沅水、澧水）。

Parabramis pekinensis: Bleeker, 1865, *Ned. Tijd. Dierk.*, 2: 22（中国）；湖北省水生生物研究所鱼类研究室，1976，长江鱼类：104（岳阳和君山）；唐家汉和钱名全，1979，淡水渔业，（1）：10（洞庭湖）；唐家汉，1980a，湖南鱼类志（修订重版）：46（洞庭湖）；林益平等（见：杨金通等），1985，湖南省渔业区划报告集：70（洞庭湖、湘江、资水、沅水、澧水）；唐文乔，1989，中国科学院水生生物研究所硕士学位论文：31（麻阳）；罗云林和陈银瑞（见：陈宜瑜等），1998，中国动物志 硬骨鱼纲 鲤形目（中卷）：198（岳阳）；唐文乔等，2001，上海水产大学学报，10（1）：6（沅水水系的辰水，澧水）；郭克疾等，2004，生命科学研究，8（1）：82（桃源县乌云界自然保护区）；吴婕和邓学建，2007，湖南师范大学自然科学学报，30（3）：116（柘溪水库）；王星等，2011，生命科学研究，15（4）：311（南岳）；曹英华等，2012，湘江水生动物志：93（湘江长沙）；牛艳东等，2012，湖南林业科技，39（1）：61（怀化中方县康龙自然保护区）；刘良国等，2013a，海洋与湖沼，44（1）：148（沅水五强溪水库、常德）；刘良国等，2014，南方水产科学，10（2）：1（资水新邵、安化、桃江）；Lei et al., 2015, *J. Appl. Ichthyol.*, 2（湘江）；向鹏等，2016，湖泊科学，28（2）：379（沅水五强溪水库）；李鸿等，2020，湖南鱼类系统检索及手绘图鉴：24，99；廖伏初等，2020，湖南鱼类原色图谱，32。

Parabramis peekinensis：黄忠舜等，2016，湖南林业科技，43（2）：34（安乡县书院洲国家湿地公园）。

标本采集： 标本 30 尾，采自洞庭湖、长沙、浏阳等地。

形态特征： 背鳍ⅲ-7；臀鳍ⅲ-29～33；胸鳍 ⅰ-16；腹鳍ⅱ-8。侧线完全，侧线鳞 $52\dfrac{11\sim13}{6\sim7\text{-}V}61$。鳃耙 13～20。下咽齿 3 行，2·4·5/5·4·2。

体长为体高的 2.4～2.8 倍，为头长的 4.5～5.1 倍，为尾柄长的 9.2～10.4 倍，为尾柄高的 7.8～9.2 倍。头长为吻长的 3.7～4.2 倍，为眼径的 3.6～4.4 倍，为眼间距的 2.3～2.7 倍。尾柄长为尾柄高的 0.8～0.9 倍。肠长为体长的 2.5～3.5 倍。

体高甚侧扁，似菱形。背腹弧形。腹棱为全棱，自胸鳍起点或稍前至肛门前。头小，头长远小于体高。吻短而尖，吻长等于或稍大于眼径，约为眼后头长的 1/2。口小，端位。上、下颌等长，颌角止于鼻孔正下方。上、下颌被以角质。眼大而侧位，眼后缘距吻端小于眼后头长。眼间隔隆起，眼间距大于眼径。鳃孔至前鳃盖骨后缘稍前的下方，与峡部相连。

背鳍起点位于腹鳍起点后方，末根不分支鳍条为粗壮硬刺，硬刺长稍大于头长。胸鳍后伸接近腹鳍起点。腹鳍起点约位于胸鳍起点与臀鳍起点间的正中或稍后，后伸不达肛门。肛门紧靠臀鳍起点。臀鳍基较长，鳍条前长后短，鳍缘平直。尾鳍叉形。

体被圆鳞，中等大小。侧线完全，稍呈弧形下弯，后伸达尾柄正中。

鳃耙短小，三角形。下咽齿侧扁，齿面斜截，末端微弯。鳔 3 室，中室最大，后室小而末端尖。肠长，为体长的 2.5～3.0 倍。腹膜灰黑色。

体背部青灰色，腹部银白色。背鳍、尾鳍青灰色，其余各鳍灰白色。

生物学特性：

【生活习性】 中下层鱼类。冬季在江河或湖泊深水区越冬。

【年龄生长】 1～3 龄个体生长速度较快。根据鳞片年轮退算体长平均值：1 龄 9.9cm、2 龄 18.7cm、3 龄 25.0cm、4 龄 28.0cm（汪宁，1991）。

【食性】 草食性鱼类，喜食水绵、穗状狐尾藻和轮叶黑藻，幼鱼以浮游动物和藻类为食。食物随季节和天然饵料的变化而变化（汪宁，1991）

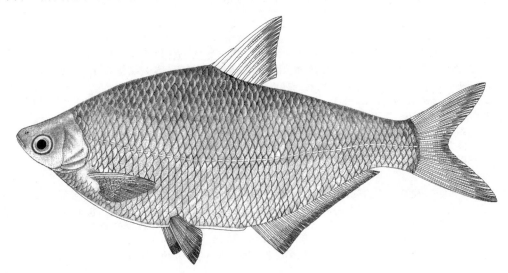

图 39　鳊 *Parabramis pekinensis* (Basilewsky, 1855)

【繁殖】繁殖期 4—6 月，2 龄性成熟，最小性成熟个体雌鱼 19.7cm，雄鱼 18.3cm。绝对繁殖力为 8.7 万～15.1 万粒，相对繁殖力为 201～337 粒/g。产卵时要求一定的流水环境。卵漂流性，随水漂流孵化。

资源分布：洞庭湖及湘、资、沅、澧"四水"均有分布，以洞庭湖区出产较多，肉味鲜美，是湖南重要经济鱼类之一。

（018）华鳊属 *Sinibrama* Wu，1939

Sinibrama Wu（伍献文），1939，*Sinensia*, 10 (1-6): 115.

模式种：*Chanodichthys wui* Rendahl

体侧扁，略高。腹棱为半棱，自腹鳍基末至肛门前。头短而侧扁，吻短钝。口端位，无须。鼻孔每侧 2 个，位于眼上缘前方。眼大，侧位。眼间隔宽而稍圆凸。鳃盖膜与峡部相连。背鳍末根不分支鳍条为硬刺，后缘光滑，起点位于腹鳍起点稍后。臀鳍长，起点位于背鳍基后下方，分支鳍条 21～24 根。鳞大。侧线完全，在体前部缓和下弯呈弧形。鳃耙短小。下咽齿 3 行，略侧扁，末端钩状。鳔 2 室，后室较长，末端圆钝。腹膜灰白色。

本属湖南分布有 1 种。

【伍氏华鳊和大眼华鳊的有效性】众多著作将本属的伍氏华鳊和大眼华鳊作为 2 个有效种，而谢仲桂和张鹗的研究表明伍氏华鳊和大眼华鳊形态学可量、可数性状存在重叠，伍氏华鳊为大眼华鳊的同物异名（谢仲桂等，2003；张鹗等，2004），本书采纳本观点。

025. 大眼华鳊 *Sinibrama macrops* (Günther, 1868)（图 40）

俗称：大眼鳊；**别名**：大眼平胸鳊

Chanodichthys macrops Günther, 1868, *Cat. Fish. Br. Mus.*, 7, 326（台湾）；梁启燊和刘素嬲，1966，湖南师范学院学报（自然科学版），（5）：85（湘江、资水）。

Sinibrama wui: Wu（伍献文），1939，*Sinensia*, 10 (1-6): 114（阳朔）；唐文乔，1989，中国科学院水生生物研究所硕士学位论文：29（麻阳、吉首、保靖、桑植）；曹英华等，2012，湘江水生动物志：101（湘江衡阳常宁）；刘良国等，2013b，长江流域资源与环境，22（9）：1165（澧水桑植、慈利、石门）；刘良国等，2013a，海洋与湖沼，44（1）：148（沅水怀化）；Lei et al., 2015, *J. Appl. Ichthyol.*, 1（湘江）；吴倩倩等，2016，生命科学研究，20（5）：377（通道玉带河国家级湿地公园）；向鹏等，2016，湖泊科学，28（2）：379（沅水五强溪水库）；康祖杰等，2019，壶瓶山鱼类图鉴：114（壶瓶山）。

Sinibrama wui typus: 易伯鲁等（见：伍献文等），1964，中国鲤科鱼类志（上卷）：109（衡山）。

Sinibrama wui wui: 唐家汉和钱名全，1979，淡水渔业，（1）：10（洞庭湖）；唐家汉，1980a，湖南鱼类志（修订重版）：55（湘江零陵）；林益平等（见：杨金通等），1985，湖南省渔业区划报告集：71（洞庭湖、湘江、资水、沅水、澧水）；唐文乔等，2001，上海水产大学学报，10（1）：6（沅水水系的辰水、武水、酉水、澧水）。

Sinibrama macrops: 贺顺连等，湖南农业大学学报（自然科学版），2000，26（5）：379（湘江长沙）；李鸿等，2020，湖南鱼类系统检索及手绘图鉴：23，100；廖伏初等，2020，湖南鱼类原色图谱，34。

标本采集：标本 30 尾，采自东安、怀化等地。

形态特征：背鳍 iii-7；臀鳍 iii-21～24；胸鳍 i -15；腹鳍 ii-8。侧线鳞 $55\frac{10}{6-V}60$。鳃耙 10～12。下咽齿 3 行，2·4·5/5·4·2。

体长为体高的 2.9～3.2 倍，为头长的 4.0～4.5 倍，为尾柄长的 8.0～9.4 倍，为尾柄高的 9.2～10.4 倍。头长为吻长的 3.5～3.9 倍，为眼径的 2.5～2.9 倍，为眼间距的 2.9～

3.2 倍，为尾柄长的 1.9～2.2 倍，为尾柄高的 2.1～2.7 倍。尾柄长为尾柄高的 1.0～1.4 倍。肠长为体长的 1.8～2.0 倍。

体较高而侧扁；背部隆起；腹部明显下突；腹棱为半棱，自腹鳍基末至肛门前。头小而尖。吻长小于眼径。口端位，半圆形，口角止于鼻孔下方。无须。鼻孔每侧 2 个，前后鼻孔紧邻，位于眼上缘前方。眼大，侧位，眼径稍大于吻长。眼间隔宽而稍圆凸，眼间距等于稍小于眼径。鳃孔大。鳃盖膜与峡部相连。

背鳍起点距吻端等于或稍小于距尾鳍基，末根不分支鳍条为光滑硬刺，最长分支鳍条稍短于头长。胸鳍后伸不达或接近腹鳍起点。腹鳍起点稍前于背鳍起点。肛门紧靠臀鳍起点。臀鳍基较长。尾鳍叉形，尾鳍外侧最长鳍条约为其中部最短鳍条的 3.0 倍。

体被圆鳞，中等大小。侧线完全，在胸鳍上方或缓向下弯曲，呈弧形，向后延伸至尾柄正中。

鳃耙短钝，排列稀疏，末端呈钩状。下咽齿略侧扁，末端钩状。鳔 2 室，后室约为前室长的 2.0 倍，末端圆钝。腹膜灰白色。肠长，约为体长的 2.0 倍。

体背部深灰色，腹部灰白色。体侧中部具 1 条宽阔的黑色纵纹。背鳍、尾鳍浅灰色，其余各鳍浅黄色。

生物学特性：

【生活习性】常栖息于河岸水流缓慢的浅水区，夏季成群活动于水体中下层，冬季进入深水区越冬。

【年龄生长】个体较小，种群年龄结构简单。千岛湖种群平均体长 1 龄 13.6cm、2 龄 14.4cm、3 龄 15.8cm、4 龄 16.3cm（刘国栋等，2011）。

【食性】主要摄食岩石上的腐殖质、藻类及小型鱼类等，亦能摄食水生植物碎屑。

【繁殖】福建地区繁殖期 3—6 月，相对繁殖力为 38～215 粒/g。分批次产卵，常于夜间 8：00～9：00 在水流较急和底质为砾石的浅水区产卵，卵深黄色，微黏性（《福建鱼类志》编写组，1984；陆清尔，1992；刘国栋等，2011）。

资源分布：江河、湖泊中均有分布，以湘、资、沅、澧"四水"中上游干流及支流较多。

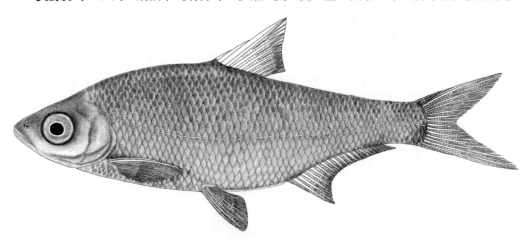

图 40　大眼华鳊 *Sinibrama macrops* (Günther, 1868)

（019）鲂属 *Megalobrama* Dybowski, 1872

Megalobrama Dybowski, 1872, *Verh. Zod. -bot. Ges. Wien.*, 22: 212.

模式种： *Megalobrama skolkovii* Dybowski

体高而侧扁，似菱形。腹棱为半棱，自腹鳍基末至肛门前。头小，锥形。吻端。口端位。上、下颌等长，具角质。无须。鼻孔每侧 2 个，位于眼上缘前方。眼大。眼间隔较平或呈浅弧形。鳃孔中等，鳃盖膜与峡部相连。背鳍末根不分支鳍条为粗壮硬刺，后缘无锯齿，起点距吻端与距尾鳍基约相等。臀鳍延长，末根不分支鳍条末端柔软分节，分支鳍条 26～32 根，起点与背鳍基末相对或稍后。胸鳍后伸达或不达腹鳍起点。腹鳍后伸达或不达肛门。尾鳍深义形，下叶稍长。鳃耙短而侧扁。下咽齿 3 行，齿面斜平，尖端略呈钩状。鳔 3 室。腹膜白色。

本属湖南分布有 2 种。

026. 鲂 *Megalobrama skolkovii* **Dybowski, 1872**（图 41）

俗称： 角鳊、三角鳊；**别名：** 平胸鳊；**英文名：** black bream

Megalobrama skolkovii Dybowski, 1872, *Verh. zool. -bot. Ges. Wien*. 22: 213（黑龙江）；罗云林和陈银瑞，1990，水生生物学报，14（2）：163（沅江、常德、岳阳）；罗云林和陈银瑞（见：陈宜瑜等），1998，中国动物志 硬骨鱼纲 鲤形目（中卷）：202（沅江、常德、岳阳）；李鸿等，2020，湖南鱼类系统检索及手绘图鉴：24，101。

Chanodichthys terminalis：Günther, 1868, *Cat. Fish. Br. Mus.*, 7: 326（中国）。

Parabramis bramula：Bleeker, 1871, *Verh. Akad. Wet. Amst.*, 12: 78（长江）。

Megalobrama terminalis：Nichols, 1928, *Bull. Ann. Mus. Nat. Hist.*, 58（1）：30（湖南）；梁启燊和刘素嬛，1959，湖南师范学院自然科学学报，（3）：67（洞庭湖、湘江）；梁启燊和刘素嬛，1966，湖南师范学院学报（自然科学版），（5）：85（洞庭湖、湘江、资水、沅水、澧水）；湖北省水生生物研究所鱼类研究室，1976，长江鱼类：109（岳阳和君山）；唐家汉和钱名全，1979，淡水渔业，（1）：10（洞庭湖）；唐家汉，1980a，湖南鱼类志（修订重版）：53（洞庭湖）；林益平等（见：杨金通等），1985，湖南省渔业区划报告集：71（洞庭湖、湘江、资水、沅水、澧水）；唐文乔等，2001，上海水产大学学报，10（1）：6（澧水）；郭克疾等，2004，生命科学研究，8（1）：82（桃源县乌云界自然保护区）；吴婕和邓学建，2007，湖南师范大学自然科学学报，30（3）：116（柘溪水库）。

标本采集： 标本 14 尾，采自洞庭湖等地。

形态特征： 背鳍 iii-7；臀鳍 iii-25～30；胸鳍 i -17；腹鳍 ii-8。侧线鳞 $53\frac{11\sim12}{7\sim8\text{-}V}58$；围尾柄鳞 20～22。鳃耙 14～20。下咽齿 3 行，2·4·4（5）/5（4）·4·2。

体长为体高的 2.0～2.3 倍，为头长的 4.0～4.4 倍，为尾柄长的 9.9～11.8 倍，为尾柄高的 7.1～8.1 倍。头长为吻长的 3.3～3.8 倍，为眼径的 3.3～4.6 倍，为眼间距的 2.1～2.5 倍。尾柄长为尾柄高的 0.6～0.9 倍。肠长为体长的 2.4～2.5 倍。

体高而侧扁，菱形；背缘较窄。腹部在腹鳍前较圆；腹棱为半棱，自腹鳍基末至肛门前。头小而侧扁，头长小于体高。吻短，吻长稍大于眼径。口较小，口裂斜形，头宽为口宽的 2.0 倍以上。上、下颌约等长，角质发达，上颌角质低而长，新月形，边缘锐利；上颌骨伸达鼻孔下方。眼侧位，眼后头长小于眼后缘距吻端。眼间隔宽而圆突，眼间距大于眼径，为眼径的 1.4～1.9 倍。鳃孔向前至前鳃盖骨后缘下方；鳃盖膜与峡部相连。

背鳍起点位于腹鳍起点后上方，外缘斜直，上角尖形；末根不分支鳍条为硬刺，粗壮而长，刺长大于头长；起点距吻端小于或等于距尾鳍基。胸鳍尖形，后伸达或不达腹鳍起点。腹鳍位于背鳍起点前下方，其长短于胸鳍，后伸不达肛门。臀鳍长，外缘凹入，起点与背鳍基末相对，距腹鳍起点大于其基长的 1/2。尾鳍深叉形，下叶稍长于上叶，末端尖形。

体被较大圆鳞，背、腹部鳞细小。侧线较平直，约位于体侧中部，向后伸达尾鳍基。

鳃耙短，片状，排列较密。下咽骨宽短，"弓"字形，前后臂粗短，角突显著。主行齿稍侧扁，末端尖而弯，最后 1 枚齿圆锥形。鳔 3 室，前室大于中室，为中室长的 1.1～1.5 倍，后室甚小，末端尖，其长约等于眼径。肠长，多次盘曲，肠长约为体长的 2.5 倍。腹膜银灰色。

体灰黑色，腹侧银灰色。体侧鳞中间浅色，边缘灰黑色。各鳍灰黑色。

生物学特性：

【生活习性】 喜栖息于水生植物茂盛的敞水区。

【年龄生长】 生长速度快，以鳞片为年龄鉴定材料，退算体长平均值：1 龄 10.7cm、2 龄 21.9cm、3 龄 34.9cm、4 龄 46.7cm、5 龄 51.4cm。以 2～4 龄生长较快。

【食性】 幼鱼以浮游动物为食，成鱼多以水生植物和淡水壳菜、小虾等为食。

【繁殖】 繁殖期 4—6 月，5 月为产卵盛期。3 龄性成熟。卵圆球形，浅绿色，具黏性，卵径 1.1～1.2mm，附着在砾石上发育。水温 30.6～31.4℃时，受精卵孵化脱膜需约 23h，初孵仔鱼全长 4.0～4.7mm，肌节 41～42 对。水温 25.2～33.6℃时，5 日龄仔鱼卵黄囊吸尽。幼鱼在江河支流或湖湾内肥育（赵俊等，1994）。

资源分布： 洞庭湖区及湘、资、沅、澧"四水"均有分布，肉味较美，为湖南主要经济鱼类之一。

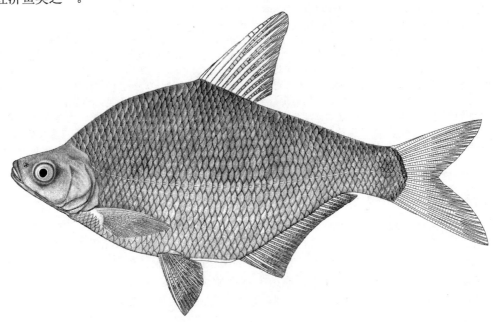

图 41　鲂 *Megalobrama skolkovii* Dybowski, 1872

027. 团头鲂 *Megalobrama amblycephala* Yih, 1955（图 42）

俗称： 草鳊、武昌鱼；**英文名：** Wuchang bream、bult snact bream

Megalobrama amblycephala Yih（易伯鲁），1955，*Acta Hydrobiol. Sinica*, (2): 116（湖北梁子湖）；唐家汉和钱名全，1979，淡水渔业，(1)：10（洞庭湖）；唐家汉，1980a，湖南鱼类志（修订重版）：54（洞庭湖）；林益平等（见：杨金通等），1985，湖南省渔业区划报告集：71（洞庭湖、湘江）；唐文乔，1989，中国科学院水生生物研究所硕士学位论文：31（吉首）；唐文乔等，2001，上海水产大学学报，

10（1）：6（沅水水系的辰水、澧水）；吴婕和邓学建，2007，湖南师范大学自然科学学报，30（3）：116（柘溪水库）；康祖杰等，2010，野生动物，31（5）：293（壶瓶山）；康祖杰等，2010，动物学杂志，45（5）：79（壶瓶山）；曹英华等，2012，湘江水生动物志：105（湘江株洲）；牛艳东等，2012，湖南林业科技，39（1）：61（怀化中方县康龙自然保护区）；刘良国等，2013，长江流域资源与环境，22（9）：1165（澧水慈利、石门、澧县、澧水河口）；刘良国等，2013，海洋与湖沼，44（1）：148（沅水五强溪水库、常德）；刘良国等，2014，南方水产科学，10（2）：1（资水新邵、安化、桃江）；黄忠舜等，2016，湖南林业科技，43（2）：34（安乡县书院洲国家湿地公园）；向鹏等，2016，湖泊科学，28（2）：379（沅水五强溪水库）；李鸿等，2020，湖南鱼类系统检索及手绘图鉴：24，102；廖伏初等，2020，湖南鱼类原色图谱，36。

Megalobrama pellegrini 曹英华等，2012，湘江水生动物志：104（湘江株洲）；康祖杰等，2019，壶瓶山鱼类图鉴：121（壶瓶山）。

【古文释鱼】《沅洲府志》（张官五、吴嗣仲）："岩鳊，俗称赛鱼，似鳊而差厚，春夏之间出芷江叶家山麓之梅坡洞，渔人网取，人争市之，味最美"。

标本采集：标本 25 尾，采自洞庭湖、株洲、衡阳等地。

形态特征：背鳍 iii-7；臀鳍 iii-28～30；胸鳍 i -16～17；腹鳍 ii-8。侧线鳞 $54\frac{11\sim12}{8\sim9-V}57$。鳃耙 14～15。下咽齿 3 行，2·4·5/5·4·2。

体长为体高的 2.0～2.3 倍，为头长的 4.5～4.6 倍，为尾柄长的 10.1～13.2 倍，为尾柄高的 7.2～7.7 倍。头长为吻长的 3.3～3.5 倍，为眼径的 4.4～4.8 倍，为眼间距的 2.0～2.2 倍。尾柄长为尾柄高的 0.6～0.7 倍。肠长为体长的 2.4～2.5 倍。

体高而侧扁；背部隆起很高，背鳍起点处为体最高处。腹部在腹鳍以前向上倾斜；腹棱为半棱，自腹鳍基末至肛门前。头小，锥形。吻长约为眼后头长的 1/3。口小，端位。口裂较宽，弧形。上、下颌盖以薄的角质，颌角达鼻孔正下方。无须。鼻孔每侧 2 个，位于眼上缘前方。眼大、侧位。眼间隔隆起呈弧形。鳃孔中等，鳃盖膜与峡部相连。

背鳍末根不分支鳍条为硬刺，后缘光滑，刺长等于或短于头长，起点位于腹鳍起点稍后，距尾鳍基较距吻端为近。胸鳍后伸接近腹鳍起点。腹鳍后伸不达肛门。肛门紧靠臀鳍起点。臀鳍基较长，末根不分支鳍条末端柔软分节，鳍条前长后短，鳍缘齐整，起点位于背鳍基末稍后。尾鳍叉形，下叶稍长。

体被大圆鳞。侧线完全，浅弧形。

鳃耙短而侧扁，略呈三角形，排列稀疏。下咽齿长而侧扁，齿面斜平，末端钩状。鳔 3 室，前室较小，中室圆大，后室细小。腹膜灰黑色。

背侧暗灰色，腹部灰白色。体侧鳞基部灰黑，组成若干黑条纹。各鳍浅灰色。

生物学特性：

【生活习性】性温和，喜栖息于湖泊静水水体、底质为淤泥、长有沉水植物的敞水区的中下层。冬季在深水区越冬。

【年龄生长】根据鳞片鉴定年龄，梁子湖种群退算体长平均值：1 龄 12.0cm、2 龄 19.5cm、3 龄 24.0cm、4 龄 29.0cm、5 龄 32.6cm（宋文等，2014）。

【食性】幼鱼主要摄食枝角类甲壳动物，成鱼摄食苦草、黑叶轮藻、菹草、穗状狐尾藻和马来眼子菜等，10 月摄食水绵比例增加。故有"草鳊"之称。

【繁殖】繁殖期 5—6 月，雄鱼眼眶、头顶部、尾柄部的鳞片和胸鳍前数根鳍条背部出现密集珠星，背部亦有珠星。同时雄鱼胸鳍第 1 根鳍条增厚且略呈 "S" 形弯曲。雌鱼珠星不如雄鱼密集。产卵场需要有一定的流水，底质为软泥多沙，水草茂盛。产卵水温 20.0～28.0℃，多在夜间进行，繁殖期间亲鱼不进食。2 龄性成熟，最小性成熟个体雌鱼体长 25.0cm，雄鱼体长 25.8cm。随着年龄的增加，其绝对繁殖力和相对繁殖力均增大。受精卵微黏性，浅黄微带绿色，卵壳膜外有 1 层很薄的胶质层，黏附于水草或其他物体上。水温 23.0℃时，受精卵孵化脱膜需 44.0h，初孵仔鱼全长 3.5～4.0mm，肌节 43～46 对（曹文宣，1960）。

资源分布：洞庭湖及湘、资、沅、澧"四水"下游均有分布。

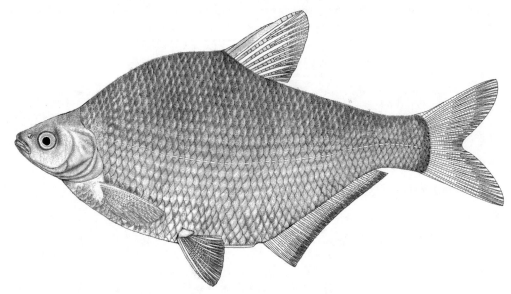

图 42　团头鲂 *Megalobrama amblycephala* Yih, 1955

（020）鲬属 *Hemiculter* Bleeker, 1860

Hemiculter Bleeker, 1860, *Act. Soc. Sci. Indo-Neerl.*, 7 (2): 432。

模式种：*Culter leucisculus* Basilewsky

体长而侧扁。腹棱为全棱，自胸鳍基末至肛门前。头小而尖。吻长。口端位。上、下颌等长。无须。鼻孔每侧 2 个，位于眼上缘前方。眼侧位。眼间隔宽凸。鳃盖膜与峡部相连。背鳍短小，分支鳍条 7 根，末根不分支鳍条为硬刺，其后缘光滑无锯齿，起点距尾鳍基较距吻端为近或稍远。臀鳍中等长，分支鳍条 11～19 根，起点位于背鳍基后下方。胸鳍下侧位，后伸不达腹鳍起点。尾鳍深叉形。体被圆鳞。侧线完全，前部向下倾斜，在胸鳍末端向下弯折，与腹部平行于体侧中轴以下，在臀鳍基后上方折向上延至尾鳍中部。鳃耙侧扁，细密。下咽齿 3 行，末端钩状。腹膜灰黑色。鳔 2 室。

本属湖南分布有 2 种。

【古文释鱼】①《本草纲目》："鲦，生江湖中，小鱼也，长仅数寸，形狭而扁，状如柳叶，鳞细而整。洁白可爱，性好群游"。②《祁阳县志》（旷敏本、李莳）："鲉，音条，小鱼也，同鲦，长仅数寸，形狭而扁，状如柳叶，鳞细而整，洁白可爱，惟性好群游，《荀子》曰'浮阳之鱼也'。最宜作鲊菹"。③《辰州府志》（席绍葆、谢鸣谦等）："白鲦，形狭而长，若条然。《诗》'鲦、鳎、鰋、鲤是也'。辰俗呼白线鱼"。④《直隶澧州志》（何玉棻、魏式曾、黄维瓒）："鲦，小白鱼，俗称鲬条，亦曰白条。小而长，时浮水而性好游。庄子观于濠梁曰'鲦鱼出游从容，是鱼之乐也'。《淮南子》'不得其道，若观鲦鱼，望之可见，即之不可得'"。⑤《沅陵县志》（许光曙、守忠）："白鲦鱼，《尔雅》'鮂，黑鰦，<注>即白鲦鱼'；《疏》'鮂，一名黑鰦'；《正字通》'俗呼参条鱼'"。⑥《善化县志》（吴兆熙、张先抡等）："游鱼，即鲦鱼，性喜群游，小鱼也"。

028. 鳘*Hemiculter leucisculus* (Basilewsky, 1855)（图 43）

俗称：鳘鲦、游刁子、白条；**别名**：白鲦；**英文名**：Sharpbelly

Culter leucisculus Basilewsky, 1855, *Nouv. Mem. Soc. Nat. Mosc.*, 10: 238（华北）。

Chanodichthys leucisculus：Günther, 1868, *Cat. Fish. Br. Mus.*, 7: 327（中国）。

Hemiculter leucisculus：梁启燊和刘素嬛，1959，湖南师范学院自然科学学报，（3）：67（洞庭湖、湘江）；易伯鲁等（见：伍献文等），1964，中国鲤科鱼类志（上卷）：90（长江）；梁启燊和刘素嬛，1966，湖南师范学院学报（自然科学版），（5）：85（洞庭湖、湘江、资水、沅水、澧水）；湖北省水生生物研究所鱼类研究室，1976，长江鱼类：114（岳阳）；唐家汉和钱名全，1979，淡水渔业，（1）：10（洞庭湖）；唐家汉，1980a，湖南鱼志（修订重版）：44（洞庭湖）；林益平等（见：杨金通等），1985，湖南省渔业区划报告集：70（洞庭湖、湘江、资水、沅水、澧水）；唐文乔，1989，中国科学院水生生物研究所硕士学位论文：30（麻阳）；罗云林和陈银瑞（见：陈宜瑜等），1998，中国动物志 硬骨鱼纲 鲤形目（中卷）：164（岳阳）；唐文乔等，2001，上海水产大学学报，10（1）：6（沅水水系的辰水、酉水）；吴婕和邓学建，2007，湖南师范大学自然科学学报，30（3）：116（柘溪水库）；康祖杰等，2010，野生动物，31（5）：293（壶瓶山）；曹英华等，2012，湘江水生动物志：90（湘江长沙、衡阳常宁）；牛艳东等，2012，湖南林业科技，39（1）：61（怀化中方县康龙自然保护区）；刘良国等，2013b，长江流域资源与环境，22（9）：1165（澧水桑植、慈利、石门、澧县、澧水河口）；刘良国等，2013a，海洋与湖沼，44（1）：148（沅水怀化、五强溪水库、常德）；刘良国等，2014，南方水产科学，10（2）：1（资水新邵、安化、桃江）；Lei et al., 2015, *J. Appl. Ichthyol.*, 2（湘江）；黄忠舜等，2016，湖南林业科技，43（2）：34（安乡县书院洲国家湿地公园）；吴倩倩等，2016，生命科学研究，20（5）：377（通道玉带河国家级湿地公园）；向鹏等，2016，湖泊科学，28（2）：379（沅水五强溪水库）；康祖杰等，2019，壶瓶山鱼类图鉴：117（壶瓶山黄虎港）；李鸿等，2020，湖南鱼类系统检索及手绘图鉴：24，104；廖伏初等，2020，湖南鱼类原色图谱，38。

Hemiculter schrencki：梁启燊和刘素嬛，1959，湖南师范学院自然科学学报，（3）：67（洞庭湖、湘江）；梁启燊和刘素嬛，1966，湖南师范学院学报（自然科学版），（5）：85（洞庭湖、湘江、资水、沅水、澧水）。

Hemiculter tchangi：杨春英等，2012，四川动物，31（6）：959（沅水怀化、澧水桑植）；刘良国等，2013b，长江流域资源与环境，22（9）：1165（澧水慈利、石门、澧县、澧水河口）；刘良国等，2013a，海洋与湖沼，44（1）：148（沅水五强溪水库、常德）；刘良国等，2014，南方水产科学，10（2）：1（资水安化、桃江）；向鹏等，2016，湖泊科学，28（2）：379（沅水五强溪水库）。

标本采集：标本 40 尾，采自洞庭湖、长沙、浏阳、衡阳等地。

形态特征：背鳍 ii -7；臀鳍 ii -10～14；胸鳍 i -12～13；腹鳍 ii -7～8。侧线鳞 $48\frac{8\sim9}{2\text{-}V}52$。鳃耙 15～16。下咽齿 3 行，数目不稳定。

体长为体高的 4.1～4.4 倍，为头长的 4.1～4.6 倍，为尾柄长的 6.5～8.4 倍，为尾柄高的 9.3～10.8 倍，为眼间距的 2.7～3.4 倍。尾柄长为尾柄高的 1.2～1.4 倍。

体长而侧扁。腹棱为全棱，自胸鳍基末至肛门前。头稍尖。吻长稍大于眼径。口端位，口裂末端达鼻孔后缘下方。上下颌约等长；下颌前端向上凸起，与上颌前端凹陷相吻合。无须。鼻孔每侧 2 个，位于眼上缘前方。眼较大，侧位。眼间隔微隆，眼间距大于眼径。鳃孔大。鳃盖膜与峡部相连。

背鳍短，末根不分支鳍条为光滑硬刺，刺长短于头长；起点距吻端较距尾鳍基为远。胸鳍后伸不达腹鳍起点。腹鳍后伸不达肛门。肛门紧靠臀鳍起点。臀鳍起点后于背鳍基。尾鳍深叉形。

体被圆鳞，中等大小。侧线完全，在胸鳍上方急剧下弯，至胸鳍末端沿体下部后行，终于尾柄正中。

鳃耙长而侧扁，排列稀疏。下咽齿圆锥形，末端钩状。鳔 2 室，前室稍膨大，后室细长，末端具 1 小尖突。腹膜灰黑色。

体背部青灰色，腹部灰白色，尾鳍灰色，其余各鳍浅黄色。

生物学特性：

【生活习性】中上层小型鱼类，喜集群觅食，行动迅速，昼夜均活动，冬季潜伏深水中越冬。

【食性】食性杂，幼鱼主要以枝角类、桡足类和水生昆虫为食，成鱼则主要以藻类、高等植物碎片和甲壳类为食。食性具明显的季节性变化，春季以食藻和水生昆虫为主；夏季以象鼻藻、幼鱼为主；秋季以象鼻藻、水生昆虫为主；冬季以藻为主（叶佳林，2006）。

【繁殖】繁殖期4—6月，流水或静水中均可繁殖。1龄即达性成熟。分批次产卵，受精卵淡黄色，黏性，附着在水草或砾石上孵化。

资源分布：广布性鱼类，江河、湖泊和池塘中均有分布。个体小，数量多。

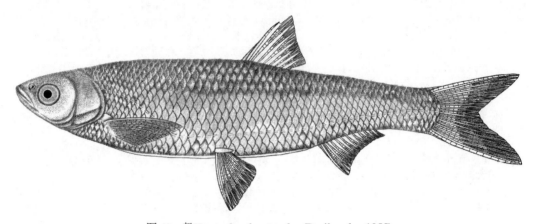

图43 鳌*Hemiculter leucisculus* (Basilewsky, 1855)

029. 贝氏鳌*Hemiculter bleekeri* Warpachowski, 1888（图44）

俗称：硬脑壳刁子、白条、刁子、油刁子；**别名：**油鳌、油鳌鲦、短吻华鱼、贝氏鲦

Hemiculter leucisculus Bleeker, 1859, *Nat. Tijid. Ned-Indie*, 20: 432（中国）；Bleeker, 1871, *Verh. Akad. Wet. Amst.*, 12: 76（长江）。

Hemiculter bleekeri Warpachowski, 1887, *Bull. Acad. Imp. Sci. St. Pétersb.*, 32: 13-24（长江）。

Hemiculter bleekeri bleekeri：Wu, 1930c, *Contr. Biol. Lab. Sci. Soc. China*, 6(5): 47（湖南）；易伯鲁和吴清江（见：伍献文等），1964，中国鲤科鱼类志（上卷）：87（长江）；湖北省水生生物研究所鱼类研究室，1976，长江鱼类：112（洞庭湖）；唐家汉和钱名全，1979，淡水渔业，（1）：10（洞庭湖）；唐家汉，1980a，湖南鱼类志（修订重版）：45（洞庭湖）；林益平等（见：杨金通等），1985，湖南省渔业区划报告集：70（洞庭湖、湘江、资水、沅水、澧水）；罗云林和陈银瑞（见：陈宜瑜等），1998，中国动物志 硬骨鱼纲 鲤形目（中卷）：167（岳阳）；曹英华等，2012，湘江水生动物志：92（湘江长沙、衡阳常宁）。

Hemiculter bleekeri：梁启燊和刘素孋，1966，湖南师范学院学报（自然科学版），（5）：85（洞庭湖、湘江）；吴婕和邓学建，2007，湖南师范大学自然科学学报，30（3）：116（柘溪水库）；牛艳东等，2011，湖南林业科技，38（5）：44（城步芙蓉河）；牛艳东等，2012，湖南林业科技，39（1）：61（怀化中方县康龙自然保护区）；刘良国等，2013b，长江流域资源与环境，22（9）：1165（澧水桑植、慈利、石门、澧县、澧水河口）；刘良国等，2013a，海洋与湖沼，44（1）：148（沅水怀化、五强溪水库、常德）；刘良国等，2014，南方水产科学，10（2）：1（资水新邵、安化、桃江）；向鹏等，2016，湖泊科学，28（2）：379（沅水五强溪水库）；李鸿等，2020，湖南鱼类系统检索及手绘图鉴：24，105；廖伏初等，2020，湖南鱼类原色图谱，40。

Hemiculter bleekerii：黄忠舜等，2016，湖南林业科技，43（2）：34（安乡县书院洲国家湿地公园）。

标本采集：标本 30 尾，采自长沙、衡阳等地。

形态特征：背鳍iii-7～8；臀鳍iii-12～15；胸鳍 i -13；腹鳍ii-8。侧线鳞 $42\frac{8\sim9}{2\text{-V}}48$。鳃耙 23～25。下咽齿 3 行，数目不稳定。

体长为体高的 3.3～4.5 倍，为头长的 4.2～4.7 倍，为尾柄长的 8.0～9.8 倍，为尾柄高的 9.0～10.2 倍。头长为吻长的 3.8～4.5 倍，为眼径的 4.0～4.5 倍，为眼间距的 3.3～3.6 倍。尾柄长为尾柄高的 1.0～1.2 倍。

体长而侧扁，背缘微隆起，腹缘广弧形。腹棱为全棱，自胸鳍基末至肛门前。头稍尖，头长小于体高。吻短，吻长远小于眼后头长。口端位，斜裂。上、下颌约等长。无须。鼻孔每侧 2 个，位于眼上缘前方。眼大，稍大于吻长。眼间隔隆起呈弧形，眼间距大于眼径。鳃孔大。鳃盖膜与峡部相连。

背鳍末根不分支鳍条为光滑硬刺，刺长短于头长；起点距吻端等于或稍大于距尾鳍基。胸鳍后伸不达腹鳍起点。腹鳍起点稍前于背鳍起点。肛门紧靠臀鳍起点。臀鳍起点位于背鳍基后下方。尾鳍深叉形，外侧最长鳍条约为其中央最短鳍条的 3.0 倍。

体被圆鳞。侧线完全，于胸鳍上方平缓下弯，至胸鳍末端沿体下部后行，延伸至尾柄正中。

鳃耙细长而侧扁，排列紧密。下咽齿侧扁，末端钩状。鳔 2 室，前室膨大，前、后室约等长，后室末端具 1 小尖突。腹膜深黑色。

背侧灰绿带黄色，腹部银白色，各鳍灰白色。

生物学特性：

【生活习性】上层鱼类，生活于江河、湖泊和池塘、水库中，喜集群，行动迅速，在浅水岸边觅食。

【食性】杂食性，主要以鳞翅目、鞘翅目等水生昆虫幼虫为食，也食高等植物碎片、枝角类、桡足类及浮游植物。

【繁殖】繁殖期 4—6 月，1 龄可达性成熟，最小性成熟个体雌鱼 7.5cm，雄鱼 8.2cm。成熟卵巢浅白色，绝对繁殖力为 1703～9601 粒，相对繁殖力为 204.7～406.5 粒/g。一次性产卵，卵漂流性。产卵多在清晨或黄昏，大量亲鱼聚集在水流较急的水面嬉戏，可见尾部露出水面（余文娟等，2018）。

资源分布：江河、湖泊和池塘中常见。个体较小，数量较多，为小型经济鱼类。

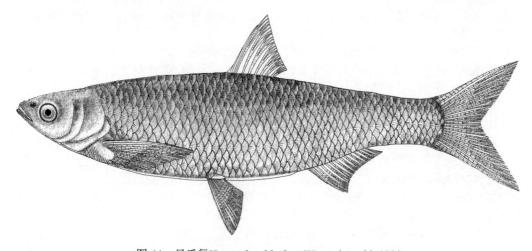

图 44 贝氏䱗*Hemiculter bleekeri* Warpachowski, 1888

（021）拟鲹属 *Pseudohemiculter* Nichols *et* Pope, 1927

Pseudohemiculter Nichols *et* Pope, 1927, *Bull. Ann. Mus. Nat. Hist.*, 54: 372.

模式种：*Hemiculter hainanensis* Nichols *et* Pope

体长而侧扁，头尖。腹棱为半棱，自腹鳍基末至肛门前。口端位。下颌前端具 1 凸起，与上颌前端凹陷相吻合。无须。鼻孔每侧 2 个。眼大。鳃盖膜与峡部相连。背鳍末根不分支鳍条为硬刺，其后缘光滑。胸鳍下侧位。臀鳍长，分支鳍条 13～18 根，起点位于背鳍基后下方。尾鳍叉形。鳞稍大，腹鳍基具长形腋鳞。侧线完全，在胸鳍上方向下弯折。鳃耙较细。下咽齿 3 行，末端弯曲呈钩状。鳔 2 室，后室较长，末端圆钝。腹膜灰白色。

本属湖南分布有 2 种。

030. 南方拟鲹 *Pseudohemiculter dispar* (Peters, 1881)（图 45）

俗称：刁子、蓝刀、白条鱼

Hemiculter dispar Peters, 1881, *Mon. Akad. Wiss. Berl.*, 1035（香港）。

Pseudohemiculter dispar：唐家汉，1980a，湖南鱼类志（修订重版）：51（湘江）；林益平等（见：杨金通等），1985，湖南省渔业区划报告集：71（湘江）；唐文乔等，2001，上海水产大学学报，10（1）：6（沅水水系的辰水、酉水）；康祖杰等，2010，野生动物，31（5）：293（壶瓶山）；康祖杰等，2010，动物学杂志，45（5）：79（壶瓶山）；曹英华等，2012，湘江水生动物志：100（湘江衡阳常宁）；刘良国等，2013b，长江流域资源与环境，22（9）：1165（澧水慈利、石门、澧县、澧水河口）；刘良国等，2013a，海洋与湖沼，44（1）：148（沅水怀化）；Lei et al., 2015, *J. Appl. Ichthyol.*, 2（湘江）；吴倩倩等，2016，生命科学研究，20（5）：377（通道玉带河国家级湿地公园）；向鹏等，2016，湖泊科学，28（2）：379（沅水五强溪水库）；康祖杰等，2019，壶瓶山鱼类图鉴：118（壶瓶山黄虎港）；李鸿等，2020，湖南鱼类系统检索及手绘图鉴：25，106；廖伏初等，2020，湖南鱼类原色图谱，42。

标本采集：标本 23 尾，采自安化、东安、衡阳等地。

形态特征：背鳍iii-7；臀鳍iii-14；胸鳍 i -13；腹鳍ii-8。侧线鳞 $49\frac{8\sim9}{2\text{-}V}52$。鳃耙 10～11。下咽齿 3 行，2·4·4/5·4·2。

体长为体高的 4.0～4.5 倍，为头长的 4.2～4.4 倍，为尾柄长的 6.6～7.3 倍，为尾柄高的 11.6～12.0 倍。头长为吻长的 3.4～3.6 倍，为眼径的 4.0～4.9 倍，为眼间距的 3.3～3.5 倍。尾柄长为尾柄高的 1.6～1.8 倍。

体长而侧扁。背部和腹鳍前的腹部较圆。腹棱为半棱，自腹鳍基末至肛门前。头长稍大于体高。吻尖，吻长小于眼后头长。口较大，端位，口裂倾斜，口角不达眼前缘下方。上颌稍长于下颌，下颌前端具不甚明显的凸起，与上颌前端凹陷相吻合。无须。鼻孔每侧 2 个，位于吻端至眼前缘间的中点。眼大而侧位。眼间隔平。鳃孔大。鳃盖膜与峡部相连。

背鳍短，末根不分支鳍条为光滑硬刺，起点距吻端较距尾鳍基为远。胸鳍狭长，后伸不达腹鳍起点。腹鳍起点位于背鳍起点下方稍前，距臀鳍起点较距胸鳍起点稍近。肛门紧靠臀鳍起点。尾鳍叉形，下叶稍长。

体被圆鳞。侧线完全，在胸鳍上方近成直线斜向下弯，而后沿体下部后行至臀鳍基末，再向上弯，延伸至尾柄正中。

鳃耙短而侧扁，排列稀疏。下咽齿长而侧扁，末端呈钩状。鳔 2 室，后室为前室长的 1.5～1.6 倍，长圆筒形，末端圆钝。

背部灰色，腹部灰白色。尾鳍灰黑色，其他各鳍浅灰色。

【年龄生长】平均体长 1 龄 8.3cm、2 龄 10.4cm、3 龄 12.5cm（李强等，2010）。

【食性】杂食性，主要以藻类、高等水生植物碎屑、水生昆虫等为食。

【繁殖】繁殖期 4—6 月，广东北江上游种群的相对繁殖力为 123.0～235.0 粒/g（李强等，2011；张乐等，2012）。

资源分布：小型鱼类，洞庭湖及湘、资、沅、澧"四水"均有分布，但数量较少。

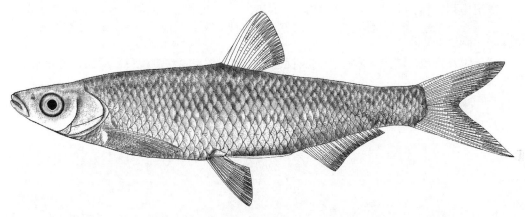

图 45　南方拟鱊*Pseudohemiculter dispar* (Peters, 1881)

031. 海南拟鱊*Pseudohemiculter hainanensis* (Boulenger, 1900)（图 46）

别名：湖南鲦

Barilius hainanensis Boulenger, 1900, *Proc. zool. Soc. Lond.*, 2: 961（海南岛）。

Hemiculter (Pseudohemiculter) hainanensis：Nichols *et* Pope, 1927, *Bull. Ann. Mus. Nat. Hist.*, 54(2): 372（海南岛）。

Hemiculter hunanensis：Tchang（张春霖），1930a, *Thèses. Univ. Paris*, (209): 134（湖南）；梁启燊和刘素孅，1966，湖南师范学院学报（自然科学版），(5)：85（澧水）。

Pseudohemiculter hainanensi：罗云林和陈银瑞（见：陈宜瑜等），1998，中国动物志 硬骨鱼纲 鲤形目（中卷）：177（泸溪、洪江、大江口）；李鸿等，2020，湖南鱼类系统检索及手绘图鉴：25，107。

标本采集：无标本，形态描述摘自《中国动物志 硬骨鱼纲 鲤形目（中卷）》。

形态特征：背鳍 iii-7；臀鳍 iii-13～16；胸鳍 i-12～14；腹鳍 ii-7～8。侧线鳞 $44\frac{8～9}{1.5～2 - V}54$。鳃耙 8～12。下咽齿 3 行，2（1）·4·5（4）/4（5）·4·2（1）。

体长为体高的 4.0～5.3 倍，为头长的 3.8～4.5 倍，为尾柄长的 5.7～7.7 倍，为尾柄高的 10.8～13.5 倍。头长为吻长的 2.8～3.7 倍，为眼径的 3.4～5.1 倍，为眼间距的 2.9～3.7 倍，为尾柄长的 1.4～1.9 倍，为尾柄高的 2.5～3.3 倍。尾柄长为尾柄高的 1.5～2.1 倍。

体较低，侧扁，背部较厚而平直，腹部在腹鳍前较圆。腹棱为半棱，自腹鳍基末至肛门前。头侧扁，头背平直；头长一般大于体高。吻尖，吻长大于眼径。口端位，斜裂。上、下颌约等长，上颌骨伸达鼻孔后缘的下方；下颌前端具 1 凸起，与上颌前端凹陷相吻合。眼侧位，眼后缘距吻端大于眼后头长。眼间隔宽，稍突，眼间距大于眼径。鳃孔大。鳃盖膜与峡部相连。

背鳍起点位于腹鳍起点的后上方，外缘平直；末根不分支鳍条为硬刺，刺较细短，刺长等于或小于鳃盖后缘距眼中部；背鳍起点距吻端较距尾鳍基为远。胸鳍尖形，其长短于头长，后伸不达腹鳍起点。腹鳍长短于胸鳍，末端距臀鳍起点有一定距离；起点位于背鳍起点之前。臀鳍位于背鳍后下方，外缘浅凹，或近平直，起点距腹鳍起点较距尾鳍基为近。尾鳍深叉形，下叶稍长，末端尖形。

　　体被较大圆鳞。侧线自头后向下倾斜，至胸鳍后部弯折成与腹部平行，至臀鳍基末又折而向上，向后延伸至尾柄正中。

　　鳃耙排列较稀。下咽骨略呈钩状，前角突显著。下咽齿稍侧扁，末端尖而弯。鳔 2 室，后室长于前室，约为前室长的 2.0 倍，末端具小突。肠前后弯曲，肠长等于或稍大于体长。腹膜灰黑色。

　　鲜活时体银色。浸泡标本体背侧灰褐色，常具小黑点；腹侧浅色；背鳍、尾鳍灰色，其余各鳍色浅。

　　生物学特性：山溪小型鱼类，栖息于水体中上层，好集群。

　　资源分布：沅水、澧水上游干、支流有分布，数量较少。

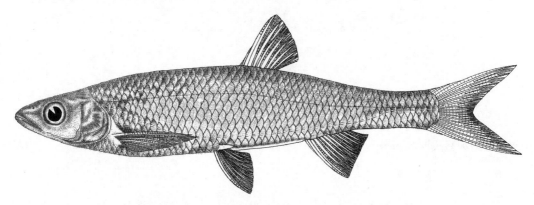

图 46　海南拟鳘 *Pseudohemiculter hainanensis* (Boulenger, 1900)

（022）半鳘属 *Hemiculterella* Warpachowski, 1887

Hemiculterella Warpachowski, 1887, *Bull. Acad. Sci. St. Petersb.*, 32: 23.

　　模式种：*Hemiculterella sauvagei* Warpachowski

　　体长而侧扁。腹棱为半棱，自腹鳍基末至肛门前。口端位。头中等，侧扁。口端位。下颌前端具 1 凸起与上颌前端凹陷相吻合。鳃盖膜与峡部相连。背鳍末根不分支鳍条末端柔软分节，其末根不分支鳍条仅基部变硬。尾鳍深叉形。鳞较大，稍薄。侧线完全，在胸鳍上方急剧下弯。下咽齿 3 行，末端钩状。鳔 2 室，后室末端一般具 1 小突。

　　本属湖南分布有 2 种。

032. 半鳘 *Hemiculterella sauvagei* Warpachowski, 1887（图 47）

　　别名：四川半鳘

Hemiculterella sauvagei Warpachowski, 1887, *Bull. Acad. Sci. St. Petersb.*, 32: 23（四川西部）；唐家汉，1980a，湖南鱼类志（修订重版）：56（湘江、资水）；林益平等（见：杨金通等），1985，湖南省渔业区划报告集：71（湘江、资水）；陈毅峰（见：刘明玉等），2000，中国脊椎动物大全：110（湖南）；

唐文乔等，2001，上海水产大学学报，10（1）：6（沅水水系的辰水、酉水）；吴倩倩等，2016，生命科学研究，20（5）：377（通道玉带河国家级湿地公园）；李鸿等，2020，湖南鱼类系统检索及手绘图鉴：25，108。

　　Hemiculterella sauvagi：郭克疾等，2004，生命科学研究，8（1）：82（桃源县乌云界自然保护区）。

　　标本采集：无标本，形态描述摘自《湖南鱼类志（修订重版）》。

　　形态特征：背鳍iii-7；臀鳍iii-11；胸鳍 i -12；腹鳍ii-8。下咽齿 3 行。侧线鳞 $50\dfrac{7\sim8}{1.5\sim2\text{-V}}55$。鳃耙 7~11。下咽齿 3 行，2·4·5/4·4·1。

　　体长为体高的 4.5~4.7 倍，为头长的 4.2~4.3 倍，为尾柄长的 2.8~2.9 倍，为尾柄高的 12.0~13.0 倍。头长为吻长的 2.8~2.9 倍，为眼径的 3.9~4.0 倍，为眼间距的 3.1~3.2 倍。头长为尾柄长的 1.2~1.3 倍，为尾柄高的 2.9~3.1 倍。尾柄长为尾柄高的 2.2~2.5 倍。

　　体长而侧扁；背部较厚，背缘较平直；腹部前端较圆。腹棱为半棱，自腹鳍基末至肛门前。头中等，头长一般大于体高。吻长稍大于眼径。口近上位，斜裂。上、下颌等长，下颌前端向上凸起，与上颌凹陷处相吻合；口角不达眼前缘下方。眼大、侧位。眼间隔宽突，眼间距稍大于眼径。鳃孔中等，鳃盖膜在前鳃盖骨后缘下方与峡部相连。

　　背鳍末根不分支鳍条末端柔软分节，末根不分支鳍条仅基部变硬，起点距吻端较距尾鳍基稍远。胸鳍后伸不达腹鳍起点。腹鳍起点位于背鳍稍前。肛门紧靠臀鳍起点。臀鳍位于背鳍后下方，起点距腹鳍起点较距尾鳍基为近。尾鳍叉形，下叶稍长，末端尖。

　　体被大圆鳞，较薄，腹鳍基具狭长腋鳞。侧线完全，在胸鳍上方斜向下弯，至胸鳍末端处沿体下部后行，向后延伸至尾柄正中。

　　鳃耙短，排列稀疏。下咽齿稍侧扁，末端尖而弯。鳔 2 室，后室长，末端具 1 小突。肠短，小于体长。腹膜灰黑色。

　　背侧棕黄色，腹部灰白微显红色。背鳍黄色。胸鳍基微红，鳍末黄色。尾鳍橘黄色。

　　【**年龄生长**】个体较小，平均体长 1 龄 7.6cm、2 龄 9.0cm、3 龄 10.4cm（王俊等，2012）。

　　【**繁殖**】繁殖期 3—8 月，4—5 月为高峰期。估算的初次性成熟雄鱼体长 7.4cm，雌鱼体长 8.8cm。绝对繁殖力为 563.0~5052.0 粒，相对繁殖力为 41.0~299.0 粒/g。繁殖期雌鱼显著多于雄鱼（Wang et al.，2014）。

　　资源分布：湘江、资水上游有分布，数量少。

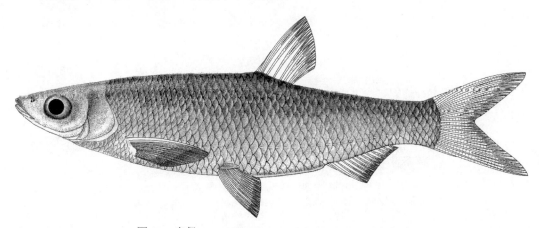

图 47　半鲬*Hemiculterella sauvagei* Warpachowski, 1887

033. 伍氏半鳘*Hemiculterella wui* (Wang, 1935)（图 48）

俗称： 蓝刀

Hemiculterella wui Wang（王以康），1935, *Contr. Biol. Lab. Sci. Soc. China.*, 11(1): 46（浙江金华）；罗云林和陈银瑞（见：陈宜瑜等），1998，中国动物志 硬骨鱼纲 鲤形目（中卷）：173（溆浦）；陈毅峰（见：刘明玉等），2000，中国脊椎动物大全：110（湖南）；康祖杰等，2010，野生动物，31（5）：293（壶瓶山）；康祖杰等，2010，动物学杂志，45（5）：79（壶瓶山）；李鸿等，2020，湖南鱼类系统检索及手绘图鉴：25，109。

标本采集： 无标本，形态描述摘自《中国动物志 硬骨鱼纲 鲤形目（中卷）》。

形态特征： 背鳍 iii-7；臀鳍 iii-11～12；胸鳍 i-13～14；腹鳍 ii-7～8。侧线鳞 $49\frac{8\sim9}{1.5\sim2\text{-}V}56$。鳃耙 12～15。下咽齿 3 行，2（1）·4·4（5）/5（4）·4·1（2）。

体长为体高的 3.9～5.4 倍，为头长的 3.5～4.5 倍，为尾柄长的 5.4～6.7 倍，为尾柄高的 10.2～12.3 倍。头长为吻长的 3.0～3.7 倍，为眼径的 3.5～4.7 倍，为眼间距的 2.9～3.6 倍，为尾柄长的 1.2～1.6 倍，为尾柄高的 2.0～3.0 倍。尾柄长为尾柄高的 1.6～2.3 倍。

体长而侧扁。背部较平直，腹部略呈弧形。腹棱为半棱，自腹鳍基末至肛门前。头长一般大于体高。吻略尖，吻长稍大于眼径。口端位，斜裂。上、下颌等长，上颌骨末端伸达鼻孔后缘下方；下颌前端具 1 凸起，与上颌凹陷相吻合。眼侧位，眼后距吻端大于眼后头长。眼间隔宽，微突，眼间距大于眼径。鳃孔大；鳃盖膜与峡部相连。

背鳍起点位于腹鳍起点的后上方，末根不分支鳍条末端柔软分节，外缘平直或浅凹，起点距尾鳍基较距吻端为近。胸鳍尖形，后伸不达腹鳍起点。腹鳍位于背鳍起点之前，其长短于胸鳍，后伸不达臀鳍起点。臀鳍位于背鳍后下方，外缘平直，最长鳍条长于鳍基长，起点距腹鳍起点较距尾鳍基为近。尾鳍深叉形，下叶稍长，末端尖。

体被较大圆鳞。侧线自头后向下倾斜，至胸鳍末端弯折与腹部平行，至臀鳍基末上方又折而向上，向后延伸至尾柄正中。

鳃耙短小，数少。下咽骨略呈钩状，前角突显著。咽齿稍侧扁，顶端尖而弯。鳔 2 室，后室长，约为前室长的 2.0 倍，末端一般具 1 个不显著的小凸起，或圆钝。肠前后弯曲，肠长大于体长。腹膜灰黑色至黑色。

浸泡标本体背侧浅褐色，腹部浅色，尾鳍深灰色，其余鳍浅色。

资源分布： 湘江、资水均有分布，数量少，个体小。

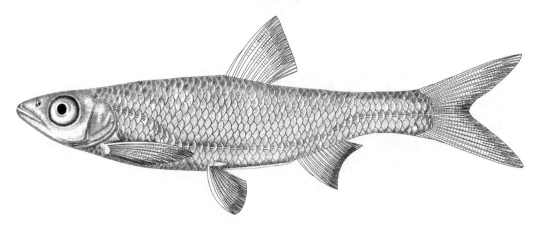

图 48　伍氏半鳘*Hemiculterella wui* (Wang, 1935)

（023）飘鱼属 *Pseudolaubuca* Bleeker, 1865

Pseudolaubuca Bleeker, 1865, *Ned. Tijd. Dierk.*, 2: 28.

模式种： *Pseudolaubuca sinensis* Bleeker

体极侧扁而薄。腹棱为全棱，自鳃盖膜左右汇合处稍后至肛门前。头小。吻短而尖。口端位，口裂斜。上、下颌约等长，下颌前端具 1 凸起，与上颌前端凹陷相吻合。无须。鼻孔每侧 2 个。眼中等大小。眼间隔弧形。鳃盖膜与峡部相连。背鳍短小，末根不分支鳍条末端柔软分节，分支鳍条 7 根。臀鳍长，分支鳍条 17～26 根，起点位于背鳍基终点下方或后下方。鳞薄，易脱落。侧线完全，前部向下倾斜。鳃耙短小，排列稀疏。下咽齿 3 行，末端钩状。鳔 2 室，后室长，尖细。腹膜银白色。

本属湖南分布有 2 种。

034. 中华银飘鱼 *Pseudolaubuca sinensis* Bleeker, 1864（图 49）

俗称： 篮刀皮、马连刀、薄鳘；**别名：** 银飘鱼、尼氏飘鱼

Pseudolaubuca sinensis Bleeker, 1864, *Ned. Tijd. Dierk.*, 2: 29（中国）；湖北省水生生物研究所鱼类研究室，1976，长江鱼类：126（洞庭湖）；唐家汉和钱名全，1979，淡水渔业，(1)：10（洞庭湖）；唐家汉，1980a，湖南鱼类志（修订重版）：49（洞庭湖）；林益平等（见：杨金通等），1985，湖南省渔业区划报告集：71（洞庭湖、湘江、资水、沅水、澧水）；唐文乔，1989，中国科学院水生生物研究所硕士学位论文：29（吉首、保靖）；罗云林和陈银瑞（见：陈宜瑜等），1998，中国动物志 硬骨鱼纲 鲤形目（中卷）：155（城陵矶、岳阳）；唐文乔等，2001，上海水产大学学报，10（1）：6（沅水水系的武水、酉水）；吴婕和邓学建，2007，湖南师范大学自然科学学报，30（3）：116（柘溪水库）；王星等，2011，生命科学研究，15（4）：311（南岳）；曹英华等，2012，湘江水生动物志：98（湘江衡阳常宁）；牛艳东等，2012，湖南林业科技，39（1）：61（怀化中方县康龙自然保护区）；刘良国等，2013b，长江流域资源与环境，22（9）：1165（澧水桑植、慈利、石门、澧县、澧水河口）；刘良国等，2013a，海洋与湖沼，44（1）：148（沅水怀化、五强溪水库、常德）；刘良国等，2014，南方水产科学，10（2）：1（资水新邵、安化、桃江）；Lei et al.，2015，*J. Appl. Ichthyol.*，1（湘江）；黄忠舜等，2016，湖南林业科技，43（2）：34（安乡县书院洲国家湿地公园）；向鹏等，2016，湖泊科学，28（2）：379（沅水五强溪水库）；李鸿等，2020，湖南鱼类系统检索及手绘图鉴：25，110；廖伏初等，2020，湖南鱼类原色图谱，44。

Parapelecus argenteus：Günther，1889，*Ann. Mag. Nat. Hist.*，5，227（九江）；Kreyenberg *et* Pappenheim，1908，*Sitz. Ges. Nat. Freunde. Berl.*，(4)：106（洞庭湖）；易伯鲁等（见：伍献文等），1964，中国鲤科鱼类志（上卷）：82（湖南）；梁启燊和刘素嬛，1966，湖南师范学院学报（自然科学版），(5)：85（洞庭湖、湘江）。

Parapelecus nicholis：梁启燊和刘素嬛，1959，湖南师范学院自然科学学报，(3)：67（洞庭湖、湘江）；梁启燊和刘素嬛，1966，湖南师范学院学报（自然科学版），(5)：85（洞庭湖、湘江）。

【古文释鱼】《永州府志》（吕恩湛、宗绩辰）："祁阳有鲉鱼，形狭而扁，状如柳叶，鳞细、色白，盖鲦鱼也。《纲目》释名，一作鲏鱼，鲉、鲏音近而转也"。

标本采集： 标本 18 尾，采自衡阳、安化等地。

形态特征： 背鳍 iii-7；臀鳍 iii-22～25；胸鳍 i -13；腹鳍 ii-8。侧线鳞 $62\frac{10}{2\text{-}V}73$。鳃耙 11～15。下咽齿 3 行，2·4·4/4·4·2。

体长为体高的 4.1～5.2 倍，为头长的 4.2～5.1 倍，为尾柄长的 9.1～11.6 倍，为尾柄高的 11.6～14.0 倍。头长为吻长的 2.9～3.7 倍，为眼径的 3.3～4.3 倍，为眼间距的 3.5～4.4 倍。尾柄长为尾柄高的 1.1～1.4 倍。

体长，极侧扁；背缘平直，腹缘广弧形。腹棱为全棱，自鳃盖膜左右汇合处稍后至肛门前。头小。吻短，吻长小于眼后头长。口端位，下颌前端向上凸起与上颌前端凹陷相吻合；口裂末端达鼻孔后缘下方。无须。鼻孔每侧 2 个，上侧位，前鼻孔后缘具半月形鼻瓣。眼大，侧位。眼间隔圆凸。鳃盖膜与峡部相连。

背鳍短小，末根不分支鳍条末端柔软分节，起点约位于腹鳍起点与臀鳍起点间中点的上方，距眼后缘稍大于距尾鳍基。胸鳍较狭长，后伸不达腹鳍起点。腹鳍短小，起点约位于吻端至尾鳍基间的中点。肛门紧靠臀鳍起点。臀鳍基较长，起点与背鳍基末相对。尾鳍深叉形，下叶稍长。

体被圆鳞，鳞较细。侧线完全，于胸鳍上方急剧下弯，而后沿体侧下部后行，伸达尾柄正中。

鳃耙短，排列稀疏。下咽齿末端微呈钩状。鳔 2 室，后室细长，末端尖细。肠短，小于体长。腹膜银白色。

背部蓝灰色，腹部银白色，各鳍浅灰色。

生物学特性：

【生活习性】小型鱼类，常活动于静水或流水的浅水表层，喜集群，行动迅速，成群在水面上漂游，固有"飘鱼"之称。冬季在深水层越冬。

【年龄生长】在太湖，平均体长 1 龄 6.8～11.0cm、2 龄 13.3～16.3cm、3 龄 17.8～21.0cm。

【食性】杂食性，以小型鱼类、浮游动物及植物碎屑为食。

【繁殖】繁殖期 5—6 月，在浅水多卵石的河段产卵。IV期卵巢草绿色，卵径 0.9～1.0mm。受精卵沉黏性。初孵仔鱼全长 5.9mm 时，眼出现黑色素，肌节 40 对；全长 7.0mm 时，卵黄囊吸尽；全长 9.2mm 时，鳔前室出现。

资源分布：洞庭湖及湘、资、沅、澧"四水"均有分布，但个体不大，数量也较少。

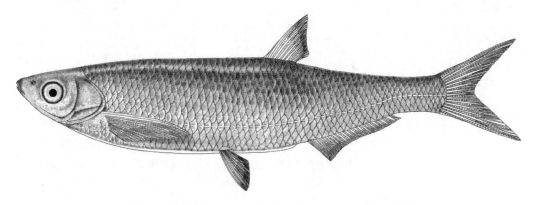

图 49　中华银飘鱼 *Pseudolaubuca sinensis* Bleeker, 1864

035. 寡鳞飘鱼 *Pseudolaubuca engraulis* (Nichols, 1925)（图 50）

俗称：游刁子、大脑壳刁子、蓝片子；**别名：**如鳀似碧罗鱼

Hemiculterella engraulis Nichols, 1925c, *Amer. Mus. Novit.*, 182: 7（洞庭湖）。

Pseudolaubuca engraulis：梁启燊和刘素孀，1966，湖南师范学院学报（自然科学版），(5)：85（洞庭湖、湘江）；湖北省水生生物研究所鱼类研究室，1976，长江鱼类：127（岳阳）；唐家汉和钱名全，1979，淡水渔业，(1)：10（洞庭湖）；唐家汉，1980a，湖南鱼类志（修订重版）：50（洞庭湖）；林益

平等（见：杨金通等），1985，湖南省渔业区划报告集：71（洞庭湖）；唐文乔，1989，中国科学院水生生物研究所硕士学位论文：29（吉首）；罗云林和陈银瑞（见：陈宜瑜等），1998，中国动物志 硬骨鱼纲 鲤形目（中卷）：157（洞庭湖）；唐文乔等，2001，上海水产大学学报，10（1）：6（沅水水系的辰水、武水）；曹英华等，2012，湘江水生动物志：99（湘江衡阳常宁）；李鸿等，2020，湖南鱼类系统检索及手绘图鉴：25，111。

标本采集： 标本 15 尾，采自衡阳、怀化等地。

形态特征： 背鳍iii-7；臀鳍iii-19～21；胸鳍 i -14；腹鳍 ii-7。侧线鳞 $45\frac{8\sim9}{2\sim3\text{-}\mathrm{V}}53$。鳃耙 12～13。下咽齿 3 行，2·4·5/5·4·2。

体长为体高的 4.5～5.6 倍，为头长的 4.1～4.4 倍，为尾柄长的 5.9～6.9 倍。头长为吻长的 2.9～4.0 倍，为眼径的 4.2～4.5 倍，为眼间距的 3.7～4.0 倍。尾柄长为尾柄高的 1.8～2.2 倍。

体长而侧扁，较低；背缘平直。腹棱为全棱，自鳃盖膜左右汇合处稍后至肛门前。头中等。吻短，吻长小于眼后头长的 1/2。口端位，口裂斜。下颌前端向上凸起与上颌前端凹陷处相吻合；口角止于眼前缘下方或稍后。无须。鼻孔每侧 2 个。眼侧位，眼间隔弧形隆起。鳃孔大。鳃盖膜伸达前鳃盖骨后缘下方，与峡部相连。

背鳍小，末根不分支鳍条末端柔软分节，起点稍后于腹鳍起点。胸鳍下侧位，后伸不达腹鳍起点。肛门紧靠臀鳍起点。臀鳍较短，鳍基较长，起点位于背鳍基后下方。尾鳍深叉形，下叶稍长。

体被圆鳞，中等大小。侧线完全，于胸鳍上方平缓下弯，而后沿体侧下部后行，伸达尾柄正中。

鳃耙短粗，锥形，末端钝，排列稀疏。下咽齿较粗壮，末端尖，钩状。鳔 2 室，后室约为前室长的 2.0 倍，末端尖。腹膜灰白色。

背部蓝灰色，体侧下部和腹部银白色，各鳍浅红色。

生物学特性： 杂食性。繁殖期 5—6 月。受精卵圆球形，墨青色或淡黄色，卵径平均 1.6mm，半漂流性，吸水膨胀后卵膜径平均 5.4mm，卵膜光滑透明，无附着物。初孵仔鱼平均体长 5.1mm（王涵等，2017）。

资源分布： 洞庭湖及湘、资、沅、澧"四水"有分布，但数量极少。

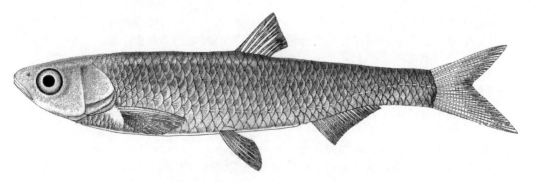

图 50　寡鳞飘鱼 *Pseudolaubuca engraulis* (Nichols, 1925)

（024）似鲚属 *Toxabramis* Günther, 1873

Toxabramis Günther, 1873, *Ann. Mag. Nat. Hist.*, 12(4): 249.

模式种：*Toxabramis swinhonis* Günther

体长，极扁薄。腹棱为全棱，自鳃盖膜左右汇合处稍后至肛门前。头小。吻尖。口端位，裂斜。上、下颌等长，下颌前端的小凸起和上颌前端的凹陷均不明显。无须。背鳍末根不分支鳍条为硬刺，后缘具锯齿，分支鳍条7～8根。臀鳍分支鳍条15～19根。尾鳍深叉形，末端尖，下叶稍长。侧线完全，于胸鳍上方急剧向下弯折，与腹部平行于体侧中轴之下，于臀鳍基后上方折向上，向后延伸至尾柄正中。鳃耙细长，排列紧密。下咽齿2行，末端钩状。鳔2室。

本属湖南仅分布有似鲚1种。

036. 似鲚 *Toxabramis swinhonis* Günther, 1873（图51）

俗称：游刁子、薄鲞；**别名**：银弓鳊

Toxabramis swinhonis Günther, 1873, *Ann. Mag. Nat. Hist.*, 12 (4): 250（上海）；唐家汉和钱名全，1979，淡水渔业，（1）：10（洞庭湖）；唐家汉，1980a，湖南鱼类志（修订重版）：42（洞庭湖）；林益平等（见：杨金通等），1985，湖南省渔业区划报告集：70（洞庭湖、湘江、资水、沅水、澧水）；罗云林和陈银瑞（见：陈宜瑜等），1998，中国动物志 硬骨鱼纲 鲤形目（中卷）：159（沅水）；曹英华等，2012，湘江水生动物志：88（祁阳）；刘良国等，2013a，海洋与湖沼，44（1）：148（沅水五强溪水库）；吴倩倩等，2016，生命科学研究，20（5）：377（通道玉带河国家级湿地公园）；向鹏等，2016，湖泊科学，28 (2)：379（沅水五强溪水库）；李鸿等，2020，湖南鱼类系统检索及手绘图鉴：25，112。

Toxabramis argentifer: Kreyenberg *et* Pappenheim, 1908, *Sitz. Ges. Nat. Freunde. Berl.*, (4): 106（洞庭湖）。

标本采集：标本5尾，采自湘江支流祁水。

形态特征：背鳍 iii-7；臀鳍 iii-16～19；胸鳍 i -11～12；腹鳍 ii-7。侧线鳞 $54\frac{9-10}{2-V}60$。鳃耙22～26。下咽齿2行，2（3）·4-5·3（2）。

体长为体高的3.5～4.1倍，为头长的4.4～4.8倍，为尾柄长的7.5～8.8倍，为尾柄高的9.3～11.2倍。头长为吻长的3.6～4.3倍，为眼径的3.4～4.4倍，为眼间距的3.6～4.5倍，为尾柄长的1.6～1.9倍，为尾柄高的2.1～2.3倍。尾柄长为尾柄高的1.1～1.3倍。

体长而侧扁，背部微隆，腹部明显下突。腹棱为全棱，自鳃盖膜左右汇合处稍后至肛门前。头较尖。吻长等于或稍大于眼径。口端位，斜裂，口角止于鼻孔下方。上、下颌约等长，下颌前端的小凸起和上颌前端的凹陷均不明显。无须。眼较大，侧位，位于头部中前。眼间隔弧形，眼间距一般大于眼径。鳃孔大。鳃盖膜向前伸至前鳃盖骨后缘下方，与峡部相连。

背鳍末根不分支鳍条为硬刺，后缘具锯齿；硬刺长稍短于头长，起点位于腹鳍起点后上方，距吻端较距尾鳍基为远。胸鳍末端尖，后伸接近腹鳍起点。腹鳍短，后伸不达肛门。肛门紧靠臀鳍起点。尾鳍深叉形，下叶稍长。

体被圆鳞，腹鳍基具狭长腋鳞。侧线完全，于胸鳍上方急剧下弯，从胸鳍末端向后几与腹缘平行，向后延伸至尾柄正中。

鳃耙细长，排列紧密。下咽齿侧扁，末端尖呈钩状。鳔2室，后室长约为前室长的2.0倍，末端具小突。肠短，小于体长。腹膜银白色，散布黑点。

背侧浅灰色，腹部银白色，各鳍灰白色。

生物学特性：1龄即达性成熟，繁殖期6—7月。卵小，淡黄色，卵径0.6～0.7mm。生长速度缓慢，湖北牛山湖似鲚种群仅由1龄组成，体长2.4～9.5cm。一般栖息于水体

中上层，摄食枝角类、藻类及少量昆虫幼虫（湖北省水生生物研究所鱼类研究室，1976；冯广鹏等，2006）。

资源分布：洞庭湖及湘、资、沅、澧"四水"有分布，但数量极少。

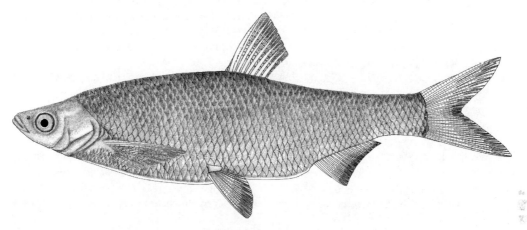

图 51　似鱎 *Toxabramis swinhonis* Günther, 1873

V. 鲴亚科 Xenocyprinae

体延长，侧扁，腹部前较圆，腹鳍至肛门间具腹棱，或仅在肛门前具小段不甚明显的腹棱，或无腹棱。头短小，锥形。吻短而钝。口下位或近端位，多呈横裂，稍呈弧形。唇薄，简单。下颌前缘具发达程度不同的角质薄锋。无须。鳃孔大。鳃盖膜与峡部相连。背鳍末根不分支鳍条为硬刺，后缘光滑，末端柔软分节，分支鳍条 7~9 根。臀鳍短小，外缘浅凹，分支鳍条 8~12 根。肛门紧靠臀鳍起点。体被较小或中等圆鳞。侧线完全，前端向下弯曲呈弧形。下咽齿 1~3 行，齿侧扁，末端尖。鳃耙短小，细密。鳔 2 室，后室较长。

本亚科多见于江河、湖泊等较宽阔水域。喜栖息于水体中下层，适应流水生活，常以下颌角质薄锋刮取石面或泥表食物。主要以高等水生植物的枝叶、丝状藻类等为食，亦食甲壳动物、水生昆虫及水中其他腐殖质。

湖南分布有 4 属 6 种。

【鱼类的角质薄锋】本亚科鱼类的下颌前缘具发达程度不一的角质（上颌或同时存在，但下颌更明显），下颌角质平直向前伸展，且前缘锐利如刀锋，在本书中称角质薄锋。角质薄锋除存在于本亚科鱼类中外，也存在于鲃亚科的白甲鱼属、裂腹鱼亚科等部分鱼类中。但凡具有此结构的，自然水域中，均以锐利的角质薄锋刮取石头等上的固着藻类为食。也有部分鱼类，上、下颌同时存在发达角质，边缘也锐利，但不如前者如刀锋状，且多与颌呈垂直状态，如鲌亚科的鲂属等，该种类型角质无刮取固着藻类的作用，多具有撕咬植物碎片的作用。

【鱼类的背鳍末根不分支鳍条】鱼类背鳍的末根不分支鳍条是否为硬刺及后缘锯齿的有无为鱼类的重要分类特征。背鳍末根不分支鳍条不为硬刺的种类，该鳍条仅基部变硬且末端柔软分节；而为硬刺的种类，该鳍条粗壮，且大多数种类整根鳍条变硬，末端不分节；但也有些鱼类，其末根不分支鳍条为硬刺，同时末端柔软分节，如鲴亚科、鲃亚科白甲鱼属部分种类。背鳍末根不分支鳍条后缘的锯齿通常不局限于为硬刺的种类，不为硬刺的种类也或具有锯齿，如鲃亚科光唇鱼属的部分种。

鲤科鲴亚科属、种检索表

（025）似鳊属 *Pseudobrama* Bleeker, 1871

Pseudobrama Bleeker, 1871, *Verh. Akad. Amst.*, 12: 60.

模式种： *Pseudobrama dumerili* Bleeker

体侧扁。腹棱较发达，为半棱，自腹鳍基末至肛门前。头短。吻钝。口小，下位，口裂弧形。下颌角质薄锋不发达。无须。眼大，上侧位。鳃盖膜与峡部相连。背鳍末根不分支鳍条为光滑硬刺，起点约与腹鳍起点相对，分支鳍条 7 根。臀鳍末根不分支鳍条末端柔软分节，分支鳍条 9～12 根。肛门紧靠臀鳍起点。侧线完全。鳃耙细密，130 以上。下咽齿 1 行，6/6。鳔 2 室，后室较长。

本属仅似鳊 1 种。

037. 似鳊 *Pseudobrama simoni* (Bleeker, 1864)（图 52）

俗称： 鳊鲴刁；**别名：** 逆鱼、刺鳊

Acanthobrama simoni Bleeker, 1864, *Ned. Tijd. Dierk.*, 2: 25（中国）；Nichols, 1943, *Nat. Hist. Central Asia*, 9: 125（湖南）；杨干荣（见：伍献文等），1964，中国鲤科鱼类志（上卷）：123（湖南）；湖北省水生生物研究所鱼类研究室，1976，长江鱼类：129（洞庭湖）；唐家汉和钱名全，1979，淡水渔业，（1）：10（洞庭湖）；唐家汉，1980a，湖南鱼类志（修订重版）：69（洞庭湖）；林益平等（见：杨金通等），1985，湖南省渔业区划报告集：72（洞庭湖、湘江、资水、沅水、澧水）。

Pseudobrama simoni：刘焕章等（见：陈宜瑜等），1998，中国动物志 硬骨鱼纲 鲤形目（中卷）：223（洞庭湖）；曹英华等，2012，湘江水生动物志：67（祁阳）；刘良国等，2013b，长江流域资源与环境，22（9）：1165（澧水桑植、慈利、石门、澧县、澧水河口）；刘良国等，2013a，海洋与湖沼，44（1）：148（沅水怀化、五强溪水库、常德）；刘良国等，2014，南方水产科学，10（2）：1（资水新邵、安化、桃江）；Lei et al., 2015, *J. Appl. Ichthyol.*, 2（湘江）；向鹏等，2016，湖泊科学，28（2）：379（沅水五强溪水库）；李鸿等，2020，湖南鱼类系统检索及手绘图鉴：26，113。

Pseudobrama dumerili：Bleeker, 1871, *Verh. Akad. Wet. Amst.*, 12: 60（长江）。

标本采集： 标本 35 尾，采自常德。

形态特征： 背鳍 iii-7；臀鳍 iii-10～11；胸鳍 i -13～14；腹鳍 i -8～9。侧线鳞

$42\dfrac{9\sim10}{4\sim5\text{-}V}45$。鳃耙 130～135。下咽齿 1 行，数目不稳定。

体长为体高的 3.0～3.2 倍，为头长的 4.1～4.7 倍，为尾柄长的 5.8～6.6 倍，为尾柄高的 8.1～8.5 倍。头长为吻长的 3.7～4.0 倍，为眼径的 3.7～4.0 倍，为眼间距的 2.6～2.7 倍。尾柄长为尾柄高的 1.2～1.3 倍。

体长而侧扁，背腹微隆，腹部自胸鳍基至腹鳍基稍圆。腹棱为半棱，自腹鳍基末至肛门前。头较小。吻钝，吻长约等于眼径。口下位，横裂。唇较薄。下颌角质薄锋不甚发达。鼻孔每侧 2 个，紧邻，前后鼻孔间具鼻瓣，位于眼的前上方，距眼较距吻端为近。眼大，上侧位，靠近吻端，眼径约等于吻长。鳃盖膜与峡部相连。

背鳍较长，外缘截形；末根不分支鳍条为硬刺，刺长度等于或稍大于头长；起点距吻端等于或小于距尾鳍基。胸鳍后伸不达腹鳍起点。腹鳍起点位于背鳍起点之前，后伸可达腹鳍起点至臀鳍起点间的中点。肛门紧靠臀鳍起点。尾鳍叉形，下叶稍长于上叶。

体被圆鳞，中等大小。腹鳍基具狭长腋鳞。侧线完全，前端微向下弯，向后延伸至尾柄正中。

鳃耙纤细，排列非常紧密。下咽齿侧扁，末端钩状。鳔 2 室，后室长，末端尖，为前室长的 2.0 倍以上。腹膜黑色。

体背灰褐色，腹部银白色。背鳍、尾鳍浅灰色，腹鳍基浅黄色。

生物学特性：

【生活习性】底栖鱼类，多栖息于江河的下游及湖泊中，繁殖期亲鱼集群溯河而上，到流水较急的河段产卵。

【年龄生长】1～2 龄生长速度较快，3 龄以后生长速度变慢（孙广文，2013）。

【食性】杂食性，主要刮食固着藻类，也可摄食植物碎屑和少量轮虫、枝角类、桡足类等。

【繁殖】繁殖期 5—6 月，成熟雄鱼吻部出现珠星。繁殖群体雌鱼多于雄鱼。性成熟早，1 龄即可性成熟，最小性成熟个体雌鱼 7.4cm、雄鱼 7.7cm。相对繁殖力大，为 350～1260 粒/g。成熟卵灰白色，卵径 0.8mm；受精后吸水膨胀，卵膜径约 3.0mm，随水漂流孵化（李思发，1981）。

资源分布：洞庭湖及湘、资、沅、澧"四水"下游均有分布，但数量稀少。

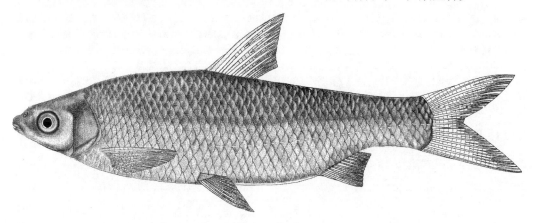

图 52　似鳊 *Pseudobrama simoni* (Bleeker, 1864)

（026）斜颌鲴属 *Plagiognathops* Berg, 1907

Plagiognathops Berg, 1907, *Ann. Mus. Zool. Petersb.*, 12: 419.

模式种：*Xenocypris microlepis* Bleeker

体延长，侧扁；腹部稍圆。腹棱为半棱，自腹鳍基末至肛门前。头小。吻尖钝。口下位，浅弧形，口角具唇褶。下颌较短，铲状，具发达的角质薄锋。无须。眼小。鳃孔大。鳃盖膜与峡部相连。背鳍末根不分支鳍条为光滑硬刺，末端柔软分节；背鳍起点与腹鳍起点相对或稍前，距吻端较距尾鳍基为近。尾鳍深叉形。体被细小圆鳞。侧线完全，广弧形下弯，侧线鳞 70 以上。鳃耙短小，排列紧密。下咽齿 3 行。鳔 2 室。腹膜黑色。

本属湖南仅分布有 1 种。

【细鳞斜颌鲴分类地位的变动】细鳞斜颌鲴 *Xenocypris microlepis* 的分类地位一直存在争议。因其腹棱为半棱，自腹鳍基末至肛门前，杨干荣（见：伍献文等，1964）将其单独划入细鳞斜颌鲴属 *Plagiognathops*。刘焕章和何名巨（见：陈宜瑜等，1998）则认为腹棱的发达与否不能作为区分属的依据，而将细鳞斜颌鲴属作为鲴属 *Xenocypris* 的同物异名。但也有研究表明，细鳞斜颌鲴和鲴属其他鱼类之间，形态、骨骼特征和同工酶均存在较大差异（Bogutskaya *et* Naseka，1996；曹丽琴和孟庆闻，1992），分子系统进化的研究也认为，细鳞斜颌鲴属应为单独的属（Xiao et al.，2001）。本书恢复细鳞斜颌鲴属的分类地位。

038. 细鳞斜颌鲴 *Plagiognathops microlepis* (Bleeker, 1871)（图 53）

俗称：黄板刁、沙姑子；**别名**：细鳞鲴

Xenocypris microlepis Bleeker, 1871, *Verh. Akad. Wet. Amst.*, 12: 58（长江）；唐文乔等，2001，上海水产大学学报，10（1）：6（沅水水系的辰水）；郭克疾等，2004，生命科学研究，8（1）：82（桃源县乌云界自然保护区）；吴婕和邓学建，2007，湖南师范大学自然科学学报，30（3）：116（柘溪水库；康祖杰等，2010，野生动物，31（5）：293（壶瓶山）；康祖杰等，2010，动物学杂志，45（5）：79（壶瓶山）；曹英华等，2012，湘江水生动物志：63（湘江衡阳常宁）；刘良国等，2013b，长江流域资源与环境，22（9）：1165（澧水慈利、石门、澧县、澧水河口）；刘良国等，2013a，海洋与湖沼，44（1）：148（沅水五强溪水库、常德）；刘良国等，2014，南方水产科学，10（2）：1（资水新邵、安化、桃江）；向鹏等，2016，湖泊科学，28（2）：379（沅水五强溪水库）；康祖杰等，2019，壶瓶山鱼类图鉴：124（壶瓶山）。

Plagiognathops microlepis：梁启燊和刘素孈，1959，湖南师范学院自然科学学报，（3）：67（洞庭湖、湘江）；杨干荣（见：伍献文等），1964，中国鲤科鱼类志（上卷）：127（湖南）；梁启燊和刘素孈，1966，湖南师范学院学报（自然科学版），（5）：85（洞庭湖、湘江、资水、沅水、澧水）；湖北省水生生物研究所鱼类研究室，1976，长江鱼类：130（洞庭湖）；唐家汉和钱名全，1979，淡水渔业，（1）：10（洞庭湖）；唐家汉，1980a，湖南鱼类志（修订重版）：64（洞庭湖）；林益平等（见：杨金通等），1985，湖南省渔业区划报告集：71（洞庭湖、湘江、资水、沅水、澧水）；黄忠舜等，2016，湖南林业科技，43（2）：34（安乡县书院洲国家湿地公园）；李鸿等，2020，湖南鱼类系统检索及手绘图鉴：26，114；廖伏初等，2020，湖南鱼类原色图谱，46。

标本采集：标本 20 尾，采自湘江。

形态特征：背鳍 iii-7；臀鳍 iii-11；胸鳍 i-15；腹鳍 i-8。侧线鳞 $74\frac{11\sim16}{6\sim8\text{-V}}84$。鳃耙 41～47。下咽齿 3 行，齿数不稳定。

体长为体高的 3.5～3.7 倍，为头长的 4.4～5.3 倍，为尾柄长的 8.0～10.2 倍，为尾柄高的 8.9～9.2 倍。头长为吻长的 3.2～3.5 倍，为眼径的 3.8～5.0 倍，为眼间距的 2.3～3.0 倍。尾柄长为尾柄高的 0.9～1.2 倍。

体延长，侧扁，腹部在腹鳍前较圆。腹鳍起点至肛门间的后 3/4 以上具明显腹棱。头小，锥形。吻圆突，吻皮下包达口前，边缘光滑，吻长远小于眼后头长，约为眼径的 1.2～1.5 倍。口亚下位，横裂。上唇光滑。下颌短，铲状，角质薄锋发达。口角具唇褶。无须。鼻孔每侧 2 个，紧邻，位于眼前方，距眼较距吻端为近，后鼻孔具半月形鼻瓣。眼大，侧位。眼间隔宽平。鳃孔较大。鳃盖膜与峡部相连。

背鳍末根不分支鳍条为硬刺，后缘光滑，末端柔软分节，刺长稍大于头长，起点距吻端较距尾鳍基为近或约相等。胸鳍下侧位，后伸不达腹鳍起点。腹鳍起点与背鳍起点相对或稍后，距胸鳍起点较距臀鳍起点为近或约相等，后伸不达肛门。肛门靠近臀鳍起点。臀鳍起点距尾鳍基较距腹鳍起点为近。尾鳍深叉形。

体被细小圆鳞。腹鳍基具狭长腋鳞。侧线完全，广弧形下弯，向后延伸至尾柄正中。

鳃耙细短，排列紧密。下咽齿内行齿窄，侧扁而尖，齿面斜而狭长，外侧 2 行齿体细长。鳔发达，2 室，后室较长。腹面黑色。

体背侧灰黑色，体侧银灰色带黄色，腹部银白色。背鳍浅灰色；尾鳍橘黄色，后缘黑色；其余各鳍均为淡黄色。

生物学特性：

【生活习性】常栖息于流水环境中。

【年龄生长】生长速度在 1～2 龄时最快，其后逐渐减慢。平均体长 1 龄 15.2cm，2 龄体长 21.6cm。

【食性】主要摄食硅藻、绿藻、蓝藻及大量高等植物碎屑、腐殖质，也摄食底栖动物。

【繁殖】繁殖期 4—7 月，成熟雄鱼颊部、眼眶、鳃盖骨、胸鳍及头顶出现白色珠星；雌鱼腹部膨大松软。产卵需流水刺激，暴雨过后，水位上涨，水流湍急，亲鱼聚集在浅水区，雄鱼追逐雌鱼，不时跃出水面，进入高潮时，河面泛起较大水花。产卵最适水温 19.0～24.0℃。2 龄性成熟，最小性成熟个体雌鱼 14.9cm，雄鱼 12.7cm。相对繁殖力为 95～487 粒/g。受精卵黏性，常黏附于石砾、杂草或树枝等物体上孵化。雌鱼产卵后性腺回到Ⅲ期越冬（刘敏，2009）。

资源分布：洞庭湖及湘、资、沅、澧"四水"均有其分布。个体较大，产量较高，是湖南省天然水域中重要的经济鱼类之一。衡阳、常德地区养殖技术较成熟。

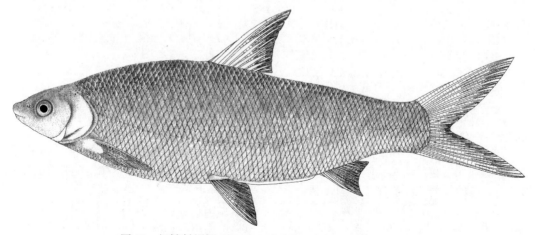

图 53　细鳞斜颌鲴 *Plagiognathops microlepis* (Bleeker, 1871)

（027）鲴属 *Xenocypris* Günther, 1868

Xenocypris Günther, 1868, *Cat. Fish. Br. Mus.*, 7: 205.

模式种： *Xenocypris argentea* Günther

　　体长而侧扁，腹部圆。头短小，较尖。吻短而钝。口下位，口裂弱弧形。唇薄、简单。下颌前缘具角质薄锋。无须。背鳍iii-7，末根不分支鳍条为硬刺，后缘光滑无锯齿。腹鳍基具较狭长的腋鳞。腹鳍基末至肛门间或仅靠近肛门前具腹棱，有的不明显或无。臀鳍分支鳍条 8～14 根。鳞较大。侧线完全，侧线鳞 90 以下，前段稍向腹面弯曲。鳃耙侧扁，三角形，排列紧密。下咽齿 2 行或 3 行，末端钩状。鳔 2 室，后室长；肠细长。

　　本属湖南分布有 3 种。

039. 大鳞鲴 *Xenocypris macrolepis* Bleeker, 1871（图 54）

俗称： 刁子、轩子；**别名：** 银鲴

Xenocypris macrolepis Bleeker, 1871, *Verh. Akad. Amst.*, 12: 53, pl.5（长江）；梁启燊和刘素孆，1966，湖南师范学院学报（自然科学版），（5）：85（洞庭湖、湘江、资水）；李鸿等，2020，湖南鱼类系统检索及手绘图鉴：26，115；廖伏初等，2020，湖南鱼类原色图谱，48。

Xenocypris argentea：Günther, 1868, *Cat. Fish. Br. Mus.*, 7: 205（中国）；梁启燊和刘素孆，1959，湖南师范学院自然科学学报，（3）：67（洞庭湖、湘江）；杨干荣（见：伍献文等），1964，中国鲤科鱼类志（上卷）：122（湖南）；梁启燊和刘素孆，1966，湖南师范学院学报（自然科学版），（5）：85（洞庭湖、湘江、资水、沅水、澧水）；湖北省水生生物研究所鱼类研究室，1976，长江鱼类：133（洞庭湖）；唐家汉和钱名全，1979，淡水渔业，（1）：10（洞庭湖）；唐家汉，1980a，湖南鱼类志（修订重版）：67（洞庭湖、湘江）；林益平等（见：杨金通等），1985，湖南省渔业区划报告集：71（洞庭湖、湘江、资水、沅水、澧水）；唐文乔，1989，中国科学院水生生物研究所硕士学位论文：31（吉首、保靖）；唐文乔等，2001，上海水产大学学报，10（1）：6（沅水水系的武水、酉水、澧水）；吴婕和邓学建，2007，湖南师范大学自然科学学报，30（3）：116（柘溪水库）；曹英华等，2012，湘江水生动物志：61（湘江长沙、衡阳常宁）；刘良国等，2013b，长江流域资源与环境，22（9）：1165（澧水慈利、石门、澧县、澧水河口）；刘良国等，2013a，海洋与湖沼，44（1）：148（沅水常德）；刘良国等，2014，南方水产科学，10（2）：1（资水安化、桃江）。

　　【银鲴和大鳞鲴】国内文献基本上都将银鲴 *Xenocypris argentea* Günther, 1868 作为有效物种，但据 Berg（1909）的研究，*Xenocypris argentea* Günther, 1868 为 *Leuciscus argenteus* Basilewsky, 1855 划入鲴属 *Xenocypris* 后的后定同物异名，该种名无效。后续发表的种名有 *X. macrolepis* Bleeker, 1871 和 *X. tapeinosoma* Bleeker, 1871，基于命名优先原则，*X. macrolepis* 为有效名（Kottelat, 2001b；Bogutskaya et al., 2008；庄平等，2018）。本书采纳以上观点，本种有效名为大鳞鲴 *X. macrolepis* Bleeker, 1871。

　　标本采集： 标本 30 尾，采自洞庭湖、长沙、衡阳、浏阳等地。

　　形态特征： 背鳍iii-7；臀鳍iii-8～9；胸鳍 i -15～16；腹鳍 i -8。侧线鳞 $57\frac{9\sim11}{5\sim6\text{-}V}64$。鳃耙 39～43。下咽齿 3 行，2·4·6/6·4·2。

　　体长为体高的 3.7～4.3 倍，为头长的 4.1～4.6 倍，为尾柄长的 6.8～7.9 倍，为尾柄高的 8.9～10.2 倍。头长为吻长的 3.0～3.9 倍，为眼径的 3.5～4.2 倍，为眼间距的 2.5～2.9 倍。尾柄长为尾柄高的 1.2～1.5 倍。

　　体长延长，稍侧扁，腹部圆。肛门前具一小段腹棱。头小，锥形。吻圆钝，吻皮下包达口前，边缘光滑，吻长小于眼后头长，大于眼径。口小，亚下位，横裂，口角处具唇褶。下颌较短，铲状，上、下颌具角质薄锋。无须。眼上侧位。眼间隔微凸。鳃孔较大。鳃盖膜与峡部相连。

　　背鳍末根不分支鳍条为硬刺，后缘光滑，末端柔软分节，起点距吻端较距尾鳍基稍近。胸鳍下侧位，后伸不达腹鳍起点。腹鳍起点与背鳍起点相对或稍后，距胸鳍起点与距肛门约相等，后伸不达肛门。肛门靠近臀鳍起点。臀鳍较小，起点距尾鳍基较距腹鳍起点稍近。尾鳍深叉形。

　　体被较大圆鳞，胸部鳞稍小，腹鳍基具 1 狭长腋鳞。侧线完全，在胸鳍起点上方稍向下弯，向后延伸至尾柄正中。

　　鳃耙细短，排列紧密。下咽齿里行齿侧扁，末端钩状，外侧 2 行齿细长。鳔发达，2室，后室较长。腹膜黑色。

　　体背侧灰黑色，下侧及腹部银白色。鳃盖后缘具 1 黄斑。背鳍、尾鳍灰色，其余各鳍浅黄色。

　　生物学特性：

　　【生活习性】喜栖息于水流平缓的河湾或石滩浅水处，冬季集群在深水处越冬。

　　【食性】杂食性，体长 2.4cm 以下幼体主要摄食轮虫等浮游动物，体长 2.4cm 以上个体开始摄食丝状藻类、腐屑底泥。成鱼以下颌角质刮食硅藻、有机碎屑及水底杂质等（许典球和廖秀林，1984）。

　　【繁殖】繁殖期 4—6 月，当水位上升或洪水上涨时，亲鱼集群沿河道上溯至产卵场。产卵多在清晨黎明时进行，晚上或阴天产卵较少或不产。产卵时有"击水"般的嘈杂声。2 龄性成熟。分批次产卵，成熟卵青黄色，卵径 0.9～1.1mm，受精后吸水膨胀，卵膜径 3.1～4.3mm，卵半漂流性，随水漂流孵化，静水中沉入水底。水温 21.0～23.0℃时，受精卵孵化脱膜需 26.0h，初孵仔鱼全长 3.2～3.5mm；受精后 112.0h，仔鱼全长 7.5～8.0mm，鳔囊充气，卵黄吸收完毕（王宾贤等，1984）。

　　资源分布：广泛分布于洞庭湖及湘、资、沅、澧"四水"，以湘江出产较多。大鳞鲴个体虽小，但数量较多，肉味鲜美。衡阳地区养殖历史悠久。

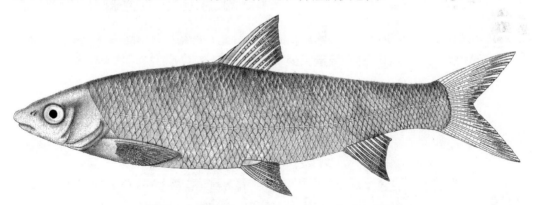

图 54　大鳞鲴 *Xenocypris macrolepis* Bleeker, 1871

040. 湖北鲴 *Xenocypris hupeinensis* (Yih, 1964)（图 55）

　　别名：湖北圆吻鲴

　　Distoechodon hupeinensis Yih（易伯鲁），伍献文等，1964，中国鲤科鱼类志（上卷）：129（湖北梁子湖）；吴倩倩等，2015，四川动物，34（6）：888（洞庭湖沅江）；Lei et al., 2015, *J. Appl. Ichthyol.*, 2（湘江）；李鸿等，2020，湖南鱼类系统检索及手绘图鉴：26，116。

【湖北圆吻鲴分类地位的变化】易伯鲁对湖北圆吻鲴 *Distoechodon hupeinensis* 进行新种描述时，依据下咽齿行数，将其划入了同样具 2 行下咽齿的圆吻鲴属。肖武汉和汪建国（2000）通过鲴类寄生六鞭毛虫系统发育的研究，认为寄生六鞭毛虫的区系分布能够反映宿主的亲缘关系，湖北圆吻鲴与鲴属 *Xenocypris* 种类的亲缘关系更近；在形态上，除下咽齿行数外，湖北圆吻鲴的特征与鲴属鱼类更相似；由此，认为湖北圆吻鲴应划入鲴属。该观点也得到了国内外其他学者的认可（伍汉霖等，2012）。本书采纳以上观点。

濒危等级：濒危，《中国物种红色名录 第一卷 红色名录》（汪松和解焱，2004）。

标本采集：无标本，形态描述摘自《中国动物志 硬骨鱼纲 鲤形目（中卷）》。

形态特征：背鳍iii-7；臀鳍iii-9；胸鳍 i -15；腹鳍 i -8。侧线鳞$58\frac{10\sim11}{4\text{-}V}60$。鳃耙 44～48。下咽齿 2 行，4·6/6·4。

体长为体高的 3.4～3.8 倍，为头长的 4.3～4.7 倍，为尾柄长的 6.1～8.0 倍，为尾柄高的 8.8～10.8 倍。头长为吻长的 2.6～3.3 倍，为眼径的 3.4～4.4 倍，为眼间距的 2.4～3.2 倍。尾柄长为尾柄高的 1.3～1.5 倍。

体长而侧扁，体较厚。头小而侧扁。吻短，圆钝，吻皮紧贴上颌，吻长远小于眼后头长，约等于眼径。口下位，弧形。下颌角质薄锋不发达。无须。鼻孔每侧 2 个，紧邻，位于眼前上方，前后鼻孔间具鼻瓣。眼大，上侧位。鳃盖膜与峡部相连。

背鳍起点约与腹鳍起点相对或稍后，距吻端较距尾鳍基为近，末根不分支鳍条为光滑硬刺。胸鳍末端稍尖，后伸不达腹鳍起点。腹鳍后伸不达肛门。肛门靠近臀鳍起点。臀鳍短，后伸不达尾鳍基。尾鳍叉形。肛门前腹棱短小。

体被细圆鳞，胸鳍和腹鳍基具腋鳞。侧线完全，于胸鳍上方略向下弯，向后延伸至尾柄中部。

鳃耙呈薄三角形，排列紧密。下咽骨近弧形，较窄；主行咽齿侧扁，顶端尖，齿面截形；外侧 1 行咽齿纤细。鳔 2 室，后室约为前室长的 2.0 倍，后室末端骤然收缩。腹膜黑色。

体背部橄榄色，腹部银白色。胸鳍、腹鳍和臀鳍灰白色，背鳍和尾鳍灰黑色。

资源分布：洞庭湖有分布，数量较少。

图 55 湖北鲴 *Xenocypris hupeinensis* (Yih, 1964)

041. 黄尾鲴 *Xenocypris davidi* Bleeker, 1871（图 56）

俗称： 黄板刁、沙尖、黄尾刁、黄姑子

Xenocypris davidi Bleeker, 1871, *Verh. Akad. Wet. Amst.*, 12: 56（长江）；湖北省水生生物研究所鱼类研究室，1976，长江鱼类：131（洞庭湖）；唐家汉和钱名全，1979，淡水渔业，（1）：10（洞庭湖）；唐家汉，1980a，湖南鱼类志（修订重版）：66（洞庭湖）；林益平等（见：杨金通等），1985，湖南省渔业区划报告集：71（洞庭湖、湘江、资水、沅水、澧水）；唐文乔，1989，中国科学院水生生物研究所硕士学位论文：31（麻阳）；唐文乔等，2001，上海水产大学学报，10（1）：6（沅水水系的辰水）；吴婕和邓学建，2007，湖南师范大学自然科学学报，30（3）：116（柘溪水库）；曹英华等，2012，湘江水生动物志：62（湘江衡阳常宁）；牛艳东等，2012，湖南林业科技，39（1）：61（怀化中方县康龙自然保护区）；刘良国等，2013b，长江流域资源与环境，22（9）：1165（澧水慈利、石门、澧县、澧水河口）；刘良国等，2013a，海洋与湖沼，44（1）：148（沅水怀化、五强溪水库、常德）；黄忠舜等，2016，湖南林业科技，43（2）：34（安乡县书院洲国家湿地公园）；向鹏等，2016，湖泊科学，28（2）：379（沅水五强溪水库）；李鸿等，2020，湖南鱼类系统检索及手绘图鉴：26，117；廖伏初等，2020，湖南鱼类原色图谱，50。

【古文释鱼】 ①《闽中海错疏》："黄尾，似鲤而尾微黄，食之有土气"。②《永州府志》（吕恩湛、宗绩辰）："湘中有黄姑鱼及黄鲴也，多脂，其状如鲦（《土风封》）"。③《醴陵县志》（陈鲲、刘谦）："黄鲴鱼，一名黄骨鱼，俗呼黄骨子，扁长、细鳞"。

标本采集： 标本 35 尾，采自洞庭湖、长沙、衡阳等地。

形态特征： 背鳍 iii-7；臀鳍 iii-9～10；胸鳍 i -14～16；腹鳍 i -8。侧线鳞 $63\dfrac{10\sim11}{5\sim6\text{-V}}66$。鳃耙 40～56。下咽齿 3 行，2·4·6/6·4·2。

体长为体高的 3.0～3.7 倍，为头长的 4.5～5.2 倍，为尾柄长的 8.0～9.0 倍，为尾柄高的 8.4～9.2 倍。头长为吻长的 3.1～3.5 倍，为眼径的 3.7～4.7 倍，为眼间距的 2.4～2.7倍。尾柄长为尾柄高的 1.0～1.2 倍。

体长而稍侧扁，体较高且厚，腹部圆。头小而尖。吻端圆突，吻长小于眼后头长。口亚下位，横裂。下颌具角质薄锋稍发达。鼻孔每侧 2 个，位于眼的前上部。眼较大，位于头部上侧位，吻长小于眼后头长。鳃盖膜与峡部相连。

背鳍末根不分支鳍条为硬刺，起点距吻端较尾鳍基稍近。胸鳍后伸不达腹鳍起点。腹鳍起点位于背鳍起点下方稍后。肛门靠近臀鳍起点。肛门前具小段不甚明显的腹棱。臀鳍较小。尾鳍叉形。

体被圆鳞，鳞稍大，腹鳍基具 1～2 枚长形的腋鳞。侧线完全，在胸鳍起点上方略下弯，向后延伸至尾柄正中。

鳃耙短，三角形，排列紧密。下咽齿内侧 1 行齿面斜截，外侧 2 行齿体细长。鳔 2室，后室长为前室长的 2.0 倍以上。肠长，为体长的 3.0 倍以上。腹膜黑色。

背侧灰色，腹部白色。鳃盖后缘具 1 个浅黄色斑纹。尾鳍黄色。

生物学特性：

【生活习性】 喜栖息于宽阔水体的中下层。

【年龄生长】 根据鳞片年轮退算体长平均值：1 龄 12.0cm、2 龄 21.7cm、3 龄 29.9cm、4 龄 34.8cm。以 1～3 龄生长较快。

【食性】 主要以水生高等植物的碎片及藻类为食，也食少量甲壳动物和水生昆虫等。

【繁殖】 繁殖期 4—6 月，在河滩急流处产卵，成熟雄鱼头部、鳃盖、胸鳍等处出现珠星，体粗糙。1 龄性成熟，相对繁殖力为 270～891 粒/g。受精卵灰白色，卵径约 1.1mm，微黏性，附着在砾石上发育。水温 23℃左右时，受精卵孵化脱膜需 41.0h；5 日龄仔鱼

卵黄囊吸尽（蓝昭军等，2008；彭新亮等，2018）。

资源分布：洞庭湖及湘、资、沅、澧"四水"均有分布，是湖南省重要经济鱼类之一。

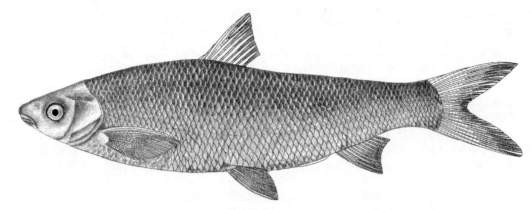

图 56 黄尾鲴 *Xenocypris davidi* Bleeker, 1871

（028）圆吻鲴属 *Distoechodon* Peters, 1881

Distoechodon Peters, 1881, *Mber. Akad. Wiss. Berl.*, 45: 924.

模式种：*Distoechodon tumirostris* Peters

体长而侧扁，腹部圆。无腹棱，或仅在肛门前具很不发达的腹棱。头小，锥形。吻圆钝，突出。口下位，横裂（稍弯曲）。下颌角质薄锋发达。无须。鳃孔大。鳃盖膜与峡部相连。背鳍末根不分支鳍条为硬刺，后缘光滑，末端柔软分节，起点距吻端与距尾鳍基约相等。腹鳍起点与背鳍起点相对，具 1 枚狭长腋鳞。臀鳍末根不分支鳍条柔软分节，分支鳍条 8～10 根。肛门紧靠臀鳍起点。体被细小圆鳞。侧线完全，在胸鳍上方略向下弯，后延至尾柄正中。鳃耙扁薄，三角形，排列紧密。下咽齿 2 行，最外行发育较好。鳔 2 室。

本属湖南仅分布有圆吻鲴 1 种。

042. 圆吻鲴 *Distoechodon tumirostris* Peters, 1881（图 57）

Distoechodon tumirostris Peters, 1881, *Mber. Akad. Wiss. Berl.*, 45: 926(宁波)；唐家汉和钱名全,1979,淡水渔业，（1）：10（洞庭湖）；唐家汉，1980a，湖南鱼类志（修订重版）：68（澧水）；林益平等（见：杨金通等），1985，湖南省渔业区划报告集：71（洞庭湖、湘江、资水、沅水、澧水）；唐文乔等，2001，上海水产大学学报，10（1）：6（沅水水系的辰水，澧水）；吴婕和邓学建，2007，湖南师范大学自然科学学报，30（3）：116（柘溪水库）；曹英华等，2012，湘江水生动物志：65（湘江衡阳常宁）；李鸿等，2020，湖南鱼类系统检索及手绘图鉴：27，118；廖伏初等，2020，湖南鱼类原色图谱，52。

标本采集：标本 15 尾，采自沅江、湘江。

形态特征：背鳍iii-7；臀鳍iii-9；胸鳍 i -16；腹鳍 i -8。侧线鳞 $69\frac{11\sim14}{6\sim7\text{-V}}82$。鳃耙 93～95。下咽齿 2 行，数目不稳定。

体长为体高的 3.6～3.9 倍，为头长的 4.6～4.8 倍，为尾柄长的 6.1～6.5 倍，为尾柄

高的 7.6～8.5 倍；头长为吻长的 2.7～3.1 倍，为眼径的 5.5～6.4 倍，为眼间距的 2.0～2.3 倍。尾柄长为尾柄高的 1.0～1.4 倍。

体长而稍侧扁，腹部圆。无腹棱。头小而侧扁，锥形。吻圆突，吻皮下包至口前，吻长为眼径的 1.6～2.2 倍，小于眼后头长。口小，下位，口裂弯度小，几成横裂；口裂甚宽，几达此处头宽的全部，口角不达鼻孔前缘的下方。下颌角质薄锋发达。无须。鼻孔每侧 2 个，紧邻，位于眼前上方，距眼端较距吻短为近，前鼻孔后缘具半月形鼻瓣。眼小，中侧位。眼间隔宽平。鳃孔大。鳃盖膜与峡部相连。

背鳍末根不分支鳍条为硬刺，后缘光滑，末端柔软分节，刺长短于头长；起点距吻端与距尾鳍基相等或稍大。胸鳍下侧位，后伸不达腹鳍起点。腹鳍起点与背鳍起点相对，后伸不达肛门，距肛门较距胸鳍起点为近。肛门紧靠臀鳍起点。臀鳍小，起点距腹鳍起点较距尾鳍基为近。尾鳍深叉形。

体被小圆鳞，腹鳍基具 1 狭长腋鳞。侧线完全，广弧形下位，向后延伸至尾柄正中。

鳃耙细扁，排列紧密。下咽齿里行齿侧扁、齿面斜截，末端尖，外行齿短小，细弱。

体背青灰色，腹部银灰色。背鳍和尾鳍灰黑色，尾鳍后缘灰黑色。胸鳍和腹鳍基黄色；其余各鳍灰白色。

生物学特性：

【**生活习性**】喜栖息于江河中水清、水流湍急、水面宽阔、底质为砾石的浅水河段，冬季集群于水潭深处越冬。

【**年龄生长**】生长速度较快，1 龄个体可达 150～200g，2 龄可达 400～500g，3 龄可达 500～600g。

【**食性**】杂食性，以下颌刮食固着藻类和植物碎屑，也可摄食有机碎屑及少量浮游动物和水生昆虫。

【**繁殖**】繁殖期 5—8 月，5 月为高峰期，繁殖期雄鱼头部和胸鳍出现珠星，亲鱼在流水中将卵产于砾石之间。2 龄性成熟，分批次产卵，成熟卵黏性，卵径 1.0～1.4mm，受精后吸水膨胀，卵膜径 2.0～2.2mm。水温 18.5～20.5℃时，受精卵孵化脱膜需 50h；水温 21～24℃时，孵化脱膜需 60～70h；水温 24～27℃时，孵化脱膜需 50～60h。初孵仔鱼全长 5.5mm，4～5 天卵黄囊吸收完全（李生武，2001）。

分布及资源状况：洞庭湖及湘、资、沅、澧"四水"均有分布，个体较大，但数量稀少。

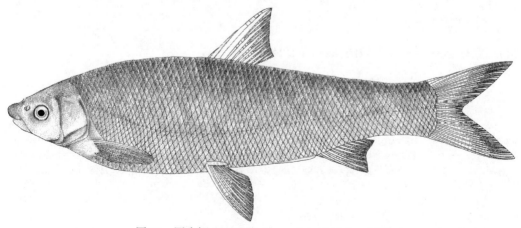

图 57　圆吻鲴 *Distoechodon tumirostris* Peters, 1881

VI. 鲢亚科 Hypophthalmichthyinae

体长而侧扁。腹棱发达，为全棱或半棱。头大。吻宽钝。口大，上位。下颌向上倾斜。无须。眼小，下侧位。鳃孔大。鳃盖膜左右愈合、相连，跨越峡部，与峡部不相连。各鳍均无硬刺。背鳍短，分支鳍条 7 根，起点位于腹鳍起点之后。胸鳍较长，后伸达或超过腹鳍起点，或短小，后伸不达腹鳍起点。臀鳍起点位于背鳍基下方或后下方，分支鳍条 10～15 根。体被细小圆鳞。侧线完全，广弧形下弯。鳃耙细长而密集，或互相连接成多孔的膜质片，口腔内具螺旋形鳃上器官。下咽齿 1 行。鳔发达，2 室，前室膨大，后室细长。腹膜黑色。

本亚科湖南分布有 2 属 2 种。

鲤科鲢亚科属、种检索表

1（2）　腹棱为半棱，自腹鳍基末至肛门前；鳃耙互不相连[（029）鳙属 *Aristichthys*] ………………
　　　　…………………………………………**043. 鳙** *Aristichthys nobilis* (Richardson, 1845)
2（1）　腹棱为全棱，自鳃盖膜左右汇合处稍后至肛门前；鳃耙相互交错成多孔的膜质片[（030）鲢属
　　　　Hypophthalmichthys] ………………**044. 鲢** *Hypophthalmichthys molitrix* (Valenciennes, 1844)

（029）鳙属 *Aristichthys* Oshima, 1919

Aristichthys Oshima, 1919, *Ann. Carneg. Mus.*, 12 (2-4): 246.

模式种：*Leuciscus nobilis* Richardson

体侧扁、稍厚，腹部较窄。腹棱为半棱，自腹鳍基末至肛门前。头大而圆。吻短而钝。口大，上位。口腔后上方具螺旋形鳃上器官。下颌稍向上突出。无须。鼻孔每侧 2 个，位于眼前缘上方。眼较小，位于头侧中轴的下方，靠近吻端。鳃孔大。鳃盖膜跨越峡部、左右相连，与峡部不相连。体被小圆鳞。侧线完全，广弧形下弯。各鳍均无硬刺。背鳍起点位于臀鳍基之后。胸鳍极长，后伸可超越腹鳍起点。腹鳍起点距胸鳍起点较距肛门为近。臀鳍分支鳍条 12～13 根。鳃耙细长而密集，分离，不愈合。下咽齿 1 行，平扁，齿面具不规则颗粒状凸起。鳔发达，2 室，前室大，后室小。腹面黑色。

本属仅鳙 1 种。

043. 鳙 *Aristichthys nobilis* (Richardson, 1845)（图 58）

俗称：花鲢、麻鲢、黑鲢、大头鲢、胖头鲢、大脑壳鱼、胖头鱼；**英文名**：bighead carp

Leuciscus nobilis Richardson, 1845, *Zool, Voy.* "*Sulphur*". *Ichth.*, 1: 140（广东）。
　　Aristichthys nobilis：Oshima, 1919, *Ann. Carneg. Mus.*, 12(2-4): 246（台湾）；Kimura, 1934, *J. Shanghai Sci. Inst.*, 1(3): 150（长江）；梁启燊和刘素孀，1959，湖南师范学院自然科学学报，（3）：67（洞庭湖、湘江）；杨干荣（见：伍献文等），1964，中国鲤科鱼类志（上卷）：223（长江）；梁启燊和刘素孀，1966，湖南师范学院学报（自然科学版），（5）：85（洞庭湖、湘江、资水、沅水、澧水）；湖北省水生生物研究所鱼类研究室，1976，长江鱼类：142（岳阳）；唐家汉和钱名全，1979，淡水渔业，（1）：10（洞庭湖）；唐家汉，1980a，湖南鱼类志（修订重版）：147（洞庭湖）；林益平等（见：杨金通等），1985，湖南省渔业区划报告集：76（洞庭湖、湘江、资水、沅水、澧水）；陈炜（见：陈宜瑜等），1998，中国动物志 硬骨鱼纲 鲤形目（中卷）：226（岳阳）；唐文乔等，2001，上海水产大学学报，10（1）：6（沅水水系的辰水、武水、酉水，澧水）；郭克疾等，2004，生命科学研究，8（1）：82（桃源县乌云

界自然保护区）；吴婕和邓学建，2007，湖南师范大学自然科学学报，30（3）：116（柘溪水库）；康祖杰等，2010，野生动物，31（5）：293（壶瓶山）；康祖杰等，2010，动物学杂志，45（5）：79（壶瓶山）；曹英华等，2012，湘江水生动物志：47（湘江长沙、衡阳）；牛艳东等，2012，湖南林业科技，39（1）：61（怀化中方县康龙自然保护区）；刘良国等，2013b，长江流域资源与环境，22（9）：1165（澧水慈利、石门、澧县、澧水河口）；刘良国等，2013a，海洋与湖沼，44（1）：148（沅水怀化、五强溪水库、常德）；刘良国等，2014，南方水产科学，10（2）：1（资水新邵、安化、桃江）；黄忠舜等，2016，湖南林业科技，43（2）：34（安乡县书院洲国家湿地公园）；向鹏等，2016，湖泊科学，28（2）：379（沅水五强溪水库）；康祖杰等，2019，壶瓶山鱼类图鉴：129（壶瓶山）；李鸿等，2020，湖南鱼类系统检索及手绘图鉴：27，119；廖伏初等，2020，湖南鱼类原色图谱，54。

Hypophthalmichthys nobilis：Günther, 1898, *Rev. Roum. Biol.*, 9(2): 299（中国）。

【古文释鱼】①《祁阳县志》（旷敏本、李蒔）："鳙，似鲢而黑，大头，细鳞，目旁有骨名乙。《礼记》云'食鱼去乙，是也'。味亚于鲢，鲢之美在腹，鳙之美在头，色之黑白，首之大小各别"。②《凤凰厅志》（黄应培、孙均铨、黄元复）："鳙，一名鱃鱼；《山海经》'鱃鱼，大首，食之愈疣，其头最大'。细鳞，似鲢，目旁有骨，其美在头，厅俗呼大头鲢"。③《直隶澧州志》（何玉棻、魏式曾、黄维瓒）："鳙，似鲢而黑，大头细鳞，目旁有骨。陆佃曰'缗隆饵重，嘉鱼食之；缗调饵芳，鳙鱼食之'。鳙鱼之不美者，能醒酒、发疮疥，忌荞麦。俗称膨头鱼"。④《耒阳县志》（于学琴）："鳙，郭璞曰'鳙似鲢而黑，大头细鳞，目旁有骨，髓满脑肥'"。⑤《宜章县志》（曹家铭、邓典谟）："头大身小，名雄鱼，盖即古之鳙鱼，味美"。⑥《醴陵县志》（陈锟、刘谦）："鳙，似鲢而黑，俗呼雄鱼，头大而多髓"。

标本采集：标本 30 尾，采自洞庭湖、长沙、衡阳等地。

形态特征：背鳍 iii-7；臀鳍 iii-12～13；胸鳍 i -16～19；腹鳍 i -7～8。侧线鳞 $99\frac{21～23}{14～15\text{-V}}111$。鳃耙 680。下咽齿 1 行，4/4。

体长为体高的 3.1～3.5 倍，为头长的 2.8～3.4 倍，为尾柄长的 5.9～8.2 倍。头长为吻长的 3.0～3.5 倍，为眼径的 4.5～6.9 倍，为眼间距的 1.8～2.4 倍。尾柄长为尾柄高的 1.2～1.7 倍。

体较高，侧扁，腹部胸鳍至腹鳍间较圆。腹棱为半棱，自腹鳍基末至肛门前。头大而圆胖，前部宽阔。吻短而宽。口大，上位，斜裂，末端可达鼻孔下方。下颌向上略翘。无须。鼻孔每侧 2 个，紧邻，位于眼前缘上方，距吻端与距距眼约相等。眼小，下侧位。眼间隔宽阔，约为眼径的 3.0 倍。鳃孔大。鳃盖膜跨越峡部，左右相连，与峡部不相连。

背鳍末根不分支鳍条柔软分节，起点位于腹鳍基中间上方，距吻端较距尾鳍基为远。胸鳍下侧位，大而长，后伸超过腹鳍起点较远。腹鳍后伸不达臀鳍起点，起点距胸鳍起点较距臀鳍起点为近，后伸几达肛门。肛门紧靠臀鳍起点。臀鳍末根不分支鳍条柔软分节，鳍基较长，起点距腹鳍起点较距尾鳍基为近。尾鳍深叉形。

体被细小圆鳞。侧线完全，前段稍向腹面弯曲，自臀鳍中部之后平直，沿尾柄正中后行。繁殖期雄鱼个体胸鳍前数根鳍条上具较锋利的刀状骨质棱。

鳃耙细长而密集，分离，不愈合。下咽齿 1 行，平扁，齿面具不规则颗粒状凸起。鳔发达，2 室，前室大，椭圆形，后室小，圆锥形。肠长，约为体长的 4.0～5.0 倍。腹膜黑色。

体背部及体侧上半部灰黑色，间具浅黄色，腹部银白色，体侧密布小黑点，故称麻鲢。各鳍均青灰色。

生物学特性：

【生活习性】中上层鱼类，喜栖息于流水或水面宽阔的水体中，具河湖洄游习性。幼鱼及成鱼在江河湖泊及附属水体中生长发育，性成熟个体繁殖期于江河中产卵。性温顺，行动迟缓，不善跳跃。冬季在江河、湖泊深水区越冬。

【年龄生长】生长速度快，个体大。根据鳞片退算体长：1 龄 23.0cm、2 龄 36.0cm、3 龄 50.0cm、4 龄 63.0cm、5 龄 75.0cm、6 龄 83.0cm。1～5 龄个体生长速度较快。

【食性】滤食性鱼类，主要以浮游动物为食，辅以浮游植物。摄食强度随季节不同而变化，每年 4—10 月摄食强度较大。富营养化水域中藻类在鳙的食物组成中占较大比例。

【繁殖】繁殖期 4—7 月，雄鱼在胸鳍内侧具锋利的锯齿状凸起，雌鱼胸鳍内侧平滑。产卵条件与鲢基本相同，繁殖行为"浮排"现象不如鲢明显。4～5 龄性成熟，初次性成熟个体雄鱼小于雌鱼。成熟卵灰色，卵径 1.5～1.7mm，受精后吸水膨胀，卵膜径 4.9～6.7mm，随水漂流孵化。18.0～24.0℃时，受精卵孵化脱膜约需 39.0h，初孵仔鱼全长 7.0mm，肌节 38 对；全长 9.2mm 雏形鳔出现；全长 10.0mm 卵黄吸收完全；全长 36.0mm 仔鱼鳞被完成。

资源分布：广布性鱼类，湖南各地均有分布。湘江衡阳段分布有其产卵场。

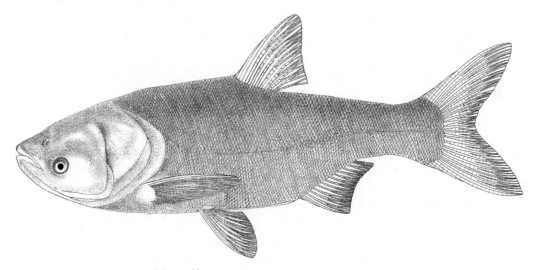

图 58　鳙 *Aristichthys nobilis* (Richardson, 1845)

（030）鲢属 *Hypophthalmichthys* Bleeker, 1860

Hypophthalmichthys Bleeker, 1860, *Ichth. Arch. Ind. Prodr.*, 2 *Cypr.*: 405.

模式种： *Leuciscus molitrix* Valenciennes

体侧扁，腹部窄，腹棱发达，为全棱，自鳃盖膜左右相连处稍后至肛门前。头大，头背部较宽。吻短而钝。口大，亚上位，口裂末端达鼻孔下方；口腔内具发达的螺旋形鳃上器官。下颌向上倾斜而稍突出。无须。鼻孔每侧 2 个。眼小，位于头侧中轴的下方。鳃孔大。鳃盖膜跨越峡部、左右相连，与峡部不相连。背鳍起点后于臀鳍基。胸鳍长而尖，后伸达或超过腹鳍起点。腹鳍起点距胸鳍起点较距臀鳍起点为近。臀鳍较长，分支鳍条 11～14 根。肛门靠近臀鳍起点。体被小圆鳞。侧线完全，前部弯曲，后部较平直。各鳍均无硬刺。鳃耙特化，互相交织连成多孔的膜质片。下咽齿 1 行，平扁，侧面具辐射状斜纹。鳔发达，2 室，前室膨大，后室锥形。腹膜黑色。

本属湖南仅分布有 1 种。

044. 鲢 *Hypophthalmichthys molitrix* **(Valenciennes, 1844)**（图 59）

俗称：白鲢、鲢子鱼；**英文名**：silver carp

Leuciscus molitrix Valenciennes *et* Cuvier, 1844, *Hist. Nat. Poiss.*, 17: 360（中国）。

Hypophthalmichthys molitrix: Bleeker, 1860, *Ichth. Arch. Ind. Prodr.*: 283（中国）；Günther, 1888, *Ann. Mag. Nat. Hist.*, 1(6): 429（长江）；Günther, 1898, *Ann. Mag. Nat. Hist.*, 1(7): 257（中国）；Kimura, 1934, *J. Shanghai Sci. Inst.*, 1(3): 147（长江）；梁启燊和刘素嬿，1959，湖南师范学院自然科学学报，（3）：67（洞庭湖、湘江）；杨干荣（见：伍献文等），1964，中国鲤科鱼类志（上卷）：225（长江）；梁启燊和刘素嬿，1966，湖南师范学院学报（自然科学版），（5）：85（洞庭湖、湘江、资水、沅水、澧水）；唐家汉和钱名全，1979，淡水渔业，（1）：10（洞庭湖）；唐家汉，1980a，湖南鱼类志（修订重版）：148（洞庭湖）；林益平等（见：杨金通等），1985，湖南省渔业区划报告集：76（洞庭湖、湘江、资水、沅水、澧水）；唐文乔，1989，中国科学院水生生物研究所硕士学位论文：36（吉首）；陈炜（见：陈宜瑜等），1998，中国动物志 硬骨鱼纲 鲤形目（中卷）：229（岳阳、沅水）；唐文乔等，2001，上海水产大学学报，10（1）：6（沅水水系的辰水、武水、酉水，澧水）；郭克疾等，2004，生命科学研究，8（1）：82（桃源县乌云界自然保护区）；吴婕和邓学建，2007，湖南师范大学自然科学学报，30（3）：116（柘溪水库）；康祖杰等，2010，野生动物，31（5）：293（壶瓶山）；康祖杰等，2010，动物学杂志，45（5）：79（壶瓶山）；曹英华等，2012，湘江水生动物志：45（湘江长沙、衡阳）；牛艳东等，2012，湖南林业科技，39（1）：61（怀化中方县康龙自然保护区）；刘良国等，2013b，长江流域资源与环境，22（9）：1165（澧水桑植、慈利、石门、澧县、澧水河口）；刘良国等，2013a，海洋与湖沼，44（1）：148（沅水五强溪水库、常德）；刘良国等，2014，南方水产科学，10（2）：1（资水新邵、安化、桃江）；黄忠舜等，2016，湖南林业科技，43（2）：34（安乡县书院洲国家湿地公园）；向鹏等，2016，湖泊科学，28（2）：379（沅水五强溪水库）；康祖杰等，2019，壶瓶山鱼类图鉴：130（壶瓶山）；李鸿等，2020，湖南鱼类系统检索及手绘图鉴：27，120；廖伏初等，2020，湖南鱼类原色图谱，56。

【古文释鱼】 ①《慈利县志》（陈光前）："小口细鳞，身扁色白，出长沙，湖中人家取之。池塘养者谓水鲢，亦有由湖逆水沂流而上，抵入河中而聚者，谓河鲢，形体大于池鲢"。②《辰州府志》（席绍葆、谢鸣谦）："鲢，即《诗》之鲢也，状如鳙，头小，形扁，鳞细，腹肥，其美在腹。辰人有'线鲢''花鲢'之称"。③《祁阳县志》（旷敏本、李莳）："鲢，一名鲢，状如鳙而头小，形扁，细鳞，肥腹，其色最白。《西征赋》'华鲂跃鳞，素鲢扬鬐'。失水易死，盖弱鱼也"。④《直隶澧州志》（何玉棻、魏式曾、黄维瓒）："鲢，即《诗》鲢鱼。《诗传》'以鲢训鲢'，兼黄白二种，故有二名。《西征赋》'华鲂濯鳞，素鲢杨鬐（通鳍）'。则黄者为鲢，而白者为鲢也"。⑤《常德府志》（应先烈、陈楷礼）："鲢，《旧志》'小口，细鳞，身扁而色白'"。⑥《永州府志》（吕恩湛、宗绩辰）："鲢鱼，俗称鲢鱼，俱以群行，名府境皆有之"。⑦《善化县志》（吴兆熙、张先抡等）："鲢，即鲢，《诗》'其鱼鲂鲢'"。⑧《耒阳县志》（于学琴）："鲢，《博雅》曰'鲢'，陆佃曰'鲢好群行相与，故曰鲢'。有皁（同皂）、白二种，皁者头大，白者腹腴"。⑨《宜章县志》（曹家铭、邓典谟）："鲢，古名鲢，头小、形扁、鳞细、色白，喜食他鱼之粪，故池塘畜鲢鱼必多畜草鱼，乃易肥长，又有一种头大身小名雄鱼，盖即古之鳙鱼，味美"。⑩《醴陵县志》（陈鲲、刘谦）："鲢，即鲢也，体侧扁，头小，鳞细，背青，腹白，体弱性躁，食草鱼粪，好游泳于水之下层，养草鱼千头配鲢鱼二百，则易长"。

标本采集：标本 30 尾，采自洞庭湖、长沙、衡阳等地。

形态特征：背鳍 iii-7；臀鳍 iii-11～12；胸鳍 i -16～17；腹鳍 i -7～8。侧线鳞 $112\frac{29\sim31}{16\sim19\text{-V}}128$。下咽齿 1 行，4-4。

体长为体高的 3.2～3.4 倍，为头长的 3.3～3.8 倍，为尾柄长的 5.6～6.4 倍。头长为吻长的 4.2～5.1 倍，为眼径的 5.5～6.6 倍，为眼间距的 1.9～2.2 倍。尾柄长为尾柄高的 1.4～1.6 倍。

体侧扁，腹部狭。腹棱发达，为全棱，自鳃盖膜左右相连处稍后至肛门前。头中等，侧扁。吻短钝。口大，亚上位，斜裂，末端达鼻孔前缘下方。下颌稍向上突出。无须。鼻孔每侧 2 个，紧邻，上侧位，距吻端较距眼为近，前鼻孔后缘具半月形鼻瓣。眼较小，下侧位。鳃孔大。鳃盖膜跨越峡部，左右相连，与峡部不相连。

背鳍较小，末根不分支鳍条柔软分节，起点距吻端约等于距尾鳍基。胸鳍下侧位，末端尖，后伸不达或仅达腹鳍起点。腹鳍后伸不达臀鳍起点，起点位于背鳍起点稍前，距吻端较距尾鳍基为近，后伸不达肛门。肛门紧靠臀鳍起点。臀鳍较长，末根不分支鳍条柔软分节，起点距腹鳍起点较距尾鳍基为近。尾鳍深叉形。

体被细小圆鳞。侧线完全，腹鳍前方较弯曲，腹鳍以后较平直，向后延伸至尾柄正中。

鳃耙特化，彼此相连，细密如海绵状。下咽齿 1 行，平扁，齿面中央具细沟，侧面具辐射状斜纹。鳔发达，2 室，前室膨大，后室锥形。肠细长，约为体长的 6.0～8.0 倍。腹膜黑色。

体背浅灰略带黄色，体侧及腹部为银白色。各鳍浅灰色。

生物学特性：

【生活习性】生活于水体上层，性活泼，善跳跃。具河湖洄游习性，在江河湖泊中肥育，产卵季节亲鱼溯河洄游至产卵场繁殖。冬季进入河流或湖泊深处越冬。

【年龄生长】生长速度快，以鳞片作为年龄鉴定材料，退算体长：1 龄 19.0cm、2 龄 30.0cm、3 龄 43.0cm、4 龄 55.0cm、5 龄 63.0cm。1～4 龄个体生长速度较快。

【食性】典型的滤食性鱼类，幼鱼主要以浮游动物为食，也可摄食浮游植物。体长 25.0cm 左右个体，鳃耙形成微孔膜状，食性转变为以浮游植物和植物腐屑为主，浮游动物减少。人工养殖情况下，亦摄食糠、豆饼及麦麸等。

【繁殖】一般 4 龄达性成熟，性成熟个体雌鱼大于雄鱼。繁殖期 4 月下旬至 6 月上旬，亲鱼性腺在上溯洄游过程中由Ⅳ期迅速转化为Ⅴ期。发情时，雄鱼追逐雌鱼，异常活跃，或雌、雄并列露出水面，或仅头部露出水面嬉戏，不时掀起浪花。产卵在上层水面，此时雌鱼腹部露出水面，剧烈抖动胸鳍，俗称"浮排"。湘江产卵场集中于松柏至茭河河口江段。据反映，近年来产卵场下移至耒河口附近。产卵场水温 20～30℃，最适水温 24～28℃。

一次性产卵，绝对繁殖力为 10.2 万～76.7 万粒，随鱼体增长而增大；相对繁殖力为 45.0～140.0 粒/g。受精卵漂流性，卵径 1.5～1.7mm，吸水后卵膜径 3.5～6.5mm。水温

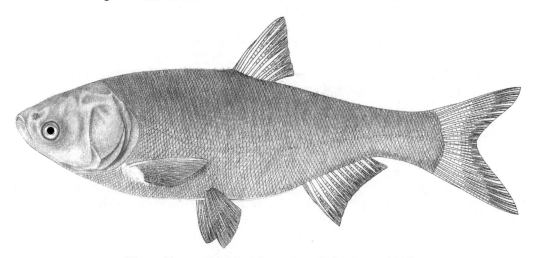

图 59　鲢 *Hypophthalmichthys molitrix* (Valenciennes, 1844)

20.0～23.0℃，受精卵孵化脱膜约需 35.0h。脱膜时全长 6.1mm，肌节 39 对；全长 8.2mm 时，鳔出现；全长 8.7mm 时，卵黄吸收完全；全长 20.0mm 时鳞片自前向后生长，全长 34.0mm 时侧线鳞发育完全（郜星晨等，2018）。

　　资源分布及经济价值：广布性鱼类，我国"四大家鱼"之一，湖南各地均有分布，湘江衡阳段分布有其产卵场。个体大，产量高，为湖南主要经济鱼类之一。

Ⅶ. 鮈亚科 Gobioninae

　　体延长，前段近圆筒形，后段渐细而稍侧扁，腹部圆或平。无腹棱。头侧扁或锥形。吻短钝或长而突出。吻皮止于上唇基部，与上唇分离。口上位、端位或下位。唇薄，简单或发达，具乳突；下唇分叶或连成一片；唇后沟连续或不连续。通常仅具口角须 1 对或无须，无吻须，少数种类 4 对须，其中口角须 1 对，颏须 3 对。鳃盖膜与峡部相连。除鳕属和似刺鳊鮈属背鳍具光滑硬刺外，其他种类背鳍和臀鳍末根不分支鳍条均柔软分节。背鳍和臀鳍均较短小，背鳍分支鳍条 7～8 根，臀鳍分支鳍条 6 根。尾鳍叉形。胸、腹部一般具鳞，少数种类胸部或整个胸、腹部裸露无鳞。侧线完全。鳃耙不发达或退化。下咽齿 1～2 行，少数为 3 行。鳔 2 室，或发达，前室不为膜质或骨质囊所包，后室大于前室；或退化，前室包于膜质或骨质囊内，后室细小，露于囊外。

　　本亚科多为小型底栖鱼类，主要以底栖无脊椎动物为食。胸鳍位低而平展。胸、腹部平，鳞退化。蛇鮈属、异鳔鳅鮀属和鳅鮀属等属鱼类栖息于江河流水处底层的砂石面上，稍受惊动，即钻入沙或碎石中，整个身体埋于其中，仅留眼睛以观察周边动静。古时称为"鲨"，又有"吹沙小鱼"之称。

　　湖南分布有 13 属 31 种。

　　【鳅鮀亚科与鮈亚科的关系】鳅鮀亚科 Gobiobotinae 鱼类与其他鲤科鱼类的典型特征是具 2～3 对颏须和结构特化的鳔，其分类地位也一直存在争议。鉴于其具颏须，Kreyenberg（1911）、Fang（1930，1933）、Fang et Wang（1931）和 Nichols（1943）将其列入鳅科 Cobitidae。鉴于其鳔前室横宽，包于骨质或膜质囊内，后室细小，Liu（1940）曾建议将鳅鮀亚科与鮈亚科中部分具相似鳔的种类，合并建立石虎鱼科。而大多学者认为，鳅鮀鱼类具大型鳞片、较发达的下咽骨和下咽齿，这些是典型的鲤科鱼类特征，虽然具颏须，但无吻须，这又有别于鳅科鱼类，于是将其作为鲤科下的一个独立亚科（伍献文等，1977；陈宜瑜等，1998）。陈湘粦等（1984）从骨骼的发生上，认为两者间的差异很小，而将鳅鮀亚科并入鮈亚科。近年来，分子系统学的研究也支持了陈湘粦等的观点（王伟等，2002；陈安惠，2014）。鉴于鳅鮀亚科鱼类外形除颏须外，与鮈亚科蛇鮈属鱼类非常相似，所以，本书将鳅鮀亚科并入鮈亚科。

鲤科鮈亚科属、种检索表

1（58）　仅具口角须 1 对或无须，无颏须
2（7）　背鳍末根不分支鳍条为硬刺；须 1 对
3（6）　背部头后至背鳍起点渐隆起；肛门紧靠臀鳍；下咽齿 3 行[（031）鳕属 *Hemibarbus*]
4（5）　吻长显著大于眼后头长；下唇发达，两侧叶宽厚，具皱褶；背鳍刺长小于头长；鳃耙 15 以上；体侧无明显斑点 ……………………………………… 045. 唇鳕 *Hemibarbus labeo* (Pallas, 1776)
5（4）　吻长小于或等于眼后头长；下唇薄，不发达，侧叶狭窄，无皱褶；背鳍刺长约等于头长；鳃耙 10 以下；体侧具 7～11 个大黑斑………… 046. 花鳕 *Hemibarbus maculatus* Bleeker, 1871
6（3）　背部头后至背鳍起点显著隆起；肛门前移，位于腹鳍与臀鳍间的后 1/4 处；下咽齿 2 行[（032）似刺鳊鮈属 *Paracanthobrama*] …… 047. 似刺鳊鮈 *Paracanthobrama guichenoti* Bleeker, 1865

7（2） 背鳍末根不分支鳍条柔软，或仅基部变硬；须有或无

8（11） 须发达，后伸可达前鳃盖骨后缘下方或胸鳍起点；侧线鳞54枚以上[（033）铜鱼属 *Coreius*]

9（10） 口宽阔，弧形；须长，后伸达胸鳍起点；胸鳍后伸远超过腹鳍起点
·················· **048. 圆口铜鱼 *Coreius guichenoti* (Sauvage *et* Dabry de Thiersant, 1874)**

10（9） 口马蹄形；须短，后伸达或略超过前鳃盖骨后方；胸鳍后伸不达腹鳍起点 ·············
·············· **049. 铜鱼 *Coreius heterodon* (Bleeker, 1865)**

11（8） 须退化或较短，后伸多不超过眼后缘

12（13） 肛门紧靠臀鳍起点；口上位；无须[（034）麦穗鱼属 *Pseudorasbora*]·············
·············· **050. 麦穗鱼 *Pseudorasbora parva* (Temminck *et* Schlegel, 1846)**

13（12） 肛门前移，在腹鳍基与臀鳍起点间近腹鳍基或近臀鳍起点

14（29） 下颌具角质

15（22） 唇薄无乳突；肛门距臀鳍起点较距腹鳍基为近［（035）鳈属 *Sarcocheilichthys*]

16（21） 须1对，短小；下唇两侧瓣仅限于口角；下咽齿1行

17（18） 背鳍末根不分支鳍条基部变硬，较细，末端柔软分节；体侧具4条宽阔的黑斑带 ·············
·············· **051. 华鳈 *Sarcocheilichthys sinensis* Bleeker, 1871**

18（17） 背鳍末根不分支鳍条柔软；体侧无宽阔的横斑

19（20） 侧线鳞42～44；体侧具数条不规则黑斑，鳃盖后方具1个垂直黑斑·············
·············· **052. 江西鳈 *Sarcocheilichthys kiangsiensis* Nichols, 1930**

20（19） 侧线鳞35～36；体侧具1条黑色纵纹········ **053. 小鳈 *Sarcocheilichthys parvus* Nichols, 1930**

21（16） 无须；下唇两侧瓣前伸几达下颌前端；下咽齿2行 ·············
·············· **054. 黑鳍鳈 *Sarcocheilichthys nigripinnis* (Günther, 1873)**

22（15） 唇厚，乳突发达；肛门距臀鳍起点较距腹鳍基为远

23（28） 下唇分叶[（036）小鳔鉤属 *Microphysogobio*]

24（27） 臀鳍分支鳍条5根

25（26） 侧线鳞38～39；体较长，体长为体高的5.9～6.5倍·············
·············· **055. 洞庭小鳔鉤 *Microphysogobio tungtingensis* (Nichols, 1926)**

26（25） 侧线鳞35～36；体稍高，体长为体高的4.5～5.4倍·············
·············· **056. 张氏小鳔鉤 *Microphysogobio zhangi* Huang, Zhao, Chen *et* Shao, 2017**

27（24） 臀鳍分支鳍条6根 **057. 长体小鳔鉤 *Microphysogobio elongates* (Yao *et* Yang, 1977)**

28（23） 下唇不分叶，向后伸展连成一整体，后缘游离而稍分裂[（037）片唇鉤属 *Platysmacheilus*]
·············· **058. 片唇鉤 *Platysmacheilus exiguus* (Lin, 1932)**

29（14） 下颌无角质

30（37） 背鳍起点至吻端大于或等于其基末至尾鳍基

31（34） 唇薄无乳突；肛门距臀鳍起点较距腹鳍基为近[（038）银鉤属 *Squalidus*]

32（33） 侧线鳞39～42；体侧正中自头后至尾鳍基具银灰色条纹·············
·············· **059. 银鉤 *Squalidus argentatus* (Sauvage *et* Dabry de Thiersant, 1874)**

33（32） 侧线鳞33～35；体侧沿侧线具1条黑色细纹，被侧线管分割成"八"字形，上、下各半····
·············· **060. 点纹银鉤 *Squalidus wolterstorffi* (Regan, 1908)**

34（31） 唇厚，下唇分3叶；肛门距臀鳍起点较距腹鳍基为远

35（36） 上、下唇光滑，无明显乳突；臀鳍分支鳍条5根[（039）棒花鱼属 *Abbottina*]·············
·············· **061. 棒花鱼 *Abbottina rivularis* (Basilewsky, 1855)**

36（35） 上、下唇具发达乳突；臀鳍分支鳍条6根[（040）似鉤属 *Pseudogobio*]·············
·············· **062. 似鉤 *Pseudogobio vaillanti* (Sauvage, 1878)**

37（30） 背鳍起点至吻端小于其基末至尾鳍基

38（45） 吻尖长，显著突出；肛门约位于腹鳍基与臀鳍起点间中点，稍前或稍后[（041）吻鉤属 *Rhinogobio*]

39（44） 背鳍第1根分支鳍条不延长，长度小于头长；体细长，体长为体高的5.0倍以上

40（43） 眼较大，头长不足眼径的6.0倍；鳔前室包于膜质囊内

41（42） 须粗长，约等于或稍大于眼径；吻长为眼后头长的1.5倍左右；侧线鳞49～50 ·············
·············· **063. 吻鉤 *Rhinogobio typus* Bleeker, 1871**

42（41） 须细短，长约为眼径的1/3；吻长为眼后头长的2.0倍以上；侧线鳞46～47·············

　　　　　　　　　　　　　　　　　　…………………………………… **064. 湖南吻鮈** *Rhinogobio hunanensis* Tang, 1980

43（40）　眼小，头长为眼径的 6.5 倍以上；鳔前室前 2/3 包于骨质囊内，后 1/3 包于膜质囊内………
　　　　　　　　　　　　　　　　………………………… **065. 圆筒吻鮈** *Rhinogobio cylindricus* Günther, 1888

44（39）　背鳍第 1 根分支鳍条延长，长度大于头长；体较高，体长不足体高的 5.0 倍…………
　　　　　　　　　　　　………………**066. 长鳍吻鮈** *Rhinogobio ventralis* Sauvage *et* Dabry de Thiersant, 1874

45（38）　吻正常，不显著突出；肛门距臀鳍起点较距腹鳍基为近[（**042**）**蛇鮈属** *Saurogobio*]

46（51）　背鳍分支鳍条 7 根

47（48）　胸部腹面具鳞；侧线鳞 55～61；上、下唇厚，密布小乳突；眼径远小于眼间距……………
　　　　　　　　　　　　　　　　　　………………… **067. 长蛇鮈** *Saurogobio dumerili* Bleeker, 1871

48（47）　胸鳍基之前腹部裸露或具少数鳞片；侧线鳞小于 50；上、下唇薄而光滑，或具少量乳突，眼
　　　　　　径等于或稍大于眼间距

49（50）　胸鳍基前腹面具少量鳞片；头平扁，鼻孔前凹陷不明显；偶鳍短小，胸鳍后伸远不达腹鳍起
　　　　　　点 …………………………**068. 光唇蛇鮈** *Saurogobio gymnocheilus* Lo, Yao *et* Chen, 1977

50（49）　胸鳍基前腹面裸露无鳞；鼻孔前明显凹陷；偶鳍尖长，胸鳍后伸接近腹鳍起点 …………
　　　　　　　　　　　　　……………… **069. 滑唇蛇鮈** *Saurogobio lissilabris* Bănărescu *et* Nalbant, 1973

51（46）　背鳍分支鳍条 8 根

52（53）　背鳍和尾鳍具许多小黑点 ………………………………………………………………………
　　　　　　…………… **070. 斑点蛇鮈** *Saurogobio punctatus* Tang, Li, Yu, Zhu, Ding, Liu *et* Danley, 2018

53（52）　背鳍和尾鳍无小黑点

54（55）　吻尖，吻长等于或稍大于眼后头长；尾柄短而高…… **071. 蛇鮈** *Saurogobio dabryi* Bleeker, 1871

55（54）　吻钝，吻长远大于眼后头长；尾柄极纤细

56（57）　侧线鳞 52～54…………………… **072. 湘江蛇鮈** *Saurogobio xiangjiangensis* Tang, 1980

57（56）　侧线鳞 44～46………………… **073. 细body蛇鮈** *Saurogobio gracilicaudatus* Yao *et* Yang, 1977

58（1）　须 4 对，其中口角须 1 对，颏须 3 对；鳞较大，侧线上鳞 5～6；眼较大，眼径远大于鼻孔
　　　　　径[（**043**）**鳅鮀属** *Gobiobotia*]

59（60）　胸鳍第 1 根分支鳍条不突出或稍突出于鳍膜，但不特别延长成丝状 …………………………
　　　　　　　　　　　　　　074. 南方鳅鮀 *Gobiobotia meridionalis* Chen *et* Cao, 1977

60（59）　胸鳍第 1 根分支鳍条显著突出于鳍膜，特别延长成丝状 ……………………………………
　　　　　　………………………………**075. 宜昌鳅鮀** *Gobiobotia filifer* (Garman, 1912)

（031）鳍属 *Hemibarbus* Bleeker, 1860

Hemibarbus Bleeker, 1860, *Nat. Tijd. Ned-Indie.*, 20: 431.

模式种：*Gobio barbus* Temminck *et* Schlegel

　　体长而稍侧扁，腹部圆，背鳍起点处稍隆起，尾柄较细长。头稍大，尖突或圆钝。吻长，向前突出。口小，下位，深弧形，口裂仅达鼻孔前缘下方。上唇向上翻卷；下唇褶分 3 叶，中瓣小，两侧瓣狭长或宽阔。口角须 1 对。眼较大，上侧位；眼眶下缘具 1 排黏液腔。鳃孔大。鳃盖膜与峡部相连。背鳍末根不分支鳍条为粗壮硬刺，后缘光滑。臀鳍短，末根不分支鳍条柔软分节，起点约位于腹鳍起点至尾鳍基间的中点。鳃耙长或短，较发达。下咽骨粗壮，下咽齿发达，3 行。鳔 2 室，后室粗长。

　　本属鱼类在鮈亚科中属个体较大的种类，湖南分布有 2 种。

045. 唇鳍 *Hemibarbus labeo* (Pallas, 1776)（图 60）

俗称：洋鸡哈、重唇鱼；**英文名**：barbel steed

Cyprinus labeo Pallas, 1776, *Reise russ. Reiches.*, 3: 207, 703（黑龙江上游鄂嫩河）。
Hemibarbus labeo：Nichols, 1928, *Bull. Ann. Mus. Nat. Hist.*, 58: 32（湖南）；梁启燊和刘素嬛，1966,

湖南师范学院学报（自然科学版），（5）：85（洞庭湖、湘江）；湖北省水生生物研究所鱼类研究室，1976，长江鱼类：80（洞庭湖）；唐家汉和钱名全，1979，淡水渔业，（1）：10（洞庭湖）；唐家汉，1980a，湖南鱼类志（修订重版）：113（湘江、沅水、洞庭湖）；林益平等（见：杨金通等），1985，湖南省渔业区划报告集：74（洞庭湖、湘江、资水、沅水、澧水）；唐文乔，1989，中国科学院水生生物研究所硕士学位论文：32（麻阳、龙山、桑植）；唐文乔等，2001，上海水产大学学报，10（1）：6（沅水水系的辰水、酉水、澧水）；郭克疾等，2004，生命科学研究，8（1）：82（桃源县乌云界自然保护区）；吴婕和邓学建，2007，湖南师范大学自然科学学报，30（3）：116（柘溪水库）；康祖杰等，2010，野生动物，31（5）：293（壶瓶山）；康祖杰等，2010，动物学杂志，45（5）：79（壶瓶山）；曹英华等，2012，湘江水生动物志：165（湘江衡阳常宁）；刘良国等，2013b，长江流域资源与环境，22（9）：1165（澧水慈利、石门）；康祖杰等，2019，壶瓶山鱼类图鉴：135（壶瓶山溇水和毛竹河）；李鸿等，2020，湖南鱼类系统检索及手绘图鉴：28，121；廖伏初等，2020，湖南鱼类原色图谱，58。

【古文释鱼】①《岳州府志》（黄凝道、谢仲坃）："重唇，产平江，宋黄诰诗'林深鸣百舌，溪暖跃重唇'"；②《湖南通志》（卞宝第、李瀚章、曾国荃、郭嵩焘）："平江出重唇鱼。《省志案》'重唇鱼即石鲫鱼也'"。

【古籍中的石鲫、重唇和双鳞】古籍中记载的石鲫、重唇和双鳞3种鱼类，清朝康熙年间徐国相、宫梦仁编纂的《湖广通志》认为石鲫有重唇、双鳞的特征："石鲫出慈利，重唇、双鳞，常至东阳潭止，不过石门县"。清朝晚期卞宝第、李瀚章等修，曾国荃、郭嵩焘等纂的《湖南通志》也有："平江出重唇鱼。《省志案》'重唇鱼即石鲫鱼也'"。而清朝同治年间，何玉棻、魏式曾、黄维瓒修纂的《直隶澧州志》则认为其各有所指："岩鲫，一名石鲫，大者十余斤，出慈石岩河中。上自鲤鱼漱生子，发石穴中成鱼，至东阳潭即止，不过石门，味至美""重唇，形如青鱼，口有重唇，出石门东阳潭""双鳞，形如青鱼，身略阔，一鳞两叶，出东阳潭"。为此，笔者从以下4点对这3种鱼类的确切所指进行了梳理：①有中药名为"石鲫"，即华鳈的肉，"石鲫"也是华鳈的俗称，但其为小鱼，大不过半斤，显然与"大者十余斤"不相符。②中华倒刺鲃俗称"岩鲫"，"岩"和"石"相近。属激流性鱼类，产弱黏性卵，卵极易脱落，随水流漂动孵化，为中大型鱼类。中华倒刺鲃的这些特征与《直隶澧州志》中描述的岩鲫相符，据此，古籍中的"石鲫"为中华倒刺鲃。③湘华鲮，俗称青鱼，在苗种阶段，其背面观青黑色，与青鱼苗极似，大个体"状如青鱼而小（少）骨刺，色如竹，青翠可爱，鳞下间杂朱点"。《直隶澧州志》中的"双鳞"，笔者认为应该是湘华鲮，原因是形状似青鱼（"形如青鱼"）；为底层鱼类，胸鳍腹位，向两侧平展（"体略阔"）；鳞片前部具近似三角形的翠绿色边，而鳞片后端部近似灰色，看似为两叶（"一鳞双叶"）。④唇鲭和瓣结鱼体形相似，上、下唇均厚而发达，看似"重唇"，所以从鱼类的地理分布来看，笔者认为，《岳州府志》和《直隶澧州志》中的"重唇"应为不同的种类。《岳州府志》中的"重唇"应该是唇鲭（至今平江汨罗江段仍盛产该鱼）。而《直隶澧州志》中的"重唇"应该是瓣结鱼，古时候的澧洲地处澧水下游，瓣结鱼曾广泛分布于澧水流域，是重要的经济鱼类。

标本采集：标本25尾，采自洞庭湖、衡阳、浏阳、龙山等地。

形态特征：背鳍iii-7；臀鳍iii-6；胸鳍 i -18；腹鳍 i -8～9。侧线鳞 $47\frac{6.5\sim7.5}{4.5-V}50$。鳃耙15～20。下咽齿3行 1·3·5/5·3·1。

体长为体高的3.8～4.6倍，为头长的3.5～4.1倍，为尾柄长的6.6～7.7倍，为尾柄高的9.0～10.2倍。头长为吻长的2.1～2.3倍，为眼径的3.5～4.5倍，为眼间距的3.1～3.9倍。尾柄长为尾柄高的1.3～1.6倍。

体长而稍侧扁，背部微隆，腹部较圆。头尖长，头长稍大于体高。吻长，尖突，吻部在鼻孔前下陷，吻长显著大于眼后头长。口下位，马蹄形，口能伸缩，口裂止于鼻孔正下方。唇厚发达，上唇向上翻卷，与吻之间具深沟；下唇很发达，呈片状外翻，形成宽阔的两侧叶，颏部中部具1小凸起。口角须1对，须长小于眼径。鼻孔每侧2个，紧邻，位于眼前方，距眼较距吻近；前鼻孔小，后鼻孔具圆形鼻瓣。眼大，上侧位，眼眶下缘具1排黏液腔。眼间隔宽平。鳃孔大。鳃盖膜与峡部相连。

背鳍起点距吻端小于距尾鳍基；末根不分支鳍条为粗壮硬刺，后缘光滑，刺长小于或稍大于头长。胸鳍后伸接近或达背鳍起点正下方。腹鳍起点位于背鳍起点稍后。肛门紧靠臀鳍起点。臀鳍起点距腹鳍起点较距尾鳍基稍远。尾鳍叉形。

体被较小圆鳞，腹部鳞较小，腹鳍基具腋鳞。侧线完全，平直。

鳃耙略长，顶端稍尖。下咽骨粗壮，下咽齿主行齿侧扁，末端钩状。鳔2室，前室长圆形，后室粗长，为前室长的2.0倍。

体背灰黄色，腹部白色，体侧无明显斑纹，各鳍灰黄色，无斑点。

生物学特性：

【生活习性】底栖鱼类，喜栖息于江河流水中，湖泊中分布较少，幼鱼在水流较平缓的水域肥育。

【年龄生长】为鮈亚科中个体较大的个体，最大可达5.0kg，但生长缓慢。乌苏里江种群根据鳞片退算体长平均值：1龄10.9cm、2龄17.9cm、3龄21.7cm、4龄24.9cm（徐伟等，2008）。

【食性】以水生昆虫幼虫、摇蚊幼虫及虾类为食，亦摄食软体动物、小型鱼类等。江河中唇鲭主要以水生昆虫为食，湖泊中则以软体动物为主要食物。

【繁殖】2龄性成熟，繁殖期雄鱼从眼至吻前端两侧具明显的珠星，雌鱼无珠星，主要表现为腹部膨大，生殖孔明显外突且肿大。不同地区繁殖期存在差别，如乌苏里江繁殖期5—6月，水温22.0℃以上；瓯江繁殖期3月下旬至4月上旬，水温22.0℃以上。产卵需有流水刺激。

体重400～900g的个体，绝对繁殖力为（3.2±0.9）万粒。卵圆形，灰白色或淡绿色，卵径1.55～1.95mm，遇水后具较强的黏性，卵膜径2.3～2.7mm。水温12.5～18.5℃时，历时195.0h孵化脱膜；水温18.0～22.0℃时，受精卵孵化脱膜需88.3h；初孵仔鱼全长6.1mm，肌节38～43对，平游时体长8.9mm（贺吉胜等，1999；徐伟等，2009；练青平等，2014）。

资源分布：洞庭湖及湘、资、沅、澧"四水"均有分布，但数量不多。

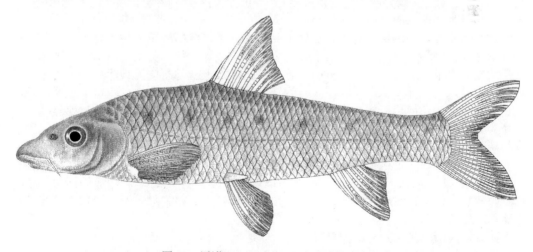

图60　唇鲭*Hemibarbus labeo* (Pallas, 1776)

046. 花鲭 *Hemibarbus maculatus* Bleeker, 1871（图61）

俗称：麻花鲭、鸡哈、鸡花鱼、麻叉鱼、大眼鼓、吉勾鱼、季骨郎；**英文名：**spotted steed

Hemibarbus maculatus Bleeker, 1871, *Verh. Akad. Wet. Amst.*, 12: 19（长江）；Nichols, 1943, *Nat. Hist.*

Central Asia., 9: 163（洞庭湖）；梁启燊和刘素孀，1959，湖南师范学院自然科学学报，（3）：67（洞庭湖、湘江）；梁启燊和刘素孀，1966，湖南师范学院学报（自然科学版），（5）：85（洞庭湖、湘江、资水、沅水、澧水）；湖北省水生生物研究所鱼类研究室，1976，长江鱼类：79（洞庭湖）；罗云林等（见：伍献文等），1977，中国鲤科鱼类志（下卷）：446（岳阳、沅江）；唐家汉和钱名全，1979，淡水渔业，（1）：10（洞庭湖）；唐家汉，1980a，湖南鱼类志（修订重版）：114（湘江、沅水、洞庭湖）；林益平等（见：杨金通等），1985，湖南省渔业区划报告集：74（洞庭湖、湘江、资水、沅水、澧水）；唐文乔，1989，中国科学院水生生物研究所硕士学位论文：32（吉首、保靖）；乐佩琦（见：陈宜瑜等），1998，中国动物志 硬骨鱼纲 鲤形目（中卷）：242（沅江、岳阳）；唐文乔等，2001，上海水产大学学报，10（1）：6（沅水水系的辰水、武水、酉水，澧水）；郭克疾等，2004，生命科学研究，8（1）：82（桃源县乌云界自然保护区）；吴婕和邓学建，2007，湖南师范大学自然科学学报，30（3）：116（柘溪水库）；康祖杰等，2010，动物学杂志，45（5）：79（壶瓶山）；牛艳东等，2011，湖南林业科技，38（5）：44（城步芙蓉河）；曹英华等，2012，湘江水生动物志：167（湘江衡阳常宁）；牛艳东等，2012，湖南林业科技，39（1）：61（怀化中方县康龙自然保护区）；刘良国等，2013b，长江流域资源与环境，22（9）：1165（澧水桑植、慈利、石门、澧县、澧水河口）；刘良国等，2013a，海洋与湖沼，44（1）：148（沅水怀化、五强溪水库、常德）；刘良国等，2014，南方水产科学，10（2）：1（资水新邵、安化、桃江）；向鹏等，2016，湖泊科学，28（2）：379（沅水五强溪水库）；康祖杰等，2019，壶瓶山鱼类图鉴：136（壶瓶山渫水、南坪河、江坪河）；李鸿等，2020，湖南鱼类系统检索及手绘图鉴：28，122；廖伏初等，2020，湖南鱼类原色图谱，60。

Acanthogobio maculates：Kreyenberg *et* Pappenheim, 1908, *Sitz. Ges. Nat. Freunde. Berl.*, (4): 98（洞庭湖）。

Hemibarbus maculates：吴倩倩等，2016，生命科学研究，20（5）：377（通道玉带河国家级湿地公园）。

标本采集：标本 33 尾，采自洞庭湖、浏阳、衡阳等地。

形态特征：背鳍iii-7；臀鳍iii-6；胸鳍 i -17～19；腹鳍 i -8～10。侧线鳞 47 $\frac{6.5\sim7.5}{4.5\text{-}V}$ 50。鳃耙 7～8。下咽齿 3 行，1·3·5/5·3·1。

体长为体高的 3.9～4.4 倍，为头长的 3.9～4.3 倍，为尾柄长的 5.9～6.8 倍，为尾柄高的 9.1～9.9 倍。头长为吻长的 2.2～2.6 倍，为眼径的 4.1～4.6 倍，为眼间距的 2.9～3.5 倍。尾柄长为尾柄高的 1.3～1.5 倍。

体长而粗壮，稍侧扁，背鳍起点处最高，腹部圆，尾柄较短。头中等，头长等于或稍大于体高。吻端突出，在鼻孔前下陷，吻长小于或等于眼后头长。口下位，弧形，口裂不达眼前缘下方。上、下颌无角质。唇薄，光滑；上唇与吻皮间具深沟；下唇不甚发达，分 3 叶，两侧叶狭长，中叶较大，为较大的三角形肉质状凸起。口角须 1 对，长度小于或等于眼径。鼻孔每侧 2 个，紧邻，位于眼前方，距眼较距吻端为近；前鼻孔小，后缘具圆形鼻瓣。眼大，上侧位，眼眶下缘具 1 排黏液腔。眼间隔宽阔。鳃孔大。鳃盖膜与峡部相连。

背鳍起点距吻端较距尾鳍基为近，末根不分支鳍条为粗壮硬刺，后缘光滑，刺长小于或等于头长（体长小于 20.0cm 的个体背鳍刺长一般大于头长）。胸鳍后伸不达腹鳍起点。腹鳍起点位于背鳍起点后下方。肛门紧靠臀鳍起点。臀鳍起点距腹鳍起点约等于距尾鳍基。尾鳍叉形。

体被较大鳞。侧线完全，较平直，向后伸达尾柄正中。

鳃耙粗长。下咽齿主行齿末端钩状。鳔 2 室，前室长圆形，后室长锥形，约为前室长的 2.0 倍。

体灰褐色，腹部白色。背侧在侧线以上、背鳍和尾鳍上密布黑斑，具 1 排不规则的大黑斑沿侧线上方排列。

生物学特性：

【生活习性】底栖鱼类，多栖息于水体的中下层，幼鱼喜生活于沙底缓流的浅水区。

【**年龄生长**】个体不大，生长缓慢。根据鳞片鉴定年龄，平均体长 1 龄 10.5cm、2 龄 15.5cm、3 龄 18.6cm、4 龄 20.2cm（缪学祖和殷名称，1983）。

【**食性**】肉食性鱼类。仔鱼主要摄食轮虫、枝角类、桡足类及其他小型浮游动物；成鱼主要以水生昆虫为食，也摄食黄蚬、螺蛳等软体动物及小型鱼虾，其中以摇蚊幼虫出现频率最高，肠道内容物中藻类出现频率也较高。全年摄食，其中冬季稍低，其他季节均较强。产卵前至产卵活动期间具停食习性（夏前征，2008）。

【**繁殖**】2 龄可达性成熟，洞庭湖区繁殖期 4—6 月，繁殖群体雄鱼多于雌鱼，雄鱼体色青灰色带浅橘黄色，吻部、眼前下方至颊部出现大量珠星，胸鳍、腹鳍、臀鳍亦有少量珠星；雌鱼体色青灰色，无珠星。一次性产卵，产后卵巢恢复到 II 期。

绝对繁殖力为 0.5 万～10.3 万粒，相对繁殖力为 66～203 粒/g。V 期卵巢橙黄色或青绿色，卵粒饱满具光泽。卵径 1.4～1.5mm，吸水后卵膜径 1.8～2.0mm。受精卵具黏性，卵膜上长满黏性长卷丝，附着在水草上孵化。水温 19.5～20.5℃时，受精卵孵化脱膜需 85.0h；初孵仔鱼全长 5.1mm，肌节 43 对；全长 6.1mm 时，鳔 1 室；全长 18.5mm 时，体侧出现部分鳞片（龚世园等，1988）。

资源分布：为江河、湖泊中常见的一种鱼类，洞庭湖及湘、资、沅、澧"四水"均有分布。

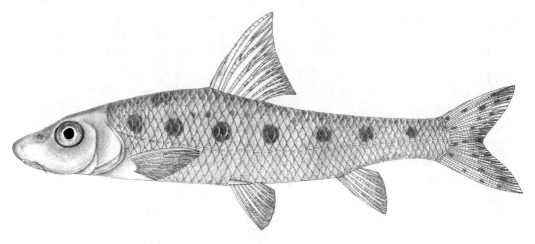

图 61　花䱻 *Hemibarbus maculatus* Bleeker, 1871

（032）似刺鳊鮈属 *Paracanthobrama* Bleeker, 1865

Paracanthobrama Bleeker, 1865, *Ned. Tijd. Dierk.*, 2: 23.

模式种： *Paracanthobrama guichenoti* Bleeker

体长且高，侧扁，腹部圆，背部在头后显著隆起，背鳍起点处达体最高点。头小。吻略短。口下位，深弧形。上唇稍突出；唇后沟中断，间距较宽。须 1 对。眼较小。鳃孔大。鳃盖膜与峡部相连。背鳍末根不分支鳍条为粗壮硬刺，后缘光滑，刺长大于头长。臀鳍末根不分支鳍条柔软分节。鳃耙短，排列稀疏。下咽齿 2 行。鳔大，2 室，后室粗长。

本属湖南仅分布有 1 种。

047. 似刺鳊鮈 *Paracanthobrama guichenoti* Bleeker, 1865（图 62）

俗称：罗红、金鳍鲤、鸡公鲤；**别名**：秉氏拟刺鳊

Paracanthobrama guichenoti Bleeker, 1865, *Ned. Tijd. Dierk.*, 2: 24（中国）；Günther, 1868, *Cat. Fish. Br. Mus.*, 7: 206（中国）；湖北省水生生物研究所鱼类研究室，1976，长江鱼类：71（洞庭湖）；唐家汉和钱名全，1979，淡水渔业，（1）：10（洞庭湖）；唐家汉，1980a，湖南鱼类志（修订重版）：111（洞庭湖）。

Hemibarbus dissimilis：Bleeker, 1871, *Verh. Akad. Wet. Amst.*, 12: 21（长江）；李鸿等，2020，湖南鱼类系统检索及手绘图鉴：29，123。

Paracanthobrama pingi：梁启燊和刘素孀，1959，湖南师范学院自然科学学报，（3）：67（洞庭湖、湘江）；梁启燊和刘素孀，1966，湖南师范学院学报（自然科学版），（5）：85（洞庭湖、湘江）。

标本采集：标本 30 尾，采自大通湖。

形态特征：背鳍iii-7；臀鳍iii-6；胸鳍 i -14～15；腹鳍 i -7。侧线鳞 $47\frac{7.5\sim8.5}{4.5\text{-}V}50$。鳃耙 4～8。下咽齿 2 行，3·5/5·3 或 4·5/5·4。

体长为体高的 3.1～3.6 倍，为头长的 4.0～4.7 倍，为尾柄长的 6.3～7.3 倍，为尾柄高的 7.5～8.3 倍。头长为吻长的 2.7～3.3 倍，为眼径的 3.9～4.9 倍，为眼间距的 2.7～3.4 倍。尾柄长为尾柄高的 1.1～1.3 倍。

体长而侧扁。背部头后显著隆起，隆起程度随个体大小而异，一般个体越大隆起越高，背鳍起点为体最高处，体高大于头长。头小而尖。吻端圆突，吻部在鼻孔前明显下倾，吻长小于眼后头长。口下位，弧形。上、下颌具轻微角质；颌角止于鼻孔正下方；下唇不甚发达，两侧叶狭长。须 1 对，须长约等于眼径。眼上侧位。眼间隔较宽平。鳃盖膜与峡部相连。

背鳍起点距吻端较距尾鳍基为近，背鳍边缘内凹弧形；末根不分支鳍条为粗壮硬刺，刺长显著大于头长。胸鳍后伸不达腹鳍起点。腹鳍起点位于背鳍第 3—4 根分支鳍条的正下方，后伸接近肛门。肛门前移，位于腹鳍与臀鳍间的后 1/4 处。臀鳍不达尾鳍基。尾鳍深叉形，较宽阔，上、下叶等长。

体被圆鳞，中等大小，胸、腹部具鳞，略小。侧线完全，平直。

鳃耙短小，排列稀疏。下咽齿主行齿末端钩状。鳔大，2 室，后室较长，为前室长的 2.5 倍左右。

体背部灰色，腹部灰白色，尾鳍鲜红色，其余各鳍浅灰色。

生物学特性：

【生活习性】底层鱼类，主要以软体动物和水生昆虫为食。

【年龄生长】个体不大，生长速度慢。以鳞片为年龄鉴定材料，退算体长平均值：1 龄 15.9cm、2 龄 19.8cm、3 龄 22.5cm、4 龄 23.3cm（徐钢春等，2009；龚世园等，1996）。

【繁殖】1 龄即可性成熟，繁殖期 4—6 月，一次性产卵，相对繁殖力为 95～155 粒/g。成熟卵圆形，浅黄绿色，卵径约 2.0mm；受精卵遇水后成微黏性半沉性卵，卵膜迅速膨胀失去黏性，随水漂流孵化，卵膜径约 3.4mm。水温 19.0～21.0℃时，受精卵孵化脱膜需 95.0h；水温 23.0～26.0℃时，需 78.0h；初孵仔鱼全长 7.3mm；在水温 19.0～21.0℃时，7 日龄卵黄吸收完全；水温 20.0～25.0℃，35 日龄个体体长 31.2mm，前端侧线附近出现少量鳞片凸起，进入稚鱼期（卢敏德等，1996；顾若波等，2008；张呈祥等，2010；徐钢春等，2014）。

资源分布：洞庭湖有分布，最大个体 0.5kg 左右。

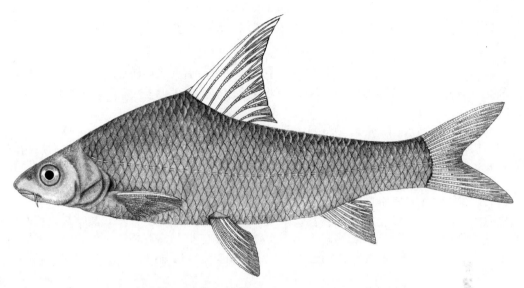

图 62　似刺鳊鮈*Paracanthobrama guichenoti* Bleeker, 1865

（033）铜鱼属 *Coreius* Jordan *et* Starks, 1905

Coreius Jordan *et* Starks, 1905, *Proc. U. S. Nat. Mus.*, 28: 197.

模式种：*Labeo cetopsis* Kner

体长，体前段圆筒形，后段侧扁。头小。吻尖或较宽阔。口下位，马蹄形或弧形。唇厚，无乳突。下颌无角质。口角须 1 对，粗长。眼小，上侧位，距吻端较距鳃盖骨末端为近，眼径小于鼻孔径。鳃孔大。鳃盖膜与峡部相连。背鳍和臀鳍末根不分支鳍条均柔软分节，背鳍起点与腹鳍起点相对或稍前，距吻端小于其基末距尾鳍基。臀鳍起点距腹鳍起点较距尾鳍基为近。肛门靠近臀鳍起点。体被细小圆鳞。侧线完全，平直。鳃耙短小，排列稀疏。下咽齿 1 行，末端钩状或斜切。鳔 2 室，前室包于膜质囊内，后室大。腹膜灰白色。

本属湖南分布有 2 种。

048. 圆口铜鱼 *Coreius guichenoti* (Sauvage *et* Dabry de Thiersant, 1874)（图 63）

俗称：金鳅、牛毛鱼、方头水密子、肥沱；**英文名**：largemouth gudgeon

【圆口铜鱼在湖南的分布】《中国动物志 硬骨鱼纲 鲤形目（中卷）》中记载圆口铜鱼分布丁长江上中游的干支流中，标本采集地中有湖北（武昌、宜昌、汉江）；而《湖北鱼类志》记载圆口铜鱼分布于长江（宜昌、沙市、洪湖等）、汉江上游。宜昌和沙市位于洞庭湖上游，洪湖和武昌位于洞庭湖下游，洪湖是长江中游与洞庭湖相距很近的湖泊。湖南历史上未有圆口铜鱼的记载，但根据以上两本著作中圆口铜鱼分布情况看，在洞庭湖及长江湖南段应该有或者曾经有圆口铜鱼的分布，只是由于环境条件的改变、大坝的阻隔等原因，导致圆口铜鱼这种本就数量稀少的鱼类，其分布区域越来越小，种群数量也越来越少。

Saurogobio guichenoti Sauvage *et* Dabry de Thiersant, 1874, *Ann. Sci. Nat.*, (6)1(5): 10（长江）；李鸿等，2020，湖南鱼类系统检索及手绘图鉴：29，124；廖伏初等，2020，湖南鱼类原色图谱，62。

标本采集：无标本，形态描述摘自《中国动物志 硬骨鱼纲 鲤形目（中卷）》。

形态特征：背鳍iii-7；臀鳍iii-6；胸鳍 i -18～20；腹鳍 i -7。侧线鳞 $55\frac{8.5}{7.5-V}58$；背鳍前鳞20～23；围尾柄鳞20。鳃耙11～13。下咽齿1行，5/5。

体长为体高的3.8～4.8倍，为头长的4.2～5.0倍，为尾柄长的4.0～4.8倍，为尾柄高的8.2～10.0倍。头长为吻长的2.3～3.0倍，为眼径的9.0～12.5倍，为眼间距的2.0～2.4倍。

体长，前段较胖圆，后段稍侧扁，头后背部显著隆起，尾柄长。头小，较平扁。吻宽圆。口下位，口裂大，呈弧形。唇厚，较粗糙。口角具较长的游离膜质片。唇后沟间距较宽。须1对，极细长，后伸达胸鳍起点。眼甚小，距吻端较距鳃盖后缘为近。鼻孔大，鼻孔径大于眼径，位置靠近眼前缘。

背鳍较短，末根不分支鳍条柔软分节，边缘深凹，第1、2根分支鳍条显著延长。胸鳍宽且大，特别延长，前数根鳍条甚长，后伸远超过腹鳍起点。背鳍和腹鳍起点相对或腹鳍起点稍后，腹鳍起点距胸鳍起点小于距臀鳍起点。肛门靠近臀鳍，位于腹、臀鳍间的后1/6～1/7处。臀鳍起点距腹鳍起点小于距尾鳍基。尾鳍宽阔，叉形，上下叶末端尖，上叶较长。

体被细小圆鳞；胸鳍基被鳞，多数排列不规则；腹鳍和尾鳍基被鳞。背鳍和臀鳍基具鳞鞘。侧线完全，极平直。

鳃耙较短小，不发达。下咽骨宽，下咽齿发达，齿略侧扁，第1枚齿末端具尖钩。鳔2室，一般退化，或前室极小，后室粗长（为前室长的5.0～6.0倍）；或后室极为细长。另有部分个体，鳔前室和后室均大，鳔的长度略较体腔短，前室包于较厚的膜质囊内，长圆形，略平扁，后室粗长，为前室长的2.5～4.0倍。肠管粗，其长一般略大于体长，为体长的0.9～1.2倍。腹膜银白色略带黄色。

体呈黄铜色，体侧有时肉红色，腹部白色带黄。背鳍灰黑色亦略带黄色，胸鳍肉红色，基部黄色，腹鳍、臀鳍黄色，微带肉红，尾鳍金黄，边缘黑色。

生物学特性：

【生活习性】栖息于水流湍急的江河底层，喜群居活动。春秋季多在长江上游干流及支流生活，冬季退入干流水深处越冬。

【年龄生长】为河流洄游型鱼类，整个生活史均在河道中完成。根据鳞片鉴定年龄，退算体长平均值：1龄12.7cm、2龄18.5cm、3龄23.7cm、4龄29.1cm、5龄32.9cm、6龄37.5cm，5龄以前生长速度较快。鳞片上的年轮特征主要是疏密切割型、破碎切割型和普通切割型，高龄个体中碎裂型较多。种群年龄结构较复杂，根据2005～2007年长江上游调查来看，1～4龄为优势年龄组，而2006～2007年在长江宜昌段则以1～2龄为主。圆口铜鱼的种群补充期为每年的4—7月（程鹏，2008；杨少荣等，2010；杨志等，2011）。

【食性】以肉食性为主的杂食性鱼类，食谱广泛，主要摄食软体动物、甲壳动物、鱼类、水生昆虫、寡毛类和植物碎片等，其中软体动物中淡水壳菜出现最多。其食物组成还含有摄食强度存在季节差异，春季高于夏季和秋季；摄食节律方面春季表现为白昼型，夏秋季表现为晨昏型（黄琇和邓中粦，1990；刘飞等，2012）。

【繁殖】性成熟年龄3～4龄，繁殖期4月下旬至7月上旬。卵漂流性，产卵水温多在20℃以上，孵化发育需在流水中进行。产卵场多在悬崖峭壁、水流湍急、河床狭窄，流态复杂的河段。成熟卵粒饱满，呈圆球形，青灰色，卵径1.9～2.2mm，吸水膨胀后卵膜径6.4～7.2mm。金沙江中下游圆口铜鱼相对繁殖力为5～73粒/g，绝对繁殖力和相对繁殖力随体长体重的增加而增加。水温20.5～21.6℃、溶解氧7mg/L以上时，受精卵孵化脱膜需 62h。初孵仔鱼全长 6.2mm，肌节 50 对（余志堂等，1984；杨志等，2018；董纯等，2019）。

　　【资源分布】主要分布在长江上中游干支流中，洞庭湖及湖南长江段历史曾有分布，但数量稀少。

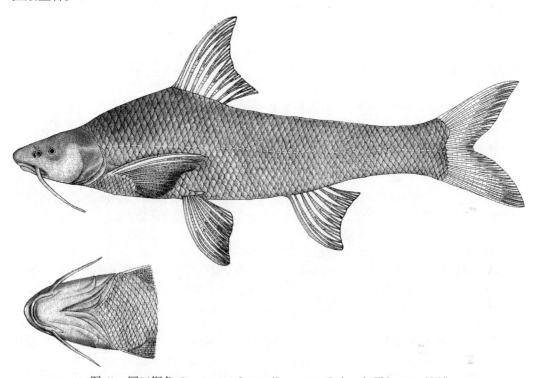

图 63　圆口铜鱼 *Coreius guichenoti* (Sauvage *et* Dabry de Thiersant, 1874)

049. 铜鱼 *Coreius heterodon* (Bleeker, 1865)（图 64）

俗称：金鳅、牛毛鱼、水密子、油麻子；**别名**：施氏铜鱼；**英文名**：bronze gudgeon

Gobio heterodon Bleeker, 1865, *Ned. Tijd. Dierk.*, 2: 26（中国）。

Coripareius styani：Nichols, 1925c, *Amer. Mus. Novit.*, (182): 1（洞庭湖）。

Coreius styani：Nichols, 1943, *Nat. Hist. Central Asia*,(9): 177（洞庭湖）；梁启燊和刘素孎，1959，湖南师范学院自然科学学报，（3）：67（洞庭湖、湘江）；梁启燊和刘素孎，1966，湖南师范学院学报（自然科学版），（5）：85（洞庭湖、湘江、资水、沅水、澧水）。

Saurogobio heterodon：Bleeker, 1871, *Verh. Akad. Wet. Amst.*, 12: 8（中国）；Sauvage *et* Dabry de Thiersant, 1874, *Ann. Sci. Nat. Paris (Zool.)*, (6)1(5): 11（长江）。

Coreius heterodon：罗云林等（见：伍献文等），1977，中国鲤科鱼类志（下卷）：503（岳阳）；唐家汉和钱名全，1979，淡水渔业，（1）：10（洞庭湖）；唐家汉，1980a，湖南鱼类志（修订重版）：124（沅水洪江、洞庭湖）；林益平等（见：杨金通等），1985，湖南省渔业区划报告集：74（洞庭湖、湘江、资水、沅水、澧水）；乐佩琦（见：陈宜瑜等），1998，中国动物志 硬骨鱼纲 鲤形目（中卷）：326（岳阳、南县、沅江、安乡、湘阴、沅陵）；唐文乔等，2001，上海水产大学学报，10（1）：6（澧水）；吴婕和邓学建，2007，湖南师范大学自然科学学报，30（3）：116（柘溪水库）；曹英华等，2012，湘江水生动物志：178（湘江湘阴）；刘良国等，2013b，长江流域资源与环境，22（9）：1165（澧水澧县、澧水河口）；刘良国等，2013a，海洋与湖沼，44（1）：148（沅水怀化、五强溪水库、常德）；向鹏等，

2016，湖泊科学，28（2）：379（沅水五强溪水库）；李鸿等，2020，湖南鱼类系统检索及手绘图鉴：29，125；廖伏初等，2020，湖南鱼类原色图谱，64。

标本采集：标本 20 尾，采自洞庭湖。

形态特征：背鳍iii-7；臀鳍iii-6；胸鳍 i -18；腹鳍 i -7。侧线鳞 $54\frac{6.5\sim7.5}{6\sim7 - V}56$。鳃耙 11～13。下咽齿 1 行，5/5。

体长为体高的 4.8～5.3 倍，为头长的 4.7～5.3 倍，为尾柄长的 4.5～4.9 倍，为尾柄高的 8.1～8.7 倍。头长为吻长的 2.4～3.1 倍，为眼径的 7.6～10.2 倍，为眼间距的 2.3～2.5 倍。尾柄长为尾柄高的 1.7～1.9 倍。

体较长，前段较胖圆，后段稍侧扁。头小。吻尖突，吻长等于或小于眼间距，远小于眼后头长。口下位，马蹄形。唇厚，上、下唇在口角处相连；下唇两侧向前伸。唇后沟中断，间距较窄。下颌无角质。口角须 1 对，较长，后伸可达前鳃盖骨后缘下方或后伸至胸鳍起点。眼细小，眼径小于鼻孔径。眼间隔成弧形。鳃孔大。鳃盖膜与峡部相连。

背鳍末根不分支鳍条柔软分节，起点距吻端显著小于其基末距尾鳍基。胸鳍后伸不达腹鳍起点。腹鳍位于背鳍起点稍后，后伸不达肛门。肛门靠近臀鳍起点。臀鳍起点距腹鳍起点约等于距尾鳍基。尾鳍叉形。

体被小圆鳞，各鳍基的鳞更细小。侧线完全，平直。

鳃耙较短小。下咽齿第主行齿侧扁，末端略呈钩状。鳔大，2 室，前室包于厚膜质囊内；后室粗长，为前室长的 1.4～2.4 倍。肠长约等于体长。腹膜浅黄色。

体黄铜色，背部色深，腹部色淡，各鳍基浅黄色。

生物学特性：

【生活习性】喜流水，栖息于水体中下层。春季性成熟个体上溯至长江上游产卵繁殖，仔鱼顺水漂流至长江中下游及洞庭湖中。冬季在深水区越冬。

【年龄生长】生长速度 4 龄前较快，4 龄后减缓。根据鳞片退算体长平均值：1 龄 18.9cm、2 龄 27.4cm、3 龄 35.5cm、4 龄 40.6cm、5 龄 45.9cm（庄平和曹文宣，1999）。

【食性】杂食性，以动物性饵料为主，主要食物为水生软体动物，如螺、淡水壳菜等，其次为水生昆虫和有机碎屑，偶尔摄食藻类和高等植物碎屑、种子等。

【繁殖】一般 3 龄性成熟，繁殖期 4—5 月，流水中产漂流性卵。受精卵卵圆形，灰绿色，无黏性，在静水中沉入水底，在流水中漂浮，卵径 1.8～2.0mm，吸水膨胀后卵膜径 6.0～6.5mm，卵膜透明无色。

据 1973 年调查，湘江和沅水上游也有铜鱼产卵场。产卵场条件：多为峡谷地区或急水滩处，地形陡峭、深槽浅滩交替出现，水流湍急且有洄流或泡漩等复杂流态；长江干流上多在淌水滩上产卵（湖北省水生生物研究所鱼类研究室，1976；何学福，1998）。

水温 19℃左右时，受精卵孵化脱膜需 42.0h。初孵仔鱼全长 6.5～7.5mm，肌节 50～56 对，透明无色。全长 8.3mm 的仔鱼，鳔 1 室，已充气；全长 9.4mm 的仔鱼卵黄囊吸尽，行外源性营养；全长 22.3mm 的仔鱼开始在躯干前方侧线区出现鳞片；全长 48.0mm 的仔鱼，鳞被完成。

资源分布及经济价值：洞庭湖尚有部分资源，但数量已较少；湘、资、沅、澧"四水"也曾有分布，但数量已非常稀少。应加大保护力度，开展驯养繁殖及增殖技术研究。岳阳市在洞庭湖入长江口的城陵矶水域附近设立了铜鱼保护区。铜鱼味道鲜美，营养丰富，是湖南重要经济鱼类之一。

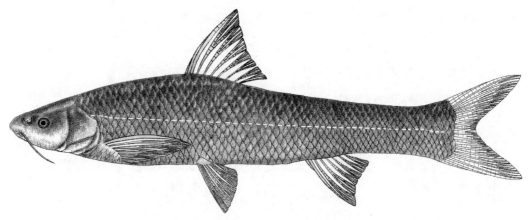

图 64　铜鱼 *Coreius heterodon* (Bleeker, 1865)

（034）麦穗鱼属 *Pseudorasbora* Bleeker, 1860

Pseudorasbora Bleeker, 1860, *Nat. Tijd. Ned. - Indie.*, 20: 435.

模式种：*Leuciscus parvus* Temminck *et* Schlegel

　　个体小。体长而稍侧扁，腹面圆。吻平扁。口小，上位，口裂甚短，几垂直。唇薄简单，光滑无乳突；唇后沟中等，左右不相连。下颌突出，较上颌长。无须。眼较大，上侧位。眼间隔宽平。鳃孔大。鳃盖膜与峡部相连。各鳍均无硬刺。背鳍、臀鳍均较短，背鳍起点约与腹鳍起点相对，分支鳍条 7～8 根；臀鳍起点位于背鳍基后下方，分支鳍条6 根。肛门紧靠臀鳍起点。鳞稍大，腹部被鳞，向前伸达喉部。侧线完全，平直。鳃耙短小。下咽齿 1 行，末端钩状。鳔 2 室，前室无膜囊包被。

　　本属湖南仅分布有 1 种。

050. 麦穗鱼 *Pseudorasbora parva* (Temminck *et* Schlegel, 1846)（图 65）

俗称：嫩子、麻嫩子、青皮嫩；**英文名**：stone moroko、topmouth gudgeon

Leuciscus parva Temminck *et* Schlegel, 1846, *in Siebold*: *Fauna Jap.*: 215（日本）。

Pseudorasbora parva：Bleeker, 1860, *Nat. Tijd. Ned. - Indie*, 20: 435（日本）；Günther, 1868, *Cat. Fish. Br. Mus.*, 7: 186（中国）；梁启燊和刘素嬛，1959，湖南师范学院自然科学学报，（3）：67（洞庭湖、湘江）；梁启燊和刘素嬛，1966，湖南师范学院学报（自然科学版），（5）：85（洞庭湖、湘江、资水、沅水、澧水）；唐家汉和钱名全，1979，淡水渔业，（1）：10（洞庭湖）；唐家汉，1980a，湖南鱼类志（修订重版）：115（洞庭湖）；林益平等（见：杨命通等），1985，湖南省渔业区划报告集：74（洞庭湖、湘江、资水、沅水、澧水）；乐佩琦（见：陈宜瑜等），1998，中国动物志 硬骨鱼纲 鲤形目（中卷）：263（岳阳、南县）；唐文乔等，2001，上海水产大学学报，10（1）：6（沅水水系的辰水、武水、酉水、澧水）；郭克疾等，2004，生命科学研究，8（1）：82（桃源县乌云界自然保护区）；吴婕和邓学建，2007，湖南师范大学自然科学学报，30（3）：116（柘溪水库）；康祖杰等，2010，野生动物，31（5）：293（壶瓶山）；康祖杰等，2010，动物学杂志，45（5）：79（壶瓶山）；牛艳东等，2011，湖南林业科技，38（5）：44（城步芙蓉河）；王星等，2011，生命科学研究，15（4）：311（南岳）；曹英华等，2012，湘江水生动物志：169（湘江长沙、衡阳常宁）；牛艳东等，2012，湖南林业科技，39（1）：61（怀化中方县康龙自然保护区）；刘良国等，2013b，长江流域资源与环境，22（9）：1165（澧水桑植、慈利、石门、澧县、澧水河口）；刘良国等，2013a，海洋与湖沼，44（1）：148（沅水怀化、五强溪水库、常德）；刘良国等，2014，南方水产科学，10（2）：1（资水新邵、安化、桃江）；吴倩倩等，2016，生命

科学研究，20（5）：377（通道玉带河国家级湿地公园）；向鹏等，2016，湖泊科学，28（2）：379（沅水五强溪水库）；康祖杰等，2019，壶瓶山鱼类图鉴：139（壶瓶山）；李鸿等，2020，湖南鱼类系统检索及手绘图鉴：29，126；廖伏初等，2020，湖南鱼类原色图谱，66。

标本采集：标本 30 尾，采自洞庭湖、长沙、衡阳、浏阳等地。

形态特征：背鳍iii-7；臀鳍iii-6；胸鳍 i -12～13；腹鳍 i -7。侧线鳞 $34\frac{5.5}{3.5\text{-V}}38$。鳃耙 7～9。下咽齿 1 行，5/5。

体长为体高的 3.3～3.7 倍，为头长的 3.8～4.5 倍，为尾柄长的 4.6～5.5 倍，为尾柄高的 6.9～8.2 倍。头长为吻长的 2.4～2.9 倍，为眼径的 3.8～4.9 倍，为眼间距的 2～2.5 倍。尾柄长为尾柄高的 1.3～1.6 倍。

体长而肥胖，低而稍侧扁，腹部圆，尾柄较长。头小，稍尖，向吻部渐平扁。吻尖而突出，吻长大于眼径，小于眼后头长。口小，上位，口裂几垂直，不达鼻孔前缘下方。唇薄，光滑。唇后沟中断。下颌稍长，突出于上颌。无须。眼间隔宽平，或微成弧形。鳃孔大。鳃盖膜与峡部相连。

背鳍起点距吻端等于或小于距尾鳍基，末根不分支鳍条仅基部较硬，末端柔软。胸鳍后伸不达腹鳍起点。腹鳍起点与背鳍起点相对。肛门紧靠臀鳍起点。臀鳍起点距腹鳍基末较距尾鳍基为近。尾鳍叉形。

体被较大圆鳞，胸、腹部均具鳞。侧线完全，较平直，向后伸达尾柄正中。

鳃耙短小，排列稀疏。下咽骨狭长，下咽齿细弱，侧扁而尖，末端钩状。鳔发达，2室，前室圆球形，后室长形。

体背部青灰色，腹部灰白色，各鳍灰色。

生物学特性：

【生活习性】小型鱼类，适应性较强，江河、湖泊中均较常见。喜栖息于腐殖质和水草茂盛且流速较缓的浅水区，水库、湖泊、池塘中数量丰富。吃食时游至水体上层，繁殖期一般在水深 7.0～17.0cm 范围内活动。冬季潜伏在深水区越冬（郝天和和高德伟，1983）。

【年龄生长】个体小，生长速度较快，最大个体体长可达 11cm。不同水域生长速度存在差异，淮河上游南湾湖退算体长平均值：1 龄 3.8cm、2 龄 5.5cm、3 龄 7.0cm；太湖 1 龄体长可达 5.6cm，2 龄达 7.7cm（刘凯等，2016；李红敬等，2017）。

【食性】广食性，以底栖摇蚊幼虫、水生昆虫及幼虫等为食，同时摄食大量藻类。幼鱼主要以轮虫、枝角类和桡足类为食。夏、秋季摄食强度最大，冬季最低，繁殖期亲本有停食现象（杨瑞斌等，2004）。

【繁殖】1 龄性成熟，繁殖期 4—5 月，分批次产卵。卵椭圆形、平扁、浅黄色，卵膜不透明，具黏性，黏附于其他物体上发育。产卵时亲鱼很活跃，雄鱼追逐雌鱼在产卵处往返不停地游动，最后将卵成排产在石块、草茎上，排成 1 单层并紧密粘贴在一起。产卵多在早晨 6：00～7：00，雌鱼产卵结束即行离去，雄鱼另追逐其他雌鱼至原处产卵并守护卵直至孵化。

水温 22.5～24.5℃时，受精卵孵化脱膜需 3d；初孵仔鱼全长 4.4～4.6mm，肌节 36 对；6.2 日龄仔鱼全长 8.8mm，卵黄吸收完全，背部及体侧出现黑色素，行动能力强，可捕捉小型枝角类（屠明裕，1984）。

资源分布及经济价值：广布性鱼类，洞庭湖及湘、资、沅、澧"四水"均有分布。肉多刺少，味道鲜美，经济价值较高，火焙鱼的主要原料鱼，深受消费者的喜欢。

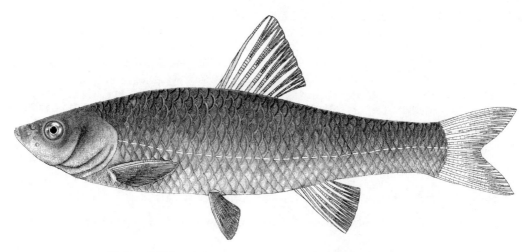

图 65　麦穗鱼 *Pseudorasbora parva* (Temminck *et* Schlegel, 1846)

（035）鳈属 *Sarcocheilichthys* Bleeker, 1860

Sarcocheilichthys Bleeker, 1860, *Nat. Tijd. Ned. - Indie.*, 20: 435.

模式种：*Leuciscus variegatus* Temminck *et* Schlegel

体较高或稍长，侧扁，腹面圆，尾柄宽短。头短。吻一般钝圆。口端位或下位，马蹄形或弧形。唇简单，无乳突；下唇限于口角或前伸至下颌前端；唇后沟中断。上颌突出，下颌前端角质发达程度不一。口角具短须 1 对，或无须。鼻孔每侧 2 个，位于眼前缘上方。眼小，眼间距宽，显著隆起。鳃孔大。鳃盖膜与峡部相连。各鳍均无硬刺。胸部具鳞。鳃耙不发达。下咽齿 1～2 行。鳔 2 室，后室较长。

【鳈属鱼类的产卵习性】有文献报道鉤亚科鳈属鱼类与鳑亚科鱼类具有相似的产卵习性——繁殖期，雌鱼通过产卵管将卵产于贝类外套腔内（鳑亚科鱼类将卵产于贝类鳃瓣内），受精卵在外套腔内完成个体发育[乐佩琦(见：陈宜瑜等), 1998]，而宋天祥和马骏（1994）的研究表明，华鳈雌鱼没有将卵产于贝类内的产卵习性，华鳈和东北鳈一样，产卵繁殖均须流水刺激，卵漂流性。中村守纯（1969）认为日本鳈雌鱼将卵产于贝类内，但日本鳈的卵吸水后膨胀且无黏性，而笔者认为，受精卵要附着于贝类外套腔内孵化，其卵具有黏性是必须条件。也有文献认为小鳈和黑鳍鳈将卵产于贝类的外套腔（Zhang et al.，2008；徐寅生，2012），但却没有直接的证据予以佐证，仅是简单的描述或引用别处文献。至今，鉤亚科鳈属鱼类的产卵习性尚缺乏系统全面的研究报道，是否具有与鳑亚科鱼类相似的产卵习性？而如果都同华鳈、东北鳈一样不具备该产卵习性，那么其产卵管仅是进化残存还是有别的用途？还有待进一步探讨。

本属湖南分布有 4 种。

051. 华鳈 *Sarcocheilichthys sinensis* Bleeker, 1871（图 66）

俗称：黄棕鱼、（花）石鲫、山鲤子；**英文名**：Chinese lake gudgeon、Chinese fat minnow

Sarcocheilichthys sinensis Bleeker，1871，*Verh. Akad. Wet. Amst.*，12：31（长江）；梁启燊和刘素嬭，1959，湖南师范学院自然科学学报，（3）：67（洞庭湖、湘江）；湖北省水生生物研究所鱼类研究室，1976，长江鱼类：67（岳阳）；刘良国等，2013b，长江流域资源与环境，22（9）：1165（澧水慈利、石门、澧县、澧水河口）；向鹏等，2016，湖泊科学，28（2）：379（沅水五强溪水库）；李鸿等，2020，

湖南鱼类系统检索及手绘图鉴：29，127；廖伏初等，2020，湖南鱼类原色图谱，68。

Sarcocheilichthys sinensis sinensis：Nichols，1943，*Nat. Hist. Central Asia*，9：192（洞庭湖）；梁启燊和刘素孊，1966，湖南师范学院学报（自然科学版），（5）：85（洞庭湖、湘江、资水、沅水、澧水）；罗云林等（见：伍献文等），1977，中国鲤科鱼类志（下卷），470（沅江、沅陵、牛鼻滩）；唐家汉和钱名全，1979，淡水渔业，（1）：10（洞庭湖）；唐家汉，1980a，湖南鱼类志（修订重版）：117（洞庭湖、沅水洪江）；林益平等（见：杨金通等），1985，湖南省渔业区划报告集：74（洞庭湖、湘江、资水、沅水、澧水）；乐佩琦（见：陈宜瑜等），1998，中国动物志 硬骨鱼纲 鲤形目（中卷）：271（沅江、沅陵、牛鼻滩）；唐文乔等，2001，上海水产大学学报，10（1）：6（沅水水系的酉水，澧水）；吴婕和邓学建，2007，湖南师范大学自然科学学报，30（3）：116（柘溪水库）曹英华等，2012，湘江水生动物志：171（湘江长沙、衡阳常宁）；刘良国等，2013a，海洋与湖沼，44（1）：148（沅水怀化、五强溪水库、常德）；刘良国等，2014，南方水产科学，10（2）：1（资水新邵、安化、桃江）。

标本采集：标本 45 尾，采自洞庭湖、湘江、沅水等地。

形态特征：背鳍iii-7；臀鳍iii-6；胸鳍 i -14～15；腹鳍 i -7。侧线鳞 $40\dfrac{5.5}{4.5\text{-}V}42$。鳃耙 7～8。下咽齿 1 行，5/5。

体长为体高的 3.1～3.9 倍，为头长的 4.2～4.8 倍，为尾柄长的 5.5～6.8 倍，为尾柄高的 6.6～7.2 倍。头长为吻长的 2.4～2.8 倍，为眼径的 3.5～4.4 倍，为眼间距的 1.9～2.4 倍。尾柄长为尾柄高的 1.0～1.3 倍。

体长而稍侧扁，头后背部显著隆起，背鳍起点处达体最高点，腹部圆，尾柄宽短，侧扁。头较小。吻圆钝，吻长稍短于眼后头长。口甚小，下位，马蹄形，口宽大于口长。唇简单，稍厚，下唇两侧瓣仅限于口角。唇后沟中断，间距较宽。上颌突出于下颌；下颌前端角质发达。口角须 1 对，极细微。眼稍小，上侧位，距吻端较距鳃盖后缘为近。眼间隔宽阔，隆起。鳃盖膜与峡部相连。

背鳍起点距吻端等于或大于其基末距尾鳍基，末根不分支鳍条仅基部较硬，末端柔软，其长等于或稍大于头长。胸鳍后伸达背鳍起点的正下方，不达腹鳍起点。腹鳍起点位于背鳍起点稍后。肛门靠近臀鳍起点。臀鳍起点距腹鳍起点约等于距尾鳍基。尾鳍叉形。

体被圆鳞，胸、腹部具鳞，略细小。侧线完全，平直。

鳃耙短小，排列稀疏。下咽齿侧扁，末端钩状。鳔 2 室，前室卵圆形，后室粗长，末端稍尖，后室为前室长的 2.0 倍以上。腹膜银白色。

体棕色，背部灰黑色，腹部灰白色。体侧具 4 条"〈"形宽阔黑斑带。各鳍灰黑色，边缘色浅。繁殖期各鳍均呈深黑色，雄鱼吻部具白色珠星，雌鱼产卵管延长。

生物学特性：

【生活习性】一般栖息于与江河相通的港汊、河道和湖泊的中下层水体，喜水质清澈、有水草的流水环境。

【年龄生长】个体小，生长缓慢。1 龄个体体长 6.5cm、2 龄 8.1cm、3 龄 9.6cm、4 龄 11.5cm（郭健等，1995）。

【食性】以水生昆虫、无脊椎动物、甲壳类、着生藻类及植物碎片为食。

【繁殖】1 龄性成熟，繁殖期 4—7 月，相对繁殖力为 83.3～209.6 粒/g；雄鱼体色明显变黑，头部出现粒状珠星；雌鱼伸出产卵管，体色及各鳍均变为浓黑色。水温 16℃以上，流水刺激下，性成熟亲本可自然产卵繁殖。分批次产卵，卵漂流性，球形，淡黄色，卵径 1.6～2.0mm，吸水膨胀后卵膜径 3.7～4.7mm。

水温 19.2～21.2℃时，受精卵孵化脱膜需 92.0h；水温 22.0～33.0℃时，需 54.0～74.0h。初孵仔鱼全长 5.4～7.4mm，肌节 38 对；全长 10.0mm 时，鳔形成 2 室；全长 24.0mm 时，体侧鳞片出现；全长 26.0mm 时，鳞被形成（宋天祥和马骏，1994，1996）。

分布与经济价值：广布性鱼类，洞庭湖及湘、资、沅、澧"四水"均有分布，洞庭湖有一定数量。因体色独特，具有一定的观赏价值。

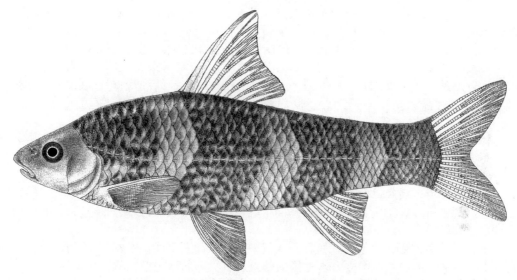

图 66　华鳈 *Sarcocheilichthys sinensis* Bleeker, 1871

052. 江西鳈 *Sarcocheilichthys kiangsiensis* Nichols, 1930（图 67）

俗称：桃花鱼、芝麻鱼、五色鱼、火烧鱼

Sarcocheilichthys kiangsiensis Nichols, 1930, *Ann. Mus. Novit.*, 6 (431): 5-6（江西湖口）；唐家汉和钱名全，1979，淡水渔业，（1）：10（洞庭湖）；唐家汉，1980a，湖南鱼类志（修订重版）：119（沅水的洪江和辰溪、洞庭湖）；林益平等（见：杨金通等），1985，湖南省渔业区划报告集：74（洞庭湖、湘江、资水、沅水、澧水）；乐佩琦（见：陈宜瑜等），1998，中国动物志 硬骨鱼纲 鲤形目（中卷）：276（安江、凉水井、西水）；唐文乔等，2001，上海水产大学学报，10（1）：6（沅水水系的辰水、西水、澧水）；吴婕和邓学建，2007，湖南师范大学自然科学学报，30（3）：116（柘溪水库）；牛艳东等，2011，湖南林业科技，38（5）：44（城步芙蓉河）；曹英华等，2012，湘江水生动物志：172（湘江湘阴）；刘良国等，2013b，长江流域资源与环境，22（9）：1165（澧水桑植、慈利、石门、澧县、澧水河口）；刘良国等，2013a，海洋与湖沼，44（1）：148（沅水怀化、常德）；向鹏等，2016，湖泊科学，28（2）：379（沅水五强溪水库）；李鸿等，2020，湖南鱼类系统检索及手绘图鉴：29，128；廖伏初等，2020，湖南鱼类原色图谱，70。

【古文释鱼】①《辰州府志》（席绍葆、谢鸣谦）："芝麻鱼，肥美，独出泸溪桐木凹河，诸鱼皆不见于他书，不知其本名也"。②《保靖具志》（袁祖绶、林继钦）："脂麻鱼，身圆长，肉厚骨细，味肥美，惟黄莲潭、龙马嘴二处有之，取者或当月夜或大雾，铺网横江，鱼自腾跃而入，九、十月间最多"。③《沅陵县志》（许光曙、守忠）："脂麻鱼，《辰溪县志》'一名黄阳鱼，好夜出水，味肥美，肉松易腐'"。此处也可能指黑鳍鳈或花䱻。

标本采集：标本 20 尾，采自洞庭湖、湘江。

形态特征：背鳍 iii-7；臀鳍 iii-6；胸鳍 i -17～18；腹鳍 i -8。侧线鳞 $42\frac{4.5}{3.5 - V}44$。鳃耙 5。下咽齿 1 行，5/5。

体长为体高的 4.0～5.1 倍，为头长的 4.5～5.1 倍，为尾柄长的 5.1～6.1 倍，为尾柄

高的 8.0～9.2 倍。头长为吻长的 2.1～2.9 倍，为眼径的 3.7～4.4 倍，为眼间距的 2.4～2.8 倍。尾柄长为尾柄高的 1.3～1.7 倍。

　　体长而稍侧扁，腹部圆。头长小于体高。吻端圆突，吻皮包于上颌，吻部在鼻前下陷。口小，下位，马蹄形，口裂不达眼前缘下方。唇厚，简单，两侧叶稍宽。唇后沟中断。上颌突出；下颌前端角质发达。口角须 1 对，极短小。鼻孔每侧 2 个，位于眼的前上方，前鼻孔圆，具鼻瓣。眼上侧位。眼间隔宽阔。鳃孔大。鳃盖膜与峡部相连。

　　背鳍末根不分支鳍条柔软分节，起点距吻端稍远于其基末距尾鳍基。胸鳍下侧位，末端远，后伸不达腹鳍起点。腹鳍起点位于背鳍起点稍后，后伸稍超过肛门。臀鳍短，起点距腹鳍起点较距尾鳍基为近。肛门约位于腹鳍基末至臀鳍起点间的中点。尾鳍叉形。

　　体被圆鳞，胸部具鳞，稍小，排列稀疏，埋于皮下。腹鳍基具三角形腋鳞。侧线完全，平直，从鳃孔上角直达尾柄中部。

　　鳃耙不发达。下咽齿侧扁，齿面内凹，末端钩状。鳔 2 室，后室长。

　　背部灰黑色，头及体侧稍带桃红色，颏部及腹面各鳍橘黄色。体侧具数条不规则的黑斑，鳃盖后方具 1 垂直黑斑。繁殖期，雄鱼头部密布粒状珠星，体色亦较鲜艳；雌鱼伸出产卵管。

　　生物学特性：溪流性鱼类。栖息于水流平稳、水面开阔的溪流沿岸中下层水体。刮食附着在石面上的藻类，也摄食水生昆虫幼虫及有机碎屑（毛节荣等，1991）。

　　资源分布：洞庭湖及湘、资、沅、澧"四水"均有分布。个体小，数量较少。

图 67　江西鳈 *Sarcocheilichthys kiangsiensis* Nichols, 1930

053. 小鳈 *Sarcocheilichthys parvus* Nichols, 1930（图 68）

Sarcocheilichthys（*Barbodon*）*parvus* Nichols, 1930, *Ann. Mus. Novit.*, (431): 5（江西湖口）。
Sarcocheilichthys parvus：Chu（朱元鼎），1932, *China J.*, 16(3): 134（浙江天目山）；唐文乔，1989，中国科学院水生生物研究所硕士学位论文：32（吉首）；唐文乔等，2001，上海水产大学学报，10（1）：6（沅水水系的辰水、武水、酉水）；李鸿等，2020，湖南鱼类系统检索及手绘图鉴：29，129；廖伏初等，2020，湖南鱼类原色图谱，72。

　　标本采集：标本 5 尾，采自怀化。

　　形态特征：背鳍 iii-7；臀鳍 iii-6；胸鳍 i -13～14；腹鳍 i -7。侧线鳞 $35\frac{4.5}{3.5\text{-}V}36$；背鳍前鳞 11～12；围尾柄鳞 12。鳃耙 6～10。下咽齿 1 行，5/5。

体长为体高的 3.2～4.0 倍，为头长的 4.2～4.9 倍，为尾柄长的 4.8～5.8 倍，为尾柄高的 6.7～7.8 倍。头长为吻长的 2.8～3.2 倍，为眼径的 3.3～3.8 倍，为眼间距的 2.3～2.8 倍，为尾柄长的 1.0～1.2 倍，为尾柄高的 1.4～1.7 倍。尾柄长为尾柄高的 1.2～1.4 倍。

体较高，稍长，略侧扁，尾柄宽短，腹部圆。头短小，圆钝。吻短钝。口小，下位，马蹄形，口裂狭窄，口长与口宽约相等。唇稍厚，简单，下唇仅限于口角。下颌角质发达。口角须 1 对，极微细。眼小，位于头侧上方。眼间微隆起。鳃盖膜与峡部相连。

背鳍起点距吻端大于其基末距尾鳍基；鳍条较长，外缘截形或微突，最长鳍条长约等于头长，末根不分支鳍条柔软。胸鳍较长，后缘圆钝，其长约等于头长，后伸可达胸鳍基末至与腹鳍起点间的 3/4 处。腹鳍末端亦圆钝。肛门位于腹鳍起点至臀鳍起点间的中点或稍前。臀鳍稍长，外缘截形。尾鳍宽阔，浅叉形，上、下叶等长，末端圆。

体被圆鳞，鳞稍大，胸、腹部被细鳞。侧线完全，平直。

下咽齿长而侧扁，2 枚主齿末端弯曲，尖钩状。鳃耙不发达，稍粗短。肠短，约为体长的 0.7～0.8 倍。鳔小，2 室，前室圆或椭圆，后室细长，细棒状，末端略尖，为前室长的 1.7～2.1 倍。腹膜灰黑色。

体灰色，背部色深，略带青灰色。体侧自吻部至尾鳍基具 1 条黑色纵纹，纵纹宽约等于眼径，体后半部色较深。背鳍灰色，其余各鳍浅橘黄色。多数个体背上部和鳍条具细小黑点，尤以背鳍、胸鳍及尾鳍基为多。繁殖期雄鱼体色鲜艳，颊部橘红色，吻部出现珠星，雌鱼产卵管延长。

生物学特性：

【生活习性】中下层鱼类，喜栖息于水质清澈的石底山溪和小河中。

【年龄生长】个体小，生长慢。以鳞片为年龄鉴定材料，退算体长：雌鱼 2 龄 7.8cm、3 龄 9.4cm、4 龄 10.3cm；雄鱼 2 龄 7.5cm、3 龄 9.1cm、4 龄 10.1cm。

【食性】主要以底栖无脊椎动物和水生昆虫及其幼虫为食，亦摄食少量甲壳类、藻类和植物碎屑。

【繁殖】1 龄即可性成熟，最小性成熟个体雌鱼全长 5.9cm、雄鱼全长 7.0cm。繁殖期 3—8 月；一次性产卵；绝对繁殖力为 206～706 粒，相对繁殖力为 142.0 粒/g（徐寅生，2012）。

资源分布：湖南仅在沅水水系有分布。

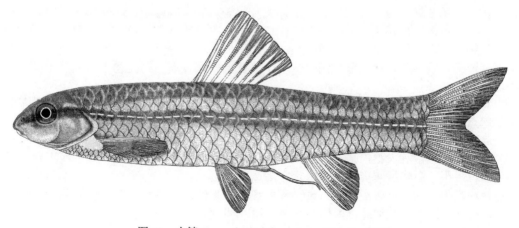

图 68　小鳈 *Sarcocheilichthys parvus* Nichols, 1930

054. 黑鳍鳈 *Sarcocheilichthys nigripinnis* (Günther, 1873)（图 69）

俗称：芝麻鱼、花腰、花玉穗；**别名**：洞庭黑鳍唇鮈；**英文名**：rainbow gudgeon、blackfin fat minnow

Gobio nigripinnis Günther, 1873, *Ann. Mag. Nat. Hist.*, 12(4): 246（上海）。

Leuciscus sciistius: Kreyenberg *et* Pappenheim, 1908, *Sitz. Ges. Nat. Freunde. Berl.*, 4: 101（洞庭湖）。

Sarcocheilichthys nigripinnis tungting: Nichols *et* Pope, 1927, *Bull. Ann. Mus. Nat. Hist.*, 54(2): 354（洞庭湖）；罗云林等（见：伍献文等），1977，中国鲤科鱼类志（下卷）：475（南岳、岳阳、湖滨）。

Chilogobio nigripinnis tungting: 梁启燊和刘素嬚，1966，湖南师范学院学报（自然科学版），（5）：85（洞庭湖）。

Sarcocheilichthys nigripinnis nigripinnis: 湖北省水生生物研究所鱼类研究室，1976，长江鱼类：67（岳阳）；唐家汉和钱名全，1979，淡水渔业，（1）：10（洞庭湖）；唐家汉，1980a，湖南鱼类志（修订重版）：118（洞庭湖）；林益平等（见：杨金通等），1985，湖南省渔业区划报告集：74（洞庭湖、湘江、资水、沅水、澧水）；曹英华等，2012，湘江水生动物志：174（湘江长沙）。

Sarcocheilichthys nigripinnis: 梁启燊和刘素嬚，1959，湖南师范学院自然科学学报，（3）：67（洞庭湖、湘江）；梁启燊和刘素嬚，1966，湖南师范学院学报（自然科学版），（5）：85（洞庭湖、湘江、资水、沅水、澧水）；唐文乔，1989，中国科学院水生生物研究所硕士学位论文：33（麻阳、吉首、保靖）；乐佩琦（见：陈宜瑜等），1998，中国动物志 硬骨鱼纲 鲤形目（中卷）：278（岳阳、湖滨、南岳）；唐文乔等，2001，上海水产大学学报，10（1）：6（沅水水系的辰水、武水、酉水、澧水）；吴婕和邓学建，2007，湖南师范大学自然科学学报，30（3）：116（柘溪水库）；刘良国等，2013b，长江流域资源与环境，22（9）：1165（澧水桑植、慈利、石门、澧县、澧水河口）；刘良国等，2013a，海洋与湖沼，44（1）：148（沅水怀化、五强溪水库、常德）；刘良国等，2014，南方水产科学，10（2）：1（资水新邵、安化、桃江）；吴倩倩等，2016，生命科学研究，20（5）：377（通道玉带河国家级湿地公园）；向鹏等，2016，湖泊科学，28（2）：379（沅水五强溪水库）；李鸿等，2020，湖南鱼类系统检索及手绘图鉴：29，130；廖伏初等，2020，湖南鱼类原色图谱，74。

标本采集：标本 23 尾，采自洞庭湖、衡阳、浏阳、安化等地。

形态特征：背鳍iii-7；臀鳍iii-6；胸鳍 i -14；腹鳍 i -7。侧线鳞 $37\dfrac{4.5}{3.5\text{-}V}40$。鳃耙 5～7。下咽齿 2 行，1·5/5·1。

体长为体高的 3.4～4.5 倍，为头长的 3.9～4.4 倍，为尾柄长的 5.9～6.5 倍，为尾柄高的 6.9～7.9 倍。头长为吻长的 3.1～3.6 倍，为眼径的 3.4～4.0 倍，为眼间距的 2.5～3.0 倍。尾柄长为尾柄高的 1.1～1.3 倍。

体长而稍侧扁，腹部圆。头圆锥形，头长小于体高。吻较短，吻长稍大于眼径。口小，下位，弧形，口长小于或等于口宽，口裂不达眼前缘下方。唇薄，简单。唇后沟中断。上颌突出，下颌前端角质轻微。须退化，消失。鼻孔每侧 2 个，紧邻，位于眼的前上方，前鼻孔圆形具鼻瓣。眼上侧位。眼间隔宽阔，稍隆起。鳃孔稍大，鳃盖膜与峡部相连。

背鳍末根不分支鳍条柔软分节，起点距吻端约等于其基末距尾鳍基。胸鳍后伸不达腹鳍起点。腹鳍位于背鳍起点稍后，后伸达肛门。肛门距臀鳍起点稍近于距腹鳍起点。臀鳍起点距腹鳍起点约等于距尾鳍基。尾鳍叉形。

体被圆鳞，中等大小，胸、腹部具细鳞。侧线完全，平直，向后伸达尾柄正中。

鳃耙短小。下咽齿侧扁，末端钩状。鳔 2 室，后室长。

体灰黑色，间杂分布不均的白斑，各鳍黑色。繁殖期，雄鱼头部微橙红色，具粒状珠星，鳃孔后具 1 个长形黑色斑块；雌鱼伸出产卵管。

生物学特性：

【生活习性】中下层小型鱼类，喜栖息于水质清澈的石底山溪和小河中。

【年龄生长】个体小，生长缓慢。以鳞片为年龄鉴定材料，青弋江种群退算体长：2龄 8.0cm、3 龄 9.2cm、4 龄 10.0cm。

【食性】主要以底栖无脊椎动物和水生昆虫为食，亦食少量甲壳类、贝类、藻类和植物碎屑（乐佩琦（见：陈宜瑜等），1998）。

【繁殖】2 龄性成熟，繁殖期 4—7 月，相对繁殖力为 30.0～189.0 粒/g；最小性成熟个体雌鱼体长 7.3cm，雄鱼体长 9.1cm（徐寅生，2012）。

资源分布：洞庭湖区及湘、资、沅、澧"四水"均有分布，但数量较少。

图 69　黑鳍鳈 *Sarcocheilichthys nigripinnis* (Günther, 1873)

（036）小鳔鮈属 *Microphysogobio* Mori, 1933

Microphysogobio Mori, 1933, *Zool. Mag. Tokyo*, 45(30): 114.

模式种： *Microphysogobio koreensis* Mori

体长，近圆筒形，腹部平。头较小，头长小于体高。吻部一般较尖，鼻孔前方凹陷。口小，下位，马蹄形，口裂不达眼前缘下方。上颌突出，上、下颌均具角质。唇发达，具乳突，上颌与上唇之间具沟，下唇分 3 叶，两侧叶发达，中叶分左、右 2 部分，紧靠在一起。下颌具角质。口角须 1 对。鼻孔位于眼前上方，具鼻瓣。眼较大，上侧位。眼间隔较窄。鳃孔大。鳃盖膜与峡部相连。背鳍末根不分支鳍条柔软分节，起点位于腹鳍起点前上方，距吻端近于距尾鳍基。肛门紧靠腹鳍基。体被鳞，胸部无鳞。侧线完全。鳃耙退化，呈瘤状凸起。下咽齿 1 行，齿侧扁，末端钩状。鳔小，2 室，前室呈横置扁圆形，包于厚韧质膜囊内；后室指尖状凸起或圆形、长圆形。

本属湖南分布有 3 种。

【古文释鱼】《永州府志》（吕恩湛、宗绩辰）："水中细鱼，眼大而不长者，俗呼暴眼鱼，春陵人呼为千年矮"。

055. 洞庭小鳔鮈 *Microphysogobio tungtingensis* (Nichols, 1926)（图 70）

别名：洞庭拟鮈；**英文名**：Tungting gudgeon

Pseudogobio tungtingensis Nichols, 1926, *Ann. Mus. Novit.*, (224): 4（洞庭湖）；Nichols, 1943, *Nat. Hist. Central Asia*, 9: 173（洞庭湖）。

Abbottina tungtingensis：罗云林等（见：伍献文等），1977，中国鲤科鱼类志（下卷）：522（溆浦）；唐家汉和钱名全，1979，淡水渔业，（1）：10（洞庭湖）；唐家汉，1980a，湖南鱼类志（修订重版）：132（洞庭湖、沅水）；中国科学院水生生物研究所等，1982，中国淡水鱼类原色图集（第一集），60（洞庭湖、沅水）；林益平等（见：杨金通等），1985，湖南省渔业区划报告集：75（洞庭湖、沅水）；朱松泉，1995，中国淡水鱼类检索：82（洞庭湖及其支流）；刘良国等，2013a，海洋与湖沼，44（1）：148（沅水五强溪水库、常德）。

Microphysogobio tungtingensis：罗云林（见：成庆泰等），1987，中国鱼类系统检索（上册）：167（洞庭湖及其支流）；唐文乔，1989，中国科学院水生生物研究所硕士学位论文：35（吉首、保靖）；乐佩琦（见：陈宜瑜等），1998，中国动物志 硬骨鱼纲 鲤形目（中卷）：348（溆浦、桃源）；刘焕章（见：刘明玉等），2000，中国脊椎动物大全：138（洞庭湖及其支流）；唐文乔等，2001，上海水产大学学报，10（1）：6（沅水水系的武水、酉水）；曹英华等，2012，湘江水生动物志：187（湘江湘阴）；刘良国等，2013b，长江流域资源与环境，22（9）：1165（澧水澧县、澧水河口）；李鸿等，2020，湖南鱼类系统检索及手绘图鉴：29，131；廖伏初等，2020，湖南鱼类原色图谱，76。

濒危等级：省重点保护野生动物，《湖南省地方重点保护野生动物名录》（湘政函〔2002〕172 号）。

标本采集：标本 30 尾，采自江垭水库、洞庭湖、邵阳、临武等地。

形态特征：背鳍iii-7；臀鳍iii-5，胸鳍 i -13；腹鳍 i -7。侧线鳞 $38\frac{3.5}{2.5 - V}39$。鳃耙 4~5。下咽齿 1 行，5/5。

体长为体高的 6.0~6.4 倍，为头长的 4.3~4.6 倍，为尾柄长的 6.8~7.2 倍。头长为吻长的 2.7~2.8 倍，为眼径的 3.1~3.5 倍，为眼间距的 4.0~5.1 倍，为尾柄长的 1.0~1.6 倍，为尾柄高的 2.4~2.6 倍。

体细长，棒状，腹部稍圆，后部略侧扁。头稍小。吻短钝，吻长稍大于眼径，几等于眼后头长；鼻孔前缘稍凹陷。口下位，马蹄形。唇厚，具发达乳突，下唇中部具 1 对小的圆突，由缝隙隔开。上、下颌具角质。口角须 1 对，须长约为眼径的 3/5，后伸达眼下方。鼻孔靠近眼前方。眼稍大，椭圆形。眼间距狭窄，稍隆起。鳃盖膜与峡部相连。

背鳍高，末端截形，鳍基较短，起点距吻端小于其基末距尾鳍基。胸鳍下侧位，平展，末端椭圆形，不达腹鳍起点。腹鳍起点约位于背鳍基中点下方，末端略圆，远不达臀鳍起点。肛门靠近腹鳍起点，约位于腹鳍与臀鳍间距的前 1/3 处。臀鳍稍小，末端截形，起点位于腹鳍起点与尾鳍间的后 1/3 处，后伸几达尾鳍基。尾柄较细长，尾鳍浅叉形，上、下叶稍宽。

体被较大圆鳞，胸鳍基前方裸露无鳞，腹鳍基具腋鳞。侧线完全，几平直延伸至尾柄中部。

鳃耙不发达，呈瘤状突，稍明显。下咽齿纤细，侧扁，末端钩状。鳔 2 室，前室稍大，为横置扁圆形，包于韧质膜囊内；后室小，长形，游离，露出囊外，长小于眼径。腹膜灰白色，布有小黑点。

背侧灰黄色，腹部灰白色，头背暗色。背鳍正中具数个暗色鞍状斑，体侧沿侧线具 1 条暗色斑连成的纵纹，侧线以上散布小黑点。

资源分布：洞庭湖及湘、资、沅、澧"四水"有分布，但个体较小，数量少。

图 70　洞庭小鳔鮈 *Microphysogobio tungtingensis* (Nichols, 1926)

056. 张氏小鳔鮈 *Microphysogobio zhangi* Huang, Zhao, Chen *et* Shao, 2017（图 71）

俗称：蒜根子

Microphysogobio zhangi Huang, Zhao, Chen *et* Shao（黄世彬，赵亚辉，陈义雄和邵广昭），2017, *Zool. Stud.*, 56(8): 1-12（全州、桂林）。

Abbottina fukiensis：唐家汉，1980a，湖南鱼类志（修订重版）：131（湘江江华）；林益平等（见：杨金通等），1985，湖南省渔业区划报告集：75（湘江、资水、沅水、澧水）。

Microphysogobio fukiensis：唐文乔等，2001，上海水产大学学报，10（1）：6（沅水水系的辰水、酉水）；曹英华等，2012，湘江水生动物志：186（湘江江华）；Lei et al., 2015, *J. Appl. Ichthyol.*, 2（湘江）；李鸿等，2020，湖南鱼类系统检索及手绘图鉴：30，132；廖伏初等，2020，湖南鱼类原色图谱，78。

标本采集：标本 18 尾，采自湘江、资水。

形态特征：背鳍 iii-7；臀鳍 iii-5；胸鳍 i -11～12；腹鳍 i -7。侧线鳞 35～36。背鳍前鳞 9～10。下咽齿 1 行，5/5。脊椎骨 4+30～31。

体长为体高的 4.2～4.9 倍，为头长的 4.0～4.8 倍，为尾柄长的 5.5～6.0 倍，为尾柄高的 10.2～11.7 倍。头长为吻长的 2.2～2.4 倍，为眼径的 2.8～3.1 倍，为眼间距的 6.2～6.7 倍。尾柄长为尾柄高的 1.4～1.7 倍。

体稍高，前段近圆筒形，后段渐侧扁，腹面平坦。吻短钝，吻长稍大于眼径，小于眼后头长；鼻孔前具凹陷。口下位，马蹄形。唇厚，具发达乳突；下唇乳突由前部乳突、中叶和两侧叶组成；前部乳突 1 行，较大；两侧叶为明显的小乳突覆盖；中叶中部被 1 条缝隙完全隔开。上、下颌具角质。口角须 1 对，位于口角、下颌木缘，须长大于眼径的 1/2。眼稍大，位于头的前半部。眼间距狭窄，稍隆起。鳃盖膜与峡部相连。

背鳍起点距吻端大于其基末距尾鳍基，末根不分支鳍条基部稍硬，末端柔软。胸鳍长，末端尖，后伸几达腹鳍起点。腹鳍起点位于背鳍第 2 分支鳍条下方，后伸超过肛门。肛门距腹鳍起点小于距臀鳍起点。尾鳍深叉形，下叶稍长。

体被较大圆鳞。腹部被鳞，胸鳍基中部裸露无鳞。侧线完全，在胸鳍上方突然向下弯折至腹侧，之后与腹面平行后延至尾柄正中。

新鲜标本头部和体侧一般为淡黄褐色，腹部淡白色。体侧具 6～7 个不甚明显的黑斑。鳃盖具 1 个深色斑块。背鳍具 1～2 列黑色纵纹。胸鳍、腹鳍和臀鳍上有许多黑色小点。

尾鳍具 2～3 列黑色纵纹。

生物学特性：小型底栖鱼类。

资源分布：湘、资、沅、澧"四水"上游有少量分布，数量稀少。

图 71　张氏小鳔鮈 *Microphysogobio zhangi* Huang, Zhao, Chen *et* Shao, 2017

057. 长体小鳔鮈 *Microphysogobio elongates* (Yao *et* Yang, 1977)（图 72）

Abbottina elongata Yao *et* Yang（乐佩琦和杨干荣），罗云林等（见：伍献文等），1977，中国鲤科鱼类志（下卷）：524（广西桂林、柳江、宁明）。

Pseudogobio kiatingensis：唐文乔等，2001，上海水产大学学报，10（1）：6（沅水水系的辰水、酉水）。

Microphysogobio kiatingensis：唐文乔，1989，中国科学院水生生物研究所硕士学位论文：35（龙山）；李鸿等，2020，湖南鱼类系统检索及手绘图鉴：30，133；廖伏初等，2020，湖南鱼类原色图谱，80。

标本采集：无标本，形态描述摘自《中国鲤科鱼类志（下卷）》。

形态特征：背鳍iii-7；臀鳍iii-6；胸鳍 i -12；腹鳍 i -7。侧线鳞 $37\frac{4}{2\text{-}V}38$；背鳍前鳞 9～10；围尾柄鳞 12。鳃耙 13～14。下咽齿 1 行，5/5。

体长为体高的 5.9～6.5 倍，为头长的 4.4～4.6 倍，为尾柄长的 5.5～6.0 倍，为尾柄高的 11.2～12.6 倍。头长为吻长的 2.3～2.7 倍，为眼径的 3.4～3.8 倍，为眼间距的 5.0～6.0 倍，为尾柄长的 1.3～1.4 倍，为尾柄高的 2.4～2.7 倍。

体细长，腹面平坦，尾柄侧扁。头圆锥形，头长大于体高。吻较尖，在鼻孔前方下陷，使吻突出，吻长约等于眼后头长。眼较大，位于头侧中轴上方，眼间平狭，上唇中央乳突大，排列成 1 行，两侧乳突小，排列成多行；下唇中叶突起较大，两侧叶发达，向后伸展。上下颌具角质。口角须 1 对，短小，须长小于眼径。

背鳍末根不分支鳍条柔软分节，起点距吻端等于或稍小于其基末距尾鳍基。胸鳍长，末端尖，后伸几达腹鳍起点。腹鳍起点位于背鳍基中部的下方，与背鳍第 2、3 根分支鳍条相对。肛门靠近腹鳍，位于腹鳍起点与臀鳍起点间的前 1/4 处。臀鳍短，起点距尾鳍基小于距腹鳍起点。

体被圆鳞，胸部裸露无鳞。侧线完全。

鳃耙不发达，下咽齿侧扁，末端呈钩状。脊椎骨 4+33。鳔小，2 室，其长约为头长的 1/3；前室圆形，包于韧质膜囊内；后室很小，长度小于眼径。腹膜灰白色。

体背部棕黑色，腹部灰白色，体侧鳞片具黑色小斑点，体侧中轴上具 8 个黑色斑点，横跨背部黑斑有 5 个，位于背鳍基后面的黑斑较前面的颜色为深；头侧自眼前缘至吻端具 1 条黑条纹。背鳍和尾鳍上具许多黑色小点。

　　生物学特性：小型底栖鱼类，生长速度慢。

　　资源分布：主要分布于湘江、沅水上游。

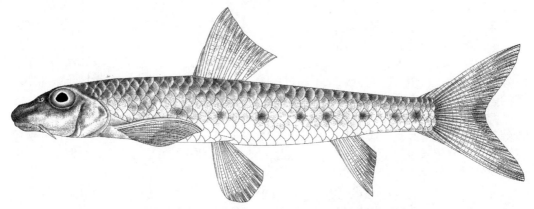

图 72　长体小鳔鮈 *Microphysogobio elongates* (Yao *et* Yang, 1977)

（037）片唇鮈属 *Platysmacheilus* Lo, Yao *et* Chen, 1977

Platysmacheilus Lo, Yao *et* Chen（罗云林，乐佩琦和陈宜瑜，见：伍献文等），1977，中国鲤科鱼类志（下卷），2：533。

　　模式种：*Saurogobio exiguus* Lin

　　体小，体前段稍呈圆筒形，后段侧扁，腹部圆，尾柄侧扁。头短，侧扁。吻稍钝或略尖，鼻孔前方浅凹陷。口下位，弧形。唇厚，肉质，密布小乳突；下唇不分叶，向后伸展联成一整体，其后缘游离而稍分离，常具缺刻。上、下颌具发达角质。须 1 对，须长小于眼径。眼上侧位，眼间隔较平。鳃盖膜与峡部相连。背鳍和臀鳍末根不分支鳍条均柔软分节。肛门靠近腹鳍基。鳞较大，胸部或自腹鳍基之前的胸腹部裸露无鳞。侧线完全，平直。下咽齿 1 行。鳔小，2 室，前室包于厚韧质膜囊内，后室小，露出囊外。腹膜灰白色。

　　本属湖南仅分布有 1 种。

058. 片唇鮈 *Platysmacheilus exiguus* (Lin, 1932)（图 73）

　　俗称：扑地实心鱼

Saurogobio exiguus Lin（林书颜），1932，*Lingnan. Sci. J.*，11(4)：516（贵州南部）。

Platysmacheilus exiguus：唐家汉和钱名全，1979，淡水渔业，（1）：10（洞庭湖）；唐家汉，1980a，湖南鱼类志（修订重版）：133（资水）；林益平等（见：杨金通等），1985，湖南省渔业区划报告集：75（湘江、资水）；刘焕章（见：刘明玉等），2000，中国脊椎动物大全：136（沅水）；唐文乔等，2001，上海水产大学学报，10（1）：6（沅水水系的辰水、酉水、澧水）；曹英华等，2012，湘江水生动物志：190（湘江株洲）；李鸿等，2020，湖南鱼类系统检索及手绘图鉴：30，134；廖伏初等，2020，湖南鱼类原色图谱，82。

　　标本采集：标本 15 尾，采自资水。

　　形态特征：背鳍iii-7；臀鳍iii-6；胸鳍 i -13；腹鳍 i -7。侧线鳞 $37\frac{4.5}{2.5-V}39$。鳃耙

11～12。下咽齿 1 行，5/5。

体长为体高的 5.2～5.3 倍，为头长的 4.3～4.9 倍，为尾柄长的 6.7～6.9 倍，为尾柄高的 11.8～12.1 倍。头长为吻长的 1.8～2.1 倍，为眼径的 4.0～4.5 倍，为眼间距的 3.6～4.9 倍。尾柄长为尾柄高的 1.7～1.8 倍。

体长，近圆筒形，腹鳍前段胖圆，其后渐侧扁。头稍呈钝锥形，头宽与头高几相等。吻钝圆，吻长约为眼后头长的 2.0 倍；吻部在鼻孔前明显下陷。口下位，马蹄形。唇厚，肉质，密布小乳突；下唇外翻，后缘游离，边缘具缺刻；上、下唇在口角处相连。上、下颌角质发达。口角须 1 对，须长不超过眼径。眼上侧位；眼径小于或稍大于眼间距。眼间隔略凹陷。鳃盖膜与峡部相连。

背鳍起点距吻端约等于其基末距尾鳍基；末根不分支鳍条仅基部稍硬，末端柔软。胸鳍后伸不达腹鳍起点。腹鳍起点位于背鳍基的正下方，后伸远超过肛门。肛门距腹鳍基末约为距臀鳍起点的 1/3。臀鳍短小，起点距尾鳍基较距腹鳍起点为近，后伸不达尾鳍基。尾鳍叉形，末端尖，下叶稍长。

体被较大圆鳞，背部鳞较体侧大，胸部裸露区向后延伸至胸鳍基稍后方。腹鳍基具 1 稍长的腋鳞。侧线完全，平直。

鳃耙不发达，呈瘤状小凸起。下咽齿纤细，末端钩状。鳔 2 室，前室扁圆形，包于韧质膜囊内；后室长，极细小，露出囊外，长稍小于眼径。肠长稍大于体长。腹膜灰白色，上布小黑点。

体背侧灰黑色，腹部黄白色，具 4～5 条不规则的黑斑跨越背侧。颏部及腹面各鳍基橘黄色，其余各鳍浅灰间具许多小黑点。

资源分布：洞庭湖及湘、资、沅、澧"四水"均有分布，个体小，数量稀少。多肉少刺，味道鲜美。

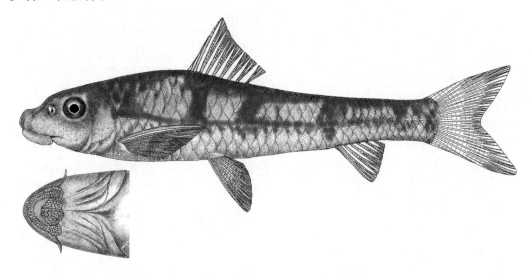

图 73　片唇鮈 *Platysmacheilus exiguus* (Lin, 1932)

（038）银鮈属 *Squalidus* Dybowski, 1872

Squalidus Dybowski, 1872, *Verh. zool. -bot. Ges. Wien.*, 22: 216.

模式种：*Squalidus chankaensis* Dybowski

体延长，腹部圆。尾柄较细长。头圆锥形。吻尖突。口亚下位或近端位，弧形。唇薄，下颌具褶皱，中间分离；唇后沟前延，在下颌前方中断。上、下颌均无角质。口角须 1 对，一般不超过眼径。眼较大，上侧位。鳃孔大。鳃盖膜与峡部相连。背鳍末根不分支鳍条柔软分节，起点与腹鳍起点相对或略前，距吻端较距尾鳍基为近。肛门前移，位于腹鳍起点与臀鳍起点间的后 1/3 处。臀鳍末根不分支鳍条柔软分节。胸腹部具鳞，向前伸达颏部。侧线完全，平直，侧线鳞 33～42。鳃耙较短，排列稀疏。下咽齿 2 行。鳔发达，2 室。腹膜灰黑色。体侧中部具 1 条较宽的黑色纵条纹。

本属湖南分布有 2 种。

059. 银鮈 *Squalidus argentatus* (Sauvage *et* Dabry de Thiersant, 1874)（图 74）

俗称：硬刁棒、灯笼泡；**别名**：银色口角须鮈；**英文名**：silver gudgeon

Gobio argentatus Sauvage *et* Dabry de Thiersant, 1874, *Ann. Sci. Nat. Paris (Zool.)*, (6)1(5): 9（长江）；Kreyenberg *et* Pappenheim, 1908, *Sitz. Ges. Nat. Freunde. Berl.*, 4: 94（洞庭湖）。

Gnathopogon argentatus：Nichols, 1928, *Bull. Ann. Mus. Nat. Hist.*, 58: 34（湖南）；罗云林等（见：伍献文等），1977，中国鲤科鱼类志（下卷）：487（长沙、常德）；湖北省水生生物研究所鱼类研究室，1976，长江鱼类：78（岳阳）；唐家汉和钱名全，1979，淡水渔业，（1）：10（洞庭湖）；唐家汉，1980a，湖南鱼类志（修订重版）：121（沅水洪江、洞庭湖）；林益平等（见：杨金通等），1985，湖南省渔业区划报告集：74（洞庭湖、湘江、资水、沅水、澧水）；吴倩倩等，2016，生命科学研究，20（5）：377（通道玉带河国家级湿地公园）。

Gnathopogon argentatus argentatus：Nichols, 1943, *Nat. Hist. Central Asia*, 9: 169（湖南）；梁启燊和刘素嬲，1966，湖南师范学院学报（自然科学版），（5）：85（湘江、澧水）。

Squalidus argentatus：唐文乔，1989，中国科学院水生生物研究所硕士学位论文：34（麻阳、吉首、保靖）；乐佩琦（见：陈宜瑜等），1998，中国动物志 硬骨鱼纲 鲤形目（中卷）：315（长沙、常德）；唐文乔等，2001，上海水产大学学报，10（1）：6（沅水水系的辰水、武水、酉水，澧水）；吴婕和邓学建，2007，湖南师范大学自然科学学报，30（3）：116（柘溪水库）；王星等，2011，生命科学研究，15（4）：311（南岳）；曹英华等，2012，湘江水生动物志：175（湘江株洲）；刘良国等，2013b，长江流域资源与环境，22（9）：1165（澧水桑植、慈利、石门、澧县、澧水河口）；刘良国等，2013a，海洋与湖沼，44（1）：148（沅水怀化、五强溪水库、常德）；刘良国等，2014，南方水产科学，10（2）：1（资水新邵、安化、桃江）；黄忠舜等，2016，湖南林业科技，43（2）：34（安乡县书院洲国家湿地公园）；向鹏等，2016，湖泊科学，28（2）：379（沅水五强溪水库）；李鸿等，2020，湖南鱼类系统检索及手绘图鉴：30，136；廖伏初等，2020，湖南鱼类原色图谱，84。

Gnathopogon tsinanensis：唐家汉，1980a，湖南鱼类志（修订重版）：121（湘江上游）。

标本采集：标本 30 尾，采自洞庭湖、怀化、张家界。

形态特征：背鳍iii-7；臀鳍iii-6；胸鳍 i -14～18；腹鳍 i -7。侧线鳞 $39\frac{4.5}{2.5 \text{-} V}42$。鳃耙 7～10。下咽齿 2 行，3·5/5·3。

体长为体高的 4.0～4.6 倍，为头长的 3.8～4.3 倍，为尾柄长的 6.9～7.7 倍，为尾柄高的 10.4～12.6 倍。头长为吻长的 2.5～3.1 倍，为眼径的 2.9～3.6 倍，为眼间距的 3.0～3.5 倍。尾柄长为尾柄高的 1.4～1.7 倍。

体略侧扁，前段略呈圆筒形，腹部圆。头长小于或稍大于体高。吻稍尖，吻长稍短于眼后头长。口亚下位，弧形，口长等于或大于口宽。唇薄，简单，下唇侧叶狭。唇后沟中断。上颌稍长于下颌；下颌无角质。口角须 1 对，须长约等于眼径。眼大，上侧位，眼径约等于吻长。眼间隔平。

背鳍末根不分支鳍条柔软分节，起点距吻端约等于其基末距尾鳍基。胸鳍后伸不达腹鳍起点。腹鳍起点位于背鳍起点稍后，后伸不达肛门。肛门约位于腹鳍起点与臀鳍起点间的后 1/3 处。臀鳍短，起点距腹鳍起点约等于距尾鳍基。尾鳍叉形。

体被圆鳞，鳞较细，胸部具鳞。侧线完全。

鳃耙不发达。下咽齿主行齿侧扁，末端钩状。鳔 2 室，后室为前室长的 2.0 倍左右。肠短，肠长小于体长。

背部银灰色，腹部银白色，体侧中部具 1 条银灰色条纹，背鳍、尾鳍浅灰色，其余鳍条灰白色。

生物学特性：

【生活习性】 喜栖息于水体的中下层。

【年龄生长】 个体小，生长缓慢，种群年龄结构简单，体长多集中在 6.0～10.0cm。以鳞片和微耳石为年龄鉴定材料，退算体长平均值：1 龄 4.5cm、2 龄 7.3cm、3 龄 9.2cm（王海生等，2013；曾国清等，2017）。

【食性】 主要以水生昆虫及其幼体、环节动物、枝角类、桡足类，其次为藻类、腐殖质、高等水生植物等为食。

【繁殖】 1 龄性成熟，繁殖期 5—8 月，相对繁殖力为 223～477 粒/g，一次性产卵，卵漂流性。成熟卵径 0.7～1.2mm，球形，浅黄褐色，卵膜双层；吸水膨胀呈透明状，外膜径约 3.6mm，内膜径约 1.9mm；外膜略带黏性，黏附有细砂或有机碎屑等。汉江银鮈产卵场条件：平均流速大于 0.6m/s，水流缓急交错，"泡沙水"较多，流态紊乱，江中多有沙洲、小岛分布，水温 17.5～27.0℃，透明度 5～70cm。

水温 24.6～25.5℃时，受精卵孵化脱膜需 40.0h，初孵仔鱼平均全长 3.8mm，肌节 36 对；1.5 日龄仔鱼全长 4.8mm，鳔雏形出现；5 日龄仔鱼全长 5.2mm，卵黄囊吸尽；53～55 日龄稚鱼全长 18.3mm，体侧开始出现鳞片（李修峰等，2005；王芊芊等，2010）。

资源分布及经济价值： 洞庭湖及湘、资、沅、澧"四水"均有分布，个体不大，数量较多。肌间刺少，肉厚，味道鲜美，经济价值较高，同麦穗鱼一样，颇受欢迎。

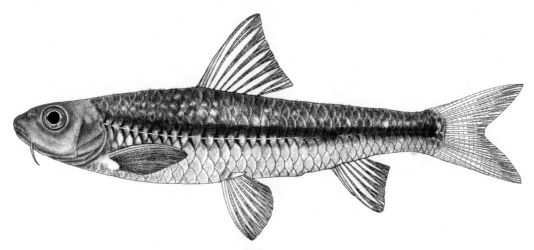

图 74 银鮈 *Squalidus argentatus* (Sauvage *et* Dabry de Thiersant, 1874)

060. 点纹银鮈 *Squalidus wolterstorffi* (Regan, 1908)（图 75）

俗称： 嫩公子；**英文名：** doted-line gudgeon

Gobio wolterstorffi Regan, 1908c, *Ann. Mag. Nat. Hist., Zool.*, 1(8): 110（山西定襄）。

Gnathopogon wolterstorffi：罗云林等（见：伍献文等），1977，中国鲤科鱼类志（下卷）：491（江永）；唐家汉，1980a，湖南鱼类志（修订重版）：122（湘江道县）；林益平等（见：杨金通等），1985，湖南省渔业区划报告集：74（湘江）。

Squalidus wolterstorffi：乐佩琦（见：陈宜瑜等），1998，中国动物志 硬骨鱼纲 鲤形目（中卷）：316（江永）；唐文乔等，2001，上海水产大学学报，10（1）：6（沅水水系的酉水）；康祖杰等，2010，野生动物，31（5）：293（壶瓶山）；康祖杰等，2010，动物学杂志，45（5）：79（壶瓶山）；曹英华等，2012，湘江水生动物志：176（湘江长沙）；Lei et al., 2015, *J. Appl. Ichthyol.*, 2（湘江）；康祖杰等，2019，壶瓶山鱼类图鉴：140（壶瓶山渫水和毛竹河）；李鸿等，2020，湖南鱼类系统检索及手绘图鉴：30，137；廖伏初等，2020，湖南鱼类原色图谱，86。

标本采集：标本 20 尾，采自资水、湘江。

形态特征：背鳍 iii-7；臀鳍 iii-6；胸鳍 i -14～16；腹鳍 i -7～8。侧线鳞 $33\dfrac{4.5}{2.5\text{-}V}35$。鳃耙 7～8。下咽齿 2 行，2·5/5·2 或 3·5/5·3。

体长为体高的 3.9～4.5 倍，为头长的 3.3～4.0 倍，为尾柄长的 6.4～7.4 倍，为尾柄高的 8.6～11.0 倍。头长为吻长的 2.8～3.0 倍，为眼径的 2.8～3.0 倍，为眼间距的 2.8～3.3 倍。尾柄长为尾柄高的 1.6～2.0 倍。

体稍侧扁，腹部圆，尾部高而侧扁。头长大于体高。吻短钝，鼻前下陷，吻长等于或稍大于眼径。口亚下位，马蹄形。唇薄，简单，下唇极狭窄。唇后沟中断。上颌略突出于下颌，下颌无角质。口角须 1 对，须长等于或稍大于眼径。眼大，上侧位。眼间隔宽平。鳃盖膜与峡部相连。

背鳍末根不分支鳍条柔软分节，起点距吻端大于或等于其基末距尾鳍基。胸鳍后伸不达腹鳍起点。腹鳍起点位于背鳍起点稍后，后伸超过肛门。肛门略前移，约位于腹鳍起点与臀鳍起点间的后 1/3 处。臀鳍起点距腹鳍起点约等于距尾鳍基。尾鳍叉形。

体被较大圆鳞，胸部具鳞。腹鳍基具 1 枚三角形腋鳞。侧线完全，较平直。

鳃耙短小，排列稀疏。下咽齿主行齿侧扁，末端钩状。鳔 2 室，前室略圆，后室粗长，为前室长的 1.5～1.8 倍。肠粗短，小于体长。腹膜灰白色。

背部灰绿色，腹部银白色。体侧沿侧线具 1 条黑色细纹，被侧线管分割成"八"字形，上、下各半。各鳍浅灰色。

生物学特性：小型鱼类，生长缓慢。主要摄食水生昆虫及幼虫、硅藻、绿藻及水生植物嫩叶和植物碎屑。1 龄性成熟，繁殖期 4—5 月。

资源分布：湘、资、沅、澧"四水"上游干流及支流有分布，数量较少。

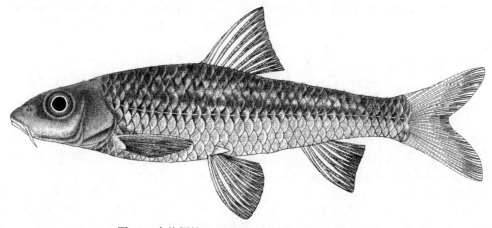

图 75　点纹银鮈 *Squalidus wolterstorffi* (Regan, 1908)

（039）棒花鱼属 *Abbottina* Jordan *et* Fowler, 1903

Abbottina Jordan *et* Fowler, 1903, *Proc. U. S. Nat. Mus.*, 26: 835.

模式种： *Abbottina psegma* Jordan *et* Fowler

体小，长棒状，腹部圆。头中等，头长小于或等于体高。吻短，吻长稍大于眼后头长，鼻孔前缘间隔处明显凹陷。口小，下位，马蹄形，口裂不达眼前缘下方。唇发达，具不明显乳突；下唇明显分为 3 叶，两侧叶稍宽，在口角与上唇相连，但不成翼状，中叶为 1 对椭圆形的凸起。上颌突出，下颌无角质。口角须 1 对，短小。眼小或中等。眼间隔窄。鳃孔大。鳃盖膜与峡部相连。背鳍末根不分支鳍条柔软分节，起点位于腹鳍前上方，距吻端较距尾鳍基为近。臀鳍短小，末根不分支鳍条柔软分节，分支鳍条一般为 5 根。肛门靠近腹鳍基。胸部无鳞。侧线完全。鳃耙短小。下咽齿 1 行，5/5，尖钩状。鳔 2 室，前室较小，球形；后室长大，略呈三角形。

本属湖南仅分布有 1 种。

061. 棒花鱼 *Abbottina rivularis* (Basilewsky, 1855)（图 76）

俗称： 麻嫩子、爬虎鱼、沙锤；**别名：** 沙锤棒花鱼；**英文名：** Chinese false gudgeon

Gobio rivularis Basilewsky, 1855, *Nouv. Mem. Soc. Nat. Mosc.*, 10: 231（中国北部）。
Pseudogobio rivularis：Rendahl, 1928, *Ark. Zool.*, 20A(1): 91（湖南）。
Abbottina rivularis：梁启燊和刘素嬲，1959，湖南师范学院自然科学学报，（3）：67（洞庭湖、湘江）；梁启燊和刘素嬲，1966，湖南师范学院学报（自然科学版），（5）：85（洞庭湖、湘江）；唐家汉和钱名全，1979，淡水渔业，（1）：10（洞庭湖）；唐家汉，1980a，湖南鱼类志（修订重版）：130（洞庭湖）；林益平等（见：杨金通等），1985，湖南省渔业区划报告集：75（洞庭湖、湘江、资水、沅水、澧水）；唐文乔，1989，中国科学院水生生物研究所硕士学位论文：34（麻阳）；乐佩琦（见：陈宜瑜等），1998，中国动物志 硬骨鱼纲 鲤形目（中卷）：348（溆浦）；唐文乔等，2001，上海水产大学学报，10（1）：6（沅水水系的辰水、酉水）；郭克疾等，2004，生命科学研究，8（1）：82（桃源县乌云界自然保护区）；吴婕和邓学建，2007，湖南师范大学自然科学学报，30（3）：116（柘溪水库）；牛艳东等，2011，湖南林业科技，38（5）：44（城步芙蓉河）；王星等，2011，生命科学研究，15（4）：311（南岳）；曹英华等，2012，湘江水生动物志：183（湘江耒水汝城）；牛艳东等，2012，湖南林业科技，39（1）：61（怀化中方县康龙自然保护区）；刘良国等，2013b，长江流域资源与环境，22（9）：1165（澧水澧县、澧水河口）；刘良国等，2013a，海洋与湖沼，44（1）：148（沅水怀化、五强溪水库、常德）；刘良国等，2014，南方水产科学，10（2）：1（资水新邵、安化、桃江）；吴倩倩等，2016，生命科学研究，20（5）：377（通道玉带河国家级湿地公园）；向鹏等，2016，湖泊科学，28（2）：379（沅水五强溪水库）；李鸿等，2020，湖南鱼类系统检索及手绘图鉴：30，138；廖伏初等，2020，湖南鱼类原色图谱，88。

标本采集： 标本 30 尾，采自洞庭湖、长沙、耒水上游郴州汝城。

形态特征： 背鳍iii-7～8；臀鳍iii-5；胸鳍 i -10～13；腹鳍 i -7。侧线鳞 $35\frac{5.5}{3.5 - V}39$。鳃耙 4～5。下咽齿 1 行，5/5。

体长为体高的 3.7～4.7 倍，为头长的 3.6～4.0 倍，为尾柄长的 9.3～11.6 倍，为尾柄高的 8.8～10.5 倍。头长为吻长的 1.8～2.1 倍，为眼径的 4.5～5.5 倍，为眼间距的 3.6～4.4 倍。尾柄长为尾柄高的 0.9～1.1 倍。

体粗壮而稍侧扁。头中等，头长大于体高。吻部圆钝，在鼻孔前明显下陷，吻长稍大于眼后头长。口下位，马蹄形，口裂不达眼前缘下方。唇较发达，但无明显乳突；下唇外翻，明显分成 3 叶，中叶为 1 对椭圆形凸起，其后缘具缺刻，中叶长小于侧叶，两侧叶较宽阔，在口角处与上唇相连；唇后沟连续。上颌稍突出，下颌无角质。口角须 1 对，须长约为眼径的 1/2。鼻孔位于眼前方，距眼较距吻端为近，前鼻孔小，后缘具圆形鼻瓣。眼上侧位。眼间隔较平。鳃孔大。鳃盖膜与峡部相连。

背鳍末根不分支鳍条柔软分节，起点距吻端稍小于其基末距尾鳍基。胸鳍后伸不达腹鳍起点。腹鳍起点位于背鳍倒数第 2、3 根分支鳍条的下方，后伸超过肛门。肛门距腹鳍起点等于或小于距臀鳍起点。臀鳍后伸接近尾鳍基。尾鳍浅叉形。

体被圆鳞，胸部无鳞，侧线完全。

鳃耙不发达，呈瘤状凸起。下咽齿侧扁，末端钩状。鳔 2 室，前室圆形；后室长圆形，约为前室长的 2.0 倍。

背部灰绿色，腹部灰黄色。全身散布许多不规则的黑点，体侧具数个大黑斑。各鳍浅灰色，间具数条黑色斑纹。繁殖期，雄鱼头部及胸鳍前缘出现刺状珠星，体色也较雌鱼更黑。

生物学特性：

【生活习性】为我国特有的小型底栖鱼类。喜栖息于江河沙底的缓流中，在沙上活动，有时钻入沙中。昼伏夜出。涨水季节溯河上游。

【年龄生长】个体小，生长慢。根据鳞片鉴定年龄，退算体长：1 龄 6.1cm、2 龄 7.4cm。

【食性】主要摄食摇蚊幼虫、淡水桡足类、枝角类和石蚕、蜉蝣等水生昆虫幼虫、轮虫、水生寡毛类及少量水生维管束植物（周材权等，1998）。

【繁殖】1 龄性成熟，繁殖期 4—7 月，5 月最盛。最小性成熟个体体长 6.0cm，体重 1.6g。相对繁殖力为 389.3～1389.5 粒/g。在浅滩或岩石边水深不到 1.0m 的急流中产卵。卵圆形，浅褐色，沉黏性，卵膜表面常黏附泥沙及其他杂质。卵径 1.0～1.1mm，吸水膨胀后卵膜径 2.5～2.9mm。水温 15～17℃时，受精卵孵化脱膜需 6 天。初孵仔鱼全长 4.0mm，肌节 36 对；全长 6.0mm 卵黄吸收完全；全长 18mm 时鳞片开始在侧线附近生成，全长 24.3mm 时鳞被完成（严云志，2005）。

雄鱼有筑巢习性，巢多为圆形，底质松软。产卵时雄鱼守护巢中，当雌鱼到来时，雄鱼立即用口、吻顶撞雌鱼头、胸部，雌鱼在巢底急促活动，然后绕巢边缓缓游动转圈，之后雄鱼猛力把雌鱼向上推起 5～6cm，雌鱼侧身缓缓沉落，如此往复 2～3 次，完成产卵受精。巢中卵粒成堆，巢边卵粒 1 层，稀疏不均。产卵结束后，雌鱼离巢，雄鱼守护巢中，用泥沙将卵粒包埋（邓其祥，1990）。

资源分布：洞庭湖及湘、资、沅、澧"四水"均有分布，但数量不多。

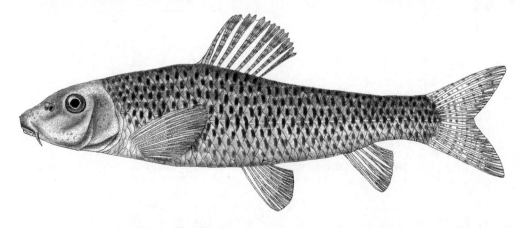

图 76　棒花鱼 *Abbottina rivularis* (Basilewsky, 1855)

（040）似鮈属 *Pseudogobio* Bleeker, 1860

Pseudogobio Bleeker, 1860, *Nat. Tijd. Ned. -Indie.*, 20: 425.

模式种：*Gobio esocinus* Temmimck *et* Schlegel

体延长，圆筒形，前段较粗，向后渐细。头较大，长而尖。吻部发达，略平扁，吻长显著大于眼后头长。口小、下位，深弧形。唇发达，密布小乳突；下唇分 3 叶，中叶稍呈椭圆形，后缘游离；两侧叶发达，两侧瓣在中叶的前端相连。上、下颌无角质。口角须 1 对。眼较大，前方头部背侧明显下陷。眼间隔宽而下凹。背鳍起点距吻端较鳍基末距尾鳍基为远，末根不分支鳍条柔软。胸鳍大，位于近腹面。腹鳍起点位于背鳍起点后下方。肛门靠近腹鳍基末。臀鳍末根不分支鳍条亦柔软分节，起点距尾鳍基较距腹鳍起点为近。鳞大，胸鳍基前无鳞。侧线完全。鳃耙不发达。下咽齿 2 行。鳔 2 室。

本属湖南仅分布有 1 种。

062. 似鮈 *Pseudogobio vaillanti* (Sauvage, 1878)（图 77）

俗称：马头鱼

Rhinogobio vaillanti Sauvage, 1878, *Bull. Soc. Philom. Paris*, 2(7): 87（江西）。

Pseudogobio vaillanti vaillanti：唐家汉，1980a，湖南鱼类志（修订重版）：128（湘江、资水）；林益平等（见：杨金通等），1985，湖南省渔业区划报告集：75（湘江、资水）。

Pseudogobio vaillanti：黄忠舜等，2016，湖南林业科技，43（2）：34（安乡县书院洲国家湿地公园）；王星等，2011，生命科学研究，15（4）：311（南岳）；康祖杰等，2019，壶瓶山鱼类图鉴：143（壶瓶山溇水）；李鸿等，2020，湖南鱼类系统检索及手绘图鉴：30，139；廖伏初等，2020，湖南鱼类原色图谱，90。

标本采集：标本 10 尾，采自湘江上游和资水上游。

形态特征：背鳍iii-7；臀鳍iii-6；胸鳍 i -14～15；腹鳍 i -7。侧线鳞 $39\dfrac{5.5}{3 - V}42$。鳃耙 10～13。下咽齿 2 行，2·5/5·2。

体长为体高的 5.1～6.0 倍，为头长的 3.4～4.5 倍，为尾柄长的 7.8～10.6 倍，为尾柄高的 12.0～16.9 倍。头长为吻长的 1.7～2.0 倍，为眼径的 4.0～6.2 倍，为眼间距的 3.4～4.0 倍。尾柄长为尾柄高的 1.2～1.9 倍。

体稍长，前段较圆胖，后段渐细而稍侧扁，头腹面及腹面平。头较大，头长大于体高。吻部肥大，吻长大于眼后头长。口下位，马蹄形，口裂末端达鼻孔前缘下方。唇厚，发达，密布小乳突；下唇外翻分为 3 叶，中叶较大，两侧叶在中叶的前端相连；唇后沟连续。下颌无角质。口角须 1 对，须长等于或稍大于眼径。眼上侧位；眼间隔凹陷。鳃盖膜与峡部相连。

背鳍末根不分支鳍条柔软分节，起点距吻端等于或稍大于其基末距尾鳍基。雄鱼胸鳍较长，后伸达或接近腹鳍起点；雌鱼胸鳍较短，后伸仅达胸鳍起点与腹鳍起点的后 4/5 处。腹鳍起点位于背鳍基中部的下方，后伸远超过肛门。肛门靠近腹鳍起点，距臀鳍起点较远。臀鳍靠后，后伸接近尾鳍基。尾鳍叉形，尾柄短小。

体被圆鳞，中等大小，腹面胸鳍基之前无鳞，腹部鳞较体侧小。腹鳍基具腋鳞。侧线完全，平直。

鳃耙退化，呈叶状。下咽齿主行齿侧扁，末端钩状；外行纤细。鳔 2 室，前室扁圆形，包于膜质囊内；后室小，长形，长约等于眼径，露出囊外。腹膜灰白色。

体灰色，腹部乳白色。背侧具数个不规则大黑斑，鳃盖及胸鳍起点两侧各具 1 个大黑斑。背鳍、尾鳍浅灰色，具数条不连续的黑色点纹。其余各鳍黄白色。

生物学特性：

【生活习性】喜栖息于水质清澈、多砾石或砂石的水体中。白天栖息于水体下层，一般隐蔽在石缝里，夜间外出觅食。喜静怕惊，稍有异常即受到惊吓。

【年龄生长】个体小，生长较慢。根据鳞片鉴定年龄，退算体长平均值：1 龄 5.9cm、2 龄 10.5cm、3 龄 13.5cm、4 龄 16.1cm、5 龄 17.8cm。

【食性】杂食性，食谱广泛，主要以水生昆虫幼虫为主。肠道内容物可见浮游植物、高等植物碎屑、浮游动物、原生动物及水生昆虫幼虫等。

【繁殖】2 龄即可性成熟，福建地区繁殖期 4—7 月，湖北地区为 5—7 月。卵深黄色，沉性，卵径约 0.8mm。相对繁殖力为 112.0～368.0 粒/g。繁殖期，雄鱼胸鳍分支鳍条上出现条状珠星，用手触碰易脱落；雄鱼肛门突短窄，雌鱼肛门突宽大。

通常在晴天、水温 17.0℃以上时，在深潭与急流浅滩间的漫水滩边相互追逐产卵繁殖，产卵场水深 1.0m 左右，砂砾底（谢从新和刘齐德，1986；黄永春等，2017）。

资源分布：洞庭湖、湘江和资水有分布，数量稀少。

图 77　似鮈 *Pseudogobio vaillanti* (Sauvage, 1878)

（041）吻鮈属 *Rhinogobio* Bleeker, 1871

Rhinogobio Bleeker, 1871, *Verh. Akad. Wet. Amst.*, 12: 29.

模式种： *Rhinogobio typus* Bleeker

体长，前段圆筒形，后段侧扁，腹部稍平。头长，近圆锥形。吻端突出，鼻孔前方背面下陷。口下位，深弧形。唇厚，无乳突。下颌无角质。口角须 1 对，粗短，后伸一般不超过眼后缘下方。眼小，上侧位。眼间隔宽。鳃盖膜与峡部相连。背鳍末根不分支鳍条柔软分节，起点距吻端较鳍基末距尾鳍基为近。臀鳍分支鳍条 6 根。肛门位于腹鳍起点至臀鳍起点间的中点或稍后。鳞较小，胸、腹部鳞片显著小于体侧鳞片，有时埋于皮下。侧线完全，平直，侧线鳞 50 左右。鳃耙不发达。下咽齿 2 行。鳔 2 室。

本属湖南分布有 4 种。

063. 吻鮈 *Rhinogobio typus* Bleeker, 1871（图 78）

俗称：秋子；**别名**：标准吻鮈

Rhinogobio typus Bleeker, 1871, *Verh. Akad. Wet. Amst.*, 12: 29（长江）；Kreyenberg *et* Pappenheim, 1908, *Sitz. Ges. Nat. Freunde. Berl.*, 4: 98（洞庭湖）；Nichols, 1928, *Bull. Amer. Mus. Nat. Hist.*, 58: 38（湖南）；梁启燊和刘素孀，1966，湖南师范学院学报（自然科学版），(5)：85（洞庭湖）；罗云林等（见：伍献文等），1977，中国鲤科鱼类志（下卷）：508（溆浦、沅江、岳阳）；唐家汉和钱名全，1979，淡水渔业，(1)：10（洞庭湖）；唐家汉，1980a，湖南鱼类志（修订重版）：124（湘江、沅水）；林益平等（见：杨金通等），1985，湖南省渔业区划报告集：74（洞庭湖、湘江、资水、沅水、澧水）；乐佩琦（见：陈宜瑜等），1998，中国动物志 硬骨鱼纲 鲤形目（中卷）：332（溆浦、沅江、岳阳）；唐文乔等，2001，上海水产大学学报，10（1）：6（沅水水系的辰水、酉水）；刘良国等，2013b，长江流域资源与环境，22（9）：1165（澧水桑植、慈利、石门）；刘良国等，2013a，海洋与湖沼，44（1）：148（沅水怀化）；向鹏等，2016，湖泊科学，28（2）：379（沅水五强溪水库）；李鸿等，2020，湖南鱼类系统检索及手绘图鉴：31，140；廖伏初等，2020，湖南鱼类原色图谱，92。

标本采集：标本 10 尾，采自洞庭湖。

形态特征：背鳍 iii-7；臀鳍 iii-6；胸鳍 i -14～16；腹鳍 i -7～8。侧线鳞 $49\frac{6.5}{4.5\text{-}V}51$。鳃耙 10～14。下咽齿 2 行，2·5/5·2 或 2·5/4·2。

体长为体高的 5.4～6.9 倍，为头长的 3.9～4.5 倍，为尾柄长的 4.6～5.5 倍，为尾柄高的 12.0～14.0 倍。头长为吻长的 1.7～2.1 倍，为眼径的 3.6～4.7 倍，为眼间距的 4.5～5.8 倍。尾柄长为尾柄高的 2.3～2.8 倍。

体细长，略长圆筒形，前段较粗，后段渐细。头长而尖。吻部在鼻孔前明显倾斜，口前吻部显著突出，吻长为眼后头长的 1.5 倍多。口下位，深弧形。唇较厚，无乳突。唇后沟中断，间距较宽。口角须 1 对，较粗长，须长大于或等于眼径。鼻孔较大，距眼前缘较距吻端为近。眼较大，上侧位。眼间隔凹陷。鳃盖膜与峡部相连。

背鳍末根不分支鳍条柔软分节，起点距吻端小于其基末距尾鳍基。胸鳍后伸不达腹鳍起点。腹鳍位于背鳍起点稍后，后伸超过肛门。肛门距腹鳍基末远较距臀鳍起点为近。臀鳍起点距腹鳍起点约等于其基末距尾鳍基。尾鳍叉形。

体被小圆鳞，胸部鳞片特别小，通常埋于皮下。侧线完全，平直。

鳃耙短小。下咽齿主行齿侧扁，齿面光滑，末端钩状。鳔小，2 室，前室短小，长圆形，被膜质囊包裹；后室长，大于前室，露于囊外。腹膜灰白色。

体灰黑色，腹部黄白色，背鳍、尾鳍浅灰色，其余各鳍橘黄色。

生物学特性：

【生活习性】底栖鱼类，喜栖息于透明度较高、泥沙或碎石底质的缓流河口、河湾内。

【年龄生长】生长速度较慢。以鳞片为年龄鉴定材料，退算体长：1 龄雌鱼 13.0cm、雄鱼 12.7cm，2 龄雌鱼 21.3cm、雄鱼 18.6cm，3 龄雌鱼 27.0cm、雄鱼 21.7cm。相同年龄雌鱼大于雄鱼。

【食性】在食性，主要以水生昆虫为食，也摄食淡水壳菜等软体动物，兼食丝藻、高等植物碎屑等。

【繁殖】1 龄即可性成熟，2 龄及以上个体全部性成熟。成熟卵圆形、浅灰色，平均卵径 1.1mm，相对繁殖力为 30.7～256.9 粒/g。繁殖期 4—5 月，繁殖群体中雌鱼多于雄鱼，在流水滩上产卵，漂流孵化，与铜鱼相似（施白南，1980a；常剑波等，1991）。

资源分布：洞庭湖及湘、资、沅、澧"四水"干流有分布，但数量稀少。

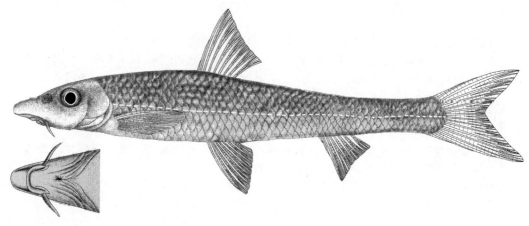

图 78　吻鮈 *Rhinogobio typus* Bleeker, 1871

064. 湖南吻鮈 *Rhinogobio hunanensis* Tang, 1980（图 79）

Rhinogobio hunanensis Tang（唐家汉），1980b，动物分类学报，5（4）：436（沅陵、桃源等）；罗云林（见：成庆泰等），1987，中国鱼类系统检索（上册）：165（沅水中上游）；唐文乔，1989，中国科学院水生生物研究所硕士学位论文：34（麻阳、保靖）；朱松泉，1995，中国淡水鱼类检索：81（沅水中上游）；乐佩琦（见：陈宜瑜等），1998，中国动物志 硬骨鱼纲 鲤形目（中卷）：33（沅陵、洪江）；刘焕章（见：刘明玉等），2000，中国脊椎动物大全：136（沅水中上游）；唐文乔等，2001，上海水产大学学报，10（1）：6（沅水水系的辰水、酉水）；李鸿等，2020，湖南鱼类系统检索及手绘图鉴：31，141。

Rhinogobio sp.：唐家汉和钱名全，1979，淡水渔业，（1）：10（洞庭湖）；唐家汉，1980a，湖南鱼类志（修订重版）：126（沅水辰溪、溆浦、沅陵）；林益平等（见：杨金通等），1985，湖南省渔业区划报告集：74（沅水）。

濒危等级：省重点保护野生动物，《湖南省地方重点保护野生动物名录》（湘政函〔2002〕172 号）。

标本采集：标本 20 尾，为 1973 年采集于沅水，现藏于湖南省水产科学研究所标本馆。

形态特征：背鳍iii-7；臀鳍iii-6；胸鳍 i -15～16；腹鳍 i -7～8。侧线鳞 $46\dfrac{6}{4.5\text{-}V}47$；背鳍前鳞 14～15；围尾柄鳞 16。鳃耙 12～14。下咽齿 2 行，2·5/5·2。

体长为体高的 5.7～5.9 倍，为头长的 4.2～4.5 倍，为尾柄长的 4.8～5.1 倍，为尾柄高的 12.3～12.7 倍。头长为吻长的 1.9～2.0 倍，为眼径的 4.1～4.5 倍，为眼间距的 3.9～4.0 倍。尾柄长为尾柄高的 2.4～2.6 倍。

体细长，圆筒形，尾柄细长，稍侧扁。头长，锥形，头长远大于体高。吻长且显著突出，口前吻部甚长，尖细。口下位，深弧形。唇厚，光滑，无乳突；上唇具 1 深沟与吻皮分开；下唇限于口角，略向前伸，不达口前端；唇后沟中断，间距较宽。下颌厚，肉质。须 1 对，极纤细且短小，须长小于眼径的 1/3。鼻孔较大，距眼前缘近。眼大，上侧位。眼间隔宽平。

背鳍末根不分支鳍条柔软分节，起点距吻端约等于其基末具尾鳍基。胸鳍靠近腹面，后伸不达腹鳍起点，相距 3～4 个鳞片。腹鳍起点位于背鳍起点之后，与背鳍第 3、4 根分支鳍条相对。肛门位于腹鳍起点至臀鳍起点间的中点或稍后。臀鳍短。尾鳍叉形，两叶等长，末端尖。

体被小圆鳞，胸部鳞薄且细小，常隐埋皮下。侧线完全，平直。

下咽齿主行侧扁，齿面倾斜，略下凹，末端钩曲。鳃耙较细小。鳔小，2 室，前室卵圆形，外被厚膜质囊；后室特细，前后室均与眼径等长，或后室稍长。肠粗短，约为体长的 0.7～0.8 倍。腹膜浅灰色或灰白色。

体背深蓝黑色，体侧上部深褐色，腹部白色。背鳍黄褐色，其余各鳍浅黄色，颊部及眼后头侧均稍带黄色。

生物学特性：底栖鱼类，喜栖息于河滩之中，晚间可到河湾回水处觅食。以动物性饵料为主，如底栖软体动物幼蚌、淡水壳菜等，肠道内容物中还夹杂着水生昆虫及其幼虫、丝状藻类等。在流水河滩中产卵繁殖，繁殖期 4—5 月（唐家汉，1980）。

资源分布：沅水中上游有分布，但数量稀少。

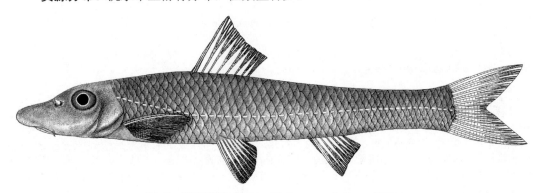

图 79　湖南吻鮈 *Rhinogobio hunanensis* Tang, 1980

065. 圆筒吻鮈 *Rhinogobio cylindricus* Günther, 1888（图 80）

俗称：尖脑壳

Rhinogobio cylindricus Günther, 1888, *Ann. Mag. Nat. Hist.*, 1(6): 432（宜昌）；Nichols, 1928, *Bull. Ann. Mus. Nat. Hist.*, 58: 37（湖南）；唐家汉和钱名全，1979，淡水渔业，（1）：10（洞庭湖）；唐家汉，1980a，湖南鱼类志（修订重版）：127（洞庭湖）；林益平等（见：杨金通等），1985，湖南省渔业区划报告集：74（洞庭湖、湘江、资水、沅水、澧水）；曹英华等，2012，湘江水生动物志：181（湘江湘阴）；李鸿等，2020，湖南鱼类系统检索及手绘图鉴：31，142。

标本采集：标本 10 尾，采自洞庭湖。

形态特征：背鳍 iii-7；臀鳍 iii-6；胸鳍 i-17；腹鳍 i-7～8。侧线鳞 $49\dfrac{5.5\sim6.5}{4.5\text{-}V}51$。鳃耙 8～9。下咽齿 2 行，2·5/5·2。

体长为体高的 4.5～6.0 倍，为头长的 4.0～4.5 倍，为尾柄长的 4.2～4.6 倍，为尾柄高的 10.8～11.7 倍。头长为吻长的 1.9～2.1 倍，为眼径的 6.6～8.0 倍。

体长，前段较胖圆，尾柄侧扁。头较尖，锥形，头长远大于体高。吻端在口前明显突出，在鼻孔前下陷不明显；吻长稍大于眼后头长。口下位，深弧形。唇厚，无乳突；唇后沟中断，间距较宽。口角须 1 对，较粗壮，须长稍大于眼径。眼小，椭圆形，上侧位。眼间隔微隆。鳃盖膜与峡部相连。

背鳍末根不分支鳍条柔软分节，起点距吻端等于或略小于其基末距尾鳍基。胸鳍后伸不达腹鳍起点。腹鳍起点位于背鳍基中部下方，后伸达肛门。肛门约位于腹鳍起点与臀鳍起点的正中。尾鳍叉形。

体被小圆鳞，胸部鳞很小，埋于皮下。侧线完全，平直。

鳃耙短小。下咽齿主行齿侧扁，齿面内凹，末端稍呈钩状。鳔小，2 室，前室较大，椭圆形，前 2/3 包于骨质囊内，后 1/3 包于膜质囊内；后室长圆形，露出囊外。腹膜灰黑色。

体背棕黑色，腹部黄白色，背鳍和尾鳍浅灰色，其余各鳍黄白色。

生物学特性：

【生活习性】底栖鱼类，喜栖息于水质较浑浊、泥沙和有机质残渣堆积较多的水体底层（施白南，1980b）。

【年龄生长】中小型鱼类，生长速度较慢。采用鳞片鉴定年龄，退算体长，四川合江至重庆木洞江段群体平均体长：1 龄 8.3cm、2 龄 12.6cm、3 龄 16.8cm、4 龄 20.6cm、5 龄 24.5cm；根据微耳石鉴定年龄，退算体长，长江宜宾至万州江段群体平均体长：1 龄 11.1cm、2 龄 15.1cm、3 龄 18.5cm、4 龄 21.1cm、5 龄 23.8cm（王美荣等，2012；熊星等，2013）。

【食性】杂食性，主要以藻类、软体动物和水生昆虫为食，偶尔摄食枝角类、桡足类、环节动物、有机碎屑等（熊星等，2013）。

【繁殖】繁殖期 4—6 月。2 龄性成熟。相对繁殖力为 25.1～271.9 粒/g，性成熟个体雄鱼胸鳍及吻部具黄白色的细颗粒状珠星，手感粗糙；雌鱼珠星不发达，腹部膨胀明显。一次性产卵，卵漂流性，圆形，淡乳白色，半透明，卵径 0.9～1.1mm，遇水后膨胀，具微黏性（马惠钦，2001）。

资源分布：洞庭湖及湘、资、沅、澧"四水"均有分布，数量较少。

图 80　圆筒吻鮈 *Rhinogobio cylindricus* Günther, 1888

066. 长鳍吻鮈 *Rhinogobio ventralis* Sauvage *et* Dabry de Thiersant, 1874（图 81）

俗称：土耗儿、洋鱼；**别名：**长鳍鮈

Rhinogobio ventralis Sauvage *et* Dabry de Thiersant, 1874, *Ann. Sci. Nat. Paris* (*Zool.*), (6)1(5): 11（长江）；李鸿等，2020，湖南鱼类系统检索及手绘图鉴：31，143。

Gobio logipinnis：Nichols, 1925c, *Amer. Mus. Novit.*, (182): 5（洞庭湖）；梁启燊和刘素孄，1959，湖南师范学院自然科学学报，(3)：67（洞庭湖、湘江）。

Gobio longipinnis longipinnis：梁启燊和刘素孄，1966，湖南师范学院学报（自然科学版），(5)：85（洞庭湖、湘江、资水）。

标本采集：无标本，形态描述摘自《中国动物志 硬骨鱼纲 鲤形目（中卷）》。

形态特征：背鳍iii-7；臀鳍iii-6；胸鳍 i -15～17；腹鳍 i -7。侧线鳞 $48\frac{7.5}{6-V}49$；背鳍前鳞 14～17；围尾柄鳞 16。鳃耙 16～21。下咽齿 2 行，2·5/5·2。

体长为体高的 4.0～4.5 倍，为头长的 4.0～4.6 倍，为尾柄长的 4.2～4.5 倍，为尾柄高的 9.0～9.5 倍。头长为吻长的 2.0～2.3 倍，为眼径的 6.6～7.4 倍，为眼间距的 3.3～4.0 倍，为尾柄长的 0.9～1.1 倍，为尾柄高的 1.8～2.2 倍。尾柄长为尾柄高的 1.9～2.2 倍。

体长且高，稍侧扁；背部头后至背鳍起点渐隆起；腹部圆；尾柄宽而侧扁。头较短，钝锥形。吻略短，圆钝，稍向前突出。口小，下位，深弧形。唇较厚，光滑；上唇具深沟与吻皮分离；下唇狭窄，自口角向前伸，不达口前缘；唇后沟中断，间距宽。下颌厚，肉质。口角须 1 对，长度略大于眼径。眼小，上侧位。眼间距宽，稍隆起。鳃盖膜与峡部相连。

背鳍较长，第 1 根分支鳍条长显著大于头长，外缘凹入较深；起点距吻端约等于其基末距尾鳍基。胸鳍宽且长，大于头长，外缘明显内凹，镰刀形，后伸达或超过腹鳍起点。腹鳍长，起点位于背鳍起点之后，约与背鳍第 2 根分支鳍条相对，后伸远超过肛门，几达臀鳍起点。肛门靠近臀鳍，位于腹鳍起点与臀鳍起点间的后 1/3 处。臀鳍亦长，外缘深凹。尾鳍深叉形，上、下叶等长，后伸尖。

体被小圆鳞，腹部鳞较体侧小；腹鳍前鳞向前逐渐细小。侧线完全，平直。

鳃耙短小，排列较密，分布均匀。下咽齿主行的前 3 枚齿末端钩曲，其余 2 枚末端圆钝。鳔小，2 室，前室较大，圆筒形，外被较厚的膜质囊；后室细小且长，为前室长的 1.0～1.2 倍。肠长为体长的 0.8～1.1 倍。腹膜灰白色。

体背深灰色，略带黄色，腹部灰白色。背鳍、尾鳍黑灰色，其边缘色较浅，其余各鳍均为灰白色。

生物学特性：

【生活习性】小型底栖鱼类，栖息在乱石交错、急流险滩的河段。平时分散活动，繁殖期集群在敞水、浅滩上产卵。秋冬季节进入深水区越冬。

【年龄生长】个体较小，根据鳞片鉴定年龄，退算体长：1 龄 7.9～11.0cm、2 龄 12.7～17.0cm、3 龄 15.8～21.0cm、4 龄 19.3～22.7cm、5 龄 21.3～24.4cm（段中华等，1991；周启贵和何学福，1992；邓辉胜和何学福，2005；鲍新国等，2009；辛建峰等，2010）。

【食性】肉食性为主，主要食物为淡水壳菜、河蚬，其次是蜻蜓目、鞘翅目幼虫和其他水生昆虫，偶尔出现少量植物碎屑和碎石块。3—9 月摄食旺盛，冬季和繁殖期均无停食现象。食物种类组成随体长发生变化：8～15cm 个体以水生昆虫为主，随个体增长除摄食水生昆虫外，软体动物摄食量增加。

【繁殖】2 龄性成熟，繁殖期 3—5 月，4 月为产卵高峰期，一次性产卵，绝对繁殖力为 4051～39 469 粒，相对繁殖力为 61.2～168.5 粒/g，最小性成熟个体雄鱼体长 15.8cm、体重 63.0g，雌鱼体长 15.7cm、体重 53.2g。成熟卵球形，灰白色、米黄色或墨绿色，卵径 1.3～1.9mm；受精卵透明、无黏性，遇水后迅速膨胀，卵膜径 6.6～7.0mm，随水漂流孵化。繁殖期出现副性征，雄鱼个体吻端具米黄色珠星，胸鳍不分支鳍条具少量珠星；

雌鱼个体腹部膨胀，无珠星。

　　水温（17.35±0.24）℃时，受精卵孵化脱膜需 73.5h，初孵仔鱼全长约 6.3mm，眼内有少量色素沉淀；水温 17.6～18.3℃时，孵化脱膜需 56.0h，初孵仔鱼全长约 6.1mm。18.5～22.0℃时，4 日龄仔鱼全长约 7.9mm，鳔原基出现，口裂形成，但不摄食；5 日龄仔鱼全长 8.5mm，鳔充气，可平游，消化道变粗并弯曲；6 日龄仔鱼全长 9.5mm，卵黄囊完全消失，开口摄食，14 日龄仔鱼全长 14.1mm，鱼体半透明，淡黄色，鳔 1 室，消化道充满食物，肌节 42～43 对；30 日龄仔鱼全长 23.3mm，鱼体暗黄色，各鳍鳍条形成并有黑色素沉淀，鳞片形成（姚建伟，2015；管敏等，2015；吴兴兵等，2015）。

　　资源分布：洞庭湖、湘江和资水有分布，但数量较少。

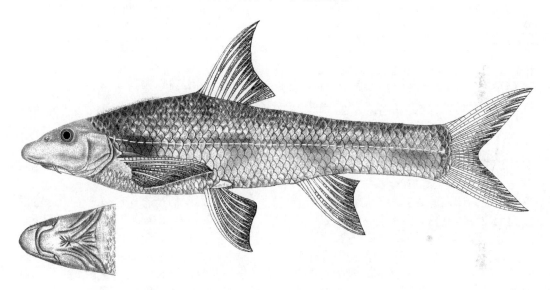

图 81　长鳍吻鮈 *Rhinogobio ventralis* Sauvage *et* Dabry de Thiersant, 1874

（042）蛇鮈属 *Saurogobio* Bleeker, 1870

Saurogobio Bleeker, 1870, *Verh. Med. Akad. Amst.*, 4(2): 253.

　　模式种：*Saurogobio dumerili* Bleeker

　　体细长，略呈圆筒形，由前向后渐细，腹部平。头较短，锥形。吻突出，鼻孔前方凹陷。口下位，马蹄形或深弧形。唇一般较厚，发达且上、下唇均具乳突，少数种类唇简单，上、下唇无乳突；下唇一般分叶；唇后沟连续。上、下颌无角质。口角须 1 对。鼻孔每侧 2 个，紧邻，位于眼前方。眼上侧位。眼间隔宽平。鳃孔大。鳃盖膜与峡部相连。背鳍末根不分支鳍条柔软分节，起点距吻端小于其基末距尾鳍基。臀鳍短，末根不分支鳍条柔软分节，起点距尾鳍基较距腹鳍起点为近。肛门靠近腹鳍基。体被细小圆鳞，胸部多数裸露无鳞。侧线完全，平直。鳃耙退化。下咽齿 1 行。鳔小，2 室。腹膜一般银白色。

　　本属均为小型底栖鱼类，湖南分布有 7 种。

【古文释鱼】①《洞庭湖志》（陶澍、万年淳）："鲨，又为鲹，古指吹沙小鱼"。②《辰州府志》（席绍葆、谢鸣谦）："鲨，《诗》'鳣鲨是也'。《广雅》'吹沙小鱼'。黄皮，黑斑，正月先至，身前半阔而扁，后方而狭，辰州二三月有之，肥美独异"。③《石门县志》（申正扬、林葆元）："打船钉，小鱼，味美类鲰"。④《新化县志》（刘洪泽、关培均）："鲹（通鲨），俗呼捕沙沟，又名土沟"。⑤《新宁县志》（张葆连、刘坤一）："鲹，即小沙鱼，头上有沙"。这里的吹沙小鱼泛指蛇鮈属和鳅鮀鱼类。

067. 长蛇鮈 *Saurogobio dumerili* Bleeker, 1871（图 82）

俗称：猪尾巴、麻条鱼、船钉子；**别名**：杜氏蛇鮈；**英文名**：dumeril's longnose gudgeon

Saurogobio dumerili Bleeker, 1871, *Verh. Med. Akad. Amst.*, 12: 25（长江）；Nichols, 1928, *Bull. Ann. Mus. Nat. Hist.*, 58: 39（洞庭湖）；Nichols, 1943, *Nat. Hist. Centr. Asia*, 9: 187：（洞庭湖）；梁启燊和刘素嬛，1959，湖南师范学院自然科学学报，（3）：67（洞庭湖、湘江）；梁启燊和刘素嬛，1966，湖南师范学院学报（自然科学版），（5）：85（洞庭湖、湘江、资水、沅水）；唐家汉和钱名全，1979，淡水渔业，（1）：10（洞庭湖）；唐家汉，1980a，湖南鱼类志（修订重版）：138（洞庭湖）；林益平等（见：杨金通等），1985，湖南省渔业区划报告集：75（洞庭湖、湘江）；牛艳东等，2011，湖南林业科技，38（5）：44（城步芙蓉河）；李鸿等，2020，湖南鱼类系统检索及手绘图鉴：31，144。

标本采集：标本 10 尾，为 20 世纪 70 年代采集，现藏于湖南省水产科学研究所标本馆。

形态特征：背鳍 iii-7；臀鳍 iii-6；胸鳍 i-16；腹鳍 i-8。侧线鳞 $55\frac{6.5}{3.5\text{-}V}61$。鳃耙 4～5。下咽齿 1 行，5/5。

体长为体高的 6.9～7.5 倍，为头长的 5.1～6.0 倍，为尾柄长的 6.1～6.9 倍，为尾柄高的 15.2～17.0 倍。头长为吻长的 2.3～2.8 倍，为眼径的 5.3～6.0 倍，为眼间距的 2.6～3.2 倍。尾柄长为尾柄高的 2.3～2.7 倍。

体甚长，略呈长圆筒形，由前向后渐细，背鳍起点处稍隆起，头腹面及腹面平。头长，稍平扁，头长大于体高。吻尖，在鼻孔前下陷不明显，吻长一般小于眼后头长。口下位，马蹄形。唇厚，上、下唇密布小乳突；下唇前端具 1 弧形裂纹；唇后沟在颏部中间隔断。口角须 1 对，须长稍大于眼径。眼较小，上侧位；眼径小于眼间距。眼间隔宽平。鳃孔大。鳃盖膜与峡部相连。

背鳍末根不分支鳍条柔软分节，起点距吻端显著小于其基末距尾鳍基。胸鳍后伸不达腹鳍起点。腹鳍起点位于背鳍基中部的下方，后伸远超过肛门。肛门靠近腹鳍基，远离臀鳍起点。臀鳍短，起点距尾鳍基较距腹鳍起点为近。尾鳍叉形。

体被小圆鳞，胸部具鳞。侧线完全，平直。

鳃耙不发达，呈瘤状凸起。下咽齿第 1、第 2 枚粗壮，其余侧扁，齿面斜切。鳔 2 室，前室包于圆形骨质囊内；后室很长，长圆形，露出囊外。肠长小于体长。腹膜白色，密布小黑点。

体侧纵轴以上青灰色，纵轴以下及腹部黄白色。各鳍基淡黄色，边缘灰白色。背部及体侧上方鳞片的基部均具 1 个圆形黑斑，前后排列成行。

生物学特性：底栖鱼类，主要摄食幼蚌、水生昆虫及幼虫等，也摄食枝角类、藻类及植物碎屑等。

资源分布：洞庭湖曾有较大的种群数量，但近年来，资源严重下降，数量已非常稀少。

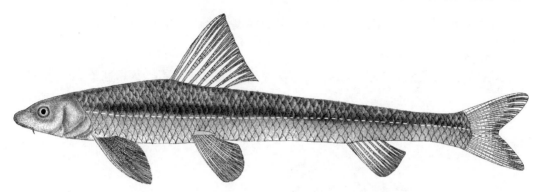

图 82　长蛇鮈 *Saurogobio dumerili* Bleeker, 1871

068. 光唇蛇鮈 *Saurogobio gymnocheilus* Lo, Yao *et* Chen, 1977（图 83）

俗称：钉公子、船钉子

Saurogobio gymnocheilus Lo, Yao *et* Chen（罗云林，乐佩琦和陈宜瑜，见：伍献文等），1977，中国鲤科鱼类志（下卷）：542（岳阳）；湖北省水生生物研究所鱼类研究室，1976，长江鱼类：71（洞庭湖君山）；唐家汉和钱名全，1979，淡水渔业，（1）：10（洞庭湖）；唐家汉，1980a，湖南鱼类志（修订重版）：136（洞庭湖）；林益平等（见：杨金通等），1985，湖南省渔业区划报告集：75（洞庭湖、湘江、资水、沅水、澧水）；乐佩琦（见：陈宜瑜等），1998，中国动物志 硬骨鱼纲 鲤形目（中卷）：387（岳阳）；曹英华等，2012，湘江水生动物志：195（湘江长沙）；Lei et al., 2015, *J. Appl. Ichthyol.*, 2（湘江）；李鸿等，2020，湖南鱼类系统检索及手绘图鉴：31, 145；廖伏初等，2020，湖南鱼类原色图谱，94。

标本采集：标本 30 尾，采自洞庭湖、长沙、衡阳等地。

形态特征：背鳍iii-7；臀鳍iii-6；胸鳍 i -14；腹鳍 i -7。侧线鳞 $40\dfrac{5.5}{3\text{-}V}45$。鳃耙 14～16。下咽齿 1 行，5/5。

体长为体高的 5.5～7.0 倍，为头长的 5.1～5.3 倍，为尾柄长的 5.8～6.8 倍，为尾柄高的 13.0～14.0 倍。头长为吻长的 2.6～3.2 倍，为眼径的 3.2～3.7 倍，为眼间距的 3.6～4.4 倍。尾柄长为尾柄高的 1.8～2.4 倍。

体长，略呈圆棒形，前段较粗，后段渐细，尾柄侧扁。头锥形，头顶稍平；头长一般大于体高；雌鱼在繁殖期头长小于体高。吻钝圆，在鼻孔前浅凹陷；吻长约等于眼后头长。口下位，半圆形。唇薄，上、下唇无乳突；下唇近前端具 1 条弧形裂纹；唇后沟在颏部中间隔断。口角须 1 对，须长小于眼径。眼较大。眼间隔平，眼间距约等于眼径。鳃孔大。鳃盖膜与峡部相连。

背鳍末根不分支鳍条柔软分节，起点距吻端明显小于其基末距尾鳍基。胸鳍后伸不达腹鳍起点。腹鳍起点位于背鳍基中后部的下方，起点距胸鳍起点较距臀鳍起点为近或约相等，后伸远超过肛门。臀鳍短，起点距尾鳍基较距腹鳍起点为近。肛门靠近腹鳍基，距臀鳍起点约为距腹鳍起点末的 4.0～5.0 倍。尾鳍叉形，下叶稍长。

体被薄圆鳞，胸鳍基前腹面具少量鳞片。侧线完全，平直。

鳃耙不发达。下咽齿末端稍呈钩状。鳔小，2 室，前室圆形，包于骨质囊内；后室小，露出囊外。肠长小于体长。腹膜灰白色。

体浅灰色，腹部灰白色。体侧具数个黑斑沿侧线排列。背鳍、尾鳍灰色，腹部各鳍黄白色。

生物学特性：

小型鱼类，喜流水生活。平均体长 1 龄 8.6cm、2 龄 12.3cm。繁殖期 4—5 月，卵漂流性。

资源分布：洞庭湖及湘、资、沅、澧"四水"均有分布。

图 83　光唇蛇鮈 *Saurogobio gymnocheilus* Lo, Yao *et* Chen, 1977

069. 滑唇蛇鮈 *Saurogobio lissilabris* Bănărescu *et* Nalbant, 1973（图 84）

Saurogobio lissilabris Bănărescu *et* Nalbant, 1973, Pisces, Teleostei, Cyprinidae (Gobioninae)（长江流域）；Tang et al., 2018, *J. Fish. Biol.*, 92: 347-364（洞庭湖）；李鸿等，2020，湖南鱼类系统检索及手绘图鉴：31，146。

标本采集：无标本，形态特征摘自文献记载。

形态特征：根据 Tang 等（2018）的文章，滑唇蛇鮈体形近似光唇蛇鮈，区别在于滑唇蛇鮈鼻孔前凹陷明显，体侧侧线上部具 1 条隐约可见的黑色条纹，上具几个浅黑色斑点；光唇蛇鮈鼻孔前凹陷不明显，体侧侧线上部具 1 条明显的黑色条纹，条纹上具 12～13 个黑色斑点。

资源分布：洞庭湖有分布。

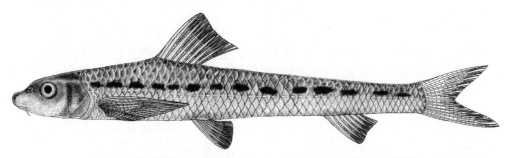

图 84　滑唇蛇鮈 *Saurogobio lissilabris* Bănărescu *et* Nalbant, 1973

070. 斑点蛇鮈 *Saurogobio punctatus* Tang, Li, Yu, Zhu, Ding, Liu *et* Danley, 2018（图 85）

俗称：船钉鱼、船钉子、船打钉、鮀羔；**英文名：**spotted lizard gudgeon

Saurogobio punctatus Tang, Li, Yu, Zhu, Ding, Liu *et* Danley（唐琼英，李小兵，俞丹，朱玉蓉，丁宝

清，刘焕章和 Danley），2018, *J. Fish. Biol*, 92: 347-364（四川合江、宜宾、贵州赤水、江西都昌、婺源、武宁、湖南湘江、江西赣江）；李鸿等，2020，湖南鱼类系统检索及手绘图鉴：31，147；廖伏初等，2020，湖南鱼类原色图谱，96。

标本采集：标本 10 尾，采自怀化市保靖县、新晃县。

形态特征：背鳍iii-8；臀鳍iii-6；胸鳍 i -11～15；腹鳍 i -6～8。侧线鳞 44～49。下咽齿 1 行，5/5。

体长为体高的 5.5～8.0 倍，为头高的 3.9～5.3 倍，为尾柄长的 4.4～8.5 倍，为尾柄高的 14.9～22.2 倍。头长为吻长的 2.0～3.2 倍，为眼径的 3.0～5.3 倍，为眼间距的 3.3～6.8 倍。尾柄长为尾柄高的 2.1～4.1 倍。

体细长，略呈圆柱状，背部圆形，腹部平。头高略大于头宽。吻部在鼻孔前明显凹陷；吻长大于或小于眼后头长。口下位，马蹄形。上、下唇厚且发达，密集乳突；下唇前端具褶皱，与侧叶分离。下唇前端具 1 个近三角形的肉质垫，具乳突，与下唇前褶由一短弧形浅沟相隔；侧叶在肉质垫前部相接，其与肉质垫后侧完全分离。口角须 1 对，须长远小于眼径。眼大，侧上位。眼径通常大于眼间距。鳃孔大。鳃盖膜与峡部相连。

背鳍末根不分支鳍条柔软分节，起点距吻端小于距尾鳍基。背鳍、臀鳍边缘浅凹。偶鳍平展。胸鳍后伸不达腹鳍起点，距腹鳍起点 1～3 枚鳞片。腹鳍后伸达或略超过腹鳍起点至臀鳍起点间的中点。肛门距臀鳍起点约为距腹鳍基末的 3.0～5.0 倍。臀鳍起点距尾鳍基稍近于距腹鳍基末。尾鳍叉形，通常上叶长于下叶。

体被薄圆鳞，胸部裸露无鳞。侧线完全，平直。

鳃耙不发达。下咽齿末端稍呈钩状。鳔小，2 室，前室圆形，包于骨质囊内；后室小，露出囊外。肠长小于体长。腹膜灰白色。

鲜活个体上部黄褐色，下部银色带微黄色，鳍条微橘红色或淡黄色。头顶褐色，略带黑色。体背及体侧鳞具新月形暗色斑纹，部分个体背部前半部分鳞呈淡绿色带蓝色的虹彩。背鳍和尾鳍上具小黑点；胸鳍和腹鳍表面有不规则的黑色素，部分个体具小黑点，臀鳍白色。

甲醛标本体渐呈灰黑色。背面及两侧呈灰黑色，腹侧黄白色。鳞片边缘具轻微黑斑。头顶黑色；鳃盖具 1 个不规则大斑点；胸鳍起点上部黑色；从鳃孔上角至尾部的侧线上方具 1 条浅灰色纵纹，具 9～13 个大圆黑斑或拉长的黑斑。胸鳍、腹鳍浅灰黑色，臀鳍灰白色。

生物学特性：小型鱼类，通常生活在流速较快的水底。1 龄性成熟，繁殖期 3—5 月。产卵水温 12～20℃，卵淡黄色，黏性（Tang et al., 2018）。

资源分布：湘江、沅水有分布。

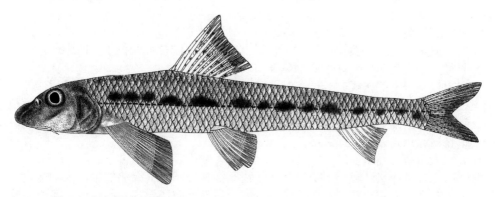

图 85　斑点蛇鮈 *Saurogobio punctatus* Tang, Li, Yu, Zhu, Ding, Liu *et* Danley, 2018

071. 蛇鮈 *Saurogobio dabryi* Bleeker, 1871（图 86）

俗称：船钉鱼、船打钉、鮀羔；**别名**：达氏蛇鮈；**英文名**：Chinese lizard gudgeon、longnose gudgeon

Saurogobio dabryi Bleeker, 1871, *Verh. Akad. Wet. Amst.*, 12: 27（长江）；Wu, 1930c, *Contr. Biol. Lab. Sci. Soc. China*, 6(5): 49（湖南）；梁启燊和刘素孀，1959，湖南师范学院自然科学学报，(3)：67（洞庭湖、湘江）；梁启燊和刘素孀，1966，湖南师范学院学报（自然科学版），(5)：85（洞庭湖、湘江、资水、沅水、澧水）；湖北省水生生物研究所鱼类研究室，1976，长江鱼类：69（藕池河口）；罗云林等（见：伍献文等），1977，中国鲤科鱼类志（下卷），539（洪江、沅江、常德）；唐家汉和钱名全，1979，淡水渔业，(1)：10（洞庭湖）；唐家汉，1980a，湖南鱼类志（修订重版）：135（湘江、沅水洪江、洞庭湖）；林益平等（见：杨金通等），1985，湖南省渔业区划报告集：75（洞庭湖、湘江、资水、沅水、澧水）；唐文乔，1989，中国科学院水生生物研究所硕士学位论文：35（麻阳、吉首、龙山、保靖）；乐佩琦（见：陈宜瑜等），1998，中国动物志 硬骨鱼纲 鲤形目（中卷）：382（洪江、沅江、常德）；唐文乔等，2001，上海水产大学学报，10（1）：6（沅水水系的辰水、武水、酉水，澧水）；吴婕和邓学建，2007，湖南师范大学自然科学学报，30（3）：116（柘溪水库）；康祖杰等，2010，野生动物，31（5）：293（壶瓶山）；康祖杰等，2010，动物学杂志，45（5）：79（壶瓶山）；王星等，2011，生命科学研究，15（4）：311（南岳）；曹英华等，2012，湘江水生动物志：192（湘江长沙）；牛艳东等，2012，湖南林业科技，39（1）：61（怀化中方县康龙自然保护区）；刘良国等，2013b，长江流域资源与环境，22（9）：1165（澧水桑植、慈利、石门、澧县、澧水河口）；刘良国等，2013a，海洋与湖沼，44（1）：148（沅水怀化、五强溪水库、常德）；刘良国等，2014，南方水产科学，10（2）：1（资水新邵、安化、桃江）；Lei et al., 2015, *J. Appl. Ichthyol.*, 2（湘江）；黄忠舜等，2016，湖南林业科技，43（2）：34（安乡县书院洲国家湿地公园）；吴倩倩等，2016，生命科学研究，20（5）：377（通道玉带河国家级湿地公园）；向鹏等，2016，湖泊科学，28（2）：379（沅水五强溪水库）；康祖杰等，2019，壶瓶山鱼类图鉴：110（壶瓶山溇水）；李鸿等，2020，湖南鱼类系统检索及手绘图鉴：31，148。

Pseudogobio amurensis: Kreyenberg *et* Pappenheim, 1908, *Sitz. Ges. Nat. Freunde. Berl.*, 4: 98（洞庭湖）。

Saurogobio drakei: Nichols, 1943, *Nat. Hist. Centr. Asia*, 9: 186（洞庭湖）。

标本采集：标本 30 尾，采自洞庭湖、长沙、安化、怀化等地。

形态特征：背鳍iii-8；臀鳍iii-6；胸鳍 i-13～16；腹鳍 i-7。侧线鳞 $47\frac{5.5～6.5}{3-V}49$。鳃耙 9～10。下咽齿 1 行，5/5。

体长为体高的 6.0～6.9 倍，为头长的 4.2～4.8 倍，为尾柄长的 6.9～7.8 倍，为尾柄高的 15.4～16.4 倍。头长为吻长的 2.0～2.3 倍，为眼径的 3.6～4.4 倍，为眼间距的 3.8～4.5 倍。尾柄长为尾柄高的 2.0～2.2 倍。

体长，略呈圆筒形，前段较粗，后段渐细。头锥形，前端钝尖。吻端圆突，吻长大于眼后头长，在鼻孔前下陷。口下位，马蹄形。上、下唇密布乳突，下唇外翻，中部具 1 个大的肉质凸起，其上光滑；唇后沟连续。口角须 1 对，须长约等于眼径。唇厚，发达，密布小乳突。上颌稍突出，下颌无角质。眼大，上侧位，约位于头的中部。眼间隔浅凹，眼径大于眼间距。鳃孔大。鳃盖膜与峡部相连。

背鳍末根不分支鳍条柔软分节，起点距吻端小于其基末距尾鳍基。胸鳍后伸不达腹鳍起点。腹鳍起点位于背鳍基末稍前，距胸鳍起点较距臀鳍起点显著为近，后伸远超过肛门。肛门靠近腹鳍基，远离臀鳍起点。臀鳍短，末根不分支鳍条柔软分节，起点距尾鳍基较距腹鳍起点为近。尾鳍叉形。

体被较大圆鳞。胸鳍基之前的腹部中央无鳞。侧线完全，平直。

鳃耙退化，呈叶状凸起。下咽齿前 2 个齿宽而呈白状，其余齿侧扁，末端钩状。鳔小，退化，2 室，前室圆球形，包于骨质囊内，后室指状，游离，约与前室等长。肠长小于体长。腹膜灰褐色。

背侧灰色，腹部灰白色。体侧在侧线以上具 1 条黑色纵纹，其上具 10 余个深黑斑。背鳍、尾鳍浅灰色，腹面各鳍灰白色。

生物学特性：

【生活习性】小型底栖鱼类，栖息于水体中下层，有集群产卵习性。

【年龄生长】个体不大，生长速度慢，在洞庭湖曾捕获体长 19.3cm、体重 93.0g 的个体。

【食性】杂食性，主要摄食底栖动物、摇蚊幼虫、桡足类、枝角类等，兼食部分藻类和植物碎屑等。

【繁殖】繁殖期雌、雄亲鱼吻部均具珠星，雌鱼腹部特别膨大，雄鱼腹部不膨大。1 龄可达性成熟，繁殖期 3—4 月，相对繁殖力约为 320.0 粒/g。卵漂流性，圆形，篯黄色，卵径 1.0～1.1mm，吸水膨胀 20min 后卵膜径 1.6～1.7mm。水温 10℃以上时，性成熟亲鱼向产卵场聚集。产卵环境：水深 1.0m 左右，水质清澈，底质为卵石和砂质的浅水河滩。

水温 15～18.3℃时，受精卵孵化脱膜需 81.0～82.0h；初孵仔鱼全长 4.5mm，肌节 44～47 对；6 日龄卵黄囊变细，开始摄食；10 日龄卵黄囊消失，全长 6.4mm；19 日龄尾鳍形成（何学福等，1996；谢恩义，1997；蒋朝明，2017）。

资源分布：洞庭湖及湘、资、沅、澧"四水"均有分布，味道鲜美，肌间刺少，为经济鱼类之一。

图 86　蛇鮈 *Saurogobio dabryi* Bleeker, 1871

072. 湘江蛇鮈 *Saurogobio xiangjiangensis* Tang, 1980（图 87）

俗称：船钉鱼、船钉子；**英文名：**Xiangjiang gudgeon

Saurogobio xiangjiangensis Tang（唐家汉），1980b，动物分类学报，5（4）：437（江华、衡南）；中国科学院水生生物研究所，1982，中国淡水鱼类原色图集（第一集），66（湘江上游）；罗云林（见：成庆泰等），1987，中国鱼类系统检索（上册）：169（湘江）；朱松泉，1995，中国淡水鱼类检索：85（湘江）；乐佩琦（见：陈宜瑜等），1998，中国动物志 硬骨鱼纲 鲤形目（中卷）：386（长沙、江华、沅陵）；刘焕章（见：刘明玉等），2000，中国脊椎动物大全：139（湘江）；王星等，2011，生命科学研究，15（4）：311（南岳）曹英华等，2012，湘江水生动物志：193（湘江长沙）；李鸿等，2020，湖南鱼类系统检索及手绘图鉴：32，149。

Saurogobio sp.: 唐家汉，1980a，湖南鱼类志（修订重版）：137（湘江）；林益平等（见：杨金通等），1985，湖南省渔业区划报告集：75（湘江）。

濒危等级： 省重点保护野生动物，《湖南省地方重点保护野生动物名录》（湘政函〔2002〕172 号）。

标本采集： 标本 10 尾，采自洞庭湖、长沙、衡阳。

形态特征： 背鳍iii-8；臀鳍iii-6；胸鳍 i -16；腹鳍 i -7。侧线鳞 $52\frac{6.5}{2.5\text{-}V}54$。鳃耙 12～13。下咽齿 1 行，5/5。

体长为体高的 7.7～8.6 倍，为头长的 4.2～4.5 倍，为尾柄长的 6.9～7.8 倍，为尾柄高的 22.6～24.2 倍。头长为吻长的 2.0～2.1 倍，为眼径的 3.5～4.5 倍，为眼间距的 3.8～4.0 倍。尾柄长为尾柄高的 2.5～2.9 倍。

体长圆筒形，前段较粗，向后渐细。头长大于体高。吻部圆突，肥大，稍倾斜，鼻孔前凹陷；吻长远大于眼后头长；从吻端至口角具 1 斜行的深沟，末端伸达口角，与唇后沟相通。口下位，马蹄形，口裂末端达鼻孔前缘下方。唇发达，上、下唇密布乳突；下唇中部具 1 圆形凸起，其上光滑或具不明显的小乳突。上颌稍突出，下颌无角质。须 1 对，须长小于眼径。眼大，上侧位。眼间隔浅凹，眼径大于眼间距。鳃孔大。鳃盖膜与峡部相连。

背鳍末根不分支鳍条柔软分节，起点距吻端与其基末距尾鳍基为近。胸鳍发达，后伸不达腹鳍起点。腹鳍起点位于背鳍倒数第 2—3 根分支鳍条的下方。肛门约位于腹鳍起点与臀鳍起点间的前 1/5 处。臀鳍短，起点距腹鳍起点较距尾鳍基为远。尾鳍叉形。

体被圆鳞，腹部胸鳍基之前裸露无鳞。侧线完全，平直。

鳃耙短小，外侧鳃耙呈细小凸起，内侧呈叶状凸起。下咽齿前 2 个齿臼状，其余齿侧扁，末端钩状。鳔小，退化，2 室，前室圆形，包于骨质囊内；后室指状，游离。肠长小于体长。腹膜灰褐色。

体灰白色，背侧散布黑色素，体侧具数个明显的黑斑沿侧线排列，背鳍和尾鳍上具不明显的黑色斑纹，其余各鳍灰白色，间具黑色素。

生物学特性： 底栖鱼类，喜栖息于流水河滩及河湾回水处。以底栖软体动物及水生昆虫等为食。平均体长 1 龄 8.6cm、2 龄 12.3cm。繁殖期 4—5 月，卵漂流性，体长 12.6～13.8cm 的个体绝对繁殖力为 3034～5010 粒（湖北省水生生物研究所鱼类研究室，1976）。

资源分布： 洞庭湖和湘江有分布。

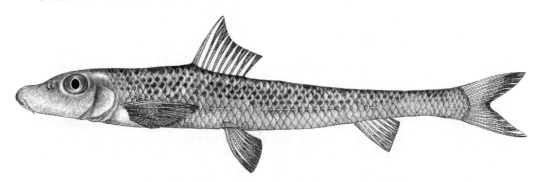

图 87　湘江蛇鮈 *Saurogobio xiangjiangensis* Tang, 1980

073. 细尾蛇鮈 *Saurogobio gracilicaudatus* Yao *et* Yang, 1977（图 88）

英文名：slendertail gudgeon

Saurogobio gracilicaudatus Yao *et* Yang（乐佩琦和杨干荣），罗云林等（见：伍献文等），1977，中国鲤科鱼类志（下卷）：542（湖北直昌、光化）；乐佩琦（见：陈宜瑜等），1998，中国动物志 硬骨鱼纲 鲤形目（中卷）：385（桃源）；李鸿等，2020，湖南鱼类系统检索及手绘图鉴：32，150。

标本采集：无标本，形态描述摘自《中国动物志 硬骨鱼纲 鲤形目（中卷）》。

形态特征：背鳍iii-8；臀鳍iii-6；胸鳍i-15～16；腹鳍i-7。侧线鳞 $44\dfrac{6.5}{3.5\text{-}V}46$；背鳍前鳞 13～15；围尾柄鳞 12。鳃耙 10～12。下咽齿 1 行，5/5。

体长为体高的 5.9～7.0 倍，为头长的 3.6～4.0 倍，为尾柄长的 6.0～7.7 倍，为尾柄高的 16.0～19.7 倍。头长为吻长的 2.2～2.7 倍，为眼径的 5.2～6.4 倍，为眼间距的 4.0～4.8 倍，为尾柄长的 1.7～1.9 倍，为尾柄高的 4.3～5.0 倍。尾柄长为尾柄高的 2.2～2.8 倍。

体细长，圆筒形；前部宽，其宽大于体高，后部自腹鳍起点向后急剧变细；尾柄甚细长，略侧扁。背部稍隆起，腹面平。头长远超过体高。吻细长，平扁，甚为突出，吻长大于眼后头长。鼻孔前方凹陷。泪骨发达，向前伸达吻前端，由吻侧沟将其与吻皮分开。口下位，马蹄形。唇厚，发达；上、下唇均具明显小乳突；上唇通常有部分被吻皮所覆盖；下唇中部为 1 个较大的近圆形肉垫，上具不显著的细小乳突，后缘游离，常具缺刻。口角须 1 对，须长约等于眼径。眼略小，近椭圆形，位于头侧近上轮廓线处。眼间隔稍凹，间距等于或略大于眼径。鳃孔大。鳃盖膜与峡部相连。

背鳍末根不分支鳍条柔软分节，起点距吻端较其基末距尾鳍基稍近。偶鳍平展。胸鳍长，末端稍钝圆，后伸接近腹鳍起点，相距 1～2 个鳞片。腹鳍位于背鳍起点之后，约与背鳍第 5 根分支鳍条相对。肛门靠近腹鳍基，约位于腹鳍起点与臀鳍起点间的前1/5～1/6处。臀鳍短小，起点距尾鳍基较距腹鳍起点为近。尾鳍叉形，上、下叶末端尖，下叶稍长。

体被大圆鳞，体背鳞较体侧小，胸鳍前方及胸鳍基之后的腹部中线裸露无鳞。侧线完全，平直。

下咽齿稍侧扁，末端钩曲。鳃耙短，片状，不发达。鳔小，2 室，前室包于圆形骨质囊内，后室细小，露于囊外。肠甚短，一般为体长的 0.6～0.7 倍。腹膜灰白色。

体背橄榄绿色，腹部灰白色。体侧中轴具浅黑色纵纹，其上无斑块。背鳍、尾鳍灰黑色，胸鳍常具小黑斑，臀鳍、腹鳍灰白色。

资源分布：洞庭湖及沅水下游有分布，数量稀少。

图 88　细尾蛇鮈 *Saurogobio gracilicaudatus* Yao *et* Yang, 1977

（043）鳅鉈属 *Gobiobotia* Kreyenberg, 1911

Gobiobotia Kreyenberg, 1911, *Zool. Anz.*, 38: 417.

模式种：*Gobiobotia pappenheimi* Kreyenberg

体延长，较宽，前段粗圆，后段稍侧扁，头胸部腹面平。头平扁。吻钝圆，在鼻孔前凹陷，吻部显著突出，吻褶发达。口下位。唇发达，上唇与吻褶间具 1 上唇沟；下唇褶较短；唇后沟中断，仅限于口角处。须 4 对，其中口角须 1 对，颏须 3 对。眼中等大小，上侧位。鳃孔大。鳃盖膜与峡部相连。背鳍末根不分支鳍条柔软分节，外缘浅凹。胸鳍位低，接近腹面，平展。肛门位于腹鳍起点与臀鳍起点之间或稍近腹鳍起点。尾鳍叉形。体被圆鳞，胸腹部一般裸露无鳞。侧线完全，平直，仅在头部下方稍下弯。鳃耙退化，极微细。下咽齿 2 行，齿细长，齿面凹入，匙形，末端尖钩状。鳔小，2 室，前室横宽，包于骨质或膜质囊内；后室细小，游离；无鳔管。

本属湖南分布有 2 种。

074. 南方鳅鉈 *Gobiobotia meridionalis* Chen et Cao, 1977（图 89）

俗称：龙须公；**别名**：南方长须鳅鉈

Gobiobotia longibarba meridionalis Chen et Tsao（陈宜瑜和曹文宣，见：伍献文等），1977，中国鲤科鱼类志（下卷）：559[大庸（今张家界市）]。

Gobiobotia pappenheimi：Lin, 1933a, *Lingnan Sci. J.*, 12(4): 492（贵州）；Nichols（不是 Kreyenberg），1943, *Nat. Hist. Centr. Asia*, 9: 195（洞庭湖）；梁启燊和刘素嬡，1966，湖南师范学院学报（自然科学版），(5)：85（洞庭湖）。

Gobiobotia (Gobiobotia) longibarba meridionalis：唐家汉，1980a，湖南鱼类志（修订重版）：144（洪江、洞庭湖）；林益平等（见：杨金通等），1985，湖南省渔业区划报告集：75（洞庭湖、湘江、资水、沅水、澧水）。

Gobiobotia (Gobiobotia) meridionalis：何舜平等（见：陈宜瑜等），1998，中国动物志 硬骨鱼纲 鲤形目（中卷）：404（张家界）。

Gobiobotia longibarba meridionalis：唐文乔，1989，中国科学院水生生物研究所硕士学位论文：35（麻阳、保靖）；陈炜（见：刘明玉等），2000，中国脊椎动物大全：150（湖南）。

Gobiobotia meridionalis：唐文乔等，2001，上海水产大学学报，10（1）：6（沅水水系的辰水、酉水、澧水）；王星等，2011，生命科学研究，15（4）：311（南岳）；曹英华等，2012，湘江水生动物志：51（湘江衡阳常宁）；刘良国等，2013a，海洋与湖沼，44（1）：148（沅水怀化）；向鹏等，2016，湖泊科学，28（2）：379（沅水五强溪水库）；李鸿等，2020，湖南鱼类系统检索及手绘图鉴：32, 152；廖伏初等，2020，湖南鱼类原色图谱，100。

Gobiobotia (Gobiobotia) longibarba longibarba：林益平等（见：杨金通等），1985，湖南省渔业区划报告集：76（湘江）。

标本采集：标本 15 尾，采自洞庭湖、衡阳等地。

形态特征：背鳍 iii-8；臀鳍 iii-6；胸鳍 i-13；腹鳍 i-7。侧线鳞 $41\frac{5\sim6}{3\text{-}V}43$。第 1 鳃弓外侧无鳃耙，内侧鳃耙 8～10。下咽齿 2 行，3·5/5·3。

体长为体高的 4.9～5.8 倍，为头长的 3.8～4.3 倍，为尾柄长的 5.6～7.5 倍。头长为吻长的 2.1～2.2 倍，为眼径的 3.8～4.5 倍，为眼间距的 4.4～5.2 倍，为尾柄长的 1.5～1.8 倍，为尾柄高的 3.1～3.6 倍。尾柄长为尾柄高的 1.9～2.3 倍。

体长圆筒形，前段较肥胖，后段渐细而侧扁。头大，平扁，头长大于体高，头宽等于或大于体宽。吻部宽扁，吻长大于眼后头长。口下位，弧形。唇稍厚，上唇具褶皱，下唇光滑。须 4 对，其中口角须 1 对，颏须 3 对；口角须后伸可超过瞳孔到眼后缘下方；第 1 对颏须起点与口角须起点同一水平或稍前，后伸接近第 3 对颏须起点；第 2 对颏须后伸达或超过鳃盖骨后缘下方；第 3 对颏须最长，后伸超过胸鳍起点；颏须基部之间具许多小乳突。眼大，上侧位，眼径等于或稍大于眼间距。眼间隔稍凹陷。鳃盖膜与峡部仅在前端相连。

　　背鳍起点位于腹鳍起点之前，距吻端较其基末距尾鳍基稍大，末根不分支鳍条基部稍硬，末端柔软。胸鳍较长，后伸不达或接近腹鳍起点。腹鳍起点距臀鳍起点较距胸鳍起点稍远。肛门位于腹鳍起点与臀鳍起点间的 1/3 处，或稍后。臀鳍起点约位于腹鳍起点至尾鳍基间的中点。尾柄较细，尾鳍叉形，下叶稍长。

　　体被圆鳞，体背鳞具皮质棱脊。腹鳍基之前的胸、腹部裸露无鳞。侧线完全，平直。

　　鳃耙细弱，呈小突状。下咽齿细长，上部匙状，末端钩曲。鳔小，2 室，前室横宽，中部狭隘，分左、右侧泡，包于骨质囊内；后室细小；无鳔管。肠长为体长的 1.5～2.0 倍。腹膜灰白色。

　　体深灰色，腹部灰白色。具数条黑色斑纹跨越背侧。背鳍、尾鳍具数条黑色斑纹，其余各鳍灰白色。

　　生物学特性：喜栖息于水体底层。个体较小，生长缓慢，以底栖动物和水生昆虫幼虫等为食。南岳衡山国家级自然保护区内群体体长 1 龄 2.4～5.5cm、2 龄 5.6～10.0cm、3 龄 10.1～10.6cm。2 龄可达性成熟，繁殖期 5 月，体长 10.0cm 左右个体繁殖力为 4 万～7 万粒（王星等，2011）。

　　资源分布：洞庭湖及湘、资、沅、澧"四水"均有分布，个体较小，数量稀少。

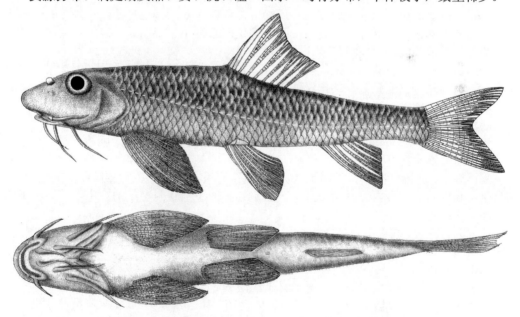

图 89　南方鳅鮀 *Gobiobotia meridionalis* Chen *et* Cao, 1977

075. 宜昌鳅鮀 *Gobiobotia filifer* (Garman, 1912)（图 90）

　　俗称：短龙须公、叉婆子、沙胡子、石虎鱼；**别名：**线鳅鮀

　　Gobiobotia ichangensis：陈宜瑜和曹文宣（见：伍献文等），1977，中国鲤科鱼类志（下卷）：565

（岳阳）；陈炜（见：刘明玉等），2000，中国脊椎动物大全：151（湖南）；唐文乔等，2001，上海水产大学学报，10（1）：6（沅水水系的武水）。

Gobiobotia (Gobiobotia) ichangensis：唐家汉和钱名全，1979，淡水渔业，（1）：10（洞庭湖）；唐家汉，1980a，湖南鱼类志（修订重版）：145（洞庭湖）；林益平等（见：杨金通等），1985，湖南省渔业区划报告集：75（洞庭湖、湘江、资水）。

Gobiobotia (Gobiobotia) filifer：何舜平和陈宜瑜（见：陈宜瑜等），1998，中国动物志 硬骨鱼纲 鲤形目（中卷）：407（岳阳）。

Gobiobotia filifer：吴婕和邓学建，2007，湖南师范大学自然科学学报，30（3）：116（柘溪水库）；曹英华等，2012，湘江水生动物志：52（湘江衡阳常宁）；李鸿等，2020，湖南鱼类系统检索及手绘图鉴：32，153；廖伏初等，2020，湖南鱼类原色图谱，102。

标本采集：标本 5 尾，采自洞庭湖、衡阳、安化。

形态特征：背鳍iii-7；臀鳍iii-6；胸鳍 i -11～14；腹鳍 i -7。侧线鳞 $40\frac{5.5}{3-V}42$ 。第 1 鳃弓外侧无鳃耙，内侧鳃耙 7～8。下咽齿 2 行，2·5/5·2。

体长为体高的 5.1～6.0 倍，为头长的 3.9～4.1 倍，为尾柄长的 5.2～5.4 倍，为尾柄高的 12.0～12.6 倍。头长为吻长的 2.5～2.8 倍，为眼径的 4.6～5.2 倍，为眼间距的 3.7～4.0 倍，为尾柄长的 1.2～1.4 倍，为尾柄高的 3.0～3.3 倍。尾柄长为尾柄高的 2.0～2.4 倍。

体小，前段较粗，后段渐细而稍侧扁，头胸部腹面平。头长大于体高，头宽小于或等于头高，头背面和颊部具细小的皮质纵纹。吻略尖，吻长小于眼后头长。口下位，弧形。上唇边缘具皱纹，下唇光滑。须 4 对，其中口角须 1 对，颏须 3 对；口角须后伸一般超过眼中部或接近眼后缘下方；第 1 对颏须位置在口角须之前，后伸稍超过第 2 对颏须的起点；第 2 对颏须后伸达前鳃盖骨后缘下方；第 3 对颏须后伸不超过鳃盖骨中部下方。颊部各须基部之间具许多小乳突。眼上侧位。眼径小于眼间距。眼间隔具浅凹的纵沟。鳃盖膜与峡部仅在前端相连。

背鳍起点距吻端较其基末距尾鳍基为近，末根不分支鳍条基部稍硬，末端柔软。胸鳍平展，第 1 根分支鳍条显著突出于鳍膜，后部特别延长成丝状，后伸达或超过腹鳍起点。腹鳍起点与背鳍起点相对或稍后，距胸鳍起点较距臀鳍起点为近或相等。肛门位于腹鳍起点与臀鳍起点间的前 1/3 处或稍后。尾柄较细。尾鳍叉形。

体被大圆鳞；腹鳍基之前的胸腹部裸露无鳞。侧线完全，平直，后伸至尾柄正中。侧线以上鳞片均具棱脊。

鳃耙细小。下咽齿匙形，末端钩状。鳔 2 室，前室横宽，中部极狭隘，两侧泡明显，完全包在坚硬的骨质囊内，骨囊灰黑色；后室细小，呈泡状附着于前室中部之后；无鳔管。腹膜灰白色。

体背部青灰色，腹部灰白色。背侧具许多黑斑。体侧中部具 12～13 个不规则的黑斑。背鳍、尾鳍散布小黑斑，其余各鳍灰白色。

生物学特性：

【生活习性】小型底层鱼类，喜栖息于江河砂石底质河段。

【食性】主要以底栖生物为食，包括软体动物（如淡水壳菜）、水生昆虫及幼虫（如摇蚊幼虫）、水蚯蚓，肠道内偶见枝角类、藻类和水草（吴强等，2008）。

【繁殖】繁殖期 5—6 月，卵漂流性，吸水后卵膜径 3.1～4.0mm。水温 21.2～25.0℃时，受精卵孵化脱膜需 40.0h；初孵仔鱼全长 3.7mm，鱼体纤细、透明；4 日龄鳔雏形期，仔鱼全长 4.2mm，体淡黄色，肌节 38 对；全长 4.4mm 的仔鱼卵黄囊消失，头部橘红，体微黄；全长 11.7mm 稚鱼臀鳍、腹鳍均已形成；30 日龄仔鱼全长 16.0mm，鳞片开始形成，已具成鱼形态（高志发等，1988）。

资源分布：洞庭湖、湘江、资水有分布，数量稀少。

图 90　宜昌鳅鮀 *Gobiobotia filifer* (Garman, 1912)

Ⅷ. 鱊亚科 Acheilognathinae

　　体侧扁而高，卵圆形或菱形。头小，略呈三角形。吻短，前端圆钝。口小，多数为亚下位，少数近上位，马蹄形。唇简单，无乳突，上、下唇在口角处相连。须有或无，若有则为 1 对，须长一般不超过眼径。鼻孔每侧 2 个，位于眼前缘上方。眼较大，上侧位，靠近吻端。鳃盖膜与峡部相连。背鳍、臀鳍基较长，末根不分支鳍条粗于或相当于首根分支鳍条，柔软或为硬刺，后缘光滑，末端分节。胸鳍狭长，下侧位，后伸达或不达腹鳍起点。腹鳍短小，位于背鳍起点的前下方或与背鳍起点相对，后伸达或不达臀鳍起点。臀鳍起点位于背鳍基中点和末端之间的下方。尾鳍叉形。体被圆鳞。侧线完全或不完全，若不完全则仅靠近头部的 4～6 个鳞片具侧线管。鳃耙细小，6～29。下咽齿 1行，5/5，齿面平滑或具锯纹，末端钩状。脊椎骨 4+28～34。鳔 2 室，前室约为后室长的 1/2，后室具鳔管与食道相通。肠细长，一般为体长的 3.0 倍以上。

　　鱊亚科鱼类为小型鱼类，仅个别种类全长可超过 150mm。大多数种类栖息于江河、湖泊、池塘、水库等浅、静水区，少数种类栖息于溪流中。杂食性，以水藻、浮游生物、碎屑等为食，消化道较细，形状及盘旋方式较特殊，在腹腔左侧盘旋成圆形或椭圆形，按消化道长短不一盘旋成单层或双层，盘旋达 360º。

本亚科鱼类湖南分布有 2 属 11 种。

【鱊亚科第二性征及繁殖策略】繁殖期，鱊亚科鱼类具明显的两性特征：①雄鱼在体形上小于雌鱼；吻部出现白色粒状珠星；背鳍、臀鳍和胸鳍鳍条延长；体色也较雌鱼鲜艳，体侧具绚丽发亮的纵纹，其粗细、长短因种而异。②雌鱼产卵管延长。本亚科鱼类具独特的繁殖策略，雌鱼通过输卵管将卵产到贝类鳃水管或外套腔中。雄鱼输精前往往先观察贝类鳃水管或外套腔中是否有卵，如有则立即排出精子，精子随水流通过贝类的入水管进入贝类鳃瓣内，与卵结合成受精卵，受精卵在贝类鳃瓣内孵化、发育至卵黄吸收完全，鳔充气，可以自由游泳时，游出贝类体外，继续其生命活动。本亚科鱼类 1～2 年性成熟，春、秋季产卵，分批次产卵，繁殖力较低，绝对繁殖力鱊属约为 500～1000 粒，鱊鲏属仅 50～60 粒。这样能充分利用贝类鳃瓣内的有限空间，并能获得充足的氧气，又能避免外界敌害，从而有效提高孵化率，保证种群的繁衍生息。

【鱼类的产卵管】繁殖季节雌鱼具有产卵管，同时将卵产入贝类鳃腔内是本亚科鱼类的重要繁殖习性。据记载，早在 1787 年，Cavolini 就在贝类内发现有鱼卵，1818 年，Dollinger 在贝类鳃中观察到了不同发育时期的鱼卵，1857 年，Knaus 发现鱊类的雌鱼在繁殖季节出现产卵管，1870 年 Noll 明确提及鱊类雌鱼与贝类之间有联系，1969 年中村守纯阐明鱊类鱼卵在贝类鳃腔里发育，而同样在繁殖季节具有产卵管的鉤亚科鱥属鱼类的鱼卵则在贝壳的套膜腔（mantle cavity）里发育[乐佩琦（见：陈宜瑜等），1998]。

鱊亚科鱼类雌鱼繁殖季节产卵管的长度因种而异，同时也与鱼体的大小相关，大个体产卵管比小个体的产卵管长（廖彩萍等，2013）；也有研究认为高体鱊鲏产卵管的长度也与卵径相关，产卵管越长，卵径越大（Asahina et al.，1980）。鱊亚科鱼类性成熟雌鱼繁殖季节均具有产卵管，长度也最长，可达数厘米。部分鉤亚科鱼类雌鱼在繁殖季节也具有产卵管，但长度均较短；如麦穗鱼雌鱼繁殖季节的产卵管仅稍外突；鱥属鱼类雌鱼稍长，可达 9mm（宋天祥和马骏，1994）。

鱼类的产卵管是输卵管在体外的延伸，产卵管也仅在繁殖季节存在，繁殖季节过后则退化消失，其作用和鱼类的产卵繁殖相关，是鱼类长期进化的结果。鱊亚科鱼类雌鱼的产卵管越长，产卵时，卵在贝类鳃腔中的分布区域的选择性也就越大（廖彩萍等，2013）。而对于鉤亚科鱥属鱼类的产卵管，也有研究认为其不具备将卵产入贝类中的作用，其具体用途还有待研究。

【古文释鱼】①《辰州府志》（席绍葆、谢鸣谦）："旁皮鱼，形似鯿，小而多刺"。②《直隶澧州志》（何玉棻、魏式曾、黄维瓒）："鲹鱼、鳑鱼，鳑、鲹即婢妾，皆鱼之小者，崔豹谓之青衣鱼，其行以三为率，一前二后，若婢妾然，故名。唐诗'江鱼群从称妻妾，塞雁聊行号弟兄'"。③《永州府志》（吕恩湛、宗绩辰）："鱊鲏鱼，春陵人呼为苦皮子，以其入罟易绝也"。④《善化县志》（吴兆熙、张先抡）："鱊鮧鲫，郭璞所谓婢鱼，崔豹所谓青衣鱼，似鲫而小"。⑤《零陵县志》（刘沛、稽有庆）："旁皮鱼，俗曰苦逼斯"。⑥《宜章县志》（曹家铭、邓典谟）："鱍。小鱼也，色黑有红缘横纹，俗呼为老婢鱼，田塘水沟甚多"。

鲤科鱊亚科属、种检索表

1（4）　侧线不完全，仅及胸鳍上方少数鳞片[（044）鱊鲏属 *Rhodeus*]
2（3）　上、下唇连接处位于眼下缘水平线之下；雌鱼背鳍前基部具明显大黑斑；雄鱼繁殖季节腹部黄色，背鳍、臀鳍具橘黄色宽边（后部 2～3 根分支鳍条不明显），臀鳍橘黄色边外缘为黑色宽边……………………………………………… **076. 中华鱊鲏 *Rhodeus sinensis* Günther, 1868**
3（2）　上、下唇连接处位于眼下缘水平线之上；雌鱼背鳍前基部黑斑有或不明显；雄鱼繁殖季节腹部红色，仅背鳍前部（第 2—3 不分支鳍条及第 1—3 分支鳍条）边缘橘红色，臀鳍橘红色，外缘黑边极狭不明显…………………………… **077. 高体鱊鲏 *Rhodeus ocellatus* (Kner, 1866)**
4（1）　侧线完全[（045）鱊属 *Acheilognathus*]
5（8）　须发达，须长等于或大于眼径的 1/2
6（7）　体侧蓝绿色纵条纹较长，前端超过背鳍起点；繁殖季节，雄鱼上部蓝绿色，背鳍具较窄黑边；背鳍、臀鳍末根不分支鳍条粗细仅相当于各自首根分支鳍条……………………………………………

·· **078. 广西鳑** *Acheilognathus meridianus* **(Wu, 1939)**

7（6）　体侧条纹仅尾柄处稍明显，前端不过背鳍起点；繁殖季节，雄鱼红色，背鳍、臀鳍具较宽白边；背鳍、臀鳍末根不分支鳍条明显粗于各种首根分支鳍条粗 ·····························

··· **079. 须鳑** *Acheilognathus barbatus* **Nichols, 1926**

8（5）　须短小不明显或无须

9（10）　臀鳍分支鳍条 7 根以下 ······················ **080. 无须鳑** *Acheilognathus gracilis* **Nichols, 1926**

10（9）　臀鳍分支鳍条 8 根以上

11（18）　臀鳍分支鳍条少于 12 根

12（13）　臀鳍具宽黑边，黑边宽度约为最长鳍条的 1/3～1/2；无须或偶有凸起状短须 ··················

···························· **081. 兴凯鳑** *Acheilognathus chankaensis* **(Dybowski, 1872)**

13（12）　臀鳍具宽白边或不明显；短须 1 对，须长小于眼径

14（15）　背鳍第 2 根不分支鳍条长大于末根不分支鳍条的 1/2；臀鳍具宽白边，白边与内侧黑纹约等宽 ·········· **082. 越南鳑** *Acheilognathus tonkinensis* **(Vaillant, 1892)**

15（14）　背鳍第 2 根不分支鳍条长为末根不分支鳍条的 1/3～1/2

16（17）　胸鳍后伸达或接近腹鳍；臀鳍具宽白边，白边内侧黑纹窄，宽度远小于外侧白边 ·················

···························· **083. 短须鳑** *Acheilognathus barbatulus* **Günther, 1873**

17（16）　胸鳍后伸不达腹鳍，距 2～3 个鳞片 ········ **084. 多鳞鳑** *Acheilognathus polylepis* **(Wu, 1964)**

18（11）　臀鳍分支鳍条多于 12 根；成鱼沿侧线向后第 4—5 枚侧线鳞的上方具 1 个黑斑

19（20）　体高为头长的 2.0 倍以上；无须；体侧纵条纹不明显；雄鱼臀鳍具窄黑边 ··················

···························· **085. 寡鳞鳑** *Acheilognathus hypselonotus* **(Bleeker, 1871)**

20（19）　体高不足头长的 2.0 倍；须 1 对，或仅剩突起；体侧蓝绿色纵条纹明显，由后向前渐细，前端不超过背鳍起点；雄鱼臀鳍具宽白边，繁殖季节更明显 ·····························

···························· **086. 大鳍鳑** *Acheilognathus macropterus* **(Bleeker, 1871)**

（044）鳑鲏属 *Rhodeus* Agassiz, 1835

Rhodeus Agassiz, 1835, *Mem. Soc. Nat. Neuchatel.*, 1: 39.

模式种：*Cyprinus amarus* Bloch

　　体短，侧扁而高，卵圆形或椭圆形。头小。吻短钝。口小，端位，马蹄形。无须。鼻孔每侧 2 个。眼较大，上侧位，眼径大于或等于吻长。鳃盖膜与峡部相连。背鳍起点位于体中点，背鳍、臀鳍末根不分支鳍条较弱，同各自首根分支鳍条粗细相当；背鳍分支鳍条 8～12 根，臀鳍分支鳍条 8～15 根。胸鳍下侧位。腹鳍起点位于背鳍起点前下方。尾鳍叉形。体被圆鳞。侧线不完全，仅靠近头部的 4～6 枚鳞片上具侧线管。鳃耙细小，6～14 枚。下咽齿 1 行，5/5，齿面光滑或具轻微锯齿。鳔 2 室。腹膜为灰黑色。

　　本属为鳑亚科中个体最小的类群，湖南分布有 2 种。

076. 中华鳑鲏 *Rhodeus sinensis* Günther, 1868（图 91）

俗称：鳑鲏、苦皮子、苦逼斯、苦屎鳊；**英文名**：Chinese bitterling

Rhodeus sinensis Günther, 1868, *Cat. Fish. Br. Mus.*, 7: 280（中国）；Bleeker, 1871, *Verh. Akad. Wet. Amst.*, 12: 35（长江）；Berg, 1907, *Ann. Mag. Nat. Hist.*, 19(7): 160（中国南方）；唐家汉和钱名全，1979，淡水渔业，(1)：10（洞庭湖）；唐家汉，1980a，湖南鱼类志（修订重版）：72（洞庭湖）；林益平等（见：杨金通等），1985，湖南省渔业区划报告集：72（洞庭湖、湘江、资水、沅水、澧水）；曹英华等，2012，湘江水生动物志：116（湘江衡阳常宁）；牛艳东等，2011，湖南林业科技，38（5）：44（城步芙蓉河）；康祖杰等，2019，壶瓶山鱼类图鉴：150（壶瓶山）；李鸿等，2020，湖南鱼类系统检索及手绘图鉴：33，155。

Pseudoperilampus lighti：Wu（伍献文），1931b，*Contr. Biol. Lab. Sci. Soc. China (Zool.)*, 7(1)：25（福州）；唐家汉和钱名全，1979，淡水渔业，（1）：10（洞庭湖）；唐家汉，1980a，湖南鱼类志（修订重版）：76（沅水上游）；林益平等（见：杨金通等），1985，湖南省渔业区划报告集：72（湘江、资水、沅水、澧水）；吴婕和邓学建，2007，湖南师范大学自然科学学报，30（3）：116（柘溪水库）；吴倩倩等，2016，生命科学研究，20（5）：377（通道玉带河国家级湿地公园）。

Rhodeus lighti：唐文乔等，2001，上海水产大学学报，10（1）：6（沅水水系的酉水）；刘良国等，2013a，海洋与湖沼，44（1）：148（沅水怀化、五强溪水库）；刘良国等，2014，南方水产科学，10（2）：1（资水安化、桃江）；向鹏等，2016，湖泊科学，28（2）：379（沅水五强溪水库）。

标本采集：标本 30 尾，采自洞庭湖、长沙、浏阳、衡阳、新宁等地。

形态特征：背鳍iii-10～11；臀鳍iii-11～12；胸鳍 i -12；腹鳍 i -6。纵列鳞 34～35。鳃耙 8～10。下咽齿 1 行，5/5。

体长为体高的 2.3～2.6 倍，为头长的 3.7～4.1 倍，为尾柄长的 4.4～5.6 倍，为尾柄高的 8.0～8.8 倍。头长为吻长的 3.3～4.0 倍，为眼径的 2.6～3.1 倍，为眼间距的 2.2～2.6 倍。尾柄长为尾柄高的 1.4～1.8 倍。

体高而侧扁，长椭圆形。背部隆起（不如高体鳑鲏隆起高），腹部下突呈弧形。头小而尖。吻短钝，吻长小于眼径。口端位，弧形。无须。鼻孔每侧 2 个，位于眼前上方。眼侧位。眼间隔弧形，眼间距等于眼径。鳃孔较大。鳃盖膜与峡部相连。

背鳍起点距吻端与距尾鳍基约相等，末根不分支鳍条柔软分节。腹鳍起点与背鳍起点相对或稍前。肛门位于腹鳍基末至臀鳍起点间的中点。臀鳍起点约位于背鳍基中部的下方，臀鳍基末后于背鳍基末。尾鳍叉形。

体被较大圆鳞。侧线不完全，仅靠近头部的 4～6 个鳞片具侧线管。

鳃耙短小，细弱。下咽齿齿面光滑。鳔 2 室，后室囊状。肠细长。腹膜黑色。

体色鲜艳，背部褐绿色，腹部粉红色。侧线起点处具 1 个彩色斑块。眼球上半部红色。沿尾柄中线具 1 条向前伸出的翠绿色条纹，自背鳍末端起向前逐渐变细。背鳍、臀鳍上具数条不连续的黑色斑纹，其余各鳍浅黄色。

生物学特性：

【生活习性】栖息于淡水湖泊、水库及河流等浅水区，喜在水流缓慢、水草茂盛的水体中成群活动。个体小，生长慢。仔鱼期聚集成团，多停留在靠近河岸的水草边缘或无水草的近河岸上层水域，行动迅速，反应迅敏；幼鱼和成鱼喜欢在水体的中上层活动。

【食性】杂食性，一般以轮虫、枝角类、桡足类、藻类和有机碎屑等为食，也摄食高等植物的幼嫩枝叶（如金鱼藻、菹草）（王权等，2014）。

【繁殖】1 龄即达性成熟，繁殖期从 4 月初到 9 月中旬，产卵盛期为 5—6 月。产卵水温范围广。分批次产卵。卵橘黄色，长椭圆形似葫芦。雌鱼和雄鱼均具明显的第二性征：雄鱼体色格外艳丽，吻端、眶上骨具细小成簇的珠星；雌鱼产卵管延长，且多呈粉红色，可达体长的 2/3。繁殖时，雌鱼将延长的产卵管插入蚌的出水孔，产卵于河蚌的外套腔内，雄鱼则在入水孔附近射精，精子随水流入外套腔使卵受精。受精卵附着在外套腔内进行孵化、发育至可以自由游泳时，才离开河蚌营自行生活（沈建忠，2000）。

资源分布：广布性鱼类，湖南各地均有分布。近年来，由于水域污染、过度捕捞等因素的影响，其种群数量大幅度减少。

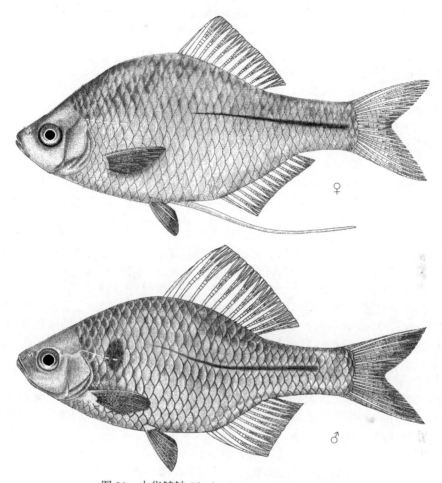

图 91　中华鳑鲏 *Rhodeus sinensis* Günther, 1868

077. 高体鳑鲏 *Rhodeus ocellatus* (Kner, 1866)（图 92）

俗称：鳑鲏、火片子、苦皮子、苦逼斯、苦屎鳊；**英文名**：rosy bitterling

Pseudoperilampus ocellatus Kner, 1866，*Reise "Novara"*, 53: 543（上海）；Rendahl, 1928, *Ark. Zool.*, 20A(1): 146（中国）。

Rhodeus ocellatus：Günther, 1868, *Cat. Fish. Br. Mus.*, 7: 280（中国）；Bleeker, 1871, *Verh. Akad. Wet. Amst.*, 12: 34（长江）；唐家汉和钱名全，1979，淡水渔业，(1)：10（洞庭湖）；唐家汉，1980a，湖南鱼类志（修订重版）：73（洞庭湖）；林益平等（见：杨金通等），1985，湖南省渔业区划报告集：72（洞庭湖、湘江）；唐文乔，1989，中国科学院水生生物研究所硕士学位论文：36（麻阳）；林人端（见：陈宜瑜等），1998，中国动物志 硬骨鱼纲 鲤形目（中卷）：445（岳阳）；唐文乔等，2001，上海水产大学学报，10（1）：6（沅水水系的辰水、酉水）；康祖杰等，2010，野生动物，31（5）：293（壶瓶山）；康祖杰等，2010，动物学杂志，45（5）：79（壶瓶山）；王星等，2011，生命科学研究，15（4）：311（南岳）；牛艳东等，2012，湖南林业科技，39（1）：61（怀化中方县康龙自然保护区）；刘良国等，2013b，长江流域资源与环境，22（9）：1165（澧水慈利、石门）；刘良国等，2013a，海洋与湖沼，44（1）：148（沅水怀化、五强溪水库、常德）；刘良国等，2014，南方水产科学，10（2）：1（资水安化、桃江）；黄忠舜等，2016，湖南林业科技，43（2）：34（安乡县书院洲国家湿地公园）；吴倩倩等，2016，生命科学研究，20（5）：377（通道玉带河国家级湿地公园）；向鹏等，2016，湖泊科学，28（2）：

379（沅水五强溪水库）；康祖杰等，2019，壶瓶山鱼类图鉴：149（壶瓶山）；李鸿等，2020，湖南鱼类系统检索及手绘图鉴：33，156；廖伏初等，2020，湖南鱼类原色图谱，106。

标本采集：标本 33 尾，采自洞庭湖、长沙、新宁等地。

形态特征：背鳍iii-10～11；臀鳍iii-11；胸鳍 i -11；腹鳍 i -6。纵列鳞 33～36。鳃耙 12～14。下咽齿 1 行，5/5。

体长为体高的 1.9～2.2 倍，为头长的 3.7～4.3 倍，为尾柄长的 4.8～5.7 倍，为尾柄高的 7.0～8.3 倍。头长为吻长的 2.8～3.2 倍，为眼径的 2.8～3.7 倍，为眼间距的 2.2～2.6 倍。尾柄长为尾柄高的 1.3～1.6 倍。

体高而侧扁，卵圆形，背鳍隆起很高，腹部下突。头小。吻短钝。吻长等于或稍大于眼径。口端位，弧形。口角无须。鼻孔每侧 2 个，位于眼的前上方。眼较大，侧上位。眼径大于吻长，小于眼间距。鳃孔较大。鳃盖膜与峡部相连，前端延伸达前鳃盖骨后缘下方。

背鳍起点距吻端与距尾鳍基约相等或稍小，末根不分支鳍条柔软分节。胸鳍后伸不达腹鳍起点。腹鳍起点约与背鳍起点相对，后伸达臀鳍起点。肛门约位于腹鳍起点与臀鳍起点之间的正中。臀鳍起点位于背鳍基中间的下方。尾鳍叉形。

体被较大圆鳞。侧线不完全，仅靠近头部的 5～6 枚鳞片具侧线管。

鳃耙短小，较密。下咽齿齿面平滑，无锯纹。鳔 2 室，前室小于后室。腹膜黑色。

体色鲜艳，背部暗绿色。侧线起点处及侧线管末端处各具 1 个翠绿色斑点。沿尾柄中线具 1 条翠绿色纵纹。背鳍上具数条不连续的黑色斑纹。尾鳍稍黑。其余各鳍黄白色。

生物学特性：

【生活习性】栖息于水流较缓的溪河、水沟、池塘或稻田等水体，喜集群活动。繁殖期营分散生活，并将卵产于蚌内。仔鱼多聚集成团停留在近河岸的水草边缘或无水草的近河岸上层水域，营浮游生活；仔鱼末期在水草边游弋，具备一定的避敌能力。幼鱼和成鱼栖息于中下层水域。

【年龄生长】个体小，生长速度慢。种群年龄结构简单，基本由 0～1 龄组成（张堂林等，2002）。

【食性】杂食性，主要摄食水绵及水生植物、枝角类、轮虫、水生昆虫幼虫等。

【繁殖】1 龄性成熟，繁殖期 2—10 月，水温 12.6～22.3℃。繁殖期雄鱼体色格外鲜艳，背鳍末根不分支鳍条和第 1—4 根分支鳍条、臀鳍均显红色，腹鳍不分支鳍条乳白色，臀鳍外缘黑色，吻端、眶上骨和泪骨可见珠星；雌鱼产卵管粉红色且延长。分批次产卵，每批绝对繁殖力为 20～69 粒，平均约 47 粒。成熟卵长椭圆形，一端大而略尖突，一端稍小而钝，深黄色。

雌鱼将卵产在河蚌鳃瓣中，受精卵在鳃水管内发育。仔鱼全长 4.1～4.5mm 时，肌节形成；全长 5.8～6.1mm 时，肌节 23～30 对，卵黄囊变细长；2～3 日龄仔鱼已开口摄食外源营养；5～7 日龄仔鱼全长 8.4～9.5mm，出现腹鳍原基，胸鳍出现星芒状黑色素；25～30 日龄仔鱼全长 10.2～13.9mm，腹鳍形成，胸鳍、腹鳍上亦有黑色素沉淀；45～50 日龄仔鱼全长 17.9～19.2mm，鳞片出现，进入稚鱼期；出蚌 75～85 日龄，全长 25.0～32.1mm 时，鳞被全部形成，进入幼鱼期（谢增兰等，2005）。

资源分布：广布性鱼类，湖南各地均有分布。同中华鳑鲏一样，受水域污染影响，种群数量大幅度减少。

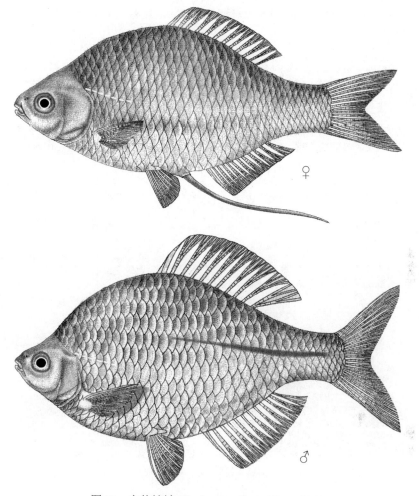

图 92　高体鳑鲏 *Rhodeus ocellatus* (Kner, 1866)

（045）鳈属 *Acheilognathus* Bleeker, 1859

Acheilognathus Bleeker, 1859, *Nat. Tijd. Ned-Indie*, 20: 228.

模式种：*Acheilognathus melanogaster* Bleeker

体侧扁，多为卵圆形。头小而尖，锥形。吻端钝。口亚下位，弧形。口角须 1 对或无，如有须，则须长小于眼径的 1/2。鼻孔每侧 2 个，靠近眼前上缘，少数靠近吻端。眼中等大。鳃孔较大。鳃盖膜与峡部相连。背鳍起点约位于体长中点。腹鳍起点位于背鳍起点之前下方或下方。臀鳍位于背鳍下方。尾鳍叉形。背鳍、臀鳍末根不分支鳍条随个体增长而增粗，成体粗壮，显著粗于各自首根分支鳍条，后缘光滑，分支鳍条较多，背鳍多达 18 根，臀鳍可达 14 根。侧线完全，从鳃孔上角后伸至尾柄中部。雌、雄个体背鳍上均具由白点连续组成的 2 条白色纵条纹。下咽齿 1 行，5/5，齿侧锯纹有深有浅或无。鳃耙较多，10～30 枚。鳔 2 室，前室短于后室。腹膜黑色。

本属鱼类是鳈亚科中个体最大的种类，全长可超过 150mm。湖南分布有 9 种。

078. 广西鳈 *Acheilognathus meridianus* (Wu, 1939)（图 93）

俗称：鳑鲏、苦皮子、苦逼斯、苦屎鳊；**别名**：广西副鳈；**英文名**：Guangxi bitterling

Paracheilognathns meridianus Wu（伍献文），1939，*Sinensia*，10(1-6): 177（阳朔）；唐家汉，1980a，湖南鱼类志（修订重版）：78（湘江）；林益平等（见：杨金通等），1985，湖南省渔业区划报告集：72（湘江）；唐文乔，1989，中国科学院水生生物研究所硕士学位论文：37（麻阳）；唐文乔等，2001，上海水产大学学报，10（1）：6（沅水水系的辰水）；刘良国等，2013a，海洋与湖沼，44（1）：148（沅水常德）；吴倩倩等，2016，生命科学研究，20（5）：377（通道玉带河国家级湿地公园）；李鸿等，2020，湖南鱼类系统检索及手绘图鉴：33，157；廖伏初等，2020，湖南鱼类原色图谱，108。

标本采集：标本 14 尾，采自资水、湘江。

形态特征：背鳍iii-9～10；臀鳍iii-8～9；胸鳍 i -14；腹鳍 i -7。侧线鳞 $37\frac{5\sim6}{4\sim V}38$。鳃耙 8～10。下咽齿 1 行，5/5。

体稍长，侧扁。背腹隆起，弧形。头小而尖。吻端圆突，吻长约等于眼径。口亚下位，弧形。须 1 对，须长小于眼径的 1/2。鼻孔每侧 2 个，位于眼的前上方。眼上侧位。鳃孔较大。鳃盖膜与峡部相连。

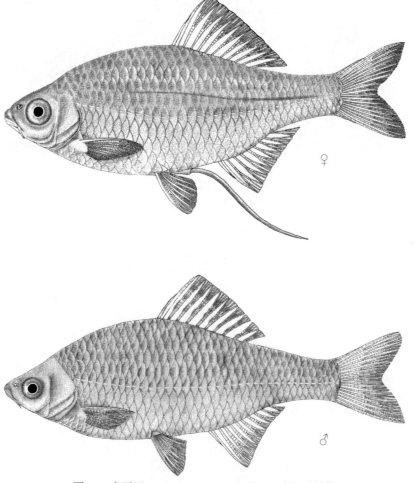

图 93 广西鳈 *Acheilognathus meridianus* (Wu, 1939)

背鳍末根不分支鳍条柔软分节，起点距吻端等于或稍小于距尾鳍基。胸鳍后伸不达腹鳍起点。肛门约位于腹鳍起点至臀鳍起点间的中点。臀鳍起点位于背鳍基中部的下方稍后。尾鳍叉形。

体被圆鳞，背鳍前约有 3～4 枚鳞片呈菱形。侧线完全，较平直，向后伸达尾柄正中。

鳃耙短，排列稀疏。下咽齿长而侧扁，齿侧光滑或具浅凹纹。鳔 2 室，前室小于后室长的 1/2。肠长为体长的 2.0～4.0 倍。

体灰绿色，腹部白色带红。体侧在第 4—5 枚鳞片上各具 1 个彩色斑块，尾柄中部具 1 条彩色纵纹。繁殖期，雄鱼腹鳍及尾鳍淡黄色，臀鳍微红色，背鳍具数条不连续的黑色斑纹，体侧条纹较雌鱼宽阔，色彩也较鲜艳。

生物学特性：主要栖息于江河流水中，尤以水质清澈、砂卵石底质为宜。

资源分布：洞庭湖及湘、资、沅、澧"四水"均有分布，但数量较少。

079. 须鳝 *Acheilognathus barbatus* Nichols, 1926（图 94）

俗称：鳑鲏、苦皮子、苦逼斯、苦屎鳊

Acheilognathus barbatus Nichols, 1926, *Ann. Mus. Novit.*, (214): 5（安徽宁国）；唐家汉和钱名全，1979，淡水渔业，(1)：10（洞庭湖）；唐家汉，1980a，湖南鱼类志（修订重版）：74（洞庭湖）；林益平等（见：杨金通等），1985，湖南省渔业区划报告集：72（洞庭湖、湘江）；李鸿等，2020，湖南鱼类系统检索及手绘图鉴：34，161。

标本采集：标本 10 尾，采自资水。

形态特征：背鳍 iii-10～12；臀鳍 iii-8～10；胸鳍 i -13～15；腹鳍 i -7。侧线鳞 $35\frac{5.5}{3.5\sim4\text{-}V}37$；背鳍前鳞 12～13；围尾柄鳞 14。鳃耙 9～10。下咽齿 1 行，5/5。

体长为体高的 2.1～2.9 倍，为头长的 4.2～4.7 倍，为尾柄长的 4.8～7.3 倍，为尾柄高的 6.7～8.6 倍。头长为吻长的 3.1～4.1 倍，为眼径的 2.6～3.7 倍，为眼间距的 2.1～2.7 倍。尾柄长为尾柄高的 1.1～1.8 倍。

体侧扁，近卵圆形，体高约为体宽（头后躯部最大左、右侧距）的 2.8～3.0 倍。头较短，头长约等于头高。吻短钝，吻长等于或稍小于眼径。口小，亚下位，口裂浅弧形。上、下唇口角处相连，下唇较上唇肥厚。上颌末端不达眼前缘，亦在眼下缘水平线之下。须 1 对，须长约等于眼径。眼上侧位。眼间隔较宽突。鳃孔上角位于眼上缘水平线之下。鳃盖膜与峡部相连。

背鳍、臀鳍末根不分支鳍条比各自首根分支鳍条稍粗硬，背鳍起点距吻端约等于距尾鳍基（雄鱼），或稍大（雌鱼）。背鳍基长不超过背鳍基末距尾鳍基。胸鳍和腹鳍约等长，胸鳍后伸不达腹鳍起点，相距 1～2 枚鳞片。腹鳍位于背鳍前下方，腹鳍起点与背鳍起点相距 2 枚鳞片或不足 2 枚，亦位于胸鳍起点与臀鳍起点之间。肛门约位于腹鳍起点与臀鳍起点之中点。臀鳍基长于尾柄长，起点约与背鳍第 7（雌鱼）或第 5（雄鱼）根分支鳍条相对。尾鳍浅叉形，最长分支鳍条约为中部最短鳍条的 2.0 倍。

体被较大圆鳞。侧线完全，行至与腹鳍对应处略下弯，至尾中部。背鳍前鳞不及 1/2 呈菱形。

鳃耙短小，稀疏。下咽骨似弧形，咽齿长而侧扁，齿侧缘具凹纹或平滑。鳔 2 室，前短后长。肠长约为体长的 4.4～5.6 倍。

浸泡标本体灰黑色，侧线以上颜色较深。鳃盖上角具 1 个小黑斑。沿尾柄中部具 1 条黑色纵纹，向前止于背鳍基中点下方，其粗细往往随性别而异。雄鱼臀鳍外缘无色，

约占最长鳍条的 1/4。臀鳍基至无色外缘之间的鳍条和间膜密布黑色素。背鳍外缘亦无色，但明显狭于臀鳍起点。

生物学特性：底层鱼类，栖息于河溪中，摄食水草及水生昆虫。繁殖期 4—5 月，雌鱼将卵产于蚌内。

资源分布：分布于洞庭湖和湘江，数量稀少。

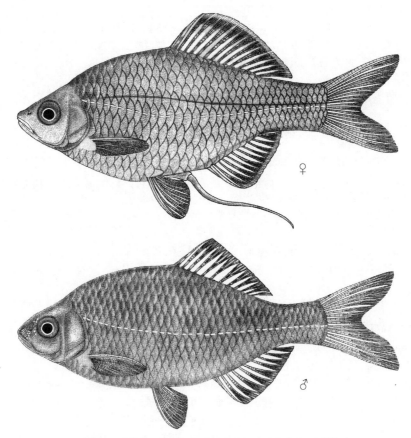

图 94　须鳍 *Acheilognathus barbatus* Nichols, 1926

080. 无须鳍 *Acheilognathus gracilis* Nichols, 1926（图 95）

俗称：鳑鲏、苦皮子、苦逼斯、苦屎鳊；**别名**：线鳍；**英文名**：barbless bitterling

Acheilognathus gracilis Nichols, 1926, *Ann. Mus. Novit.*, (224): 5（湖滨）；Nichols, 1928, *Bull. Ann. Mus. Nat. Hist.*, 58: 31（洞庭湖）；湖北省水生生物研究所鱼类研究室，1976，长江鱼类：135（岳阳）；林人端（见：陈宜瑜等），1998，中国动物志 硬骨鱼纲 鲤形目（中卷）：417（洞庭湖）；陈毅峰（见：刘明玉等），2000，中国脊椎动物大全：116（湖南）；王星等，2011，生命科学研究，15（4）：311（南岳）；曹英华等，2012，湘江水生动物志：127（湘江湘阴）；刘良国等，2013b，长江流域资源与环境，22（9）：1165（澧水澧县、澧水河口）；李鸿等，2020，湖南鱼类系统检索及手绘图鉴：34，158。

Acanthorhodeus gracilis：唐家汉，1980a，湖南鱼类志（修订重版）：75（洞庭湖）；林益平等（见：杨金通等），1985，湖南省渔业区划报告集：72（洞庭湖、湘江）；

Acheilognathus gracilis gracitis：Nichols, 1943, *Nat. Hist. Centr Asia*, 9: 156（洞庭湖）。

Acheilognathus fowleri：Holcik *et* Nalbant, 1964, *Ann. Zool. bot.*, (2): 3（长江）。

标本采集：无标本，形态描述摘自《湖南鱼类志（修订重版）》。

形态特征：背鳍iii-9；臀鳍iii-7；胸鳍 i -14；腹鳍 i -6。侧线鳞31$\frac{5.5\sim6}{3.5\sim4\text{-}V}$35。鳃耙 19～29。下咽齿 1 行，5/5。

体长为体高的 2.6～3.1 倍，为头长的 3.8～4.7 倍，为尾柄长的 4.5～6.1 倍，为尾柄高的 7.4～8.2 倍。头长为吻长的 3.5～3.7 倍，为眼径的 2.8～3.0 倍，为眼间距的 2.7～2.8 倍。尾柄长为尾柄高的 1.5～1.7 倍。

体稍长，侧扁，椭圆形。头小，略尖。吻长大于眼径。口亚下位，弧形。口角无须。鼻孔每侧 2 个，位于眼的前上方。眼侧位。眼径小于眼间距。鳃孔较大。鳃孔上角低于眼上缘水平线。鳃盖膜与峡部相连。

背鳍末根不分支鳍条为细刺，起点距吻端与距尾鳍基约相等。腹鳍起点与背鳍起点相对。臀鳍起点位于背鳍基末的下方，末根不分支鳍条为光滑硬刺。尾鳍叉形。

体被圆鳞。侧线完全，在腹鳍起点上方略下弯，向后伸达尾柄正中。

鳃耙较密集。下咽齿细长侧扁，齿面窄，末端钩状，侧面平滑或微具锯纹。鳔 2 室，前短后长。肠细长，约为体长的 6.0 倍。

背侧灰绿色，腹部灰白微显红色。侧线起点处具 1 个彩色斑块。沿尾柄中线处具 1 条彩色条纹，背鳍上具数条不连续的黑色斑纹。

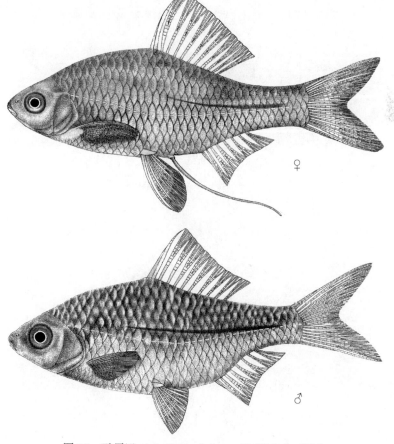

图 95　无须鳍 *Acheilognathus gracilis* Nichols, 1926

生物学特性：栖息于浅水缓流水域，主要以藻类和植物碎屑为食。繁殖期，雄鱼吻端出现珠星，臀鳍上具 1 条带状彩纹，雌鱼产卵管较粗大。

资源分布：主要分布于洞庭湖及湘、资、沅、澧"四水"入湖口，个体小，数量稀少。

081. 兴凯鱊 *Acheilognathus chankaensis* (Dybowski, 1872)（图 96）

俗称：鳑鲏、苦皮子、苦逼斯、苦屎鳊；**别名**：兴凯刺鳑鲏；**英文名**：Xingkai bitterling

Devario chankaensis Dybowski, 1872, *Verh. zool. -bot. Ges. Wien.*, 22: 209（兴凯湖）。

Acanthorhodeus chankaensis：湖北省水生生物研究所鱼类研究室，1976，长江鱼类：139（岳阳）；唐家汉和钱名全，1979，淡水渔业，（1）：10（洞庭湖）；唐家汉，1980a，湖南鱼类志（修订重版）：84（洞庭湖）；林益平等（见：杨金通等），1985，湖南省渔业区划报告集：72（洞庭湖、湘江、资水、沅水、澧水）；吴婕和邓学建，2007，湖南师范大学自然科学学报，30（3）：116（柘溪水库）；李鸿等，2020，湖南鱼类系统检索及手绘图鉴：35，166。

标本采集：标本 30 尾，采自安化、东安等地。

形态特征：背鳍 iii -13；臀鳍 iii -9～11；胸鳍 i -14～15；腹鳍 i -7。侧线鳞 $32\frac{5.5～6.5}{5～5.5 \text{-} V}37$。鳃耙 16～18。下咽齿 1 行，5/5。

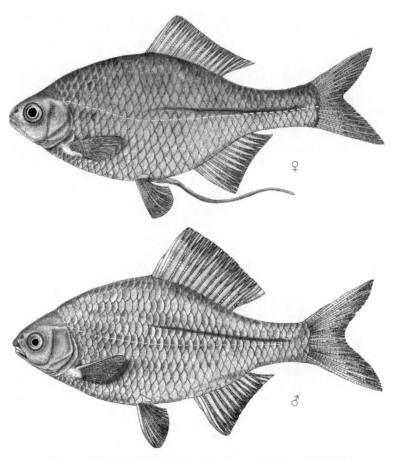

图 96　兴凯鱊 *Acheilognathus chankaensis* (Dybowski, 1872)

体长为体高的 2.2～2.6 倍，为头长的 4.2～4.7 倍，为尾柄长的 5.1～6.2 倍，为尾柄高的 6.9～8.0 倍。头长为吻长的 3.0～3.8 倍，为眼径的 2.8～3.2 倍，为眼间距的 2.4～2.8 倍。尾柄长为尾柄高的 1.2～1.4 倍。

体长而侧扁，似卵圆形。头小而尖。吻短钝，吻长等于或小于眼径。口端位，口裂弧形。口角无须。鼻孔每侧 2 个，位于眼前上方，前后鼻孔间具鼻瓣。眼大，上侧位，眼间隔宽平或微显弧形。眼径小于眼间距。鳃孔较大。鳃盖膜与峡部相连。

背鳍末根不分支鳍条为硬刺，鳍基较长，起点距吻端等于或小于距尾鳍基。胸鳍下侧位，后伸不达腹鳍起点。腹鳍起点稍前于背鳍起点。肛门约位于腹鳍起点至臀鳍起点间的中点。臀鳍末根不分支鳍条亦为硬刺。尾鳍叉形。

体被圆鳞。侧线完全，几平直，后伸达尾柄正中。

鳃耙细密。下咽齿侧扁，末端完全，齿面具锯纹，梳状。鳔 2 室，后室为前室长的 2.0 倍。肠细长，约为体长的 6.0 倍。

体色背侧蓝绿色，腹部灰黄色。在侧线起点及第 4—5 枚侧线鳞上各具 1 个彩色斑块。体后段侧线上方具 1 条彩色斑纹。繁殖期，雄鱼的背鳍和臀鳍各具数条黑色斑纹，臀鳍边缘为黑色（雌鱼的黑色斑纹不明显），尾鳍淡黄色，胸腹鳍黄白色。

生物学特性：底层鱼类，喜栖息于江河、河沟及池塘的静水浅水区，以藻类和植物碎屑为食。1 龄达性成熟，繁殖期 4—5 月，雄鱼体色艳丽，吻端具白色珠星，鳍条上斑点更明显。雌鱼具 1 灰色产卵管，卵粒大，黄色，椭圆形。

资源分布：洞庭湖及湘、资、沅、澧"四水"均有分布，数量稍多。

082. 越南鳑 *Acheilognathus tonkinensis* (Vaillant, 1892)（图 97）

俗称：鳑鲏、苦皮子、苦逼斯、苦屎鳊；**别名**：越南刺鳑鲏；**英文名**：Vietnamese bitterling

Acheilognathus tonkinensis Vaillant, 1892, *Bull. Soc. Philom. Paris*, 4(3): 127（越南北部）；唐文乔等，2001，上海水产大学学报，10（1）：6（沅水水系的辰水）；刘良国等，2013b，长江流域资源与环境，22（9）：1165（澧水桑植、慈利、石门、澧县、澧水河口）；刘良国等，2013a，海洋与湖沼，44（1）：148（沅水常德）；刘良国等，2014，南方水产科学，10（2）：1（资水桃江）；李鸿等，2020，湖南鱼类系统检索及手绘图鉴：34，160；廖伏初等，2020，湖南鱼类原色图谱，112。

Acanthorhodeus tonkinensis：唐家汉和钱名全，1979，淡水渔业，（1）：10（洞庭湖）；唐家汉，1980a，湖南鱼类志（修订重版）：85（洞庭湖）；林益平等（见：杨金通等），1985，湖南省渔业区划报告集：72（洞庭湖、湘江）。

标本采集：标本 16 尾，采自安化、东安、长沙。

形态特征：背鳍 iii-11～12；臀鳍 iii-9～11；胸鳍 i -14；腹鳍 i -7。侧线鳞 $34\frac{5.5～6}{4～5\text{-}V}38$。鳃耙 8～13。下咽齿 1 行，5/5。

体长为体高的 2.2～2.4 倍，为头长的 3.8～4.1 倍，为尾柄长的 5.0～6.0 倍，为尾柄高的 7.6～8.5 倍。头长为吻长的 2.8～3.3 倍，为眼径的 3.0～3.5 倍，为眼间距的 2.4～2.7 倍。尾柄长为尾柄高的 1.2～1.6 倍。

体侧扁，长椭圆形。头后背部显著隆起，腹部浅弧形。头小而尖。吻圆钝，吻长等于或稍大于眼径。口亚下位，口裂弧形。须 1 对，须长小于眼径的 1/2。鼻孔每侧 2 个，位于眼前缘上方，前后鼻孔间具鼻瓣。眼大，上侧位，靠近吻端。眼间隔宽平或稍隆起。眼径小于眼间距。鳃孔大。鳃盖膜在前鳃盖骨后缘下方与峡部相连。

背鳍基较长，末根不分支鳍条为硬刺，起点距吻端等于或大于距尾鳍基。胸鳍下侧位，后伸不达腹鳍起点。腹鳍起点与背鳍起点相对或稍前，后伸达臀鳍起点。肛门约位于腹鳍起点与臀鳍起点间的正中或稍后。臀鳍末根不分支鳍条也为硬刺，起点位于背鳍基中点的下方。尾鳍叉形。

体被较大圆鳞。侧线完全，浅弧形下弯。

鳃耙短小。下咽齿齿面具明显的锯纹，尖端和微弯。鳔 2 室。腹膜淡灰色。

背侧蓝绿色，腹部色浅。鳃孔后上方具 1 个黑斑，体侧在侧线起点处具 1 个彩色斑块，尾柄中线上方具 1 条彩色纵纹。背鳍、臀鳍上具数条不连续的黑色斑纹，其余各鳍灰白色。

生物学特性：中下层小型鱼类。喜栖息于泥沙底质、水草茂盛的静水水域，常聚集成群。摄食水生植物或腐败物。繁殖期雄鱼吻端及眼眶前缘具珠星，雌鱼产卵管延长。

资源分布：洞庭湖及湘、资、沅、澧"四水"均有分布，但数量较少。

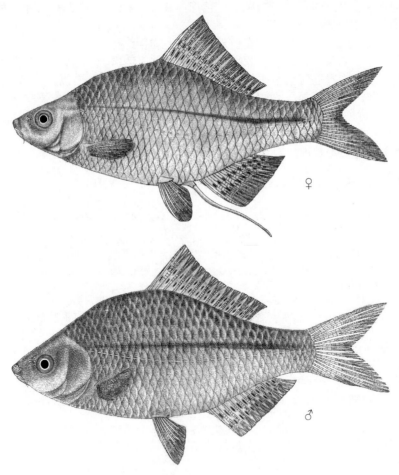

图 97　越南鳑鲏 *Acheilognathus tonkinensis* (Vaillant, 1892)

083. 短须鳑鲏 *Acheilognathus barbatulus* Günther, 1873（图 98）

俗称：鳑鲏、苦皮子、苦逼斯、苦屎鳊；**英文名**：barbed bitterling

Acheilognathus barbatulus Günther, 1873, *Ann. Mag. Nat. Hist.*, 12(69): 248（上海）；林人端（见：陈宜瑜等），1998，中国动物志 硬骨鱼纲 鲤形目（中卷）：425（洞庭湖）；曹英华等，2012，湘江水生

动物志：123（湘江衡阳常宁）；刘良国等，2013b，长江流域资源与环境，22（9）：1165（澧水慈利、石门）；刘良国等，2013a，海洋与湖沼，44（1）：148（沅水五强溪水库）；向鹏等，2016，湖泊科学，28（2）：379（沅水五强溪水库）；李鸿等，2020，湖南鱼类系统检索及手绘图鉴：34，162。

标本采集：标本 10 尾，采自湘江、衡阳。

形态特征：背鳍iii-10～13；臀鳍iii-8～11；胸鳍 i -12～16；腹鳍 i -6～7。侧线鳞 $33\dfrac{5.5}{4.5\text{-}V}33$；背鳍前鳞 12～15；围尾柄鳞 14。鳃耙 7～12。下咽齿 1 行，5/5。

体长为体高的 2.1～2.9 倍，为头长的 3.8～4.8 倍，为尾柄长的 4.7～6.3 倍，为尾柄高的 6.2～9.2 倍。头长为吻长的 3.1～4.3 倍，为眼径的 2.6～4.0 倍，为眼间距的 2.0～2.8 倍。尾柄长为尾柄高的 1.3～1.7 倍。

体侧扁，略延长，背缘薄而稍隆起，腹缘圆而平直。头小而尖。吻略突出，吻长约等于眼径。口狭小，亚下位，略呈弧形，上颌末端在鼻孔前缘下方。须 1 对，短小。鼻孔每侧 2 个，距眼前缘较距吻端为近。眼上侧位，鳃孔上角稍低于眼上缘水平线，眼间距稍大于眼径。鳃孔大，上角位于眼上缘水平线之下。鳃盖膜与峡部相连。

背鳍和臀鳍末根不分支鳍条为光滑硬刺，末端柔软。背鳍起点距吻端较距尾鳍基为远。胸鳍后伸达或接近腹鳍起点。腹鳍起点位于背鳍起点前下方，后伸接近臀鳍起点。肛门约位于腹鳍起点至臀鳍起点间的中点。臀鳍起点位于背鳍第 5—6 根分支鳍条的正下方。尾鳍叉形。

体被圆鳞。背鳍前鳞呈菱形的约占半数或不及半数。侧线完全，平直，后入尾柄中部。

图 98　短须鱊 *Acheilognathus barbatulus* Günther, 1873

鳃耙短小。下咽齿末端钩状，齿面具锯齿，侧缘具浅沟。鳔 2 室，后室长约为前室长的 2.0 倍。肠长为体长的 2.0 倍以上。腹膜黑褐色。

体银白色。鳃盖后上方具 1 个大黑斑。沿尾柄中线具 1 条黑色纵纹，向头方延伸不超过背鳍起点。背鳍具 3 列小黑点。雄鱼臀鳍具 2 列小黑点。

生物学特性：底层鱼类，繁殖期雄鱼吻端及眼眶上缘具白色珠星，背鳍、臀鳍鳍条稍延长，雌鱼产卵管延长。

资源分布：洞庭湖及湘、资、沅、澧"四水"均有分布，但数量较少。

084. 多鳞鱊 *Acheilognathus polylepis* (Wu, 1964)（图 99）

俗称：鳑鲏、苦皮子、苦逼斯、苦屎鳊；**别名**：多鳞刺鳑鲏

Acanthorhodeus polylepis Woo（吴清江）, 吴清江（见：伍献文等）, 1964, 中国鲤科鱼类志（上卷）：219（南岳）；唐家汉和钱名全, 1979, 淡水渔业,（1）：10（洞庭湖）；唐家汉, 1980a, 湖南鱼类志（修订重版）：80（洞庭湖）；中国科学院水生生物研究所等, 1982, 中国淡水鱼类原色图集（第一集）, 33（湖南）；林益平等（见：杨金通等）, 1985, 湖南省渔业区划报告集：72（洞庭湖、湘江、资水）。

Acheilognathus polylepis：林人端（见：成庆泰等）, 1987, 中国鱼类系统检索（上册）：139（湖南）；朱松泉, 1995, 中国淡水鱼类检索：46（湖南）；林人端（见：陈宜瑜等）, 1998, 中国动物志 硬骨鱼纲 鲤形目（中卷）：427（南县、营田）；陈毅峰（见：刘明玉等）, 2000, 中国脊椎动物大全：116（湖南）；曹英华等, 2012, 湘江水生动物志：124（湘江东安）；刘良国等, 2013b, 长江流域资源与环境, 22（9）：1165（澧水慈利、石门、澧县、澧水河口）；刘良国等, 2013a, 海洋与湖沼, 44（1）：148（沅水怀化）；刘良国等, 2014, 南方水产科学, 10（2）：1（资水安化）；李鸿等, 2020, 湖南鱼类系统检索及手绘图鉴：34, 163。

标本采集：标本 15 尾，采自湘江、资水。

形态特征：背鳍 iii-13；臀鳍 iii-9；胸鳍 i-14；腹鳍 i-7。侧线鳞 $37\dfrac{5\sim5.5}{4\sim4.5\text{-}V}39$。鳃耙 9～13。下咽齿 1 行, 5/5。

体长为体高的 2.6～2.7 倍，为头长的 3.9～4.4 倍，为尾柄长的 5.0～5.7 倍，为尾柄高的 7.8～8.4 倍。头长为吻长的 2.8～3.1 倍，为眼径的 3.0～3.8 倍，为眼间距的 2.7～2.8 倍。尾柄长为尾柄高的 1.4～1.6 倍。

体稍长，侧扁。背部隆起（较大鳍鳞低），腹部下突呈弧形。头小而尖。吻圆突，吻长等于或略小于眼后头长。口亚下位，弧形。须 1 对，须长小于眼径的 1/2。鼻孔每侧 2 个，位于眼的前上方。眼大，上侧位。眼径小于眼间距。鳃孔较大。鳃盖膜与峡部相连。

背鳍基较长，末根不分支鳍条为硬刺，起点距吻端等于或大于距尾鳍基。胸鳍后伸不达腹鳍起点。腹鳍起点与背鳍起点相对或稍后。肛门距腹鳍起点较距臀鳍起点为近。臀鳍末根不分支鳍条也为硬刺，起点位于背鳍倒数第 4—6 根鳍条的下方，鳍基末稍后于背鳍基末。尾鳍叉形。

体被圆鳞。背鳍前鳞约有 1/2 呈菱形。侧线完全。较平直，向后伸达尾柄正中。

鳃耙短小，排列稀疏。下咽齿细长而侧扁，齿面具锯纹，末端钩状。鳔 2 室，后室长，约为前室长的 2.0 倍。腹膜灰黑色。

背侧蓝绿色，腹部色浅。侧线起点处具 1 个彩色斑块，体侧后部侧线上方具 1 条彩色纵纹。背鳍和臀鳍上具数条不连续的黑色斑纹，尾鳍上具许多黑点，其余各鳍黄白色。

生物学特性：常栖息于江、湖流水中，以藻类、有机碎屑为食，产卵于蚌的外套腔内。

资源分布：洞庭湖及湘、资、沅、澧"四水"有分布，但数量较少。

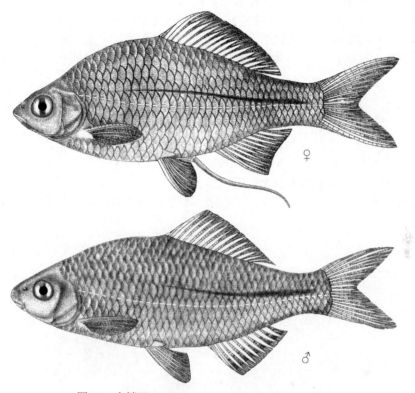

图 99　多鳞鱊 *Acheilognathus polylepis* (Wu, 1964)

085. 寡鳞鱊 *Acheilognathus hypselonotus* (Bleeker, 1871)（图 100）

俗称：鳑鲏、苦皮子、苦逼斯、苦屎鳊；**别名**：寡鳞刺鳑鲏

Acanthorhodeus hypselonotus Bleeker, 1871, *Verh. Akad. Wet. Amst.*, 12: 43（长江）；Berg, 1907, *Ann. Mag. Nat. Hist.*, 19(7): 163（长江）；Rendahl, 1928, *Ark. Zool.*, 20A(1): 148（长江）；吴清江（见：伍献文等），1964，中国鲤科鱼类志（上卷）：218（长江）；唐家汉和钱名全，1979，淡水渔业，(1)：10（洞庭湖）；唐家汉，1980a，湖南鱼类志（修订重版）：83（洞庭湖）；林益平等（见：杨金通等），1985，湖南省渔业区划报告集：72（洞庭湖、湘江、资水、沅水、澧水）。

Acheilognathus hypselonotus：刘良国等，2013a，海洋与湖沼，44（1）：148（沅水常德）；李鸿等，2020，湖南鱼类系统检索及手绘图鉴：34，165。

标本采集：无标本，形态描述摘自《湖南鱼类志（修订重版）》。

形态特征：背鳍 iii-14～16；臀鳍 iii-12～14；胸鳍 i -13～14；腹鳍 i -6～7。侧线鳞 $32\frac{5.5～6}{4.5～5-V}35$；背鳍前鳞 13～15；围尾柄鳞 14。鳃耙 17～18。下咽齿 1 行，5/5。

体长为体高的 1.6～1.7 倍，为头长的 3.7～3.9 倍，为尾柄长的 6.5～7.0 倍，为尾柄高的 7.0～7.5 倍。头长为吻长的 3.5～4.0 倍，为眼径的 2.8～3.1 倍，为眼间距的 2.1～2.5 倍。尾柄长为尾柄高的 1.0～1.1 倍。

体高而侧扁，近菱形。背部高度隆起，腹部明显下突。头小而尖。吻长短于眼径。

口端位，弧形。口角无须。鼻孔每侧 2 个，位于眼的前上方。眼大，上侧位。眼间隔宽平，眼径小于眼间距。鳃孔较大。鳃盖膜与峡部相连。

背鳍末根不分支鳍条为硬刺，鳍基较长，起点位于体最高处，起点距吻端等于或大于距尾鳍基。胸鳍后伸达腹鳍起点。腹鳍起点与背鳍起点相对或稍前方。肛门约位于腹鳍起点至臀鳍起点间的中点。臀鳍末根不分支鳍条为硬刺，鳍基末稍后于背鳍基末。尾鳍叉形。

体被圆鳞。侧线完全，胸鳍基上方稍向下弯，至胸鳍基末向后平直伸达尾柄正中。

鳃耙呈片状。下咽齿侧扁，齿侧具凹纹或平滑，齿面细狭，齿端钩状。鳔 2 室。肠细长，为体长的 8.0 倍以上。

体暗绿色，体后段沿侧线上方向前伸出 1 条颜色不甚明显的彩色线纹。背鳍、臀鳍各具数条黑色斑纹，其余各鳍黄白色。

生物学特性：繁殖期雄鱼吻端及眼眶前上方具珠星，雌鱼具产卵管。

资源分布：在洞庭湖及湘、资、沅、澧"四水"均有分布，个体小，数量少。

图 100　寡鳞鱊 *Acheilognathus hypselonotus* (Bleeker, 1871)

086. 大鳍鱊 *Acheilognathus macropterus* (Bleeker, 1871)（图 101）

俗称：鳑鲏、猪耳鳑鲏、苦皮子、苦逼斯、苦屎鳊；**别名**：大鳍刺鳑鲏；**英文名**：largefin bitterling

Acanthorhodeus macropterus Bleeker, 1871, *Verh. Akad. Wet. Amst.*, 12: 39（长江）；吴清江（见：伍献文等），1964，中国鲤科鱼类志（上卷）：212（湖南）；湖北省水生生物研究所鱼类研究室，1976，长江鱼类：136（岳阳）；唐家汉和钱名全，1979，淡水渔业，（1）：10（洞庭湖）；唐家汉，1980a，湖南鱼类志（修订重版）：81（洞庭湖）；林益平等（见：杨金通等），1985，湖南省渔业区划报告集：72（洞庭湖、湘江、资水、沅水、澧水）；黄忠舜等，2016，湖南林业科技，43（2）：34（安乡县书院洲国家湿地公园）。

Acheilognathus macropterus：林人端（见：陈宜瑜等），1998，中国动物志 硬骨鱼纲 鲤形目（中卷）：420（洞庭湖）；唐文乔等，2001，上海水产大学学报，10（1）：6（澧水）；郭克疾等，2004，生命科学研究，8（1）：82（桃源县乌云界自然保护区）；吴婕和邓学建，2007，湖南师范大学自然科学学报，30（3）：116（柘溪水库）；王星等，2011，生命科学研究，15（4）：311（南岳）；曹英华等，2012，湘江水生动物志：120（湘江东安）；刘良国等，2013b，长江流域资源与环境，22（9）：1165（澧水桑植、慈利、石门、澧县、澧水河口）；刘良国等，2013a，海洋与湖沼，44（1）：148（沅水常德）；刘良国等，2014，南方水产科学，10（2）：1（资水新邵、安化、桃江）；向鹏等，2016，湖泊科学，28（2）：379（沅水五强溪水库）；李鸿等，2020，湖南鱼类系统检索及手绘图鉴：343，159；廖伏初等，2020，湖南鱼类原色图谱，110。

Acheilognathus guichenoti：Nichols, 1928, *Bull. Ann. Mus. Nat. Hist.*, 58: 32（洞庭湖）；梁启燊和刘素孀，1959，湖南师范学院自然科学学报，（3）：67（洞庭湖、湘江）；梁启燊和刘素孀，1966，湖南师范学院学报（自然科学版），（5）：85（洞庭湖、湘江、资水、沅水、澧水）。

Acanthorhodeus taenianalis：Günther, 1873, *Ann. Mag. Nat. Hist.*, 12(4): 247（上海）；梁启燊和刘素孀，1966，湖南师范学院学报（自然科学版），（5）：85（洞庭湖）；唐家汉和钱名全，1979，淡水渔业，（1）：10（洞庭湖）；唐家汉，1980a，湖南鱼类志（修订重版）：79（洞庭湖）；湖北省水生生物研究所鱼类研究室，1976，长江鱼类：138（岳阳）；张春霖，1959，中国系统鲤类志：24（湖南）。

标本采集：标本 30 尾，采自洞庭湖、长沙宁乡。

形态特征：背鳍 iii-17；臀鳍 iii-11～14；胸鳍 i -14～15；腹鳍 i -7。侧线鳞 $33\frac{5.5\sim6}{4.5\sim5\text{-}V}39$。鳃耙 7～10。下咽齿 1 行，5/5。

体长为体高的 1.9～2.5 倍，为头长的 4.0～4.4 倍，为尾柄长的 5.6～7.8 倍，为尾柄高的 7.2～8.8 倍。头长为吻长的 3.1～4.2 倍，为眼径的 2.9～3.6 倍，为眼间距的 2.3～2.7 倍。尾柄长为尾柄高的 1.1～1.4 倍。

体高而侧扁，卵圆形，背部明显隆起。头小而尖。吻短钝，吻长小于或等于眼径。口小，亚端位，弧形，口裂浅。口角须 1 对，须长小于眼径的 1/2。鼻孔每侧 2 个，位于眼前缘上方，靠近吻端。眼大，上侧位。眼间隔宽平。鳃孔大，上角稍低于眼上缘水平线。鳃盖膜与峡部相连，前端伸达前鳃盖骨后缘下方。

背鳍基较长，末根不分支鳍条为光滑硬刺，起点距吻端等于或稍大于距尾鳍基。胸鳍后伸不达腹鳍起点。腹鳍后伸不达或达臀鳍起点。肛门距腹鳍基末较距臀鳍起点稍近。臀鳍基长，末根不分支鳍条也为光滑硬刺。

体被较大圆鳞。侧线完全，较平直，后伸达尾柄正中。

鳃耙细短。下咽齿末端钩状，齿面具锯纹。鳔 2 室，后室长于前室。肠细长，约为体长的 3.0～4.0 倍。腹膜黑色。

体银灰色。成鱼在鳃盖后第 4—5 枚侧线鳞上方具 1 个大黑斑，幼鱼背鳍前方具 1 个黑斑。自臀鳍上方至尾柄中部具 1 条黑色纵纹，纹宽小于瞳孔。背鳍灰色，具 3 列小黑点。臀鳍具 3 列小黑点，边缘白色，雌鱼不明显。其余各鳍灰色。

　　生物学特性：喜栖息于水草丛生的浅水区。主要以高等植物的叶片及浮游植物为食，较大个体也能以某些小型鱼类为食。1 龄性成熟，繁殖期 4 月下旬至 6 月上旬，雌鱼伸出产卵管，将椭圆形黄色卵粒产于活的蚌壳中，卵粒较大，椭圆形。雄鱼的吻端及眼眶上缘出现白色珠星，体色鲜艳。

　　资源分布：广布性鱼类，湖南各地均有分布。个体较大，为鳑鲏亚科中个体最大的种类，数量较多。

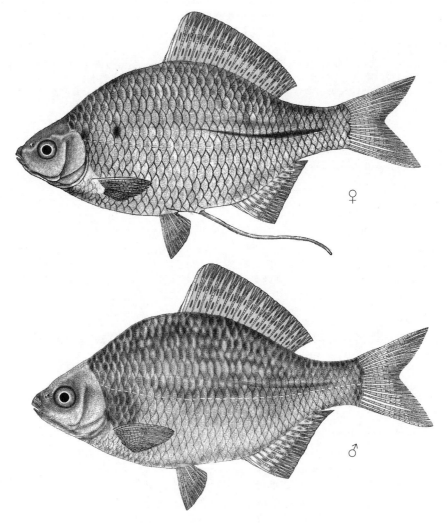

图 101　大鳍鱊 *Acheilognathus macropterus* (Bleeker, 1871)

IX. 鲃亚科 Barbinae

　　体延长，纺锤形，腹部圆或侧扁，无腹棱。头小或中等。吻圆钝，吻侧在眶前骨前缘通常具 1 沟，斜通口角。口一般为下位或近上位，口裂平或斜。吻皮一般止于上颌基部或消失。上唇仅包于上颌外表，下唇包于下颌外表，有的下颌前部外露，但下唇与下颌不完全分离。须有或无，若有则为 1 对或 2 对。背鳍较短，不分支鳍条 3～4 根，末根不分支鳍条柔软细弱或为粗壮光滑的硬刺，或后缘具锯齿，分支鳍条 7～14 根。臀鳍末根不分支鳍条柔软分节，分支鳍条一般为 5 根。肛门一般位于臀鳍起点之前，较接近。鳞较大。侧线完全。鳃耙一般短小，排列稀疏或稍紧密。下咽齿通常为 3 行。咽突侧扁。鳔 2 室。

本亚科湖南分布有 6 属 16 种。

鲤科鲃亚科属、种检索表

1（30）下唇不发达，侧瓣之间无中叶；唇后沟伸至颏部，左右中断不相连
2（9）下唇紧包于下颌的外表；如下唇侧瓣存在，则包于下颌的腹侧面
3（8）头部侧线管不呈放射状；侧线鳞与侧线上下鳞大小一致，全身被鳞
4（7）背鳍前具倒刺，埋于皮下；上颌须和口角须各 1 对[（046）倒刺鲃属 *Spinibarbus*]
5（6）背鳍末根不分支鳍条为粗壮硬刺，后缘具锯齿；侧线鳞 30～35……………………
　　　　……………………………… **087. 中华倒刺鲃 *Spinibarbus sinensis* (Bleeker, 1871)**
6（5）背鳍末根不分支鳍条柔软，后缘光滑；侧线鳞 20～28……………………………
　　　　………………………………… **088. 刺鲃 *Spinibarbus caldwelli* Nichols, 1925**
7（4）背鳍前无倒刺；仅口角须 1 对，短小，无上颌须。个体小；体侧具明显斑点或斑纹[（047）小鲃属 *Puntius*]……………… **089. 条纹小鲃 *Puntius semifasciolatus* (Günther, 1868)**
8（3）头部侧线管发达，具放射状分支；侧线鳞较侧线上下鳞大，有的身体有裸露区或全身裸露无鳞[（048）金线鲃属 *Sinocyclocheilus*]……………………………………………………
　　　　……………………………… **090. 季氏金线鲃 *Sinocyclocheilus jii* Zhang et Dai, 1992**
9（2）下唇与下颌分化，下唇后缩；或臃肿的下唇侧瓣在下颌之腹面，下颌前缘露出
10（19）口端位或亚下位，马蹄形或弧形，其宽度不超过此处吻宽的 2/3；下颌一般较狭，弧形，前端或具角质；下唇瓣在头腹面占显著地位[（049）光唇鱼属 *Acrossocheilus*]
11（18）下唇两侧瓣间距窄，仅 1 条缝隙相隔或接触
12（15）背鳍末根不分支鳍条后缘光滑无锯齿或锯齿不明显
13（14）成鱼体侧无条纹，或仅具不规则黑斑或模糊条纹；背鳍、臀鳍间膜黑色条纹明显；肠具 2 道弯……………… **091. 吉首光唇鱼 *Acrossocheilus jishouensis* Zhao, Chen et Li, 1997**
14（13）体侧具 6 条黑色垂直横纹，雌鱼尤显著，下端超过侧线；雄鱼沿体侧具 1 条黑色纵纹直达尾鳍基，垂直横纹止于侧线上方；背鳍间膜黑色条纹不明显…………………………………
　　　　……………………………… **092. 侧条光唇鱼 *Acrossocheilus parallens* (Nichols, 1931)**
15（12）背鳍末根不分支鳍条后缘具锯齿
16（17）体侧垂直横纹不明显；背鳍间膜无黑色条纹…………………………………………
　　　　……………………………… **093. 半刺光唇鱼 *Acrossocheilus hemispinus* (Nichols, 1925)**
17（16）幼鱼体侧具 6 条横条纹，一般止于侧线上方，成鱼隐约可见；体侧沿侧线具 1 条黑色纵纹
　　　　……………………………… **094. 薄颌光唇鱼 *Acrossocheilus kreyenbergii* (Regan, 1908)**
18（11）下唇两侧瓣间距较宽，大于此处口宽的 1/3……………………………………………
　　　　……………………………… **095. 宽口光唇鱼 *Acrossocheilus monticola* (Günther, 1888)**
19（10）口下位，呈 1 横裂，口裂的宽度几占此处吻宽度全部；下颌前缘平直，一般具角质缘；下唇瓣仅限于口角[（050）白甲鱼属 *Onychostoma*]
20（23）背鳍末根不分支鳍条柔软分节，后缘光滑无锯齿；成鱼须 2 对
21（22）成鱼口裂较窄，马蹄形；口角须粗长，大于眼径的 1/2；具沿侧线延伸的黑色纵纹…………
　　　　……………………………… **096. 粗须白甲鱼 *Onychostoma barbatum* (Lin, 1931)**
22（21）成鱼口裂宽，平直；口角须短，远不及眼径的 1/4；无沿侧线延伸的黑色纵纹……………
　　　　……………………………… **097. 短须白甲鱼 *Onychostoma brevibarba* Song, Cao et Zhang, 2018**
23（20）背鳍末根不分支鳍条为硬刺，后缘具锯齿，末端柔软分节；成鱼须 2 对或无须
24（29）成鱼口裂较宽，微突或平直，宽度约等于或大于相应头宽，头长为口宽的 2.0 倍或稍多
25（28）侧线鳞 46 以上；成鱼无须（退化）

26（27） 上颌末端伸达眼前缘下方；体侧沿侧线无黑色纵纹 ……………………………………
………………………… **098.** 白甲鱼 *Onychostoma simum* (Sauvage *et* Dabry de Thiersant, 1874)

27（26） 上颌末端仅达鼻孔后缘下方；体侧沿侧线具 1 条黑色纵纹……………………………
…………………………………… **099.** 葛氏白甲鱼 *Onychostoma gerlachi* (Peters, 1881)

28（25） 侧线鳞 43～44；须 2 对，口角须较长，约为眼径的 1/2 ……………………………
…………………………………… **100.** 稀有白甲鱼 *Onychostoma rarum* (Lin, 1933)

29（24） 成鱼口裂较窄，马蹄形，宽度小于相应头宽，头长约为口宽的 2.7 倍以上；唇后沟长，约为
下颌长度的 2/3，大于眼径。成鱼须 2 对；鳃耙 25 以下…………………………………
…………………………………… **101.** 小口白甲鱼 *Onychostoma lini* (Wu, 1939)

30（1） 下唇发达，分成 1 个中叶和 2 个侧瓣；唇后沟在中叶后方相连。背鳍末根不分支鳍条为强大
硬刺，后缘具锯齿[（051）瓣结鱼属 *Folifer*] ····· **102.** 瓣结鱼 *Folifer brevifilis* (Peters, 1881)

（046）倒刺鲃属 *Spinibarbus* Oshima, 1919

Spinibarbus Oshima, 1919, *Ann. Carneg. Mus.*, 12(2-4): 217.

模式种：*Spinibarbus hollandi* Oshima

体长而稍侧扁，腹部圆，无腹棱。头中等。吻圆钝，吻长一般小于眼后头长。吻皮一
般止于上颌基部，与上唇分离。唇简单，紧包于颌外表。上、下颌在口角处相连。唇后沟
在颏部隔断。口亚下位，弧形。须 2 对，发达。鳃孔大。鳃盖膜在前鳃盖骨后缘下方与峡
部相连。背鳍末根不分支鳍条为硬刺或柔软分节，起点前通常具 1 根伸向前方的平卧倒刺，
通常埋于皮下，背鳍分支鳍条 8～9 根。臀鳍 5 根。尾鳍叉形。体被大圆鳞，腹鳍基具腋
鳞。侧线完全，稍向下弯曲呈弧形。鳃耙短小，排列稀疏。下咽齿 3 行。鳔 2 室。

本属湖南分布有 2 种。

087. 中华倒刺鲃 *Spinibarbus sinensis* (Bleeker, 1871)（图 102）

俗称：岩鲫、青棍、军鱼、撩鱼；**别名**：中华倒锯刺鲃

Puntius (*Barbodes*) *sinensis* Bleeker, 1871, *Verh. Akad. Wet. Amst.*, 12: 17（长江）；Sauvage *et* Dabry de
Thiersant, 1874, *Ann. Sci. Nat. Zool.*, (6)1(5): 8（长江）。

Spinibarbus sinensis：Lin（林书颜），1933b, *Lingnan Sci. J.*, 12(2): 208（长江）；唐文乔，1989，中
国科学院水生生物研究所硕士学位论文：37（麻阳、保靖）；唐文乔等，2001，上海水产大学学报，
10（1）：6（沅水水系的辰水、酉水、澧水）；吴婕和邓学建，2007，湖南师范大学自然科学学报，
30（3）：116（柘溪水库）；康祖杰等，2010，野生动物，31（5）：293（壶瓶山）；康祖杰等，2010，
动物学杂志，45（5）：79（壶瓶山）；刘良国等，2013a，海洋与湖沼，44（1）：148（沅水怀化、五强
溪水库）；向鹏等，2016，湖泊科学，28（2）：379（沅水五强溪水库）；康祖杰等，2019，壶瓶山鱼类
图鉴：155（壶瓶山）；李鸿等，2020，湖南鱼类系统检索及手绘图鉴：35，167；廖伏初等，2020，湖
南鱼类原色图谱，118。

Spinibarbichthys sinensis：梁启燊和刘素嫚，1959，湖南师范学院自然科学学报，（3）：67（洞庭湖、
湘江）；梁启燊和刘素嫚，1966，湖南师范学院学报（自然科学版），（5）：85（洞庭湖、湘江、澧水）。

Barbodes (*Spinibarbus*) *sinensis*：唐家汉和钱名全，1979，淡水渔业，（1）：10（洞庭湖）；唐家汉，
1980a，湖南鱼类志（修订重版）：89（沅水的沅陵、泸溪、湘江）；林益平等（见：杨金通等），1985，
湖南省渔业区划报告集：72（洞庭湖、湘江、资水、沅水、澧水）。

【古文释鱼】①《湖广通志》（徐国相、宫梦仁）："石鲫，出慈利，重唇、双鳞，常至东阳潭止，
不过石门县"。②《石门县志》（梅峄、苏益馨）："石鲫，出东阳潭下，味极美"。③《直隶澧州志》
（何玉棻、魏式曾、黄维瓒）："岩鲫，一名石鲫，大者十余斤，出慈石岩河中，上自鲤鱼漱生子，发
石穴中成鱼，至东阳潭即止，不过石门，味至美"。④《永定县乡土志》（侯昌铭、王树人）："永境
有石鲫鱼，产深渊岩穴中，味与常殊"。

濒危等级：省重点保护野生动物，《湖南省地方重点保护野生动物名录》（湘政函〔2002〕172 号）。

标本采集：标本 10 尾。采自澧水。

形态特征：背鳍 iv-9；臀鳍 iii-5；胸鳍 i -17；腹鳍 ii-9。侧线鳞 $30\frac{6}{3\sim4-V}34$。鳃耙 10～12。下咽齿 3 行，2·3·5/5·3·2。

体长为体高的 2.8～3.8 倍，为头长的 3.8～4.5 倍，为尾柄长的 5.8～7.1 倍，为尾柄高的 6.5～7.4 倍。头长为吻长的 2.7～3.1 倍，为眼径的 4.4～6.2 倍，为眼间距的 2.1～2.5 倍。尾柄长为尾柄高的 1.0～1.3 倍。

体长而侧扁。头稍尖。吻圆钝，吻长较眼后头长显著为短。吻皮止于上唇基部，与上唇分离。口下位，弧形。唇厚，包在颌的外表，在口角处相连。唇后沟在颏部中断，下唇和下颌具浅沟。上、下颌具轻微角质，颌角达鼻孔后缘的下方。唇后沟在中部隔断。须 2 对，发达；上颌须后伸可达眼前缘，等于或稍大于眼径；口角须较上颌须稍粗长，后伸达眼后缘。鼻孔每侧 2 个，紧邻，位于眼前方，距眼较距吻端为近。眼上侧位，位于头中部靠前。眼间隔较宽，弧形。鳃盖膜在前鳃盖骨后缘下方与峡部相连。

背鳍末根不分支鳍条为粗壮硬刺，其后缘具锯齿，起点处向前伸出 1 根平卧的倒刺，埋于皮下。背鳍起点距吻端小于距尾鳍基。胸鳍后伸接近背鳍起点的下方。腹鳍起点位于背鳍第 1—3 根分支鳍条的下方，后伸不达肛门。肛门紧靠臀鳍起点。臀鳍后伸接近尾鳍基。尾鳍叉形。

体被较大圆鳞；背鳍基臀鳍基具鳞鞘，腹鳍基具狭长腋鳞。侧线完全，前段略下弯至胸鳍末端后平直向后延伸至尾柄正中稍下。

鳃耙短小，锥形，排列稀疏。下咽齿稍侧扁，末端尖而稍弯曲。鳔 2 室，后室长于前室。腹膜灰黑色。

背部灰黑色，腹部灰白色，各鳍亦为灰黑色。

生物学特性：

【生活习性】底栖鱼类，天然水体中，主要栖息于水流较急且底质多卵石或砂质的江段，喜集群。白天在深水处活动，夜晚游至乱石滩及近岸水体觅食。每年 11 月下旬进入河流干流的湾沱中越冬，成群栖息于底部的岩洞、石穴、乱石洞等处，第 2 年 3—4 月水位升高时进入干流溯河觅食、肥育和繁殖。有"七上八下"之说，即农历七月以前由干流进入支流，八月以后由支流退到干流，渔民利用这一现象进行捕捞作业。

【年龄生长】个体大，4 龄以前生长速度较快，之后生长速度减缓，最大个体可达 5.0kg。平均体长 1 龄 13.3cm、2 龄 26.0cm、3 龄 38.0cm、4 龄可达 43.0cm；1 龄体重 0.5kg，3 龄体重 1.5kg。

【食性】杂食性，主要以高等植物碎片、藻类、水生昆虫和幼虫及淡水壳菜等为食，幼鱼以浮游动物为食。摄食强度大。

【繁殖】3 龄性成熟，繁殖期 4—6 月，卵弱黏性，极易脱落，随水漂流孵化。卵圆球形，黄色，卵径 1.8～2.0mm。吸水后膨胀，微黏性，卵膜径 2.6～2.8mm。繁殖期，雄鱼体色深青灰色，上颌前缘、鳃盖两侧等头部及臀鳍隐约可见珠星，触摸有粗糙感；雌鱼体青黄色，无珠星，腹部稍膨大，生殖孔微红。

水温 25.0℃左右时，受精卵孵化脱膜需 50.5h；初孵仔鱼全长 6.4mm；5.5 日龄仔鱼可上浮平游摄食，进入混合营养期；8.5 日龄仔鱼卵黄囊吸尽，平均体长约 11.0mm；20 日龄仔鱼全长 15.7mm，各鳍鳍条形成，进入稚鱼期（蔡焰值等，2003；黄洪贵，2009）。

资源分布：洞庭湖及湘、资、沅、澧"四水"曾有分布，以沅水出产较多。目前，仅在沅水和澧水上游有少量分布，数量非常稀少。味道鲜美，为沅水"五大名鱼"（青、沙、撩、鲤、哈）之一的撩鱼。

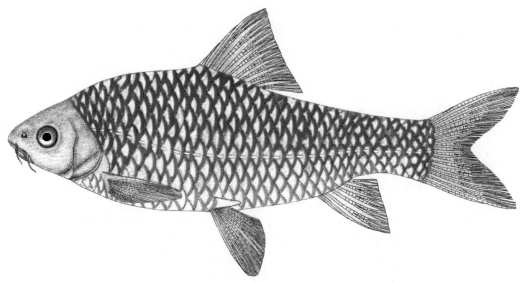

图 102 中华倒刺鲃 *Spinibarbus sinensis* (Bleeker, 1871)

088. 刺鲃 *Spinibarbus caldwelli* Nichols, 1925（图 103）

俗称：军鱼、洋筒根、洋草鱼、洋葱子、铜鱼、青波；**别名**：光倒刺鲃、黑脊倒刺鲃、喀氏光倒刺鲃

Barbodes caldwelli Nichols, 1925d, *Amer. Mus. Novit.*, (185): 2（福建）；李鸿，2016，华中农业大学博士学位论文：22，54（湘江上游、洣水、沅水洪江）

Barbodes (Spinibarbus) caldwelli：伍献文等，1979，中国经济动物志淡水鱼类（第二版）：70（湖南）；唐家汉和钱名全，1979，淡水渔业，（1）：10（洞庭湖）；唐家汉，1980a，湖南鱼类志（修订重版）：88（湘江；沅水沅陵、洪江；洞庭湖）；林益平等（见：杨金通等），1985，湖南省渔业区划报告集：72（洞庭湖、湘江、资水、沅水、澧水）；林人端（见：成庆泰等），1987，中国鱼类系统检索（上册）：143（沅江）。

Spinibarbus caldwelli：梁启燊和刘素孋，1966，湖南师范学院学报（自然科学版），（5）：85（洞庭湖、湘江）；曹英华等，2012，湘江水生动物志：136（湘江洣水茶陵宁）；吴倩倩等，2016，生命科学研究，20（5）：377（通道玉带河国家级湿地公园）；李鸿等，2020，湖南鱼类系统检索及手绘图鉴：35，168；廖伏初等，2020，湖南鱼类原色图谱，120。

Spinibarbus hollandi：Oshima, 1919, *Ann. Carneg. Mus.*, 12: 217（台湾）；唐文乔，1989，中国科学院水生生物研究所硕士学位论文：37（麻阳）；唐文乔等，2001，上海水产大学学报，10（1）：6（沅水水系的辰水、酉水、澧水）；刘良国等，2013a，海洋与湖沼，44（1）：148（沅水怀化、五强溪水库）；向鹏等，2016，湖泊科学，28（2）：379（沅水五强溪水库）。

【关于本种的学名】

（1）拉丁学名：Oshima（1919）以产自台湾的光倒刺鲃 *Spinibarbus hollandi* Oshima, 1919 为模式种，创立了倒刺鲃属 *Spinibarbus*。伍献文等（1977）在未检验模式标本的情况下，认为台湾的光倒刺鲃与大陆的刺鲃在性状上存在重叠，二者为同一物种，后来的众多学者于是将 *Spinibarbus hollandi* 作为刺鲃的学名，*S. caldwelli* 作为 *S. hollandi* 的后定同物异名[陈湘粦（见：成庆泰等），1987；褚新洛和崔桂华（见：褚新洛等），1989；丁瑞华等，1994；朱瑜（见：周解等），2006]。唐琼英等（2003）的研究发现，台湾的光倒刺鲃和大陆的刺鲃之间的遗传差异较大，且两者之间存在明显的形态差异，台湾的光倒刺鲃背鳍分支鳍条为 8 根，大陆的刺鲃则为 9～10 根，由此认定两者均为有效种。

（2）中文学名：刺鲃的中文学名有光倒刺鲃、刺鲃和黑脊倒刺鲃。目前已基本清楚台湾分布的为光倒刺鲃，大陆分布的为刺鲃；黑脊倒刺鲃主要是福建地区的称呼，其名称源自朱元鼎 1984 年编著的《福建鱼类志》，而根据命名先后的原则，伍献文等 1977 年编著的《中国鲤科鱼类志（下卷）》中即已将刺鲃作为其中文学名，其命名早于朱元鼎先生，所以，该种的中文学名应统一为刺鲃，以免造成迷惑。

【古文释鱼】 ①《永州府志》（吕恩湛、宗绩辰）："紫霞岩九渡水中常有鱼自石窦跃出，磊起数叠，土人呼为堆鱼，盖石鲫之属也"；唐代李群玉诗《石门韦明府为致东阳潭石鲫鲶》："锦鳞衔饵出清涟，暖日江亭动鲶筵。叠雪乱飞消箸底，散丝繁洒拂刀前。太湖浪说朱衣鲋，汉浦休夸缩项鳊。隽味品流知第一，更劳霜橘助芳鲜"。②《九嶷山志（二种）炎陵志》（蒋镇、吴绳祖、王开琸）："生紫霞岩九渡溪江中，往往自行跃出，磊起数叠"。

标本采集： 标本 23 尾，采自湘江衡阳、永州，沅水怀化。

形态特征： 背鳍 iv-9；臀鳍 iii-5；胸鳍 i -15；腹鳍 i -8。侧线鳞 $22\dfrac{3.5\sim4.5}{2\sim3.5\text{-}V}26$。鳃耙 9～12。下咽齿 3 行；2·3·5/5·3·2。

体长为体高的 3.5～3.9 倍，为头长的 3.5～4.0 倍，为尾柄长的 7.1～8.6 倍，为尾柄高的 8.2～8.7 倍。头长为吻长的 2.9～3.5 倍，为眼径的 4.3～5.7 倍，为眼间距的 2.2～2.6 倍。尾柄长为尾柄高的 1.0～1.2 倍。

体长而稍侧扁，腹部圆。头中等，稍尖。吻圆钝稍突出，吻长大于眼径，小于眼后头长。吻皮止于上唇基部，与上唇分离。口下位，弧形，口裂稍斜。上颌突出于下颌。唇光滑，上、下唇在口角处相连。唇后沟在颏部隔断。须 2 对，上颌须较细短，后伸接近或达口角；口角须较粗长，后伸达眼后缘正下方。鼻孔每侧 2 个，紧邻，位于眼的前方，距眼较距吻端为近。眼中等大小，上侧位，位于头部中前。眼间隔宽凸，光滑。鳃孔大。鳃盖膜在前鳃盖骨后缘下方与峡部相连。

背鳍末根不分支鳍条柔软分节，较大个体末根不分支鳍条基部稍硬，幼鱼不分支鳍条柔软；起点距吻端等于或稍小于距尾鳍基；背鳍起点向前伸出 1 根平卧倒刺，埋于皮下。胸鳍后伸不达腹鳍起点。腹鳍起点位于背鳍第 4—6 根分支鳍条的下方，后伸不达肛门。肛门紧靠臀鳍起点。臀鳍接近或达尾鳍基。尾鳍叉形。

体被大圆鳞，腹鳍基具腋鳞。侧线完全，前部向腹面微弯，后部平直。

鳃耙短小，锥形，排列稀疏。下咽齿稍侧扁，末端尖弯，主行齿第 2 枚最大。鳔发达，2 室，前室小，卵圆形，后室大，长筒形。肠稍长，约为体长的 1.5～2.0 倍。腹膜灰褐色。

背部青黄色，腹部灰白色，背鳍边缘黑色，腹鳍和臀鳍橘红色。

生物学特性：

【生活习性】 中下层鱼类，栖息于底质多乱石且水流湍急、水质清澈的水体。秋冬潜居深水石洞中。喜集群，性活泼，善跳跃。为路亚爱好者的重要垂钓对象。

【年龄生长】 个体大，生长速度快。以鳞片作为年龄鉴定材料，退算体长：1 龄 12.0cm、2 龄 22.7cm、3 龄 30.2cm、4 龄 36.0cm、5 龄 40.0cm（邹佩贞等，2007；罗凯军等，2008；李鸿，2016）。

【食性】 杂食性，食谱广泛。天然水体中主要摄食软体动物、鱼虾、水生昆虫及幼虫、藻类、高等水生植物的种子和碎屑。亦可摄食人工配合饲料。

【繁殖】 3～4 龄性成熟，性成熟个体体重多大于 1.0kg。繁殖期 4—9 月，分批次产卵，相对繁殖力约 20 粒/g。成熟雄鱼体后半部具珠星，手感粗糙，眼下方、吻端和鳃盖具粗大浅红色珠星，雌鱼无珠星。亲本多在傍晚至夜间于水流清澈、湍急、多砾石的浅滩中分批次产卵。成熟卵粒圆球形，橘黄色，个体较大，卵径 1.8～2.0mm，微黏性。受精卵吸水后微膨胀，卵膜径约 2.6mm。水温 26.0～29.0℃时，受精卵孵化脱膜需 36.0h，初孵仔鱼全长 7.9mm；5 日龄仔鱼全长 10.0mm，鳔充气，各鳍褶明显，在水体中下层游动；15 日龄仔鱼全长 13.2mm，摄食浮游动物，行动迅速，能跳跃；45 日龄仔鱼全长 21.4mm，各鳍完全，臀鳍基上方至头部鳃盖后均被鳞，尾柄无鳞（徐剑等，2004；蔡子德等，2007）。

资源分布：曾广泛分布于洞庭湖及湘、资、沅、澧"四水"，近年来，因人类活动的影响，产卵场及栖息生境遭受了严重破坏，其分布区域严重萎缩，仅在湘江中上游、沅水及澧水上游干流及支流有少量分布，数量稀少。刺鲃人工繁殖技术已成熟，广东、广西及江浙地区有养殖，湖南怀化市的洪江区和芷江侗族自治县也有人工养殖。

图 103　刺鲃 *Spinibarbus caldwelli* Nichols, 1925

（047）小鲃属 *Puntius* Hamilton, 1822

Puntius Hamilton, 1822, *Edinburgh et London*: 310.

模式种：*Cyprinus sophore* Hamilton

体小，侧扁，稍高，体侧具明显斑点或斑纹。头中等。吻稍尖，吻长接近或小于眼径。吻皮止于上唇基部，与上唇分离。口小，亚下位，斜裂。唇薄，简单，紧包在颌的外表，与颌不分离；下唇侧瓣较发达，下唇与下颌之间具明显缢痕。唇后沟在颏部中间隔断。上颌稍突出。须 1 对，位于上颌后部，无上颌须。鼻孔每侧 2 个，紧邻。眼较大。眼间隔稍宽凸。鳃盖膜在前鳃盖骨后缘下方与峡部相连。背鳍不分支鳍条为细的硬刺，后缘具锯齿；起点与腹鳍起点相对。臀鳍末根不分支鳍条柔软分节，分支鳍条 5 根。尾鳍叉形。鳞大，鳞片辐射沟自鳞焦中心均匀发出，排列稀疏。侧线完全，微下弯。鳃耙短小，排列稀疏。下咽齿 3 行。鳔 2 室。

本属为典型的热带和亚热带小型鱼类，主要栖息于山涧溪流及敞水环境中。湖南仅分布有 1 种。

【广义 *Puntius* 属】Hamilton（1822）在创立 *Puntius* 时将其作为鲤属 *Cyprinus* 的一个亚属，且未指定模式种，后来 Bleeker（1863）指定 *Cyprinus sophore* Hamilton 为其模式种，并用 *Puntius* Hamilton 属名代替 *Systomus* McClelland，从而确立了 *Puntius* 属的地位，同时根据须的数量，将其分成 3 个亚属：*Barbodes* Bleeker、*Capoeta* Cuvier et Valencience 和 *Puntius* Hamilton，分别包括 4 须、2 须和无

须的种类。

　　Puntius 是鲤科 Cyprinidae 中最大的属之一，包含的种类众多，有近 120 个有效种（Pethiyagoda et al., 2012），且大部分种类间没有任何联系，因此，该属一直被认为是一个人工组合类群（Kortmulder *et* Poll，1981；Kottelat *et* Tan，2011；Taki et al., 1978），在属级概念及种间归属上一直存在争议。

　　Bleeker 依据 4 须、2 须和无须来划分 *Barbodes*、*Capoeta* 和 *Puntius*，伍献文等（1977）也以此为特征，将这 3 个亚属全部提升为属，但单乡红（2000）认为，该类群鱼类多数生活在清澈的溪流或敞水环境中，须多不发达或退化，在与模式种 *P. sophore* 同类型材料中，这 3 种情况的种类均有，无须不能作为 *Puntius* 属的特征。

　　Günther 最初描述 *Puntius semifasciolatus* 时，将其划入四须鲃属 *Barbodes*，伍献文等（1977）根据其须为 1 对的特征，将其划入二须鲃属 *Capoeta*，但 *Capoeta* 属仅指一些分布于西亚的种类，后来又有作者将其划入 *Puntius* 属。*Puntius* 属中文名曾有无须鲃属、刺鲃属，单乡红（2000）认为前者名不符实，后者又易与倒刺鲃属的刺鲃 *Spinibarbus hollandi* 造成混乱，于是将 *Puntius* 属中文名改为小鲃属。近年来的分子生物学证据表明，*P. semifasciolatus* 和 *P. snyderi* 在系统进化树上形成了一支新的不属于小鲃属的谱系，Kottelat（2013）建议将两者暂时划回四须鲃属，条纹小鲃划回四须鲃属，中文名必须改为条纹四须鲃，这与其 2 须的特征易混绕，而 Ren 等（2020）也认为应该成立一个新属以包括这两个种，所以本书条纹小鲃 *Puntius semifasciolatus* 暂时不做改动。

089. 条纹小鲃 *Puntius semifasciolatus* (Günther, 1868)（图 104）

　　俗称：黄鲫鱼；**别名**：条纹二须鲃；**英文名**：Chinese barb

Barbus fasciolatus Günther, 1868, *Cat. Fish. Br. Mus.*, 7: 140（中国）。
Barbus semifasciolatus：Günther, 1868, *Cat. Fish. Br. Mus.*, 7: 484（中国）；林书颜，1931，南中国之鲤鱼及似鲤鱼类之研究：125（海南岛至长江水系）。
Capoeta semifasciolata：唐家汉，1980a，湖南鱼类志（修订重版）：91（湘江）；林益平等（见：杨金通等），1985，湖南省渔业区划报告集：73（湘江）。
Puntius semifasciolatus：李鸿等，2020，湖南鱼类系统检索及手绘图鉴：36，169；廖伏初等，2020，湖南鱼类原色图谱，122。

　　标本采集：标本 15 尾，采自湘江上游。

　　形态特征：背鳍iv-8；臀鳍iii-5；胸鳍 i -12；腹鳍ii -7。侧线鳞 $24\frac{3\sim4.5}{3\sim3.5\text{-}V}27$。鳃耙 3～5（内侧 10～11）。下咽齿 3 行，2·3·4/4·3·2。

　　体长为体高的 2.2～2.6 倍，为头长的 3.3～3.8 倍，为尾柄长的 4.8～6.5 倍，为尾柄高的 5.5～6.4 倍。头长为吻长的 3.0～3.6 倍，为眼径的 3.5～3.7 倍，为眼径距的 2.5～2.7 倍。尾柄长为尾柄高的 1.0～1.2 倍。

　　体高、侧扁，略呈卵圆形，背部明显隆起，腹部突出，尾柄较高。头略尖。吻短钝，吻长约等于眼径，显著小于眼后头长。吻皮止于上唇基部，与上唇分离。口较小，亚下位，斜裂，口裂末端达鼻孔下方。唇薄，简单；紧包于颌的外表，与颌不分离；上、下唇在口角处相连。唇后沟在颏部中断。上颌稍突出于下颌。口角须 1 对，上颌须消失，须长小于眼径的 1/2。鼻孔每侧 2 个，紧邻，位于眼前方，距眼较距吻端为近。眼较大，上侧位。眼间隔宽凸。鳃孔大。鳃盖膜在前鳃盖骨后缘下方与峡部相连。

　　背鳍起点距吻端约等于距尾鳍基，末根不分支鳍条为细的硬刺。胸鳍后伸不达腹鳍起点。腹鳍起点和背鳍起点相对或靠前，后伸不达肛门。肛门紧靠臀鳍起点。尾鳍叉形。

　　体被大圆鳞，胸部前鳞稍小。侧线完全。

　　鳃耙短小，锥形，排列稀疏。下咽齿侧扁而尖，末端钩状，主行齿第 2 枚最大。鳔发达，2 室，前室近球形，后室长筒形。肠粗短，略长于体长。腹膜灰色或灰黑色。

　　体金黄色。体侧具 4 条垂直横纹及若干不规则的小黑点。各鳍黄色。尾柄基部具 1

大斑。雄鱼背鳍边缘及尾鳍带橘红色。

生物学特性：中下层鱼类。栖息于田间、水沟、池塘和溪流中。杂食性，主要摄食小型无脊椎动物及丝状藻类等。体长 4.0～5.0cm 的 1 龄个体即可性成熟，繁殖期 3—4 月。个体小，最大个体不超过 10.0cm，数量少，多作观赏鱼养殖。

资源分布：洞庭湖和湘江曾有分布，现仅见于湘江上游，数量稀少。

图 104　条纹小鲃 *Puntius semifasciolatus* (Günther, 1868)

（048）金线鲃属 *Sinocyclocheilus* Fang, 1936

Sinocyclocheilus Fang（方炳文），1936, *Sinensia*, 7(5): 588.

模式种：*Sinocyclocheilus tingi* Fang

体延长或较高，侧扁，头后部稍隆起或急剧隆起。吻较尖或钝圆，向前突出，吻皮止于上唇基部，为上颌须着生处。口斜裂，马蹄形。上、下唇稍肥厚，包于上、下颌外表，在口角处相连；唇后沟在颏部中断。上颌末端不达眼前缘下方。须 2 对，发达，约等长或口角须略长。眼上缘与头背轮廓线几平齐。头部感觉管发达，眶上管与眶下管相连，眼缘下方感觉管呈放射状。鳃盖膜在前鳃盖骨后缘的垂线下方与峡部相连。背鳍起点与腹鳍起点相对，或背鳍起点略后；末根不分支鳍条或为硬刺，后缘具锯齿，末端分节；或柔软光滑。鳞较细，或全身被鳞呈覆瓦式排列，或局部裸露不规则排列，或全身裸露无鳞。侧线完全，侧线鳞较侧线上下鳞大。下咽齿 3 行，2·3·4/4·3·2 或 1·3·4/4·3·1，细长，顶端钩曲。鳔 2 室。腹膜灰黑或灰白色。

本属湖南仅分布有 1 种。

090. 季氏金线鲃 *Sinocyclocheilus jii* Zhang *et* Dai, 1992（图 105）

俗称：油鱼

Sinocyclocheilus jii Zhang *et* Dai（张春光和戴远定），1992，动物分类学报，17（3）：377（广西富川县）；李鸿等，2020，湖南鱼类系统检索及手绘图鉴：36，170；廖伏初等，2020，湖南鱼类原色图谱，124。

标本采集：标本 10 尾，采自永州市江华瑶族自治县和道县。

形态特征：背鳍iii-7；臀鳍iii-5；胸鳍 i-9～12；腹鳍 i-6～8。侧线鳞 $45\dfrac{18～20}{11～13-V}48$；围尾柄鳞 44～52。鳃耙 7～10。下咽齿 3 行，2·3·4/4·3·2。

体长为体高的 3.1～3.6 倍，为头长的 3.5～3.7 倍，为尾柄长的 4.2～6.1 倍，为尾柄高的 7.0～8.6 倍。头长为吻长的 2.8～3.3 倍，为眼径的 6.3～7.8 倍，为眼间距的 2.1～3.14 倍。尾柄长为尾柄高的 1.2～1.9 倍。

体侧扁。头部自吻端至头、背交界处稍呈直线形斜行向上，头、背交界处逐渐降起，至背鳍起点稍前达体最高点，腹部圆。口亚下位，上颌稍长于下颌。唇薄，吻皮包于上唇基部，吻端至眼后缘等于或稍小于眼后头长；上、下唇在口角处相连；唇后沟向前延伸至颏部，左右不相连。须 2 对，较发达，上颌须起点位于前鼻孔之前，后伸超过眼后缘；口角须长于上颌须，后伸接近前鳃盖骨后缘。鼻孔 2 对，前鼻孔圆形，短管状，具鼻瓣，向前可盖住管口；后鼻孔椭圆形。眼较大，圆形，位于头的前半部，上侧位，眼上缘靠近头背部轮廓线。鳃孔上角与眼上缘水平线平齐。鳃盖膜在前鳃盖骨后缘的垂线下方与峡部相连。

背鳍外缘稍内凹，末根不分支鳍条仅基部较硬，末端柔软分节，后缘无锯齿；背鳍起点与腹鳍起点相对或略后，距吻端约等于距尾鳍基。胸鳍起点位于鳃盖骨后缘下方，末端较尖，后伸不达腹鳍起点。腹鳍起点与背鳍起点相对或稍后，后伸达腹鳍起点与臀鳍起点间的 2/3 处，但不达肛门；腹鳍基具腋鳞。臀鳍紧靠肛门之后，起点距腹鳍较距尾鳍基为近。尾鳍深叉形。

体被小圆鳞，长椭圆形（纵长大于横长），覆瓦式排列，胸、腹部鳞更小且浅埋于皮下。侧线鳞明显大于侧线上、下鳞；侧线完全，自鳃孔上角缓和下弯后平直伸入尾鳍基中部。

鳃耙短小，排列稀疏。下咽齿较细长，顶端尖而钩曲。鳔 2 室，后室约为前室长的 2.0 倍。

鲜活时体背黄褐色，腹部白色，体侧具不明显的黑斑。

生物学特性：生活于地下溶洞内，以有机碎屑和底栖生物为食。每逢端午前后，随地下溶洞水位上涨，偶尔游出洞外。

资源分布：湖南境内仅见于江华县与广西交界处的地下溶洞内。

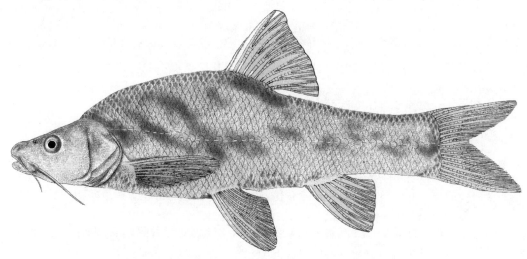

图 105　季氏金线鲃 *Sinocyclocheilus jii* Zhang *et* Dai, 1992

（049）光唇鱼属 *Acrossocheilus* Oshima, 1919

Acrossocheilus Oshima, 1919, *Ann. Carneg. Mus.*, 12: 206.

模式种：*Gymnostomus formosanus* Regan

体稍侧扁，腹部圆。头小，锥形。吻圆钝。吻皮较短，止于上唇基部，边缘光滑。口下位，马蹄形。唇肉质，上唇紧包在上颌的外表，与上颌不分离；下唇后退使下颌前端部分外露，分为左、右两侧瓣，两侧瓣之间较宽露出下颌外表，或在前端相互接触，之间仅具 1 缝隙。上、下唇在口角处相连。唇后沟在颏部中间隔断。须 2 对，上颌须或退化。鼻孔每侧 2 个，紧邻。眼中等或较小，上侧位。眼间隔宽，稍突出。鳃盖膜与峡部相连。背鳍末根不分支鳍条为弱硬刺或仅基部稍硬，后缘光滑或具弱锯齿，分支鳍条 8 根。臀鳍分支鳍条 5 根。尾鳍叉形。鳞中等大小。侧线完全。鳃耙短小。下咽齿 3 行。鳔 2 室。

光唇鱼属鱼类卵有毒，误食会引起腹泻、腹痛、头晕、呕吐等中毒症状，猫、鸡等动物食鱼卵会引起死亡。

本属湖南分布有 5 种。

【古文释鱼】①《辰州府志》（席绍葆、谢鸣谦等）："阳公鱼，一名羊角鱼，一名车似公，状如鲫，子有毒，食之胗人"。②《永州府志》（吕恩湛、宗绩辰）："永明有彪鱼，当即虎斑鱼，亦名石矾鱼者而又别列斑鱼，疑指溪涧中之杜父、吹沙等鱼，杜父、吹沙亦有斑也，询之其邑，土人亦不能辨"。③《沅陵县志》（许光曙、守忠）："阳公鱼，一名羊角鱼，一名车似公，状如鲫，子有杀人。南方溪涧石上生鱼，亦名石斑，至春有毒，以其与蛇交也。《辰溪县志》'石斑鱼，白鳞黑斑，浮游水面，春与蛇交，子有毒，不可食'。合观之，盖即一物也"。④《新宁县志》（张葆连、刘坤一）："阳鲚，大者四五寸，虽数丈石瀑，能飞行而上，其肠腹有毒不可食，俗呼为羊胶鱼"。⑤《永绥厅志》（董鸿勋）："羊角鱼，六七月水平处有，长如羊角，大止羊角，色起黑斑点"。⑥《蓝山县图志》（雷飞鹏、邓以权）："石斑鱼，俗呼石窠鱼，体扁狭长，口大头圆，鳞甚细，唇红背绿微有斑纹，腹微红，大者长二尺许。华阴水、钟水有之"。

091. 吉首光唇鱼 *Acrossocheilus jishouensis* Zhao, Chen *et* Li, 1997（图 106）

俗称：羊角鱼、花鱼

Acrossocheilus jishouensis Zhao, Chen *et* Li（赵俊，陈湘粦和李文卫），1997，动物学研究，18（3）：243（吉首）；刘良国等，2013a，海洋与湖沼，44（1）：148（沅水怀化、五强溪水库）；刘良国等，2014，南方水产科学，10（2）：1（资水桃江）；向鹏等，2016，湖泊科学，28（2）：379（沅水五强溪水库）；李鸿等，2020，湖南鱼类系统检索及手绘图鉴：36，170，廖伏初等，2020，湖南鱼类原色图谱，126。

濒危等级：省重点保护野生动物，《湖南省地方重点保护野生动物名录》（湘政函〔2002〕172 号）。

标本采集：标本 23 尾，采自沅水支流猛洞河。

形态特征：背鳍 iv-8；臀鳍 iii-5；胸鳍 i-15；腹鳍 i-8。侧线鳞 $40\frac{5\sim65}{3\sim4\text{-}V}41$；背鳍前鳞 12～13；围尾柄鳞 16。鳃耙 7～10。下咽齿 3 行，2·3·5/5·3·2。

体长为体高的 2.9～3.6 倍，为头长的 3.6～4.0 倍，为尾柄长的 5.9～7.0 倍，为尾柄高的 7.6～8.6 倍。头长为吻长的 2.6～3.0 倍，为眼径的 3.9～4.8 倍，为眼间距的 2.8～3.4 倍。尾柄长为尾柄高的 1.2～1.5 倍。

体长稍侧扁，背部在头后方具 1 明显隆起，从该隆起处至背鳍起点稍平直。腹部圆，略显弧型。头在鼻孔前略凹陷，头长小于体高。吻钝圆，向前突出，吻长小于眼后头长。吻皮覆盖于上唇之上，其后缘的裂隙向后延伸至口角。口下位，马蹄形。上颌后伸达鼻孔垂直线，下颌前缘弧形，中部稍露于下唇之前，无角质。唇较厚，上唇完全，包于上颌外表；下唇中部断裂分为左、右2个侧瓣，前端在颏部相接触或仅留1缝隙。上、下唇在口角处相连。唇后沟间距窄，向前延伸至颏部中部，但不相连。须2对，口角须粗且长，显著大于眼径，后伸超过眼中线的下方；上颌须较短，约为口角须长的2/3，一般小于眼径。眼位于头侧的中线上方。眼间隔隆起，间距远大于眼径。鳃盖膜与峡部相连。

　　背鳍外缘在第3—5根分支鳍条间微内凹，鳍条末端突出于鳍条间膜之外，末根不分支鳍条柔软不加粗，与分支鳍条粗细相当，后缘光滑无锯齿。背鳍起点距吻端比距尾鳍基为远。背鳍第1根分支鳍条最长，稍大于背鳍基长。腹鳍短于胸鳍，起点大致位于背鳍第1至第2根分支鳍条的下方，后伸达或不达肛门。胸鳍短于头长，后伸不达腹鳍起点，其间距约为3～4枚鳞片。臀鳍外缘截形，起点位置较后，位于背鳍倒伏后末端的下方，起点距尾鳍基较距腹鳍起点稍近，后伸达或将达尾鳍基。尾鳍叉形，下叶略长于上叶，最长鳍条约为最短鳍条的3.0倍左右。肛门紧接臀鳍起点的前方。

　　体被较大圆鳞，胸部鳞稍小，腹鳍基具1狭长的腋鳞，背鳍、臀鳍具低的鳞鞘。侧线在体前方微向下弯曲呈弧形，在体后方平直，向后伸入尾柄的中线。

　　鳃耙短小，排列稀疏。下咽齿主行第1枚齿最小，第2枚最为粗大，第3枚次之；其余各行齿均不如主行的2～5枚齿大；各齿尖端微弯成钩状。鳔2室，前室小，短圆柱形；后室大，长筒形，从前向后逐渐变细，末端尖，约为前室长的1.5倍。腹膜灰黑色。肠较短，盘曲简单，仅具2道弯曲。

　　福尔马林浸泡标本背部灰黑色，腹部灰白色。体侧的斑纹在不同个体变化较大，有的标本体侧具不规则的黑色大斑，有的标本体侧具5～6条模糊不清的垂直横纹和（或）1条沿侧线隐约可见的纵纹，还有的标本无成形的斑纹。背鳍、尾鳍灰黑色，其余各鳍近灰白色。背鳍间膜的黑色条纹在不同个体变化较大，有的很清晰，有的较模糊；有的只在部分鳍条的间膜上具黑条纹，臀鳍间膜均具黑色条纹。

　　生物学特性：栖息于水流湍急的溪流和清澈的深潭。成鱼昼伏夜出，杂食性。

　　资源分布：分布范围较窄，仅见于沅水上游支流。

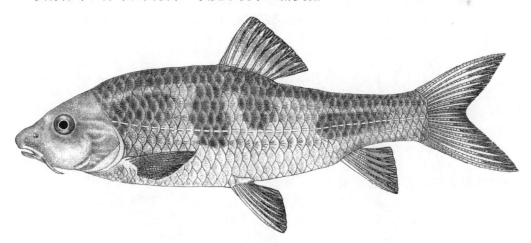

图106　吉首光唇鱼 *Acrossocheilus jishouensis* Zhao, Chen *et* Li, 1997

092. 侧条光唇鱼 *Acrossocheilus parallens* (Nichols, 1931)（图107）

　　俗称：石毫鱼、羊角鱼

Barbus (*Lissochilichthys*) *parallens* Nichols, 1931a, *Lingnan Sci. J.*, 10(4): 455（广东龙头山）。

Acrossocheilus (*Lissochilichthys*) *parallens*：唐家汉和钱名全，1979，淡水渔业，（1）：10（洞庭湖）；唐家汉，1980a，湖南鱼类志（修订重版）：93（湘江）；林益平等（见：杨金通等），1985，湖南省渔业区划报告集：73（湘江）；唐文乔，1989，中国科学院水生生物研究所硕士学位论文：38（麻阳，吉首）。

Acrossocheilus parallens：唐文乔等，2001，上海水产大学学报，10（1）：6（沅水水系的辰水、武水、酉水）；吴婕和邓学建，2007，湖南师范大学自然科学学报，30（3）：116（柘溪水库）；曹英华等，2012，湘江水生动物志：139（湘江潇水蓝山）；李鸿等，2020，湖南鱼类系统检索及手绘图鉴：36，172。

Lissochilus labiatuas：梁启燊和刘素孆，1966，湖南师范学院学报（自然科学版），（5）：85（澧水）。

Acrossocheilus labiatus：唐文乔等，2001，上海水产大学学报，10（1）：6（沅水水系的辰水、酉水，澧水）；吴婕和邓学建，2007，湖南师范大学自然科学学报，30（3）：116（柘溪水库）；牛艳东等，2012，湖南林业科技，39（1）：61（怀化中方县康龙自然保护区）。

Acrossocheilus (*Lissochilichthys*) *labiatus*：唐文乔，1989，中国科学院水生生物研究所硕士学位论文：38（保靖）。

标本采集：标本 10 尾，采自武水临武、湘江上游蓝山及支流浏阳河、沅水麻阳。

形态特征：背鳍iv-8；臀鳍iii-5；胸鳍 i -14～16；腹鳍ii-8。侧线鳞 $38\frac{5\sim6}{3.5\sim4.5-V}40$；背鳍前鳞 11～14；围尾柄鳞 16。鳃耙 7～9。下咽齿 3 行，2·3·5/5·3·2。

体长为体高的 3.0～3.6 倍，为头长的 3.7～4.1 倍，为尾柄长的 5.4～6.5 倍，为尾柄高的 7.9～9.1 倍。头长为吻长的 2.6～3.5 倍，为眼径的 3.8～4.8 倍，为眼间距的 2.4～3.1 倍。尾柄长为尾柄高的 1.3～1.6 倍。

体延长而侧扁。头后背部稍隆起，背缘弧形，腹部圆，弧度与背部相当。头侧扁。吻锥形，端部圆钝而前突，吻长约等于眼后头长。吻皮止于上唇基部，与上唇分离，与前眶骨交界处具 1 裂沟。口较小，下位，马蹄形，上颌末端达鼻孔下方。唇肉质肥厚，上唇完整，包于上颌外表。下颌前端露出唇外，无角质。下唇分左、右 2 瓣，在颏部中部相互接触或靠近。上、下唇在口角处相连。唇后沟深，向前几伸至颏部中部，中断，其间隙甚狭小，小于眼径的 1/5。须 2 对，较发达，口角须稍长于上颌须，等于或大于眼径。鼻孔位于眼的前上角，靠近眼前缘。眼上侧位，眼间隔较宽，隆起。鳃盖膜与峡部相连。

背鳍外缘斜截或浅凹，末根不分支鳍条不变粗，后缘锯齿不明显，末端柔软分节；背鳍起点距吻端较距尾鳍基稍远。胸鳍长小于头长，略大于腹鳍长，末端距腹鳍起点 3～4 枚鳞片。腹鳍起点位于背鳍第 1 根分支鳍条基的下方，后伸不达肛门。臀鳍紧接肛门之后，外缘稍呈弧形或斜截，起点位于腹鳍起点至尾鳍基间的中点或稍前。尾鳍叉形，最长鳍条大于中部最短鳍条的 2 倍。

体被较大圆鳞，排列整齐，胸部鳞略小。侧线完全，较平直地延伸至尾鳍基中部。背鳍及臀鳍基具鳞鞘，腹鳍基具 1 狭长腋鳞。

鳃耙短小，较尖，排列稀疏。下咽齿稍侧扁，顶端尖，钩状；主行外侧第 1 枚齿短小，第 2 枚齿最大，锥形。鳔 2 室，后室长圆形，约为前室长的 2.0 倍。腹膜棕黑色。

浸泡标本背部灰褐色，腹部浅黄色。体侧具 6 条垂直黑色条纹，每条占 2～3 枚鳞片，雌鱼条纹显著；雄鱼不明显，仅限于侧线以上，沿侧线具 1 条黑色纵条纹，至尾鳍基色更深。各鳍灰白色。雄鱼吻部及前眶骨外表具发达的珠星，臀鳍亦具珠星；雌鱼仅吻部具少量珠星。

生物学特性：

【生活习性】 喜栖息于水质优良、水流较缓、水浅的溪流底层，底质多为砂石或砾石。

【年龄生长】 个体小，生长速度慢。以鳞片作为年龄鉴定材料，退算体长：1 龄 6.2cm、2 龄 8.7cm、3 龄 10.8cm、4 龄 12.0cm（蓝昭军等，2015a）。

【食性】 杂食性，以藻类为主，也摄食水生昆虫和植物碎屑等（徐嘉良，2010）。

【繁殖】 1 龄性成熟，繁殖期 2—8 月，高峰期 3—7 月，分批次产卵，每年产 2～3 次。卵径较大，IV 期卵巢中成熟卵径为 2.3～3.0mm。不同地区相对繁殖力差异较大，北江为 42.0～203.0 粒/g，流溪河为 12.0～36.0 粒/g（蓝昭军等，2015b）。

资源分布： 洞庭湖、湘江和沅水曾有分布，现见于湘江和沅水中上游，尚有部分资源量。

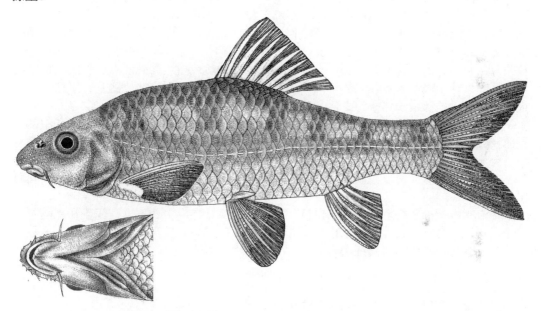

图 107　侧条光唇鱼 *Acrossocheilus parallens* (Nichols, 1931)

093. 半刺光唇鱼 *Acrossocheilus hemispinus* (Nichols, 1925)（图 108）

俗称： 石包鱼、石斑鱼、羊角鱼

Barbus (Lissochilichthys) hemispinus Nichols, 1925d, *Amer. Mus. Novit.*, (185): 2（福建南平）。

Acrossocheilus (Lissochilichthys) hemispinus hemispinus. 唐家汉，1980a，湖南鱼类志（修订重版）：94（湘江、沅水）；林益平等（见：杨金通等），1985，湖南省渔业区划报告集：73（湘江、资水、沅水、澧水）；朱松泉，1995，中国淡水鱼类检索：57（湘江、资水、沅水、澧水）。

Acrossocheilus hemispinus hemispinus：吴婕和邓学建，2007，湖南师范大学自然科学学报，30（3）：116（柘溪水库）。

Acrossocheilus hemispinus：曹英华等，2012，湘江水生动物志：141（湘江衡阳常宁）；Lei et al., 2015, *J. Appl. Ichthyol.*, 2（湘江）；李鸿等，2020，湖南鱼类系统检索及手绘图鉴：36，173。

标本采集： 标本 15 尾，采自资水邵阳、武冈。

形态特征：背鳍iv-8；臀鳍iii-5；胸鳍 i -15～17；腹鳍ii-8。侧线鳞$38\frac{5\sim6}{3\sim4}$-V 41；背鳍前鳞11～13；围尾柄鳞16。鳃耙10～13。下咽齿3行，2·3·5/5·3·2。

体长为体高的3.0～3.7倍，为头长的3.6～4.1倍，为尾柄长的5.2～6.4倍，为尾柄高的8.3～9.6倍。头长为吻长的2.4～2.9倍，为眼径的4.3～5.4倍，为眼间距的2.6～3.2倍。尾柄长为尾柄高的1.3～1.7倍。

体侧扁。头较小，鼻孔前背部稍凹陷，头后背部稍隆起。背缘稍呈弧形，腹部圆，较平直。吻稍尖而突出，吻皮下垂止于上唇基部，与前眶骨交界处具1裂沟斜入口角。口小，下位，马蹄形，口宽约为头宽的1/3。唇肥厚，肉质，上唇完整。上、下唇于口角处相连。下唇分左、右2瓣，相互接近，在颏部具1狭窄裂隙。下颌前缘具角质，外露于下唇之前。须2对，口角须较长，约等于眼径；上颌须约为口角须长的1/2～3/4。鼻孔位于眼的前上角，靠近眼前缘。眼上侧位。鳃盖膜与峡部相连。

背鳍外缘截形，末根不分支鳍条较粗，后缘具锯齿，末端柔软分节；背鳍起点距吻端约等于距尾鳍基，背鳍长小于头长。胸鳍略长于腹鳍，后伸不达腹鳍起点，相距3～4枚鳞片。腹鳍起点与背鳍第1根分支鳍条相对，后伸达或接近臀鳍起点。臀鳍紧接肛门之后，起点位于腹鳍起点与尾鳍基间的中点或稍前，后伸接近或达尾鳍基。尾鳍叉形，最长鳍条大于中部最短鳍条的2倍。

体被较大圆鳞，排列整齐，胸部鳞略小。侧线完全，较平直地延伸至尾鳍基中部。背鳍及臀鳍基具鳞鞘，腹鳍基具1狭长腋鳞。

鳃耙短而尖，排列稀疏。下咽齿较小，稍侧扁，顶端尖而微钩曲；主行外侧第2和第3枚齿较膨大。鳔2室，后室圆筒形，末端尖细，为前室长的2.0倍左右。腹膜灰黑色。

浸泡标本背部灰褐色，腹部灰白色。背鳍和尾鳍微黑，多数标本在鳃盖和尾鳍基各具1黑斑，少数标本在尾柄背部出现一些不甚明显的黑条。较大个体雄鱼吻部具多数细小的角质颗粒，雌鱼吻部具细密沟纹。

生物学特性：

【生活习性】喜栖息于水流湍急、水质清澈、砂石底质的山区溪流、江河的中上游及其支流中。喜集群，群体不大，善跳跃。

【年龄生长】个体不大，生长速度慢，最大个体体长仅17.0cm，体重0.3kg。

【食性】杂食性，主要摄食水生昆虫、底栖无脊椎动物、附着藻类、植物碎屑等。

【繁殖】1龄性成熟，繁殖期4—5月，一次性产卵。在浅水激流中产卵。成熟卵圆形，黄色或橘黄色，卵粒大，卵径1.7～2.0mm。受精卵具弱黏性，吸水后微膨胀，黏性消失。水温25.0～28.0℃时，受精卵孵化脱膜需62.0h；初孵仔鱼全长5.6～7.2mm；7日龄仔鱼鳔形成，开口摄食，全长11.5～12.8mm；9日龄卵黄囊吸尽，进入仔鱼晚期阶段。15日龄仔鱼全长12.3～13.8mm，各鳍鳍条完全形成并有黑色素沉积，体黑色条纹增至7条，进入稚鱼期。21日龄鳞片开始形成，全长14.0～15.8mm；25日龄鳞被完成，侧线形成，进入幼鱼期；65日龄幼鱼全长46.1～60.0mm，头部的1条黑色条纹消失，剩余条纹开始变淡；6月龄后，黑色条纹逐渐变淡或消失（陈熙春，2013）。

资源分布：洞庭湖及湘、资、沅、澧"四水"中上游曾有分布，现主要见于湘江和澧水上游，数量较少。

图 108　半刺光唇鱼 *Acrossocheilus hemispinus* (Nichols, 1925)

094. 薄颌光唇鱼 *Acrossocheilus kreyenbergii* **(Regan, 1908)**（图 109）

俗称： 羊角鱼；**别名：** 带半刺光唇鱼

Gymnostoma hemispinus Regan, 1908c, *Ann. Mag. Nat. Hist.*, 1(8): 109（河北定县南谷庄）；Kreyenberg *et* Pappenheim, 1908, *Sitz. Ges. Nat. Freunde Beerl.*, (4): 97（长江）。

Acrossocheilus (Lissochilichthys) hemispinus cinctus：唐家汉，1980a，湖南鱼类志（修订重版）：94（湘江、沅水）；中国科学院水生生物研究所等，1982，中国淡水鱼类原色图集（第一集），106（湘江）；林益平等（见：杨金通等），1985，湖南省渔业区划报告集：73（湘江、沅水）；胡海霞等，2003，四川动物，22（4）：226（通道县宏门冲溪）；郭克疾等，2004，生命科学研究，8（1）：82（桃源县乌云界自然保护区）。

Acrossocheilus cinctus：牛艳东等，2011，湖南林业科技，38（5）：44（城步芙蓉河）；吴倩倩等，2016，生命科学研究，20（5）：377（通道玉带河国家级湿地公园）。

Acrossocheilus hemispinus cinctus：刘良国等，2013b，长江流域资源与环境，22（9）：1165（澧水慈利、石门）；刘良国等，2013a，海洋与湖沼，44（1）：148（沅水怀化）；刘良国等，2014，南方水产科学，10（2）：1（资水新邵、安化、桃江）；向鹏等，2016，湖泊科学，28（2）：379（沅水五强溪水库）。

Acrossocheilus kreyenbergii：曹英华等，2012，湘江水生动物志：142（湘江江华）；李鸿等，2020，湖南鱼类系统检索及手绘图鉴：36，174；廖伏初等，2020，湖南鱼类原色图谱，132。

标本采集： 标本 25 尾，采自湘江江华、浏阳。

形态特征： 背鳍 iv-8；臀鳍 iii-5；胸鳍 i -15；腹鳍 ii-8。侧线鳞 $39\dfrac{5.5\sim6.5}{3.5\sim4.5\text{-}\mathrm{V}}41$。鳃耙 12～15。下咽齿 3 行，2·3·5/5·3·2。

体长为体高的 2.9～3.9 倍，为头长的 3.7～4.5 倍，为尾柄长的 5.4～6.6 倍，为尾柄高的 8.4～9.7 倍。头长为吻长的 2.6～3.3 倍，为眼径的 3.4～5.0 倍，为眼间距的 2.6～2.9 倍。尾柄长为尾柄高的 1.2～1.6 倍。

体延长，稍侧扁。头背微隆，体背和腹部弧形。头较小，吻钝圆，突出。吻长稍大于或等于眼后头长。吻皮下垂止于上唇基部，在前眶骨前缘具一明显裂沟，与唇后沟相通。口下位，弧形。上颌末端不达眼前缘下方。唇肉质，上唇较厚，包于上颌外表，与上颌之间具明显缝痕。上下唇于口角处相连，下唇分左右两瓣，前端稍向中央靠近，间距较狭窄。下颌前缘与下唇分离，有弧形锐利角质。须 2 对，口角须大于眼径，吻须稍短。眼中等大，侧上位。鳃盖膜与峡部相连。鳃耙较短而尖，排列稀疏。下咽齿顶端尖而钩曲。鳔2室，前室椭圆形，后室长筒形，约为前室的2.5倍。腹膜灰黑色。

背鳍外缘斜截形，鳍条末端突出于鳍膜之外。末根不分支鳍条略变粗，后缘具弱锯齿，末端柔软分节；背鳍起点位于吻端至尾鳍基的中点。胸鳍稍长于背鳍和腹鳍，短于头长，末端不达腹鳍起点。腹鳍起点与背鳍第一根分支鳍条相对，后伸不达肛门。臀鳍紧接肛门之后，外缘斜截形或稍凸，起点位于腹鳍起点至尾鳍基的中点或稍近前者，末端达到或近尾鳍基。尾鳍叉形，最长鳍条约为中央最短鳍条的2倍以上。

鳞片中等大，胸前鳞略小。背鳍和臀鳍具明显鳞鞘，腹鳍基具长形腋鳞。侧线完全，腹鳍前段微下凹，后段较平直地延伸至尾柄中央。

甲醛标本黄褐色，背部色深，略带青黑，至腹部色变浅。体侧具6条黑色垂直条纹，横跨背部，约占2列鳞片宽，在尾鳍基的一条成为较大黑斑。部分个体在黑条之间有1至数条短带，沿侧线有一条隐约可见的纵带。各鳍浅黄色，背鳍间膜为黑色。

生物学特性：中下层鱼类，主要栖息于砂石底质河段，在水流湍急、水质清澈的溪流石隙间聚集成群，喜钻入石缝内。主要摄食附着于岩石上的藻类、水中植物碎屑、底栖无脊椎动物、水生昆虫等。1龄即可性成熟，性成熟期间雄鱼吻部具数行排列稀疏的粗大珠星，有的雌鱼亦具珠星，繁殖期4—6月，卵有毒，勿食。个体较小，最大个体可达0.15kg。鲜活个体幼鱼颜色艳丽，具观赏价值。

资源分布：洞庭湖及湘、资、沅、澧"四水"曾有分布，现主要见于湘江、沅水，数量较少。

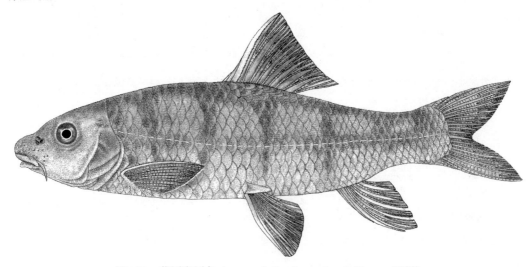

图109 薄颌光唇鱼 *Acrossocheilus kreyenbergii* (Regan, 1908)

095. 宽口光唇鱼 *Acrossocheilus monticola* (Günther, 1888) （图110）

俗称：羊角鱼；**别名**：山涧光唇鱼

Crossocheilus monticola Günther, 1888, *Ann. Mag. Nat. Hist.*, 1(6): 431（宜昌）；Nichol, 1928, *Bull. Ann. Mus. Nat. Hist.*, 58(1): 14；袁凤霞等，1985，湖南水产，(6): 37（溇水）；唐文乔等，2001，上海水产大学学报，10（1）: 6（澧水）；李鸿等，2020，湖南鱼类系统检索及手绘图鉴: 36, 175；廖伏初等，2020，湖南鱼类原色图谱，134。

Lissochilus monticola：梁启燊和刘素孋，1966，湖南师范学院学报（自然科学版），（5）：85（澧水）。

标本采集：标本 5 尾，采自张家界市桑植县。

形态特征：背鳍iv-8；臀鳍iii-5；胸鳍 i -14～16；腹鳍 ii-8。侧线鳞 $41\frac{6.5}{4\sim5\text{-}V}43$；背鳍前鳞 13～16；围尾柄鳞 16。鳃耙 13～18。下咽齿 3 行，2·3·5/5·3·2。

体长为体高的 3.1～3.9 倍，为头长的 4.2～5.0 倍，为尾柄长的 5.6～6.5 倍，为尾柄高的 7.9～9.3 倍。头长为吻长的 2.8～3.6 倍，为眼径的 3.4～4.5 倍，为眼间距的 2.1～2.8 倍。尾柄长为尾柄高的 1.3～1.7 倍。

体延长而侧扁。头后背部稍隆起，腹部圆，弧度与背部相当。头较小，稍侧扁。吻钝圆，稍向前突出。吻长小于眼后头长。吻皮下垂包于上唇基部，在前眶骨前缘具侧沟后行与唇后沟相通。口下位，口裂弧形，上颌伸至鼻孔后缘的下方。上唇完整，较厚，包于上颌外表。下唇分 2 侧瓣，仅限于下颌两侧的外表。唇后沟伸至颏部，中断，间距约为口宽的 2/3。下颌稍呈弧形，具发达角质。须 2 对，上颌须极细弱；口角须稍长，但小于眼径。鼻孔靠近眼前缘。眼上侧位，眼间隔稍隆起。鳃盖膜与峡部相连。

背鳍外缘圆弧形，末根不分支鳍条不变粗，柔软分节，后缘光滑无锯齿；背鳍起点距吻端较距尾鳍基为近；背鳍长小于头长。胸鳍略长于腹鳍，后伸不达腹鳍起点，相距 3～4 枚鳞片。腹鳍后伸不达肛门。臀鳍起点紧接肛门之后，外缘斜截形，后伸达或接近尾鳍基。尾鳍叉形，最长鳍条约为中部最短鳍条的 2.5 倍。

体被较大圆鳞，排列整齐，胸部鳞稍小；背鳍及臀鳍基具明显鳞鞘，腹鳍基具 1 狭长腋鳞。侧线完全，几乎平直地延伸至尾鳍基中部。

鳃耙短而尖，排列较疏。下咽齿稍侧扁，顶端尖而钩曲；主行外侧第 1 枚齿最短小，第 2 枚膨大。

浸泡标本体灰褐色，背部色深，至腹部色变浅。体侧隐约可见 6～7 条垂直黑条纹。胸鳍和腹鳍灰白色，其余各鳍微黑。吻端及两侧具 2～3 行发达的珠星。

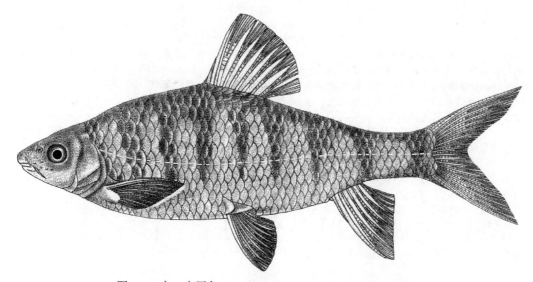

图 110　宽口光唇鱼 *Acrossocheilus monticola* (Günther, 1888)

生物学特性：繁殖期 4—5 月，分散在产卵场区域进行产卵活动，产卵行为多发生在夜间。产卵场底质为卵石或砾石，水质清澈、流速较缓的浅水区域。卵圆形，金黄或橘黄、淡黄色，沉性，卵径 1.6～2.1mm，遇水具弱黏性，卵膜径 2.3～2.6mm。水温 19.5～21.2℃时，受精卵孵化脱膜需 56.5h；初孵仔鱼全长 6.0～6.2mm，肌节 38 对，体透明，眼晶体上出现稀疏黑色素（严太明等，1999）。

资源分布：澧水上游有分布，但数量稀少。

（050）白甲鱼属 *Onychostoma* Günther, 1896

Onychostoma Günther, 1896, *Ann. Mus. Zool. Acad. Sci. St. Petersb.*, 1: 211.

模式种：*Onychostoma laticeps* Günther

体延长，纺锤形，侧扁，腹部圆。头中等。吻端圆突。吻皮盖住上唇基部，与上唇分离，之间具 1 深沟，侧面一般在眶前骨前缘具深沟，斜向口角。口宽大，下位或亚下位，呈 1 横裂或两侧稍向后弯曲，口宽几达此处吻宽的全部。上唇紧贴于上颌外表，下唇较肥厚，在口角处和上唇相连。唇后沟短，中断。下颌宽阔，前缘平直，外露，一般具角质薄锋。须 2 对、1 对或消失，一般较细短；上颌须退化，有则更为细短。鼻孔每侧 2 个，紧邻。眼中等大小，上侧位。眼间隔宽，稍突出。鳃孔大。鳃盖膜在前鳃盖骨后缘下方与峡部相连。背鳍末根不分支鳍条细弱柔软，或为粗壮硬刺，后缘光滑或具锯齿。臀鳍末根不分支鳍条柔软分节，分支鳍条 5 根。尾鳍叉形。体被圆鳞，侧线完全。鳃耙短小，排列紧密。下咽齿 3 行。鳔 2 室。

本属湖南分布有 6 种。

【古籍中的嘉鱼】古籍中嘉鱼的记载颇多，而嘉鱼究竟为何种鱼类，我国鱼类学家尚存争议。成庆泰先生认为嘉鱼为虎嘉鱼 *Hucho bleekeri*（虎嘉哲罗鲑），属鲑形目鲑科，理由是《本草纲目》卷 44，鳞部嘉鱼条下引任昉（460—509）《益州记》中"嘉鱼，蜀郡处处有之，状似鲤而鳞细如鳟，肉肥而美，大者五、六斤"。李思忠先生根据虎嘉鱼的形态特征、地理分布及无春出穴冬入穴的习性等，认为嘉鱼不应该是虎嘉鱼。刘成汉（1964）、熊天寿（1990）则认为嘉鱼为裂腹鱼属鱼类，四川的渔民至今还称这类鱼为嘉鱼。李思忠先生亦不赞成该观点，认为裂腹鱼属鱼类无"春末出游，冬月入穴"的习性。李思忠先生认为嘉鱼应该为突吻鱼属 *Varicorhinus*（现为白甲鱼属 *Onychostoma*）鱼类，原因是该属鱼类为广布性鱼类，体形似鲤，鳞细如鳟，并有春末出穴，冬入穴的习性（李思忠，1986）。湖南地方志古籍中，仅《直隶澧州志》和《安乡县志》有嘉鱼的记载，裂腹鱼属冷水性鱼类，根据调查，湖南仅石门县壶瓶山及张家界市慈利、桑植有分布，在当地称为雅鱼、阳（洋）鱼，而澧洲和安乡属洞庭湖地区，并无裂腹鱼分布，而白甲鱼在湖南则是分布相对较广的鱼类。所以，湖南记载的嘉鱼为李思忠先生认为的白甲鱼属鱼类的可能性更大。嘉鱼"鳟鳞""鳞细如鳟"中的"鳟"应指赤眼鳟，而非虹鳟类细鳞鱼类，嘉鱼的鳞细只是相对于鲤而言。在张家界地区，当地群众也将粗须白甲鱼、小口白甲鱼称为泉鱼，如《永定县乡土志》（侯昌铭、王树人）中有"泉鱼，各鱼产溪河中，味清而腴，无泥腥气……又泉鱼出各溪泉，尤肥美可口"。但需要指出的是，湖南分布的裂腹鱼有"春末出游，冬月入穴"的习性。

【古文释鱼】①《直隶澧州志》（何玉棻、魏式曾、黄维瓒）："嘉鱼，鲤质，鳟鳞，肌肉甚美，食乳泉，出于丙穴。《诗》'南有嘉鱼'。池塘中亦可畜之"。②《永定县乡土志》（侯昌铭、王树人）："泉鱼，各鱼产溪河中，味清而腴，无泥腥气……又泉鱼出各溪泉，尤肥美可口"。③《安乡县志》（王㯽）："嘉鱼，《澧志》：鲤首，鳟鳞，肌肉甚美，即金鳅鱼"。

096. 粗须白甲鱼 *Onychostoma barbatum* (Lin, 1931)（图 111）

俗称：黄尾子、泉鱼（子）、钱鱼（子）；**别名**：粗须铲颌鱼、粗须突吻鱼

Gymnostomus barbatus Lin（林书颜），1931，南中国鲤鱼及似鲤鱼类之研究，113（广西瑶山和湖南）。

Varicorhinus barbutus：梁启燊和刘素孏，1966，湖南师范学院学报（自然科学版），（5）：85（澧水）。

Varicorhinus（Scaphesthes）barbatus：唐家汉，1980a，湖南鱼类志（修订重版）：96（湘江）；林益平等（见：杨金通等），1985，湖南省渔业区划报告集：73（湘江、资水、沅水、澧水）；林人端（见：成庆泰等），1987，中国鱼类系统检索（上册）：147（湖南）；农牧渔业部水产局等，1988，中国淡水鱼类原色图集（第二集）：75（湘江）；陈景星等（见：黎尚豪等），1989，湖南武陵源自然保护区水生生物：124（张家界喻家嘴、自然保护区管理局、林场、夹担湾、水绕四门、紫草潭、闺门岩、百丈峡等地）；朱松泉，1995，中国淡水鱼类检索：60（湖南）；胡海霞等，2003，四川动物，22（4）：226（通道县宏门冲溪）。

Varicorhinus barbatus：陈毅峰（见：刘明玉等），2000，中国脊椎动物大全：124（湖南）。

Scaphesthes barbatus：唐文乔，1989，中国科学院水生生物研究所硕士学位论文：39（吉首、龙山、保靖、桑植）；唐文乔等，2001，上海水产大学学报，10（1）：6（沅水水系的辰水、武水、酉水，澧水）。

Onychostoma barbata：单乡红等（见：乐佩琦等），2000，中国动物志 硬骨鱼纲 鲤形目（下卷）：129（吉首）；康祖杰等，2010，野生动物，31（5）：293（壶瓶山）；康祖杰等，2010，动物学杂志，45（5）：79（壶瓶山）；康祖杰等，2019，壶瓶山鱼类图鉴：156（壶瓶山）。

Onychostoma barbatum：李鸿等，2020，湖南鱼类系统检索及手绘图鉴：37，176；廖伏初等，2020，湖南鱼类原色图谱，136。

标本采集：标本 36 尾，采自张家界慈利江垭、桑植等地。

形态特征：背鳍 iv-8；臀鳍 iii-5；胸鳍 i -16；腹鳍 ii-9。侧线鳞 $47\frac{6\sim7.5}{4\sim5-V}49$。鳃耙 17～21。下咽齿 3 行，2·3·5/5·3·2。

体长为体高的 3.7～3.8 倍，为头长的 4.4～4.8 倍，为尾柄长的 5.9～6.1 倍，为尾柄高的 10.0～10.7 倍。头长为吻长的 2.6～3.2 倍，为眼径的 3.8～4.6 倍，为眼间距的 2.4～2.9 倍。尾柄长为尾柄高的 1.6～1.8 倍。

体长，稍侧扁，背、腹缘稍平。头较长。吻圆突，吻皮包于上颌基部，仅颌缘裸露，前眶骨前缘具 1 明显侧沟，斜向口角；吻长约等于眼后头长。口亚下位，口裂呈"凹"字形；颌角止于鼻孔后缘下方；口宽小于头长的 1/3。唇后沟短，仅限于口角，约为眼径的 1/2。下颌裸露，颌前缘横向平直，具角质薄锋。须 2 对，上颌须短小，口角须稍粗长，但小于眼径的 1/2。鼻孔每侧 2 个，位于眼的上角，距眼前缘较距吻端为近。眼上侧位，稍靠近吻端。眼间隔微隆。鳃盖膜在前鳃盖骨后缘下方与峡部相连。

背鳍外缘微内凹，末根不分支鳍条稍粗，末端柔软分节，起点距吻端大于其基末距尾鳍基。胸鳍后伸远不达腹鳍起点。腹鳍起点位于背鳍基中部的下方，后伸远不达肛门。肛门紧靠臀鳍起点。臀鳍不达尾鳍基。尾鳍叉形。

体被较大圆鳞，胸腹部鳞不变小；背鳍和臀鳍基无鳞鞘；腹鳍基外侧具 1 枚狭长的腋鳞。侧线完全，胸鳍上方微下弯，胸鳍末再稍向上沿体轴中部后行至尾柄正中。

鳃耙短小，排列稀疏。下咽齿细长，末端钩曲。鳔 2 室。

体蓝绿色，背暗绿色。尾鳍浅黄色，其余各鳍灰黄色。

生物学特性：栖息于水质清冷的溪流或高山峡谷的山涧中，摄食水生昆虫及附着于岩石上的藻类。

资源分布：洞庭湖及湘、资、沅、澧"四水"中上游曾有分布，现主要见于澧水上游，数量较少。

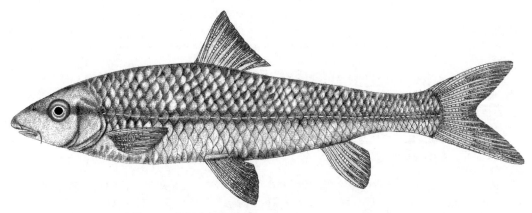

图 111　粗须白甲鱼 *Onychostoma barbatum* (Lin, 1931)

097. 短须白甲鱼 *Onychostoma brevibarba* Song, Cao *et* Zhang, 2018（图 112）

俗称：衡东白甲鱼、罗氏玉湖白甲鱼

Onychostoma brevibarba Song, Cao *et* Zhang（宋雪林，曹亮和张鹗），2018，*Zootaxa*，4410(1): 147-163（衡东县）；李鸿等，2020，湖南鱼类系统检索及手绘图鉴：37，177；廖伏初等，2020，湖南鱼类原色图谱，138。

Varicorhinus (Scaphe) barbatulus：贺顺连等，湖南农业大学学报（自然科学版），2000，26（5）：379[洣水茶陵（湘江水系）]。

标本采集：标本 10 尾，采自洣水衡东县。

形态特征：背鳍 iv -8；臀鳍 iii -5；胸鳍 i -14～17；腹鳍 i -8～9。侧线鳞 $43 \frac{6～6.5}{4.0～4.5 \text{-} V} 45$；背鳍前鳞 12～15；围尾柄鳞 16。鳃耙 32～41。下咽齿 3 行，2·3·5/5·3·2。

体长为体高的 3.7～5.1 倍，为头长的 3.7～4.2 倍，为尾柄长的 4.9～6.2 倍，为尾柄高的 9.1～11.5 倍。头长为吻长的 2.8～3.3 倍，为眼径的 3.4～4.0 倍，为眼间距的 2.5～3.0 倍，为口宽的 2.4～3.1 倍。尾柄长为尾柄高的 1.9～2.1 倍。

体延长，稍侧扁；吻端向后逐渐隆起，至背鳍起点处达体最高点，背鳍起点之后逐渐下降，直至尾鳍基之前；尾柄由前向后逐渐变细，在尾鳍基之前稍凹陷。头中等，头长大于头高，头高大于头宽。吻钝短，吻长小于眼后头长。吻皮下包，盖住上颌基部，吻皮侧端具 1 条深沟直通口角。口下位，横裂，口裂较宽，口角稍后弯。唇薄，上唇光滑，完全盖住上颌，在口角处与下唇相连；下唇简单，与下颌相连，仅限于下颌两侧。唇后沟位于口角须基部之后，几垂直，左、右不相连。下颌具角质薄锋。须 2 对，上颌须位于吻皮侧端，短小不明显；口角须稍长，但远不及眼径的 1/4。鼻孔每侧 2 个，紧邻，位于眼前缘，距眼前缘较吻端为近，前鼻孔后缘具半月形鼻瓣。眼稍小，上侧位，位于头的前半部，靠近吻端。眼间隔宽而微凸。鳃孔大。鳃盖膜在前鳃盖骨后缘下方与峡部相连。

背鳍末根不分支鳍条柔软，后端柔软分节，后缘光滑；起点位于腹鳍起点之前，距吻端较距尾鳍基为近；边缘稍内凹。胸鳍第 2 根分支鳍条最长，后伸达胸鳍起点至腹鳍起点间中点稍后。腹鳍起点约位于背鳍基中部下方，第 1—2 根分支鳍条最长，后伸达腹鳍起点至臀鳍起点中点之后，不达肛门。臀鳍边缘微凹，起点约位于腹鳍起点至尾鳍基的中点，后伸达尾鳍基。尾鳍深叉形。

　　体被中等圆鳞，胸腹部被鳞，沿腹部中线附近鳞片略小。背鳍和臀鳍基具鳞鞘，腹鳍基具腋鳞。侧线完全，背鳍基中部之前微弯，之后几近平直，向后延伸至尾柄正中。

　　鳃耙短小，排列紧密。下咽齿匙形，稍侧扁，末端稍钩曲，主行齿第 2 枚最大。鳔发达，2 室，前室椭圆形，后室细长。肠细长，约为体长的 5.0 倍。腹膜黑色。

　　头顶和体背黄绿色；头部纵轴以下及体侧侧线以下银白色；体侧鳞片具黑边和黑点。沿侧线上方具 1 条黄色条纹。背鳍、臀鳍和尾鳍橙黄色，鳍膜间具与鳍条平行的黑色条纹；胸鳍和腹鳍橙色，鳍条颜色鲜艳，鳍膜透明。瞳孔后缘上方具橙色斑点。

　　生物学特性：中下层鱼类，栖息于水流较缓、水质清澈、底质为沙子和砾石的山涧溪流中，江河中下游较少。主要以固着藻类为食，也摄食水生无脊椎动物和植物碎片。

　　资源分布：分布范围窄，仅见于湘江支流洣水

图 112　短须白甲鱼 *Onychostoma brevibarba* Song, Cao *et* Zhang, 2018

098. 白甲鱼 *Onychostoma simum* (Sauvage *et* Dabry de Thiersant, 1874)（图 113）

俗称：沙（鲨）鱼；**别名**：准突吻鱼、准白甲鱼

Barbus (*Systomus*) *simus* Sauvage *et* Dabry de Thiersant, 1874, *Ann. Sci. Nat. Paris*, (6)1(5): 8（长江）。

Varicorhinus (*Onychostoma*) *simus*：唐家汉和钱名全，1979，淡水渔业，（1）：10（洞庭湖）；唐家汉，1980a，湖南鱼类志（修订重版）：97（沅水）；林益平等（见：杨金通等），1985，湖南省渔业区划报告集：73（洞庭湖、湘江、资水、沅水、澧水）；何业恒，1990，湖南珍稀动物的历史变迁：149（湘江中游）。

Onychostoma simus：唐文乔，1989，中国科学院水生生物研究所硕士学位论文：40（麻阳、保靖、桑植）；唐文乔等，2001，上海水产大学学报，10（1）：6（沅水水系的辰水、酉水、澧水）。

Onychostoma sima：吴婕和邓学建，2007，湖南师范大学自然科学学报，30（3）：116（柘溪水库）。

Onychostoma simum：李鸿等，2020，湖南鱼类系统检索及手绘图鉴：37，178；廖伏初等，2020，湖南鱼类原色图谱，140。

　　【古文释鱼】《湖南通志》（卞宝第、李瀚章、曾国荃、郭嵩焘）：“辰沅以上皆危滩急湍，鱼类甚少，以鲨鱼为上品，大者可二三尺，肉紧而肥，非毛诗之吹沙小鱼，亦非海族之化虎大鱼，盖别一种，土人以鲨名之尔”。

濒危等级：省重点保护野生动物，《湖南省地方重点保护野生动物名录》（湘政函〔2002〕172 号）。

标本采集：标本 5 尾，为 20 世纪 70 年代采集，现藏于湖南省水产科学研究所标本馆。

形态特征：背鳍iv-8；臀鳍iii-5；胸鳍 i -16；腹鳍 ii-8。侧线鳞 $47\frac{7\sim8.5}{4\sim5.5\text{-}V}49$。鳃耙 30~36。下咽齿 3 行，2·3·4/4·3·2。

体长为体高的 3.0~3.6 倍，为头长的 4.5~5.5 倍，为尾柄长的 5.0~5.8 倍，为尾柄高的 7.5~9.0 倍，头长为吻长的 2.3~3.0 倍，为眼径的 3.6~5.2 倍，为眼间距的 1.9~2.6 倍。尾柄长为尾柄高的 1.8~2.0 倍。

体侧扁，纺锤形，头后背部稍隆起。头较短。吻圆钝，吻长约等于眼后头长，吻皮下垂盖住上颌中部，吻侧在前眶骨前缘具 1 斜沟走向口角。口亚下位，略呈弧形，口宽约为头长的 1/2，上颌末端达眼前缘下方。下颌裸露，角质薄锋发达。下唇仅限于口角。唇后沟短，小于眼径的 1/2。幼鱼具口角须 1 对，或同时具上颌须 1 对，成鱼须退化或消失。鼻孔每侧 2 个，紧邻，位于眼前缘。眼上侧位，眼间隔隆起。鳃盖膜在前鳃盖骨后缘下方与峡部相连。

背鳍外缘内凹，末根不分支鳍条为较强硬刺，后缘具锯齿，起点距吻端稍大于其基末距尾鳍基。胸鳍后伸不达腹鳍起点。腹鳍起点位于背鳍基中部的下方，后伸接近肛门。肛门紧靠臀鳍起点。臀鳍后伸不达尾鳍基。尾鳍叉形。

体被较大圆鳞，胸腹部鳞较小。背鳍和臀鳍基具鳞鞘。腹鳍基具狭长腋鳞。侧线完全，胸鳍处略下弯后平直伸入尾柄正中。

鳃耙短小，侧扁，三角形，排列紧密。下咽齿末端膨大，稍弯。鳔 2 室，前室圆筒形，后室细长，为前室长的 2.0 倍稍多。

背部灰绿色，腹部灰白色，各鳍浅黄色。

生物学特性：

【生活习性】中下层鱼类，喜集群，栖息于水流湍急、底质砾石的江段。每年 11 月下旬进入干流湾沱中越冬。

【年龄生长】1~4 龄生长速度快，5 龄之后有所减缓。

【食性】以刮食固着藻类为主，兼食小型底栖动物及植物碎片。

【繁殖】3 龄性成熟，繁殖期 4—6 月。成熟卵圆球形，淡黄色，沉性，卵径 2.0~2.3mm，相对繁殖力低，2.0kg 的亲本繁殖力约为 3 万粒。繁殖期雄鱼体色较深，吻端、胸鳍和臀鳍基具白色珠星，手感粗糙；雌鱼无珠星，腹部膨大，生殖孔微红。产卵场多分布于干流及支流浅滩急流处，卵附着于被水淹没的岩石、杂草或其他硬物上孵化。

受精卵遇水膨胀，具弱黏性，卵膜径 2.8~2.9mm。水温 23.0~25.0℃时，受精卵孵化脱膜约需 48.0h；初孵仔鱼全长 5.5~6.6mm，肌节 48 对；7 日龄仔鱼消化道发育完全，开口摄食；13 日龄仔鱼卵黄囊消失，各鳍分化完全；68 日龄鳞被完成，稚鱼期发育结束（李勇等，2006）。

资源分布：洞庭湖及湘、资、沅、澧"四水"中上游曾有分布。味道鲜美，为沅水"五大名鱼"（青、沙、撩、鲤、哈）之一的沙鱼（白甲鱼或稀有白甲鱼），现已非常稀少。

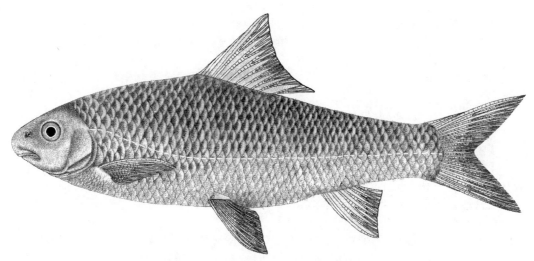

图 113　白甲鱼 *Onychostoma simum* (Sauvage *et* Dabry de Thiersant, 1874)

099. 葛氏白甲鱼 *Onychostoma gerlachi* (Peters, 1881)（图 114）

俗称：田懒鱼；**别名**：南方突吻鱼、南方白甲鱼

Barbus gerlachi Peters, 1881, *Mon. Akad. Wiss. Berl.*: 1034（香港）。
Varicorhinus (Onychostoma) gerlachi：唐家汉，1980a，湖南鱼类志（修订重版）：98（湘江江华）；林益平等（见：杨金通等），1985，湖南省渔业区划报告集：73（湘江）。
Varicorhinus gerlachi：陈毅峰（见：刘明玉等），2000，中国脊椎动物大全：124（湖南）。
Onychostoma gerlachi：曹英华等，2012，湘江水生动物志：147（湘江衡阳常宁）；李鸿等，2020，湖南鱼类系统检索及手绘图鉴：37，179；廖伏初等，2020，湖南鱼类原色图谱，142。

【本种的中文名】"Meridionale"一词在拉丁文中有"南方的"之意，比如南方鳅鲀*Gobiobotia meridionalis*、南方鲇 *Silurus meridionalis*，以此类推，*Onychostoma meridionale* Kottelat, 1998 就应该译为"南方白甲鱼"，但该种在中国无分布。通常讲的南方白甲鱼 *O. gerlachi*，根据词源学应该译为"葛氏白甲鱼"。

标本采集：标本 3 尾，采自湘江上游。

形态特征：背鳍iv-8；臀鳍iii-5；胸鳍 i -17；腹鳍 ii -9。侧线鳞 $47\dfrac{6.5\sim7.5}{4\sim5\text{-}V}51$。鳃耙 27～34。下咽齿 3 行，2·3·5/5·3·2。

体长为体高的 3.4～4.2 倍，为头长的 4.8～5.2 倍，为尾柄长的 5.7～6.3 倍，为尾柄高的 11.1～12.7 倍。头长为吻长的 2.6～2.8 倍，为眼径的 3.5～4.5 倍，为眼间距的 2.1～2.3 倍。尾柄长为尾柄高的 1.8～2.2 倍。

体长稍侧扁，腹部圆，尾柄细长。头短钝。吻短圆，吻长约等于眼后头长。吻皮下垂盖住上唇基部，在前眶骨的前缘具 1 斜沟走向口角。口亚下位，口裂宽，呈一横裂。上颌末端达鼻孔后缘下方；下颌裸露，角质薄锋发达。下唇仅限于口角。唇后沟很短，小于眼径的 1/2。幼鱼具口角须 1 对，或同时具上颌须 1 对，成鱼须退化。鼻孔每侧 2 个，紧邻，位于眼前方，距眼前缘较距吻端为近。眼上侧位。鳃盖膜在前鳃盖骨后缘下方与峡部相连。

背鳍末根不分支鳍条为硬刺，其后缘具锯齿，起点距吻端约等于其基末距尾鳍基。胸鳍后伸不达腹鳍起点。腹鳍起点位于背鳍起点稍后，后伸不达肛门。肛门紧靠臀鳍起点。尾柄较细长，尾鳍叉形。

体被较大圆鳞，胸、腹部鳞较小。背鳍和臀鳍基具鳞鞘。腹鳍基具狭长腋鳞。侧线完全，平直伸入尾柄正中。

鳃耙短小，侧扁，三角形，排列紧密。下咽齿具斜凹面，末端稍弯。鳔2室。腹膜黑色。

背部青蓝色，腹部灰黄色，各鳍褐黄色。

生物学特性：

【生活习性】喜栖息于水质清澈、砾石底质河流。

【年龄生长】个体不大，1～2龄生长速度较快，3龄后生长速度减缓。以鳞片为年龄鉴定材料，退算体长：1龄15.8cm、2龄21.6cm、3龄25.7cm、4龄29.5cm。

【食性】刮食性鱼类，主要食物为硅藻和绿藻，兼食少量蓝藻、黄藻、高等植物碎屑、水生昆虫幼体、水生环节动物、贝类等。

【繁殖】2龄性成熟，少数1龄可达性成熟，繁殖期4月开始，5—7月为产卵盛期，卵巢发育不同步，属分批次产卵。成熟卵径2.1～2.4mm，单次相对繁殖力较低（潘炳华和郑文彪，1986；邹佩贞等，2011）。

资源分布：洞庭湖和湘江曾有分布，现仅见于湘江上游，数量稀少。

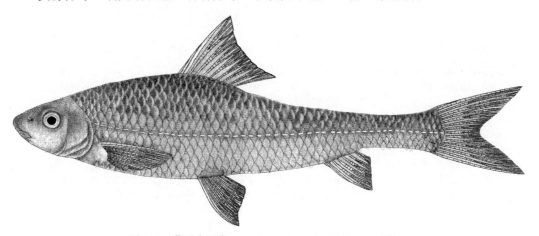

图114　葛氏白甲鱼 *Onychostoma gerlachi* (Peters, 1881)

100. 稀有白甲鱼 *Onychostoma rarum* (Lin, 1933)（图115）

俗称：沙鱼、耒耙子；**别名：**稀有突吻鱼

Varicorhinus rarus Lin（林书颜），1933b, *lingnan Sci. J.*, 12(2): 204（贵州运江）；陈毅峰（见：刘明玉等），2000，中国脊椎动物大全：125（湖南）。

Onychostoma rarus: Bănărescu, 1971, *Rev. Roum. Biol. (Zool.)*, 16(4): 246（西江）；唐文乔等，2001，上海水产大学学报，10（1）：6（沅水水系的酉水）。

Varicorhinus (Onychostoma) rarus: 伍献文等，1977，中国鲤科鱼类志（下卷）：317（大江口、洞庭湖、麻阳、安江、洪江、铜湾、溆浦）；唐家汉和钱名全，1979，淡水渔业，（1）：10（洞庭湖）；唐家汉，1980a，湖南鱼类志（修订重版）：100（湘江、沅水洪江）；林益平等（见：杨金通等），1985，湖南省渔业区划报告集：73（洞庭湖、湘江、资水、沅水、澧水）；林人端（见：成庆泰等），1987，中国鱼类系统检索（上册）：148（沅江）；朱松泉，1995，中国淡水鱼类检索：61（沅水）。

Onychostoma rarum: 单乡红等（见：乐佩琦等），2000，中国动物志 硬骨鱼纲 鲤形目（下卷）：

137（沅陵、大江口、洞庭湖、麻阳、安江）；李鸿等，2020，湖南鱼类系统检索及手绘图鉴：37，180；廖伏初等，2020，湖南鱼类原色图谱，144。

濒危等级：濒危，《中国物种红色名录 第一卷 红色名录》（汪松和解焱，2004）；省重点保护野生动物，《湖南省地方重点保护野生动物名录》（湘政函〔2002〕172 号）。

标本采集：标本 10 尾，采自沅水。

形态特征：背鳍iv-8；臀鳍iii-5；胸鳍 i -16～17；腹鳍ii-8。侧线鳞$43\frac{6.5\sim8}{4\sim5\text{-}V}44$。鳃耙 29～37。下咽齿 3 行，2·3·4/4·3·2。

体长为体高的 2.7～3.5 倍，为头长的 4.7～5.1 倍，为尾柄长的 5.2～6.7 倍，为尾柄高的 8.0～9.0 倍。头长为吻长的 2.2～2.9 倍，为眼径的 3.5～4.1 倍，为眼间距的 1.7～2.5 倍。尾柄长为尾柄高的 1.2～1.4 倍。

体纺锤形，侧扁。头较短。吻圆钝；吻长约等于眼后头长；吻侧在前眶骨的前缘具 1 条走向口角的斜沟。吻皮下垂包住上唇基部，仅露出上唇边缘。口下位，横裂，略呈弧形，口宽几等于此处头宽，约为头长的 1/2。上颌末端达眼前缘下方；下颌裸露，角质薄锋发达。下唇仅限于口角。唇后沟约为眼径的 1/3。须 2 对，上颌须细小，有时退化为 1 对小凸起；口角须稍长，约为眼径的 1/2。鼻孔每侧 2 个，位于眼前缘，距眼前缘较距吻端稍近。眼侧位。眼间隔隆起。鳃盖膜在前鳃盖骨后缘下方与峡部相连。

背鳍外缘浅凹，末根不分支鳍条为硬刺，其后缘具锯齿，末端柔软分节；起点距吻端等于或稍大于其基末距尾鳍基。胸鳍后伸不达腹鳍起点。腹鳍起点位于背鳍中部的下方，后伸不达肛门。肛门紧靠臀鳍起点。臀鳍后伸不达或接近尾鳍基。尾鳍叉形。

体被较大圆鳞，胸、腹部鳞变小，背鳍和臀鳍基具鳞鞘。腹鳍基具狭长的腋鳞。吻端多具珠星。侧线完全，自鳃孔上角稍下弯至胸鳍末端上方，后平直伸入尾柄正中。

鳃耙短小，排列紧密。下咽齿较细，齿面斜截状，末端稍弯曲。鳃耙短小，三角形，排列细密。下咽齿末端钩曲。鳔 2 室，后室长，为前室长的 2.0 倍以上。腹膜黑色。

背部灰蓝色。腹部灰白色。各鳍灰黄色。

【年龄生长】最大个体可达 3.9kg。根据鳞片鉴定年龄，退算体长：1 龄 14.3cm、2 龄 20.3cm、3 龄 25.5cm、4 龄 29.6cm。

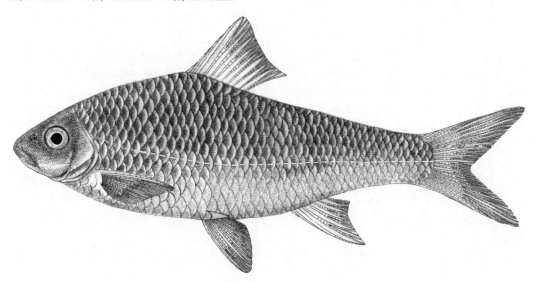

图 115　稀有白甲鱼 *Onychostoma rarum* (Lin, 1933)

【食性】主要以藻类为食，兼食节肢动物、原生动物、软体动物、高等植物碎屑和鱼类等。

【繁殖】雄鱼 2 龄性成熟，雌鱼 3 龄性成熟，繁殖期 5—8 月。繁殖期雄鱼吻端、吻侧具发达白色珠星，雌鱼仅在吻端具少量珠星或无（王晓辉，2006）。

资源分布：湘、资、沅、澧"四水"中上游曾有分布，目前其分布地域严重萎缩，仅在沅水支流巫水有少量分布。

101. 小口白甲鱼 *Onychostoma lini* (Wu, 1939)（图 116）

俗称：红尾子、石朗鱼；**别名：**小口突吻鱼

Varicorhinus lini Wu（伍献文），1939, *Sinensia*, 10(1-6): 103（阳朔）；陈毅峰（见：刘明玉等），2000，中国脊椎动物大全：125（湖南）。

Varicorhinus (Onychostoma) lini：唐家汉，1980a，湖南鱼类志（修订重版）：99（湘江零陵、沅水洪江）；林益平等（见：杨金通等），1985，湖南省渔业区划报告集：73（湘江、资水、沅水、澧水）；林人端（见：成庆泰等），1987，中国鱼类系统检索（上册）：148（沅江）；朱松泉，1995，中国淡水鱼类检索：61（沅水）。

Onychostoma lini：唐文乔，1989，中国科学院水生生物研究所硕士学位论文：40（麻阳）；单乡红等（见：乐佩琦等），2000，中国动物志 硬骨鱼纲 鲤形目（下卷）：137（沅陵、辰溪）；唐文乔等，2001，上海水产大学学报，10（1）：6（沅水水系的辰水、酉水、澧水）；曹英华等，2012，湘江水生动物志：149（湘江江华）；李鸿等，2020，湖南鱼类系统检索及手绘图鉴：37，181；廖伏初等，2020，湖南鱼类原色图谱，146。

Crossocheilus monticola：袁凤霞等，1985，湖南水产，（6）：37（溇水）。

Lissochilus monticola：梁启燊和刘素嬺，1966，湖南师范学院学报（自然科学版），（5）：85（澧水）。

濒危等级：易危，《中国物种红色名录 第一卷 红色名录》（汪松和解焱，2004）。

标本采集：标本 20 尾，采自沅水、资水、澧水。

形态特征：背鳍iv-8；臀鳍iii-5；胸鳍 i -17；腹鳍ii-9。侧线鳞 $48\dfrac{6.5\sim7}{4\sim5\text{ - V}}49$。鳃耙 19～26。下咽齿 3 行，2·3·5/5·3·2。

体长为体高的 3.8～4.3 倍，为头长的 4.3～4.9 倍，为尾柄长的 5.5～6.5 倍，为尾柄高的 10.7～11.5 倍。头长为吻长的 2.2～3.1 倍，为眼径的 3.5～4.9 倍，为眼间距的 2.6～3.0 倍。尾柄长为尾柄高的 1.6～1.8 倍。

体延长，稍侧扁，腹部圆，尾柄细长。头较尖，头长小于体高。吻钝，吻长约等于眼后头长。吻皮下垂盖住上唇基部；吻侧在前眶骨的前缘具 1 条走向口角的斜沟。口小，下位，马蹄形，口宽约等于吻宽，口角间距较窄。上唇包在上颌外表；下唇仅限于口角处，上、下唇在口角处相连；唇后沟短，止于口裂拐角处。下颌裸露，前缘横向较直，角质薄锋发达。须 2 对，上颌须细小，口角须较长，约为眼径的 1/2。鼻孔每侧 2 个，紧邻，位于眼前方，距眼前缘较距吻端为近。眼位于头部正中，上侧位。眼间隔弧形。鳃盖膜在前鳃盖骨后缘下方与峡部相连。

背鳍外缘内凹，末根不分支鳍条为硬刺，后端柔软分节，后缘具锯齿。背鳍起点距吻端大于或等于其基末距尾鳍基。胸鳍后伸不达腹鳍起点。腹鳍起点位于背鳍第 3—5 根分支鳍条的下方，后伸不达肛门。肛门紧靠臀鳍起点。臀鳍后伸不达或接近尾鳍基。尾鳍叉形。

体被大圆鳞，胸、腹部鳞稍小，背鳍和臀鳍基具鳞鞘。腹鳍基具狭长的腋鳞。侧线完全。

鳃耙短小，三角形，排列较密。下咽齿细长，主行内侧 2 枚齿末端稍尖，其余齿顶端稍膨大，微弯。鳔 2 室，前室圆筒形，后室细长。腹膜黑色。

体蓝灰色，背部颜色深，腹部颜色淡，尾鳍红色，其余各鳍灰黄色。

生物学特性：

【生活习性】性温和，中下层鱼类，栖息于水流湍急、水质清澈、底质为砾石的支流或溪流中。每年立夏前后成群溯河上游，立秋前后顺水而下，冬季于干流乱石堆的深水处越冬。

【年龄生长】个体不大，生长速度慢。个体体长 1 龄 12.0～15.0cm、2 龄 17.0～19.0cm，3 龄可达 27.0cm，较大个体重量可达 500.0g 左右。

【食性】刮食性鱼类，主要摄食硅藻和绿藻，偶尔摄食摇蚊幼虫和其他水生昆虫等。肠长为体长的 2.0 倍以上。

【繁殖】2～3 龄性成熟，繁殖期 5—7 月。成熟卵粒橘黄色，卵径较小，弱黏性。繁殖期雄鱼体色加深，吻端、胸鳍和臀鳍基具白色珠星；雌鱼腹部膨大，无珠星。产卵场多在浅滩急流处，受精卵附着在水底砾石上孵化（郭建莉等，2012；梅杰等，2014）。

资源分布：洞庭湖及湘、资、沅、澧"四水"中上游曾有分布，现见于"四水"上游，数量较少。

图 116　小口白甲鱼 *Onychostoma lini* (Wu, 1939)

（051）瓣结鱼属 *Folifer* Wu, 1977

Folifer Wu（伍献文），1977，中国鲤科鱼类志（下卷），上海：上海人民出版社：327。

模式种：*Cyprinus tor* Hamilton = *Tor hamiltoni* Gary

体长而稍侧扁。头长。吻尖，吻皮与上唇分离，向前伸或稍向下垂，止于上唇基部。口下位，马蹄形，前上颌骨能伸缩。唇厚，一般为肉质，紧贴于上、下颌的外表；上、下唇在口角处相连，被吻皮包盖少部分；下唇与下颌不分离，下唇分成 3 叶，在颏部侧瓣之间具发达的中叶，一般呈舌状；唇后沟在颏部中间被中叶遮盖，两侧的唇后沟在中叶的背面相通。须 2 对，上颌须较微弱，或完全退化，口角须较粗壮。眼中上位。鳃盖膜与峡部相连。背鳍外缘内凹，末根不分支鳍条稍变粗或为硬刺，后缘具锯齿。尾柄细长，尾鳍叉形。侧线完全，末端伸入尾柄正中。腹鳍基具 1 三角形的腋鳞。鳃耙短小。下咽齿 3 行。鳔 2 室，前室短于后室。

本属湖南仅分布有 1 种。

102. 瓣结鱼 *Folifer brevifilis* (Peters, 1881)（图 117）

俗称：哈鱼、重口、哈司、马嘴；**别名**：短鳍结鱼

Barbus (*Labeobarbus*) *brevifilis* Peters, 1881, *Mon. Akad. Wiss. Berl.*, 1033（香港）；Wu（伍献文），1930b, *Contr. Boil. Lab. Sci. Soc. China*, 6(5): 48（湖南）。

Tor brevifilis：梁启燊和刘素嬿，1966，湖南师范学院学报（自然科学版），(5)：85（澧水）。

Tor (*Folifer*) *brevifilis brevifilis*：湖北省水生生物研究所鱼类研究室，1976，长江鱼类：38（沅江）；唐家汉，1980a，湖南鱼类志（修订重版）：101（沅水、资水）；林益平等（见：杨金通等），1985，湖南省渔业区划报告集：73（湘江、资水、沅水、澧水）；林人端（见：成庆泰等），1987，中国鱼类系统检索（上册）：149（澧水、沅水）；单乡红等（见：乐佩琦等），2000，中国动物志 硬骨鱼纲 鲤形目（下卷）：155（沅江）；曹英华等，2012，湘江水生动物志：133（湘江衡阳常宁）。

Tor brevifilis brevifilis：陈毅峰（见：刘明玉等），2000，中国脊椎动物大全：126（湖南）；唐文乔等，2001，上海水产大学学报，10（1）：6（澧水）；吴婕和邓学建，2007，湖南师范大学自然科学学报，30（3）：116（柘溪水库）。

Folifer brevifilis：唐文乔，1989，中国科学院水生生物研究所硕士学位论文：41（麻阳、保靖）；李鸿等，2020，湖南鱼类系统检索及手绘图鉴：37，182；廖伏初等，2020，湖南鱼类原色图谱，148。

【古文释鱼】①《石门县志》（梅峄、苏益馨）："重唇，俗呼双鳞，味极美"。②《直隶澧州志》（何玉棻、魏式曾、黄维瓒）："重唇，形如青鱼，口有重唇，出石门东阳潭"。

濒危等级：省重点保护野生动物，《湖南省地方重点保护野生动物名录》（湘政函〔2002〕172 号）。

标本采集：标本 20 尾，采自湘江、资水、沅水。

形态特征：背鳍 iii-8；臀鳍 iii-5；胸鳍 i -17；腹鳍 i -8。侧线鳞 $45\dfrac{5.5\sim6.5}{4\sim4.5\text{-V}}47$。鳃耙 29～36。下咽齿 3 行，2·3·5/5·3·2。

体长为体高的 4.1～4.4 倍，为头长的 3.6～3.8 倍，为尾柄长的 4.9～5.4 倍，为尾柄高的 10.6～13.0 倍。头长为吻长的 2.0～2.3 倍，为眼径的 5.3～6.3 倍，为眼间距的 3.0～3.4 倍。尾柄长为尾柄高的 1.9～2.2 倍。

体长而稍侧扁，腹部圆，尾部较细。头较长，头长小于体高。吻尖突，吻长大于眼后头长；吻皮下包盖住上唇基部，与上唇分离，吻侧在前眶骨的前缘各具 1 条裂纹；吻端皮片状。口狭小，下位，马蹄形。上颌突出于下颌。唇厚肉质，紧贴于颌的外表；上唇向上翻卷；下唇后翻，形成 2 个较狭长的侧叶和 1 个宽阔的中叶；上、下唇在口角处相连；唇后沟在中叶下面相通。须 2 对，均较短小；上颌须藏于吻部中叶后角的裂纹中，口角须位于口角。鼻孔每侧 2 个，位于眼前缘，距眼前缘较距吻端为近。眼较大，上侧位。眼间隔宽阔。鳃盖膜与峡部相连。

背鳍外缘内凹弧形，末根不分支鳍条为粗壮硬刺，其后缘具锯齿，硬刺长短于头长；起点距吻端较距尾鳍基稍近。胸鳍后伸不达腹鳍起点。腹鳍起点位于背鳍起点稍后，后伸不达肛门。肛门紧靠臀鳍起点。臀鳍不达尾鳍基。尾鳍深叉形，上、下叶等长。

体被较大圆鳞，胸部鳞变小，埋于皮下。背鳍和臀鳍基具鳞鞘，腹鳍基具较长的腋鳞。体侧鳞基部多数具黑斑。侧线完全。

鳃耙较短，排列紧密。下咽齿末端尖而呈钩状。鳔 2 室，前室近椭圆形，后室细长。腹膜灰黑色。

背侧深灰带绿色，腹部灰白色，各鳍稍带淡红色。

生物学特性：

【生活习性】中下层鱼类，喜栖息于江河石底急流中。

【年龄生长】生长速度缓慢。退算体长：1 龄 12.2cm、2 龄 20.9cm、3 龄 31.8cm、4 龄 40.7cm。1～2 龄生长速度较快，此后逐渐变慢（谢恩义等，1999；王晓辉等，2006）。

【食性】底层杂食性鱼类，以水生昆虫及其幼、稚虫为主，其次为软体动物的螺蚌类，偶尔也摄食高等植物碎片和丝状藻类。稚鱼以浮游动物为主，兼食少量浮游植物。3—4 月摄食强度高，繁殖前大量摄食，繁殖期不停食（代应贵和陈毅峰，2007；代应贵等，2007；谢恩义等，1999）。

【繁殖】雄鱼多 2 龄性成熟，雌鱼多 3 龄性成熟，繁殖期 4—5 月，分批次产卵。卵圆球形，淡黄色，沉性，卵径 1.7～1.9mm。

受精卵吸水膨胀，出现黏性，卵膜径 2.5～2.7mm。水温 20.5～23.0℃时，受精卵孵化脱膜需 71.0h；初孵仔鱼全长 6.6mm，肌节 38 对；脱膜后 82.0h，鳔 1 室形成，肌节 42 对；6 日龄仔鱼全长 10.0mm 左右，开口摄食；65.0～72.0 日龄仔鱼全身被鳞，仅腹部裸露。

繁殖期，成熟雌鱼腹部膨大，尿殖孔圆形并充血；雄鱼吻周围密布圆锥形灰白色珠星，胸鳍、臀鳍及腹鳍后部具细小珠星，臀鳍以前、侧线鳞以下躯干两侧也布满细小白色珠星；非繁殖期无珠星或珠星退化。产卵场位于滩头，底质为平的卵石或乱石，少有沙粒，水深约 1.0m，流速 1.8～2.5m/s。卵沉性，黏附于水底卵石、泥沙、水草等基质上发育（谢恩义和何学福，1998a，1998b，1999a，1999b；谢恩义等，2002）。

资源分布：味道鲜美，为沅水"五大名鱼"（青、沙、撩、鲤、哈）之一的哈鱼。曾广泛分布于洞庭湖及湘、资、沅、澧"四水"中上游，但目前数量已较少，需加紧制定适当的保护措施，开展人工驯养与资源增殖技术研究。

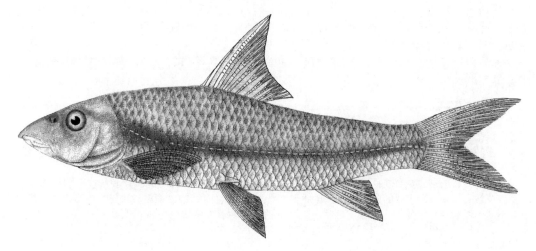

图 117　瓣结鱼 *Folifer brevifilis* (Peters, 1881)

X. 裂腹鱼亚科 Schizothoracinae

体延长略侧扁或近圆筒形，腹部圆。无腹棱。口裂弧形、横裂或马蹄形。下颌角质薄锋发达或无。下唇发达，分叶。唇后沟连续或中断。须2对、1对或无。背鳍末根不分支鳍条较硬，但骨化程度随种类而有差异，后侧缘多数具锯齿，少数种类为光滑软刺。臀鳍具2~3根不分支鳍条和5根分支鳍条。尾鳍叉形。体被细鳞，胸、腹部有时裸露，或全身裸露无鳞，仅肩带部分具少数不规则鳞片。肛门和臀鳍两侧各排列有1列特化的大型臀鳞，形成了腹部中线上的1条裂缝，故称"裂腹"。下咽齿通常3行或2行，个别为4行或1行。鳔2室，后室较前室细长。腹膜通常黑色。

本亚科为中、小型鱼类，喜冷水，栖息于溪流上游激流中。食物主要以着生藻类或底栖无脊椎动物为主，生长速度较缓慢。性成熟迟，通常雄鱼3龄、雌鱼4龄达性成熟，繁殖力低。每年端午节前后，山洪暴发时，从洞穴中游出开始产卵，产卵场多位于底质为砾石的河滩处，受精卵具微黏性，下沉后被水冲入砾石缝隙中发育，鱼卵有毒。

本亚科湖南分布有1属2种。

（052）裂腹鱼属 *Schizothorax* Heckel, 1838

Schizothorax Heckel, 1838, *Wien. Zool. Theil.*, 1: 11.

模式种：*Schizothorax plagiostomus* Heckel

体长，略侧扁，腹部圆。口下位、亚下位或端位，口裂横直，弧形或马蹄形。下颌前缘具弱角质薄锋或发达。下唇发达或不发达，完整不分叶、分二叶或三叶；分叶的种类常具发达的乳突。唇后沟连续或中断。须2对，上颌须和口角须各1对。背鳍iii-7~9。背鳍刺强或弱，其后侧缘具锯齿（幼鱼较明显）。臀鳍iii-5。体被细鳞或仅胸、腹部裸露。侧线鳞通常100左右，鳞径较其上、下方的鳞大。侧线完全，近直线，向后延伸至尾柄正中。下咽骨较狭窄，弧形，长度为宽度的2.5倍以上。下咽齿细圆，顶端尖，稍弯曲，咀嚼面凹入匙状。鳔2室，腹膜黑色。

本属鱼类主要分布于亚洲高原地区，在湖南的分布区域较窄，局限于常德壶瓶山、张家界和湘西地区溪流上游及洞穴中，均属于武陵山脉，湖南分布有2种。

【裂腹鱼侧线上、下鳞的计数方法】裂腹鱼亚科鱼类鳞片多细小、致密且排列不规则，通常很难准确地对侧线上、下鳞进行计数，笔者就此请教了著名鱼类分类学家曹文宣院士，曹先生介绍，在观察时，用蓝墨水在鱼体侧面均匀涂抹，鳞片的边缘会残留墨迹，这样计数时则较容易。经试验后，确实是不错的方法。此方法对于判断爬鳅科等鱼类腹部是否裸露和裸露程度，以及鲹鳅科鱼类背鳍前鳞的有无也非常有效。

【湖南分布的裂腹鱼种类问题】裂腹鱼背鳍末根不分支鳍条的骨化程度（软硬程度）和后缘锯齿的多少及须的长短均为重要的分类性状，虽然曹文宣和邓中粦（1962）、王雪（2016）等均认为这些性状在不同个体间存在差异，为不稳定性状，但目前的分类学著作或发表的研究性论文，仍将其作为主要的检索依据，所以，在发表的有关湖南鱼类研究论文或著作中，出现了齐口裂腹鱼、光唇裂腹鱼、长丝裂腹鱼、中华裂腹鱼、灰裂腹鱼和重口裂腹鱼共6种。灰裂腹鱼和重口裂腹鱼为下颌无角质类群，容易与其他4种进行区分开来，王雪（2016）基于形态和分子证据，认为湖南分布的此类群为重口裂腹鱼，该观点得到了曹文宣的认可。而对于齐口裂腹鱼、光唇裂腹鱼、长丝裂腹鱼和中华裂腹鱼，鉴别则稍困难。康祖杰报道的壶瓶山分布的齐口裂腹鱼和光唇裂腹鱼，其均为下颌具发达角质边缘的类群，两者的主要区别在于齐口裂腹鱼胸部具鳞且下唇不分叶，光唇裂腹鱼胸部裸露且下唇分二叶，但作者未采集到光唇裂腹鱼标本，仅为文献记录，为谨慎起见，本书暂将文献报道的壶瓶山分布的光唇裂腹鱼作为齐口裂腹鱼的误定。而对于齐口裂腹鱼、长丝裂腹鱼和中华裂腹鱼，三者的区别主要在于须的长短和背鳍是否具有硬刺及锯齿，齐口裂腹鱼的须短于或等于眼径（须的长短可能与其生长阶段相关），区别于长丝裂腹鱼和中华裂腹鱼（须较长，约为眼径的 1.5 倍）；长丝裂腹鱼侧线上鳞 23 枚以上且背鳍末根不分支鳍条为强壮硬刺，区别于中华裂腹鱼（侧线上鳞 23 枚以下、背鳍末根不分支鳍条较弱）。在湖南分布的裂腹鱼中，齐口裂腹鱼和重口裂腹鱼已经比较确定，而对于长丝裂腹鱼和中华裂腹鱼，唐文乔等（2001）认为澧水和沅水支流酉水有中华裂腹鱼分布；袁凤霞等（1985）发表了湖南的新记录种齐口裂腹鱼和长丝裂腹鱼，采集地点均在澧水支流溇水，但其文中长丝裂腹鱼的描述（背鳍刺不发达，亦无锯齿）和模式图（背鳍刺发达）矛盾，侧线上鳞（20 枚）也有差异，文中的长丝裂腹鱼应该为齐口裂腹鱼的误定。中华裂腹鱼主要分布于嘉陵江上游及其支流[陈毅峰和曹文宣（见：乐佩琦等），2000]，报道的湖南分布的该种也应为齐口裂腹鱼的误定。裂腹鱼在湖南的分布区主要集中在澧水源（桑植县）及其支流溇水（慈利江垭水库）和漤水（石门壶瓶山），分布区共同的特点是海拔相对较较高，河岸岩溶洞穴密布，地上河与地下河连通，水温较低。然而，因水资源的开发、大坝的修建及人类活动的干扰，湖南裂腹鱼原有分布区大多被破坏，分布区也大幅萎缩。

【古籍中的阳鱼、阴鱼】西汉枚乘所著的《文选》中有"阳鱼腾跃，奋翼振鳞"的记载，但此处的"阳鱼"意指"鸟和鱼"（李善注"曾子曰'鸟鱼皆生于阴，而属于阳'。……鱼游于水，鸟飞于云"）。湖南部分地方志古籍中记载的阳鱼才确指鱼类（如《桑植县志》（周来贺）："阳鱼，产七眼泉，春乘阳出，秋乘阴入。黄色，细鳞，至洪家滩止，又县西北百里有阳鱼泉"），又称洋鱼（子）或洋鱼条子。阳鱼多生活于洞穴中，有"春末出穴，冬入穴"的习性。在春、夏之交，气候发生突变（比如温度突然升高，春雷、洪水暴发等），造成了洞穴内原本较稳定的环境条件发生突然变化（比如气温、水温及水位上升，水体溶氧降低等），阳鱼才"出游"，这可能是阳鱼应对环境变化而做出的一种应激性反应或是繁殖行为，也可能是因饵料的丰歉而引发的季节性的索饵行为；"冬月入穴"则应该是为适应气温降低而做出的季节性的越冬行为。阳鱼名字的来源，有人推测是因其生长在地下不见阳光的洞穴中，只在一年里阳光比较充足的时节（夏季）才出现，因此得名。

清同治年间，魏湘籥、稽有庆修的《续修慈利县志》里记载了一种阴鱼（似鳖，脊青，尾赤，出县北阴鱼淦），根据字面意思，有可能是鲌类，但因记载太少且笔者能够获得的文献资料有限，得名缘由无从考证。

【古文释鱼】①《永定县志》（王师麟、熊国夏、金德荣）："阳鱼，出永石穴中"。②《桑植县志》（周来贺）："阳鱼，产七眼泉，春乘阳出，秋乘阴入。黄色，细鳞，至洪家滩止，又县西北百里有阳鱼泉"。③《直隶澧州志》（何玉棻、魏式曾、黄维瓒）："阳鱼，出慈永石穴中"。

鲤科裂腹鱼亚科裂腹鱼属种检索表

1（2） 下颌角质薄锋发达；下唇不分叶 ……… **103. 齐口裂腹鱼 _Schizothorax prenanti_ (Tchang, 1930)**
2（1） 下颌内侧角质较发达，但不形成锐利角质前缘；下唇分叶 …………………………………
……………………………………… **104. 重口裂腹鱼 _Schizothorax davidi_ (Sauvage, 1880)**

103. 齐口裂腹鱼 _Schizothorax prenanti_ (Tchang, 1930)（图 118）

俗称：齐口、洋鱼、阳鱼、雅鱼；**英文名：**Prenant's schizothoracin

Oreinus prenanti Tchang（张春霖），1930b, _Sinensia_, 1(7): 87（四川峨眉山）。
Schizothorax prenanti: Kimura, 1934, _J. Shanghai Sci. Inst._, 1(3): 130（四川灌县）；唐文乔，1989，中国科学院水生生物研究所硕士学位论文：42（桑植五道水）；王雪，2016，中国科学院水生生物研究所硕士学位论文：19（桑植、石门）；康祖杰等，2019，壶瓶山鱼类图鉴：167（壶瓶山）；李鸿等，2020，湖南鱼类系统检索及手绘图鉴：38，183；廖伏初等，2020，湖南鱼类原色图谱，150。
Schizothorax (Schizothorax) prenanti: 袁凤霞等，1985，湖南水产，(6)：37（溇水）。
Schizothorax (Schizothorax) dolichonema: 袁凤霞等，1985，湖南水产，(6)：37（溇水）。
Schizothorax sp.: 康祖杰等，2010，野生动物，31（5）：293（壶瓶山）；康祖杰等，2010，动物学杂志，45（5）：79（壶瓶山）。

Schizothorax sinensis：唐文乔等，2001，上海水产大学学报，10（1）：6（沅水水系的酉水，澧水）。

Schizothorax lissolabiatus：康祖杰等，2019，壶瓶山鱼类图鉴：168（壶瓶山）。

【齐口裂腹鱼下唇游离缘的形状和背鳍末根不分支鳍条后缘锯齿】齐口裂腹鱼下唇游离缘形状在其不同生长阶段存在差异，小个体中，下唇游离缘为深弧形（宽与深之比约等于 2.0），后缘乳突不明显，随体长的增加，下唇游离缘弧度逐渐变浅且后缘乳突逐渐变明显，大个体下唇游离缘浅弧形（宽与深之比远大于 2.0）。其他裂腹鱼可能也存在此种情况，比如，《中国动物志 硬骨鱼纲 鲤形目（下卷）》（陈毅峰，曹文宣，见：乐佩琦等，2000）中记述的长丝裂腹鱼 *Schizothorax dolichonema* Herzenstein，1889，其附图与《中国鲤科鱼类志（上卷）》（曹文宣，见：伍献文等，1964）的附图（4-1）在下唇游离缘上的形状差异很大，前者为深弧形，后者为浅弧形，可能也是生长阶段不同而造成的差异。

曹文宣（1962）认为裂腹鱼背鳍末根不分支鳍条的骨化程度（软硬程度）和后缘锯齿的多少与其生长阶段有关"一般情况是在同种的较小个体刺较发达，在较大的个体则逐渐变弱，甚至完全为软刺，其后侧缘的锯齿也相应变细小或消失。这种变化情况在不同的种类是有差异的。在进行比较时，不能忽略标本的大小"。

标本采集：标本 20 尾，采自澧水。

形态特征：背鳍iii-8；臀鳍iii-5；胸鳍 i -17～18；腹鳍 i -9～10。侧线鳞 $96\dfrac{17\sim22}{13\sim19\text{-}V}$。鳃耙 15～17。下咽齿 3 行，2·3·5/5·3·2。

体长为体高的 3.3～4.7 倍，为头长的 3.7～4.5 倍，为尾柄长的 5.9～7.3 倍，为尾柄高的 7.4～9.5 倍。头长为吻长的 2.8～3.7 倍，为眼径的 3.4～5.1 倍，为眼间距的 2.7～3.8 倍，为上颌须长的 4.8～7.6 倍，为口角须长的 4.5～6.3 倍。尾柄长为尾柄高的 1.1～1.4 倍。

体延长，稍侧扁；背缘隆起，腹部圆或稍隆起。头锥形。吻略尖。口下位，横裂或略呈弧形；下颌角质薄锋发达，其内侧角质不甚发达；下唇游离缘中部内凹，弧形，其表面具乳突；唇后沟连续。须 2 对，约等长，长度均小于或约等于眼径；上颌须后伸达鼻孔后缘之垂直下方或稍后，口角须后伸达眼中部之垂直下方或稍后。眼上侧位；眼间隔较宽，圆突或略圆突。

背鳍末根不分支鳍条较弱，其后缘每侧具 6～18 枚细小锯齿或仅为锯齿痕迹，甚至柔软光滑；背鳍起点距吻端稍大于或等于距尾鳍基。腹鳍起点与背鳍末根不分支鳍条或第 1 根分支鳍条基部相对；后伸达腹鳍起点与臀鳍起点间的 2/3 处，不达肛门。肛门紧邻臀鳍起点。胸鳍后伸达胸鳍起点至腹鳍起点间的 1/2～2/3 处。臀鳍后伸不达尾鳍基。尾鳍叉形，上、下叶末端较钝。

体被细小圆鳞，排列不整齐；峡部之后至胸腹部一般具明显鳞片。侧线完全，近直行，向后延伸至尾柄正中。

下咽骨狭窄，弧形，长度为宽度的 3.8～5.0 倍；下咽齿细圆，顶端尖而稍钩曲，咀嚼面凹入呈匙状；内行第 1 枚齿细小。肠长为体长的 1.6～3.2 倍。鳔 2 室，其后室长为前室长的 2.0～3.5 倍。腹膜黑色。

新浸泡标本体背部褐色或蓝褐色，或具少许黑褐色斑点，腹部浅黄色；各鳍均浅黄色，背鳍和胸鳍或沾褐。

生物学特性：

【生活习性】底栖鱼类，栖息于水温较低、水流湍急、溶氧高、底质多岩石的山涧河流中。具短距离上溯洄游习性。秋后于河流的深坑或水下岩洞中越冬。

【年龄生长】个体大，生长速度缓慢，最大个体可达 8.0kg。以臀鳞为年龄鉴定材料，退算体长：1 龄 7.2cm、2 龄 16.7cm、3 龄 22.4cm、4 龄 28.6cm、5 龄 35.6cm、6 龄 40.7cm。在水温 21.0～26.0℃情况下，52 日龄、体长达 30.7～32.3mm 时鳞片在鳃盖后缘侧线处最先形成；105 日龄、体长达 45.3～47.9mm 时，整个身体鳞被完成（严太明等，2014；段鹏翔，2015；张金平等，2015）。

　　【食性】以植物性为主的杂食性鱼类，利用下颌角质刮食岩石和泥土上的着生藻类，亦摄食一些小型水生动物和植物碎屑等。

　　【繁殖】雌鱼 4 龄、雄鱼 3 龄性成熟，繁殖期 3—5 月，一次性产卵，相对繁殖力为 5.0～22.0 粒/g。卵圆球形，淡黄色；沉黏性，但黏性极小；卵粒大，卵径 2.1～3.0mm。繁殖期，雄鱼吻部具颗粒状珠星，雌鱼腹部膨大，生殖孔红润。产卵场多位于栖息地上游急流、浅滩、底质为砂石或砾石的水域，水温 11.0～16.0℃。

　　受精卵吸水后膨胀，卵径 4.0mm 左右，卵膜透明。水温 10.2～23.4℃时，受精卵孵化脱膜需 134.0h，初孵仔鱼全长 11.0mm，体无色；1 日龄仔鱼眼色素出现；2 日龄仔鱼胸鳍出现，口可迅速闭合，全长 13.5mm；3 日龄仔鱼臀鳍、背鳍出现，全长 14.0～14.5mm；4 日龄仔鱼消化道发育完整，体色素出现；4～5 日龄仔鱼开始平游，鳔充气，开口觅食，全长达 15.0mm（吴青等，2004；周波等，2013；邵甜等，2015）。

　　资源分布：分布范围窄，仅分布于澧水干流上游及部分支流的海拔较高区域。

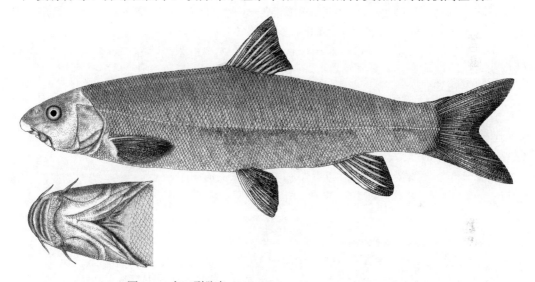

图 118　齐口裂腹鱼 *Schizothorax prenanti* (Tchang, 1930)

104. 重口裂腹鱼 *Schizothorax davidi* (Sauvage, 1880)（图 119）

Schizothorax davidi Sauvage, 1880, *Bull. Soc. Philom. Paris*., 7(4): 227（四川西部）；王雪，2016，中国科学院水生生物研究所硕士学位论文：19（桑植、石门）；李鸿等，2020，湖南鱼类系统检索及手绘图鉴：38，186。

Schizothorax griseus：康祖杰等，2015，四川动物，34（3）：434（壶瓶山）；康祖杰等，2019，壶瓶山鱼类图鉴：171（壶瓶山）。

　　标本采集：标本 5 尾，采自澧水。

　　形态特征：背鳍 iii-8；臀鳍 iii-5；胸鳍 i -18～20；腹鳍 i -9～10。侧线鳞 $96\frac{24～31}{18～25-V}114$。鳃耙 14～16。下咽齿 3 行，2·3·5/5·3·2。

　　体长为体高的 3.7～4.4 倍，为头长的 3.7～4.5 倍，为尾柄长的 5.6～7.9 倍，为尾柄高的 8.7～10.5 倍。头长为吻长的 2.4～3.4 倍，为眼径的 4.0～7.0 倍，为眼间距的 2.6～3.8 倍，为上颌须长的 2.8～4.5 倍，为口角须长的 2.9～4.4 倍。尾柄长为尾柄高的 1.3～1.8 倍。

体延长，稍侧扁；体背缘隆起，腹部圆。头锥形。吻稍钝。口下位，弧形或马蹄形；下颌内侧角质较发达，但不形成锐利的角质薄锋；下唇发达，小个体中叶明显，较大个体中叶被下唇左右叶所覆盖，表面具皱褶，无乳突；唇后沟连续。须 2 对，等长或口角须稍长，均大于眼径；上颌须后伸达眼前缘垂直下方，口角须后伸达或超过眼后缘垂直下方。眼侧上位；眼间距宽，隆起或稍隆起。

体被细鳞，排列不整齐；自峡部后胸、腹部具明显鳞片。侧线完全，在体前部略下弯，后伸入尾柄正中。

背鳍末根不分支鳍条较柔软，其后缘具细小锯齿；背鳍起点距吻端较距尾鳍基远或相等。胸鳍后伸超过胸鳍起点至腹鳍起点间的中点。腹鳍起点一般与背鳍末根不分支鳍条或第 1 根分支鳍条基部相对，后伸达腹鳍起点至臀鳍起点间的 3/5～2/3 处，个别小个体可接近肛门。肛门紧靠臀鳍起点。臀鳍后伸接近尾鳍基。尾鳍叉形，上、下叶约等长。

下咽齿细圆，顶端尖而稍钩曲，咀嚼面凹入呈匙状；主行齿第 1 枚细小。肠短。鳔 2 室，其后室长为前室长的 1.6～2.7 倍。腹膜黑色。

新浸泡标本体背部蓝褐色或蓝灰色，具黑褐色斑点，腹部浅黄色或粉红色；其余各鳍均浅黄色，或沾褐。

生物学特性：

【生活习性】冷水性底层鱼类，主要栖息于水流湍急水体中。

【繁殖】雌鱼 4 龄、雄鱼 3 龄开始性成熟，繁殖期 2—3 月。水温 16.0℃时，受精卵孵化脱膜至少需要 160.0h。初孵仔鱼全长 8.0～10.0mm；7～9 日龄仔鱼全长 12.0～15.0mm，卵黄囊吸尽，可间歇性游动（姜雨杰等，2018）。

资源分布：湖南境内主要分布于壶瓶山，澧水支流溇水。

图 119　重口裂腹鱼 *Schizothorax davidi* (Sauvage, 1880)

XI. 野鲮亚科 Labeoninae

体延长，前段稍侧扁或近圆筒形，腹部圆，无腹棱，尾部侧扁。吻圆钝或稍突出。口下位，弧形或横裂。口唇结构复杂，吻皮为口上部的最外层，向腹面下包并向后延伸，盖住上唇或上颌基部的中央部分，也有盖住上颌的全部，吻皮与上唇之间具深沟相隔；

多数种类吻皮在口角处直接或间接与下唇相连，少数种类不与下唇相连。上唇存在或消失；存在时，或紧包于上颌外表，或彼此分离，不形成口前室；消失时，下唇与下颌分离，口裂向内退缩，以至当口闭合时，在口裂前方由吻皮、下唇和上下颌共同形成一个室状结构，即口前室。通常下唇与下颌分离而成独立的下唇片；部分属的下唇肉质化或向颏部扩展，形成吸盘结构。须短，2 对、1 对或无。背鳍、臀鳍末根不分支鳍条均柔软分节。背鳍起点与腹鳍起点相对，分支鳍条 5～12 根。臀鳍分支鳍条 5 根。侧线完全。下咽骨较小，下咽齿 3 行或 2 行。鳔小，2 室。肠细长，多次盘曲。腹膜灰黑色或黑色。

本亚科湖南分布有 5 属 6 种。

鲤科野鲮亚科属、种检索表

1（2）　上唇存在，在口角与下唇相连；吻皮下垂仅盖住上唇中间基部，侧缘光滑，中间具缺刻[（053）桂鲮属 *Decorus*] ···················· **105. 湘桂鲮 *Decorus tungting* (Nichols, 1925)**

2（1）　上唇消失；吻皮下垂盖住整个上颌

3（10）　下唇在颏部无吸盘；下咽齿 3 行

4（9）　下唇与下颌分离；吻皮边缘多呈弧形，有的开裂成梳状，如中央具缺刻，则缺刻较浅，角度大于 90°

5（6）　吻皮和下唇联合处的内面具系带与上颌相连；口角须细短，一般藏于口角沟内，短于上颌须，上颌须长约等于眼径[（054）直口鲮属 *Rectoris*] ····················· ·················· **106. 泸溪直口鲮 *Rectoris luxiensis* Wu *et* Yao, 1977**

6（5）　吻皮和下唇联合处的内面无系带，上、下颌的侧端均贴在联合处的内面[（055）异华鲮属 *Parasinilabeo*]

7（8）　须发达，须长均远大于眼径；口角须略长于上颌须，后伸达主鳃盖骨前缘，上颌须后伸达眼后缘下方··············**107. 长须异华鲮 *Parasinilabeo longibarbus* Zhu, Lan *et* Zhang, 2006**

8（7）　须短小，均不超过眼径···················· **108. 异华鲮 *Parasinilabeo assimilis* Wu *et* Yao, 1977**

9（4）　下唇与下颌不分离；吻皮边缘呈"∧"形，中央缺刻深，角度约为 60°；吻皮后缘乳突明显[（056）泉水鱼属 *Pseudogyrinocheilus*] ······················· ············ **109. 泉水鱼 *Pseudogyrinocheilus prochilus* (Sauvage *et* Dabry de Thiersant, 1874)**

10（3）　下唇在颏部具圆形吸盘，吸盘周边前部很薄，贴在下唇基部，中部具 1 肉质垫，肉质垫的前部和侧部隆起成 1 个马蹄形构造，吸盘侧边缘及后缘游离，下唇不直接与峡部相连；下咽齿 2 行[（057）盘鮈属 *Discogobio*] ·············· **110. 四须盘鮈 *Discogobio tetrabarbatus* Lin, 1931**

（053）桂鲮属 *Decorus* Zheng, Chen *et* Yang, 2019

Decorus Zheng, Chen *et* Yang（郑兰平，陈小勇和杨君兴），2019, *J. Zool. Syst. Evol. Res.*, 00: 1-8.

模式种： *Labeo decorus* Peters，1881

体长，稍侧扁或近圆筒形。头中等。口下位，宽而呈弧形。吻圆钝，向前突出，侧面具斜沟，向后直达口角。吻皮厚，侧缘光滑，中间具缺刻，下包盖住上唇中部的前端，有深沟与上唇分离。上唇紧包住上颌，与上颌不分离，侧缘具褶皱；上下唇在口角处相连；下唇与下颌具深沟分离，前端具乳突。唇后沟短，中断，仅限于口角。颐沟 1 对。须 1～2 对，短小。鳃盖膜与峡部相连。背鳍、臀鳍末根不分支鳍条均柔软分节。背鳍起点位于腹鳍起点之前，分支鳍条 10～12 根；臀鳍分支鳍条 5 根。鳞中等，胸部鳞小，或埋于皮下；围尾柄鳞多于 20 枚。侧线完全。鳃耙排列紧密。下咽齿 3 行。

本属湖南仅分布有 1 种。

【古籍中的竹鱼、沉香鱼】竹子一直是我国文人骚客赞美的对象，被列为"四君子"和"岁寒三友"之一，而在鱼前加竹名之，足以说明人们对竹鱼的喜爱。南宋著名诗人杨万里有一首题为《竹鱼》的词"银鱼色如银，竹鱼色如竹。渭川千亩秀可掬，都将染成一身绿。鱼生竹溪中，家在竹根菱荇丛。昼餐竹叶与竹米，夜饮竹露吹竹风。前身王子猷，今身赤鲩公。只知爱竹判却命，化作此君苍雪容。渔翁夜傍竹溪宿，鱼惊钓丝冰底缩。朝来钓得水苍玉，先生笑扪藜苋腹"。至今永州及与之毗邻的广西地区，仍有竹鱼的称谓，此为华鲮属鱼类的统称，体背青绿色，与竹子颜色近似（色如竹色），这也是竹鱼名称的起源。竹鱼少刺，味美，为人们所喜食。永州市冷水滩的黄阳司以古渔镇著称，曾出产竹鱼，黄焖竹鱼、清蒸竹鱼为当地的美味佳肴，但目前，竹鱼野生资源已非常稀少。除竹鱼外，郴州桂东县也称华鲮属鱼类为"沉香鱼"，澧水流域则古称为"双鳞"。

105. 湘桂鲮 *Decorus tungting* (Nichols, 1925)（图 120）

俗称：青鱼、龙狗鱼、竹鱼、沉香鱼；**别名：**湘华鲮、洞庭孟加拉鲮、洞庭华鲮

Varicorhinus tungting Nichols, 1925c, *Amer. Mus. Novit.*, (182): 3（洞庭湖）。

Sinilabeo decorus tungting：伍献文等，1977，中国鲤科鱼类志（下卷）：338（洞庭湖）；唐家汉和钱名全，1979，淡水渔业，（1）：10（洞庭湖）；唐家汉，1980a，湖南鱼类志（修订重版）：103（沅水、洞庭湖）；中国科学院水生生物研究所等，1982，中国淡水鱼类原色图集（第一集），115（湘江）；林益平等（见：杨金通等），1985，湖南省渔业区划报告集：73（洞庭湖、湘江、资水、沅水、澧水）。

Labeo diplostomus：梁启燊和刘素嬛，1966，湖南师范学院学报（自然科学版），（5）：85（洞庭湖、湘江、澧水）。

Sinilabeo tungting：陈景星（见：成庆泰等），1987，中国鱼类系统检索（上册）：152（洞庭湖及其上游各支流）；朱松泉，1995，中国淡水鱼类检索：65（洞庭湖及其上游各支流）；张鹗等（见：乐佩琦等），2000，中国动物志 硬骨鱼纲 鲤形目（下卷）：183（岳阳、澧水）；陈毅峰（见：刘明玉等），2000，中国脊椎动物大全：127（洞庭湖及其上游各支流）；唐文乔等，2001，上海水产大学学报，10（1）：6（沅水水系的辰水、酉水、澧水）；吴婕和邓学建，2007，湖南师范大学自然科学学报，30（3）：116（柘溪水库）；李鸿等，2020，湖南鱼类系统检索及手绘图鉴：39，187；廖伏初等，2020，湖南鱼类原色图谱，154。

Bangana tungting: Zhang *et* Chen, 2006b, *Zootaxa*, 1281: 41-54; 曹英华等，2012，湘江水生动物志：153(湘江江华)。

【古文释鱼】①《岭表录异》（刘恂）："竹鱼，产江溪间，形如鳢鱼大而少骨，青黑色，鳞下间以朱点，鬐可玩（通玩），或烹以为羹臛，肥而美"。②《祁阳县志》（旷敏本、李蒨）："竹鱼，李时珍'竹鱼出桂林，湘、漓诸江中，状如青鱼，大而少骨刺，色如竹色，青翠可爱，鳞下间杂以朱点，味如鳜鱼肉，为广南所珍'"。③《桂东县志》（曾钰、林凤仪）："沉香鱼，出二都大水江，味香美，昔传江中时有沉香叶出，故名"。④《直隶澧州志》（何玉棻、魏式曾、黄维瓒）："双鳞，形如青鱼，身略阔，一鳞两叶，出东阳潭"。⑤《永州府志》（吕恩湛、宗绩辰）："零陵有竹鱼，《本草纲目》'竹鱼出湘、漓诸江中，状如青鱼而小骨刺，色如竹，青翠可爱，鳞下间杂朱点，味如鳜鱼'。《县志》'祁阳老山湾产竹鱼'"。

【湘华鲮分类地位的变化】湘华鲮 *Sinilabeo tungting* 为 Nichols 于 1925 年依据采自洞庭湖的标本命名并发表，其最初被置于突吻鱼属 *Varicorhinus* 中；伍献文等（1977）将其划入华鲮属 *Sinilabeo*；Zhang等（2006a）认为华鲮属为单型属，其模式种赫氏华鲮 *S. hummeli* 为长江上游特有种，并在后续文章中（2006b）将我国现有的华鲮属鱼类全部划入孟加拉鲮属 *Bangana*；Zheng 等（2019）则依据吻皮形态、唇后沟的长短及分子生物学上的差异，设立了新属——桂鲮属 *Decorus*。

濒危等级：省重点保护野生动物，《湖南省地方重点保护野生动物名录》（湘政函〔2002〕172 号）。

标本采集：标本 20 尾，采自沅水、资水。

形态特征：背鳍iii-10～12；臀鳍iii-5～6；胸鳍 i -18；腹鳍 i -9。侧线鳞 $42\frac{7\sim8}{6-V}$。鳃耙48。下咽齿 3 行，2·4·5/5·4·2。

体长为体高的 3.7～4.1 倍，为头长的 4.1～4.5 倍，为尾柄长的 6.0～7.0 倍，为尾柄高的 6.0～6.7 倍。头长为吻长的 2.0～2.5 倍，为眼径的 5.0～6.8 倍，为眼间距的 1.9～2.2 倍。尾柄长为尾柄高的 1.0～1.1 倍。

体长，前段较胖圆，后段渐侧扁，尾柄高而侧扁。吻圆钝，吻长等于或稍大于眼后头长。口下位，深弧形。吻皮厚，侧缘光滑，中间具缺刻，下包盖住上唇中部的前端，有深沟与上唇分离。上颌前缘大部分藏于吻皮下面，其掩盖部分的颌缘光滑，裸露部分密集小凸起。下唇贴近下颌的内面具数 10 列斜行排列的小乳突。唇后沟短，中断，仅限于口角。颏沟显著。须 2 对，其中上颌须 1 对，位于吻侧，短小不明显；口角须 1 对，通常藏于唇后沟内。眼上侧位，眼间隔宽阔，光滑微隆。鳃盖膜与峡部相连。

背鳍末根不分支鳍条柔软分节，最长鳍条短于头长，鳍外缘截形，起点距吻端等于或稍小于距尾鳍基。胸鳍后伸不达腹鳍起点。腹鳍起点位于背鳍第 4、5 根分支鳍条的下方，后伸接近或达肛门。肛门靠近臀鳍起点。尾鳍叉形。

体被较大圆鳞，胸部鳞小，埋于皮下。腹鳍基具 1 狭长腋鳞。侧线完全，前端微下弯，向后伸入躯干和尾柄正中。

鳃耙薄片状，三角形，排列紧密。下咽齿，齿面臼状。鳔大，2 室，前室短柱形，后室长柱形，末端稍尖。肠前部稍膨大，后部细长，盘曲多，肠长为体长的 5.0～10.0 倍（幼鱼）、15.0～25.0 倍（成鱼）。腹膜青灰色。

体青绿色，背部及两侧颜色深，鳞片边缘深绿色，中间具 1 个棕红色斑点。各鳍青灰色。

生物学特性：

【**生活习性**】栖息于江河上游底层，性活泼，喜水质清澈、流水、砾石底质的水体。春秋季节在河滩觅食，冬季于江河干流深潭处越冬。

【**年龄生长**】个体大，生长速度较慢，最大个体可达 5.0kg 以上。根据鳞片鉴定年龄，退算体长：1 龄 10.3cm、2 龄 18.5cm、3 龄 26.2cm、4 龄 33.8cm。根据湖南省水产科学研究所人工养殖数据，1 龄个体体长 9.1cm、2 龄 15.6cm、3 龄 19.4cm、4 龄 23.1cm，生长速度缓慢，其对人工配合饲料摄食率不高（刘素文，1981）。

【**食性**】属碎屑食性鱼类，主要以硅藻为食，偶见浮游动物。春秋两季摄食强度高，冬季停食。自然环境中常以下颚刮取水体中岩石、船底的苔藓、丝状藻等。无胃，肠道极长（梁志强等，2011）。

【**繁殖**】性成熟年龄雌鱼 3～4 龄，雄鱼 2～3 龄，最小性成熟个体雌鱼体长 31.5cm、重 750.3g，雄鱼体长 26.0cm、重 600.1g。繁殖期 4 月下旬至 6 月上旬，5 月中旬为产卵盛期，一次性产卵。体重 1750～3400g 的亲鱼绝对繁殖力为 6.9 万～14.6 万粒，相对繁殖力为 30～50 粒/g 体重。成熟卵粒较大，黄色或灰黄色，卵径 1.8～2.2mm。受精卵沉黏性，黏性较弱，在流水环境中随波逐流。产卵场多位于底质为砂、卵石的浅滩或狭流凸石的水域，水流缓慢，溶氧较高，水温 22.7℃左右。繁殖期雄鱼尾鳍稍有粗糙感，雌鱼则不明显；非繁殖期，雌、雄难以辨别。湖南省水产科学研究所已突破其人工繁殖技术，现已在沅水、湘江等河流中开展人工增殖放流。

水温 18.0～20.0℃时，受精卵孵化脱膜需 52.0h；水温 25℃时，需 30.0h，脱膜后 72.0h 鳔开始充气，脱膜后 97.0h 开口摄食。脱膜适宜温度为 18.0～23.0℃，水温过高或过低会导致胚胎畸形、死亡或发育停滞（王宾贤等，1982；赵明蓟等，1982；卞伟等，2011）。

资源分布：曾广泛分布于洞庭湖及湘、资、沅、澧"四水"中上游，现仅在湘江上游、沅水洪江段和资水邵阳段尚存少量资源，澧水流域及洞庭湖均未有发现。湖南境内沅水流域在 1961～1980 年产量约 160.0t，而 2006～2010 年产量仅 0.9t。2009 年，以湘华鲮为主要保护对象建立了沅水特有鱼类国家级水产种质资源保护区（袁延文等，2016）。人工放流的效果较好，目前在沅水洪江段，其资源量已有所恢复。

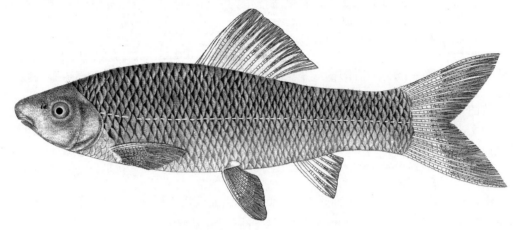

图 120　湘桂鲮 *Decorus tungting* (Nichols, 1925)

（054）直口鲮属 *Rectoris* Lin, 1935

Rectoris Lin（林书颜），1935，*Lingnan Sci. J.*, 14(2): 303.

模式种：*Rectoris posehensis* Lin

体长，呈圆筒形。头较短，略平扁。吻端圆突。吻皮向头的腹面后方扩展，当口闭合时盖在上、下颌的外面，形成 1 个口前室；吻皮与上颌具深沟分离，边缘开裂成梳状；吻皮两侧端在口角处与下唇相连。口下位。上唇消失，下唇外面具许多细小乳突。上颌两侧具 1 系带连于下唇；下颌平直，前缘具角质薄锋，与下唇间具深沟相隔。唇后沟仅限于口角。眼上侧位。鳃盖膜与峡部相连。须 2 对，上颌须较粗长，口角须甚短小。各鳍均无硬刺。背鳍分支鳍条 8 根；臀鳍分支鳍条 5 根。鳞中等大小。侧线完全。鳃耙细小，排列较紧密。下咽齿 3 行。鳔 2 室。

本属湖南仅分布有 1 种。

【古籍中的油鱼、泉鱼（子）、钱鱼（子）、乾鱼、水鱼和鲊鱼】湖南地方志古籍记载的鱼类不算很丰富，但难能可贵的是记载了几种稀有鱼类，如丹鱼、嘉鱼、钱鱼、竹鱼、重唇、双鳞、岩鲫（石鲫）、岩鲤、油鱼和泉鱼等，这些鱼类有一个共同的特点，就是对环境条件要求较高，分布区域狭窄，多局限于河流上游的山涧溪流中，因此数量也非常稀少，目前濒危程度尤为显著。

油鱼的称谓多见于永州地区，永州与广西接壤，部分鱼类的俗称也基本相同。油鱼为泸溪直口鲮、异华鲮、泉水鱼和四须盘鮈这一类鱼的统称，这些鱼类个体不大，肌间刺少，油脂多，鳞也闪闪发光，如抹了一层油，这可能是其名称的由来。在江华瑶族自治县，分布有一种洞穴鱼类——季氏金线鲃，常生活于地下河中，因缺少阳光，体色也多呈淡黄色，当地也称其为油鱼。

有传闻泉鱼原名渊鱼，意指深渊中的鱼，比喻隐秘之事，唐人为避高祖李渊讳，改"渊"为"泉"。比如唐代李德裕诗《述梦诗四十韵》中有"泉鱼惊彩妓，溪鸟避干旄"，善生诗《赠卢逸人》中有"引泉鱼落釜，攀果露沾冠"，刘知几史学理论著作《史通·补注》中有"孝标善于攻缪，博而且精，固以察及泉鱼，辨穷河豕"；宋代徐照诗《贫居》中有"引泉鱼走石，扫径叶平蔬"。湖南地方志古籍中有关泉鱼的记载很少，仅民国年间，侯昌铭纂、王树人修的《永定县乡土志》中有"泉鱼，各鱼产溪河中，味清而腴，无泥腥气。又永境有石鲫鱼，产深渊岩穴中，味与常殊。又泉鱼出各溪泉，尤肥美可口"。至今，武陵山区的老百姓仍称白甲鱼（当地分布的主要是粗须白甲鱼）为泉鱼（子），"泉"与"钱"音近，因此，泉鱼（子）与钱鱼（子）都指白甲鱼属鱼类。而湖南分布的泉水鱼，这种鱼目前已非常稀少，也是油鱼中的一种。

《永定县乡土志》中有"乾鱼、水鱼、鲊鱼，腌鱼法：以鲤鱼为上，每冬月由澹澧下游采买作鲊……藏入红曲者为水鱼，三冬足用，乾鱼经久不坏，暑月则为鲊鱼，大者入红曲，拌之谓之红鱼"，这里讲述的是张家界地区的一种腌鱼的方法，至今当地的腌鱼仍非常有名，此处的"乾"为"干"的繁体字。

106. 泸溪直口鲮 *Rectoris luxiensis* Wu et Yao, 1977（图 121）

俗称： 油鱼

Rectoris luxiensis Wu et Yao（伍献文和乐佩琦，见：伍献文等），1977，中国鲤科鱼类志（下卷）：363（泸溪、溆浦、大江口）；唐家汉，1980a，湖南鱼类志（修订重版）：104（湘江、沅水的沅陵和洪江）；林益平等（见：杨金通等），1985，湖南省渔业区划报告集：73（湘江、资水、沅水、澧水）；陈景星（见：成庆泰等），1987，中国鱼类系统检索（上册）：155（沅江）；陈景星等（见：黎尚豪等），1989，湖南武陵源自然保护区水生生物：125（张家界喻家嘴）；唐文乔，1989，中国科学院水生生物研究所硕士学位论文：41（麻阳、吉首、保靖、桑植）；朱松泉，1995，中国淡水鱼类检索：68（沅水）；张鹗等（见：乐佩琦等），2000，中国动物志 硬骨鱼纲 鲤形目（下卷）：215（泸溪、沅江、沅陵、溆浦）；陈毅峰（见：刘明玉等），2000，中国脊椎动物大全：129（沅水）；唐文乔等，2001，上海水产大学学报，10（1）：6（沅水水系的辰水、武水、酉水，澧水）；吴婕和邓学建，2007，湖南师范大学自然科学学报，30（3）：116（柘溪水库）；康祖杰等，2010，野生动物，31（5）：293（壶瓶山）；康祖杰等，2010，动物学杂志，45（5）：79（壶瓶山）；曹英华等，2012，湘江水生动物志：155（湘江江华）；牛艳东等，2012，湖南林业科技，39（1）：61（怀化中方县康龙自然保护区）；刘良国等，2013b，长江流域资源与环境，22（9）：1165（澧水桑植、慈利、石门）；刘良国等，2013a，海洋与湖沼，44（1）：148（沅水怀化）；向鹏等，2016，湖泊科学，28（2）：379（沅水五强溪水库）；康祖杰等，2019，壶瓶山鱼类图鉴：161（壶瓶山）；李鸿等，2020，湖南鱼类系统检索及手绘图鉴：40，188；廖伏初等，2020，湖南鱼类原色图谱，156。

【古文释鱼】 ①《永州府志》（吕恩湛、宗绩辰）："永明又有油鱼，状似鳍而纯肉无骨，其脂膏最多"。②《零陵县志》（刘沛、稽有庆）："油鱼，出辛乐洞，极佳"。③《蓝山县图志》（雷飞鹏、邓以权）："油鱼，一名穿线公，体圆长，头尖，鳞细而肥，肉白如脂，故名油鱼，大者长二三寸，味极佳"。

濒危等级： 省重点保护野生动物，《湖南省地方重点保护野生动物名录》（湘政函〔2002〕172 号）。

标本采集： 标本 10 尾，采自澧水上游。

形态特征： 背鳍iii-8；臀鳍iii-5；胸鳍 i-13；腹鳍 i-9。侧线鳞 $41\dfrac{5\sim5.5}{4.5\text{-}\,\text{V}}43$；背鳍前鳞 13~14。鳃耙 18~24。下咽齿 3 行，2·3·5/5·3·2。

体长为体高的 4.4～5.0 倍，为头长的 4.4～5.0 倍，为尾柄长的 6.1～6.7 倍，为尾柄高的 7.8～8.7 倍。头长为吻长的 1.8～2.2 倍，为眼径的 5.2～6.3 倍，为眼间距的 1.9～2.2 倍。尾柄长为尾柄高的 1.2～1.4 倍。

体长，前段圆筒形，后段渐侧扁，头背面弧形，尾柄较长而侧扁。头表光滑。吻端圆突，吻长较眼后头长显著为长，侧面具深沟自上颌须基部斜向口角，与唇后沟相通。口下位，弧形。上、下颌均具角质薄锋。吻皮向头的腹面后方扩展，当口闭合时盖在上、下颌的外面，形成 1 个口前室。吻皮边缘开裂成梳状。下唇后移，唇缘密布横行线状凸起；吻皮与下唇在口角连接处具 1 条系带连于上颌。唇后沟仅限于口角。须 2 对，上颌须稍长于眼径，口角须细短，一般藏于口角沟内。眼上侧位，距鳃盖后缘较距吻端为近。眼间隔宽阔。鳃盖膜与峡部相连。

背鳍末根不分支鳍条柔软分节，起点距吻端较距尾鳍基为近，鳍缘内凹微呈弧形。胸鳍后伸不达腹鳍起点。腹鳍起点位于背鳍第 4 根至 5 根分支鳍条的正下方，后伸达肛门。肛门接近臀鳍起点。臀鳍较小，后伸不达尾鳍基，起点距腹鳍起点较距尾鳍基近或相等。尾鳍叉形。

体被较大圆鳞，胸部鳞变小，埋于皮下，无鳞鞘。腹鳍基具狭长的腋鳞。侧线完全，平直伸入尾柄正中。

下咽齿细长，侧扁，齿冠斜截，顶端尖，稍弯曲。鳔 2 室，前室椭圆形，后室细长，末端尖，约为前室长的 1.5 倍左右。

体灰褐色，背暗腹淡，各鳍灰黄色。体侧中线无直行的黑带纹。吻端具白色珠星，排列稀疏。

生物学特性： 栖息于江河中下层水域及溶洞地下河中，生长缓慢，主要以藻类和植物碎屑等为食，3 龄性成熟。

资源分布： 洞庭湖及湘、资、沅、澧"四水"中上游，目前洞庭湖已非常少见。个体较小，肉质鲜美，脂肪含量丰富，为人们喜食，是经济鱼类之一。

图 121 泸溪直口鲮 *Rectoris luxiensis* Wu *et* Yao, 1977

（055）异华鲮属 *Parasinilabeo* Wu, 1939

Parasinilabeo Wu, 1939, *Sinensia*, 10(1-6): 106.

模式种： *Parasinilabeo assimilis* Wu *et* Yao（伍献文和乐佩琦）

体长筒形，稍侧扁，背部较平直，腹部圆，无腹棱。头小。吻圆钝，向前突出，吻前侧面具深沟，斜向至口角，与唇后沟相通。吻皮下垂向腹面包围，在口角处与下唇相连；吻皮近边缘具垂直沟痕的新月形区域，上布满小乳突。下唇前具沟和下颌分离，在唇后沟前具稍宽区域，布满小乳突。上唇消失，上颌与吻皮分离，其侧端连于吻皮和下唇连接处的内面，但无系带。唇后沟短，限于口角之后。口下位，新月形，上颌弧形，上颌平直，前缘成薄锋。口闭时，下颌内陷，为吻皮所盖，形成口前室。须 2 对，上颌须较粗；口角须较细小。鳃盖膜与峡部相连。各鳍均无硬刺。背鳍分支鳍条 7 根，起点位于腹鳍起点之前。臀鳍分支鳍条 5 根。尾鳍叉形。侧线完全。鳔 2 室。下咽齿 3 行。腹膜黑色。

本属湖南分布有 2 种。

107. 长须异华鲮 *Parasinilabeo longibarbus* Zhu, Lan *et* Zhang, 2006（图 122）

Parasinilabeo longibarbus Zhu, Lan *et* Zhang（朱瑜、蓝春和张鹗），2006，水生生物学报，30（5）：503-507（桂林、富川）；李鸿等，2020，湖南鱼类系统检索及手绘图鉴：40，189；廖伏初等，2020，湖南鱼类原色图谱，158。

标本采集：标本 5 尾，采自永州市道县。

形态特征：背鳍 iv-8；臀鳍 ii-5；胸鳍 i-11；腹鳍 i-8。侧线鳞 $37\frac{4\sim6.5}{4\sim5\text{-V}}$。鳃耙 15～16。下咽齿 3 行，3·4·5/5·4·3。

体长为体高的 3.3～4.23 倍，为头长的 4.0～4.5 倍，为尾柄长的 5.7～7.1 倍，为尾柄高的 7.9～10.3 倍。头长为吻长的 2.3～2.6 倍，为眼径的 3.2～5.1 倍，为眼间距的 1.8～2.2 倍。尾柄长为尾柄高的 1.4～1.5 倍。

体小，略侧扁。背部稍隆起，腹部圆而平直。头中等。吻圆钝，吻长小于眼后头长。吻皮发达，下包完全盖住上颌，边缘密布乳突，但不开裂成梳状，与下唇联合处的内面无系带。口下位，浅弧型。上唇消失；下唇密布乳突；唇后沟短，仅限于口角。上、下颌浅弧形，前缘具角质薄锋，口闭合时，上、下颌不可见，上颌为吻皮所覆盖，下颌为下唇所覆盖。须 2 对，发达，须长均远大于眼径，口角须长于上颌须，口角须后伸达主鳃盖骨前缘，上颌须后伸达眼后缘下方。鼻孔每侧 2 个，紧邻，前鼻孔位于鼻瓣中，后鼻孔距吻端较距眼前缘为远。眼大，侧上位，位于头的前半部分。眼间隔宽，稍隆起。鳃盖膜与峡部相连。

背鳍起点距吻端约等于距尾鳍基，末根不分支鳍条柔软分节，外缘微内凹。胸鳍近腹位，后伸约达起点至腹鳍起点间的中点。腹鳍起点约位于背鳍第 3 根分支鳍条下方，距胸鳍起点较距臀鳍起点为远，后伸几达肛门。肛门接近臀鳍起点，相距约 1 枚鳞片。臀鳍起点距腹鳍起点较距尾鳍基为近，后伸不达尾鳍基。尾鳍深叉形，边缘外凸，末端略尖，上下叶等长。

体被圆鳞，背部及胸腹部中线及其附近鳞片略小，不埋于皮下。侧线完全，平直，向后延伸至尾柄正中。

鳃耙短而尖，薄片状，三角形。下咽齿侧扁，末端弯曲，咀嚼面倾斜。鳔 2 室，前室卵圆形，后室长形，后室长约为前室的 2.0 倍。肠细长，多盘曲。

体灰褐色，头部、体侧及体背部均密集黑色小点，头部腹面和胸鳍基小部分为白色，其他均多少具黑色小点。各鳍灰黑色，基部略带黄色。

生物学特性：栖息于喀斯特地区地下河流出水口的泉眼中，喜集群，刮取石头上的固着藻类。洪水季节，春末夏初常从地下河中游出，进入附近的溪流觅食；冬季枯水时，则进入地下河越冬。

资源分布：分布范围狭窄，仅见于永州市道县境内的地下河出水口泉眼中。

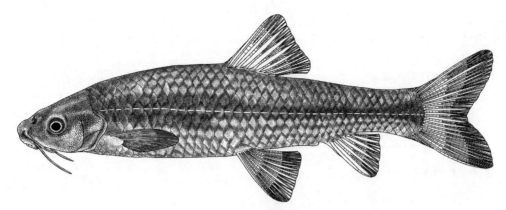

图 122　长须异华鲮 *Parasinilabeo longibarbus* Zhu, Lan *et* Zhang, 2006

108. 异华鲮 *Parasinilabeo assimilis* **Wu *et* Yao, 1977**（图 123）

俗称：油鱼、线鱼；**别名**：泉水唇鲮

Parasinilabeo assimilis Wu *et* Yao（伍献文和乐佩琦，见：伍献文等），1977，中国鲤科鱼类志（下卷）：366（广西阳朔、修仁）；唐家汉，1980a，湖南鱼类志（修订重版）：106（湘江江华）；林益平等（见：杨金通等），1985，湖南省渔业区划报告集：74（湘江）；陈景星（见：成庆泰等），1987，中国鱼类系统检索（上册）：155（湘江上游）；农牧渔业部水产局等，1988，中国淡水鱼类原色图集（第二集）：93（湘江、澧水）；陈景星等（见：黎尚豪），1989，湖南武陵源自然保护区水生生物：124（张家界喻家嘴、张家界自然保护区管理局）；陈毅峰（见：刘明玉等），2000，中国脊椎动物大全：130（湘江、澧水）；唐文乔等，2001，上海水产大学学报，10（1）：6（澧水）；刘良国等，2014，南方水产科学，10（2）：1（资水新邵）；曹英华等，2012，湘江水生动物志：156（湘江江华）；康祖杰等，2019，壶瓶山鱼类图鉴：162（壶瓶山）；李鸿等，2020，湖南鱼类系统检索及手绘图鉴：40，191；廖伏初等，2020，湖南鱼类原色图谱，160。

Parasinilabeo longiventralis：罗庆华等，2018，湖南农业大学学报（自然科学版），44（6）：650-654（张家界黄龙洞）。

标本采集：标本 15 尾，采自湘江。

形态特征：背鳍 iii-7；臀鳍 iii-5；胸鳍 i -12；腹鳍 i -8。侧线鳞 $38\frac{4\sim5}{4\text{-V}}40$。鳃耙 12～14。下咽齿 3 行，2·3·4/4·3·2。

体长为体高的 3.7～4.3 倍，为头长的 4.5～4.7 倍，为尾柄长的 5.5～5.6 倍，为尾柄高的 7.2～8.1 倍。头长为吻长的 2.1～2.2 倍，为眼径的 5.2～5.3 倍，为眼间距的 1.9～2.2 倍。尾柄长为尾柄高的 1.3～1.4 倍。

体长，稍侧扁，前段圆筒形，尾柄侧扁。吻端圆突，吻长大于眼后头长。吻皮向头的腹面后方扩展，覆盖上颌，边缘梳状；吻皮与上颌分离，近边缘具新月形区域，上布细小乳突，且具垂直沟裂；吻皮在口角处与下唇相连，当口闭合时盖在上、下颌的外面，形成 1 个口前室。上唇消失；下唇后移，在唇后沟前具半月形区域，布满乳突，其范围不超过两口角的直连线。口下位，弧形。上、下颌角质薄锋发达，上下颌连于吻皮与下唇相连处的内面，无系带。唇后沟短，平直，限于口角。须 2 对，上颌须稍粗长，位于吻侧沟的起点处，口角须细弱且短，位于吻皮和下唇连接处的外侧。眼上侧位。眼间隔宽平而光滑。鳃盖膜在前鳃盖骨后下方与峡部相连。

各鳍均无硬刺。背鳍短，起点距吻端等于或小于距尾鳍基。胸鳍长小于头长，后伸远不达腹鳍起点。腹鳍起点位于背鳍基中部的下方，后伸不达肛门。肛门靠近臀鳍起点。臀鳍起点距腹鳍起点较距尾鳍基为近。尾鳍叉形。

体被圆鳞，中等大小，胸部鳞小，埋于皮下。侧线完全，较平直，向后延伸至尾柄正中。

鳃耙细小，呈三角形，排列稀疏。下咽齿细长，齿冠呈斜切面，顶端侧扁。鳔小，2室，前室长圆形，后室细长，约为前室长的 2.0 倍。腹膜微黑色。

背侧灰褐色，腹部黄色，各鳍灰黄色。

生物学特性：喜钻洞，常在石隙洞穴中生活，刮食着生于岩石上的藻类。冬天洞穴深处越冬。鱼体短而肥壮，体色较黑，俗称"炭头鱼"（周解，1985）。

资源分布：洞庭湖、湘江和澧水曾有分布，现数量稀少，仅见于湘江上游。

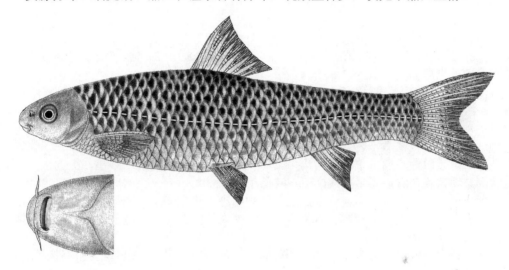

图 123　异华鲮 *Parasinilabeo assimilis* Wu *et* Yao, 1977

（056）泉水鱼属 Pseudogyrinocheilus Fang, 1933

Pseudogyrinocheilus Fang（方炳文），1933, *Sinensia*, 3(10): 255.

模式种：*Discognathus prochilus* Sauvage *et* Dabry de Thiersant

体长，近圆筒形，腹鳍以前的腹部平扁，尾部侧扁。头中等。吻圆钝，向前突出，吻侧具 1 直行深沟直达口角之上。吻皮下垂，向腹面伸展至上颌之前，形成口前室的前壁，上密布排列整齐的小乳突，在口角处与下唇相连。上唇消失，下唇极肥厚，外表也具排列整齐的小乳突。唇后沟仅限于口角。上、下颌具角质薄锋；上颌弧形，下颌平直。口下位。须 2 对，上颌须发达，口角须小或退化。鳃盖膜与峡部相连。背鳍无硬刺，分支鳍条 8 根。臀鳍分支鳍条 5 根。侧线完全。鳃耙细小。下咽齿 3 行。鳔 2 室。

本属为我国所特有，仅泉水鱼 1 种。栖息于流水环境，以沉积物和着生藻类为食。

109. 泉水鱼 *Pseudogyrinocheilus prochilus* (Sauvage *et* Dabry de Thiersant, 1874)（图 124）

俗称：油鱼、泉鱼子；**别名**：全身唇鲮

Discognathus prochilus Sauvage *et* Dabry de Thiersant, 1874, *Ann. Sci. Nat. Paris (Zool.)*, (6)1(5): 8（四川）。

Pseudogyrinocheilus procheilus：梁启燊和刘素孏，1966，湖南师范学院学报（自然科学版），（5）：85（澧水）。

Semilabeo prochilus：唐家汉，1980a，湖南鱼类志（修订重版）：107（沅水）；林益平等（见：杨金通等），1985，湖南省渔业区划报告集：74（湘江、沅水）。

Pseudogyrinocheilus prochilus：李鸿等，2020，湖南鱼类系统检索及手绘图鉴：40，192。

标本采集：无标本，形态描述摘自《湖南鱼类志（修订重版）》。

形态特征：背鳍iii-8；臀鳍iii-5；胸鳍 i -15；腹鳍 i -9。侧线鳞 $45\dfrac{6\sim6.5}{4.5\sim5\text{-V}}48$。鳃耙 $17\sim28$。

体长为体高的 $4.0\sim4.9$ 倍，为头长的 $4.3\sim5.0$ 倍，为尾柄长的 $4.8\sim5.5$ 倍，为尾柄高的 $7.6\sim8.9$ 倍。头长为吻长的 $1.9\sim2.3$ 倍，为眼径的 $5.1\sim7.0$ 倍，为眼间距的 $1.9\sim2.3$ 倍。尾柄长为尾柄高的 $1.3\sim1.6$ 倍。

体前段近圆筒形，后段渐侧扁，腹部平直。头表光滑，头背稍凸。吻圆突，吻长显著大于眼后头长。吻皮下垂，向腹面扩展，伸至上颌之前，成为口前室的前壁，吻皮边缘呈"∧"字形，中央缺刻深，角度约为60°，吻皮后缘乳突明显。口下位。下唇后移，边缘肥厚，其上也密布小乳突。唇后沟短，仅限于口角。须 2 对，上颌须稍长，约等于眼径，口角须较短，通常藏于口角沟内。鼻孔距眼较距吻端为近。眼小，上侧位。眼间隔宽阔。鳃盖膜在眼后缘垂直线之下与峡部相连。

背鳍末根不分支鳍条柔软分节，起点距吻端小于距尾鳍基。胸鳍稍平展，后伸不达腹鳍起点。腹鳍起点位于背鳍起点稍后。肛门紧靠臀鳍起点。臀鳍起点距腹鳍起点略小于距尾鳍基。

体被较大圆鳞，胸腹部鳞小，前部鳞埋于皮下。背鳍和臀鳍无鳞鞘，腹鳍基具腋鳞。侧线完全，平直，向后伸至尾柄正中。

鳃耙细微，排列较密。下咽齿较小，顶端呈斜面。鳔 2 室，前室圆筒形，后室细长，为前室长的 2.0 倍。肠细长，多次盘曲。腹膜黑色。

体背部及体侧灰黑或青黑色，腹部黄白色，体侧上部鳞片的基部具 1 个黑点，通常在体侧连成若干黑色纵纹，在胸鳍中部的上方常具 1 个不甚明显的黑斑。各鳍灰黄色。

生物学特性：

【生活习性】中下层鱼类，喜栖息于溪流和岩洞流水中。

【年龄生长】个体小，生长缓慢。以鳞片为年龄鉴定材料，退算体长：1 龄9.1cm、2 龄 16.3cm、3 龄 23.3cm（熊美华等，2016；王崇等，2019）。

【食性】刮食岩石上的着生藻类及其他有机物，肠道内含物中以硅藻和水生昆虫幼虫为主。

【繁殖】3 龄性成熟，繁殖期5—6月，产卵于石缝或岩洞中。卵黄白色，粒大，Ⅳ期卵径 $1.5\sim1.7$mm。相对繁殖力低，多为 $6.7\sim32.9$ 粒/g。分批次产卵（熊美华等，2012）。

资源分布：洞庭湖、湘江、沅水和澧水曾有分布，现已多年未见。

图 124　泉水鱼 *Pseudogyrinocheilus prochilus* (Sauvage *et* Dabry de Thiersant, 1874)

（057）盘鮈属 *Discogobio* Lin, 1931

Discogobio Lin, 1931, 南中国之鲤鱼及似鲤鱼类之研究: 72。

模式种：*Discogobio tetrabarbatus* Lin

体长，头部略平扁，尾部侧扁。吻圆钝，向前突出，鼻孔前无明显下陷，不形成吻突。吻皮向下并向腹面扩展盖于上颌外面，在口角处与下唇相连，边缘分裂成梳状，近边缘区布满细微乳突。口下位，略呈弧形。上唇消失，吻皮和上颌具深沟分离；下唇与下颌具 1 沟相隔；下唇宽阔，形成椭圆形吸盘，中部具 1 个明显的圆形肉质垫，其前缘和侧缘微凸起，形成 1 马蹄形的皮褶，皮褶及吸盘后部周缘具微细乳突。上、下颌前缘具角质薄锋。须 2 对。背鳍、臀鳍末根不分支鳍条均柔软分节，背鳍分支鳍条 8 根，臀鳍分支鳍条 5 根。肛门紧靠臀鳍起点。侧线完全，平直。下咽齿 2 行。鳔 2 室。肠长，多次盘曲。腹膜灰黑色。

本属湖南仅分布有 1 种。

110. 四须盘鮈 *Discogobio tetrabarbatus* Lin, 1931（图 125）

俗称：油鱼、坑鱼

Discogobio terabarbatus Lin（林书颜），1931，南中国鲤鱼及似鲤鱼类之研究：72（瑶山）；唐家汉，1980a，湖南鱼类志（修订重版）：108（湘江江华）；林益平等（见：杨金通等），1985，湖南省渔业区划报告集：74（湘江）；曹英华等，2012，湘江水生动物志：159（湘江衡阳常宁）；李鸿等，2020，湖南鱼类系统检索及手绘图鉴：40，193；廖伏初等，2020，湖南鱼类原色图谱，162。

标本采集：标本 8 尾，采自湘江。

形态特征：背鳍 ii-8；臀鳍 ii-5；胸鳍 i -15～16；腹鳍 i -7～8。侧线鳞 $39\dfrac{4.5}{3～3.5\text{-}V}41$。鳃耙 18～21。下咽齿 2 行，3·5/5·3。

体长为体高的 4.1～4.5 倍，为头长的 4.7～5.1 倍，为尾柄长的 5.3～5.7 倍，为尾柄高的 7.0～7.3 倍。头长为吻长的 1.7～2.0 倍，为眼径的 5.4～5.6 倍，为眼间距的 1.8～1.9

倍。尾柄长为尾柄高的 1.3～1.4 倍。

体长，前段胖圆，近圆筒形，胸腹部平，尾柄高而侧扁。头稍平扁。吻端圆突，常布珠星，吻长大于眼后头长。口小，下位，稍呈弧形。吻皮向头的腹面后方扩展，盖住上颌，当口关闭时，盖在上、下颌的外面，形成 1 个口前室；吻皮后缘布满小乳突且分裂成梳状。上唇消失，吻皮与上颌分离，于口角处与下唇相连。下唇宽阔，在颏部具小吸盘；吸盘中央为光滑的肉质垫，后缘游离成薄片状，边缘齐整或稍显梳状缺刻。上、下颌不外露，前缘角质薄锋不发达。须 2 对，均短于眼径。眼小，眼间隔宽阔而光滑。鳃孔向腹面延伸，鳃盖膜与峡部相连。

背鳍末根不分支鳍条柔软分节，起点距吻端约等于距尾鳍基。胸鳍平展，后伸远不达腹鳍起点。腹鳍起点位于背鳍基中部的下方，后伸超过肛门，几达臀鳍起点。肛门至臀鳍起点约 2～3 个鳞片。臀鳍起点距腹鳍起点较距尾鳍基为近，后伸不达尾鳍基。尾鳍叉形。

体被较大圆鳞，背鳍前鳞正常，胸鳍基鳞小，隐埋皮下。侧线完全、平直。

鳃耙细小，排列紧密。下咽骨薄而长，下咽齿齿面浅凹，末端尖而钩曲。鳔小，2 室，前室卵圆形，膜质较厚，后室细小，末端尖。肠细长，多次盘曲，约为体长的 5.0～6.0 倍。腹膜灰黑色。

体灰绿色，腹部黄白色，各鳍微黄色。

资源分布：洞庭湖与湘江曾有分布，现仅见于湘江上游，是栖息于山涧溪流中的小型鱼类，个体肥胖，脂肪含量特别丰富，是名贵的小型鱼类之一。

图 125 四须盘鮈 *Discogobio tetrabarbatus* Lin, 1931

XII. 鲤亚科 Cyprininae

体延长，侧扁，背部隆起，腹部圆，无腹棱。头中等或小。吻圆钝。口小，端位或亚下位，马蹄形或弧形。唇与颌相连。唇后沟中断。须 2 对，1 对或无。眼上侧位。鳃孔宽大。鳃盖膜与峡部相连。背鳍和臀鳍末根不分支鳍条均为硬刺，其后缘具锯齿。背鳍基长，分支鳍条 15～22 根。臀鳍基短，分支鳍条通常为 5 根。肛门紧靠臀鳍起点。体被较大圆鳞。侧线完全。鳃耙短密或较稀疏。下咽齿 1～3 行（个别 4 行），侧扁、臼状或匙状。鳔发达，2 室。

本亚科湖南分布有 3 属 3 种。

鲤科鲤亚科属、种检索表

1（4）　须 2 对；下咽齿 3 行
2（3）　侧线鳞 40 以上；下咽齿近锥形，第 1 行齿 2 枚[（058）原鲤属 *Procypris*]··················
·· 111. 岩原鲤 *Procypris rabaudi* (Tchang, 1930)
3（2）　侧线鳞 40 以下；下咽齿臼状，齿冠具沟纹；第 1 行齿 1 枚[（059）鲤属 *Cyprinus*]·············
··· 112. 鲤 *Cyprinus carpio* Linnaeus, 1758
4（1）　无须；下咽齿 1 行，铲状，齿式为 4/4[（060）鲫属 *Carassius*]·····························
··· 113. 鲫 *Carassius auratus* (Linnaeus, 1758)

（058）原鲤属 *Procypris* Lin, 1933

Procypris Lin（林书颜），1933b, *Lingnan Sci. J.*, 12(2): 193.

模式种：*Procypris merus* Lin

体长，侧扁，略呈菱形，头后背部显著隆起，在背鳍起点处达体最高点。头短，近圆锥形。吻钝。口小，亚下位，马蹄形。唇厚，被细小乳突。须 2 对。鳞较大。侧线完全，平直，侧线鳞 42～46。背鳍和臀鳍末根不分支鳍条均为强大硬刺，后缘具锯齿。背鳍基长，分支鳍条 15～22 根。臀鳍短，分支鳍条 5 根。下咽齿 3 行，匙形。鳔 2 室，前室较后室小。腹膜白色。

本属湖南仅分布有 1 种。

111. 岩原鲤 *Procypris rabaudi* (Tchang, 1930)（图 126）

俗称：岩鲤、岩鲤鲃、黑鲤；**英文名**：rock carp

Cyprinus rabaudi Tchang（张春霖），1930c, *Bull. Soc. Zool.*, *Fr.*, 55(1): 47（四川乐山、丰都）。
Procypris rabaudi：唐家汉和钱名全，1979，淡水渔业，（1）：10（洞庭湖）；唐家汉，1980a，湖南鱼类志（修订重版）：139（洞庭湖荆江分洪南闸）；林益平等（见：杨金通等），1985，湖南省渔业区划报告集：75（洞庭湖、湘江）；李鸿等，2020，湖南鱼类系统检索及手绘图鉴：41，194；廖伏初等，2020，湖南鱼类原色图谱，164。
　　【古文释鱼】《沅洲府志》（张官五、吴嗣仲）："岩鲤，似鲤而鳞色微黑，亦似鲫，出石罅中，噉（通啖）石髓以孕者，故味极鲜美"。

　　濒危等级：易危，《中国濒危动物红皮书 鱼类》（乐佩琦等，1998）；易危，《中国物种红色名录 第一卷 红色名录》（汪松和解焱，2004）；省重点保护野生动物，《湖南省地方重点保护野生动物名录》（湘政函〔2002〕172 号）。

　　标本采集：标本 5 尾，20 世纪 70 年代采自洞庭湖，现藏于湖南省水产科学研究所标本馆。

　　形态特征：背鳍iv-19；臀鳍iii-5；胸鳍 i -16；腹鳍 ii -8。侧线鳞 $43\dfrac{7～8}{5-V}45$；背鳍前鳞 13。鳃耙 21～24。下咽齿 3 行，2·3·4/4·3·2。

　　体长为体高的 2.5～3.0 倍，为头长的 3.9～4.6 倍，为尾柄长的 5.3～6.0 倍。头长为吻长的 2.7～3.3 倍，为眼径的 4.7～5.5 倍，为眼间距的 2.5～2.9 倍。尾柄长为尾柄高的 1.2～1.4 倍。

　　体长而侧扁，略呈菱形，头后背部显著隆起，腹部圆。头小，锥形。吻端圆突，吻长显著小于眼后头长。口下位，马蹄形。唇发达，较厚，大个体具显著小乳突，而小个体则不明显。须 2 对，上颌须和口角须各 1 对，口角须略长于上颌须。鼻孔较大，位于眼的前上方，靠近眼。眼大，上侧位。眼间距约等于眼后头长。鳃孔大。鳃盖膜与峡部相连。

背鳍基长，外缘较平直，距吻端较距尾鳍基为近，末根不分支鳍条为粗大硬刺，后缘具锯齿。臀鳍起点距腹鳍起点较距尾鳍基为近，第 3 根硬刺粗大，后缘具锯齿。胸鳍较长，后伸达腹鳍起点。腹鳍起点位于背鳍起点稍后下方，距胸鳍起点较距臀鳍起点为近，后伸接近臀鳍起点。肛门靠近臀鳍起点。尾鳍深叉形。背鳍、臀鳍基均具鳞鞘。

体被圆鳞。侧线完全，平直。

鳃耙短，排列稀疏，最长鳃耙小于鳃丝的 1/2。下咽齿较小，齿面匙状，主行第 1 枚齿圆锥形。鳔 2 室，后室约为前室长的 2.0 倍。腹膜银白色。

体灰黑色，腹侧颜色较浅且带蓝紫色，腹部白色。鳞片后部具小黑点，前后排列成行。各鳍灰黑色，腹鳍颜色最深。繁殖季节，雄鱼各鳍呈深黑色，头部有珠星。

生物学特性：

【生活习性】常栖息于水体中下层，喜底质多岩石、水流较缓的河段，经常出没于岩石之间，冬季多于河床岩洞或深潭处越冬。

【年龄生长】体较大，曾有报道最大个体达 10.0kg。以鳞片为年龄鉴定材料，退算体长平均值：1 龄 11.3cm、2 龄 23.8cm、3 龄 27.6cm、4 龄 31.6cm、5 龄 37.5cm。

【食性】以底栖动物为主要食物，如淡水壳菜、蚬、摇蚊幼虫和其他水生昆虫等，兼食水蚤、藻类和水生高等植物等。繁殖期一般不进食。

【繁殖】4 龄达性成熟。繁殖期 2—4 月，分批次产卵。卵淡黄色，沉黏性，卵径 1.6～1.8mm，产后附着在石头上孵化。繁殖期，雄鱼吻部出现两簇珠星，触碰有刺状感觉，雌鱼吻部亦出现珠星，但无刺状感觉。发育成熟的亲本多溯河至支流沙滩流水处产卵，产卵水温为 18.0～26.0℃。体重 1.0kg 的亲本，繁殖力约为 3.3 万粒。

受精卵吸水后微膨胀，卵膜径 2.1～2.3mm。水温 15.0～18.0℃时，孵化脱膜需 103.0～116.0h；水温 18.0～20.0℃时，脱膜需 89.0～96.0h；水温 21.0～26.0℃时，脱膜需 76.0～85.0h。初孵仔鱼全长 5.5～6.7mm。9 日龄仔鱼全长 10.3mm，鳔 1 室，卵黄囊耗尽；23 日龄仔鱼鳞片开始出现，全长 20.6mm；82 日龄仔鱼鳞被完全，全长 45.0～52.0mm（施白南，1980c；庹云，2006）。

资源分布：曾广泛分布于洞庭湖及湘、资、沅、澧"四水"，现仅在湘江上游有少量资源，数量非常稀少。味道鲜美，为沅水"五大名鱼"（青、沙、撩、鲤、哈）之一的鲤鱼。

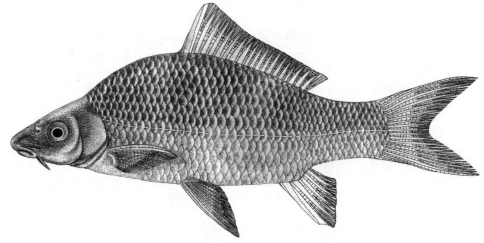

图 126　岩原鲤 *Procypris rabaudi* (Tchang, 1930)

（059）鲤属 *Cyprinus* Linnaeus, 1758

Cyprinus Linnaeus, 1758, *Syst. Nat.* 10th ed: 320.

模式种：*Cyprinus carpio* Linnaeus

体延长，侧扁而高，背部隆起，腹部圆而平直，无腹棱。头中等，头顶宽阔。吻较钝。口小，端位或亚下位。须 2 对。鼻孔每侧 2 个，位于头部前方。眼中等大小，上侧位。眼间隔宽而稍凸。鳃孔大。鳃盖膜与峡部相连。背鳍、臀鳍末端不分支鳍条为粗壮硬刺，后缘具锯齿。背鳍起点距吻端较距尾鳍基为近。臀鳍短，分支鳍条 5 根。腹鳍起点位于背鳍起点稍后下方。体被较大圆鳞。侧线完全，较平直。鳃耙细密或稀疏。下咽齿 3 行。主行第 1 枚齿为光滑圆锥形，其余臼状，齿面具 1～5 条沟纹。鳔 2 室，前室长于后室。腹膜灰白色。

本属湖南仅分布有 1 种。

112. 鲤 *Cyprinus carpio* Linnaeus, 1758（图 127）

俗称：鲤拐子；**英文名**：common carp

Cyprinus carpio Linnaeus, 1758, *Syst. Nat.* 10th ed: 320（欧洲）；Tchang（张春霖），1930a, *Thèses. Univ. Paris*, (209): 63（长江）；Kimura, 1934, *J. Shanghai Sci. Inst.*, 1(3): 140（长江）；梁启燊和刘素嬛，1959，湖南师范学院自然科学学报，（3）：67（洞庭湖、湘江）；梁启燊和刘素嬛，1966，湖南师范学院学报（自然科学版），（5）：85（洞庭湖、湘江、资水、沅水、澧水）；湖北省水生生物研究所鱼类研究室，1976，长江鱼类：44（岳阳和君山）；唐文乔，1989，中国科学院水生生物研究所硕士学位论文：44（麻阳、吉首）；唐文乔等，2001，上海水产大学学报，10（1）：6（沅水水系的辰水、武水、酉水、澧水）；吴婕和邓学建，2007，湖南师范大学自然科学学报，30（3）：116（柘溪水库）；康祖杰等，2010，野生动物，31（5）：293（壶瓶山）；康祖杰等，2010，动物学杂志，45（5）：79（壶瓶山）；牛艳东等，2011，湖南林业科技，38（5）：44（城步芙蓉河）；王星等，2011，生命科学研究，15（4）：311（南岳）；牛艳东等，2012，湖南林业科技，39（1）：61（怀化中方县康龙自然保护区）；刘良国等，2013b，长江流域资源与环境，22（9）：1165（澧水桑植、慈利、石门、澧县、澧水河口）；刘良国等，2013a，海洋与湖沼，44（1）：148（沅水怀化、五强溪水库、常德）；刘良国等，2014，南方水产科学，10（2）：1（资水新邵、安化、桃江）；黄忠舜等，2016，湖南林业科技，43（2）：34（安乡县书院洲国家湿地公园）；吴倩倩等，2016，生命科学研究，20（5）：377（通道玉带河国家级湿地公园）；康祖杰等，2019，壶瓶山鱼类图鉴：174（壶瓶山）；李鸿等，2020，湖南鱼类系统检索及手绘图鉴：41，195；廖伏初等，2020，湖南鱼类原色图谱，166。

Cyprinus (Cyprinus) carpio haematopterus：唐家汉和钱名全，1979，淡水渔业，（1）：10（洞庭湖）；唐家汉，1980a，湖南鱼类志（修订重版）：140（洞庭湖）；林益平等（见：杨金通等），1985，湖南省渔业区划报告集：75（洞庭湖、湘江、资水、沅水、澧水）。

Cyprinus carpio haematopterus：曹英华等，2012，湘江水生动物志：58（湘江长沙、衡阳常宁）。

Cyprinus (Cyprinus) carpio：罗云林和乐佩琦（见：乐佩琦等），2000，中国动物志 硬骨鱼纲 鲤形目（下卷）：410（岳阳）；郭克疾等，2004，生命科学研究，8（1）：82（桃源县乌云界自然保护区）；向鹏等，2016，湖泊科学，28（2）：379（沅水五强溪水库）。

Cyprinus hungaricus：Tchang, 1930a, *Thèses. Univ. Paris*, (209): 62（长江）。

Cyprinus specularis：Tchang, 1930a, *Thèses. Univ. Paris*, (209): 63（江西）。

【古文释鱼】①《直隶澧州志》（何玉棻、魏式曾、黄维瓒）："鲤，《神农书》'鲤为鱼王，无大小，脊旁鳞皆三十有六。有赤、白、黄三种'。范蠡《养鱼经》曰'所以养鱼者，鲤不相食，易长且贵也'"。②《善化县志》（吴兆熙、张先抡）："鲤，鳞有十字纹，故名，畜易蕃（同繁）"。③《耒阳县志》（于学琴）："鲤，《尔雅》'鲣大鲖小者，鲵蔬即鲤也'。大鳞，赤尾，酉阳杂俎，脊中鳞一道，有小黑点，大小皆三十六鳞，一种赤鳞者名金丝鲤鱼"。④《蓝山县图志》（雷飞鹏、邓以权）：

"鲤，体扁，鳞大，口有触须，雄者腹中有腴味更美，有色，红黄者俗谓之金丝鲤鱼"。⑤《醴陵县志》（陈鲲、刘谦）："鲤，体扁而肥，为纺锤形，鳞大排列如覆瓦，口旁有触须，雄雌异体。雌鱼于四、五月间跃起产卵，每尾产卵数达三十万粒，雄鱼即随后注精液于其上，约经七日孵化。冬季水温降低则不摄食而冬眠，生活力甚强，失水后数日不死。有红鲤、青鲤、白鲤、金丝鲤等种。白者脊直，一年可长至四斤，惟塘中之鲤，不如在河中者之易长也"。⑥《宜章县志》（曹家铭、邓典谟）："鲤，体扁鳞大，口有触须，雄者腹中有脂，味尤美。畜池中，每年谷雨以松枝置池，鱼遗子松毛上，稍久出，鱼苗如针矣，大如指，分畜田中，稻花落水，鱼接之即肥，长二三寸，稻熟竭水取之，谓之荷花鱼，骨软味尤美，有色红、黄者，俗呼金丝鲤鱼"。

标本采集：标本 30 尾，采自长沙、洞庭湖等地。

形态特征：背鳍 iv-17；臀鳍 iii-5；胸鳍 i -16；腹鳍 ii-8。侧线鳞 $32\dfrac{5\sim7}{5\sim6}$-V。鳃耙 19～21。下咽齿 3 行，1·1·3/3·1·1。

体长为体高的 2.8～3.3 倍，为头长的 3.1～3.8 倍，为尾柄长的 5.8～6.7 倍。头长为吻长的 2.7～2.9 倍，为眼径的 4.0～6.1 倍，为眼间距的 2.3～2.7 倍。尾柄长为尾柄高的 1.1～1.3 倍。

体延长，侧扁而高，背部隆起，腹部平，无腹棱，尾柄较长。头中等，头顶宽凸。吻较钝，吻长约为眼径的 2.0 倍。口小，亚下位，斜裂。上颌稍突出。上、下唇在口角处相连。唇后沟中断。须 2 对，上颌须和口角须各 1 对，上颌须约为眼径的 1/2，口角须约等于眼径。鼻孔每侧 2 个，紧邻，位于眼前方，距眼较距吻端为近，前鼻孔后缘具半月形鼻瓣，可盖住后鼻孔。眼小，上侧位。眼间隔宽而稍凸。鳃孔大。鳃盖膜与峡部相连。

背鳍基长，末根不分支鳍条为强大硬刺，后缘具锯齿；起点距吻端较距尾鳍基为近。胸鳍下侧位，后伸不达腹鳍起点。腹鳍起点稍后于背鳍起点，后伸不达肛门。肛门紧靠臀鳍起点。臀鳍短小，末根不分支鳍条为强大硬刺，后缘具锯齿；起点距尾鳍基约等于距臀鳍基。尾鳍深叉形。

体被大圆鳞。侧线完全，在胸鳍基上方微向下弯，至胸鳍基末基本与腹面平行，后伸至尾柄正中。

鳃耙短，略呈三角形。下咽齿 3 行，臼状，主行齿第 1 枚齿齿面光滑，其余具沟纹。鳔发达，2 室，前室较长而大，后室末端略尖。腹膜褐色。

体色随栖息环境不同而异，通常背部暗灰色，侧面金黄色，腹面浅灰色。背鳍和尾鳍基灰黑色，臀鳍和尾鳍下叶鲜红色，胸鳍、腹鳍橘黄色。

生物学特性：

【生活习性】底栖鱼类，多栖息于水体下层和水草丛生的水域。适应性强，生长速度快，可在各种水体生活。

【年龄生长】个体较大，生长速度快。以鳞片为年龄鉴定材料，退算体长平均值：1 龄 16.9cm、2 龄 27.4cm、3 龄 37.6cm、4 龄 46.7cm、5 龄 56.2cm。

【食性】杂食性，以软体动物、水生昆虫和水生高等植物为食。繁殖期停食，繁殖过后大量摄食，冬季摄食强度大大降低，但不完全停止摄食。

【繁殖】一般 2 龄达性成熟（部分 1 龄成熟）。能在各种水域中生长繁殖，尤以水草丛生的水域为宜。繁殖期 4—6 月，分批次产卵，卵黏性，附着在水草和其他物体上孵化。繁殖期雄鱼胸鳍、腹鳍和鳃盖骨上具珠星，雌鱼珠星不明显。

资源分布：湖南各水域均有分布，产量较高，是我省最主要的经济鱼类之一。有红鲤、镜鲤及呆鲤等变种。

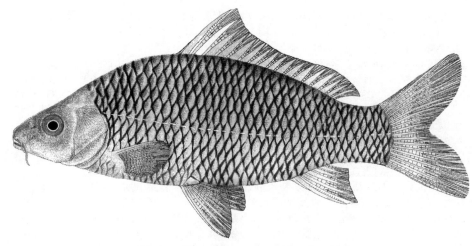

图 127　鲤 *Cyprinus carpio* Linnaeus, 1758

（060）鲫属 *Carassius* Jarocki, 1822

Carassius Jarocki, 1822, *Zoologiia*, Ⅳ, *Warszawa*:54, 71.

模式种：*Cyprinus carassius* Linnaeus

体高而侧扁，腹部圆，无腹棱，尾柄高而短。头小。吻钝圆。口小，端位，斜裂，口裂弧形。唇较厚，上、下唇在口角处相连。上、下颌约等长，下颌稍向上倾斜。无须。眼中等大小，上侧位。眼间隔宽而隆起。鳃孔大。鳃盖膜与峡部相连。背鳍与臀鳍末根不分支鳍条均为强大硬刺，后缘具锯齿。背鳍甚长，分支鳍条 16～19 根；起点与腹鳍起点约相对。臀鳍短，分支鳍条 5 根。体被大圆鳞。侧线完全，广弧形下弯。鳃耙细长，排列紧密。下咽齿 1 行，4/4，第 1 枚齿锥状，后 3 枚侧扁，铲形。鳃耙细长，排列紧密。

本属湖南仅分布有 1 种。

113. 鲫 *Carassius auratus* (Linnaeus, 1758)（图 128）

俗称：土鲫、鲫壳子、鲫拐子、喜头；**英文名**：goldfish

Cyprinus auratus Linnaeus, 1758, *Syst. Nat.* 10th ed: 322（中国）；罗云林和乐佩琦（见：乐佩琦等），2000，中国动物志 硬骨鱼纲 鲤形目（下卷）：429（常德、沅江、溆浦）。

Carassius carassius：Kreyenberg *et* Pappenhein, 1908, *Sitz. Ges. Nat. Freunde. Berl.*, (4): 95（湖南）。

Carassius auratus：Günther, 1868, *Cat. Fish. Br. Mus.*, 7: 32；Bleeker, 1871, *Verh. Akad. Wet. Amst.*, 12: 1（长江）；Wu, 1930c, *Biol. Lab. Sci. Soc. China*, 6(5): 50（湖南）；梁启燊和刘索孋，1959，湖南师范学院自然科学学报，（3）：67（洞庭湖、湘江）；梁启燊和刘索孋，1966，湖南师范学院学报（自然科学版），（5）：85（洞庭湖、湘江、资水、沅水、澧水）；唐文乔，1989，中国科学院水生生物研究所硕士学位论文：44（麻阳、吉首、龙山）；康祖杰等，2010，野生动物，31（5）：293（壶瓶山）；康祖杰等，2010，动物学杂志，45（5）：79（壶瓶山）；牛艳东等，2011，湖南林业科技，38（5）：44（城步芙蓉河）；牛艳东等，2012，湖南林业科技，39（1）：61（怀化中方县康龙自然保护区）；刘良国等，2013b，长江流域资源与环境，22（9）：1165（澧水桑植、慈利、石门、澧县、澧水河口）；刘良国等，2013a，海洋与湖沼，44（1）：148（沅水怀化、五强溪水库、常德）；刘良国等，2014，南方水产科学，10（2）：1（资水新邵、安化、桃江）；Lei et al., 2015, *J. Appl. Ichthyol.*, 2（湘江）；黄忠舜等，2016，湖南林业科技，43（2）：34（安乡县书院洲国家湿地公园）；吴倩倩等，2016，生命科学研究，20（5）：377

（通道玉带河国家级湿地公园）；向鹏等，2016，湖泊科学，28（2）：379（沅水五强溪水库）；康祖杰等，2019，壶瓶山鱼类图鉴：177（壶瓶山）；李鸿等，2020，湖南鱼类系统检索及手绘图鉴：41，196；廖伏初等，2020，湖南鱼类原色图谱，168。

　　Carassius auratus auratus：陈湘粦和黄宏金（见：伍献文等），1964，中国鲤科鱼类志（下卷）：431（湖南）；湖北省水生生物研究所鱼类研究室，1976，长江鱼类：49（岳阳和君山）；唐家汉和钱名全，1979，淡水渔业，（1）：10（洞庭湖）；唐家汉，1980a，湖南鱼类志（修订重版）：142（洞庭湖）；林益平等（见：杨金通等），1985，湖南省渔业区划报告集：75（洞庭湖、湘江、资水、沅水、澧水）；唐文乔等，2001，上海水产大学学报，10（1）：6（沅水水系的辰水、武水、酉水、澧水）；郭克疾等，2004，生命科学研究，8（1）：82（桃源县乌云界自然保护区）；吴婕和邓学建，2007，湖南师范大学自然科学学报，30（3）：116（柘溪水库）；王星等，2011，生命科学研究，15（4）：311（南岳）；曹英华等，2012，湘江水生动物志：54（湘江长沙、株洲、衡阳常宁）。

　　【古文释鱼】①《辰州府志》（席绍葆、谢鸣谦）："鲫，一名鲋，《尔雅翼》'鲋，鲫也'。《吕氏春秋》'鱼之美者，洞庭之鲋'。辰人有'红鲫''小白鲫''马蹄鲫'之称"。②《祁阳县志》（旷敏本、李蒔）："鲫，形似小鲤鱼，色黑而体促，腹大而脊隆，李时珍曰'鲫喜偎泥，不食杂物，冬月肉厚子多，味尤美'"。③《巴陵县志》（姚诗德、郑桂星、杜贵墀）："鲋，出于江岷，宏腴，青颅，朱尾，赤鳞。陆佃注：此鱼好旅行，吹沫如星，以相（像）即谓之鲫，以相（像）附谓之鲋。《新通志》'<按>鲫鱼即《吕氏春秋》所谓鳟'。《刘氏七华》'所谓付也'。至今湘人以湖鲫为美，取其大而肥尔。《壬伸志》'<按>《吕览》之鳟盖今之鲟鳇鱼，有重至数百斤者，非鲋也'"。④《直隶澧州志》（何玉棻、魏式曾、黄维瓒）："鲫，鲋别名。形似鲤，色黑，体促，腹大，脊隆。陂池下泽皆产之。杜甫诗'鲜鲫银丝脍'。吕子曰'鱼之美者，洞庭之鲋'。安乡鲫有重至二三斤者味甚美"。⑤《续修慈利县志》（魏湘、稽有庆）："金鱼，形如鲫，色赤如火，与虾配者眼出如珠，名龙眼，尾有三棱者名凤毛。人多与银鱼畜缸中为玩赏，具（通俱）不足食也"。⑥《保靖县志》（袁祖绶、林继钦）："金鱼，一名变鱼，初生黑色，久乃变红或红黑白相间，尾作三歧至儿歧不等，脊尾皆金色，大者四五寸，人多以铜钵畜之"。⑦《安化县志》（何才焕、邱育泉）："金鱼，《群芳谱》'金鱼耐久，自宋以来，始有畜者，初出黑色，久乃变红为金鱼，又或变白为银鱼。有三尾、五尾甚至七尾者'"。⑧《新宁县志》（张葆连、刘坤一）："鲫，亦作鲗，俗作鲫，腹大脊隆即鲋也，一种石鲫鱼出江水岩石间，其大数倍"。⑨《华容县志》（孙炳煜）："鳟，《吕氏春秋》'鱼之美者，洞庭之鳟'。《郑氏》'鳟作鲋，音付'。今文作鳟，即今之鲫也。田家湖产最肥美"。⑩《善化县志》（吴兆熙、张先抡）："鲫，即鲋鱼。《尔雅》'鲋，鲫也'。今作鲫鱼之小者。陆佃曰'此鱼好旅行，以相即谓之鲫，相附谓之鲋'"。⑪《桃源县志》（梁颂成）："金鱼，《群芳谱》'有鲤、鲫、鳅、鳖数种，鳅、鳖尤难得，独金鲫耐久'。自宋以来，始有畜者，今在养玩矣"。⑫《耒阳县志》（于学琴）："鲫，一名鲋鱼。《陆佃疏》'鲫鱼旋行相附，故谓之鲋，吹沫如星，以相即故谓鲫'。《本草》'色黑，体促，腹大，脊隆，似鲤而小，大者不过一斤，诸鱼属火，独鲫属土，土能制水，故有和胃实肠行水之功'"。⑬《耒阳县志》（于学琴）："金鱼，《群芳谱》'金鱼耐久，宋时始有畜者，初出黑色，久乃变红为金鱼，又或变白为银鱼，有三尾、五尾、七尾者'。度种法：春夏之交将散子时，以棕叶置水中，令子散于上，别以盆水贮之，俟子蠢动时，饲以孑孓虫，渐渐成鱼"。⑭《宜章县志》（曹家铭、邓典谟）："鲫鱼，似鲤而扁无触须，肉少骨多，其色白者曰白鲫，大者长二三寸，田塘间最多，不种自生"。⑮《醴陵县志》（陈鲲、刘谦）：鲫，鲋也，形似鲤而小，无须，小满产卵，经七八日孵化，至二年而成，重约七八两。喜藏石岩中，色有红青白之异。花缸中所畜之金鱼，为鲫鱼变种"。⑯《蓝山县图志》（雷飞鹏、邓以权）："鲫鱼，似鲤而无触须，色亦不黄，其色较白者曰'白鲫'，大者长六七寸"。⑰《蓝山县图志》（雷飞鹏、邓以权）："金鱼，头短眼大，瞥见如有三头，腹大，尾鳍长而分，鳞细，色红黄，多畜于磁缸作观赏鱼"。

　　标本采集：标本 30 尾，采自湘江长沙、株洲、衡阳等地。

　　形态特征：背鳍 iii-17～18；臀鳍 iii-5；胸鳍 i-16～17；腹鳍 i-8。侧线鳞 $27\frac{5.5～6.5}{5.5\text{-V}}30$。鳃耙 40～57。下咽齿 1 行，4/4。

　　体长为体高的 2.4～2.8 倍，为头长的 3.1～3.8 倍，为尾柄长的 5.8～8.2 倍。头长为吻长的 3.0～4.1 倍，为眼径的 3.7～5.2 倍，为眼间距的 2.0～2.4 倍。尾柄长为尾柄高的 0.7～1.1 倍。

　　体高而侧扁，腹部圆，无腹棱，体前段宽，后段狭。头较小而尖。吻圆钝，吻长为眼径的 1.2～1.6 倍。口端位、斜裂。唇较厚，上、下唇在口角处相连。无须。鼻孔每侧 2 个，紧邻，位于眼前方，距眼较距吻端为近。眼较大，上侧位。眼间隔较宽。鳃孔大。鳃盖膜与峡部相连。

背鳍和臀鳍均具强大硬刺，后缘具锯齿。背鳍基长，鳍缘较平直，起点与腹鳍起点相对或稍后。胸鳍下侧位，后伸达腹鳍起点。腹鳍后伸不达肛门。肛门紧靠臀鳍起点。臀鳍基短，分支鳍条 5 根。尾鳍叉形。

体被大圆鳞。侧线完全，略弯，后伸至尾柄正中。

鳃耙细长，排列紧密。下咽齿第 1 枚锥形，后 3 枚侧扁，齿面斜凹。鳔发达，2 室，后伸较前室长。腹膜黑色。

体色随栖息环境不同而有差异。背部深灰色，体侧和腹部为银白色略带黄色，各鳍浅灰色。

生物学特性：

【生活习性】中小型鱼类，适应性强，各种生境中均可生存，但多栖息于水草丛生的浅水区。具性成熟早、繁殖期长、繁殖能力强、食性广、抗病力强等优点。为主要养殖鱼类之一。

【年龄生长】个体大小差异较大，洞庭湖曾发现有近 4.5kg 重的大个体。据鳞片年轮退算体长平均值：1 龄 9.8cm、2 龄 13.8cm、3 龄 19.7cm。

【食性】杂食性，以水草、浮游生物、底栖动物为食，全年摄食。

【繁殖】1 龄即达性成熟，繁殖期 3—7 月，分批次产卵。卵具黏性，附着于水草和其他物体上孵化，卵径 1.1mm 左右。静水中可产卵，但自然条件下，流水会刺激其产卵。繁殖力强，能在各种水域中繁殖。

受精卵吸水膨胀后卵膜径约 1.5mm，水温 17.0～19.0℃时，孵化脱膜需 4 天，初孵仔鱼全长 4.9mm；8 日龄仔鱼卵黄囊消失，全长约 6.8mm，鳔 2 室。

资源分布：湖南各水域均有分布，特别是在水草丰富的洞庭湖，盛产鲫鱼，自古闻名遐迩。肉味鲜嫩，为群众所喜爱，是湖南主要经济鱼类之一，也是水产新品种选育的重要材料。

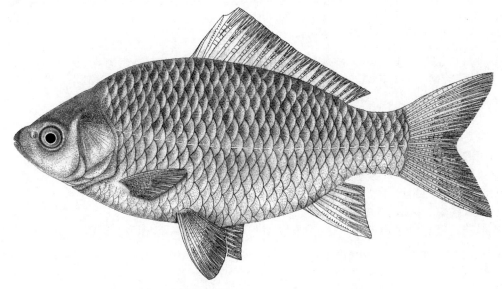

图 128　鲫 *Carassius auratus* (Linnaeus, 1758)

【07】亚口鱼科 Catostomidae

体延长，侧扁而高，背鳍起点处隆起，腹部略平直。头短小。吻圆钝，具吻褶，下卷盖住上唇前部，与上唇具深沟相隔。口小，下位，马蹄形。唇厚，肉质，边缘浅裂，密布乳突，下唇外翻。上、下颌均无齿。无须。眼中等大小，上侧位。鳃孔大。鳃盖膜与峡部相连。鳃盖条 3 根。背鳍末根不分支鳍条柔软分节，鳍基甚长，起点位于腹鳍前上方，前端的数根鳍条远长于后端鳍条，不分支鳍条 3～5 根，分支鳍条 47～60 根。臀鳍不分支鳍条 2～4 根，分支鳍条 11～13 根。胸鳍后伸达腹鳍起点。尾鳍叉形，下叶稍长。体被圆鳞。侧线完全，几平直。鳃耙细密。下咽齿小，1 行，16 枚以上，排列成梳状。鳔大，2 室。

本科我国只有 1 属 1 种，在湖南亦有分布。

（061）胭脂鱼属 *Myxocyprinus* Gill, 1878

Myxocyprinus Gill, 1878, *Johnson's Univ. Cylopaedia*: 1574.

模式种： *Carpiodes asiaticus* Bleeker

属征同科。
本属湖南仅分布有 1 种。

114. 胭脂鱼 *Myxocyprinus asiaticus* (Bleeker, 1864)（图 129）

俗称： 火烧鳊、紫鳊鱼、黄排；**英文名：** Chinese sucker

Carpiodes asiaticus Bleeker, 1864, *Ned. Tijd. Dierk.*, 2: 19（中国）。
Myxocyprinus asiaticus：梁启燊和刘素嬛，1959，湖南师范学院自然科学学报，（3）：67（洞庭湖、湘江）；梁启燊和刘素嬛，1966，湖南师范学院学报（自然科学版），（5）：85（洞庭湖、湘江）；湖北省水生生物研究所鱼类研究室，1976，长江鱼类：150（洞庭湖君山）；唐家汉和钱名全，1979，淡水渔业，（1）：10（洞庭湖）；唐家汉，1980a，湖南鱼类志（修订重版）：24（洞庭湖）；林益平等（见：杨金通等），1985，湖南省渔业区划报告集：69（洞庭湖、湘江、资水、沅水、澧水）；罗云林（见：成庆泰等），1987，中国鱼类系统检索（上册）：118（长江）；何业恒，1990，湖南珍稀动物的历史变迁：149（洞庭湖）；唐文乔等，2001，上海水产大学学报，10（1）：6（沅水水系的酉水）；曹英华等，2012，湘江水生动物志：43（湘江长沙）；李鸿等，2020，湖南鱼类系统检索及手绘图鉴：41，197；廖伏初等，2020，湖南鱼类原色图谱，170。

濒危等级： 国家 II 级，《国家重点保护野生动物名录》（国函〔1998〕144 号）；易危，《中国濒危动物红皮书 鱼类》（乐佩琦等，1998）；易危，《中国物种红色名录 第一卷 红色名录》（汪松和解焱，2004）；省重点保护野生动物，《湖南省地方重点保护野生动物名录》（湘政函〔2002〕172 号）。

标本采集： 标本 15 尾，采自湘江长沙。

形态特征： 背鳍iii-51～52；臀鳍iii-10～11；胸鳍 i -15～17；腹鳍 i -10。侧线鳞 $49\frac{11\sim12}{8\text{-V}}51$。鳃耙 30。下咽齿 1 行，具细齿 54～89。

　　体长为体高的 2.1～2.6 倍，为头长的 4.0～4.4 倍。头长为吻长的 2.1～3.4 倍，为眼径的 3.1～3.8 倍，为眼间距的 1.7～1.9 倍。尾柄长为尾柄高的 0.8～0.9 倍。

　　鱼苗时，体形细长，稍长大时，体变高，而后体略呈纺锤形。头后渐隆起，至背鳍起点处达体最高点，腹面宽平。头短小。吻钝圆，吻长等于或稍大于眼后头长。口小，下位，马蹄形。上颌不达眼前缘。唇软厚，边缘浅裂，上唇与吻皮形成 1 深沟；下唇发达，向外翻出形成 1 肉褶；上、下唇具许多细小乳突；唇后沟连续。无须。鼻孔每侧 2 个，紧邻，距眼较距吻端为近。眼上侧位，居头部正中。眼间隔宽突，眼间距为眼径的 2.3～3.0 倍。鳃孔大。鳃盖膜与峡部相连。

　　背鳍基很长，末根不分支鳍条柔软分节，基部延伸至臀鳍基后上方，前端 7 根鳍条较长，中部及后部鳍条低平，起点约与胸鳍基末相对或稍后，距吻端较距尾鳍基为近。胸鳍下侧位，几伸达腹鳍起点。腹鳍后伸不达肛门。肛门紧接臀鳍起点，性成熟个体具明显的生殖突。臀鳍短。尾柄细长，尾鳍叉形，下叶稍长。

　　体被圆鳞，中等大小。侧线完全，平直。

　　鳃耙稍长，短于眼径。下咽齿排列呈梳状，末端钩形。鳔 2 室，前室小，后室约前室长的 2.0～3.0 倍。

　　幼鱼阶段体灰褐色，体侧具 3 条黑色垂直宽横纹。成鱼体侧具 1 条猩红色的宽纵纹从鳃孔上角至尾鳍基，纵纹上方颜色较深，橘红色，下方颜色较浅，橘黄色。各鳍淡红色杂有黑斑。雄鱼颜色鲜艳，雌鱼颜色偏暗。

　　生物学特性：

　　【生活习性】温水性中下层鱼类，喜水质清新、溶氧充足的环境。幼鱼行动缓慢，有集群行为，常集群于水流较缓的乱石之间或水体的上层；成鱼行动敏捷，喜栖息于水流较急的石滩处，营底栖生活。性成熟个体具溯河洄游习性，到长江上游激流中产卵繁殖，秋冬季退水时进入长江干流深处越冬（石小涛等，2013）。

　　【年龄生长】个体大，生长速度快，素有"千斤腊子万斤象，黄排大的不像样"的说法，最大个体可达 40.0kg，1983～1988 年曾在长江宜昌至枝城江段采集到全长 125.0cm、体重 17.5kg 的胭脂鱼。以鳞片为年龄鉴定材料，退算体长：1 龄 15.8cm、2 龄 29.2cm、3 龄 54.2cm、4 龄 71.0cm、5 龄 81.5cm、6 龄 89.1cm、7 龄 96.5cm、8 龄 100.4cm。性成熟前生长速度快，性成熟后成长速度减缓（吴国犀等，1990；张春光等，2000）。

　　【食性】杂食性，摄食泥沙中的无脊椎动物和有机质，也摄食着生藻类和植物碎屑。

　　【繁殖】一般 6 龄可达性成熟，繁殖期 3—4 月。性成熟亲鱼每年 3 月初，上溯至长江上游江段，水温稳定在 13.0℃以上开始产卵，产卵多集中在清晨。受精卵球形，沉性，弱黏性，橘黄色，卵径 1.8～2.0mm，吸水后卵膜径 3.8～4.0mm。受精卵具有孵化时间长、发育速度缓慢、仔鱼发育成活率低的特点。水温 17.6～19.4℃时，受精卵孵化脱膜需 148h，初孵仔鱼全长约 8.4mm；9～10 日龄仔鱼尚存部分卵黄，鳔 1 室，体长约 14.0mm，已开口摄食。受精卵孵化脱膜时间明显大于部分鲤科鱼类孵化时间（张春光和赵业辉，2000；陈春娜，2008；万远等，2013）。

　　性成熟个体体色鲜艳，体侧自吻后经鳃盖至尾部具鲜红色纵纹，头部、臀鳍和尾鳍出现大小不一的珠星。

　　资源分布：胭脂鱼为我国特有种，曾是长江上游重要经济鱼类。湖南洞庭湖及湘江中下游曾有分布，现野生资源已非常稀少。人工繁育技术已成熟，湖南在洞庭湖和湘江开展了人工放流。偶有垂钓爱好者在湘江钓到的胭脂鱼，应来自人工放流。

幼鱼

成鱼

图 129　胭脂鱼 *Myxocyprinus asiaticus* (Bleeker, 1864)

【08】沙鳅科 Botiidae

　　体长而侧扁。体被圆鳞，峡部具鳞或裸露。尾鳍叉形。侧线完全。眼上侧位。眼下刺分叉或不分叉。口小，下位，通常呈马蹄形。须 3 对或 4 对，其中吻须 2 对，聚生于吻端，口角须和颏须各 1 对，颏须或为 1 对纽状凸起所取代或无。臀鳍分支鳍条 5 根。鳔 2 室，前室部分或全部为骨质囊所包，骨质鳔囊由第 2 椎体横突的腹支向后伸展与第 4 椎体的腹肋相连接共同组成；后室发达或退化。

　　本科湖南分布有 3 属 15 种。

　　【古文释鱼】①《郴州总志》（朱偓、陈昭谋）："鳅，扗（通在）江河者有斑，曰沙鳅"。②《耒阳县志》（于学琴）："鲨，陆佃云'性沉，大如指，狭圆而长，有黑点文'。常行沙中，今呼沙鳅"。③《蓝山县图志》（雷飞鹏、邓以权）："沙鳅，似泥鳅，大如指，全身黄褐色，有黑斑"。

　　【鳅科分类系统的变化】

　　（1）传统的鳅科普遍划分为 3 个亚科：Regan（1911）根据筛骨的性质与眼下刺将鳅科划分为条鳅亚科 Noemacheilinae 和花鳅亚科 Cobitinae 两大类群。Berg（1940）将鳅科划分为花鳅亚科、沙鳅亚科 Botiinae 和条鳅亚科。Ramaswami（1953）通过对鳅科 3 个亚科 11 个属鱼类的头骨和鳔进行了研究，支持了 Berg 将鳅科分为 3 个亚科的观点。此后，鳅科类群划分为 3 个亚科的观点得到了国内学者的认可，只是在 3 个亚科的系统发生上稍有争议。陈景星和朱松泉（1984）通过骨骼和形态特征的比较，认为三者的系统发生关系应为条鳅亚科、沙鳅亚科和花鳅亚科，条鳅亚科最原始，沙鳅亚科较进步，花鳅亚科最进步。国外学者则多坚持鳅科划分为条鳅和花鳅两大类群（Nelson et al., 2016）。

　　（2）鳅科的 3 个亚科提升为科：Nalbant（2002）及 Kottelat（2004）基于形态学特征分析，认为现有鳅科的 3 个亚科彼此间存在较大分化，均已达到了科的水平。Tang 等（2006）通过线粒体 DNA（mtDNA）细胞色素 *b*（Cyt *b*）基因和控制区序列的联合分析研究，发现鳅科的 3 个亚科不构成一个单系群，其中条鳅亚科与花鳅亚科构成姐妹群，然后再与平鳍鳅科 Hmoalopteridae 形成一个单系群，而沙鳅亚科则处于更基部的位置，支持将鳅科鱼类的 3 个亚科提升至科的水平，即沙鳅科 Botiidae、鳅科 Cobitidae 和条鳅科 Noemacheilidae，该观点得到了 Nelson 等（2016）的认可。

本书采纳 Tang 等（2006）的观点，将鳅科原有的 3 个亚科均提升至科。

沙鳅科属、种检索表

1（10）　眼下刺分叉[（062）副沙鳅属 *Parabotia*]
2（3）　吻须短、粗，分生于吻端两侧；吻端宽而圆钝，上、下颌具角质 ······················· 115. 江西副沙鳅 *Parabotia kiansiensis* Liu *et* Guo, 1986
3（2）　吻须长、细，聚生于吻端；吻端窄，上、下颌无明显角质
4（9）　尾柄长略大于尾柄高；尾鳍上、下叶约等长
5（8）　吻长大于眼后头长；眼间隔无横纹，吻端至眼间具 4 条纵纹，超过鼻孔后不明显
6（7）　肛门位于腹鳍起点至臀鳍起点间的 2/3 处；腹鳍后伸不达肛门；口角须较长，后伸超过眼前缘或达眼中部下方 ··············· 116. 花斑副沙鳅 *Parabotia fasciatus* Dabry de Thiersant, 1872
7（6）　肛门约位于腹鳍起点至臀鳍起点间的中点；腹鳍后伸超过肛门；口角须较短，后伸超过鼻孔但不达眼前缘 ················· 117. 武昌副沙鳅 *Parabotia banarescui* (Nalbant, 1965)
8（5）　吻长约等于眼后头长，眼间隔具 1 条横纹；体被深色的垂直宽带纹 ······················· 118. 漓江副沙鳅 *Parabotia lijiangensis* Chen, 1980
9（4）　尾柄长约为尾柄高的 2.0 倍，尾鳍上叶短于下叶。头背侧具不规则斑点 ······················· 119. 点面副沙鳅 *Parabotia maculosa* (Wu, 1939)
10（1）　眼下刺不分叉
11（28）　额部无纽状凸起，如有，则眼极细，头长为眼径的 16.0 倍以上[（063）薄鳅属 *Leptobotia*]
12（27）　额部无纽状凸起
13（14）　腹鳍起点远位于背鳍起点之前；体侧和背部无任何斑纹；腹鳍后伸接近或达肛门 ······················· 120. 后鳍薄鳅 *Leptobotia posterodorsalis* Lan *et* Chen, 1992
14（13）　腹鳍起点位于背鳍起点之后、相对或稍前
15（18）　眼小，眼间距与眼径之比大于 2.0；腹鳍后伸超过肛门
16（17）　体侧具 5~8 条垂直横纹；个体大 ··············· 121. 长薄鳅 *Leptobotia elongate* (Bleeker, 1870)
17（16）　体侧具虫蚀状斑纹；个体小 ··············· 122. 紫薄鳅 *Leptobotia taeniops* (Sauvage, 1878)
18（15）　眼稍大，眼间距与眼径之比小于 2.0
19（24）　体侧具垂直横纹
20（23）　腹鳍后伸超过肛门；眼位于头的前半部；体长为体高的 5.4~6.9 倍
21（22）　头部及背部具 6~9 条垂直宽带纹；腹鳍起点位于背鳍第 2 根或第 3 根分支鳍条下方 ········ 123. 薄鳅 *Leptobotia pellegrini* Fang, 1936
22（21）　体具 15~18 条不规则垂直带纹；腹鳍起点与背鳍起点相对或稍前 ······················· 124. 桂林薄鳅 *Leptobotia guilinensis* Chen, 1980
23（20）　腹鳍后伸接近但不超过肛门；眼位于头的中部；体长为体高的 4.1~4.7 倍 ······················· 125. 张氏薄鳅 *Leptobotia tchangi* Fang, 1936
24（19）　体侧无垂直横纹
25（26）　体背部自吻端至尾鳍基具 7~8 个大黑斑；腹鳍后伸超过肛门 ······················· 126. 衡阳薄鳅 *Leptobotia hengyangensis* Huang *et* Zhang, 1986
26（25）　体背部自吻端至尾鳍基具数个黄白色圆斑；腹鳍后伸不达肛门 ······················· 127. 天台薄鳅 *Leptobotia tientainensis* (Wu, 1930)
27（12）　额部具 1 对纽状凸起。体侧具 6~8 条不规则棕黑色垂直横纹；腹鳍后伸超过肛门 ······················· 128. 红唇薄鳅 *Leptobotia rubrilabris* (Dabry de Thiersant, 1872)
28（11）　额部具 1 对纽状凸起[（064）华沙鳅属 *Sinibotia*] ······················· 129. 斑纹华沙鳅 *Sinibotia zebra* (Wu, 1939)

（062）副沙鳅属 *Parabotia* Dabry de Thiersant, 1872

Parabotia Sauvage *et* Dabry de Thiersant, 1872, *Ann. Sci. Nat. Paris (Zool.)*, (6)1(5): 17.

模式种：*Parabotia fasciatus* Dabry de Thiersant

体长，侧扁，背缘平直，腹部圆。头稍短而尖，头长大于体高。吻尖，吻长约等于眼后头长。口小，下位，弧形。唇较薄，下唇分为 4 叶。眼小，上侧位，眼缘游离。眼下刺分叉。须 3 对，其中吻须 2 对，口角须 1 对，无颏须。颏下无纽状凸起。鼻孔每侧 2 个，紧邻，前鼻孔具鼻瓣，后鼻孔长圆形。鳃孔小。鳃盖膜与峡部相连。鳃耙小，颗粒状。头部散布黑点，或具几条纵纹。背侧具数条垂直黑色斑纹，或具排列不规则的斑块。体被细小圆鳞，深陷于皮下，颊部被细鳞。侧线完全，平直。胸鳍下侧位，近腹缘。臀鳍基位于背鳍起点之后。尾鳍分叉，基部常具 1 个明显黑斑。肛门位于臀鳍前方。鳔小，2 室。前室包于骨质囊内；后室小，游离。

本属湖南分布有 5 种。

115. 江西副沙鳅 *Parabotia kiansiensis* Liu *et* Guo, 1986（图 130）

Parabotia sp.：唐家汉，湖南鱼类志（修订重版），1980，158（洞庭湖安乡南闸）；林益平等（见：杨金通等），1985，湖南省渔业区划报告集：76（洞庭湖）；刘良国等，2013a，海洋与湖沼，44（1）：148（沅水怀化、常德）；刘良国等，2014，南方水产科学，10（2）：1（资水安化、桃江）。

Parabotia kiangsiensis liu *et* Guo（刘瑞兰和郭治之），1986，江西大学学报自然科学版，10（4）：江西余江；吴婕和邓学建，2007，湖南师范大学自然科学学报，30（3）：116（柘溪水库）；唐琼英等，2008，动物学研究，29（1）：1（桃源）。

Yujiangbotia kiansiensis：杨军山，2000，中国科学院水生生物研究所硕士学位论文，20（江西余江）；李鸿等，2020，湖南鱼类系统检索及手绘图鉴：42，198；廖伏初等，2020，湖南鱼类原色图谱，172。

【《湖南鱼类志》中记载的洞庭付沙鳅】1976 年版《湖南鱼类志》中记录的 1 尾采自洞庭湖的未定名种洞庭付沙鳅 *Botia* sp.（附图 105）（1980 年修订重版时确定其为副沙鳅属 *Parabotia*，但仍未确定其具体名称），该种与该属其他种类的区别主要在于"3 对须都短于眼径"，洞庭副沙鳅的特征描述及图均与刘瑞兰和郭治之于 1986 年采自江西余江并命名为江西副沙鳅 *Parabotia kiangsiensis* Liu *et* Guo, 1986 相似，后来杨军山在其硕士学位论文中，根据该种的 2 对吻须为分生、呈"一"字形排列，颊部具鳞，眼下刺分叉，下颌前缘具角质，下唇中部具"V"字形缺刻等特征，新描述了余江鳅属 *Yujiangbotia*，江西余江鳅为该属的模式种。根据后来的文献报道及笔者的采样调查，洞庭副沙鳅与江西副沙鳅的地理分布均属长江水系，且存在重叠，《湖南鱼类志》中记录的洞庭副沙鳅和江西副沙鳅为同一物种，但对该种的描述却早刘瑞兰和郭治之 10 年。此外，杨军山在其硕士学位论文中描述的余江鳅属 *Yujiangbotia*，因无后续的文章发表，本书暂不将其作为有效属。

形态特征：背鳍iii-9；臀鳍iii-5；胸鳍 i -13；腹鳍 i -7。

标本采集：标本 10 尾，采自洞庭湖和湘江株洲、衡阳。

体长为体高的 4.3～4.9 倍，为头长的 4.6～4.8 倍，为尾柄长的 8.4～10.5 倍，为尾柄高的 6.5～6.9 倍。头长为吻长的 2.0～2.3 倍，为眼径的 5.4～5.8 倍，为眼间距的 3.0～3.3 倍。尾柄长为尾柄高的 0.6～0.8 倍。

体较长，稍侧扁。尾柄短而宽，其高大于长。头长与体高几相等。吻圆钝，其长约等于眼后头长。颅顶具囟门。口下位，弧形，较宽，口角位于鼻孔下方。下颌薄，向颏部扩大成片状且其后缘游离，具角质，露于下唇外，下唇前缘中部具 1 不明显的"V"形缺刻，两侧叶扩大成片状，于口角与上唇相连。颏部无凸起。须 3 对，其中吻须 2 对，口角须 1 对，其长稍短于眼径。眼下侧位，眼间距约为眼径的 1.8 倍。眼下刺分叉，末端可达眼中部下方。鳃盖膜与峡部相连。

背鳍短，外缘截形，起点距吻端较距尾鳍基为远。腹鳍起点位于背鳍第 3 根分支鳍条基部下方，后伸不达肛门。肛门靠近臀鳍起点。臀鳍起点距腹鳍起点较距尾鳍基为近，后伸几达尾鳍基。腹鳍具腋鳞。尾鳍叉形，末端稍圆，下叶略长于上叶。

侧线完全，平直。鳞小而明显，颊部具鳞。鳔较发达，后室圆锥形，约为前室长的 1.3 倍。

体背部棕黄色，腹部颜色较淡。头部散布黑斑。体背具 15 条不达腹部的垂直黑色条纹，背鳍前 7 条，背鳍基下 2 条，背鳍后 6 条。胸鳍中部灰黑色，边缘淡橘黄色，其余各鳍均为淡橘黄色。奇鳍上具由黑斑组成的条纹，背鳍上 3 条，臀鳍上 2 条。尾鳍基具 3 个黑斑，中部 1 个色较淡，上、下 2 个较深。

资源分布：洞庭湖、湘江、资水和沅水有分布，但数量少，喜栖息于水质清澈、砂石底质的水体中。

图 130　江西副沙鳅 *Parabotia kiansiensis* Liu *et* Guo, 1986

116. 花斑副沙鳅 *Parabotia fasciatus* Dabry de Thiersant, 1872（图 131）

俗称：花沙鳅；**别名：**花斑付沙鳅、斑条副沙鳅；**英文名：**striped spined loach

Parabotia fasciata Dabry de Thiersant, 1872, *La Pisciculture et la Pêche en Chine, Paris*: 191（长江）；梁启燊和刘素嬿，1966，湖南师范学院学报（自然科学版），(5)：85（洞庭湖）；湖北省水生生物研究所鱼类研究室，1976，长江鱼类：163（洞庭湖君山）；唐家汉和钱名全，1979，淡水渔业，(1)：10（洞庭湖）；唐家汉，1980a，湖南鱼类志（修订重版）：157（洞庭湖）；林益平等（见：杨金通等），1985，湖南省渔业区划报告集：76（洞庭湖、湘江、资水、沅水、澧水）；唐文乔，1989，中国科学院水生生物研究所硕士学位论文：48（麻阳、保靖）；唐文乔等，2001，上海水产大学学报，10 (1)：6（沅水水系的辰水、酉水）；吴婕和邓学建，2007，湖南师范大学自然科学学报，30 (3)：116（柘溪水库）；曹英华等，2012，湘江水生动物志：206（湘江衡阳常宁）；刘良国等，2013b，长江流域资源与环境，22 (9)：1165（澧水桑植、慈利、石门、澧县、澧水河口）；刘良国等，2013a，海洋与湖沼，44 (1)：148（沅水怀化、五强溪水库、常德）；刘良国等，2014，南方水产科学，10 (2)：1（资水安化、桃江）；向鹏等，2016，湖泊科学，28 (2)：379（沅水五强溪水库）；李鸿等，2020，湖南鱼类系统检索及手绘图鉴：42，199；廖伏初等，2020，湖南鱼类原色图谱，174。

标本采集：标本 10 尾，采自衡阳、永州。

形态特征：背鳍iii-9；臀鳍iii-5；胸鳍i-12；腹鳍i-7。

体长为体高的 5.7～6.4 倍，为头长的 4.3～4.5 倍，为尾柄长的 8.3～8.4 倍，为尾柄高的 9.5～9.7 倍。头长为吻长的 2.2～2.3 倍，为眼径的 9.2～9.4 倍，为眼间距的 5.6～5.8 倍。尾柄长为尾柄高的 1.1～1.2 倍。

体长，腹部圆，尾部侧扁。头长而尖。吻长稍大于眼后头长。口小，下位，马蹄形，口裂不达鼻孔下方。上唇中部具 1 个小缺刻向上开放，两侧瓣皮片状向上翻卷。下唇中部具 1 个小缺刻向前开放，两侧瓣在近唇端的两侧各具 1 条裂纹。上、下颌分别与上、下唇分离；上颌圆突，长于下颌。须 3 对，其中吻须 2 对，相互靠拢，位于吻端，外侧吻须与口角须约等长，内侧吻须稍短；口角须 1 对，后伸达眼前缘。鼻孔每侧 2 个，紧邻，距眼前缘较距吻端为近；前鼻孔小，后缘具 1 个圆形鼻瓣，覆盖后鼻孔；后鼻孔长圆形。眼位于头后部，上侧位；眼缘游离。眼下刺分叉，埋于皮下，末端达眼中部下方。眼间隔前窄后宽。鳃孔小。鳃盖膜与峡部相连。

背鳍起点距吻端较距尾鳍基为远。背鳍末缘斜截。胸鳍后伸不达腹鳍起点。腹鳍起点位于背鳍第 3 根分支鳍条的下方，后伸不达肛门。肛门位于腹鳍起点和臀鳍起点的后 1/5～1/3 处。臀鳍后伸不达尾鳍基。尾柄宽。尾鳍叉形。

体被细小圆鳞，颊部具鳞。侧线完全，平直，从鳃孔上角直达尾柄中部。腹鳍基具狭长腋鳞。

鳔不发达，2 室；前室包于骨质囊内；后室小，游离。肠长小于体长；腹膜色浅。

体灰褐色，腹部黄白色。

眼间隔无横纹，吻端至眼间具 4 条纵纹，超过鼻孔后不明显。背侧横纹不明显。尾柄基部在侧线终点处具 1 个黑斑。背鳍、尾鳍上各具数条不连续的黑色斑纹。其余各鳍灰白色。

生物学特性：

【生活习性】小型底栖鱼类，多栖息于江河支岔缓流处，主要以水生昆虫和藻类为食。

【年龄生长】退算体长：1 龄 5.4cm、2 龄 8.2cm、3 龄 11.5cm、4 龄 13.5cm、5 龄 15.0cm，生长速度慢，种群中很少有体长大于 20.0cm 的个体（杨明生，2009）。

【繁殖】最小性成熟年龄 2 龄，繁殖期 6—8 月，辽宁汤旺河花斑副沙鳅繁殖高峰期为 6 月中旬至 7 月上旬，一次性产卵，卵漂流性。卵球形，黄绿色，卵径 1.0mm 左右，吸水膨胀后卵膜径 2.7mm，无黏性，卵比重略大于水。5 龄个体最大繁殖力达 4.2 万粒。卵巢不成对，为 1 个平扁卵囊。

繁殖期，雌鱼体色较淡，腹部膨大，胸鳍圆扇形，第 1 根鳍条平直，生殖孔红肿，个体较大；雄鱼体色和斑纹鲜艳，胸鳍尖扇形，第 1 根鳍条粗大略弯曲。雌鱼多于雄鱼，雌、雄比接近 2.5∶1。

受精卵在水温 28.0℃时，需 12.0h 开始脱膜，约 13.0h 全部脱膜，刚出膜仔鱼体透明，全长 2.7mm，肌节大于 30 节（杨明生，2004；杨明生等，2007；李培伦等，2016）。

2 日龄仔鱼已开口摄食，群体初次摄食率最高值出现在卵黄囊耗尽后 1～2 天，随水温升高，仔鱼抵达不可逆点的时间缩短：22.0℃时，仔鱼不可逆点出现在 8～9 日龄；26.0℃时，不可逆点出现在 7 日龄；30.0℃时，不可逆点出现在 5 日龄。在苗种培育过程中，应注意适时投饵（杨明生等，2012）。

资源分布：洞庭湖及湘、资、沅、澧"四水"有分布，但数量较少。

图 131　花斑副沙鳅 *Parabotia fasciatus* Dabry de Thiersant, 1872

117. 武昌副沙鳅 *Parabotia banarescui* (Nalbant, 1965)（图 132）

别名：武昌付沙鳅；**英文名：**Banarescu's spined loach

Leptobotia banarescui Nalbant, 1965, *Ann. Zool. Bot.*, 2: 2（武昌）。

Parabotia banarescui：唐家汉和钱名全，1979，淡水渔业，（1）：10（洞庭湖）；唐家汉，1980a，湖南鱼类志（修订重版）：154（湘江、沅水）；林益平等（见：杨金通等），1985，湖南省渔业区划报告集：76（洞庭湖、湘江、资水、沅水、澧水）；唐文乔，1989，中国科学院水生生物研究所硕士学位论文：49（麻阳、保靖）；唐文乔等，2001，上海水产大学学报，10（1）：6（沅水水系的辰水、酉水）；吴婕和邓学建，2007，湖南师范大学自然科学学报，30（3）：116（柘溪水库）；唐琼英等，2008，动物学研究，29（1）：1（辰溪）；曹英华等，2012，湘江水生动物志：205（湘江长沙、冷水滩）；刘良国等，2013b，长江流域资源与环境，22（9）：1165（澧水澧县、澧水河口）；刘良国等，2013a，海洋与湖沼，44（1）：148（沅水常德）；刘良国等，2014，南方水产科学，10（2）：1（资水安化、桃江）；李鸿等，2020，湖南鱼类系统检索及手绘图鉴：42，200；廖伏初等，2020，湖南鱼类原色图谱，176。

标本采集：标本 18 尾，采自洞庭湖、长沙、永州。

形态特征：背鳍iii-9～10；臀鳍iii-5；胸鳍 i -12；腹鳍 i -6。

体长为体高的 5.3～6.3 倍，为头长的 3.6～4.0 倍，为尾柄长的 7.0～8.4 倍，为尾柄高的 8.5～9.5 倍。头长为吻长的 1.9～2.2 倍，为眼径的 6.6～7.7 倍，为眼间距的 5.3～6.2 倍。尾柄长为尾柄高的 1.0～1.3 倍。

体长，由前向后渐侧扁。头长而尖。吻端尖突，吻长远大于眼后头长。口下位，马蹄形。上唇中部微现缝隙，两侧皮片状向上翻卷，下唇中部具 1 个小缺刻。上、下颌分别与上、下唇分离。须 3 对，其中吻须 2 对，相互靠拢，位于吻端，口角须 1 对。前吻须稍短于后吻须，约与口角须等长。鼻孔位于吻端至眼后缘的中间。眼上侧位。眼间隔宽平。眼径小于眼间距。眼下刺分叉，埋于皮下。鳃孔小，止于胸鳍起点下缘。鳃盖膜与峡部相连。

背鳍起点距鼻孔约等于距尾鳍基。背鳍外缘斜截。胸鳍后伸不达腹鳍起点。腹鳍起点位于背鳍第 3—4 根分支鳍条的下方，后伸超过肛门。肛门约位于腹鳍起点至臀鳍起点的中点。臀鳍起点距腹鳍起点较距尾鳍基为近。尾鳍叉形，上、下叶等长。

鳞小，深埋皮下。侧线完全，平直。

鳔 2 室，后室细小。

背侧灰黄色，腹部及腹面各鳍基部黄白色。头部从吻端至眼具 4 条黑色纵纹。眼后及头侧散布虫蚀状斑纹。背侧具 13～16 条垂直黑条纹。尾柄基部在侧线终点处具 1 个明显黑斑；奇鳍黄白色，上具数条黑色斑纹；臀鳍上黑色斑纹较少。

生物学特性：底栖小型鱼类，多栖息于泥沙底质的浅水处，以水生昆虫和藻类为食。

资源分布：洞庭湖及湘、资、沅、澧"四水"有分布，数量较少。

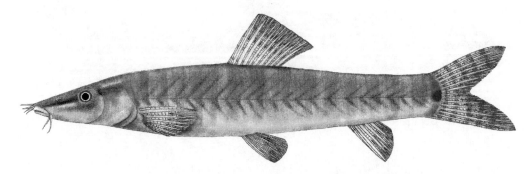

图 132 武昌副沙鳅 *Parabotia banarescui* (Nalbant, 1965)

118. 漓江副沙鳅 *Parabotia lijiangensis* Chen, 1980（图 133）

俗称：花泥鳅；**别名**：漓江付沙鳅；**英文名**：Lijiang spined loach

Parabotia lijiangensis Chen（陈景星），1980，动物学研究，1（1）：11（广西桂林）；中国科学院水生生物研究所等，1982，中国淡水鱼类原色图集（第一集），15（湘江上游）；唐文乔等，2001，上海水产大学学报，10（1）：6（沅水水系的辰水）；米小其等，2007，生命科学研究，11（2）：123（安化）；吴婕和邓学建，2007，湖南师范大学自然科学学报，30（3）：116（柘溪水库）；唐琼英等，2008，动物学研究，29（1）：1（辰溪）；刘良国等，2013b，长江流域资源与环境，22（9）：1165（澧水慈利、石门、澧县、澧水河口）；刘良国等，2013a，海洋与湖沼，44（1）：148（沅水五强溪水库、常德）；刘良国等，2014，南方水产科学，10（2）：1（资水安化、桃江）；李鸿等，2020，湖南鱼类系统检索及手绘图鉴：42，201；廖伏初等，2020，湖南鱼类原色图谱，178。

Parabotia sp.：唐家汉，1980a，湖南鱼类志（修订重版）：155（湘江上游）；林益平等（见：杨金通等），1985，湖南省渔业区划报告集：76（湘江）；曹英华等，2012，湘江水生动物志：204（湘江衡阳）。

【《湖南鱼类志》记载的大鳔花斑沙鳅】 1976 年版《湖南鱼类志》中记录的 1 尾采自湘江上游的未定种大鳔花斑沙鳅 *Botia* sp.（附图 102）（1980 年修订重版时确定其为副沙鳅属 *Parabotia*，但仍未确定其具体种名称），其外部形态与武昌副沙鳅相似，但鳔后室异常膨大，与陈景星于 1980 年采自漓江并命名的漓江副沙鳅 *Parabotia lijiangensis* Chen, 1980 相似。同时，从大鳔花斑沙鳅"头长为吻长的 2 倍""眼在头的中后部"，可以推测，其吻长应等于或稍大于眼后头长，这显著区别于武昌副沙鳅的"吻长较眼后头长显著为长"，而更接近漓江副沙鳅。此外，大鳔花斑沙鳅标本的采集地湘江上游支流海洋河与珠江水系的漓江之间，有自秦朝修建的人工运河——灵渠连通（湘江和漓江自古有"漓湘同源"之说），水系的连通，解决了阻碍鱼类交流的地理屏障。据此，笔者认为大鳔副沙鳅和漓江副沙鳅应为同一物种。

标本采集：标本 10 尾，采自湘江上游。

形态特征：背鳍iii-9；臀鳍iii-5；胸鳍 i -10～13；腹鳍 i -8。

体长为体高的 5.5～6.2 倍，为头长的 3.4～4.1 倍，为尾柄长的 7.2～8.3 倍，为尾柄高的 7.5～9.1 倍。头长为吻长的 2.0～2.4 倍，为眼径的 5.7～8.2 倍，为眼间距的 5.2～7.0 倍。尾柄长为尾柄高的 1.0～1.3 倍。

体长，前段较圆，后段侧扁。头长而尖，颅顶具囟门。吻长大于或等于眼后头长。口小，下位，马蹄形。下唇被纵沟分隔。须短，3 对，其中吻须 2 对，口角须 1 对，长度稍短于眼径。鼻孔距吻端较距眼略远。眼大，上侧位，位于头的中后部。眼下刺分叉，埋于皮下，末端达或稍超过眼中部。眼间距等于或稍大于眼径。鳃孔止于胸鳍起点下缘。

鳃盖膜与峡部相连。

背鳍末根不分支鳍条柔软分节，起点距尾鳍基较距吻端为近；背鳍最长鳍条约等于背鳍基长。腹鳍起点约位于背鳍第 2 或 3 根分支鳍条下方，后伸可达或超过肛门。臀鳍末根不分支鳍条亦柔软分节，起点距尾鳍基较距腹鳍起点为近。肛门位于腹鳍起点至臀鳍起点间的中点。尾鳍叉形，上、下叶等长，末端尖。

体被细小圆鳞，易脱落；颊部具鳞。侧线完全，平直。

鳔相当发达，前室为膜质，后室圆锥形，约为前室长的 2.0 倍。肠短，约为体长的 0.9 倍。

体上部灰褐色，下部浅黄色。体侧具 10～13 条棕黑色垂直横纹，延伸至腹部。头背部具 1 条棕黑色横条纹，1 条位于头后部，伸至鳃孔上角，另 1 条位于眼间隔，伸至眼上缘；吻端背面具 "∩" 形黑带纹。尾鳍基中部具 1 个黑斑。背鳍具 2 条由斑点组成的斜行黑条纹；尾鳍具 3～4 条斜行黑带纹；靠近臀鳍起点具 1 条不明显黑条纹，鳍间具 1 条明显黑条纹；腹鳍具 2 条不明显的黑条纹。胸鳍背面暗色。

生物学特性：小型鱼类，栖息于江河底层。

资源分布：湘、资、沅、澧"四水"均有分布，但数量稀少。

图 133　漓江副沙鳅 *Parabotia lijiangensis* Chen, 1980

119. 点面副沙鳅 *Parabotia maculosa* (Wu, 1939)（图 134）

俗称：花泥鳅、长沙鳅；**别名**：头点副沙鳅、点面付沙鳅；**英文名**：striped spined loach

Botia maculosa Wu（伍献文），1939，*Sinensia*，10(1-6)（阳朔）。

Parabotia maculosa：陈景星，1980，动物学研究，1（1）：109（广西桂林）；唐家汉，1980a，湖南鱼类志（修订重版）：156（湘江、沅水洪江）；陈景星，1980，动物学研究，1（2）：3（沅江）；林益平等（见：杨金通等），1985，湖南省渔业区划报告集：76（湘江、资水、沅水、澧水）；农牧渔业部水产局等，1988，中国淡水鱼类原色图集（第二集）：19（长沙）；陈景星（见：成庆泰等），1987，中国鱼类系统检索（上册）：195（沅江）；朱松泉，1995，中国淡水鱼类检索：123（沅江）；曹英华等，2012，湘江水生动物志：208（湘江衡阳常宁）；刘良国等，2013a，海洋与湖沼，44（1）：148（沅水常德）；李鸿等，2020，湖南鱼类系统检索及手绘图鉴：42，202。

标本采集：标本 3 尾，采自衡阳。

形态特征：背鳍iii-8～9；臀鳍iii-5；胸鳍 i -11～12；腹鳍 i -7。

体长为体高的 7.2～8.6 倍，为头长的 4.3～4.5 倍，为尾柄长的 5.7～6.6 倍，为尾柄高的 13.7～15.5 倍。头长为吻长的 1.9～2.3 倍，为眼径的 7.1～8.2 倍，为眼间距的 6.4～7.4 倍。尾柄长为尾柄高的 2.2～2.5 倍。

体圆而细长。头长而尖。吻长大于眼后头长。口下位，马蹄形。上唇中部被缝隙分隔，两侧皮片状向上翻卷，下唇前端中部具 1 个小缺刻。上、下颌分别与上、下唇分离。须 3 对，其中吻须 2 对，相互靠拢，位于吻端，位置在前的 1 对，长度稍超过鼻孔后缘，后 1 对稍短，长度接近或稍超过眼的前缘；口角须 1 对。鼻孔距眼较距吻端为近。眼小，上侧位。眼径小于眼间距。眼下方具 1 根尖端向后的叉状细刺，埋于皮下。

背鳍起点与腹鳍起点相对或稍前，距吻端等于或稍大于距尾鳍基；外缘斜截。胸鳍后伸不达腹鳍起点。腹鳍起点位于胸鳍起点至臀鳍起点间的中点或稍后。腹鳍后伸接近肛门。肛门位于腹鳍基末至臀鳍起点间的中点或稍后。臀鳍起点距腹鳍基末较距尾鳍基稍远。尾鳍叉形，下叶稍长。

体被细小圆鳞，深陷皮内。颊部具鳞。侧线完全，平直。

背部灰黄色，腹部黄白色。头部散布黑点。背侧具 10 余条垂直黑斑带。背鳍和尾鳍上各具数条不连续的灰黑色斑纹。臀鳍斑纹较少（久浸标本不明显）。其余各鳍灰白色。

生物学特性：小型底栖鱼类，栖息于江河砂石底的浅水处。常见体长 10.0～20.0cm。

资源分布：曾广泛分布于洞庭湖及湘、资、沅、澧"四水"，现数量已稀少。

图 134 点面副沙鳅 *Parabotia maculosa* (Wu, 1939)

（063）薄鳅属 *Leptobotia* Bleeker, 1870

Leptobotia Bleeker, 1870, *Verh. Med. Akad. Wet. Amst. Afd. Natuark.*, 4(2): 256.

模式种：*Botia elongata* Bleeker

体长，侧扁，腹部圆，尾柄较高。头尖而侧扁。吻长短于眼后头长。口小，下位，口裂末端达鼻孔下方。唇厚，边缘光滑，下唇中央常具缺刻。上颌长于下颌。须 3 对，其中吻须 2 对，口角须 1 对；颏部常具 1 对肉质凸起。鼻孔每侧 2 个，紧邻，前鼻孔后缘具发达鼻瓣。眼小，上侧位，眼缘游离；眼下刺不分叉。鳃孔大。鳃盖膜与峡部相连。背侧及各鳍上具褐斑纹。体被细小圆鳞，深陷皮下，颊部具鳞。侧线完全，平直，位于体侧正中，向后延伸至尾柄正中。背鳍起点与腹鳍起点相对或稍前。胸鳍圆形，下侧位。尾鳍分叉。鳔小，2 室，前室圆形或椭圆形，包于骨质囊内；后室小，游离。肠短，小于体长。

本属湖南分布有 9 种。

120. 后鳍薄鳅 *Leptobotia posterodorsalis* Lan *et* Chen, 1992（图 135）

Leptobotia posterodorsalis Chen *et* Lan（陈景星和蓝家湖），1992，动物分类学报，17（1）：106

（广西环江县小环江）；瞿勇等，2019，四川动物，38（2）：184-185（湖南小溪国家级自然保护区）；李鸿等，2020，湖南鱼类系统检索及手绘图鉴：43，203。

标本采集：无标本，形态描述摘自原始描述。

形态特征：背鳍 iii-6～7；臀鳍 ii-5；胸鳍 i-10～11；腹鳍 i-6。鳃耙 9-11。

体长为体高的 6.9～8.3 倍，为头长的 4.8～5.4 倍，为尾柄长的 5.5～6.2 倍，为尾柄高的 9.1～10.6 倍。头长为吻长的 2.6～2.9 倍，为眼径的 10.8～13.1 倍，为眼间距的 6.5～7.8 倍。尾柄长为尾柄高的 1.4～1.9 倍。体高为体宽的 2.0～2.2 倍。背鳍前距为体长的 55～58%，腹鳍前距为体长的 51～54%，臀鳍前距为体长的 73～76%。

体细长，侧扁，尾柄长。头短小，侧扁，长大于体高。吻长短于眼后头长。口小，下位，马蹄形。额部无凸起。须短小，3 对：吻须 2 对；口角须 1 对后伸不达眼前缘。眼小，侧上位，位于头的前半部。眼间距约为眼径的 2.0 倍，头背面眼间呈弧形。眼下刺不分叉，其末端达到眼后缘下方。鳃孔狭小。侧线完全。体被稀疏细鳞，颊部鳞片不明显。

各鳍短小。背鳍位于体后半部，外缘凸弧形，最长鳍条约等于眼后头长。腹鳍起点远位于背鳍起点的前下方，后伸达或接近肛门。肛门位于腹鳍基至臀鳍起点间的 2/5 处。臀鳍起点约位于腹鳍基至尾鳍基的正中点，其末端伸不到尾鳍基。尾鳍短而宽，分叉，最长鳍条约为中央最短鳍条的 2.0 倍，上、下叶等长，末端圆钝。

鳔前室包于骨质鳔囊内；后室细长，约为前室长的 2.0 倍。肠短，约为体长的 1/2。腹膜浅色。

经福尔马林浸存的标本体棕黄色，背部色深。体上无条纹或斑点。背鳍基部具一黑色带纹，鳍间具 1 条由斑点组成的条纹；尾鳍具 1 条黑色宽带纹。尾鳍基具 1 条不甚明显的垂直黑带纹。其他各鳍浅色。

生物学特性：栖息于有一定水流的小河底层，以有机碎屑和底栖生物为食。

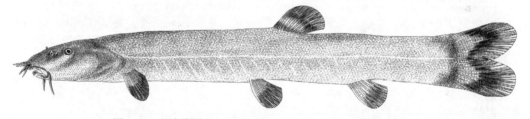

图 135　后鳍薄鳅 *Leptobotia posterodorsalis* Lan *et* Chen, 1992

121. 长薄鳅 *Leptobotia elongate* (Bleeker, 1870)（图 136）

俗称：花鳅、薄鳅、花斑鳅；**别名：**金沙鳅；**英文名：**long spined loach

Botia elongate Bleeker, 1870, *Verh. Med. Akad. Wet. Amst. Afd. Natuark.*, 256（长江）。

Leptobotia elongata：Bleeker, 1870, *Verh. Med. Akad. Wet. Amst. Afd. Natuark.*, 256；唐家汉和钱名全，1979，淡水渔业，（1）：10（洞庭湖）；唐家汉，1980a，湖南鱼类志（修订重版）：161（洞庭湖）；林益平等（见：杨金通等），1985，湖南省渔业区划报告集：76（洞庭湖）；刘良国等，2013a，海洋与湖沼，44（1）：148（沅水怀化）；向鹏等，2016，湖泊科学，28（2）：379（沅水五强溪水库）；李鸿等，2020，湖南鱼类系统检索及手绘图鉴：43，204；廖伏初等，2020，湖南鱼类原色图谱，180。

【古文释鱼】①《沅洲府志》（张官五、吴嗣仲等）："鲉，《黔阳县志》'县东北之岩泉洞，深广数十步，有水通中溪，产鲉鱼，形细而味美，每至秋分，鱼入此洞穴，居至春分前后出，中溪、达外江孕子'"。②《新宁县志》（张葆连、刘坤一）："鲉，出石穴中，似鳝而大，味极甘美"。

濒危等级：易危，《中国濒危动物红皮书 鱼类》（乐佩琦等，1998）；易危，《中国物种红色名录 第一卷 红色名录》（汪松和解焱，2004）；省重点保护野生动物，《湖南省地方重点保护野生动物名录》（湘政函〔2002〕172 号）。

标本采集：标本 10 尾，为 20 世纪 70 年代采集，现藏于湖南省水产科学研究所标本馆。

形态特征：背鳍iii-8；臀鳍iii-5；胸鳍 i -13；腹鳍 i -8。第 1 鳃弓外侧无鳃耙，内侧鳃耙 10～11。

体长为体高的 4.5～5.5 倍，为头长的 3.5～3.8 倍，为尾柄长的 5.8～7.0 倍，为尾柄高的 7.9～8.8 倍。头长为吻长的 2.4～2.7 倍，为眼径的 16.0～19.5 倍，为眼间距的 6.1～6.9 倍，为尾柄长的 1.5～1.9 倍，为尾柄高的 2.0～2.5 倍。尾柄长为尾柄高的 1.2～1.5 倍。

体延长，较高，侧扁，腹部圆。头长，头长大于体高，侧扁，前端稍尖。吻短，前端较钝，稍侧扁。口下位，马蹄形。上颌中部具 1 齿形凸起，下颌中部为 1 深缺刻。唇较厚，其上具皱褶。唇后沟中断。颏下无纽状凸起。须 3 对，其中吻须 2 对，口角须 1 对，较粗长，后伸超过眼后缘下方。鼻孔靠近眼前缘，前、后鼻孔间具 1 皮褶，前鼻孔管状，后鼻孔大。眼小，位于头的前半部。眼下刺粗短，不分叉，末端超过眼后缘，埋于皮下。鳃孔较小，下角延伸至胸鳍前下方侧面。鳃盖膜与峡部相连。

背鳍短小，末根不分支鳍条柔软分节，外缘浅凹，起点距吻端大于距尾鳍基。胸鳍稍宽，末端尖，后伸达胸鳍起点至腹鳍起点间的中点。腹鳍短小，后伸超过肛门，起点与背鳍第 2 根至 3 根分支鳍条基部相对。臀鳍短小，末根不分支鳍条柔软分节，外缘截形，后伸不达尾鳍基。尾鳍深叉形，上、下叶约等长，末端尖。尾柄较高，侧扁。

体被细小圆鳞，胸鳍和腹鳍基具长形腋鳞。侧线完全，平直。

鳃耙短小，呈锥状凸起，排列稀疏。鳔 2 室，前室发达，包于骨质囊中，后室颇小，圆球形，游离。胃长且大，"U"形。肠粗短，肠长小于体长，绕成"Z"形。腹膜黄白色。

全身基色为灰白色，背部色深，腹部浅，为黄褐色。头背部和侧面及鳃盖上具许多不规则棕黑斑。体侧具 5～8 条棕褐色垂直横纹。背鳍具 2～3 条棕黑色斑纹。胸鳍、腹鳍和臀鳍上具 2～3 条棕黑色斑纹。尾鳍上具 3～6 条不规则斜行黑色斑纹。

生物学特性：

【生活习性】底栖凶猛性鱼类，栖息于水流较急的河滩处，在砂砾或岩石缝隙中活动。喜集群，涨水时节溯河上游。

【年龄生长】个体大。以鳞片为年龄鉴定材料，平均体长 1 龄 15.3cm、2 龄 21.1cm、3 龄 24.9cm、4 龄 30.1cm。长薄鳅是沙鳅科鱼类中最大的一种，可达 2.0～3.0kg。

【食性】肉食性鱼类。主要以鮈类、鳑鲏、中华花鳅等小型鱼类为食，也食虾类、鱼卵、大型浮游动物、水生昆虫及幼虫（库么梅和温小波，1997）。

【繁殖】成熟卵圆球形，青灰色，卵径约 1.6mm。受精卵吸水膨胀后卵膜径约 3.8mm，无黏性，随水漂流孵化。水温 22.0～23.5℃时，受精卵孵化脱膜需 34.0h；水温 24.0℃时，需 31.0h。初孵仔鱼全长 5.0mm，鱼体无色，口裂和鳔雏形出现；1 日龄仔鱼全长 5.8mm，鳔 1 室，头顶和鳃部出现黑色素；4 日龄仔鱼全长 6.7mm，鳔 2 室，卵黄囊大部分被吸收，开始摄食；17 日龄仔鱼全长 18.8mm，鳞被完全，体具星状黑色素；稚鱼期为 17～47 日龄，体长 18.8～35.6mm，鱼体两侧形成 7 条斑纹（梁银铨等，1999；2004；王志坚等，2011；张运海等，2018）。

资源分布：洞庭湖和沅水曾有分布，但目前其资源已严重衰竭，需采取措施加以保护。

图 136　长薄鳅 *Leptobotia elongate* (Bleeker, 1870)

122. 紫薄鳅 *Leptobotia taeniops* (Sauvage, 1878)（图 137）

别名：紫沙鳅；**英文名**：purple spined loach

Leptobotia taeniaps Sauvage, 1878, *Bull. Soc. Phil., Paris*, 7(2): 90（长江）；唐家汉和钱名全，1979，淡水渔业，（1）：10（洞庭湖）；唐家汉，1980a，湖南鱼类志（修订重版）：162（洞庭湖）；陈景星，1980，动物学研究，1（2）：3（沅江）；林益平等（见：杨金通等），1985，湖南省渔业区划报告集：76（洞庭湖）；曹英华等，2012，湘江水生动物志：211（湘江衡阳常宁）；刘良国等，2013b，长江流域资源与环境，22（9）：1165（澧水慈利、石门、澧县、澧水河口）；刘良国等，2013a，海洋与湖沼，44（1）：148（沅水五强溪水库、常德）；向鹏等，2016，湖泊科学，28（2）：379（沅水五强溪水库）。

Leptobotia taeniops：李鸿等，2020，湖南鱼类系统检索及手绘图鉴：43，205；廖伏初等，2020，湖南鱼类原色图谱，182。

Botia purpurea：Nichols, 1925b, *Amer. Mus. Novit.*, (177): 4（洞庭湖）。

标本采集：标本 20 尾，采自洞庭湖。

形态特征：背鳍iii-8；臀鳍iii-5；胸鳍 i -12；腹鳍 i -7。

体长为体高的 4.1～5.2 倍，为头长的 3.9～4.3 倍，为尾柄长的 6.4～7.3 倍，为尾柄高的 7.2～8.4 倍。头长为吻长的 2.2～2.7 倍，为眼径的 11.0～15.0 倍，为眼间距的 4.2～4.6 倍。尾柄长为尾柄高的 1.0～1.2 倍。

体侧扁，背部隆起，腹部平直。头较尖。吻长远小于眼后头长。口下位，马蹄形。上、下唇在口角处相连；上唇中部被 1 条细缝分隔，两侧呈皮片状向上翻卷。下唇中部具 1 个小缺刻。上、下颌分别与上、下唇分离；上颌具 1 凸起。须 3 对，均很细短，其中吻须 2 对，相互靠拢，位于吻端，口角须 1 对。前、后鼻孔紧邻，具鼻瓣分隔。眼细小，上侧位。眼间隔较宽。眼下刺不分叉，埋于皮下。鳃盖膜与峡部相连。

背鳍起点距吻端较距尾鳍基为远。胸鳍较短，后伸不达胸鳍和腹鳍起点间的中点。腹鳍起点与背鳍第 2 根分支鳍条基部相对，后伸稍超过肛门，不达臀鳍起点。肛门距腹鳍起点大于或等于距臀鳍起点。臀鳍起点与背鳍末端相对或稍后，距腹鳍起点较距尾鳍基为近。尾鳍深叉形，末端尖。

体被细小圆鳞，埋于皮下，胸部和峡部具鳞。侧线完全，平直。

第一鳃弓外侧鳃耙退化，内侧鳃耙短小。鳔 2 室，前室包于骨质囊内；后室很小，游离，前端具 1 根细管与前室相通。胃“U”形。肠短，自胃向后呈“Z”形，肠长小于体长。腹膜灰白色。

体紫色，头部及背侧具许多虫蚀状褐色斑纹。奇鳍上各具 1～2 列褐色斑纹。其余各鳍灰白色。

生物学特性：

【生活习性】底栖鱼类，喜栖息于流水环境中。

【年龄生长】个体较小，生长速度慢。以鳃盖骨为年龄鉴定材料，退算体长平均值：1 龄 7.4cm、2 龄 9.1cm、3 龄 10.8cm。

【食性】为偏动物食性的杂食性鱼类，主要摄食小型鱼虾、底栖无脊椎动物及一些藻类和植物碎片。

【繁殖】最小性成熟年龄 2 龄，繁殖期 4—7 月，一次性产卵，卵漂流性。卵圆形，青灰色，卵径 1.5mm 左右，受精卵吸水后膨胀，卵膜径 4.6mm。水温 22.0℃时，受精卵孵化脱膜需 30.0～45.0h，初孵仔鱼全长 3.0～3.5mm，可做简单游动（唐燕高等，2010；方翠云，2011；洪斌，2016）。

资源分布：洞庭湖及湘、资、沅、澧"四水"均有分布，但数量较少。

图 137 紫薄鳅 *Leptobotia taeniops* (Sauvage, 1878)

123. 薄鳅 *Leptobotia pellegrini* Fang, 1936（图 138）

俗称：红沙鳅钻；**别名**：大斑薄鳅、佩氏薄鳅、条斑薄鳅；**英文名**：Pellegrin's spined loach

Leptobotia pellegrini Fang（方炳文），1936，*Sinensia*，7(1): 29（四川）；唐家汉，1980a，湖南鱼类志（修订重版）：160（沅水洪江）；陈景星，1980，动物学研究，1（2）：3（沅江）；林益平等（见：杨金通等），1985，湖南省渔业区划报告集：76（沅水）；陈景星（见：成庆泰等），1987，中国鱼类系统检索（上册）：196（沅江）；朱松泉，1995，中国淡水鱼类检索：124（沅江）；唐文乔（见：刘明玉等），2000，中国脊椎动物大全：165（沅水）；李鸿等，2020，湖南鱼类系统检索及手绘图鉴：43，206；廖伏初等，2020，湖南鱼类原色图谱，184。

标本采集：标本 3 尾，采自沅水。

形态特征：背鳍 iii-7～8；臀鳍 iii-5；胸鳍 i -12～14；腹鳍 i -7。

体长为体高的 5.4～6.9 倍，为头长的 3.9～4.3 倍，为尾柄长的 6.7～6.9 倍，为尾柄高的 8.9～9.6 倍。头长为吻长的 2.3～2.5 倍，为眼径的 9.1～11.0 倍，为眼间距的 6.5～7.4 倍。尾柄长为尾柄高的 1.2～1.4 倍。

体长而侧扁。头略尖、侧扁，背部稍隆起呈低弧形，腹侧平圆，尾柄较扁，中间的背腹两侧浅凹。口下位，马蹄形。上唇呈皮状向上翻卷，下唇中部具 1 细缝分隔，侧瓣在唇端两侧具 1 线缝隙，上、下颌具角质，分别与上、下唇分离。须 3 对，其中吻须 2 对，口角须 1 对，后者较长，后伸可达鼻孔下方。鼻孔靠近眼前上方，鼻瓣发达，半圆形，竖立在鼻孔后缘。眼小，上侧位，位于头部中间。眼下刺不分叉，末端不达眼的后缘。眼间距较窄，头背明显隆起。鳃孔小，下缘止于胸鳍起点。鳃盖膜与峡部相连。

背鳍起点距吻端约等于距尾鳍基，外缘斜截。胸鳍起点紧靠鳃孔，略呈椭圆形，后伸不达腹鳍起点。腹鳍起点与背鳍起点相对或稍后，末端圆形，后伸超过肛门。肛门约位于腹鳍起点至臀鳍起点间的中点。胸鳍与腹鳍腋部均具 1 枚小腋鳞。臀鳍起点约位于腹鳍起点至尾鳍基间的中点。尾鳍深叉形，上、下叶对称，末端尖钝。

体被细小圆鳞，颊部被鳞。侧线完全，平直基，沿体侧致尾鳍基。

体色在个体间有较大的变异。体黄褐色，带灰黑色调。背鳍起点至头部后方具 2～4 块近方形的黑褐色斑纹，大多数个体为 3 块，斑纹之间具 3～5 条灰黄色垂直横纹隔开，横纹宽为横纹间距的 1/3～1/2。背鳍基具 1 狭长黑斑，有的分为相连的 2 块；背鳍后至尾鳍基具 3 个黑斑，相互分隔而轮廓比较模糊。背部黑斑多在侧线上方逐渐缩小，边缘模糊消失。部分个体黑斑向侧线下方延伸分散成不规则的黑斑。自吻端至头部末端，眼眶下缘上方灰黑色，仅在紧靠眼间距后具 1 个灰黄褐色小斑。自吻端至臀鳍前方的腹侧为淡黄色。背鳍、臀鳍基灰黑色，中间具 1 条较宽的黑色带纹，在臀鳍上较狭、较淡。胸鳍、腹鳍上侧各具 1 条淡黑色带纹。尾鳍基黑色，在其后半具 3～5 条小黑点组成的带纹。幼小个体中有整体为浅灰黑色，而无明显的黑斑，或仅在背部具隐约可辨的黑斑。

生物学特性：溪流性小型底栖鱼类，栖息于急滩的卵石缝隙间，喜集群，有时钻入沙底，以小型鱼类及环节动物为食。

资源分布：沅水中上游，数量不多。

图 138　薄鳅 *Leptobotia pellegrini* Fang, 1936

124. 桂林薄鳅 *Leptobotia guilinensis* Chen, 1980（图 139）

Leptobotia guilinensis Chen（陈景星），1980，动物学研究，1（1）：15（广西桂林）；贺顺连等，湖南农业大学学报（自然科学版），2000，26（5）：379（澧水慈利）；唐文乔等，2001，上海水产大学学报，10（1）：6（沅水水系的辰水、酉水）；吴婕和邓学建，2007，湖南师范大学自然科学学报，30（3）：116（柘溪水库）；刘良国等，2013b，长江流域资源与环境，22（9）：1165（澧水慈利、石门）；刘良国等，2013a，海洋与湖沼，44（1）：148（沅水怀化）；刘良国等，2014，南方水产科学，10（2）：1（资水安化、桃江）；向鹏等，2016，湖泊科学，28（2）：379（沅水五强溪水库）；李鸿等，2020，湖南鱼类系统检索及手绘图鉴：43，207。

标本采集：标本 5 尾，采自东安。

形态特征：背鳍iii-8，臀鳍ii-5，胸鳍 i -10～12，腹鳍 i -6～7。

体长为体高的 5.8～6.5 倍，为头长的 4.6～4.8 倍，为尾柄长的 5.7～6.2 倍，为尾柄高的 8.0～9.0 倍。头长为吻长的 2.6～2.8 倍，为眼径的 10.2～12.0 倍，为眼间距的 8.6～9.6 倍。尾柄长为尾柄高的 1.4～1.6 倍。

体长而侧扁。头长大于体高。吻长短于眼后头长。口小，下位。颏下无纽状凸起。须 3 对，短小；其中吻须 2 对；口角须 1 对，须长约等于眼径，后伸不达眼前缘。鼻孔每侧 2 个，紧邻，距眼前缘较距吻端为近。眼小，上侧位，位于头的前半部；眼间距等于或稍大于眼径。眼下刺不分叉，末端达眼后缘。鳃盖膜与峡部相连。

各鳍均短小。背鳍边缘斜截，起点与腹鳍起点相对或稍后，距吻端较距尾鳍基为远。腹鳍后伸达肛门。臀鳍起点位于腹鳍起点至尾鳍基间的中点。胸鳍和腹鳍基均具腋鳞。尾鳍短而宽，上下叶等长，末端圆钝。

体被细小圆鳞，不明显，易脱落；颊部具细鳞，但不明显。侧线完全，平直。

鳔前室部分为骨质囊所包裹，后室约为前室长的 1/2 或等长。

背部棕黑色，腹部棕黄色。体侧具 15～18 条不规则垂直狭长黑条纹，其宽度约为间隔条纹的 1/2，这些条纹仅延伸至侧线上部，靠近尾柄的垂直横纹或为马鞍形斑块所替代。头部无任何条纹。背鳍具 1 条由斑点组成的黑条纹；尾鳍基具 1 条不甚明显的 "3" 字形垂直黑条纹；尾鳍具 1～3 条不规则斜行黑带纹。偶鳍背面暗色。

资源分布：湘、资、沅、澧 "四水" 中上游有分布，但数量稀少。

图 139　桂林薄鳅 *Leptobotia guilinensis* Chen, 1980

125. 张氏薄鳅 *Leptobotia tchangi* Fang, 1936（图 140）

别名：宽斑薄鳅；**英文名**：Tchang's spined loach

Leptobotia tchangi Fang（方炳文），1936, *Sinensia*, 7(1): 1（沅江）；陈景星，1980，动物学研究，1（2）：3（沅江）；陈景星（见：成庆泰等），1987，中国鱼类系统检索（上册）：196（沅江）；朱松泉，1995，中国淡水鱼类检索：124（沅江）；唐文乔（见：刘明玉等），2000，中国脊椎动物大全：165（沅水）；张春光等，2016，中国内陆鱼类物种与资源分布：156（沅水）；李鸿等，2020，湖南鱼类系统检索及手绘图鉴：43，208。

标本采集：无标本，形态描述依据《中国鱼类系统检索（下册）》附图 965 及陈景星（1980）。

形态特征：背鳍iii-8；臀鳍iii-5；胸鳍 i -12～13；腹鳍 i -7。

体长为体高的 4.1～4.7 倍，为头长的 4.1～4.5 倍，为尾柄长的 6.1～6.4 倍，为尾柄

高的 7.4～8.6 倍。头长为吻长的 2.3～2.5 倍，为眼径的 7.8～8.7 倍，为眼间距的 7.3～8.5 倍。尾柄长为尾柄高的 1.2～1.3 倍。

体长，侧扁而高，吻端向后渐隆起，至背鳍起点处稍前达体最高点，腹缘呈浅弧形隆起。头侧扁；颅顶无囟门，头长约等于体高。吻稍尖，吻长小于眼后头长。口下位，口裂达鼻孔后缘下方。颏下无纽状凸起。唇和颌分离，唇稍厚；下唇中央具 1 小缺刻，将下唇分开，缺刻末端与唇后沟相通；上、下唇在口角处相连。唇后沟连续。上颌正中具 1 小凸起。须 3 对，短小，其中吻须 2 对，外侧吻须后伸约达鼻孔后缘下方；口角须 1 对，稍长，后伸达眼后缘下方。鼻孔每侧 2 个，紧邻，位于眼前方，距眼前缘较距吻端为近；前鼻孔具鼻瓣，盖住后鼻孔。眼小，上侧位，位于头部前半部。眼位于头的中部。眼下刺不分叉，埋于皮下。鳃盖膜与峡部相连。

背鳍起点距吻端较距尾鳍基为远，边缘稍斜截。胸鳍下侧位，近腹缘。后伸远不达腹鳍起点。腹鳍起点位于背鳍起点后下方，后伸接近但不达肛门。肛门距臀鳍起点较距腹鳍起点稍近。臀鳍基短，起点距腹鳍起点较距尾鳍基稍近，后伸不达尾鳍基。尾鳍深叉形，上、下叶后缘呈弧形外凸，末端稍尖。

体被细小圆鳞；颊部具鳞；胸鳍和腹鳍基均具腋鳞。侧线完全，自鳃盖骨后缘几近平直延伸至尾柄正中。

背部和背侧部在背鳍之前具 3 块大斑，第 1 条位于头背面眼后缘之间，不延伸到侧线。背鳍和臀鳍之间的背侧部黑色，斑纹界线不明显。

资源分布：分布范围窄，仅限于沅水中上游，栖息于小溪流中。

图 140　张氏薄鳅 *Leptobotia tchangi* Fang, 1936

126. 衡阳薄鳅 *Leptobotia hengyangensis* Huang *et* Zhang, 1986（图 141）

俗称：花泥鳅

Leptobotia hengyangensis Huang *et* Zhang（黄宏金和张卫），水生生物学报，1986，10（1）：99；中国科学院水生生物研究所等，1982，中国淡水鱼类原色图集（第一集），19（湘江上游）；林益平等（见：杨金通等），1985，湖南省渔业区划报告集：77（湘江）；曹英华等，2012，湘江水生动物志：211（湘江衡阳常宁）；李鸿等，2020，湖南鱼类系统检索及手绘图鉴：43，209。

濒危等级：省重点保护野生动物，《湖南省地方重点保护野生动物名录》（湘政函〔2002〕172 号）。

标本采集：标本 4 尾，采自湘江。

形态特征：背鳍iii-8；臀鳍iii-5；胸鳍 i -12～13；腹鳍 i -7。

体长为体高的 5.0～5.2 倍，为头长的 3.8～4.0 倍，为尾柄长的 5.4～5.9 倍，为尾柄

高的 8.2～8.9 倍。头长为吻长的 2.2 倍，为眼径的 8.0～8.6 倍，为眼间距的 4.6～5.1 倍。尾柄长为尾柄高的 1.2～1.3 倍。

体长，侧扁；背缘呈微弧形隆起，体最高点在背鳍起点之前；腹缘隆起弧度稍大。头中等，侧扁，头长大于体高。吻稍钝圆，吻长小于眼后头长。口小，下位，马蹄形；口裂末端达鼻孔前缘下方。颏下无钮状凸起。唇厚，边缘光滑；下唇中央具 1 小缺刻，缺刻浅沟后延，将下唇中叶分成 2 个肉质棒状突；侧叶在口角处与上唇相连。上颌长于下颌。须 3 对，短小；其中吻须 2 对，聚生于吻端，须长约等于眼间距，后伸不达鼻孔前缘下方；口角须 1 对，位于上、下唇连接处的末端，后伸约达鼻孔至眼前缘间的中点（大个体达眼前缘下方）。鼻孔每侧 2 个，紧邻，位于鼻窝中，近眼前缘；前鼻孔后缘具发达鼻瓣，竖立似须状。眼小，上侧位，眼缘游离。眼下刺不分叉，埋于皮下。眼间隔微凸，眼间距小于眼径的 2.0 倍。鳃孔大。鳃盖膜与峡部相连。

背鳍起点与腹鳍起点相对或稍前，距吻端较距尾鳍基为远。胸鳍下侧位，边缘略呈圆形，后伸约达胸鳍起点至腹鳍起点间的中点。腹鳍末端圆形，稍尖，后伸超过肛门。肛门约位于腹鳍起点至臀鳍起点间的中点。臀鳍起点距腹鳍起点稍大于距尾鳍基。尾鳍分叉，末端稍钝，边缘呈弧形外凸，下叶略长。

体被细小圆鳞，深陷皮下，颊部具鳞。胸鳍和腹鳍基均具腋鳞。侧线完全，平直，位于体侧正中，向后延伸至尾柄正中。

鳔小，2 室，前室包于骨质囊内；后室小，游离。肠短，小于体长。

体棕色，背部颜色深，腹部颜色浅。各鳍均具棕黑色条纹；背鳍基具棕褐色条纹；背部自吻端至尾柄末端具 7～8 个大黑斑，间隔呈亮色条纹；尾鳍基具近似"3"字形条纹。

生物学特性：小型底栖鱼类。

资源分布：分布于湘江中上游，数量稀少。

图 141 衡阳薄鳅 *Leptobotia hengyangensis* Huang *et* Zhang, 1986

127. 天台薄鳅 *Leptobotia tientainensis* (Wu, 1930)（图 142）

别名：汉水扁尾薄鳅；**英文名**：Hanshui's spined loach

Leptobotia tientainensis, Wu, 1930b, *Bull. Mus. Nat. Hist. Nat.* (Série 2), 2(3): 255.
Leptobotia tientainensis hansuiensis Fang *et* Hsu（方树淼和许涛清），1980，动物学研究，1（2）：265（陕西岚皋县）；刘良国等，2013b，长江流域资源与环境，22（9）：1165（澧水慈利、石门）；刘良国等，2014，南方水产科学，10（2）：1（资水安化）。

Leptobotia tientainensis：贺顺连等，湖南农业大学学报（自然科学版），2000，26（5）：379（澧水慈利）；李鸿等，2020，湖南鱼类系统检索及手绘图鉴：43，210；廖伏初等，2020，湖南鱼类原色图谱，186。

Leptobotia hansuiensis：唐琼英等，2008，动物学研究，29（1）：1（桃源）；康祖杰等，2010，野生动物，31（5）：293（壶瓶山）；康祖杰等，2010，动物学杂志，45（5）：79（壶瓶山）；康祖杰等，2019，壶瓶山鱼类图鉴：180（壶瓶山）。

标本采集：标本 20 尾，采自澧水上游，资水。

形态特征：背鳍 iii-7；臀鳍 iii-5；胸鳍 i -11～12；腹鳍 i -7。第 1 鳃弓外侧无鳃耙，内侧 11～12。

体长为体高的 4.5～6.0 倍，为头长的 4.2～4.5 倍，为尾柄长的 5.2～6.0 倍，为尾柄高的 8.4～10.0 倍。头长为吻长的 2.6～2.8 倍，为眼径的 7.5～8.5 倍，为眼间距的 5.0～5.6 倍。眼间距为眼径的 1.5 倍左右。尾柄长为尾柄高的 1.5～1.9 倍。

体长而侧扁，腹部圆，尾柄侧扁。头短，稍侧扁。吻短，前端钝，吻长小于眼后头长。口小，下位，马蹄形，口裂末端达吻端至前鼻孔间的 2/3 处下方。上颌光滑，略长于下颌，下颌边缘匙形。唇稍厚，具皱褶，颏部无纽状凸起。须 3 对，其中吻须 2 对，约等长，口角须 1 对，较长，后伸不达眼前缘下方。鼻孔位于眼前方，前鼻孔在鼻瓣内。眼小，位于头的前半部，侧上方。眼下刺不分叉，其末端接近眼后缘。颅顶无囟门。鳃孔稍大。鳃盖膜与峡部相连。

背鳍短，末根不分支鳍条柔软分节，外缘突出，起点距吻端大于距尾鳍基。胸鳍短，末端圆形，后伸远不达腹鳍起点。腹鳍小，起点约与背鳍起点相对，后伸不达肛门。肛门约位于腹鳍起点至臀鳍起点间的中点。臀鳍短小，外缘截形，后伸不达尾鳍基。尾鳍短而宽阔，后缘浅叉形，上、下叶约等长，末端圆钝。

体被细鳞，腹鳍基具腋鳞。侧线完全，平直，从鳃孔上角直达尾柄中部。

鳃耙少，较粗长，排列稀疏。鳔 2 室，前室短小，后室长，柱形，为前室长的 2～3 倍。胃 "U" 形。肠粗短，胃后方具 1 个弯曲。腹膜白色。

体背部褐色，腹部浅黄色或黄白色，背鳍前背部正中部具 8～10 个黄白色圆斑。背鳍后背中间也具数个黄白色圆斑。背鳍具 2 条黑色带纹。臀鳍基具 1 条不明显的黑色带纹。胸鳍、腹鳍颜色较浅。尾鳍基具 1 条黑色垂直带纹，尾鳍具 2～3 条不甚规则的斜行黑色带纹。

生物学特性：小型鱼类，数量较少，喜栖息于流水环境中，潜居于较大卵石间的缝隙中。以底栖动物为食。繁殖期 5—7 月，繁殖力较小，体长 75.0mm 个体繁殖力约为 885 粒，Ⅳ期卵巢卵黄色，卵径约 1.0mm（丁瑞华，1994）。

资源分布：分布于资水、沅水和澧水中上游，数量稀少。

图 142 天台薄鳅 *Leptobotia tientainensis* (Wu, 1930)

128. 红唇薄鳅 *Leptobotia rubrilabris* (Dabry de Thiersant, 1872)（图 143）

别名：黄唇沙鳅；**英文名**：red-lip spined loach

Parabotia rubrilabris Dabry *et* Thiersant, 1872, *La Pisciculture et la Pêche en Chine, Paris*: 191（四川）。
Leptobotia rubrilabris：唐家汉和钱名全，1979，淡水渔业，（1）：10（洞庭湖）；唐家汉，1980a，湖南鱼类志（修订重版）：163（洞庭湖荆江分洪南闸）；林益平等（见：杨金通等），1985，湖南省渔业区划报告集：76（洞庭湖）；黄忠舜等，2016，湖南林业科技，43（2）：34（安乡县书院洲国家湿地公园）；李鸿等，2020，湖南鱼类系统检索及手绘图鉴：43，211。

标本采集：无标本，形态描述摘自《湖南鱼类志（修订重版）》。

形态特征：背鳍iii-8；臀鳍iii-5；胸鳍 i -13；腹鳍 i -7。第 1 鳃弓外侧无鳃耙，内侧 10。

体长为体高的 3.8～4.4 倍，为头长的 3.8～4.1 倍，为尾柄长的 5.8～6.9 倍，为尾柄高的 7.7～8.4 倍。头长为吻长的 2.1～2.2 倍，为眼径的 16.5～21.0 倍，为眼间距的 4.6～5.7 倍，为尾柄长的 1.4～1.8 倍，为尾柄高的 1.9～2.2 倍。尾柄长为尾柄高的 1.2～1.3 倍。

体延长，较高，侧扁，尾柄高而侧扁。头长，锥形。吻较长，前端尖，短于眼后头长。口小，下位，马蹄形。唇厚，具许多皱褶。颌部具 1 对较发达的纽状凸起。上颌稍长于下颌，下颌边缘匙形。须 3 对，其中吻须 2 对，聚生于吻端，口角须 1 对，稍粗长，后伸达眼前缘下方。鼻孔离眼前缘较近。眼小，位于头的前半部。眼下刺不分叉，粗壮，末端超过眼后缘。鳃孔小，鳃盖膜与峡部相连。

背鳍较宽，外缘截形，末根不分支鳍条柔软分节，起点距吻端大于距尾鳍基。胸鳍稍长，末端圆钝，后伸可达胸鳍起点至腹鳍起点间的中点。腹鳍短小，外缘截形，起点与背鳍第 2—3 根分支鳍条相对，后伸超过肛门。肛门位于腹鳍基末至臀鳍起点间的中点。臀鳍稍长，末根不分支鳍条柔软分节，外缘稍内凹，后伸不达尾鳍基。尾鳍长，深叉形，上、下叶等长，末端尖。

体被细小圆鳞，腹鳍基具狭长腋鳞。侧线完全，平直，位于体侧中部。

鳃耙粗短，排列稀疏。鳔 2 室，前室发达，梨形，包于骨质囊内；后室短小，泡状，仅为前室长的 1/2。胃 "U" 形。肠短粗，弯曲成 1 个环。腹膜白色。

体基色为棕黄色带褐色，腹部黄白色。背部具 6～8 个不规则的棕黑色横斑，略呈马鞍形，有时延伸至侧线上方，有时不明显，体侧具不规则的棕黑色斑点。头背面具许多不规则棕褐色斑点或连成条纹。背鳍上具 2 条棕黑色条纹。胸鳍外缘具 1 条浅棕黑色条纹。腹鳍具 1～2 条浅棕黑色条纹。臀鳍具 1 条棕黑色带纹。尾鳍具 3～5 条不规则的斜行棕黑色短条纹。

生物学特性：

【生活习性】喜流水环境，栖息于多砂石河段的中下层，喜藏匿。性成熟个体多集中于流态紊乱的水域或支流产卵。

【年龄生长】个体稍大，大个体可达 80.0g。以耳石为年龄鉴定材料，退算体长：1 龄 3.8cm、2 龄 7.5cm、3 龄 9.9cm、4 龄 12.2cm、5 龄 14.1cm。

【食性】肉食性鱼类，主要食物为钩虾、蜓科幼虫和日本沼虾，也少量摄食藻类和植物碎屑。

【繁殖】繁殖期 6—7 月，一次性产卵；卵弱黏性，淡黄色，卵膜径约 1.4mm；受精卵吸水后膨胀，卵膜径约 4.0mm，随水漂流孵化（田辉伍，2013）。

资源分布：仅分布于洞庭湖，数量稀少。

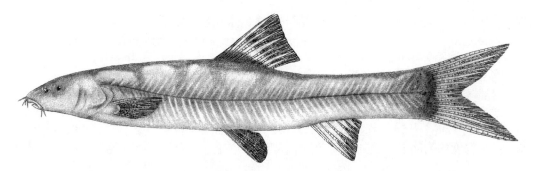

图 143　红唇薄鳅 *Leptobotia rubrilabris* (Dabry de Thiersant, 1872)

（064）华沙鳅属 *Sinibotia* Fang, 1936

Sinibotia Fang（方炳文）, 1936, *Sinensia*, 7(1): 1-48（长江中上游）。

模式种： *Botia superciliaris* Günther

颅顶囟门封闭；颊部裸露无鳞；须 3 对；颏部具 1 对纽状凸起；眼下刺不分叉；鳔前室部分为骨质或全为骨质，后室缩小。

本属湖南仅分布有 1 种。

129. 斑纹华沙鳅 *Sinibotia zebra* (Wu, 1939)（图 144）

英文名： zebra spined loach

Botia zebra Wu（伍献文）, 1939, *Sinensia*, 10(1-6): 126（广西阳朔）。
Sinibotia zebra: Tang et al.（唐琼英等）, 2008, *Zool. Research*, 29(1): 1；李鸿等, 2020, 湖南鱼类系统检索及手绘图鉴：43, 212；廖伏初等, 2020, 湖南鱼类原色图谱, 188。
【斑纹薄鳅订正为斑纹华沙鳅】： 薄鳅属 *Leptobotia* 和沙鳅属 *Botia* 均属于沙鳅亚科 Botiinae，两者的主要区别是薄鳅属颊部具鳞、眼下刺不分叉，而沙鳅属颊部无鳞，眼下刺分叉。华沙鳅属 *Sinibotia* 是方炳文（1936）在沙鳅属下设立的一个亚属，其依据是须 3 对、颏下具 1 对纽状凸起和颅顶无囟门，为我国所特有。

斑纹薄鳅 *Leptobotia zebra* (Wu, 1939)是 Wu（伍献文）1939 年描述的一个新种，原始描述中两个主要特征，即颊部裸露无鳞和眼下刺不分叉，前者为沙鳅属 *Botia* 的特征，而后者则又是薄鳅属特征，但最后伍献文还是将其划入了沙鳅属。因该种颊部是否具鳞这一特征很难区分，导致后来的研究者多认为颊部有鳞，于是将其划入薄鳅属[陈景星, 1980；陈景星（见：成庆泰）, 1987；郑慈英等, 1989；朱松泉, 1995；蓝家湖和张春光（见：周解等）, 2006]。

唐琼英等（2008）通过对线粒体 DNA 细胞色素 b 基因序列的研究发现，斑纹薄鳅和华沙鳅属的物种聚在一起，亲缘关系较近；同时通过检视模式标本，发现该物种颊部裸露无鳞、颏部具一对纽状凸起，这是典型的华沙鳅属鱼类的分类特征，于是将斑纹薄鳅划入华沙鳅属，命名为斑纹华沙鳅 *Sinibotia zebra*，华沙鳅属从亚属提升为属。

标本采集： 标本 1 尾，采自湘江上游。
形态特征： 背鳍iii-7～8；臀鳍iii-5；胸鳍 i -11～12；腹鳍 i -7。

体长为体高的 5.5 倍，为头长的 3.9 倍，为尾柄长的 6.3 倍，为尾柄高的 7.8 倍。头长为吻长的 3.7 倍，为眼径的 11.2 倍，为眼间距的 7.2 倍。尾柄长为尾柄高的 1.2 倍。

体细长而侧扁。头长，大于体高。吻长短于眼后头长。口小，下位。颏部具 1 对凸起。须短小，3 对；其中吻须 2 对；口角须 1 对，后伸仅达眼前缘。眼小，上侧位，位于头的

　　中部；眼间距约为眼径的 1.5 倍。眼下刺不分叉，末端超过眼后缘。鳃盖膜与峡部相连。

　　腹鳍起点与背鳍起点相对或位于背鳍第 1 根分支鳍条下方，后伸不达肛门。腹鳍起点距肛门约为距臀鳍起点的 0.7 倍。尾鳍短而宽，深叉形，上、下叶等长。

　　体被细小圆鳞，颊部具鳞，不明显。侧线完全，平直。

　　鳔前室为膜质囊，后室长约为前室长的 2.0 倍。肠短，约为体长的 0.9 倍。

　　背部棕黑色，腹部浅黄色。背中线具 1 条棕黄色条纹或具 1 条不规则的棕黄色斑纹。背鳍起点前具 1 个马蹄形黄色斑。体侧具 14～16 条不规则的分支或不分支的棕黄色垂直横纹，其宽度约为间隔条纹的 1/3。头侧自鳃孔上角通过眼上缘至吻端各具明显的棕黄色条纹。眼前缘至口角上方具 1 条不很明显的棕黄色条纹。背鳍鳍间具 1 条由斑点组成的黑条纹；尾鳍具 2～3 条不规则的斜行黑色条纹；臀鳍间具 1 条黑色带纹；偶鳍背面暗色。

　　资源分布：湘江上游支流有分布，但数量稀少。

图 144　　斑纹华沙鳅 *Sinibotia zebra* (Wu, 1939)

【09】鳅科 Cobitidae

　　头部被细鳞或裸露。头顶具囟门。眼下刺分叉。鳔 2 室，前室为骨质囊所包裹，后室退化，仅留痕迹。颏叶发达，中间由 1 条纵沟隔成为左、右两片，外缘呈须状或锯齿状。须 3 对或 5 对，其中吻须 2 对，分生，呈 1 行排列，口角须 1 对，颏须 2 对、1 对或无。尾鳍凹形、圆形或截形，侧线完全、不完全或无。臀鳍分支鳍条 5 根。

　　本科湖南分布有 3 属 4 种。

　　【本科的中文名问题】以往分类上多将鳅科 Cobitidae 划分为花鳅亚科 Cobitinae、沙鳅亚科 Botiinae 和条鳅亚科 Noemacheilinae，而今，将鳅科的 3 个亚科均提升为科后，花鳅科 Cobitidae 就是鳅科，两者拉丁名相同，所以为避免产生歧义，本书采用鳅科，原有的花鳅属 *Cobitis* 也改为鳅属。

鳅科属、种检索表

1（4）　尾鳍截形；须 3 对，其中吻须 2 对，口角须 1 对；具眼下刺[（065）鳅属 *Cobitis*]
2（3）　噶氏斑纹分化明显；背鳍起点距吻端较距尾鳍基稍远；体侧中线上具 10～15 个、背部正中具 12～19 个大斑；体较粗壮；尾柄较短，长不足高的 1.8 倍 ……………………………………………
　　　　………………………………… **130. 中华鳅 *Cobitis sinensis* Sauvage *et* Dabry de Thiersant, 1874**
3（2）　噶氏斑纹分化不明显；背鳍起点距吻端较距尾鳍基稍近；体侧中线上具 5～9 个大斑；体细长；尾柄较长，其长为高的 2.0 倍以上 …… **131. 大斑鳅 *Cobitis macrostigma* Dabry de Thiersant, 1872**
4（1）　尾鳍圆形；须 5 对，其中吻须 2 对，口角须 1 对，颏须 2 对；无眼下刺
5（6）　口角须短于或稍长于吻长；尾柄皮褶不发达；纵列鳞 140 以上[（066）泥鳅属 *Misgurnus*]……
　　　　……………………………………………… **132. 泥鳅 *Misgurnus anguillicaudatus* (Cantor, 1842)**

6（5）　口角须长于吻长；尾柄皮褶甚发达；纵列鳞 130 以下 [（067）副泥鳅属 *Paramisgurnus*]⋯⋯⋯
⋯⋯⋯⋯⋯⋯⋯⋯⋯⋯ **133. 大鳞副泥鳅 *Paramisgurnus dabryanus* Dabry de Thiersant, 1872**

（065）鳅属 *Cobitis* Linnaeus, 1758

Cobitis Linnaeus, 1758, *Syst. Nat.* 10th ed: 303.

模式种： *Cobitis taenia* Linnaeus

体长而侧扁，腹部圆，背、腹轮廓几平行。头小而侧扁，头顶自眼前方开始向下倾斜。吻短钝。口小，下位，弧形。唇较厚，下唇分 2 叶，中央具 1 缺刻。须 3 对，其中吻须 2 对，口角须 1 对；口角须长约等于眼径。鼻孔每侧 2 个，紧邻，前鼻孔具鼻瓣。眼小，上侧位，位于头中部，眼缘不游离。眼间隔狭窄，眼间距等于或小于眼径。眼下刺分叉，末端达眼前缘下方。鳃孔小。鳃盖膜与峡部相连。腹鳍起点位于背鳍起点之后或相对。肛门位于臀鳍前方。臀鳍起点距腹鳍起点约等于距尾鳍基。尾鳍微凸或截形。体被细小圆鳞，头部裸露无鳞。侧线不完全，末端止于胸鳍末端上方。鳃耙退化，凸起状。鳔小，2 室，前室长圆形，包于骨质囊内；后室小，球形，游离。肠短，为一直管。
本属湖南分布有 2 种。

【鳅属鱼类的两性异形】 ①体形：雌鱼小大于雄鱼。②下唇结构：中华鳅雌鱼下唇中央的 1 对凸起呈蝌蚪状，后端细小如须；雄鱼的略呈棒状，后端稍小，片状。大斑鳅雌鱼下唇中央凸出呈葵花籽状，雄鱼凸起在前端起点处融合，后端呈马鞍状（详见廖伏初等，2020）。③胸鳍形状：雌鱼胸鳍近圆形，第 2 根分支鳍条最长；雄鱼胸鳍旗形或扇形，第 1 根分支鳍条最长，且变宽、变硬，有的具斑纹。同时，雄鱼胸鳍基或第 1 根分支鳍条起点至末端间的 1/3 处具骨质凸起。④各鳍及须：雄鱼的背鳍、胸鳍、腹鳍、臀鳍和尾鳍均较雌鱼长；头、须和尾柄也较雌鱼长；背鳍基较短，且背鳍起点的位置也较雌鱼更靠前。

关于雄鱼胸鳍骨质凸起的形状，陈毅峰和陈咏霞（2005）认为中华鳅的为囊状，大斑鳅的近似齿形，但笔者发现大斑鳅也有呈囊状的，而中华鳅的骨质凸起除存在于胸鳍基外，或存在于第 1 根分支鳍条间的 1/3 处（廖伏初等，2020）。

【鳅属鱼类的噶氏斑纹】 Gambetta（1934）针对鳅属鱼类的体斑格局将鱼体沿纵轴分为 5 条互不相同的带，简称为噶氏斑纹（图 145），由体背正中向下至腹侧依次命名为 L_1～L_5。L_1 是马蹄形黑斑；L_2 是小斑纹，有时渗入 L_1 中；L_3 是较大、圆形黑斑，纵向上有时融合，甚至连成带；L_4 是排列紧密的细小黑点，有的融合成带；L_5 是具 2 层色彩的斑纹，深层是 1 条黑带，而表层却是有规则的黑色大斑，大斑有时向下延伸至腹部（图 145）。此外，鳅属鱼类尾鳍基的上、下方各具 1 个黑斑，上方黑斑颜色深黑，下方黑斑颜色浅。背鳍和尾鳍各具 2～3 列点状条纹。头部具斑点，从吻端通过眼到头顶至另一侧的吻端，形成 1 条 "U" 形黑色条纹。

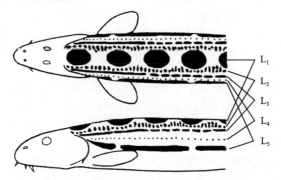

图 145　鳅属鱼类噶氏斑纹示意图（陈毅峰和陈咏霞，2005）

130. 中华鳅 *Cobitis sinensis* Sauvage *et* Dabry de Thiersant, 1874（图 146）

俗称：花泥鳅、沙鳅、胡溜；**别名**：花鳅、中华花鳅；**英文名**：Siberian spiny loach、Chinese spined loach

Cobitis sinensis Sauvage *et* Dabry de Thiersant, 1874, *Ann. Sci. Nat. Paris* (*Zool.*), 1(5): 16（四川西部）；林益平等（见：杨金通等），1985，湖南省渔业区划报告集：76（洞庭湖、湘江、资水、沅水、澧水）；陈景星等（见：黎尚豪），1989，湖南武陵源自然保护区水生生物：125（张家界喻家嘴、自然保护区管理局、林场和夹担湾等地）；唐文乔，1989，中国科学院水生生物研究所硕士学位论文：52（麻阳、桑植）；唐文乔等，2001，上海水产大学学报，10（1）：6（沅水水系的辰水、酉水，澧水）；吴婕和邓学建，2007，湖南师范大学自然科学学报，30（3）：116（柘溪水库）；康祖杰等，2010，野生动物，31（5）：293（壶瓶山）；康祖杰等，2010，动物学杂志，45（5）：79（壶瓶山）；曹英华等，2012，湘江水生动物志：217（湘江湘阴）；牛艳东等，2012，湖南林业科技，39（1）：61（怀化中方县康龙自然保护区）；刘良国等，2013b，长江流域资源与环境，22（9）：1165（澧水桑植、慈利、石门、澧县、澧水河口）；刘良国等，2013a，海洋与湖沼，44（1）：148（沅水怀化、五强溪水库、常德）；刘良国等，2014，南方水产科学，10（2）：1（资水新邵、安化、桃江）；向鹏等，2016，湖泊科学，28（2）：379（沅水五强溪水库）；康祖杰等，2019，壶瓶山鱼类图鉴：185（壶瓶山）；李鸿等，2020，湖南鱼类系统检索与手绘图鉴：45，213；廖伏初等，2020，湖南鱼类原色图谱，190。

Cobitis taenia：梁启燊和刘素嬛，1959，湖南师范学院自然科学学报，（3）：67（洞庭湖、湘江）；梁启燊和刘素嬛，1966，湖南师范学院学报（自然科学版），（5）：85（洞庭湖、湘江、资水、沅水、澧水）；湖北省水生生物研究所鱼类研究室，1976，长江鱼类：159（岳阳）；唐家汉和钱名全，1979，淡水渔业，（1）：10（洞庭湖）；唐家汉，1980a，湖南鱼类志（修订重版）：151（洞庭湖）；牛艳东等，2011，湖南林业科技，38（5）：44（城步芙蓉河）；王星等，2011，生命科学研究，15（4）：311（南岳）；吴倩倩等，2016，生命科学研究，20（5）：377（通道玉带河国家级湿地公园）。

标本采集：标本 30 尾，采自洞庭湖、张家界。

形态特征：背鳍iii-6～7；臀鳍iii-5；胸鳍 i -8；腹鳍 i -6。

雄鱼：体长为体高的 5.5～6.3 倍，为头长的 5.0～5.3 倍，为尾柄长的 8.3～8.7 倍，为尾柄高的 9.6～10.7 倍。头长为吻长的 2.2～2.4 倍，为眼径的 6.1～6.8 倍，为眼间距的 7.5～7.7 倍。尾柄长为尾柄高的 1.1～1.2 倍。

雌鱼：体长为体高的 4.8～6.2 倍，为头长的 4.8～5.7 倍，为尾柄长的 7.1～8.6 倍，为尾柄高的 9.1～10.9 倍。头长为吻长的 1.9～2.2 倍，为眼径的 6.4～8.4 倍，为眼间距的 5.5～7.4 倍。尾柄长为尾柄高的 1.1～1.5 倍。

体长而侧扁。背缘平直，腹部圆形。头小，侧扁。吻向前倾斜，吻长大于眼后头长。口小，下位。唇发达，下唇分为 2 叶，游离，前端中央具 1 个缺刻；雌鱼下唇中央的 1 对凸起呈蝌蚪状，后端细小如须；雄鱼的略呈棒状，后端稍小，片状。须 3 对，均很短小，长度约等于眼径。鼻孔每侧 2 个，紧邻；距眼前缘较距吻端为近；前鼻孔具鼻瓣，后鼻孔长圆形。眼小，圆形，上侧位，眼缘不游离。眼间隔狭窄而隆起，眼间距小于眼径。眼下刺分叉，埋于皮下，末端达或超过眼前缘。鳃孔小，仅开口于胸鳍基区域。峡部宽。鳃盖膜与峡部相连。

背鳍末根不分支鳍条柔软分节，起点距吻端等于或稍大于距尾鳍基。胸鳍下侧位，近腹缘，后伸远不达腹鳍起点。腹鳍起点位于背鳍起点后下方，后伸不达肛门。肛门远离腹鳍基，距臀鳍起点较近。臀鳍起点距腹鳍起点约等于距尾鳍基，后伸不达尾鳍基。尾鳍稍圆或平齐。尾部具尾柄脊。

体被细小圆鳞，头部无鳞。侧线不完全，仅在鳃盖后缘和胸鳍末端之间具侧线管。

鳃耙退化，乳突状。鳔细小，前室长圆形，包于骨质囊内，后室小，球形，游离。

噶氏斑纹清晰可见。L_1 是 12～19 个矩形黑斑，斑纹间隔小于斑纹宽度。L_2 的斑纹融合成黑色条纹，渗入 L_1 的间隔中，向后延伸至尾部。L_3 是长方形斑纹，胸鳍前融合成带，后伸至尾部。L_4 是细小的斑点，有融合，但不成带，延伸至肛门。L_5 深层是黑色条纹，表层是 10～15 个大圆斑，胸鳍前的圆斑有融合，而近尾部的圆斑则向腹部延伸。尾鳍基具两个斑纹，上方是深黑色的弓形条纹，下方是颜色浅的斑点。背鳍和尾鳍通常各具 3～4 列点状条纹。

体色灰黄。头侧具许多虫蚀形斑纹。从吻端至眼睛具 1 条斜行条纹。尾柄基上部具 1 个明显的黑斑。背鳍、尾鳍上各具数条不连续的斑纹。其余各鳍灰黄色。

生物学特性：小型底栖鱼类，常栖息于河流或底质较肥的江边等浅水处，摄食小型底栖无脊椎动物、藻类和植物碎屑。繁殖期5—6月，卵黏性，黏附于水草上孵化。

资源分布：洞庭湖及湘、资、沅、澧"四水"均有分布，尚有一定的资源量。

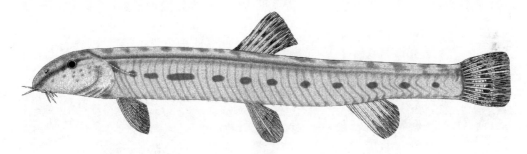

图 146　中华鳅 *Cobitis sinensis* Sauvage *et* Dabry de Thiersant, 1874

131. 大斑鳅 *Cobitis macrostigma* Dabry de Thiersant, 1872（图 147）

俗称：花泥鳅；**别名**：大斑花鳅；**英文名**：macrostigma spined loach

Cobitis macrostigma Dabry *et* Thiersant, 1872, *La Pisciculture et la Pêche en Chine, Paris*: 191（长江）；梁启燊和刘素嫚，1966，湖南师范学院学报（自然科学版），（5）：85（洞庭湖）；唐家汉和钱名全，1979，淡水渔业，（1）：10（洞庭湖）；唐家汉，1980a，湖南鱼类志（修订重版）：152（洞庭湖）；林益平等（见：杨金通等），1985，湖南省渔业区划报告集：76（洞庭湖、湘江、资水、沅水、澧水）；刘良国等，2013a，海洋与湖沼，44（1）：148（沅水常德）；李鸿等，2020，湖南鱼类系统检索及手绘图鉴：45，214；廖伏初等，2020，湖南鱼类原色图谱，192。

标本采集：标本 20 尾，采自东安、洞庭湖、安化。

形态特征：背鳍iii-6～7；臀鳍iii-5～6；胸鳍 i -8；腹鳍 i -6。

雄鱼：体长为体高的 8.4～8.6 倍，为头长的 5.2～5.6 倍，为尾柄长的 5.2～6.2 倍，为尾柄高的 10.7～11.6 倍。头长为吻长的 2.3～2.5 倍，为眼径的 6.3～6.7 倍，为眼间距的 6.9～8.4 倍。尾柄长为尾柄高的 1.8～2.2 倍。

雌鱼：体长为体高的 6.9～9.6 倍，为头长的 5.2～6.4 倍，为尾柄长的 5.0～6.3 倍，为尾柄高的 10.7～13.5 倍。头长为吻长的 2.1～2.4 倍，为眼径的 6.8～8.4 倍，为眼间距的 7.9～10.0 倍。尾柄长为尾柄高的 1.7～2.4 倍。

体长而侧扁。头部小。吻部倾斜角度大，吻端较尖，吻长小于眼后头长。口小，下位。雌鱼下唇中央凸出呈葵花籽状，雄鱼凸起在前端起点处融合，后端呈马鞍状。前、后鼻孔靠近，距眼前缘较距吻端稍近，前鼻孔短管状，后鼻孔平眼状。眼小，上侧位。眼下刺分叉，埋于皮下。眼间隔狭窄，眼间距小于眼径。须 3 对，均很短小。鳃孔小，仅开口于胸鳍基区域。鳃盖膜与峡部相连。

　　背鳍末根不分支鳍条柔软分节，起点距吻端较距尾鳍基为近。胸鳍末端远离腹鳍起点。腹鳍起点位于背鳍基中部稍后，鳍条末端与背鳍末端相齐或稍前。肛门靠近臀鳍起点，远离腹鳍起点。臀鳍起点距腹鳍起点较距尾鳍基稍近。尾柄具尾柄脊。尾鳍后缘稍圆或截形。

　　体被细小圆鳞，头部裸露无鳞。侧线不完全，仅在鳃盖后缘和胸鳍中部之间具侧线管。

　　噶氏斑纹分化不明显。L_1 是 10～13 个马鞍形的黑斑，斑纹间隔宽。L_2 和 L_4 不存在。L_3 是不规则的 1 列斑纹，后伸达肛门。L_5 深层黑带不明显，表层是 5～9 个横向的长形斑块或圆形大斑。背鳍和尾鳍通常各具 3～4 条点状条纹。体色灰黄。头部散布黑点。从吻端至眼睛具 1 条斜行条纹。尾鳍基上方的斑点深黑色，下方斑点不明显。其余各鳍黄白色。

　　生物学特性：底层鱼类，栖息于江河、湖泊的浅水区。

　　资源分布：洞庭湖及湘、资、沅、澧"四水"有分布，数量较少。

图 147　大斑鳅 *Cobitis macrostigma* Dabry de Thiersant, 1872

（066）泥鳅属 *Misgurnus* Lacepède, 1803

Misgurnus Lacepède, 1803, *Hist. Nat. Poiss.*, 5: 16.

　　模式种：*Cobitis fossilis* Linnaeus

　　体胖圆或稍侧扁，背缘平直，腹部圆形。尾柄高而扁薄。吻短，眼后头长约等于吻长和眼径之和。头小，侧扁。吻尖。基枕骨的咽突分叉。口小，下位。唇发达，边缘具乳突；下唇分 2 叶。须 5 对，其中吻须 2 对，口角须 1 对，颏须 2 对。鼻孔每侧 2 个，紧邻。位于眼前方，前鼻孔短管状。眼小，上侧位，眼缘不游离。无眼下刺。眼间距大于眼径。鳃孔小，止于胸鳍起点下缘。鳃盖膜与峡部相连。肛门位于臀鳍起点前方。尾柄皮褶不甚发达，末端与尾鳍相连。尾鳍圆形。体被细小圆鳞，头部无鳞。侧线不完全，末端不超过胸鳍末端上方。鳃耙退化或消失。鳔小，略呈双球形，包于骨质囊内。肠短，为一直管。

　　本属湖南仅分布有 1 种。

132. 泥鳅 *Misgurnus anguillicaudatus* (Cantor, 1842)（图 148）

　　俗称：鳅；**英文名：**pond loach、weatherfish

Cobitis anguillicaudata Cantor, 1842, *Ann. Mag. Nat. Hist.*, 9: 485（浙江舟山）。
Misgurnus anguillicaudatus：梁启燊和刘素嬛，1959，湖南师范学院自然科学学报，（3）：67（洞

庭湖、湘江）；梁启燊和刘素嬛，1966，湖南师范学院学报（自然科学版），（5）：85（洞庭湖、湘江、资水、沅水、澧水）；唐家汉和钱名全，1979，淡水渔业，（1）：10（洞庭湖）；唐家汉，1980a，湖南鱼类志（修订重版）：164（洞庭湖）；林益平等（见：杨金通等），1985，湖南省渔业区划报告集：76（洞庭湖、湘江、资水、沅水、澧水）；唐文乔，1989，中国科学院水生生物研究所硕士学位论文：52（吉首）；唐文乔等，2001，上海水产大学学报，10（1）：6（沅水水系的辰水、武水、酉水、澧水）；胡海霞等，2003，四川动物，22（4）：226（通道县宏门冲溪）；郭克疾等，2004，生命科学研究，8（1）：82（桃源县乌云界自然保护区）；吴婕和邓学建，2007，湖南师范大学自然科学学报，30（3）：116（柘溪水库）；康祖杰等，2010，野生动物，31（5）：293（壶瓶山）；康祖杰等，2010，动物学杂志，45（5）：79（壶瓶山）；牛艳东等，2011，湖南林业科技，38（5）：44（城步芙蓉河）；王星等，2011，生命科学研究，15（4）：311（南岳）；曹英华等，2012，湘江水生动物志：220（湘江衡阳常宁）；牛艳东等，2012，湖南林业科技，39（1）：61（怀化中方县康龙自然保护区）；刘良国等，2013b，长江流域资源与环境，22（9）：1165（澧水桑植、慈利、石门、澧县、澧水河口）；刘良国等，2013a，海洋与湖沼，44（1）：148（沅水怀化、五强溪水库、常德）；刘良国等，2014，南方水产科学，10（2）：1（资水新邵、安化、桃江）；黄忠舜等，2016，湖南林业科技，43（2）：34（安乡县书院洲国家湿地公园）；吴倩倩等，2016，生命科学研究，20（5）：377（通道玉带河国家级湿地公园）；向鹏等，2016，湖泊科学，28（2）：379（沅水五强溪水库）；康祖杰等，2019，壶瓶山鱼类图鉴：186（壶瓶山）；李鸿等，2020，湖南鱼类系统检索及手绘图鉴：45，215；廖伏初等，2020，湖南鱼类原色图谱，194。

Misgurnus mohoity leopardus：梁启燊和刘素嬛，1966，湖南师范学院学报（自然科学版），（5）：85（洞庭湖）。

【古文释鱼】①《衡阳县志》（李德、陶易）："鳅，有沙、泥两种"。②《永州府志》（吕恩湛、宗绩辰）："鳛鱼，永人最珍贵，奉为品馔。柳子在永有句云'渔泽从鳛鮂'，可见习俗之移人也，余侨永十年却未上口"。③《直隶澧州志》（何玉棻、魏式曾、黄维瓒）："鳛，生下田浅淖中，似鳝而短，首锐，色黄黑，有藜濡，难握；穴泥中，与他鱼牝牡。《庄子》所谓'鳛与游鱼是也'；《物类相感志》'灯芯煮鳛味佳'，一名鳛，俗称泥鳅"。④《常德府志》（应先烈、陈楷礼）："鳅，《旧志》'广出，鳅亦作鳛'。《埤雅》云'似鳝而短，无鳞'。鳝形，似鳗而长，亦似蛇鳗，似鳝，头大，色青，黄腹，下白，无鳞"。⑤《安化县志》（何才焕、邱育泉）："鳛，俗称泥鳅，似鳝而短。《尔雅》谓之鳛，<注>鳛，鳅也，鳅习如泥性，厌清水"。⑥《醴陵县志》（陈鲲、刘谦）：鳛，俗呼泥鳅，体圆，尾扁，无鳞而有黏液，夏季产卵，常潜居泥中，又一种在河沙中者，曰沙鳅。

标本采集：标本 30 尾，采自长沙、浏阳、洞庭湖等地。

形态特征：背鳍iii-6～7；臀鳍iii-5；胸鳍 i -8～9；腹鳍 i -5～6。

体长为体高的 5.8～8.6 倍，为头长的 5.4～6.7 倍，为尾柄长的 5.7～7.3 倍，为尾柄高的 8.3～10.6 倍。头长为吻长的 2.4～2.8 倍，为眼间距的 4.0～5.3 倍。尾柄长为尾柄高的 1.1～1.5 倍。

体长，腹鳍以前圆筒形，此后渐侧扁，尾柄扁薄。头较尖。吻部倾斜角度大，吻长小于眼后头长。口下位，马蹄形。唇发达，边缘具小乳突；下唇分 2 叶，游离。须 5 对，其中吻须 2 对，位于吻端，口角须 1 对，位于上颌两侧，颏须 2 对，位于颏部。吻须与上口角须约等长。颏须外侧须长于内侧须。鼻孔每侧 2 个，紧邻，位于眼前方，鼻孔距眼较距吻端为近；前鼻孔短管状，后鼻孔近圆形。眼小，上侧位，包被皮膜；眼缘不游离。无眼下刺。眼间隔前狭后宽。鳃孔小，鳃孔止于胸鳍起点。鳃盖膜与峡部相连。

背鳍起点距吻端较距尾鳍基为远。胸鳍下侧位，后伸远不达腹鳍起点。腹鳍起点位于背鳍基中下方，后伸不达肛门。肛门靠近臀鳍起点。臀鳍短，起点距腹鳍起点较距尾鳍基为近，后伸不达尾鳍基。尾柄上脊起点位于背鳍末端，末端与尾鳍相连。尾柄下脊起点位于臀鳍基或稍后，末端也与尾鳍相连。尾鳍圆形。

体被细小圆鳞，深陷皮内。头部无鳞。侧线不完全。

鳃耙退化，瘤结状。鳔小，略呈双球形，包于骨质囊内。腹膜浅灰色。肠短，为 1 直管。约为体长的 1/2。

背侧深灰色，有的个体间具褐色斑纹，腹部灰白色。尾柄基上侧具 1 个明显的黑斑。奇鳍上密集褐条。偶鳍浅灰色，无斑纹。成熟雄鱼体色鲜艳，全身黄棕色或浅金黄色。

生物学特性：

【生活习性】适应性很强，可在各种水体中存活，一般在静水环境中居多，尤以池塘、稻田和沟渠较多。除用鳃呼吸外，肠壁血管丰富，也有呼吸作用。夏天水中缺氧时，可跃出水面吞吸空气，行肠呼吸，以适应缺氧环境。冬天水干涸后，钻入泥中，靠润湿的环境行肠呼吸，可长期维持生命。水温升至 30.0～35.0℃或降至 5.0～15.0℃，即钻入泥中，停止摄食。

【年龄生长】个体小，生长速度较快。以鳞片为年龄鉴定材料，退算体长：1 龄 6.7～7.9cm、2 龄 8.8～11.3cm、3 龄 11.2～14.1cm、4 龄 13.7～16.6cm、5 龄 16.4～19.3cm。鳞片上的年龄是由数条环沟组成的亮环和从亮环上辐射出的各级鳞沟组成，形成于 4—9 月（袁凤霞，1986；雷逢玉和王宾贤，1990；王敏等，2001；王坤等，2009）。

【食性】偏动物食性的杂食性鱼类，具"I"形胃，肠粗短。体长 5.0cm 以下幼体主要摄食各种轮虫和小型甲壳类；成鱼主要摄食昆虫幼虫、小型甲壳动物、藻类和高等植物，环境中的饵料丰度对泥鳅食性影响较大（金燮理和李传武，1986；黄文凤，1998；印杰等，2000）。

【繁殖】雌鱼 1～2 龄、雄鱼 1 龄性成熟，最小性成熟个体雌鱼 8.7cm、雄鱼 7.5cm；繁殖期 4—10 月，5 月为产卵盛期，分批次产卵，卵圆形，淡黄色，微黏性，吸水膨胀后卵膜径约 1.3mm。

资源分布：湖泊、池塘、沟港及水田中均有分布。

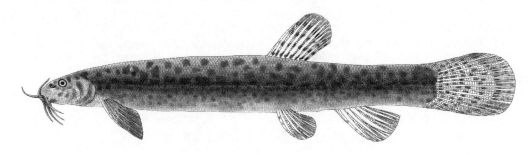

图 148　泥鳅 *Misgurnus anguillicaudatus* (Cantor, 1842)

（067）副泥鳅属 *Paramisgurnus* Sauvage, 1878

Paramisgurnus Sauvage, 1878, *Bull. Soc. Phil. Paris*, 7(2): 81.

模式种： *Paramisgurnus dabryanus* Sauvage

体延长，侧扁，腹部圆。头较短，头长小于体高。吻短钝。口下位。须 5 对，均较长，其中吻须 2 对，口角须 1 对，颏须 2 对。眼小，位于体轴上方，眼间距大于眼径。背鳍短，起点位于体中部稍后。腹鳍起点位于背鳍起点之后。臀鳍短小。尾鳍后缘圆形。尾柄皮质棱特别发达。体被较大圆鳞。侧线不完全，纵列鳞 130 以下。下咽齿 1 行。无眼下刺。基枕骨的咽突在背大动脉下相愈合。鳃耙排列稀疏。鳔前室发达，后室退化。

本属湖南仅分布有 1 种。

133. 大鳞副泥鳅 *Paramisgurnus dabryanus* **Dabry de Thiersant, 1872**（图 149）

别名：大鳞泥鳅；**英文名：**Dabry's weatherfish

Misgurnus mizolepis Dabry *et* Thiersant, 1872, *La Pisciculture et la Pêche en Chine, Paris*: 191（长江）；唐家汉和钱名全，1979，淡水渔业，（1）：10（洞庭湖）；唐家汉，1980a，湖南鱼类志（修订重版）：165（洞庭湖）；林益平等（见：杨金通等），1985，湖南省渔业区划报告集：76（洞庭湖、湘江）；牛艳东等，2012，湖南林业科技，39（1）：61（怀化中方县康龙自然保护区）；吴倩倩等，2016，生命科学研究，20（5）：377（通道玉带河国家级湿地公园）。

Paramisgurnus dabryanus：吴婕和邓学建，2007，湖南师范大学自然科学学报，30（3）：116（柘溪水库）；曹英华等，2012，湘江水生动物志：221（湘江冷水滩）；刘良国等，2013b，长江流域资源与环境，22（9）：1165（澧水澧县、澧水河口）；刘良国等，2013a，海洋与湖沼，44（1）：148（沅水怀化、五强溪水库、常德）；向鹏等，2016，湖泊科学，28（2）：379（沅水五强溪水库）；李鸿等，2020，湖南鱼类系统检索及手绘图鉴：45，216；廖伏初等，2020，湖南鱼类原色图谱，196。

标本采集：标本 16 尾，采自湘江冷水滩、资水安化、洞口。

形态特征：背鳍iv-6；臀鳍iii-5；胸鳍 i -9；腹鳍 i -5。

体长为体高的 5.2～5.7 倍，为头长的 5.7～7.1 倍，为尾柄长的 6.3～7.6 倍，为尾柄高的 5.9～6.6 倍。头长为吻长的 2.3～2.7 倍，为眼径的 5.0～6.8 倍，为眼间距的 3.1～3.8 倍。尾柄长为尾柄高的 0.7～0.9 倍。

体侧扁，前部亚圆形，后部扁薄，腹部圆。头较短，侧扁。吻稍尖，吻长小于眼后头长。口小，下位，马蹄形。唇发达，边缘具小乳突；下唇分 2 叶，中部具 1 小缺刻。须 5 对，其中吻须 2 对，口角须 1 对，颏须 2 对；吻须和口角须约等长，颏须外侧须略长于内侧须。鼻孔每侧 2 个，紧邻，位于眼前方；前鼻孔短管状，后鼻孔圆形。眼小，圆形，上侧位，包被皮膜。无眼下刺。眼间隔后部平，由眼向前明显倾斜。鳃孔小，鳃孔止于胸鳍起点上侧。鳃盖膜与峡部相连。

各鳍都较小。背鳍起点距吻端较距尾鳍基为远。胸鳍下侧位，尖长，后伸远不达腹鳍起点。腹鳍起点位于背鳍基中下方，后伸不达肛门。肛门距臀鳍起点近于距腹鳍起点。臀鳍短，起点距腹鳍起点较距尾鳍基为近，后伸不达尾鳍基。尾柄上脊较高而长，起点与背鳍基末相接，末端与尾鳍相连；尾柄下脊起点与臀鳍基末相接，末端与尾鳍相连。尾鳍圆形。

鳞稍大，头部无鳞。侧线不完全，位于体前半部，自头后至胸鳍中点。

鳃耙细小。鳔小，双球形，包于骨质囊内。腹膜浅褐色。肠短，为 1 直管，约为体长的 1/2。

体灰褐色，背部色暗，腹部色淡。头部两侧散布许多黑点。各鳍灰白色。背鳍和尾鳍各具数条不连续的黑色斑纹。

生物学特性：

【生活习性】底栖鱼类，环境适应能力强，可栖息于各种水体。自然条件下多栖息于底泥较深的静水或水流较缓的池塘、沟渠、稻田等浅水水域。有钻泥习性，不仅能用鳃呼吸，还能利用皮肤和肠进行呼吸。习性与泥鳅相似。

【年龄生长】生长速度较快。退算体长：1 龄 8.0cm、2 龄 10.6cm、3 龄 13.2cm、4 龄 15.4cm（张爱民，2008）。

【食性】杂食性，以藻类、植物嫩叶、浮游动物、水生昆虫等为食，大龄个体偏向植物性饵料（王元军和李殿香，2005；袁泉等，2018）。

【繁殖】1 龄性成熟，繁殖期 4—9 月，分批次产卵。卵圆形，篾黄色，黏性，卵径 0.6～0.7mm；受精卵吸水膨胀，卵膜径 1.0～1.2mm。水温 21.0～23.0℃时，受精卵孵化脱膜需 38.0h，初孵仔鱼肌节 44 对，全长 3.4mm。脱膜 25.0h，仔鱼全长 4.4mm，鳔雏形出现，外鳃丝延长；脱膜 85.0h，卵黄囊吸尽，仔鱼全长 6.2mm；16 日龄仔鱼鳞片开始形成，全长 16.4mm；22 日龄幼鱼鳞被完全，全长 23.1mm（梁秩燊等，1988）。

资源分布：洞庭湖及湘、资、沅、澧"四水"均有分布，但数量较少。

图 149　大鳞副泥鳅 *Paramisgurnus dabryanus* Dabry de Thiersant, 1872

【10】条鳅科 Nemacheilidae

体长，头部多平扁，少数种类侧扁，躯干侧扁或圆筒形，尾部侧扁。口端位、亚下位或下位，口裂一般为弧形。唇肉质、光滑，少数种类具乳突。下颌匙状或铲状，角质有或无。须 3 对，其中吻须 2 对，分生，呈 1 行排列；口角须 1 对；少数种类前鼻孔管状顶端凸起成须。鼻孔每侧 2 个，紧邻，位于眼前方。眼较小或退化仅剩眼痕，盲眼状。无眼下刺。鳃孔狭小。峡部很宽。鳃盖膜与峡部相连。肛门位于臀鳍起点前方。尾鳍圆形、截形、浅凹形或叉形状。体被细鳞，或部分被鳞，或完全裸露无鳞。侧线趋向退化，通常呈薄管状，完全或不完全，少数种类无侧线，头部具感觉孔。鳃耙退化或仅剩残留。胃膨大，呈"U"形。鳔 2 室，前室分左、右 2 个圆球状侧室，通常中间具 1 横管相通，包于与其形状相似的骨质鳔囊内，后室退化或发达，前端与前室横管后方的中部相连。

本科湖南分布有 4 属 6 种。

条鳅科属、种检索表

1（4）　前鼻孔在短的管状凸起中，管顶延长成须或尖突；骨质鳔囊侧囊的后壁是 1 层薄膜，非骨质
2（3）　前、后鼻孔紧邻，前鼻孔管顶略延长成尖突；尾鳍浅凹形；侧线完全[（068）中条鳅属 *Traccatichthys*] ················134. 美丽中条鳅 *Traccatichthys pulcher* (Nichols *et* Pope, 1927)
3（2）　前、后鼻孔分开一短距，前鼻孔管顶延长成须；尾鳍圆形；侧线不完全，止于胸鳍中部稍后 [（069）岭鳅属 *Oreonectes*] ············135. 平头岭鳅 *Oreonectes platycephalus* Günther, 1868
4（1）　前鼻孔在鼻瓣中，无管状突；骨质鳔囊侧囊的后壁为骨质
5（8）　眼正常；尾鳍浅凹形；鳞细，埋于皮下；侧线完全；鳔后室退化，短小或仅剩凸起[（070）南鳅属 *Schistura*]
6（7）　身侧无横条纹·· **136. 无斑南鳅 *Schistura incerta* (Nichols, 1931)**
7（6）　体侧具垂直横纹 10～16 条，横纹从背部下延至体侧 ·· ··············· **137. 横纹南鳅 *Schistura fasciolata* (Nichols *et* Pope, 1927)**
8（5）　眼呈盲眼状；尾鳍深叉形；体裸露无鳞；侧线孔明显；鳔后室膨大，游离[（071）高原鳅属 *Triplophysa*]
9（10）　体淡红色；胸鳍第 1 根分支鳍条特别延长，后伸可超过臀鳍基中点·· ··············· **138. 湘西盲高原鳅 *Triplophysa xiangxiensis* (Yang, Yuan *et* Liao, 1986)**

10（9）　体鲜红色；胸鳍第 1 根分支鳍条不延长，后伸达胸鳍起点至腹鳍起点间的 2/3 处 ⋯⋯⋯⋯⋯⋯
　　　139. 红盲高原鳅 *Triplophysa erythraea* **Huang, Zhang, Huang, Wu, Gong, Zhang, Peng *et* Liu, 2019**

（068）中条鳅属 *Traccatichthys* Freyhof *et* Serov, 2001

Traccatichthys Freyhof *et* Serov, 2001, *Ichthyol. Explor. Freshwaters.*, 12: 133-191.

模式种：*Nemacheilus pulcher* Nichols *et* Pope

体稍延长，侧扁，尾柄短而高。稍侧扁。吻尖。口下位。须 3 对，其中吻须 2 对，口角须 1 对。前、后鼻孔紧邻，前鼻孔短管状，后鼻孔孔状。眼大。头部裸露无鳞，体被细小圆鳞。侧线完全。鳔前室分左、右 2 个膜状侧室，包于与其形状相似的骨质囊内；后室长卵圆形，游离于腹腔中；骨质鳔囊的后壁为膜质，非骨质。

本属湖南仅分布有 1 种。

【小条鳅属分类地位的变化】小条鳅属 *Micronemacheilus* 为 Rendahl 于 1944 年以十字小条鳅 *M. cruciatus* 为模式种描述的新属，之后越南小条鳅 *M. taeniatus* 和美丽小条鳅 *M. pulcher* 被划入该属（Mai, 1978；朱松泉，1995；Kottelat，2001a，2001b）。Freyhof *et* Serov（2001）检验模式材料后，认为小条鳅属的模式种实际为云南鳅属 *Yunnanilus* 中的种类，因此，小条鳅属也就成了无效属，同时为越南小条鳅和美丽小条鳅设立了新属——中条鳅属 *Traccatichthys*。

134. 美丽中条鳅 *Traccatichthys pulcher* (Nichols *et* Pope, 1927)（图 150）

别名：美丽条鳅、美丽小条鳅；**英文名**：beautiful loach

Nemacheilus pulcher Nichols *et* Pope, 1927, *Bull. Ann. Mus. Nat. Hist.*, 54: 338（海南省）。
Micronemacheilus pulcher：李鸿等，2020，湖南鱼类系统检索及手绘图鉴：46，217；廖伏初等，2020，湖南鱼类原色图谱，198。

标本采集：标本 10 尾，采自东安。
形态特征：背鳍 iii-9～13；臀鳍 iii-5～6；胸鳍 i -10～12；腹鳍 i -6～7。
体长为体高的 4.0～5.1 倍，为头长的 4.0～4.6 倍，为尾柄长的 6.2～8.1 倍。头长为吻长的 2.3～2.8 倍，为眼径的 4.3～5.6 倍，为眼间距的 2.7～3.5 倍。尾柄长为尾柄高的 1.2～1.8 倍。

体侧扁，尾柄短而高。头稍侧扁，头宽等于或稍小于头高。吻长等于或稍短于眼后头长。口亚下位，口裂小。唇厚，具明显乳突，上唇 1～4 行，前缘 1 行较大，梳状，下唇中部数个乳突较大。上颌中部具 1 齿形凸起；下颌匙状。须较长，外侧吻须后伸达眼中部至眼后缘之间的下方，内侧吻须后伸稍超过眼前缘下方；口角须后伸达眼后缘之下或稍超过。前、后鼻孔紧相邻，前鼻孔短管状，后鼻孔椭圆形。眼较大，上侧位。鳃盖膜与峡部相连。

背鳍基较长，边缘截形或近圆弧形，起点位于腹鳍起点之前。胸鳍侧位。腹鳍后伸不达肛门，鳍基具腋鳞状的鳍瓣。尾鳍浅凹形。

体被细小圆鳞。侧线完全。

鳔后室发达，长卵圆形，膜质，游离于腹腔内。胃"U"形，胃后肠道呈 1 直管。

体色浅红，背部和体侧多红褐色斑块，沿侧线具 1 条孔雀绿的纵纹。各鳍均为橘红色。

生物学特性：小型底栖鱼类，栖息于缓流或静水多水草河段或底质为泥沙的近岸浅水处。摄食水生昆虫及植物碎屑。繁殖期雄鱼胸鳍不分支鳍条和 7～9 根分支鳍条背面散布珠星，雌鱼和雄鱼头部均具珠星。

资源分布：分布于湘江上游，数量较少。体色艳丽，具观赏价值。

图 150 美丽中条鳅 *Traccatichthys pulcher* (Nichols *et* Pope, 1927)

（069）岭鳅属 *Oreonectes* Günther, 1868

Oreonectes Günther, 1868, *Cat. Fish. British. Mus.*, 7: 375.

模式种：*Oreonectes platycephalus* Günther

体延长，前段近圆筒形，尾柄短而侧扁。头平扁，头宽大于头高。吻端钝。口下位或亚下位。须 3 对，其中吻须 2 对，分生于吻端；口角颌须 1 对。前、后鼻孔分离，相距较近；前鼻孔短管状，管顶延长成须或尖突。鳃盖膜与峡部相连。肛门后具肉质生殖突，末端游离，雄鱼略大，繁殖季节更明显，大者末端可达臀鳍起点。泄殖腔位于生殖突后腹面。体被细鳞或裸露无鳞。侧线不完全或无侧线。胃 "U" 形；肠自胃发出向后，呈 1 直管直通肛门。鳔前室分左、右侧室，中间具 1 短横管相连，略呈 "U" 形，包于骨质鳔囊中；后室长卵圆形，前端具 1 根长的细管和前室相连，游离于腹腔中；骨质鳔囊侧囊的后壁是 1 层薄膜，非骨质。

本属湖南仅分布有 1 种。

135. 平头岭鳅 *Oreonectes platycephalus* Günther, 1868（图 151）

别名：平头八须鳅、平头平鳅；**英文名**：flat-headed loach

Oreonectes platycephalus Günther, 1868, *Cat. Fish. British Mus.*, 7: 357（香港）；Nichols, 1943, *Nat. Hist. Central Asia*, 9: 210（香港）；戴定远（见：匡纬远等），1981，广西淡水鱼类志，161（广西昭平）；陈景星（见：郑慈英等），1989，珠江鱼类志，46（广西金秀）；李鸿等，2020，湖南鱼类系统检索及手绘图鉴：46，218；廖伏初等，2020，湖南鱼类原色图谱，200。

标本采集：标本 15 尾，采自永州市江华瑶族自治县和道县。

形态特征：背鳍iii-6～7；臀鳍iii-5；胸鳍 i -10；腹鳍 i -6～7；尾鳍分支鳍条 13～15 根。鳃耙 11～14。

体长为体高的 5.5～7.0 倍，为头长的 4.9～5.1 倍，为尾柄长的 6.9～7.5 倍。头长为吻长的 2.4～2.8 倍，为眼径的 5.4～7.5 倍，为眼间距的 1.8～2.3 倍。尾柄长为尾柄高的 1.0～1.2 倍。

体延长，前段圆筒形，后段侧扁，尾柄较高。头部平扁，顶部宽平，头宽大于头高。吻长等于或短于眼后头长。口亚下位或下位。唇薄，下唇前端正中具1个缺刻，腹面具浅沟与唇后沟连通。下颌匙状，一般不露出。须3对，其中吻须2对，较长，内侧吻须稍短，后伸达眼后缘下方，外侧吻须后伸达主鳃盖骨；口角须1对，后伸达主鳃盖骨。前、后鼻孔分离，相距较近，前鼻孔短管状，管顶延长如须；后鼻孔圆孔状。眼小，上侧位。眼间隔宽。鳃盖膜与峡部相连。

背鳍短小，边缘外凸；起点与腹鳍起点相对或稍后，距吻端较其基末距尾鳍基显著为大。胸鳍外缘常呈锯齿形缺刻，后伸约达胸鳍起点至腹鳍起点间的中点。腹鳍第1根不分支鳍条明显加粗，显著粗于分支鳍条下部，后伸不达肛门。肛门位于腹鳍起点至臀鳍起点间的后1/4～1/3处。臀鳍外凸，后伸不达尾鳍基。尾鳍平截或微凸。

头部光滑无鳞，体被细小圆鳞，胸、腹部具鳞，但在洞穴生存的个体不明显，洞穴外生存的个体则比较明显。侧线不完全，很短，终止于胸鳍中部稍后；侧线末端沿体轴正中具细线，粗看似侧线，但无侧线孔。

鳔前室分左、右侧室，中间具短横管相连，略呈"U"形，包于与其形状相似的骨质鳔囊中；后室长卵圆形，膜质，前端具长的细管与前室相连，游离于腹腔中。

洞穴生存的个体体色偏淡，淡黄色略带肉红色；鳃盖及胸、腹面淡红色；腹部隐约可见椎骨状条纹；体轴正中上方具点状纹，下方不明显；各鳍均灰白色，尾鳍基略带黄色。洞穴外生存一段时间后，体色明显加深，棕黑色带肉红色；腹部椎骨状条纹非常明显；体轴正中具棕色偏紫色纵条纹，自侧线中后方直达尾鳍基；尾鳍基具"〔"状斑纹；各鳍鳍条颜色明显加深，淡黑色。

生物学特性：小型底栖鱼类，常栖息于地下溶洞中，也偶尔游出洞外。

资源分布：在湖南分布范围极窄，现仅见于永州市江华瑶族自治县的地下河中。

图151　平头岭鳅 Oreonectes platycephalus Günther, 1868

（070）南鳅属 Schistura McClelland, 1839

Schistura (subgenus) McClelland, 1839, *Asia. Res.*, 19(2): 306.

模式种：*Cobitis* (*Schistura*) *rupecula* McClelland

体稍延长，前部较宽，后部侧扁。头部稍平扁。吻钝。须3对，其中吻须2对，口角须1对。前、后鼻孔紧相邻，前鼻孔位于鼻瓣中。鳃盖膜与峡部相连。体被细鳞。侧线完全或不完全。胃呈"U"形。胃后肠管短，呈1直管直通肛门。鳔前室膜质，分左、右2个侧室，中间具1短横管连通，包于与其形状近似的骨质鳔囊中，鳔囊侧囊的后壁为骨质；后室退化，仅留1很小的室或1凸起。体常具垂直横纹。

本属湖南分布有 2 种。

136. 无斑南鳅 *Schistura incerta* (Nichols, 1931)（图 152）

别名：无斑条鳅、无斑须鳅；**英文名**：inmacular loach

Barbatula (Homatula) incerta Nichols, 1931a, *Lingnan Sci. J.*, 10:458（广东龙头山）；朱松泉和曹文宣，1987，动物分类学报，12（3）：329（珠江水系、韩江水系、海南岛）。

Nemachilus sp.：唐家汉，1980a，湖南鱼类志（修订重版）：168（湘江道县）；林益平等（见：杨金通等），1985，湖南省渔业区划报告集：77（湘江）；唐文乔（见：刘明玉等），2000，中国脊椎动物大全：155（湘江）。

Nemachilus incerta：唐文乔，1989，中国科学院水生生物研究所硕士学位论文：45（吉首）；唐文乔等，2001，上海水产大学学报，10（1）：6（沅水水系的武水、酉水）；胡海霞等，2003，四川动物，22（4）：226（通道县宏门冲溪）。

Schistura incerta：曹英华等，2012，湘江水生动物志：199（湘江潇水江永）；李鸿等，2020，湖南鱼类系统检索及手绘图鉴：46，219；廖伏初等，2020，湖南鱼类原色图谱，202。

标本采集：标本 15 尾，采自湘江及支流浏阳河、资水、沅水。

形态特征：背鳍 iii-8；臀鳍 iii-5；胸鳍 i-8；腹鳍 i-7。

体长为体高的 6.7～7.5 倍，为头长的 3.5～4.5 倍，为尾柄长的 5.9～7.9 倍。头长为吻长的 2.3～2.6 倍，为眼径的 5.5～6.8 倍，为眼间距的 3.5～4.1 倍。尾柄长为尾柄高的 1.1～1.3 倍。

休长，前段胖圆，尾部侧扁，颊部膨大。头部稍平扁，头宽稍大于体高和体宽。吻圆钝，吻长约等于眼后头长。口下位。唇薄。上、下颌具角质，分别与上、下唇分离，上颌中部具 1 小凸起，下颌前端具"V"形缺刻。须 3 对，其中吻须 2 对，位于吻端，外侧吻须伸达后鼻孔的下方或稍超过；口角须 1 对，后伸达眼后缘之下，少数可超过眼后缘。眼上侧位。鳃盖膜与峡部相连。

背鳍边缘稍外凸，圆弧形，起点距吻端较距尾鳍基为远。胸鳍后伸不达腹鳍起点。腹鳍起点与背鳍起点相对，后伸稍达肛门，但不超过；腋部具肉质鳍瓣。肛门位于腹鳍起点至臀鳍起点间的后 1/3～1/4 处。尾鳍浅凹形，两叶圆。

体被细鳞，胸部无鳞。侧线完全。

体灰黄色，头和体背深褐色，无斑纹，各鳍橘红色。

生物学特性：小型底栖鱼类，喜栖息于小溪或河流石块间，摄食水生昆虫及着生藻类。繁殖期，雄鱼两颊比雌鱼稍鼓出，唇、须、吻部和胸鳍外侧数根鳍条上具稀疏珠星。

资源分布：湘江及资水干支流溪流中有分布，个体小，数量少。

图 152　无斑南鳅 *Schistura incerta* (Nichols, 1931)

137. 横纹南鳅 *Schistura fasciolata* (Nichols *et* Pope, 1927)（图 153）

别名：花带条鳅、花纹条鳅、横纹条鳅；**英文名**：striped loach

Homaloptera fasciolata Nichols *et* Pope, 1927, *Bull. Ann. Nat. Hist.*, 54: 339（海南岛）。

Nemachilus potanini：唐家汉，1980a，湖南鱼类志（修订重版）：167（沅水（洪江）、湘江）；林益平等（见：杨金通等），1985，湖南省渔业区划报告集：77（湘江）。

Nemachilus fasciolata：唐文乔，1989，中国科学院水生生物研究所硕士学位论文：45（保靖、桑植）；唐文乔等，2001，上海水产大学学报，10（1）：6（沅水水系的辰水、酉水）；胡海霞等，2003，四川动物，22（4）：226（通道县宏门冲溪）；吴婕和邓学建，2007，湖南师范大学自然科学学报，30（3）：116（柘溪水库）。

Schistura fasciolata：李鸿等，2020，湖南鱼类系统检索与手绘图鉴：46，220；廖伏初等，2020，湖南鱼类原色图谱，204。

【《湖南鱼类志（修订重版）》记录的短体条鳅】《湖南鱼类志（修订重版）》记录了 3 尾采自沅水（洪江）和湘江的标本，鉴定为短体条鳅 *Nemachilus potanini* Günther, 1896，图 112（短体条鳅现已厘定为短体荷马条鳅 *Homatula potanini* Günther, 1896），但其特征描述（侧线完全）与短体条鳅（侧线不完全，终于背鳍下方）不符，而与横纹南鳅（侧线完全）相符；图中尾鳍形状（圆形）与书中的描述（尾鳍后缘稍内凹）不符，体侧条纹背鳍前、背鳍下和背鳍后分别为 6 条、3 条和 9 条，短体荷马条鳅为 6～8 条、3～4 条和 4～7 条，横纹南鳅分别为 2～6 条、1～3 条和 4～7 条，背鳍前、背鳍下的垂直横纹数与短体荷马条鳅和横纹南鳅均相符，但背鳍后垂直横纹 9 条可能为多画；书中特征描述虽然有"尾柄上、下均有尾柄脊"的描述，但图中不明显；同时结合笔者这些年的调查，湖南境内未发现有荷马条鳅记录，据此，笔者认为《湖南鱼类志（修订重版）》记录的短体条鳅应为横纹南鳅。

【古文释鱼】《常德府志》（应先烈、陈楷礼）："花鱼，《旧志》'微出，名鬬鱼，似鳅而短'"。

标本采集：标本 10 尾，采自湘江东安、江华。

形态特征：背鳍iii-8；臀鳍iii-5；胸鳍 i -8；腹鳍 i -7。鳃耙 7～14。

体长为体高的 5.0～7.5 倍，为头长的 4.2～5.3 倍，为尾柄长的 5.9～7.0 倍。头长为吻长的 2.2～2.6 倍，为眼径的 5.3～6.5 倍，为眼间距的 3.1～3.7 倍。尾柄长为尾柄高的 1.1～1.5 倍。

体长，前段较胖圆，后段渐侧扁。头部稍平扁，头宽稍大于头高，成熟个体两颊部稍鼓出，雄鱼更明显。吻钝，吻长约等于眼后头长。口下位，马蹄形。上、下颌具发达角质，上唇中部具 1 小凸起，下唇与下颌前端中部具小缺刻。须 3 对，均较细短，其中吻须 2 对，位于吻端两侧，外侧吻须伸达鼻孔和眼前缘之间下方，口角须 1 对，后伸达眼后缘之下或略超过。眼小，上侧位。眼间隔宽阔。鳃孔止于胸鳍起点下方。鳃盖膜与峡部相连。

背鳍外缘稍外凸，圆弧形，起点距吻端稍大于距尾鳍基。胸鳍后伸不达腹鳍起点。腹鳍起点与背鳍起点相对或稍后，后伸不达肛门。肛门位于腹鳍起点与臀鳍起点之间的前 2/3 处或稍前。臀鳍起点距腹鳍基末约等于距尾鳍基。尾鳍浅凹形，两叶圆形。

体被细鳞，深陷皮内，胸部无鳞。侧线完全。

体灰黄色。背侧具数条垂直横纹，背部在背鳍前、后各具 4～5 条和 4～6 条褐色垂直横纹，体侧的垂直横纹多数由背部的斑纹延伸，有 10～16 条，大致为背鳍前 2～6 条、背鳍下 1～3 条、背鳍后 4～7 条。尾鳍基具 1 条褐色垂直横纹。背鳍、尾鳍灰色，其余各鳍条灰白色。

雄鱼两颊比雌鱼更鼓出，繁殖期，雄鱼吻部、唇、须具稀疏珠星，胸鳍外侧不分支鳍条和 1～4 根分支鳍条也具稀疏珠星。

生物学特性：底层小型鱼类，常栖息于山涧溪流等流水环境中。以水生昆虫或昆虫幼虫为食。繁殖期 5—6 月，繁殖力小，通常为 200～500 粒，卵大，黄色，卵径约 2.5mm。体长 6.3cm、重 4.5g 的个体已达性成熟。

资源分布：见于湘江上游，个体小，一般体长 5.0～12.0cm，数量少。

图 153　横纹南鳅 *Schistura fasciolata* (Nichols *et* Pope, 1927)

（071）高原鳅属 *Triplophysa* Rendahl, 1933

Triplophysa Rendahl, 1933, *Ibid*, 25A(11): 1-50.

模式种：*Diplophysa kungessana* Kessler = *Cobitis dorsalis* Kessler

　　体细长，前段为圆筒形，后段稍侧扁，尾柄侧扁或细圆。头较短，侧扁或平扁，前端略尖。吻长约与眼后头长相等。口下位。唇稍厚，具皱褶或小乳突。上颌中部平滑无齿形凸起，下颌前缘匙形或锐利。须 3 对，其中口角须较长。前、后鼻孔紧邻，前鼻孔位于鼻瓣中。眼位于头的中部侧上方，部分种类眼退化，呈盲眼状。鳃盖膜与峡部相连。

　　背鳍一般位于体中部，末根不分支鳍条较柔软或为光滑硬刺，分支鳍条 6～9 根。臀鳍分支鳍条一般为 5 根，个别 6 根。尾鳍叉形、浅凹形或截形。尾柄上无皮质棱。体裸露无鳞或体后段背部或尾柄上具少数鳞片。侧线完全或不完全。鳃耙退化，内侧 6～25 枚。鳔前室由中间 1 短横管相连的左、右两个圆球状的侧室组成，包裹于与其性状相近的骨质囊中；后室退化，或较发达，膨大呈游离膜质鳔。胃"U"形。腹膜为黑色或灰白色。

　　雄鱼第二性征一般明显，在头部两侧各具 1 个月牙形布满小刺突的隆起区，繁殖期特别明显，小刺突增多，变长，下缘与邻近皮肤分开。胸鳍第 1—3 根鳍条表皮变厚，有的在胸鳍或臀鳍上具珠星。

　　本属鱼类是条鳅科中较大的一个类群，也是一群较为特色的鱼类。个体小，有的种群数量大，广布性鱼类，较多的种类分布于青藏高原及其周围地区的江河与湖泊及沼泽中。湖南境内仅分布有湘西盲高原鳅和红盲高原鳅 2 种，均为盲鱼，分布于湘西地下溶洞中。

138. 湘西盲高原鳅 *Triplophysa xiangxiensis* (Yang, Yuan *et* Liao, 1986)（图 154）

　　别名：湘西盲南鳅、湘西盲鳅；**英文名**：Xiangxi eyeless loach

　　Triplophysa xiangxiensis Yang, Yuan *et* Liao（杨干荣，袁凤英和廖荣谋），1986，华中农业大学学报，5（3）：219（湖南龙山县火岩乡飞虎洞）；唐文乔（见：刘明玉等），2000，中国脊椎动物大全：163（湖南龙山县火岩乡飞虎洞）；何力等，2006（龙山）；李鸿等，2020，湖南鱼类系统检索及手绘图鉴：46，221；廖伏初等，2020，湖南鱼类原色图谱，206。

　　Schistura xiangxiensis：朱松泉，1989，中国条鳅志：58（湖南龙山县火岩乡飞虎洞）。

Triplophysa (Triplophysa) xiangxiensis：朱松泉，1995，中国淡水鱼类检索：120（龙山县火岩乡飞虎洞地下河中）。

Nemachilus xiangxiensis：唐文乔等，2001，上海水产大学学报，10（1）：6（沅水水系的酉水）。

标本采集： 标本 10 尾，采自湘西自治州龙山县。

形态特征： 背鳍iii-8；臀鳍iii-6；胸鳍 i -11；腹鳍 i -6。

体长为体高的 6.1～7.0 倍，为头长的 3.1～3.4 倍，为尾柄长的 5.5～6.9 倍，为尾柄高的 13.3～15.1 倍。头长为口角须长的 2.5～2.8 倍，为内侧吻须长的 5.4～6.2 倍，为外侧吻须长的 2.7～3.3 倍，为尾柄长的 1.7～1.8 倍，为尾柄高的 4.2～4.5 倍。头长为鼻孔前吻长的 4.8～5.0 倍，为鼻孔后缘距鳃盖膜后缘的 1.4～1.5 倍。

体稍长，腹鳍基前的头腹面及胸腹部较平，背鳍起点处较为隆起，腹鳍以后身体逐渐侧扁，头稍平扁，头宽大于头高。口下位，弧形。上、下唇发达，边缘光滑，无任何乳状凸起，分别覆盖上、下颌。上、下颌均具明显的革质边缘，尤以上颌较发达；下唇中部具 1 明显裂缝将之分为 2 部分，唇后沟在此中断。须 3 对，其中吻须 2 对，外侧吻须较内侧吻须长，末端超过口角须基部；口角须 1 对，较长，后伸超过鼻孔后缘至鳃盖骨间（即鼻后头长）的中点稍后。鼻孔大，宽大于长，鼻孔后缘距鳃盖骨后缘为鼻孔前缘距吻端的 2.5 倍左右；鼻瓣发达，突出，卵圆形。眼窝为疏松的脂肪球所充满，呈盲眼，仅剩眼眶痕迹。鳃盖膜与峡部相连。

背鳍末根不分支鳍条柔软分节，起点距吻端较距尾鳍基为近。胸鳍平直，第 1 根分支鳍条特别延长，呈燕翅状，后伸可超过臀鳍基中点；第 2、3 根分支鳍条亦延长，但均小于第 1 根的 1/2；其他分支鳍条不延长；整个鳍的边缘平整。腹鳍起点约与背鳍第 2 根分支鳍条相对，后伸可达臀鳍起点，其第 1 根分支鳍条稍突出于鳍膜之外。肛门靠近臀鳍起点。臀鳍起点距腹鳍起点与其基末距尾鳍基约等长。尾鳍中部最短鳍条为最长鳍条的 1/2～2/3，两叶末端尖。尾柄上、下缘均无软鳍褶。

全体裸露无鳞，侧线孔明显。

鳔前室分为左、右两侧泡，包于骨质鳔囊中，后室囊状，长形。肠短，前端特别膨大、绕折成 "U" 形。

体淡红色，腹面透明，依稀可见内部构造。

生物学特性： 为洞穴鱼类。栖息地河底多砂，洞内水温 10.0℃左右，个体多集中在深水区。

资源分布： 分布范围窄，仅见于湘西自治州龙山县飞虎洞，属沅水支流酉水，数量较少，为我国特有种。

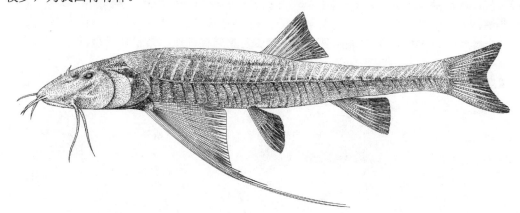

图 154　湘西盲高原鳅 *Triplophysa xiangxiensis* (Yang, Yuan *et* Liao, 1986)

139. 红盲高原鳅 *Triplophysa erythraea* Huang, Zhang, Huang, Wu, Gong, Zhang, Peng *et* Liu, 2019（图 155）

Triplophysa erythraea Huang, Zhang, Huang, Wu, Gong, Zhang, Peng *et* Liu（黄太福，张佩玲，黄兴龙，吴涛，龚小燕，张佑祥，彭清忠和刘志霄），2019, *Zool. Res.*, 40(4): 331-336（湖南花垣县大龙洞）；严思思等，2019，世界生态学，8（4）：278-282（湖南花垣县大龙洞）；李鸿等，2020，湖南鱼类系统检索及手绘图鉴：46，222；廖伏初等，2020，湖南鱼类原色图谱，208。

标本采集：标本 4 尾，采自湘西自治州花垣县大龙洞。

形态特征：背鳍 ii-8；臀鳍 i-6；胸鳍 ii-10；腹鳍 ii-5。

体长为体高的 6.1～7.7 倍，为背鳍前距的 1.8～1.9 倍，为胸鳍前距的 3.5～3.8 倍，为尾柄长的 5.5～6.0 倍，为尾柄高的 10.9～12.9 倍，为背鳍基长的 7.8～8.8 倍，为臀鳍基长的 12.7～15.9 倍，为胸鳍基长的 19.7～22.1 倍，为腹鳍基长的 13.4～40.8 倍，为上颌长的 14.9～17.9 倍，为下颌长的 20.0～23.0 倍，为口宽的 12.9～14.9 倍。头长为鼻宽的 5.4～5.8 倍，为外吻须的 2.5～3.7 倍，为内吻须的 4.5～6.0 倍，为口角须的 2.3～3.2 倍。鳃弓 4 对，鳃丝细密，第 1 鳃弓内鳃耙 11。

体延长，无鳞，体后部渐侧扁。腹部器官及须、鳍和体侧的血管可见。体高和体宽最大处位于鳃盖后缘，其后逐渐变细。头部背面中部微凹，腹面呈梭形。吻稍圆钝。口下位，弧形。唇发达，光滑无乳突，下唇中央具"V"形缺刻。上、下颌具角质，上颌发达，中央具齿状凸起。须 3 对，发达，吻须 2 对，外吻须长于内吻须；口角须 1 对，最长，后伸可达前鳃盖骨后缘下方。鼻孔每侧 2 个，前鼻孔位于细长的鼻瓣中，后鼻孔较大。鼻瓣发达，略呈三角形。眼睛完全退化，呈盲眼。眼间隔宽阔，微凸。鳃盖膜与峡部相连。

背鳍起点位于腹鳍起点之前，至吻端远大于其基末至尾鳍基，边缘近截形。胸鳍后伸达胸鳍起点至腹鳍起点间的 2/3 处，第 1 根分支鳍条不延长。腹鳍起点约位于末根不分支鳍条的垂直下方，后伸接近肛门。肛门靠近臀鳍起点，约位于腹鳍基至臀鳍起点间的后 1/4 处。臀鳍起点位于腹鳍起点至尾鳍基的中点。尾鳍深叉形，末端尖。

体裸露无鳞。侧线完全，侧线孔 63～67 个。

成鱼透明，呈鲜红色，幼体白色略带红色。各鳍基与体色接近，向腹面颜色逐渐变淡，末端白色，鳍膜透明。福尔马林浸泡标本体呈灰白色。

鳔 2 室，前室包于哑铃状骨质囊中；后室膨大、游离，长椭圆形。胃膨大，"U"形。肠长短于体长，"Z"形。

生物学特性：栖息于完全黑暗的洞穴浅水潭、水池或水坑中，水深 0.3～1.0m，水流缓慢或相对静滞，水底有乱石堆积。常在浅水边缘砂石间静息或缓慢游动，当水流被扰动或周围有震动时，会表现出明显的躲避行为，可较快地隐藏于石块下或游至深水中。

资源分布：仅在湖南省湘西自治州花垣县大龙洞有发现，数量非常少。

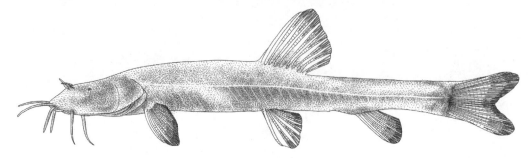

图 155 红盲高原鳅 *Triplophysa erythraea* Huang, Zhang, Huang, Wu, Gong, Zhang, Peng *et* Liu, 2019

【11】爬鳅科 Balitoridae

体小，头部和体前段平扁，中段稍呈圆筒形，后段渐侧扁，背缘较平或稍隆起，腹部平。吻宽扁，前端圆形。吻皮通常下包形成吻沟和吻褶；吻褶分 3 叶，叶间具 2 对短小吻须，有些种类吻褶特化成更多的次级吻须。口小，下位，新月形。唇较厚，具乳突，少数种类下唇特化成复杂的吸盘状结构。下颌前缘通常外露，表面具角质放射脊。须短小，3 对以上。鼻孔大，每侧 2 个，裂缝状，前、后鼻孔间具发达的鼻瓣。眼小，上侧位。眼间隔宽阔而微凸。鳃孔小，止于胸鳍起点，或中等，由胸鳍起点前缘延至头部腹面。鳃盖膜与峡部相连。各鳍均无硬刺。背鳍起点与腹鳍起点相对或稍前后。臀鳍基短，位于背鳍后下方。偶鳍大而平展，外缘呈扇形。胸鳍不分支鳍条 1 根或以上，位置靠前，位于鳃盖后缘的垂直下方之前，甚至超过鼻孔前缘，几接近吻端。左、右腹鳍愈合成吸盘或分离，不分支鳍条 1 根或以上。尾鳍凹形，截形或叉形，下叶稍长。体被细小圆鳞，鳞后缘或具小刺；头、胸部腹面常裸露无鳞，裸露区可达腹鳍基甚至肛门。侧线完全，自鳃孔上缘经体侧中部较平直的延伸至尾柄正中。鳔小，退化，前室分左、右侧泡，包在骨质囊中，左右鳔囊在后部腹膜具骨管相通，在骨管后中部连接着很小的鳔后室。

本科湖南分布有 6 属 10 种。

【*Fishes of the World*（Fifth Edition）关于爬鳅科鱼类的处理】Nelson（2016）在 *Fishes of the World*（Fifth Edition）书中将原平鳍鳅科 Homalopteridae 鱼类的 2 个亚科均提升为科，即腹吸鳅亚科 Gastromyzontinae 改为腹吸鳅科 Gastromyzontidae，平鳍鳅亚科 Homalopterinae 改为爬鳅科 Balitoridae；与原鳅科 Cobitidae 鱼类的系统发生关系也呈交织状态，为沙鳅科 Botiidae—鳅科—爬鳅科—腹吸鳅科—条鳅科 Noemacheilidae。本书暂不采纳该观点，且原平鳍鳅科全部置于爬鳅科 Balitoridae，不分亚科。

【古文释鱼】《平江县志》（张培仁、李元度）：“石扁头鱼。幕阜右有大岗洞，洞有石溪，水流甚湍急，惟此鱼能于急流中缘石而上。头略扁，他处所无”。

爬鳅科属、种检索表

1（16）　左、右腹鳍分离，不愈合；胸鳍起点位于眼后缘后下方，后伸超过或不达腹鳍起点
2（11）　鳃孔较宽，下角延伸至头部腹面
3（8）　偶鳍不分支鳍条均为 1 根，胸鳍后伸远不达腹鳍起点；尾柄正常，尾柄长约等于头长，尾柄高显著大于眼径；腹部裸露区止于腹鳍之前[（072）原缨口鳅属 *Vanmanenia*]
4（7）　吻褶分 3 叶，无次级吻须，或仅在叶端分化出须状乳突，共有乳突 4～7 个；下唇侧后乳突不呈疣突状
5（6）　腹鳍后伸明显超过肛门；头部和体侧斑纹界限清晰；背鳍后方体背无亮斑或不明显 …………………………………………… 140. 斑纹原缨口鳅 *Vanmanenia maculata* Yi, Zhang et Shen, 2014
6（5）　腹鳍后伸仅达肛门或稍超过；头部和体侧纹界限不清晰；背鳍后方体背具明显亮斑 …………………………………………… 141. 平舟原缨口鳅 *Vanmanenia pingchowensis* (Fang, 1935)
7（4）　吻褶特化出次级吻须；下唇侧后乳突特化成疣突 ……… 142. 线纹原缨口鳅 *Vanmanenia* sp.
8（3）　偶鳍不分支鳍条多于 1 根，胸鳍后伸不达或接近腹鳍起点；尾柄细长如鞭，其长显著大于头长，高小于眼径；腹部臀鳍起点之前裸露无鳞[（073）犁头鳅属 *Lepturichthys*]
9（10）　偶鳍较短，体长为胸鳍长的 6.5～7.9 倍，为腹鳍长的 6.5～8.3 倍 ……………………………………………………………… 143. 犁头鳅 *Lepturichthys fimbriata* (Günther, 1888)
10（9）　偶鳍较长，体长为胸鳍长的 4.2～4.8 倍，为腹鳍长的 4.8～5.7 倍 ……………………………………………………… 144. 长鳍犁头鳅 *Lepturichthys dolichopterus* Dai, 1985
11（2）　鳃孔较窄，下角止于胸鳍起点前缘或仅限于胸鳍基上方的背面

12（13） 胸鳍后伸不达腹鳍起点；腹鳍基无发达肉质鳍垫[（074）游吸鳅属 *Erromyzon*] ……………
 145. 中华游吸鳅 *Erromyzon sinensis* (Chen, 1980)
13（12） 胸鳍后伸超过腹鳍起点；腹鳍基具发达肉质鳍垫。下唇特化为复杂的皮质吸附器，吻褶叶端
 分化出 2～4 个乳突[（075）拟腹吸鳅属 *Pseudogastromyzon*]
14（15） 体侧具 13～20 条排列整齐的垂直横纹；尾柄较长，体长为尾柄长的 7.6～8.9 倍；吻褶叶端
 的须状乳突排列为 4-4-4 或 4-3-4 ……………………
 146. 长汀拟腹吸鳅 *Pseudogastromyzon changtingensis* Chen *et* Liang, 1949
15（14） 背鳍前体侧具小圆斑，背鳍后体侧具不规则横行细纹；尾柄短，体长为尾柄长的 8.6～10.8
 倍；吻褶叶端的须状乳突排列为 2-3-2 ……………………
 147. 方氏拟腹吸鳅 *Pseudogastromyzon fangi* (Nichols, 1931)
16（1） 左、右腹鳍愈合成吸盘；胸鳍起点位于眼后缘垂直下方之前，后伸超过腹鳍起点
17（18） 鳃孔较宽，下角延伸至头部腹面；腹鳍后伸超过肛门[（076）华吸鳅属 *Sinogastromyzon*] …
 148. 下司华吸鳅 *Sinogastromyzon hsiashiensis* Fang, 1931
18（17） 鳃孔很窄，下角止于胸鳍基背上方；腹鳍后伸远不达肛门[（077）爬岩鳅属 *Beaufortia*] …
 149. 四川爬岩鳅 *Beaufortia szechuanensis* (Fang, 1930)

（072）原缨口鳅属 *Vanmanenia* Hora, 1932

Vanmanenia Hora, 1932, *Mem. Indian Mus*., 12(2) 309.

模式种： *Homalosoma stenosoma* Boulenger

体延长，略呈圆筒形，前段平扁，后段侧扁，体高约等于体宽。头稍平扁。吻宽圆。
吻褶与上唇之间具吻沟分隔；吻褶分 3 叶，叶间具吻须 2 对，有些种类吻褶叶端呈须状，
特化成 3 条次级吻须。口小，下位。唇发达，肉质；上唇覆盖上颌，突出口外，部分下
垂覆盖下颌；下唇不伸达下颌前缘，中央具缺刻，分离呈 2～6 叶，中间 2～4 叶呈乳突
状，左右 2 侧叶须状，形成位于口角的颌须。须短小，吻须 4～7 根，位于吻褶边缘，颌
须 1 对，位于口角。眼小，上侧位，位于头的后半部，眼缘游离。鳃孔稍大，由胸鳍基
前方扩展至头部腹面。鳃盖膜与峡部相连。背鳍基短，起点位于腹鳍起点前上方。胸鳍
平展，位于眼眶后缘下方，后伸显著不达腹鳍起点。腹鳍平展，左、右分离，不愈合成
吸盘；后伸超过肛门而不达臀鳍起点；鳍基内侧皮质鳍瓣不发达。臀鳍基短。尾鳍凹形，
下叶稍长。体被细小圆鳞，头部、胸鳍基至腹鳍基间的腹部及胸鳍起点和腹鳍起点均无
鳞。侧线完全，位于体侧中央。

本属湖南分布有 3 种。

140. 斑纹原缨口鳅 *Vanmanenia maculata* Yi, Zhang *et* Shen, 2014（图 156）

Vanmanenia maculata Yi, Zhang *et* Shen（易文婧，张鹗和沈建忠），2014，*Zootaxa*，3802(1): 085-097
（张家界索溪峪）；李鸿等，2020，湖南鱼类系统检索及手绘图鉴：48，223；廖伏初等，2020，湖南
鱼类原色图谱，210。

标本采集： 标本 10 尾，采自桑植。
形态特征： 背鳍 iii-7；臀鳍 ii-5；胸鳍 i-13；腹鳍 i-7，侧线鳞 87～98。
体长为体高的 4.9～8.1 倍，为头长的 4.1～5.3 倍，为尾柄长的 7.3～9.9 倍。头长为
吻长的 1.8～2.2 倍，为眼径的 4.6～5.6 倍，为眼间距的 2.4～2.5 倍。尾柄长为尾柄高的
0.9～1.4 倍。
体延长，前段平扁，后段渐侧扁。背部隆起，体最高处位于背鳍起点。头部腹面平
坦，腹部胸鳍至腹鳍处微凸，臀鳍至尾鳍处微凹。尾柄粗壮，尾柄高等于或略大于尾柄

长。头平扁。吻钝圆，吻长大于眼后头长。口小，下位，马蹄形。上唇与吻褶之间具较深的吻沟。唇厚，上唇下垂，布满不甚清晰的小乳突，通过乳头状皮瓣在口角处与下唇相连。下唇具 2 对较大的乳突，内侧乳突通常大于外侧乳突。唇后沟短，仅限于口角处。上、下颌具锐利角质。吻褶 3 叶，三角形；中叶宽于两侧叶；末端光滑。吻须 2 对，外侧须长于内侧须；口角须 1 对。前后鼻孔分离，前鼻孔短瓣状。眼小，侧上位。眼间隔宽平。鳃孔大，下角延伸至头部腹面。

背鳍长约等于头长，起点位于吻端至尾鳍基中点稍后，外缘稍内凹。偶鳍平展。胸鳍长远大于头长，起点位于鳃孔后下方，后伸不达腹鳍起点。腹鳍位于吻端至尾鳍基中点后方，后伸明显超过肛门，但不达臀鳍起点，外缘圆形。腹鳍基背侧着生 1 肉质鳍瓣。肛门位于腹鳍基末至臀鳍起点间的中点或稍后。臀鳍起点位于腹鳍至尾鳍基的中点，外缘稍凸，后伸达尾鳍基。尾鳍浅凹形，下叶稍长。

体被细小圆鳞，头背部及腹部胸鳍基至腹鳍基间的 2/3 或更大区域裸露无鳞。侧线完全，在胸鳍基中部至臀鳍基末端略向上弯曲，此后水平延伸至尾柄正中。

头部和体侧斑纹界限清晰；体背部具 7～9 个棕黑色鞍状斑，其中背鳍前 3～4 个、背鳍基起点和末端各具 1 个、背鳍后 3～4 个；背鳍后方体背无亮斑或不明显。背鳍、胸鳍和尾鳍均具由棕黑色点组成的条纹，其中背鳍 3～4 条，胸鳍 5～6 条，尾鳍 4～5 条，腹鳍和臀鳍条纹不明显。

生物学特性：山洞溪流性鱼类。营底栖生活，喜水流湍急、水质清澈、底部多卵石的水体，附着于石块上，主要以固着藻类为食。

资源分布：仅见于张家界。

图 156　斑纹原缨口鳅 *Vanmanenia maculata* Yi, Zhang *et* Shen, 2014

141. 平舟原缨口鳅 *Vanmanenia pingchowensis* (Fang, 1935)（图 157）

俗称：内子鱼；**别名**：平舟前台鳅；**英文名**：Pingchow primitive fringemouth loach

Praeformosania pingchowensis Fang（方炳文），1935, *Sinensia*, 6(1): 72（贵州平塘）；梁启燊和刘素孅，1966，湖南师范学院学报（自然科学版），(5)：85（洞庭湖、澧水）。

Vanmanenia stenosoma：梁启燊和刘素孋，1966，湖南师范学院学报（自然科学版），（5）：85（湘江）。

Vanmanenia pingchowensis：陈宜瑜，1980b，水生生物学集刊，7（1）：99（江华）；陈宜瑜（见：成庆泰等），1987，中国鱼类系统检索（上册）：202（沅水、湘江）；农牧渔业部水产局等，1988，中国淡水鱼类原色图集（第二集）：124（湘江、沅水）；陈景星等（见：黎尚豪），1989，湖南武陵源自然保护区水生生物：126（张家界喻家嘴、张家界自然保护区管理局、林场、夹担湾、水绕四门和紫草潭等地）；唐文乔，1989，中国科学院水生生物研究所硕士学位论文：52（吉首、保靖、桑植）；朱松泉，1995，中国淡水鱼类检索：131（沅水、湘江）；陈宜瑜和唐文乔（见：乐佩琦等），2000，中国动物志 硬骨鱼纲 鲤形目（下卷）：455（江华）；唐文乔（见：刘明玉等），2000，中国脊椎动物大全：168（洞庭湖水系）；唐文乔等，2001，上海水产大学学报，10（1）：6（沅水水系的辰水、武水、酉水、澧水）；胡海霞等，2003，四川动物，22（4）：226（通道县宏门冲溪）；郭克疾等，2004，生命科学研究，8（1）：82（桃源县乌云界自然保护区）；吴婕和邓学建，2007，湖南师范大学自然科学学报，30（3）：116（柘溪水库）；康祖杰等，2010，野生动物，31（5）：293（壶瓶山）；康祖杰等，2010，动物学杂志，45（5）：79（壶瓶山）；牛艳东等，2011，湖南林业科技，38（5）：44（城步芙蓉河）；康祖杰等，2019，壶瓶山鱼类图鉴：191（壶瓶山）；李鸿等，2020，湖南鱼类系统检索及手绘图鉴：48，224；廖伏初等，2020，湖南鱼类原色图谱，212。

Praeformosania intermedia：唐家汉，1980a，湖南鱼类志（修订重版）：172（沅水、湘江）；林益平等（见：杨金通等），1985，湖南省渔业区划报告集：77（湘江、沅水）。

标本采集：标本 20 尾，采自湘江东安、浏阳。

形态特征：背鳍iii-8；臀鳍ii-5；胸鳍 i-14；腹鳍 i-8。侧线鳞89～109。

体长为体高的 5.1～6.1 倍，为头长的 4.9～5.2 倍，为尾柄长的 10.3～11.8 倍。头长为吻长的 1.5～1.9 倍，为眼径的 5.2～6.5 倍，为眼间距的 2.2～2.6 倍。尾柄长为尾柄高的 1.2～1.4 倍。

体长，背鳍起点向前渐平扁，由此向后渐侧扁，背缘弧形，腹部平。头较平扁。吻圆钝，吻长约为眼后头长的 2.0 倍；吻皮与上唇具浅而窄的吻沟分隔，吻沟直通口角。口小，下位，新月形。唇肉质，上唇与上颌分离；下唇与下颌连在一起，前缘表面具 4 个分叶状乳突；上、下唇在口角处相连。唇后沟不连续，仅限于口角。下颌前端稍外露，表面具放射状沟和脊。上、下颌具角质。吻沟前吻褶分为等大的 3 叶，叶端较尖细；吻褶叶间具 2 对小吻须，内侧 1 对乳突状，外侧 1 对长约为眼径的 1/4。口角须 2 对，外侧 1 对粗短，内侧 1 对细小。鼻孔较大，具发达鼻瓣，距眼较距吻端为近。眼上侧位。眼间隔宽平。鳃孔自胸鳍基前上缘扩展至头部腹面。鳃盖膜与峡部相连。

背鳍末根不分支鳍条柔软分节，外缘截形，起点位于腹鳍稍前，距尾鳍基近于距吻端。偶鳍平展。腹鳍后伸仅达肛门或稍超过。肛门约位于腹鳍基末至臀鳍起点间中点或稍后。臀鳍后伸接近尾鳍基。尾鳍凹形，下叶稍长。

体被细小圆鳞，包被皮膜。头部胸鳍基之前的腹部无鳞，部分个体腹部裸露区扩展至胸鳍基与腹鳍基间的中点。侧线完全，平直。

头部和体侧纹界限不清晰。各鳍均具数目不等的褐色斑纹。背鳍基后缘两侧各具 1 个明显的白色亮斑。

生物学特性：山涧溪流性鱼类。营底栖生活，喜水流湍急、水质清澈、底部多卵石的水体，附着于石块上，主要以固着藻类为食。

资源分布：洞庭湖、湘、资、沅、澧"四水"上游支流曾有分布，现仅见于湘江和沅水上游，数量稀少。

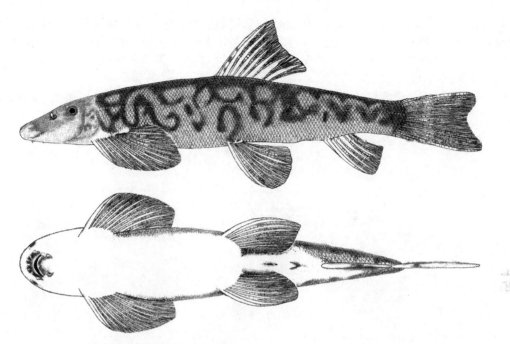

图 157　平舟原缨口鳅 *Vanmanenia pingchowensis* (Fang, 1935)

142. 线纹原缨口鳅 *Vanmanenia* sp.（图 158）

标本采集：标本 10 尾，采自汝城。

形态特征：背鳍iii-8；臀鳍ii-5；胸鳍 i -13～14；腹鳍 i -8。侧线鳞 83～99。

体长为体高的 4.7～6.8 倍，为体宽的 6.6～7.9 倍，为头长的 4.4～5.4 倍，为尾柄长的 8.0～9.5 倍，为尾柄高的 6.5～7.9 倍，为背鳍前距的 1.9～2.4 倍，为腹鳍前距的 1.6～2.0 倍。头长为头高的 1.4～1.7 倍，为头宽的 1.1～1.4 倍，为吻长的 1.3～1.6 倍，为眼径的 3.0～4.0 倍，为眼间距的 2.2～2.7 倍。尾柄长为尾柄高的 0.7～0.9 倍。头宽为口宽的 3.0～3.8 倍。

体细长，前段圆筒形，后段稍侧扁；背缘自吻端至背鳍起点处逐渐上升，背鳍起点处达体最高点，之后逐渐下降，腹面平。头部侧面似等边三角形，背缘似犁头形。吻圆钝，吻长约远大于眼后头长。口下位，弧形近半圆形。唇肉质，上、下唇表面无明显乳突；近口角处凹陷；下唇中央具 4 个分叶状乳突，中间 2 个稍宽大、扁平，侧后 2 个乳突特化成疣突。上唇与吻端之间具宽而深的纹沟，延伸至口角。吻褶特化出次级吻须。下颌前端外露，与上颌均具锐利角质边缘。口角须 2 对，内侧须乳突状，外侧须与最长上颌须约等长，内部血管清晰可见。鼻孔较大，鼻孔径稍小于眼径，前后鼻孔间具发达鼻瓣。眼侧上位。眼间隔宽平，约等于头宽的 1/2。鳃孔宽阔，自侧线最前端稍下延伸至头部腹面。鳃盖膜与峡部相连。

背鳍基长稍大于吻长，起点距吻端约等于距尾鳍基。臀鳍基长约为背鳍基长的 1/2，后伸接近或达尾鳍基。偶鳍平展，末端稍尖，基部无肉质鳍柄。胸鳍基长显著短于吻长，起点位于鳃孔上角的垂直下方，外缘近菱形，后伸至胸鳍腋部至腹鳍起点间的 2/3 处。腹鳍起点位于背鳍起点稍后，后伸稍超过肛门，基部背侧具与眼径约等长的皮质鳍瓣。肛门约位于腹鳍起点与臀鳍起点间的中点。尾鳍长大于头长，浅凹形，下叶稍长。

体被细小圆鳞，包被皮膜，头背部及腹部胸鳍基至腹鳍基间的前 1/3 裸露无鳞。侧线完全，胸鳍基前方稍下凹，之后平直伸入尾柄正中。

体侧横纹隐约可见。沿侧线具 1 条约与侧线等宽的黑色线纹。体背具 6 个宽大马鞍状纹，其中背鳍前 2 个，背鳍起点 1 个，背鳍基末 1 个，背鳍后方 2 个。背鳍基末两侧各具 1 个宽大亮斑。各鳍均具不甚明显的线纹，其中背鳍、腹鳍和尾鳍约 2 条，胸鳍 2～3 条，臀鳍不明显。

生物学特性：溪流性鱼类，栖息于流速较急、底质砂石的水域，利用胸鳍、腹鳍吸附于石块上，刮食石块上的附着藻类。

资源分布：主要分布于汝城，属赣江水系。

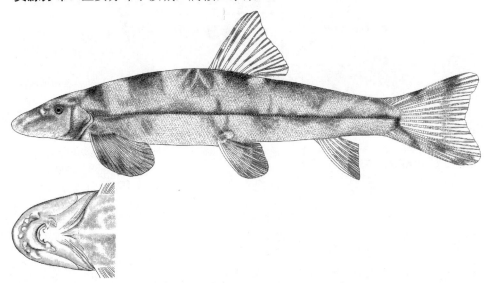

图 158　线纹原缨口鳅 *Vanmanenia* sp.

（073）犁头鳅属 *Lepturichthys* Regan, 1911

Lepturichthys Regan, 1911, *Ann. Mag. Nat. Hist.*, 8(8): 31.

模式种：*Homaloptera fimbriata* Günther

体细长，前段平扁，体宽大于体高，背部稍隆起，腹面平，中段圆筒形，后段细长呈杆状。头平扁，略呈三角形。吻长，平扁，凿状。吻皮下包形成吻褶并在上唇前形成吻沟。吻褶分叶，中叶宽，后缘具 2 个须状突，叶间具 2 对长吻须。口小，下位，新月形。唇具发达的须状突，上唇 2～3 排，梳状，下唇 1 排。须短而多，口角须 3 对，颏部具 1～2 对小须。鼻孔每侧 2 个，紧邻，紧邻眼前缘。眼小，上侧位，位于头的后半部，眼缘游离。眼间隔宽平，中央凹入。鳃孔小，由胸鳍基前方向下延伸至腹面。鳃盖膜与峡部相连。背鳍起点约与腹鳍起点相对，距吻端远较距尾鳍基为近，末根不分支鳍条柔软分节。胸鳍宽而平展，位于眼后下方，后伸达或不达腹鳍起点。腹鳍平展，左、右分离不愈合成吸盘，后伸远不达尾鳍基。臀鳍位于背鳍后下方。尾鳍叉形，下叶较长。体被细小圆鳞，头、胸和腹部裸露无鳞；背部鳞具细刺或无。侧线完全，平直。

本属湖南分布有 2 种。

143. 犁头鳅 *Lepturichthys fimbriata* (Günther, 1888)（图 159）

俗称：细尾鱼、长尾鱼、铁丝鱼、铁扫把；**别名**：尼氏犁头鳅、毛缘犁头鳅；**英文**

名：ploughhead loach

Homaloptera fimbriata Günther, 1888, *Ann. Mag. Nat. Hist.*, 6(1): 433（湖北宜昌）。

Lepturichthys fimbriata：Regan, 1911, *Ann. Mag. Nat. Hist.*, 8(8): 31（长江）；Nichols, 1928, *Bull. Ann. Mus. Nat. Hist.*, 58: 47（洞庭湖）；陈宜瑜，1978，水生生物学集刊，6（3）：337（沅水）；湖北省水生生物研究所鱼类研究室，1976，长江鱼类：155（洞庭湖沅江）；唐家汉和钱名全，1979，淡水渔业，（1）：10（洞庭湖）；唐家汉，1980a，湖南鱼类志（修订重版）：169（湘江、沅水、洞庭湖荆江分洪南闸）；林益平等（见：杨金通等），1985，湖南省渔业区划报告集：77（洞庭湖、湘江、沅水）；唐文乔，1989，中国科学院水生生物研究所硕士学位论文：52（保靖）；唐文乔等，2001，上海水产大学学报，10（1）：6（沅水水系酉水）；王星等，2011，生命科学研究，15（4）：311（南岳）；曹英华等，2012，湘江水生动物志：233（湘江衡阳常宁）；刘良国等，2013b，长江流域资源与环境，22（9）：1165（澧水澧县、澧水河口）；李鸿等，2020，湖南鱼类系统检索及手绘图鉴：48，226；廖伏初等，2020，湖南鱼类原色图谱，216。

Lepturichthys fimbriata nicholsi：Hora, 1932, Mem. Ind. Mus., 12: 97（洞庭湖）；梁启燊和刘素孀，1966，湖南师范学院学报（自然科学版），（5）：90（洞庭湖）。

Lepturichthys nicholsi：梁启燊和刘素孀，1966，湖南师范学院学报（自然科学版），（5）：89（洞庭湖）。

标本采集：标本 5 尾，采自湘江衡阳。

形态特征：背鳍iii-7～8；臀鳍ii-5；胸鳍viii～ix-10～12；腹鳍iii-8～9。侧线鳞84～95。

体长为体高的 8.0～10.6 倍，为头长的 5.3～5.9 倍，为尾柄长的 3.3～3.8 倍。头长为吻长的 1.6～1.9 倍，为眼径的 6.0～7.5 倍，为眼间距的 2.5～3.0 倍。尾柄长为尾柄高的 12.5～14.5 倍。

体延长，臀鳍向前渐宽扁，背部微隆，腹部宽平，尾柄细长如鞭。头部矮扁，前狭后宽，形状像犁头，故名犁头鳅。吻稍尖，吻长大于眼后头长；吻皮下包止于上唇基部，与上唇之间具吻沟相隔，吻沟直通口角；吻沟前吻褶分 3 叶，中叶较宽，两侧叶较细，吻褶中间具吻须 2 对，外侧 1 对稍粗大。口小，下位，新月形。唇厚，肉质，具发达须状乳突；上唇乳突 2～3 排，梳状；下唇 1 排，稍短；颏部具 3～5 对小须；上、下唇在口角处相连。上、下颌较薄，下颌铲形。口角须 3 对，外侧 2 对稍粗长，略小于眼径，内侧 1 对细小，位于口角内侧。鼻孔每侧 2 个，紧邻，靠近眼前缘；前鼻孔小，具较大鼻瓣，后鼻孔大，裂缝状。眼小，圆形，上侧位，位于头的后半部，距鳃孔较距吻端为近，眼缘游离。眼间隔较宽平，中间凹入。鳃孔稍宽，自胸鳍基背侧延伸至头部腹面。鳃盖膜与峡部相连。

背鳍不分支鳍条基部稍硬，末端柔软；起点与腹鳍起点相对或稍前，距吻端远小于距尾鳍基。偶鳍左、右平展；其中胸鳍起点位于眼后缘下方，后伸不达腹鳍；腹鳍不达或达到肛门。肛门位于腹鳍起点与臀鳍起点间的 2/3 处或稍后。臀鳍较小，末根不分支鳍条柔软分节，位于背鳍后下方，起点距腹鳍起点较距尾鳍基为近。尾鳍叉形，下叶甚尖长。

体被细小圆鳞，多数鳞上具易脱落的角质突，触摸有粗糙感；头背部裸露无鳞，腹部裸露区不超过胸鳍起点和腹鳍起点间的中点。侧线完全，平直。

无咽齿，胃呈"U"形，肠道短，肠长为体长的 0.5 倍。

背侧棕褐色，腹部黄白色。背部具 6～9 个大褐斑。各鳍均具数条褐色斑纹。

生物学特性：

【**生活习性**】山涧溪流性鱼类，喜栖息于急流浅滩中的砾石表面。

【**食性**】杂食性，主要摄食固着藻类和水底砂砾中的小型无脊椎动物（贾砾等，2013）。

【**繁殖**】繁殖期 4 月中旬至 6 月中旬，繁殖时水温 19.4～27.8℃，流速 0.5～1.7m/s。绝对繁殖力一般为 300～500 粒。卵圆形，黄色，卵径 1.3～1.8mm，吸水后膨胀，卵膜径 4.9～5.9mm，随水漂流孵化。

　　水温 22.5～23.5℃时，受精卵孵化脱膜需 34.0h。初孵仔鱼全长 6.3mm，肌节 39 对，体粗大，淡黄色；脱膜 17.0h 眼黑色素形成，肠形成，肛门贯通，全长 7.9mm；2 日龄仔鱼全长 8.9mm，鳔雏形，仔鱼开口摄食；5 日龄仔鱼全长 10.5mm，卵黄囊吸尽，体色素增多；32 日龄稚鱼全长 20.7mm，鳞被形成，尾柄细长，其上鳍褶消失，出现鳞片；56 日龄稚鱼全长 32.9mm，形态结构与成鱼相似，体色加深，躯干背侧隐约可见 10 个黑斑（熊玉宇等，2008；王芊芊，2008）。

　　资源分布：洞庭湖及湘、资、沅、澧"四水"有分布，但数量较少。

图 159　犁头鳅 *Lepturichthys fimbriata* (Günther, 1888)

144. 长鳍犁头鳅 *Lepturichthys dolichopterus* Dai, 1985（图 160）

　　Lepturichthys dolichopterus Dai（戴定远），1985，动物分类学报，10（2）：221（福建南平）；李鸿等，2020，湖南鱼类系统检索及手绘图鉴：48，227；廖伏初等，2020，湖南鱼类原色图谱，218。

　　标本采集：标本 5 尾，采自湘江。

　　形态特征：背鳍 iii-8；臀鳍 ii-5；胸鳍 vii～viii-10～12；腹鳍 iii～iv-7～8；侧线鳞 81～87。

　　体长为体高的 9.4～10.3 倍，为体宽的 6.4～7.4 倍，为头长的 5.3～5.7 倍，为尾柄长的 3.9～4.7 倍，为尾柄高的 42.5～53.0 倍，为胸鳍长的 4.1～4.8 倍，为腹鳍长的 4.8～5.7

倍，为背鳍前距的 2.6～2.7 倍，为腹鳍前距的 2.6～2.7 倍。头长为头高的 2.2～2.5 倍，为头宽的 1.1～1.2 倍，为吻长的 1.6～1.9 倍，为眼径的 5.4～6.0 倍，为眼间距的 2.3～2.5 倍。尾柄长为尾柄高的 9.5～13.8 倍。头宽为口宽的 3.2～3.9 倍。

体长，稍平扁，腹面平，尾柄细长似鞭状。头低平。吻端稍尖细，边缘较薄；吻长大于眼后头长。口下位，弧形。唇肉质，具发达的须状乳突，上唇 2～3 排，较长，梳状；下唇 1 排，稍短。颏部具 2～4 对小须。上、下唇在口角处相连。上唇与吻端之间具深吻沟，延伸至口角。吻沟前的吻褶分 3 叶，较宽的中叶叶端一般具 2 个须状突，两侧叶叶端尖细。吻褶叶间具 2 对吻须，外侧 1 对较粗大。下颌稍外露。口角须 3 对，外侧 2 对稍粗大，内侧 1 对细小，位于口角内侧，有时和颏部的小须难于分辩。鼻孔较小，鼻孔径约为眼径的 1/2，具鼻瓣。眼小，上侧位。眼间隔宽平。鳃孔较宽，自胸鳍基的前上方延伸至头部腹侧。鳃盖膜与峡部相连。

背鳍基长稍短于头长，起点距吻端小于距尾鳍基。臀鳍基长约等于吻长。偶鳍平展；其中胸鳍长稍大于头长，起点约位于眼后头长中点的下方，后伸接近腹鳍起点；腹鳍起点约与背鳍起点相对，后伸接近或稍超过肛门。肛门约位于腹鳍起点与臀鳍起点间的 2/3 处稍后。尾鳍叉形，下叶稍长。

体被细小圆鳞，大多数鳞片表面具易脱落的角质疣突，头部及臀鳍起点之前的腹面无鳞。侧线完全，自体侧中部平直地延伸至尾鳍基。

浸泡标本体灰棕色，横跨背中线具 7～8 个深褐色大斑，头背及体侧密布暗色斑。各鳍均具黑色斑纹。

资源分布：仅见于湘江中上游。

图 160　长鳍犁头鳅 *Lepturichthys dolichopterus* Dai, 1985

（074）游吸鳅属 *Erromyzon* Kottelat, 2004

Erromyzon Kottelat, 2004, *Ichthyol. Explor. Freshwaters.*, 15(4): 301-310.

模式种：*Protomyzon sinensis* Chen

体长，略呈圆筒形，头部稍平扁，后部侧扁。口前具浅的吻沟和吻褶。上唇与吻褶之间具吻沟，使之分离。上、下唇连续，仅在口角前方具 1 个小缺刻；下唇局限于口角；唇后沟间断，前端具矩形肉质垫。4 根吻须着生于吻褶缺刻中。鳃孔小，止于胸鳍基上方，外观难辨识，和胸鳍基之间仅为 1 若隐若现的微弱凹槽。鳃盖膜与峡部相连。背鳍起点距吻端较距尾鳍基稍远或约相等。偶鳍平直，前缘不分支鳍条均为 1 根。胸鳍基位于眼后缘下方，末端稍尖，后伸远不达腹鳍起点。左右腹鳍分离，不愈合成吸盘；腹鳍基无发达肉质鳍垫；后伸不达肛门。臀鳍短，起点距腹鳍起点较距尾鳍基为远。尾鳍凹形，下叶稍长。体被细小圆鳞。侧线完全，较平直。

本属湖南仅分布有 1 种。

145. 中华游吸鳅 *Erromyzon sinensis* (Chen, 1980)（图 161）

英文名：Chinese primitive suckerbelly loach

Protomyzon sinensis Chen（陈宜瑜），1980，水生生物学集刊，7（1）：106（广西龙胜、荔浦、金秀）；陈宜瑜和唐文乔（见：陈宜瑜等），2000，中国动物志 硬骨鱼纲 鲤形目（下卷）：479（广西龙胜、荔浦、金秀、环江、桂林；贵州榕江）。
Erromyzon sinensis：李鸿等，2020，湖南鱼类系统检索及手绘图鉴：48，228；廖伏初等，2020，湖南鱼类原色图谱，220。

濒危等级：省重点保护野生动物，《湖南省地方重点保护野生动物名录》（湘政函〔2002〕172 号）中的厚唇原吸鳅 *Protomyzon pachycheilus*，应为中华游吸鳅 *Erromyzon sinensis*，厚唇原吸鳅仅分布于广西大瑶山。

标本采集：标本 10 尾，采自东安。

形态特征：背鳍 iii-7～8，臀鳍 ii-5，胸鳍 i-17～18，腹鳍 i-7。侧线鳞 74～85。

体长为体高的 4.9～5.4 倍，为体宽的 5.3～6.4 倍，为头长的 4.1～5.1 倍，为尾柄长的 9.1～10.1 倍，为尾柄高的 9.0～10.1 倍。头长为头宽的 1.2～1.4 倍，为吻长的 1.8～2.1 倍，为眼径的 4.2～5.3 倍，为眼间距的 1.8～2.1 倍。尾柄长为尾柄高的 1.0～1.2 倍。

体较细长，前段近圆筒形，后段稍侧扁，背缘稍呈弧形，腹面平。头稍高，吻圆钝，稍短。口下位，口裂宽阔，新月形或弧形。唇肉质，上、下唇在口角处相连；上唇无明显乳突，与吻端之间具较浅而窄的吻沟，延伸至口角；下唇宽大肥厚，稍突出，游离，覆盖于下颌，无乳突和唇片。吻沟前具吻褶，吻褶分不甚明显的 3 叶，中叶稍大，叶端略尖细，边缘薄而稍游离；吻褶叶间具 2 对乳突状吻须，与吻褶叶相似，区别在于基部较窄，且位于后方，外侧须稍大。口角须 1 对，末端尖细，基部宽扁且上侧具 1 个细小凸起。鼻孔每侧 2 个，紧邻，位于眼前方；前、后鼻孔相近，其间以鼻瓣相隔。眼上侧位，位于头的后半部，眼间隔较宽，微隆起。鳃孔较窄，上起眼下缘后方，下缘止于胸鳍基上方，不延伸至头部腹面。鳃盖膜与峡部相连。

背鳍起点位于腹鳍起点之前，距吻端较距尾鳍基为远。臀鳍基约为背鳍基长的 1/2，后伸接近或超过尾鳍基。偶鳍平展，末端圆钝。胸鳍起点位于瞳孔的垂直线下方，椭圆形，后伸不达腹鳍起点，约伸至胸鳍腋部至腹鳍起点间的 2/3 处。左右腹鳍分离，腹鳍基无发达的肉质鳍垫。肛门约位于腹鳍起点与臀鳍起点间的 2/3 处。尾鳍浅凹形，下叶稍长。

体被细小圆鳞，包被皮膜，头背及胸鳍基至腹鳍基间的中点之前腹面裸露。侧线完全。

体侧、背部灰褐色，其上具虫蚀状斑纹。各鳍浅黄白色，散布黑色斑纹。

生物学特性：小型底栖鱼类，栖息于底部多砾石、水流湍急的山涧溪流。

资源分布：湘江上游有分布。

图 161　中华游吸鳅 *Erromyzon sinensis* (Chen, 1980)

（075）拟腹吸鳅属 *Pseudogastromyzon* Nichols, 1925

Pseudogastromyzon (subgenus of *Hemimyzon*) Nichols, 1925a, *Amer. Mus. Novit.*, (169): 1.

模式种： *Hemimyzon zebroidus* Nichols

体延长，前段平扁，背缘隆起，腹部平，后段侧扁。头宽，平扁。吻长，圆钝。口前具吻沟或吻褶，吻褶分 3 叶，叶端分化出 2～5 个乳突；叶间具 2 对小吻须。口小，下位，弧形。唇发达，肉质；上唇具极细小而密集的乳突；下唇及颏部形成叠波型或"品"字型吸附器；上、下唇在口角处相连。口角须 1 对。鼻孔每侧 2 个，紧邻。眼小，上侧位，眼缘游离。鳃孔很窄，位于胸鳍基前缘背上方，不伸达头腹部。鳃盖膜与峡部相连。背鳍短小。胸鳍宽圆，平展，约位于眼的垂直下方，后伸超过腹鳍起点。腹鳍较小，平展，左、右分离不愈合成吸盘，起点约与背鳍相对，后伸超过肛门，基部内侧具长圆形皮质鳍瓣。尾鳍斜截，上部鳍条较短。体被细小圆鳞，头部及腹部无鳞。侧线完全，平直，位于体侧正中。

本属湖南分布有 2 种。

146. 长汀拟腹吸鳅 *Pseudogastromyzon changtingensis* Chen *et* Liang, 1949（图 162）

俗称： 仆石鱼；**别名：** 东陂拟腹吸鳅；**英文名：** Changting false suckerbelly loach

Pseudogastromyzon tungpeiensis Chen *et* Liang（陈兼善和梁润生），1949, *Q. J. Taiwan Mus.*, 2(4): 158（广东连州东陂墟）。

Pseudogastromyzon changtingensis tungpeiensis：贺顺连等，湖南农业大学学报（自然科学版），2000，26（5）：379[蓝山（湘江水系）]。

Pseudogastromyzon changtingensis：李鸿等，2020，湖南鱼类系统检索及手绘图鉴：48，229；廖伏初等，2020，湖南鱼类原色图谱，222。

标本采集： 标本 15 尾，采自湘江浏阳、赣江水系上犹江。

形态特征： 背鳍 iii-8～9；臀鳍 ii-5～6；胸鳍 i-18～20；腹鳍 i-8。侧线鳞 73～79。

体长为体高的 4.7～6.4 倍，为体宽的 5.0～5.8 倍，为头长的 4.2～4.9 倍，为尾柄长的 7.7～8.9 倍，为尾柄高的 9.0～10.6 倍。头长为头宽的 1.0～1.3 倍，为吻长的 1.6～1.7

倍，为眼径的 5.5～7.1 倍，为眼间距的 1.7～2.0 倍。尾柄长为尾柄高的 1.1～1.3 倍。

体延长，前段近圆筒形，后段稍侧扁，背缘较平直，腹面平。头较高。吻圆钝，吻侧或连同吻背具刺状疣突。雄鱼成体吻侧至眼下缘具发达的刺状疣突。口下位，口裂稍大，弧形。唇肉质，上、下唇在口角处相连；上唇较厚，无明显乳突或表面具密集的细小低平乳突，下唇较宽厚，颏吸附器呈"品"字型。下颌外露。上唇与吻端之间具吻沟，延伸至口角。吻沟前具吻褶，分 3 叶，各叶边缘分裂出须状乳突，排列成 4-4-4 或 4-3-4；吻褶叶间具 2 对小吻须，外侧吻须稍大。口角须 1 对，约与外侧吻须等大。鼻孔 2 对，较小，位于眼前方，前、后鼻孔相近，其间以鼻瓣相隔。眼较小，上侧位，眼间距较宽，头背稍平。鳃孔小，上起眼下缘之后方，下缘不达胸鳍起点。鳃盖膜与峡部相连。

背鳍起点位于腹鳍起点之后，距吻端较离尾鳍基为近，外缘弧形。臀鳍基长约为背鳍基长的 1/2，鳍条压倒可达尾鳍基。偶鳍平展，末端圆钝。胸鳍起点位于眼前或后缘的垂直线下方，后伸超过腹鳍起点。左右腹鳍分离，基部背面具 1 枚长约为眼径 2.0 倍的皮质鳍瓣，后伸几达或超过肛门。肛门约位于腹鳍起点与臀鳍起点间中点。尾鳍末端斜截，下叶稍长。

体被细鳞，包被皮膜，头背及胸鳍基上方的体背侧裸露，腹部裸露区扩展至腹鳍起点与臀鳍起点间的 1/3 处。侧线完全，在胸鳍基上方仅具侧线孔而无鳞，后段侧线正常。

体侧具排列整齐的 13～18 条垂直宽横纹。

生物学特性：

【生活习性】底栖鱼类，主要栖息于水流湍急的山涧溪流底部，吸附于石块上。

【年龄生长】个体小，生长速度慢。

【食性】偏植食性的杂食性鱼类，主要以藻类中的硅藻门、绿藻门、蓝藻门为食，动物性饵料比重低。肠长为体长的 1.9～3.6 倍，具典型的"U"形胃。摄食强度较大。

【繁殖】2 龄性成熟，繁殖期 6—8 月，分批次产卵。体长 36.0～57.0mm 的个体，绝对繁殖力为 395.0～2672.0 粒，相对繁殖力为 52.4～535.6 粒/g（李晓风，2018）。

资源分布：分布于湘江上游。

图 162　长汀拟腹吸鳅 *Pseudogastromyzon changtingensis* Chen *et* Liang, 1949

147. 方氏拟腹吸鳅 *Pseudogastromyzon fangi* (Nichols, 1931)（图 163）

俗称：小爬石鱼；**别名：**珠江拟腹吸鳅；**英文名：**Fang's false suckerbelly loach

Crossostoma fangi Nichols, 1931b, *Lingnan Sci. J.*, 10(2-3): 263（广州附近）。

Pseudogastromyzon fangi：郑慈英和陈宜瑜，1980，动物分类学报，5（1）：90（广西龙胜；湖南江华）；陈宜瑜，1980a，水生生物学集刊，7（1）：109（广西龙胜；广东连州；湖南江华）；唐家汉，1980a，湖南鱼类志（修订重版）：173（湘江江华）；林益平等（见：杨金通等），1985，湖南省渔业区划报告集：77（湘江）；陈宜瑜（见：成庆泰等），1987，中国鱼类系统检索（上册）：203（湘江）；农牧渔业部水产局等，1988，中国淡水鱼类原色图集（第二集）：132（湘江上游）；朱松泉，1995，中国淡水鱼类检索：133（湘江）；唐文乔（见：刘明玉等），2000，中国脊椎动物大全：170（湘江水系）；李鸿等，2020，湖南鱼类系统检索及手绘图鉴：48，230；廖伏初等，2020，湖南鱼类原色图谱，224。

标本采集：标本 10 尾，采自湘江江华。

形态特征：背鳍iii-7～8；臀鳍ii-5；胸鳍 i -20；腹鳍 i -8～9。侧线鳞 77～83。

体长为体高的 6.0～6.5 倍，为头长的 4.4～5.0 倍，为尾柄长的 8.6～9.4 倍。头长为吻长的 1.8～2.0 倍，为眼径的 5.1～6.5 倍，为眼间距的 1.6～1.9 倍。尾柄长为尾柄高的 1.0～1.1 倍。

体长而稍侧扁。背驼腹平。头部宽阔，稍平扁。雄鱼头侧及吻部散布许多刺状珠星，口下位，半月形。吻褶分 3 叶，中叶具 3 条吻须，基部彼此相连，两侧叶各具 2 条吻须，基部也彼此相连。另有 4 条吻须被 3 叶吻褶相分隔，各自游离。共具梳状吻须 11 条。口角须 1 对，稍长于吻须。上唇成片状包于上颌。下唇外翻，其上具 3 个斜方形凹窝，呈"品"字型排列。鳃孔很小，鳃孔止于胸鳍基上方。鳃盖膜与峡部相连。

背鳍起点距吻端稍近于距尾鳍基。胸鳍前部平展，后部沿体侧斜展，后伸超过腹鳍起点。左右腹鳍分离，起点与背鳍起点相对，后伸达肛门。腹鳍基上方具鳍瓣，后端游离。肛门位于腹鳍起点与臀鳍起点间的 2/3 处。臀鳍后伸达尾鳍基。尾鳍斜截。

体被细小圆鳞，胸部无鳞。侧线完全。

头部、背侧灰褐色。背鳍前体侧具小圆斑，背鳍后体侧具不规则垂直细纹。各鳍上具数目不等的黑色斑纹。尾鳍基正中具 1 个明显的黑斑。

生物学特性：溪流性鱼类，通常栖息于急流浅滩的卵石洞中。

资源分布：洞庭湖及湘江上游曾有分布，现仅见于湘江干流上游及支流浏阳河上游，个体小，数量较少。

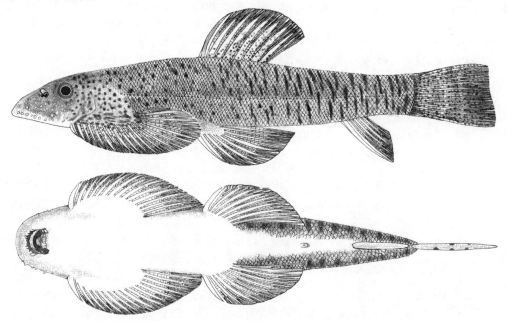

图 163　方氏拟腹吸鳅 *Pseudogastromyzon fangi* (Nichols, 1931)

（076）华吸鳅属 *Sinogastromyzon* Fang, 1930

Sinogastromyzon Fang（方炳文），1930, *Sinensia*, 1(3): 35.

模式种：*Sinogastromyzon wui* Fang（方炳文）

体短，前段宽而平扁，后段侧扁，体高明显小于体宽。头甚平扁，吻短圆，铲状。口前具吻沟和吻褶。吻褶分 3 叶，叶间具 2 对小吻须。唇肉质，具乳突，上唇 1 排发达，下唇乳突不明显。口下位，口裂小，弧形。口角须 2 对。鼻孔 1 对，距眼前缘较距吻端稍近。眼小，上侧位，眼间隔宽平。鳃孔稍扩展至头部腹面。鳃盖膜与峡部相连。胸鳍起点位于眼前缘垂直下方之前，后伸超过腹鳍起点。胸鳍基具发达的肉质鳍柄。腹鳍基或有皮质鳍瓣，后缘鳍条左、右相连呈吸盘状。臀鳍小，或具硬刺。尾鳍凹形。体被细鳞，头、胸和腹部裸露无鳞。侧线完全。

本属湖南仅分布有 1 种。

148. 下司华吸鳅 *Sinogastromyzon hsiashiensis* Fang, 1931（图 164）

俗称：爬石鱼、爬岩固；**别名**：下司中华吸腹鳅

Sinogastromyzon hsiashiensis Fang（方炳文），1931, *Sinensia*, 2(3): 48（贵州麻哈下司场）；梁启燊和刘素嬲，1966，湖南师范学院学报（自然科学版），（5）：85（澧水）；唐家汉，1980a，湖南鱼类志（修订重版）：170（湘江、沅水）；林益平等（见：杨金通等），1985，湖南省渔业区划报告集：77（湘江、沅水）；陈宜瑜和唐文乔（见：乐佩琦等），2000，中国动物志 硬骨鱼纲 鲤形目（下卷）：554（洪江、辰溪、沅陵）；唐文乔（见：刘明玉等），2000，中国脊椎动物大全：173（沅水）；唐文乔等，2001，上海水产大学学报，10（1）：6（沅水水系的辰水、武水、酉水）；王星等，2011，生命科学研究，15（4）：311（南岳）；刘良国等，2013b，长江流域资源与环境，22（9）：1165（澧水桑植、慈利、石门）；刘良国等，2013a，海洋与湖沼，44（1）：148（沅水怀化）；向鹏等，2016，湖泊科学，28（2）：379（沅水五强溪水库）；李鸿等，2020，湖南鱼类系统检索与手绘图鉴：49，231；廖伏初等，2020，湖南鱼类原色图谱，226。

Sinogastromyzon szechuanensis hsiashiensis：陈宜瑜，1978，水生生物集刊，6（3）：342（沅江）；陈宜瑜（见：成庆泰等），1987，中国鱼类系统检索（上册）：208（沅江）；郑慈英和张卫，1987，暨南理医学报，（3）：80（沅江）；朱松泉，1995，中国淡水鱼类检索：139（沅江）。

标本采集：标本 12 尾，采自溇水。

形态特征：背鳍 iii-8；臀鳍 ii-5；胸鳍 viii～ix-11～15；腹鳍 iv～vi-13～14。侧线鳞 58～68。

体长为体高的 4.5～5.3 倍，为头长的 3.6～4.3 倍，为尾柄长的 7.9～8.3 倍。头长为吻长的 1.6～1.9 倍，为眼径的 4.3～5.3 倍，为眼间距的 2.2～2.5 倍。尾柄长为尾柄高的 1.3～1.5 倍。

体较短，前段平扁，后段渐侧扁。背缘呈弓形隆起，腹缘平坦。头部宽扁、低平。吻宽圆、铲状，吻长约为眼后头长的 2.0 倍；吻端与上唇之间具较深吻沟，延伸至口角。吻沟前的吻褶分 3 叶，叶端圆钝，中叶较大，有些个体中叶叶端分化出 2 个叶状凸起，俩侧叶极小。唇褶叶间具 2 对小吻须，外侧 1 对稍大。口下位，较宽，新月形。唇薄；上唇具 8～10 个乳突，排成 1 排；下唇乳突不明显；上、下唇在口角处相连。上、下颌具角质；下颌前段稍外露。口角须 2 对，外侧须稍长。鼻孔每侧 2 个，距眼前缘较距吻端为近，前后鼻孔间鼻瓣发达。眼小，上侧位，眼间隔宽平。鳃孔较宽，下角延伸至头部腹面。鳃盖膜与峡部相连。

背鳍不分支鳍条为硬刺，起点位于吻端与尾鳍基间的正中或稍前；背鳍基长稍短于头长。偶鳍宽大平展，具发达的肉质鳍柄。胸鳍左右分离，起点稍前于眼前缘的垂直下方，末端超过腹鳍起点。左、右腹鳍愈合成吸盘，后缘圆形无缺刻，末端超过肛门；起点显著

前于背鳍起点。肛门约位于腹、臀鳍之间的正中，被腹鳍掩盖。臀鳍不分支鳍条为硬刺，最长鳍条后伸几达尾鳍基；臀鳍基长约为背鳍基长的 1/2。尾鳍浅凹形，下叶稍长。

体被细小圆鳞，头部、腹部和胸鳍基及被胸鳍覆盖的体侧裸露无鳞。侧线完全。

背侧暗绿色，间具许多不规则的褐色斑纹。腹面黄白色。奇鳍灰白色。偶鳍微黄色。各鳍上均具数条黑斑。

生物学特性：山涧溪流性鱼类，栖息于急流浅滩中，靠其特化的身体吸附于卵石上，以小型动植物为食。

资源分布：洞庭湖湘、资、沅、澧"四水"上游曾有分布，数量少。

图 164　下司华吸鳅 *Sinogastromyzon hsiashiensis* Fang, 1931

（077）爬岩鳅属 *Beaufortia* Hora, 1932

Beaufortia Hora, 1932, *Mem. Indian Mus.*, 12(2): 318.

模式种： *Gastromyzon leveretti* Nichols *et* Pope

头及体前段宽而平扁，体高显著小于体宽。口前具吻沟和吻褶。吻褶叶间具 2 对小吻须。口角须 2 对。唇肉质，结构简单。鳃孔很窄，仅限于胸鳍基的背上方。鳃盖膜与峡部相连。胸鳍 i-19～30，基部具发达的肉质鳍柄，起点超过眼后缘垂直线，后伸超过腹鳍起点。腹鳍 i-15～24，基部背侧具 1 枚发达的肉质鳍瓣，后缘鳍条左、右相连，吸盘状。尾鳍斜截形或浅凹形。

本属湖南仅分布有 1 种。

149. 四川爬岩鳅 *Beaufortia szechuanensis* (Fang, 1930)（图 165）

英文名：Sichuan rockclimbing loach

Gastromyzon szechuanensis Fang（方炳文），1930, *Sinensia*, 1(3): 36（四川峨眉山）。

Beaufortia szechuanensis: Hora, 1932, *Men. Indian. Mus.*, 12(2): 319（四川峨眉山）；康祖杰等，2008，四川动物，27（6）：1149（壶瓶山）；康祖杰等，2010，野生动物，31（5）：293（壶瓶山）；康祖杰等，2010，动物学杂志，45（5）：79（壶瓶山）；康祖杰等，2019，壶瓶山鱼类图鉴：194（壶瓶山）；李鸿等，2020，湖南鱼类系统检索及手绘图鉴：49，232；廖伏初等，2020，湖南鱼类原色图谱，228。

Sinogastromyzon szechuanensis：梁启燊和刘素孅，1966，湖南师范学院学报（自然科学版），（5）：85（湘江、沅水澧水）；唐文乔，1989，中国科学院水生生物研究所硕士学位论文：53（保靖）。

标本采集：标本 10 尾，采自澧水支流溇水。

形态特征：背鳍iii-7；臀鳍ii-5；胸鳍 i -25～27；腹鳍 i -17～20。侧线鳞 98～106。

体长为体高的 5.8～8.2 倍，为体宽的 4.2～4.8 倍，为头长的 5.0～6.0 倍，为尾柄长的 8.2～12.9 倍，为尾柄高的 10.4～13.2 倍，为背鳍前距的 1.9～2.1 倍。头长为头高的 1.0～2.0 倍，为口宽的 0.7～1.0 倍，为吻长的 1.7～2.0 倍，为眼径的 4.0～6.5 倍，为眼间距的 1.6～2.0 倍。尾柄长为尾柄高的 1.0～1.4 倍。头宽为口宽的 3.0～3.7 倍。

体稍延长，前段较平扁，后段渐侧扁，背缘稍隆起，腹面平。头很宽扁。吻圆钝，边缘薄；吻长大于眼后头长。口下位，弧形。唇肉质，上、下唇在口角处相连，口角沟较深，仅限于口角；上唇无明显乳突；下唇中部具 1 个深缺刻，左、右唇片边缘光滑或各具 3 个不明显的分叶状乳突。吻沟前的吻褶发达，分 3 叶，约等大，叶端圆钝，呈半圆状突出。吻褶叶间具 2 对小吻须，外侧对稍大。口角须 1 对，约与外侧吻须等大。鼻孔较大，具鼻瓣。眼上侧位。眼间隔宽阔、平。鳃孔极小，仅限于头的背侧面。鳃盖膜与峡部相连。

背鳍基长约等于吻长，起点约与腹鳍基的后缘相对，距吻端约等于距尾鳍基，臀鳍基长不足吻长的 1/2，不分支鳍条不变粗变硬，后伸达尾鳍基。偶鳍平展。胸鳍基长约等于头长，起点位于眼前缘的垂直下方，外缘椭圆形，后伸超过腹鳍起点。腹鳍起点距臀鳍起点远大于距吻端，基部背面具 1 枚发达的肉质鳍瓣，左、右腹鳍最末 2～3 根分支鳍条在中部斜向完全愈合，后缘无缺刻，后伸远不达肛门。肛门约位于腹鳍起点至臀鳍起点间的中点稍后。尾鳍长约等于头长，末端斜截，下叶稍长。

体被细小圆鳞，头部、胸鳍基的背侧和腹鳍基之前的腹面无鳞。侧线完全，自体侧中部平直延伸至尾柄基部。

头部及各鳍具不规则褐色斑块，体背中央具横斑。

资源分布：沅水和澧水中上游支流中有分布。

图 165　四川爬岩鳅 *Beaufortia szechuanensis* (Fang, 1930)

（五）鲇形目 Siluriformes

体长，裸露无鳞或被以骨板。口不能伸缩。上、下颌及犁骨（有时腭骨）常具绒毛状齿带。须 1～4 对。下鳃盖骨和顶骨均消失。通常具脂鳍。无假鳃。背鳍、胸鳍通常具硬刺。侧线完全、不完全或无。

鲇形目和鲈形目的部分鱼类为刺（棘）毒鱼类（venomous 或 acanthotoxic fishes），其毒器由毒腺、毒刺（毒棘）和沟管 3 部分构成，毒刺（毒棘）机械刺伤人体后，毒腺分泌的毒液通过沟管输入人体，引起局部或全身中毒。毒器是在进化过程中适应更有效的刺击行为而发展起来的。被刺中时，局部有戳刺、搏动和烫伤感，持续 20min 左右，且可沿肢体向上扩散，严重者疼痛更剧烈，时间更长，可持续 40h，伤口附近可因局部缺血而呈苍白色，不久成青紫并出现红肿，严重者整个肢体可大面积水肿，伴以淋巴结肿大、麻木及伤口坏疽，导致原发性休克，但无死亡报道。该类毒素是胃肠外毒素，仅在胃外路线才有效，分子结构大，可被加热或胃液迅速破坏，故煮熟后，其肉可食用（伍汉霖，2002）。

本目湖南分布有 5 科 8 属 31 种。

鲇形目科检索表

1（8）背鳍基较短，分支鳍条小于 10 根；脂鳍有或无；尾鳍分叉、截形或圆形；侧线多完全，如不明显，则头顶中线具明显凹槽（钝头鮠科）

2（3）须 2～3 对，无鼻须；无脂鳍；臀鳍基很长，分支鳍条 50 根以上，末端与尾鳍相连；尾鳍浅凹形或截形 ·· 【12】鲇科 Siluridae

3（2）须 4 对，其中鼻须 1 对；有脂鳍；臀鳍基较短，分支鳍条 30 根以下，末端不与尾鳍相连；尾鳍叉形、浅凹形、截形或圆形

4（7）颌须基部不扩大；鳃盖膜与峡部不相连；胸鳍胸位；前后鼻孔分离，相距较远

5（6）侧线明显；背鳍和胸鳍硬刺发达，裸露；眼后头顶中线无凹槽；尾鳍分叉、截形或圆形 ······· ·· 【13】鲿科 Bagridae

6（5）侧线不明显；背鳍和胸鳍硬刺短小，被皮；眼后头顶中线具凹槽；尾鳍圆形或截形 ·········· ································ 【14】钝头鮠科 Amblycipitidae

7（4）颌须基部扩大呈皮瓣状；鳃盖膜与峡部相连；胸鳍腹位；前后鼻孔相距很近或紧邻 ············ ······················· 【15】鳅科 Sisoridae

8（1）背鳍和臀鳍基均很长，分支鳍条均多于 30 根；无脂鳍；尾鳍圆形；侧线完全·················· ·················· 【16】胡子鲇科 Clariidae

【12】鲇科 Siluridae

体长，头大且平扁，头后体侧扁。头圆钝。吻平扁，宽圆。口大。上、下颌及犁骨具绒毛状细齿，形成齿带。前、后鼻孔相隔甚远。须 2～3 对。鼻孔每侧 2 个，前后分隔较远。眼小，上侧位，通常包被皮膜。鳃孔宽阔。鳃盖膜与峡部不相连。背鳍短小或消失，无骨质硬刺。无脂鳍。胸鳍硬刺有或无。腹鳍小或消失。臀鳍基甚长，末端与尾鳍基相连。尾鳍圆形、凹形或深叉形。体光滑无鳞。侧线完全。性成熟个体生殖乳突明显，形状具雌雄差异。体色能根据环境的改变而改变。

本科湖南分布有 2 属 4 种。

鲇科属、种检索表

1（4） 上颌长于下颌；须 2～3 对，其中颌须 1 对，颏须 1～2 对[（078）隐鳍鲇属 *Pterocryptis*]
2（3） 须 3 对；雌、雄个体圆锥形生殖突均较小；鳃耙 5～6··············
·····················150. 糙隐鳍鲇 *Pterocryptis anomala* (Herre, 1933)
3（2） 须 2 对；雄鱼个体生殖突长圆锥形，雌性个体宽叶状；鳃耙 7～8··············
·····················151. 越南隐鳍鲇 *Pterocryptis cochinchinensis* (Valenciennes, 1840)
4（1） 下颌长于上颌；须 2 对，其中颌须和颏须各 1 对[（079）鲇属 *Silurus*]
5（6） 胸鳍刺前缘具颗粒状凸起，后缘中部至末端具弱锯齿；口裂较深，末端达眼中部垂直下方····
····················· 152. 南方鲇 *Silurus meridionalis* Chen, 1977
6（5） 胸鳍刺前缘具弱锯齿，后缘雄鱼锯齿发达，雌鱼光滑或仅具小凸起；口裂浅，末端仅达眼前缘
垂直下方·····················153. 鲇 *Silurus asotus* Linnaeus, 1758

（078）隐鳍鲇属 *Pterocryptis* Peters, 1861

Pterocryptis Peters, 1861, *Berlin: Monatsber. K. Akad. Wiss.*: 712.

模式种：*Pterocryptis angelica* Peters

体前段平扁，后段渐侧扁。头大、矮扁。口下位，下颌短于上颌，包于上颌之中。须 2～3 对，其中颌须 1 对，颏须 1～2 对。背鳍存在，短小。无脂鳍。臀鳍基很长，末端与尾鳍相连，仅在连接处的鳍膜具浅缺刻。尾鳍浅凹形，上、下叶等长。体裸露无鳞。侧线完全。

本属湖南分布有 2 种。

150. 糙隐鳍鲇 *Pterocryptis anomala* (Herre, 1933)（图 166）

别名：六须鲇、大须鲇、西江鲇、糙鲇

Herklotsella anomala Herre, 1933, *Hong Kong Nat.*, 4(2): 179（香港）。
Silurus wynaddensis：Tchang（张春霖），1936, *Bull. Fan. Meml. Inst. Biol.* 7: 35（广西龙州）；梁启燊和刘素嬲，1966，湖南师范学院学报（自然科学版），（5）：85（湘江）。
Silurus sinensis：Hora, 1937, *Rec. Indian Mus.* 39(4): 241.
Silurus gilberti：Hora, 1938, *Rec. Indian Mus.* 40: 243；农牧渔业部水产局等，1988，中国淡水鱼类原色图集（第二集）：139（湘江上游）；吴婕和邓学建，2007，湖南师范大学自然科学学报，30（3）：116（柘溪水库）。
Pterocryptis anomala：李鸿等，2020，湖南鱼类系统检索及手绘图鉴：49，233。

标本采集：无标本，形态描述摘自《中国动物志 硬骨鱼纲 鲇形目》。
形态特征：背鳍 I -2～3；臀鳍 55～61；胸鳍 I -10～13；腹鳍 i -7～9。鳃耙 5～6。体长为体高的 5.5～7.2 倍，为头长的 5.4～6.3 倍，为前背长的 3.2～3.4 倍。头长为吻长的 2.4～3.0 倍，为眼径的 8.0～12.3 倍，为眼间距的 1.4～1.9 倍，为头宽的 1.2～1.4 倍，为口裂宽的 1.2～1.6 倍。
体延长，前段较短，后段较长而侧扁。头圆钝且宽，头顶包被皮膜。吻钝圆而平扁。背缘平直，背鳍起点至吻端逐渐下降。口较大，近端位，口裂几近水平或稍倾斜。上颌略突出于下颌。上、下颌及犁骨均具绒毛状细齿，形成齿带。前、后鼻孔相隔较远，前

鼻孔短管状。无鼻须，颌须特长，后伸可超过臀鳍起点；外侧颏须较长，后伸可达胸鳍中部；内侧颏须稍短，后伸达胸鳍起点。眼小，上侧位。鳃孔大。鳃盖膜与峡部不相连。

　　背鳍短小，无骨质硬刺，约位于体前部的 1/3 处，起点位于胸鳍末端之垂直上方。无脂鳍。胸鳍硬刺短而弱，前缘光滑，后缘具弱锯齿，包被皮膜，后伸不达腹鳍起点。腹鳍起点位于背鳍基末垂直下方稍后，距胸鳍基末大于距臀鳍起点，后伸可达臀鳍起点。肛门距臀鳍起点较距腹鳍基末为远。臀鳍基长，起点位于体长之中点偏前，距尾鳍基远大于距胸鳍起点，末端与尾鳍相连，仅在连接处的鳍膜具浅缺刻。雌、雄个体圆锥形生殖乳突均较小。尾鳍微内凹，上叶略长。

　　鳔 1 室，心形。

　　头部背面和体侧无深色斑点，但体色能根据环境的改变而改变。

　　生物学特性：喜栖息于水流较急、底部有卵石、分布有深潭的溪流中。多数喜夜间活动，白天藏于岩石或植物根系下，阴天白天也外出活动，以无脊椎动物为食（Ng *et Chan*，2005）。

　　资源分布：分布范围窄，仅见于湘江上游和资水柘溪水库。

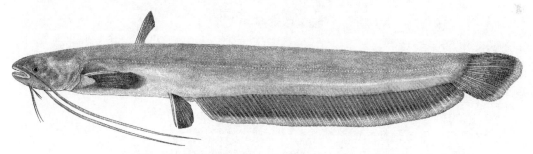

图 166　糙隐鳍鲇 *Pterocryptis anomala* (Herre, 1933)

151. 越南隐鳍鲇 *Pterocryptis cochinchinensis* (Valenciennes, 1840)（图 167）

Silurus cochinchinensis Valenciennes *et* Cuvier, 1840, *Hist. Nat. Poiss.*, 15: 352（中南半岛）；米小其等，2007，生命科学研究，11（2）：123（安化）；吴婕和邓学建，2007，湖南师范大学自然科学学报，30（3）：116（柘溪水库）。

Pterocryptis cochinchinensis：李鸿等，2020，湖南鱼类系统检索及手绘图鉴：49，234；廖伏初等，2020，湖南鱼类原色图谱，230。

　　标本采集：标本 20 尾，采自湘江江华、资水安化。

　　形态特征：背鳍 3～4；臀鳍 60～64；胸鳍 I-10～14；腹鳍 i-8～10；尾鳍 17。鳃耙 22。体长为体高的 5.0～5.9 倍，为头长的 5.3～6.3 倍，为前背长的 3.1～3.5 倍。头长为吻长的 2.7～3.8 倍，为眼径的 9.0～14.2 倍，为眼间距的 1.6～2.8 倍，为头宽的 1.2～1.7 倍，为口裂宽的 1.3～1.5 倍。

　　体延长，前段较短，后段侧扁。头小，宽且钝圆，略平扁。吻钝而平扁。口大，亚下位，略弧形。上颌突出于下颌；上、下颌均具绒毛状齿带；下颌齿带中部分离。鼻孔每侧 2 个，前、后鼻孔相隔较远；前鼻孔短管状，靠近吻端；后鼻孔圆形，位于眼前上方。须 2 对，其中颌须 1 对，较长，后伸可达腹鳍，亦有及臀鳍起点；颏须 1 对，后伸常达胸鳍起点。眼小，上侧位，位于头的前半部。眼间隔较宽平。鳃孔大。鳃盖膜与峡部不相连。

　　背鳍短小，无骨质硬刺，起点位于腹鳍起点垂直上方之前，距尾鳍基远大于距吻端。

无脂鳍。臀鳍基很长，起点距尾鳍基远大于距胸鳍起点，末端与尾鳍相连，仅在连接处的鳍膜具浅缺刻。胸鳍下侧位，骨质硬刺前缘光滑，后缘具弱锯齿，包被皮膜，后伸不达腹鳍起点。腹鳍小，起点位于背鳍基后下方，距胸鳍基末远大于距臀鳍起点，后伸超过臀鳍起点。肛门距臀鳍起点较距腹鳍基末略远。尾鳍截形或微内凹。

鳃耙稀疏。鳔1室。

活体褐黑色，体侧色浅，腹部灰白色，各鳍灰白，臀鳍、胸鳍边缘为白色。

生物学特性：为亚热带小型底栖鱼类。喜营洞穴生活，常栖息于水质较清、水流缓慢的山涧溪流里。以水生昆虫、小虾及幼鱼为食。

资源分布：分布范围窄，仅限于资水柘溪水库库区及坝下。

图 167　越南隐鳍鲇 *Pterocryptis cochinchinensis* (Valenciennes, 1840)

（079）鲇属 *Silurus* Linnaeus, 1758

Silurus Linnaeus, 1758, *Syst. Nat.* 10th ed: 304.

模式种：*Silurus glanis* Linnaeus

体前段较肥胖，后段渐细而侧扁。头大、矮扁。口大，上位，口裂较深，末端达或超过眼前缘垂直线。须2对，颌须长，后伸达或超过胸鳍起点。鼻孔每侧2个，前、后分离较远。眼小，上侧位，眼间隔宽平。鳃孔大。鳃盖膜延伸达头部腹面中线，与峡部不相连。背鳍1个、甚小，末根不分支鳍条柔软分节。无脂鳍。胸鳍刺前缘具明显的锯齿，或光滑无齿。臀鳍基甚长，末端与尾鳍相连。尾鳍小，近截形或浅凹形。体光滑无鳞。侧线完全。

本属湖南分布有2种。

【**古文释鱼**】①《辰州府志》（席绍葆、谢鸣谦）："鲇，有'鮧''鯷''鰋'诸名；《建昌府志》'鲇，大首，偃额，方口，大腹，身薄，背青黄，有齿、胃、须，无鳞，多涎，俗呼黄鲇'。旧说作鳀、作鮀者皆误，辰俗艇鱼"。②《直隶澧州志》（何玉棻、魏式曾、黄维瓒）："鲇，一名鳀，额偃，目上陈，头大尾小，身滑无鳞。不可与牛肝及野鸡、野猪同食。赤目、赤须、无鳃者杀人"。③《沅陵县志》（许光曙、守忠）："鲇，《尔雅》翼'鲇，<注>鲇，别名鰋，江东通呼鲇为鯷'。无鳞，多涎，俗呼涎鱼"。④《安化县志》（何才焕、邱育泉）："鲇，《尔雅》'鲇，别名鰋'。《尔雅翼》'鯷鱼，偃额，两目上陈，口方，头大，身滑无鳞，谓之鲇鱼，言黏滑也'。《本草》'鯷鱼，即鲇也'，今人呼鲇鱼"。⑤《善化县志》（吴兆熙、张先抡）："鲇鱼，即鳀鱼，侈口，长须，偃腹著地"。⑥《醴陵县志》（陈锟、刘谦）："鲇，体圆，头大，尾扁，无鳞，多黏质，口阔有须，背灰黑，腹色白"。

152. 南方鲇 *Silurus meridionalis* Chen, 1977（图 168）

俗称：哇子、大口鲇；**别名**：南方大口鲇；**英文名**：big-mouth catfish

Silurus soldatovi meridionalis Chen（陈湘粦），1977，水生生物学集刊，6（2）：209（长江）；唐家汉和钱名全，1979，淡水渔业，（1）：10（洞庭湖）；唐家汉，1980a，湖南鱼类志（修订重版）：174（洞庭湖）；林益平等（见：杨金通等），1985，湖南省渔业区划报告集：77（洞庭湖、湘江、资水、沅水、澧水）。

Silurus meridionalis：唐文乔等，2001，上海水产大学学报，10（1）：6（沅水水系的酉水）；王星等，2011，生命科学研究，15（4）：311（南岳）；曹英华等，2012，湘江水生动物志：237（湘江衡阳常宁）；刘良国等，2013b，长江流域资源与环境，22（9）：1165（澧水桑植、慈利、石门、澧县、澧水河口）；刘良国等，2013a，海洋与湖沼，44（1）：148（沅水怀化、五强溪水库、常德）；刘良国等，2014，南方水产科学，10（2）：1（资水新邵、安化、桃江）；向鹏等，2016，湖泊科学，28（2）：379（沅水五强溪水库）；李鸿等，2020，湖南鱼类系统检索及手绘图鉴：50，236。

标本采集：标本 30 尾，采自洞庭湖、湘江衡阳。

形态特征：背鳍 i-5；臀鳍 73～81；胸鳍 Ⅰ-14；腹鳍 11～13。

体长为体高的 4.9～6.3 倍，为头长的 4.2～4.8 倍。头长为吻长的 3.2～3.9 倍，为眼径的 11.3～15.2 倍，为眼间距的 1.7～2.2 倍。

体长，腹鳍前较肥胖，由此向后渐侧扁。头部矮扁。头宽大于体宽。口大，亚上位，口裂末端至少可与眼中部相对。下颌长于上颌。上颌末端达眼后缘的下方。上、下颌及犁骨上弧形绒毛状齿带；下颌齿带中部隔断。须 2 对，颌须后伸达胸鳍末端，颏须较短。鼻孔每侧 2 个，前、后分离较远；前鼻孔短管状，靠近吻端，后鼻孔平眼状，位于两眼内侧稍前方。眼小，位于头的前部，上侧位。眼间隔宽平。鳃孔宽阔。鳃盖膜与峡部不相连。

背鳍短小，末根不分支鳍条柔软分节，位置前移，靠近头部。无脂鳍。胸鳍第 1 根不分支鳍条为硬刺，其前缘光滑无锯齿或具颗粒状凸起，后伸可超过背鳍起点下方。腹鳍小，后伸超过臀鳍起点。肛门紧靠臀鳍起点。臀鳍基甚长，末端与尾鳍相连。尾鳍短小，后缘稍内凹，上叶略长。

体光滑无鳞。侧线平直，具 1 行黏液孔。

体灰褐色，腹部灰白色，各鳍灰黑色。

生物学特性：

【**生活习性**】江河湖泊常见鱼类。一般多栖息于水草丛生的底层，夜晚活动寻食。天冷时退居深水区越冬。

【**年龄生长**】个体大，生长速度快。以脊椎骨为年龄鉴定材料，退算体长：1 龄 20.7～30.8cm、2 龄 47.7～48.7cm、3 龄 62.5～63.2cm、4 龄 74.8～75.4cm、5 龄 81.8～85.6cm、6 龄 88.7～94.4cm、7 龄 94.3～102.4cm。生长速度快，肉质鲜嫩，人工繁育及养殖技术成熟，已成为广泛的养殖对象（施白南，1980d；谢小军，1987；王志玲等，1990）。

【**食性**】肉食性凶猛鱼类，主要以小型鱼虾及水生昆虫等为食。

【**繁殖**】繁殖期 4～6 月，产卵时要求一定的流水环境。3～4 龄性成熟。繁殖力大，体长 117.0cm、重 14.5kg 的个体，其绝对繁殖力达 20.5 万粒。成熟卵球形，橙黄色，卵膜光滑透明，卵径 1.8～2.5mm。受精卵吸水后膨胀，卵膜径 2.9～3.3mm，黏性，附着于水草和砾石上孵化。水温 14.0～17.0℃时，受精卵孵化脱膜需 102.0h；水温 16.5～18.5℃时，需 53.5h 左右；水温 23.1～25.8℃时，需 30.5h；水温 28.0～31.5℃时，需 23.5h。初孵仔鱼肌节 44～46 对，体侧扁而透明；温度过高影响胚胎发育，畸形率增加（谢小军，1986；陈金平等，1998）。

资源分布：洞庭湖及湘、资、沅、澧"四水"有分布，但数量较少。生长快，个体大，曾捕获 1 尾重达 40.0kg 的个体，是大型经济鱼类之一。

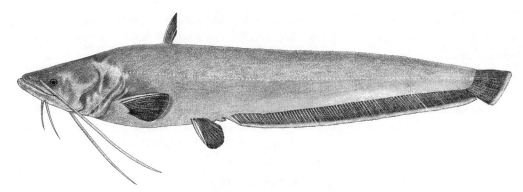

图 168 南方鲇 *Silurus meridionalis* Chen, 1977

153. 鲇 *Silurus asotus* Linnaeus, 1758（图 169）

俗称：鲇拐子、塘虱、胡鲇、土鲇、鲇胡子；**英文名**：amur catfish、east Asian catfish

Silurus asotus Linnaeus, 1758, *Syst. Nat.* 10th ed: 304（亚洲）；湖北省水生生物研究所鱼类研究室，1976，长江鱼类：181（岳阳）；唐家汉和钱名全，1979，淡水渔业，（1）：10（洞庭湖）；唐家汉，1980a，湖南鱼类志（修订重版）：176（洞庭湖）；林益平等（见：杨金通等），1985，湖南省渔业区划报告集：77（洞庭湖、湘江、资水、沅水、澧水）；唐文乔，1989，中国科学院水生生物研究所硕士学位论文：57（麻阳、吉首、桑植）；唐文乔等，2001，上海水产大学学报，10（1）：6（沅水水系的辰水、武水、酉水、澧水）；郭克疾等，2004，生命科学研究，8（1）：82（桃源县乌云界自然保护区）；吴婕和邓学建，2007，湖南师范大学自然科学学报，30（3）：116（柘溪水库）；牛艳东等，2011，湖南林业科技，38（5）：44（城步芙蓉洞）；王星等，2011，生命科学研究，15（4）：311（南岳）；曹英华等，2012，湘江水生动物志：238（湘江长沙）；牛艳东等，2012，湖南林业科技，39（1）：61（怀化中方县康龙自然保护区）；刘良国等，2013b，长江流域资源与环境，22（9）：1165（澧水桑植、慈利、石门、澧县、澧水河口）；刘良国等，2013a，海洋与湖沼，44（1）：148（沅水怀化、五强溪水库、常德）；刘良国等，2014，南方水产科学，10（2）：1（资水新邵、安化、桃江）；黄忠舜等，2016，湖南林业科技，43（2）：34（安乡县书院洲国家湿地公园）；吴倩倩等，2016，生命科学研究，20（5）：377（通道玉带河国家级湿地公园）；向鹏等，2016，湖泊科学，28（2）：379（沅水五强溪水库）；康祖杰等，2019，壶瓶山鱼类图鉴：210（壶瓶山）；李鸿等，2020，湖南鱼类系统检索及手绘图鉴：50，237；廖伏初等，2020，湖南鱼类原色图谱，234。

Parasilurus asotus：Nichols, 1928, *Bull. Ann. Mus. Nat. Hist.*, 58: 5（洞庭湖）；梁启燊和刘素孋，1959，湖南师范学院自然科学学报，（3）：67（洞庭湖、湘江）；张春霖，1960，中国鲇类志：8（洞庭湖）；梁启燊和刘素孋，1966，湖南师范学院学报（自然科学版），（5）：85（洞庭湖、湘江、资水、沅水、澧水）；康祖杰等，2010，野生动物，31（5）：293（壶瓶山）；康祖杰等，2010，动物学杂志，45（5）：79（壶瓶山）。

标本采集：标本 30 尾，采自洞庭湖、长沙、浏阳、衡阳、邵阳、武冈等地。

形态特征：背鳍 4~5；臀鳍 77~83；胸鳍 I -12~13；腹鳍 i -11~12。

体长为体高的 4.7~6.1 倍，为头长的 4.0~4.7 倍。头长为吻长的 4.2~4.7 倍，为眼径的 8.3~9.3 倍，为眼间距的 2.0~2.2 倍，为口宽的 1.4~1.6 倍。

体长，腹鳍前较胖圆，此后渐侧扁。头部矮扁，头宽大于体宽。口大，上位，口裂末端达眼前缘垂直线。下颌稍长于上颌。上、下颌及犁骨具新月形的绒毛状齿带，下颌齿带中部间断，有的间断界限不明显。须 2 对，颌须很长，后伸可达胸鳍末端，颏须较短。鼻孔每侧 2 个，前、后分隔较远；前鼻孔短管状，靠近吻端，后鼻孔平眼状，位于两眼内侧稍前方。眼上侧位，位于头的前部。眼间隔宽阔。鳃孔大。鳃盖膜与峡部不相连。

背鳍短小，末根不分支鳍条柔软分节，位置前移，靠近头部。无脂鳍。胸鳍具硬刺，其前缘具明显的锯齿，其上被膜，后缘亦具锯齿。雄鱼胸鳍刺较粗壮，后缘锯齿十分发达；雌鱼胸鳍刺较细，后缘光滑或具小凸起。腹鳍位于背鳍基后方，后伸超过臀鳍起点。肛门紧靠臀鳍起点。臀鳍基甚长，末端与尾鳍相连。尾鳍近截形。

鳃耙稀疏、短粗。体黏滑，裸露无鳞。侧线完全，具 1 行黏液孔。

背侧灰褐色，腹部黄白色，各鳍浅灰色。

生物学特性：

【生活习性】与南方鲇相似。

【年龄生长】个体不大，生长速度快，曾捕捞 1 尾体长 77.0cm、重 4.4kg 的个体。以脊椎骨和胸鳍刺作年龄鉴定材料，退算体长：1 龄 18.0～20.0cm、2 龄 23.0～30.0cm、3 龄 34.0～37.0cm、4 龄 39.0～40.0cm。

【食性】肉食性，主要摄食小型鱼类、水生昆虫等。成鱼与幼体食物组成无显著差别，体长 3.2cm 的幼鲇即开始捕食鲤鱼苗。

【繁殖】繁殖期 4—6 月。1 龄即可性成熟，分批次产卵。平均体长 23.2cm 的个体，绝对繁殖力平均为 7608 粒，相对繁殖力平均为 74.6 粒/g。成熟卵球形，浅黄色，卵径 1.4～1.6mm。受精卵吸水后膨胀，卵膜径 4.1～5.6mm，黏性，附着于水草上发育孵化。水温 28.0～31.0℃时，孵化脱膜需 29.5h，肌节 54 对（施白南，1980e；魏刚和黄林，1997；肖智，2000）。

资源分布：洞庭湖及湘、资、沅、澧"四水"均有分布，个体小于南方鲇，数量较多，是重要经济鱼类之一。

图 169　鲇 *Silurus asotus* Linnaeus, 1758

【13】鲿科 Bagridae

体长，头部自后向前渐矮扁，头后体渐侧扁。头平扁，常包被皮膜。吻钝，突出。口下位或端位。唇颊厚，一般具唇褶和唇沟。上、下颌及腭骨具绒毛状齿带。须 4 对，其中鼻须和颌须各 1 对，颏须 2 对。鼻孔每侧 2 个，前、后分隔较远，后鼻孔具鼻须。眼靠近吻端，上侧位，包被皮膜，无游离眼缘，或无皮膜，具游离眼缘。鳃孔宽阔。鳃盖膜与峡部不相连。背鳍和胸鳍均具硬刺。背鳍刺后缘光滑或具锯齿；胸鳍刺前缘光滑或具细锯齿，后缘具强锯齿。背鳍位置前移，靠近头部。脂鳍与臀鳍相对。尾鳍叉形、浅凹形、截形或圆形。体裸露无鳞。侧线完全。

本科湖南分布有 2 属 17 种。

【鲿科属的划分】传统分类学依据脂鳍基的长短、尾鳍分叉深浅及臀鳍分支鳍条数，将我国分布的鲿科鱼类被划分为 4 个属，分别为黄颡鱼属 *Pelteobagrus* Bleeker, 1864、拟鲿属 *Pseudobagrus* Bleeker, 1858、鮠属 *Leiocassis* Bleeker, 1857 和鳠属 *Mystus* Scopoli, 1864，但近年来，解剖学、分子生物学等方面的研究结果，对传统的分类提出了异议。总结起来，异议的焦点主要集中在以下两个方面：

（1）属的合并：Mo（1991）基于解剖学对鲿科系统发育的研究表明，传统的黄颡鱼属和拟鲿属形成一个单系群；鮠属为东南亚的特有属，应并入黄颡鱼属和拟鲿属；鳠属应并入半鲿属 *Hemibagrus* Bleeker, 1862。Ng 和 Freyhof（2007）认为，东亚的拟鲿属、黄颡鱼属和鮠属鱼类为同属鱼类，属名为拟鲿属。Ku 等（2007）通过形态及 mtDNA 遗传多样性的研究，认为东亚分布的鲿科鱼类都应划入拟鲿属和半鲿属。该异议基本达成共识，即东亚的黄颡鱼属和鮠属并入拟鲿属，同时鳠属并入半鲿属。

（2）拟鲿属和疯鲿属的有效性：疯鲿属 *Tachysurus* Lacepède, 1803 以中国疯鲿 *Tachysurus sinensis* Lacepède, 1803 为模式种建立，但该模式种的原始描述仅是依据来自我国的一副插图而非模式标本，由此也导致了疯鲿属的有效性一直存在争议，有些作者将其作为无效属，也有些作者将拟鲿属和疯鲿属都认定为有效种况。Ng *et* Kottelat（2007，2008）为中国疯鲿指定了新模标本，但基于此种与疯鲿属其他种类在形态和体色上的差异，认为该种应为拟鲿属鱼类，由此认定疯鲿属是拟鲿属的先定同物异名。López 等（2008）为不至于引起混乱，向国际动物命名委员会（International Commission on Zoological Nomenclature，ICZN）提交提议，建议保留拟鲿属的有效性，而将疯鲿属作为无效属处理。Ng 和 Kottlelat（2010）针对 López 等（2008）的提案进行了评论，认为该提案证据不充分，应该恢复疯鲿属的有效性。

对于疯鲿属的有效性问题，有 2 个疑点：一是 Lacepède 当年建立疯鲿属时，作为模式种中国疯鲿 *Tachysurus sinensis* 原始描述采用的插图，非常简单，不足以支撑一个种的特征描述（图 170a）；二是，疯鲿属已建立 200 多年，Ng 和 Kottelat 给中国疯鲿指定的新模标本，该种与黄颡鱼的 3 个区别，即尾柄长与体长的比（7.3%～9.6% vs. 9.5%～10.9%）、吻长与头长的比（29.8%～32.2% vs. 32.2%～37.5%）及头背缘形状（微凸形 vs.浅凹形），但中国疯鲿的原始描述中并未提到这些特征，怎么确定这些特征就属于中国疯鲿？并且，这些特征是否已到种间的界定水平，而只是种内不同地理种群间的差异（文中已明确介绍，鉴定为中国疯鲿的标本来自北京，而黄颡鱼标本来自中国南方），并无后续的研究证据加以佐证。另外，笔者将文中中国疯鲿的特征进行了比较，发现其与长须拟鲿 *Pseudobagrus eupogon* 很接近。因此，为谨慎起见，也为延续我国对拟鲿属鱼类的分类习惯，本书依旧采用拟鲿属 *Pseudobagrus* 这个词。

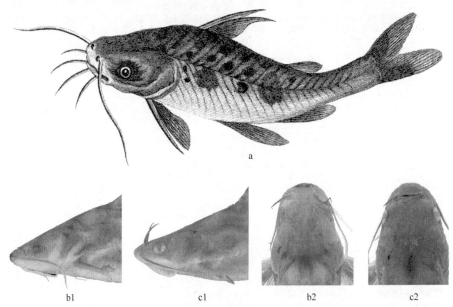

图 170　疯鲿属原始描述与中国疯鲿和黄颡鱼特征对比（Ng *et* Kottelat，2010）

a. 疯鲿属原始描述用插图；b1、b2. 中国疯鲿 *Tachysurus sinensis* 的头部特征；c1、c2. 黄颡鱼的头部特征

【《湖南鱼类志（修订重版）》中记载的 10 种拟鲿属鱼类】《湖南鱼类志（修订重版）》中共记载了
10 种拟鲿属鱼类（书中分为黄颡鱼属 Pseudobagrus 和鮠属 Leiocassis），且以眼缘是否完全游离和臀鳍条
数是否多于 20 根为主要特征，将这 10 种鱼类归入黄颡鱼属和鮠属 2 个属中，其中，原划入黄颡鱼属的
黄颡鱼 P. fulvidraco、肥坨黄颡鱼 P. vachelli、光泽黄颡鱼 P. nitidus 和叉尾黄颡鱼 P. eupogon，以及原划入
鮠属的长吻鮠 L. longirostris、乌苏里鮠L. ussuriensis 和白边鮠L. albomarginatus 共 7 种鱼类的特征较明显，
分类地位也较清晰，而原划入鮠属的大眼鮠L. macrops、粗唇鮠L. crassilabris 和竹筒鮠L. pratti 3 种鱼类则
尚存争议，本书对这 3 种鱼类进行了梳理。

（1）大眼鮠Leiocassis macrops Nichols：标本 1 尾，采自洞庭湖。这里的学名有误，且其他鱼类分
类学著作也未见有大眼鮠的记载。据查，小眼黄颡鱼 Pseudobagrus microps (Rendahl, 1933)的学名与大眼鮠
相近，但其特征（臀鳍分支鳍条 9～10 根）明显与大眼鮠（臀鳍分支鳍条 17 根）相区别。根据特征"尾
鳍分叉""眼较大，头长为眼径的 4.8 倍"，此与粗唇拟鲿 Pseudobagrus crassilabris 较接近。因此，此处
记载的大眼鮠可能为粗唇拟鲿。

（2）粗唇鮠Leiocassis crassilabris Günther：标本 8 尾，采自洞庭湖。其特征"眼较小，头长为眼
径的 9.4～10.6 倍"与粗唇拟鲿（眼较大）差异较大；同时结合"尾鳍分叉、鼻须后伸达眼前缘或稍超过"
等特征，可推测，此处的粗唇鮠可能为钝吻拟鲿 Pseudobagrus crassirostris。

（3）竹筒鮠Leiocassis pratti Günther：标本 1 尾，采自江华。其特征"尾鳍后缘稍内凹，上叶稍长
于下叶，两叶各为圆形"与竹筒鮠（也称细体拟鲿）差异较大，后者为中等分叉，且多认为细体拟鲿为
长江上游特有种。同时根据"背鳍刺短于胸鳍刺""鼻须达眼前缘""上颌须不达胸鳍基部"，此可能
为短须拟鲿 Pseudobagrus brachyrhabdion。

鲿科属、种检索表

1（32）脂鳍基短或稍长，短于或稍长于臀鳍基，末端游离；颌须短或稍长，后伸稍超过眼后缘，接
近胸鳍起点或稍超过，但不超过胸鳍末端[（080）拟鲿属 Pseudobagrus]
2（19）尾鳍分叉深
3（16）中部最短鳍条短于外部最长鳍条的 1/2
4（9）颌须较长，后伸达或超过胸鳍起点
5（8）胸鳍刺前、后缘均具锯齿，前缘细小，后缘强大；头背部多裸露；胸鳍刺大于或等于背鳍刺
6（7）腹鳍起点距胸鳍起点稍大于距臀鳍起点；体较粗壮，体长不足体高的 4.2 倍，小于背鳍起点
距吻端的 3.0 倍 ·····················**154. 黄颡鱼 Pseudobagrus fulvidraco (Richardson, 1846)**
7（6）腹鳍起点距胸鳍起点远大于距臀鳍起点；体较细长，体长为体高的 4.6 倍以上，为背鳍起点
距吻端的 3.0 倍以上 ·················**155. 长须拟鲿 Pseudobagrus eupogon (Boulenger, 1892)**
8（5）胸鳍刺仅后缘具强锯齿，前缘光滑；头背部除枕骨棘外均被皮；胸鳍刺短于背鳍刺 ·········
·····················**156. 瓦氏拟鲿 Pseudobagrus vachellii (Richardson, 1846)**
9（4）颌须较短，后伸不达胸鳍起点；胸鳍刺仅后缘具强锯齿，前缘光滑
10（11）鼻须稍长，后伸超过眼后缘。颌须后伸达鳃盖膜；背鳍刺较长，长于胸鳍刺，大于头长的 1/2
·····················**157. 钝吻拟鲿 Pseudobagrus crassirostris Regan, 1913**
11（10）鼻须较短，后伸不超过眼后缘
12（13）臀鳍分支鳍条 22～25 根；鳔边缘具念珠状结构·······················
·····················**158. 光泽拟鲿 Pseudobagrus nitidus (Sauvage et Dabry de Thiersant, 1874)**
13（12）臀鳍分支鳍条 20 根以下
14（15）枕骨棘裸露；吻颇尖且突出；背鳍刺后缘锯齿明显 ·····················
·····················**159. 长吻拟鲿 Pseudobagrus longirostris Günther, 1864**
15（14）枕骨棘被皮；吻略圆钝；背鳍刺后缘锯齿细小或仅具齿痕 ·····················
·····················**160. 粗唇拟鲿 Pseudobagrus crassilabris Günther, 1864**
16（3）中部最短鳍条约为外部最长鳍条的 1/2～2/3；胸鳍刺前缘光滑或仅粗糙，后缘具锯齿；须短，
鼻须后伸不超过眼后缘，颌须后伸不达胸鳍起点；背鳍刺远大于头长的 1/2
17（18）背鳍刺一般长于胸鳍刺；枕骨棘裸露；肛门距臀鳍起点与距腹鳍末约相等 ·····················
·····················**161. 乌苏里拟鲿 Pseudobagrus ussuriensis (Dybowski, 1872)**

18（17）　背鳍刺与胸鳍刺几等长；枕骨棘被皮；肛门距臀鳍起点较距腹鳍基末为近 ·····················
　　　　　　　······················ **162. 短尾拟鲿 *Pseudobagrus brevicaudatus* Wu, 1930**
19（2）　　尾鳍分叉浅
20（29）　尾鳍近截形（浅凹形），中部最短鳍条长于外部最长鳍条的 2/3
21（24）　胸鳍刺前、后缘均具锯齿，前缘细小，后缘强大。背鳍刺短于胸鳍刺，约等于头长的 1/2
22（23）　颌须较长，后伸超过胸鳍起点 ·····················**163. 盎堂拟鲿 *Pseudobagrus ondon* Shaw, 1930**
23（22）　颌须较短，后伸不达胸鳍起点 ···········**164. 切尾拟鲿 *Pseudobagrus truncatus* (Regan, 1913)**
24（21）　胸鳍刺仅后缘具强锯齿，前缘光滑。须较短，颌须后伸不达胸鳍起点，鼻须后伸不超过眼后缘
25（26）　背鳍刺较长，长于胸鳍刺，远大于头长的 1/2；尾鳍后缘具宽白边·····················
　　　　　　　······················ **165. 白边拟鲿 *Pseudobagrus albomarginatus* (Rendahl, 1928)**
26（25）　背鳍刺较短，短于胸鳍刺；约为头长的 1/2；尾鳍后缘无白边或白边很窄
27（28）　颌须后伸至多达眼后缘；背鳍起点距胸鳍起点较距腹鳍起点为近 ·····················
　　　　　　　·············· **166. 短须拟鲿 *Pseudobagrus brachyrhabdion* Chen, Ishihara *et* Zhang, 2008**
28（27）　颌须后伸超过眼后缘；背鳍起点距胸鳍起点与距腹鳍起点约相等 ·····················
　　　　　　　··················· **167. 长体拟鲿 *Pseudobagrus gracilis* Li, Chen *et* Chan, 2005**
29（20）　尾鳍圆形。胸鳍刺前缘光滑，后缘具锯齿；颌须后伸不达胸鳍起点，略过眼后缘；臀鳍分支
　　　　　　　鳍条 20 根以上
30（31）　尾鳍低平，尾柄末端最上方之后逐渐下降变尖，末端尖、无白边；枕骨棘被皮·····················
　　　　　　　······················ **168. 长臀拟鲿 *Pseudobagrus analis* (Nichols, 1930)**
31（30）　尾鳍宽圆，尾柄最低处至末端逐渐上升变宽，末端圆、具白色窄边；枕骨棘裸露·············
　　　　　　　······················ **169. 圆尾拟鲿 *Pseudobagrus tenuis* (Günther, 1873)**
32（1）　　脂鳍基较长，一般为臀鳍基长的 2.0 倍以上；颌须很长，后伸远超过胸鳍末端[（081）半鲿
　　　　　　　属 *Hemibagrus*]·····················
　　　　　　　170. 大鳍半鲿 *Hemibagrus macropterus* Bleeker, 1870（脂鳍后缘不游离，略斜或截形；体侧
　　　　　　　或具散布的细小斑点；胸鳍刺前缘具细锯齿，后缘锯齿发达）

（080）拟鲿属 *Pseudobagrus* Bleeker, 1858

Pseudobagrus Bleeker, 1858, *Act. Soc. Sci. Indo-Neerl.*, 4: 257.

模式种：*Bagrus aurantiacus* Temminck *et* Schlegel

　　体延长，侧扁。头平扁，头顶裸露或被皮。吻圆钝或锥形。口下位，口裂较宽。上颌突出于下颌。上、下颌及腭骨均具绒毛状细齿。须 4 对，其中鼻须 1 对，位于后鼻孔前缘；颌须 1 对；颏须 2 对。鼻孔每侧 2 个，前、后分离较远；前鼻孔短管状，后鼻孔裂缝状。眼上侧位，眼缘游离或不游离。鳃孔大。鳃盖膜与峡部不相连。背鳍具硬刺。具脂鳍，后缘游离。胸鳍硬刺后缘具强锯齿，前缘光滑或具弱锯齿。尾鳍深叉形、浅凹形、截形或圆形。

　　本属鱼类大多具雌雄异性，典型表现是雄性个体更大，体更修长，雌性个体则相对较小，体形相对粗短；另外，性成熟个体的生殖突形状也雌雄各异。胸鳍刺连有毒腺，被刺中后，伤口附近红肿，疼痛难忍，20min 左右后自行消退。

　　本属湖南分布有 16 种。

　　【古文释鱼】《永州府志》（吕恩湛、宗绩辰修）："鮠，一名鮰，亦名鱯，似鲇而有肉鳍"。

154. 黄颡鱼 *Pseudobagrus fulvidraco* (Richardson, 1846)（图 171）

　　俗称：黄呀鮎、黄鮎、黄腊丁；**别名**：河龙盾鮠；**英文名**：yellow catfish、golden-bagrid fish

Pimelodus fulvidraco Richardson, 1846, *Rep. Br. Ass. Advmt. Sci.*, 15 Meet.: 286（广州）。

Pelteobagrus fulvidraco：梁启燊和刘素嬚，1959，湖南师范学院自然科学学报，（3）：67（洞庭湖、湘江）；梁启燊和刘素嬚，1966，湖南师范学院学报（自然科学版），（5）：85（洞庭湖、湘江、资水、沅水、澧水）；唐文乔，1989，中国科学院水生生物研究所硕士学位论文：58（麻阳）；褚新洛等，1999，中国动物志 硬骨鱼纲 鲇形目：36（岳阳）；唐文乔等，2001，上海水产大学学报，10（1）：6（沅水水系的辰水、武水、酉水、澧水）；郭克疾等，2004，生命科学研究，8（1）：82（桃源县乌云界自然保护区）；康祖杰等，2010，野生动物，31（5）：293（壶瓶山）；康祖杰等，2010，动物学杂志，45（5）：79（壶瓶山）；牛艳东等，2011，湖南林业科技，38（5）：44（城步芙蓉河）；王星等，2011，生命科学研究，15（4）：311（南岳）；曹英华等，2012，湘江水生动物志：245（湘江长沙）；牛艳东等，2012，湖南林业科技，39（1）：61（怀化中方县康龙自然保护区）；刘良国等，2013b，长江流域资源与环境，22（9）：1165（澧水桑植、慈利、石门、澧县、澧水河口）；刘良国等，2013a，海洋与湖沼，44（1）：148（沅水怀化、五强溪水库、常德）；刘良国等，2014，南方水产科学，10（2）：1（资水新邵、安化、桃江）；黄忠舜等，2016，湖南林业科技，43（2）：34（安乡县书院洲国家湿地公园）；吴倩倩等，2016，生命科学研究，20（5）：377（通道玉带河国家级湿地公园）；向鹏等，2016，湖泊科学，28（2）：379（沅水五强溪水库）；康祖杰等，2019，壶瓶山鱼类图鉴：199（壶瓶山）。

Pseudobagrus fulvidraco：张春霖，1960，中国鲇类志：15（洞庭湖）；唐家汉和钱名全，1979，淡水渔业，（1）：10（洞庭湖）；唐家汉，1980a，湖南鱼类志（修订重版）：178（洞庭湖）；林益平等（见：杨金通等），1985，湖南省渔业区划报告集：77（洞庭湖、湘江、资水、沅水、澧水）；李鸿等，2020，湖南鱼类系统检索及手绘图鉴：50，238；廖伏初等，2020，湖南鱼类原色图谱，236。

Tachysurus fulvidraco：Lei et al., 2015, *J. Appl. Ichthyol.*, 2（湘江）。

【古文释鱼】①《辰州府志》（席绍葆、谢鸣谦）："身尾似鲇，腹黄，背青，鳃下二横骨，两须，群游作声轧轧然，一名黄鳝鱼，又名黄颡鱼，泸溪呼黄刺，溆浦呼刺鱼，又呼哑鱼，又呼麻哑鱼，或别是一种，皆方语也，唯沅陵呼黄颡鱼，凤凰厅呼轧鱼为正音"。②《祁阳县志》（旷敏本、李莳）："黄颡，无鳞鱼也，身尾俱似小鲇，腹下黄，背上青黄，鳃下有二横骨，两须，有胃，群游作声如轧轧，性最难死。陆佃云'其胆春夏近上，秋冬近下，亦一异也'"。③《直隶澧州志》（何玉棻、魏式曾、黄维瓒）："黄颡鱼，汤味甚美，亦能发疮，俗呼黄额牯"。④《巴陵县志》（姚诗德、郑桂星、杜贵墀）："马角鱼，又呼黄颡鱼，似鲴而甚小，冬月水落，渔父于扁山及西门湖取之，盈千百石，封鲊最美（《壬伸志》）"。⑤《醴陵县志》（陈鲲、刘谦）："黄颡鱼，即鳝也，俗呼黄牙古、黄颡，无鳞，身尾俱似小鲇，腹下黄，背上青黄，群游作声轧轧"。⑥《永州府志》（吕恩湛、宗绩辰修）："鳝，俗称黄颡，似鲴，而腮下有横骨。零、祁、东、宁、永、江六邑有之"。⑦《湘阴县图志》（郭崇焘）："鳝，《诗毛传》'鳝，场也'。《说文》、《陆玑疏》'鳝，一名黄颊鱼，大而有力'。《解飞》谓之'扬'。今鳝鱼鳍竖而鲠，故以扬为名"。

标本采集：标本 30 尾，采自洞庭湖、长沙等地。

形态特征：背鳍Ⅱ-7；臀鳍20～21；胸鳍Ⅰ-7；腹鳍 i -5。

体长为体高的 3.5～4.1 倍，为头长的 3.5～4.8 倍，为尾柄长的 9.4～11.4 倍，为尾柄高的 9.4～11.4 倍。头长为吻长的 2.7～3.8 倍，为眼径的 3.4～5.9 倍，为眼间距的 1.8～2.4 倍。尾柄长与尾柄高约相等。

腹鳍前较肥胖，由此向后渐侧扁，通常背鳍起点处最高。头部较宽，由后向前渐平扁；头背粗糙，头顶大部分裸露。吻短而圆钝。口下位，弧形。唇发达，口角具唇褶，上、下唇沟明显。上颌突出，长于下颌；上下颌及腭骨均具绒毛状齿带。须 4 对，其中鼻须 1 对，后伸超过眼后缘；颌须 1 对，最长，后伸达胸鳍起点或超过；颏须 2 对，外侧颏须较长。鼻孔每侧 2 个，前、后分离较远；前鼻孔短管状，靠近吻端；后鼻孔位于两眼内侧稍前，喇叭状。眼上侧位，位于头的前部，眼缘游离，不被皮膜。眼间隔宽平，中间稍凹。鳃孔大，向前伸达眼中部下方腹面。左、右鳃盖膜在前端相连，与峡部不相连。

背鳍较小，鳍基短，末根不分支鳍条为硬刺，其后缘具弱锯齿；起点距吻端小于距脂鳍基末。脂鳍与臀鳍相对，后端游离，鳍基长度短于臀鳍基。胸鳍刺大于背鳍刺，其前缘锯齿细小，后缘锯齿发达。腹鳍位于背鳍基末下方稍后，后伸达臀鳍起点。肛门位于臀鳍前方。臀鳍基长，无硬刺。尾鳍深叉形。末端圆形，下叶略长。

体裸露无鳞。侧线完全。

鳃耙短小，最长鳃耙稍短于眼径。鳔1室，心形。

体黄绿色，有的个体体侧具黑斑，尾鳍上具黑色纵纹。

生物学特性：

【生活习性】底栖鱼类，夜晚常于水面活动觅食，白天栖息于水底或隐蔽于洞穴内。喜集群，多在水流缓慢、水生植物丰富的水域活动。繁殖期，渔民常用麻罩捕捞，产卵场多在近岸多水草浅水区域。繁殖时有亲体护卫现象。雄鱼有筑巢及保护鱼卵和鱼苗的习性，繁殖期雄鱼在水草茂盛的浅水区用胸鳍在淤泥黏土处掘出圆形或椭圆形泥坑，一般直径 16～37cm，深 9～15cm。

【年龄生长】个体不大，生长速度快，1～3 龄个体生长速度最快，以后逐步减慢，最大个体可达 0.3kg。根据脊椎骨鉴定年龄，退算体长：雌鱼 1 龄 10.6cm、2 龄 13.5cm、3 龄 15.8cm、4 龄 17.5cm、5 龄 19.6cm；雄鱼 1 龄 11.2cm、2 龄 15.8cm、3 龄 19.1cm、4 龄 21.1cm、5 龄 22.4cm、6 龄 23.9cm。雄鱼生长速度显著快于雌鱼，目前人工养殖多为全雄鱼。

【食性】为偏肉食的杂食性鱼类，主要以水生昆虫、软体动物及小型鱼类、虾类等为食，亦摄食植物碎屑、腐屑等。肠长为体长的 1.1 倍。

【繁殖】繁殖期 4—6 月。1 龄即可性成熟，一次性产卵。绝对繁殖力为 0.1 万～1.3 万粒，相对繁殖力为 48.0～81.0 粒/g。成熟卵圆形，浅黄色，卵径约 0.8～1.1mm。受精卵吸水后微膨胀，卵膜径 1.8～2.2mm，卵膜 2 层，内层薄而透明，外层厚且遇水即产生强黏性，附着在异物上孵化。

水温 23.0～24.0℃时，受精卵孵化脱膜需 57.0h，初孵仔鱼全长 4.8～5.5mm，鱼体无色透明，肌节 44～47 对；4 日龄仔鱼全长 8.5mm，开口摄食；7～8 日龄仔鱼全长 10.0～11.0mm，卵黄囊消失；25 日龄稚鱼全长 25.0mm，体形、体色与成鱼相似，稚鱼期结束，进入幼鱼期（王令玲等，1989；余宁等，1996；刘世平，1997；肖调义等，2003；肖秀兰等，2003；孔令杰，2003；罗红波等，2005；李秀启等，2006；刘炜等，2013）。

资源分布：广布性鱼类，湖南各地均有分布，味道鲜美，是湖南重要经济鱼类之一。

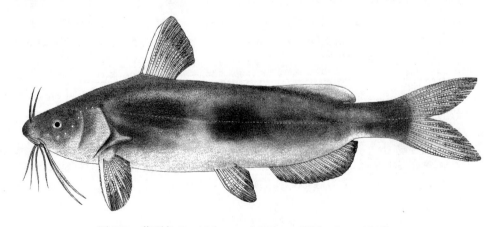

图 171　黄颡鱼 *Pseudobagrus fulvidraco* (Richardson, 1846)

155. 长须拟鲿 *Pseudobagrus eupogon* (Boulenger, 1892)（图 172）

俗称：江西黄鲇；**别名**：叉尾黄颡鱼、长须黄颡鱼；**英文名**：long-barbel bagrid fish

Pseudobagrus eupogon Boulenger, 1892, *Ann. Mag. Nat. Hist.* 9(6): 247（上海）；湖北省水生生物研究所鱼类研究室，1976，长江鱼类：171（岳阳）；唐家汉和钱名全，1979，淡水渔业，（1）：10（洞庭湖）；唐家汉，1980a，湖南鱼类志（修订重版）：182（洞庭湖）；林益平等（见：杨金通等），1985，湖南省渔业区划报告集：78（洞庭湖、湘江、资水、沅水、澧水）；李鸿等，2020，湖南鱼类系统检索及手绘图鉴：50，239。

Pelteobagrus eupogon：褚新洛等，1999，中国动物志 硬骨鱼纲 鲇形目：39（岳阳）；杨春英等，2011，23（4）：（洪江、五强溪、常德、桑植、石门、澧县）；曹英华等，2012，湘江水生动物志：245（湘江长沙）；刘良国等，2013b，长江流域资源与环境，22（9）：1165（澧水慈利、石门、澧县、澧水河口）；刘良国等，2013a，海洋与湖沼，44（1）：148（沅水怀化、常德）；刘良国等，2014，南方水产科学，10（2）：1（资水新邵、安化、桃江）；向鹏等，2016，湖泊科学，28（2）：379（沅水五强溪水库）。

濒危等级：易危，《中国物种红色名录 第一卷 红色名录》（汪松和解焱，2004）。

标本采集：标本 30 尾，采自洞庭湖、长沙。

形态特征：背鳍 II-7；臀鳍 ii～iii-22；胸鳍 I-7；腹鳍 i-5。

体长为体高的 5.4～6.4 倍，为头长的 5.2～5.4 倍。头长为吻长的 3.4～4.0 倍，为眼径的 4.1～4.6 倍，为眼间距的 1.8～2.1 倍，为尾柄长的 1.1～1.4 倍，为尾柄高的 2.0～2.4 倍。尾柄长为尾柄高的 1.6～2.1 倍。

体长，腹鳍前较肥胖，向后渐侧扁。背部在背鳍起点处隆起，有的隆起不明显。口下位，弧形。上、下颌及腭骨具绒毛状齿带。须 4 对，其中鼻须 1 对，后伸超过眼后缘；颌须 1 对，后伸达胸鳍中部以后；颏须 2 对。鼻孔每侧 2 个，前、后分离较远；前鼻孔短管状，位于吻端；后鼻孔喇叭状，位于两眼间稍前。眼位于头的前部，上侧位，眼缘部分游离，不完全包被皮膜。眼间隔宽阔。鳃盖膜与峡部不相连。

背鳍起点距吻端小于距脂鳍基末。背鳍刺长约等于胸鳍刺，其后缘具弱锯齿。脂鳍与臀鳍相对，后端游离，其基长短于臀鳍基。胸鳍硬刺前缘锯齿细弱，通常包于皮内，后缘锯齿发达。腹鳍后伸接近或达臀鳍起点。肛门位于腹鳍基末至臀鳍起点间的中点。尾鳍深叉形，上、下叶均为长圆形。

体裸露无鳞。侧线完全。

体灰黄色，腹部灰白色。鼻须和颌须黑色。背侧具黑斑。各鳍灰黄色。

生物学特性：主要栖息于江河湖泊底层，个体较小。成体主要以螺蛳、水生昆虫和小型鱼虾为食。

资源分布：广布性鱼类，湖南各地均有分布，以洞庭湖出产最多。

图 172　长须拟鲿 *Pseudobagrus eupogon* (Boulenger, 1892)

156. 瓦氏拟鲿 *Pseudobagrus vachellii* (Richardson, 1846) (图 173)

俗称：肥坨、江黄颡鱼、江颡；**别名**：瓦氏黄颡鱼；**英文名**：Vachell's bagrid fish

Bagrus vachelli Richardson, 1846, *Rep. Br. Ass. Advmt Sci.*, 15 Meet.: 284（广州）。

Pseudobagrus vachelli: Nichols, 1928, *Bull. Ann. Mus. Nat. Hist.*, 58: 6（洞庭湖）；张春霖，1960，中国鲇类志：18（洞庭湖）；唐家汉和钱名全，1979，淡水渔业，（1）：10（洞庭湖）；唐家汉，1980a，湖南鱼类志（修订重版）：179（洞庭湖）；林益平等（见：杨金通等），1985，湖南省渔业区划报告集：77（洞庭湖、湘江、资水、沅水、澧水）。

Pseudobagrus vachellii: 梁启燊和刘素嬛，1959，湖南师范学院自然科学学报，（3）：67（洞庭湖、湘江）；梁启燊和刘素嬛，1966，湖南师范学院学报（自然科学版），（5）：85（洞庭湖、湘江）；李鸿等，2020，湖南鱼类系统检索及手绘图鉴：51，240；廖伏初等，2020，湖南鱼类原色图谱，238。

Pelteobagrus vachelli: 唐文乔，1989，中国科学院水生生物研究所硕士学位论文：58（吉首、保靖）；唐文乔等，2001，上海水产大学学报，10（1）：6（沅水水系的武水、酉水、澧水）；吴婕和邓学建，2007，湖南师范大学自然科学学报，30（3）：116（柘溪水库）；王星等，2011，生命科学研究，15（4）：311（南岳）；曹英华等，2012，湘江水生动物志：247（湘江长沙）；刘良国等，2013b，长江流域资源与环境，22（9）：1165（澧水慈利、石门、澧县、澧水河口）；刘良国等，2013a，海洋与湖沼，44（1）：148（沅水五强溪水库、常德）；刘良国等，2014，南方水产科学，10（2）：1（资水新邵、安化、桃江）；向鹏等，2016，湖泊科学，28（2）：379（沅水五强溪水库）。

标本采集：标本 30 尾，采自洞庭湖、沅水洪江。

形态特征：背鳍 II-7；臀鳍 ii-22～23；胸鳍 I -8～9；腹鳍 i -5。

体长为体高的 3.9～5.1 倍，为头长的 4.2～4.9 倍，为尾柄长的 6.7～7.4 倍，为尾柄高的 11.0～12.5 倍。头长为吻长的 3.0～3.4 倍，为眼径的 4.6～5.2 倍，为眼间距的 1.6～2.2 倍，为尾柄长的 1.6～1.7 倍，为尾柄高的 2.3～2.8 倍。尾柄长为尾柄高的 1.5～1.7 倍。

体长，腹鳍之前较胖圆，向后渐侧扁。头稍平扁，头背部除枕骨棘外均被皮，头宽大于体宽。吻圆钝，稍突出。口下位，弧形。唇发达，口角具唇褶，上、下唇沟明显。上颌突出于下颌；上、下颌及腭骨具绒毛状齿带。须 4 对，其中，鼻须 1 对，后伸达眼后缘；颌须 1 对，后伸超过胸鳍起点，达胸鳍中部后方；颏须 2 对，外侧颏须后伸达胸鳍起点，内侧颏须稍长于鼻须。鼻孔每侧 2 个，前、后分离较远；前鼻孔短管状，靠近吻端；后鼻孔喇叭状，位于眼内侧稍前。眼侧位，眼缘部分游离。眼间隔微隆。鳃孔宽阔。盖膜与峡部不相连。

背鳍起点距吻端小于其基末距脂鳍末端；背鳍硬刺尖长，长于胸鳍刺，后缘具锯齿。脂鳍基稍短于臀鳍基，末端游离。胸鳍刺前缘光滑，后缘具强大锯齿，后伸不达腹鳍起点。腹鳍后伸达臀鳍起点。肛门距臀鳍起点较距腹鳍起点为近。尾鳍深叉形。

体裸露无鳞。侧线完全。

鳃耙短小，排列稀疏。

背侧灰黄色，腹部及各鳍黄色。

生物学特性：

【生活习性】底栖鱼类，常栖息于江河流水缓慢多乱石或卵石的环境中。白天潜伏，夜间外出觅食。夏季江河涨水、水变浑浊时大多游至宽阔水域寻找食物；秋冬季节，随江水清澈、水温降低，逐渐游至水深处觅食、越冬。产卵群体有营巢习性，常于流水浅滩或岸边水草丛中产卵。

【年龄生长】生长速度较快，以脊椎骨为年龄鉴定材料，退算雌、雄鱼体长分别为：1 龄 10.6cm 和 10.4cm、2 龄 14.8cm 和 15.8cm、3 龄 18.6cm 和 20.6cm、4 龄 22.1cm 和 24.6cm，雄鱼生长速度显著快于雌鱼（段中华等，1999a）。

【食性】杂食性，主要摄食甲壳类、小型软体动物、水生昆虫及幼虫和小型鱼虾等，亦吞食少量植物碎屑、种子等。越冬期有停食或摄食减少的习性，繁殖期也可见空胃现象。

【繁殖】繁殖期4—7月，盛期5—7月。2～3龄性成熟，最小性成熟个体体长8.4cm、重7.0g。一次性产卵。绝对繁殖力为576～19 675粒，相对繁殖力为60.0～80.0粒/g。成熟卵近圆形，橙黄色，半透明，卵径1.5～1.7mm。受精卵吸水后膨胀，卵膜径约2.0mm，黏性。水温20.0～24.5℃时，受精卵孵化脱膜约需49.0h。

自然状态下，一般在天气由晴转阴、雨天或有间断性降雨时产卵。水温多为19.0～27.0℃，水质浑浊，透明度一般为10.0～30.0cm（邓其祥，1980；杨家云，1994；陈永和魏刚，1995；段中华，1999b；肖调义等，2002）。

资源分布：广布性鱼类，曾在湖南各地均有分布，但目前数量已非常稀少，是重要经济鱼类之一。

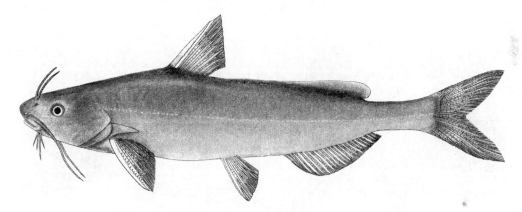

图 173　瓦氏拟鲿 *Pseudobagrus vachellii* (Richardson, 1846)

157. 钝吻拟鲿 *Pseudobagrus crassirostris* Regan, 1913（图 174）

别名：钝吻鮠

Liocassis crassirostris Regan, 1913, *Ann. Mag. Nat. Hist.*, (8)11(66): 552（四川乐山）。

Leiocassis crassilabris：唐家汉，1980a，湖南鱼类志（修订重版）：185（洞庭湖）；林益平等（见：杨金通等），1985，湖南省渔业区划报告集：78（洞庭湖、湘江）。

Pseudobagrus crassirostris：李鸿等，2020，湖南鱼类系统检索及手绘图鉴：51，241；廖伏初等，2020，湖南鱼类原色图谱，240。

标本采集：标本10尾，采自湘江江华，资水安化、武冈、新宁，澧水江垭水库。

形态特征：背鳍Ⅱ-7；臀鳍16～19；胸鳍Ⅰ-8；腹鳍 i -5。

体长为体高的4.6～5.8倍，为头长的3.6～4.3倍，为尾柄长的5.3～7.5倍，为尾柄高的10.6～13.3倍。头长为吻长的2.4～2.8倍，为眼径的5.6～8.8倍，为眼间距的2.0～2.6倍，为尾柄长的1.6～1.7倍，为尾柄高的2.3～2.8倍。尾柄长为尾柄高的1.7～2.0倍。

体前段平扁，后段侧扁。头平扁，包被厚皮膜。枕骨棘细长，末端分叉。口亚下位，横裂。上、下颌及腭骨具绒毛状细齿。须4对，其中，鼻须1对，细小，后伸略过眼后缘；颌须1对，细长，后伸达鳃盖膜，不达胸鳍起点；颏须2对，短粗；内侧颏须与后鼻孔相对，略过眼前缘；外侧颏须后伸几达鳃盖膜。鼻孔每侧 2 个，前、后分离较远；前鼻孔短管状，靠近吻端；后鼻孔近眼前缘。眼小，椭圆形，包被皮膜。眼间距宽，弧形。鳃孔宽阔。鳃盖膜与峡部不相连。

背鳍起点约位于吻端至臀鳍起点间的中点，距胸鳍起点较距腹鳍起点为近。背鳍刺细长，后缘具弱锯齿，小于头长。脂鳍起点位于臀鳍起点之后，末端游离，脂鳍基长于臀鳍基。胸鳍刺粗壮，前缘光滑，后缘具 9～12 强锯齿，短于背鳍刺。上匙骨外侧突尖。腹鳍起点位于背鳍末端之前，距臀鳍基末较距吻端略近，后伸达或不达臀鳍起点。肛门距臀鳍起点较距腹鳍起点为近。臀鳍位于脂鳍起点垂直下方之前，起点距尾鳍基较距吻端为近。尾鳍深叉形，中间鳍条小于最长鳍条的 1/2；上、下叶边缘均呈圆弧形，上叶略长。

体裸露无鳞。侧线完全，平直，位于体侧正中部。

生物学特性：底栖鱼类，栖于河道溪流沿岸，白天潜居于洞穴内，夜间外出觅食。主要以小型水生昆虫、鱼、虾等为食。

资源分布：洞庭湖和湘江有分布，数量较少。

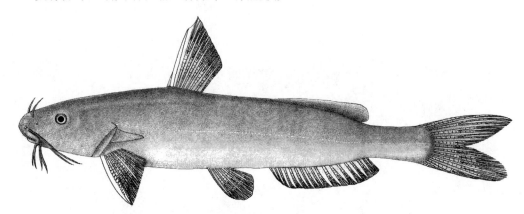

图 174　钝吻拟鲿 *Pseudobagrus crassirostris* Regan, 1913

158. 光泽拟鲿 *Pseudobagrus nitidus* (Sauvage *et* Dabry de Thiersant, 1874)（图 175）

俗称：油黄鲇；**别名：**光泽黄颡鱼

Pseudobagrus nitidus Sauvage *et* Dabry de Thiersant, 1874, *Ann. Sci. Nat. Paris (Zool.)*, (6)1(5)：6（长江）；唐家汉和钱名全，1979，淡水渔业，（1）：10（洞庭湖）；唐家汉，1980a，湖南鱼类志（修订重版）：180（洞庭湖）；林益平等（见：杨金通等），1985，湖南省渔业区划报告集：77（洞庭湖、湘江、资水、沅水、澧水）；李鸿等，2020，湖南鱼类系统检索及手绘图鉴：51，242；廖伏初等，2020，湖南鱼类原色图谱，242。

Pelteobagrus nitidus：唐文乔，1989，中国科学院水生生物研究所硕士学位论文：58（吉首、保靖）；唐文乔等，2001，上海水产大学学报，10（1）：6（沅水水系的武水、酉水，澧水）；吴婕和邓学建，2007，湖南师范大学自然科学学报，30（3）：116（柘溪水库）；杨春英等，2011，23（4）：（洪江、五强溪、常德、桑植、石门、澧县）；曹英华等，2012，湘江水生动物志：248（湘江祁阳）；刘良国等，2013b，长江流域资源与环境，22（9）：1165（澧水慈利、石门、澧县、澧水河口）；刘良国等，2013a，海洋与湖沼，44（1）：148（沅水怀化、五强溪水库、常德）；刘良国等，2014，南方水产科学，10（2）：1（资水新邵、安化、桃江）；向鹏等，2016，湖泊科学，28（2）：379（沅水五强溪水库）。

标本采集：标本 23 尾，采自洞庭湖、湘江、资水武冈等地。

形态特征：背鳍Ⅱ-6～7；臀鳍 22～24；胸鳍Ⅰ-6～8；腹鳍 i -5。

体长为体高的 4.6～5.2 倍，为头长的 4.1～4.5 倍，为尾柄长的 6.6～7.5 倍，为尾柄高的 12.5～13.7 倍。头长为吻长的 2.5～3.1 倍，为眼径的 4.7～5.5 倍，为眼间距的 2.3～3.0 倍。尾柄长为尾柄高的 1.8～2.0 倍。

体长，前段略平扁，后段侧扁。背部在背鳍起点处隆起不甚显著。头稍平扁，头顶包被皮膜，头宽大于体宽。吻短，稍尖，吻长远小于眼后头长。口下位，弧形。唇发达，口角具唇褶，上、下唇沟明显。上颌突出于下颌；上下颌及腭骨均具绒毛状齿带。须 4 对，均细小；其中鼻须 1 对，基部连于后鼻孔前缘，后伸达眼中部；颌须 1 对，稍长，但后伸不达胸鳍起点；颏须 2 对。鼻孔每侧 2 个，前、后分离较远；前鼻孔短管状，近吻端；后鼻孔喇叭状，位于两眼内侧稍前。眼位于头的前部，上侧位，眼缘部分游离。眼间距宽阔，微隆起。鳃孔宽阔。鳃盖膜与峡部不相连。

背鳍不分支鳍条为硬刺，其后缘具弱锯齿；起点距吻端较距脂鳍基末为近。脂鳍基短于臀鳍基，起点位于臀鳍上方，末端游离。胸鳍刺前缘光滑，后缘具明显的锯齿，其长短于背鳍刺。腹鳍位于背鳍基后方，后伸达臀鳍起点。臀鳍基较长。肛门靠近臀鳍起点。尾鳍深叉形。

体光滑无鳞。侧线完全，平直。

鳃耙细小，排列稀疏。鳔 1 室，边缘具念珠状结构。

体灰黄色，腹部黄白色，背侧具褐色斑纹，各鳍浅灰色。

生物学特性：

【生活习性】 常栖息于水体中下层。白天潜伏水底，夜间外出觅食。繁殖期，雄鱼潜伏水底，掘成锅底形圆穴，上面借水草覆盖，雌鱼产卵于穴中，产后离去，雄鱼守候穴旁，保护鱼卵孵化。产卵场多位于近岸的浅水区。

【年龄生长】 个体不大，常见个体体长 8.0～14.0cm，重约 50.0g。

【食性】 杂食性，食谱广泛，主要以水生昆虫及幼虫、寡毛类、底栖甲壳类为食，亦摄食小型鱼虾及鱼卵等。全年均可摄食，秋季摄食强度最大，夏季和冬季较低，繁殖期摄食强度下降（袁刚等，2011；刘其根等，2015）。

【繁殖】 繁殖期 4—5 月。1 龄即可性成熟，分批次产卵。体长为 10.5～19.3cm 的个体，绝对繁殖力为 990～5670 粒。成熟卵近球形，橙黄色，卵膜透明，卵径约 1.6mm；受精卵遇水后膨胀，黏性，卵膜径约 2.0mm。水温 22.0～25.0℃时，受精卵孵化脱膜约需 52.5h（黄林和魏刚，2002；谌海虎，2010；耿龙等，2014）。

资源分布： 洞庭湖及湘、资、沅、澧"四水"均有分布。

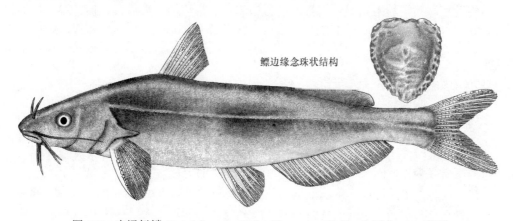

鳔边缘念珠状结构

图 175 光泽拟鲿 *Pseudobagrus nitidus* (Sauvage *et* Dabry de Thiersant, 1874)

159. 长吻拟鲿 *Pseudobagrus longirostris* Günther, 1864（图 176）

俗称：肥坨、江团、白哑肥、鮰鱼；**别名**：长吻鮠、长吻黄颡鱼；**英文名**：Chinese longsnout catfish、longsnout bagrid fish

Leiocassis longirostris Günther, 1864, *Cat. Fish. Br. Mus.*, 6: 87（日本）；梁启燊和刘素嬿, 1959, 湖南师范学院自然科学学报,（3）：67（洞庭湖、湘江）；张春霖, 1960, 中国鲇类志：23（湖南、洞庭湖）；湖北省水生生物研究所鱼类研究室, 1976, 长江鱼类：173（岳阳）；唐家汉和钱名全, 1979, 淡水渔业,（1）：10（洞庭湖）；唐家汉, 1980a, 湖南鱼类志（修订重版）：185（洞庭湖）；林益平等（见：杨金通等）, 1985, 湖南省渔业区划报告集：78（洞庭湖、湘江、资水、沅水、澧水）；唐文乔等, 2001, 上海水产大学学报, 10（1）：6（沅水水系的酉水, 澧水）；曹英华等, 2012, 湘江水生动物志：250（湘江耒水耒阳）；刘良国等, 2013a, 海洋与湖沼, 44（1）：148（沅水怀化、常德）；刘良国等, 2014, 南方水产科学, 10（2）：1（资水桃江）。

Pseudobagrus longirostris：梁启燊和刘素嬿, 1966, 湖南师范学院学报（自然科学版）,（5）：85（洞庭湖、湘江、资水、沅水、澧水）；李鸿等, 2020, 湖南鱼类系统检索及手绘图鉴：51, 243。

【古文释鱼】①《直隶澧州志》（何玉棻、魏式曾、黄维瓒）："鮰额，形如鲢，无鳞、骨，味极佳。东坡诗'粉红石首仍无骨，雪白河豚不药人。寄语天公与河伯，何防乞与水晶鳞'。<按>鮠似鲇，鲇背青、口小，鮠背青、腹白，亦名河豚。此当名鮠，曰鮰额，其额偃也，以为鲢，误"。②《祁阳县志》（旷敏本、李莳）："鮠，一曰鮰鱼，无鳞，亦鲟属也，头、尾、身、鳍俱似鲟状，惟鼻短，耳口在颌下，骨不柔脆，腹似鲇鱼，背有肉鳍"。③《巴陵县志》（姚诗德、郑桂星、杜贵墀）："鮰鱼，一名肥驮，味美，其肚入珍馔，自石首山来者，照之现一山字，甲于海肚，小者作鲊尤美"。④《常德府志》（应先烈、陈楷礼）："鮰，《旧志》'间去无鳞骨'"。

标本采集：标本 20 尾，采自洞庭湖。

形态特征：背鳍 II-6～7；臀鳍 15～17；胸鳍 I -8～9；腹鳍 i -5。体长为体高的 4.4～5.6 倍，为头长的 3.5～4.2 倍，为尾柄长的 5.5～6.5 倍。头长为吻长的 2.4～2.6 倍，为眼径的 11.1～14.3 倍，为眼间距的 2.4～2.8 倍。尾柄长为尾柄高的 2.5～3.0 倍。

体长，前段粗壮，后段渐细而侧扁。头较尖，头背隆起，腹面平，枕骨裸露。吻明显向前突出，吻长大于眼间距。口下位，新月形。唇肥厚，口角唇褶发达，上、下唇沟明显。上颌突出，长于下颌；上下颌及腭骨具绒毛状齿带。须 4 对，均较细短；其中鼻须 1 对，紧靠后鼻孔前缘，后伸达眼前缘；颌须 1 对，后伸稍超过眼后缘；颏须 2 对，短于颌须。鼻孔每侧 2 个，前、后分离较远；前鼻孔短管状，位于吻的腹面；后鼻孔约位于吻端至眼后缘间的中点。眼小，位于头的前部，上侧位，包被皮膜，无游离眼缘。眼间隔宽阔，微隆。鳃孔宽阔。鳃盖膜与峡部不相连。

背鳍起点距吻端较距脂鳍末端为近；背鳍刺长于胸鳍刺，后缘具锯齿。脂鳍后端游离，稍长于臀鳍基。胸鳍后伸不达腹鳍起点；胸鳍刺前缘光滑，后缘具锯齿。腹鳍位于背鳍基后方，后伸超过肛门，接近或达臀鳍起点。肛门约位于腹鳍与臀鳍之中点。尾鳍深叉形。

体光滑无鳞。侧线完全，平直。

体粉红色，腹面白色。头及背侧具大块不规则的紫灰色斑纹，各鳍灰黄色。

生物学特性：

【生活习性】较大型底层鱼类。常栖息于河面宽阔、水深、水流缓慢的水体。白天多潜伏于水底或洞穴内，夜间外出活动、觅食。喜独居，冬季于江河深水区越冬，春末夏初进入底质多为砂、砾石的缓流水滩处产卵，具护卵习性。

【年龄生长】个体大，生长速度快，最大个体可超过 10kg。以脊椎骨作为年龄鉴定材料，退算体长：1 龄 22.8cm、2 龄 30.8cm、3 龄 38.5cm、4 龄 47.2cm、5 龄 55.7cm、6 龄 63.6cm、7 龄 72.7cm、8 龄 82.8cm；以胸鳍刺退算的实测体长：1 龄 18.9cm、2 龄

30.7cm、3 龄 47.6cm、4 龄 59.5cm、5 龄 66.2cm、6 龄 70.1cm、7 龄 79.0cm、8 龄 84.1cm（吴清江，1975；杨德国等，1989）。

【食性】肉食性，主要摄食甲壳类及小型鱼类。不同体长个体食物组成变化明显，体长 20cm 以下个体主要以钩虾、日本沼虾和水生昆虫及幼体为食；体长 30～40cm 个体主要以十足目及鱼类为食，昆虫较少；40.0cm 以上个体主要以日本沼虾和各种鱼类为食，甲壳类及昆虫极少。

【繁殖】繁殖期 4—6 月。3～5 龄性成熟，一次性产卵。绝对繁殖力为 0.1 万～14.5 万粒。成熟卵近圆球形，卵径约 2.3mm，灰黄色；受精卵吸水后膨胀，具强黏性。

受精卵孵化脱膜所需时间随水温升高而逐渐缩短，水温 23.0℃时需 75.0h，25.0℃时约 65.0h，27.0℃时约 48.5h，初孵仔鱼全长 5.3～6.4mm（苏良栋等，1985；张耀光等，1994）。

资源分布：洞庭湖及湘、资、沅、澧"四水"曾有分布，目前种群数量已较少。个体较大，肉质鲜美，和鲥、刀鲚（刀鱼）和暗纹东方鲀（河豚）一起被誉为"长江四鲜"。人工繁殖及养殖技术已成熟。

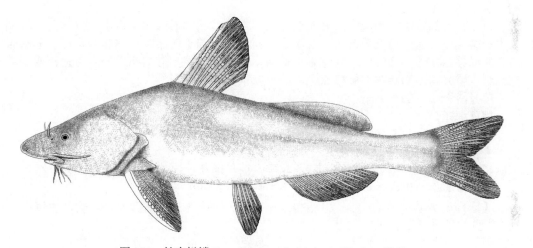

图 176 长吻拟鲿 *Pseudobagrus longirostris* Günther, 1864

160. 粗唇拟鲿 *Pseudobagrus crassilabris* **Günther, 1864**（图 177）

俗称：乌嘴肥；**别名**：粗唇鮠；**英文名**：roughlip bagrid fish

Leiocassis crassilabris Günther, 1864, *Cat. Fish. Br. Mus.*, 5: 88（中国）；唐文乔，1989，中国科学院水生生物研究所硕士学位论文：59（麻阳、龙山、保靖、桑植）；唐文乔等，2001，上海水产大学学报，10（1）：6（沅水水系的辰水、酉水，澧水）；吴婕和邓学建，2007，湖南师范大学自然科学学报，30（3）：116（柘溪水库）；曹英华等，2012，湘江水生动物志：251（湘江耒水耒阳）；刘良国等，2013b，长江流域资源与环境，22（9）：1165（澧水桑植、慈利、石门）；刘良国等，2013a，海洋与湖沼，44（1）：148（沅水怀化、五强溪水库、常德）；刘良国等，2014，南方水产科学，10（2）：1（资水新邵、安化、桃江）；向鹏等，2016，湖泊科学，28（2）：379（沅水五强溪水库）；康祖杰等，2019，壶瓶山鱼类图鉴：200（壶瓶山）。

Liocassis macrops：唐家汉和钱名全，1979，淡水渔业，（1）：10（洞庭湖）；唐家汉，1980a，湖南鱼类志（修订重版）：184（洞庭湖）；林益平等（见：杨金通等），1985，湖南省渔业区划报告集：78（洞庭湖）；吴倩倩等，2016，生命科学研究，20（5）：377（通道玉带河国家级湿地公园）。

Pseudobagrus crassilabris：李鸿等，2020，湖南鱼类系统检索及手绘图鉴：51，244；廖伏初等，2020，湖南鱼类原色图谱，244。

标本采集：标本 15 尾，采自资水邵阳、武冈、新宁，沅水新晃，澧水桑植。

形态特征：背鳍Ⅱ-7～8；臀鳍ⅲ～ⅳ-18～19；胸鳍Ⅰ-8～9；腹鳍 i -5。

体长为体高的 3.8～5.5 倍，为头长的 3.6～4.2 倍，为尾柄长的 5.5～7.8 倍，为尾柄高的 9.5～14.5 倍。头长为吻长的 2.6～3.0 倍，为眼径的 4.5～6.5 倍，为眼间距的 2.2～3.0 倍。尾柄长为尾柄高的 2.1～2.4 倍。

体长，前段较肥胖，后段侧扁。头部宽平，头顶包被皮膜。吻端圆钝，突出。口下位，横裂。唇厚，口角唇褶发达，上、下唇沟明显。上颌长于下颌；上下颌及腭骨均具绒毛状齿带；上颌齿带宽，中部最宽，向两侧逐渐变窄；下颌齿带弧形，缝合处齿带最宽，与上颌齿带最宽处相当。须 4 对，其中鼻须 1 对，位于后鼻孔前缘，后伸达或稍超过眼前缘；颌须 1 对，后伸略过眼后缘，不达胸鳍起点；颏须 2 对，细短，内侧颏须约与鼻须约等长，后伸略过眼前缘，外侧颏须略后于内侧颏须，后伸超过眼后缘。鼻孔每侧 2 个，前、后分离较远；前鼻孔短管状，位于吻端；后鼻孔喇叭状，距眼前缘较距吻端为近。眼大，位于头的前部，上侧位，包被皮膜，无游离眼缘。眼间隔宽阔，微凸。鳃盖膜与峡部不相连。

背鳍起点约位于胸鳍起点至腹鳍起点的中点；背鳍刺后缘锯齿细小或仅具齿痕；刺长大于胸鳍刺。脂鳍前低后高，末端游离，其基长约等于臀鳍基。胸鳍刺宽扁，前缘光滑，后缘锯齿发达。腹鳍位于背鳍末端稍后，后伸达肛门。肛门距臀鳍起点较距腹鳍起点为近。臀鳍与脂鳍相对。尾鳍深叉形，上叶稍长，长圆形。

体光滑无鳞。侧线完全。

鳃耙细短。

背鳍灰黄色，腹部各鳍浅黄色。

生物学特性：

【生活习性】多栖息于江河、湖泊底层，白天潜伏水底或洞穴中，夜间外出觅食。

【食性】主要以水生昆虫、水生寡毛类和小型鱼虾蟹等为食。

【繁殖】繁殖期 5—7 月。2 龄性成熟，性成熟雌鱼下腹部膨大、柔软，生殖孔红润，雄鱼生殖乳突延长 1.0～2.0cm。绝对繁殖力为 582～2392 粒，相对繁殖力为 18.2～49.7 粒/g。一次性产卵。卵黄色，强黏性，卵径约 1.9mm；受精卵吸水后膨胀，卵膜径 2.2～2.4mm。水温 26.5～30.0℃时，受精卵孵化脱膜需 51.0h，初孵仔鱼全长 5.2～5.8mm（王德寿等，1995；李振华等，2010）。

资源分布：洞庭湖及湘、资、沅、澧"四水"上游有分布，数量不多，个体较小。

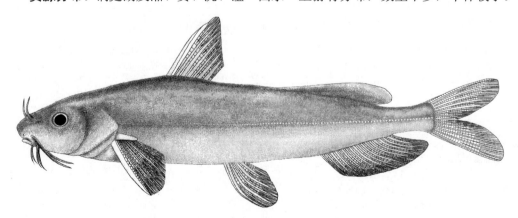

图 177　粗唇拟鲿 *Pseudobagrus crassilabris* Günther, 1864

161. 乌苏里拟鲿 *Pseudobagrus ussuriensis* (Dybowski, 1872)（图 178）

俗称：柳根子；**别名**：乌苏里鮠；**英文名**：Ussuri bagrid catfish、Ussuri bullhead

Bagrus ussuriensis Dybowski, 1872, *Verh. zool. -bot. Ges. Wien.*, 12: 210（乌苏里江、松花江、兴凯湖）。

Leiocassis ussuriensis：梁启燊和刘素孏，1959，湖南师范学院自然科学学报，(3)：67（洞庭湖、湘江）；梁启燊和刘素孏，1966，湖南师范学院学报（自然科学版），(5)：85（洞庭湖、湘江、资水、沅水、澧水）；唐家汉和钱名全，1979，淡水渔业，(1)：10（洞庭湖）；唐家汉，1980a，湖南鱼类志（修订重版）：186（洞庭湖）；林益平等（见：杨金通等），1985，湖南省渔业区划报告集：78（洞庭湖、湘江、资水、沅水、澧水）；牛艳东等，2011，湖南林业科技，38（5）：44（城步芙蓉河）。

Pseudobagrus ussuriensis：唐文乔等，2001，上海水产大学学报，10（1）：6（沅水水系的酉水，澧水）；吴婕和邓学建，2007，湖南师范大学自然科学学报，30（3）：116（柘溪水库）；曹英华等，2012，湘江水生动物志：255（湘江浏阳河）；刘良国等，2013b，长江流域资源与环境，22（9）：1165（澧水桑植、慈利、石门、澧县、澧水河口）；刘良国等，2013a，海洋与湖沼，44（1）：148（沅水怀化、常德）；刘良国等，2014，南方水产科学，10（2）：1（资水新邵、安化、桃江）；康祖杰等，2019，壶瓶山鱼类图鉴：203（壶瓶山江坪河、南坪河和渫水）；李鸿等，2020，湖南鱼类系统检索及手绘图鉴：51，245；廖伏初等，2020，湖南鱼类原色图谱，246。

标本采集：标本 15 尾，采自浏阳河、资水安化。

形态特征：背鳍 I -7；臀鳍 ii-16～19；胸鳍 I -7～8；腹鳍 i -6。

体长为体高的 5.4～6.0 倍，为头长的 4.7～5.3 倍，为尾柄长的 5.1～5.9 倍，为尾柄高的 16.0～17.0 倍。头长为吻长的 2.9～3.0 倍，为眼径的 8.0～8.9 倍，为眼间距的 2.8～3.0 倍，为尾柄长的 1.0～1.2 倍，为尾柄高的 3.1～3.6 倍。尾柄长为尾柄高的 2.8～3.1 倍。

体很长，腹鳍以前较胖圆，向后渐细而侧扁。吻圆钝。口下位，口裂弧形。上下颌及腭骨均具绒毛状齿带。须 4 对，均较细短；其中鼻须 1 对，后伸达或超过眼后缘；颌须 1 对，后伸稍超过眼后缘；颏须 2 对，外侧颏须稍长于鼻须，后伸达眼后缘，内侧颏须约与鼻须等长。鼻孔每侧 2 个，前、后分离较远；前鼻孔短管状，位于吻端；后鼻孔约位于吻端至瞳孔间的中点。眼位于头的前部，上侧位，眼缘不游离，包被皮膜。鳃盖膜与峡部不相连。

背鳍起点距吻端约等于距臀鳍起点；背鳍刺后缘锯齿微弱或仅具锯痕（仅有粗糙感），刺长稍大于胸鳍刺。脂鳍基长于臀鳍基，末端游离。胸鳍刺前缘光滑，后缘具锯齿，胸鳍后伸超过背鳍起点的下方，但距腹鳍还有相当一段距离。腹鳍起点与背鳍（平卧时）末端相对，后伸不达臀鳍起点。肛门位于腹鳍起点至臀鳍起点间的中点或稍后。尾鳍中等叉形，中部鳍条为最长鳍条的 1/2～2/3。

体光滑无鳞。侧线完全。

体灰黄色，腹部色淡。

生物学特性：

【生活习性】小型底层鱼类，多栖息于缓流水体中，雄鱼繁殖期具挖穴、护卵孵育的习性。

【年龄生长】个体较小，人工养殖条件下 1 龄雌鱼体长约 11.0m、雄鱼约 15.0cm，2 龄雌鱼体长约 19.0cm、雄鱼约 26.0cm，雄鱼体长体重显著大于雌鱼。

【食性】肉食性鱼类，幼鱼主要摄食浮游动物和底栖动物，成鱼主要摄食水生昆虫及幼虫、小型鱼虾等。

【繁殖】繁殖期 6 月中旬至 7 月初。3 龄性成熟，成熟雌鱼腹部柔软膨大，生殖乳突不明显，雄鱼腹部狭瘦，生殖乳突长 1.0cm 以上。体长 20.5～23.3cm 的个体繁殖力为 0.2 万～0.3 万粒；体长 27.0～32.0cm 的个体繁殖力为 0.4 万～0.9 万粒。受精卵橘黄色，卵径约 2.0mm。水温 15.0～17.0℃时，受精卵孵化脱膜需 96.0h 以上（潘志伟等，2001；贾一何等，2012）。

资源分布：洞庭湖及湘、资、沅、澧"四水"中下游有分布，数量较少。

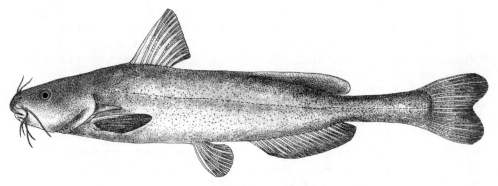

图 178 乌苏里拟鲿 *Pseudobagrus ussuriensis* (Dybowski, 1872)

162. 短尾拟鲿 *Pseudobagrus brevicaudatus* Wu, 1930（图 179）

Leiocassis brericaudatus Wu（伍献文），1930, *Sinensia*, 1(6): 81（重庆）。
Pseudobagrus brericaudatus：唐文乔等，2001，上海水产大学学报，10（1）：6（沅水水系的辰水、酉水）；康祖杰等，2010，野生动物，31（5）：293（壶瓶山）；康祖杰等，2010，动物学杂志，45（5）：79（壶瓶山）；李鸿等，2020，湖南鱼类系统检索及手绘图鉴：51，246；廖伏初等，2020，湖南鱼类原色图谱，248。

标本采集：标本 4 尾，采自涟水。
形态特征：背鳍Ⅰ-6～7；臀鳍ⅲ-14～15；胸鳍Ⅰ-7～9；腹鳍ⅰ-5。鳃耙 11～12。
体长为体高的 5.0～5.8 倍，为头长的 4.3～4.4 倍，为尾柄长的 6.3～7.4 倍，为前背长的 2.8～2.9 倍。头长为吻长的 2.3～2.8 倍，为眼径的 6.0～6.1 倍，为眼间距的 2.2～2.3 倍，为头宽的 1.2～1.3 倍，为口裂宽的 2.1～2.2 倍。尾柄长为尾柄高的 1.7～2.1 倍。
体延长，背部略隆起，后部侧扁。头平扁，头顶及枕骨棘被皮。吻圆钝。口下位，横裂。唇厚，在口角形成发达的唇褶。上颌显著突出于下颌。上、下颌及腭骨均具绒毛状齿带。须 4 对，均细短；其中鼻须 1 对，位于后鼻孔前缘，后伸不超过眼后缘；颌须 1 对，后伸超过眼后缘，接近胸鳍起点；颏须 2 对，外侧颏须长于内侧颏须，后伸超过眼后缘。鼻孔每侧 2 个，前、后分离较远；前鼻孔短管状，后鼻孔裂缝状。眼小，上侧位，位于头的前部，包被皮膜。鳃孔较大。鳃盖膜与峡部不相连。
背鳍起点距吻端较距脂鳍起点为远；背鳍刺后缘具弱锯齿，刺长与胸鳍刺几等长。脂鳍长，起点位于背鳍基末至尾鳍基间的中点。臀鳍起点位于脂鳍起点垂直下方略前。胸鳍下侧位，胸鳍刺前缘粗糙，后缘具锯齿 12～13 枚；胸鳍后伸不达腹鳍起点。腹鳍起点位于背鳍基后下方，距胸鳍基末远大于距臀鳍起点，后伸超过臀鳍起点。肛门距臀鳍起点较距腹鳍基末为近。尾鳍中等叉形，中部最短鳍条长约为外缘最长鳍条的 2/3，两叶末端圆钝。
体光滑无鳞。侧线完全。
鳃耙细短。

活体黄褐色，体侧色浅，腹部黄白色。

生物学特性：江河底层鱼类，以肉食为主（伍律等，1989）。

资源分布：主要分布于澧水中上游及其支流上游。

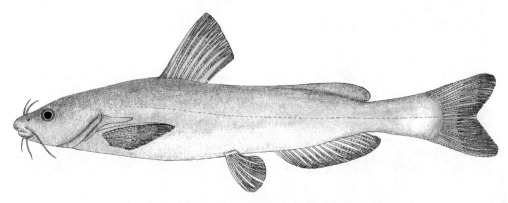

图 179　短尾拟鲿 *Pseudobagrus brevicaudatus* Wu, 1930

163. 盎堂拟鲿 *Pseudobagrus ondon* Shaw, 1930（图 180）

英文名：Ondon bagrid fish

Pseudobagrus ondan Shaw, 1930, *Bull. Fan. Mem. Inst. Biol.*, 1(7): 109（浙江新昌）；米小其等，2007，生命科学研究，11（2）：123（安化）；吴婕和邓学建，2007，湖南师范大学自然科学学报，30（3）：116（柘溪水库）；曹英华等，2012，湘江水生动物志：253（湘江上游、浏阳河）；李鸿等，2020，湖南鱼类系统检索及手绘图鉴：51，247；廖伏初等，2020，湖南鱼类原色图谱，250。

标本采集：测量标本 30 尾，采自衡阳、安化、浏阳河等地。

形态特征：背鳍 II-7；臀鳍 i -19～21；胸鳍 I -8；腹鳍 i -5。鳃耙 11～15。

体长为体高的 5.6～6.2 倍，为头长的 3.4～4.3 倍，为尾柄长的 5.9～6.3 倍。头长为吻长的 2.4～3.5 倍，为眼径的 4.5～5.8 倍，为眼间距的 2.5～2.9 倍，为头宽的 1.3～1.7 倍，为口裂宽的 2.9～3.4 倍。尾柄长为尾柄高的 1.9～2.2 倍。

体延长，腹鳍以前近筒状，以后渐侧扁。头略宽扁，头顶稍隆起，被皮。枕骨棘长短于背鳍硬刺。吻宽厚，口下位，略呈弧形。上颌突出于下颌。上、下颌及腭骨均具绒毛状齿带。须 4 对，其中鼻须 1 对，后伸超过眼后缘；颌须 1 对，后伸达胸鳍起点；颏须 2 对，外侧颏须较内侧颏须长，后伸达鳃孔。鼻孔每侧 2 个，前、后分离较远；前鼻孔位于吻端，后鼻孔距眼较距吻端为近。眼上侧位，位于头的前半部。眼间距宽，较平。鳃盖膜与峡部不相连。

背鳍短，背鳍刺前后光滑，刺长一般短于胸鳍刺，起点距吻端较距脂鳍起点为近。脂鳍基短于臀鳍基，起点位于背鳍基末至尾鳍基间的中点稍后。臀鳍起点位于脂鳍起点垂直下方之前，距尾鳍基较距胸鳍基末为远。胸鳍刺前后缘均具锯齿，前缘锯齿细小，后缘锯齿强大。腹鳍位于背鳍基下方，雌鱼后伸达臀鳍起点，雄鱼后伸则不达臀鳍起点。尾鳍浅凹形或近截形。

体光滑无鳞。侧线完全。

活体全身淡黄色，项部具浅色垂直横纹。

生物学特性：多栖息于山涧溪流，夜间从隐匿处外出觅食。肉食性，幼鱼摄食浮游动物、摇蚊幼虫和水生昆虫，成鱼除吞食虾类、鱼卵、寡毛类外，还摄食跌落水中的陆生昆虫，摄食量大。繁殖期 5—7 月。雌鱼一般体长 10.0cm 可达性成熟，绝对繁殖力为 516～864 粒，成熟卵粒米黄色，卵径 1.8～2.0mm；雄鱼体长达 13.0～16.0cm 以上开始性成熟（方树淼，1989）。

资源分布：主要分布于湘江和资水，尚有一定的资源量。

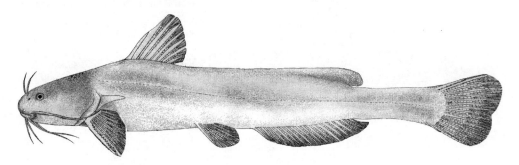

图 180　盎堂拟鲿 *Pseudobagrus ondon* Shaw, 1930

164. 切尾拟鲿 *Pseudobagrus truncatus* (Regan, 1913)（图 181）

英文名：truncate bagrid fish、cuttail bullhead

Pseudobagrus truncatus Regan, 1913, *Ann. Mag. Nat. Hist.*, 11(8): 553（四川）；梁启燊和刘素孀，1966，湖南师范学院学报（自然科学版），（5）：85（洞庭湖）；唐文乔，1989，中国科学院水生生物研究所硕士学位论文：59（桑植）；唐文乔等，2001，上海水产大学学报，10（1）：6（沅水水系的酉水，澧水）；郭克疾等，2004，生命科学研究，8（1）：82（桃源县乌云界自然保护区）；王星等，2011，生命科学研究，15（4）：311（南岳）；李鸿等，2020，湖南鱼类系统检索及手绘图鉴：51，248；廖伏初等，2020，湖南鱼类原色图谱，252。

标本采集：无标本，形态描述摘自《中国动物志 硬骨鱼纲 鲇形目》。

形态特征：背鳍 II-7；臀鳍 iii-16～17；胸鳍 I -7～8；腹鳍 i -5。鳃耙 9～10。

体长为体高的 5.4～9.8 倍，为头长的 4.2～4.7 倍，为尾柄长的 5.6～8.1 倍。头长为吻长的 2.7～3.5 倍，为眼径的 5.8～6 倍，为眼间距的 2.6～2.9 倍，为头宽的 1.3～1.4 倍，为口裂宽的 1.9～2.3 倍。尾柄长为尾柄高的 1.6～2.3 倍。

体颇长，前段略平扁，后段侧扁，较窄，体长为体宽的 5.0 倍以上。头平扁，头顶包被皮膜，枕骨棘细短。吻短、钝圆。口亚下位，弧形。唇厚，口角唇褶发达，上、下唇沟明显。上颌突出于下颌；上、下颌及腭骨具绒毛状齿带。须 4 对，其中，鼻须 1 对，位于后鼻孔前缘，后伸超过眼后缘；颌须 1 对，后伸达须基部至胸鳍起点的 2/3 处；颏须 2 对，外侧颏须长于内侧颏须，后伸达须基部至胸鳍起点的 2/3 处。鳃孔宽大。鼻孔每侧 2 个，前、后分离较远；前鼻孔短管状，位于吻端；后鼻孔喇叭状，位于吻侧中部，距前鼻孔较具眼前缘为近。眼小，上侧位，位于头的前半部，包被皮膜，无游离眼缘。眼间隔宽平。鳃孔宽阔。鳃盖膜与峡部不相连。

背鳍刺短，约为头长的 1/2，前后缘均光滑无锯齿，起点距吻端较距脂鳍起点为远。脂鳍低而长，起点位于背鳍基末至尾鳍基间的中点稍后，脂鳍基长约等于臀鳍基长。臀鳍起点位于脂鳍起点垂直下方，距尾鳍基较距胸鳍基末为远。胸鳍短小，下侧位，胸鳍刺稍长于背鳍刺，前缘具弱锯齿，后缘锯齿发达，后伸达腹鳍起点。腹鳍起点位于背鳍基后下方，距胸鳍末端较距臀鳍起点为远。肛门距臀鳍起点较距腹鳍基末为近。尾鳍近截形或浅凹形。

体光滑无鳞。侧线完全。

鳃耙细小。

活体背侧灰褐色，腹部灰黄色。体侧正中具数块不规则、不明显的暗斑。各鳍灰黑色。

生物学特性：

【生活习性】喜栖息于水流缓慢的水域，一般白天栖息于水体底层，夜晚在水体上层觅食（伍律等，1989；《福建鱼类志》编写组，1984）。

【年龄生长】个体较小，体长一般为 20.0cm 以下。以星耳石为年龄鉴定材料，退算体长：雌鱼 1 龄 6.9cm、2 龄 7.9cm、3 龄 10.4cm、4 龄 11.6cm、5 龄 13.2cm；雄鱼 1 龄 7.6cm、2 龄 10.6cm、3 龄 12.8cm、4 龄 14.5cm、5 龄 18.7cm、6 龄 19.6cm。相同年龄组雄鱼个体大于雌鱼（邹远超等，2014a）。

【食性】主要以动物性饵料为食，食物组成包括水生昆虫及幼虫、鱼、虾、水蚯蚓、软体动物、浮游动物及藻类。全年摄食，其中冬季和春季摄食强度大。食物组成存在明显的季节差异：春季以水生昆虫为主，夏季、秋季以鱼类、虾类为主，冬季以蜉蝣目、寡毛类为主（梅杰等，2016）。

【繁殖】繁殖期 4—5 月。2 龄性成熟，最小性成熟个体雌鱼体长 8.3cm、重 10.3g。绝对繁殖力为 566～6758 粒，相对繁殖力为 45.0～349.0 粒/g。一次性产卵，成熟卵球形或椭球形，卵径 0.9～1.8mm（邹远超等，2014b）。

资源分布：洞庭湖及湘、资、沅、澧"四水"均有分布，但数量较少。

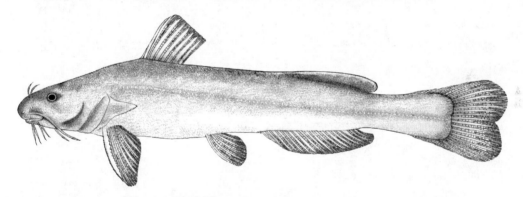

图 181　切尾拟鲿 *Pseudobagrus truncatus* (Regan, 1913)

165. 白边拟鲿 *Pseudobagrus albomarginatus* **(Rendahl, 1928)**（图 182）

俗称：别耳鲇；**别名：**白边鮠

Leiocassis albomarginatus Rendahl, 1928, *Ark. Zool.*, 20A(1): 170（安徽当涂）；梁启燊和刘素嬛，1959，湖南师范学院自然科学学报，（3）：67（洞庭湖、湘江）；梁启燊和刘素嬛，1966，湖南师范学院学报（自然科学版），（5）：85（洞庭湖、湘江）；唐家汉和钱名全，1979，淡水渔业，（1）：10（洞庭湖）；唐家汉，1980a，湖南鱼类志（修订重版）：188（洞庭湖）；林益平等（见：杨金通等），1985，湖南省渔业区划报告集：78（洞庭湖、湘江、资水、沅水、澧水）；吴倩倩等，2016，生命科学研究，20（5）：377（通道玉带河国家级湿地公园）。

Pseudobagrus albomarginatus：刘良国等，2013a，海洋与湖沼，44（1）：148（沅水怀化、五强溪水库、常德）；李鸿等，2020，湖南鱼类系统检索及手绘图鉴：51，249；廖伏初等，2020，湖南鱼类原色图谱，254。

标本采集: 标本 20 尾,采自洞庭湖沅江、湘江、资水。

形态特征: 背鳍Ⅱ-7;臀鳍 i -19~20;胸鳍Ⅰ-6~8;腹鳍 i -5。

体长为体高的 4.1~5.1 倍,为头长的 4.1~4.4 倍,为尾柄长的 6.1~6.7 倍,为尾柄高的 13.4~15.2 倍。头长为吻长的 2.9~3.2 倍,为眼径的 7.0~8.2 倍,为眼间距的 2.8~3.2 倍,为尾柄长的 1.4~1.6 倍,为尾柄高的 3.1~3.5 倍。尾柄长为尾柄高的 2.1~2.4 倍。

体甚长,腹鳍以前较胖圆,向后渐侧扁。头稍平扁,头顶被皮。吻圆钝。口下位,弧形。唇厚,口角唇褶发达,上、下唇沟明显。上颌突出,长于下颌;上、下颌及腭骨具弧形绒毛状齿带。须 4 对,均较细短;其中,鼻须 1 对,位于后鼻孔前缘,后伸接近或稍超过眼前缘;颌须 1 对,后伸稍超过眼后缘,但不达鳃盖骨;颏须 2 对,细小,外侧颏须达眼后缘。鼻孔每侧 2 个,前、后分离较远;前鼻孔短管状,位于吻端;后鼻孔位于吻端至眼前缘间的中点。眼上侧位,位于头的前部,眼缘不游离,包被皮膜,无游离眼缘。眼间隔宽阔。鳃孔宽阔。鳃盖膜与峡部不相连。

背鳍起点距吻端等于或稍大于距臀鳍起点;背鳍刺后缘稍粗糙,刺长大于胸鳍刺。脂鳍末端游离,鳍基长稍大于臀鳍基。腹鳍位于背鳍基末稍后,后伸超过肛门,几达臀鳍起点。肛门距臀鳍较距腹鳍为近。尾鳍浅凹形,边缘具较宽白边。

体光滑无鳞。侧线完全。

鳃耙短细。

背侧灰黄色,腹部黄白色,各鳍浅灰色,尾鳍边缘为白色,故名白边拟鲿。一般雄鱼体较细长,雌鱼则较粗短,个体较小。

生物学特性: 栖息于江河、湖泊底层,以水生小型无脊椎动物为食。2 龄性成熟,繁殖期 4—5 月,于岸边水流缓慢的水域产卵。卵沉性,淡黄色。

资源分布: 洞庭湖及湘、资、沅、澧"四水"曾有分布,现仅见于湘江和沅水,数量较少。

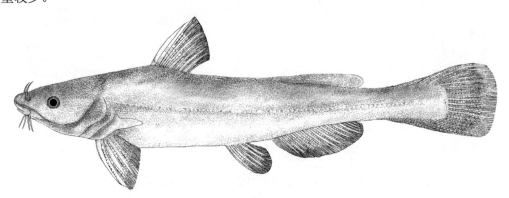

图 182　白边拟鲿 *Pseudobagrus albomarginatus* (Rendahl, 1928)

166. 短须拟鲿 *Pseudobagrus brachyrhabdion* Cheng, Ishihara *et* Zhang, 2008(图 183)

俗称: 竹筒黄鮕;**别名:** 竹筒拟鲿、竹筒鮠

Pseudobagrus brachyrhabdion Chen, Ishihara *et* Zhang(程建丽,Ishihara 和张鹗),2008,*Ichthyol Res.*, 55: 112(沅水、湘江);李鸿等,2020,湖南鱼类系统检索及手绘图鉴: 52, 250;廖伏初等,2020,湖南鱼类原色图谱,256。

Leiocassis pratti:唐家汉,1980a,湖南鱼类志(修订重版):188(湘江江华);林益平等(见:杨金通等),1985,湖南省渔业区划报告集:78(湘江)。

Pseudobagrus pratti：唐文乔，1989，中国科学院水生生物研究所硕士学位论文：59（保靖）；褚新洛等，1999，中国动物志 硬骨鱼纲 鲇形目：65（沅江）；唐文乔等，2001，上海水产大学学报，10（1）：6（沅水水系的酉水）；曹英华等，2012，湘江水生动物志：257（湘江浏阳河）；刘良国等，2013b，长江流域资源与环境，22（9）：1165（澧水慈利、石门）；刘良国等，2013a，海洋与湖沼，44（1）：148（沅水怀化、五强溪水库、常德）；刘良国等，2014，南方水产科学，10（2）：1（资水安化、桃江）；向鹏等，2016，湖泊科学，28（2）：379（沅水五强溪水库）；康祖杰等，2019，壶瓶山鱼类图鉴：207（壶瓶山）。

标本采集：标本 20 尾，采自浏阳河。

形态特征：背鳍 II -7；臀鳍 i -20～23；胸鳍 I -8；腹鳍 i -5。鳃耙 10～11。游离脊椎骨 41～46。

体长为体高的 5.6～8.5 倍，为头长的 4.2～6.0 倍，为尾柄长的 5.2～8.0 倍。头长为吻长的 2.2～2.8 倍，为眼径的 4.2～6.2 倍，为眼间距的 2.7～3.6 倍，为头宽的 1.3～1.8 倍。尾柄长为尾柄高的 2.3～2.9 倍。

体细长，前段较圆，后段侧扁。头宽大于体宽。头平扁，包被厚皮膜。口下位，弧形。上、下颌及腭骨均具绒毛状细齿。须 4 对，短小；其中，鼻须 1 对，后伸最多达眼前缘；颌须 1 对，后伸略过眼后缘；颏须 2 对，粗短，内侧颏须与后鼻孔相对，后伸略过眼前缘；外侧颏须略后于内侧颏须，后伸达眼后缘。鼻孔每侧 2 个，前、后分离较远；前鼻孔短管状，位于吻端；后鼻孔距眼前缘较距吻端稍近。眼大，椭圆形，上侧位，包被皮膜，眼缘不游离。眼间隔宽，稍平。枕骨棘细长。鳃盖膜与峡部不相连。

背鳍约位于吻端和臀鳍起点垂直线的中间，起点距胸鳍起点较距腹鳍起点为近；背鳍刺细长，后缘具弱锯齿或仅具锯痕（仅有粗糙感）。脂鳍位于臀鳍起点垂直线的后方，前低后高，末端游离，脂鳍基短于臀鳍基。胸鳍刺粗壮，长于背鳍刺，前缘光滑，后缘锯齿发达，具锯齿 10～15 枚，鳍末超过背鳍起点。匙骨外侧突三角形，末端尖，后伸达胸鳍刺的 3/4 处。腹鳍距吻端较距臀鳍基末为近，起点与背鳍末端相对，末端超过或不过臀鳍起点（雌鱼超过，雄鱼不超过）。肛门约位于腹鳍基末至臀鳍起点间的中点。臀鳍起点距尾鳍基较距吻端为近，鳍基长于脂鳍基。尾鳍微内凹，上、下叶均圆，上叶略长，末端圆形。

体光滑无鳞。侧线完全。

背侧土黄色，腹部及各鳍淡黄色。

资源分布：洞庭湖及湘、资、沅、澧“四水”有分布，数量不多。

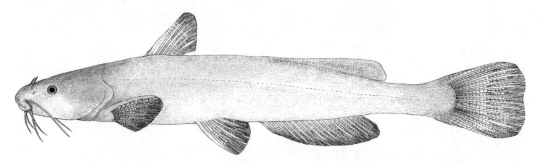

图 183　短须拟鲿 *Pseudobagrus brachyrhabdion* Cheng, Ishihara *et* Zhang, 2008

167. 长体拟鲿 *Pseudobagrus gracilis* Li, Chen *et* Chan, 2005（图 184）

Pseudobagrus gracilis Li, Chen *et* Chan（李捷，陈湘粦和陈辈乐），2005，*Zootaxa*，1067: 49（珠江）；

李鸿等，2020，湖南鱼类系统检索及手绘图鉴：52，251；廖伏初等，2020，湖南鱼类原色图谱，258。

Pseudobagrus adiposalis：郑葆珊（见：成庆泰等），1987，中国鱼类系统检索（上册）：216（湘江）；唐文乔，1989，中国科学院水生生物研究所硕士学位论文：59（保靖）；朱松泉，1995，中国淡水鱼类检索：147（湘江）；唐文乔等，2001，上海水产大学学报，10（1）：6（沅水水系的辰水、酉水、澧水）；康祖杰等，2010，野生动物，31（5）：293（壶瓶山）；康祖杰等，2010，动物学杂志，45（5）：79（壶瓶山）；杨春英等，2012，四川动物，31（6）：959（沅水辰溪）；刘良国等，2013a，海洋与湖沼，44（1）：148（沅水怀化）；向鹏等，2016，湖泊科学，28（2）：379（沅水五强溪水库）；康祖杰等，2019，壶瓶山鱼类图鉴：204（壶瓶山）。

标本采集： 标本 11 尾，采自资水安化，湘江上游。

形态特征： 背鳍 I -6～7；臀鳍 iii～v -16～17；胸鳍 I -7～8；腹鳍 i -5。鳃耙 12～15。

体长为体高的 4.7～7.1 倍，为头长的 4.3～6.1 倍，为尾柄长的 4.5～5.6 倍。头长为吻长的 2.5～3.2 倍，为眼径的 4.6～6.0 倍，为眼间距的 3.3～4.2 倍，为头宽的 1.4～1.7 倍，为口裂宽的 1.8～2.4 倍，为尾柄高的 2.1～2.8 倍。尾柄长为尾柄高的 1.7～2.6 倍。

体细长，背鳍前略呈柱状，后部略侧扁，尾柄高大于头长的 1/3。头小且纵扁，头背被厚皮；枕骨棘不裸露。吻圆钝，略宽。上颌突出。口下位，几呈横裂状。唇厚，在口角形成发达的唇褶。上、下颌及腭骨具绒毛状齿带。须 4 对，其中鼻须 1 对，后伸达或略超过眼前缘；颌须 1 对，后伸超过眼后缘；颏须 2 对，均短于颌须，外侧颏须稍长于内侧颏须，后伸超过眼后缘。鼻孔每侧 2 个，前、后分离较远；前鼻孔靠近吻端；后鼻孔位于眼前上方。眼小，上侧位，位于头的前半部。鳃孔大。鳃盖膜与峡部不相连。

背鳍短小，背鳍刺后缘光滑或仅具锯痕（仅有粗糙感），起点距吻端较距脂鳍起点为远。脂鳍基与臀鳍基等长，起点位于背鳍基末至尾鳍基间的中点。胸鳍下侧位，硬刺前缘光滑，后缘具锯齿，长于背鳍刺，后伸不达腹鳍起点。腹鳍起点位于背鳍基后下方，距胸鳍基末较距臀鳍起点为远，后伸不达（雄鱼）或达（雌鱼）臀鳍起点。肛门距臀鳍起点较距腹鳍基末为近。臀鳍起点后于脂鳍起点垂直下方，距尾鳍基较距胸鳍基末为远。尾鳍微内凹，上叶略长。

体光滑无鳞。侧线完全。

生物学特性： 栖息于江河底层，个体不大，常为 10.0～20.0cm。繁殖期 4—5 月，绝对繁殖力为 1716～3410 粒（郭水荣等，2010）。

资源分布： 湘江、沅水、澧水上游有分布，数量较少。

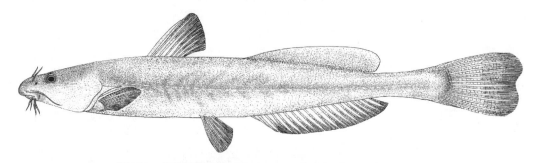

图 184　长体拟鲿 *Pseudobagrus gracilis* Li, Chen *et* Chan, 2005

168. 长臀拟鲿 *Pseudobagrus analis* (Nichols, 1930)（图 185）

Leiocassis analis Nichols, 1930, *Am. Mus. Novit.*, (402): 4（江西湖口）；张春霖，1960，中国鲇类志：27～28（江西湖口）；唐文乔，1989，中国科学院水生生物研究所硕士学位论文：59（吉首、保靖）；

唐文乔等，2001，上海水产大学学报，10（1）：6（沅水水系的辰水、武水、酉水）。

Pseudobagrus analis：李鸿等，2020，湖南鱼类系统检索及手绘图鉴：52，252。

标本采集：无标本，形态描述摘自《中国动物志 硬骨鱼纲 鲇形目》。

形态特征：背鳍Ⅰ-7；臀鳍ii-23；胸鳍Ⅰ-6；腹鳍ⅰ-5。

体长为体高的 5.0 倍，为头长的 4.4 倍。头长为吻长的 2.8 倍，为眼径的 7.0 倍，为眼间距的 2.9 倍，为口宽的 2.5 倍，为颌须长的 2.5 倍，为背鳍刺长的 1.6 倍。

体延长，极侧扁。头顶被厚皮。吻甚突出，上颌突出于下颌。口下位，横裂，略弯曲。唇较厚。上下颌及腭骨均具绒毛状齿带。须 4 对，其中鼻孔 1 对，位于后鼻孔前缘；颌须 1 对，后伸略过眼后缘；颏须 2 对。鼻孔每侧 2 个，前、后分离较远；前鼻孔短管状，靠近吻端；后鼻孔近眼前缘。眼小，上侧位，除眼后部外，眼缘游离。眼间隔平。鳃盖膜与峡部不相连。

背鳍刺后缘光滑，起点距臀鳍起点较距吻端略近。脂鳍低，后端尖且游离。臀鳍与脂鳍相对，约相等。胸鳍刺前缘光滑，后缘具锯齿；胸鳍长为胸鳍起点至腹鳍起点间的 3/5。腹鳍后伸几达或达臀鳍起点。尾鳍低平，尾柄末端最上方之后逐渐下降变尖，末端尖。

体光滑无鳞。侧线完全。

体背浅紫灰色，体侧以下色浅。

资源分布：主要分布于沅水，数量较少。

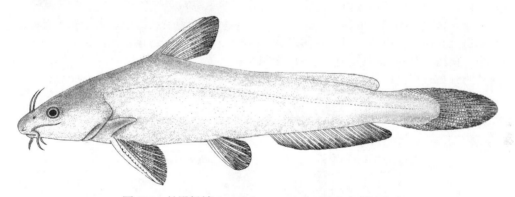

图 185 长臀拟鲿 *Pseudobagrus analis* (Nichols, 1930)

169. 圆尾拟鲿 *Pseudobagrus tenuis* (Günther, 1873)（图 186）

英文名：rounded-tail bagrid fish

Macrones (Pseudobagrus) tenuis Günther, 1873, *Ann. Mag. Nat. Hist.*, (4)12: 224（上海）。

Leiocassis tenuis：张春霖，1960，中国鲇类志：29（湖南）；梁启燊和刘素嬛，1966，湖南师范学院学报（自然科学版），（5）：85（洞庭湖）；唐文乔，1989，中国科学院水生生物研究所硕士学位论文：59（保靖、桑植）；褚新洛等，1999，中国动物志 硬骨鱼纲 鲇形目：58（洞庭湖、湘江）。

Pseudobagrus tenuis：唐文乔等，2001，上海水产大学学报，10（1）：6（沅水水系的辰水、酉水、澧水）；刘良国等，2013b，长江流域资源与环境，22（9）：1165（澧水桑植、慈利、石门、澧县、澧水河口）；刘良国等，2014，南方水产科学，10（2）：1（资水安化、桃江）；向鹏等，2016，湖泊科学，28（2）：379（沅水五强溪水库）；李鸿等，2020，湖南鱼类系统检索及手绘图鉴：52，253；廖伏初等，2020，湖南鱼类原色图谱，260。

标本采集：标本 3 尾，采自赣江水系。

形态特征：背鳍Ⅰ-7；臀鳍iii-20～23；胸鳍Ⅰ-7～9；腹鳍ⅰ-5。鳃耙 12～15。

体长为体高的 5.9～9.7 倍，为头长的 4.4～5.2 倍，为尾柄长的 5.3～6.6 倍，为背鳍前长的 2.9～3.4 倍。头长为吻长的 3.0～3.6 倍，为眼径的 5.7～6.6 倍，为眼间距的 3.1～3.6 倍，为头宽的 1.4～1.6 倍，为口裂宽的 2.1～2.7 倍。尾柄长为尾柄高的 3.0～4.4 倍。

体延长，前段平扁，后段侧扁，尾柄细长。头平扁，被皮；枕骨棘狭窄，通常裸露。吻圆钝。口小，下位，横裂。唇厚，唇边呈梳状槽，在口角形成发达的唇褶。上颌突出于下颌；上、下颌及腭骨均具绒毛状齿带；下颌齿带中部分离；腭骨齿带半圆形，中部最狭窄。须 4 对，均较短，其中鼻须 1 对，位于后鼻孔前缘，后伸达眼后缘；颌须 1 对，后伸达眼后缘；颏须 2 对，外侧颏须长于内侧颏须，后伸达眼后缘。鼻孔每侧 2 个，前、后分离较远；前鼻孔短管状，位于吻的前端；后鼻孔位于眼的前上方。眼小，上侧位，包被皮膜，无游离眼缘。眼间隔宽平。鳃孔大。鳃盖膜与峡部不相连。

背鳍短小，背鳍刺前后缘均光滑无锯齿，位于体前部近 1/4 处，起点距吻端大于距脂鳍起点。脂鳍低长，后缘游离，起点位于背鳍基末至尾鳍基间的中点。臀鳍鳍条不少于 20 根，起点位于脂鳍起点垂直下方略后，距尾鳍基略大于距胸鳍起点。胸鳍下侧位，具 1 根较扁的硬刺，前缘光滑，后缘具发达锯齿；后伸远不达腹鳍起点。腹鳍起点位于背鳍基后下方，距胸鳍基末大于距臀鳍起点，后伸不达臀鳍起点。肛门约位于腹鳍基末至臀鳍起点的中点。尾鳍宽圆，尾柄最低处至末端逐渐上升变宽，末端圆，具白色窄边。

体光滑无鳞。侧线完全。

活体暗灰色，腹部浅黄色，无黄色纵线纹。各鳍暗灰色。

生物学特性：小型底栖鱼类。常栖息于江河水流缓慢的水体中，多于夜间活动，以水生昆虫及其幼虫、蜓蚓、小型软体动物、甲壳类和小型鱼虾等为食。繁殖期 4—6 月。最大个体重约 250.0g（倪勇和伍汉霖，2006）。

资源分布：洞庭湖及湘、资、沅、澧"四水"有分布，但数量较少。

图 186　圆尾拟鲿 *Pseudobagrus tenuis* (Günther, 1873)

（081）半鲿属 *Hemibagrus* Bleeker, 1862

Hemibagrus Bleeker, 1862, *F. Mull., Amst.*: 1-112.

模式种：*Bagrus halepensis* Valenciennes

体很长，前端平扁，尾部侧扁。头宽而平扁；头顶光滑或粗糙，正中具 1 条纵沟；上枕骨棘被皮或裸露。口下位或亚下位。上颌突出于下颌；上、下颌及腭骨具绒毛状细齿。须 4 对，较长，其中鼻须和颌须各 1 对，颏须 2 对；颌须最长，后伸超过胸鳍之后。鼻孔小，每侧 2 个，前、后分离较远，前鼻孔具须。眼上侧位，眼缘游离。鳃孔宽阔。

鳃盖膜与峡部不相连。背鳍具硬刺，分支鳍条 7 根。脂鳍基长，几占背鳍和尾鳍之间的绝大部分，后伸达尾鳍基，但不与尾鳍相连，后缘游离或不游离。胸鳍刺前、后缘或仅后缘具锯齿。尾鳍分叉或凹入。体光滑无鳞。侧线完全。

本属湖南仅分布有 1 种。

170. 大鳍半鲿 *Hemibagrus macropterus* Bleeker, 1870（图 187）

俗称：牛尾巴、牛尾子、江鼠、罐巴子、扁刺；**别名**：大鳍鳠；**英文名**：bigfin catfish

Hemibagrus macropterus Bleeker, 1870, *Verh. Med. Akad. Wet. Amst. Afd. Natuark.*, (2)4: 257（长江）；张春霖，1960，中国鲇类志：33（洞庭湖、湖南）；梁启燊和刘素孄，1966，湖南师范学院学报（自然科学版），（5）：85（洞庭湖）；唐家汉和钱名全，1979，淡水渔业，（1）：10（洞庭湖）；唐家汉，1980a，湖南鱼类志（修订重版）：190（洞庭湖）；李鸿等，2020，湖南鱼类系统检索及手绘图鉴：52，254；廖伏初等，2020，湖南鱼类原色图谱，262。

Mystus macropterus：唐文乔，1989，中国科学院水生生物研究所硕士学位论文：60（吉首）；褚新洛等，1999，中国动物志 硬骨鱼纲 鲇形目：71（岳阳）；唐文乔等，2001，上海水产大学学报，10（1）：6（沅水水系的辰水、武水、酉水，澧水）；吴婕和邓学建，2007，湖南师范大学自然科学学报，30（3）：116（柘溪水库）；刘良国等，2013b，长江流域资源与环境，22（9）：1165（澧水桑植、慈利、石门、澧县、澧水河口）；刘良国等，2013a，海洋与湖沼，44（1）：148（沅水怀化、五强溪水库、常德）；向鹏等，2016，湖泊科学，28（2）：379（沅水五强溪水库）。

Hemibagrus macropterus：林益平等（见：杨金通等），1985，湖南省渔业区划报告集：78（洞庭湖、湘江、资水、沅水、澧水）；曹英华等，2012，湘江水生动物志：258（湘江长沙、衡阳常宁）；刘良国等，2014，南方水产科学，10（2）：1（资水新邵、安化、桃江）；Lei et al., 2015, *J. Appl. Ichthyol.*, 2（湘江）；吴倩倩等，2016，生命科学研究，20（5）：377（通道玉带河国家级湿地公园）。

【古文释鱼】①《永州府志》（吕恩湛、宗绩辰）："鮠鱼，零祁间曰鮰鮀，讹云韦驮，宁远人以其尾歧也，曰牛尾刺"。②《辰州府志》（席绍葆、谢鸣谦）："鳠，《尔雅》'鮛，大鳠'，<注>鳠似鲇而大，白色，味最美，俗呼回鱼，或声之讹也"。③《沅陵县志》（许光曙、守忠）："牛尾鱼，《辰溪县志》'柳条鱼，一名牛尾刺，身长，色青，无鳞，有刺，渔人多以柳条贯之，故名'。<按>《正字通》'鱼形似河豚而小，背青有璅文，无鳞，尾不歧，腹白，有刺'"。

标本采集：标本 40 尾，采自洞庭湖，湘江长沙、衡阳，资水邵阳，沅水怀化等地。

形态特征：背鳍Ⅰ-7；臀鳍 i -13；胸鳍Ⅰ-9；腹鳍 i -5。

体长为体高的 6.0～7.8 倍，为头长的 3.9～4.6 倍，为尾柄长的 4.5～5.8 倍，为尾柄高的 2.0～2.8 倍。头长为吻长的 2.6～2.8 倍，为眼间距的 3.3～4.0 倍。

体长，前段矮扁，后段侧扁。头部平扁，头宽大于体宽。口下位，弧形。唇薄，口角具唇褶，上、下唇沟明显。上颌突出，长于下颌；上、下颌及腭骨均具绒毛状齿带。须 4 对，均很粗长，以颌须最长，后伸达或超过背鳍起点，鼻须最短，长度也超过眼前缘。鼻孔每侧 2 个，前后分隔较远；前鼻孔短管状，靠近吻端；后鼻孔圆形，距吻端较距眼前缘为近。眼上侧位，位于头的前半部，眼缘游离，不被皮膜。眼间隔宽平。鳃孔宽阔。鳃盖膜与峡部不相连。

背鳍起点距吻端约为距尾鳍基间的 1/2；背鳍刺光滑无齿，刺长稍短于胸鳍刺。脂鳍基甚长，起点接近背鳍，末端接近尾鳍，末端不游离，不与尾鳍相连。胸鳍刺宽厚，前缘具细锯齿，后缘锯齿发达。腹鳍起点与背鳍末端相对或稍前，后伸不达臀鳍起点。肛门靠近腹鳍基。臀鳍起点距腹鳍起点约等于其基末距尾鳍基。尾鳍深叉形，上、下叶均为长圆形，上叶稍长。

体光滑，裸露无鳞。侧线完全。

鳃耙细长。

背侧灰褐色，腹部及各鳍灰白色，尾鳍上叶微黑色。体侧或散布黑色斑点。

生物学特性:

【生活习性】底栖鱼类，喜流水环境，多栖息于底质为砾石的溪流或河流上游，喜集群生活，具钻洞习性，环境适应能力较强。人工养殖条件下对溶氧要求较高。

【年龄生长】中小型鱼类，生长速度慢，一般个体多为 0.5kg 以下。胸鳍刺、脊椎骨均能较好地鉴定其年龄，退算体长：1 龄 8.2～10.3cm、2 龄 13.0～14.5cm、3 龄 17.6～18.8cm、4 龄 21.7～23.2cm、5 龄 25.1～26.9cm、6 龄 28.2～30.9cm、7 龄 31.1～35.3cm（周仰璟，1983；王德寿和罗泉笙，1993；吴金明等，2011）。

【食性】食性随个体生长存在差异，体长 20cm 以下个体主要摄食水生昆虫，其次为虾、蟹、水蚯蚓，小型鱼类出现率较低；体长 20cm 以上个体，主要摄食小鱼，其次是水生昆虫及蟹等。经人工驯养，可摄食人工配合饲料。

【繁殖】繁殖期 5 月初至 7 月初。2～3 龄性成熟，最小性成熟个体雄鱼 2 龄、体长 14.5cm，雌鱼 3 龄、体长 17.8cm。成熟卵巢体积最大，松软有弹性，橘黄色，卵径 2.8～3.2mm；精巢栉状，具指状小分支，乳白色。体长为 17.0～38.3cm 的个体，绝对繁殖力为 218～3966 粒，平均为 1643.0 粒，相对繁殖力为 2.6～19.8 粒/g，平均为 10.4 粒/g。一次性产卵。成熟卵扁圆形，橙黄色，透明；受精卵吸水后膨胀，卵膜径达 3.5～3.8mm，沉性，具微黏性。水温 26.5～31.5℃时，受精卵孵化脱膜约需 51.0h，初孵仔鱼全长 7.0～8.0mm（张耀光等，1991；王德寿和罗泉笙，1992；金灿彪等，1994）。

资源分布：广布性鱼类，湖南各地均有分布。味道鲜美，是湖南重要经济鱼类之一，目前省内尚无人工养殖的报道。

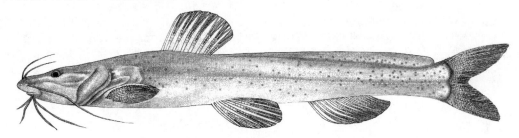

图 187 大鳍半鲿 *Hemibagrus macropterus* Bleeker, 1870

【14】钝头鮠科 Amblycipitidae

体延长，前段较圆，后段渐侧扁。头宽而平扁。上、下颌具绒毛状齿带。须 4 对，其中，鼻须 1 对，颌须 1 对，颏须 2 对。前、后鼻孔接近，两鼻孔间由鼻须基部隔开。眼小，上位，包被皮膜。眼后头顶中线具浅凹槽，槽两边略鼓起。鳃盖膜与峡部不相连。背鳍与胸鳍硬刺短小，包被皮膜；脂鳍低而长，末端与尾鳍基相连或仅具缺刻相隔；鳔分左、右 2 室，部分包于骨质囊内。尾鳍亚圆形或稍截形。

本科湖南分布有 1 属 6 种。

（082）鱼央属 *Liobagrus* Hilgendorf, 1878

Liobagrus Hilgendorf, 1878, *Sitz. Ges. Nat. Freunde. Berl.*: 155.

模式种：*Liobagrus reini* Hilgendorf

体前段略呈圆筒形，后段侧扁。头部宽阔而矮扁，颊部膨大，头宽大于体宽，头顶包被皮膜。吻钝宽。口端位。上、下颌具绒毛状齿带；犁骨无齿。须4对，其中，鼻孔及颌须各1对，颏须2对。鼻孔每侧2个，前、后分离。眼小，上侧位，位于头的前半部；眼前两侧内凹，通常包被皮膜，有游离眼缘。鳃孔大。鳃盖膜与峡部不相连。背鳍和胸鳍均具硬刺，通常包于鳍膜内。脂鳍低长，末端连于尾鳍或具小缺刻。尾鳍圆形或截形。鳔包于骨质囊内。体裸露无鳞。无侧线。

本属鱼类体光滑无鳞，有黏液，极滑难握；其胸鳍刺短小、尖锐，基部具毒腺，包被皮膜，且鼓起1个小包，抓握时如握太紧，鱼体挣扎则易被胸刺所刺，被刺后，疼痛感如拟鲿属鱼类，似被马蜂蜇，因此，安化、石门等地常称其为"鱼蜂子"。湖南分布有6种。

【**鉠属上、下颌长短及脂鳍起点较难确定**】鉠属鱼类个体小，加上种类多样性比较丰富，上、下颌长短往往很难判别，在经福尔马林浸泡后的标本才稍明显；同时，鉠属鱼类各鳍均包被皮膜，分支鳍条数难以计数；再者背鳍起点距吻端与距脂鳍起点距离比较，也因脂鳍起点位置难以确定，也存在困难。因此，在对该属鱼类进行分类时，可以选取胸鳍刺内缘锯齿有无、脂鳍末端缺刻与否、尾鳍形态及颏须长等容易辨识的性状，其中胸鳍刺内缘锯齿有无如图188所示，脂鳍末端缺刻与否如图189所示。

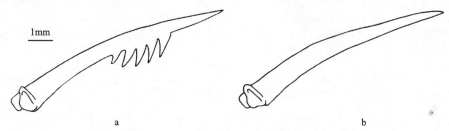

图188　鉠属鱼类两种典型的胸鳍刺（孙智薇，2011）

a. 白缘鉠；b. 黑尾鉠

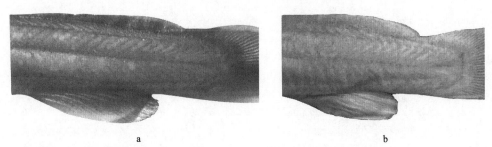

图189　鉠属鱼类两种典型的脂鳍形态（孙智薇，2011）

a. 司氏鉠；b. 白缘鉠

【**古文释鱼**】《宁乡县志》（周震鳞、刘宗向）："塔门前靴嵩字，山麓石穴，如门出泉，春雷时出鱼，指大、无鳞而瘦，入田数日即肥，甘鲜，土人呼为靴嵩子，以鱼之多寡卜年之丰欠"。

钝头鮠科鉠属种检索表

1（2）　胸鳍刺内缘具锯齿；脂鳍末端不与尾鳍相连，具明显缺刻，末端不游离；尾鳍截形。颏须长，后伸达胸鳍中部·······························**171. 白缘鉠 *Liobagrus marginatus* (Günther, 1892)**

2（1） 胸鳍刺内缘无明显锯齿；脂鳍末端与尾鳍相连，无明显缺刻；尾鳍截形或亚圆形

3（4） 尾鳍截形；颌须长，后伸达胸鳍中部。胸鳍刺长，后伸达背鳍起点……………………
…………………………………………………………**172. 拟缘鮠 *Liobagrus marginatoides* (Wu, 1930)**

4（3） 尾鳍亚圆形；颌须较短，后伸不达、仅达或稍超过胸鳍起点

5（6） 胸鳍刺长，后伸达背鳍起点…………………………**173. 黑尾鮠 *Liobagrus nigricauda* Regan, 1904**

6（5） 胸鳍刺短，后伸不达背鳍起点

7（10） 上颌明显长于下颌

8（9） 体侧具不规则白色斑点；臀鳍分支鳍条 17 根以上；颌须后伸不达胸鳍起点………………
……………………………………………………………**174. 司氏鮠 *Liobagrus styani* Regan, 1908**

9（8） 体侧无白色斑点；臀鳍分支鳍条 16 根以下；颌须后伸超过胸鳍起点…………………………
………………………………………………………**175. 鳗尾鮠 *Liobagrus anguillicauda* Nichols, 1926**

10（7） 上颌与下颌约等长……………**176. 等颌鮠 *Liobagrus aequilabris* Wright *et* Ng, 2008**

171. 白缘鮠 *Liobagrus marginatus* (Günther, 1892)（图 190）

俗称：鱼蜂子；**英文名**：yellow-margin-fin smooth catfish

Amblyceps marginatus Günther, 1892, *in Pratt's Snows of Tibet*: 245（四川）。

Liobagrus marginatus：唐家汉，1980a，湖南鱼类志（修订重版）：192（湘江道县）；林益平等（见：杨金通等），1985，湖南省渔业区划报告集：78（湘江）；陈景星等（见：黎尚豪），1989，湖南武陵源自然保护区水生生物：126（张家界喻家嘴、林场和夹担湾）；李思忠（见：刘明玉等），2000，中国脊椎动物大全：180（湘鄂至云南鹤庆等长江水系）；唐文乔等，2001，上海水产大学学报，10（1）：6（沅水水系的酉水）；郭克疾等，2004，生命科学研究，8（1）：82（桃源县乌云界自然保护区）；曹英华等，2012，湘江水生动物志：260（湘江江华、道县）；刘良国等，2013b，长江流域资源与环境，22（9）：1165（澧水慈利、石门）；刘良国等，2013a，海洋与湖沼，44（1）：148（沅水五强溪水库、常德）；向鹏等，2016，湖泊科学，28（2）：379（沅水五强溪水库）；李鸿等，2020，湖南鱼类系统检索及手绘图鉴：52，255；廖伏初等，2020，湖南鱼类原色图谱，264。

濒危等级：濒危，《中国物种红色名录 第一卷 红色名录》（汪松和解焱，2004）。
标本采集：标本 20 尾，采自资水安化，湘江江华，浏阳河、张家界、石门。
形态特征：背鳍Ⅰ-6～8；臀鳍iv-10～13；胸鳍Ⅰ-7～8；腹鳍 i -5。

体长为体高的 5.7～5.8 倍，为头长的 4.3～4.5 倍。头长为吻长的 3.0～3.1 倍，为眼径的 15.0～16.0 倍，为眼间距的 2.5～2.6 倍，为头宽的 1.2 倍，为口宽的 1.7～1.9 倍。

体长，前段略圆筒形，后段侧扁。头平扁，被厚皮；头宽大于体宽；眼后头顶中线具凹槽，颊部鼓起。口大，端位。上、下颌被上、下唇覆盖，具绒毛状齿带，下颌齿带中部分离，为紧靠的左、右两块。须 4 对，较发达；其中，鼻须 1 对，细小，后伸超过眼后缘，不达胸鳍起点；颌须 1 对，较长，基部皮膜较宽，一边紧连于鼻须基部，一边连于上唇，自然状态横向伸展，后伸达胸鳍中部；颏须 2 对，内侧颏须较短，约为外侧颏须的 1/2，外侧颏须后伸达胸鳍起点或更后。鼻孔 2 对，前、后分离，相隔较远；前鼻孔短管状，靠近吻端；后鼻孔靠近眼前缘。眼小，上位，位于头的前部。两眼前左、右内凹。鳃盖膜与峡部不相连。

背鳍前移，靠近头部，外缘突出，起点距胸鳍起点较距腹鳍起点为近，后伸不达腹鳍起点上方。背鳍刺平直、短小，被厚皮膜，前后缘均光滑，刺长约为分支鳍条长的 1/2，短于胸鳍刺。脂鳍低而长，外缘突出，末端不与尾鳍相连，具明显缺刻，末端不游离。胸鳍刺也被厚皮膜，内缘具锯齿 3～5 枚，鳍末超过背鳍起点，但不达腹鳍起点。腹鳍起点位于背鳍末端之后，后伸超过肛门，不达臀鳍起点。肛门靠前，位于腹鳍起点至臀鳍起点间的 1/3 处。臀鳍基较长，但短于脂鳍基，鳍条较短，外缘圆突。尾鳍截形。

体裸露无鳞，被覆细小颗粒状乳突。侧线不明显。

背侧灰黄色，腹部灰白色，各鳍浅灰色，边缘白色。

生物学特性：

【生活习性】小型底栖鱼类，喜流水，多栖息于山溪河流中，白天潜入洞穴或石缝中，夜间成群于浅滩中觅食。

【年龄生长】个体小，体长一般小于 12.0cm，发现的最大个体体长 15.0cm。生长缓慢。以脊椎骨为年龄鉴定材料，退算体长：1 龄 5.1cm、2 龄 5.6cm、3 龄 6.1cm、4 龄 7.2cm（王怀林，2011）。

【食性】肉食性，主要摄食水生昆虫及幼虫、枝角类、桡足类和底栖动物等。肠长为体长的 0.4～0.7 倍，具胃（谢建洋等，2014）。

【繁殖】繁殖期 3—6 月。1 龄性成熟。绝对繁殖力为 30～254 粒，相对繁殖力为 7.3～38.9 粒/g。Ⅳ期卵巢卵发育不完全同步，卵径变幅 0.3～3.9mm。成熟卵黄色或白色，半透明，直径达 3.0mm（刘小红等，2007；于学颖等，2018）。

资源分布： 洞庭湖及湘江、沅水和澧水曾有分布，目前数量稀少。

图 190　白缘鮡 *Liobagrus marginatus* (Günther, 1892)

172. 拟缘鮡 *Liobagrus marginatoides* (Wu, 1930)（图 191）

俗称： 鱼蜂子；**英文名：** yellow-margin-fin smooth catfish

Amblyceps marginatoides Wu（伍献文），1930a，*Bull. Mus. Hist. Nat., Paris*, (2)11(3): 256（四川）。

Leiobagrus marginatoides：唐家汉，1980a，湖南鱼类志（修订重版）：191（沅水）；林益平等（见：杨金通等），1985，湖南省渔业区划报告集：78（湘江、沅水）；吴婕和邓学建，2007，湖南师范大学自然科学学报，30（3）：116（柘溪水库）；牛艳东等，2011，湖南林业科技，38（5）：44（城步芙蓉河）；曹英华等，2012，湘江水生动物志：261（湘江江华）；李鸿等，2020，湖南鱼类系统检索及手绘图鉴：52，256；廖伏初等，2020，湖南鱼类原色图谱，266。

标本采集： 标本 15 尾，采自湘江。

形态特征： 背鳍 Ⅰ-6～8；臀鳍 iv-11～15；胸鳍 Ⅰ-7～8；腹鳍 i -5。

体长为体高的 4.9～6.5 倍，为头长的 4.2～5.5 倍，为尾柄长的 5.8～7.7 倍。头长为吻长的 3.6～4.5 倍，为口宽的 1.4～2.2 倍，为眼间距的 2.0～4.3 倍，为头宽的 1.0～1.2 倍，为颌须长的 0.9～1.2 倍，为外侧颏须长的 1.0～1.2 倍。

体长，由前向后渐侧扁。头宽，平扁，被厚皮；头高小于体高；眼后头顶中线具凹槽，颊部鼓起，头宽明显大于体宽。口端位，宽大。上、下颌均具弧形绒毛状齿带，下颌稍长于上颌。须 4 对，其中鼻须 1 对，约等于眼后头长；颌须 1 对，较长，后伸达胸鳍中部；颏须 2 对，外侧颏须长于内侧颏须，后伸达胸鳍刺 1/3 处。鼻孔每侧 2 个，前、后分离，相隔较远；前鼻短管状，靠近吻端；后鼻孔距眼前缘较距吻端为近，两鼻孔间由鼻须基部隔开。眼小，上位，位于头前部；两眼前左右内凹。眼间隔宽阔。鳃盖膜与峡部不相连。

背鳍前移，接近头部。背鳍刺和胸鳍刺约等长，均被厚皮膜，内、外缘均光滑无锯齿，刺长均小于其鳍条长的1/2。脂鳍较长，长于臀鳍基，末端与尾鳍相连处下凹但无缺刻。胸鳍后伸达背鳍起点，远不达腹鳍起点。腹鳍后伸超过肛门。臀鳍后伸接近尾鳍基。尾鳍截形。

体裸露无鳞。侧线不明显。

体棕色，腹部灰白色，各鳍基部灰暗，边缘白色。

生物学特性：底栖鱼类，个体小，常见个体体长多小于10.0cm，主要摄食水生昆虫及幼虫和一些底栖动物，亦摄食小虾。白天隐匿于石缝中，夜间外出觅食。

资源分布：洞庭湖及湘、资、沅、澧"四水"曾有分布，现仅见于湘江、沅水中上游，数量少，个体小。

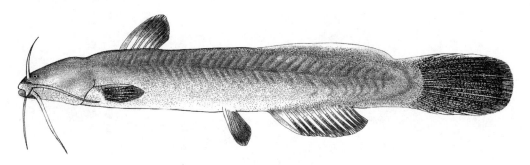

图 191　拟缘鮠 *Liobagrus marginatoides* (Wu, 1930)

173. 黑尾鮠 *Liobagrus nigricauda* Regan, 1904（图 192）

俗称：鱼蜂子；**英文名**：black-caudal-fin smooth catfish

Liobagrus nigricauda Regan, 1904, *Ann. Mag. Nat. Hist.*, (7)13: 193（云南）；唐文乔，1989，中国科学院水生生物研究所硕士学位论文：60（保靖）；唐文乔等，2001，上海水产大学学报，10（1）：6（沅水水系的辰水、酉水、澧水）；刘良国等，2013b，长江流域资源与环境，22（9）：1165（澧水澧县、澧水河口）；李鸿等，2020，湖南鱼类系统检索及手绘图鉴：52，257。

标本采集：无标本，形态描述摘自《中国动物志 硬骨鱼纲 鲇形目》。

形态特征：背鳍 I -6~8；臀鳍iv-10~14；胸鳍 I -7~9；腹鳍 i -5。

体长为体高的4.6~8.4倍，为头长的3.9~4.9倍，为尾柄长的5.6~8.2倍。头长为吻长的3.5~5.0倍，为眼间距的2.5~3.8倍，为口宽的1.6~2.3倍，为头宽的1.1~1.3倍，为颌须长的0.8~1.1倍。

体长，前段较圆，肛门以后逐渐侧扁。头平扁，被厚皮，宽大，其宽大于体高；眼后头顶中线具凹槽，颊部鼓起。口大，端位，横裂。唇厚，乳突状。上、下颌约等长，为上、下唇所覆盖，具绒毛状齿带，下颌齿带中部分离。须4对；鼻须细小，后伸超过眼后缘，不达胸鳍起点；颌须长，基部皮膜较宽，一边紧连于鼻须基部，一边连于上唇，自然状态横向伸展，后伸超过胸鳍起点；颏须2对，内侧颏须短，约为外侧颏须长的1/2，外侧颏须后伸达胸鳍起点。鼻孔2对，前鼻孔短管状，约位于吻端与眼前缘间的1/3处；

后鼻孔距眼前缘较距吻端为近，其间距大于前鼻孔间距，两鼻孔间由宽的膜状鼻须基部所隔开。眼小，上位，被皮，椭圆形，紧靠后鼻孔的后外侧，约位于头的前 1/3 处。眼间隔宽平。鳃盖膜与峡部不相连。

背鳍起点约位于胸鳍起点至腹鳍起点间的中点，距吻端等于或稍大于距脂鳍起点。背鳍后部边缘凸起，背鳍刺短小，被厚皮膜，短于最长分支鳍条的 1/2 且短于胸鳍刺，前、后缘均光滑。脂鳍低而长，长于臀鳍基，外缘突出，起点约与肛门相对，末端与尾鳍连接处无明显缺刻。胸鳍后伸接近腹鳍起点；胸鳍刺粗壮、发达，约等于最长鳍条的 1/2，长于背鳍刺，后伸达背鳍起点，被皮膜，末端尖，前、后缘均光滑无锯齿。腹鳍位于背鳍末端之后，脂鳍起点之前，距吻端较距尾鳍基为近；鳍条短，后伸超过肛门，不达臀鳍起点。肛门靠前，距腹鳍起点较距臀鳍起点为近。臀鳍起点距尾鳍基较距胸鳍起点为近，后伸不达尾鳍基；鳍基长于背鳍基，但短于脂鳍基。尾鳍亚圆形，尾柄最低处位于臀鳍基末之后。

体裸露无鳞，被细小颗粒状凸起。侧线不明显。

浸制标本淡棕色，腹面较淡；尾鳍、脂鳍为灰色，有较窄的白色边。

生物学特性：

【生活习性】底栖鱼类，喜栖息于底质为砂、砾石的流水环境。

【年龄生长】个体小，生长速度慢。以脊椎骨为年龄鉴定材料，退算体长：1 龄 4.1cm、2 龄 5.0cm、3 龄 6.1cm、4 龄 6.9cm。

【食性】肉食性，主要摄食水生昆虫及幼虫、小型鱼虾和鱼卵等。

【繁殖】繁殖期 4—6 月。2 龄性成熟。繁殖力低，绝对繁殖力为 57～106 粒，相对繁殖力为 14.5～23.6 粒/g。卵巢中卵发育不同步（杨骏等，2014）。

资源分布：沅水和澧水水系有分布，数量稀少。

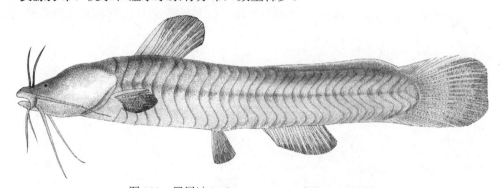

图 192　黑尾鲀 *Liobagrus nigricauda* Regan, 1904

174. 司氏鲀 *Liobagrus styani* Regan, 1908（图 193）

俗称：鱼蜂子；**英文名：**Styan's smooth catfish

Liobagrus styani Regan, 1908b, *Ann. Mus. Nat. Hist.*, 1(8): 152（湖北）；米小其等，2007，生命科学研究，11（2）：123（安化）；吴婕和邓学建，2007，湖南师范大学自然科学学报，30（3）：116（柘溪水库）；刘良国等，2013b，长江流域资源与环境，22（9）：1165（澧水慈利、石门、澧县、澧水河口）；刘良国等，2013a，海洋与湖沼，44（1）：148（沅水怀化、五强溪水库、常德）；刘良国等，2014，南方水产科学，10（2）：1（资水安化、桃江）；向鹏等，2016，湖泊科学，28（2）：379（沅水五强溪水库）；李鸿等，2020，湖南鱼类系统检索及手绘图鉴：53，258；廖伏初等，2020，湖南鱼类原色图谱，268。

标本采集：标本 30 尾，采自资水、沅水。

形态特征：背鳍 I -6；臀鳍iv-10～12；胸鳍 I -7～8；腹鳍 i -5。游离脊椎骨 36～37。

体长为体高的 4.8～8.2 倍，为头长的 4.1～4.7 倍，为尾柄长的 5.4～7.2 倍。头长为吻长的 3.3～3.8 倍，为头宽的 1.0～1.2 倍，为口宽的 1.4～1.9 倍，为眼间距的 2.4～3.3 倍，为颌须长的 0.9～1.4 倍，为外侧颏须长的 1.0～1.4 倍。

体长，前段平扁，肛门以后渐侧扁。头平扁，被厚皮，宽大，头宽大于头高；眼后头顶中线具凹槽，颊部鼓起。口大，端位，横裂。唇厚，乳突状。上、下颌为上、下唇所覆盖，上颌明显长于下颌（浸泡标本更明显）。上、下颌具绒毛状细齿，上颌齿宽，为整块状，下颌齿弯月形，中部分离，分为紧靠的左、右 2 块。须 4 对，鼻须细小，后伸超过眼后缘，不达鳃盖后缘；颌须最长，基部皮膜较宽，一边紧连于鼻须基部，一边连于上唇，自然状态时横向伸展，后伸不达胸鳍起点；颏须 2 对，内侧颏须短，约为外侧颏须的 1/2，外侧颏须后伸不达胸鳍起点。鼻孔 2 对，前鼻孔短管状，约位于吻端与眼前缘间的 1/3 处；后鼻孔距眼前缘较距吻端为近，其间距大于前鼻孔间距，两鼻孔之间由宽的、膜状的鼻须基部隔开。眼小，椭圆形，被厚皮膜，上位，位于头的前 1/3 处，紧贴鼻孔的后外侧。眼间隔宽平。鳃盖膜与峡部不相连。

背鳍起点距胸鳍起点较距腹鳍起点为近，距吻端较距脂鳍起点为近，约与胸鳍中部相对，后伸不达腹鳍起点；背鳍后部边缘凸起；背鳍刺短，被厚皮膜，前、后缘均光滑无锯齿，刺长小于最长分支鳍条的 1/2，短于胸鳍刺。脂鳍起点位于腹鳍起点垂直上方之后，约与肛门相对；鳍基低长，大于臀鳍基长，外缘突出，末端与尾鳍相连处无明显缺刻。胸鳍刺较背鳍刺发达，粗壮，后伸不达背鳍起点；胸鳍刺前、后缘均光滑无锯齿。腹鳍起点位于背鳍末端之后，脂鳍起点之前，距吻端较距尾鳍基为近。肛门距腹鳍起点较距臀鳍起点为近。臀鳍起点距尾鳍基较距胸鳍起点为近，后伸不达尾鳍基，鳍条短，鳍基长于背鳍基，但短于脂鳍基。尾鳍亚圆形，尾柄最低处位于臀鳍基末之后。

体裸露无鳞。侧线不明显。

浸制标本棕色，腹面较淡，体侧有分布不规则的淡色小点，背鳍、脂鳍颜色较深，各鳍具较宽的淡色边缘。

资源分布：湘、资、沅、澧"四水"中上游干流及支流有分布。

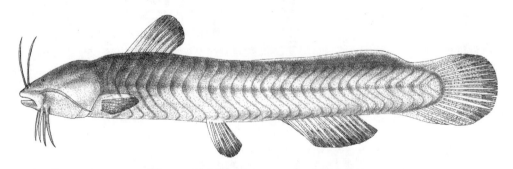

图 193　　司氏鮱 *Liobagrus styani* Regan, 1908

175. 鳗尾鮱 *Liobagrus anguillicauda* Nichols, 1926（图 194）

俗称：鱼蜂子；**英文名**：caudalfin-eellike catfish

Liobagrus anguillicauda Nichols, 1926, *Am. Mus. Novit.*, (224): 1（福建）；康祖杰等，2008，四川动物，27（6）：1149（壶瓶山）；康祖杰等，2010，野生动物，31（5）：293（壶瓶山）；康祖杰等，2010，动物学杂志，45（5）：79（壶瓶山）；康祖杰等，2019，壶瓶山鱼类图鉴：215（壶瓶山毛竹河、江坪河和溇水）；李鸿等，2020，湖南鱼类系统检索及手绘图鉴：53，259。

标本采集：标本 4 尾，采自资水。

形态特征：背鳍Ⅰ-6～7；臀鳍iv-11～14；胸鳍Ⅰ-7；腹鳍 i -5。

体长为体高的 5.2～6.5 倍，为头长的 4.2～4.8 倍，为尾柄长的 5.4～7.1 倍。头长为吻长的 3.3～4.2 倍，为口裂宽的 1.7～1.9 倍，为眼间距的 2.8～4.3 倍，为头宽的 1.0～1.2 倍，为颌须长的 1.0～1.1 倍。

体长，前段较圆，肛门以后渐侧扁。头略平扁，被厚皮膜，宽大，头宽大于头高；眼后头顶中线具凹槽。颊部鼓起。口大，端位，横裂；唇厚，乳突状；上、下颌为上、下唇所覆盖，上颌明显长于下颌（浸泡标本更明显）；上、下颌具绒毛状细齿，上颌齿宽，整块状，下颌齿弯月形，中部分离。须 4 对，鼻须细小，后伸超过眼后缘，不达胸鳍起点；颌须长，基部皮膜较宽，一边紧连于鼻须基部，一边连于上唇，自然状态时横向伸展，后伸超过胸鳍起点；颏须 2 对，内侧颏须短，约为外侧颏须的 1/2，外侧颏须后伸达胸鳍起点。鼻孔 2 对，前鼻孔短管状，约位于吻端与眼前缘间的 1/3 处；后鼻孔距眼前缘较距吻端为近，其间距大于前鼻孔的间距，两鼻孔间由宽的膜状鼻须基部隔开。眼小，上位，椭圆形，包被厚皮膜，约位于头的前 1/3 处，紧贴后鼻孔的后外侧。眼间隔宽平。鳃盖膜与峡部不相连。

背鳍位置较前，起点距胸鳍起点较距腹鳍起点为近，距吻端较距脂鳍起点为近，约与胸鳍中部相对，后伸不达腹鳍起点。背鳍后部外缘凸起；背鳍刺短小，被厚皮膜，前后缘均光滑无锯齿；刺长小于最长分支鳍条的 1/2，短于胸鳍刺。脂鳍起点位于腹鳍起点垂直上方之后，约与肛门相对；末端与尾鳍相连处无明显缺刻；脂鳍基低而长，长度大于臀鳍基，外缘突出。胸鳍刺小于最长鳍条的 1/2，长于背鳍刺；被厚皮膜，前后缘均光滑无锯，后伸不达背鳍起点。腹鳍起点位于背鳍末端之后，脂鳍起点之前，距吻端较距尾鳍基为近；后伸超过肛门，但不达臀鳍起点。肛门靠前，距腹鳍起点较距臀鳍起点为近。臀鳍起点距尾鳍基较距胸鳍起点为近，后伸不达尾鳍基；臀鳍短，鳍基长，长于背鳍基，但短于脂鳍基。尾鳍亚圆形，尾柄最低处位于臀鳍基末之后。

体裸露无鳞，被覆细小颗粒状乳突。侧线不明显。

浸制标本淡棕色，腹面较淡。臀鳍与尾鳍具淡色的窄边。

生物学特性：小型底栖鱼类，喜栖息于水流缓慢的山涧溪流中，白天潜伏于水底或洞穴内，夜间外出觅食。以水生昆虫及幼虫为食。繁殖期 4—5 月。

资源分布：见于壶瓶山，属澧水水系。

图 194　鳗尾鮠 *Liobagrus anguillicauda* Nichols, 1926

176. 等颌鮠 *Liobagrus aequilabris* Wright *et* Ng, 2008（图 195）

俗称：鱼蜂子；**别名**：大颌鮠、等唇鮠

Liobagrus aequilabris Wright *et* Ng, 2008, *Proc. Acad. Nat. Sci. Phil.*, 157: 37（湘江）；李鸿等，2020，湖南鱼类系统检索及手绘图鉴：53，260。

标本采集：无标本，形态描述摘自原始描述。

形态特征：背鳍Ⅰ-6～8；臀鳍iv-14～17；胸鳍Ⅰ-7～8；腹鳍5～6。

体长为体高的5.7～5.8倍，为头长的4.3～4.5倍。头长为吻长的3.0～3.1倍，为眼径的15.0～16.0倍，为眼间距的2.5～2.6倍，为头宽的1.2倍，为口宽的1.7～1.9倍。

体长，前段平扁，后部侧扁。头平扁，被厚皮膜；宽大，头宽大于头高；头背面具1条纵沟，两侧鼓起。口大，端位，横裂。上、下颌等长；唇厚；具绒毛状细齿；上颌齿，弧形；下颌齿中部分离，分为紧靠的左、右2块。须4对；鼻须细小，后伸超过眼后缘，不达胸鳍起点；颌须长，基部皮膜较宽，一边紧连于鼻须基部，一边连上唇，自然状态时横向伸展，后伸达胸鳍起点；颏须2对，内侧颏须短，约为外侧颏须长的1/2，外侧颏须后伸达胸鳍起点。鼻孔2对，前后分离；前鼻孔短管状，约位于吻端至眼前缘间的1/3处；后鼻孔距眼前缘较距吻端为近，其间距大于前鼻孔的间距。眼小，椭圆形，背位，位于头部前端的1/3处，紧贴后鼻孔外侧。眼间隔宽平。鳃盖膜与峡部不相连。

背鳍起点距胸鳍起点较距腹鳍起点为近，距吻端较距脂鳍起点为远；与胸鳍中部或之后相对，后伸不达腹鳍起点上方。背鳍边缘凸起，硬刺平直，被厚皮膜，前后缘均光滑；背鳍刺长于最长分支鳍条的1/2，但短于胸鳍刺。脂鳍低而长，起点位于腹鳍垂直上方之后，约与肛门相对；末端与尾鳍连接处无明显缺刻，约位于臀鳍末端的垂直上方之后；脂鳍外边缘突出；脂鳍基长于臀鳍基。胸鳍刺较背鳍刺发达，粗壮，包被皮膜，末端尖，前后缘均光滑；胸鳍刺长于最长分支鳍条的1/2，后伸不达背鳍起点。腹鳍起点位于背鳍末端之后，脂鳍起点之前，距吻端较距尾鳍基为近；腹鳍短，边缘突出，后伸超过肛门，不达臀鳍起点。肛门靠前，距腹鳍起点较距臀鳍起点为近。臀鳍外缘圆突，起点位于脂鳍起点后下方，后伸不达尾鳍基；臀鳍短，鳍基长，长于背鳍基，但短于脂鳍基。尾鳍亚圆形，尾柄最低处位于臀鳍基末之后。

体裸露无鳞，被覆细小的颗粒状乳突。侧线不明显。

福尔马林浸泡标本，背部和体两侧一般均为深褐色，无不规则小点。腹部为淡黄色或灰白色。须均为淡黄色。背鳍、脂鳍和尾鳍棕褐色，胸鳍、腹鳍和臀鳍淡黄色，各鳍均具较窄的白边。

资源分布：湘江、沅水和澧水有分布。

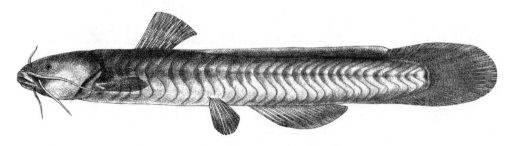

图 195　等颌鮠 *Liobagrus aequilabris* Wright *et* Ng, 2008

【15】鮡科 Sisoridae

体前部平扁，后部侧扁，腹面平。头平扁，宽而圆。吻钝圆。口下位，弧形。上颌突出，长于下颌；上、下颌具绒毛状齿带；腭骨无齿。须4对，其中，鼻须1对，位于前后鼻孔间；颌须1对，基部异常扩大呈皮瓣连于吻部；颏须2对。鼻孔每侧2个，前、后鼻孔相距较近，间有瓣膜相隔，瓣膜延长成鼻须。眼小，上侧位，包被皮膜。鳃孔大。鳃盖条5～12根。鳃盖膜仅在头部腹面正中与峡部相连。胸部或有吸附器。鳔分左、右2室，包于骨囊内。背鳍短，硬刺有或无，分支鳍条6～7根。脂鳍与臀鳍相对，后缘游离，不与尾鳍相连。胸鳍腹位，平展，硬刺有或无。腹鳍腹位，平展。臀鳍短。尾鳍分叉、凹形或截形。体裸露无鳞，或具不同形式的凸起。侧线完全。

本科湖南分布有2属3种。

鮡科属、种检索表

1（4） 尾鳍深叉形；胸部具吸附器，吸附器由斜向皮褶构成；鳃孔大，延伸至头部腹面；鳃盖膜仅在头部腹面正中与峡部相连[（083）纹胸鮡属 *Glyptothorax*]
2（3） 背鳍、脂鳍下方及尾鳍基各具1条宽大的深色鞍状斑或垂直横纹 ……………………………………………………………………………**177. 中华纹胸鮡*Glyptothorax sinense* (Regan, 1908)**
3（2） 体无深色鞍状斑或垂直横纹，沿侧线具1条明亮的宽纵纹，其宽度明显超过侧线本身 …………………………………………………………**178. 三线纹胸鮡*Glyptothorax trilineatus* Blyth, 1860**
4（1） 尾鳍微凸近截形；胸部无吸附器；鳃孔小，最多伸达胸鳍起点前方；鳃盖膜与峡部相连[（084）鮡属 *Pareuchiloglanis*] ……**179. 壶瓶山鮡*Pareuchiloglanis hupingshanensis* Kang Chen *et* He, 2016**

（083）纹胸鮡属 *Glyptothorax* Blyth, 1860

Glyptothorax Blyth, 1860, *J. Asiat. Soc. Beng.*, 29: 154.

模式种：*Glyptothorax trilineatus* Blyth

体延长，头部向吻端渐平扁，后部侧扁。头小，被皮或不同程度裸露。吻宽，圆钝。口小，下位。唇发达，常具小凸起。上颌突出，长于下颌；上颌齿带连续，下颌齿带中部间断，齿细小，圆锥形，尖端略后曲；腭骨和犁骨无齿。须4对，其中，鼻须1对，位于前后鼻孔之间；颌须1对，基部较宽扁，具皮膜分别与上唇和头侧相连；颏须2对。鼻孔每侧2个，前、后鼻孔相距较近。眼小，背侧位，包被皮膜。鳃孔大。鳃盖膜仅在头部腹面正中与峡部相连。胸鳍间腹面具明显的吸附器，吸附器由斜向皮褶构成。背鳍具硬刺，分支鳍条5～7根。脂鳍短而高。胸鳍具1根宽扁硬刺，后缘具锯齿4～16枚，分支鳍条6～12根。腹鳍6根。臀鳍9～14根。尾鳍叉行。偶鳍不分支鳍条腹面或有羽状皱褶。尾鳍深叉形。体裸露无鳞，光滑或具不同形式的凸起。

本属湖南分布有2种。

177. 中华纹胸鮡*Glyptothorax sinense* (Regan, 1908)（图 196）

俗称：石黄鲇、骨钉、黄牛角、羊角鱼；**别名**：宽鳍纹胸鮡、福建纹胸鮡、中华鮡；
英文名：Chinese chest-sculptured sisoridfish

Glyptosternon sinense Regan, 1908c, *Ann. Mag. Nat. Hist.*, 1(8): 109（洞庭湖）；Kreyenberg *et*

Pappenhein, 1908, *Sitz. Ges. Nat. Freunde. Berl.*, 95（洞庭湖）；Chu（朱元鼎），1931, *Biol. Bull. St. John's Univ.*, Shanghai, 1: 82（洞庭湖）；Nichols, 1943, *Nat. Hist. Centr. Asia*, 9: 53（洞庭湖）。

Glyptothorax sinense：张春霖，1960，中国鲇类志：44（洞庭湖）；梁启燊和刘素孋，1966，湖南师范学院学报（自然科学版），（5）：85（洞庭湖、湘江、澧水）；唐家汉和钱名全，1979，淡水渔业，（1）：10（洞庭湖）；唐家汉，1980a，湖南鱼类志（修订重版）：193（洞庭湖）；李树深，1984，云南大学学报（自然科学版）（2）：77（湘江）；林益平等（见：杨金通等），1985，湖南省渔业区划报告集：78（洞庭湖、湘江）；黄顺友（见：成庆泰等），1987，中国鱼类系统检索（上册）：219（洞庭湖）；陈景星等（见：黎尚豪），1989，湖南武陵源自然保护区水生生物：126（张家界林场）；褚新洛等，1999，中国动物志 硬骨鱼纲 鲇形目：133（沅江）；李思忠（见：刘明玉等），2000，中国脊椎动物大全：183（湘、鄂、豫、陕、川长江水系）；唐文乔等，2001，上海水产大学学报，10（1）：6（澧水）；康祖杰等，2010，野生动物，31（5）：293（壶瓶山）；康祖杰等，2010，动物学杂志，45（5）：79（壶瓶山）；刘良国等，2013a，海洋与湖沼，44（1）：148（沅水怀化）；刘良国等，2014，南方水产科学，10（2）：1（资水新邵、安化）；向鹏等，2016，湖泊科学，28（2）：379（沅水五强溪水库）；康祖杰等，2019，壶瓶山鱼类图鉴：218（壶瓶山）；李鸿等，2020，湖南鱼类系统检索与手绘图鉴：53，261；廖伏初等，2020，湖南鱼类原色图谱，272。

Glyptothorax fokiensis fokiensis：Rendahl, 1925, *Zool. Anz.*, 64: 307（福建连城）；褚新洛等，1999，中国动物志 硬骨鱼纲 鲇形目：136（湖南）。

Glyptothorax fukiensis：唐家汉，1980a，湖南鱼类志（修订重版）：195（湘江、沅水）；林益平等（见：杨金通等），1985，湖南省渔业区划报告集：78（湘江、沅水）；唐文乔，1989，中国科学院水生生物研究所硕士学位论文：60（吉首、保靖、桑植）；唐文乔等，2001，上海水产大学学报，10（1）：6（沅水水系的辰水、武水、酉水、澧水）；曹英华等，2012，湘江水生动物志：265（湘江浏阳河）。

标本采集：标本 30 尾，采自资水安化，湘江江华、东安。

形态特征：背鳍 II-6；臀鳍 ii-8～9；胸鳍 I-8；腹鳍 i-5。

体长为体高的 4.5～5.0 倍，为头长的 3.7～3.9 倍，为尾柄长的 6.9～7.9 倍，为尾柄高的 12.0～14.0 倍。头长为吻长的 2.0 倍，为眼径的 11.0～13.0 倍，为眼间距的 3.5～3.9 倍，为尾柄长的 1.8～2.1 倍，为尾柄高的 3.2～4.0 倍。尾柄长为尾柄高的 1.5～1.7 倍。

个体小。体前段稍胖，后段侧扁，尾柄较细。头部矮扁而宽阔，其宽大于体宽。吻钝，尖突。口下位，弧形。唇厚，密集颗粒状乳突。唇后沟短，中断，仅见于口角下侧。上颌突出，长于下颌；上、下颌具绒毛状齿带，上颌齿带连续，下颌齿带中部间断；腭骨无齿。须 4 对，其中鼻须 1 对，短而扁，位于前、后鼻孔间，后伸接近或达眼前缘；颌须 1 对，平扁，基部颇宽，具上、下皮膜与吻部和口角处相连，后伸超过胸鳍起点；颏须 2 对，平扁，外侧颏须长于内侧颏须，后伸达胸鳍起点或稍前。鼻孔每侧 2 个，前、后鼻孔相距较近，距吻端较距眼前缘为近；前鼻孔大，圆形，靠近吻端；后鼻孔稍小，位于眼前缘。眼细小，位于头中部的上方，包被皮膜，无游离眼缘。眼间隔较宽。鳃孔大。鳃盖膜仅在头部腹面正中与峡部相连。胸鳍间腹面具明显的吸附器，吸附器由斜向皮褶构成，纹路清晰完整，中部具 1 个狭长的无纹区，后端开放。

背鳍起点距吻端等于或小于其基末距脂鳍末端；不分支鳍条为光滑硬刺，刺长短于胸鳍刺。脂鳍与臀鳍相对。胸鳍刺后缘具锯齿，后伸不达腹鳍起点。腹鳍位于背鳍基末稍后，后伸接近或达臀鳍起点。肛门约位于腹鳍起点与臀鳍起点间的 2/3 处。尾鳍叉形，下叶稍长。

体裸露无鳞，具颗粒状凸起，手感粗糙。侧线完全，平直，沿体侧中部后伸达尾鳍基。

背侧灰黄色，腹部黄白色。背侧在背鳍和脂鳍及尾柄末端，各具 1 条垂直的宽斑带。各鳍均具 1～2 条黑斑。脂鳍为黄褐色，边缘为白色。

生物学特性：

【生活习性】小型底栖鱼类，多栖息山涧溪流中。个体小，生长速度慢。

【食性】主要摄食蜉蝣目、襀翅目、毛翅目等昆虫幼虫。

【繁殖】繁殖期 5—6 月。成熟亲鱼多于流水浅滩上产卵，绝对繁殖力为 800～1000 粒。成熟卵黄色，卵径 1.0～1.8mm；受精卵黏附在石头上发育孵化。

资源分布：洞庭湖及湘、资、沅、澧"四水"均有分布，但数量较少。

图 196　中华纹胸鮡 *Glyptothorax sinense* (Regan, 1908)

178. 三线纹胸鮡*Glyptothorax trilineatus* Blyth, 1860（图 197）

英文名：three-line chest-sculptured sisoridfish

Glyptothorax trilineatus Blyth, 1860, *J. Asiat. Soc. Beng.*, 29: 154（缅甸锡塘河）；贺顺连等，湖南农业大学学报（自然科学版），2000，26（5）：379（资水桃江）；李鸿等，2020，湖南鱼类系统检索及手绘图鉴：53，262。

标本采集：无标本，形态描述摘自《中国动物志　硬骨鱼纲　鲇形目》。

形态特征：背鳍 II -6；臀鳍 ii -8～11；胸鳍 I -9；腹鳍 i -5。鳃耙 9～13。

体长为体高的 4.8～6.2 倍，为头长的 3.7～4.3 倍，为尾柄长的 4.9～6.0 倍，为尾柄高的 8.5～13.0 倍。头长为吻长的 1.9～2.2 倍，为眼径的 7.7～10.9 倍，为眼间距的 3.0～4.0 倍，为口裂宽的 2.1～3.0 倍，为头高的 1.3～1.89 倍，为头宽的 1.1～1.3 倍，为背鳍刺长的 1.8～2.5 倍，为胸鳍刺长的 1.4～2.1 倍，为尾柄长的 1.2～1.5 倍，为尾柄高的 2.6～3.3 倍。头宽为头高的 1.1～1.3 倍。眼径为眼间距的 2.0～3.4 倍。尾柄长为尾柄高的 1.6～2.5 倍。胸吸附器长为宽的 1.3～1.7 倍。枕骨棘长为其基部宽的 2.3～3.7 倍。

体延长，背缘隆起，腹缘略圆突，头后躯体侧扁。头略小，平扁，背面包被厚皮膜。吻扁钝。口裂小，下位。上颌突出，长于下颌；上、下颌具绒毛状齿带，上颌齿带新月形，口闭合时齿带前部显露；下颌前缘近横直，齿带中部间断。须 4 对，其中，鼻须 1 对，位于前、后鼻孔之间，后伸达或不达眼前缘；颌须 1 对，具上、下皮膜与吻部和口角处相连，后伸达胸鳍基末；颏须 2 对，外侧颏须达胸鳍起点，内侧颏须达胸部吸附器前部。鼻孔每侧 2 个，前、后鼻孔相距较近。眼小，背侧位，略靠近头的后半部。鳃孔大。鳃盖膜仅在头部腹面正中与峡部相连。胸部吸附器纹路清晰完整，中部具 1 个狭长的无纹区，后端开放。

背鳍起点距吻端较距脂鳍起点为近；背鳍刺软弱，后缘光滑或略粗糙。脂鳍较小，后缘游离。胸鳍长小于头长，其刺略宽扁，后缘具锯齿 7～13 枚。腹鳍起点位于背鳍基末垂直下方，距吻端较距尾鳍基为近，后伸达臀鳍起点。臀鳍起点位于脂鳍起点垂直下方之前，后伸达或略超过脂鳍后缘垂直下方。尾鳍长于头长，深叉形，末端尖，下叶略长。偶鳍不分支鳍条腹面无羽状褶皱。

体被细软颗粒，粗糙。侧线完全，明亮。

体棕色，腹面淡黄，沿背中线及侧线各具 1 明显的淡黄色宽纵纹，臀鳍、腹鳍上方体后腹侧具 1 条不甚明显的亮纵纹。背鳍、胸鳍、尾鳍深灰色，边缘浅灰色；臀鳍、腹鳍浅黄色，基部深灰色。

资源分布：沅水桃江有分布，数量稀少。

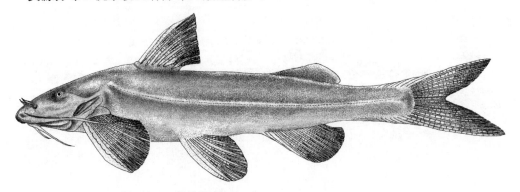

图 197　三线纹胸鮡 *Glyptothorax trilineatus* Blyth, 1860

（084）鮡属 *Pareuchiloglanis* Pellegrin, 1936

Pareuchiloglanis Pellegrin, 1936, *Bull. Soc. Zool. Fr.*, 61: 244-245.

模式种：*Pareuchiloglanis poilanei* Pellegrin

体长，前段稍平扁，后段侧扁。齿尖，密生，有些种类末端略粗钝，开始出现分化为齿冠和齿柄的雏形。上颌齿带两侧端不向后伸展，整块或前缘中部具缺刻，甚至可以大致分为左、右 2 块。唇后沟不连续，间隔较宽或较窄。鼻孔每侧 2 个，前、后鼻孔相距较近。须 4 对，其中鼻须 1 对，位于前、后鼻孔之间；颌须 1 对，具上、下皮膜与吻部和口角处相连；颏须 2 对。鳃孔小，最多伸达胸鳍起点前方。鳃盖膜与峡部相连。背鳍无硬刺。胸鳍分支鳍条 13～17 根，发达程度不一，后伸达或不达腹鳍起点。尾鳍微凸近截形。胸鳍间腹面无吸附器。

本属湖南仅分布有 1 种。

179. 壶瓶山鮡 *Pareuchiloglanis hupingshanensis* Kang, Chen *et* He, 2016（图 198）

Pareuchiloglanis hupingshanensis Kang, Chen *et* He（康祖杰，陈永霞和何德奎），2016, *Zootaxa*., 4083(1): 109（壶瓶山）；康祖杰等，2019，壶瓶山鱼类图鉴：218（壶瓶山）；李鸿等，2020，湖南鱼类系统检索及手绘图鉴：53，263；廖伏初等，2020，湖南鱼类原色图谱，274。

Pareuchiloglanis sp.：康祖杰等，2010，野生动物，31（5）：293（壶瓶山）；康祖杰等，2010，动物学杂志，45（5）：79（壶瓶山）。

Glyptothorax longicauda：康祖杰等，2010，野生动物，31（5）：293（壶瓶山）；康祖杰等，2019，壶瓶山鱼类图鉴：222（壶瓶山）。

标本采集：标本 5 尾，采自澧水支流溇水。

形态特征：背鳍 i-5～6；臀鳍 i-4；胸鳍 i-13～14；腹鳍 i-5。

体长为体高的 6.7～9.0 倍，为头长的 3.7～5.0 倍，为尾柄长的 3.6～4.6 倍，为尾柄高的 9.8～16.4 倍。头长为吻长的 1.7～2.0 倍，为眼径的 12.0～17.9 倍，为眼间距的 3.5～4.8 倍。尾柄长约为尾柄高的 3.1 倍。

体延长，背鳍前渐平扁，以后渐侧扁，腹部平。头宽，头后至吻端渐平扁，头长略大于头宽。吻端圆。口宽，下位。唇后沟中断，止于内侧颏须基部。前颌齿块宽阔，左、右相连，中部具明显凹陷，侧面不向后延伸。齿带分左、右 2 块。须 4 对，其中，鼻须 1 对，后部具小鼻瓣，后伸达眼前缘；颌须 1 对，具上、下皮膜与吻部和口角处相连，末端尖，后伸超过鳃孔下角；颏须 2 对，较短，后伸不达胸鳍起点。鼻孔每侧 2 个，前、后鼻孔相距较近。眼小，近圆形，包被皮膜，背位，距吻端小于距鳃孔上角。鳃孔开口与胸鳍第 4 或 5 根分支鳍条基部相对，鳃盖膜与峡部相连。

背鳍起点位于体前的 1/3 处，无硬刺，边缘直，背鳍后伸超过腹鳍起点垂线上方。脂鳍位于背鳍后部 1/2 处，末端不与尾鳍相连。偶鳍宽圆，水平状，第 1 鳍条变宽，腹面具规则纹路。胸鳍后伸不达腹鳍起点。腹鳍后伸不达肛门。肛门距腹鳍起点较距臀鳍起点为近。臀鳍起点位于腹鳍起点至尾鳍基间的中点。尾鳍截形。

体裸露无鳞，具细小颗粒状凸起。侧线完全，位于体轴正中。

新鲜状态夏季体浅绿色或浅黄色，秋季棕褐色，腹部米色。背鳍起点和臀鳍基具 1 个黄色斑点。背鳍中部至边缘黄绿相间。脂鳍末端边缘淡黄色。胸鳍和腹鳍黄绿色，边缘色浅。尾鳍灰黑色，伴有黄色小斑。甲醛固定的标本体灰色，酒精标本暗灰色，腹部和各鳍末端颜色较浅。

生物学特性：

【生活习性】 栖息于水流湍急、砂石底质的溪河中。

【食性】 主要以水生昆虫及幼虫为食。

【繁殖】 繁殖期 6 月。体长 15.0～20.0cm 的个体的绝对繁殖力为 196～297 粒。成熟卵卵径 3.2～4.1mm。

资源分布： 分布范围窄，仅发现于壶瓶山，属澧水水系。

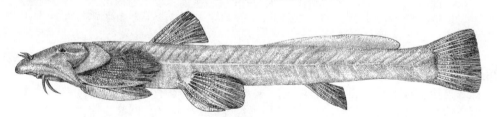

图 198　壶瓶山鮡 *Pareuchiloglanis hupingshanensis* Kang, Chen *et* He, 2016

【16】胡子鲇科 Clariidae

体长，前段平扁，后段稍侧扁。头背宽而光滑，平扁，顶部及侧面具骨板。吻钝圆，口下位或亚下位。上下颌及犁骨均具绒毛状齿带。须 4 对，其中鼻须和颌须各 1 对，颏须 2 对。鼻孔每侧 2 个，前、后分离；前鼻孔短管状，后鼻孔圆形。眼小，上侧位，眼缘游离。鳃孔大。鳃盖膜发达，与峡部不相连。鳃腔内具树枝状辅助呼吸器官。背鳍及臀鳍基均很长，无硬刺，分支鳍条通常多于 30 根。无脂鳍。胸鳍具 1 根粗大硬刺。尾鳍圆形。体裸露无鳞。侧线完全。

本科湖南分布有 1 属 1 种。

（085）胡子鲇属 *Clarias* Scopoli, 1777

Clarias Scopoli, 1777, *Introd. Hist. Nat.*: 445.

模式种：*Clarias orontis* Linnaeus

体长，前段平扁，后段稍侧扁。头宽，平扁，顶部、侧面具裸露骨板。口宽，亚下位。须 4 对，鼻须和吻须各 1 对，颏须 2 对。鼻孔每侧 2 个，前、后分离；前鼻孔短管状，后鼻孔圆形。眼小，上侧位，位于头的前部。鳃孔大。鳃盖膜与峡部不相连。体光滑无鳞。背鳍长，长于臀鳍。胸鳍具硬刺。

本属湖南仅分布有 1 种。

180. 胡子鲇 *Clarias fuscus* (Lacepède, 1803)（图 199）

俗称：过山鳅、塘辞告；**英文名**：whitespotted walking catfish

Macropteronotus fuscus Lacepède, 1803, *Hist. Nat. Poiss.*, 5: 88（中国）。
Clarias fuscus：梁启燊和刘素孀，1959，湖南师范学院自然科学学报，(3)：67（洞庭湖、湘江）；梁启燊和刘素孀，1966，湖南师范学院学报（自然科学版），(5)：85（湘江）；唐家汉，1980a，湖南鱼类志（修订重版）：196（湘江道县）；林益平等（见：杨金通等），1985，湖南省渔业区划报告集：78（湘江）；王星等，2011，生命科学研究，15（4）：311（南岳）；曹英华等，2012，湘江水生动物志：240（湘江长沙）；刘良国等，2013b，长江流域资源与环境，22（9）：1165（澧水慈利、石门、澧县、澧水河口）；刘良国等，2013a，海洋与湖沼，44（1）：148（沅水常德）；刘良国等，2014，南方水产科学，10（2）：1（资水新邵、安化、桃江）；向鹏等，2016，湖泊科学，28（2）：379（沅水五强溪水库）；李鸿等，2020，湖南鱼类系统检索及手绘图鉴：53，264；廖伏初等，2020，湖南鱼类原色图谱，276。
Clarias batrachus：唐文乔等，2001，上海水产大学学报，10（1）：6（沅水水系的辰水、武水、酉水、澧水）。
【古文释鱼】①《平江县志》（张培仁、李元度）："八须鱼，每年四月出汨水上游，他处无，他时亦不出"。②《宁乡县志》（周震鳞、刘宗向）："泉塘湾八须鲇，大成桥上泉源甚浅，盛产八须鲇，不过四两"。

濒危等级：省重点保护野生动物，《湖南省地方重点保护野生动物名录》（湘政函〔2002〕172 号）。

标本采集：标本 10 尾，采自湘江东安、资水安化、赣江水系上游。

形态特征：背鳍 55～67；臀鳍 i -43～51；胸鳍 I -6～9；腹鳍 i -5。

体长为体高的 4.8～4.9 倍，为头长的 4.2～4.4 倍。头长为吻长的 4.4～4.7 倍，为眼径的 12.0～12.6 倍，为眼间距的 1.9～2.0 倍。

体延长，背鳍起点前渐平扁，后渐侧扁。头部自后向前渐矮扁，头背宽而光滑，头宽大于体宽。头顶及两侧具骨板，被皮。吻圆钝，短宽。口大，亚下位。唇较厚，口角唇褶皱发达。上颌突出，长于下颌；上、下颌及犁骨具绒毛状齿带，下颌齿带中部间断。须 4 对，其中鼻须 1 对，位于后鼻孔前缘，后伸接近或超过胸鳍起点；吻须 1 对，基部宽扁，后伸超过胸鳍起点；颏须 2 对，外侧颏须较内侧颏须长，后伸可达胸鳍起点或稍后。鼻孔每侧 2 个，前、后分离；前鼻孔短管状，接近吻端；后鼻孔大，裂缝状，位于眼前方。眼细小，位于头的前部，上侧位，具活动的眼睑。眼间隔宽平。鳃孔大。鳃盖膜发达，与峡部不相连。

背鳍无硬刺，鳍基甚长，起点接近头部，鳍条包被皮膜，后伸超过尾鳍基，不与尾鳍相连。胸鳍不分支鳍条为硬刺，其前缘粗糙，后缘具弱锯齿。腹鳍小，后伸超过臀鳍起点。肛门距臀鳍起点较距腹鳍基为近。臀鳍基甚长，与背鳍同形，起点距尾鳍较距吻端稍近，与尾鳍不相连。尾鳍圆形。

体裸露无鳞。侧线完全。

鳃耙细长。鳃腔内具树枝状辅助呼吸器官。

体色背部棕黑色，腹部色淡，各鳍深灰色。

生物学特性：

【生活习性】小型底栖鱼类，多栖息于河川、池塘、水草茂盛的沟渠、稻田和沼泽的黑暗处或洞穴内，喜群居。鳃腔具辅助呼吸器，其上密布血管，可直接吸收空气中的氧气进行气体交换，故能耐低氧。

【年龄生长】个体不大，生长速度较快。人工繁育及养殖技术成熟，在小水体高密度养殖可以取得高产。

【食性】食性广，性凶猛，行动活泼，夜间觅食，主要以小型鱼虾及各种小型水生动物为食，也摄食腐败的动植物尸体。

【繁殖】繁殖期 4—10 月。雄鱼有筑巢、护卵习性；繁殖时，雄鱼以尾鳍挖 1 个圆巢为窝，雌鱼在巢内产卵，雄鱼排精；产卵后，亲鱼在旁护卵，直至鱼苗能独立生活才离去。卵巢发育不同步，分批次产卵。体长 13.2～30.0cm 的个体，绝对繁殖力为 475～11 215 粒，相对繁殖力为 13.6～86.7 粒/g。成熟卵圆球形，橙黄或黄绿色，卵径 1.7～1.9mm，富有光泽和弹性；受精卵吸水后膨大，卵膜径 1.9～2.1mm，沉黏性。水温 25.0℃时，受精卵孵化脱膜需 35.0h；水温 28.5～31.0℃时，需 28.5h。初孵仔鱼以腹部卵黄囊顶破卵膜，卵黄囊先出；全长 4.8～5.1mm，肌节 53～54 对，体浅红色。14.0h 仔鱼全长 5.0～5.2mm，眼球充满黑色素，体完全伸直；3 日龄仔鱼全长 7.8～9.5mm，卵黄囊吸收大部分，胸鳍出现鳍条，逐渐由内源性营养转为外源性营养；12～15 日龄稚鱼鳃上辅助呼吸器分化完善，血液鲜红，体形与成体完全相同（潘炳华和郑文彪，1982，1983；朱作言，1982）。

资源分布：洞庭湖及湘、资、沅、澧"四水"曾有分布，现洞庭湖鲜见，"四水"上游有少量分布。

图 199　胡子鲇 *Clarias fuscus* (Lacepède, 1803)

（六）胡瓜鱼目 Osmeriformes

上颌由前颌骨和上颌骨组成。体光滑无鳞或被圆鳞。胸鳍和腹鳍或具腋鳞。侧线有或无。背鳍 1 个，无硬刺。通常具脂鳍。腹鳍腹位。无基蝶骨和眶蝶骨，最后 1 枚脊椎骨不向上弯。

本目湖南分布有 1 科 2 属 4 种。

【17】银鱼科 Salangidae

体细长，半透明，前段近圆筒形，后段侧扁。头平扁。吻尖突。口裂宽，有时可伸达眼前缘下方。上、下颌和腭骨具锥状犬齿，前部齿稍大，犁骨和舌有时具齿。眼大，侧位。鳃盖条4根。假鳃发达。背鳍后位，远位于腹鳍后上方。脂鳍小。腹鳍腹位。尾鳍叉形。体大部分无鳞或散布薄圆鳞，易脱落；雄鱼臀鳍基具1行较大圆鳞，叠瓦状排列，不易脱落。无侧线。鳔有或无。消化道直，不盘曲。

本科湖南分布有2属4种。

【古文释鱼】①《本草纲目》："释名：王余鱼，银鱼。<按>《博物志》云'吴王阖闾江行，食鱼鲙，弃其残余于水，化为此鱼，故名'。或又作越王及僧宝志者，益出傅会，不足致辩"、"鲙残出苏、淞、浙江。大者长四五寸，身圆如箸，洁白如银，无鳞。若已鲙之鱼，但目有两黑点尔。彼人尤重小者，曝干以货四方。清明前有子，食之甚美。清明后子出而瘦，但可作鲊腊耳"。②《直隶澧州志》（何玉菜、魏式曾、黄维瓒）："面条鱼，杜子美有《白小》诗'天然二寸鱼'。名之曰白小，当是今所谓面条鱼者"；"银鱼，有二种，生于安乡暨澧东南湖中者，小于针鱼，其白如银，乾之煮汤甚美。网得轧毙，不可蓄，其一为人蓄缸中者，形如鲫，与金鱼殊色同类"。③《巴陵县志》（姚诗德、郑桂星、杜贵墀）："面条鱼，《湖广志》'巴陵出面条鱼'。杨慎曰'此鱼唯城陵矶有之'。《壬申志》'面条鱼即银鱼之大者'。君山扁山者小而佳，其目黑，一年冬夏两季产之，夏水热，不如冬美"。

【湖南4种银鱼的异名问题】银鱼个体小，颌齿和舌上齿的有无、缝合处的凸起为肉质还是骨质等特征一般较难辨识，导致了该科鱼类同物异名的现象较普遍。就湖南分布的银鱼而言，《湖南鱼类志》（1977版和1980的修订重版）共记录有4种银鱼，分别为银鱼亚科 Salanginae 间银鱼属 Hemisalanx 的长江银鱼 H. brachyrostralis (Fang, 1934)，新银鱼亚科 Neosalanginae 新银鱼属 Neosalanx 的太湖短吻银鱼 N. tankankei taihuensis Chen, 1956、寡齿短吻银鱼 N. oligodontis Chen, 1956 和大银鱼属 Protosalanx 的大银鱼 P. chinensis (Basilewsky, 1855)，其中除大银鱼的形态特征较易辨别且分类地位得到了普遍认可外，其他3种银鱼名称的有效性一种存在争议，以下对3种银鱼名称的变更进行梳理。

（1）长江银鱼 H. brachyrostralis (Fang, 1934)：Fang（方炳文）（1934a，1934b）描述了新种 Salanx brachyrostralis，随后建立了雷氏银鱼属 Reganisalanx，并将 Salanx brachyrostralis 校订为 Reganisalanx brachyrostralis，称为雷氏银鱼。Wakiya et Takahasi（1937）认为雷氏银鱼属为间银鱼属的同物异名，并认为雷氏银鱼可能是前颌间银鱼 Hemisalanx prognathus Regan, 1908 的同物异名。《长江鱼类志》（1976）将雷氏银鱼划入间银鱼属，改称长江银鱼，张玉玲（1985）又将长江银鱼改为短吻间银鱼。当前，我国学者一般认为短吻间银鱼生活在长江、淮河流域的淡水中（湖北省水生生物研究所鱼类研究室，1976；张玉玲和乔晓改，1994；倪勇和伍汉霖，2006），而前颌间银鱼生活在瓯江口以北的河口或近海中，并洄游到淡水中生活（张玉玲和乔晓改，1994；Dou et Chen，1994）。郭立等（2011）通过 COI 基因序列、脊椎骨数及外部形态特征的比较，认为均不能有效区分短吻间银鱼和前颌间银鱼，支持了 Wakiya 和 Takahasi（1937）与 Roberts（1984）关于短吻间银鱼为前颌间银鱼同物异名的观点；同时在属的水平上，"间银鱼属+银鱼属"形成两个单系亚群，间银鱼属为无效属，支持了 Roberts 关于将间银鱼属鱼类划入银鱼属的观点。

（2）太湖短吻银鱼 N. tankankei taihuensis Chen, 1956："三白"之一的银鱼是太湖地区著名的食材，因此，太湖银鱼也得到了广泛应用和研究。陈宁生（1956）将太湖短吻银鱼 N. tangkahkeii var. taihuensis 描述为陈氏新银鱼 N. tangkahkeii (Wu, 1931) 的变种，并指出其与陈氏新银鱼"并没有多大差别，所不同的只是在尾鳍基部近处没有黑斑……"，1976年之后多将其作为亚种 N. tangkahkeii taihuensis（湖北省水生生物研究所鱼类研究室，1976；唐家汉，1977；中国科学院水生生物研究所和上海自然博物馆，1982；杨干荣，1987），1987年之后多将其作为种，并命名为太湖新银鱼 N. taihuensis [张玉玲，1987；广西壮族自治区水产研究所和中国科学院动物研究所（见：周解等），2006；甘西等，2017]。朱成德和倪勇（见：倪勇等，2005）通过对太湖标本的观察，发现尾鳍基部的黑斑只在少数个体中存在，大部分个体无黑斑，以此将太湖短吻银鱼和太湖新银鱼作为陈氏新银鱼的同物异名。Roberts（1984）

依据骨骼特征认为陈氏新银鱼和太湖新银鱼是短吻新银鱼 *N. brevirostris* (Pellegrin, 1923)的同物异名。同时，细胞色素 *b* 序列（Zhang et al., 2007）、*COI*基因序列（郭立等，2011）等分子生物学上的证据也都认为陈氏新银鱼和太湖新银鱼均应为短吻新银鱼的同物异名。

（3）寡齿短吻银鱼 *N. oligodontis* Chen, 1956：又称寡齿新银鱼。孙帼英（1982）和倪勇和伍汉霖（2006）发现寡齿新银鱼前颌骨和下颌骨完全无齿的仅为少数，多数具少量齿，据此认为寡齿新银鱼是乔氏新银鱼 *N. jordani* Wakiya *et* Takahasi, 1937 的同物异名。郭立等（2011）依据 *COI*基因序列显示寡齿新银鱼与乔氏新银鱼 *N. jordani* Wakiya *et* Takahasi, 1937 间的 K2P 距离为 0，表明两者为同种。

（4）新银鱼属划入大银鱼属、间银鱼属划入银鱼属：Zhang 等（2007）通过对细胞色素 *b* 序列的研究，表明大银鱼属中的大银鱼与新银鱼属中的安氏新银鱼是姊妹群。郭立等（2011）通过对四个线粒体基因的部分或全部序列的研究，表明银鱼科鱼类是单系群，"大银鱼属+新银鱼属"、"间银鱼属+银鱼属"形成两个单系亚群。庄平等（2018）将新银鱼属划入大银鱼属，间银鱼属划入银鱼属。

【**银鱼的洄游型和陆封型生态类型**】银鱼普遍存在两种生态类型，即洄游型（在河口或近海肥育，洄游至淡水产卵）和陆封型（在淡水中完成生活史），两种不同的生态类型也导致了各自形态上的某些分化，这也是银鱼科鱼类普遍存在同物异名现象的主要原因。实际上，短吻间银鱼是前颌间银鱼的陆封型，寡齿新银鱼为乔氏新银鱼的陆封型，太湖新银鱼、近太湖新银鱼为短吻新银鱼的陆封型（郭立等，2011）。

银鱼科亚科、属、种检索表

1（2）　背鳍部分或全部位于臀鳍上方；胸鳍条约 10 根；上颌骨末端不达眼前缘下方；下颌骨缝合部具骨质或肉质缝前突，上具犬齿 1 对；吻长，前上颌骨前端扩大呈三角形[**银鱼亚科 Salanginae、（086）银鱼属 *Salanx***] ·················· **181. 前颌银鱼 *Salanx prognathous* (Regan, 1908)**

2（1）　背鳍全部位于臀鳍前方；胸鳍条约 20 根；上颌骨末端超过眼前缘下方；下颌骨缝合部无缝前突，无犬牙；吻短，前上颌骨前端正常[**大银鱼亚科 Protosalanginae、（087）大银鱼属 *Protosalanx***]

3（6）　吻短钝；腭骨齿 1 行或退化；舌无齿

4（5）　腹鳍起点距胸鳍起点较距臀鳍起点为远 ·· **182. 乔氏大银鱼 *Protosalanx jordani* Wakiya *et* Takahasi, 1937**

5（4）　腹鳍起点距胸鳍起点较距臀鳍起点为近 ·· **183. 短吻大银鱼 *Protosalanx brevirostris* Pellegrin, 1923**

6（3）　吻稍尖长；腭骨齿 2 行；舌有齿 ····· **184. 中国大银鱼 *Protosalanx chinensis* (Basilewsky, 1855)**

银鱼亚科 Salanginae

前颌骨前端扩大呈尖三角形。下颌不突出，上颌骨末端不达眼前缘；下颌联合部具大的骨质或肉质凸起，上有犬齿 1 对；前颌骨齿扩大，显著弯曲；上颌骨齿较少（最多12），腭骨齿每侧 1 行。头很平扁。吻长。胸鳍约 10 根，胸鳍基鳍柄不发达。

（086）银鱼属 *Salanx* Cuvier, 1817

Salanx Cuvier, 1817, *Règan Animal.*, 2: 185.

模式种：*Salanx cuvieri* Valenciennes

体细长，前段近圆筒形，后段侧扁。头尖而平扁。口小，端位。上、下颌约等长，前颌骨扩大呈三角形；上颌骨末端不达眼前缘；下颌骨不突出，前端缝合部具骨质或肉质凸起。前颌骨齿强而弯曲，排列稀疏；下颌前端具 1 个或数个犬齿；腭骨每侧具齿 1 行或数行。舌无齿。背鳍部分或全部位于臀鳍上方。胸鳍约 10 根，肉质鳍柄不发达。腹鳍腹位。臀鳍位于背鳍下方或背鳍基中部下方。尾鳍叉形。无鳔。

本属湖南仅分布有 1 种。

181. 前颌银鱼 *Salanx prognathous* (Regan, 1908)（图 200）

俗称：面条；**别名**：长江银鱼、短吻间银鱼；**英文名**：Changjiang icefish

Hemisalanx prognathus Regan, 1908c, *Ann. Mag. Nat. Hist.*, 8(1): 110（洞庭湖）；梁启燊和刘素嬽，1966，湖南师范学院学报（自然科学版），（5）：85（洞庭湖）。

Hemisalanx brachyrostralis: Fang, 1934b, *Sinensia*, 4(9): 231；湖北省水生生物研究所鱼类研究室，1976，长江鱼类：31（洞庭湖君山）；唐家汉和钱名全，1979，淡水渔业，（1）：10（洞庭湖）；唐家汉，1980a，湖南鱼类志（修订重版）：20（洞庭湖）；林益平等（见：杨金通等），1985，湖南省渔业区划报告集：69（洞庭湖、湘江、资水）；张玉玲（见：成庆泰），1987，中国鱼类系统检索（上册）：69（长江中下游及附属湖泊）；何业恒，1990，湖南珍稀动物的历史变迁：147（东洞庭湖）；郭立等，2011，水生生物学报，35（3）：451（洞庭湖）；刘良国等，2013a，海洋与湖沼，44（1）：148（沅水常德）。

Salanx prognathus：李鸿等，2020，湖南鱼类系统检索及手绘图鉴：56，265。

标本采集：无标本，形态描述摘自《湖南鱼类志（修订重版）》。

形态特征：背鳍 ii-11～13；臀鳍 iii-24～25；胸鳍 i-8；腹鳍 i-6。

体长为体高的 12.6～14.0 倍，为头长的 4.9～5.5 倍，为尾柄长的 9.0～12.0 倍。头长为吻长的 2.3～2.5 倍，为眼径的 6.7～7.4 倍，为眼间距的 4.0～4.8 倍。尾柄长为尾柄高的 2.4～3.2 倍。

体细长，前段较圆，后段侧扁。头尖而平扁，三角形。吻尖长，三角形，吻长大于眼径。口大，端位。上、下颌约等长；上颌骨末端不达眼前缘下方；下颌前端缝合处具肉质凸起。齿尖细，前上颌骨齿 4～5 枚；上颌骨齿 12～14 枚；下颌骨齿约 10 枚，近联合处具犬齿 1 对；腭骨齿 1 行；舌无齿。眼中等大小，位于头前半部，眼间隔宽平，大于眼径。鳃孔大。鳃盖骨薄。鳃盖膜与峡部相连。鳃耙短小，稀疏，假鳃发达。

背鳍靠近体后部，部分位于臀鳍上方。脂鳍小，起点位于臀鳍基末后上方。胸鳍位低，肉质鳍柄不明显；雄鱼第 1 至第 3 鳍条延长，约等于吻后头长；雌鱼上部鳍条不延长，约为吻后头长的 1/2。腹鳍小，起点距吻端较距尾鳍基为近。臀鳍起点位于背鳍第 4 至第 5 鳍条（♂）或第 6 至第 7 鳍条（♀）下方。肛门靠近臀鳍起点。腹膜很薄。尾柄细长。尾鳍叉形，上、下叶末端较尖。

体光滑无鳞，仅性成熟的雄鱼臀鳍基两侧各具 1 列臀鳞。无侧线。

活体透明，死后变为乳白色。腹部两侧从胸鳍下方至臀鳍基末各具 1 条小点组成的黑色条纹，其后合为 1 条延伸至尾柄后下方。吻端、下颌前端、胸鳍和尾鳍鳍条上密布小黑点。臀鳍浅黑色，其余各鳍色淡。

生物学特性：

【生活习性】与中国大银鱼近似，亦有海栖型和陆封型 2 种生态群，陆封型生态群常栖息于敞水湖面，尤其是在清浑水交界的"米浑"水区域较为集中。上午成群在水体上层，中午在水体中上层。

【食性】以浮游动物为食物，有时也捕食鱼苗和小虾等。

资源分布：洞庭湖及湘、资、沅、澧"四水"下游有分布，数量较少。

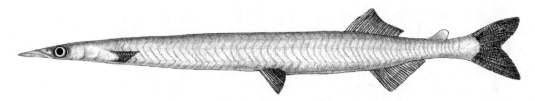

图 200　前颌银鱼 *Salanx prognathous* (Regan, 1908)

大银鱼亚科 Protosalanginae

前颌骨正常，无缝前凸起；下颌突出，上颌骨末端伸达眼前缘后方。下颌联合部无骨质凸起，无犬齿；前颌骨齿多；头微平扁。吻短。胸鳍 20 根以上，胸鳍基肉质片发达。

（087）大银鱼属 *Protosalanx* Regan, 1908

Protosalanx Regan, 1908a, *Ann. Mag. Nat. Hist.*, 2(8): 444.

模式种：*Salanx hyalocranius* Abbott

Eperlanus chinensis Basilewsky, 1855, *Nouv. Mem. Soc. Nat. Mosc.*, 10: 242.

模式种：*Eperlanus chinensis* Basilewsky

体细长，前段稍圆，后段侧扁。头平扁。下颌突出，长于上颌；上颌骨末端超过眼前缘下方；下颌骨前端无肉质凸起，无犬齿。前颌骨和上颌骨各具齿 1 行，腭骨、下颌骨及舌上各具齿 2 行。背鳍完全位于臀鳍前方。脂鳍小，位于臀鳍后部上方。胸鳍条 20～27 根，基部具肉质片。腹鳍腹位。臀鳍基长，长于背鳍基。尾鳍深叉形。

本属湖南分布有 3 种。

182. 乔氏大银鱼 *Protosalanx jordani* Wakiya *et* Takahashi, 1937（图 201）

俗称：小银鱼；**别名**：寡齿新银鱼、寡齿短吻银鱼；**英文名**：few-teeth icefish

Protosalanx jordani Wakiya *et* Takahashi, 1937, *J. Coll. Agr. Tokyo. Imp. Univ.*, 14(4): 282（鸭绿江、靖川江、洛东江）；李鸿等，2020，湖南鱼类系统检索及手绘图鉴：56，266。

Neosalanx oligodontis：陈宁生，1956，水生生物学集刊，2（2）：326（太湖）；唐家汉和钱名全，1979，淡水渔业，（1）：10（洞庭湖）；唐家汉，1980a，湖南鱼类志（修订重版）：22（洞庭湖）；林益平等（见：杨金通等），1985，湖南省渔业区划报告集：69（洞庭湖）；张玉玲（见：成庆泰），1987，中国鱼类系统检索（上册）：69（洞庭湖）；张玉玲，1987，动物学研究：8（3）：280（洞庭湖）；朱松泉，1995，中国淡水鱼类检索：15（洞庭湖）。

Salangichthys microdon：梁启燊和刘素孊，1966，湖南师范学院学报（自然科学版），（5）：85（洞庭湖、湘江）。

标本采集：标本 20 尾，采自洞庭湖。

形态特征：背鳍 ii -10～11；臀鳍 iii-21～23；胸鳍 25～26；腹鳍 7。

体长为体高的 7.8～8.7 倍，为头长的 6.7～7.8 倍，为尾柄长的 7.5～10.4 倍。头长为吻长的 3.0～4.0 倍，为眼径的 3.3～4.7 倍，为眼间距的 2.7～4.0 倍。尾柄长为尾柄高的 2.1～3.0 倍。

　　体细长，前段较圆，后段侧扁。头小。吻短钝，吻长小于眼前头宽或眼后头长。口小，端位。上颌骨达眼前缘下方；下颌略长于上颌；下颌骨联合部无骨质凸起。前上颌骨、上颌骨和下颌骨各具齿 1 行；腭骨齿 1 行或退化；舌无齿。眼中等大小，眼径略短于吻长。眼间隔较宽平。鳃孔大。鳃盖骨薄，鳃盖膜与峡部相连。

　　背鳍位于体后半部、臀鳍前方，起点距胸鳍起点较距臀鳍起点为远。脂鳍小，位于臀鳍后部上方。胸鳍小、扇形，具肌肉基，雌雄鱼均不特化延长。腹鳍小，起点距胸鳍起点较距臀鳍起点为远。臀鳍基长于背鳍基，起点与背鳍基末相对（♂）或始于背鳍基末之后（♀），成熟雄鱼臀鳍中部鳍条粗长弯曲。肛门紧靠臀鳍起点。尾柄短，尾鳍叉形。

　　体光滑无鳞，仅性成熟雄鱼臀鳍基两侧各具 1 列臀鳞。无侧线。

　　活体透明，死后变为乳白色。腹侧从胸鳍至臀鳍前，每侧各具 1 列小黑点。雄鱼臀鳍基正中具 1 个明显长形黑斑。臀鳍和尾鳍均为灰黑色。尾鳍基上下各具 1 个圆形黑斑。

　　生物学特性：小型鱼类，多栖息于湖汊、港湾或清混交汇的敞水区。以浮游动物为食。繁殖期 3—5 月。产后亲鱼体质瘦弱，不久死亡，为 1 年生鱼类。

　　资源分布：洞庭湖有分布。

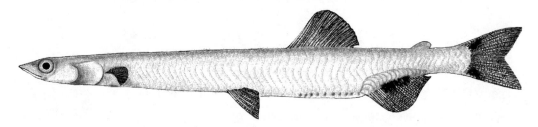

图 201　乔氏大银鱼 *Protosalanx jordani* Wakiya *et* Takahashi, 1937

183. 短吻大银鱼 *Protosalanx brevirostris* Pellegrin, 1923（图 202）

　　俗称：银鱼；**别名**：太湖短吻银鱼、太湖新银鱼、陈氏新银鱼；**英文名**：Chen's icefish

　　Protosalanx brevirostris Pellegrin, 1923, *Mus. Hist. Nat., Paris*, 29(1): 351-352（越南东京）；李鸿等，2020，湖南鱼类系统检索及手绘图鉴：56，267；廖伏初等，2020，湖南鱼类原色图谱，278。

　　Neosalanx tangkahkeii：Wu（伍献文），1931a, *Bull. Mus. Hist. Nat. Paris*, 3(2): 219（厦门）。

　　Neosalanx tangkahkeii taihuensis：陈宁生，1956，水生生物学集刊，2（2）：326（太湖）；伍献文等，1979，中国经济动物志淡水鱼类（第二版）：29（洞庭湖）；唐家汉和钱名全，1979，淡水渔业，（1）：10（洞庭湖）；唐家汉，1980a，湖南鱼类志（修订重版）：21（洞庭湖）；林益平等（见：杨金通等），1985，湖南省渔业区划报告集：69（洞庭湖、湘江、资水）；何业恒，1990，湖南珍稀动物的历史变迁：148（长江中下游及与之相连湖泊）。

　　Neosalanx taihuensis：张玉玲，1987，动物学研究，8（3）：280（洞庭湖）；张玉玲（见：成庆泰），1987，中国鱼类系统检索（上册）：69（长江中下游及附属湖泊）；曹英华等，2012，湘江水生动物志：34（湘江株洲）；刘良国等，2013b，长江流域资源与环境，22（9）：1165（澧水慈利、石门）；刘良国等，2013a，海洋与湖沼，44（1）：148（沅水五强溪水库）；向鹏等，2016，湖泊科学，28（2）：379（沅水五强溪水库）。

　　Neosalanx brevirostris：Robert, 1984, *Proc. Calif. Acad. Sci.*, 43(13): 212（湖南及洞庭湖）。

　　濒危等级：省重点保护野生动物，《湖南省地方重点保护野生动物名录》（湘政函〔2002〕172 号）。

　　标本采集：标本 30 尾，采自洞庭湖、长沙。

形态特征：背鳍ii-12～14；臀鳍iii-23～24；胸鳍25～26；腹鳍7。

体长为体高的7.5～8.5倍，为头长的6.3～6.8倍，为尾柄长的11.2～11.9倍。头长为吻长的2.6～2.9倍，为眼径的3.0～3.5倍，为眼间距的3.0～3.5倍。尾柄长为尾柄高的1.6～1.8倍。

体细长，前段较圆，后段侧扁。头小，略平扁。吻短钝。口大，端位，上颌骨末端超过眼前缘下方；下颌稍长于上颌，下颌骨联合部无骨质凸起，无犬齿，前端无缝前突。前上颌骨、上颌骨和下颌骨各具细齿1行。腭骨和舌无齿。眼大，眼径略短于吻长。眼间隔较宽平，几等于眼径。鳃孔较小，鳃盖骨薄，鳃盖膜与峡部相连。

背鳍位于体后半部、臀鳍前方，起点距吻端较距尾鳍基为远。脂鳍小，位于臀鳍后部上方。胸鳍小、扇形，具小的肉质鳍柄，雄鱼第1根鳍条延长。腹鳍起点距胸鳍起点较距臀鳍起点略近。臀鳍基长于背鳍基，起点与背鳍基末相对（♂）或始于背鳍基末之后（♀）。肛门紧靠臀鳍起点。腹部皮薄。尾柄短。尾鳍叉形。

体光滑无鳞，仅性成熟雄鱼臀鳍基两侧各具1列臀鳞。无侧线。

活鱼体透明，死后变为乳白色。体侧沿腹面各具1列小黑点。尾鳍边缘灰褐色，基部常有分散的黑色素，一般不形成明显的黑斑。

生物学特性：

【生活习性】 在咸淡水中均能生活，淡水定居性群体喜栖于湖湾、港汊或清浑交汇的"米浑"水的敞水区，清早和黄昏常成群于水体上层觅食，白天在水体中上层。

【年龄生长】 为1年生小型鱼类，等速生长类型，长江中下游流域有2个繁殖群体：春季群体和秋季群体。种群中4.0～7.0cm的个体占大多数，大于7.0cm的个体极少。受食物等环境因素的影响，春群个体较大，生长快速期在7—12月；秋群的个体相对较小，生长快速期在1—5月（曾亚英等，2015）。

【食性】 食物主要以桡足类为主，其次是枝角类，轮虫数量极少，浮游动物个体大小是影响银鱼摄食行为的主要因素（刘正文和朱松泉，1994）。

【繁殖】 在不同的纬度，短吻大银鱼的繁殖策略不同，生活在高纬度的只有1个繁殖群体，繁殖时间为4—6月；生活在低纬度的群体几乎全年都可繁殖，繁殖时间主要集中在9月至次年3月；生活在中纬度的有春群和秋群2个繁殖群体，春群繁殖时间为1—5月，秋群繁殖群体时间为9—10月（吴朗，2012）。繁殖时，对外界环境条件要求不甚严格，常在湖水处或岔口的微流水区产卵繁殖。雄鱼臀鳍增厚而肥大，易于鉴别。产卵后亲鱼瘦弱，不久死亡。受精卵圆形，黏性，表面有卵膜丝。卵径0.7～0.8mm。水温8℃以下时，10d孵化，水温15～20℃时只需6d孵化。幼鱼生长较快，4个月体长达5.6cm，达性成熟。

资源分布：洞庭湖及湘、资、沅、澧"四水"均有分布，库区出产较多。据报道，近年来，由于水利大坝的修建，在部分大坝库区，其种群数量呈增长趋势。

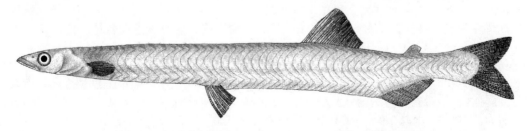

图202　短吻大银鱼 *Protosalanx brevirostris* Pellegrin, 1923

184. 中国大银鱼 *Protosalanx chinensis* (Basilewsky, 1855)（图 203）

俗称：面条、银鱼；**别名**：大银鱼；**英文名**：large icefiosh、okuchishirauo

Eperlanus chinensis Basilewsky, 1855, *Nouv. Mem. Soc. Nat. Mosc.*, 10: 242（北京）。
Protosalanx hyalocranius：梁启燊和刘素孄，1966，湖南师范学院学报（自然科学版），（5）：85（洞庭湖、湘江）；湖北省水生生物研究所鱼类研究室，1976，长江鱼类：32（长江中下游干流和附属湖泊）；唐家汉和钱名全，1979，淡水渔业，（1）：10（洞庭湖）；唐家汉，1980a，湖南鱼类志（修订重版）：23（洞庭湖）；林益平等（见：杨金通等），1985，湖南省渔业区划报告集：69（洞庭湖）。
Protosalanx chinensis：李鸿等，2020，湖南鱼类系统检索及手绘图鉴：57，268。
【古文释鱼】《巴陵县志》（姚诗德、郑桂星、杜贵墀）："《湖广志》'巴陵出面条鱼'，杨慎曰此鱼唯城陵矶有之；《壬伸志》'面条鱼即银鱼之大者，君山、扁山者小而佳，其目黑，一年冬夏两季产之，夏水热不如冬美'"。

标本采集：标本 10 尾，采自洞庭湖、湘江株洲。

形态特征：背鳍 ii-14～15；臀鳍 iii-29～30；胸鳍 25～26；腹鳍 7；鳃耙 13～17。雄鱼臀鳞 25～34。

体长为体高的 8.8～9.7 倍，为头长的 4.2～5.6 倍，为尾柄长的 13.1～14.6 倍。头长为吻长的 2.6～2.8 倍，为眼径的 6.5～8.3 倍，为眼间距的 3.3～4.2 倍。尾柄长为尾柄高的 1.3～1.6 倍。

体延长，前段近圆筒形，后段侧扁。头宽而平扁。吻尖，三角形，吻长小于眼后头长。口大，端位。上颌骨末端伸达眼中部下方；下颌稍突出于上颌，前端缝合处无骨质凸起。前颌骨和上颌骨各具齿 1 行；下颌骨及舌各具齿 2 行；腭骨齿每侧 2 行。眼大，侧位，眼间隔宽平。舌较大，上面具齿 2 行。鳃孔大。鳃盖骨薄。鳃盖膜与峡部相连。鳃耙细长。

背鳍位于体后半部、臀鳍前方，起点距胸鳍起点较距尾鳍基稍远。脂鳍小，位于臀鳍后上方。胸鳍较小，似扇形，具发达的肌肉基。腹鳍小，腹鳍起点距胸鳍起点较距臀鳍起点为近。肛门紧靠臀鳍起点。臀鳍基长于背鳍基，起点位于背鳍基末之后。尾柄短，尾鳍叉形。

体光滑无鳞，仅性成熟雄鱼臀鳍基两侧各具 1 列臀鳞。无侧线。

鳔 1 室。肠短直。

活体透明，死后变为乳白色。体侧上方和头背部密布小黑点。各鳍灰白色，边缘灰黑色。

生物学特性：

【生活习性】有海栖型和陆封型 2 种生态群，海栖型栖息于近海，河口繁殖；陆封型定居于河流干支流和附属湖泊中，能在淡水环境中自行繁殖。

【食性】幼鱼以枝角类、桡足类等浮游动物为食；体长 5.0cm 个体开始摄食小型鱼虾，体长 11.0cm 以上个体完全以小型鱼虾为食。性凶猛，饵料不足时会发生同类相残现象，可吞食占自身全长 33%～68% 的个体。繁殖期不停食。生长速度较快，约经 7 个月（3—10 月）体长可达 11.0cm。

【繁殖】繁殖期 12 月下旬至次年 3 月中下旬，盛产期为 1 月上旬至 2 月中旬。产卵水温为 2.0～8.0℃。分批次产卵，1 个繁殖周期内可产 2～3 次。1 年生鱼类，产卵后亲鱼虚弱死亡。绝对繁殖力约为 0.3 万～3.5 万粒。卵球形，表面生有卵膜丝，卵径约 1.0mm，无油球，具黏性。水温 2.0～10.0℃ 时，受精卵孵化脱膜需 25～30 天。初孵仔鱼全长 4.2～4.9mm。

资源分布：洞庭湖和湘江有分布，数量较少。

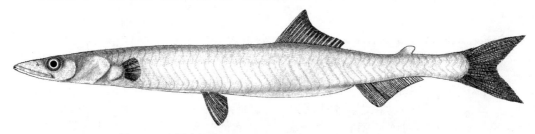

图 203　中国大银鱼 *Protosalanx chinensis* (Basilewsky, 1855)

（七）颌针鱼目 Beloniformes

体长，稍侧扁或圆柱状。头短钝或很尖长。口稍上位或端位。上、下颌不尖长，或仅下颌尖长；上颌牢固，不能伸缩。鳃孔大，上端达体侧上方，下端左右相连。鳃盖膜与峡部不相连。鳃耙发达。背鳍 1 个，位于体后半部较后方。各鳍均无鳍棘及硬刺。肛门位于体中部稍后或甚后方。尾柄明显，稍平扁或圆柱形。体被薄圆鳞。侧线有或无。

本目湖南分布有 2 科 2 属 3 种。

颌针鱼目亚目、科检索表

1（2）　下颌延长呈针管状；侧线完全，位低，近腹缘；尾鳍深叉形，下叶稍长；鼻孔每侧 1 个（**颌针鱼亚目 Belonoidei**）····················【18】鱵科 Hemiramphidae
2（1）　下颌不延长；无侧线；尾鳍截形；鼻孔每侧 2 个（大颌针鱼亚目 Adrianichthyoidei）··········
　　　··【19】大颌针鱼科 Adrianichthyidae

颌针鱼亚目 Belonoidei

体长而侧扁，或长柱形。头较长。口小，平直。上颌骨与前（间）颌骨完全愈合，呈三角形；下颌延长呈针管状；上、下颌相对部分具细齿。犁骨、腭骨及舌均无齿。眼大，圆形。鳃孔宽。鳃耙发达。鳃盖膜与峡部不相连。体被圆鳞。侧线下侧位，靠近腹缘。背鳍 1 个，远位于体背侧尾后部，一般与臀鳍同形，上下相对，或起点位于臀鳍稍前上方。尾鳍叉形、圆形或截形。

【18】鱵科 Hemiramphidae

体细长，圆柱状，尾部细而侧扁。口小，平直。前颌骨与上颌骨相连，形成三角形口盖。下颌延长呈喙状，向前延伸如针；上、下颌仅相对部分具细齿；犁骨、腭骨和舌均无齿。鼻孔每侧 1 个，浅凹。眼大，圆形。鳃孔大。鳃盖膜与峡部不相连。背鳍后移，与臀鳍相对，接近尾鳍基。胸鳍位置较高。尾鳍叉形或圆形。体被圆鳞，易脱落。侧线位置低，近腹缘。鳃耙发达。

本科湖南分布有 1 属 2 种。

（088）下鱵属 *Hyporhamphus* Gill, 1860

Hyporhamphus Gill, 1860, *Proc. Acad. Nat. Sci. Phil.*: 131.

模式种：*Hyporhamphus tricuspidatus* Gill

体长，柱形，略侧扁，尾部侧扁，背缘平直，腹缘浅弧形。头较长。吻短，不特别突出。口较小，平直。上颌骨与前（间）颌骨愈合，呈三角形，三角形长大于或小于宽；下颌延长，形成平扁长针状喙；针状部长小于头长的 1.5 倍；上、下颌相对部具细齿。鼻孔大，每侧 1 个，长圆形，浅凹，紧位于眼前缘上方，具 1 个圆形或扇形嗅瓣。眼大，圆形。眶前感觉管无后枝，或眶前管呈 T 形，具后枝。鳃孔宽阔。鳃盖膜与峡部不相连。背鳍后移，位于体后部，鳍基长，起点位于臀鳍前上方。胸鳍上侧位。腹鳍位于腹部远后方。尾鳍深叉形，下叶稍长。体被圆鳞，上颌三角部具鳞。侧线位低，近腹缘，在胸鳍下方具 1 分支，向上伸达胸鳍起点。鳔 1 室。

本属湖南分布有 2 种。

【古文释鱼】①《本草纲目》："释名：姜公鱼，铜呫（胡啜）鱼。此鱼喙有一针，故有诸名。俗云姜太公钓针，亦傅会也。生江湖中，大小形状，并同鲦残，但喙尖有一细黑骨如针为异耳。《东山经》云'泒水北注于湖，中多箴鱼，状如鲦，其喙如针，即此，食之无疫'"。②《直隶澧州志》（何玉棻、魏式曾、黄维瓒）："针工鱼，一斤千头，嘴有刺如针，寸长余。身有黑文一条，至尾如线"。③《沅陵县志》（许光曙、守忠）："针口鱼，口似针，自头至尾有白路如银，身细，尾歧，长三四寸"。

鱵科下鱵属种检索表

1（2） 下颌稍短，超出上颌的部分长等于或稍短于头长；背鳍起点位于臀鳍起点稍前；背鳍前鳞 65～80
·················· **185. 日本下鱵 *Hyporhamphus sajori* (Temminck *et* Schlegel, 1846)**
2（1） 下颌甚长，超出上颌的部分长大于头长；背鳍起点位于臀鳍起点稍后；背鳍前鳞 48～63········
·················· **186. 间下鱵 *Hyporhamphus intermedius* (Cantor, 1842)**

185. 日本下鱵 *Hyporhamphus sajori* (Temminck *et* Schlegel, 1846)（图 204）

俗称：穿针子、针公、针杆子、针鱼、针弓鱼；**别名**：细鳞下鱵、细下针鱼；**英文名**：Japanese halfbeak

Hemiramphus sajori Temminck *et* Schlegel, 1846, *Fauna Jap. Pisces*: 246（日本长崎）；Tchang, 1938, *Bull. Fan. Mem. Inst. Biol.*, 8(4): 342（长江）。

Hyporhamphus sajori：梁启燊、刘素嬲，1966，湖南师范学院学报（自然科学版）：85（洞庭湖、湘江）；肖真义（见：李思忠等），2011，中国动物志 硬骨鱼纲 银汉鱼目 鱵形目 颌针鱼目 蛇鳚目 鳕形目：271（洞庭湖）；李鸿等，2020，湖南鱼类系统检索及手绘图鉴：58，269。

标本采集：无标本，形态描述摘自《中国动物志 硬骨鱼纲 银汉鱼目 鱵形目 颌针鱼目 蛇鳚目 鳕形目》。

形态特征：背鳍 ii-13～14；臀鳍 ii-15～16；胸鳍 i-12；腹鳍 i-5。侧线鳞 111～112，背鳍前鳞 66～77。鳃耙 25～33。

体长为体高的 10.7～11.8 倍，为头长的 4.4～4.9 倍，为下颌长的 4.5～5.4 倍。体高为体宽的 1.1～1.3 倍。头长为吻长的 2.3～2.4 倍，为眼径的 5.1～5.5 倍，为眼间距的 4.7～5.3 倍，为上颌长的 3.4～4.1 倍，为下颌长的 1.0～1.1 倍。尾柄长为尾柄高的 2.2～2.9 倍。

体细长，略呈圆柱形，背、腹缘微隆起，背鳍与臀鳍基向后渐细。头长，顶部及两侧平，近腹部变窄，几呈三角形。上颌稍尖，呈三角形板状，较薄，中部具 1 条细微隆起线，长为宽的 1.3～1.5 倍；下颌延长呈平扁针状喙。上、下颌各具齿 3～4 行，排成狭带状；上颌齿小，有尖的单峰齿和 3 峰齿；下颌齿小，具 3 峰齿。鼻孔大，每侧 1 个，长圆形，鼻凹浅，位于眼前缘上方，具 1 个扇形嗅瓣。眼较大，上侧位，眼后头长较吻长稍小。眼间隔平，眼间距等于或稍大于眼径。眶前骨感觉管无后枝，上面狭窄，下面显著变宽，前分支向前弯曲约成 90°角，管臂中部具孔。鳃盖条 11～12 根。鳃盖膜与峡部不相连。

　　背鳍靠后，与臀鳍相对，起点稍前于臀鳍；第 2—4 鳍条最长，其后渐短。臀鳍与背鳍同形，鳍基稍短于背鳍基，起点位于背鳍第 1—3 根鳍条基部之间的下方。背鳍、臀鳍基无鳞，背鳍基长为臀鳍基长的 1.0～1.1 倍。胸鳍短宽，体长为胸鳍长的 9.1～10.0 倍。腹鳍小，腹位，腹鳍起点距胸鳍起点为距尾鳍基的 0.8～0.9 倍，体长为腹鳍长的 14.0～16.3 倍。尾鳍叉形，下叶稍长。

　　体被圆鳞，薄且易脱落；体、头顶、鳃盖及峡部均被鳞。侧线位低，近腹缘，前端在胸鳍起点下方第 3～5 枚侧线鳞处具 1 垂直分支，其末端止于臀鳍最后鳍条处。

　　体银白色，背面暗绿色，体背部中部自头后部起具 1 条淡黑色线纹。体侧各具 1 条银灰色纵纹，向后渐变宽。侧线上方鳞片后缘淡黑色，侧线下方白色。头顶及上、下颌皆黑色。胸鳍基及尾鳍具细微的黑色素。

　　生物学特性：行动敏捷，常跳跃出水面逃避敌害。5—8 月中旬产卵。卵粒较大。仔鱼期下颌甚短，至稚鱼时则迅速增大。

　　资源分布：洞庭湖有分布，但数量稀少。

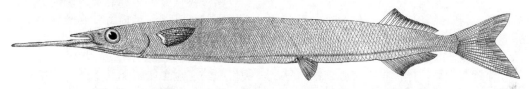

图 204　日本下鱵 *Hyporhamphus sajori* (Temminck *et* Schlegel, 1846)

186. 间下鱵 *Hyporhamphus intermedius* (Cantor, 1842)（图 205）

　　俗称：穿针子、针公、针杆子、针鱼、针弓鱼；**别名**：中华下针鱼、间鱵、久留米鱵鱼；**英文名**：garsish、piper

Hemiramphus intermedius Cantor, 1842, *Ann. Mag. Nat. Hist.*, 9: 485（舟山）；Günther, 1866, *Cat. Fish. Br. Mus.*, 6: 260（中国）；Tchang（张春霖），1938, *Bull. Fan. Mem. Inst. Biol. (Zool.)*, 8(4): 340（洞庭湖）；李鸿等，2020，湖南鱼类系统检索及手绘图鉴：58，270。

Hemiramphus kurumeus：Jordan *et* Starks, 1903, *Proc. U. S. Nat. Mus.*, 26: 534（日本筑后河）；Nichols, 1928, *Bull. Ann. Mus. Hist.*, 63: 49（中国）；湖北省水生生物研究所鱼类研究室，1976，长江鱼类：187（洞庭湖、华容、藕池口）；唐家汉和钱名全，1979，淡水渔业，（1）：10（洞庭湖）；唐家汉，1980a，湖南鱼类志（修订重版）：198（洞庭湖）；林益平等（见：杨金通等），1985，湖南省渔业区划报告集：79（洞庭湖、湘江）；何业恒，1990，湖南珍稀动物的历史变迁：150（岳阳、华容、湘阴、沅江、长沙、衡阳）；曹英华等，2012，湘江水生动物志：303（湘江湘阴）；刘良国等，2013b，长江流域资源与环境，22（9）：1165（澧水慈利、石门、澧县、澧水河口）；刘良国等，2013a，海洋与湖沼，44（1）：148（沅水五强溪水库、常德）；刘良国等，2014，南方水产科学，10（2）：1（资水安化、桃江）；向鹏等，2016，湖泊科学，28（2）：379（沅水五强溪水库）。

Hyporhamphus sinensis：Nichols, 1928, *Bull. Ann. Mus. Hist.*: 6349（中国）；梁启燊和刘素嬛，1959，

湖南师范学院自然科学学报，（3）：67（洞庭湖、湘江）；梁启燊和刘素孅，1966，湖南师范学院学报（自然科学版），（5）：85（洞庭湖、湘江）。

Hyporhamphus (*Hyporhamphus*) *intermedius*：Collette *et* Su, 1986, *Proc. Acad. Nat. Sci. Phil.*, 138(1): 261（洞庭湖）。

标本采集：标本 30 尾，采自洞庭湖。

形态特征：背鳍 ii-14；臀鳍 ii-13～16；胸鳍 i -10～11；腹鳍 i -5。侧线鳞 54～79。

体长为体高的 11.2～12.6 倍，为体宽的 11.8～14.1 倍，为头长的 4.6～5.2 倍。体高为体宽的 1.1～1.2 倍。头长为吻长的 2.4～2.8 倍，为眼径的 5.1～5.4 倍，为眼间距的 5.0～5.4 倍。

体细长，稍侧扁，近柱形，背、腹缘平直，尾部较侧扁。体高大于体宽。头前方尖，顶部及颊部平。吻较短。口小，平直。上颌骨与前颌骨愈合成三角形，三角形长大于宽，约为宽的 1.1～1.2 倍；下颌突出，延长成平扁长针状喙，针状部长约为头长的 1.1 倍；上、下颌均具齿，大多数为单峰齿，仅下颌后部具 3 峰齿。犁、腭骨及舌无牙。上颌无唇；下颌针状部两侧及腹面具皮质瓣膜。鼻孔大，每侧 1 个，长圆形，鼻凹浅，紧位于眼前缘上方；具 1 圆形嗅瓣，其边缘完整无穗状分支。眼大，圆形，上侧位。眶前骨感觉管无后枝，管的上部窄，下部明显变宽。鳃孔大。鳃盖条 12～13 根。鳃盖膜与峡部不相连。

背鳍位于体远后方，基部长，起点位于臀鳍第 2 根不分支鳍条的上方，鳍边缘稍内凹，后方鳍条短。胸鳍上侧位，较长，稍大于吻后头长。腹鳍小，位于腹部后方，起点距尾鳍基与距鳃孔约相等。肛门位于臀鳍前方。臀鳍起点位于背鳍第 1 鳍条基部下方，或位于背鳍起点的垂直线前方，鳍下缘内凹。尾鳍叉形，下叶稍长。

体被较大圆鳞，易脱落；头顶及上颌三角部具鳞；颊部及鳃盖亦具鳞。侧线完全，下侧位，始于峡部后方，沿体腹缘向后延伸，止于尾鳍下叉基部稍前方；胸鳍下方具 1 分支，向上伸达胸鳍起点。

鳃耙发达，最长鳃耙约等于眼径的 1/4。

体背灰绿色，体侧下方及腹部银白色。体侧自胸鳍起点至尾鳍基具 1 条较狭窄的银灰色纵纹，纵纹在背鳍下方较宽。项部、头顶部、下颌针状部及吻端边缘均为黑色。尾鳍边缘黑色，其余各鳍色浅。背部鳞具灰黑色边缘。

生物学特性：

【生活习性】多栖息于水体上层，常成群游于水面觅食。

【食性】主要以浮游生物为食。

【繁殖】繁殖期 5—6 月（叶佳林等，2007）。

资源分布：洞庭湖及湘、资、沅、澧"四水"均有分布，尤以东洞庭湖较多。每年 8—11 月渔民采用针鱼网捕捞，产量较高。

图 205　间下鱵 *Hyporhamphus intermedius* (Cantor, 1842)

大颌针鱼亚目 Adrianichthyoidei

体长而侧扁。吻短钝，口正常；上、下颌均不呈针状，均具齿。眼大。成体雌、雄鱼体形及体色无明显差异。背鳍显著靠后，位于臀鳍基后半部上方。臀鳍起点距鳃孔较距尾鳍基为近。胸鳍侧中位或稍高，后伸达腹鳍起点。腹鳍腹位，起点距吻端较距尾鳍基为近。尾鳍圆突形或浅凹形。体被圆鳞。卵生。

【19】大颌针鱼科 Adrianichthyidae

头及背部较平扁，腹部宽圆。口小，上位，口裂平直。吻宽短，吻长小于眼径。上、下颌具细齿。眼较大，上侧位。背鳍甚短，位于体后部。臀鳍基长，雄鱼臀鳍前部鳍条不延长。尾柄长小于头长。尾鳍宽阔，浅凹形。无侧线。头背面具鳞。卵生。

本科湖南分布有 1 属 1 种。

（089）青针鱼属 *Oryzias* Jordan *et* Snyder, 1906

Oryzias Jordan *et* Snyder, 1906, *Proc. U. S. Nat. Mus.*, 31: 289.

模式种：*Poecilia latipes* Temminck *et* Schlegel

体长，背部稍平直，腹部圆突。头较宽，前部平扁。吻短。口小，上位，口裂平直。下颌突出；上、下颌各具尖锐细齿 2 行；犁骨无齿。鼻孔每侧 2 个，前、后鼻孔相距较远。眼较大，上侧位。鳃孔大。鳃盖膜跨越峡部，左、右相连，与峡部不相连。背鳍位于体后部。臀鳍基较长，起点远在背鳍前方。尾鳍截形。体被较大圆鳞。无侧线。腹部黑色。鳃耙短小。无鳔。无两性异形现象，仅雄鱼背鳍、臀鳍后外角较尖长。卵生，卵具许多小油球，卵膜具许多细丝状长凸起和 1 大束马尾状细丝束。

本属湖南仅分布有 1 种。

【青鳉属分类地位的变动】我国本土有分布的中华青鳉 *Oryzias sinensis* 为卵生鱼类，而原产于北美，后被移植到我国并形成稳定种群的食蚊鱼 *Gambusia affinis* 为卵胎生鱼类，但两者在外形上有相似之处，所以，以往传统的分类系统将两者均划入鳉形目 Cyprinodontiformes。Rosen 和 Parenti（1981）基于鳃弓骨和舌骨的比较，确定了鳉形目和颌针鱼目 Beloniformes 的 7 个鉴别特征，并认为中华青鳉所属的大颌鳉科 Adrianichthyidae、大颌鳉亚目 Adrianichthyoidei 应划入颌针鱼目 Beloniformes。Li（2001）和李思忠（2011）经过详细的形态学比较分析认为，大颌鳉亚目与鳉形目的特征更相似，大颌鳉亚目留在鳉形目为宜。近年来基于骨骼学、分子生物学的研究，都证实大颌鳉亚目应划入颌针鱼目（Parenti，2008；Near et al.，2012；Betancour et al.，2013）。中华青鳉和食蚊鱼随在外形上有较高的相似度，但其繁殖习性则差异颇大，因此本书将其划入颌针鱼目，同时为了避免和鳉形目鱼类产生混淆，对中文名进行了改动，将"鳉"改为"针鱼"，亚目至种依次修改为大颌针鱼亚目、大颌针鱼科、青针鱼属、中华青针鱼。

187. 中华青针鱼 *Oryzias sinensis* Chen, Uwa *et* Chu, 1989（图 206）

俗称：千年老、稻花鱼；**别名**：阔尾鳉、青鳉、中华青鳉

【青鳉和中华青鳉】在以往的著作中，青鳉 *Oryzias latipes* 和中华青鳉 *Oryzias sinensis* 常混淆不清，陈银瑞等（1989）的研究认为，我国分布的为中华青鳉，青鳉主要分布于日本，两者之间的区别主要是：中华青鳉第 1 肋骨附连第 2 椎骨，椎骨平均为（28.9±0.6）枚，胸鳍条多为 9 根，染色体数 $2n=46$；而青鳉第 1 椎骨附连第 3 肋骨，椎骨平均为（30±0.5）枚，胸鳍条多为 10 根，染色体数 $2n=48$。

Oryzias latipes sinensis Chen, Uwa *et* Chu（陈银瑞，宇和紘和褚新洛），1989，动物分类学报，14：239-246（云南）。

Poecilia latipes：Temminck *et* Schlegel, 1846, *Fauna Jap. (Pisces)*, (10-14): 224（日本长崎）。

Oryzias latipes：梁启燊和刘素孀，1959，湖南师范学院自然科学学报，（3）：67（洞庭湖、湘江；梁启燊和刘素孀，1966，湖南师范学院学报（自然科学版），（5）：85（湘江）；唐家汉和钱名全，1979，淡水渔业，（1）：10（洞庭湖）；唐家汉，1980a，湖南鱼类志（修订重版）：200（湘江）；林益平等（见：杨金通等），1985，湖南省渔业区划报告集：79（洞庭湖、湘江、资水、沅水、澧水）；唐文乔等，2001，上海水产大学学报，10（1）：6（沅水水系的武水，澧水）。

Oryzias sinensis：李鸿等，2020，湖南鱼类系统检索及手绘图鉴：58，271；廖伏初等，2020，湖南鱼类原色图谱，280。

濒危等级： 易危，《中国物种红色名录 第一卷 红色名录》（汪松和解焱，2004）。

标本采集： 标本 10 尾，采自湘江下游。

形态特征： 背鳍 i -5；臀鳍 iii-16～18；胸鳍 9～10；腹鳍 6。纵列鳞 27～30。

体长为体高的 3.7～4.1 倍，为头长的 3.7～4.1 倍，为尾柄长为 7.3～8.3 倍。头长为吻长的 3.5～4.0 倍，为眼径的 2.3～3.0 倍，为眼间距的 2.3～3.0 倍。尾柄长为尾柄高的 1.5～2.0 倍。

体小，侧扁，背部较平直，腹面圆突。头部自后向前渐平扁。吻短，吻长小于眼径。口小，上位，横裂，能伸缩。下颌向上翘，长于上颌；上、下颌齿细尖，各 2 行；犁骨无齿。具舌，前端游离，较宽。无须。鼻孔每侧 2 个，前后鼻孔相距较远；前鼻孔位于口角上方，后鼻孔位于眼前缘上方。眼大，上侧位。眼间隔宽平，眼间距约等于眼径。鳃孔大。鳃盖膜跨越峡部，左、右相连，而与峡部不相连。

背鳍靠后，接近尾鳍，无硬刺。胸鳍位置较高，后伸不达腹鳍起点。腹鳍后伸接近或达臀鳍起点。肛门紧靠臀鳍起点。臀鳍基较长，起点远在背鳍前方。尾鳍宽大，后缘稍内凹。

体被圆鳞，头部鳞较小。无侧线。

鳃耙短小。无鳔。腹面黑色。肠短，小于或等于体长。

体青灰色，腹部及各鳍灰白色。头和体具许多小黑点。体背正中具 1 条褐色纵纹，自头后延伸至尾鳍基。体侧中央具 1 条黑色线状纹，由前向后斜行，止于尾鳍基正中。各鳍微黑，雄鱼腹鳍生殖季节尤黑。

生物学特性：

【生活习性】 小型鱼类，喜栖息于水生植物浓密、水质清澈的静水或缓流水体，常集群活动于沟渠、池塘、稻田等水体表层。生命力极强，对水中溶氧和温度的变化有极强的适应能力。

【年龄生长】 个体小，成鱼体长一般 2.0～3.0cm，最大个体 4.0cm。苗种经 2～6 个月的生长，体长达 2.0cm 左右开始性成熟。

【食性】 杂食性。鱼苗阶段摄食原生动物和轮虫，随生长逐步转食小型浮游甲壳动物、藻类及有机碎屑。

【繁殖】 繁殖期 4—9 月，6—8 月产卵高峰期。繁殖期，雌鱼较肥胖，腹部膨大，雄鱼体较细长，背鳍后两鳍条间具明显凹陷；臀鳍较长，臀鳍和腹鳍上具密集小黑点。卵生，50 日龄即可性成熟，产卵水温 16.0～29.0℃，适宜温度 21.0～26.0℃。受精卵上具许多丝状物，卵粒相互缠绕，黏附于雌鱼泄殖孔周围，约 2.0h 后逐渐脱落。单次产卵一般为 20～30 粒，繁殖期产卵数可达 3000 粒（崔奕等，2016）。

适宜温度范围内，受精卵孵化脱膜时间随水温上升而缩短，适宜水温为 26.0～34.0℃，27.6℃时需 11.0d，孵化率较高。水温低于 17.6℃时，胚胎发育极其缓慢。

　　资源分布：池塘、湖泊、稻田及沟港中的小型鱼类，据《中国物种红色名录　第一卷　红色名录》，20 世纪 80 年代以前，青针鱼曾广泛分布于江河、湖、库、塘、田、沟渠的清洁水域中，20 世纪 90 年代开始，种群数量大幅度减少，分布区也缩减，并在许多分布点内绝迹。青针鱼数量的急剧下降恰从入侵种食蚊鳉的引进开始，加上两者栖息生境存在重叠，以及食蚊鳉更强的适应能力，可以推测青针鱼在与食蚊鳉的竞争中处于劣势，生存空间逐渐被食蚊鳉挤占，但也不排除环境污染、过度捕捞等对其种群生存导致的不良影响。目前青针鱼在湖南境内已少有分布（黄玉瑶，1988；刘盼等；2009；张静等，2013）。

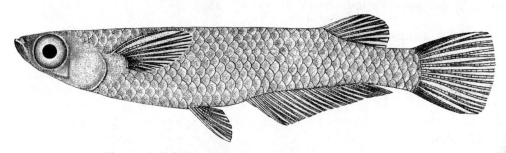

图 206　　中华青针鱼 *Oryzias sinensis* Chen, Uwa *et* Chu, 1989

（八）鳉形目 Cyprinodontiformes

　　体较小，侧扁，背部平直，腹部圆突。头平扁。口小，一般上位，能伸缩。上、下颌具细齿，犁骨无齿。眼大，周缘游离。鳃盖膜与峡部不相连。各鳍均无鳍棘。背鳍后位，与臀鳍相对或稍后。胸鳍正常。腹鳍腹位。体被圆鳞。无侧线。两性异形明显，成体雄鱼常小于雌鱼。卵胎生。

　　本目主要为分布于非洲及美洲热带及暖温带地区的小型淡水鱼类，亚洲南部及欧洲南部也有少数分布。

　　本目湖南分布有 1 科 1 属 1 种。

【20】胎鳉科 Poeciliidae

　　体长而侧扁。头平扁，头长小于尾柄长。口小，上位。上、下颌具细齿。眼大，上侧位。鳃盖膜与峡部不相连。各鳍均无棘。背鳍靠后。腹鳍腹位，较小。臀鳍基短。体被大圆鳞。无侧线。成年雄鱼小于雌鱼，雄鱼臀鳍第 3—5 根鳍条和变大的臀鳍支鳍骨及伸向前方的脉弓联合形成输精器。卵胎生。

　　本科湖南分布有 1 属 1 种。

（090）食蚊鳉属 *Gambusia* Poey, 1854

Gambusia Poey, 1854, *Mem. Hist. Nat. Cuba*, 1: 382, 390.

模式种：*Gambusia punctata* Poey

体长而侧扁。口小，上位。下颌突出。眼大，上侧位。鳃孔大。鳃盖膜与峡部不相连。背鳍起点位于臀鳍起点后上方，具 6～10 根鳍条。胸鳍中侧位。腹鳍小，腹位。雄鱼臀鳍显著靠前，前部鳍条延长特化成输精器，长度大于头长，第 1 鳍条无长凸起而末端后缘具锯齿，第 2 及第 3 鳍条末端后缘具小钩状刺。雌鱼臀鳍起点位置稍靠后，距尾鳍基较近，前部鳍条稍短于头长。尾鳍后缘略圆。无侧线。

本属湖南仅分布有 1 种，原产自北美，为引进种，现已在全省各地形成种群。

188. 食蚊鳉 *Gambusia affinis* (Baird *et* Girard, 1853)（图 207）

英文名：mosquitofish、common gambusia

Heterandria affinis Baird *et* Girard, 1853, *Proc. Acad. Nat. Sci. Phil.*, 6: 390（美国德克萨斯州）；林益平等（见：杨金通等），1985，湖南省渔业区划报告集：79（洞庭湖、湘江、资水、沅水、澧水）。
Gambusia affinis：贺顺连等，湖南农业大学学报（自然科学版），2000，26（5）：379（湘江长沙）；曹英华等，2012，湘江水生动物志：301（湘江衡阳常宁、耒水汝城）；康祖杰等，2019，壶瓶山鱼类图鉴：227（壶瓶山）；李鸿等，2020，湖南鱼类系统检索及手绘图鉴：60，272；廖伏初等，2020，湖南鱼类原色图谱，282。

标本采集：标本 30 尾，采自湘江长沙、汝城等地。

形态特征：背鳍 i -5～6；臀鳍 iii-6～7；胸鳍 12～13；腹鳍 6。纵列鳞 29～30。

体长为体高的 3.3～5.0 倍，为头长的 3.4～4.5 倍。头长为吻长的 4.1～4.2 倍，为眼径的 2.6～3.6 倍，为眼间距的 2.0～2.3 倍。尾柄长为尾柄高的 2.0～2.2 倍。

体长，略侧扁，雄鱼稍细长，雌鱼胸腹部圆突，尾柄长大于头长。头宽短，前部平扁。吻短，齿细小。口小，上位，口裂横直。眼大，上侧位。眼间隔宽平，眼间距大于眼径。鳃孔大。鳃盖膜跨越峡部，左、右相连，而与峡部不相连。

背鳍近中位。胸鳍位高，基部上端约在体侧中轴水平线上。腹鳍小。臀鳍基位于背鳍基正下方（雌鱼），或臀鳍完全位于背鳍基前下方（雄鱼）；雄鱼臀鳍第 3 至第 5 鳍条延长，变形为输精器。尾鳍圆形。

体被较大圆鳞，头部被鳞。无侧线。

体上侧青灰色，下部灰白色。头顶至背鳍前方具 1 条黑纹。偶鳍透明，奇鳍具黑点。

生物学特性：

【生活习性】淡水小型鱼类，雌鱼最大约 50.0mm，雄鱼尤小。喜栖息于池塘及泉溪等静水或缓流水体的表层，行动敏捷，夏季炎热时日出后即下潜躲避高温，冬季低温喜阳光。适宜水温 4.5～40.0℃，最适水温 18.0～30.0℃，产卵水温 20.0℃以上。

【年龄生长】个体小，野生种群寿命短、自然死亡率高。繁殖期，雌鱼数量显著大于雄鱼；雌鱼体长也显著大于雄鱼。根据文献报道，雌鱼体长约 10.0～47.0mm，雄鱼体长约 12.0～28.0mm。

【食性】以动物性食物为主的杂食性鱼类，主要以孑孓、蚊蛹、刚羽化的成蚊，以及轮虫、枝角类、桡足类、水生昆虫及其幼虫、其他鱼类的卵等为食，植物性食物主要为藻类，尤喜蚊虫，摄食强度大（潘炯华等，1980）。

【繁殖】繁殖期 3—12 月。性成熟年龄雄鱼 45～50 天，雌鱼 60～70 天。卵胎生，体内受精。每年可繁殖多次，每次产仔 20～40 尾，产后经过 2～7 天，卵成熟后可再次交配繁殖。仔鱼出母体即可游泳和摄食（樊晓丽等，2016；刘灼见等，1996）。

资源分布：原分布于美国、古巴及墨西哥等地的沼泽地区，为蚊虫的天敌，吞食孑孓。后被移植到亚洲以消灭蚊虫，特别是疟蚊。20 世纪 50 年代开始移植到长江南北各处，现湖南各地均有分布。

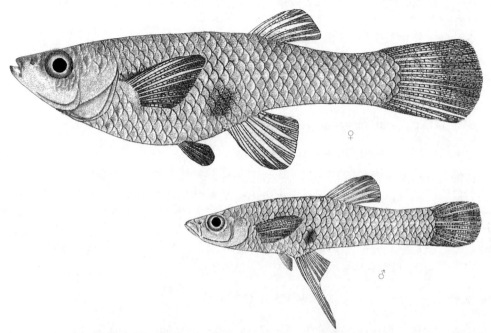

图 207 食蚊鳉 *Gambusia affinis* (Baird *et* Girard, 1853)

（九）合鳃鱼目 Synbranchiformes

体延长，鳗形。口大，端位或下位。眼小，上侧位。背鳍和臀鳍退化成无鳍条的皮褶，或仅背鳍前部鳍条特化成分离的鳍棘。无腹鳍。胸鳍有或无。背鳍、臀鳍和尾鳍相连。无鳔，如有则无鳔管。体裸露无鳞或被不明显细鳞。

本目湖南分布有 2 科 3 属 3 种。

合鳃鱼目亚目、科检索表

1（2）各鳍均退化成皮褶，无鳍条；头大，吻钝，无吻突；尾长，细鞭状；体裸露无鳞（合鳃鱼亚目 **Mastacembeloidei**）···【21】合鳃鱼科 Synbranchidae

2（1）背鳍前部特化为游离鳍棘，具鳍条，有胸鳍无腹鳍；头小，吻尖，具吻突；尾尖圆，蒲扇状；体被细小圆鳞（刺鳅亚目 **Mastacembeloidei**）··············【22】刺鳅科 Mastacembelidae

合鳃鱼亚目 Mastacembeloidei

背鳍与臀鳍退化成皮褶，无鳍条。无胸鳍。

【21】合鳃鱼科 Synbranchidae

体圆，细长，鳗形。左、右鳃孔在头部腹面愈合。背鳍、臀鳍和尾鳍退化成皮褶，无鳍条。无胸鳍。腹鳍很小，具 2 鳍条，喉位；或腹鳍消失。尾部尖细。体光滑无鳞。咽和肠有呼吸空气的能力。无鳔。

本科湖南分布有 1 属 1 种。

（091）黄鳝属 *Monopterus* Lacepède, 1800

Monopterus Lacepède, 1800, *Hist. Nat. Poiss.*, 2: 138.

模式种：*Monopterus javanensis* Lacepède

体细长，鳗形，前段近圆筒形，向后渐侧扁，尾部尖细，细鞭状。头大，圆钝。吻钝尖。口大，端位，口裂稍倾斜。上颌突出；上下颌及腭骨具圆锥形细齿。唇颇厚。无须。鼻孔每侧 2 个，前后分离，相距较远。眼小，上侧位，包被皮膜。眼间隔宽而稍隆起。左、右鳃孔在腹面连合成"Λ"字形，鳃盖膜与峡部相连。鳃不发达。体光滑无鳞。侧线明显。无偶鳍，背鳍、臀鳍和尾鳍退化成皮褶，无鳍条，末端相连。无鳔。

本属湖南仅分布有 1 种。

189. 黄鳝 *Monopterus albus* (Zuiew, 1793)（图 208）

俗称：鳝鱼、长鱼、无鳞公子；**英文名**：Asian swamp eel、ricefield eel

Muraena alba Zuiew, 1793, *Nova. Acta Acad. Sci. Imp. Petropol.*, 7: 229.
Fluta alba：梁启燊和刘素孄，1966，湖南师范学院学报（自然科学版），（5）：85（洞庭湖、湘江、资水、沅水、澧水）。
Fluta alba cinerea：梁启燊和刘素孄，1966，湖南师范学院学报（自然科学版），（5）：85（洞庭湖）。
Monopterus albus：梁启燊和刘素孄，1959，湖南师范学院自然科学学报，（3）：67（洞庭湖、湘江）；唐家汉和钱名全，1979，淡水渔业，（1）：10（洞庭湖）；唐家汉，1980a，湖南鱼类志（修订重版）：205（洞庭湖）；林益平等（见：杨金通等），1985，湖南省渔业区划报告集：79（洞庭湖、湘江、资水、沅水、澧水）；唐文乔，1989，中国科学院水生生物研究所硕士学位论文：64（吉首）；唐文乔等，2001，上海水产大学学报，10（1）：6（沅水水系的辰水、武水、酉水，澧水）；郭克疾等，2004，生命科学研究，8（1）：82（桃源县乌云界自然保护区）；吴婕和邓学建，2007，湖南师范大学自然科学学报，30（3）：116（柘溪水库）；康祖杰等，2010，野生动物，31（5）：293（壶瓶山）；康祖杰等，2010，动物学杂志，45（5）：79（壶瓶山）；牛艳东等，2011，湖南林业科技，38（5）：44（城步芙蓉河）；王星等，2011，生命科学研究，15（4）：311（南岳）；曹英华等，2012，湘江水生动物志：39（长沙、衡阳）；牛艳东等，2012，湖南林业科技，39（1）：61（怀化中方县康龙自然保护区）；刘良国等，2013b，长江流域资源与环境，22（9）：1165（澧水桑植、慈利、石门、澧县、澧水河口）；刘良国等，2013a，海洋与湖沼，44（1）：148（沅水怀化、五强溪水库、常德）；刘良国等，2014，南方水产科学，10（2）：1（资水新邵、安化、桃江）；黄忠舜等，2016，湖南林业科技，43（2）：34（安乡县书院洲国家湿地公园）；吴倩倩等，2016，生命科学研究，20（5）：377（通道玉带河国家级湿地公园）；向鹏等，2016，湖泊科学，28（2）：379（沅水五强溪水库）；康祖杰等，2019，壶瓶山鱼类图鉴：230（壶瓶山）；李鸿等，2020，湖南鱼类系统检索及手绘图鉴：61，273；廖伏初等，2020，湖南鱼类原色图谱，284。

【古文释鱼】 ①《辰州府志》（席绍葆、谢鸣谦等）："鱓，一作鳝；《本草图经》'鱓似鳗鲡而细长，亦似蛇而无鳞，有青黄二色，生水岸、泥窟，味甚佳'。蛇变者名蛇鱓，有毒，害人，以灯照之必项下，有白点，通身浮水上或见灯昂首跳跃者谓之抢火鱓，皆不可食"。②《祁阳县志》（旷敏本、李蒔）："鱓，生水岸泥窟中，长似鳅而无鳞，多涎沫，有青黄二色，蛇变者则有毒"。③《直隶澧州志》（何玉棻、魏式曾、黄维瓒）："鱓，黄质黑章，生泥窟中，冬蛰夏出，亦名蛇鱓。《尔雅翼》'似蛇，无鳞，体有涎沫，夏月于浅水作窟'。《荀子》'非蛇鱓之穴，无所寄托'"。④《醴陵县志》（陈鲲、刘谦）："鱓，俗称黄鳝，体圆而长，鳞隐皮下，产田泥中"。⑤《沅江县志》（陶澍、唐古特）：“鳝，形似鳗而细长，亦似蛇”。⑥《善化县志》（吴兆熙、张先抡等）：“黄鯚，《卫生篇》‘多食损寿’。亦有蛇化者，项下有白点，食之毒人；《山堂肆考》‘水蛭附鳝身，卵育以巾，拭之入水即见’”。⑦《桃源县志》（梁颂成）：“鳝，《山堂肆考》‘鳝鱼黄色，俗呼黄鳝，一名鯚’”。⑧《耒阳县志》（于学琴）：“鯚，《尔雅翼》‘似蛇，善穿穴，与蛇同性，无鳞，体有涎沫，其骨三棱，只一根’。《山堂肆考》‘鯚，黄色，俗呼黄鯚，芒种前后，水蛭附鯚身，卵育’。《集韵》‘鯚亦作鳝’”。

标本采集：标本 25 尾，采自岳阳、长沙、衡阳等地。

形态特征：体长为体高的 22.1～27.5 倍，为头长的 11.2～13.2 倍。头长为吻长的 4.8～6.0 倍，为眼径的 9.5～13.5 倍，为眼间距的 6.5～7.6 倍。

体圆而细长，鳗形，前段近圆筒形，后段渐细而侧扁，尾细尖，细鞭形。头部膨大，前端略呈圆锥形，头高大于体高。吻尖，吻长大于眼径。口大，端位，口裂深，末端超过眼后缘较远。唇发达，吻皮下包盖住下唇的后端，下唇腹膜具深沟。上颌稍突出。上、下颌及腭骨均具圆锥形细齿。无须。鼻孔每侧 2 个，前、后分离，相距较远，前鼻孔靠近吻端，后鼻孔位于眼前缘上方。眼细小，上侧位，位于头的前部，包被皮膜。眼间隔宽而隆起。鳃孔小，左、右鳃孔在头部腹面相连呈“Λ”字形细缝。盖膜与峡部相连。

背鳍和臀鳍退化成皮褶，末端与尾鳍相连。无胸鳍和腹鳍。尾部尖细。

体光滑无鳞。侧线明显，纵贯体中轴。

鳔退化。腹膜黑色。

体色多介于深棕色和橙黄色之间，不同地区，体色有异，主要以深黄大斑、浅黄细斑和青灰色 3 种体色较为常见。深黄大斑鳝体细长，背部体色深黄，背部和体两侧分布有 3 列带状黑褐色大斑点，腹部花纹较浅或无花纹，生长速度快、繁殖力高；浅黄细斑鳝体形标准，体浅黄，背部分布有形状不规则的带状、细密黑褐色斑点，腹部花纹较浅，生长速度次之、繁殖力次之；青灰鳝背部泥灰色，全身分布排列不规则的黑褐色细密小斑点，腹部布满深色花纹。

生物学特性：

【**生活习性**】常栖息于稻田、小河、小溪、池塘、沟渠、湖泊等淤泥质水底层；穴居，白天多隐居洞中，夜晚外出觅食；洞穴为弯曲多叉的孔道，出口一般多于 2 个，其中 1 个位于水面附近。鳃不发达，借助口腔及喉腔的内壁表皮作辅助呼吸器官行气呼吸，离水后不易死亡。

【**年龄生长**】生长比较缓慢，1 龄体长平均 24.7cm、11.2g，5 龄鱼体长平均 54.8cm、158.8g，高龄个体较为少见，最大个体体长可达 100.0cm。种群分为雌鱼、间性和雄鱼，雌鱼集中在 1～5 龄，间性 2～5 龄，雄鱼 2～6 龄，3 龄以前雌鱼占优势，3 龄之后雄鱼占优势，5 龄开始雄鱼占绝对优势。雌、雄个体生长差异显著（杨明生，1997；陈慧，1998；李芝琴等，2008）。

【**食性**】肉食性或偏肉食性的杂食性鱼类，稚鳝（全长小于 10.0cm）前期主要摄食轮虫和枝角类，后期则以水生寡毛类、摇蚊幼虫为主；幼鳝和成鳝（全长 10.0cm 以上）食性相对稳定，主要摄食摇蚊幼虫、水生寡毛类、蚯蚓、昆虫幼虫、枝角类、桡足类等，此外也捕食蝌蚪、幼蛙及小型鱼类（杨代勤等，1997）。食物不足时，有互残习性。

【**繁殖**】1 龄即可性成熟，生长发育中有“性逆转”特性，即从胚胎期至初次性成熟时为雌鱼，产卵后卵巢逐渐转变为精巢，大个体中少见雌鱼。繁殖期雌鱼腹部透明且卵巢轮廓清晰，雄鳝腹部具网状血丝纹。分批次产卵，产卵前口吐泡沫堆成巢，卵产于巢中；受精卵沉性，在泡沫中借助泡沫的浮力，在水面上孵化。雌、雄鱼均有护幼习性。

（刘良国，2005；王彦等，2008；陈芳等，2009）。

资源分布：适应性强，广布性鱼类，湖南各地水域、稻田等均有分布。

图 208　黄鳝 *Monopterus albus* (Zuiew, 1793)

刺鳅亚目 Mastacembeloidei

体延长，鳗形。头颇尖。吻部向前伸出成吻突。前鼻孔管状，位于吻突前端侧方。口裂上缘仅由前颌骨组成，颌骨存在。背鳍基长，具许多游离小棘。腹鳍消失。背鳍、臀鳍和尾鳍相连。鳔无鳔管。

【刺鳅科分类地位变化】刺鳅科 Mastacembelidae 鱼类有颌齿、背鳍和臀鳍具鳍棘，因此，传统分类将其划入鲈形目 Peciformes。Travers（1984）认为这种仅依据形态特征而做出的划分并不合适，并通过细致的骨骼系统描述，最终将刺鳅科和鳗鳅科 Chaudhuriidae 划入合鳃鱼目 Synbranchiformes，此观点基本获得了国外学者的认可（Britz，1994；Nelson et al.，2016），但国内学者则在最近才陆续接受此观点（伍汉霖等，2012；张春光等，2016；庄平等，2018）。

刺鳅科最初只有一个属，属名也几经变更，曾使用过 *Mastacembelus*、*Macrognathus*、*Rhynchobdella*、*Ophidium* 等（毕富国，1992）。后来，Sufi（1956）通过对亚洲种类的研究，将其分为两个属，即刺鳅属 *Mastacembelus* 和吻棘鳅属 *Macrognathus*，湖南分布的中华刺鳅 *Sinobdella sinensis* 和大刺鳅 *Mastacembelus armatus* 曾均被划入刺鳅属中。这之后，大刺鳅的归属问题基本达成共识，即属于刺鳅属，而中华刺鳅的归属问题一直存在争议。

Travers（1984）在将刺鳅科划入合鳃鱼目的同时，也将中华刺鳅独立成一属，即小刺鳅属 *Rhynchobdella*，并将其划入鳗鳅科。毕富国（1992）通过对吻突、背鳍棘、鳞片、背鳍和臀鳍与尾鳍的连接方式等外部形态特征，骨骼特征及电泳生化特征的研究，否定了 Travers 将中华刺鳅划入鳗鳅科的观点，但采纳了中华刺鳅划入小刺鳅属的观点，并继续留在刺鳅科。金鑫波和朱元鼎也曾将中华刺鳅划入光盖刺鳅属 *Pararhynchobdella*（见：朱元鼎等，1985）。Kottelat 和 Lim（1994）的研究结果支撑了毕富国的观点，且通过形态学特征分析，为中华刺鳅独立建立了中华刺鳅属 *Sinobdella* Kottelat *et* Lim，1994。

本书采纳将刺鳅科划入合鳃鱼目、中华刺鳅划入中华刺鳅属的观点。

【22】刺鳅科 Mastacembelidae

体延长，略呈鳗形，前段圆筒形，尾后部渐扁薄。头小，略侧扁。吻尖长，吻突柔软，三角形或吸管状。口端位。唇发达，柔软。颌齿细尖，多行；犁骨、腭骨及舌上均无齿。鼻孔每侧 2 个，前鼻孔小，短管状，位于吻端两侧；后鼻孔裂缝状，位于眼前。

眼小，上侧位。眼间距狭窄，稍隆起。具眼下刺 1 根。前鳃盖骨具棘或无，下缘不游离或游离。峡部狭窄。鳃盖膜与峡部不相连。鳃耙退化，无假鳃。背鳍基甚长，前部鳍条特化成游离鳍棘，鳍棘短小，前端可倒伏于沟中，向后渐长。臀鳍具鳍棘 3 根。胸鳍短圆。腹鳍消失。尾鳍末端尖圆。体被细小圆鳞。侧线有或无。

本科湖南分布有 2 属 2 种。

刺鳅科属、种检索表

1（2）　前鳃盖骨无棘；吻突短钝，短于眼径；口裂深，末端达眼前缘下方；臀鳍棘 3 根，第 1 根小，埋于皮下，第 2 和第 3 根粗长且相距较远；体侧具多条垂直横纹；无侧线[（092）中华刺鳅属 *Sinobdella*] ·················· 190. 中华刺鳅 *Sinobdella sinensis* (Bleeker, 1870)
2（1）　前鳃盖骨后缘棘数根；吻突尖长，大于眼径；口裂浅，后缘仅达后鼻孔之下；臀鳍棘 3 根，第 3 根埋于皮下，距第 2 根很近；体侧具较大的网状斑纹；具侧线[（093）刺鳅属 *Mastacembelus*] ·················· 191. 大刺鳅 *Mastacembelus armatus* (Lacepède, 1800)

（092）中华刺鳅属 *Sinobdella* Kottelat *et* Lim, 1994

Sinobdella Kottelat *et* Lim, 1994, *Ichth. Exp. Fresh.*: 189.

模式种：*Ophidium mastacembelus* Banks *et* Solander

体延长，略似鳗形，头与体均侧扁，尾部向后渐侧扁，头小，尖长。吻尖突，吻端具柔软的管状吻突，吻突短于眼径。口端位，口裂深，末端达眼前缘下方。颌齿细尖，多行；犁骨、腭骨及舌均无齿。鼻孔每侧 2 个。眼小，具眼下刺 1 根。鳃孔较小。前鳃盖骨无棘，边缘不游离。鳃盖条 6 根；鳃盖膜与峡部不相连；鳃耙退化，无假鳃。背鳍基甚长，前部特化为游离鳍棘，鳍棘短小，前端可倒伏沟中。背鳍和臀鳍末端与尾鳍相连。胸鳍圆形，腹鳍消失。臀鳍棘 3 根，第 1 根小，埋于皮下，第 2 和第 3 根粗长，相距较远。尾鳍末端尖圆。头和体均被细小圆鳞。侧线有或无。

本属湖南仅分布有 1 种。

【古文释鱼】①《直隶澧州志》（何玉棻、魏式曾、黄维瓒）："䱉，鰊、䱉：无鳞鱼，腹黄，背青，似鳝而小，鳃边有刺，意今'刚鳝'。陆佃曰'其胆初夏近上，秋冬近下'。《方书》'肉能祛风，消水肿，烧灰治瘰疬'"。②《沅江县志》（陶澍、唐古特等）："䱉，似鲇而小，鳃边有刺"。

190. 中华刺鳅 *Sinobdella sinensis* (Bleeker, 1870)（图 209）

俗称：钢鳅、沙鳅、刀鳅、龙背刀；**别名**：刺鳅、中华光盖刺鳅；**英文名**：lesser spiny eel、small spiny eel

Rhynchobdella sinensis Bleeker, 1870, *Verh. Med. Akad. Wet. Amst. Afd. Natuark.*, 4(2): 249（中国）。
Mastacembelus aculeatus：梁启燊和刘素孏，1959，湖南师范学院自然科学学报，（3）：67（洞庭湖、湘江）；梁启燊和刘素孏，1966，湖南师范学院学报（自然科学版），（5）：85（洞庭湖、湘江）；湖北省水生生物研究所鱼类研究室，1976，长江鱼类：213（岳阳）；唐家汉和钱名全，1979，淡水渔业，（1）：10（洞庭湖）；唐家汉，1980a，湖南鱼类志（修订重版）：226（洞庭湖）；林益平等（见：杨金通等），1985，湖南省渔业区划报告集：80（洞庭湖、湘江、资水、沅水、澧水）；唐文乔，1989，中国科学院水生生物研究所硕士学位论文：64（麻阳）；毕富国，1992. 山东师大学报（自然科学版），7（2）：113（湖南）；唐文乔等，2001，上海水产大学学报，10（1）：6（沅水水系的辰水）；郭克疾等，2004，生命科学研究，8（1）：82（桃源县乌云界自然保护区）；吴婕和邓学建，2007，湖南师范大学自然科学学报，30（3）：116（柘溪水库）；牛艳东等，2011，湖南林业科技，38（5）：44（城步芙蓉

河）；王星等，2011，生命科学研究，15（4）：311（南岳）；曹英华等，2012，湘江水生动物志：297（湘江浏阳河）；牛艳东等，2012，湖南林业科技，39（1）：61（怀化中方县康龙自然保护区）；刘良国等，2013b，长江流域资源与环境，22（9）：1165（澧水桑植、慈利、石门、澧县、澧水河口）；刘良国等，2013a，海洋与湖沼，44（1）：148（沅水怀化、五强溪水库、常德）；刘良国等，2014，南方水产科学，10（2）：1（资水新邵、安化、桃江）；吴倩倩等，2016，生命科学研究，20（5）：377（通道玉带河国家级湿地公园）；向鹏等，2016，湖泊科学，28（2）：379（沅水五强溪水库）。

　　Sinobdella sinensis：李鸿等，2020，湖南鱼类系统检索及手绘图鉴：61，274；廖伏初等，2020，湖南鱼类原色图谱，286。

　　标本采集：标本30尾，采自西洞庭湖、湘江支流浏阳河。

　　形态特征：背鳍XXX～XXXIII-60～66；臀鳍III-58～65；胸鳍20～21。

　　体长为体高的10.5～12.5倍，为头长的6.3～7.0倍。头长为吻长的2.9～3.5倍，为眼径的9.0～11.3倍，为眼间距的8.3～10.5倍。

　　体长，前段稍侧扁，肛门以后扁薄。头小，尖突，略侧扁。吻尖突，吻端向下伸出成吻突，吻突长小于或等于眼径，吻长远小于眼后头长。口端位，口裂末端达眼前缘下方或稍后。唇发达。上、下颌齿细尖，多行。犁骨、腭骨及舌上均无齿。鼻孔每侧2个，前、后分离较远；前鼻孔小，位于吻突两侧，具短管；后鼻孔裂缝状，位于眼前方。眼小，上侧位，位于头中部稍前，包被皮膜。眼下刺1根，尖端向后，埋于皮下。眼间隔稍隆起，狭长。鳃孔大，向前伸达头中部下方。前鳃盖骨后缘无棘，边缘不游离。鳃盖膜与峡部不相连。

　　背鳍起点位于胸鳍中部稍后上方；鳍棘部基长，长于鳍条部；鳍棘短小，游离，向后渐长，可倒伏于背正中的沟中。胸鳍短，宽圆形。腹鳍消失。肛门靠近臀鳍起点。臀鳍鳍条部与背鳍鳍条部同形，且相对；鳍刺3根，第1和第2鳍棘邻近，第2鳍棘最大，第3鳍棘与第2鳍棘相距颇远。背鳍和臀鳍鳍条部末端分别与尾鳍相连。尾鳍后缘尖圆。

　　头和体均被细小圆鳞。侧线不明显。

　　鳃耙退化，无假鳃。

　　体背部黄褐色，腹部淡黄色。背、腹部具许多网眼状花纹。体侧具数十条垂直褐斑。胸鳍浅黄色。其余各鳍灰褐色。有的个体鳍间散布许多灰白点，鳍缘具灰白边。

　　生物学特性：生活于多水草的浅水区，性凶猛，以水生昆虫和小型鱼虾为食。1龄性成熟，繁殖期6—7月。

　　资源分布：洞庭湖及湘、资、沅、澧"四水"均有分布，个体小。

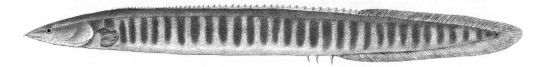

图209　中华刺鳅 *Sinobdella sinensis* (Bleeker, 1870)

（093）刺鳅属 *Mastacembelus* Scopoli, 1777

Mastacembelus Scopoli, 1777, *Int. Hist. Nat.*: 458.

　　模式种：*Ophidium mastacembelus* Banks *et* Solander

　　体延长，略似鳗形，头与体均侧扁，腹缘平，尾部向后渐扁。头小，尖长。吻端具柔软的管状吻突，吻突尖长，大于眼径。口端位，口裂浅，后缘仅达后鼻孔之下。上下颌齿细尖，多行，犁骨、腭骨及舌上无齿。鼻孔每侧 2 个。眼小，具眼下刺。前鳃盖骨后缘具棘数根，边缘不游离；鳃孔较小；鳃盖膜与峡部不相连。鳃耙退化，无假鳃。背鳍基甚长，前部鳍条特化成游离鳍棘，鳍棘短小，向后渐长。臀鳍棘 3 根，第 3 根埋于皮下，距第 2 根很近。背鳍和臀鳍末端均与尾鳍相连。尾鳍后缘尖圆。头和体被细小圆鳞。侧线明显。

本属湖南仅分布有 1 种。

191. 大刺鳅 *Mastacembelus armatus* (Lacepède, 1800)（图 210）

俗称：刀枪鱼、石锥、粗麻割；**英文名：**Zig-zag eel、Spiny eel

Mastacembelus armatus Lacepède, 1800, *Hist. Nat. Poiss.*, 2: 283, 286；梁启燊和刘素孋，1959，湖南师范学院自然科学学报，（3）：67（洞庭湖、湘江）；梁启燊和刘素孋，1966，湖南师范学院学报（自然科学版），（5）：85（洞庭湖、湘江）；唐家汉，1980a，湖南鱼类志（修订重版）：227（湘江上游）；林益平等（见：杨金通等），1985，湖南省渔业区划报告集：80（湘江、资水）；毕富国，1992，山东师大学报（自然科学版），7（2）：113（湖南）；吴婕和邓学建，2007，湖南师范大学自然科学学报，30（3）：116（柘溪水库）；曹英华等，2012，湘江水生动物志：294（湘江浏阳河、衡阳常宁、东安）；刘良国等，2013b，长江流域资源与环境，22（9）：1165（澧水澧县、澧水河口）；李鸿等，2020，湖南鱼类系统检索及手绘图鉴：61，275；廖伏初等，2020，湖南鱼类原色图谱，288。

【古文释鱼】①《新宁县志》（张葆连、刘坤一）："鲉，出石穴中，似鳝而大，味极甘美"。②《沅洲府志》（张官五、吴嗣仲等）："鲉，（《黔阳县志》）县东北之岩泉洞，深广数十步，有水通中溪，产鲉鱼，形细而味美，每至秋分，鱼入此洞穴，居至春分前后，出中溪，达外江孕子"。

标本采集：标本 20 尾，采自浏阳河、衡阳。

形态特征：背鳍 XXXII～XXXVI-68～78；臀鳍 III-65～77；胸鳍 13～14。

体长为体高的 8.9～10.1 倍，为头长的 6.5～6.8 倍。头长为吻长的 3.1～3.3 倍，为眼间距的 9.2～10.0 倍。

体长，前段稍侧扁，肛门以后扁薄。头长而尖，略侧扁。吻尖长，吻端具柔软吻突，吻突长大于眼径；吻长远小于眼后头长。口小，端位，口裂平直，末端达后鼻孔下方。上、下颌齿细尖，多行；犁骨、腭骨及舌均无齿。唇发达。鼻孔每侧 2 个，前、后分离；前鼻孔小，具短管，位于吻突两端；后鼻孔大，裂缝状，位于眼前方。眼小，上侧位，位于头的前部，包被皮膜。具眼下刺，埋于皮下，尖端向后。眼间隔稍隆起，自后向前渐狭长。前鳃盖骨后缘一般具棘 3 根，下缘游离；鳃孔大，向前伸达眼后头中部下方。鳃盖膜与峡部不相连。鳃盖条 6 根。鳃耙退化，无假鳃。

背鳍起点位于胸鳍中部上方，鳍棘基长于鳍条基；鳍棘短小，游离，向后渐长，可倒伏于背正中的沟中。背鳍和臀鳍鳍条末端分别与尾鳍相连。胸鳍短小，圆形。腹鳍消失。肛门靠近臀鳍起点。臀鳍棘 3 根，第 3 根埋于皮下，距第 2 根很近，第 2 根最大。尾鳍后缘长圆形。

头和体均被细小圆鳞。侧线明显，完全。

体背侧灰褐色，腹部灰黄色。背、腹侧具褐色网状斑纹，侧面具许多不规则浅色斑纹。背鳍灰黑色，具数个网状黑斑；胸鳍黄白色，其余各鳍灰黑色，鳍缘具灰白边。

大刺鳅与中华刺鳅的主要区别是：吻突尖长，口裂较短，斑纹不明显，此外，个体也较大。

生物学特性：

【生活习性】栖息于底质为石块的江河底层或岸边水草处，在乱石中活动，常藏匿于石缝洞穴。

【食性】杂食性，摄食水生昆虫等无脊椎动物，也摄食少量植物性饵料，吞食鲤、鲫等草上产卵鱼类的鱼卵。

【繁殖】繁殖期从 4 月底持续至 11 月初，7 月和 9 月为产卵高峰。分批次产卵，相对繁殖力为 32.7 粒/g（黄永春，1999）。

资源分布：洞庭湖及湘、资、沅、澧"四水"中上游有分布，但数量已非常稀少，应加大保护力度，开展其人工繁育及增殖技术研究。

图 210 大刺鳅 *Mastacembelus armatus* (Lacepède, 1800)

（十）攀鲈目 Anabantiformes

体延长或卵圆形，侧扁或近圆筒形。口裂斜，下颌略突出。吻较短。上、下颌及犁骨具细齿，腭骨或有齿。鳃盖骨具强锯齿或无锯齿。鳃盖膜与峡部不相连。鳃上腔具辅助呼吸器，当水中缺氧时，能将头露出水面借助辅助呼吸器官呼吸空气，能适应低氧环境，离水也能存活较长时间。背鳍和腹鳍或具鳍棘，基部长。腹鳍通常存在，胸位或近胸位，左、右腹鳍靠近，第 1 鳍条延长或不延长，或无腹鳍。尾鳍圆形或楔形，少数叉形。头、体被圆鳞或栉鳞。侧线有或无。

本目湖南分布有 2 科 2 属 5 种。

攀鲈目科检索表

1（2）头侧扁，不为蛇头形，头顶无大型鳞片；无侧线 …………………【23】丝足鲈科 Osphronemidae
2（1）头平扁，蛇头形，头顶具大型鳞片；具侧线 ……………………………【24】鳢科 Channidae

【23】丝足鲈科 Osphronemidae

体略呈长方形，侧扁且薄。头侧扁。吻短钝。口小，斜裂。下颌突出，长于上颌；上、下颌齿细小，带状；犁骨一般无齿；腭骨齿常消失；口盖骨无齿；前鳃盖骨边缘具锯齿。鳃孔较狭窄。鳃盖膜左右愈合、相连，与峡部不相连。鳃上腔具辅助呼吸器。背鳍和臀鳍相对，鳍基长，分别占背部及腹部的绝大部分。胸鳍长圆形。腹鳍胸位，鳍叶狭长。肛门接近胸位。尾鳍圆形或叉形。体被较大栉鳞。无侧线。

本科湖南分布有 1 属 2 种。

（094）斗鱼属 *Macropodus* Lacepède, 1802

Macropodus Lacepède, 1802, *Hist. Nat. Poiss.*, 3: 416.

模式种：*Macropodus viridauratus* Lacepède

体长卵圆形，侧扁。头侧扁。吻短钝。口小，上位，口裂向后伸达前鼻孔下方。下颌略突出于上颌。上下颌具尖锐细齿；犁骨和腭骨均无齿。鼻孔每侧 2 个，较大，前鼻孔具短管，靠近吻端；后鼻孔位于眼前方。眼大，上侧位。眶前骨具锯齿。前鳃盖骨和下鳃盖骨边缘具细齿。鳃盖膜与峡部不相连。鳃上腔具辅助呼吸器。背鳍棘部与鳍条部连续，具鳍棘 12～15 根，鳍条 6～8 根。臀鳍鳍棘 17～20 根，鳍条 12～15 根。尾鳍叉形或圆形。体被较大栉鳞，头部被圆鳞或栉鳞，排列整齐。背鳍与臀鳍具鳞鞘。侧线退化或不明显。

本属湖南分布有 2 种。

【关于斗鱼属的同物异名及种的有效性】国内地方鱼类志中，叉尾斗鱼和圆尾斗鱼的学名存在混淆，《上海鱼类志》和《江苏鱼类志》中将叉尾斗鱼 *M. opercularis* 作为圆尾斗鱼 *M. chinensis* 的同物异名，《珠江鱼类志》中将圆尾斗鱼 *M. chinensis* 作为叉尾斗鱼 *M. opercularis* 的同物异名；《湖南鱼类志》(1976 版和 1980 的修订重版)、《福建鱼类志》和《广西淡水鱼类志》(第二版) 则将两者均作为有效种。近年的研究认为叉尾斗鱼和圆尾斗鱼在我国的地理分布存有差异，叉尾斗鱼主要分布于长江以南，圆尾斗鱼主要分布于长江以北，在长江流域的某些区域，两者的分布存在重叠 (庄平等，2018)。另有研究证实，尾鳍叉形的学名应为 *M. opercularis*，*M. chinensis* 是其次定同物异名；尾鳍圆形的学名应为 *M. ocellatus*，模式产地在浙江舟山 (Papke，1990；Freyhof *et* Herder，2002；Winstanley *et* Clements，2008)，*M. opercularis* 中文名译为盖斑斗鱼 (伍汉霖等，2012)，*M. ocellatus* 的中文名译为眼斑斗鱼 (庄平等，2018) 或睛斑斗鱼 (国家水产种子资源平台)。对于我省分布的 2 种斗鱼，种的有效性及学名采用庄平等的观点，而对于中文名，本书则遵循以往的使用习惯，*M. opercularis* 依旧采用叉尾斗鱼，而 *M. ocellatus* 则采用圆尾斗鱼。

【古文释鱼】①《浏阳县志》(王汝惺)："洞中有蓑衣鱼，较异，然最小，不可食"。②《蓝山县图志》(雷飞鹏、邓以权)："师公婆，又名斗鱼，体扁，头小，色苍褐，而有红绿横纹，背、腹、尾鳍均红色，味劣，俗或称老婢鳅"。

丝足鲈科斗鱼属检索表

192. 叉尾斗鱼 *Macropodus opercularis* (Linnaeus, 1758)（图 211）

俗称：火烧鱼、狮公鱼、火烧鳑鲏；**别名**：歧尾斗鱼、盖斑斗鱼；**英文名**：paradisefish

Labrus opercularis Linnaeus, 1758, *Syst. Nat.* 10th ed: 283（亚洲）。

Macropodus opercularis：梁启燊和刘素娴，1959，湖南师范学院自然科学学报，(3)：67（洞庭湖、湘江）；梁启燊和刘素娴，1966，湖南师范学院学报（自然科学版），(5)：85（洞庭湖、湘江、资水、沅水、澧水）；唐家汉，1980a，湖南鱼类志（修订重版）：216（湘江中上游）；林益平等（见：杨金通等），1985，湖南省渔业区划报告集：80（湘江、资水、沅水、澧水）；唐文乔等，2001，上海水产大学学报，10 (1)：6（澧水）；康祖杰等，2010，野生动物，31 (5)：293（壶瓶山）；曹英华等，2012，湘江水生动物志：288（湘江东安、衡阳常宁）；牛艳东等，2012，湖南林业科技，39 (1)：61（怀化中方县康龙自然保护区）；刘良国等，2013a，海洋与湖沼，44 (1)：148（沅水常德）；刘良国等，2014，南方水产科学，10 (2)：1（资水桃江）；康祖杰等，2019，壶瓶山鱼类图鉴：2578（壶瓶山）；李鸿等，2020，湖南鱼类系统检索及手绘图鉴：63，276；廖伏初等，2020，湖南鱼类原色图谱，290。

濒危等级：省重点保护野生动物，《湖南省地方重点保护野生动物名录》（湘政函〔2002〕172号）。

标本采集：标本30尾，采自洞庭湖和湘江长沙、衡阳、东安等地。

形态特征：背鳍XVII～XVIII-6～7；臀鳍XV～XX-8～11；胸鳍9～12；腹鳍I-5。纵列鳞28～30。

体长为体高的2.5～2.7倍，为头长的3.2～3.8倍，为尾柄长的24.5～28.5倍。头长为吻长的3.5～4.3倍，为眼径的3.5～4.3倍，为眼间距的2.5～3.4倍。尾柄长为尾柄高的0.2～0.3倍。

体长卵圆形，极侧扁，背腹缘弧形。头较大，侧扁。吻短钝。口小，上位，斜裂，口裂末端仅达前鼻孔下方。唇明显。下颌突出于上颌；上、下颌均具细齿；犁骨及腭骨均无齿。鼻孔每侧2个，前、后分离；前鼻孔短管状，靠近吻端；后鼻孔凹陷，位于眼前方。眼大，上侧位，位于头的前半部。眶前骨下缘完全游离，不被皮，具细齿。眼间隔狭窄，稍隆起。鳃孔大。前鳃盖骨和下鳃盖骨边缘具细齿。鳃盖膜左右愈合、相连，与峡部不相连。

背鳍基较长，鳍棘部和鳍条部相连；起点位于体前半部，与臀鳍起点相对；背鳍前部鳍棘短小，末端柔软，后部分支鳍条特别延长，后伸远超过尾鳍基。胸鳍短小，末端钝圆。腹鳍胸位，第1根分支鳍条特别延长。肛门紧靠臀鳍起点。臀鳍形状与背鳍相似，鳍基较背鳍基稍长，末端几达尾鳍基，鳍条较背鳍略粗大。尾鳍叉形，也有延长鳍条。雌鱼的奇鳍和腹鳍的延长鳍条均较雄鱼的短。

全身被鳞，头部为圆鳞，体侧为栉鳞，背鳍和臀鳍基具鳞鞘。无侧线。

鳃上腔具辅助呼吸器，球状。

体色随栖息环境的不同而有所变化，一般为红色，间具11～12条较大的蓝绿色斑纹。鳃盖后缘具1个蓝圆斑。各鳍为暗红色。尾鳍间具蓝色小点。繁殖期，雄鱼颜色非常鲜艳，雌鱼体色较淡。

生物学特性：

【**生活习性**】多栖息于江河中上游的山塘、稻田等水体，湖泊较少见。主要以浮游动物为食，也吃孑孓及其他小虫子，对消灭病媒蚊虫、杜绝蚊虫滋生有很大作用。

【**繁殖**】繁殖期多在5—7月。产卵时，雄鱼在洞边或草边吐一小堆泡沫，雌鱼产卵于泡沫中，产卵及孵化过程中雄鱼有护卵习性，攻击所有来犯者包括出现在附近的配偶，时间从受精卵到仔鱼平游离巢。分批次产卵，单次产卵为62～1316粒。成熟卵圆球形，无色透明，浮性，卵径0.6～0.7mm；受精卵吸水后膨胀，卵膜径0.8～0.9mm。水温24.5～29.0℃时，受精卵孵化脱膜需38.0h，初孵仔鱼全长2.8～3.0mm，肌节47对；3日龄仔鱼全长4.0～4.5mm，消化道中出现内容物；3.5日龄仔鱼卵黄囊缩小，大量摄食，但腹部仍具1个大油球；9日龄仔鱼全长5.2～5.4mm，胸鳍、腹鳍出现；18～24日龄仔鱼全长6.8～8.0mm，油球完全消失，尾鳍中部出现凹陷，形态向成体过渡；26～34日龄稚鱼全长10.0～13.0mm，体侧中线出现1行鳞片；35～45日龄稚鱼全长13.0～15.0mm，体大部分被鳞，各鳍分化，形态与成体十分相似（郑文彪，1984；谢增兰等，2006）。

资源分布：广布性鱼类，湖南各水系均有分布。因体色鲜艳，好斗，为观赏鱼类。

图 211 叉尾斗鱼 *Macropodus opercularis* (Linnaeus, 1758)

193. 圆尾斗鱼 *Macropodus ocellatus* Cantor, 1842（图 212）

俗称：火烧鱼、狮公鱼、火烧鳑鲏；**别名**：眼斑斗鱼、睛斑斗鱼；**英文名**：round tail paradisefish

Macropodus ocellatus Cantor, 1842, *Ann. Mag. Nat. Hist.*, 9(60): 481；李鸿等，2020，湖南鱼类系统检索及手绘图鉴：63，277；廖伏初等，2020，湖南鱼类原色图谱，292。

Chaetodon chinensis：Bloch, 1790, *Ausland Fische*: 3（中国）。

Macropodus chinensis：Bloch, 1790, *Berlin*, Vol4；梁启桑和刘素孆，1959，湖南师范学院自然科学学报，（3）：67（洞庭湖、湘江）；梁启桑和刘素孆，1966，湖南师范学院学报（自然科学版），（5）：85（洞庭湖、湘江）；唐家汉和钱名全，1979，淡水渔业，（1）：10（洞庭湖）；唐家汉，1980a，湖南鱼类志（修订重版）：217（洞庭湖）；林益平等（见：杨金通等），1985，湖南省渔业区划报告集：80（洞庭湖、湘江、资水、沅水、澧水）；吴婕和邓学建，2007，湖南师范大学自然科学学报，30（3）：116（柘溪水库）；康祖杰等，2010，野生动物，31（5）：293（壶瓶山）；牛艳东等，2011，湖南林业科技，38（5）：44（城步芙蓉河）；工星等，2011，生命科学研究，15（4）：311（南岳）；刘良国等，2014，南方水产科学，10（2）：1（资水桃江）；吴倩倩等，2016，生命科学研究，20（5）：377（通道玉带河国家级湿地公园）；康祖杰等，2019，壶瓶山鱼类图鉴：254（壶瓶山）。

标本采集：无标本，形态描述摘自《湖南鱼类志（修订重版）》。

形态特征：背鳍 XV～XVIII-6～7；臀鳍 XVIII～XX-8～11；胸鳍 9～12；腹鳍 I-5。纵列鳞 28～30。

体长为体高的 2.5～2.8 倍，为头长的 2.9～3.3 倍。头长为吻长的 3.5～4.3 倍，为眼径的 3.3～4.3 倍，为眼间距的 2.4～3.5 倍。尾柄长为尾柄高的 0.2～0.3 倍。

体长卵圆形，侧扁，背、腹部缘弧形。头较大，侧扁。吻短钝。口小，上位，斜裂。

下颌突出于上颌；上、下颌均具细齿；犁骨及腭骨均无齿。鼻孔每侧2个，前、后分离；前鼻孔短管状，靠近吻端；后鼻孔凹陷，靠近眼。眼大，上侧位，位于头的前半部。眶前骨下缘前半部游离，具不明显弱棘；后半部被皮。眼间隔较宽，稍隆起。鳃孔大。前鳃盖骨和下鳃盖骨边缘具细齿。鳃盖膜左右愈合、相连，与峡部不相连。

背鳍基较长，起点位于体前半部，与臀鳍起点相对；背鳍前部鳍棘短小，末端柔软；后部分支鳍条特别延长，后伸几达尾鳍末端。胸鳍短小，末端钝圆。腹鳍胸位，第1根分支鳍条特别延长。肛门紧靠臀鳍起点。臀鳍形状与背鳍相似，鳍基较背鳍基稍长；臀鳍基末几达尾鳍基。尾鳍圆形。雌鱼背鳍、臀鳍和腹鳍的延长鳍条均较雄鱼的短。

全身被鳞，头部为圆鳞，体侧为栉鳞。无侧线。

鳃上腔具辅助呼吸器，球状。

体色随栖息环境的不同而有所变化，一般为紫红色，间具10余条蓝绿色斑纹。鳃盖后缘具1黑圆斑。繁殖期，雄鱼颜色非常鲜艳，雌鱼体色较淡。

生物学特性：与叉尾斗鱼近似，但主要栖息于湖泊的汊湾、沟港等水草丛生的浅水区域或稻田。

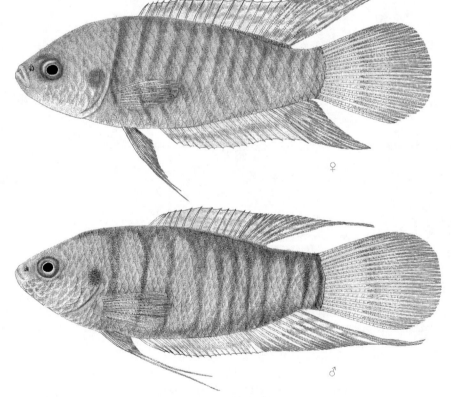

图 212　圆尾斗鱼 *Macropodus ocellatus* Cantor, 1842

【24】鳢科 Channidae

体长，前段圆筒形，后段渐侧扁。头大，前部稍平扁，头长大于体高。吻短宽，圆钝。口大，斜裂，近上位，口裂末端达眼后缘下方。唇厚。下颌长于上颌。上下颌、犁骨及腭骨均具尖锐细齿。无须。鼻孔每侧2个，前、后分离。鳃上腔具辅助呼吸器。左、右鳃盖膜相连，跨越峡部，与峡部不相连。背鳍、臀鳍基甚长，无硬棘。胸鳍圆形。腹鳍有或无。肛门靠近臀鳍起点。尾鳍圆形。全身被圆鳞，头部鳞形状不规则。侧线完全。鳃耙退化或不发达。鳃上腔具辅助呼吸器。鳔1室，很长，末端分叉，无鳔管。

本科湖南分布有1属3种。

（095）鳢属 *Channa* Scopoli, 1777

Channa Scopoli, 1777, *Int. Hist. Nat.*: 459.

模式种：*Channa orentalis* Bloch *et* Schneider

头大，体长，圆筒形，吻宽短。下颌稍长于上颌，上颌骨末端几达眼后缘下方。上下颌、犁骨及腭骨均具绒毛状细齿或犬齿。舌短圆形或尖，前端游离。鼻孔每侧2个；前鼻孔短管状，靠近吻缘；后鼻孔小，圆形或裂缝状，位于眼前上方。眼间隔宽平，眼间距大于眼径。左、右鳃盖膜相连，跨越峡部，与峡部不相连。背鳍基和臀鳍基较长，胸鳍宽圆，腹鳍有或无。各鳍无棘。头部及体侧均被较大圆鳞，或头部鳞扩大。侧线完全，但有中断。鳃耙细小，颗粒状或结节状；鳃上腔具辅助呼吸器。鳔1室，颇长，无鳔管，末端分叉。

本属湖南分布有3种。

【范蠡鱼究竟为何鱼】清嘉庆年间黄本骥撰的《湖南方物志》及清光绪年间卜宝第、李瀚章等修，曾国荃、郭嵩焘等纂的《湖南通志》和孙炳煜撰的《华容县志》有范蠡鱼的记载，均引自南朝任昉所撰的《述异记》"洞庭湖有一陂中有范蠡鱼。昔范蠡钓得大鱼，烹食之；小者放之陂中"。范蠡鱼究竟为何鱼？一篇是2013年刊载在《中国文化报》的《赤山岛：这里有一个美丽的传说》，文中认为范蠡鱼为鲤"陂中有范蠡鱼，后世就叫鲤鱼"；另一篇是2015年刊载在华容县人民政府网站上的《范蠡身葬华容西》，文中猜测认为是鲫"范蠡鱼是一种什么鱼，我们不知道。有人估计是鲫鱼"。认为是鲤的，可能还有另一个层面的考虑，范蠡著有现存最早的养鱼专著《养鱼经》，其中讲的就是鲤的养殖方法，范蠡的"蠡"与"鲤"同音，所以认为范蠡鱼就为鲤；而认为范蠡是鲫的，都认为自古洞庭湖盛产鲫，就像《范蠡身葬华容西》一文中说的"华容的河湖港汊中，鲫鱼是最常见的野生鱼种，繁殖力极强，味道鲜美，而且容易钓上来。说范蠡鱼即鲫鱼，似乎不无道理"。

这两种说法都缺乏依据，有点牵强附会。在古代，捕捞技术没现代这么发达，捕捞强度也没这么大，洞庭湖中的野生鱼类应该均相对丰富，说范蠡鱼是鲫，鲫有"鲋、鰿"等古称，有"土鲫、鲫壳子、鲫拐子、喜头"等现代称谓，却无"范蠡鱼"之称。说范蠡鱼是鲤的，理由也泛泛可陈，并且在任昉所撰的《述异记》中就有鲤的记载"范文，本日南奴也，为奴时，牧羊涧中，得两鲤鱼，欲私食之……"，全书未找到范蠡鱼与鲤的联系，其余地方也未发现。

范蠡鱼为乌鳢或者说鳢属鱼类的可能性更大，理由有：①《康熙字典》："鳢，……《尔雅释鱼》'鳢，<注>鲖'……《正字通》'今乌鱼'。又与蠡同，《本草》'蠡鱼，一名鲖鱼，生九江<注>蠡今皆做鳢字'。《神农本草经》"蠡鱼，味甘寒。主湿痹，面目浮肿，下大水。一名鲖鱼。生池泽……然初学记引此亦作鳢，盖二字音同……又陆玑云'鳢即鲍鱼也。似鳢，狭厚，今京东人犹呼鳢鱼，又《本草衍义》曰'蠡鱼'，今人谓之黑鲤鱼，道家以为头有星为厌……'"。在古代，鳢不单指乌鳢，指整个鳢属鱼类，包括乌鳢、斑鳢和月鳢。②乌鳢的俗称众多，更多称其为"才鱼、财鱼"。③范蠡为我国民间的四大财神之一，有出神入化的经营手段，但乐善好施，使其成为我国传统信仰中最富财神气质的财神，也是与财富联系最多的财神。"财鱼"有"发财之鱼"的意思，自然"财鱼"的"财"与"财神"的"财"有所关联。④作为我国的本土宗教，道教融合吸收了民间的财神信仰，而范蠡是道教的神仙，在道教文化中占有重要地位。⑤乌鳢形状似蛇，清乾隆年间，旷敏本篆、李蒟修的《祁阳县志》中记载："鳢，首有七星，夜朝北斗，有自然之礼，故曰鳢，又与蛇通气，北方之鱼也，俗称火柴头，又曰七星鱼，道家指为水厌、斋篆所忌"，在道家看来，乌鳢是很有灵气的动物。

鳢科鳢属种检索表

1（4） 具腹鳍；体侧具形状不规则的褐色斑纹；背部和体侧灰褐色带绿
2（3） 背鳍条 49～53 根；臀鳍条 31～34 根；侧线鳞 63～69；尾鳍基无弧形斑纹⋯⋯⋯⋯⋯⋯⋯⋯
⋯⋯⋯⋯⋯⋯⋯⋯⋯⋯⋯⋯⋯⋯⋯⋯**194. 乌鳢 *Channa argus* (Cantor, 1842)**
3（2） 背鳍条 42～46 根；臀鳍条 28～29 根；侧线鳞 58～60；尾鳍基具 2～3 根弧形斑纹⋯⋯⋯⋯
⋯⋯⋯⋯⋯⋯⋯⋯⋯⋯⋯⋯⋯⋯⋯ **195. 斑鳢 *Channa maculate* (Lacepède, 1801)**
4（1） 无腹鳍；体侧具 10～11 个 "＜" 形斑纹；体色红绿相间，间具白色斑点⋯⋯⋯⋯⋯⋯⋯⋯
⋯⋯⋯⋯⋯⋯⋯⋯⋯⋯⋯⋯⋯⋯ **196. 月鳢 *Channa asiatica* (Linnaeus, 1758)**

194. 乌鳢 *Channa argus* (Cantor, 1842)（图 213）

俗称：才鱼、财鱼、黑鱼、生鱼、斑鱼；**英文名**：snakehead

Ophiocephalus argus Cantor, 1842, *Ann. Mag. Nat. Hist.*, 9: 484；梁启燊和刘素嬛，1959，湖南师范学院自然科学学报，（3）：67（洞庭湖、湘江）；梁启燊和刘素嬛，1966，湖南师范学院学报（自然科学版），（5）：85（洞庭湖、湘江、资水、沅水、澧水）；唐家汉和钱名全，1979，淡水渔业，（1）：10（洞庭湖）；唐家汉，1980a，湖南鱼类志（修订重版）：201（洞庭湖）；林益平等（见：杨金通等），1985，湖南省渔业区划报告集：79（洞庭湖、湘江、资水、沅水、澧水）；何业恒，1990，湖南珍稀动物的历史变迁：151；吴婕和邓学建，2007，湖南师范大学自然科学学报，30（3）：116（柘溪水库）；康祖杰等，2010，野生动物，31（5）：293（壶瓶山）；康祖杰等，2010，动物学杂志，45（5）：79（壶瓶山）；牛艳东等，2011，湖南林业科技，38（5）：44（城步芙蓉河）；王星等，2011，生命科学研究，15（4）：311（南岳）；牛艳东等，2012，湖南林业科技，39（1）：61（怀化中方县康龙自然保护区）；黄忠舜等，2016，湖南林业科技，43（2）：34（安乡县书院洲国家湿地公园）；吴倩倩等，2016，生命科学研究，20（5）：377（通道玉带河国家级湿地公园）。

Channa argus：唐文乔等，2001，上海水产大学学报，10（1）：6（沅水水系的酉水，澧水）；刘良国等，2013b，长江流域资源与环境，22（9）：1165（澧水桑植、慈利、石门、澧县、澧水河口）；曹英华等，2012，湘江水生动物志：292（湘江长沙）；刘良国等，2013a，海洋与湖沼，44（1）：148（沅水五强溪水库、常德）；刘良国等，2014，南方水产科学，10（2）：1（资水新邵、安化、桃江）；向鹏等，2016，湖泊科学，28（2）：379（沅水五强溪水库）；康祖杰等，2019，壶瓶山鱼类图鉴：260（壶瓶山）；李鸿等，2020，湖南鱼类系统检索及手绘图鉴：63，278。

【古文释鱼】①《辰州府志》（席绍葆、谢鸣谦）："狗鱼能上树，产山涧中，味极佳，膽（通胆）独甘，又以乌鱼别为一种者，讹凤凰厅呼七星鱼，溆浦县呼果鱼"。②《桂东县志》（曾钰、林凤仪）："狗鱼，狗鱼能上树，产山涧中，味极佳"。③《湖南通志》（卞宝第、李瀚章、曾国荃、郭嵩焘）："洞庭湖有一陂中有范蠡鱼，昔范蠡钓得大鱼烹食之，小者放之陂中。《述异记》案'陂在巴陵县西南钓洲'"。④《华容县志》（孙炳煜）"范蠡鱼，产今赤沙湖，昔范蠡乘扁舟至此，钓得大鱼烹食之，小者投于波中，因名"。⑤《善化县志》（吴兆熙、张先拔等）："乌鱼，即鳢鱼，《尔雅翼》'鳢鱼，圆黑首，有七点，夜拱北斗有自然之禮，故从豊'。胆独甘，俗呼豺鱼，能食鱼"。⑥《石门县志》（申正扬、林葆元）："鳢，首有七星，夜朝北斗，有自然之礼，故曰鳢。与蛇通气，形长体圆，头尾相等，鳞黑，有斑点花纹，颇类蝮蛇，其胆属甘，小者名鲖，俗呼火柴头，又曰黑鱼"。⑦《耒阳县志》（于学琴）："鳢，一名柴鱼，又名乌鱼，《尔雅》'黑色无鳞，头有七白点象星，夜朝北斗，能过山'。《本草》'是蛇所变，至难死，犹有蛇性，食蚁。俗呼斑鱼'"。⑧《醴陵县志》（陈鲲、刘谦）："鳢，俗呼乌鱼，形长而圆，体为几相等细鳞，黑而有斑纹"。⑨《宜章县志》（曹家铭、邓典谟）："斑鱼，体圆而长，鳞粗，口极坚，能断钓钩，全身黝黑有斑，俗呼火（鳜）头，肉劣"。

标本采集：标本 30 尾，采自洞庭湖、长沙。

形态特征：背鳍 49～53；臀鳍 31～34；胸鳍 15～18；腹鳍 6。侧线鳞 63～69。

体长为体高的 5.5～5.8 倍，为头长的 2.9～3.3 倍，为尾柄长的 15.4～20.6 倍，为尾柄高的 9.9～10.0 倍。头长为吻长的 7.2～8.2 倍，为眼径的 8.5～9.5 倍，为眼间距的 5.1～5.6 倍。

体长，圆筒形，尾部稍侧扁。头长，约为体长的 1/3。吻短钝，平扁。口大，端位，斜裂，口裂深，下颌稍长于上颌，口角超过眼后缘下方。舌前端尖而游离。上、下颌外缘具细齿，内缘、犁骨及口盖上均具大而尖的齿。鼻孔 2 对，前、后分离；后鼻孔平眼状，靠近眼；前鼻孔短管状，靠近吻端。眼位于头的前部，上侧位，靠近吻端。眼间隔宽平，向吻端倾斜。鳃孔大。左、右鳃盖膜相连，跨越峡部，与峡部不相连。

背鳍基较长，起点靠近胸鳍起点上方，外缘截形，后伸超过尾鳍基。胸鳍长圆形，后伸超过腹鳍中部。腹鳍较小，起点距胸鳍起点小于其基末距肛门，后伸不达肛门。肛门紧靠臀鳍起点。臀鳍基也较长，起点位于背鳍第 14～16 根鳍条的下方，外缘截形，后伸超过尾鳍基。尾鳍长圆形。

全身被鳞；头部鳞不规则，黏液孔发达。侧线在臀鳍起点上方骤然下弯或断裂，前段侧线行于体侧上部，后段侧线行于体侧正中。

鳃耙近退化；鳃上腔宽大，具辅助呼吸器。鳔 1 室，颇长，无鳔管，末端分叉。腹面黑色。

头部及背侧灰褐带绿色，腹部灰白色，间具许多不规则的褐色斑纹。头侧从眼至鳃盖后缘具 2 条纵纹。体侧具形状不规则的大型褐色斑纹。偶鳍稍带橘红色，奇鳍深灰色，间具数条不连续的褐色斑纹。

生物学特性：

【生活习性】 喜栖息于水草丛生的浅水区，亲鱼将水草咬断做成圆形巢穴于水草丛中，雌鱼产卵于巢中，卵具油球，成片聚集浮于水面孵化。产卵后，亲鱼守候巢旁，保护鱼卵和仔鱼发育。仔鱼平游后，在亲鱼带领下进行捕食，约 1 个月后幼鱼体长至 6.0～7.0cm 时，才被亲鱼逐开自行谋生。

【年龄生长】 生长速度快。以鳞片为年龄鉴定材料，退算体长：1 龄 14.6～23.6cm、2 龄 20.6～33.8cm、3 龄 29.7～43.3cm、4 龄 41.5～51.6cm、5 龄 47.0～55.1cm。不同地区的生长速度存在一定差异（谢从新等，1997；谭北平，1997；朱邦科等，1999a；吴莉芳等，2000a；余红有等，2008）。

【食性】 凶猛性鱼类，伏击型。仔鱼期主要以浮游甲壳动物为食，少量摄食摇蚊幼虫；幼鱼主要以水生昆虫幼虫、幼虾为食，偶尔摄食其他鱼苗，食物匮乏时有自相蚕食习性；成鱼食物组成并非固定，随体长增加，水生昆虫、虾、小型鱼类出现率下降，大中型鱼类、青蛙等出现率上升。全年摄食，4 月摄食强度最低，10 月最高，夏季 6—7月摄食频度低于其他时期，与守巢、护幼等习性有关（王敏等，1997；马陶武和谢从新，1999；吴莉芳等，2000b）。

【繁殖】 繁殖期 5—7 月。1 龄即达性成熟，绝对繁殖力为 0.5 万～5.1 万粒，相对繁殖力为 9.6～74.4 粒/g。分批次产卵，卵圆形，黄色，浮性，具大油球，卵径 1.8～2.1mm。水温 26.0～28.0℃时，受精卵孵化脱膜需 30.0h，初孵仔鱼全长 3.8～4.3mm，4～5 日龄仔鱼全长 8.0mm，卵黄囊消失，开口摄食（曹克驹等，1996；司亚东等，1999；王广军，2000；马陶武和谢从新，2000）。

资源分布： 洞庭湖及湘、资、沅、澧"四水"均有分布，以洞庭湖出产较多。

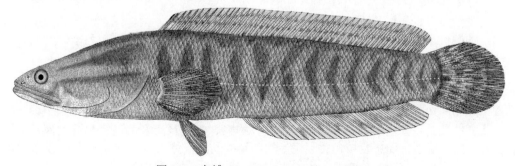

图 213　乌鳢 *Channa argus* (Cantor, 1842)

195. 斑鳢 *Channa maculate* (Lacepède, 1801)（图 214）

俗称：才鱼、财鱼、斑鱼、生鱼、花鱼；**英文名**：blotched snakehead、striped snakehead

Bostrychus maculatus Lacepède, 1801, *Hist. Nat. Poiss.*, 3: 140。

Ophiocephalus maculatus：梁启燊和刘素孅, 1966, 湖南师范学院学报（自然科学版），（5）：85（洞庭湖）；唐家汉, 1980a, 湖南鱼类志（修订重版）：203（湘江）；林益平等（见：杨金通等），1985，湖南省渔业区划报告集：79（湘江）；吴倩倩等, 2016, 生命科学研究, 20（5）：377（通道玉带河国家级湿地公园）。

Channa maculate：曹英华等, 2012, 湘江水生动物志：293（湘江江华）。

Channa maculata：刘良国等, 2013b, 长江流域资源与环境, 22（9）：1165（澧水桑植、慈利、石门、澧县、澧水河口）；刘良国等, 2014, 南方水产科学, 10（2）：1（资水安化、桃江）；李鸿等, 2020, 湖南鱼类系统检索及手绘图鉴：63, 279；廖伏初等, 2020, 湖南鱼类原色图谱, 294。

【古文释鱼】《蓝山县图志》（雷飞鹏、邓以权）："称星鱼, 体圆长, 头横扁, 鳞细而黑, 全身暗褐色而有斑纹, 近尾鳍处两面有碧点如星, 故名"。

标本采集：标本 20 尾, 采自湘江浏阳、江华、资水安化和汨罗河平江。

形态特征：背鳍 42～46；臀鳍 28～29；胸鳍 13～16；腹鳍 5。侧线鳞 58～60。

体长为体高的 4.9～5.6 倍, 为头长的 2.5～3.0 倍。头长为吻长的 5.2～6.4 倍, 为眼径的 4.9～8.5 倍, 为眼间距的 4.7～5.5 倍。尾柄长为尾柄高的 0.5～0.8 倍。

体长, 圆筒形, 尾部稍侧扁。头长, 头背宽平, 向吻端倾斜。吻短钝。口近上位, 口裂大。舌尖而游离。下颌稍长于上颌；颌角超过眼后缘下方；上、下颌外缘具细齿, 内缘、犁骨及口盖骨具大而尖的齿。鼻孔 2 对, 前、后分离；前鼻孔短管状, 靠近吻端；后鼻孔平眼状, 距眼较近。眼位于头的前部, 上侧位, 靠近吻端。鳃孔宽大。左、右鳃盖膜相连, 跨越峡部, 与峡部不相连。

背鳍基较长, 起点靠近胸鳍起点上方, 基末接近尾鳍基, 后伸超过尾鳍基。胸鳍扇形, 后伸超过腹鳍中部。腹鳍较小, 后伸不达肛门, 起点位于胸鳍起点与肛门间的前 1/3 处。肛门紧靠臀鳍起点。臀鳍亦长, 起点约位于背鳍第 16 根鳍条的下方, 基末稍前于背鳍基末, 后伸超过尾鳍基。尾鳍圆形。

全身被鳞；头部鳞不规则, 黏液孔较小。侧线自头后沿体侧上部后行, 至臀鳍起点的上方折向下弯或断折, 而后行于体侧正中。

鳃耙近退化；鳃上鳃腔宽大, 具辅助呼吸器。鳔 1 室, 颇长, 无鳔管, 末端分叉。腹面黑色。

体侧上部暗绿带褐色, 下部淡黄色。头部两侧从眼至鳃盖后缘各具 2 条黑色条纹。体侧具 2 列不规则的黑斑。背鳍和臀鳍上具数条不连续的白色斑纹, 尾柄和尾鳍基具数条黑白相间的斑纹。偶鳍稍带橘红色。

生物学特性：

【生活习性】底层鱼类, 喜栖息于水草茂盛、阴暗的江、河、湖、池塘、沟渠和小溪中, 常潜伏于水底, 昼伏夜出。适应能力强, 耐低氧, 跳跃能力强。冬季多潜入洞穴或钻入泥层过冬。

【年龄生长】生长速度快, 最大个体可达 5.0kg。1 龄体长约 19.0～39.8cm, 体重 95.0～760.0g；2 龄体长 38.5～40.0cm, 体重 625.0～1395.0g；3 龄体长约 45.0～59.0cm, 体重 1467.0～2031.0g。人工养殖条件下, 生长速度更快。

【食性】凶猛性鱼类, 主要以小型鱼虾、蝌蚪、水生昆虫及其他水生动物为食。体长 3.0cm 以下幼鱼主要摄食枝角类、桡足类和摇蚊幼虫；体长 3.0～8.0cm 个体以水生昆虫为主, 兼食小型鱼虾；体长 8.0cm 以上个体主要以小型鱼虾为食。

　　【繁殖】产卵时雄鱼蜷曲身体与雌鱼接触，雌、雄生殖孔靠近进行排卵受精。卵具1个大油球，聚集浮于水面。雄性亲鱼单独或与雌性亲鱼同时在卵下方或附近守护，驱逐靠近的其他鱼类，此行为持续至受精卵孵化至仔鱼结束。亲鱼带仔鱼处觅食，同时也会蚕食离群的仔鱼。

　　繁殖期 4—7 月，华南地区 4 月中旬至 5 月、华中地区 5—6 月为产卵高峰期。1龄性成熟，绝对繁殖力为 0.8 万～7.8 万粒，相对繁殖力为 21.5～46.3 粒/g。水温 18.0～21.5℃时，受精卵孵化脱膜需 54.0h；水温 24.0～27.0℃时，需 40.5h；水温 29.0～31.0℃时，需 26.5h。初孵仔鱼全长 3.6～4.2mm，体灰黑色，略带棕黄，形似蝌蚪，具大油球。脱膜 32.0～38.0h 仔鱼全长约 6.0mm，胸鳍、鳃孔、口均已形成；4 日龄仔鱼全长 12.0mm，开口摄食，由内源性营养转为外源性营养，可自由移动；25 日龄幼鱼全长 48.0mm，体侧可见斑纹，生活习性与成鱼相同（王广军，2003；叶忠平等，2015）。

　　资源分布：洞庭湖及湘、资、沅、澧"四水"有分布，但数量较少。

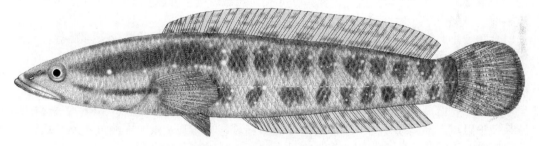

图 214　斑鳢 *Channa maculate* (Lacepède, 1801)

196. 月鳢 *Channa asiatica* (Linnaeus, 1758)（图 215）

　　俗称：七星鱼、点秤鱼、山花鱼；**别名**：七星鳢；**英文名**：small snakehead

　　Gymmotus asiaticus Linnaeus, 1758, *Syst. Nat.* 10th ed: 246（中国）。

　　Channa asiatica：唐家汉，1980a，湖南鱼类志（修订重版）：204（资水桃江）；林益平等（见：杨金通等），1985，湖南省渔业区划报告集：79（湘江、资水）；唐文乔等，2001，上海水产大学学报，10（1）：6（沅水水系的酉水）；吴婕和邓学建，2007，湖南师范大学自然科学学报，30（3）：116（柘溪水库）；曹英华等，2012，湘江水生动物志：294（湘江长沙）；刘良国等，2014，南方水产科学，10（2）：1（资水桃江）；李鸿等，2020，湖南鱼类系统检索与手绘图鉴：63，280；廖伏初等，2020，湖南鱼类原色图谱，296。

　　Channa asiaticus：梁启燊和刘素孋，1959，湖南师范学院自然科学学报，（3）：67（洞庭湖、湘江）；梁启燊和刘素孋，1966，湖南师范学院学报（自然科学版），（5）：85（洞庭湖、湘江）。

　　【古文释鱼】①《祁阳县志》（旷敏本、李蒨）："鳢，首有七星，夜朝北斗，有自然之礼，故曰鳢，又与蛇通气，北方之鱼也，俗称火柴头，又曰七星鱼，道家指为水厌、斋篆所忌"。②《永州府志》（吕恩湛、宗绩辰）："鱼之无鳞者曰鳢，俗称乌鲤鱼，《埤雅》'其首戴星，夜则北向'"。③《直隶澧州志》（何玉棻、魏式曾、黄维瓒）："鳢，《尔雅翼》'鳢鱼，圆长，斑点有七'。夜则仰首向北斗而拱，有自然之礼，故从礼。诸鱼胆苦，鳢独甘。道家忌食之，以其首戴斗也。《六书》'故鱼之掣者，鳞黑驳首，左、右各有窍，如七星，雌雄相随'。意即今之七星鱼，《常志》以为即黑鱼者，非"。④《新宁县志》（张葆连、刘坤一）："鳢，头有斑点如北斗形，俗谓之七星鱼"。⑤《宁乡县志》（周震鳞、刘宗向）："星子洞秤星鱼，六都洞产鱼，长三寸许，色黑，初出极瘦，二三日即肥，土人呼为秤星鱼"。

濒危等级：省重点保护野生动物，《湖南省地方重点保护野生动物名录》（湘政函〔2002〕172号）。

标本采集：标本30尾，采自湘江长沙、永州，珠江水系武水临武。

形态特征：背鳍41～45；臀鳍28～30；胸鳍15～16。侧线鳞62。

体长为体高的5.8～6.4倍，为头长的3.8～4.6倍，为尾柄长的15.3～17.6倍，为尾柄高的8.1～9.8倍。头长为吻长的5.8～6.1倍，为眼径的5.5～7.8倍，为眼间距的3.0～4.8倍。尾柄长为尾柄高的0.5～0.7倍。

体长，由前向后渐侧扁，背部平直。头部胖大而矮扁。头宽显著大于体宽。吻短钝。口大，端位，斜裂，口裂深。舌端圆而游离。下颌稍长于上颌，颌角超过眼后缘的下方；上下颌、犁骨及腭骨均具细齿。鼻孔2对，前、后分离；前鼻孔短管状，位于吻端；后鼻孔平眼状，靠近眼。眼位于头的前部，上侧位，靠近吻端。鳃孔大。左、右鳃盖膜相连，跨越峡部，与峡部不相连。

背鳍基较长，起点位于胸鳍起点上方，基末靠近尾鳍基，后伸超过尾鳍基。胸鳍扇形。无腹鳍。肛门紧靠臀鳍起点。臀鳍基亦长，起点约位于背鳍第16根鳍条的下方，基末稍前于背鳍基末，后伸超过尾鳍基。尾鳍圆形。

全身被小圆鳞；头部鳞不规则，黏液孔小。侧线自鳃盖上缘沿体侧上部后行，至胸鳍末端转折，而后行于体侧正中。

鳃耙近退化；鳃上鳃腔宽大，具辅助呼吸器。鳔1室，颇长，无鳔管，末端分叉。腹面黑色。

头部、背侧橘黄色，腹部黄白色。体侧具10～11条"く"形斑纹；体色红绿相间，间具白色斑点，沿侧线排列。尾部具1个圆形褐斑。背鳍具4条、臀鳍具3条不连续的白色斑纹。各鳍灰黄色。

生物学特性：

【生活习性】喜栖息于流速较缓的山涧溪流中，也喜在堤岸或田埂边穴居。适应性较强，井水中也能生活。具喜暗、打洞、穴居、集群、蚕食等生活习性。亲鱼有配对筑巢、护幼习性。

【年龄生长】个体较小，1～2龄生长速度快。以鳞片为年龄鉴定材料，退算体长：1龄11.5cm、2龄20.2cm、3龄25.3cm、4龄30.4cm、5龄33.2cm。

【食性】凶猛性鱼类，仔鱼期主要以枝角类、桡足类和轮虫为食，随着消化器官发育开始摄食摇蚊幼虫、幼鱼和成鱼，以小型鱼类、虾类、水生昆虫为食。冬季摄食强度降低，每年6—8月摄食强度最高。

【繁殖】繁殖期4—8月，5—7月为产卵盛期。1龄性成熟，绝对繁殖力为0.2万～1.1万粒，相对繁殖力为16.0～25.0粒/g。繁殖水温18.0～28.0℃，最适孵化水温25.0℃。分批次产卵。成熟卵圆球形，金黄色；受精卵吸水后膨胀，卵膜径约1.6mm，卵周间隙约0.2mm，浮黏性，漂浮于水面，聚集成团。水温28.0～30.0℃时，受精卵孵化脱膜需26.5h，脱膜4.0h仔鱼全长4.5mm；4日龄仔鱼全长12.0mm，各鳍发育基本完全，结群游泳，吞食枝角类；25日龄稚鱼全长48.0mm，身体斑纹清晰，生活习性与成鱼相同（唐勇等，1997；林岗等，1997；杨代勤等，2000a，2000b；杨春英等，2016）。

资源分布：洞庭湖及湘、资、沅、澧"四水"均有分布，但数量较少。

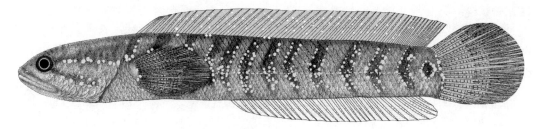

图 215　月鳢 *Channa asiatica* (Linnaeus, 1758)

（十一）鰕虎目 Gobiiformes

体延长，圆筒形，前段略平扁，后部侧扁。头部常具发达感觉管（图 216）。口大。颌齿尖锐。背鳍 2 个，分离，鳍棘细弱柔软。胸鳍侧位。腹鳍胸位，相互靠近或呈吸盘状。体被圆鳞或栉鳞，或退化至无鳞。无侧线。通常无鳔。无幽门垂。

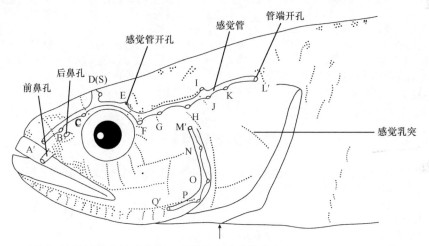

图 216　鰕虎的头部感觉管、感觉管孔、感觉乳突（Akihito et al.，2002）

图中字母为各感觉管孔

本目湖南分布有 2 科 4 属 13 种。

鰕虎目科检索表

1（2）　左、右腹鳍愈合成吸盘；鳃盖条 5 根 ·································【25】鰕虎科 Gobiidae
2（1）　左、右腹鳍分离，但相距较近，不愈合；鳃盖条 6 根 ············【26】沙塘鳢科 Odontobutidae

【25】鰕虎科 Gobiidae

体长，前段较圆，后段渐细，略侧扁。头平扁或稍侧扁。颊部膨大，头宽显著大于体宽。口端位。上、下颌齿尖锐，多行。鼻孔每侧 2 个。无须。眼大，上侧位，眼球略外突，无游离下眼睑。背鳍 2 个，互不相连，第一背鳍起点靠近胸鳍起点的上方，具鳍棘 6～10 根；第二背鳍起点约与臀鳍起点相对，或稍前，具鳍棘 1 根和鳍条数根。胸鳍大而圆。腹鳍胸位，左、右愈合成圆盘形或长圆形吸盘。尾鳍圆形或尖长形。体被栉鳞或圆鳞，有时裸露无鳞。无侧线。

本科营底栖生活，栖息于浅水岩石、卵石中。湖南分布有 2 属 10 种。

【古籍中的文鱼、春鱼】 现今的文鱼多指观赏鱼金鱼的一种，也作"纹鱼"，取其身上具花纹之意，是文种中最早的品种，由草金鱼直接演变而来。而古籍中的文鱼多指鰕虎，如《山海经·中次八经》："景山，雎水出焉，东南流注于江，其中多文鱼。郭璞注'有斑彩也'"，《本草纲目》："文鱼，春鱼。作腊，名鹅毛"。鰕虎为小鱼，刺少，古籍中提及文鱼，都提到"长止二三分""长一二分"；在湖北阳新等地，采用鰕虎制成的文鱼干曾是著名的贡品，当今在湖北的阳新、咸宁、赤壁及湖南的临湘等地均是有名的特产，同时在当地也称"春鱼"，意指每当春鱼来临，山洪暴发，鱼即成群而上。

也有认为文鱼为鳠，如《楚辞·九歌·河伯》："乘白鼋兮逐文鱼"。《尔雅》中关于文鱼的注释有"段公路《北户录》云'广之恩州出鹅毛，其味绝美'。郭义恭所谓武阳小鱼大如东阳江县出之，即鱼儿也。然流出，状似初化鱼苗，土人取收，曝干为以充苞苴，食以姜、醋，味同虾米，或云即鳠鱼苗也"，显然，此处注释有误，与《尔雅》中"文鱼，小鱼也。名义未详，春，以时名也，以干腊名也"不符。

【古文释鱼】 ①《湖广通志》（徐国相、宫梦仁）："文鱼，出临湘沅潭，一名春鱼，味甘美，长一二分，小满日出，馀日无"。②《岳州府志》（黄凝道、谢仲坈）："文鱼，细如针，长止二三分，产临湘元潭，惟立夏小满网有之"。③《直隶澧州志》（何玉棻、魏式曾、黄维瓒）："文鱼，一名春鱼，长止二三分，小满时，安乡间有之"。④《临湘县志》（刘采邦）："文鱼，生黄盖湖，长仅二三分，小满前后始出，一名春鱼"。⑤《巴陵县志》（姚诗德、郑桂星、杜贵墀）："文鱼，一名春鱼，出龙回嘴连临湘沅潭（《湖广志》云出临湘沅潭），味甘美，长一二分，小满时出，馀月无，与临湘县沅潭所出同。《壬伸志·三长物齐长说》'文鱼曝乾，用鸡卵搅蒸，头皆向上，满椀匀排如以千，针插于椀面亦异品也'"。⑥《沅江县志》（陶澍、唐古特）："鰕，有数种，田泽生者最小"。⑦《湘阴县图志》（郭崇焘）："纹鱼，新市东北五波洞，岁春夏之交出纹鱼，长寸许，身魴，上旬首仰向上，中旬首平，下旬首曲向下，俗称博博石，盖邑产之异者"。

鰕虎科属、种检索表

1（2）腹鳍膜盖上的鳍棘附近无凸起（图 217c）；前鼻短管状，紧邻上唇，悬垂其上；舌游离，前端近截形或稍凹[（096）鲻鰕虎属 *Mugilogobius*] ······················
·················· **197. 黏皮鲻鰕虎 *Mugilogobius myxodermus* (Herre, 1935)**

2（1）腹鳍膜盖上的鳍棘附近具 2 个叶状凸起（图 217d）；前鼻短管状，不邻近上唇；舌游离，前端圆形或浅弧形[（097）吻鰕虎属 *Rhinogobius*]

3（4）第一背鳍各鳍棘呈丝状延长，第 3 或第 4 根鳍棘最长；体侧各鳞片的前端和与之相邻的前鳞片、左边鳞片和右边鳞片接触处具不规则红斑纹；胸鳍基具米黄色、红色相间环形纹 ·······
·················· **198. 丝鳍吻鰕虎 *Rhinogobius filamentosus* (Wu, 1939)**

4（3）第一背鳍各鳍棘不延长

5（16）眼前缘斜上方各伸出 1 条线纹，交汇于上颌前端背部，形成半弧形环纹

6（13）颊部及鳃盖具线状、蠕虫状纹或点状纹

7（10）眼下、颊部前缘具 1 条垂直线纹

8（9）颊部和鳃盖均具纹，其中雄性为红色小点纹，雌性为橘黄色带褐色蠕虫状纹；雄性体侧鳞片具红色点纹，雌性不明显 ·················· **199. 红点吻鰕虎 *Rhinogobius* sp.**

9（8）颊部纹不明显，雄性鳃盖具较大橘红色点状纹，雌性不明显；体侧鳞片具浅橘黄色点纹 ····
·················· **200. 斑颊吻鰕虎 *Rhinogobius maculagenys* Wu, Deng, Wang *et* Liu, 2018**

10（7）眼下、颊部前缘无垂直线纹

11（12）颊部散布蠕虫状纹；眼前下方具 1～2 条深色斜线纹伸达上颌外缘；胸鳍基具 1 条较宽橘红色弧形纹 ·················· **201. 李氏吻鰕虎 *Rhinogobius leavelli* (Herre, 1935)**

12（11）颊部具 3～4 条线纹，深褐色，由颊部前缘斜向后下方；眼下前方无斑纹；胸鳍基上下方具 2 个黑色小圆斑 ·················· **202. 溪吻鰕虎 *Rhinogobius duospilus* (Herre, 1935)**

13（6）颊部及鳃盖无明显斑纹

14（15）体侧具 6～7 条棕褐色横纹或斑块 ··
·· **203. 波氏吻鰕虎** *Rhinogobius cliffordpopei* **(Nichols, 1925)**
15（14）体侧具不明显暗斑 ·················· **204. 小吻鰕虎** *Rhinogobius parvus* **(Luo, 1989)**
16（5）眼前缘斜上方无线纹，不形成半弧形环纹
17（18）眼前下方具数条粗线纹呈射线状向前，止于上颌；胸鳍基上方具 1 个黑斑 ··················
·· **205. 子陵吻鰕虎** *Rhinogobius giurinus* **(Rutter, 1897)**
18（17）眼前下方无射线状纹；胸鳍基具红白相间环纹，其余各鳍边缘具明显白边；颊部、鳃盖及体
侧鳞片具橘红色点纹 ·· **206. 白边吻鰕虎** *Rhinogobius* **sp.**

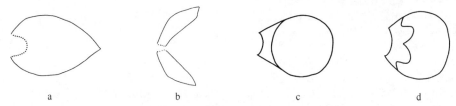

图 217　鰕虎的腹鳍（Akihito et al., 2002）

a. 两腹鳍完全愈合；b. 两腹鳍分离；c. 膜盖上无凸起，后缘圆形；d. 膜盖上具 2 宽叶状凸起

（096）鲻鰕虎属 *Mugilogobius* Smitt, 1900

Mugilogobius Smitt, 1900, *Ofvers. Kongl. Vet. Akad. Forh. Stocklolm*, 56(6): 552.

模式种：*Ctenogobius abei* Jordan et Snyder

体延长，前段圆筒形，后段略侧扁。头大，较宽。口端位，略倾斜。上颌稍突出。
上、下颌齿细尖，排列成狭带状。吻圆钝。舌稍宽，前端圆形、截形或分叉。鼻孔每侧
2 个，前鼻孔短管状，紧邻上唇，垂悬其上；后鼻孔小，位于眼前方。颊部突出，具 3
条水平感觉乳突线，无垂直感觉乳突线（图 218）。眼上侧位。眼下缘具 1 条浅弧形感觉
乳突线，无放射状感觉乳突线。眼间距宽。鳃盖膜与峡部相连。鳃盖条 5 根。鳃耙短小，
具假鳃。体被栉鳞，纵列鳞 30～58；项部、后头部及鳃盖上部均被鳞，头其余部分裸露
无鳞。无侧线。背鳍 2 个，前、后分离；第一背鳍具鳍棘 6 根；第二背鳍具鳍棘 1 根，
鳍条 7～9 根。胸鳍尖长。腹鳍小，腹鳍基长小于腹鳍长的 1/2，左、右腹鳍愈合成吸盘。
臀鳍具鳍棘 1 根，鳍条 7～9 根。尾鳍圆形。

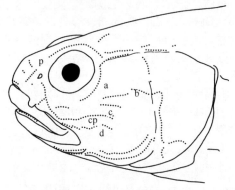

图 218　黏皮鲻鰕虎的头部感觉管孔（Larson，2001）

本属湖南仅分布有 1 种。

197. 黏皮鲻鰕鯱 *Mugilogobius myxodermus* (Herre, 1935)（图 219）

别名：黏皮虾虎、黏皮栉虾虎、粘皮栉虾虎

Ctenogobius myxodermus Herre, 1935b, *Lingnan Sci. J.*, 14(3): 395（广州岭南大学鱼池；梧州广西大学校园）；唐家汉和钱名全，1979，淡水渔业，（1）：10（洞庭湖）；唐家汉，1980a，湖南鱼类志（修订重版）：222（洞庭湖）；林益平等（见：杨金通等），1985，湖南省渔业区划报告集：80（洞庭湖）；伍汉霖（见：成庆泰等），1987，中国鱼类系统检索（上册）：445（长江）；郭克疾等，2004，生命科学研究，8（1）：82（桃源县乌云界自然保护区）。

Ctenogobius sp.：康祖杰等，2010，野生动物，31（5）：293（壶瓶山）。

Gobius myxodermus：Nichols, 1943, *Nat. Hist. Centr. Asia*, 9: 264（梧州）。

Rhinogobius myxodermus：湖北省水生生物研究所鱼类研究室，1976，长江鱼类：209（岳阳）；王星等，2011，生命科学研究，15（4）：311（南岳）。

Mugilogobius myxodermus：伍汉霖（见：刘明玉等），2000，中国脊椎动物大全：378（长江）；康祖杰等，2010，动物学杂志，45（5）：79（壶瓶山）；康祖杰等，2019，壶瓶山鱼类图鉴：244（壶瓶山）；李鸿等，2020，湖南鱼类系统检索及手绘图鉴：65，281。

标本采集：标本 23 尾，采自洞庭湖。

形态特征：背鳍Ⅵ，Ⅰ-8～9；臀鳍Ⅰ-7～8；胸鳍 16～17；腹鳍Ⅰ-5。纵列鳞 35～40；横列鳞 10～11；背鳍前鳞 14～16。鳃耙 3+2～3。

体长为体高的 5.4～5.6 倍，为头长的 3.2～3.4 倍。头长为吻长的 4.3～4.6 倍，为眼径的 4.5～5.0 倍，为眼间距的 3.6～4.0 倍。尾柄长为尾柄高的 1.4～1.5 倍。

体延长，前段亚圆筒形，后段侧扁；尾柄较长。头部和鳃盖部无任何感觉管孔。眼下缘具 1 条浅弧形感觉乳突线（图 218，a），无放射状感觉乳突线。颊部球形突出，具 4 条水平状（纵向）感觉乳突线（图 218，b、c、cp、d），无垂直（横向）感觉乳突线。

头颇大，稍宽。口端位，斜裂。唇发达。舌游离，前端近截形，不分叉。吻圆钝，略大于眼径。上颌稍长于下颌。上颌骨后伸达眼中部下方；上、下颌齿细尖，多行，排列成带状，外行齿稍大。鼻孔每侧 2 个，前、后分离，前鼻孔短管状，悬垂于上唇；后鼻孔圆形，位于眼前方。眼稍小，上侧位，位于头的前半部。眼间隔宽，稍圆突。鳃孔向前下方伸达前鳃盖骨后缘下方；前鳃盖骨和鳃盖骨边缘光滑；鳃盖条 5 根；具假鳃；鳃耙短小。峡部宽，鳃盖膜与峡部相连。

背鳍 2 个，分离；第一背鳍起点位于胸鳍起点后上方，鳍棘均细弱，第 3—4 根鳍棘最长，后伸可达第二背鳍第 2 根鳍条基部；第二背鳍略低，基部长，前部鳍条较短，向后各鳍条渐长，平放时不伸达尾鳍基。胸鳍宽圆，下侧位，其长稍大于眼后头长，后伸不达肛门。腹鳍短，略短于胸鳍，左、右愈合成长形吸盘。臀鳍与第二背鳍相对，同形，起点位于第 2 根鳍条基下方，平放时后伸不达尾鳍基。尾鳍圆形，短于头长。

体被弱栉鳞，后部鳞较大；第一背鳍起点向前至眼后、鳃盖上部、胸鳍基、胸部和腹部均被圆鳞；吻部和颊部无鳞。无侧线。

液浸标本体灰褐色，腹面色浅。体背侧具许多不规则灰黑斑。头的颊部具暗红色虫状纹及斑点，腹面自颏部向后具多条暗色弧形线纹和横线纹。第一背鳍第 5—6 根鳍棘中部具 1 个黑斑，棘端部白色；第二背鳍中部具 1 条黑色纵纹，上部白色。胸鳍和腹鳍浅灰色。臀鳍灰褐色。尾鳍灰色，有数行暗色点纹，基部上、下方各具 1 个小黑斑。

生物学特性：为底层小型鱼类，栖息于河沟和池塘中，广东肇庆地区称其为"海鲜"。体长一般为 4.0～5.0cm，大者可达 6.0cm（中国水产科学研究院珠江水产研究所等，1991）。

资源分布：洞庭湖、资水和沅水有分布，个体小，数量少。

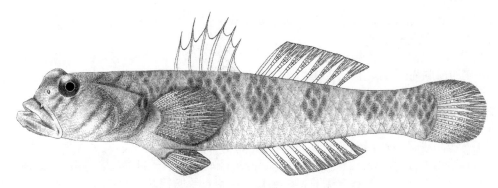

图 219　黏皮鲻鰕虎 *Mugilogobius myxodermus* (Herre, 1935)

（097）吻鰕虎属 *Rhinogobius* Gill, 1859

Rhinogobius Gill, 1859, *Proc. Acad. Nat. Sci. Phil.*, 11: 145.

模式种：*Rhinogobius similis* Gill

体延长，前段圆筒形，后段略侧扁。头钝，稍平扁。口端位，略倾斜。吻圆钝，颊部突出。舌宽大，游离。上、下颌等长或下颌稍长，稍突出于上颌，均具齿多行，外行齿常扩大，下颌外行齿仅至颌的 1/2 处。犁骨和腭骨均无齿。鼻孔每侧 2 个，前、后分离，前鼻孔短管状；后鼻孔小，裂缝状；每侧鼻孔之下具感觉乳突线，下弯至口角，由此分为 2 支至前鳃盖骨上方，另 1 支由下颌至前鳃盖骨的后缘。眼上侧位。眼间隔狭窄，平或内凹。鳃孔大。鳃盖膜与峡部相连。体被栉鳞，头部几乎完全裸露，背鳍前鳞有或无，体的前部和胸腹等处多被圆鳞。纵列鳞 25～60。

背鳍 2 个，前、后分离，第一背鳍鳍棘 6 根；第二背鳍鳍棘 1 根，分支鳍条 6～11 根。胸鳍长，基部宽。腹鳍胸位，左、右愈合成吸盘，腹鳍膜发达，膜盖左、右鳍棘和鳍条相连处的鳍膜呈内凹状，形成叶状凸起（见图 217）。臀鳍与第二背鳍相对，同形，鳍棘 1 根，分支鳍条 6～10 根。尾鳍宽圆。

本属湖南分布有 9 种。

198. 丝鳍吻鰕虎 *Rhinogobius filamentosus* (Wu, 1939)（图 220）

别名：丝鳍栉虾虎鱼

Ctenogobius filamentosus Wu（伍献文），1939, *Sinensia*, 10(1-6): 137（阳朔）。
Rhinogobius filamentosus：陈旻和张春光（见：周解等），2006，广西淡水鱼类志（第二版）：480（柳成）；李鸿等，2020，湖南鱼类系统检索及手绘图鉴：66，282；廖伏初等，2020，湖南鱼类原色图谱，298。

标本采集：标本 16 尾。采自江华。
形态特征：背鳍Ⅵ，Ⅰ-8～9；臀鳍Ⅰ-8；胸鳍 16～17；腹鳍Ⅰ-5。纵列鳞 30～33；横列鳞 8～10；背鳍前鳞 8～11。鳃耙 5～8。

体长为体高的 5.0～5.7 倍，为头长的 3.3～3.6 倍。头长为吻长的 3.0～3.4 倍，为眼径的 6.5～6.9 倍，为眼间距的 5.1～5.7 倍。尾柄长为尾柄高的 1.8～2.1 倍。

体延长，前段圆筒形，后段侧扁；背缘浅弧形，腹缘稍平直；尾柄颇长，长于体高。头部具 5 个感觉管孔；眼下缘无放射状感觉乳突线，仅具 1 条由眼后下方斜向前方的感觉乳突线；颊部稍突出，具条 3 纵行感觉乳突线；前鳃盖骨后缘具 3 个感觉管孔；鳃盖上方具 3 个感觉管孔。

头圆钝，前部宽而平扁，背部稍隆起。口端位，斜裂。唇略厚，发达。舌游离，前端圆形。吻短而圆钝，吻长稍大于眼径。两颌约等长；上颌骨后伸达眼前缘稍后下方；上、下颌齿细小，尖锐，无犬齿，多行，排列稀疏，外行齿稍扩大；下颌内行齿亦扩大；犁骨、腭骨及舌上均无齿。鼻孔每侧 2 个，前、后分离，相互接近；前鼻孔短管状，靠近吻端；后鼻孔小，圆形，边缘隆起，紧位于眼前方。眼较小，背侧位，位于头的前半部，眼上缘突出于头部背缘，眼间距大于眼径，稍内凹。鳃孔宽稍大于胸鳍基的宽，向头部腹面延伸，止于鳃盖骨后缘下方稍后处；鳃盖条 5 根；具假鳃；鳃耙短小。峡部宽，鳃盖膜与峡部相连。

背鳍 2 个，分离；第一背鳍高，基部短，起点位于胸鳍起点后上方，鳍棘柔软，第 3—4 根鳍棘最长，雄鱼第 3—4 根鳍棘呈丝状延长，平放时向后伸越第二背鳍基部末端；雌鱼的稍短，仅伸达第二背鳍第 3 根及第 4 根鳍条的基部或稍后；第二背鳍略高于第一背鳍，基部较长，前部鳍条稍短，后部鳍条较长，最长的鳍条几等于吻后头长，平放时，伸达尾鳍基。胸鳍宽大，圆形，下侧位；胸鳍长大于吻后头长，后缘伸达或伸越第二背鳍起点。腹鳍略短于胸鳍，左、右愈合成吸盘；吸盘圆盘状，盖膜发达，后缘弧形凹入，末端距臀鳍起点等于腹鳍长。臀鳍与第二背鳍相对，同形，起点位于第二背鳍第 3 根和第 4 根鳍条的下方，后部鳍条较长，平放时不伸达尾鳍基。尾鳍长圆形，短于头长。肛门与第二背鳍起点相对。雄鱼生殖乳突细长而尖，雌鱼生殖乳突短钝。

体被较大栉鳞；头的吻部、颊部及鳃盖部，胸部、腹部及胸鳍基均无鳞；背鳍中部前方具背鳍前鳞 8～11，向前仅伸达项部的 1/3 处，不达眼后缘。无侧线。

浸泡标本的头、体棕褐色，体侧具 6～7 条暗色垂直横纹，头部背面具网状细纹，颊部常具伸向腹面的细纹。雄鱼第一背鳍第 1—3 根鳍棘间的鳍膜下方具 1 个长圆形黑斑，边缘浅色，雌鱼无黑斑。第二背鳍具数条点状纹，有时不明显。胸鳍、腹鳍灰色。臀鳍灰黑色，边缘浅色。尾鳍具数条点状条纹或呈灰黑色。

资源分布：小型底栖鱼类，栖息于江河支流及小溪中。湘江上游有分布，数量较少。

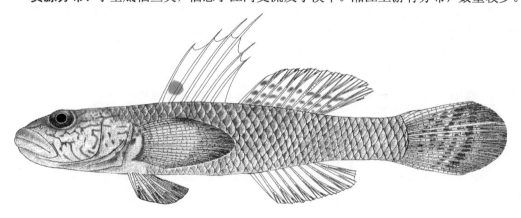

图 220　丝鳍吻鰕虎 *Rhinogobius filamentosus* (Wu, 1939)

199. 红点吻鰕虎 *Rhinogobius* sp.（图 221）

标本采集：标本 20 尾，采自酉水。

形态特征：背鳍Ⅵ，Ⅰ-8～10；臀鳍Ⅰ-9；胸鳍 15；腹鳍Ⅰ-5。纵列鳞 27～30；横列鳞 8～9；背鳍前鳞 0。鳃耙 7～9。

　　体长为体高的 7.0～7.5 倍，为体宽的 6.2～6.8 倍，为头长的 3.2～3.5 倍，为背鳍前距 2.7～3.1 倍，为尾柄长的 6.1～6.5 倍，为尾柄高的 10.2～12.3 倍。头长为吻长的 2.6～2.9 倍，为眼径的 6.3～6.6 倍，为头宽的 1.1～1.3 倍，为眼后头长的 1.8～2.3 倍。尾柄长为尾柄高的 1.5～1.9 倍。

　　体延长，头部稍平扁，胸鳍后躯干渐侧扁。头圆钝，腹部稍平直。口端位，倾斜。唇较厚，发达。舌游离，前端圆形或浅弧形。吻短而圆钝。吻长约为眼径的 2.0 倍。下颌稍长于上颌；上颌骨末端达眼前缘下方。上、下颌齿细小，尖锐，无犬齿，多行，排列稀疏，带状，外行齿稍扩大；下颌内行齿亦扩大。犁骨、腭骨及舌上均无齿。鼻孔每侧 2 个，前、后分离，相互接近；前鼻孔状短管，位于吻背前方，不临近上唇；后鼻孔小，圆形，位于眼前方。眼小，背侧位，位于头的前半部，眼上缘略突出于头部背缘。眼间隔狭窄，内凹，凹痕沿背中线向后延伸。鳃孔大，侧位，向头部腹面延伸，起于胸鳍基上部，止于鳃盖骨后缘下方稍后处；鳃条骨 5 根；具假鳃；鳃耙短小。峡部宽，鳃盖膜与峡部相连。

　　背鳍 2 个，分离，基部凹陷；第一背鳍稍低，呈长方形，基部稍长，略短于第二背鳍，起点位于胸鳍基后上方，鳍棘柔软，鳍棘向后渐长，第 4—5 鳍棘最长，第 6 根较短，平放时，后伸达第二背鳍第 2 根分支鳍条；第二背鳍高于第一背鳍，基部较长，中部鳍条较长，平放时，后伸不达尾鳍基。胸鳍宽大，圆形，下侧位，鳍长约等于头长，后伸不达肛门上方。腹鳍短于胸鳍，左、右腹鳍愈合成 1 吸盘，长圆形，盖膜发达，腹鳍膜盖上的鳍棘附近具 2 个叶状凸起。肛门与第二背鳍起点相对。雄鱼生殖乳突细长而尖，雌鱼生殖乳突短钝。臀鳍与第二背鳍相对，起点位于第二背鳍第 5 根或第 6 根分支鳍条的下方，平放时，后伸不达尾鳍基。尾鳍长圆形，短于头长。

　　体灰黑色，腹部灰白色，体侧近背侧色深，腹侧色浅，鳞片边缘具黑色。颊部、鳃盖部、间鳃盖骨及体侧具暗红色点，颊部红点密集，稍小于体侧红点。眼前缘各向前上方伸出 1 条线纹，交汇于上颌前端，在背面形成半圆形环；眼正中下缘向下伸出 1 条稍向后弯曲的线纹。腹侧鳃盖膜及峡部至下颌中部呈亮黄色。第一背鳍第 1—4 鳍棘间膜具翠绿色斑，第二背鳍、尾鳍和臀鳍具波浪形条纹，第 2 背鳍和臀鳍具窄的白边。胸鳍、腹鳍和尾鳍呈紫黑色。臀鳍基部黄色，边缘具黑白条纹。

　　资源分布：仅发现于酉水，小型底栖鱼类。喜水质清澈，缓流水中。

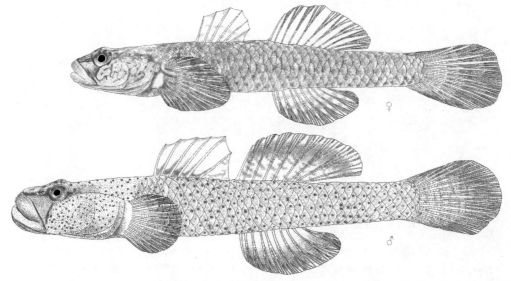

图 221　红点吻鰕虎 *Rhinogobius* sp.

200. 斑颊吻鰕鯱 *Rhinogobius maculagenys* Wu, Deng, Wang *et* Liu, 2018（图 222）

Rhinogobius maculagenys Wu, Deng, Wang *et* Liu（吴倩倩，邓学建，王艳杰和柳勇），2018，*Zootaxa.*，4476(1): 118-129（蓝山）；李鸿等，2020，湖南鱼类系统检索及手绘图鉴：66，288；廖伏初等，2020，湖南鱼类原色图谱，308。

标本采集：标本 3 尾，采自蓝山。

形态特征：背鳍Ⅵ，Ⅰ-7～9；臀鳍Ⅰ-6～8；胸鳍 16；腹鳍Ⅰ-5；尾鳍分支鳍条 8+7 根。纵列鳞 32～34；横列鳞 9～13；背鳍前鳞 0。椎骨 11+16=27。鳃耙 9+20。

体长为体高的 4.9～6.4 倍，为体宽的 7.2～8.9 倍，为头长的 3.4～4.0 倍，为背鳍前距 2.7～3.9 倍，为尾柄长的 3.9～4.9 倍，为尾柄高的 8.3～10.3 倍。头长为吻长的 2.5～3.4 倍，为眼径的 3.8～5.2 倍，为头宽的 1.2～1.4 倍，为眼后头长的 1.7～2.0 倍，为下颌长的 2.9～3.8 倍。尾柄长为尾柄高的 1.7～2.6 倍。

体细长，前部近圆筒形，后部渐侧扁。头较大。口裂斜。唇厚。上颌突出于下颌。上下颌各具齿 3～4 行，齿尖锐，向内弯曲。无须。鼻孔每侧 2 个，前鼻孔短管状，后鼻孔圆形。眼大，上侧位。鳃孔大，向腹面延伸至鳃盖腹面前下缘，与峡部相连。

雄鱼第一背鳍边缘近截形，雌鱼近半圆形；第 4—5 根背鳍棘最长，雄鱼平放时后伸达第二背鳍第 2 根分支鳍条基部，雌鱼平放时仅达或不达第二背鳍起点。臀鳍起点位于第二背鳍的第 3—4 根分支鳍条中部的下方。胸鳍宽，后伸不达肛门。左右腹鳍愈合成吸盘，圆盘状。尾鳍椭圆形，后缘圆形。

体被中等大小栉鳞。头部、腹鳍基前无鳞。

头和身体黄棕色，背部较深。体侧鳞片边缘棕色。体侧具数列纵向排列的黑褐色圆形斑点，部分雌性较少。腹部灰白色。眼前缘各向前上方伸出 1 条橘红色细线，交汇于上颌前端，在背面形成半圆形环。颊部及体侧具橘黄色斑点，颊部斑点稀疏，明显较体侧斑点小。第一背鳍鳍棘深褐色，鳍膜透明；第一背鳍第 2 鳍棘前方具亮蓝色大斑点。第二背鳍鳍膜橙色至半透明，具 5～6 行水平的暗棕色斑点。臀鳍近基部 1/3 黄色，近末端的 2/3 黑色，外缘白色；鳍膜浅黄色，具 5～6 行垂直棕色斑点。背鳍浅灰色。腹鳍膜灰色。尾鳍具 5～6 行垂直排列的棕色斑点。

资源分布：该种仅发现于湘江上游蓝山县境内的钟水。

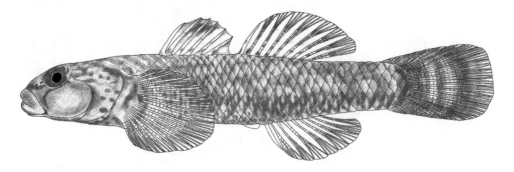

图 222　斑颊吻鰕鯱 *Rhinogobius maculagenys* Wu, Deng, Wang *et* Liu, 2018

201. 李氏吻鰕鯱 *Rhinogobius leavelli* (Herre, 1935)（图 223）

Ctenogobius leavelli Herre, 1935b, *Lingnan Sci. J.*, 14(3): 396（广西梧州）。

Rhinogobius leavelli: Herre, 1938, *Lingnan Sci. J.*, 17(3): 436（广东龙头山）；梁启燊和刘素孅，1966，湖南师范学院学报（自然科学版），(5)：85（洞庭湖、湘江）；曹英华等，2012，湘江水生动物志：285

（湘江东安、耒水汝城）；李鸿等，2020，湖南鱼类系统检索及手绘图鉴：66，284；廖伏初等，2020，湖南鱼类原色图谱，302。

Rhinogobius similis：梁启燊和刘素孀，1966，湖南师范学院学报（自然科学版），（5）：85（澧水）；唐家汉和钱名全，1979，淡水渔业，（1）：10（洞庭湖）；唐家汉，1980a，湖南鱼类志（修订重版），223（洞庭湖）；林益平等（见：杨金通等），1985，湖南省渔业区划报告集：80（洞庭湖、湘江、资水、沅水、澧水）；牛艳东等，2012，湖南林业科技，39（1）：61（怀化中方县康龙自然保护区）。

Rhinogobius similes：吴倩倩等，2016，生命科学研究，20（5）：377（通道玉带河国家级湿地公园）。

【《湖南鱼类志（修订重版）》中记载的真栉虾虎】《湖南鱼类志（修订重版）》中记载了采自洞庭湖并鉴定为真栉虾虎 *Ctenogobius similis* 的鱼类，真栉虾虎目前被认为是林氏吻鰕鯱 *Rhinogobius lindbergi* 的同物异名，伍汉霖等（2008）认为林氏吻鰕鯱仅分布于松花江、绥芬河市、中俄界河黑龙江等水系的支流和湖泊中。根据《湖南鱼类志（修订重版）》的描述，真栉虾虎有背鳍前鳞，该点与林氏吻鰕鯱（无背鳍前鳞）不符，所以，可以确定《湖南鱼类志（修订重版）》中记载的真栉虾虎为鉴定错误。而根据描述"体色灰黑色。背侧有数个暗色斑块。头部有许多虫蚀状斑纹。腹部黄白色。第二背鳍和尾鳍均有灰黑色的小点和斑纹。其他各鳍为灰黑色"，其与李氏吻鰕鯱的特征较接近。但其纵列鳞（32～35）仍与李氏吻鰕鯱（28～29）有较大区别。本书暂将其作为李氏吻鰕鯱的误定。

标本采集：标本 30 尾，采自洞庭湖及湘江长沙、汝城等地。

形态特征：背鳍Ⅵ，Ⅰ-8；臀鳍Ⅰ-8；胸鳍 17～18；腹鳍Ⅰ-5。纵列鳞 28～29；横列鳞 10～12；背鳍前鳞 7～12。鳃耙 4～5+7～8。

体长为体高的 4.5～5.5 倍，为头长的 3.3～3.7 倍。头长为吻长的 2.2～3.1 倍，为眼径的 4.3～5.4 倍，为眼间距的 5.7～7.5 倍。尾柄长为尾柄高的 2.0～2.9 倍。

体延长，前部亚圆筒形，后部侧扁；背缘浅弧形隆起，腹缘稍平直；尾柄颇长，长于体高。头部具 5 个感觉管孔（图 224，B′、C、D、E、F）；眼下缘无放射状感觉乳突线，仅具 1 条由眼后下方斜向前方的感觉乳突线（图 224，a）；前鳃盖骨后缘具 3 个感觉管孔（图 224，M′、N′、O′）；鳃盖上方具 3 个感觉管孔（图 224，H′、K′、L′）；颊部稍突出，具 3 条纵行感觉乳突线（图 224，b、c、d）。

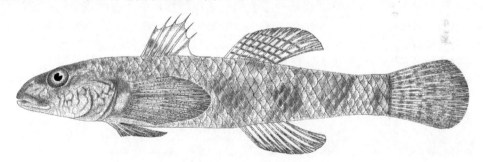

图 223　李氏吻鰕鯱 *Rhinogobius leavelli* (Herre, 1935)

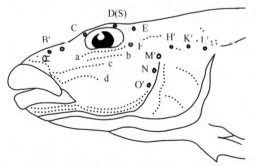

图 224　李氏吻鰕鯱的头部感觉管孔（伍汉霖等，2008）

　　头圆钝，前段宽而平扁，背部稍隆起，头宽大于头高。口端位，斜裂。唇略厚，发达。舌游离，前端圆弧形。吻短而圆钝，颇长，吻长为眼径的 1.7～2.2 倍。上、下颌约等长，口闭合时，上颌稍突出于下颌之前。上颌骨后伸达眼中部下方（雄鱼）或眼前缘下方（雌鱼）；上、下颌齿细小，尖锐，无犬齿，多行，排列稀疏，带状，外行齿稍扩大；下颌内行齿亦扩大。犁骨、腭骨及舌上均无齿。鼻孔每侧 2 个，前、后分离，相互接近；前鼻孔短管状；后鼻孔小，圆形，边缘隆起，紧位于眼前方。眼小，眼径为眼间距的 1.2～1.5 倍，背侧位，位于头的前半部，眼上缘突出于头部背缘。眼间隔狭窄，平或稍内凹。鳃孔宽稍大于胸鳍宽，向头部腹面延伸，止于鳃盖骨后缘下方稍后处；鳃盖条 5 根；具假鳃；鳃耙短小，尖形。峡部较宽，鳃盖膜与峡部相连。

　　背鳍 2 个，分离；第一背鳍高，基部短，起点位于胸鳍起点后上方，鳍棘柔软，第 2—4 根鳍棘最长，平放时，后伸不达第二背鳍起点，距第二背鳍起点有一定距离（雌鱼），或者伸达第二背鳍第 1 根鳍条处（雄鱼）；第二背鳍略高于第一背鳍，基部较长，前部鳍条稍短，后部鳍条较长，最长的鳍条稍大于头长的 1/2，平放时，后伸不达尾鳍基。胸鳍宽大，长圆形，下侧位，鳍长约等于吻后头长，后伸几达肛门上方。腹鳍略短于胸鳍，左、右愈合成吸盘；吸盘圆形，膜盖发达，末端弧形凹入。肛门与第二背鳍起点相对。雄鱼生殖乳突细长而尖，雌鱼生殖乳突短钝。臀鳍与第二背鳍相对，起点位于第二背鳍第 1 根鳍条的下方，后部鳍条较长，平放时，后伸不达尾鳍基。尾鳍长圆形，短于头长。

　　体被较大栉鳞，头的吻部、颊部、鳃盖部无鳞。背鳍中部前方具背鳍前鳞 7～12，向前仅伸达项部的 1/3 处；胸部、腹部及胸鳍基均无鳞。无侧线。

　　头、体浅灰色。体侧隐具 3～5 个暗灰色斑纹。鳞片后缘橘黄色（雌鱼）或褐黄色（雄鱼）。头部具橘黄色点纹，眼前至吻背前端具 1～2 条橘色斜纹（雌鱼）或具暗褐黄色细纵纹（雄鱼），鳃盖膜上具平行橘色细纹。背鳍灰黄色，第一背鳍无纵纹，其第 1—2 根鳍棘之间的鳍膜下部具 1 个绿色圆斑（雄鱼明显，雌鱼不明显）；第二背鳍具 5 条暗色纵纹。胸鳍暗灰色，基部具 2 条橘色垂直横纹。腹鳍浅黄色。臀鳍浅色，中部具 1 条浅黄色纵纹，纵纹外缘稍黑，鳍的边缘白色。尾鳍基具 1 条橘色垂直宽横纹，尾鳍上具 7 条暗色垂直横纹。

　　生物学特性：小型底栖鱼类，栖息于江河湖泊及多砂石的溪流中。

　　资源分布：洞庭湖和湘江有分布，个体小，数量多，肉质鲜美，有一定经济价值。

202. 溪吻鰕鯱 *Rhinogobius duospilus* (Herre, 1935)（图 225）

　　别名：伍氏栉虾虎鱼、溪栉虾虎鱼

Ctenogobius duospilus Herre, 1935a, *Hong Kong Nat.*, 6(3-4): 286（香港新界）。
Rhinogobius duospilus：伍汉霖（见：刘明玉等），2000，中国脊椎动物大全：382（浙江，福建）；刘良国等，2013b，长江流域资源与环境，22（9）：1165（澧水慈利、石门）；李鸿等，2020，湖南鱼类系统检索及手绘图鉴：66，285。
Ctenogobius wui：郭克疾等，2004，生命科学研究，8（1）：82（桃源县乌云界自然保护区）。

　　标本采集：无标本，形态描述摘自《中国动物志 硬骨鱼纲 鲈形目（五） 虾虎鱼亚目》。

　　形态特征：背鳍Ⅵ，Ⅰ-8；臀鳍Ⅰ-7～8；胸鳍16～17；腹鳍Ⅰ-5。纵列鳞28～29；横列鳞8～9；背鳍前鳞11～13。鳃耙3+7～8。

　　体长为体高的 4.9～5.6 倍，为头长的 3.0～3.7 倍。头长为吻长的 2.4～3.1 倍，为眼径的 4.0～5.5 倍，为眼间距的 4.5～6.0 倍。尾柄长为尾柄高的 1.8～2.2 倍。

　　体延长，前段近圆筒形，后段侧扁；背缘浅弧形隆起，腹缘稍平直；尾柄较长，长于体高。头部具 5 个感觉管孔；眼下缘无放射状感觉乳突线，仅具 1 由眼后下方斜向前方的感觉乳突线（a）；颊部稍突出，具 3 条纵行感觉乳突线（b，c，d）；前鳃盖骨后缘具 3 个感觉管孔；鳃盖上方具 3 个感觉管孔。

　　头稍平扁，头宽等于或稍大于头高。口端位，斜裂。唇略厚，发达。舌游离，前端浅弧形。吻短而圆钝，吻长为眼径的 1.2～1.8 倍。上、下颌几等长，口闭合时上颌微突；上颌骨末端伸达眼前缘下方；上、下颌齿细小，尖锐，无犬齿，多行，排列稀疏，带状，外行齿稍扩大；下颌内行齿亦扩大。犁骨、腭骨及舌上均无齿。鼻孔每侧 2 个，前、后分离，相互接近；前鼻孔短管状，位于吻背前方近上唇处；后鼻孔小，圆形，边缘隆起，紧位于眼前方。眼背侧位，位于头的前半部，眼上缘突出于头部背缘。眼间隔狭窄，稍内凹。鳃孔大，侧位，向头部腹面延伸，止于鳃盖骨后缘下方稍后处，其宽大于胸鳍基宽。鳃盖条 5 根。鳃耙短小，具假鳃。峡部宽，其宽大于吻长，鳃盖膜与峡部相连。

　　背鳍 2 个，分离；第一背鳍高，基部短，起点位于胸鳍起点后上方，鳍棘柔软，第 2—3 根鳍棘最长，其余各鳍棘向后渐短，平放时，后伸达第二背鳍起点；第二背鳍略高于第一背鳍，基部较长，后部鳍条稍短，中部鳍条较长，最长鳍条稍大于头长的 1/2，平放时，后伸不达尾鳍基。胸鳍宽大，圆形，下侧位，鳍长约等于吻后头长，后伸不达肛门上方。腹鳍略短于胸鳍，左、右愈合成吸盘；吸盘长圆形，盖膜发达，末端弧形凹入。肛门与第二背鳍起点相对。雄鱼生殖乳突细长而尖，雌鱼生殖乳突短钝。臀鳍与第二背鳍相对，起点位于第二背鳍第 1 根或第 2 根鳍条的下方，后部鳍条较长，平放时，后伸不达尾鳍基。尾鳍长圆形，短于头长。

　　体被较大栉鳞，头的吻部、颊部、鳃盖部无鳞。背鳍中部前方具 10 余枚细鳞，向前仅伸达项部后半部的 1/2 或 1/3 处，胸部无鳞，腹部被小圆鳞。无侧线。

　　浸泡标本的头、体灰褐色，腹部浅色。体侧具 6 个暗色斑纹，最后面的斑纹位于尾鳍基中部。头部在吻端经眼至鳃盖后上方具 1 条暗色纵纹；颊部具 3 条斜向后下方的暗色条纹，伸达前鳃盖骨下方；头部腹面鳃盖膜密布浅色的小圆点。第一背鳍灰色，前部的第 1—3 根鳍棘的鳍膜上具 1 个大黑斑；第一背鳍、尾鳍、胸鳍、腹鳍灰黑色；胸鳍基上、下方具 2 个小黑斑；臀鳍黑色，边缘浅色。

　　资源分布：暖水性小型底层鱼类，资水和澧水有分布，但数量较少。个体小，体长为 40.0～60.0mm。

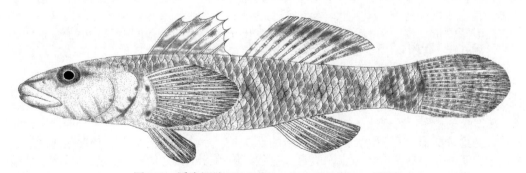

图 225　溪吻鰕鯱 *Rhinogobius duospilus* (Herre, 1935)

203. 波氏吻鰕鯱 *Rhinogobius cliffordpopei* (Nichols, 1925)（图 226）

　　别名：波氏栉虾虎鱼、克氏虾虎、洞庭栉虾虎、裸背栉虾虎鱼、波氏吻虾虎鱼、洞

庭栉鰕虎鱼；**英文名**：Pope's goby

Gobius cliffordpopei Nichols, 1925c, *Amer. Mus. Novit.*, (182): 5（洞庭湖）；Nichols, 1928, *Bull. Ann. Mus. Nat. Hist.*, 58: 55（洞庭湖）；Nichols, 1943, *Nat. Hist. Centr. Asia*, 9: 262（洞庭湖，岳阳）；Fowler, 1972, *Synopsis Fish. China*: 1232（洞庭湖）。

Ctenogobius cliffordpopei：朱元鼎和伍汉霖，1965，海洋与湖沼，7（2）：130（长江）；唐家汉和钱名全，1979，淡水渔业，（1）：10（洞庭湖）；唐家汉，1980a，湖南鱼类志（修订重版）：223（洞庭湖）；林益平等（见：杨金通等），1985，湖南省渔业区划报告集：80（洞庭湖）；伍汉霖（见：成庆泰等），1987，中国鱼类系统检索（上册）：446（长江水系）；农牧渔业部水产局等，1988，中国淡水鱼类原色图集（2）：（长江）；陈景星等（见：黎尚豪），1989，湖南武陵源自然保护区水生生物：127（张家界喻家湾、自然保护区管理局、林场、夹担湾、紫草潭和闺门岩等地）；胡海霞等，2003，四川动物，22（4）：226（通道县宏门冲溪）；郭克疾等，2004，生命科学研究，8（1）：82（桃源县乌云界自然保护区）；吴婕和邓学建，2007，湖南师范大学自然科学学报，30（3）：116（柘溪水库）；康祖杰等，2010，野生动物，31（5）：293（壶瓶山）；牛艳东等，2011，湖南林业科技，38（5）：44（城步芙蓉河）。

Rhinogobius cliffordpopei：伍汉霖（见：刘明玉等），2000，中国脊椎动物大全：382（长江水系）；唐文乔等，2001，上海水产大学学报，10（1）：6（沅水水系的武水、酉水、澧水）；康祖杰等，2010，动物学杂志，45（5）：79（壶瓶山）；王星等，2011，生命科学研究，15（4）：311（南岳）；康祖杰等，2019，壶瓶山鱼类图鉴：247（壶瓶山）；李鸿等，2020，湖南鱼类系统检索及手绘图鉴：67，290；廖伏初等，2020，湖南鱼类原色图谱，312。

标本采集：标本 30 尾；采自洞庭湖、湘江上游蓝山。

形态特征：背鳍Ⅵ，Ⅰ-8；臀鳍Ⅰ-8；胸鳍 16～17；腹鳍Ⅰ-5。纵列鳞 28～29；横列鳞 9～10；背鳍前鳞 0。

体长为体高的 5.0～5.4 倍，为头长的 3.6～3.8 倍。头长为吻长的 3.0～3.2 倍，为眼径的 3.9～4.5 倍，为眼间距的 4.1～4.3 倍。尾柄长为尾柄高的 1.9～2.1 倍。

体延长，前段圆筒形，后段侧扁；背缘浅弧形，腹缘稍平直；尾柄颇长，长于体高。头部具 5 个感觉管孔。眼的后下缘无放射状感觉乳突线，仅具 1 条由眼的后下方斜向前方的感觉乳突线（a）。颊部稍突出，具 3 条纵行感觉乳突线（b，c，d）。前鳃盖骨后缘具 3 个感觉管孔；鳃盖上方具 3 个感觉管孔。

头圆钝，前部宽而平扁，背部稍隆起，头宽大于头高。口小，端位，斜裂。唇略厚，发达。舌游离，前端圆形。吻圆钝，颇长，吻长大于眼径。上、下颌约等长；上颌骨末端伸达或不伸达眼前缘下方；上、下颌齿细小，尖锐，无犬齿，多行，排列稀疏，带状，外行齿稍扩大；下颌内行齿亦扩大。犁骨、腭骨及舌上均无齿。鼻孔每侧 2 个，前、后分离，相互接近；前鼻孔短管状，接近于上唇；后鼻孔小，圆形，边缘隆起，紧位于眼前方。眼背侧位，位于头的前半部，眼上缘突出于头部背缘。眼间距窄，小于眼径，稍内凹。鳃孔大，侧位，向头部腹面延伸，止于鳃盖骨后缘下方稍后处。鳃盖条 5 根。鳃耙短小，具假鳃。峡部宽，鳃盖膜与峡部相连。

背鳍 2 个，分离；第一背鳍高，基部短，起点位于胸鳍起点后上方，鳍棘柔软，第 3—4 根鳍棘最长，平放时，后伸不达第二背鳍起点；第二背鳍略高于第一背鳍，基部较长，前部鳍条稍短，后部鳍条较长，最长的鳍条稍大于头长的 1/2，平放时，后伸不达尾鳍基。胸鳍宽圆形，下侧位，胸鳍长大于吻后头长，后缘距肛门上方有较大距离。腹鳍略短于胸鳍，左、右愈合成吸盘；吸盘圆盘状，膜盖发达，边缘深凹。肛门与第二背鳍起点相对。雄鱼生殖乳突细长而尖，雌鱼生殖乳突短钝。臀鳍与第二背鳍相对，起点位于第二背鳍第 1 根和第 2 根鳍条的下方，后部鳍条较长，平放时，后伸不达尾鳍基。尾鳍长圆形，短于头长。

体被较大栉鳞，头的吻部、颊部、鳃盖部无鳞；背鳍中部前方、胸部、腹部及胸鳍基均无鳞。无侧线。

　　浸泡标本的头、体灰褐色，背部暗色，腹部色浅。体侧具 6～7 条深褐色垂直横纹或斑块。雌、雄鱼第一背鳍第 1—2 根鳍棘间的鳍膜上具 1 个蓝黑色大斑，雌鱼有时不明显。各鳍灰褐色。有的个体背鳍和胸鳍上缘均呈淡灰色。头的腹面黑褐色。

　　生物学特性：

　　【生活习性】小型底层鱼类，体长一般为 2.0～3.0cm，喜栖息于底质为沙地、砾石和贝壳等的湖岸、河溪中的浅滩区，伏卧水底，做间歇性缓游。经常在水体中上层逆水洄游，亦常静附于沙窝或石头上，等候猎食，多与子陵吻鰕虎生活在一起。幼鱼时常见于水体中上层，有逆游而上的习性，长大后，多分散潜居。

　　【年龄生长】一年生类型。子代出现后，种群在一定时间内由双亲世代和子代组成，双亲世代在繁殖结束后逐渐死亡。

　　【食性】杂食性，摄食摇蚊幼虫、白虾、桡足类、丝状藻、枝角类、鱼卵等，亦食藻类和有机碎屑。

　　【繁殖】繁殖期 4 月中旬至 6 月下旬，高峰期 5 月，性成熟雄鱼体色加深，生殖突增大，锥形，头部无珠星。产卵场底质为砂砾，水深 1.0～3.0m 不等。产卵前，雄鱼用胸鳍和腹鳍在砂砾上进行清扫，清理出 1 个直径 7.0～10.0cm 的圆形产卵窝。雄、雌鱼绕着产卵窝追逐，在追逐过程中排出卵和精子。受精卵沉落于产卵窝中及其附近。1 龄性成熟，体长 3.0cm 以上个体即可产卵。一次性产卵。成熟卵呈瓜子形，橙黄色，略透明，具黏性，长 0.8mm、宽 0.5mm（张堂林，2005）。

　　资源分布：洞庭湖及湘、资、沅、澧"四水"均有分布，但数量较少。个体不大。肉嫩，脂肪和蛋白质含量高，味美，除鲜食外，多晒成鱼干出售，可与银鱼媲美，具较高经济价值。

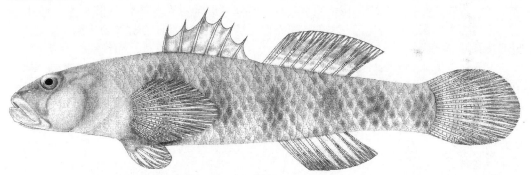

图 226　波氏吻鰕虎 *Rhinogobius cliffordpopei* (Nichols, 1925)

204. 小吻鰕虎 *Rhinogobius parvus* (Luo, 1989)（图 227）

　　别名： 小栉虾虎鱼

Ctenogobius parvus Luo（罗云林，见：郑慈英等），1989，珠江鱼类志：354（广西龙州）。

Rhinogobius parvus：伍汉霖（见：刘明玉等），2000，中国脊椎动物大全：383（广西龙州）；李鸿等，2020，湖南鱼类系统检索及手绘图鉴：67，291；廖伏初等，2020，湖南鱼类原色图谱，314。

Ctenogobius pervus：贺顺连等，湖南农业大学学报（自然科学版），2000，26（5）：379（澧水桑植）。

　　濒危等级： 濒危，《中国物种红色名录 第一卷 红色名录》（汪松和解焱，2004）。

　　标本采集： 标本 10 尾，采自武水临武，属珠江水系。

　　形态特征： 背鳍Ⅵ，Ⅰ-8～9；臀鳍Ⅰ-7～8；胸鳍 15～16；腹鳍Ⅰ-5。纵列鳞 28～30；横列鳞 9～10；背鳍前鳞 1～4。

体长为体高的 5.0～6.9 倍，为头长的 3.5～3.9 倍。头长为吻长的 3.3～4.5 倍，为眼径的 4.4～5.7 倍，为眼间距的 5.6～7.1 倍。尾柄长为尾柄高的 1.9～2.5 倍。

体延长，前段圆筒形，后段侧扁；背缘浅弧形隆起，腹缘稍平直；尾柄颇长，长于体高。头部具 5 个感觉管孔；眼下缘无放射状感觉乳突线，仅 1 条由眼后下方斜向前方的感觉乳突线（a）；颊部稍突出，具 3 条纵行感觉乳突线（b，c，d）；前鳃盖骨后缘具 3 个感觉管孔，鳃盖上方具 3 个感觉管孔。

头圆钝，前部宽而平扁，背部稍隆起，头宽大于头高。口端位，斜裂。唇略厚，发达。舌游离，前端圆形。吻短而圆钝，雌鱼略尖，吻长稍大于眼径。上、下颌约等长；上颌骨后伸达眼前缘下方；上、下颌齿细小，尖锐，无犬齿，多行，排列稀疏，带状，外行齿稍扩大；下颌内行齿亦扩大。犁骨、腭骨及舌上均无齿。鼻孔每侧 2 个，前、后分离，相互接近；前鼻孔短管状，靠近吻端；后鼻孔小，圆形，边缘隆起，紧位于眼前方。眼较小，背侧位，位于头的前半部，眼上缘突出于头部背缘。眼间隔狭窄，稍内凹，眼间距小于眼径。鳃孔大，侧位，向头部腹面延伸，止于前鳃盖骨后缘下方稍后处。鳃盖条 5 根；鳃耙短小，具假鳃。峡部宽，鳃盖膜与峡部相连。

背鳍 2 个，分离，相距较远；第一背鳍高，基部短，起点位于胸鳍起点后上方，鳍棘柔软，第 3—5 根鳍棘最长，平放时，后伸达第二背鳍起点（雄鱼），或不达第二背鳍起点（雌鱼）；第二背鳍略高于第一背鳍，基部较长，前部鳍条稍短，后部鳍条较长，最长的鳍条稍大于头长的 1/2，平放时，后伸达（雄鱼）或不达（雌鱼）尾鳍基。胸鳍宽大，圆形，下侧位，鳍长稍大于吻后头长，后伸不达肛门上方。腹鳍略短于胸鳍；左、右腹鳍愈合成吸盘；吸盘圆盘状，膜盖发达，末端弧形凹入。肛门与第二背鳍起点相对。雄鱼生殖乳突细长而尖，雌鱼生殖乳突短钝。臀鳍与第二背鳍相对，起点位于第二背鳍第 2 根或第 3 根鳍条的下方，后部鳍条较长，平放时，后伸不达尾鳍基。尾鳍长圆形，短于头长。

体被较大栉鳞；头的吻部、颊部、鳃盖部无鳞；背鳍中部前方背鳍前鳞 1～4；胸部、腹部及胸鳍基均无鳞。无侧线。

浸泡标本的头、体浅棕色，体侧常具不明显的暗斑。雄鱼背鳍、臀鳍、尾鳍灰黑色；第一背鳍无暗斑，边缘浅色。雌鱼的背鳍、尾鳍具数行暗色点纹。腹鳍浅灰色。

生物学特性：小型底栖鱼类，生活于我国南部河溪中。体长 30.0～50.0mm。数量极少，为濒危物种（endangered），已被列入《中国物种红色名录 第一卷 红色名录》（汪松和解焱，2004）。

资源分布：分布范围窄，仅澧水桑植有分布报道。

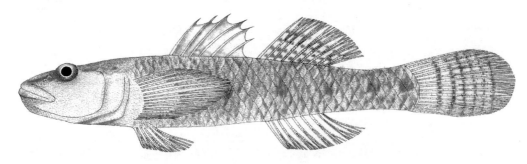

图 227　小吻虾虎 *Rhinogobius parvus* (Luo, 1989)

205. 子陵吻虾虎 *Rhinogobius giurinus* **(Rutter, 1897)**（图 228）

俗称：狗尾鱼、磨底嫩、春鱼、爬地虎、麻波鱼；**别名**：栉虾虎鱼、吻虾虎鱼、普

栉虾虎鱼、极乐吻虾虎鱼、子陵栉虾虎鱼；**英文名**：barcheek goby

Gobius giurinus Rutter, 1897, *Proc. Acad. Nat. Sci. Phil.*, 49: 86（汕头）。

Ctenogobius giurinus：唐家汉，1976，湖南鱼类志：225（洞庭湖）；伍献文等，1979，中国经济动物志（淡水鱼类）：139（中国各地）；唐家汉和钱名全，1979，淡水渔业，（1）：10（洞庭湖）；唐家汉，1980a，湖南鱼类志（修订重版）：224（洞庭湖）；中国科学院水生生物研究所和上海自然博物馆，1982，中国淡水鱼类原色图集（1）：（中国各地）；林益平等（见：杨金通等），1985，湖南省渔业区划报告集：80（洞庭湖、湘江、资水、沅水、澧水）；伍汉霖（见：成庆泰等），1987，中国鱼类系统检索（上册）：445（长江）；唐文乔，1989，中国科学院水生生物研究所硕士学位论文：63（麻阳、吉首、龙山、保靖、桑植）；朱松泉，1995，中国淡水鱼类检索：181（长江）；伍汉霖（见：刘明玉等），2000，中国脊椎动物大全：383（各大江河）；郭克疾等，2004，生命科学研究，8（1）：82（桃源县乌云界自然保护区）；吴婕和邓学建，2007，湖南师范大学自然科学学报，30（3）：116（柘溪水库）；康祖杰等，2010，野生动物，31（5）：293（壶瓶山）；吴倩倩等，2016，生命科学研究，20（5）：377（通道玉带河国家级湿地公园）。

Rhinogobius giurinus：唐文乔等，2001，上海水产大学学报，10（1）：6（沅水水系的辰水、酉水、澧水）；康祖杰等，2010，动物学杂志，45（5）：79（壶瓶山）；曹英华等，2012，湘江水生动物志：286（湘江东安、耒水汝城）；刘良国等，2013b，长江流域资源与环境，22（9）：1165（澧水桑植、慈利、石门、澧县、澧水河口）；刘良国等，2013a，海洋与湖沼，44（1）：148（沅水怀化、五强溪水库、常德）；刘良国等，2014，南方水产科学，10（2）：1（资水新邵、安化、桃江）；Lei et al., 2015, *J. Appl. Ichthyol.*, 2（湘江）；向鹏等，2016，湖泊科学，28（2）：379（沅水五强溪水库）；康祖杰等，2019，壶瓶山鱼类图鉴：248（壶瓶山）；李鸿等，2020，湖南鱼类系统检索及手绘图鉴：66，286；廖伏初等，2020，湖南鱼类原色图谱，304。

Rhinogobius giurius：Oshima, 1919, *Ann. Carneg. Mus.*, 12(2/4): 297（台湾）；王星等，2011，生命科学研究，15（4）：311（南岳）。

标本采集：标本 40 尾，采自洞庭湖、长沙、衡阳等地。

形态特征：背鳍Ⅵ，Ⅰ-8～9；臀鳍Ⅰ-8～9；胸鳍 20～21；腹鳍Ⅰ-5。纵列鳞 27～30，横列鳞 10～11；背鳍前鳞 11～13。鳃耙 2+6～7。

体长为体高的 4.7～5.6 倍，为头长的 3.2～4.2 倍。头长为吻长的 2.9～3.2 倍，为眼径的 4.0～5.4 倍，为眼间距的 7.9～8.5 倍。尾柄长为尾柄高的 2.0～2.5 倍。

体延长，前段近圆筒形，后段稍侧扁；背缘浅弧形隆起，腹缘稍平直；尾柄颇长，长于体高。头部具 5 个感觉管孔（图 229，B′、C、D、E、F）。眼下缘具 5～6 条放射状感觉乳突线，向下延伸，但均不超越颊部的第 1 条水平状（纵行）感觉乳突线（图 229，b）；颊部肌肉突出，具 2 条纵行感觉乳突线（图 229，b、d）；前鳃盖骨后缘具 3 个感觉管孔（图 229，M′、N、O′），鳃盖上方具 3 个感觉管孔（图 229，H′、K′、L′）。

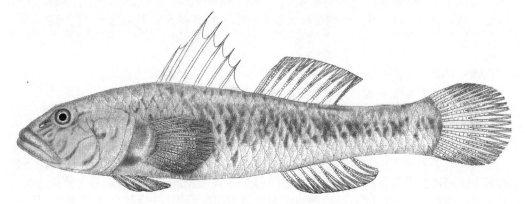

图 228　子陵吻鰕虎 *Rhinogobius giurinus* (Rutter, 1897)

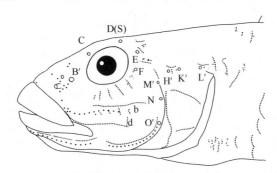

图 229　子陵吻鰕鯱的头部感觉管孔（Akihito et al.，2002）

头圆钝，前部宽而平扁，背部稍隆起，头宽大于头高。口端位，斜裂。唇略厚，发达。舌游离，前端圆形。吻圆钝，颇长，吻长大于眼径。两颌约等长；上颌骨后伸达眼前缘下方；上、下颌齿细小，尖锐，无犬齿，各 2 行，排列稀疏，带状，外行齿稍扩大；下颌内行齿亦扩大；犁骨、腭骨及舌上均无齿。鼻孔每侧 2 个，前、后分离，相互接近，前鼻孔短管状，靠近吻端；后鼻孔小，圆形，边缘隆起，紧位于眼前方。眼背侧位，位于头的前半部，眼上缘突出于头部背缘。眼间距狭窄，稍小于眼径，内凹。鳃孔向头部腹面延伸，止于鳃盖骨后缘下方稍后处，鳃孔宽稍大于胸鳍基的宽；鳃盖条 5 根；具假鳃；鳃耙短小。峡部宽，鳃盖膜与峡部相连。

背鳍 2 个，分离，第一背鳍高，基部短，起点位于胸鳍起点后上方，鳍棘柔软，第3—4 根鳍棘最长，平放时，几乎伸达第二背鳍起点；第二背鳍略高于第一背鳍，基部较长，前部鳍条稍短，后部鳍条较长，最长的鳍条稍大于头长的 1/2，平放时，不伸达尾鳍基。胸鳍宽大，圆形，下侧位，鳍长约等于吻后头长，后缘不达肛门上方。腹鳍略短于胸鳍，左、右愈合成吸盘；吸盘长圆形，膜盖发达，边缘深凹。雄鱼腹鳍后伸可伸达肛门，雌鱼腹鳍后缘距肛门较近，小于腹鳍长的 1/2。臀鳍与第二背鳍相对，同形，起点位于第二背鳍第 2 根至第 3 根鳍条的下方，后部鳍条较长，平放时，不伸达尾鳍基。肛门与第二背鳍起点相对。雄鱼生殖乳突细长而尖，雌鱼生殖乳突短钝。尾鳍长圆形，短于头长。

体被较大栉鳞，头的吻部、颊部和鳃盖无鳞。背鳍中部前方具背鳍前鳞 11～13 枚，向前伸达眼间距的后方。胸部、腹部及胸鳍基均无鳞，腹部具小圆鳞。无侧线。

液浸标本头、体黄褐色，体侧具 6～7 个宽而不规则的黑色横斑，有时不明显。头部在眼前方具数条（5 条）黑褐色蠕虫状条纹，颊部及鳃盖具 5 条斜向前下方的暗色细纹。臀鳍、腹鳍和胸鳍黄色，胸鳍基上端具 1 个黑斑。背鳍和尾鳍黄色或橘红色，具多条暗色点纹。

生物学特性：

【生活习性】小型鱼类，栖息于江、河中下游、湖泊、水库及池沼的沿岸浅滩，或者在小沟的石砾间，有时也栖息于河口。喜在水质清澈的湖、潭中生活，常散居于石缝或在石下挖穴。领域性强，会主动攻击入侵的鱼类。在水底匍匐游动，伺机掠食。幼鱼具浮游期，体长 1.0～2.5cm 的幼鱼具溯水习性，当春雨溪河涨水之际，幼鱼成群逆水而上，4.0cm 以上个体很少有这种现象。冬季于石缝中越冬。产卵前，雄鱼用胸鳍和腹鳍在砂砾上进行清扫，清理出 1 个直径 10.0～15.0cm 的圆形产卵窝。产卵窝十分洁净，在水面上可清晰辨认。产卵时，雄、雌鱼绕着产卵窝追逐。追逐过程中排出卵和精子。受精卵沉落于产卵窝及其附近。产卵活动多发生于早上。

【食性】肉食性，以水生昆虫、浮游动物、小型鱼虾等为食。池塘中会大量吞食鱼苗，成为有害的小杂鱼。

【繁殖】繁殖期 4—6 月。体长 2.5～2.8cm 以上的 1 龄个体都可达性成熟，产卵群体以体长 4.4～5.2cm，体重 1.4～2.5g 的 2 龄鱼为主，其绝对繁殖力为 810～900 粒。还有少量体长 5.8～6.3cm、体重 4.2～6.8g 的 3 龄鱼，其绝对繁殖力为 1200～2200 粒。8.0cm 以上的 4 龄鱼很少见。受精卵黏性，黏附于石头、沙粒和其他物体上孵化（曲瑾，2014）。

资源分布：广布性鱼类，湖南各地均有分布。个体虽小，数量较多，肉味鲜美，经济价值较高。

206. 白边吻鰕鳅 *Rhinogobius* sp.（图 230）

Rhinogobius shennongensis：康祖杰等，2010，野生动物，31（5）：293（壶瓶山）。

Ctenogobius shichuanensis：贺顺连等，湖南农业大学学报（自然科学版），2000，26（5）：379（澧水桑植）；康祖杰等，2010，野生动物，31（5）：293（壶瓶山）；康祖杰等，2019，壶瓶山鱼类图鉴：251（壶瓶山）。

标本采集：标本 10 尾，采自澧水支流溇水。

形态特征：背鳍VI，Ⅰ-10；臀鳍Ⅰ-9；胸鳍 17～19；腹鳍Ⅰ-5。纵列鳞 33～35；横列鳞 11～13；背鳍前鳞 0。

体长为体高的 5.5～6.0 倍，为体宽的 5.9～6.2 倍，为头长的 3.3～3.5 倍，为背鳍前距 2.5～3.0 倍，为尾柄长的 5.5～6.0 倍，为尾柄高的 7.1～8.3 倍。头长为吻长的 3.7～3.9 倍，为眼径的 6.1～6.5 倍，为头宽的 1.1～1.3 倍，为眼后头长的 1.5～1.7 倍。尾柄长为尾柄高的 1.3～1.5 倍。

体延长，头部稍平扁，胸鳍后躯干渐侧扁。头圆钝，前端宽稍平扁，背部微隆，腹部稍平直。口端位，微斜。唇较厚，发达。舌游离，前端圆形或浅弧形。吻短而圆钝。吻长约为眼径的 1.5 倍。上颌稍长于下颌；上颌骨末端超过眼前缘下方；上、下颌齿细小，尖锐，无犬齿，多行，排列稀疏，带状，外行齿稍扩大；下颌内行齿亦扩大。鼻孔每侧 2 个，前、后分离，相互接近；前鼻孔短管状，位于吻背前方，不临近上唇；后鼻孔小，圆形，位于眼前方。眼背侧位，位于头的前半部，眼上缘略突出于头部背缘。眼间隔狭窄，内凹，凹痕延伸至第一背鳍起点处。鳃孔大，侧位，向头部腹面延伸，起于胸鳍基上部，止于鳃盖骨后缘下方稍后处；鳃条骨 5 根；具假鳃；鳃耙短小。峡部宽，鳃盖膜与峡部相连。

背鳍 2 个，分离；第一背鳍稍低，边缘长方形，基部稍长，略短于第二背鳍，起点位于胸鳍基后上方，鳍棘柔软，鳍棘向后渐长，第 4、第 5 根鳍棘最长，第 6 根较短，平放时，后伸达第二背鳍第 1 根分支鳍条；第二背鳍高于第一背鳍，基部较长，鳍棘较短，中部鳍条较长，平放时，后伸不达尾鳍基。胸鳍宽大，圆形，下侧位，鳍长约等于头长，后伸不达肛门上方。腹鳍短于胸鳍，左、右腹鳍愈合成吸盘，圆形，盖膜发达，腹鳍膜盖上的鳍棘附近具 2 个叶状凸起。肛门与第二背鳍起点相对。雄鱼生殖乳突细长而尖，雌鱼生殖乳突短钝。臀鳍与第二背鳍相对，起点位于第二背鳍第 3 根或第 4 根分支鳍条的下方，中部鳍条较长，平放时，后伸不达尾鳍基。尾鳍圆形，短于头长。

体深灰色，腹部灰白色，体侧具数条宽黑灰色竖条纹，鳞片夹杂橘黄色斑纹。头背侧、颊部、鳃盖部、间鳃盖骨及体侧具橘黄色点纹，颐部及下颌无斑纹。眼眶下缘中后方具线纹。背胸鳍基具白色偏黄色的弧形纹，背鳍、尾鳍和臀鳍尾鳍具明显白边。第一背鳍的第 1 至第 4 鳍棘鳍膜上具一亮蓝黑色卵圆形斑纹，基部具黄斑；第二背鳍各鳍条基部具黄斑。臀鳍和尾鳍基部灰黑色，中部蓝黑色。

　　资源分布：仅发现于澧水支流溇水。为小型底栖鱼类，喜水质清澈、缓流的山涧溪流水体。

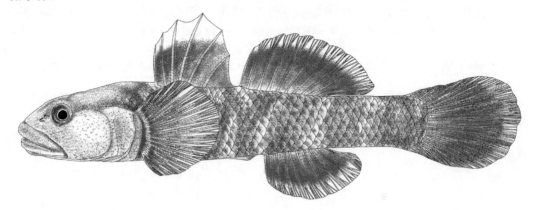

图 230　白边吻鰕虎 *Rhinogobius* sp.

【26】沙塘鳢科 Odontobutidae

　　体延长，粗壮，前部圆筒形，后部略侧扁，或体延长，颇侧扁。头宽大，前部略平扁。颊部的感觉管乳突由单点列的纵行感觉乳突线组成。口大，端位，下颌突出，长于上颌。上、下颌齿细尖，多行。犁骨无齿或具稍大的齿丛。腭骨无齿。眼上方或有细弱骨质嵴，但无细小锯齿。鳃孔宽大，向前下方延伸，伸达或超过前鳃盖骨下方。前鳃盖骨与鳃盖骨边缘光滑，无棘。鳃盖条 6 根。背鳍 2 个，互不相连，第一背鳍具鳍棘 6～10 根；第二背鳍具鳍棘 1 根和分支鳍条若干根。胸鳍大，圆形。腹鳍胸位，相互靠近，但不愈合。臀鳍与第二背鳍相对，具 1 鳍棘，6～10 根鳍条。尾鳍圆形或稍尖。体被栉鳞或圆鳞，头全部被鳞或部分裸露。无侧线。肛门后具 1 个生殖突。

　　本科湖南分布有 2 属 3 种。

沙塘鳢科属、种检索表

1（2）　体小；头部及躯干均侧扁；鳃盖膜与峡部小部分相连；第一背鳍鳍棘 7～8 根，第二背鳍鳍棘 1 根，分支鳍条 10～12 根[（098）小黄黝鱼属 *Micropercops*] ⋯⋯⋯⋯⋯⋯⋯⋯⋯⋯⋯⋯⋯⋯⋯⋯⋯⋯⋯⋯⋯⋯ **207. 小黄黝鱼 *Micropercops swinhonis* (Günther, 1873)**

2（1）　体粗壮；头部平扁，体后侧稍侧扁；鳃盖膜与峡部不相连；第一背鳍鳍棘 6～8 根，第二背鳍鳍棘 1 根，分支鳍条 7～9 根[（099）沙塘鳢属 *Odontobutis*]

3（4）　眼后方无感觉管孔（C）；眼前下方横行感觉乳突线（L_5）的端部其乳突排列呈团状；眼后下方横行感觉乳突线（L_6）与眼下纵行感觉乳突线（L_7）相连或不相连（图 231a）；纵列鳞 39～42 ⋯⋯⋯⋯⋯⋯⋯⋯⋯⋯⋯⋯ **208. 中华沙塘鳢 *Odontobutis sinensis* Wu, Chen *et* Chong, 2002**

4（3）　眼后方具感觉管孔（C）；眼前下方横行感觉乳突线（L_5）的端部其乳突排列呈直线状；眼后下方横行感觉乳突线（L_6）与眼下纵行感觉乳突线（L_7）相连（个别不相连）（图 231b）；纵列鳞 34～41 ⋯⋯⋯⋯⋯⋯⋯⋯⋯⋯ **209. 河川沙塘鳢 *Odontobutis potamophila* (Günther, 1861)**

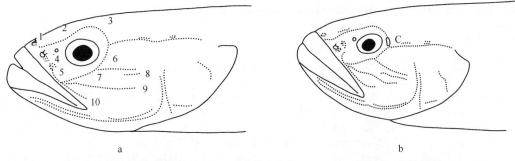

图 231　沙塘鳢头侧的感觉管孔（C）及感觉乳突线（1~10）的排列（伍汉霖等，2002）

a. 中华沙塘鳢 *O. sinensis*；b. 河川沙塘鳢 *O. potamophila*

（098）小黄黝鱼属 *Micropercops* Fowler *et* Bean, 1920

Micropercops Fowler *et* Bean, 1920, *Proc. U. S. Nat. Mus.* 58: 318.

模式种：*Micropercops dabryi* Fowler *et* Bean（= *Eleotris swinhonis* Günther）

体长而侧扁。头较大，稍侧扁，头部具感觉管及 5 个感觉管孔（图 232，B、C、D、E、F）。颊部不突出，具 4 条（图 232，a、b、c、d）感觉乳突线。吻短而钝，小于眼径。口大，斜裂。唇较厚。口角无须。上、下颌均具细齿，绒毛状；犁骨、腭骨均无齿；上颌后伸达眼中部下方；下颌稍向前突出。舌发达，游离，前端圆形或截形。鼻孔 2 对，前、后分离。眼大，上侧位；眼间距窄，小于眼径；眼上方无骨质嵴。鳃孔较宽，向腹面前伸达眼下；前鳃盖骨边缘光滑，无棘，后缘具 4 个感觉管孔（图 232，M′、N、O、P）；鳃盖骨上方无感觉管孔；鳃盖条 6 根；假鳃发达；鳃耙短小。鳃盖膜与峡部小部分相连。体被较大栉鳞，头部除吻及两眼间外均具鳞片。无侧线。背鳍 2 个，分离；第一背鳍具鳍棘 7~8 根，第二背鳍具鳍棘 1 根，分支鳍条 10~12 根。胸鳍尖长，基部宽。左、右腹鳍相互靠近，不愈合成吸盘。臀鳍与第二背鳍相对，具鳍棘 1 根，分支鳍条 8~9 根。尾鳍末端圆钝。

本属湖南仅分布有 1 种。

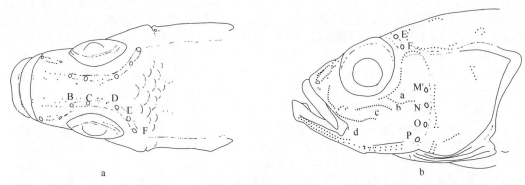

图 232　小黄黝鱼的感觉管孔（Larson，2001）

a. 头部背视；b. 头部侧视

207. 小黄鲡鱼 *Micropercops swinhonis* (Günther, 1873)（图 233）

俗称：黄肚鱼、黄麻嫩；**别名**：斑黄鲡鱼、达氏黄鲡鱼、史氏黄鲡鱼、黄鲡鱼

Eleotris swinhonis Günther, 1873, *Ann. Mag. Nat. Hist.*, 4(12): 242（上海）。
Eleotris xanthi: Reeves, 1931, *Manual of Vertebrate Animals*: 544（长江）。
Perccottus swinhonis: Chu（朱元鼎）, 1931, *Bilo. Bull. St. John's Univ., Shanghai*, (1): 159（中国）。
Hypseleotris swinhonis: 朱元鼎和伍汉霖, 1965, 海洋与湖沼, 7（2）: 130（长江）；梁启燊和刘素孀, 1966, 湖南师范学院学报（自然科学版）,（5）: 85（洞庭湖、湘江）；唐家汉和钱名全, 1979, 淡水渔业,（1）: 10（洞庭湖）；唐家汉, 1980a, 湖南鱼类志（修订重版）: 220（洞庭湖）；李思忠, 1981, 中国淡水鱼类的分布区划: 232（长江）；中国科学院水生生物研究所和上海自然博物馆, 1982, 中国淡水鱼类原色图集（1）:（长江水系）；林益平等（见：杨金通等）, 1985, 湖南省渔业区划报告集: 80（洞庭湖、湘江）；伍汉霖（见：成庆泰等）, 1987, 中国鱼类系统检索（上册）: 430（长江）；唐文乔等, 2001, 上海水产大学学报, 10（1）: 6（澧水）；康祖杰等, 2010, 野生动物, 31（5）: 293（壶瓶山）；曹英华等, 2012, 湘江水生动物志: 283（湘江东安）；刘良国等, 2013b, 长江流域资源与环境, 22（9）: 1165（澧水澧县、澧水河口）；刘良国等, 2013a, 海洋与湖沼, 44（1）: 148（沅水怀化、常德）；刘良国等, 2014, 南方水产科学, 10（2）: 1（资水安化、桃江）；吴倩倩等, 2016, 生命科学研究, 20（5）: 377（通道玉带河国家级湿地公园）。
Micropercops swinhonis: Nichols, 1943, *Nat. Hist. Centr. Asia*, 9: 258（安徽、济南）；伍汉霖（见：刘明玉等）, 2000, 中国脊椎动物大全: 364（长江）；伍汉霖等, 2008, 中国动物志 硬骨鱼纲 鲈形目（五）鰕虎亚目: 141（长沙、沅水、岳阳、南明河）；康祖杰等, 2019, 壶瓶山鱼类图鉴: 238（壶瓶山）；李鸿等, 2020, 湖南鱼类系统检索及手绘图鉴: 67, 293；廖伏初等, 2020, 湖南鱼类原色图谱, 318。

标本采集：标本 20 尾，采自湘江东安，资水新宁，沅水怀化、麻阳。

形态特征：背鳍Ⅶ～Ⅷ，Ⅰ-10～12；臀鳍Ⅰ-8～9；胸鳍 14～15；腹鳍Ⅰ-5。纵列鳞 28～32；横列鳞 8～10；背鳍前鳞 15～16。鳃耙 3～8。

体长为体高的 3.8～4.5 倍，为头长的 3.0～3.3 倍，为尾柄长的 2.9～4.2 倍。头长为吻长的 3.4～4.0 倍，为眼径的 4.5～6.0 倍，为眼间距的 3.7～4.7 倍。尾柄长为尾柄高的 2.0～2.8 倍。

体延长，颇侧扁；背缘浅弧形，腹缘稍平直；尾柄颇长，但小于体高。头略侧扁，头后背部稍隆起。头部具感觉管及 5 个感觉管孔（图 232，B、C、D、E、F）。颊部不突出，具 4 条（图 232，a、b、c、d）感觉乳突线。口端位，斜裂。下颌较上颌长；下颌骨后伸达眼前缘下方；上、下颌均密生锐利细齿，绒毛状，无犬齿，带状分布；犁骨、腭骨及舌均无齿。吻短钝；唇厚，发达；舌游离，前端浅弧形。鼻孔每侧 2 个，分离，相互接近；前鼻孔短管状，靠近吻端；后鼻孔小，圆形，边缘隆起，紧邻眼前缘。眼大，背侧位，眼上缘突出于头部背缘。眼间隔狭窄，稍内凹，稍小于眼径。鳃孔大，向头部腹面延伸，伸达眼中部下方。前鳃盖骨边缘光滑，无棘；后缘具 4 个感觉管孔（图 232，M′、N、O、P）。鳃盖骨上方无感觉管孔。鳃盖条 6 根。具假鳃。鳃耙短小，柔软。峡部狭窄，左、右鳃盖膜在峡部中部相遇，并在稍前方相互愈合，其同时与峡部亦有小部分相连。

背鳍 2 个，分离；第一背鳍高，鳍基短，起点位于胸鳍起点后上方，鳍棘柔软，其第 3 根鳍棘最长，平放时，后伸达第二背鳍起点；第二背鳍略低于第一背鳍，鳍基较长，前部鳍条稍短，中部鳍条较长，最长鳍条稍大于头长的 1/2，平放时，后伸不达尾鳍基。胸鳍尖长，后伸达肛门上方。腹鳍略短于胸鳍，左、右腹鳍相互靠近，不愈合成吸盘。臀鳍与第二背鳍相对，起点位于第二背鳍第 4 根鳍条下方，后部鳍条较长，平放时后伸不达尾鳍基。肛门与第二背鳍起点相对。尾鳍末端圆钝。雄鱼生殖乳突细长而尖，雌鱼生殖乳突短钝，后缘浅凹。

体被较大栉鳞，头部除吻及两眼间外均被鳞。无侧线。

体黄白色或黄褐色，背部色较深。体侧具 10 多条灰褐色条纹，眼下缘至口角具 1 条灰黑色斑纹。背鳍和尾鳍棕色，具 4～5 条暗色条纹，臀鳍和尾鳍基橘黄色，其余各鳍黄色。

生物学特性：

【生活习性】小型底栖鱼类，雄鱼具护卵习性。

【年龄生长】个体小，一般体长 4.0～10.0cm。以鳞片为年龄鉴定材料，退算体长：1 龄 3.4cm、2 龄 4.5cm。

【食性】肉食性鱼类，主要摄食摇蚊幼虫和桡足类。

【繁殖】繁殖期 4 月中旬至 7 月初，分批次产卵，每次产卵 100～500 粒，黏附于巢穴孵化。成熟卵椭球形，长轴平均 1.2mm，短轴平均 0.9mm，卵周隙狭窄，内含许多小油球，卵端具许多刚毛状凸起。水温 18.0～23.0℃时，受精卵孵化脱膜需 12 天，初孵仔鱼全长 3.7mm，鳔囊出现未充气，背部布满黄色素；1 日龄仔鱼全长 3.8mm，鳔充气，可平游，卵黄囊只有少量油球；2 日龄仔鱼全长 4.1mm，开口摄食；6 日龄仔鱼全长 5.0mm，卵黄粒消失，数条尾鳍枝出现；12 日龄仔鱼全长 5.6mm，油球消失；29 日龄稚鱼全长 14.4mm，尾鳍分支形成，臀鳍显著增长，鳞片开始从背鳍第一根鳍条后出现，背部出现 6 个黄斑；40 日龄稚鱼全长 22.0mm，各鳍分化完成，鳞被完全，体形与成鱼相似（Iwata et al.，2001；丁慧萍，2014）。

资源分布：洞庭湖及湘、资、沅、澧"四水"中上游有分布，但数量较少。

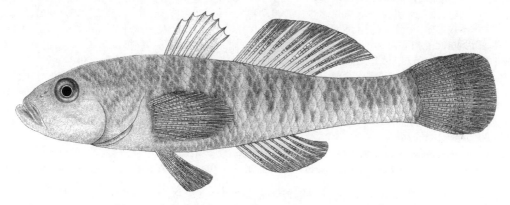

图 233 小黄黝鱼 *Micropercops swinhonis* (Günther, 1873)

（099）沙塘鳢属 *Odontobutis* Bleeker, 1874

Odontobutis Bleeker, 1874, *Arch. Neerl. Sci. Nat.*, 9: 305.

模式种： *Eleotris obscura* Temminck *et* Schlegel

体粗短或细长，前段近圆筒，后段侧扁。头平扁，头宽大于头高。吻短。口大。下颌稍突出，但不上翘。上、下颌均聚集着数排圆锥形的细齿，组成齿带。犁骨无齿。眼大，眼上缘突出为骨质嵴。鳃盖膜与峡部不相连。背鳍 2 个，分离，相距较近。全身除吻部外均被鳞，头部、胸腹部为细小圆鳞，躯干两侧及尾部为栉鳞。

本属湖南分布有 2 种。

【古文释鱼】《永州府志》（吕恩湛、宗绩辰）："祁阳、道州有之，曰土布鱼，俗亦呼乌鱼，零陵、东安、道州有之，《全州志》'土布鱼俗呼萝柴头'"。

208. 中华沙塘鳢 *Odontobutis sinensis* Wu, Chen *et* Chong, 2002（图 234）

俗称：木奶奶、爬爬鱼；**别名**：沙鳢、暗色沙塘鳢、暗（色）土布鱼；**英文名**：Chinese sleeper

Odontobutis sinensis Wu, Chen *et* Chong（伍汉霖，陈义雄和庄棣华），2002，上海海洋大学学报，11（1）：7（湖北梁子湖）；伍汉霖等，2008，中国动物志 硬骨鱼纲 鲈形目（五）鰕虎亚目：154（长沙，洞庭湖，衡阳，洪江，道县，沅陵）；刘良国等，2014，南方水产科学，10（2）：1（资水新邵、安化、桃江）；康祖杰等，2019，壶瓶山鱼类图鉴：241（壶瓶山）；李鸿等，2020，湖南鱼类系统检索及手绘图鉴：67，294；廖伏初等，2020，湖南鱼类原色图谱，320。

Eleotris potamophila: Nichols (part), 1928, *Bull. Ann. Mus. Nat. Hist.*, 58: 53（洞庭湖）；Chu（朱元鼎）(part), 1931, *Biol. Bull. St. John's Univ., Shanghai*, (1): 158（洞庭湖）。

Odontobutis obscurus：梁启燊和刘素嬛，1959，湖南师范学院自然科学学报，(3)：67（洞庭湖、湘江）；梁启燊和刘素嬛，1966，湖南师范学院学报（自然科学版），(5)：85（洞庭湖、湘江、资水、沅水）；伍献文等，1979，中国经济动物志淡水鱼类（第二版）：137（洞庭湖）；唐家汉和钱名全，1979，淡水渔业，(1)：10（洞庭湖）；唐家汉，1980a，湖南鱼类志（修订重版）：219（洞庭湖）；林益平等（见：杨金通等），1985，湖南省渔业区划报告集：80（洞庭湖、湘江、资水、沅水、澧水）；唐文乔，1989，中国科学院水生生物研究所硕士学位论文：62（吉首、桑植）；朱松泉，1995，中国淡水鱼类检索：175（长江流域以南各水体）；伍汉霖等，1993，上海水产大学学报，2（1）：56（湖南长沙，道县等）；伍汉霖（见：刘明玉等），2000，中国脊椎动物大全：365（长江中游）；唐文乔等，2001，上海水产大学学报，10（1）：6（沅水水系的武水，澧水）；郭克疾等，2004，生命科学研究，8（1）：82（桃源县乌云界自然保护区）；吴婕和邓学建，2007，湖南师范大学自然科学学报，30（3）：116（柘溪水库）；曹英华等，2012，湘江水生动物志：280（湘江东安、衡阳常宁）；刘良国等，2013，长江流域资源与环境，22（9）：1165（澧水桑植、慈利、石门、澧县、澧水河口）；刘良国等，2013，海洋与湖沼，44（1）：148（沅水怀化、五强溪水库、常德）；Lei et al., 2015, *J. Appl. Ichthyol.*, 2（湘江）；黄忠舜等，2016，湖南林业科技，43（2）：34（安乡县书院洲国家湿地公园）；吴倩倩等，2016，生命科学研究，20（5）：377（通道玉带河国家级湿地公园）；向鹏等，2016，湖泊科学，28（2）：379（沅水五强溪水库）。

Odontobutis obscure：康祖杰等，2010，野生动物，31（5）：293（壶瓶山）。

Philypnus potamophila: Nichols（part）（不是 Günther），1943, *Nat. Hist. Centr. Asia*, 9: 138（湖南等）。

标本采集：标本 40 尾，采自洞庭湖，湘江衡阳，资水新邵、洞口等地。

形态特征：背鳍Ⅵ～Ⅶ，Ⅰ-9；臀鳍Ⅰ-7～8；胸鳍 14～15；腹鳍Ⅰ-5。纵列鳞 39～42；横列鳞 16～17；背鳍前鳞 30～34。

体长为体高的 4.3～4.9 倍，为头长的 2.6～3.0 倍，为尾柄长的 4.7～5.4 倍。头长为吻长的 3.8～4.1 倍，为眼径的 6.5～8.4 倍，为眼间距的 3.1～3.8 倍。尾柄长为尾柄高 1.4～1.8 倍。

体长，前部粗圆，尾部略侧扁。头大而宽，略平扁，颊部突出。吻短而钝，吻长约等于眼间距。口大，端位，稍斜裂。下颌长于上颌，上颌骨末端延伸至眼中部下方。上、下颌均密生锐利细齿，呈带状排列。犁骨无齿。舌大，前端较圆，舌面无齿。鼻孔 2 对，前、后分离；前鼻孔短管状，靠近吻端；后鼻孔平眼状，靠近眼。眼较大，位于头的前半部，上侧位，较突出。眼间隔宽且微内凹。鳃孔向前达眼前缘之下。前鳃盖骨无刺，峡部狭窄。鳃盖膜与峡部不相连。

背鳍 2 个，分离，但间距较近；第一背鳍较第二背鳍低小。胸鳍宽圆，有较发达的肌肉基，上被细鳞。腹鳍胸位，鳍较小，左、右分离。肛门靠近臀鳍起点。臀鳍起点约与第二背鳍第 4—5 根鳍条相对。尾鳍后缘椭圆形。

体被栉鳞，头部及腹侧被小圆鳞。无侧线。

体灰褐色，体侧具 3~4 个大斑块，上狭下宽，马鞍形。头部腹面色深，具许多浅色小斑块。各鳍均具深浅相间的条纹。

生物学特性：

【生活习性】多栖息于江河浅水处的卵石堆、岩缝、沙滩或小山溪的溪湾处，湖泊中多栖于湖湾，港汊等浅水区。雄鱼有筑巢和护卵习性。

【年龄生长】个体小。以鳞片为年龄鉴定材料，退算保安湖和太湖中华沙塘鳢体长：1 龄 6.3~6.8cm、2 龄 9.4~9.8cm、3 龄 11.9~12.5cm、4 龄 13.1~14.0cm。以胸鳍辐鳍骨为年龄鉴定材料，退算梁子湖中华沙塘鳢体长：雄鱼 1 龄 8.4cm、2 龄 10.3cm、3 龄 15.1cm、4 龄 16.4cm，雌鱼 1 龄 7.9cm、2 龄 9.2cm、3 龄 13.6cm、4 龄 14.7cm；雄鱼生长速度快于雌鱼。

【食性】肉食性，主要摄食虾和小型底层鱼类，兼食水生昆虫幼虫和螺、蚬等底栖动物，偶尔蚕食同类。体长 5.0cm 以上个体食物中出现小黄鲴鱼；7.0cm 以上个体出现麦穗鱼；8~8.5cm 以上个体出现鳑鲏、鳘；10.5cm 时出现鲫；随个体长大，食物中虾、水生昆虫、小黄鲴鱼等比重下降，麦穗鱼、鳑鲏、鳘、鲫等比重增加。肠道短，肠长为体长的 0.6~0.8 倍，具"U"形胃。

【繁殖】繁殖期 4 月初至 6 月中旬。1 龄性成熟，最小性成熟个体雌鱼体长 5.7cm、重 4.7g，绝对繁殖力为 540~1943 粒。分批次产卵。成熟卵椭圆球形，金黄色，卵径长约 2.1mm、宽约 1.6mm，内具小油球和卵黄颗粒；受精卵遇水后膨胀，卵膜无色透明，上具许多刚毛状凸起，黏性。水温 23.0~27.0℃时，受精卵孵化脱膜需 432.0h。初孵仔鱼体长约 8.0mm，3~5 日龄仔鱼卵黄囊吸收完全（郝天和，1960；谭北平，1996；朱邦科等，1999b；曹晋飞，2014）。

资源分布：洞庭湖及湘、资、沅、澧"四水"均有分布。鱼体肥壮，味道鲜美，为名贵食用鱼类之一。

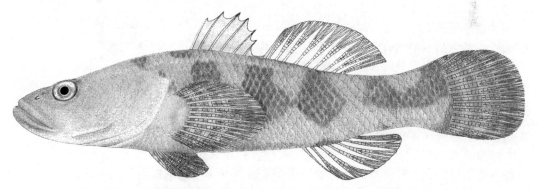

图 234　中华沙塘鳢 *Odontobutis sinensis* Wu, Chen *et* Chong, 2002

209. 河川沙塘鳢 *Odontobutis potamophila* (Günther, 1861)（图 235）

别名： 河川鲈塘鳢

Eleotris potamophila Günther, 1861, *Cat. Fish. Br. Mus.*, 3: 557（长江）；Sauvage *et* Dabry de Thiersant, 1874, *Ann. Sci. Nat. Paris (Zool.)*, (6)1(5): 2（长江）；Reeves, 1927, *J. Pan-Pac. Res. Inst.*, 2(3): 13（长江）；Chu（朱元鼎），1931, *Biol. Bull. St. John's Univ.*, Shanghai, (1): 158（长江）。

Eleotris obscura：Sauvage *et* Dabry de Thiersant, 1874, *Ann. Sci. Nat. Paris (Zool.)*, (6)1(5): 2（长江）。

Perceottus potamophila：梁启燊和刘素孅，1966，湖南师范学院学报（自然科学版），（5）：85（洞庭湖）。

Odontobutis obscurus：中国科学院水生生物研究所和上海自然博物馆，1982，中国淡水鱼类原色图集（1）：（长江中下游）；陈炜和郑慈英，1985，暨南理医学报，（1）：73（长江以南各水系）；伍汉霖（见：成庆泰等），1987，中国鱼类系统检索（上册）：429（长江）。

Odontobutis obscurus potamophila：Iwata et al., 1985, *Japan. J. Ichthyl.*, 31(4): 379（长江）；李思忠（部分），1981，中国淡水鱼类的分布区划：232（长江）。

Odontobutis potamophila：伍汉霖（见：刘明玉等），2000，中国脊椎动物大全：365（长江中下游）；李鸿等，2020，湖南鱼类系统检索及手绘图鉴：67，295；廖伏初等，2020，湖南鱼类原色图谱，322。

标本采集：标本 10 尾，采自湘江东安，资水武冈、安化。

形态特征：背鳍Ⅵ～Ⅷ，Ⅰ-7～10；臀鳍Ⅰ-6～9；胸鳍 14～17；腹鳍Ⅰ-5。纵列鳞 34～41；横列鳞 14～17；背鳍前鳞 24～31。

体长为体高的 3.5～4.1 倍，为头长的 2.5～2.8 倍。头长为吻长的 3.7～4.2 倍，为眼径的 3.5～4.9 倍，为眼间距的 3.7～4.9 倍。尾柄长为尾柄高 1.1～1.3 倍。

体延长，粗壮，前段亚圆筒形，后段侧扁；背缘、腹缘浅弧形隆起，尾柄较高。头宽大，平扁，头宽大于头高，颊部圆突。口大，端位，斜裂。下颌突出，长于上颌，上颌骨末端后伸达眼中部下方或稍前。上、下颌齿细尖，多行，排列成绒毛状齿带；犁骨和腭骨无齿。唇厚。舌大，游离，前端圆形。吻宽短，吻长大于眼径，为眼径的 1.5～1.8 倍。鼻孔每侧 2 个，分离，前鼻孔圆形，短管状，靠近吻端；后鼻孔小，圆形，位于眼前方。眼小，上侧位，稍突出，位于头的前半部。眼间隔宽且凹入，稍大于眼径，其两侧眼上缘处具细弱骨质嵴。眼后方具感觉管孔（C）；眼前下方横行感觉乳突线（L5）的端部其乳突排列呈直线状；眼的后下方横行感觉乳突线（L6）与眼下纵行感觉乳突线（L7）相连（个别不相连）（见图 231b）。鳃孔宽大，向头部腹面延伸达眼前缘或中部下方。前鳃盖骨后下缘无棘。峡部宽大，鳃盖膜与峡部不相连。鳃盖条 6 根。具假鳃。鳃耙粗短，稀少。

背鳍 2 个，分离；第一背鳍起点位于胸鳍起点上方，第 1 根鳍棘短弱，第 3—4 根鳍棘最长，雄鱼最后的鳍棘末端几乎伸达第二背鳍起点；第二背鳍高于第一背鳍，基部较长，后部鳍条短，平放时不伸达尾鳍基。胸鳍宽圆，扇形，后伸超过第一背鳍基末。腹鳍较短小，起点位于胸鳍起点下方，左、右腹鳍相互靠近，不愈合成吸盘，后伸远不达肛门。臀鳍和第二背鳍相对，起点位于第二背鳍第 3—4 根鳍条下方。尾鳍圆形。

体被栉鳞，腹部和胸鳍基被圆鳞；鳃盖、颊部及顶部均被小栉鳞，吻部和头的腹面无鳞；眼后头顶鳞片排列正常，呈覆瓦状。无侧线。

浸泡标本，头、体黑青色；头部腹面色深，具许多浅色小斑块；体侧具 3～4 个宽而不整齐的鞍形黑斑，横跨背部至体侧。头侧及腹面具许多黑色斑纹。第一背鳍具 1 个浅色斑块，其余各鳍浅褐色，具多行暗色点纹。胸鳍基上、下方各具 1 个长条状黑斑。尾鳍边缘白色，基部有时具 2 个黑斑。各鳍均具深浅相间的条纹。

生物学特性：

【生活习性】小型底栖鱼类，栖息于湖泊、江河和河沟的底部，泥沙、杂草和碎石相混杂的浅水区。行动缓慢，行动能力较弱。冬季潜伏于泥沙底中越冬。生长快，个体虽小，但肉质鲜美，细嫩可口，有较好的开发利用价值。

【食性】幼鱼以水蚯蚓、摇蚊幼虫、水生昆虫和甲壳类等为食，成鱼以沼虾、螺蛳、麦穗鱼、水生昆虫等为食。

【繁殖】繁殖期 4—6 月。1 龄开始性成熟，分批次产卵。受精卵黏性，黏附于巢穴的内壁上孵化。多在背风的湖湾、近岸浅水处的洞穴、蚌壳内产卵繁殖。产卵后，雌鱼离去，由雄鱼守巢护卵，直至幼鱼孵化脱膜为止，其间，雄鱼只能捕食偶尔游到巢边的饵料生物，其摄食强度很低。

资源分布：洞庭湖及湘、资、沅、澧"四水"均有分布。

图 235 　河川沙塘鳢 *Odontobutis potamophila* (Günther, 1861)

（十二）鲈形目 Perciformes

上颌由前颌骨构成，下颌较发达。鳃盖发达，常具棘。背鳍通常 2 个，第一背鳍全部由鳍棘组成，第二背鳍多为软鳍条，前后背鳍间具明显缺刻；若只有 1 个，则鳍基稍长且第 1 根鳍条为鳍棘。腹鳍有或无，如有，则腹鳍胸位或喉位，有时颏位或亚胸位，左、右腹鳍相距较远或很接近，有时愈合成吸盘。鳞片多栉鳞或圆鳞。鳔无鳔管。

本目鱼类多数为海水鱼，但亦有大量淡水生活的种类。湖南分布有 1 科 2 属 8 种。

【鳜类的分类地位】鳜类分类地位一直存在争议，有的将其划入鮨鲈科 Percichthyidae（Gosline，1966），或锯盖鱼科 Centropomidae（Nelson，1994），或鳜科 Sinipercidae（Roberts，1993），或鮨科 Serranidae（陈昊和张春光，见：周解等，2006）。刘焕章和陈宜瑜（1994）认为鳜类的特征同鮨科和鮨鲈科科均不完全相符，与日本花鲈 *Lateolabrax japonicus*、刺臀鱼科 Centrarchidae、锯盖鱼科等类群有较近的亲缘关系（刘焕章，1997）。Li 等（2010）根据分子生物学上的差异，认为鳜类应该全部归入鳜科，本书采纳该观点。

【27】鳜科 Sinipercidae

体侧扁或近圆筒形。口大，能伸缩。上颌骨末端游离。上、下颌均具绒毛状细齿，有时混杂有犬齿。犁骨、腭骨具绒毛状齿。前鳃盖骨的后缘具锯齿，下缘具 2~4 个大刺；后鳃盖骨的后缘具 2 个大刺；间鳃盖骨及下鳃盖骨的下缘具弱锯齿，或光滑无齿。背鳍由数目较多的硬棘和软鳍条组成，鳍基甚长，几占背部绝大部位。腹鳍接近胸位。臀鳍也由硬棘和软鳍条组成。尾鳍圆形。鳞细。侧线向上隆弯。

本科湖南分布有 2 属 8 种。

鳜科属、种检索表

1（2） 眼后具 3 条深色放射纹，伸达鳃盖后缘；鳃盖骨边缘具 1 深色眼状斑[（100）少鳞鳜属 *Coreoperca*] ································· **210. 中国少鳞鳜 *Coreoperca whiteheadi* Boulenger, 1900**

2（1） 眼后缘无深色放射纹；鳃盖骨边缘无眼状斑[（101）鳜属 *Siniperca*]

3（8） 上、下颌约等长；口闭合时下颌前端齿不外露

4（5） 体侧具白色波浪纵纹 ··················· **211. 波纹鳜 *Siniperca undulata* Fang *et* Chong, 1932**

5（4） 体侧色暗或杂有不明显的深色斑点

6（7） 颊部无鳞；间鳃盖骨和下鳃盖骨下缘光滑或仅具锯痕 ···
····················· **212. 暗鳜 *Siniperca obscura* Nichols, 1930**

7（6） 颊部具鳞；间鳃盖骨和下鳃盖骨下缘锯齿状 ··········· **213. 漓江鳜 *Siniperca loona* (Wu, 1939)**

8（3） 下颌明显长于上颌，口闭合时下颌前端齿外露

9（10） 体明显延长，近圆筒形，体长为体高的 3.8 倍以上；鳃耙退化，结节状 ·····························
···························· **214. 长身鳜 *Siniperca roulei* Wu, 1930**

10（9） 体不延长，体长不足体高的 3.5 倍；鳃耙发达，浅梳状

11（12） 从吻部经眼至背鳍基前端无褐色斜纹；背鳍棘 13～14 根；头及背缘仅稍隆起或较平缓；鲜活时体侧具明显黑色圆纹及点纹 ············· **215. 斑鳜 *Siniperca scherzeri* Steindachner, 1892**

12（11） 从吻部经眼至背鳍基前端具 1 条褐色斜纹；背鳍棘 11～12 根；头及背缘显著隆起；鲜活时体侧具不规则斑纹

13（14） 上颌骨末端不达眼后缘下方；颊部无鳞；侧线鳞 85～98···
····················· **216. 大眼鳜 *Siniperca knerii* Garman, 1912**

14（13） 上颌骨末端达眼后缘下方；颊部具鳞；侧线鳞 110～142···
····················· **217. 鳜 *Siniperca chuatsi* (Basilewsky, 1855)**

（100）少鳞鳜属 *Coreoperca* Herzenstein, 1896

Coreoperca Herzenstein, 1896, *Zool. Muz. Imp. Acad. Nauk*, 1(1): 11.

模式种：*Coreoperca herzi* Herzenstein

体侧扁，背缘弧形。上、下颌约等长或下颌略长突出于上颌。上下颌、犁骨和腭骨均具绒毛状齿带，无犬齿。犁骨齿带新月形或近三角形。前翼骨具细齿。前、后鼻孔间隔宽，距眼近；前鼻孔具鼻瓣，明显，或为痕迹状；后鼻孔小或不明显。前鳃盖骨后缘锯齿状，后角及下缘具细齿或弱棘。间鳃盖骨和下鳃盖骨下缘亦具弱锯齿，锯缘较宽。体被圆鳞，较大；颊部、鳃盖和腹鳍之间的腹面具鳞。鳃耙 3～16，长而发达。幽门垂平扁，短指状。

本属湖南分布有 1 种。

210. 中国少鳞鳜 *Coreoperca whiteheadi* Boulenger, 1900（图 236）

俗称：石鳜；**别名**：怀氏朝鲜鳜、白头鳜、辐纹鳜；**英文名**：whitehead's coreperch

Coreoperca whiteheadi Boulenger, 1900, *Proc. Zool. Soc. Lond.*, 4: 960（海南）；梁启燊和刘素孏，1966，湖南师范学院学报（自然科学版），（5）：85（湘江、沅水）；唐文乔，1989，中国科学院水生生物研究所硕士学位论文：61（吉首、保靖）；刘焕章，1993，中国科学院水生生物研究所博士学位论文：58（沅水、湘江）；唐文乔等，2001，上海水产大学学报，10（1）：6（沅水水系的辰水、武水、酉水）；胡海霞等，2003，四川动物，22（4）：226（通道县宏门冲溪）；杨春英等，2012，四川动物，31（6）：959（沅水辰溪）；刘良国等，2013a，海洋与湖沼，44（1）：148（沅水怀化）；吴倩倩等，2016，生命科学研究，20（5）：377（通道玉带河国家级湿地公园）；向鹏等，2016，湖泊科学，28（2）：379（沅

水五强溪水库）；李鸿等，2020，湖南鱼类系统检索及手绘图鉴：71，296；廖伏初等，2020，湖南鱼类原色图谱，324。

【古文释鱼】《沅陵县志》（许光曙、守忠）："鳜，《玉篇》'鱼大口，细鳞，斑点'。《本草》'昔仙人刘凭尝食石桂鱼'，今此名有桂名，恐是此也。俗呼花鱼"。

标本采集：标本 30 尾，采自沅水。

形态特征：背鳍 XIII-13；臀鳍 III-8；胸鳍 13；腹鳍 I -5。侧线鳞 61～71。鳃耙 7。幽门垂 3。

体长为体高的 2.8～2.9 倍，为头长的 2.5～2.7 倍，为尾柄长的 6.3～7.8 倍，为尾柄高的 6.9～7.8 倍。头长为吻长的 3.3～3.4 倍，为眼径的 6.3～6.4 倍，为眼间距的 5.0～5.1 倍，为尾柄长的 2.1～2.6 倍，为尾柄高的 2.8～2.9 倍。尾柄长为尾柄高的 1.0～1.1 倍。

体延长，长圆形，侧扁，背、腹缘均为弧形，弧度大致相当。头长与体高约相等。吻短，钝尖。口端位，口裂大，稍斜。上颌骨末端游离，显著宽大，后缘达眼之下，但不达眼后缘下方。两颌约等长，上、下颌骨、犁骨与腭骨均具绒毛状细齿，上、下颌齿多行，无犬齿。鼻部凹陷，前鼻孔较大，裂缝状，周缘具隆起鼻瓣，距眼较距吻端为近；后鼻孔较小，为前鼻孔鼻瓣所覆盖，不显见。眼侧上方，离吻端较近。前鳃盖骨后缘及腹缘锯齿状棘弱小，无骨棘。鳃盖骨后缘具 2 根几等大的平扁棘，间鳃盖骨及下鳃盖骨腹缘具弱锯齿。鳃盖条 7 根。鳃孔大。鳃盖膜与峡部不相连。

背鳍 2 个，基部相连，分鳍棘部和鳍条部，起点位于胸鳍起点上方；第一背鳍全为鳍棘；第二背鳍全为软鳍条，末端接近尾鳍基。胸鳍圆形。腹鳍起点位于胸鳍起点下方稍后。肛门位于腹鳍起点至臀鳍起点间的中点。臀鳍起点与背鳍第 11～12 根鳍棘基部相对。尾鳍圆形。

体被小圆鳞，头部颊部、鳃盖具鳞。侧线完全，从鳃孔上角起沿体背轮廓后行，背鳍中部下方急折下行至体侧中部，而后沿体侧中部延伸至尾鳍基。

鳃耙梳状，耙齿内侧布满针状小凸起，最长鳃耙约与鳃丝等长。幽门垂平扁。

浸泡标本体背棕褐色，腹部略浅。眼后头侧具 3 条辐射状黑色斜纹带，鳃盖后缘具 1 个黑色圆斑，圆斑外缘具白色环围绕，鲜活时斑缘为橘红色彩圈。体侧具不规则暗色斑纹及斑点，后半部具 3～4 条黑褐色垂直横纹。奇鳍均具黑色斑纹。

生物学特性：栖息于水流较急、水质较清澈的溪流中，以小鱼、虾等为食。

资源分布：湘江和沅水中上游有分布，数量较少。

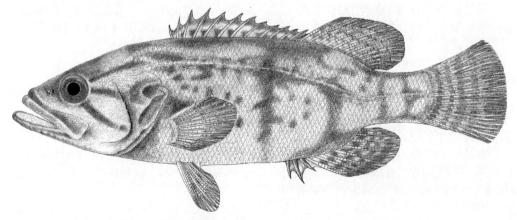

图 236　中国少鳞鳜 *Coreoperca whiteheadi* Boulenger, 1900

（101）鳜属 *Siniperca* Gill, 1862

Siniperca Gill, 1862, *Proc. Acad. Nat. Sci. Phil.*: 16.

模式种：*Perca chuatsi* Basilewsky

体侧扁，头后隆起或呈浅弧形。头大而长。口端位，口裂大，能伸缩。下颌略突出于上颌之前。上颌前端具稀疏犬齿或无，齿骨后部具犬齿 1 行，发达，较弱或无。前、后鼻孔靠近，居眼前方，前鼻孔具鼻瓣，后鼻孔小。前鳃盖骨后缘具锯齿，后下角棘状。鳃盖后缘具 2 平扁棘。间鳃盖骨和下鳃盖骨下缘光滑或具弱锯齿。体被小圆鳞，颊部、鳃盖和腹鳍之前的腹部具鳞。侧线鳞 56～142。鳃耙发达或退化为结节状短凸起。幽门垂 4～400，指状。

本属湖南分布有 7 种。

【鳜属鱼类的幽门垂】幽门垂的主要作用是扩大肠道的消化吸收面积，其形态与数量曾作为鱼类的分类依据之一。鳜科鱼类幽门垂数量种间差异较大，与体型大小相关，体型小的种类，幽门垂数量也较少，如中国少鳞鳜、长身鳜、暗鳜、漓江鳜和波纹鳜；体型大的种类，数量也较多，如斑鳜、大眼鳜和鳜。幽门垂数量也存在种内差异，可能与生长阶段相关，体长增长，消化机能增强，幽门垂数量也随之增加，这从不同著作中记载的相同种类的幽门垂数量差异可以看出，如《广西淡水鱼类志》（第二版）记载漓江鳜 *S. loona* 幽门垂仅 4～10 枚，标本体长为 48～97mm；而刘焕章（1993）记载的漓江鳜 *S. loona*（书中误订为暗鳜 *S. obscura*）幽门垂达 9～17 枚，标本体长为 71.2～177.2mm。所以，在以幽门垂作为种间鉴别特征时，还应考虑其个体大小。

211. 波纹鳜 *Siniperca undulata* Fang et Chong, 1932（图 237）

英文名：wavyline mandarin fish

Siniperca (Siniperca) undulata Fang et Chong（方炳文和常麟定），1932, *Sinensia*, 2(12): 188（广西罗城四步；贵州独山、三合；安徽休宁）。

Siniperca undulata：唐家汉，1980a，湖南鱼类志（修订重版）：213（湘江）；周才武等（见：成庆泰等），1987，中国鱼类系统检索（上册）：286（湖南）；林益平等（见：杨金通等），1985，湖南省渔业区划报告集：79（湘江）；唐文乔等，2001，上海水产大学学报，10（1）：6（沅水水系的辰水）；曹英华等，2012，湘江水生动物志：275（湘江衡阳常宁）；吴倩倩等，2016，生命科学研究，20（5）：377（通道玉带河国家级湿地公园）；李鸿等，2020，湖南鱼类系统检索及手绘图鉴：71，300；廖伏初等，2020，湖南鱼类原色图谱，330。

濒危等级：易危，《中国物种红色名录 第一卷 红色名录》（汪松和解焱，2004）；省重点保护野生动物，《湖南省地方重点保护野生动物名录》（湘政函〔2002〕172 号）。

标本采集：标本 15 尾，采自湘江衡阳。

形态特征：背鳍XIII-10～12；臀鳍III-8；胸鳍 12～13；腹鳍Ⅰ-5。鳃耙 7。幽门垂42～45。

体长为体高的 2.4～2.5 倍，为头长的 2.5～2.6 倍，为尾柄长的 6.2～6.7 倍，为尾柄高的 8.1～8.4 倍。头长为吻长的 4.4～4.5 倍，为眼径的 4.4～4.5 倍，为眼间距的 5.0～5.5倍。尾柄长为尾柄高的 1.2～1.4 倍。

体短而侧扁，卵圆形。口大，端位。上、下颌几等长。颌骨末端不达眼后缘垂直下方。上下颌、犁骨及腭骨密布细齿。口并拢时，下颌前端齿不外露。吻长约等于眼径。鼻孔 2对，前、后分离，但相距较近；前鼻孔喇叭状，后鼻孔平眼状。眼较大，上侧位，位于头的前半部；眼径大于眼间距；眼间隔微隆。前鳃盖骨的后缘及下缘具弱锯齿；间鳃盖骨的下缘稍粗糙，锯齿不明显；鳃盖骨的后缘具 2 个大刺。鳃孔大。鳃盖膜与峡部不相连。

背鳍 2 个，基部相连；第一背鳍全为鳍棘，占背鳍基长的 2/3，起点位于胸鳍上方；

第二背鳍全为软鳍条，末端接近或伸达尾鳍基。胸鳍扇形。腹鳍前移，接近胸位，第 1 根不分支鳍条为硬棘。肛门紧靠臀鳍起点。臀鳍由硬棘和软鳍条两部分组成，软鳍条外缘圆形。尾鳍近截形。

鳞细。侧线完全，在体侧中部向上隆弯。

体色灰暗。背侧具几个大黑斑，体侧中下部具几条浅色的波浪状条纹。胸鳍浅灰色，其余各鳍深灰色。胸鳍基具 1 个肾形黑斑。

生物学特性：喜栖息于底质为砾石或沙滩的水域中。性凶猛，肉食性，以小鱼小虾为食。6—7 月为繁殖盛期。

资源分布：洞庭湖、湘江及沅水曾有分布，现仅见于湘江衡阳段，且数量稀少。同长身鳜一样，土谷塘航电枢纽建成后，其资源量迅速减少，湘江衡阳段以下，其资源量已非常稀少。

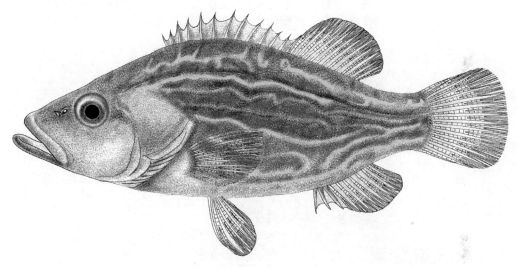

图 237　波纹鳜 *Siniperca undulata* Fang *et* Chong, 1932

212. 暗鳜 *Siniperca obscura* Nichols, 1930（图 238）

别名：无斑鳜；**英文名**：dusky mandarin fish

Siniperca obscura Nichols, 1930, *Am. Mus. Novit.*, (402): 2（江西）；梁启燊和刘素孄，1966，湖南师范学院学报（自然科学版），（5）：85（洞庭湖、湘江、资水、澧水）；唐家汉，1980a，湖南鱼类志（修订重版）：211（湘江）；周才武等（见：成庆泰等），1987，中国鱼类系统检索（上册）：286（湖南）；林益平等（见：杨金通等），1985，湖南省渔业区划报告集：79（湘江）；唐文乔，1989，中国科学院水生生物研究所硕士学位论文：62（麻阳、桑植）；唐文乔等，2001，上海水产大学学报，10（1）：6（沅水水系的辰水、酉水，澧水）；吴婕和邓学建，2007，湖南师范大学自然科学学报，30（3）：116（柘溪水库）；牛艳东等，2011，湖南林业科技，38（5）：44（城步芙蓉河）；曹英华等，2012，湘江水生动物志：278（湘江衡阳常宁）；刘良国等，2013b，长江流域资源与环境，22（9）：1165（澧水桑植、慈利、石门）；刘良国等，2013a，海洋与湖沼，44（1）：148（沅水怀化、常德）；李鸿等，2020，湖南鱼类系统检索及手绘图鉴：71，301；廖伏初等，2020，湖南鱼类原色图谱，332。

濒危等级：易危，《中国物种红色名录 第一卷 红色名录》（汪松和解焱，2004）；省重点保护野生动物，《湖南省地方重点保护野生动物名录》（湘政函〔2002〕172 号）。

标本采集：标本 25 尾，采自湘江衡阳、资水安化。

形态特征：背鳍 XIII-13；臀鳍III-9；胸鳍 13；腹鳍 15。鳃耙 6。幽门垂 46。

体长为体高的 2.7～3.0 倍，为头长的 2.9～3.1 倍，为尾柄长的 6.3～7.1 倍，为尾柄高的 7.8～8.3 倍。头长为吻长的 4.3～4.8 倍，为眼径的 4.1～4.7 倍，为眼间距的 5.2～6.3 倍，为尾柄长的 2.5～2.9 倍，为尾柄高的 2.7～3.0 倍。尾柄长为尾柄高的 1.1～1.3 倍。

体较短，侧扁。背部隆起，腹部下突，卵圆形。吻长约等于眼径。口大，端位，斜裂。上颌骨末端达眼中部以后。下颌稍长于上颌，口并拢时，下颌前端的齿不外露。上下颌、犁骨及腭骨均具细齿。犬齿细弱，排列成对。眼大，位于头的前半部，上侧位；眼径大于眼间距。眼间隔较狭窄。前鳃盖骨后缘具 1 列细弱锯齿，下缘具 2～3 个大刺，间鳃盖骨后下缘也具 1 列细弱锯齿，鳃盖骨的后缘具 2 个大刺，下缘后段光滑无刺。鳃孔大。鳃盖膜与峡部不相连。

背鳍 2 个，第一背鳍全为鳍棘，第二背鳍全为软鳍条，一般鳍棘长度短于软鳍条长。背鳍基甚长，起点靠近胸鳍起点的正上方，末端接近尾鳍基，后伸达尾鳍基。胸鳍圆形。腹鳍接近胸位。肛门靠近臀鳍起点。臀鳍起点约与背鳍第 1 根分支鳍条相对，末端稍前于背鳍基末。尾鳍近截形。

鳞细。侧线向上隆弯，在尾部时变平直。

体棕黄色，无斑点，各鳍灰黄色。

生物学特性：喜清澈、流动的水体，多在浅滩中活动，以小鱼小虾为食。1 龄性成熟，繁殖期 6—7 月。

资源分布：洞庭湖及湘、资、沅、澧"四水"曾有分布，现在湘江、沅水和澧水有部分分布，数量较少，洞庭湖已鲜见。土谷塘航电枢纽建成后，湘江衡阳段的暗鳜种群数量迅速减少。

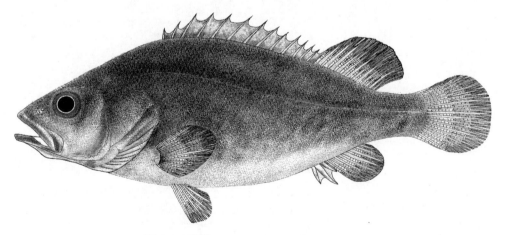

图 238 暗鳜 *Siniperca obscura* Nichols, 1930

213. 漓江鳜 *Siniperca loona* (Wu, 1939)（图 239）

俗称：铜钱鳜；**别名**：卢氏鳜

Coreoperca loona Wu（伍献文），1939, Sinensia, 10(1-6): 114（漓江）；周才武等（见：成庆泰等），1987，中国鱼类系统检索（上册）：285（湖南）；唐文乔，1989，中国科学院水生生物研究所硕士学位论文：61（桑植）；唐文乔等，2001，上海水产大学学报，10（1）：6（沅水水系的辰水，澧水）；李鸿等，2020，湖南鱼类系统检索及手绘图鉴：71, 297。

Siniperca loona：湖北省水生生物研究所鱼类研究室，1976，长江鱼类：197[沅陵（洞庭湖水系）]；唐家汉，1980a，湖南鱼类志（修订重版）：212（湘江、沅水洪江）；中国科学院水生生物研究所等，1982，中国淡水鱼类原色图集（第一集），155（湖南）；林益平等（见：杨金通等），1985，湖南省渔业区划报告集：79（湘江、资水、沅水、澧水）；曹英华等，2012，湘江水生动物志：277（湘江衡阳常宁）；刘良国等，2014，南方水产科学，10（2）：1（资水安化、桃江）。

标本采集：标本 15 尾，采自湘江衡阳、江华。

形态特征：背鳍XIII～XIV-10～11；臀鳍III-8；胸鳍12；腹鳍 i -5。鳃耙一般为5～6（少数为4）。幽门垂4．·14。

体长为体高的 2.8～3.0 倍，为头长的 2.8～2.9 倍，为尾柄长的 6.2～6.8 倍，为尾柄高的 7.7～8.2 倍。头长为吻长的 4.2～4.7 倍，为眼径的 4.2～4.7 倍，为眼间距的 5.0～6.4 倍。尾柄长为尾柄高的 1.2～1.3 倍。

体较短而侧扁。口大，端位。吻长小于或等于眼径。上、下颌约等长。上下颌、犁骨及腭骨均具细齿，犬齿很弱，口并拢时，下颌前端的齿不外露。鼻孔 2 对，前、后分离，但间距较近；前鼻孔喇叭状，后鼻孔平眼状。眼位于头的前半部，上侧位；眼径大于眼间距。鳃孔大。鳃盖膜与峡部不相连。前鳃盖骨的后缘及下缘具细齿，间鳃盖骨及后鳃盖骨的下缘稍粗糙，后鳃盖骨后缘具 2 个大刺。

背鳍 2 个，第一背鳍全为鳍棘，第二背鳍全为软鳍条，最长鳍棘长等于或大于最长鳍条长。背鳍基稍大于体长的 1/2。胸鳍圆形。腹鳍第 1 根鳍条为硬棘，位置前移，接近胸位。肛门靠近臀鳍起点。臀鳍也由硬棘和软鳍条组成，软鳍条后缘为长圆形。臀鳍起点约与背鳍末根硬棘相对。尾鳍截形或稍圆。

鳞细，圆形。侧线向上隆弯。

鳃耙短，梳状，内缘具小刺，短于鳃丝。幽门垂短指状。

体灰黑色。背侧具几个不明显的黑色圆斑，各鳍灰色，奇鳍上具数条不连续的黑色斑纹。

生物学特性：喜栖息于清澈流水的浅滩处，多在洞穴或砾石间觅食，以小型鱼虾和水生昆虫为食。

资源分布：洞庭湖及湘、资、沅、澧"四水"曾有分布，现仅见于"四水"中上游，数量稀少，洞庭湖鲜见。

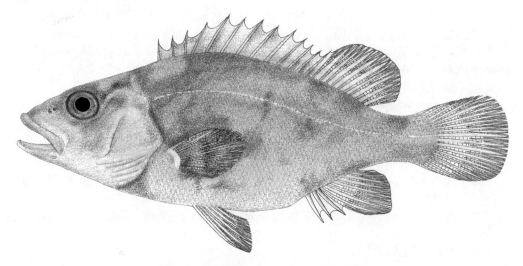

图 239　漓江鳜 *Siniperca loona* (Wu, 1939)

214. 长身鳜 *Siniperca roulei* Wu, 1930（图 240）

俗称：竹筒鳜、竹筒子；**别名**：长鳜、长体鳜、罗氏鳜；**英文名**：Roule's mandarin fish

Siniperca roulei Wu（伍献文），1930b, *Contr. Biol. Lab. Sci. Soc.* China, 6(5): 54[湖南宝庆（今邵阳市）]；梁启燊和刘素娳，1966，湖南师范学院学报（自然科学版），（5）：85（洞庭湖、湘江、沅水）；湖北省水生生物研究所鱼类研究室，1976，长江鱼类：192（沅江）；唐家汉和钱名全，1979，淡水渔业，（1）：10（洞庭湖）；唐家汉，1980a，湖南鱼类志（修订重版）：214（湘江、沅水洪江）；中国科学院水生生物研究所等，1982，中国淡水鱼类原色图集（第一集），152（湖南）；林益平等（见：杨金通等），1985，湖南省渔业区划报告集：79（洞庭湖、湘江、资水、沅水、澧水）；李鸿等，2020，湖南鱼类系统检索及手绘图鉴：71，298；廖伏初等，2020，湖南鱼类原色图谱，326。

Coreosiniperca roulei：周才武等（见：成庆泰等），1987，中国鱼类系统检索（上册）：285（湖南）；唐文乔，1989，中国科学院水生生物研究所硕士学位论文：61（桑植）；周才武（见：刘明玉等），2000，中国脊椎动物大全：245（湖南）；唐文乔等，2001，上海水产大学学报，10（1）：6（沅水水系的辰水、酉水，澧水）；曹英华等，2012，湘江水生动物志：269（湘江衡阳常宁）。

濒危等级：易危，《中国濒危动物红皮书 鱼类》（乐佩琦等，1998）；易危，《中国物种红色名录 第一卷 红色名录》（汪松和解焱，2004）；省重点保护野生动物，《湖南省地方重点保护野生动物名录》（湘政函〔2002〕172 号）。

标本采集：标本 30 尾，采自湘江衡阳、长沙，资水邵阳。

形态特征：背鳍XII～XIII-10～12；臀鳍III-7～8；胸鳍 14；腹鳍 I -5。侧线鳞 81～93。幽门垂 6～7。

体长为体高的 4.5～5.2 倍，为头长的 2.6～2.9 倍，为尾柄长的 6.6～7.5 倍，为尾柄高的 11.3～12.2 倍。头长为吻长的 4.3～4.7 倍，为眼径的 5.0～5.6 倍，为眼间距的 7.2～8.0 倍。尾柄长为尾柄高的 1.5～1.7 倍。

体圆筒形。头部较长。下颌稍尖。口近上位，下颌长于上颌。上下颌、犁骨及腭骨均具细齿，其中以上颌中部两侧及下颌齿较发达。口并拢时，下颌前端的齿外露。上颌骨达眼中部垂直下方。吻长稍大于眼径。鼻孔 2 对，前、后分离，但相距较近；前鼻孔喇叭状，后鼻孔短管状。眼位于头的前半部，上侧位；眼径大于眼间距。眼间隔宽平。前鳃盖骨后缘密布细锯齿，下缘锯齿稀疏，一般包于皮内；间鳃盖骨及后鳃盖骨的下缘光滑，后缘具 2 个大刺。

背鳍 2 个，第一背鳍全为鳍棘，第二背鳍全为软鳍条，最长硬棘的长度大于软鳍条长。背鳍基较长，起点位于胸鳍起点上方，末端与臀鳍基末相对或稍后。胸鳍长圆形。腹鳍具硬棘、位置前移，接近胸位。肛门靠近臀鳍起点。臀鳍也由硬棘和鳍条组成，软鳍条后缘圆形。尾鳍圆形。

鳞细。鳃盖及腹鳍前的腹部无鳞。侧线向上隆弯

鳃耙退化为结节状短凸起，排列紧密。幽门垂指状。

体灰褐色，腹部灰白色，背侧散布许多黑斑。各鳍黄色，奇鳍上具数条不连续的褐色斑纹，偶鳍上散布黑斑。

生物学特性：

【生活习性】栖息于江河激流的岩洞或石缝中，白天潜居，夜晚外出觅食，性凶猛，有伏击捕食习性。

【年龄生长】1 龄约 7.0cm、2 龄约 15.0cm、3 龄约 20.0cm，体重约 500g，此后生长变缓。

【食性】以小型鱼虾为食。

【繁殖】繁殖期 3—4 月。性成熟年龄 2 龄。产卵场为水深约 1m 左右的激流浅滩。产卵活动在晴天夜间进行。

资源分布：洞庭湖及湘、资、沅、澧"四水"曾有分布，现仅在湘江常宁段有少量分布，湖南省水产科学研究所在长沙望城的捞苗点，每年均能捞获少量长身鳜的鱼苗或鱼卵。土谷塘航电枢纽建成后，湘江衡阳段的长身鳜种群数量迅速减少，衡阳以下江段，已非常稀少。

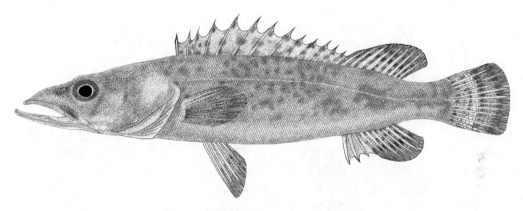

图 240　长身鳜 *Siniperca roulei* Wu, 1930

215. 斑鳜 *Siniperca scherzeri* Steindachner, 1892（图 241）

俗称：岩鳜鱼、铜钱鳜；**英文名**：Scherzer's mandarin fish

Siniperca scherzeri Steindachner, 1892, *Anz. Akad. Wiss. Wien. Math. Nat.*: 357（上海）；梁启燊和刘素孃，1959，湖南师范学院自然科学学报，（3）：67（洞庭湖、湘江）；梁启燊和刘素孃，1966，湖南师范学院学报（自然科学版），（5）：85（洞庭湖、湘江、资水、沅水、澧水）；唐家汉和钱名全，1979，淡水渔业，（1）：10（洞庭湖）；唐家汉，1980a，湖南鱼类志（修订重版）：210（沅水）；林益平等（见：杨金通等），1985，湖南省渔业区划报告集：79（洞庭湖、湘江、资水、沅水、澧水）；唐文乔，1989，中国科学院水生生物研究所硕士学位论文：62（麻阳、吉首、龙山、保靖、桑植）；唐文乔等，2001，上海水产大学学报，10（1）：6（沅水水系的辰水、武水、酉水，澧水）；郭克疾等，2004，生命科学研究，8（1）：82（桃源县乌云界自然保护区）；吴婕和邓学建，2007，湖南师范大学自然科学学报，30（3）：116（柘溪水库）；康祖杰等，2010，野生动物，31（5）：293（壶瓶山）；康祖杰等，2010，动物学杂志，45（5）：79（壶瓶山）；王星等，2011，生命科学研究，15（4）：311（南岳）；曹英华等，2012，湘江水生动物志：274（湘江衡阳常宁）；牛艳东等，2012，湖南林业科技，39（1）：61（怀化中方县康龙自然保护区）；刘良国等，2013b，长江流域资源与环境，22（9）：1165（澧水桑植、慈利、石门、澧县、澧水河口）；刘良国等，2013a，海洋与湖沼，44（1）：148（沅水怀化、五强溪水库、常德）；刘良国等，2014，南方水产科学，10（2）：1（资水安化、桃江）；黄忠舜等，2016，湖南林业科技，43（2）：34（安乡县书院洲国家湿地公园）；向鹏等，2016，湖泊科学，28（2）：379（沅水五强溪水库）；康祖杰等，2019，壶瓶山鱼类图鉴：235（壶瓶山）；李鸿等，2020，湖南鱼类系统检索及手绘图鉴：71，299；廖伏初等，2020，湖南鱼类原色图谱，328。

Siniperca chui：梁启燊和刘素孃，1959，湖南师范学院自然科学学报，（3）：67（洞庭湖、湘江）；梁启燊和刘素孃，1966，湖南师范学院学报（自然科学版），（5）：85（洞庭湖、湘江、资水、澧水）。

标本采集：标本 30 尾，采自洞庭湖、长沙、衡阳等地。

形态特征：背鳍 XIII-12；臀鳍Ⅲ-9～10；胸鳍 13～14；腹鳍Ⅰ-5。侧线鳞 90 以上；鳃耙 4（少数 5 或 6）；幽门垂 71～151。

体长为体高的 3.2～3.9 倍，为头长的 2.5～2.8 倍，为尾柄长的 6.5～7.5 倍，为尾柄高的 8.6～10.0 倍。头长为吻长的 4.1～4.6 倍，为眼径的 5.6～6.8 倍，为眼间距的 4.9～6.4 倍。尾柄长为尾柄高的 1.2～1.5 倍。

体稍侧扁。背部隆起呈弧形，腹部下突不甚明显。口大，端位，口裂稍倾斜。下颌稍突出于上颌。上下颌、犁骨及腭骨均具细齿，以犬齿较发达。口并拢时，下颌前端的齿部分外露。上颌骨末端达眼中部或眼后缘垂直下方。鼻孔 2 对，近眼前缘；前鼻孔小而圆形，具鼻瓣；后鼻孔略大，椭圆形。眼位于头的前部，上侧位。眼间隔较宽平。幼鱼眼径大于眼间距，成鱼眼径小于眼间距。鳃盖膜与峡部不相连。前鳃盖骨后缘具 1 列较密的锯齿，下缘具几个大刺，通常包于皮内；间鳃盖骨及后鳃盖骨的下缘稍粗糙；后鳃盖骨的后缘具 2 个刺，一般也包于皮内。

背鳍 2 个，彼此相连，第一背鳍均为鳍棘，占背鳍基长的 3/4，第二背鳍由鳍条组成，较短。背鳍基部甚长，起点位于胸鳍起点上方，末端与臀鳍末端相对或稍后。胸鳍扇形。腹鳍圆形，第 1 根鳍条为硬棘，位置前移，接近胸位。肛门紧靠臀鳍起点。臀鳍也由硬棘和软鳍条组成，软鳍条外缘长圆形。尾鳍圆形；尾柄短。

鳞细，排列紧密。侧线在体侧中部向上隆弯。

鳃耙硬而短，长度小于最长鳃丝长的 1/2。

体棕褐色，腹部略淡黄色。鲜活时，体侧散布豹纹状斑纹，有的个体在体侧中下部的斑纹周缘间以白圈。各鳍浅灰色。奇鳍上具数条不连续的褐色斑纹。

生物学特性：

【生活习性】中下层凶猛鱼类，主要栖息于多砾石和有洞穴的流水中。汛期河水透明度低时，多在湾沱、浅滩、近岸等环境中活动，汛期过后水体透明度增大，白天多在洞穴、砾石的深水区活动，傍晚在近岸浅水区觅食。

【年龄生长】3 龄前生长速度较快。以鳃盖骨为年龄鉴定材料，退算辽宁碧流河水库斑鳜体长：1 龄 10.1cm、2 龄 16.8cm、3 龄 23.0cm、4 龄 27.5cm、5 龄 32.9cm（吴立新等，1996）。

【食性】肉食性鱼类，主要摄食虾类和小型鱼类，偶尔摄食水生昆虫。肠道短，肠长为体长的 0.6 倍，具胃（吴立新等，1997；冉辉等，2015a）。

【繁殖】繁殖期 4—9 月。雄鱼 1 龄、雌鱼 2 龄性成熟。体长 19.7～28.6cm 个体绝对繁殖力为 0.8 万～2.6 万粒，相对繁殖力为 43.8～69.3 粒/g。分批次产卵。成熟卵近圆球形，淡黄色，卵径 1.6～1.8mm；受精卵吸水后膨胀，卵膜径 2.0～2.4mm，弱黏性，半浮性，中部具 1 个大油球和数个小油球。水温（20.0±0.5）℃时，受精卵孵化脱膜需 153.0h，初孵仔鱼全长 5.3～5.9mm，背部具色素斑，体透明无色，具趋光性；3 日龄仔鱼全长 7.1～7.7cm，卵黄囊明显缩小，鳔出现，仔鱼开口摄食；5 日龄仔鱼全长 8.0～9.1mm，卵黄消失，仅剩残留油球；7 日龄仔鱼平均全长 9.1cm，鳔充气；9 日龄仔鱼平均全长 9.9mm，头后色素斑和体侧色素斑相连，各鳍鳍褶基本消失，外形似成鱼（王丹等，2007；胡振禧等，2014；冉辉等，2015b）。

资源分布：广布性鱼类，湖南各地均有分布，尤以水库中数量较多。味道鲜美，为重要经济鱼类之一。

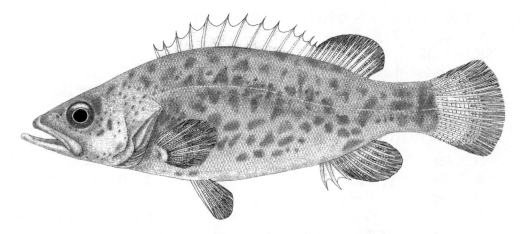

图 241　斑鳜 *Siniperca scherzeri* Steindachner, 1892

216. 大眼鳜 *Siniperca knerii* Garman, 1912（图 242）

俗称：羊眼桂鱼、桂鱼；**别名**：克氏鳜；**英文名**：Kner's mandarin fish

Siniperca kneri Garman, 1912, *Mem. Mus. Comp. Zool. Harv.*, 40(4): 112（湖北宜昌）；梁启燊和刘素孎，1959，湖南师范学院自然科学学报，(3)：67（洞庭湖、湘江）；梁启燊和刘素孎，1966，湖南师范学院学报（自然科学版），(5)：85（洞庭湖、湘江、资水、沅水、澧水）；湖北省水生生物研究所鱼类研究室，1976，长江鱼类：196（洞庭湖）；唐家汉和钱名全，1979，淡水渔业，(1)：10（洞庭湖）；唐家汉，1980a，湖南鱼类志（修订重版）：209（洞庭湖、沅水）；林益平等（见：杨金通等），1985，湖南省渔业区划报告集：79（洞庭湖、湘江、资水、沅水、澧水）；唐文乔等，2001，上海水产大学学报，10（1）：6（澧水）；吴婕和邓学建，2007，湖南师范大学自然科学学报，30（3）：116（柘溪水库）；王星等，2011，生命科学研究，15（4）：311（南岳）；曹英华等，2012，湘江水生动物志：272（湘江长沙）；牛艳东等，2012，湖南林业科技，39（1）：61（怀化中方县康龙自然保护区）；刘良国等，2013b，长江流域资源与环境，22（9）：1165（澧水桑植、慈利、石门、澧县、澧水河口）；刘良国等，2013a，海洋与湖沼，44（1）：148（沅水怀化、五强溪水库、常德）；刘良国等，2014，南方水产科学，10（2）：1（资水新邵、安化、桃江）；黄忠舜等，2016，湖南林业科技，43（2）：34（安乡县书院洲国家湿地公园）；吴倩倩等，2016，生命科学研究，20（5）：377（通道玉带河国家级湿地公园）；向鹏等，2016，湖泊科学，28（2）：379（沅水五强溪水库）。

Siniperca knerii：李鸿等，2020，湖南鱼类系统检索及手绘图鉴：71，302；廖伏初等，2020，湖南鱼类原色图谱，334。

标本采集：标本 35 尾，采自洞庭湖、长沙、衡阳等地。

形态特征：背鳍 XII-13～14；臀鳍III-9；胸鳍 13～15；腹鳍 I -5。侧线鳞 110～130。鳃耙 5～7。幽门垂 100 以下。

体长为体高的 3.0～3.4 倍，为头长的 2.5～2.7 倍，为尾柄长的 7.1～8.4 倍，为尾柄高的 8.6～10.0 倍。头长为吻长的 4.6～5.2 倍，为眼径的 4.8～5.2 倍，为眼间距的 6.1～6.8 倍。尾柄长为尾柄高的 1.1～1.4 倍。

体高而侧扁，背部隆起弧形，腹部稍下突。吻部宽短。口大，近上位，斜裂。上颌骨末端不达眼后缘下方。下颌突出于上颌。上下颌、犁骨及腭骨均具细齿，其中以上颌中部两侧及下颌后段的齿较发达。鼻孔 2 对，前、后分离；前鼻孔喇叭状，后鼻孔短管状。眼大，位于头前部，上侧位；眼径大于眼间距；眼间隔狭窄。前鳃盖骨后缘具小锯齿，下缘具 4 个大刺；间鳃盖骨下缘光滑；后鳃盖骨后缘具 2 个大刺。

背鳍由数目较多的鳍棘和鳍条组成，一般鳍棘长度短于软鳍条长。背鳍基较长，起点位于胸鳍起点上方，末端接近尾鳍基。胸鳍圆形。腹鳍具鳍棘，鳍基前移近胸位。肛门紧靠臀鳍起点。臀鳍由鳍棘和软鳍条组成，软鳍条外缘圆形。尾鳍后缘近截形。

体被圆鳞，鳃盖上具细鳞。侧线在体侧中部向上隆弯。

体背侧黄褐色，腹部灰白色。从吻端穿过眼睛至背鳍前部具 1 条斜行的褐色带纹，第 4—7 根背鳍棘下具 1 条不明显的宽阔带纹包于背侧。背鳍基具 4 个褐色斑纹。体侧具许多褐色斑纹。奇鳍上具数条不连续的褐色斑纹。

外部形态和鳜相似，与鳜的主要区别在于眼较大，鳃耙和幽门垂数目少，体较短，体色较黄。

生物学特性：

【生活习性】栖息于江河水体中下层，白天多在乱石堆、石缝及水草丛生的环境中活动，夜间在浅滩觅食。冬季在岩石洞穴中越冬。

【年龄生长】生长速度较快。不同地区生长存在差异，广西龟石水库的大眼鳜，以鳞片为年龄鉴定材料，退算体长平均值：1 龄 16.9cm、2 龄 26.8cm、3 龄 34.5cm、4 龄 40.2cm。鄱阳湖大眼鳜根据鳃盖骨退算体长平均值：1 龄 7.9cm、2 龄 16.0cm、3 龄 24.2cm、4 龄 26.3cm；湖北三道河水库根据鳞片退算体长平均值：1 龄 10.2cm、2 龄 23.6cm、3 龄 29.9cm、4 龄 35.4cm（谢从新，1995；刘凌志等，2012）。

【食性】凶猛性鱼类，主要摄食鱼类、虾类和水生昆虫等，不同地区肠道食物组成存在差异（李红敬，2008）。

【繁殖】繁殖期 4—8 月，高峰期 5—6 月。雄鱼 1 龄、雌鱼 2 龄性成熟。绝对繁殖力为 0.3 万~10.6 万粒，相对繁殖力为 16.5~254.0 粒/g。成熟卵圆球形，微油黄色，卵径 1.2~1.5mm；受精卵吸水后膨胀，卵膜径 1.8~2.3mm，漂浮性。水温 24.0~25.0℃时，受精卵孵化脱膜需 69.5h；水温 13.9~19.8℃时，需 183.3h；水温 26.5~29.5℃时，4 日龄仔鱼全长 7.4~8.4mm，开口摄食，背鳍、腹鳍、尾鳍原基形成；5 日龄仔鱼全长 7.8~10.1mm，进入完全外源性营养阶段；15~16 日龄仔鱼全长 15.3~18.8mm，各鳍均已出现，鳍条数与成鱼相同；20~22 日龄稚鱼全长 25.8~29.5mm，体布满色素，鳃盖后缘及背鳍下方两侧开始出现鳞片，侧线鳞形成；45~47 日龄稚鱼全长 5.9~7.2cm，鳞被完成，进入幼鱼阶段（陈军等，2003；王广军等，2006；蒲德永等，2006；蒲德永等，2007）。

资源分布：广布性鱼类，湖南各地均有分布，是重要经济鱼类之一。

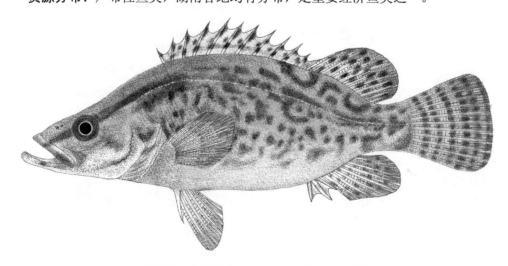

图 242　大眼鳜 *Siniperca knerii* Garman, 1912

217. 鳜 *Siniperca chuatsi* (Basilewsky, 1855)（图 243）

俗称：桂鱼、桂花鱼；**别名**：翘嘴鳜；**英文名**：Mandarin fish

Perca chuatsi Basilewsky, 1855, *Nouv. Mem. Soc. Nat. Mosc.*, 10: 218（中国河北）。
Siniperca chuatsi：梁启燊和刘素嬛，1959，湖南师范学院自然科学学报，(3)：67（洞庭湖、湘江）；梁启燊和刘素嬛，1966，湖南师范学院学报（自然科学版），(5)：85（洞庭湖、湘江、资水、沅水、澧水）；湖北省水生生物研究所鱼类研究室，1976，长江鱼类：192（洞庭湖）；唐家汉和钱名全，1979，淡水渔业，(1)：10（洞庭湖）；唐家汉，1980a，湖南鱼类志（修订重版）：207（洞庭湖）；林益平等（见：杨金通等），1985，湖南省渔业区划报告集：79（洞庭湖、湘江、资水、沅水、澧水）；唐文乔，1989，中国科学院水生生物研究所硕士学位论文：62（麻阳、吉首、保靖）；唐文乔等，2001，上海水产大学学报，10（1）：6（沅水水系的辰水、武水、澧水）；牛艳东等，2011，湖南林业科技，38（5）：44（城步芙蓉河）；王星等，2011，生命科学研究，15（4）：311（南岳）；曹英华等，2012，湘江水生动物志：271（湘江长沙）；牛艳东等，2012，湖南林业科技，39（1）：61（怀化中方县康龙自然保护区）；刘良国等，2013b，长江流域资源与环境，22（9）：1165（澧水桑植、慈利、石门、澧县、澧水河口）；刘良国等，2013a，海洋与湖沼，44（1）：148（沅水怀化、五强溪水库、常德）；刘良国等，2014，南方水产科学，10（2）：1（资水新邵、安化、桃江）；吴倩倩等，2016，生命科学研究，20（5）：377（通道玉带河国家级湿地公园）；向鹏等，2016，湖泊科学，28（2）：379（沅水五强溪水库）；李鸿等，2020，湖南鱼类系统检索及手绘图鉴：71，303；廖伏初等，2020，湖南鱼类原色图谱，336。

【**古文释鱼**】①《慈利县志》（陈光前）："鳜鱼，《赤峰赋》云'巨口细鳞，状如松江之鲈，即此鱼也，能食诸鱼'"。②《辰州府志》（席绍葆、谢鸣谦）："鳜，扁形，阔腹，巨口，细鳞，皮厚，肉紧，味如豚，一名水豚，又名鳜豚，辰人俗呼花鱼"。③《祁阳县志》（旷敏本、李蒣）："鳜，音贵，扁形，阔腹，大口，细鳞，有黑斑、彩斑，鬐鬣刺人，厚皮，肉中无细刺，有腹，能嚼，亦唼小鱼，小者美味"。④《直隶澧州志》（何玉棻、魏式曾、黄维瓒）："鳜，扁形，阔腹，大口，细鳞，皮厚，肉紧。张志和诗'桃花流水鳜鱼肥'"。⑤《石门县志》（申正扬、林葆元）："鳜，扁形，阔腹，大口，细鳞，有斑。有鬐鬣刺人，橄榄核磨水可解。厚皮紧肉，无细刺，亦唼小鱼，夏居石穴冬假泥"。⑥《长沙县志》（刘采邦、张延珂）："鳜，大目细鳞班彩"。⑦《宜章县志》（曹家铭、邓典谟）："鳜鱼，巨口细鳞，背鳍有刺，色青，微黄，有黑斑，味美"。

标本采集：标本 30 尾，采自洞庭湖、长沙等地。

形态特征：背鳍XII-15；臀鳍III～IV-9～10；胸鳍 13～14；腹鳍 I -5。侧线鳞 110～130。鳃耙 7。幽门垂 100 以上。

体长为体高的 2.7～2.9 倍，为头长的 2.4～2.7 倍，为尾柄长的 7.2～7.9 倍，为尾柄高的 8.8～9.4 倍。头长为吻长的 4.1～6.6 倍，为眼径的 5.3～7.1 倍，为眼间距的 6.6～7.6 倍。尾柄长为尾柄高的 1.1～1.2 倍。

体高而侧扁。背部隆起较高，背缘弧形。腹部圆，下突较明显。吻部宽短，吻长稍大于眼径。口大，近上位，斜裂。上颌骨末端达眼后缘下方或稍后。下颌突出于上颌。上下颌、犁骨及腭骨均具细齿，其中以上颌中部两侧及下颌后段的齿较发达。鼻孔 2 对，前、后分离，但相距较近；前鼻孔喇叭状，后鼻孔平眼状。眼位于头的前部，上侧位。眼较大，眼径等于或大于眼间距。眼间隔狭窄。前鳃盖骨的后缘锯齿状，下缘具 4～5 个大刺；间鳃盖骨及下鳃盖骨的下缘光滑；下鳃盖骨的后缘具 1～2 个大刺。

背鳍由数量较多的硬棘和软鳍条组成，一般硬棘长度短于软鳍条。背鳍基较长，起点位于胸鳍上方，末端接近尾鳍基。胸鳍圆形。腹鳍具硬棘，位置前移，接近胸位。肛门紧靠臀鳍起点。臀鳍也由硬棘和软鳍条组成，软鳍外缘圆形。尾鳍亦为圆形。

鳞细。侧线于体中部稍向上弯。

体黄绿色，腹部黄白色。自吻端穿过眼睛至背鳍前部具 1 条斜行的褐色条纹；第 5—7 根背鳍棘下具 1 条垂直的褐色斑带；体侧具许多不规则的褐色斑纹；奇鳍上具数条不连续的褐色斑纹。

生物学特性：

【生活习性】江河、湖泊中常见鱼类。幼鱼进入湖湾或江河支流中肥育。冬季多在湖水深处越冬，不完全停食；春季在岸边浅水区觅食，有钻卧洞穴的习性，渔民曾用"踩鳜鱼"和"鳜鱼夹"等方法捕捉；夏季和秋季游动活泼，摄食旺盛，无钻卧洞穴的习性。

【年龄生长】个体较大，生长速度快。以鳃盖骨为年龄鉴定材料，退算体长平均值：雌鱼 1 龄 13.9cm、2 龄 27.4cm、3 龄 35.6cm、4 龄 45.6cm、5 龄 50.4cm；雄鱼 1 龄 12.8cm、2 龄 22.7cm、3 龄 28.9cm、4 龄 32.3cm、5 龄 38.3cm；从 3 龄起雌鱼生长速度快于雄鱼。

【食性】食物主要为虾和鲤、鲫、鳑鲏、银鮈等鱼类，是典型的肉食性鱼类。随个体的生长，其对食物的选择及食物的适口性发生改变：全长 4.0～8.4cm 的幼鱼胃中无浮游动物，主要是幼虾和鱼苗；全长 9.5～16.0cm 的个体主要摄食虾、银鮈；全长 16.1～23.0cm 的个体食物中虾比例减少，银鮈增加；全长 23.1～70.0cm 的个体食物组成中，虾的比例进一步减少，鲫的比例增加。

【繁殖】繁殖时要求一定的流水环境，水温须高于 21.0℃，逆流而上在流水浅滩处产卵。雌、雄鱼产卵洄游中均停食。

繁殖期 5—7 月。雄鱼 1 龄、雌鱼 2 龄性成熟。成熟卵圆球形，淡青黄色，卵径 1.2～1.4mm；受精后吸水膨胀，卵膜径 1.9～2.2mm，比重大于水，静水沉底。水温 21.0～24.0℃时，受精卵孵化脱膜需 73.0h；水温（25.0±0.5）℃时，需 39.3h；初孵仔鱼全长 3.6～3.9mm，肌节 28 对，眼睛出现黑色素；4 日龄仔鱼全长超过 5.0mm，开口摄食；13 日龄稚鱼全长 12.0～12.8mm，各鳍鳍条明显，幽门垂形成；体长 27.0mm 稚鱼已形成细鳞，体形与幼鱼相仿，稚鱼期结束（蒋一珪，1959；谭北平，1994；李达等，1998；陈军等，2003；宫民和刘丹阳，2018）。

资源分布：广布性鱼类，湖南各地均有分布，尤其在水库中，资源尤丰富，是湖南重要的经济鱼类之一。

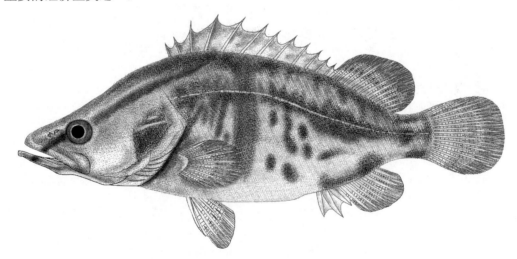

图 243　鳜 *Siniperca chuatsi* (Basilewsky, 1855)

（十三）鲀形目 Tetraodontiformes

体近圆筒形、多边形或细长形。体表裸露或被骨化鳞片、骨板、鳞棘、皮刺等。口小。上、下颌具锥齿或切齿，或愈合成板状门齿。鳃孔小，侧位。

　　本目湖南分布的暗纹东方鲀为鲀毒鱼类（poisonous puffer-like fishes），鲀毒鱼类是指内脏或肌肉、皮肤等部位蓄积河鲀毒素（tetrodontoxin，TTX）的鱼类。我国近海常见的鲀毒鱼类，各部分含毒强弱顺序通常是：卵（卵巢）及肝≥肠、皮肤≥肾、鳃、眼径≥脊髓、脾≥血液≥精巢、肌肉。若烹饪处理不当，可致人死亡，故民间有"冒死吃河豚"之说。烹饪时，去除含强毒的内脏、头、皮肤后，肉用水反复泡洗，彻底洗去血液及可能污染的毒素，方可食用。中毒症状轻者唇、舌端麻痹，指端针刺感，腹胀痛；次轻者恶心，眩晕，四肢肌肉麻痹，步态踉跄失常；重者全身运动机能完全麻痹，出现语言障碍，膈肌和呼吸中枢麻痹，不久呼吸停止，窒息死亡。救治时先催吐、洗胃、导泻；血压下降，可利用强心剂、肾上腺皮质素治疗，阿托品和莨菪碱试剂对河豚毒素有解毒作用（伍汉霖，2002）。

　　本目湖南分布有 1 科 1 属 1 种。

【28】鲀科 Tetraodontidae

　　体前段胖圆，尾柄短小，尾部明显变细。头宽圆。吻圆钝。口端位。上、下颌齿愈合成板状门齿，前端正中具明显中缝。鼻孔每侧 2 个。眼小，上侧位。背鳍后移，胸鳍宽短，无腹鳍。胃具气囊，可吸入空气或水使其腹部膨大。

　　本科湖南分布有 1 属 1 种。

（102）东方鲀属 *Takifugu* Abe, 1949

Takifugu Abe, 1949, *Bull. Biogeogr. Soc. Japan.*, 14(13): 90.

模式种：*Tetrodon oblongus* Bloch

　　体近圆筒形，向后渐狭，尾部稍侧扁。头宽而圆。上、下颌骨与牙齿愈合成 2 对板状门齿。鼻孔小，鼻瓣圆突。鳃孔小，侧位，止于胸鳍起点。体粗糙，被小刺。体侧下方具纵行皮褶。尾鳍圆形或截形。鳔卵圆形或椭圆形。具气囊。侧线完全。

　　本属湖南仅分布有 1 种。

218. 暗纹东方鲀 *Takifugu obscurus* (Abe, 1949)（图 244）

　　俗称：气泡鱼、河鲀；**别名**：暗色东方鲀、星弓斑园鲀；**英文名**：obscure puffer

Spheroides obscurus Abe, 1949, *Bull. Biogeogr. Soc. Japan*, 14(13): 90（Minkiang, Fuchan）；梁启燊和刘素嬛，1966，湖南师范学院学报（自然科学版），（5）：85（洞庭湖、湘江）。

Tetrodon fasciatus：McClelland, 1844, *Calcutta J. Nat. Hist.*, 4: 301（宁波）。

Fugu obscurus：唐家汉和钱名全，1979，淡水渔业，（1）：10（洞庭湖）；唐家汉，1980a，湖南鱼类志（修订重版）：228（洞庭湖）；林益平等（见：杨金通等），1985，湖南省渔业区划报告集：80（洞庭湖）；何业恒，1990，湖南珍稀动物的历史变迁：152（洞庭湖）。

Takifugu fasciatus：李鸿等，2020，湖南鱼类系统检索及手绘图鉴：71，304。

　　【古文释鱼】《直隶澧州志》（何玉棻、魏式曾、黄维瓒）："河豚鱼，无颊，无鳞，口目能开闭作声。大毒，食之杀人。湖中间有之。烹者须尽剥腹之子，目之睛，脊之血，煮不合法，不极熟，入尘煤及服荆芥等治风药后食之皆死。故谚云'拼性命吃河豚鱼'，有中毒者，服水调槐花末，或龙脑水，或橄榄子，或至宝丹解之，然不食为谨"。

标本采集：标本 5 尾，为 20 世纪 70 年代采自洞庭湖，现藏于湖南省水产科学研究所标本馆。

形态特征：背鳍 16～17；臀鳍 13～15；胸鳍 16～18。侧线鳞 78～95。

体长为体高的 2.9～4.2 倍，为头长的 2.8～3.5 倍，为尾柄长的 5.7～6.3 倍，为尾柄高的 10.3～11.4 倍。头长为吻长的 2.3～2.4 倍，为眼径的 5.3～8.3 倍，为眼间距的 1.7～2.2 倍。尾柄长为尾柄高的 1.7～2.0 倍。

体前段特别胖圆，尾部明显变细。头背圆隆。吻长稍短于眼后头长。口小，端位。唇发达，分别包于上、下颌。上、下颌齿愈合成 2 对板状门齿，中缝明显。鼻孔每侧 2 个，左、右分离。眼小，上侧位。鳃孔小，仅开口于胸鳍基。体粗糙，被小刺，无鳞片。侧线明显，每侧 2 条，其中 1 条位于背侧，另 1 条位于腹侧，头部多分支。

背鳍后移，接近尾鳍基。胸鳍宽短。无腹鳍。肛门靠近臀鳍起点。臀鳍约与背鳍相对。尾鳍截形。

体背及上侧灰褐色，下侧橘黄色，腹部白色略带粉红。体侧胸鳍末上方区域及背鳍基各具 1 个大黑斑，以背鳍基的斑块较大。幼鱼背部暗色宽带上散布白色小斑。成鱼的斑带不明显。臀鳍黄白色，其余各鳍黄褐色，尾鳍边缘黑色。

生物学特性：

【**生活习性**】溯河洄游性鱼类，栖息于水体中下层。遇敌害时，腹部臌气呈球状。每年 2 月下旬至 3 月上旬，性成熟亲鱼成群由东海进入长江，逆流而上至中游江段产卵。幼鱼在江河或湖泊中生活，至翌年春天回到海里，在海中发育至性成熟。

【**年龄生长**】个体不大，生长速度较快。以矢耳石为年龄鉴定材料，退算人工养殖群体体长：1 龄 7.5～15.2cm、2 龄 15.5～20.2cm、3 龄 19.8～25.5cm、4 龄 25.9～31.0cm、5 龄 30.0～33.0cm，体重超过 1.0kg（华元渝等，2005）。

【**食性**】杂食性，食物包含虾、蟹、螺、昆虫幼体、枝角类及高等植物叶片、丝藻等。体长 2.0cm 左右的幼鱼以象鼻溞或其他鱼苗为食，体长 5.5cm 以上幼鱼与成鱼食性基本相同。

【**繁殖**】繁殖期 4 月中旬至 6 月下旬，5 月为产卵盛期。在长江中游江段或洞庭湖、鄱阳湖水系产卵繁殖，适宜水温 19.0～23.0℃。受精卵圆形，黄色且透明，卵径 1.1～1.3mm。水温（21.0±0.5）℃时，受精卵孵化脱膜需 131.0h，初孵仔鱼全长约 2.6mm，肌节 26～28 对（莫根永等，2009）。

资源分布及经济价值：洞庭湖及"四水"入洞庭湖口曾有分布，但数量不多。近年来没有调查到野生个体。暗纹东方鲀（河鲀）、刀鲚（刀鱼）、鲥和长吻拟鲿（长吻鮠）一起被誉为"长江四鲜"。

图 244　暗纹东方鲀 *Takifugu obscurus* (Abe, 1949)

六、湖南鱼类外来物种

经统计，人工改良种（杂交或其他育种方法产生的养殖品种）不计算在内，湖南引进鱼类有 18 种，隶属于 8 目 12 科 18 属，简介如下。

01. 匙吻鲟 *Polyodon spathula* (Walbaum, 1792)

分类地位：鲟形目 Acipenseriformes—匙吻鲟科 Polyodontidae—匙吻鲟属 *Polyodon*。
俗称：鸭嘴鱼、匙吻猫鱼。
原产地：美国密西西比河。
引种或入侵途径：我国 1988 年从美国引进，现已突破其人工养殖、繁殖技术，是一种适于池塘、水库养殖的优良品种。
形态特征：吻平扁，桨状，特别长，约占体长的 1/2。体光滑无鳞。背部黑灰色，间具黑斑，腹部白色。
生物学特性：食性与我国的鳙相似，主要以浮游动物为食，也食甲壳类和双壳类。性成熟年龄雄鱼 7 龄，雌鱼 9 龄。受精卵孵化最适水温为 20.0～24.0℃。
入侵状况：长沙有繁殖基地；湖南省内众多水库中有引入养殖。
利用情况：肉质鲜美，营养丰富，吻部富含胶原蛋白，是宴席佳肴。鱼卵可制作鱼子酱，价格昂贵；鱼皮可制成优质皮革。亦因其独特的体形，可作观赏鱼饲养。

02. 俄罗斯鲟 *Acipenser gueldenstaedtii* Brandt *et* Ratzeburg, 1833

分类地位：鲟形目 Acipenseriformes—鲟科 Acipenseridae—鲟属 *Acipenser*。
俗称：俄国鲟、金龙王鲟。
原产地：俄罗斯。
引种或入侵途径：1993 年引入我国大连，后逐渐推广到其他养殖水域。
形态特征：体延长，纺锤形。口小、横裂、较突出，下唇中部断开。吻短而钝，略呈圆形。须 2 对，位于吻端与口之间，更靠近吻端。鳃耙 15～31。体被 5 行骨板，背骨板 8～18，侧骨板 24～50，腹骨板 6～13。体背部灰黑色、浅绿色或墨绿色，体侧通常灰褐色，腹部灰色或少量柠檬黄色。幼鱼背部蓝色，腹部白色。
生物学特性：主要以底栖软体动物为食，也摄食虾、蟹等甲壳类及鱼类。
入侵状况：郴州资兴东江水库坝下及湘西州有部分养殖。
利用情况：经济价值较高，质细味鲜，是上等食用鱼类；鱼卵可做鱼子酱，是名贵滋补品。

03. 海鳗 *Muraenesox cinereus* (Forsskål, 1775)

分类地位：鳗鲡目 Anguilliformes—海鳗科 Muraenesocidae—海鳗属 *Muraenesox*。
俗称：灰海鳗、海鳗、大小毛口、鲍鳗。
原产地：非洲东部、印度洋及西北太平洋。我国沿海均产，东海为主产区。
引种或入侵途径：观赏鱼养殖引进。
形态特征：体长圆筒形，尾部侧扁。尾部长度大于头和躯干的合长。头尖长。口大，舌附于口底。上颌牙强大锐利，3 行；犁骨中间具 10～15 个侧扁大齿。眼椭圆形。体无鳞，具侧线孔 140～153 个。背鳍、臀鳍与尾鳍相连。体黄褐色，大型个体沿背鳍基部两侧各具 1 暗褐色条纹。

生物学特性：广温性和广盐性底层鱼类。通常栖息于水深 50.0～80.0m 泥沙底海域。淡水中也能生存。凶猛性鱼类，主要摄食虾、蟹、鱼类及部分头足类，几乎全年摄食，强度大。

入侵状况：湖南部分水域偶有垂钓爱好者钓到，可能来自群众放生。

危害情况：凶猛性鱼类，作为外来入侵物种，若形成种群，将对当地土著鱼类构成极大威胁，破坏当地生态系统。

04. 骨雀鳝 *Lepisosteus osseus* (Linnaeus, 1758)

分类地位：雀鳝目 Lepisosteiformes—雀鳝科 Lepisosteidae—雀鳝属 *Lepisosteus*。

俗称：雀鳝、长吻雀鳝、短吻雀鳝、大雀鳝。

原产地：北美、中美。

引种或入侵途径：观赏鱼养殖引进。

形态特征：体延长，圆筒形。上、下颌突出，酷似鳄鱼嘴，具锐齿，针状。体青灰色，有暗黑色花纹。体被硬鳞。尾鳍圆形。

生物学特性：凶猛性鱼类，捕食时，潜伏不动以装死，猎物靠近时，发起致命一击。春季在浅水中产卵，卵有剧毒，误食将致人死亡。

入侵状况：湖南洞庭湖及"四水"干流偶有垂钓爱好者钓到，可能来自群众放生，尚未形成种群。

危害情况：为大型凶猛性鱼类，会攻击遇见的所有其他鱼类。和"食人鲳"同是臭名昭著的"水中杀手"，也是"世界十大最凶猛淡水鱼"之一。作为外来入侵物种，若形成种群，将对当地土著鱼类构成极大威胁，破坏当地生态系统。

05. 短盖巨脂鲤 *Piaractus brachypomus* (Cuvier, 1818)

分类地位：脂鲤目 Characiformes—脂鲤科 Characidae—淡水白鲳属 *Piaractus*。

原产地：南美亚马孙河，为热带和亚热带鱼类。

引种或入侵途径：1982 年被引入中国台湾省，之后人工繁殖成功，1985 年从台湾省经香港引入广东省试养，1987 年获得人工繁殖成功，以后逐渐推广到全国。

形态特征：体侧扁，近似盘状，背较厚。头小。口端位，无须。上、下颌齿均 2 行，锋利，尖端突出，齿面缺刻状。眼位于口角稍上方。具脂鳍。尾鳍叉形，下叶稍长于上叶。体被小圆鳞，自胸鳍起点至肛门具略呈锯状的腹棱。体银灰色，胸鳍、腹鳍、臀鳍红色，尾鳍边缘黑色。幼体具黑色星斑。成鱼幼星斑消失，体色能随环境改变而发生变化。鳃耙 30～36。具明显的胃，膨大呈"U"形，胃长约为肠长的 1/5，胃与十二指肠交界处具幽门垂，肠及内脏周围具脂肪块。鳔 2 室，后室长于前室。侧线鳞 82～98。

生物学特性：杂食性，饥饿或食物不足时有自残现象。消化系统发达，有发达的胃和幽门囊，既摄食小型鱼虾和底栖动物等动物性饵料，也摄食水草、蔬菜、藻类等植物性饵料。适温范围 12.0～35.0℃，最适生长水温 24.0～32.0℃，不耐低温，如水温持续 2 天低于 12.0℃时，会出现死亡。

入侵状况：湖南天然水域尚未见报道。

利用情况：短盖巨脂鲤的蛋白质营养价值较高，其必需氨基酸的组成比例适合人体需要。

06. 大头亮鲃 *Luciobarbus capito* (Güldenstädt, 1773)

分类地位：鲤形目 Cypriniformes—鲤科 Cyprinidae—鲃亚科 Barbinae—大头亮鲃属 *Luciobarbus*。

俗称：大鳞鲃、淡水银鳕鱼、淡水鳕鱼。

原产地：乌兹别克斯坦的阿姆河。

引种或入侵途径：2003 年，由中国水产科学院黑龙江水产研究所通过项目首次引入我国，之后养殖、繁殖技术得到突破，逐渐推广至我国南方养殖水域。

形态特征：体延长。头较小。口亚下位。吻须和颌须各 1 对。背鳍起点位于腹鳍起点前端。尾鳍叉形。侧线清晰、平直。体背部银灰色，腹部白色。

生物学特性：广温性鱼类，杂食性。养殖环境中栖息于池塘水体中下层。

入侵状况：长沙、浏阳、常德有养殖，湖南天然水域暂未有分布。

利用情况：肉质鲜美，食性广、生长速度快，抗逆性强，耐盐碱；最大个体体长 70.0cm，体重 12.0kg。该鱼养殖技术要求低，经济效益好，适应性强，0.0~30.0℃均能生存，较我国目前人工养殖的中华倒刺鲃、刺鲃、金钱鲃等鲃亚科鱼类更耐寒，丰富了我国北方鲃亚科鱼类的养殖品种。

07. 麦瑞加拉鲮 *Cirrhinus mrigala* (Hamilton, 1822)

分类地位：鲤形目 Cypriniformes—鲤科 Cyprinidae—野鲮亚科 Labeoninae—鲮属 *Cirrhinus*。

俗称：麦鲮。

原产地：印度。

引种或入侵途径：1982 年，中国水产科学研究院从孟加拉国引进，目前在我国南方如珠江及其以南一些水体形成了天然种群。其入侵途径主要是逃逸与放生。

形态特征：头短，眼中等大小。口小，下位，弧形。

生物学特性：栖息于江河底层，不耐低温。植食性，以硅藻等为主要食物。2 龄性成熟。

入侵状况：郴州市东江水库有养殖。

利用情况：麦瑞加拉鲮生长较快，食性广，易捕捞，是较好的食用鱼类，同时因价格低廉，亦可作为乌龟、鳖等的饵料鱼。

危害情况：繁殖力大，大量繁殖可挤占土著鱼类的生存空间。

08. 露丝塔野鲮 *Labeo rohita* (Hamilton, 1822)

分类地位：鲤形目 Cypriniformes—鲤科 Cyprinidae—野鲮亚科 Labeoninae—野鲮属 *Labeo*。

俗称：鲮鱼。

原产地：巴基斯坦、印度、孟加拉国、尼泊尔、缅甸、柬埔寨等。

引种或入侵途径：由泰国引进，目前在我国南方如珠江及其以南一些水体形成了天然种群。其入侵途径主要是逃逸与放生。

形态特征：体圆筒形，略侧扁。头较小。口小，下位，弧形。吻圆钝，上下唇边缘薄。须 2 对。侧线完全。体上部青灰色，腹部银白色。胸鳍、腹鳍、臀鳍和尾鳍末端均呈赤红色。

生物学特性：栖息于江河底层，不耐低温。杂食性，主要以有机碎屑为食。善跳跃，常靠近岸边觅食。

入侵状况： 浏阳市、衡阳市和茶陵县有养殖。在湘江干流及支流洣水、浏阳河已形成野生种群。

利用情况： 露丝塔野鲮生长较快，食性广，易捕捞，是较好的食用鱼类，市场上有采用该鱼深加工做成的罐头鱼出售，同时因价格低廉，亦可作为乌龟、鳖等的饵料鱼。

危害情况： 繁殖力大，大量繁殖可挤占土著鱼类的生存空间。

09. 散鳞镜鲤 *Cyprinus carpio* var. *specularis*

分类地位： 鲤形目 Cypriniformes—鲤科 Cyprinidae—鲤亚科 Cyprininae—鲤属 *Cyprinus*。

俗称： 三花鲤鱼、三道鳞、镜鲤。

原产地： 德国。

引种或入侵途径： 20 世纪 70 年代从德国引进的 1 个鲤鱼优良品种，经过多年的选育，已选育出适于我国大部分地区养殖的品系，也是优良的育种材料。

形态特征： 体粗壮，侧扁，头后背部隆起。头较小，眼较大。体鳞不完整，排列稀疏。背鳍前端至头部具 1 行完整鳞片，背鳍两侧各具 1 行对称的连续完整鳞片，各鳍基均具鳞，个别在侧线上具少数鳞片。侧线较平直。

生物学特性： 体色随栖息环境不同而有所变化，通常背部棕褐色，体侧和腹部浅黄色。性成熟年龄雌鱼 3～4 龄，雄鱼 2～3 龄。繁殖水温 17.0～25.0℃，最适水温 19.0～22.0℃。

入侵状况： 全国均有分布，洞庭湖及湘、资、沅、澧"四水"偶见。

利用情况： 散鳞镜鲤生长快、食性杂、耐低温、适应能力强、易饲养、起捕率高，其生长速度比普通鲤鱼快 20.0%～30.0%。肉质优于普通鲤鱼，很受消费者欢迎，市场售价高于普通鲤鱼。

危害情况： 对土著鱼类种质资源造成污染。

10. 丁鲹 *Tinca tinca* (Linnaeus, 1758)

分类地位： 鲤形目 Cypriniformes—鲤科 Cyprinidae—雅罗鱼亚科 Leuciscinae—丁鲹属 *Tinca*。

俗称： 金鲑鱼、丁鲑鱼、须鲹、金岁鱼、须桂鱼、丁穗鱼。

原产地： 欧亚大陆，以捷克、匈牙利、西班牙居多，由于其适应性强，逐渐扩展到中亚和西伯利亚。我国新疆额尔齐斯河和乌伦古河流域有分布。

形态特征： 体略高，腹部圆，侧扁。口窄，口裂稍向上倾斜。口角短须 1 对。咽齿 1 行，齿面中部具 1 沟，末端略呈沟状。体被细小圆鳞，排列紧密，深藏于厚皮下。侧线完全，上部颜色较深，下部较浅。背鳍短，无硬刺，起点位于腹鳍起点之后。胸鳍、腹鳍扇形，尾鳍截形或浅凹形。体呈橄榄绿色，背侧青黑色，腹部接近金色。

生物学特性： 淡水底栖鱼类，多栖息于多水草的静水或泥底缓流水体中。广温性，冬季在深水区越冬，耐寒力较强。杂食性，主要摄食底栖无脊椎动物、藻类和腐殖质。

入侵状况： 资水偶见。

利用情况： 肉质细嫩，含脂量高，味甚美，尤其是厚硕的鱼皮，有独特味道，是做生鱼皮的上好原料，有较高的商品价值。抗病力强，是池塘和湖泊、水库养殖的优良品种。

11. 革胡子鲇 *Clarias gariepinus* (Burchell, 1822)

分类地位：鲇形目 Siluriformes—胡子鲇科 Clariidae—胡子鲇属 *Clarias*。

俗称：埃及胡子鲇、埃及塘虱。

原产地：非洲尼罗河水系。

引种或入侵途径：我国于 1981 年引进试养，1982 年广东淡水养殖良种场自养繁殖成功。现已在华南、华中大部分地区推广。

形态特征：体延长，头部平扁，后部侧扁。颅顶骨中部具 2 个凹陷，头背部具许多放射状排列的骨质凸起。须 4 对，其中颌须最长，后伸超过胸鳍起点。上、下颌和犁骨密生细齿。背鳍、臀鳍特别长，止于尾鳍基。体裸露无鳞，灰青色，背部及体侧具不规则苍灰色黑斑；胸腹部白色。

生物学特性：底层肉食性鱼类，种内竞争较激烈，在鱼种池和成鱼塘，经常出现弱肉强食、互相残杀的现象。环境适应能力较强，耐寒临界温度为 7.0℃。耐低氧，水中溶氧不足时常窜游至水面吞咽空气。

入侵状况：初期主要在华南和华中地区推广，后扩展至全国范围，目前在珠江流域和长江中下游流域也形成了自然种群。

利用情况：个体大、生长快、易繁殖、适应性强、耐低氧、抗低温能力较强，饲养 1 年可重达 2.0kg，最大个体达 10.0kg 以上。

危害情况：繁殖快，分批次产卵，1 年可产 4~5 次。繁殖力较大，体重 500.0g 左右的亲鱼，每次可产卵 1 万粒左右。革胡子鲇为凶猛性鱼类，在珠江水系严重威胁了本土鱼类的生存，并对整体生态系统造成了严重破坏。

12. 斑点叉尾鮰 *Ictalurus punctatus* (Rafinesque, 1818)

分类地位：鲇形目 Siluriformes—长臀鮠科 Granoglanididae—真鮰属 *Ictalurus*。

俗称：沟鲇、钳鱼、斑真鮰。

原产地：全美国和墨西哥北部均有分布。

引种或入侵途径：湖北省水产科学研究所于 1984 年作为水产养殖新品种引入我国，后逐渐推广至其他养殖水域。

形态特征：体延长，前段平扁，后段侧扁。头较小，口亚下位，吻稍尖。须 4 对，其中鼻须 1 对，颌须 1 对，颏须 2 对；颌须最长，后伸超过胸鳍起点；鼻须最短。鳃孔较大。鳃盖膜与峡部不相连。体裸露无鳞。侧线完全，侧线孔明显。具脂鳍；尾鳍深叉形。颏部具较明显而不规则的斑点，体重大于 0.5kg 的个体斑点消失。各鳍均为深灰色。体侧背部淡灰色，腹部乳白色，幼鱼体侧具明显而不规则的斑点，成鱼斑点不明显或消失。

生物学特性：底栖鱼类，主要栖息于湖泊、河流有砂砾、石块的底层，昼伏夜出，喜在阴暗的环境下集群摄食。卵产于岩石或河道的洞穴中。雄鱼有筑巢习性。受精卵黏结而附于水体底部，雄鱼守护受精卵发育，不断摆动鳍，以达到对受精卵增氧的作用，直至孵出鱼苗。

入侵状况：长江流域以南地区，湖南主要在沅陵、安化、吉首、郴州。沅水上游三板溪库区有大量网箱逃逸个体，生态风险有待加强监控。

利用情况：无肌间刺，味道鲜美，曾作为重要水产品，远销欧美，后因贸易壁垒，出口已停滞，现主要内销四川、重庆、贵州等地。

13. 云斑鮰 *Ameiurus nebulosus* (Lesueur, 1819)

分类地位：鲇形目 Siluriformes—长臀鮠科 Granoglanididae—鮰属 *Ameiurus*。

俗称：褐首鲶、美国鮰。

原产地：北美洲。

引种或入侵途径：湖北省水产科学研究所于 1984 年作为水产养殖新品种引入我国，后逐渐推广至其他养殖水域。

形态特征：体前段圆筒形，后段侧扁。头大，吻宽而钝，口端位，上下颌均具排列不规则的细齿。须 4 对，其中颌须最长，后伸超过胸鳍起点，颏须较短，外侧的长于内侧，鼻须后伸超过眼后缘。鳃孔较大。鳃盖膜与峡部不相连。背鳍和胸鳍具硬棘。体裸露无鳞。侧线完全。体黄褐色，各鳍均为灰褐色，腹部乳白色。

生物学特性：底栖肉食性鱼类，天然条件下以底栖生物、水生昆虫、浮游动物、有机碎屑等为食，人工饲养条件下摄食配合饲料。性成熟年龄 2 龄；卵圆形，橙黄色，沉黏性，卵膜较厚，半透明。繁殖季节 5—7 月；雄鱼有护卵习性，用鳍搅水产生水流孵化。

入侵状况：长江流域以南地区。

利用情况：适应性强、食性广、易养殖、成活率高，肉质细嫩鲜美，无肌间刺。同时易上钩，颇受垂钓者喜爱。

14. 绞口下口鲇 *Hypostomus plecostomus* (Linnaeus, 1758)

分类地位：鲇形目 Siluriformes—甲鲇科 Loricariidae—下口鲇属 *Hypostomus*。

俗称：清道夫、吸盘鱼、垃圾鱼、琵琶鱼。

原产地：南美洲巴西、委内瑞拉。

引种或入侵途径：观赏鱼养殖引进。

形态特征：体流线型。口下位。上、下颌具齿。口角须 1 对。眼小。体被黑色花纹。胸鳍基可发出似黄颡鱼所发出的声音。背鳍 2 个。无侧线。体侧具 4 排大鳞。

生物学特性：杂食性，食量大。

入侵状况：热带鱼类，主要用于观赏鱼养殖鱼缸的卫生清洁，由于群众性放生行为，目前在长江及华南的很多水域均有发现，并有形成稳定种群的趋势。

利用情况：喜食水族箱的残饵、污物而起到净化水质的作用。

危害情况：大量吞食鱼卵，对本土鱼类的生存有极大威胁，无天敌，对水生态平衡有破坏作用。

15. 虹鳟 *Oncorhynchus mykiss* (Walbaum, 1792)

分类地位：鲑形目 Salmoniformes—鲑科 Salmonidae—大麻哈鱼属 *Oncorhynchus*。

俗称：三文鱼。

原产地：北美、中美。

引种或入侵途径：原产美国，后传入朝鲜。1959 年周恩来总理访问朝鲜，金日成曾赠虹鳟，先在黑龙江省养殖，后因人工孵化效果不佳而停止。1971 年，运回 7 条虹鳟，在晋祠试养成功。1978 年，扩大养殖，在广灵壶泉、朔县神头泉、临汾龙子祠泉分别试养成功。2000 年，郴州从北京引种，采用资兴水库下泄冷水资源开展养殖。

形态特征：体长，稍侧扁。口大，向上微斜。吻圆钝，颌齿发达。鳞小而圆。背部和头顶部苍青色、蓝绿色、黄绿色或棕色。侧面银白色、白色、浅黄绿色或灰色。腹部银白色、白色或灰黄色。体侧沿侧线中部具 1 条宽而鲜艳的紫红色彩带，延伸至尾鳍基。体侧的 1/2 或全部布有小黑斑。仔稚鱼体侧具 5～13 个黑色幼鲑斑，体长 15cm 时消失，由紫红色彩带代替。

　　生物学特性：适宜水温 12.0～18.0℃，最适生长温度 16.0～18.0℃。以昆虫、甲壳类、贝类、小型鱼虾、鱼卵为食，也食水生植物的叶和种子。人工饲养条件下能摄食配合饲料。性成熟年龄雌鱼 3 龄，雄鱼 2 龄。产卵场位于有石砾的河川或支流中，雌鱼掘产卵坑，雄鱼护卵孵化，卵沉性。

　　入侵状况：郴州资兴东江水库坝下有养殖。

　　利用情况：誉为"水中人参"，是世界上广泛养殖的重要冷水鱼。

16. 罗非鱼 *Oreochromis* spp.

　　分类地位：鲈形目 Perciformes—丽鱼科 Cichlidae—口孵非鲫属 *Oreochromis*、非鲫属 *Tilapia*。

　　俗称：非洲鲫鱼，非鲫、越南鱼、南洋鲫，原指以莫桑比克为模式产地的口孵非鲫属鱼类（莫桑比克口孵非鲫 *Oreochromis mossambicus*），现为丽鱼科非鲫属 *Tilapia* 及口孵非鲫属等属数种鱼类的共同俗称。

　　原产地：非洲东部、约旦等地；西非尼罗河下游和以色列等地；非洲莫桑比克纳塔尔等地。

　　引种或入侵途径：作为水产养殖新品种引入。

　　形态特征：小型鱼类，外形、个体大小似鲫，鳍条多棘似鳜。

　　生物学特性：通常生活于淡水中，也能生活于不同盐度的咸水中。适应能力强，耐低氧，在面积狭小水域中亦能繁殖，稻田里也能生长。绝大部分罗非鱼是杂食性，常以水中植物和碎物为食。

　　入侵状况：长江流域以南，湖南主要在湘南地区有养殖。沅水上游三板溪库区有大量网箱逃逸个体。

　　利用情况：生长快，肉质好，无肌间刺，目前已为常用食用鱼类。

17. 大口黑鲈 *Micropterus salmoides* (Lacepède, 1802)

　　分类地位：鲈形目 Perciformes—棘臀鱼科 Centrarchidae—黑鲈属 *Micropterus*。

　　俗称：加州鲈。

　　原产地：美国加利福尼亚州密西西比河。

　　引种或入侵途径：20 世纪 70 年代引入我国台湾省，1983 年引入我国大陆深圳、佛山等地，1985 年人工繁殖成功，后逐渐推广到其他省份。

　　形态特征：体延长，侧扁，稍呈纺锤形。头大且长。眼大，眼珠突出。口上位，口裂大而宽。吻长。颌骨、腭骨、犁骨具完整的梳状齿。全身被银白色或淡黄色细密鳞片。体青绿色或淡黑色，沿侧线附近常具黑斑。腹部灰白色。

　　生物学特性：主要栖息于混浊度低，水生植物茂盛的水域中，如湖泊、水库的浅水区（水深 1.0～3.0m）、沼泽地带的小溪、河流的滞水区、池塘等。常藏身于水下岩石或树枝丛中。有占地习性。活动范围较小，适温范围广，在水温 1.0～36.4℃时都能生存，10.0℃以上开始摄食，最适生长温度 20.0～30.0℃。耐低氧能力强。幼鱼喜集群活动，成鱼分散。

　　入侵状况：长沙石燕湖已形成稳定种群。

利用情况：适应性强、生长快、易起捕、养殖周期短，加之肉质鲜美细嫩，无肌间刺，外形美观，深受养殖者和消费者喜欢。

18. 蓝鳃太阳鱼 *Lepomis macrochirus* **Rafinesque, 1819**

分类地位：鲈形目 Perciformes—棘臀鱼科 Centrarchidae—太阳鱼属 *Lepomis*。

俗称：蓝鳃鱼。

原产地：北美。

引种或入侵途径：我国于 1987 年首次从美国引种，因其肉质鲜美，受到消费者的青睐，养殖范围逐渐推广。

形态特征：体形近似尼罗罗非鱼，头小背高。鳃盖后缘具 1 黑色形似耳状的软膜。体色鲜艳，繁殖期雄鱼体色鲜艳夺目，整体颜色偏蓝绿，头胸部至腹部呈淡橙红色或淡橙黄色，背部淡青灰色，间具淡灰黑色纵纹，但不明显。

生物学特性：广温性鱼类，适温范围 1.0～38.0℃。杂食性，但以动物性饵料为主。池塘养殖条件下，仔稚鱼主要摄食浮游动物，成鱼则摄食植物基叶、小杂鱼、小虾及小型软体动物，也可摄食人工配合饲料。繁殖期 4—6 月，1 龄达性成熟，分批次产卵，卵黏性，雄鱼亲鱼有护巢习性。

入侵状况：郴州资兴东江水库有养殖，已形成稳定种群。

利用情况：是一种比较理想的淡水养殖及观赏鱼养殖对象。近年来养殖面积不断扩大，经济效益明显提高。

参 考 文 献

鲍新国, 谢文星, 黄道明, 朱邦科. 2009. 金沙江长鳍吻鮈年龄与生长的研究. 安徽农业科学, 37(21): 10017-10019.

毕富国. 1992. 中国刺鳅科鱼类的分类问题研究. 山东师大学报(自然科学版), 7(2): 113-117.

卞宝第, 李瀚章, 曾国荃, 郭嵩焘 (清). 湖南通志. 长沙: 岳麓书社.

卞伟, 李传武, 梁志强, 刘明求, 余长生, 张在永, 杨莫元. 2011. 湘华鲮的生物学特征及资源动态研究. 水生态学杂志, 32(4): 67-73.

蔡焰值, 何长仁, 蔡烨强, 蒋君. 2003. 中华倒刺鲃生物学初步研究. 淡水渔业, 33(3): 16-18.

蔡子德, 林岗, 倪家延, 叶钊, 唐志斌, 张盛. 2007. 光倒刺鲃的繁殖生物学研究. 广西农业科技, 38(2): 200-204.

曹家铭, 邓典谟 (民国). 宜章县志 (见: 湖湘文库编辑出版委员会). 长沙: 岳麓书社.

曹晋飞. 2014. 梁子湖中华沙塘鳢年龄生长、胚胎发育和消化道组织学的研究. 武汉: 华中农业大学硕士学位论文.

曹克驹, 冯俊荣, 李静. 1996. 金沙河水库乌鳢个体繁殖力的研究. 水利渔业, 1: 9-14.

曹丽琴, 孟庆闻. 1992. 中国鲴亚科鱼类同工酶和骨骼特征及系统演化的探讨. 动物分类学报, 17(3): 366-375.

曹文宣, 邓中粦. 1962. 四川西部及其邻近地区的裂腹鱼类. 水生生物学集刊, (2): 27-53.

曹文宣. 1960. 梁子湖的团头鲂与三角鲂. 水生生物学集刊, 1: 57-78.

常剑波, 孙建贻. 1991. 嘉陵江吻鮈生长和繁殖力研究. 资源开发与保护, 7(3): 146-150.

陈安惠. 2014. 鮈亚科鱼类的分子系统发育关系研究. 上海: 复旦大学硕士学位论文.

陈乘. 2015. 南方马口鱼的繁殖生物学特性及繁育技术研究. 长沙: 湖南农业大学硕士学位论文.

陈春娜. 2008. 我国胭脂鱼的研究进展. 水产科技情报, 35(4): 160-163.

陈芳, 杨代勤, 苏应兵. 2009. 3 种不同体色黄鳝生长速度的比较. 长江大学学报(自然科学版)农学卷, 6(3): 33-38.

陈慧. 1998. 黄鳝的年龄鉴定和生长. 水产学报, 22(4): 296-302.

陈金平, 樊启学, 赵振山. 1998. 南方大口鲶胚胎发育及温度对胚胎发育的影响. 水产学杂志, 11(2): 23-28.

陈景星, 蓝家湖. 1992. 广西鱼类一新属三新种 (鲤形目: 鲤科、鳅科). 动物分类学报, 17(1): 104-119.

陈景星, 朱松泉. 1984. 鳅科鱼类亚科的划分及其宗系发生的相互关系. 动物分类学报, 9(2): 201-208.

陈景星. 1980. 中国沙鳅亚科鱼类系统分类的研究. 动物学研究, 1(1): 3-20.

陈军, 郑文彪, 伍育源, 方展强, 肖智. 2003. 鳜鱼和大眼鳜年龄生长和繁殖力的比较研究. 华南师范学报(自然科学版), 1: 110-114.

陈鲲, 刘谦 (民国). 醴陵县志 (见: 湖湘文库编辑出版委员会). 长沙: 岳麓书社.

陈宁生. 1956. 太湖所产银鱼的初步研究. 水生生物学集刊, 2: 324-335.

陈炜, 郑慈英. 1985. 中国塘鳢科鱼类的三新种. 暨南理医学报, 1: 73-80.

陈熙春. 2013. 半刺厚唇鱼胚胎与胚后发育观察. 福建水产, 35(3): 181-186.

陈湘粦, 乐佩琦, 林人端. 1984. 鲤科的科下类群及其宗系发生关系. 动物分类学报, 9(4): 424-440.

陈湘粦. 1977. 我国鲇科鱼类的总述. 水生生物学集刊, 6(2): 197-216.

陈宜瑜, 褚新洛, 罗云林, 陈银瑞, 刘焕章, 何名巨, 陈炜, 乐佩琦, 何舜平, 林人端, 蔡鸣俊, 吴保荣. 1998. 中国动物志 硬骨鱼纲 鲤形目(中卷). 北京: 科学出版社.

陈宜瑜. 1978. 中国平鳍鳅科鱼类系统分类的研究Ⅰ. 平鳍鳅亚科鱼类的分类. 水生生物学集刊, 6(3): 331-348.

陈宜瑜. 1980a. 中国平鳍鳅科鱼类系统分类的研究Ⅱ. 吸腹鳅亚科鱼类的分类. 水生生物学集刊, 7(1): 95-119.

陈宜瑜. 1980b. 中国平鳍鳅科鱼类系统分类的研究Ⅲ. 平鳍鳅科鱼类的系统发育. 动物分类学报, 5(2): 200-211.

陈毅峰, 陈咏霞. 2005. 中国鳅属鱼类的副性征、噶氏斑纹和分类整理(鲤形目, 鳅科, 鳅亚科). 动物分类学报, 30(4): 647-658.

陈银瑞, 宇和纮, 褚新洛. 1989. 云南青鳉鱼类的分类及分布. 动物分类学报, 14(2): 239-246.

陈永, 魏刚. 1995. 瓦氏黄颡鱼胚胎发育的研究. 西南农业大学学报, 17(5): 414-418.

谌海虎. 2010. 赣江南昌段光泽黄颡鱼的年龄、生长和繁殖特性的初步研究. 武汉: 华中农业大学硕士学位论文.

成庆泰, 郑葆珊, 王玉珍, 王存信, 王秀玉, 王鸿媛, 王惠民, 田明诚, 朱元鼎, 朱松泉, 伍玉明, 伍汉霖, 孙宝龄, 苏锦祥, 李春生, 李思忠, 杨文华, 杨青, 杨家驹, 肖真义, 何名巨, 宋佳坤, 张玉玲, 张世义, 张有为, 陈宜瑜, 陈素芝, 陈银瑞, 陈景星, 陈湘粦, 林人端, 罗云林, 金鑫波, 周才武, 郑文莲, 郑葆珊, 孟庆闻, 施友仁, 贾文銮, 黄宏金, 黄顺友, 曹文宣, 褚新洛, 蔡德霖, 戴定远. 1987. 中国鱼类系统检索. 北京: 科学出版社.

程鹏. 2008. 长江上游圆口铜鱼的生物学研究. 武汉: 华中农业大学硕士学位论文.

褚新洛, 陈银瑞, 匡溥人, 李再云, 崔桂华, 莫天培, 周伟, 吴保荣. 1989. 云南鱼类志（上册）. 北京: 科学出版社.

褚新洛, 郑葆珊, 戴定远, 黄顺友, 陈银瑞, 莫天培, 岳佐和, 何名巨. 1999. 中国动物志 硬骨鱼纲 鲇形目. 北京: 科学出版社.

崔奕, 姚达章, 林小涛, 刘明中, 王正鲲, 许忠能. 2016. 广东从化地区不同生境食蚊鱼种群的繁殖生物学特征. 动物学杂志, 51(1): 57-65.

代应贵, 陈毅峰, 王晓辉. 2007. 瓣结鱼食性的研究. 淡水渔业, 37(5): 14-18.

代应贵, 陈毅峰. 2007. 清水江的鱼类区系及生态类型. 生态学杂志, 26(5): 682-687.

戴定远. 1985. 中国犁头鳅属一新种（鲤形目：平鳍鳅科）. 动物分类学报, 10(2): 221-224.

邓辉胜, 何学福. 2005. 长江干流长鳍吻鮈的生物学研究. 西南农业大学学报(自然科学版), 27(5): 704-708.

邓其祥. 1980. 瓦氏黄颡鱼的生物学. 南充师院学报(自然科学版), 1: 91-93.

邓其祥. 1990. 棒花鱼生殖习性的观察. 四川师范学院学报, 11(3): 200-203.

邓中粦, 余志堂, 许蕴玕, 周春生. 1985. 中华鲟年龄鉴别和繁殖群体结构的研究. 水生生物学报, 9(2): 99-110.

丁慧萍. 2014. 茶巴朗湿地外来鱼类的生物学及其对土著鱼类的胁迫. 武汉: 华中农业大学硕士学位论文.

丁瑞华, 邓其详, 叶妙荣, 李贵禄, 周道琼, 傅天佑. 1994. 四川鱼类志. 成都: 四川科学技术出版社.

董纯, 陈小娟, 万成炎, 曹恒源, 唐会元. 2019. 圆口铜鱼人工繁殖及胚胎发育研究. 水生态学杂志, 40(3): 115-119.

窦鸿身, 姜加虎. 2000. 洞庭湖. 合肥: 中国科学技术大学出版社.

段鹏翔, 杨志, 唐会元, 肖琼, 龚云. 2015. 小江拟尖头鲌的年龄、生长、繁殖及其资源开发状况研究. 水生生物学报, 39(4): 695-704.

段鹏翔. 2015. 金沙江下游齐口裂腹鱼种群动态研究. 长沙: 湖南农业大学硕士学位论文.

段中华, 常剑波, 孙建贻. 1991. 长鳍吻鮈年龄和生长的研究. 淡水渔业, 2: 12-14.

段中华, 孙建贻. 1999a. 瓦氏黄颡鱼年龄与生长的研究. 水生生物学报, 23(6): 617-623.

段中华, 孙建贻. 1999b. 瓦氏黄颡鱼的繁殖生物学研究. 水生生物学报, 23(6): 610-616.

樊晓丽, 林植华, 胡雄光, 雷焕宗, 李香. 2016. 卵胎生入侵种食蚊鱼的两性异形和雌性繁殖输出. 生态学报, 36(9): 2497-2504.

方翠云. 2011. 长江铜陵段紫薄鳅发育生物学特性的初步研究. 合肥: 安徽农业大学硕士学位论文.

方树淼, 许涛清. 1980. 陕西汉水扁尾薄鳅的一新亚种. 动物学研究, 1(2): 265-266.

方树淼. 1989. 盎堂拟鲿 *Pseudobagrus ondon* Shaw 的重新描述（鲇形目：鲿科）. 动物分类学报, 14(1): 116-122.

冯广鹏, 李钟杰, 谢从新, 叶少文. 2006. 湖北牛山湖小型鱼类的群落结构及多样性. 湖泊科学, 18(3): 299-304.

甘西, 蓝家湖, 吴铁军, 杨剑. 2017. 中国南方淡水鱼类原色图鉴. 郑州: 河南科技出版社.

高志发, 赵燕, 邓中粦. 1988. 宜昌鳅鮀仔稚鱼的形态特征. 水生生物学报, 12(2): 186-188.

郜星晨, 姜伟, 白云钦, 朱佳志, 张琪, 刘绍平, 段辛斌, 唐锡良. 2018. 长江宜昌段鳡的繁殖生物学特征. 动物学杂志, 53(2): 198-206.

耿龙, 高春霞, 韩婵, 戴小杰, 田芝清. 2014. 淀山湖光泽黄颡鱼的生物学初步研究. 上海海洋大学学报, 23(3): 435-440.

宫民, 刘丹阳. 2018. 鳜的胚胎发育和仔稚鱼生长. 黑龙江水产, 3: 31-33.

龚世园, 李道霞. 1988. 武昌南湖花䱻繁殖特性的调查研究. 华中农业大学学报, 6(4): 182-185.

龚世园, 宋智修, 胡新建, 刘代林, 陈敬德. 1996. 网湖似刺鳊鮈年龄与生长的研究. 湖泊科学, 8(3): 253-259.

顾若波, 徐钢春, 闻海波, 李晓莉, 华丹. 2008. 似刺鳊鮈的胚胎及胚后发育. 中国水产科学, 15(3): 414-424.

管敏, 肖衎, 胡美宏, 刘勇, 鲁雪报. 2015. 长鳍吻鮈（*Rhinogobio ventralis*）胚胎发育和仔鱼发育. 渔业科学进展, 36(4): 57-64.

郭建莉, 贺兵, 崔永全, 江洪, 李波, 向前光, 廖泽龙. 2012. 梵净山小口白甲生物学特性的研究与人工驯养试验. 养殖技术顾问, 8: 252-253.

郭健, 邓其祥, 许明, 唐勇. 1995. 西河华鳊的年龄和生长研究. 四川师范学院学报(自然科学版), 16(4): 343-346.

郭克疾, 邓学建, 李自君, 陈顺德. 2004. 湖南省乌云界自然保护区鱼类资源研究. 生命科学研究, 8(1): 82-85.

郭立, 李隽, 王忠锁, 傅萃长. 2011. 基于四个线粒体基因片段的银鱼科鱼类系统发育. 水生生物学报, 35(3): 449-459.

郭水荣, 谢楠, 刘新轶, 冯晓宇, 王宇希. 2010. 钱塘江细体拟鲿人工繁殖技术研究. 水产科技情报, 37(3): 121-124.

郝天和, 高德伟. 1983. 麦穗鱼在北京地区的食性和繁殖. 动物学杂志, 4: 9-11.

郝天和. 1960. 梁子湖沙鳢的生态研究. 水生生物集刊, 2: 145-158.

何力, 王雪光, 陈清纯, 向君祖. 2006. 湘西盲高原鳅的形态特征描述. 淡水渔业, 36(4): 56-58.

何舜平, 陈宜瑜, Nakajima T. 2000a. 东亚低等鲤科鱼类细胞色素 b 基因序列测定及系统发育. 科学通报, 45(21): 2297-2302.

何舜平, 王伟, 陈宜瑜. 2000b. 低等鲤科鱼类 RAPD 分析及系统发育研究. 水生生物学报报, 24(2): 101-106.

何学福, 宋昭彬, 谢恩义. 1996. 蛇鉤的产卵习性及胚胎发育. 西南师范大学学报(自然科学版), 21(3): 276-281.

何学福. 1998. 铜鱼的生物学研究. 西南师范学院学报(自然科学版), 2: 60-76.

何业恒. 1990. 湖南珍稀动物的历史变迁. 长沙: 湖南教育出版社.

何玉棻, 魏式曾, 黄维瓒 (清). 同治 直隶澧州志 (见: 湖湘文库编辑出版委员会). 长沙: 岳麓书社.

贺吉胜, 何学福, 严太明. 1999. 涪江下游唇鲭胚胎发育研究. 西南师范大学学报(自然科学版), 24(2): 225-231.

贺顺连, 张继平, 许明金. 2000. 湖南鱼类新纪录及鱼类区系特征. 湖南农业大学学报(自然科学版), 26(5): 379-382.

洪斌. 2016. 长江紫薄鳅亲本培育及人工繁殖技术. 安徽农学通报, 22(10): 123, 129.

胡海霞, 傅罗平, 向孙军. 2003. 湖南宏门冲溪鱼类多样性研究初报. 四川动物, 22(4): 226-229.

胡振禧, 黄洪贵, 吴妹英, 黄柳婷, 赖铭勇. 2014. 福建地区斑鳢胚胎与仔鱼早期发育的研究. 上海海洋大学学报, 23(2): 193-199.

湖北省水生生物研究所鱼类研究室. 1976. 长江鱼类. 北京: 科学出版社.

湖南省地质矿产局. 1988. 湖南省区域地质志. 北京: 地质大学出版社.

湖南省地质矿产局. 1997. 湖南省岩石地层. 武汉: 中国地质大学出版社.

湖南省洞庭湖水利工程管理局. 2005. 湖南省洞庭湖区防洪治涝工作手册. 长沙.

湖南省国土委员会. 1985. 湖南省国土资源 (内部资料).

湖南省气象局. 1965. 湖南气候. 长沙: 湖南人民出版社.

湖南省文物考古研究所. 2006. 彭头山与八十垱. 北京: 科学出版社.

湖南省志总编室. 2005. 湖南四水流域图志. 香港: 华商国际出版有限公司.

华元渝, 石黎军, 李海燕, 张先锋. 2005. 暗纹东方鲀年龄鉴定的研究. 水生生物学报, 29(3): 279-284.

黄宏金, 张卫. 1986. 长江鱼类三新种. 水生生物学报, 10(1): 99-100.

黄洪贵. 2009. 中华倒刺鲃胚胎与仔鱼发育的观察. 江西农业大学学报, 31(6): 1087-1092.

黄林, 魏刚. 2002. 光泽黄颡鱼繁殖的初步研究. 西南农业大学学报, 24(1): 54-56.

黄凝道, 谢仲坑 (清). 岳州府志 (见: 湖湘文库编辑出版委员会). 长沙: 岳麓书社.

黄为龙. 1960. 中国鱼类化石的地史分布. 地质科学, 5: 249-255.

黄文凤. 1998. 泥鳅食性与饵料. 台湾海峡, 17(增刊): 112-116.

黄琇, 邓中粦. 1990. 宜昌葛洲坝下圆口铜鱼食性的研究. 淡水渔业, 6: 11-14.

黄应培, 孙均铨, 黄元复 (清). 凤凰厅志 (见: 湖湘文库编辑出版委员会). 长沙: 岳麓书社.

黄永春, 谢湘筠, 涂晨凌, 陈辉辉, 于慧娟, 陈万昌. 2017. 汀江似鉤 (*Pseudogobio vaillanti*) 生态环境和繁殖特性的调查. 渔业研究, 39(2): 127-131.

黄永春. 1999. 汀江大刺鳅食性和繁殖生物学. 水产学报, 23: 1-6.

黄玉瑶. 1988. 青鳉的生物学特性与饲养管理技术. 动物学杂志, 23(6): 28-31.

黄忠舜, 石建新, 曹珂, 周记超, 牛艳东. 2016. 湖南书院洲国家湿地公园鱼类资源调查. 湖南林业科技, 43(2): 34-39.

姬书安, 潘江. 1997. 广西和湖南的大瓣鱼科化石. 古脊椎动物学报, 35(1): 18-34.

计荣森. 1940. 湖南泥盆纪沟鳞鱼之发现. 中国地质学会志, 20(1): 57-72.

贾砾, 普炯, 苏胜齐, 杨超, 牛江波, 姚维志. 2013. 犁头鳅消化系统的解剖. 西南师范大学学报(自然科学版), 38(5): 83-87

贾一何, 黄鹤忠, 李倩倩, 张群英. 2012. 池养乌苏里拟鲿雌雄鱼生长及周年性激素与性腺发育研究. 海洋科学, 36(3): 61-66.

姜雨杰, 赵树海, 肖文, 黄志旁. 2018. 灰裂腹鱼全人工繁殖技术初报. 大理大学学报, 3(12): 79-81.

蒋朝明. 2017. 嘉陵江不同江段蛇鮈 (*Saurogobio dabryi*) 的生物学特征差异比较. 南充: 西华师范大学.

蒋镇（明）. 九嶷山志（二种）（见: 湖湘文库编辑出版委员会）. 长沙: 岳麓书社.

蒋一珪. 1959. 梁子湖鳜鱼的生物学. 水生生物学集刊, 3: 375-385.

金灿彪, 何学福, 土德寿. 1994. 大鳍鳠个体生殖力的研究. 西南师范大学学报(自然科学版), 19(2): 311-315.

金丹璐, 张清科, 王友发, 朱咏梅, 张玉明, 王建平, 竺俊全. 2017. 鲤科经济鱼类马口鱼（*Opsariichthys bidens*）胚胎发育及仔稚鱼形态与生长观察研究. 48(4): 837-847.

金燮理, 李传武. 1986. 泥鳅 *Misgurnus anguillicaudatus* (Cantor)生物学的初步研究. 湖南师范大学自然科学学报, 2(9): 59-66.

康祖杰, 高敬民, 杨道德, 田书荣. 2019. 壶瓶山鱼类图鉴. 昆明: 云南民族出版社.

康祖杰, 杨道德, 邓学建, 黄建, 卢初晖. 2010. 湖南壶瓶山国家级自然保护区山溪鱼类多样性调查与分析. 动物学杂志, 45(5): 79-85.

康祖杰, 杨道德, 邓学建. 2008. 湖南鱼类新纪录 2 种. 四川动物, 27(6): 1149-1150.

康祖杰, 杨道德, 黄建, 李赫文. 2015. 湖南鱼类新纪录——灰裂腹鱼. 四川动物, 34(3): 434.

康祖杰, 张国珍, 黄建, 何克渊. 2010. 湖南壶瓶山国家级自然保护区鱼类资源变化趋势及保护对策. 野生动物, 31(5): 293-297.

孔令杰. 2003. 黄颡鱼人工繁殖技术研究. 哈尔滨: 东北农业大学硕士学位论文.

库么梅, 温小波. 1997. 长薄鳅生物学特征的初步研究. 湖北农学院学报, 17(1): 40-43.

蓝昭军, 李强, 陈龙秀, 曾璐玲, 赵俊. 2008. 北江黄尾鲴个体生殖力的研究. 华南师范大学学报(自然科学版), 4: 107-113.

蓝昭军, 李强, 赵俊, 钟良明. 2015a. 北江侧条光唇鱼的年龄与生长特征. 动物学杂志, 50(4): 518-528.

蓝昭军, 徐嘉良, 李强, 赵俊, 钟良明. 2015b. 侧条光唇鱼两邻近种群繁殖生物学特征的差异. 动物学杂志, 50(5): 735-743.

乐佩琦, 单乡红, 林人端, 褚新洛, 张鹗, 陈景星, 陈毅峰, 曹文宣, 罗云林, 陈宜瑜, 唐文乔, 蔡鸣俊, 吴保苗. 2000. 中国动物志 硬骨鱼纲 鲤形目（下卷）. 北京: 科学出版社.

雷逢玉, 王宾贤. 1990. 泥鳅繁殖和生长的研究. 水生生物学报, 14(1): 60-67.

黎尚豪, 李尧英, 朱蕙忠, 陈嘉佑, 施之新, 沈韫芬, 龚循矩, 白庆笙, 陈景星, 曹文宣, 陈毅峰, 曾北危. 1989. 湖南武陵源自然保护区水生生物. 北京: 科学出版社.

李达, 杨春, 徐光龙, 张力. 1998. 鄱阳湖鳜鱼的生物学. 江西农业学报, 10(4): 14-22.

李红敬, 王雅平, 冷秋丽, 李晓杰, 李晓凤, 于同雷, 黄斌. 2017. 淮河上游南湾湖麦穗鱼年龄与生长的研究. 水生生物学报, 41(4): 835-842.

李红敬. 2008. 珠江水系大眼鳜的食性研究. 水利渔业, 28(4): 66-68.

李鸿, 廖伏初, 杨鑫, 袁希平, 蒋国民, 伍远安. 2020. 湖南鱼类系统检索及手绘图鉴. 北京: 科学出版社.

李鸿. 2016. 刺鲃保护生物学研究. 武汉: 华中农业大学博士学位论文.

李培伦, 刘伟, 王继隆. 2016. 汤旺河花斑副沙鳅繁殖季节性腺发育组织学观察. 水产学杂志, 29(3): 39-43.

李强, 李伟靖, 陈晓华, 蓝昭军, 赵俊, 钟良明. 2011. 广东北江上游南方拟鳘个体繁殖力的初步研究. 华南师范大学学报(自然科学版), 2: 103-107.

李强, 李伟靖, 陈晓华, 蓝昭军, 赵俊. 2010. 南方拟鳘生长模型研究. 华南师范大学学报(自然科学版),

2: 107-111.

李生武. 2001. 圆吻鲴的生物学特性及其养殖技术. 北京水产, 2: 26-27.

李树深. 1984. 中国纹胸鮡属（*Glyptothorax* Blyth）鱼类的分类研究. 云南大学学报(自然科学版), 2: 75-89.

李思发. 1981. 关于逆鱼的生态学资料. 动物学杂志, 4(3): 6-7.

李思忠, 张春光, 施友仁, 肖真义, 王慧民, 张一芳. 2011. 中国动物志 硬骨鱼纲 银汉鱼目 鳉形目 颌针鱼目 蛇鳚目 鳕形目. 北京: 科学出版社.

李思忠. 1981. 中国淡水鱼类的分布区划. 北京: 科学出版社.

李思忠. 1986. 我国古书中的嘉鱼究竟是什么鱼. 生物学通报, 12: 12.

李思忠. 2017. 黄河鱼类志. 青岛: 中国海洋出版社.

李晓风. 2018. 东陂长汀品唇鳅的个体生物学初步研究. 信阳: 信阳师范学院硕士学位论文.

李修峰, 黄道明, 谢文星, 杨汉运, 常秀岭. 2005. 汉江中游银鮈的胚胎发育. 大连水产学院学报, 20(3): 181-185.

李秀启, 陈毅峰, 李堃. 2006. 抚仙湖外来黄颡鱼种群的年龄和生长特征. 动物学报, 52(2): 263-271.

李勇, 张耀光, 谢碧文, 谭娟, 何学福. 2006. 白甲鱼胚胎和胚后发育的初步观察. 西南师范大学学报(自然科学版), 31(5): 142-147.

李云, 刁晓明, 刘建虎. 1997. 长江上游白鲟幼鱼形态发育和产卵场的调查研究. 西南农业大学学报, 19(5): 447-450.

李长春. 1976. 水库鳡鱼的种群生态学及其自然增殖率控制的初步研究. 淡水渔业, 11: 15-22.

李振华, 陈永强, 魏刚, 熊侨丰, 肖训焰. 2010. 嘉陵江粗唇鮠卵巢组织学的周年变化. 淡水渔业, 40(2): 62-66.

李芝琴, 欧阳珊, 吴小平, 戴银根, 胡火庚. 2008. 鄱阳湖黄鳝的生长特征. 动物学杂志, 43(3): 113-120.

李忠利, 冉辉, 杨马, 罗鹏. 2017. 锦江翘嘴鲌的繁殖生物学特征. 动物学杂志, 52(2): 263-270.

李仲钧. 1974. 我国古籍中关于脊椎动物化石的记载. 古脊椎动物与古人类, 12(3): 174-180.

李宗栋. 2017. 滇池红鳍原鲌年龄、生长、繁殖及食性研究. 武汉: 华中农业大学硕士学位论文.

练青平, 宓国强, 姚子亮, 胡廷尖, 李倩. 2014. 瓯江唇鱼骨全人工繁殖与胚胎发育研究. 江西农业大学学报, 36(1): 181-186.

梁启燊, 刘素孀. 1959. 湘江及洞庭湖鱼类调查（摘要）. 湖南师范大学自然科学学报, (3): 67-73.

梁启燊, 刘素孀. 1966. 湖南省的鱼类区系. 湖南师范学院学报(自然科学版), (5): 85-111.

梁银铨, 胡小建, 黄道明, 林子扬, 谢从新. 1999. 长薄鳅胚胎发育的观察. 水生生物学报, 23(6): 631-635.

梁银铨, 胡小建, 虞功亮, 黄道明, 常剑波. 2004. 长薄鳅仔稚鱼发育和生长的研究. 水生生物学报, 28(1): 96-100.

梁志强, 李传武, 刘明球, 卞伟, 余长生. 2011. 湘华鲮消化系统的形态学与组织学研究. 中国水产科学, 18(5): 1051-1060.

梁秩燊, 梁坚勇, 陈朝, 李钟杰, 林敬洪. 1988. 大鳞副泥鳅的胚胎发育及鱼种培养. 水生生物学报, 12(1): 27-42.

梁秩燊, 易伯鲁, 余志堂. 1984. 长江干流和汉江的鳡鱼繁殖习性及其胚胎发育. 水生生物学集刊, 8(4): 389-400.

廖彩萍, 曾燏, 唐琼英, 刘焕章. 2013. 高体鳑鲏的性选择问题研究. 水生生物学报, 37(6): 1112-1117.

廖伏初, 李鸿, 杨鑫, 袁希平, 蒋国民, 梁志强, 伍远安. 2020. 湖南鱼类原色图谱. 北京: 科学出版社.

廖伏初, 王海文, 温罗云. 2002. 湖南珠江流域所属水系及渔业生态环境调查报告. 内陆水产, 10: 37-39.

林岗, 韦精武, 蒙绍武. 1997. 月鳢的生物学特性及其养殖. 广西科学院学报, 13(1): 1-7.

林书颜. 1931. 南中国鲤鱼及似鲤鱼类之研究. 广东建设厅水产试验场.

刘采邦, 张延珂 (清). 长沙县志 (见: 湖湘文库编辑出版委员会). 长沙: 岳麓书社.

刘成汉. 1964. 四川鱼类区系的研究. 四川大学学报(自然科学版), 2: 95-138.

刘成汉. 1979. 有关白鲟的一些资料. 水产科技情报, 6(1): 13-14, 32.

刘成汉. 1980. 四川长江干流主要经济鱼类若干繁殖生长特性. 四川大学学报(自然科学版), 2: 181-188.

刘东生, 刘宪亭, 唐鑫. 1962. 湖南临澧鲈形类一新属. 古脊椎动物与古人类, 6(2): 121-127.

刘飞, 但胜国, 王剑伟, 曹文宣. 2012. 长江上游圆口铜鱼的食性分析. 水生生物学报, 36(6): 1081-1086.

刘国栋, 何光喜, 刘其根, 张峻德, 陈来生. 2011. 千岛湖大眼华鳊年龄、生长和繁殖的初步研究. 上海海洋大学学报, 20(3): 383-391.

刘焕章, 陈宜瑜. 1994. 鳜类系统发育的研究及若干种类的有效性探讨（英文）. 动物学研究, 15(增刊): 1-12.

刘焕章. 1993. 鳜类的骨骼解剖及其系统发育的研究. 武汉: 中国科学院水生生物研究所博士学位论文.

刘焕章. 1997. 鳜类系统位置探讨兼论低等鲈形目鱼类相互关系. 鱼类学论文集（第六辑）, 北京: 科学出版社, 1-7.

刘鉴毅, 危起伟, 陈细华, 杨德国, 杜浩. 2007. 葛洲坝下中华鲟繁殖生物学特性及其人工繁殖效果. 应用生态学报, 18(6): 1397-1402.

刘凯, 景丽, 陈永进, 徐东坡. 2016. 太湖麦穗鱼生长、死亡和利用状况评估. 大连海洋大学学报, 31(4): 368-373.

刘良国, 王文彬, 曾伯平, 罗玉双, 韩庆. 2005. 三种体色黄鳝的 RAPD 分析. 水产科学, 24(1): 22-25.

刘良国, 王文彬, 杨春英, 罗玉双, 杨品红. 2014. 洞庭湖水系资水干流鱼类资源现状调查. 南方水产科学, 10(2): 1-10.

刘良国, 杨春英, 杨品红, 王文彬, 邹万生. 2013a. 湖南境内沅水鱼类资源现状与多样性分析. 海洋与湖沼, 44(1): 148-158.

刘良国, 杨品红, 杨春英, 邹万生, 王文彬. 2013b. 湖南境内澧水鱼类资源现状与多样性研究. 长江流域资源与环境, 22(9): 1165-1171.

刘凌志, 李桂峰, 陈石娟, 卢薛, 罗渡. 2012. 广西龟石水库大眼鳜的年龄与生长特征. 中国水产科学, 19(2): 229-236.

刘敏. 2009. 细鳞鲴的年龄、生长和繁殖生物学研究. 武汉: 华中农业大学硕士学位论文.

刘明玉, 解玉浩, 季达明. 2000. 中国脊椎动物大全. 沈阳: 辽宁大学出版社.

刘盼, 秦洁, 张清靖, 贾成霞. 2009. 不同水温对青鳉胚胎发育的影响. 水生态学杂志, 2(6): 98-101.

刘其根, 吴杰洋, 颜克涛, 胡忠军, 林宗毅. 2015. 淀山湖光泽黄颡鱼食性研究. 水产学报, 39(6): 859-866.

刘瑞兰, 郭治之. 1986. 副沙鳅属（鲤形目: 鳅科）鱼类一新种. 江西大学学报(自然科学版), 10(4): 69-71.

刘时藩. 1997. 中国的棘鱼鳍刺化石. 古生物学报, 36(4): 473-484.

刘世平. 1997. 鄱阳湖黄颡鱼生物学研究. 动物学杂志, 32(4): 10-16.

刘素文. 1981. 湘华鲮的年轮及其鉴别. 湖南水产科技, 2: 29-30, 44.

刘炜, 周国勤, 茆健强. 2013. 黄颡鱼繁殖生物学及苗种培育研究进展. 江苏农业科学, 41(8): 220-222.

刘宪亭, 曾祥渊. 1964. 湖南新化的 Dorypterus 鱼化石. 古脊椎动物与古人类, 8(3): 318-319.

刘小红, 郭宇辉, 王宝森, 姚艳红, 王志坚. 2007. 嘉陵江下游白缘鉠个体生殖力研究. 淡水渔业, 37(2): 41-43.

刘亚, 龚全, 李强, 杜军, 赵刚. 2017. 全人工繁殖达氏鲟胚胎发育的形态学和组织学观察. 西南农业学报, 30(7): 1686-1692.

刘正文, 朱松泉. 1994. 滇池产太湖新银鱼食性与摄食行为的初步研究. 动物学报, 40(3): 253-261.

刘灼见, 高书堂, 邓青. 1996. 食蚊鱼的性腺发育及性周期研究. 武汉大学学报(自然科学版), 42(4): 487-493.

龙光华, 林岗, 胡大胜, 李秀珍, 刘坚红. 2005. 赤眼鳟的繁殖生物学. 动物学杂志, 40(5): 28-36.

卢敏德, 杨彩根, 葛志亮, 徐玉成. 1996. 似刺鳊鮈胚胎发育的研究. 水产养殖, 6: 15-18.

陆清尔. 1992. 长潭水库大眼华鳊 Sinibrama macrops 年龄与生长的初步研究. 浙江水产学院学报, 11(2): 116-122.

罗桂环. 2005. 近代西方识华生物史. 济南: 山东教育出版社.

罗红波, 李立银, 姚维志, 江永明, 倪朝辉. 2005. 涨渡湖黄颡鱼生长及资源利用. 淡水渔业, 35(5): 25-27.

罗凯军, 代应贵, 邹习俊, 韩雪. 2008. 光倒刺鲃的年轮特征与生长研究. 贵州畜牧兽医, 32(3): 10-12.

罗庆华, 胡骁, 陶水秀, 陈进豪, 刘柯. 2018. 湖南鱼类新记录种——长鳍异华鳊. 湖南农业大学学报(自然科学版), 44(6): 650-654。

吕大伟, 周彦锋, 葛优, 王晨赫, 尤洋. 2018. 淀山湖翘嘴鲌的年龄结构与生长特性. 水生生物学报, 42(4): 762-769.

吕恩湛, 宗绩辰（清）. 永州府志（见：湖湘文库编辑出版委员会）. 长沙: 岳麓书社.

吕国庆, 李思发. 1993. 长江天鹅洲故道鲢、鳙、草鱼和青鱼种群特征与数量变动的初步研究. 上海水产大学学报, 2(1): 6-16.

吕肃高, 张雄图, 王文清（清）. 长沙府志（见：湖湘文库编辑出版委员会）. 长沙: 岳麓书社.

马惠钦. 2001. 长江干流圆筒吻鮈生物学的初步研究. 重庆: 西南师范大学硕士学位论文.

马陶武, 谢从新. 1999. 梁子湖乌鳢成鱼食性研究. 水利渔业, 19(5): 1-3.

马陶武, 谢从新. 2000. 梁子湖乌鳢个体繁殖力研究. 水利渔业, 20(5): 1-3.

马延英. 1938. 亚洲最近地质时代气候的变迁与第四纪后期冰川消长的原因及海底地形问题. 地质评论, 3(2): 119-129.

马延英. 1941. 亚洲第四纪中叶气候变迁与冰川的原因. 地质评论, 6(3/4): 220-230.

毛节荣, 徐寿山, 郏国生, 郑米良. 1991. 浙江动物志 淡水鱼类. 杭州: 浙江科学技术出版社.

梅杰, 樊均德, 许勤智, 梁正其. 2014. 贵州梵净山国家级自然保护区小口白甲鱼资源研究. 安徽农业科学, 42(34): 12123-12125.

梅杰, 冉辉, 樊均德, 任彪. 2016. 贵州石阡河切尾拟鲿鱼食性研究. 湖北农业科学, 55(2): 431-436.

米小其, 邓学建, 周毅, 牛艳东. 2007. 湖南鱼类新记录 4 种. 生命科学研究, 11(2): 123-125.

宓国强, 沈土山, 许谷星, 黄鲜明, 顾志敏. 2007. 鳡的人工繁殖与胚胎发育. 水产学报, 31(5): 639-646.

莫根永, 胡庚东, 周彦锋. 2009. 暗纹东方鲀胚胎发育的观察. 淡水渔业, 39(6): 22-27.

莫林恒. 2011a. 高庙遗址出土白鲢支鳍骨的鉴定与研究. 湖南考古辑刊, (9): 260-278.

莫林恒. 2011b. 高庙遗址出土鱼类遗存研究. 长沙: 湖南大学硕士学位论文.

莫林恒. 2016. 长江中下游地区史前鱼类遗存初步研究. 南方文物, (4): 223-233.

缪学祖, 殷名称. 1983. 太湖花䱻生物学研究. 水产学报, 7(1): 31-44.

倪勇, 伍汉霖. 2006. 江苏鱼类志. 北京: 中国农业出版社.

倪勇, 朱成德, 徐跑, 严小梅, 朱茂晓, 耿心礼, 程建新, 吴林坤, 王小林, 朱松泉, 秦伟, 曹萍. 2005. 太湖鱼类志. 上海: 上海科学技术出版社.

牛艳东, 邓学建, 李锡泉, 周毅, 李春子. 2012. 湖南康龙自然保护区鱼类资源调查. 湖南林业科技, 39(1): 61-63.

牛艳东, 邓学建, 刘汀, 任巍, 李春子. 2011. 城步南山芙蓉河上游鱼类资源的调查. 湖南林业科技, 38(5): 44-47.

农牧渔业部水产局, 中国科学院水生生物研究所, 上海自然博物馆. 1988. 中国淡水鱼类原色图集（民国）（第二集）. 上海: 上海科学技术出版社.

潘江, 曾祥渊. 1985. 湘西早志留世溶溪组无颌类的发现及其意义. 古脊椎动物学报, 23(3): 207-213.

潘江, 王士涛. 1978. 中国南方泥盆纪无颌类及鱼类化石. 华南泥盆系会议论文集. 北京: 地质出版社, 298-333.

潘江. 1957. 中国泥盆纪鱼化石的新资料. 科学通报, 11: 341-342.

潘江. 1986. 中国志留纪脊椎动物群的初步研究. 中国地质科学院院报, 15: 161-190.

潘炯华, 苏炳之, 郑文彪. 1980. 食蚊鱼（*Gambusia affinis*）的生物学特性及其灭蚊利用的展望. 华南师院学报(自然科学版), 1: 117-138.

潘炯华, 郑文彪. 1982. 胡子鲶的胚胎和幼鱼发育的研究. 水生生物学集刊, 7(4): 437-442.

潘炯华, 郑文彪. 1983. 胡子鲇形态、生殖力和成熟系数的周年期变化的研究. 水产学报, 7(4): 353-363.

潘炯华, 郑文彪. 1986. 广东北江南方白甲鱼的生物学研究. 水产学报, 10(4): 419-431.

潘志伟, 王鹏, 赵春刚, 戚继刚. 2001. 乌苏里拟鲿人工繁育技术及开发利用——乌苏里拟鲿繁殖生物学及人工催产初步研究. 水产学杂志, 14(2): 1-3.

彭新亮, 伦峰, 郭旭升, 赵良杰. 2018. 黄尾鲴胚胎及仔鱼的发育. 江苏农业科学, 46(22): 164-167.

蒲德永, 王志坚, 张耀光, 李军林. 2006. 大眼鳜胚胎发育的观察. 西南农业大学学报(自然科学版), 28(4): 651-655.

蒲德永, 王志坚, 周传江, 张耀光. 2007. 大眼鳜幼鱼的发育和生长. 西南大学学报(自然科学版), 29(8): 118-122.

乔晔. 2005. 长江鱼类早期形态发育与种类鉴别. 武汉: 中国科学院水生生物研究所博士学位论文.

邱顺林, 林康生, 陈大庆. 1989. 长江鲥鱼种群生长和繁殖特性的研究. 动物学报, 35(4): 399-408.

曲瑾. 2014. 白洋淀子陵吻虾虎鱼生物学特性的研究. 保定: 河北大学硕士学位论文.

瞿勇, 张佩玲, 黄太福, 黄兴龙, 朱莎, 袁小玥, 张佑祥, 刘志霄. 2019. 湖南小溪国家级自然保护区发现后鳍薄鳅. 四川动物, 38(2): 184-185.

冉辉, 梁正其, 周毅. 2015b. 锦江河斑鳜繁殖生物学的初步研究. 湖北农业科学, 54(2): 385-388.

冉辉, 禹真, 梁正其. 2015a. 锦江河斑鳜消化系统特征和食性. 湖北农业科学, 54(8): 1945-1947.

饶佺修, 旷敏本（清）. 衡州府志（见: 湖湘文库编辑出版委员会）. 长沙: 岳麓书社.

任丽珍, 程利民, 韩晓磊, 徐慧君, 许璞. 2011. 长江鳗胚胎及仔鱼发育研究. 大连海洋大学学报, 26(3): 215-222.

单乡红. 2000. 中国小鲃属的分类整理及小鲃属的分类学讨论（鲤形目: 鲤科: 鲃亚科）. 动物分类学报, 25(1): 114-115.

邵建春, 刘春雷, 秦芳, 秦长江, 顾泽茂. 2016. 汉江地区翘嘴鲌胚胎及仔鱼发育观察. 华中农业大学学报, 35(6): 111-116.

邵甜, 王玉蓉, 徐爽. 2015. 流量变化与齐口裂腹鱼产卵场栖息地生境指标的响应关系. 长江流域资源与环境, 24(21): 85-91.

沈建忠. 2000. 中华鳑鲏*Rhodeus sinensis*繁殖习性的初步观察. 华中农业大学学报, 19(5): 494-496.

施白南. 1980a. 吻鮈的生物学资料. 西南农业大学学报(自然科学版), 2: 111-115.

施白南. 1980b. 园筒吻鮈的生物学资料. 西南师范学院(自然科学版), 2: 123-126.

施白南. 1980c. 岩原鲤的生活习性及其资源保护. 西南师范学院(自然科学版), 2: 93-103.

施白南. 1980d. 嘉陵江南方大口鲶的生物学研究. 西南师范学院学报(自然科学版), 2: 45-52.

施白南. 1980e. 嘉陵江鲶鱼的生物学简介. 西南师范学院学报(自然科学版), 2: 53-59.

石小涛, 王博, 王雪, 陈求稳, 白艳勤. 2013. 胭脂鱼早期发育过程中集群行为的形成. 水产学报, 37(5): 705-710.

司亚东, 姚卫建, 李文祥, 陈英鸿, 张帆. 1999. 乌鳢繁殖习性观察与受精卵的人工孵化. 淡水渔业, 29(7): 3-5.

四川省长江水产资源调查组. 1988. 长江鲟鱼生物学及人工繁殖研究. 成都: 四川科技出版社.

宋天祥, 马骏. 1994. 华鲮的繁殖生物学. 动物学研究, 15(增刊): 96-102.

宋天祥, 马骏. 1996. 华鲮人工繁殖和早期发育的研究. 湖泊科学, 8(3): 260-267.

宋文, 祝东梅, 王艺舟, 王卫民. 2014. 梁子湖团头鲂的年龄和生长特征. 大连海洋大学学报, 29(1): 11-16.

苏家勋, 邱发绪, 周维祥, 谢从新, 王卫民, 陈昌福. 1993. 三道河水库马口鱼的年龄与生长、繁殖和食性. 水利渔业, (1): 15-18.

苏良栋, 何学福, 张耀光, 魏刚. 1985. 长吻鮠Leiocassis longirostris Günther 胚胎发育的初步观察. 淡水渔业, 4: 2-4.

孙广文. 2013. 长江天鹅洲故道似鳊的年龄、生长、死亡率和繁殖. 武汉: 华中农业大学硕士学位论文.

孙帼英. 1982. 长江口及其临近海域的银鱼. 华东师范大学学报(自然科学版), (1): 111-119.

孙智薇. 2011. 中国大陆鮏属鱼类系统分类学研究. 武汉: 中国科学院研究生院水生生物研究所硕士学位论文.

覃亮, 熊邦喜, 吕光俊. 2009. 徐家河水库翘嘴鲌的个体生殖力. 应用生态学报, 20(8): 1952-1957.

谭北平. 1994. 太湖鳜鱼摄食习性的研究. 湖北农学院学报, 14(4): 36-41.

谭北平. 1996. 太湖沙塘鳢生长与摄食习性的初步研究. 湖北农学院学报, 16(1): 31-37.

谭北平. 1997. 太湖乌鳢的生长、食性与渔业. 水利渔业, 3: 14-18.

唐家汉, 钱名全. 1979. 洞庭湖的鱼类区系. 淡水渔业, 1: 10-18.

唐家汉. 1980a. 湖南鱼类志. 长沙: 湖南科技出版社.

唐家汉. 1980b. 中国鮈亚科两新种. 动物分类学报, 5(4): 436-439.

唐琼英, 杨秀平, 刘焕章. 2003. 刺鲃基于线粒体细胞色素 b 基因的生物地理学过程. 水生生物学报, 27: 352-356

唐琼英, 俞丹, 刘焕章. 2008. 斑纹薄鳅（Leptobotia zebra）应该为斑纹沙鳅（Sinibotia zebra）. 动物学研究, 29(1): 1-9.

唐文乔, 陈宜瑜, 伍汉霖. 2001. 武陵山区鱼类物种多样性及其动物地理学分析. 上海水产大学学报, 10(1): 1-15.

唐文乔, 胡雪莲, 杨金权. 2007. 从线粒体控制区全序列变异看短颌鲚和湖鲚的物种有效性. 生物多样性, 15(3): 224-231.

唐文乔. 1989. 武陵山地区鱼类区系及其动物地理学分析. 武汉: 中国科学院水生生物研究所硕士学位论文.

唐鑫. 1959. 湖南临澧鲤科化石一新种. 古脊椎动物与古人类, 1(4): 211-213.

唐燕高, 徐大宝, 王运能, 洪斌, 方翠云. 2010. 紫薄鳅的人工繁殖初步试验. 中国水产, 1: 41-43.

唐勇, 李俊珉, 许镇平, 伍向宏, 孙跃虎. 1997. 月鳢的养殖技术. 淡水渔业, 27(3): 46-48.

陶澍, 唐古特（清）. 沅江县志（见: 湖湘文库编辑出版委员会）. 长沙: 岳麓书社.

陶澍, 万年淳（清）. 洞庭湖志（见: 何培金. 2003）. 长沙: 岳麓书社.

田辉伍. 2013. 长江上游保护区长薄鳅和红唇薄鳅种群生态及遗传结构比较研究. 重庆: 西南大学博士学位论文.

田奇瑞. 1943. 湖南煤矿与古地形. 地质评论, 8(1/6): 115-132.

屠明裕. 1984. 麦穗鱼的繁殖与胚胎——仔鱼期的发育. 水产科技, (1): 1-13.

庹云. 2006. 岩原鲤胚胎、胚后发育与早期器官分化的研究. 重庆: 西南大学硕士学位论文.

万远, 占阳, 欧阳珊, 周春花, 吴春林. 2013. 胭脂鱼胚胎及仔鱼早期发育观察. 南昌大学学报(理科版), 37(1): 78-82.

汪宁. 1991. 青菱湖中长春鳊生物学的研究. 水生生物学报, 15(2): 127-136.

汪松, 解焱. 2004. 中国物种红色名录 第一卷 红色名录. 北京: 高等教育出版社.

汪松, 乐佩琦, 陈宜瑜. 1998. 中国濒危动物红皮书 鱼类. 北京: 科学出版社.

王宾贤, 范至刚, 唐伯连. 1984. 银鮈性腺发育和胚胎发育的观察. 水生生物学集刊, 8(3): 271-287.

王宾贤, 刘素文, 田习初. 1982. 湘华鲮的生物学研究. 水生生物学集刊, 7(4): 455-469.

王崇, 郑海涛, 梁银铨, 孙华刚. 2019. 乌江思林库区泉水鱼年龄与生长的研究. 水生态学杂志, 40(1): 86-90.

王丹, 李文宽, 闫有利, 骆小年, 吴瑞兰. 2007. 鸭绿江斑鳜胚胎及胚后发育观察. 大连水产学院学报, 22(6): 415-420.

王德寿, 罗泉笙. 1992. 大鳍鳠的繁殖生物学研究. 水产学报, 16(1): 50-59.

王德寿, 罗泉笙. 1993. 嘉陵江大鳍鳠的年龄和生长的研究. 水生生物学报, 17(2): 157-165.

王德寿, 田怀军, 蒲德永. 1995. 粗唇鮠生物学的初步研究. 西南师范大学学报(自然科学版), 20(1): 59-65.

王广军, 谢骏, 庞世勋, 余德光. 2006. 珠江水系大眼鳜的繁殖生物学. 水产学报, 30(1): 50-55.

王广军. 2000. 乌鳢的生物学特性及繁殖技术. 淡水渔业, 30(6): 10-11.

王广军. 2003. 斑鳢养殖技术. 水产养殖, 24(1): 12-16.

王海生, 沈建忠, 李霄, 胡少迪, 龚成. 2013. 长江天鹅洲故道银鲴的年龄、生长和死亡率研究. 水生态学杂志, 34(2): 7-13.

王涵, 田辉伍, 陈大庆, 高天珩, 刘明典. 2017. 长江上游江津段寡鳞飘鱼早期资源研究. 水生态学杂志, 38(2): 82-87.

王怀林. 2011. 嘉陵江下游白缘䱀年龄与生长的研究. 安徽农业科学, 39(15): 9298-9301.

王俊, 王美荣, 但胜国, 曹文宣, 刘焕章. 2012. 赤水河半䱗年龄与生长. 四川动物, 31(5): 713-719.

王俊卿. 1991. 湘西北志留纪胴甲鱼化石. 古脊椎动物学报, 29(3): 240-244.

王坤, 凌去非, 李倩, 成芳, 徐海军. 2009. 苏州地区泥鳅和大鳞副泥鳅年龄与生长的初步研究. 上海海洋大学学报, 18(5): 553-558.

王令玲, 仇潜如, 邹世平, 刘寒文, 吴福煌. 1989. 黄颡鱼胚胎和胚后发育的观察研究. 淡水渔业, 5: 9-12.

王美荣, 杨少荣, 刘飞, 黎明政, 但胜国. 2012. 长江上游圆筒吻鮈年龄与生长的研究. 水生生物学报, 36(2): 262-269.

王敏, 曹克驹, 常青, 吴玉涛. 1997. 乌鳢的食性与摄食率的研究. 水利渔业, 5: 12-15.

王敏, 王卫民, 鄢建龙. 2001. 泥鳅和大鳞副泥鳅年龄与生长的比较研究. 水利渔业, 21(1): 7-9.

王念忠. 1977a. 湖南衡南雨母山叉鳞鱼类的发现及其意义——湖南侏罗纪含煤地层鱼化石之一. 古脊椎动物与古人类, 15(3): 177-183.

王念忠. 1977b. 湖南零陵-衡阳一带侏罗纪鱼化石及其在地层上的意义——湖南侏罗纪含煤地层鱼化石之二. 古脊椎动物与古人类, 15(4): 233-243.

王岐山. 1960. 东北的鳡鱼. 动物学杂志, 1: 32-34.

王芊芊, 吴金明, 张富铁, 王剑伟. 2010. 赤水河银鲴的早期发育与仔鱼的耐饥饿能力. 动物学杂志,

45(3): 11-20.

王芊芊. 2008. 赤水河鱼类早期资源调查及九种鱼类早期发育的研究. 武汉: 华中师范大学硕士学位论文.

王权, 王建国, 封琦, , 黄爱军, 戴青, 袁圣, 赵建华. 2014. 中华鳑鲏的生物学特性及人工养殖技术. 江苏农业科学, 42(5): 193-194.

王伟, 何舜平, 陈宜瑜. 2002. 线粒体 DNA d-loop 序列变异与鳅鮀亚科鱼类系统发育. 自然科学进展, 12(1): 33-36.

王晓辉, 代应贵. 2006. 瓣结鱼的年轮特征与年龄鉴定. 上海水产大学学报, 15(2): 247-251.

王晓辉. 2006. 稀有白甲鱼的生物学特性及种质资源评估. 贵阳: 贵州大学硕士学位论文.

王星, 周毅, 刘汀, 唐梓钧, 曾峰. 2011. 南岳衡山自然保护区鱼类资源调查. 生命科学研究, 15(4): 311-316.

王雪. 2016. 基于形态和 cytb 基因的武陵山区北部裂腹鱼物种界定. 武汉: 中国科学院水生生物研究所硕士学位论文.

王亚龙, 何勇凤, 王旭歌, 陈亮, 朱永久. 2017. 长湖达氏鲌的生长特性及其资源现状. 动物学杂志, 52(6): 1015-1022.

王亚龙. 2017. 长湖鱼类群落结构及达氏鲌种群生态研究. 上海: 上海海洋大学.

王彦, 张世萍, 詹宇伟. 2008. 不同体色黄鳝繁殖力比较研究. 湖北农业科学, 47(5): 571-572.

王元军, 李殿香. 2005. 南四湖大鳞副泥鳅生态特征的初步研究. 水利渔业, 25(1): 9-10.

王志坚, 殷江霞, 张耀光. 2011. 长薄鳅的卵巢发育和卵子发生. 淡水渔业, 41(4): 32-39.

王志玲, 吴国犀, 杨德国, 刘乐和. 1990. 长江中上游大口鲇的年龄和生长. 淡水渔业, 6: 3-7.

危起伟, 陈细华, 杨德国, 刘鉴毅, 朱永久. 2005. 葛洲坝截流 24 年来中华鲟产卵场群体结构的变化. 中国水产科学, 12(4): 452-457.

危起伟, 李罗新, 杜浩, 张晓雁, 熊伟. 2013. 中华鲟全人工繁殖技术研究. 中国水产科学, 20(1): 1-11.

魏刚, 黄林. 1997. 鲶繁殖生物学的研究. 水产学报, 21(3): 225-232.

吴国犀, 刘乐和, 王志玲, 杨德国. 1990. 葛洲坝水利枢纽坝下宜昌江段胭脂鱼的年龄与生长. 淡水渔业, 2: 3-8.

吴婕, 邓学建. 2007. 柘溪水库及其周边地区鱼类资源现状的研究. 湖南师范大学自然科学学报, 30(3): 116-119.

吴金明, 张富铁, 刘飞, 王剑伟. 2011. 赤水河大鳍鳠的年龄与生长. 淡水渔业, 41(4): 21-25, 31.

吴朗. 2012. 太湖新银鱼不同纬度移殖种群生活史对策比较研究. 武汉: 中国科学院水生生物研究所博士学位论文.

吴立新, 姜志强, 秦克静, 邹波. 1996. 碧流河水库斑鳜年龄和生长的研究. 大连水产学院学报, 11(2): 30-38.

吴立新, 姜志强, 秦克静. 1997. 碧流河水库斑鳜的食性及其渔业利用. 中国水产科学, 4(4): 25-29.

吴莉芳, 张东鸣, 黄权, 陈勇, 刘新宇. 2000a. 乌鳢的生长模型和生活史类型研究. 吉林农业大学学报, 22(2): 94-96.

吴莉芳, 张东鸣, 黄权, 刘春力. 2000b. 黄花泡乌鳢的食性分析及种群资源利用. 吉林农业大学学报, 22(3): 104-106.

吴起凤, 唐际虞（清）. 靖州直隶州志（见：湖湘文库编辑出版委员会）. 长沙: 岳麓书社.

吴倩倩, 刘宜敏, 石胜超, 任锐君, 邓学建. 2016. 湖南通道玉带河国家湿地公园鱼类资源初探. 生命科学研究, 20(5): 377-380.

吴倩倩, 石胜超, 任锐君, 刘宜敏, 邓学建. 2015. 湖南鱼类新纪录一种—湖北圆吻鲴. 四川动物, 34(6): 888.

吴强, 陈大庆, 熊传喜, 杨青瑞, 刘建虎. 2008. 宜昌鳅鮀食性的初步研究. 水利渔业, 28(2): 53-56.

吴青, 王强, 蔡礼明, 代昌华, 陆建平. 2004. 齐口裂腹鱼的胚胎发育和仔鱼的早期发育. 大连水产学院学报, 19(3): 218-221.

吴清江. 1975. 长吻鮠 [Leiocassis longirostris (Günther)]的种群生态学及其最大持续渔获量的研究. 水生生物学集刊, 5(3): 387-408.

吴晓春. 2015. 河流生态变更与评价. 北京: 中国环境出版社.

吴兴兵, 郭威, 朱永久, 杨德国, 张敏. 2015. 长鳍吻鮈胚胎发育特征观察. 四川动物, 34(6): 889-894.

吴兆熙, 张先抡 (清). 善化县志 (见: 湖湘文库编辑出版委员会). 长沙: 岳麓书社.

吴智和. 1982. 明代渔户与养殖事业//明史研究小组. 明史研究专刊 第二辑. 台北: 明史研究小组: 109-164.

伍汉霖, 陈义雄, 庄棣华. 2002. 中国沙塘鳢属 (Odontobutis) 鱼类之一新种 (鲈形目: 沙塘鳢科). 上海水产大学学报, 11(1): 6-13.

伍汉霖, 邵广昭, 赖春福, 庄棣华, 林沛立. 2012. 拉汉世界鱼类系统名典. 基隆: 水产出版社.

伍汉霖, 吴小清, 解玉浩. 1993. 中国沙塘鳢属鱼类的整理和一新种的叙述. 上海水产大学学报. 2(1): 52-61.

伍汉霖, 钟俊生, 陈义雄, 庄棣华, 沈根媛, 倪勇, 赵盛龙, 邵广昭, 牟阳. 2008. 中国动物志 硬骨鱼纲 鲈形目 (五) 虾虎鱼亚目. 北京: 科学出版社.

伍汉霖. 2002. 中国有毒及药用鱼类新志. 北京: 中国农业出版社.

伍律, 李德俊, 赵执桴, 郑建洲州, 泽琴, 谢家骅, 吕克强, 李光娟. 1989. 贵州鱼类志. 贵阳: 贵州人民出版社.

伍献文, 林人端, 陈景星, 陈湘粦, 黄宏金, 何名巨, 罗云林, 乐佩琦, 陈宜瑜, 曹文宣. 1977. 中国鲤科鱼类志 (下卷). 上海: 上海人民出版社.

伍献文, 杨干荣, 黄宏金, 易伯鲁, 吴清江, 曹文宣. 1964. 中国鲤科鱼类志 (上卷). 上海: 上海人民出版社.

伍献文, 杨干荣, 乐佩琦, 黄宏金. 1979. 中国经济动物志淡水鱼类. 第二版. 北京: 科学出版社.

席绍葆, 谢鸣谦 (清). 辰州府志 (见: 湖湘文库编辑出版委员会). 长沙: 岳麓书社.

夏前征. 2008. 丰溪河花䱻 (Hemibarbus maculates) 食性研究. 武汉: 华中农业大学硕士学位论文.

向鹏, 刘良国, 王冬, 曾平文, 邓玲玲. 2016. 湖南沅水五强溪水库鱼类资源现状及其历史变化. 湖泊科学, 28(2): 379-386.

肖调义, 盛玲芝, 苏建明, 张学文, 陈开健. 2002. 洞庭湖瓦氏黄颡鱼的形态与生长及繁殖特性. 湖南农业大学学报, 28(4): 333-336.

肖调义, 章怀云, 王晓清, 肖克宇, 戴振炎. 2003. 洞庭湖黄颡鱼生物学特性. 动物学杂志, 38(5): 83-88.

肖武汉, 汪建国. 2000. 鲴类寄生六鞭毛虫系统发育的研究. 水生生物学报, 24(2): 122-127.

肖秀兰, 张明, 魏宏民, 欧阳敏. 2003. 鄱阳湖黄颡鱼胚胎发育观察. 淡水渔业, 33(3): 36-37.

肖智. 2000. 鲶繁殖习性的研究. 中山大学学报论丛, 20(5): 41-44.

谢从新, 刘齐德. 1986. 似鮈生物学的初步研究. 华中农业大学学报, 5(1): 73-82.

谢从新, 夏增东, 朱邦科, 金晖. 1997. 保安湖乌鳢渔获物群体结构及生长特性. 华中农业大学学报, 16(4): 367-373.

谢从新. 1995. 三道河水库大眼鳜的年龄和生长. 水利渔业, 1: 12-15.

谢恩义, 何学福, 阳清发. 1999. 瓣结鱼的繁殖习性以及精子的活力与寿命. 动物学杂志, 34(2): 5-8.

谢恩义, 何学福. 1998a. 瓣结鱼 Tor brevifilis (Peters) 的性腺发育及周年变化. 生命科学研究, 2(2): 140-146.

谢恩义, 何学福. 1998b. 瓣结鱼的胚胎发育. 怀化师专学报, 17(2): 33-37.

谢恩义, 何学福. 1999a. 瓣结鱼的年龄和生长的研究. 动物学杂志, 34(5): 8-12.

谢恩义, 何学福. 1999b. 瓣结鱼的食谱及食性研究. 怀化师专学报, 18(2): 57-59.

谢恩义, 阳清发, 何学福. 2002. 瓣结鱼的胚胎及幼鱼发育. 水产学报, 26(2): 115-121.

谢恩义. 1997. 蛇鮈个体生殖力的研究. 怀化师专学报, 16(5): 58-60.

谢刚, 祁宝嵛, 余德光. 2002. 鳗鲡某些繁殖生物学特性的研究. 大连水产学院学报, 17(4): 267-271.

谢建洋, 李权生, 王铁墩, 江辉, 戴振炎. 2014. 资水水系白缘䱀食性初步研究. 养殖与饲料, 9: 12-14.

谢小军. 1986. 南方大口鲇的胚胎发育. 西南师范大学学报(自然科学版), 3: 72-78.

谢小军. 1987. 嘉陵江南方大口鲇的年龄和生长的初步研究. 生态学报, 7(4): 359-367.

谢增兰, 郭延蜀, 胡锦矗, 张孝春, 张勤. 2005. 高体鳑鲏的生物学资料及个体发育观察. 动物学杂志, 40(1): 21-26.

谢增兰, 胡锦矗, 郭延蜀, 杨小琼, 曾声容. 2006. 叉尾斗鱼繁殖行为的观察. 动物学杂志, 41(5): 7-12.

谢正丽, 郭弘艺, 唐文乔, 魏凯, 沈林宏. 2010. 长江口降海洄游鳗鲡的年龄结构与生长特征. 水产学报, 34(2): 245-254.

谢仲桂, 谢从新, 张鹗. 2003. 我国华鳊属鱼类形态差异及其物种有效性的研究. 动物学研究, 24(5): 321-330.

辛建峰, 杨宇峰, 刘焕章. 2010. 长江上游长鳍吻鮈年龄与生长的研究. 四川动物, 29(3): 352-356.

邢迎春, 赵亚辉, 张洁, 王玉凤, 赵欣如. 2007. 北京地区宽鳍鱲的生长及食性. 动物学报, 53(6): 982-993.

熊邦喜. 1984. 神农架长江鲹繁殖生物学的初步研究. 水库渔业, 2: 35-39.

熊美华, 邵科, 史方, 朱滨, 梁银铨. 2012. 乌江泉水鱼个体生殖力的研究. 水生态学杂志, 33(5): 41-46.

熊美华, 史方, 郑海涛, 马习耕, 孙华刚. 2016. 乌江思南泉水鱼的年龄与生长研究. 水生态学杂志, 37(4): 78-83.

熊天寿. 1990. 对"嘉鱼"的考证与辨识. 重庆师范学院学报(自然科学版), 7(2): 89-93.

熊星, 李英文, 田辉伍, 贾向阳, 段辛斌. 2013. 长江上游圆筒吻鮈生长与食性. 生态学杂志, 32(4): 905-911.

熊玉宇, 乔晔, 刘焕章, 谭德清. 2008. 犁头鳅早期发育. 水生生物学报, 32(3): 424-433.

徐钢春, 顾若波, 闻海波, 许爱国. 2009. 澄湖似刺鳊鮈的年龄和生长特征. 中国水产科学, 16(3): 307-315.

徐钢春, 张呈祥, 聂志娟, 张守领, 顾若波. 2014. 似刺鳊鮈的性腺发育组织学观察. 淡水渔业, 44(1): 26-31.

徐国相, 宫梦仁（清）. 湖广通志.

徐嘉良. 2010. 广州从化侧条光唇鱼基础生物学的研究. 广州: 华南师范大学硕士学位论文.

徐剑, 邹佩贞, 温彩燕, 陈建荣, 钟良明. 2004. 光倒刺鲃卵巢发育的初步研究. 动物学杂志, 39(4): 7-10.

徐伟, 李池陶, 曹顶臣, 耿龙武. 2008. 乌苏里江唇䱗的鳞片和生长特征. 动物学杂志, 43(3): 108-112.

徐伟, 李池陶, 耿龙武, 孙慧武, 刘晓勇. 2009. 乌苏里江唇䱗的全人工繁殖. 中国水产科学, 16(4): 550-556.

徐寅生. 2012. 青弋江两种鳔属鱼类的生活史特征研究. 芜湖: 安徽师范大学硕士学位论文.

许典球, 廖秀林. 1984. 银鲴食性的研究. 水库渔业, 1: 47-52.

严思思, 黄太福, 张佩玲, 奉伶谕, 瞿勇, 吴涛, 刘志霄. 2019. 湘西州花垣县大龙洞红盲高原鳅（*Triplophysa erythraea*）种群数量与栖息环境初步调查. 世界生态学, 8(4): 278-282.

严太明, 何学福, 贺吉胜. 1999. 宽口光唇鱼胚胎发育的研究. 水生生物学报, 23(6): 636-640.

严太明, 唐仁军, 刘小帅, 杨世勇, 杨淞. 2014. 齐口裂腹鱼鳞片发生及覆盖过程研究. 水生生物学报, 38(2): 298-303.

严文明, 安田喜宪. 2000. 稻作陶器和都市的起源. 北京: 文物出版社.

严云志. 2005. 抚仙湖外来鱼类生活史对策的适应性进化研究. 武汉: 中国科学院水生生物研究所博士学位论文.

杨春英, 贺一原, 郭沐林, 符精华, 刘良国. 2011. 洞庭湖水系沅水和澧水2种黄颡鱼的形态及染色体组型. 湖南文理学院学报(自然科学版), 23(4): 57-61.

杨春英, 刘良国, 杨品红, 韩庆, 邹万生. 2016. 洞庭湖水系3种鳠科鱼类的染色体组型分析. 四川农业大学学报, 34(4): 493-498.

杨春英, 刘良国, 杨品红, 王文彬, 杨中意. 2012. 湖南省鱼类3新纪录. 四川动物, 31(6): 958-960.

杨代勤, 陈芳, 方长琰, 罗静波, 李永龙. 2000b. 月鳢食性的初步研究. 湖北农学院学报, 20(4): 348-350.

杨代勤, 陈芳, 方长琰, 罗静波. 2000a. 月鳢的生物学研究. 水利渔业, 20(2): 7-13.

杨代勤, 陈芳, 李道霞, 刘百韬. 1997. 黄鳝食性的初步研究. 水生生物学报, 21(1): 24-30.

杨德国, 刘乐和, 王志玲, 吴国犀. 1989. 长江葛洲坝水利枢纽截流后长吻鮠的年龄与生长. 淡水渔业, 6: 16-22.

杨干荣, 袁凤霞, 廖荣谋. 1986. 中国鳅科鱼类一新种——湘西盲条鳅. 华中农业大学学报, 5(3): 219-223.

杨干荣. 1987. 湖北鱼类志. 武汉: 湖北科学技术出版社.

杨家云. 1994. 嘉陵江瓦氏黄颡鱼的繁殖生物学. 西南师范大学学报(自然科学版), 19(6): 639-645.

杨金通, 桑明强, 杨国强, 揭永池, 宋才建, 林益平, 涂福命, 林爱惠, 龙敦宇, 胡启林, 杨君孟, 凌少莲. 1985. 湖南省渔业区划报告集（内部资料）.

杨军山. 2000. 副沙鳅属鱼类的系统发育与生物地理学研究. 武汉: 中国科学院水生生物研究所硕士学位论文.

杨骏, 郭延蜀, 鄢思利, 邹成坤, 曾小琴. 2014. 嘉陵江中游黑尾鲏生物学的初步研究. 水产科学, 33(8): 476-482.

杨明生, 李建华, 黄孝湘. 2007. 澴河花斑副沙鳅的繁殖生态学研究. 水利渔业, 27(5): 84-85.

杨明生, 肖汉兵, 曾令兵, 李建华, 黄孝湘. 2012. 温度对花斑副沙鳅仔鱼发育、摄食及不可逆点的影响. 动物学杂志, 47(4): 114-120.

杨明生. 1997. 黄鳝舌骨及生长的研究. 动物学杂志, 32(1): 12-14.

杨明生. 2004. 花斑副沙鳅的胚胎发育观察. 淡水渔业, 34(6): 34-36.

杨明生. 2009. 花斑副沙鳅的年龄和生长特征. 孝感学院学报, 29(6): 17-19.

杨瑞斌, 边书京, 周洁, 谢从新. 2004. 梁子湖麦穗鱼食性的研究. 华中农业大学学报, 23(3): 331-334.

杨少荣, 马宝珊, 孔焰, 周灿, 刘焕章. 2010. 三峡库区木洞江段圆口铜鱼幼鱼的生长特征及资源保护. 长江流域资源与环境, 19(22): 52-57.

杨志, 龚云, 朱迪, 潘磊, 董纯. 2018. 金沙江中下游圆口铜鱼的繁殖生物学. 水生生物学报, 42(5): 1010-1018.

杨志, 万力, 陶江平, 蔡玉鹏, 张原圆. 2011. 长江干流圆口铜鱼的年龄与生长研究. 水生态学杂志, 32(4): 46-52.

姚建伟. 2015. 长江上游长鳍吻鮈繁殖生物学研究. 武汉: 华中农业大学硕士学位论文.

姚诗德, 郑桂星, 杜贵墀（清）. 巴陵县志（见：湘湖文库编辑出版委员会）. 长沙: 岳麓书社.

叶佳林, 刘正文, 王卫民. 2007. 太湖梅梁湾刀鲚与间下鱵食性的比较. 湖泊科学, 19(2): 218-222.

叶佳林. 2006. 太湖梅梁湾沿岸带鱼类组成和摄食生态研究. 武汉: 华中农业大学硕士学位论文.

叶忠平, 钟强, 林岗. 2015. 左江斑鳠繁殖生物学研究. 水产科技情报, 42(3): 151-155.

印杰, 田畛, 赵振山. 2000. 泥鳅食性的初步研究. 水利渔业, 20(5): 15-16.

应先烈, 陈楷礼 (清). 常德府志 (见: 湖湘文库编辑出版委员会). 长沙: 岳麓书社.

于学颖, 谭德清, 但胜国, 王剑伟. 2018. 金沙江攀枝花江段白缘𫚖的繁殖生物学. 四川动物, 37(3): 291-297.

余斌霞. 2011. 长沙马王堆汉墓出土动植物标本研究综述. 湖南省博物馆馆刊, (8): 78-85.

余红有, 欧阳珊, 吴小平, 戴银根, 邹胜员. 2008. 鄱阳湖乌鳢的年龄与生长. 生命科学研究, 12(1): 91-94.

余宁, 陆全平, 周刚. 1996. 黄颡鱼生长特征与食性的研究. 水产养殖, 3: 19-20.

余文娟, 沈建忠, 龚江, 李乾, 李春盛. 2018. 长江中游贝氏𫚖繁殖生物学研究. 淡水渔业, 48(3): 53-60.

余志堂, 梁秩燊, 易伯鲁. 1984. 铜鱼和圆口铜鱼的早期发育. 水生生物学集刊, 8(4): 371-388.

余志堂. 1983. 在葛洲坝枢纽下游首次发现性成熟的白鲟. 水库渔业, 4: 71-72.

袁凤霞, 廖荣谋, 彭世才. 1985. 湖南鱼类的新纪录. 湖南水产, 6: 37-38.

袁凤霞. 1986. 泥鳅年龄和生长的研究Ⅰ. 泥鳅鳞片上年轮标志及形成时期. 华中农业大学学报, 5(2): 163-167.

袁刚, 茹辉军, 刘学勤. 2011. 洞庭湖光泽黄颡鱼食性研究. 水生生物学报, 35(2): 270-275.

袁泉, 吕巍巍, 唐卫红, 岳蒙蒙, 周文宗. 2018. 大鳞副泥鳅摄食节律及日摄食量研究. 南方水产科学, 14(5): 115-120.

袁延文, 汪旭光, 廖伏初, 武深树, 伍远安. 2016. 湖南水生生物保护区. 长沙: 湖南科学技术出版社.

曾国清, 杨鑫, 李鸿, 谢敏, 葛虹孜, 田兴, 袁希平, 宋锐, 廖伏初. 2017. 沅水银鲴年龄与生长的研究. 淡水渔业, 47(6): 3-11.

曾祥渊. 1988. 湘西溶溪组的棘鱼化石及其层位. 古脊椎动物学报, 26(4): 287-295.

曾亚英, 王晓清, 戴振炎, 胡亚洲, 吴含含, 刘一澎. 2015. 五强溪太湖新银鱼春群和秋群生长特性比较. 湖南师范大学自然科学学报, 38(5): 35-39.

张爱民. 2008. 大鳞副泥鳅鳞片表面结构的扫描电镜观察. 四川动物, 27(6): 1052-1053, 1061.

张葆连, 刘坤一 (清). 新宁县志 (见: 湖湘文库编辑出版委员会). 长沙: 岳麓书社.

张呈祥, 徐钢春, 顾若波, 许爱国. 2010. 澄湖似刺鳊鮈个体繁殖力的研究. 上海海洋大学学报, 19(5): 615-621.

张春光, 戴定远. 1992. 中国金线鲃属一新种——季氏金线鲃 (鲤形目: 鲤科: 鲃亚科). 动物分类学报, 17(3): 377-379.

张春光, 邢迎春, 赵亚辉, 周伟, 唐文乔. 2016. 中国内陆鱼类物种与分布. 北京: 科学出版社.

张春光, 赵亚辉, 康景贵. 2000. 我国胭脂鱼资源现状及其资源恢复途径的探讨. 自然资源学报, 15(2): 155-159.

张春光, 赵亚辉, 邢迎春, 郭瑞禄, 张清. 2011. 北京及其邻近地区野生鱼类物种多样性及其资源保育. 生物多样性, 19: 597-604.

张春光, 赵亚辉. 2000. 胭脂鱼的早期发育. 动物学报, 46(4): 438-447.

张春霖. 1959. 中国系统鲤类志. 北京: 高等教育出版社.

张春霖. 1960. 中国鲇类志. 北京: 人民教育出版社.

张鹗, 谢仲桂, 谢从新. 2004. 大眼华鳊和伍氏华鳊的形态差异及其物种有效性. 水生生物学报, 28(5): 511-518.

张金平, 刘远高, 冯德品, 杨军, 卢林. 2015. 神农架齐口裂腹鱼繁殖生物学特征与人工繁殖技术. 淡水渔业, 45(3): 52-56.

张静, 黄进强, 李亚亚, 王娜, 孙建. 2013. 青鳉 (*Oryzias latipes*) 性腺分化与发育的组织学观察. 动物学杂志, 34(5): 464-470.

张觉民, 李怀明, 董崇智, 夏重志, 黄智弘, 姜作发. 1995. 黑龙江省鱼类志. 哈尔滨: 黑龙江科学技术出版社.

张乐, 陈怀定, 郑剑辉, 丁悦秀, 李皎. 2012. 南方拟鳌生活史类型的研究. 安徽农业科学, 40(22): 11299-11301.

张培仁, 李元度 (清). 平江县志 (见: 湖湘文库编辑出版委员会). 长沙: 岳麓书社.

张世义. 2001. 中国动物志 硬骨鱼纲 鲟形目 海鲢目 鲱形目 鼠鳝目. 北京: 科学出版社.

张堂林, 李忠杰, 崔奕波. 2002. 湖北牛山湖高体鳑鲏的年龄、生长与繁殖. 湖泊科学, 14(3): 267-272.

张堂林. 2005. 扁担塘鱼类生活史策略、营养特征及群落结构研究. 武汉:中国科学院水生所知识产出: 2009 年前.

张小谷, 阮正军, 熊邦喜. 2008. 鄱阳湖蒙古鲌年龄与生长特征. 海洋湖沼通报, (3): 137-143.

张耀光, 罗全笙, 何学福. 1994. 长吻鮠的卵巢发育和周年变化及繁殖习性研究. 动物学研究, 15(2): 42-48.

张耀光, 王德寿, 罗泉笙. 1991. 大鳍鳠的胚胎发育. 西南师范大学学报, 16(2): 223-229.

张玉玲, 乔晓改. 1994. 银鱼科鱼类系统动物地理学研究摘要. 动物学刊, 5: 95-113.

张玉玲. 1985. 银鱼属 *Salanx* 模式种的同名、异名和分布. 动物分类学报, 10: 111-112.

张玉玲. 1987. 中国新银鱼属 *Neosalanx* 的初步整理及其一新种. 动物学研究, 8(3): 277-286.

张运海, 丁瑶, 顾正选, 黄学潇, 余泽文. 2018. 金沙江和长江长薄鳅人工繁殖及胚胎发育. 湖北农业科学, 57(4): 104-107.

长江水产研究所资源捕捞室鲥鱼组. 1976. 长江鲥鱼年轮鉴定的研究. 淡水渔业, 10: 11-13.

赵俊, 陈湘粦, 李文卫. 1997. 光唇鱼属鱼类一新种. 动物学研究, 18(3): 243-246.

赵俊, 王春, 陈湘粦, 潘金. 1994. 鲂鱼 (*Megalobrama skolkovii*) 早期发育的研究. 华南师范大学学报(自然科学版), 2: 51-59.

赵明蓟, 黄文郁, 王祖熊. 1982. 温度对于湘华鲮胚胎发育与胚后发育的影响. 水产学报, 6(4): 345-350.

赵文金, 朱敏. 2014. 中国志留纪鱼化石及含鱼地层对比研究综述. 地学前缘, 21(3): 185-202.

浙江省淡水水产研究所苗种组. 1975. 青鱼的人工繁殖. 动物学杂志, 2: 11-14.

郑葆珊. 1964. 内蒙岱海青鱼的年龄与生长. 动物学杂志, 1: 18-21.

郑慈英, 陈宜瑜. 1980. 广东省的平鳍鳅科鱼类. 动物分类学报, 5(1): 89-101.

郑慈英, 何名巨, 张世义, 张玉玲, 陈炜, 陈宜瑜, 陈素芝, 陈银瑞, 陈景星, 林人端, 罗云林, 郑葆珊, 郑慈英, 高国范, 曹文宣, 黄宏金, 黄顺友, 褚新洛, 戴定远. 1989. 珠江鱼类志. 北京: 科学出版社.

郑慈英和张卫. 1987. 贵州省的平鳍鳅科鱼类. 暨南理医学报, (3): 79-86.

郑家坚. 1962. 湖南湘乡早第三纪鱼化石及下湾铺组的时代. 古脊椎动物与古人类, 6(4): 333-348.

郑文彪. 1984. 叉尾斗鱼的胚胎和幼鱼发育的研究. 动物学研究, 5(3): 261-268.

中村守纯. 1969. 日本のコイ科鱼类. 资源科学シリーズ, 4: 149-156.

中国科学院水生生物研究所, 上海自然博物馆. 1982. 中国淡水鱼类原色图集 (第一集). 上海: 上海科学技术出版社.

周波, 龙治海, 何斌. 2013. 齐口裂腹鱼繁殖生物学研究. 西南农业学报, 26(2): 811-813.

周材权, 邓其祥, 任丽萍, 胡锦矗. 1998. 棒花鱼的生物学研究. 四川师范学院学报(自然科学版), 19(3): 307-311.

周解, 张春光, 甘西, 朱瑜, 陈旻, 蓝家湖, 温以才, 何安尤, 杨家坚, 赵亚辉, 黄玉玲, 梁华, 王丹. 2006. 广西淡水鱼类志. 第二版. 南宁: 广西人民出版社.

周解. 1985. 广西岩溶洞穴鱼类. 中国岩溶, 4: 377-386.

周启贵, 何学福. 1992. 长鳍吻鮈生物学的初步研究. 淡水渔业, 5: 11-14.

周仰璟. 1983. 大鳍鳠的生物学资料. 动物学杂志, 2: 39-42.

周震鳞, 刘宗向（民国）. 宁乡县志（见：湖湘文库编辑出版委员会）. 长沙: 岳麓书社.

朱邦科, 曹克驹, 梁拥军. 1999a. 金沙河水库乌鳢的年龄与生长. 水利渔业, 19(6): 36-38.

朱邦科, 谢从新, 王明学, 金晖. 1999b. 保安湖沙塘鳢的食性、繁殖、年龄及生长的研究. 水生生物学报, 23(4): 316-323.

朱成德, 余宁. 1987. 长江口白鲟幼鱼的形态、生长及其食性的初步研究. 水生生物学报, 11(4): 289-298.

朱松泉, 曹文宣. 1987. 广东和广西条鳅亚科鱼类及一新属三新种描述. 动物分类学报, 12(3): 323-331.

朱松泉. 1989. 中国条鳅志. 南京: 江苏科学技术出版社.

朱松泉. 1995. 中国淡水鱼类检索. 南京: 江苏科学技术出版社.

朱偓, 陈昭谋（清）. 郴州总志（见：湖湘文库编辑出版委员会）. 长沙: 岳麓书社.

朱瑜, 蓝春, 张鹗. 2006. 广西异华鲮属鱼类一新种. 水生生物学报, 30(5): 503-507.

朱元鼎, 伍汉霖, 金鑫波, 苏锦祥, 周碧云, 沈根媛, 孟庆闻, 黄宗强, 林焕年, 杨永章, 陈鸿祥, 刘铭, 李婉端, 张其永, 赵盛龙, 朱耀光, 刘基, 吴秀鸿, 缪学祖. 1985. 福建鱼类志（下卷）. 福州: 福建科学技术出版社.

朱元鼎, 伍汉霖. 1965. 中国鰕虎鱼类动物地理学的初步研究. 海洋与湖沼, 7(2): 122-140.

朱作言. 1982. 胡子鲶的胚胎发育. 水生生物学集刊, 7(4): 445-451.

庄平, 曹文宣. 1999. 长江中、上游铜鱼的生长特性. 水生生物学报, 23(6): 576-583.

庄平, 张涛, 李圣法, 倪勇, 王幼槐, 邓思明, 章龙珍, 凌建忠, 胡芬, 杨刚, 赵峰, 冯广明, 刘鉴毅, 黄晓荣. 2018. 长江口鱼类. 第二版. 北京: 中国农业出版社.

邹佩贞, 徐剑, 温彩燕, 陈建荣, 邓亮琼. 2011. 南方白甲鱼卵巢发育的组织学研究. 安徽农业科学, 39(7): 10476-10479.

邹佩贞, 徐剑, 温彩燕, 陈建荣, 钟良明. 2007. 光倒刺鲃的年龄与生长的初步研究. 四川动物, 26(3): 510-515.

邹远超, 岳兴建, 王永明, 覃川杰, 齐泽民. 2014b. 切尾拟鲿的个体生殖力. 动物学杂志, 49(4): 570-578.

邹远超, 岳兴建, 王永明, 覃川杰, 谢碧文. 2014a. 岷江切尾拟鲿的年龄结构与生长特征. 生态学杂志, 33(10): 2749-2755.

Abbott J F. 1901. List of fishes collected in the river Pei-Ho at Tian-Tsin, China, by Noach Fields Drake, with descriptions of seven new species. Proceedings of the United States National Museum, 23: 483-491.

Abe T. 1949. Taxonomic studies on the puffers (Tetraodontidae, Teleostei) from Japan and adjacent regions, V: Synopsis of the puffers from and adjacent regions. Bulletin of the Biogeographical Society of Japan, 14(1/3): 1-15, 89-142.

Agassiz L. 1835. Description de Quelques Especes de Cyprins du Lac de Neuchatel. oui sont encore Inconnus aux naturalists. Mémoires de la Société des Sciences Naturelles de Neuchâtel, 1: 37-39.

Akihito K, Sakamoto K, Ikeda Y, Sugiyama K. 2002. Suborder Gobioidei. // Nakabo T. Fished of Japan with Pectorial Keys to the Species. English edition. Tokyo: Tokai University Press, 1139-1310.

Asahina K, Iwashita I, Hanyu I, Hibiya T. 1980. Annual reproductive cycle of a bitterling, *Rhodeus ocellatuas ocellatus*. Bulletin of the Japanese Society of Scientific Fisheries, 46: 299-305.

Ashiwa H, Hosoya K. 1998. Osteology of *Zacco pachycephalus*, sensu Jordan & Evermann (1903), with special reference to its systematic position. Environmental Biology of Fishes, 52: 163-171.

Baird S F, Girard C. 1853. Descriptions of new species of fishes collected by Mr. John H. Clark, on the U. S.

and Mexican boundary survey, under Lt. Col. Jas. D. Graham. Proceedings of the Academy of Natural Sciences of Philadelphia, 6: 387-390.

Bănărescu P, Nalbant T T. 1973. Pisces, Teleostei; Cyprinidae (Gobioninae). Das Tierreich, Lfg, 93: i -vii, 304.

Bănărescu P. 1971. A review of the species of the subgenus *Onychostoma* s. str. with description of a new species (Pisces, Cyprinidae). Revue Roum Biol (ser Zool), 16(4): 241-248.

Basilewsky S. 1855. Ichthyographia chinae Borealis. Nouveaux Mémoires de la Sociéte impériale des Naturalistes de Moscou, 10: 212-263.

Berg L S. 1907. Fishes of Mutan-kiang Manchuria. Annuaier du Musée Zoologique de 1. Académie Impériale des Sciences de St. -Petersbourg, 12: 67-68.

Berg L S. 1909. Fishes of the Amur River basin. Zapiski Imperatorskoi Akademii Nauk de St. Petersbourg, 24(2): 138. PLOS Currents Tree of Life, 2013. DOI: 10.1371/currents.tol.53ba26640df0ccaee75bb165c8c26288.

Berg L S. 1933. Les poisons des eaux douces de I'U. R. S. S et des pays limitrophes. 3-e édition revue et augmentée. Leningrad: Poissons des eaux douces de l'U. R. S. S. part 2 (in Russian).

Berg L S. 1940. Classification of fishes, both recent and fossil. Transactions of the Institute of Zoology Academy of Sciences USSR, 5(3): 345-359.

Betancour R R, Broughton R E, Wiley E O. 2013. The tree of life and a new classification of bony fishes. PLOS Currents Tree of Life, DOL: 10. 1371 currents. tol. 53ba26640df0ccaee755bb165c8c26288.

Bleeker P. 1858. De visschen van den indischen archipel. Beschreven en toegelicht. Siluri. Act Societatis regiae Scientiarum Indo-Neêrlandicae, 4: 1-370.

Bleeker P. 1859. Conspectus systematis cyprinorum. Natuurkundig Tijidschrift voor Nederlandsch Indië, 20: 228-439.

Bleeker P. 1860. Ichthyologiae Archipelagi Indici prodromus, Volumen Ⅱ. Cyprini. Act Societatis regiae Scientiarum Indo-Neêrlandicae, 7(2): 1-492.

Bleeker P. 1862. Atlas ichthyologique des Indes Orientales Néêrlandaises, publié sous les auspices du Gouvernement colonial néêrlandais. Tome II. Siluroïdes, Chacoïdes *et* Hétérobranchoïdes. F. Muller, Amsterdam, 1-112, Pls. 49-101.

Bleeker P. 1863. Systema Cyprinoiderum revisum. Nederlandsch Tijdschrift voor de Dierkunde, 1: 179-361.

Bleeker P. 1864. Notices sur quelques genres et especes de Cyprinioides de Chine. Nederlandsch Tijdschrift voor de Dierkunde, 2: 19-29.

Bleeker P. 1865. Description de deux especes inedites de Cobitioides. Nederlandsch Tijdschrift voor de Dierkunde, 2: 11-24.

Bleeker P. 1870. Description et figrure dune espèce inédite de Hemibagrus de Chine. Verslagen en Mededeelingen der Koninklijke Akademie van Wetenschappen. Afdeeling Natuurkunder, 4(2): 253-258.

Bleeker P. 1871. Memoire sur les Cyprinoides de Chine. Verhandelingen der Koninklijke Akaddemie Van Wetenschappen (Amsterdam), 12(2): 1-99.

Bleeker P. 1873. Memoire sur la Faune Ichthyologique de Chine. Nederlandsh Tijdschrift voor de Dierkunde, 2: 18-29.

Bleeker P. 1874. Esquisse d'un système natureldes GobioÏdes. Archives Neerlandaises de Sciences Naturelles, 9: 289-331.

Bloch M E. 1790. Naturgeschichte der ausländischen Fische. Berlin: Auf Kosten des Verfassers und in Commission be idem Buchhändler Hr. Hesse.

Blyth E. 1860. Report on some fishes received chiefly from the Sitang River and its tribulary streams, Tanasserim Provinces. Joural of the Asiatic Society of Bengal, 29: 152-158.

Bogutskaya N G, Naseka A M, Shedko S V, Vasil'eva E D , Chereshnev I A. 2008. The fishes of the Amur River: updated check-list and zoogeography. Ichthyological Exploration Freshwaters, 19(4): 301-366.

Bogutskaya N G, Naseka A M. 1996. Cyclostomata and fishes of Khanka Lake drainage area (Amur river basin). An annotated check-list with comments on taxonomy and zoogeography of the region. St. Petersburg: Gosniourku and Zin Ran, 3: 1-89.

Boulenger G A. 1892. Descripton of a new siluroid fish from China. Annals and Magazine of Natural History, 6(9): 217.

Boulenger G A. 1900. On the reptiles, batrachians (and fishes) collected by the late Mr. john Whitehead in the interior of Hainan. Proceedings of the zoological Society of London: 956-962.

Britz R. 1994. Ontogeny of the ethmoidal region and hyopalatine arch in *Macrognathus pancalus* (Teleostei, Mastacembeloidei), with critical remarks on mastacembeloid inter-and intrarelationships. American Museum Novitates, 3181: 1-18.

Cantor T. 1842. General features of Chusan with remarks on the fauna and flora of that island. Annals and Magazine of Natural History, 9: 484-485.

Chang C H, Li F, Shao K T, Lin Y S, Morosawa T, Kim S, Koo H, Kim W, Lee J S, He S, Smith C, Reichard M, Miya M, Sado T, Uehara K, Lavoué S, Chen W J, Mayden R. 2014. Phylogenetic relationships of Acheilognathidae (Cypriniformes: Cyprinoidea) as revealed from evidence of both nuclear and mitochondrial gene sequence variation: Evidence for necessary taxonomic revision in the family and the identification of cryptic species. Molecular Phylogenetics and Evolution, 81:182-194.

Chen I S, Chang Y C. 2005. A Photographic Guide to the Islandwater Fishes of Taiwan. Keelung: The Sueichan Press.

Chen I S, Wu J H, Huang S P. 2009. The taxonomy and phylogeny of the cyprinid genus *Opsariichthys* Bleeker (Teleostei: Cyprinidae) from Taiwan, with description of a new species. Environmental Biology of Fishes, 86: 165-183.

Chen J T F, Liang Y S. 1949. Description of a new Homalopterid fish, *Pseudogastromyzon tungpeiensis*, with a synopsis of all the known Chinese Homalopteridae. Quarterly Journal of the Taiwan. Museum, 2(4): 157-172.

Cheng J L, Ishihara H, Zhang E. 2008. *Pseudobagrus brachyrhabdion*, a new catfish (Teleostei: Bagridae) from the middle Yangtze River drainage, South China. Ichthyological Resrarch, 55: 112-123.

Chi Y S. 1940. On the discovery of Bothriolepis in the Devonian of central Hunan. Bulletion of the Geological Society of China, 20(1): 57-72.

Chu Y T. 1931. Index piscium Sinensium. Biological Bulletin St. John's University Shanghai, 1: 1-290.

Chu Y T. 1932. Contributions to the ichthyology of China. The China Journal, 16(3): 131-136.

Collette B B, Su J X. 1986. The halfbeaks (Pisces: Hemiramphidae) of the far east. Proceedings of the Academy of Natural Sciences of Philadelphia, 138(1): 250-301.

Cuvier G. 1817. Le regne animal distribué d'après son organisation, pour servir de base à l'histoire naturelle des animaux et d'introduction a l'anatomie comparee paris, illust. Poissons, 2: 186-193.

Dabry de Thiersant P. 1872. Nouvelles espèces de poissons de Chine. // Dabry de Thiersant, P. La pisciculture et la pêche en Chine. G. Masson, Paris. 178-192, Pls. 36-50.

Dou S Z, Chen D G. 1994. Taxonomy, biology and abundance of icefished, or noodlefishes (Salangidae), in the

Yellow River estuary of Bohai Sea, China. Journal of Fish Biology, 45: 737-748.

Duméril A H A. 1869. Note sur troispoissons de la collection du Muséum, unesturgeon, un polydonte, et un malarmat, accompgnée, de quelques considerations générales sur les groupesauxquelsces espècesappartiennent. Nouvelles Archives du Muséum d'histoies Naturelle, Paris, 4: 93-116.

Dybowski B I. 1872. Zur kenntniss der Fischfauna des Amurgebietes. Verhandlungen der Zoologisch-botanischen Gesellschaft in Wien, 22: 209-222.

Evermann B W, Shaw T H. 1927. Fishes from eastern China, with descriptions of new species. Proceedings of the California Academy of natural Sciences, 16(4): 105-110.

Fang P W, Chong L T. 1932. Study on the fishes referring to Siniperca of China. Sinensia, 2(12): 137-200.

Fang P W, Wang K P. 1931. A review of the fishes of the genus *Gobiobotia*. Contributions from the Biological Laboratory of the Science Society of China. Zoological Series, 7(9): 289-304.

Fang P W. 1930. New species of *Gobiobotia* from upper Yangtze river. Sinensia, 1(5): 57-63.

Fang P W. 1931. New and rare species of homalopterid fishes of China. Sinensia, 2(3): 41-64.

Fang P W. 1933. Notes on a new cyprinoid genus, Pseudogyrinocheilus *et* P. procheilus (Sauvage et. Dabry) from Western China. Sinensia, 3(10): 265-268.

Fang P W. 1933. Notes on *Gobiobotia* tangi sp. nov. Sinensia, 3(10): 265-268.

Fang P W. 1934a. Supplementary notes on the fishes referring to Salangidae of China. Sinensia, 5: 505-511.

Fang P W. 1934b. Study on the fishes referring to Salangidae of China. Sinensia, 4(9): 231-268.

Fang P W. 1935. Study on the crossostomoid fishes of China. Sinensia, 6(1): 44-97.

Fang P W. 1936. Study on the Botoid Fishes of China. Sinensia, 7(1):1-48.

Fowler H W, Bean B A. 1920. A small collection of fishes from soochow, China, with descriptions of two new species. Proceeding of the United States National Museum, 58(2338): 307-321.

Fowler H W. 1934. Description of new fishes obtained 1907 to 1910, chiefly in the Phillippine Islands and adjacent seas. Proceedings of the Academy of Natural Sciences of Philadelphia, 85: 233-367.

Fowler H W. 1972. A Synopsis of the Fishes of China. Lochen: Suborder Gobiina: 1225-1459.

Freyhof J, Herder F. 2002. Review of the paradise fishes of the genus Macropodus in Vietnam, with description of two species from Vietnam and southern China (Perciformes: Osphronemidae). Ichthyological Exploration of Freshwaters, 13(2): 147-167.

Freyhof J, Serov D V. 2001. Nemacheiline loaches from central Vietnam with descriptions of a new genus and 14 new species (Cypriniformes: Balitoridae). Ichthyological Exploration of Freshwaters, 12: 133-191.

Gambetta L. 1934. Sulla vareiabilitá del cobite fluviale (*Cobitis taenia* L.) e sul rapporto numerico dei sessi, Boll. Museum of Zoology and comparative Anatomy of the Royal University of Torino, 44: 297-324.

Garman S. 1912. Pisces (In some Chinese Vertebrates). Memoirs of the Museum of Comparative Zoology, 40(4): 111-123.

Gill T N. 1859. Notes on a collection of Japanese fishes, made by Dr. J Morrow. Proceeding of the Academy of Natural Sciences of Philadephia: 144-149.

Gill T N. 1860. Conspectus piscium in expeditione ad oceanum Pacificum septentrionalem, C. Ringold et J. Rodgers ducibus, a Gulielmo Stimpson collectorum. Sicydianae. Proceeding of the Academy of Natural Sciences of Philadephia, 12: 100-102.

Gill T N. 1862. Appendix to the synopsis of the subfamily Percinae. Proceeding of the Academy of Natural Sciences of Philadephia, 14: 15-16.

Gill T N. 1878. Account on Catastomidae, with footnote on Myxocyprinus. // Guyot A H. Johnson's Universal

Cylopaedia: 1574.

Gosline W A. 1966. The limits of the fish family Serranidae, with notes on other lower percoids. Proceedings of the California Academy of natural Sciences, 33: 91-111.

Gray J E. 1831. Descriptions of three new species of fishes, including two undescribed genera (Leucosoma and Samaris) disovered by John Reeves, Esq in China. Zoological Miscellany, 4-10.

Gray J E. 1834. Illustrations of Indian Zoology; Chiefly Selected from the Collection of Major-General Hardwicke. London: Parbury, Allen and Co..

Gray J E. 1835. Characters of two species of sturgeon (Acipenser, Linnaeus). Proceeding of the Zoological Society of London: 122-123.

Günther A. 1861. Catalogue of the fishes in the British Museum: Catalogue of the acanthopterygian fishes in the collection of the British Museum. Gobiidae, Discoboli, Pediculati, Blenniidae, Labyrinthici, Mugilidae, Notacanthi. London: British Museum.

Günther A. 1864. Catalogue of the fishes in the British Museum. Nature, 6: 87-125.

Günther A. 1866. Catalogue of the British Museum. Catalogue of the Physostomi, containing the families Salmonidae, Percopsidae, Galaxidae, Mormyridae, Gymnarchidae, Esocidae, Umbridae, Scombresocidae, Cyprinodontidae, in the collection of the British Museum. London: British Museum.

Günther A. 1868. Catalogue of the Fishes in the British Museum. London: Order of the Trustees.

Günther A. 1873. Report on a collection of fishes China. Annals and Magazine of Natural History, 12(4): 239-250.

Günther A. 1888. Controduction to our knowledge of the fishes of Yangtsze-Kiang. Annals and Magazine of Natural History, 1(6): 429-435.

Günther A. 1889. Third Contribution to our knowledge of reptiles and fishes from the upper Yangtsze-Kiang. Annals and Magazine of Natural History, 4(6): 218-229.

Günther A. 1892. List of species of reptiles and fishes collected by Mr A E Pratt on the upper Yangtsze-Kiang, and in the province Szechuan, with descriptions of new species, In pratt's to the snows of Tibet through China. London: Pratt's Snow of Tibet.

Günther A. 1896. Report on the collections of reptiles, batrachians and fishes made by Messers, Potain and Berezowski inthe Chinese provinces Kansu and Szechuan. Annuaier du Musée Zoologique de 1. Académie Impériale des Sciences de St. -Petersbourg, 1: 209-219.

Günther A. 1898. Report on a Collection of Fishes from Newchwang, North China, Annals and Magazine of Natural History, (7): 257.

Hamilton F. 1822. An Account of the Fishes found on the River Ganges and its Branches. London: Archibald Condtable and Company Edinburgh.

Heckel J J. 1838. Fische aus Caschmir Gesammelt und Herausgegeben von Carl Freiherrn von Hügel, Beschrieben von J J Heckel. Wien: Annals.

Herre A W. 1933. Herklotsella anomala - a new fresh water cat-fish from Hong Kong. Hong Kong Naturalist, 4(2): 179-180.

Herre A W. 1933. *Herklotsella anomala*—A new fresh water cat-fish from Hong Kong. Hong Kong Naturalist, 4(2): 179-180.

Herre A W. 1935a. New and rare Hong Kong fishes. Hong Kong Naturalist, 6(3/4): 285-293.

Herre A W. 1935b. Two new species of Ctenogobius from South China (Gobiidae). Lingnan Science Journal, 14(3): 385-397.

Herre A W. 1938. Notes on a small collection of fishes from Kwangtung Province, including Hainan, China. Lingnan Science Journal, 17(3): 425-437.

Herzenstein S M. 1896. Über einigeneue und seltene Fische des Zoologischen Museums der Kaiserlichen Akademie der Wissenschaften. Ezhegodnik. Zoologicheskogo Muzeya Imperatorskoj Academii Nauk, 1(1): 1-14.

Hilgendorf F M. 1878. Einige neue japanische Fischgattungen. Sitzungsber Ges Naturforsch Freunde Berlin, 155-157.

Holcik J, Nalbant T. 1964. Notes on a small collection of Acheiloga-thinae fishes from yangtse, China, with description of *Acanthorhodeus fowleri* sp. nov. Annotationes Zoologicae et Botanicae Bratislavia, (2): 1-5.

Hora S L. 1932. Classification, bionomics and evolution of homalopterid fishes. Memoirs of the Indian Museum, 12(2): 263-330.

Hora S L. 1937. Comparsion of the fish-faunas of the northern and the southern faces of the great Himalayan range. Records of the Indian Museum, 39(4): 241-259.

Hora S L. 1938. Notes on fishes in the Indian Museum XXXVII-A new name for Silurus sinensis Hora, Hora. Records of the Indian Museum, 40(3): 243.

Howes G J. 1980. The anatomy, phylogeny and classification of the bariline cyprinid fishes. Bulletin of the British Museum of Natural History (Zoology), 37: 129-198.

Howes G J. 1991. Systematics and biogeography: An overview. In Cyprinid Fishes: Systematics, Biology, and Exploitation. London: Chapman and Hall: 1-33.

Huang S P, Zhao Y H, Chen I S, Shao K T. 2017. A New Species of Microphysogobio (Cypriniformes: Cyprinidae) from Guangxi Province, Southern China. Zoological Studies, 56(8): 1-8.

Huang T F, Zhang P L, Huang X L, Wu T, Gong X Y, Zhang Y X, Peng Q Z, Liu Z X. 2019. A new cave-dwelling blind loach, *Triplophysa erythraea* sp. nov. (Cypriniformes: Nemacheilidae), from Hunan Province, China. Zoological Research, 8(4): 331-336.

Iwata A, Jeon S R, Mizuno N, Choi K C. 1985. A revision of the Eleotrid goby genus Obontobutis in Japan, Korea and China. Japanese Journal of Ichthyol, 31(4): 373-388.

Iwata A, Sakai H, Shibukawa K, Jeon S R. 2001. Developmental characteristics of a freshwater goby, micropercops swinhonis, from Korea. Zoological Science, 18(1): 91-97.

Jarocki F P. 1822. Zoologiia czyli zwiérzetopismo ogólne podlug náynowszego systematu. Drukarni Lakiewicza, Warszawie (Warsaw), 4: 1-464.

Jordan D S, Everman B W. 1902. Notes on a collection of fishes of the Island of Formosa. Proceeding of the United States National Museum, 25: 322-323.

Jordan D S, Evermann B W. 1902. Notes on a collection of fishes from the island of Formosa. Proceedings of the United States National Museum, 25(1289): 315-368.

Jordan D S, Fowler H W. 1903. A review of the cyprinoid fishes of Japan. Proceedings of the United States National Museum, 26: 812-841.

Jordan D S, Hubb C L. 1925. Record of fishes obtained by David Starr Jordan in Japan, 1922. Memoirs of the Carnegie Museum, 10: 93-346.

Jordan D S, Snyder J O. 1906. A review of the Poeciliidae or killifishes of Japan. Proceeding of the United States National Museum, 31: 289.

Jordan D S, Starks E C. 1903. A review of synentognathous fishes of Japan. Proceeding of the United States National Museum, 26: 534.

Jordan D S, Starks E. 1905. On a collection of fishes made in Korea, by Pierre Louis Jouy, With descriptions of new species. Proceeding of the United States National Museum, (28): 197-198.

Kang Z J, Chen Y X, He D K. 2016. *Pareuchiloglanis hupingshanensis*, a new species of the glyptosternine catfish (Siluriformes: Sisoridae) from the middle Yangtze River, China. Zootaxa, 4083(1): 109-125.

Kimura S. 1934. Description of the fishes collected from the·Yangtze-Kiang China, by the late Dr K Kishinouys and hisparty in 1927-1929. Journal of the Shanghai Scientific Institute, 3(1): 1-247.

Kner R. 1866. Specielles Verzeichniss der während der Reise der kaiserlichen Fregatte "Novara" gesammelten Fische. III. und Schlussabtheilung. Sitzungsberichte der Kaiserlichen Akademie der Wissenschaften. Mathematisch-Naturwissenschaftliche Classe, 53: 543-550.

Kortmulder K, Poll R. J. 1981. Juvenile and adult pigment patterns of *Barbus lateristriga* Cuv. *et* Val. 1842, Barbus titteya (Deraniyagala 1929) and *Barbus narayani* Hora 1927 (Pisces, Cyprinidae), and their taxonomic value. Netherlands journal of zoology, 31: 453-465.

Kottelat M, Freyhof J. 2007. Handbook of European Freshwater Fishes. Cornol: Publications Kottelat: 646.

Kottelat M, Lim K K P. 1994. Diagnoses of two new genera and three new species of earthworm eels from the Malay Peninsula and Borneo (Teleostei: Chaudhuriidae). Ichthyological Exploration of Freshwaters, 5(2): 181-190.

Kottelat M, Tan H H. 2011. *Systomus xouthos*, a new cyprinid fish from Borneo, and revalidation of *Puntius pulcher* (Teleostei: Cyprinidae). Ichthyological Exploration of Freshwaters, 22: 209-214.

Kottelat M. 1994. Diagnoses of two new genera and three new species of earthworm eels from the Malay Peninsula and Borneo (Teleostei: Chaudhuriidae). Ichthyol Explor Freshwaters, 5(2): 181-190.

Kottelat M. 2001a. Fishes of Laos. Colombo: Wildlife Heritage Trust Publications: 198.

Kottelat M. 2001b. Freshwater fishes of northern Vietnam. A preliminary check-list of the fishes known or expected to occur in northern Vietnam with comments on systematics and nomenclature. Environment and Social Development Unit, East Asia and Pacific Region. Washington D.C.: The World Bank, 1-123.

Kottelat M. 2004. On the Bornean and Chinese Protomyzon (Teleostei: Balitoridae), with descriptions of two new genera and two new species from Borneo, Vietnam and China. Ichthyological Exploration of Freshwaters, 15(4): 301-310.

Kottelat M. 2013. The fishes of the inland waters of Southeast Asia: a catalogue and core bibliography of the fishes known to occur in freshwaters, mangroves and estuaries. The Raffles Bulletin of Zoology, 27: 1-663.

Kreyenberg M, Pappenheim P. 1908. Ein Beitrag zur Kenntnis der Fishesdes Jangtze and seiner Zuflüsse. Stizungsber Ges Naturf Freunde Berlin, 14(1): 95-109.

Kreyenberg M. 1911. Eineneue Cobitnen-Gattung aus China. Zoologischer Anzeiger Leipzig, 38: 417-419.

Lacepède B G E. 1800. Histoire Naturelle des Poissons vol. 2. Paris: Plassan.

Lacepède B G E. 1801. Histoire Naturelle des Poissons vol. 3. Paris: Plassan.

Lacepède B G E. 1802. Histoire Naturelle des Poissons vol. 4. Paris: Plassan.

Lacepède B G E. 1803. Histoire Naturelle des Poissons vol. 5. Paris: Plassan.

Larson H K. 2001. A revision of the gobiid fish genus *Mugilogobius* (Teleostei: Gobioidei), and its systematic placement. Record. West. Aust. Mus. Suppl. (62): 1-233.

Lei J, Chen F, Tao J, Chen Y F. 2015. Length-weight relationships of 21 fishes from the Xiangjiang River, China. Journal of Applied Ichthyology, 31(3): 555-557.

Li C H, Ortí G, Zhao J L. 2010. The phylogenetic placement of sinipercid fishes ("Perciformes") revealed by 11 nuclear loci. Molecular Phylogenetics and Evolution, 56: 1096-1104.

Li J, Chen X L, Chan B. 2005. A new species of Pseudobagrus (Teleostei: Siluriformes: Bagridae) from southern China. Zootaxa, 1067: 49-57.

Li S Z. 2001. On the position of the suborder Adrianichthyoidei. Acta Zootaxonomica Sinica, 26(1): 583-588.

Liang Z S, Yi B L, Yu Z T, Wang N. 2003. Spawning areas and early development of long spiky-head carp (*Luciobrama macrocephalus*) in the Yangtze River and Pearl River, China. Hydrobiologia, 490: 169-179.

Liao T Y, Kullander S O, Fang F. 2011. Phylogenetic position of rasborin cyprinids and monophyly of major lineages among the Danioninae, based on morphological characters (Cypriniformes: Cyprinidae). Journal of Zoological Systematics and Evolutionary Research, 49:224-232.

Lin S Y. 1932. On new fishes from Kweichow Province, China. Lingnan Science Journal, 11(4): 515-519.

Lin S Y. 1933a. Contribution to a study of Cyprinidae of Kwangtung and adjacent provinces. Lingnan Science Journal, 12(4): 492-493.

Lin S Y. 1933b. Contribution to a study of Cyprinidae of Kwangtung and adjacent provinces. Lingnan Science Journal, 12(2): 197-251.

Lin S Y. 1935. Notes on a new genus, three new and two little known species of fishes from kwangtung and Kwangsi provinces. Lingnan Science Journal, 14(2): 303-310.

Linnaeus C. 1758. System a Naturae. 10th ed. vol 1. Holmiae: Salvii.

Liu C K. 1940. Preliminary studies on the air-bladder and its adjacent structures in Gobioninae. Nati Insti Zool Bot, 2: 77-104.

López A J, Zhang E, Cheng J L. 2008. *Pseudobagrus* Bleeker, 1859 (BAGRIDAE, Siluriformes, Osteichthyes): proposed conservation. The Bulletin of Zoological Nomenclature, 65(3): 202-204.

Mai D Y. 1978. Identification of freshwater fishes of North Provinces of Vietnam. Hanoi: Scientific and Technology Publisher: 339.

Martens E V. 1862. Über einen neuen Polyodon (P. gladius) aus dem Yantsekiang und über die sogenannten Glaspolypen. Monatsberichte der Deutschen Akademie der Wissenshaften zu Berlin: 476-479.

McClelland J. 1839. Indian Cyprinidae. Asiatic Researches, 19(28): 217-471.

McClelland J. 1844. Apodal fishes of Bengal. Calcutta Journal of Natural History, 5(18): 151-226.

Mo T P. 1991. Anatomy, Relationships and Systematics of the Bagridae (Teleostei: Siluroidei) with a Hypothesis of Siluroid Phylogeny. Koenigstein: Koeltz Scientific Books.

Mori T. 1933. On the classifications of cyprinoid fishes, *Microphysogobio*, n. gen. and *Saurogobio*. Dobutsugaku Zasshi=Zoological Magazine Tokyo, 45(30): 114-115.

Mori T. 1933. Second addition to the fish fauna of Tsinan, China, with descriptions of three new species. Japanese Journal of Zoology, 5(2): 165-169.

Nalbant T T. 1965. *Leptobotia* from the Yangtze River, China, with the description of *Leptobotia banarescui*, nov. sp. (Pisces: Cobitidae). Annotationes Zoologicae et Botanicae Bratislavia, 44: 343-379.

Nalbant T T. 2002. Sixty million years of evolution. Part one: family Botiidae (Pisces: Ostariophysi: Cobitidae). Travaux du Museum National d'Histoire Naturelle. "Grigore Antipa", 44: 343-379.

Near T J, Eytan R I, Dornburg A, Kuhn K L, Moore J A, Davis M P, Wainwright P C, Friedman M, Smith W L. 2012. Resolution of ray-finned fish phylogeny and timing of diversification. Proceeding of the National Academy of Sciences of the United States of America, 109(34): 13698-13703.

Nelson J S, Grande T C, Wilson M V H. 2016. Fishes of the World. Fifth Edition. Hoboken: John Wiley & Sons.

Nelson J S. 1994. Fishes of the world. New York: John Wiley and Sons, Inc.

Nelson J S. 2006. Fishes of the World. Forth Edition. New Jersey: John Wiley & Sons, Inc.

Ng H H and Freyhof J. 2007. *Pseudobagrus nubilosusl*, a new species of catfish from central Vietnam (Teleostei: Bagridae), with notes on the validity of *Pelteobagrus* and *Pseudobagrus* Ichthyological Exploration of Freshwaters, 18(1): 9-16.

Ng H H and Kottelat M. 2010. Comment on the proposed conservation of *Pseudobagrus* Bleeker, 1858 (Osteichthyes, BAGRIDAE). The Bulletin of Zoological Nomenclature, 67(1): 68-71.

Ng H H, Chan B P L. 2005. Revalidation and redescription of Pterocryptis anomala (Herre, 1933), a catfish (Teleostei: Siluridae) from southern China. Zootaxa, 1060: 51-64.

Ng H H, Kottelat M. 2007. The identity of Tachysurus sinensis La Cepède, 1803, with the designation of a neotype (Teleostei: Bagridae) and notes on the identity of T. fulvidraco (Richardson, 1845). Electronic Journal of Ichthyology, 2: 35-45.

Ng H H, Kottelat M. 2008. Confirmation of the neotype designation for Tachysurus sinensis Lacepède, 1803 (Teleostei: Bagridae). Ichthyological Exploration of Freshwaters, 19(2): 153-1545.

Nichols J T, Pope C H. 1927. The fishes of Hainan. Bulletin of the American Museum of Natural History, 54(2): 321-394.

Nichols J T. 1925a. An analysis of Chinese loaches of the genus *Misgurnus*. American Museum Novitates, (169): 1-7.

Nichols J T. 1925b. Some Chinese fresh-water fishes, Ⅱ, A new minnow-like carp from Szechwan. American Museum Novitates, (177): 1-9.

Nichols J T. 1925c. Some Chinese fresh-water fishes, VIII, Carps referred to the genus Pesudorasbora. American Museum Novitates, (182): 1-8.

Nichols J T. 1925d. Some Chinese fresh-water fishes, Certain apparently undescribed carps from Fukien. American Museum Novitates, 185: 1-8.

Nichols J T. 1926. Some Chinese fresh-water fishes, X VII, New species in secent and easlier Fukien collection. American Museum Novitates, (224): 1-7.

Nichols J T. 1928. Chinese fresh-water fishes in tt le American Museum of Natural History's collection, A provisional check-list of the fresh-water fishes of China. Bulletin of the American Museum of Natural History, 58: 1-56.

Nichols J T. 1930. Some Chinese Fresh-water fishes (*Aphyocypris chinensis shantungi* nov. subsp., *Micropercops dabryi boredis* nov. subsp.). American Museum Novitates, 402: 1-4.

Nichols J T. 1931a. A new Barbus (Lissochilichthys) and a new loach from Kwangtung Province. Lingnan Science Journal, 10(4): 455-459.

Nichols J T. 1931b. Crossostoma fangi, a new loach from near Canton, China. Lingnan Science Journal, 10(2/3): 263-264.

Nichols J T. 1943. The Fresh-Water Fishes of China. New York: American Museum of Natural History.

Oshima M. 1919. Contributions to the study of the fresh water fishes of the island of Formosa. Annals of Carnegie Museum, 12(2/4): 169-328.

Pallas P S. 1776. Reise. durch. Verschiedene Provinzendes Russischen Reiches. St. -Petersbourg, 3: 207-208, 703.

Pan J. 1992. New Galeaspids (Agnatha) from the Silurian and Devonian of China. Beijing: Geological Publishing House.

Papke H J. 1990. Zur Synonymie von *Macropodus chinensis* (Bloch, 1790) und *M. opercularis* (Linne, 1758) und zur Rehabilitation von M. ocellatus Cantor, 1742 (Pisces, Belontiidae). Mitteilungen aus dem Museum für Naturkunde in Berlin Zoologisches Museum und Institut für Spezielle Zoologie Berlin, 66(1): 73-78.

Parenti L R. 2008. A phylogenetic analysis and taxonomic revision of ricefishes, *Oryzias* and relatives (Beloniformes, Adrianichthyidae). Zoological Journal of the Linnean Society, 154: 494-610.

Pellegrin J. 1923. Description d'um poisson nouveau du Tonkin appartenant au genre *Protosalanx* Regan. Museum D'Histoire Naturelle. Bulletin de la Société Philomathique de Paris, 29(1): 351-352.

Pellegrin J. 1936. Poissons nouveaux du Haut-Laos et l'Annam. Bulletin de la Société Zoologique de France, 61: 243-248.

Peters W C H. 1881. Über die von der chinesischen Regierung zu der internationalen Fischerei-Austellung gesandte Fischsammlung aus Ningpo. Monatsberichte der Königlichen Preussischen Akademie der Wissenschaften zu Berlin 1880, 45: 921-927.

Pethiyagoda R, Meegaskumbura M, Maduwage K. 2012. A synopsis of the South Asian fishes referred to *Puntius* (Pisces: Cyprinidae). Ichthyological Exploration of Freshwaters, 23: 69-95.

Poey F. 1854. Memorias sobre la historia natural de la Isla de Cuba, acompañadas de sumarios Latinos y extractos en Francés. La Habana, 1:463.

Ramaswami L S. 1953. Skeleton of cyprinoid fishes in relation to phylogenetic studies. V. The skull and the gasbladder capsule of the Cobitidae. Proceeding of the National institute of Sciences of India, 19(3): 323-347.

Reeves C D. 1927. A catalogue of the fishes of North-Eastern China and Korea. Journal of the Pan pacific Research Institution Honolulu, 2(3): 13-15.

Reeves C D. 1931. Order Gobioidea. Manual of Vertebrate animal, Shanghai: Chung Hwa Book co. Ltd: 540-579.

Regan C T. 1904. On a collection of fishes made by Mr. John Graham at Yunnan Fu. Journal of Natural History, 13(7): 190-194.

Regan C T. 1908a. Description of new fishes from Lake Candidius, Formosa, collected by Dr. A. Moltrecht. Annals and Magazine of Natural History, 2(8): 356-360.

Regan C T. 1908b. Description of new fresh water fishes from China and Japan. Annals and Magazine of Natural History, 8(1): 149-153.

Regan C T. 1908c. Description of three new fresh water fishes from China. Annals and Magazine of Natural History, 8(1): 109-111.

Regan C T. 1911. The classification of Teleostean fishes of the order Ostariophysi, I Cyprinoidae. Annals and Magazine of Natural History, 8(8): 31-32.

Regan C T. 1913. A synopsis of the silurid fishes of the genus Liocassis, with description of new species. Annals and Magazine of Natural History, 11(66): 547-554.

Ren Q, Yang L, Chang C H, Mayden R L. 2020. Molecular phylogeny and divergence of major clades in the *Puntius* complex (Teleostei: Cypriniformes). Zoologica Scripta, 00: 1-13.

Rendahl H. 1925. Eine neus Art der Gattung Glyptosternum aus China. Zoologischer Anzeiger, 64: 307.

Rendahl H. 1928. Beitrage zur Kenntnis der Chinesischen Süsswasserfische. I, Systematischer Teil. Arkiv för Zoologi, 20 A(l): 1-94.

Rendahl H. 1933. Studien über Inneraiastische Fische. Arkiv för Zoologi, 25A(11): 1-50.

Rendahl H. 1944. Einige Cobitiden von Annam und Tokin. Göteborgs Kunglig Vetenskaps och Vitterhets Samhällas Handlingar, Series B, Matematiska och Naturvetenskapliga Skrifter, 3(3): 1-54.

Richardson J. 1845. Ichthyology-Part 3. // Hinds R B. The Zoology of the voyage of H. M. S. Sulphur, under the command of Captain Sir Edward Belcher, during the years 1836-1842. London: Smith, Eler et Co.

Richardson J. 1846. Report on the ichthyology of the seas of China and Japan. In: Report of the British Association for the Advancement of Science, 15th Meeting(1845): 187-320.

Roberts C D. 1993. Comparative morphology of spined scales and their phylogenetic significance in the Teleostei. Bulletin of Marine Science, 52: 60-113.

Roberts T R. 1984. Skeletal anatomy and classification of the neotenic Asian Salmoniform superfamily Salangoidea (icefishes or noodlefishes). Proceedings of the California Academy of Sciences, 43: 179-220.

Rosen D E, Parenti L R. 1981. Relationships of Oryzias, and the groups of Atherinomorph fishes. American Museum Novitates, 2719: 1-25.

Rutter C M. 1897. A collection of fishes obtained in Swatow, China. by Miss Adele M. Fielde. Proceedings of the Academy of Natural Science of Philadelphia, 49: 56-90.

Sauvage H E, Dabry D T P. 1874. Notes sur les poissons des eaux douces de Chine. Annales des Sciences Naturelles, Paris (Zoologie et Paléontologie), (Sér. 6), 1(5): 1-18.

Sauvage H E. 1878. Note sur quelques Cyprinidae et Cobitinae d'especès inédites, provenant des eaux douces de la Chine. Bulletin de la Société Philomathique de Paris (7th Série), 2: 233-242.

Sauvage H E. 1880. Description de Quelques Poissons de la Collection du Museum D`Histoire Naturelle. Bulletin de la Société Philomathique de Paris, 7(4): 227.

Schrank F P. 1798. Fauna Boica, Durchgedachte Geschichte der in Bayern einheimischen und zahmen Thiere. -2Bde. Nürnberg.

Scopoli J A. 1777. Introductio ad Historiam Naturalem, Sistens Genera Lapidum, Plantarum et Animalium Hactenus Detecta, Caracteribus Essentialibus Donata, in Tribus Divisa, Subinde ad Leges Naturae. Pragae: APVD Wolfgangvm Gerle, Bibliopolam.

Shaw T H. 1930. Notes on some fishes from Ka-Shing and Shing- Tsong, Chekiang Province. Bulletin of the Fan Memorial Institue of Biology Peiping, 1(7): 109-124.

Smith H M. 1938. Status of the Asiatic fish genus Culter. Journal of the Washington Academy of Sciences, 28(9): 407-411.

Smitt F A. 1900. Preliminary notes on the arrangement of the genus Gobius, with an enumeration of its European species. Öfversigt af Kongliga Vetenskaps-Akademiebs Förhandingar, 56(6): 543-555.

Song X L, Cao L, Zhang E. 2018. Onychostoma brevibarba, a new cyprinine fish (Pisces: Teleostei) from the middle Chang Jiang basin in Hunan Province, South China. Zootaxa, 4410(1): 147-163.

Steindachner F. 1866. Ichthyologische Mittheilungen, VI, Zur Fischfauna Kaschmirs und der benachbarten Länderstriche. Verhandlungen der K. -K. zoologisch-botanischen Gesellschaft in Wien, 16(1866): 784-796.

Steinddachner F. 1892. Über einige neue und seltene Fischarten aus der ichthyologischen sammlung des k. k. naturhistorischen Hofmuseums. Mathematisch Naturwissenschaftliche Classe, 59(1): 357-384.

Sufi S M K. 1956. Revision of the Oriental fishes of the family Mastacembelidae. Raffles Bulletin of Zoology, 27: 93-146.

Taki Y, Katsuyama A, Urushido T. 1978. Comparative morphology and inter-specific relationships of the Cyprinid genus *Puntius*. Japanese Journal of Ichthyology, 25: 1-8.

Tang K L, Agnew M K, Hirt M V, Lumbantobing D N, Raley M E, Sado T, Teoh V H, Yang L, Bart H L, Harris P M, He S, Miya M, Saitoh K, Simons A M, Wood R M, Mayden R L. 2013. Limits and phylogenetic relationships of East Asian fishes in the subfamily Oxygastrinae (Teleostei: Cypriniformes: Cyprinidae).

Zootaxa 3681:101-135.

Tang K L, Agnew M K, Hirt M V, Sado T, Schneider L M, Freyhof J, Sulaiman Z, Swartz E, Vidthayanon C, Miya M, Saitoh K, Simons A M, Wood R M, Mayden R L. 2010. Systematics of the subfamily Danioninae (Teleostei: Cypriniformes: Cyprinidae). Molecular Phylogenetics and Evolution, 57: 189-214.

Tang Q Y, Li X B, Yu D, Zhu Y R, Ding B Q, Liu H Z, Danley P D. 2018. Saurogobio punctatus sp. nov., a new cyprinid gudgeon (Teleostei: Cypriniformes) from the Yangtze River, based on both morphological and molecular data. Journal of Fish Biology, 92(2): 347-364.

Tang Q Y, Liu H Z, Mayden R, Xiong B X. 2006. Comparison of Evolutionary Rates in the Mitochondrial DNA Cytochrome B Gene and Control Region and Their Implications for Phylogeny of the Cobitoidea (Teleostei:Cypriniformes). Molecular Phylogenetics and Evolution, 39(2): 347-357.

Tang Q Y, Yu D, Liu H Z. 2008. Leptobotia zebra should be revised as Sinibotia zebra (Cypriniformes: Botiidae). Zoological Research, 29(1): 1-9.

Tchang T L. 1930a. Contribution a l'etude Morphologique, Biologique and Taxonomique des Cyprinidae du Basin du Yangtze. Paris: Faculte Sciences Universite.

Tchang T L. 1930b. Notes de cyprinides du basin Tangtze. Sinensia, 1(7): 87-93.

Tchang T L. 1930c. Nouveau genre et nouvelles espèces de Cyprinidés de Chine. Bulletin de la Societe Zoologique de France, 55(1): 16-53.

Tchang T L. 1936. Study on some Chinese catfishes. Bulletin of the Fan Memorial Institute of Biology Zoology, 7: 35-56.

Tchang T L. 1938. Some Chinese Clupeoid fishes. Bulletin of the Fan Memorial Institute of Biology Zoology, 8: 311-337.

Temminck C J, Schlegel H. 1846. Pices. // Japonica F. sive descriptio animalium quae in itinere per Japoniam suscepto annis 1823-1830 collegit, notis observationibus et adumbrationibus illustravit P. F. de Siebold, Part 10-14: 173-269.

Travers R A. 1984. Areview of the Mastacembeloidei, a suborder of synbranchiform teleost ifhses. Part Ⅱ: Phylogenetic analysis. Bulletin of the British Museum of Natural History (Zoology), 47: 83-150.

Vaillant L L. 1892. Sur quelques poissons rapportés du haut-Tonkin, par M. Pavie. Bulletin de la Société Philomathique de Paris (8th Série), 4(3): 125-127.

Valenciennes A, Cuvier G. 1844. Histoire naturelle de poissons. Paris: Chez F. G. Levrault, 17: 270-360.

Valencuennes A, Cuvier G. 1840. Histoire naturelle des poissons, Tome quinzième. Suite du livre dix-septième. Siluroïdes, Vol. 15.

Wakiya Y, Takahasi N. 1937. Study on fishes of the family Salangidae. Journal of College of Agriculture, Tohoku Imperial University, Sapporo, Japan, 14(4): 265-303.

Wang J, Liu F, Zhang X, Cao W X, Liu H Z, Gao X. 2014. Reproductive biology of Chinese minnow Hemiculterella sauvager Warpachowski, 1888 in the Chishui River, China. Journal of Applied Ichthyology, 30: 314-321.

Wang K F. 1935. Preliminary notes on the fishes of Chekiang (Isoapondyli, Apodes and Plectospondyli). Contributions from the Biological Laboratory of the Science Society of China, Nanking Zool, 11(1): 1-65.

Warpachowski N. 1887. Üeber die gattung Hemiculter Bleeker und üeber eine neue gattung, Hemiculterlla. Bulletin de l'Académie impériale des Sciences de St. -Petersbourg, 32: 14-23.

Winstanley T, Clements K D. 2008. Morphological re-examination and taxonomy of the genus Macropodus (Perciformes: Osphronemidae). Zootaxa, 1908: 1-27.

Wright J J, Ng H H. 2008. A new species of Liobagrus(Siluriformes: Amblycipitidae)from Southern China. Proceedings of the Academy of Natural Sciences of Philadelphia, 157: 37-43.

Wu H W. 1930a. On some fishes collection from the upper Yangtze valley. Sinensia, 1(6): 65-86.

Wu H W. 1930b. Description de poissons nouveaux de Chine. Bulletin du Museum National d'Histoire Naturelle (Ser. 2), 2: 255-259.

Wu H W. 1930c. Notes on some fishes collected by the Biological Labortory, Science Society of China. Contributions from the Biological Laboratory Science Society of China, 6(5): 45-57.

Wu H W. 1931a. Description de deux poissons nouveaux proven ant de la Chine. Bulletin de Museum National d'Histoire Naturelle, 3(2): 219-221.

Wu H W. 1931b. Notes on the fishes from the coast of Foochow region and Ming River. Contributions from the Biological Laboratory Science Society China, 7(1): 1-64.

Wu H W. 1939. On the Fishes of Li-Kiang. Sinensia, 10(1/6): 92-142.

Wu H W. 1996. On the Fishes of Li-Kiang. Sinensia, 10(1-6): 121-126.

Wu Q Q, Deng X J, Wang Y J, Liu Y. 2018. *Rhinogobius maculagenys*, A new species of freshwater goby (Teleostei: Gobiidae) from Hunan, China. *Zootaxa*, 4476(1): 118-129.

Xiao W H, Zhang Y P, Liu H Z. 2001. Molecular systematics of Xenocyprinae (Teleostei: Cyprinidae): taxonomy, biogeography, and coevolution of a special group restricted in East Asia. Molecular Phylogenetics and Evolution, 18(2): 163-173.

Yi W J, Zhang E, Shen J Z. 2014. *Vanmanenia maculata*, a new species of hillstream loach from the Chang-Jiang Basin, South China (Teleostei: Gastromyzontidae). Zootaxa, 3802(1): 85-97.

Zhang E, Chen Y Y. 2006b. Revised diagnosis of the genus Bangana Hamilton, 1822 (Pisces: Cyprinidae), with taxonomic and nomenclatural notes on the Chinese species. Zootaxa, 1281: 41-54.

Zhang E, Kullander S O, Chen Y Y. 2006a. Fixation of the type species of the genus *Sinilabeo* and description of a new species from the upper Yangtze River basin, China (Pisces: Cyprinidae). Copeia, 2006: 96-102.

Zhang H, Jarić I, Roberts D L, He Y, Du H, Wu J, Wang C, Wei Q. 2020. Extinction of one of the world's largest freshwater fishes: Lessons for conserving the endangered Yangtze fauna. Science of The Total Environment, 710, 36242.

Zhang J Y, Mark V H W. 2017. First complete fossil Scleropages (Osteoglossomorpha). Vertebrata Palasiatica, 55(1): 1-23.

Zhang J, Li M, Xu M Q, Takita T, Wei F W. 2007. Molecular phylogeny of icefish Salangidae based on complete mtDNA cytochrome b sequences, with comments on estuarine fish evolution. Biological Journal of the Linnean Society, (91): 325-340.

Zhang L, Tang Q Y, Liu H Z. 2008. Phylogeny and speciation of the eastern Asian cyprinid genus *Sarcocheilichthys*. Journal of Fish Biology. 5: 1122-1137.

Zheng L P, Chen X Y, Yang J X. 2019. Molecular phylogeny and systematic revision of *Bangana* sensu lato (Teleostei, Cyprinidae). Journal of Zoological Systematics and Evolutionary Research, 00, 1-8.

Zhu M, Wang J Q. 2000. Silurian vertebrate assemblages of China. Courier Forschungsinstitut Senckenberg, 223, 161-168.

Zhu M. 1998. Early Silurian Sinacanthus (Chondrichthys) from China. Palaeontology, 41(1): 157-171.

Zuiew B. 1793. Bigarum muraenarum, novae species descriptae. Nova Acta Academiae Scientiarum Imperialis Petropolitanae, 7: 296-391.

中 名 索 引

（按汉语拼音排序）

学 名 索 引